U0243584

储能技术及应用

CHUNENG JISHU JI YINGYONG

中国化工学会储能工程专业委员会　　组织编写

丁玉龙　　来小康　　陈海生　　主　编

化学工业出版社

·北京·

本书重点介绍了各种储能技术的最新进展、应用范围、产业现状、技术经济性等，同时对储能技术在电网、交通、新能源等领域的应用进行了详尽分析。本书内容翔实丰富，涵盖了储能科学技术的主要方面，兼顾关键科学理论与实际工程应用，深入浅出地介绍了各种储能技术的工作原理和特性，力争反映我国储能领域的最新进展。

本书适合储能上下游企业和科研单位的研发与工程技术人员参考，也可作为高等院校相关专业师生的教学参考书。

图书在版编目（CIP）数据

储能技术及应用/中国化工学会储能工程专业委员
会组织编写；丁玉龙，来小康，陈海生主编 .—北京：
化学工业出版社，2018.4（2024.6 重印）
ISBN 978-7-122-12496-8

Ⅰ．①储… Ⅱ．①中… ②丁… ③来… ④陈…
Ⅲ．①储能-技术-研究 Ⅳ．①TK02

中国版本图书馆 CIP 数据核字（2018）第 036959 号

责任编辑：郗向丽 张 艳 装帧设计：王晓宇
责任校对：王素芹

出版发行：化学工业出版社（北京市东城区青年湖南街 13 号 邮政编码 100011）
印　　装：北京虎彩文化传播有限公司
787mm×1092mm 1/16 印张 44¾ 字数 1342 千字 2024 年 6 月北京第 1 版第 6 次印刷

购书咨询：010-64518888 售后服务：010-64518899
网　　址：http://www.cip.com.cn
凡购买本书，如有缺损质量问题，本社销售中心负责调换。

定　　价：268.00 元

《储能技术及应用》编委会

本书编写人员名单

主　　　编：丁玉龙　来小康　陈海生
副　主　编：李　泓　王子冬
参编人员（按姓名汉语拼音排序）：

陈　芬	陈海生	陈雪丹	丛　琳	戴兴建	丁玉龙
高　健	桂　勋	贺凤娟	胡英瑛	黄　益	黄　云
黄珍梅	金　翼	匡德志	来小康	冷光辉	赖勤志
李　泓	李林艳	李　楠	李先峰	李永亮	刘　涛
刘传平	刘新昊	刘永旭	鹿院卫	聂彬剑	欧腾蛟
潘智豪	彭笑东	乔志军	樵　耕	秦　伟	阮殿波
芮　琨	折晓会	宋　洁	宋鹏翔	孙佳伟	田崔钧
田立亭	佟　蕾	佟玉琦	童莉葛	王保国	王德宇
王　乐	王　倩	王松岺	王一乔	王子冬	温兆银
吴家貌	吴相伟	吴玉庭	谢春萍	刑　枫	徐玉杰
徐冶国	闫　君	杨　斌	杨先锋	衣　进	于学文
杨岺玉	袁　峻	张洪章	张华民	张建成	张三佩
张盛强	张新敬	张跃强	张子峰	赵　波	赵长颖
赵　耀	郑　超	钟发平			

前 言

FOREWORD

　　储能技术是第三次工业革命的关键技术之一，紧紧牵动着新能源的发展。储能具有消除昼夜峰谷差，实现平滑输出、调峰调频和备用容量的作用，满足了新能源发电平稳、安全接入电网的要求，可有效减少弃风、弃光现象。

　　我国储能技术仍处于产业化的初始阶段，尚未大规模投入应用的原因在于：一是各种储能技术繁多，储能技术路线竞相亮相，造成用户不知如何使用和选择；二是相关技术及真实性能成熟度有待提高；三是价格偏高。我国储能市场还未建立起相关产业链和成熟的商业模式。从国家政策层面而言，在储能方面的政策支持及投入仍显不足。

　　经济性方面，目前的成本居高不下是影响储能技术大规模发展的一个主要因素。当前大多数储能工程都是示范工程，推广难，其关键材料、制造工艺和能量转化效率也是各种技术面临的共同挑战。应用性方面，大多数储能技术在能源，特别是电力系统的应用时间短，尤其目前尚未在电网系统大规模应用。据了解，电力行业对产品可靠性要求高，传统上至少需要5年以上的实地可靠性测试和试用才能通过电力用户的最低标准，导致产品规模生产前定型周期长。目前，发展智能电网急需解决储能这一关键难题。政策性方面，专家表示，由于储能的经济价值难以估算，由政府主导的话，实施企业难免出现积极性不高等问题。因此，如何选择适用的储能技术，如何在能源，特别是电力系统中进行规模应用，如何建立行业机制，都应是考虑的核心问题。储能科学技术面临巨大挑战，抓住机遇，突破瓶颈，储能技术便能助推新能源领域突破瓶颈。

　　"储能技术"在1992年颁布实施的中华人民共和国学科分类与代码国家标准（GB/T 13745—1992）中被首次列为"能源科学技术"二级学科。最近的十多年来，多种储能技术，包括中高温储热技术、深冷储能、锂离子电池、压缩空气储能、飞轮储能、超级电容、钠硫电池、全钒液流电池、镍氢电池等，在全球范围内得到了长足发展，这些储能技术在使用寿命、功率和容量的规模化、运行可靠性、系统制造成本等方面已经获得了突破，有些已经具备了进入新能源、电动汽车、热力系统及电力行业应用的基础条件。在储能领域，各国都处于产业应用的初级阶段，我国与国际先进水平在一些方面差别不大，加大储能技术的研发力度有助于我国在未来的国际竞争中占据有利地位。

　　基于此，中国化工学会储能工程专业委员会牵头组织我国储能领域的专家和学者撰写了本书，重点介绍了各种储能技术的最新进展、应用范围、产业现状、技术经济性等，同时对储能技术在电网、交通、新能源等领域的应用进行了详尽分析。本书共21章，其中第1章为绪论。第2至第14章介绍几种主要储能技术的概念、发展历史、应用和研究现状、未来发展趋势，包括锂离子电池技术（第2章）、液流电池技术（第3章）、全钒液流电池技术（第4章）、钠电池技术（第5章）、抽水蓄能技术（第6章）、压缩空气储能技术（第7章）、低品位热和冷存储技术（第8章）、中高温储热技术（第9章）、液态空气储能技术（第10章）、镍氢电池技术（第11章）、飞轮储能技术（第12章）、电容和超级电容器储能技术（第13章）、化学热泵系统及其在储能技术中的应用（第14章）。第15至第20章概述储能技术的集成应用，包括储能技术在电力系统中的应用（第15章）、储能技术在核电系统中的应用（第16章）、储能技术在风力和光伏发电系统中的应用（第17章）、储能技术在太阳能热发电系统中的应用（第18章）、储能技术在工业余热回收中的应用（第19章）、储能技术在交通运输系统中的应用（第20章）。第21章为储能应用的经济性分析。

　　本书内容翔实丰富，涵盖了储能科学技术的主要方面，兼顾关键科学理论与实际工程应用，深入浅出地介绍了各种储能技术的工作原理和特性，力争反映我国储能领域的最新进展。本书适合储能上下游企业和科研单位的研发与工程技术人员参考，也可作为高等院校相关专业师生的教学参考书。

针对本书有几点说明：(1) 本书中的每章自成一体，因而不同章节中会有少部分内容重复，这主要是为了保证选择性阅读的读者在阅读过程中的内容连贯，由于大部分储能技术仍处于发展之中，不同作者的理解不尽相同，数据有不一致的地方，书中没有对这些数据进行统一；(2) 基于本行业的国际化发展趋势和表达的需要，部分图表为英文，不再进行翻译；(3) 因图书为黑白印刷，而部分内容用彩图来诠释更好，为方便读者理解，一方面，在正文中保留相应黑白图；另一方面，读者可扫描封底二维码，直接查阅相应彩图。

本书参编者皆为储能领域一线专家、学者，详见扉页编写人员名单。感谢参与编写的全体同志！由于编者理论水平和实际经验有限，书中难免存在不足之处，恳请读者批评指正。

目 录
CONTENTS

第1章 绪论 ⸺⸺⸺⸺⸺⸺⸺⸺⸺⸺⸺⸺⸺⸺⸺⸺⸺⸺⸺⸺⸺⸺⸺⸺ 001

1.1 储能技术的重要性与主要功能 ⸺⸺⸺⸺⸺⸺⸺⸺⸺⸺⸺⸺⸺⸺⸺⸺ 001
1.2 储能技术的多样性 ⸺⸺⸺⸺⸺⸺⸺⸺⸺⸺⸺⸺⸺⸺⸺⸺⸺⸺⸺⸺ 001
1.3 储能技术的分类与发展程度 ⸺⸺⸺⸺⸺⸺⸺⸺⸺⸺⸺⸺⸺⸺⸺⸺⸺ 002
1.4 储能技术应用现状和市场预测 ⸺⸺⸺⸺⸺⸺⸺⸺⸺⸺⸺⸺⸺⸺⸺⸺ 004
1.5 储能技术的研究情况 ⸺⸺⸺⸺⸺⸺⸺⸺⸺⸺⸺⸺⸺⸺⸺⸺⸺⸺⸺ 004
参考文献 ⸺⸺⸺⸺⸺⸺⸺⸺⸺⸺⸺⸺⸺⸺⸺⸺⸺⸺⸺⸺⸺⸺⸺⸺⸺⸺⸺ 005

第2章 锂离子电池技术 ⸺⸺⸺⸺⸺⸺⸺⸺⸺⸺⸺⸺⸺⸺⸺⸺⸺⸺⸺⸺ 006

2.1 锂离子电池发展历史概述和基本原理 ⸺⸺⸺⸺⸺⸺⸺⸺⸺⸺⸺⸺⸺⸺ 006
2.2 锂离子电池的功率和能量应用范围 ⸺⸺⸺⸺⸺⸺⸺⸺⸺⸺⸺⸺⸺⸺⸺ 008
2.3 锂离子电池关键材料发展现状 ⸺⸺⸺⸺⸺⸺⸺⸺⸺⸺⸺⸺⸺⸺⸺⸺ 010
  2.3.1 正极材料 ⸺⸺⸺⸺⸺⸺⸺⸺⸺⸺⸺⸺⸺⸺⸺⸺⸺⸺⸺⸺⸺⸺ 010
  2.3.2 负极材料 ⸺⸺⸺⸺⸺⸺⸺⸺⸺⸺⸺⸺⸺⸺⸺⸺⸺⸺⸺⸺⸺⸺ 013
  2.3.3 电解质材料 ⸺⸺⸺⸺⸺⸺⸺⸺⸺⸺⸺⸺⸺⸺⸺⸺⸺⸺⸺⸺⸺ 015
  2.3.4 非活性材料 ⸺⸺⸺⸺⸺⸺⸺⸺⸺⸺⸺⸺⸺⸺⸺⸺⸺⸺⸺⸺⸺ 018
2.4 能量型锂离子电池的技术发展和应用现状 ⸺⸺⸺⸺⸺⸺⸺⸺⸺⸺⸺⸺ 019
2.5 动力型锂离子电池技术发展现状 ⸺⸺⸺⸺⸺⸺⸺⸺⸺⸺⸺⸺⸺⸺⸺ 020
2.6 储能型锂离子电池的发展现状 ⸺⸺⸺⸺⸺⸺⸺⸺⸺⸺⸺⸺⸺⸺⸺⸺ 022
2.7 锂离子电池的技术指标及未来发展线路图 ⸺⸺⸺⸺⸺⸺⸺⸺⸺⸺⸺⸺ 024
2.8 展望 ⸺⸺⸺⸺⸺⸺⸺⸺⸺⸺⸺⸺⸺⸺⸺⸺⸺⸺⸺⸺⸺⸺⸺⸺⸺⸺ 027
参考文献 ⸺⸺⸺⸺⸺⸺⸺⸺⸺⸺⸺⸺⸺⸺⸺⸺⸺⸺⸺⸺⸺⸺⸺⸺⸺⸺⸺ 027

第3章 液流电池技术 ⸺⸺⸺⸺⸺⸺⸺⸺⸺⸺⸺⸺⸺⸺⸺⸺⸺⸺⸺⸺⸺ 033

3.1 液流电池的基本原理和发展历史概述 ⸺⸺⸺⸺⸺⸺⸺⸺⸺⸺⸺⸺⸺⸺ 033
  3.1.1 液流电池的基本原理 ⸺⸺⸺⸺⸺⸺⸺⸺⸺⸺⸺⸺⸺⸺⸺⸺⸺ 033
  3.1.2 液流电池的发展历史 ⸺⸺⸺⸺⸺⸺⸺⸺⸺⸺⸺⸺⸺⸺⸺⸺⸺ 034
3.2 几种典型的液流电池体系 ⸺⸺⸺⸺⸺⸺⸺⸺⸺⸺⸺⸺⸺⸺⸺⸺⸺⸺ 035
  3.2.1 双液流电池体系 ⸺⸺⸺⸺⸺⸺⸺⸺⸺⸺⸺⸺⸺⸺⸺⸺⸺⸺⸺ 036
  3.2.2 单沉积型液流电池 ⸺⸺⸺⸺⸺⸺⸺⸺⸺⸺⸺⸺⸺⸺⸺⸺⸺⸺ 039
  3.2.3 双沉积型液流电池 ⸺⸺⸺⸺⸺⸺⸺⸺⸺⸺⸺⸺⸺⸺⸺⸺⸺⸺ 039
  3.2.4 金属/空气液流电池 ⸺⸺⸺⸺⸺⸺⸺⸺⸺⸺⸺⸺⸺⸺⸺⸺⸺⸺ 041
  3.2.5 半固态双液流电池 ⸺⸺⸺⸺⸺⸺⸺⸺⸺⸺⸺⸺⸺⸺⸺⸺⸺⸺ 042
3.3 液流电池的效率与影响因素分析 ⸺⸺⸺⸺⸺⸺⸺⸺⸺⸺⸺⸺⸺⸺⸺ 043
  3.3.1 液流电池效率的定义 ⸺⸺⸺⸺⸺⸺⸺⸺⸺⸺⸺⸺⸺⸺⸺⸺⸺ 043
  3.3.2 液流电池极化曲线分析 ⸺⸺⸺⸺⸺⸺⸺⸺⸺⸺⸺⸺⸺⸺⸺⸺ 043
  3.3.3 电流密度对全钒液流电池性能的影响 ⸺⸺⸺⸺⸺⸺⸺⸺⸺⸺ 045

3.3.4 旁路电流对全钒液流电池性能的影响 ······················· 046
3.4 液流电池的关键材料 ·· 048
　3.4.1 液流电池的电极材料 ··· 048
　3.4.2 液流电池的双极板材料 ······································ 051
　3.4.3 液流电池的膜材料 ··· 056
3.5 液流电池经济和技术指标及未来发展展望 ················· 063
　3.5.1 液流电池装备的经济性概述 ································· 063
　3.5.2 大规模蓄电储能技术经济性评估方法 ················· 064
3.6 本章小结 ·· 064
参考文献 ··· 066

第 4 章　全钒液流电池技术　　070

4.1 全钒液流电池概述 ··· 070
4.2 全钒液流电池关键材料 ··· 072
　4.2.1 电极材料 ·· 072
　4.2.2 双极板 ··· 078
　4.2.3 电解质溶液 ··· 081
　4.2.4 膜材料 ··· 088
4.3 全钒液流电池电堆、系统管理与控制系统 ················· 098
　4.3.1 电堆结构与设计 ··· 098
　4.3.2 全钒液流电池系统 ··· 105
　4.3.3 电池系统控制与管理 ·· 107
4.4 全钒液流电池应用及前景分析 ··································· 108
　4.4.1 大规模可再生能源发电并网 ································ 108
　4.4.2 电网削峰填谷 ·· 112
　4.4.3 智能微网 ·· 115
　4.4.4 离网供电系统 ·· 117
4.5 前景与挑战 ·· 119
参考文献 ··· 119

第 5 章　钠电池技术　　124

5.1 引言 ··· 124
5.2 钠硫电池 ·· 125
　5.2.1 钠硫电池的原理与特点 ······································ 125
　5.2.2 管型钠硫电池 ·· 126
　5.2.3 钠硫电池的应用 ··· 134
　5.2.4 新型钠硫电池的发展 ·· 136
5.3 ZEBRA 电池 ··· 137
　5.3.1 ZEBRA 电池的结构与原理 ································· 137
　5.3.2 ZEBRA 电池的特性 ··· 138
　5.3.3 管型设计的 ZEBRA 电池 ··································· 139
　5.3.4 平板式设计的 ZEBRA 电池 ······························ 143
　5.3.5 ZEBRA 电池的应用 ··· 143
5.4 钠-空气电池 ··· 145
5.5 钠离子电池 ·· 148
　5.5.1 负极材料 ·· 149

　　5.5.2　正极材料 ·· 154
　　5.5.3　电解质 ··· 159
　　5.5.4　水系钠离子电池 ··· 160
　　5.5.5　钠离子电池的价格因素 ······································· 162
5.6　本章小结 ·· 162
参考文献 ··· 163

第 6 章　抽水蓄能技术　169

6.1　抽水蓄能技术的基本原理和发展历史概述 ·················· 169
　　6.1.1　抽水蓄能技术的基本原理 ···································· 169
　　6.1.2　抽水蓄能的功率和容量 ······································· 170
　　6.1.3　抽水蓄能电站的种类 ·· 171
　　6.1.4　抽水蓄能技术的发展历史概述 ······························ 171
6.2　抽水蓄能技术的功能和能量应用范围 ························· 173
　　6.2.1　抽水蓄能技术的运行特性 ···································· 173
　　6.2.2　抽水蓄能技术的功能 ·· 174
　　6.2.3　抽水蓄能技术的应用场合 ···································· 175
　　6.2.4　抽水蓄能技术在核电中的应用 ······························ 175
　　6.2.5　抽水蓄能技术在风电中的应用 ······························ 176
　　6.2.6　抽水蓄能技术在水电中的应用 ······························ 176
6.3　抽水蓄能技术的应用现状 ······································· 177
　　6.3.1　抽水蓄能技术在日本的发展和应用 ······················· 177
　　6.3.2　抽水蓄能技术在美国的发展和应用 ······················· 178
　　6.3.3　抽水蓄能技术在欧洲的发展和应用 ······················· 179
　　6.3.4　抽水蓄能技术在中国的发展和应用 ······················· 180
6.4　抽水蓄能的发展方向及新技术 ································· 181
　　6.4.1　常规抽水蓄能技术发展动向 ································· 181
　　6.4.2　地下抽水蓄能电站的发展 ···································· 182
　　6.4.3　海水抽水蓄能电站的发展 ···································· 182
　　6.4.4　可调速抽水蓄能发电机组的发展 ··························· 183
　　6.4.5　抽水蓄能电站未来发展路线 ································· 185
6.5　抽水蓄能技术的经济性 ·· 186
　　6.5.1　抽水蓄能电站主要技术经济指标 ··························· 186
　　6.5.2　抽水蓄能电站环保效益 ······································· 194
　　6.5.3　各国抽水蓄能电站的投资、运营、管理模式 ············· 196
6.6　本章小结 ·· 199
参考文献 ··· 200

第 7 章　压缩空气储能技术　203

7.1　概述 ··· 203
7.2　技术原理与特点 ··· 204
　　7.2.1　技术原理 ·· 204
　　7.2.2　技术特点 ·· 205
　　7.2.3　应用领域 ·· 207
7.3　发展现状 ·· 207
　　7.3.1　应用现状 ·· 207

7.3.2 研发现状 ······· 208
7.3.3 技术分类 ······· 211
7.4 关键技术 ······· 218
7.4.1 压缩机 ······· 218
7.4.2 膨胀机 ······· 219
7.4.3 储气设备 ······· 220
7.4.4 燃烧室 ······· 220
7.4.5 储热装置 ······· 221
7.5 发展趋势 ······· 222
7.5.1 新型蓄热式压缩空气储能系统 ······· 223
7.5.2 超临界空气储能系统 ······· 223
7.6 本章小结 ······· 224
致谢 ······· 224
参考文献 ······· 225

第8章 低品位热和冷存储技术 228

8.1 低品位热和冷存储技术发展概述 ······· 228
8.1.1 低品位热能现状 ······· 228
8.1.2 低品位热和冷存储技术现状 ······· 228
8.2 低品位热和冷存储材料 ······· 229
8.2.1 热能存储方式 ······· 229
8.2.2 储热材料分类及性能要求 ······· 230
8.2.3 典型储热（冷）材料 ······· 238
8.3 相变材料复合技术 ······· 241
8.3.1 相变材料封装与成型 ······· 241
8.3.2 相变材料导热强化 ······· 243
8.3.3 复合材料热导率计算方法 ······· 245
8.3.4 复合材料热导率计算模型 ······· 246
8.3.5 复合材料储热 ······· 249
8.4 储热（冷）技术中的传热问题 ······· 250
8.4.1 相变材料的熔化与凝固 ······· 250
8.4.2 储热系统散热削弱 ······· 255
8.4.3 储热系统传热强化 ······· 256
8.5 低品位热和冷存储技术应用 ······· 256
8.5.1 太阳能利用 ······· 256
8.5.2 建筑节能 ······· 257
8.5.3 纺织工业 ······· 258
8.6 低品位热和冷存储技术发展趋势 ······· 258
参考文献 ······· 259

第9章 中高温储热技术 263

9.1 中高温储热技术的基本原理和发展历史概述 ······· 263
9.1.1 基本原理 ······· 263
9.1.2 发展历史概述 ······· 264
9.2 中高温储热技术的功率和能量应用范围 ······· 269

　　9.2.1　显热储热 ·· 269
　　9.2.2　相变储热 ·· 270
　　9.2.3　热化学储热 ·· 272
　　9.2.4　吸附储热 ·· 272
9.3　中高温储热材料 ·· 273
　　9.3.1　显热储热材料 ·· 273
　　9.3.2　相变储热材料 ·· 273
　　9.3.3　热化学储热材料 ·· 277
　　9.3.4　吸附蓄热材料 ·· 280
9.4　中高温储热系统的应用现状 ·· 281
　　9.4.1　显热和相变储热系统 ·· 281
　　9.4.2　热化学储热系统 ·· 284
　　9.4.3　吸附储热系统 ·· 285
9.5　中高温储热的相关新技术发展 ·· 287
　　9.5.1　显热储热相关新技术 ·· 287
　　9.5.2　相变储热相关新技术 ·· 288
　　9.5.3　热化学储热 ·· 290
　　9.5.4　复合储热材料 ·· 290
　　9.5.5　新型储热系统与方法 ·· 292
9.6　中高温储热的技术和经济指标及未来发展线路图 ···································· 294
　　9.6.1　蓄热材料技术指标 ·· 294
　　9.6.2　技术的成熟度 ·· 297
　　9.6.3　蓄热系统的热效率和㶲效率分析 ·· 298
　　9.6.4　经济分析 ·· 301
　　9.6.5　蓄热技术未来发展 ·· 302
9.7　本章小结 ·· 303
参考文献 ·· 303

第10章　液态空气储能技术　312

10.1　液态空气储能技术的原理 ·· 312
10.2　液态空气储能的特点 ·· 313
10.3　液态空气储能技术的发展历史 ·· 315
10.4　液态空气储能技术与其他储能技术的比较 ·· 316
　　10.4.1　技术性能比较 ·· 316
　　10.4.2　经济性比较 ·· 316
10.5　液态空气储能技术的余能利用 ·· 317
10.6　液态空气储能技术在电力系统中的应用分析 ·· 318
10.7　液态空气储能在交通运输中的应用 ·· 319
10.8　液态空气储能技术的集成应用 ·· 321
　　10.8.1　液态空气储能与燃气轮机发电系统的集成 ······································ 321
　　10.8.2　液态空气储能与聚光太阳能热发电系统的集成 ·································· 321
　　10.8.3　液态空气储能技术与核电站的集成 ·· 323
　　10.8.4　液态空气储能技术与液化天然气再气化过程的集成 ······························ 323
10.9　本章小结 ·· 323
参考文献 ·· 323

11.1 镍氢电池概述 ·· 325
11.1.1 基本原理 ·· 325
11.1.2 镍氢电池分类 ······································ 327
11.1.3 镍氢电池发展历史 ································ 328
11.2 镍氢电池的功率和能量应用范围 ·············· 329
11.2.1 民品电池 ·· 329
11.2.2 动力电池 ·· 329
11.2.3 智能电网 ·· 331
11.3 镍氢电池应用现状和产业链及环境问题 ······ 332
11.3.1 市场 ··· 332
11.3.2 镍氢电池回收 ······································ 333
11.3.3 回收技术分析 ······································ 334
11.4 镍氢电池相关新技术的发展 ······················ 335
11.4.1 正极材料 ·· 335
11.4.2 负极材料 ·· 336
11.4.3 动力电池 ·· 338
11.4.4 电池管理系统 ······································ 340
11.5 镍氢电池的技术和经济指标及未来发展线路图 ··· 341
11.5.1 HEV 混合动力车 ·································· 341
11.5.2 燃料电池车 ··· 342
11.6 本章小结 ··· 343
参考文献 ·· 344

12.1 储能原理和发展历程 ······························· 347
12.1.1 飞轮储能原理 ······································ 347
12.1.2 飞轮储能系统结构 ································ 348
12.1.3 发展历程 ·· 349
12.2 关键技术概论 ··· 350
12.2.1 转子材料与结构 ··································· 350
12.2.2 微损耗轴承技术 ··································· 354
12.2.3 电机技术 ·· 357
12.2.4 飞轮储能电力电子技术 ························· 358
12.2.5 真空及系统集成技术 ···························· 360
12.3 产业应用概况 ··· 361
12.3.1 研究开发机构概述 ································ 361
12.3.2 生产企业 ·· 361
12.4 技术经济分析与发展趋势 ························· 361
12.4.1 技术指标 ·· 361
12.4.2 经济性估计 ··· 364
12.5 本章小结 ··· 365
参考文献 ·· 365

13.1　电容和超级电容器储能技术的基本原理和发展历史 ……………… 368

13.1.1　概述 …………………………………………………………… 368

13.1.2　超级电容器简介 ……………………………………………… 368

13.1.3　超级电容器的储能原理 ……………………………………… 369

13.1.4　超级电容器历史回顾 ………………………………………… 375

13.2　多孔碳材料 …………………………………………………………… 377

13.2.1　电化学性能影响因素 ………………………………………… 377

13.2.2　活性炭 …………………………………………………………… 379

13.2.3　碳气凝胶 ………………………………………………………… 381

13.2.4　碳纳米管 ………………………………………………………… 384

13.2.5　石墨烯 …………………………………………………………… 387

13.3　赝电容材料 …………………………………………………………… 388

13.3.1　金属氧化物 ……………………………………………………… 388

13.3.2　导电聚合物 ……………………………………………………… 395

13.3.3　杂原子掺杂化合物 …………………………………………… 401

13.4　超级电容器电解液 …………………………………………………… 405

13.4.1　有机体系电解液 ……………………………………………… 406

13.4.2　水系电解液 ……………………………………………………… 407

13.4.3　离子液体 ………………………………………………………… 408

13.4.4　固态电解质 ……………………………………………………… 409

13.5　其他关键原材料 ……………………………………………………… 410

13.5.1　导电剂 …………………………………………………………… 410

13.5.2　黏结剂 …………………………………………………………… 411

13.5.3　集流体 …………………………………………………………… 411

13.5.4　隔膜 ……………………………………………………………… 412

13.6　超级电容器的应用 …………………………………………………… 413

13.6.1　电子类电源 ……………………………………………………… 413

13.6.2　电动汽车及混合动力汽车 …………………………………… 413

13.6.3　变频驱动系统的能量缓冲器 ………………………………… 415

13.6.4　工业电器方面的应用 ………………………………………… 416

13.6.5　可再生能源发电系统或分布式电力系统 …………………… 416

13.6.6　军事装备领域 ………………………………………………… 418

13.7　本章小结 ……………………………………………………………… 418

参考文献 ……………………………………………………………………… 418

14.1　化学热泵系统概述及其在储能中的作用 ………………………… 429

14.1.1　化学热泵系统工作原理、操作模式与效能分析 ………… 429

14.1.2　化学热泵系统中的反应与工质对 ………………………… 431

14.2　化学热泵系统在储能领域的应用研究现状与未来应用场景 …… 436

14.3　本章小结 ……………………………………………………………… 439

参考文献 ……………………………………………………………………… 439

15.1　电力系统应用储能技术的需求和背景 ·································· 441
　15.1.1　电力系统在能源革命中面临的挑战 ························· 441
　15.1.2　储能技术在电力系统发展和变革中的作用 ·················· 443
　15.1.3　储能技术在电力系统中的主要应用场景 ···················· 445
　15.1.4　电力系统不同应用场景的储能时间尺度及其技术需求特征 ·· 446
15.2　储能技术在电力系统中的应用现状 ································ 447
　15.2.1　储能应用项目概况 ······································· 447
　15.2.2　储能在大规模集中式可再生能源发电领域的应用 ··········· 451
　15.2.3　储能系统参与电力系统辅助服务 ·························· 454
　15.2.4　储能系统在配电网及微电网的应用 ························ 456
15.3　我国电力系统储能应用实践 ······································ 459
　15.3.1　国家风光储输示范工程 ··································· 459
　15.3.2　深圳宝清储能电站示范工程 ······························ 461
　15.3.3　福建湄洲岛储能电站示范工程 ···························· 463
　15.3.4　福建安溪移动式储能电站 ································· 463
　15.3.5　浙江岛屿微网储能示范工程 ······························ 464
　15.3.6　睿能石景山电厂电池储能调频应用示范 ···················· 465
15.4　适合电力系统应用的储能技术评价 ································ 466
　15.4.1　电力系统中储能技术的四要素 ···························· 466
　15.4.2　储能的综合评价技术 ····································· 468
15.5　储能在电力系统应用中的发展趋势和重点研发方向 ············· 471
　15.5.1　储能在电力系统中的应用趋势 ···························· 472
　15.5.2　储能技术发展新机遇 ····································· 472
　15.5.3　重点关注和攻关的储能技术类型 ·························· 473
参考文献 ·· 476

16.1　核电系统概述及其对储能的需求 ································ 477
　16.1.1　核电系统概述 ··· 477
　16.1.2　核电对储能技术的需求 ··································· 485
16.2　核电系统中储能技术的应用现状 ·································· 486
　16.2.1　核电机组调峰能力分析 ··································· 486
　16.2.2　世界主要核电调峰手段 ··································· 487
　16.2.3　核电站配套储能设施——抽水蓄能电站 ···················· 488
　16.2.4　核电站与抽水蓄能电站的配合补偿运行 ···················· 489
　16.2.5　其他蓄能方式与核电的匹配运行 ·························· 490
16.3　核电系统中储能技术的未来应用情景 ···························· 491
　16.3.1　核电储能技术的发展契机 ································· 491
　16.3.2　各种储能技术的优缺点 ··································· 491
　16.3.3　适合核电系统的储能技术 ································· 492
　16.3.4　核电系统与储能电站的联合运行 ·························· 493
　16.3.5　适合于核电系统的新型储能技术 ·························· 494
16.4　未来核电技术的发展方向及其对储能技术的需求 ·············· 495
　16.4.1　未来核电的发展方向 ····································· 495
　16.4.2　未来核电对储能的需求 ··································· 497

参考文献 ··· 498

第17章 储能技术在风力和光伏发电系统中的应用 ⌈500⌉

17.1 风力发电和光伏发电技术概述及其对储能的需求 ············· 500
 17.1.1 国内外风电发展现状 ································ 500
 17.1.2 国内外光伏发电发展现状 ·························· 507
 17.1.3 风力发电系统概述 ································ 512
 17.1.4 光伏发电技术概述 ································ 520
 17.1.5 风力发电和光伏发电对储能的需求 ·················· 528
17.2 风力发电和光伏发电系统中储能技术应用研究 ··············· 533
 17.2.1 各种储能技术特性分析 ···························· 533
 17.2.2 电力电子技术 ···································· 534
 17.2.3 储能技术在风力发电系统中的应用研究 ·············· 537
 17.2.4 储能技术在光伏发电系统中的应用研究 ·············· 545
17.3 风力发电、光伏发电和储能技术的未来发展 ················· 556
 17.3.1 风力发电相关技术的发展 ·························· 556
 17.3.2 光伏发电相关技术的发展 ·························· 560
 17.3.3 储能技术在风电和光伏系统中的应用展望 ············ 564
17.4 本章小结 ·· 568
参考文献 ··· 569

第18章 储能技术在太阳能热发电系统中的应用 ⌈572⌉

18.1 太阳能热发电技术的概述及其对储能的需求 ················· 572
 18.1.1 太阳能热发电技术概述 ···························· 572
 18.1.2 太阳能热发电系统分类及其储能方式 ················ 573
 18.1.3 太阳能热发电系统性能特点及其优缺点 ·············· 580
18.2 太阳能热发电系统中储能技术的应用现状 ··················· 581
 18.2.1 熔盐显热蓄热 ···································· 582
 18.2.2 其他太阳能热发电蓄热方法 ························ 588
18.3 太阳能发电系统中储能技术的未来应用情景 ················· 595
 18.3.1 太阳能是解决未来能源问题的主要技术途径 ············ 595
 18.3.2 太阳能热发电能够提供连续稳定电能，可以成为主力能源 ·· 595
 18.3.3 太阳能热发电是有经济竞争力的可再生能源发电方式 ······ 596
 18.3.4 太阳能热发电在国际上已取得巨大成功，并有广阔发展前景 ·· 598
 18.3.5 我国太阳能热发电发展前景也十分看好 ················ 599
 18.3.6 熔盐蓄热在太阳能热发电中有很好的应用前景 ·········· 602
参考文献 ··· 603

第19章 储能技术在工业余热回收中的应用 ⌈604⌉

19.1 工业余热概述及其对储能的需求 ··························· 604
 19.1.1 工业余热的定义 ·································· 604
 19.1.2 工业余热过程对储能技术的需求 ···················· 604
 19.1.3 工业余热中的主要储存方式 ························ 606
 19.1.4 工业余热储存系统的要素 ·························· 606
19.2 工业余热回收中储能技术的应用现状 ······················· 610
 19.2.1 工业对储能技术的需求 ···························· 610

    19.2.2　储热技术应用实例介绍 ·· 612
19.3　工业余热回收中储能技术的未来应用 ································· 614
    19.3.1　移动储热技术 ··· 614
    19.3.2　与电能消峰结合的储热技术 ······································· 615
    19.3.3　工业余冷的储存 ·· 616
19.4　本章小结 ·· 617
参考文献 ·· 618

第20章　储能技术在交通运输系统中的应用　619

20.1　交通运输系统概述及其对储能技术的需求 ······················· 619
    20.1.1　交通运输系统与国民经济的关系 ································· 619
    20.1.2　交通运输系统与能源的关系 ······································· 619
    20.1.3　交通运输系统对储能技术的要求 ································· 624
20.2　储能技术在交通运输系统中的应用现状 ··························· 626
    20.2.1　飞轮储能和燃料电池储能技术的应用 ·························· 626
    20.2.2　锂离子储能电池在航空领域中的应用 ·························· 626
    20.2.3　储能技术在海上交通系统中的应用现状 ······················ 628
    20.2.4　储能技术在道路交通领域中的应用现状 ······················ 629
    20.2.5　储能系统在电动汽车中应用的关键技术 ······················ 630
    20.2.6　储能技术在纯电动车中的应用 ···································· 639
    20.2.7　储能技术在混合动力汽车中的应用现状 ······················ 651
    20.2.8　动力电池系统的测试评价方法 ···································· 668
20.3　本章小结 ·· 680
参考文献 ·· 680

第21章　储能应用的经济性分析　682

21.1　导言 ·· 682
21.2　储能市场的现状及预期 ··· 684
21.3　储能的应用 ··· 686
    21.3.1　大容量能量服务 ·· 687
    21.3.2　辅助服务 ··· 687
    21.3.3　输电基础设施服务 ·· 689
    21.3.4　配网基础设施服务 ·· 689
    21.3.5　用电侧能源管理服务 ·· 690
21.4　储能电力服务叠加 ··· 690
21.5　对储能电力应用服务的价值评估 ····································· 691
21.6　对储能应用的成本评估 ··· 693
    21.6.1　系统安装成本 ··· 693
    21.6.2　运营及维护成本 ·· 693
    21.6.3　资金成本 ··· 693
    21.6.4　其他成本 ··· 694
21.7　储能发展的主要瓶颈：成本 ·· 694
21.8　储能成本减低的主要途径 ··· 696
    21.8.1　降低材料成本，提高储能的能量密度 ·························· 696
    21.8.2　规模效益可以带来的储能成本降低 ····························· 697
21.9　本章小结 ·· 699
参考文献 ·· 699

第 1 章 绪论

1.1 储能技术的重要性与主要功能

储能科学与技术是一门相对较老的交叉学科，但其迅猛发展则是发生在近十几年。其发展的主要驱动力可以归结为全球致力于解决能源领域的"三难问题"（energy trilemma）——清洁能源供应、能源安全、能源的经济性。解决能源"三难问题"主要有如图 1-1 所示的四种途径，即先进能源网络技术、需求方响应技术、灵活产能技术和储能技术。尽管储能技术只是四种解决方案的一种，但是考虑到其在能源网络、需求方响应和灵活产能技术中的潜在作用，储能是四种方案中最为重要的一种。

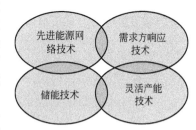

图 1-1 解决能源"三难问题"的四种主要途径

具体到储能技术的主要功能，以电力系统为例（图 1-2），储能技术是解决常规电力负荷率低、电网利用率低、可再生能源的间歇性和波动性、分布式区域供能系统的负荷波动大和低可靠性、大型核电厂调峰能力低等的关键技术；同时，储能技术也是保证电网稳定性、工业过程降耗提效、关键设备延寿与降维护成本等的关键手段。

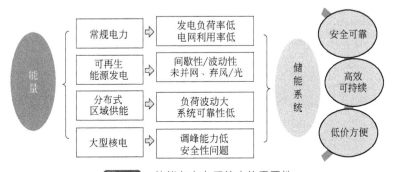

图 1-2 储能在电力系统中的重要性

1.2 储能技术的多样性

能量是物质做功能力的体现，其形式众多，包括电磁能、机械能、化学能、光能、核能、热能等（图 1-3）[1,2]。不同形式的能量能级（或能质）不同（图 1-4），其相互之间的转换效率也各异；例如，电能磁能的能级最高，而热能的能级最低；即使是同一形式的能量，其能级也存在差别，例如，热能的能级与温度有关，而电能的能级则与电压相关。这些不同形式的能量在本质上可以归类为动能、势能或它们之间的组合（图 1-3）。

如前所述，不同形式能量间的转换效率也各异，例如，电能可以完全地直接转换成高等级的高温热能，也可以通过热泵原理转换成数倍于电能输入的低品质中低温热能；而热能转换成电能的效率与温度（能级）及转换装置效率相关，高温或深冷热能转换成电能的效率一般低于50％（先进联合循环发电技术），而低品质热能转换为电能的效率则一般低于15％左右。能级及能量间的转换效率是现代能源技术（包括储能技术）的基石——热力学定律——的控制。

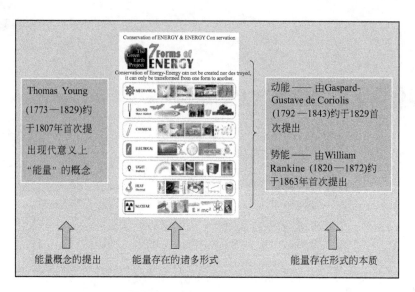

图 1-3　能量的存在形式及本质

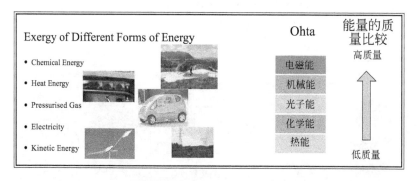

图 1-4　能量的质量或能级

1.3　储能技术的分类与发展程度

如前所述，不同存在形式的能量具有不同的能级，再加上不同应用的驱动，导致了储能技术发展的多样性（见图1-5）[3]，这些技术的大致储/放能时间和功率范围如图1-6所示，并可大体分成三类：成熟技术、已发展了的技术、正在发展的技术（图1-5）。迄今为止，只有抽水蓄能、传统压缩空气储能技术、铅蓄电池技术可认为是成熟技术[3]。

需要指出的是，由于储能技术的多样化和潜在应用，其发展与应用应遵循以下两个原则：①能量应尽可能根据需要，按"质量（能级）"存储和释放；②所有储能技术都包含热力学中的不可逆过程，而这些过程都有损失，所以能不储就不储，不要为了储能而储能。

图1-5和图1-6所示的储能技术大致可分为功率型和能量型两大类（尽管这种分类在业界存在争议，特别是它们之间的分界，但是从应用层面有不少可取之处）。功率型储能技术的反应速度一般在毫秒到秒级，可以参与一次调频；而能量型储能技术的反应速度在分钟级，可参与二次

调频（见图 1-7）。电池、超级电容和飞轮是典型的功率型储能技术，其反应速度在毫秒到秒级，而储热（蓄热）、压缩空气储能及抽水蓄能则是典型的能量型储能技术，其反应速度一般在几分钟到十几分钟。

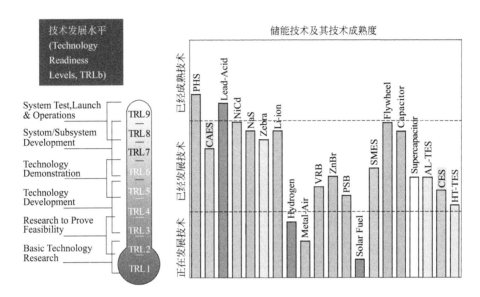

图 1-5　储能技术及其技术发展水平

PHS—抽蓄；CAES—压缩空气；Lead-Acid—铅蓄电池；
NiCd—镍镉电池；NaS—钠硫电池；Zebra—钠-氯化镍电池；
Li-ion—锂离子电子电池；Hydrogen—储氢；Metal-Air—金属-空气电池；
VRB—液流（如全钒流）电池；SMES—超导磁储能；
Flywheel—飞轮；Capacitor—电容；
Supercapacitor—超级电容；CES—深冷（如液态空气）储能；
AL-TES，HT-TES—储热

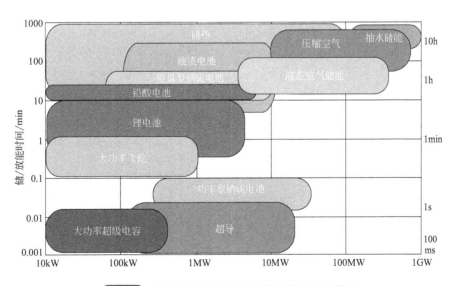

图 1-6　各类储能技术的储/放能时间及功率范围

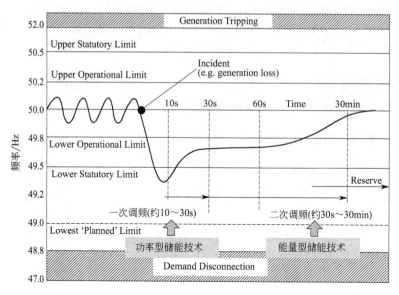

图 1-7　功率型与能量型储能技术的反应速度与电网调频应用

1.4　储能技术应用现状和市场预测

储能技术的应用现状如图 1-8 所示由于数据存在不完整，此图为定性比较尽管全球装机份额从 5 年前的约 98％降到目前的约 91％，抽水蓄能仍占绝对主导地位；在非抽水储能的约 9％份额中，电化学储能份额近 30％，而储热装机容量则超过 65％。尽管非抽蓄储能技术很难在未来 5～10 年占主导地位，但抽水蓄能的份额预计会大幅度下降。

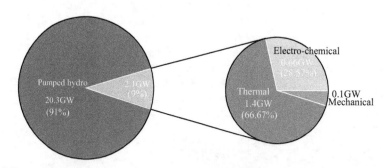

图 1-8　全球储能装机容量现状（2016 年，美国 DOE global energy storage 数据库）

储能技术的市场前景在近年来已有不少预测，尽管这些预测结果各异，但量级相近，其市场接近千亿美元，主要分布在美国、英国、德国、中国和日本。

1.5　储能技术的研究情况

储能技术的研究情况可以从发表文章和专利数来分析。图 1-9 和图 1-10 分别比较了不同储能技术方向在 2006～2016 年 10 年中发表的期刊论文数和专利数。

从图 1-9 可见，储能方向所发表的文章主要在锂离子电池和储热/储冷两个方向，这两个储能技术领域在 2009 年以前每年发表的文章数相当，锂离子电池领域发表的文章数从 2010 年开始超过储热/储冷领域，并且差别逐年增加；2015 年锂离子电池领域的文章总数约为 3500 篇，是储热/储冷领域文章数的 3.5 倍。过去十年专利方面的趋势与文章发表类似，锂离子电池和储热/储冷占主导地位，其中锂离子电池的专利从 2006 年的约 1500 件增加到 2015 年的约 6500 件，而储热/储冷领域的专利从 2006 年的约 700 件增加到 2015 年的近 2700 件。图 1-9 和图 1-10 也显示近两年文章和专利数的增长变得平缓。

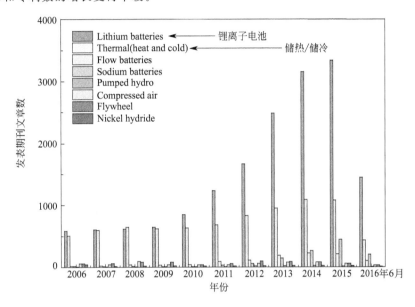

图 1-9　全球 **2006~2016** 年期间储能领域发表的期刊论文数（出处：Web of Science）

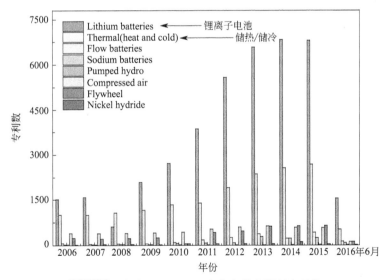

图 1-10　全球 **2006~2016** 年期间储能领域专利数

参　考　文　献

［1］　Ohta T，Yokohama. Energy Technology Sources，Systems and Frontier Conversion. 1994.

［2］　Odum H T. Self-Organization，transformity and information. Science，1988，242：1132-1139.

［3］　Chen H，Cong N T，Yang W，Tan C，Li Y，Ding Y L. Progress in electrical energy storage system-a critical review. Progress in Natural Science，2009，19（3）：291-312.

［4］　Lux Research. Grid storage under the microscope，2012.

第 2 章　锂离子电池技术

2.1　锂离子电池发展历史概述和基本原理[1]

在所有元素中，锂是自然界中最轻的金属元素，同时具有最负的标准电极电位（-3.045V vs. SHE）。这两个特征结合在一起使得以该元素为负极的电化学储能器件具有很高的能量密度，理论比容量达到 3860mA·h/g，而锌和铅分别只有 820mA·h/g 和 260mA·h/g[1,2]。由于锂的标准还原电位很低，在水中热力学上是不稳定的，因此实际锂电池的应用主要依赖于合适的非水体系电解液的发展。

锂电池的产生可以追溯到 1958 年加利福尼亚大学 W. Harris 的博士论文。论文的题目是环状酯中的电化学（Electrochemistry in Cyclic Esters），主要研究碳酸丙烯酯（PC）与其电解液。锂电池的概念最早来自日本，Matsuchita 公司研究出 $Li/(CF)_n$ 电池[3]。后来，性能更好、价格更低的 Li/MnO_2 体系代替了 $Li/(CF)_n$ 体系，直至今天，这种电池仍被大量使用。仍在使用的一次体系还包括 $Li-I_2$ 电池、$Li-SOCl_2$ 电池和 $Li-FeS_2$ 电池等。锂电池具有高容量、低自放电率和倍率性能好等优点，在很多领域得到应用，如手表、电子计算器和内置医疗器械等，它在军事上的地位更为重要。

在 1970～1985 年之间，在锂电池领域发生了两件重要的大事。第一件就是固体电解质中间相（SEI 膜）的提出。实验中发现，在以 PC、BL 等为溶剂的电解液中，金属锂表面能够形成一层钝化膜，避免了金属与电解液的进一步反应。Peled 等深入地研究了该钝化层的性质以及对电极动力学的影响，认为倍率的决定性步骤是锂离子在该钝化膜中的迁移[4,5]。电解液的成分决定该钝化膜的性质，因此为了形成薄的、致密的、具有完全保护作用的钝化膜，必须对电解液的成分进行优化。优化的溶剂主要由以下三部分组成：具有高介电常数的成分（如 EC）；控制钝化膜形成的二烷基碳酸酯成分（如 DMC）；用来提高其电导率的低黏度成分（如 DME）。

另一件重要的事情就是提出了硫族化合物嵌入体系和嵌入化学。初期研究的多为硒化物，如 $NbSe_2$、$NbSe_3$ 等[6~8]；后来研究的多为二硫化物，典型代表为 TiS_2、MoS_2 和 TaS_2 等[9~11]。TiS_2 结构稳定，在锂过量的条件下，Li/TiS_2 电池的循环性非常好，每周容量损失小于 0.05%。TiS_2 曾经应用于早期的二次锂电池上，但由于价格的原因，后来被 MoS_2 所取代。到了后期，人们开始研究氧化物，主要为 V-O 体系[12,13]。

SEI 膜概念的提出和嵌入化合物、嵌入化学的发展对锂二次电池以及日后出现的锂离子电池的发展具有深远的意义。

锂过量的二次锂电池循环性很好，影响它应用的最主要问题是安全性问题。当锂离子还原成金属时，锂在金属表面析出，容易产生枝晶，如果枝晶穿透隔膜与正极接触造成短路，会发生电解液外漏，甚至爆炸的危险。为了提高它的安全性，一些研究者使用 Li-Al 合金代替金属锂作为负极[14]。还有一些学者使用的方法是仔细设计电解液体系，形成更为致密的钝化膜，特别是采用固体聚合物电解质[15,16]。固体聚合物电解质在室温下电导率太低，只适合于在 60～80℃下应用，在实际使用中性能很差。虽然专家对锂二次电池的安全性一直都很担忧，但直到 1989 年 Moli 公司的爆炸事件导致公司濒临破产并被廉价收购之后，各大公司才不得不重新考虑锂二次电池。一年之后，Sony 公司推出了锂离子电池，锂二次电池暂时退出了市场。

锂离子电池的概念由 Armand 等[16]提出。他提出了摇椅式锂二次电池的想法，即正负极材料均采用可以储存和交换锂离子的层状化合物，充放电过程中锂离子在正负极间来回穿梭，相当于锂的浓差电池。

　　受锂电池的影响，直至 20 世纪 80 年代中期，锂源负极的观念仍未改变，负极材料曾经考虑使用 $LiWO_2$、$Li_6Fe_2O_5$、$LiNb_2O_5$[17~20]等，但由于价格昂贵、能量密度低等原因未取得实质性进展。在同一历史时期，Goodenough 等先后合成了 $LiCoO_2$[21]、$LiNiO_2$[22] 和 $LiMn_2O_4$[23]，它们是能够提供锂源的正极材料。这些材料为锂离子电池提供了正极基础，更为重要的是改变了锂源必须为负极的状态，进而影响负极材料的发展。

　　锂电池技术的发展历史如图 2-1 所示，由 M. Broussely 创作。

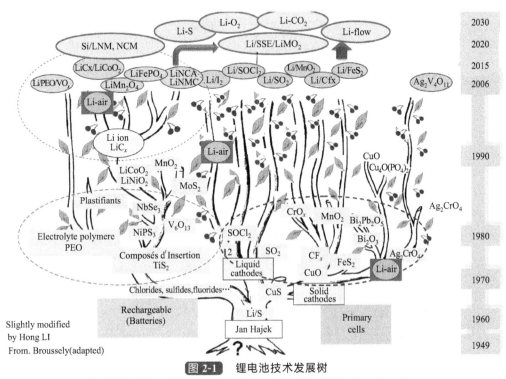

图 2-1　锂电池技术发展树

（原图由法国 SAFT 公司 M. Broussely 创作，2015 年之后的内容由作者补充）

　　第一个锂源为正极的电池体系出现在 1987 年，由 Auburn 和 Barberio 提出。他们使用的负极为 MoO_2 或 WO_2，正极为 $LiCoO_2$，电解液为 1mol/L 的 $LiPF_6$ 丙烯碳酸酯（PC）溶液[24]。

　　摇椅式电池体系成功的应用还依赖于基于石墨化和非石墨化碳材料为负极的应用。碱金属石墨插层化合物在 1920 年就已经知晓，但第一次尝试利用石墨作为嵌锂负极材料却是失败的[25]。后来，发现结晶度差的非石墨化碳对电解液的分解不敏感，因此首先被用作锂离子电池负极材料。

　　Sony 公司于 1989 年申请了石油焦为负极、$LiCoO_2$ 为正极、$LiPF_6$ 溶于 PC＋EC 混合溶剂作为电解液的二次电池体系的专利[26]。并在 1990 年开始将其推向商业市场[27]。由于这一体系不含金属锂，日本人命名为锂离子电池，这种说法最终被广为接受。

　　锂离子电池具有高电压、高功率、长寿命、无污染等优点，适应了微电子和环保的要求，迅速席卷整个电池市场。因此，一经推出，立即激发了全球范围内研发二次锂离子电池的狂潮。目前，人们还在不断研发新的电池材料，改善设计和制造工艺，不断提高锂离子电池的性能。以 18650 型锂离子电池为例，1991 年 Sony 公司产品的容量为 900mA·h，目前已达到 3.7A·h[28]。负极材料拓展到 $Li_4Ti_5O_{12}$，硅基负极材料，正极材料包括尖晶石 $LiMn_2O_4$、$LiNi_{0.5}Mn_{1.5}O_4$，层状 $Li(Ni_xCo_yMn_z)O_2$、$LiNi_{0.8}Co_{0.15}Al_{0.05}O_2$，橄榄石 $LiFePO_4$、$Li(Fe_{1-x}Mn_x)PO_4$ 等。电池的充电电压从开始的 4.25V 提升至 4.4V。

　　锂离子电池工作原理如图 2-2 所示。充电过程中，锂离子从正极材料中脱出，通过电解质扩散到负极，并嵌入到负极晶格中，同时得到由外电路从正极流入的电子，放电过程则与之相反。正负极材料的结构中存在着可供锂离子占据的空位。空位组成一维、二维、三维或无序的离子输运通道。例如，$LiCoO_2$ 和石墨为具有二维通道的层状结构的典型的嵌入化合物。分别以这两种材料为正负极活性材料组成锂离子电池，则充电时电极反应可表示为：

正极：$LiCoO_2 \longrightarrow Li_{1-x}CoO_2 + xLi^+ + xe^-$

负极：$C + xLi^+ + xe^- \longrightarrow Li_xC$

电池总反应：$LiCoO_2 + C \longrightarrow Li_{1-x}CoO_2 + Li_xC$

锂离子电池的工作原理实际上是一类固态浓差电池，只要正负极材料中的至少一个材料能够储存锂，且其电化学势存在显著的差异（大于 1.5V），就可以形成锂离子电池。能够可逆储存锂的机制包括嵌入脱出反应、相转变反应、转换反应、界面储锂、表面储锂、化学键、自由基、欠电位沉积等[29]。

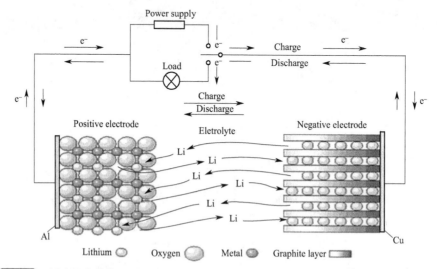

图 2-2 锂离子电池的工作原理图〔改编于 J. Alper，Science 296（2002）（5571）1224〕

2.2 锂离子电池的功率和能量应用范围

锂离子电池的应用从消费电子逐渐拓展到电动交通工具、轨道交通、基于太阳能与风能的分散式电源供给系统、电网调峰、储备电源、通信基站、绿色建筑、便携式医疗电子设备、工业控制、工业节能、航空航天、机器人、国家安全等广泛的领域，参见图 2-3。储能器件在应用时最

图 2-3 电池的主要应用与需要关注的性能

为关注的是能量与功率，不同的应用对功率、能量的要求参见图 2-4。

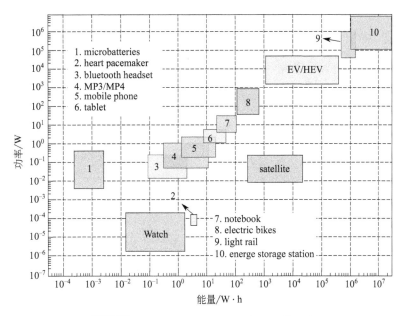

1. microbatteries
2. heart pacemaker
3. bluetooth headset
4. MP3/MP4
5. mobile phone
6. tablet
7. notebook
8. electric bikes
9. light rail
10. energe storage station

图 2-4　不同应用对能量与功率大小的要求

锂离子电池的质量能量密度从 1991 年的 90W·h/kg 逐渐发展到 335W·h/kg，体积能量密度从 170W·h/L 逐渐提高到 800W·h/L，参见图 2-5。这些技术的进步来自于多项技术进步，例如，$LiCoO_2$ 正极材料的容量从开始的 140mA·h/g 通过表面修饰与 Ti、Mg 共掺杂逐渐提升到 220mA·h/g；碳负极材料从初始的针状焦 90mA·h/g 逐渐提升到高容量石墨的 360mA·h/g，以及复合硅负极的 450mA·h/g。电解液的耐充电压允许提升至 4.4～4.6V；同时作为集流体的 Cu 箔与 Al 箔从初始的 40μm 减薄至 8～10μm，隔膜从 25～40μm 减薄至 11μm，封装材料从原来的钢壳发展到轻质铝塑膜材料，这些技术的进步显著提高了电池的能量密度。

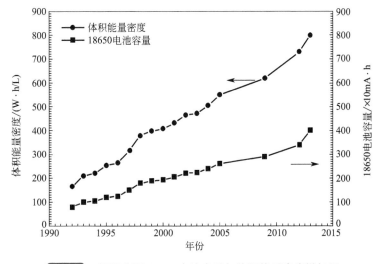

图 2-5　松下公司 18650 电池容量与体积能量密度增长图

目前具备高能量密度的电池还不能同时具备高功率电池。发展高功率电池，主要考虑的是如何降低电池内阻，提高电池的安全性、散热特性等。目前 Saft 公司的锂离子电池的功率密度已经达到了 20kW/kg，车用动力电池的功率密度一般可以达到 800~2000W/kg，参见图 2-6。

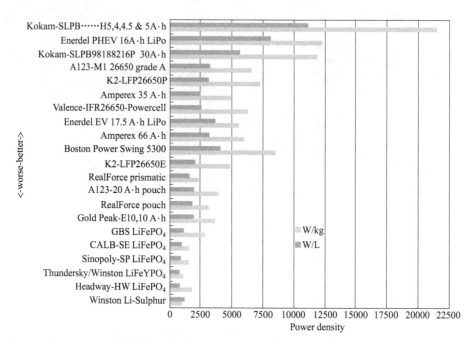

图 2-6 不同企业生产的锂离子电池的功率密度

（图来源：http://liionbms.com/php/wp_short_discharge_time.php）

2.3 锂离子电池关键材料发展现状

锂离子电池电芯内部包括正极、负极、隔膜、电解质、封装材料、PTC（热敏电阻）、极柱等。正极包括正极活性材料、（铝）箔、正极粘接剂、导电添加剂；负极包括负极活性材料、（铜）箔、负极粘接剂、导电添加剂；隔膜为多孔聚乙烯、聚丙烯单层或三层复合膜，单面或双面可以涂覆纳米氧化铝或其他物质；电解质包括导电锂盐、碳酸酯类溶剂、功能添加剂。封装材料包括铝壳、钢壳、铝塑膜等。锂离子的电芯包括圆柱形、方形、叠层软包、异形等。锂离子电池的技术进步与各种材料的进步有关，限于篇幅，主要介绍正负极材料、电解质材料，简单介绍其他电池材料。

2.3.1 正极材料[30]

目前商业化使用的锂离子电池正极材料按结构主要分为以下三类：

① 六方层状晶体结构的 $LiCoO_2$；

② 立方尖晶石晶体结构的 $LiMn_2O_4$；

③ 正交橄榄石晶体结构的 $LiFePO_4$。

其中六方层状晶体结构的材料又演化出三元正极材料 $Li(Ni_xCo_yMn_z)O_2$，镍钴铝正极材料 $LiNi_{0.8}Co_{0.15}Al_{0.05}O_2$（NCA），富锂正极材料 $xLi_2MnO_3 \cdot (1-x)Li(Ni_xCo_yMn_z)O_2$。尖晶石 $LiMn_2O_4$ 材料还包括高电压的镍锰尖晶石结构材料 $LiNi_{0.5-x}M_xMn_{1.5-y}O_4$（M=Cr，Fe，Co 等）；磷酸盐正极材料还包括铁锰固溶体 $Li(Fe_{1-x}Mn_x)PO_4$ 以及 $Li_3V_2(PO_4)_3$ 材料。

典型正极材料的充放电曲线参见图 2-7。

主要的技术指标参见表 2-1。

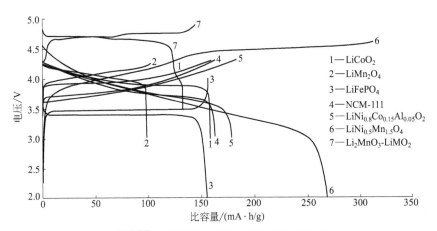

图 2-7 典型正极材料的充放电曲线特征

表 2-1 常见锂离子电池正极材料及其性能

项目	磷酸铁锂	锰酸锂	钴酸锂	三元镍钴锰
化学式	$LiFePO_4$	$LiMn_2O_4$	$LiCoO_2$	$Li(Ni_xCo_yMn_z)O_2$
晶体结构	橄榄石结构	尖晶石	层状	层状
空间点群	Pmnb	Fd-3m	R-3m	R-3m
晶胞参数/($\times 10^{-10}$ m)	$a=4.692, b=2.332,$ $c=6.011$	$a=b=c=8.231$	$a=2.82, c=14.06$	—
表观扩散系数/(cm^2/s)	$1.8\times10^{-16}\sim2.2\times10^{-14}$	$10^{-14}\sim10^{-12}$	$10^{-11}\sim10^{-12}$	$10^{-10}\sim10^{-11}$
理论密度/(g/cm^3)	3.6	4.2	5.1	—
振实密度/(g/cm^3)	$0.80\sim1.10$	$2.2\sim2.4$	$2.8\sim3.0$	$2.6\sim2.8$
压实密度/(g/cm^3)	$2.20\sim2.30$	>3.0	$3.6\sim4.2$	>3.40
理论容量/($mA\cdot h/g$)	170	148	274	$273\sim285$
实际容量/($mA\cdot h/g$)	$130\sim160$	$100\sim120$	$135\sim220$	$155\sim220$
相应电池电芯的质量比能量/($W\cdot h/kg$)	$130\sim160$	$130\sim180$	$180\sim260$	$180\sim240$
平均电压/V	3.4	3.8	3.7	3.6
电压范围/V	$3.2\sim3.7$	$3.0\sim4.3$	$3.0\sim4.5$	$2.5\sim4.6$
循环性/次	$2000\sim6000$	$500\sim2000$	$500\sim1000$	$800\sim2000$
环保性	无毒	无毒	钴有毒	镍、钴有毒
安全性能	好	良好	良好	良好
适用温度/℃	$-20\sim75$	>55 快速衰退	$-20\sim55$	$-20\sim55$
价格/(万元/吨)	$6\sim20$	$3\sim12$	$20\sim40$	$10\sim20$
主要应用领域	电动汽车及大规模储能	电动工具、电动自行车、电动汽车及大规模储能	传统 3C 电子产品	电动工具、电动自行车、电动汽车及大规模储能

  $LiCoO_2$ 材料虽然研究和应用时间很长，但不断提高其充放电容量和倍率、安全特性的努力从未间断。为了能将更多的锂离子从晶体结构可逆地脱出，掺杂、包覆等方法被广泛用来对其进行改性。在包覆方面较成功的还有 $AlPO_4$[31]、Al_2O_3[32,33] 和 MgO[34] 等，在掺杂方面，较成功的有 Mn 掺杂[35~37]、Al 掺杂[37,38] 以及 Ti、Mg 共掺杂[39]。采用 $LiCoO_2$ 材料的锂离子电池的主要应用领域为传统 3C 电子产品。

  $LiMn_2O_4$ 的最大缺点是高温容量衰减较为严重。主要由以下原因引起：①Jahn-Teller 效应及钝化层的形成，有文献表明，经过循环或者存储后的 $LiMn_2O_4$ 表面锰的价态比内部低，即表面有较多的 Mn^{3+}[40]。在放电过程中，材料表面生成 $Li_2Mn_2O_4$，由于表面畸变的四方晶系与颗粒内部的立方晶系不相容，会严重破坏结构的完整性和颗粒间的有效接触，影响锂离子扩散和颗粒间的电导性，造成容量损失。②锰的溶解，电解液中存在的痕量水分会与电解液中的 $LiPF_6$ 反应生成 HF，导致 $LiMn_2O_4$ 发生歧化反应，Mn^{2+} 溶解到电解液中，尖晶石结构被破坏[41~44]。③电解液在高电位下分解，在循环过程中电解液会发生分解反应，在材料表面形成 Li_2CO_3 膜，使电池极化增大，从而造成尖晶石 $LiMn_2O_4$ 在循环过程中容量衰减[45,46]。为了改善 $LiMn_2O_4$ 的高温循环与储存性能，人们采用了如下方法对其进行改性：使用其他金属离子（如 Li、Mg、Al、Ti、Cr、Ni、Co 等)[46]部分替换 Mn；减小材料尺寸，以减少颗粒表面与电解液的接触面积[45]；对材料进行表面改性处理[47~49]；使用与 $LiMn_2O_4$ 兼容性更好的电解液[50]等等。孙玉城博士在其表面包覆 $LiAlO_2$，经热处理后，发现在尖晶石颗粒表面形成了 $LiMn_{2-x}Al_xO_4$ 的固溶体，对电极表面起了保护作用，同时提高了晶体结构的稳定性，改善了 $LiMn_2O_4$ 的高温循环性能和储存性能，还提高了倍率性能[51]。纳米单晶颗粒也是提高 $LiMn_2O_4$ 材料性能的手段，因为纳米单晶可以同时满足高的电极材料密度和小尺寸的条件[52]，在不降低电极密度的条件下提高其倍率性能。锰酸锂成本低，无污染，制备容易，适用于大功率低成本动力电池，可用于电动汽车、储能电站以及电动工具等方面。欧洲最大的储能电池设备使用锰酸锂技术存储电能，将在英国南部贝德福德郡的莱顿巴扎德启动，由施恩禧电气欧洲公司、三星 SDI 公司和德国 Younicos 公司负责建造，造价 1870 万英镑，建成后的容量为 6MW/(10MW·h)，将并在用电高峰期供能，以满足电网需求。预计该项目可调整频率及负载转移，从而可稳定电网[53]。目前，世界范围内，$LiMn_2O_4$ 产量最大的国际企业为日本户田工业（Toda），国内企业为湖南杉杉。

$LiFePO_4$ 的缺点在于其电子电导比较差，在 10^{-9} S/cm 量级，锂离子的活化能在 $0.3\sim 0.5eV$，表观扩散系数 $10^{-10}\sim 10^{-15} cm^2/s$[54]，导致材料的倍率性能差。为提高其倍率性能，Armand 等提出碳包覆的方法，显著提高了 $LiFePO_4$ 的电化学活性[55]，Yamada 等人把材料纳米化，缩短扩散路径[56,57]。随后，研究者提出，掺杂提高电子电导可能是优化其电化学性能的重要方法[58,59]。关于掺杂一直存在争议，主要是存在以下几个问题：是否能够掺入到 $LiFePO_4$ 中，以及掺杂的位置，掺杂能否提高离子电导。磷酸铁锂材料的主要金属元素是铁，因此在成本和环保方面有着很大的优势。磷酸铁锂材料循环寿命可达 6000 次以上，快速充放电寿命也可达到 1000 次以上。与其他正极材料相比，磷酸铁锂具有更长循环寿命、高稳定性、更安全可靠、更环保并且价格低廉、更好的充放电倍率性能。磷酸铁锂电池已被大规模应用于电动汽车、规模储能、备用电源等。

$LiNi_{1-x-y}Co_yMn_xO_2$ 与 $LiCoO_2$ 一样，具有 α-$NaFeO_2$ 型层状结构（R-3m 空间群），理论容量约为 275mA·h/g[60]。在三元材料中，Mn 始终保持 +4 价，没有电化学活性，Ni 和 Co 为电化学活性，分别为 +2 价和 +3 价[61~63]。Mn^{4+} 的存在能稳定结构，Co^{3+} 的存在能提高材料的电子电导，同时抑制 Li、Ni 互占位。且在一定范围，倍率性能随着 Co 的掺杂量提高而变好[64]。Li-Ni-Co-Mn-O 三元材料相比于 $LiCoO_2$ 有成本上的优势，目前已经在商品锂离子电池中大量使用。目前市场上常见的三元材料镍钴锰的比例为 424、333、523、262、811 等。目前基本掌握了镍含量在 60% 以下的技术，更高含量的材料在空气中和循环过程中不稳定，需要进一步研发。

$LiNi_{0.80}Co_{0.15}Al_{0.05}O_2$ 材料的可逆容量可以超过 180mA·h/g，Co、Al 的复合掺杂能促进 Ni^{2+} 的氧化，减少 3a 位 Ni^{2+} 含量，抑制充放电过程中从 H2 到 H3 的不可逆相变，从而提高材料本身的循环稳定性。目前的技术发展接近 200mA·h/g 的水平，Tesla 汽车中使用的松下电池主要采用 NCA 作为正极材料。

富锂正极材料 $Li_{1+x}A_{1-x}O_2$ 可以看作是由 Li_2MnO_3 与 $LiMO_2$ 按不同比例组成的连续固溶体，表示为 $yLi_2MnO_3\cdot(1-y)LiMO_2$（M 是一种或一种以上的过渡金属，如 Mn、Ni、Co 之一或任意组合）或者 $Li[Li_{1+z}M_{1-z}]O_2$。Li_2MnO_3 具有与 $LiCoO_2$ 类似的 α-$NaFeO_2$ 层状结构，但是，由于 $LiMn_2$ 层中 Li、Mn 原子的有序性，其晶格对称性与 $LiCoO_2$ 相比有所降低，空间群变为单斜的 C2/m。Li_2MnO_3 的过渡金属层是由 Li、Mn 以 1:2 的比例排列的，每个 Li 被 6 个 Mn 包围，因此 Li_2MnO_3 也可以表示成 $Li(Li_{1/3}Mn_{2/3})O_2$。富锂相正极材料能够提供 $200\sim 330mA\cdot h/g$ 的比容量，目前还存在电压和功率衰减、倍率性能、循环性能差的问题，正在通过掺杂、包覆、非计量比等策略来改性。

高电压正极材料 $LiNi_{0.5}Mn_{1.5}O_4$ 可以看作是 Ni 掺杂的 $LiMn_2O_4$。$LiNi_{0.5}Mn_{1.5}O_4$ 为立方尖晶

石结构，有两种空间结构[65]，一种空间群为 Fd-3m，Ni/Mn 原子随机占位，在 $P4_3 32$ 结构中，Ni 原子占据 4a 位，Mn 原子占据 12d 位，是一种有序结构。$LiNi_{0.5}Mn_{1.5}O_4$ 具有 4.7V 的平台，其理论放电比容量为 $146.7mA \cdot h/g$[66]。在 $LiNi_{0.5}Mn_{1.5}O_4$ 中，锰全部为 +4 价，在充放电过程中不发生氧化还原反应，起稳定晶体结构的作用。同时，由于没有 Mn^{3+} 的存在，就避免了在充放电过程中惰性 Mn^{2+} 的生成。Ni 全部为 +2 价，为材料中的电化学活性金属离子，在充放电过程中 $LiNi_{0.5}Mn_{1.5}O_4$ 对应的 Ni^{2+}/Ni^{3+} 和 Ni^{3+}/Ni^{4+} 的两个平台都处于 4.7V 左右，电压差别很小。除了包覆之外，目前对 $LiNi_{0.5}Mn_{1.5}O_4$ 材料改性研究的方法还包括掺杂和 Ni、Mn 比例微调等方法。该材料可以在碳酸酯类的电解液中显示较好的循环性，但电解液在高电位循环时还是存在产气的问题，该材料最终有望在固态电池中获得应用[67]。

　　正极材料的主要发展思路是在 $LiCoO_2$、$LiMn_2O_4$、$LiFePO_4$ 等材料的基础上，发展相关的各类衍生材料，通过掺杂、包覆、调整微观结构、控制材料形貌、尺寸分布、比表面积、杂质含量等技术手段来综合提高其比容量、倍率、循环性、压实密度、电化学、化学、热稳定性。最迫切的仍然是提高能量密度，其关键是提高正极材料的容量或者电压。目前的研究现状是这两者都要求电解质及相关辅助材料能够在宽电位范围工作，同时能量密度的提高意味着安全性问题将更加突出，因此下一代高能量密度锂离子电池正极材料的发展还将决定于高电压电解质技术的进步。

2.3.2　负极材料[69]

　　目前已获应用的负极材料主要为碳材料和 $Li_4Ti_5O_{12}$，碳材料包括石墨、软炭、硬炭。石墨与 $Li_4Ti_5O_{12}$ 材料的特征参见表 2-2。

表 2-2　商业化锂离子电池负极材料及其性能

项目	石墨[70]	钛酸锂[71]
化学式	C	$Li_4Ti_5O_{12}$
结构	层状	尖晶石
空间点群	$P6_3/mmc$(或 R3m)	Fd-3m
晶胞参数/($\times 10^{-10}$ m)	$a=b=2.461, c=6.708$ $\alpha=\beta=90°, \gamma=120°$(或 $a=b=c, \alpha=\beta=\gamma \neq 90°$)	$a=b=c=8.359$ $\alpha=\beta=\gamma=90°$
理论密度/(g/cm^3)	2.25	3.5
振实密度/(g/cm^3)	1.2~1.4	1.1~1.6
压实密度/(g/cm^3)	1.5~1.8	1.7~3
理论容量/($mA \cdot h/g$)	372	175
实际容量/($mA \cdot h/g$)	290~360	约165
电压(Li/Li^+)/V	0.01~0.2	1.4~1.6
体积变化	12%	1%
表观化学扩散系数/(cm^2/s)	10^{-10}~10^{-11}	10^{-8}~10^{-9}
完全嵌锂化合物	LiC_6	$Li_7Ti_5O_{12}$
循环性/次	500~3000	>10000(10C,90%)
环保性	无毒	无毒
安全性能	好	很好
适用温度/℃	-20~55	-20~55
价格/(万元/吨)	3~14	14~16
主要应用领域	便携式电子产品、动力电池、规模储能	动力电池及大规模储能

　　目前主要使用的负极材料为天然石墨与人造石墨。天然石墨成本较低，通过改性，目前可逆容量已达到 $360mA \cdot h/g$，循环性可以达到 500~1000 次。人造石墨最重要的是中间相碳微球 MCMB（mesophase carbon microbeads），1993 年，大阪煤气公司将 MCMB 用于锂离子电池的负极并且成功实现产业化。后来，我国上海杉杉和天津铁城等单位相继研发成功并产业化[72]。MCMB 电化学性能优越的主要原因是颗粒的外表面均为石墨结构的边缘面，反应活性均匀，易于形成稳定的 SEI 膜，有利于锂的嵌入脱嵌。MCMB 的制造成本相对较高，研究人员尝试对天

然石墨类材料进行改性以降低负极材料成本。天然石墨颗粒存在的主要问题是外表面反应活性不均匀，晶粒度较大，循环过程中表面晶体结构容易破坏，表面 SEI 膜覆盖不均匀，初始库仑效率低，倍率性能不好。为了解决这一问题，采用了多种方法对天然石墨进行改性，包括颗粒球形化、表面氧化（包括氟化）、表面包覆软炭和硬炭材料，以及其他表面修饰等[73~78]。改性后天然石墨的电化学性能有了较大的提高，首次效率可以达到 90%～93%，100% 放电深度（depth of discharge，DOD）循环寿命达到 500 次，可以基本满足消费电子产品对电池性能的要求。目前，电动汽车领域对下一代离子电池的能量密度、功率密度、寿命提出了更高的要求，人们对纳米孔、微米孔石墨和多面体石墨进一步开展了研究，以期解决锂离子电池高功率的需求[79]。从储量上看，我国是世界上石墨储量最丰富的国家，晶质石墨储量 3068 万吨，石墨储量占世界的 70% 以上[80]。从锂离子电池负极材料产量上看，人造石墨（38%）与天然石墨负极材料（59%）占据了锂离子电池负极材料全球市场的 97%。目前，世界范围内，石墨负极材料产量最大的企业是日本日立化成有限公司（Hitachi Chemical）与贝特瑞新能源材料股份有限公司（BTR New Energy），较大的企业有上海杉杉科技有限公司、日本吴羽化工（Kureha）、日本炭黑（Nippon Carbon Co.，Ltd.）、日本 JFE 化学、湖南摩根海容新材料股份有限公司等。采用石墨材料的锂离子电池的主要应用领域为便携式电子产品，改性石墨已开始在动力电池与储能电池中应用。

在锂离子电池负极材料研究中，另外一个受到重视并且已经进入市场的负极材料是 Jonker 等在 1956 年提出的具有尖晶石结构的 $Li_4Ti_5O_{12}$ 负极材料[81]。1983 年 Murphy 等首先对这种材料的嵌锂性能进行了报道[82]，但是当时没有引起足够的重视。1994 年 Ferg 等研究了其作为锂离子电池的负极材料[83]，Ohzuku 小组随后对 $Li_4Ti_5O_{12}$ 在锂离子电池中的应用进行了系统研究[71]，强调其零应变的特点。高纯 $Li_4Ti_5O_{12}$ 呈白色，密度为 $3.5g/cm^3$，其空间群属于 Fd-3m，为半导体材料（能带宽度为 2eV），室温下电子电导率为 $10^{-9}S/m$。$Li_4Ti_5O_{12}$ 的结构式可表示为 $[Li]_{8a}[Li_{1/3}Ti_{5/3}]_{16d}[O_4]_{32e}$，每个晶体单胞中含有 8 个 $[Li]_{8a}[Li_{1/3}Ti_{5/3}]_{16d}[O_4]_{32e}$ 分子。$[Li]_{8a}[Li_{1/3}Ti_{5/3}]_{16d}[O_4]_{32e}$ 在共面的 8a 四面体位置和 16c 八面体位的三维间隙空间为锂离子扩散提供了通道[84]。$Li(Li_{1/3}Ti_{5/3})O_4$ 晶体结构中的 16c 位置嵌入一个 Li 原子，60% 的 Ti^{4+} 还原成 Ti^{3+}，理论嵌锂容量为 $175mA·h/g$；如果全部的 Ti^{4+} 还原成 Ti^{3+}，理论容量可达到 $291.7mA·h/g$[85]。一般认为在 1.2V 以下电解质发生分解，而材料的嵌锂相变电位在 1.55V 附近，因而认为在此电位区间没有 SEI 膜的生长[86]。其初次循环的库仑效率可达到 98.8%。$Li_4Ti_5O_{12}$ 作为锂离子电池负极材料，锂嵌入脱出前后材料的体积变化不到 1%，是较为少见的零应变材料[71]，有利于电池以及电极材料结构的稳定，能够实现长的循环寿命，目前东芝公司报道的材料循环性已达 20 万次。$Li_4Ti_5O_{12}$ 在应用时面临的一个问题是使用时嵌锂态 $Li_7Ti_5O_{12}$ 与电解液发生化学反应导致胀气问题[87]，特别是在较高温度下。胀气会引起锂离子电池容量衰减，寿命缩短，安全性下降。为了解决 $Li_4Ti_5O_{12}$ 的胀气问题和对材料的电化学性能进行改善，先后提出多种方法对其进行改性：①严格控制材料及电池中的水含量；②控制 $Li_4Ti_5O_{12}$ 中的杂质、杂相含量；③通过掺杂、表面修饰降低表面的反应活性和材料的电阻；④优化电池化成工艺；⑤控制 $Li_4Ti_5O_{12}$ 的一次颗粒与二次颗粒大小。虽然 $Li_4Ti_5O_{12}$ 脱锂电位电压较高，但是由于循环性能和倍率性能特别优异，相对于碳材料而言具有安全性方面的优势，因此这种材料在动力型和储能型锂离子电池方面存在着不可替代的应用需求。目前，世界范围内 $Li_4Ti_5O_{12}$ 产量较大的国外企业为日本富士钛工业公司（Fuji Titan）和美国阿尔泰纳米技术公司（Altair Nanomaterials），国内产能较大的企业为贝特瑞新能源材料股份有限公司（BTR New Energy），珠海银通新能源有限公司以及四川兴能新材料有限公司。

在目前的锂离子电池体系中，尽管商业化的石墨类材料容量是现有正极材料容量的两倍，但是通过模拟，在负极材料容量不超过 $1200mA·h/g$ 的情况下，提高现有负极材料的容量对整个电池的能量密度仍然有较大贡献[88]。在电池的生产和制造过程中，负极材料的成本占总材料成本的 10% 左右。制备成本低廉同时兼具高容量的负极材料是目前锂离子电池研究的热点。硅材料因其高的理论容量（$4200mA·h/g$）、环境友好、储量丰富等特点而被考虑作为下一代高能量密度锂离子电池的负极材料。1999 年，Huggins 和 Gao 等[89,90]对硅负极在室温下的电化学性能进行了报道，发现可逆性非常差。同年，物理所在国际上首次报道了采用纳米尺寸的硅颗粒可以有效地提高循环性能，首次效率可达 76%，第 10 周容量还能保持 1700mA·h/g[91]。硅负极材料在储锂过程中存在较大的体积变化，导致活性物质从导电网络中脱落，并导致硅颗粒产生裂纹粉化，从而严重地影响了硅基负极的循环性能。另一个阻碍硅负极材料商业化应用的因素是不稳定的 SEI 膜。由于商用电解液电化学窗口的限制，对于放电电压小于 1.2V vs Li$^+$/Li 的负极材料，材料表面在放电时能否形成稳定的 SEI 膜是这种材料能否广泛应用的关键。对于硅基负极材料，由于其放电电压低，且在循环过程中伴随着巨大的体积膨胀而导致裂纹，从而新鲜的硅表面暴露在电解液中将会持续产生 SEI，因此如何在硅负极表面形成稳定有效的 SEI 膜是硅负极研究的难点。研究发现，硅负极表面的 SEI 膜存在单层、双层及多层结构，SEI 膜厚度从几纳米至几十纳米不等，在硅薄膜表面呈不均匀分布，覆盖度随放电变大，而充电过程覆盖度减小。SEI 膜的厚度、覆盖度与电解质添加剂密切相关。硅负极材料的体积形变和不稳定的 SEI 是硅的本征问题，进一步提高硅基负极材料的循环性能、库仑效率等性能就必须解决硅负极材料在体积变化过程中产生的与导电网络脱离、裂纹和不能与现有电解液体系形成稳定 SEI 以及 SEI 持续生长等问题。目前很多研究小组努力尝试从减小颗粒尺寸[91~99]、表面修饰[97,100,101]、形貌和结构设计[102~104]、SEI 膜调控[105]、电解液和添加剂[106~111]、粘接剂（Alg[112]，Alg-C[113]，CMC[114~117]，CMC-SBR[118]，PVA[119]，PAA[120]，PAA-BP[121]，PAA-PCD[122]，PAA-CMC[123]，PEI[105,124]，PEO[125]，PI[126]，PVDF[127] 等）、集流体[128~133]等方面来改善硅负极材料的性能。研究发现，减小硅颗粒尺寸在电极中发挥着重要的作用，相对于微米硅颗粒能够有效地改善循环性[91]；硅颗粒中空隙等微孔的存在[134,135]，可以缓解充放电过程中硅体积变化所带来的负效应；Si-M（M＝C，Ni，Fe，Ti，Cu）等复合材料以及 SiO$_x$ 和 Si$_3$N$_4$ 等材料被认为有助于缓解体积膨胀的作用[136,137]；包覆固态电解质作为人工 SEI 可以稳定存在并且有效提高了硅电极的循环性能[138,139]；粘接剂会直接影响硅负极材料的性能，尤其是多功能粘接剂，这种影响更为明显，特别是含有羧基基团和具有导电性能的粘接剂[113,114,120]，比如海藻酸钠[112]作为锂离子电池负极材料的粘接剂，纳米硅材料表面有大量羟基，而这类粘接剂聚合物连上的羧基团可以和羟基发生酯化作用，进而增加粘接性能，稳定电极结构，同时海藻酸钠在电解液中溶胀小，这就意味着除了直接暴露在电解液中极片表面层的硅之外，只有极少的电解液才能到达硅颗粒的表面生成 SEI，在一定程度上能够调控 SEI，循环过程中有效地提高了库仑效率；导电的粘接剂如 PFFOMB 聚合物[140]可以缓解硅负极材料体积形变带来的应力，同时可以提高整个电极的电子电导，提高循环性能。目前，尽管硅负极因其高容量而引起了广泛的关注，研究人员也从多个方面对其进行改性，尤其是纳米材料（纳米颗粒[91]）对循环的改善有明显的作用，但是纳米材料的性能测试多数是在半电池、大倍率（0.5C 或 1C）、单位活性物质负载量低（＜1mg/cm²）的情况下测试获得的。在小倍率（0.1C 或 0.2C）充放电下，因为纳米材料比表面积大，容易生成大量 SEI，消耗电池正极中有限的锂源，导致实际应用中全电池的能量密度和循环寿命严重衰减，同时纳米材料的振实密度不高，体积能量密度低，因此今后硅负极研究还需要继续围绕缓解体积形变和稳定 SEI 两个方面展开。目前世界范围内，日本大阪钛业科技公司（Osaka Titanium Technologies Co.）生产的 SiO 在工业中能够小批量应用，为了解决 SiO 首周效率不高的问题，还需要开发首次充放电过程中的预补锂技术。无定形硅合金、纳米硅碳复合材料也开始了小批量的试制和评价。预计在未来两年，硅基负极材料将开始批量进入市场。

2.3.3　电解质材料[141,142]

目前锂离子电池的电解质为非水有机电解质，未来的发展方向包括全固态无机陶瓷电解质、聚合物电解质等。液体电解质材料一般应当具备如下特性：电导率高，要求电解液黏度低，锂盐溶解度和电离度高；锂离子的离子导电迁移数高；稳定性高，要求电解液具备高的闪点、高的分解温度、低的电极反应活性，搁置无副反应时间长等；界面稳定，具备较好的正、负极材料表面成膜特性，能在前几周充放电过程中形成稳定的低阻抗的固体电解质中间相（solid electrolyte interphase，SEI 膜）；宽的电化学窗口，能够使电极表面钝化，从而在较宽的电压范围内工作；工作温度范围宽；与正负极材料的浸润性好；不易燃烧；环境友好，无毒或毒性小；较低的成本。

液体电解质主要由有机溶剂和锂盐组成。锂离子电池的有机溶剂一般应具备以下特点：①一种有机溶剂应该具有较高的介电常数 ε，从而使其有足够高的溶解锂盐的能力；②有机溶剂应该具有较低的黏度 η，从而使电解液中锂离子更容易迁移；③有机溶剂对电池中的各个组分必须是惰性的，尤其是在电池工作电压范围内必须与正极和负极有良好的兼容性；④有机溶剂或者其混合物必须有较低的熔点和较高的沸点，换言之有比较宽的液程，使电池有比较宽的工作温度范围；⑤有机溶剂必须具有较高的安全性（高的闪点）、无毒无害、成本较低。

醇类、胺类和羧酸类等质子性溶剂虽然具有较高的解离盐的能力，但是它们在 $2.0 \sim 4.0 \text{V}$ vs Li^+/Li 会发生质子的还原和阴离子的氧化[143]，所以它们一般不用来作为锂离子电池电解质的溶剂。从溶剂需要具有较高的介电常数出发，可以应用于锂离子电池的有机溶剂应该含有羧基（$C=O$）、氰基（$C\equiv N$）、磺酰基（$S=O$）和醚链（$—O—$）等极性基团[144]。锂离子电池溶剂的研究主要包括有机醚和有机酯，这些溶剂分为环状的和链状的，一些主要有机溶剂的基本物理性质参见表 2-3[145]。对有机酯来说，其中大部分环状有机酯具有较宽的液程、较高的介电常数和较高的黏度，而链状的溶剂一般具有较窄的液程、较低的介电常数和较低的黏度。其原因主要是环状的结构具有比较有序的偶极子阵列，而链状结构比较开放和灵活，导致偶极子会相互抵消[144]，所以一般在电解液中会使用链状和环状的有机酯混合物来作为锂离子电池电解液的溶剂。对有机醚来说，不管是链状的还是环状的化合物，都具有比较适中的介电常数和比较低的黏度。当前的锂离子电池主要使用层状石墨作为负极，此时 EC 的应用可以有效形成 SEI 膜，因此 EC 作为溶液具有难以替代的作用。然而，EC 具有高的熔点，在室温下是固体，且黏度较高，以其为溶液的电解液电导率较低，因此，常与链状碳酸酯共融，结合两者优点得到预期性能。

表 2-3 一些锂离子电池用有机溶剂的基本物理性质

（改编自 D. Aurbach. Nonaqueous Electrolyte，CRC Press，1999）

类型		溶剂	熔点 $T_m/℃$	沸点 $T_b/℃$	介电常数 $\varepsilon(25℃)$	黏度 $\eta(25℃)/cP$
碳酸酯	环状	乙烯碳酸酯 EC	36.4	248	89.78	1.90(40℃)
		丙烯碳酸酯 PC	−48.8	242	64.92	2.53
		丁烯碳酸酯 BC	−53	240	53	3.2
	链状	碳酸二甲酯 DMC	4.6	91	3.107	0.59(20℃)
		碳酸二乙酯 DEC	−74.3	126	2.805	0.75
		碳酸甲乙酯 EMC	−53	110	2.958	0.65
羧酸酯	环状	γ-丁内酯 γBL	−43.5	204	39	1.73
	链状	乙酸乙酯 EA	−84	77	6.02	0.45
		甲酸甲酯 MF	−99	32	8.5	0.33
醚类	环状	四氢呋喃 THF	−109	66	7.4	0.46
		2-甲基四氢呋喃 2-Me-THF	−137	80	6.2	0.47
	链状	二甲氧基甲烷 DMM	−105	41	2.7	0.33
		1,2-二甲氧基乙烷 DME	−58	84	7.2	0.46
腈类	链状	乙腈 AN	−48.8	81.6	35.95	0.341

目前文献报道的溶剂有 150 多种，而锂盐只有几种[144]。如果要应用于锂离子电池，它需要满足如下一些基本要求[144,146]：①在有机溶剂中具有比较高的溶解度，易于解离，从而保证电解液具有比较高的电导率；②具有比较高的抗氧化还原稳定性，与有机溶剂、电极材料和电池部件不发生电化学和热力学反应；③锂盐阴离子必须无毒无害，环境友好；④生产成本较低，易于制备和提纯。实验室和工业生产中一般选择阴离子半径较大、氧化和还原稳定性较好的锂盐，以尽量满足以上特性。

常见的阴离子半径较小的锂盐（例如 LiF、LiCl 和 Li_2O 等）虽然成本较低，但是其在有机溶剂中的溶解度也较低，很难满足实际需求。虽然硼基阴离子受体化合物的使用大大提高了它们的溶解度[147,148]，但是会带来电解液黏度增大等问题。如果使用 Br^-、I^-、S^{2-} 和羧酸根等弱路易斯碱离子取代这些阴离子，锂盐的溶解度会得到提高，但是电解液的抗氧化性将会降低。LiAlX_4（X 代表卤素）是在一次锂电池中经常使用的锂盐[149]，但是 AlX_3 是比较强的路易斯酸，导致这一系列的锂盐容易与有机溶剂反应。除此之外，AlX_4^- 容易与电池部件发生反应，这些不足限制了它们在锂离子电池中的应用。

目前经常研究的锂盐主要是基于温和路易斯酸的一些化合物，这些化合物主要包括高氯酸锂（$LiClO_4$）、硼酸锂、砷酸锂、磷酸锂和锑酸锂等（$LiMF_n$，其中 M 代表 B、As、P、Sb 等，n 等于 4 或者 6）。除此之外，有机锂盐［例如 $LiCF_3SO_3$、$LiN(SO_2CF_3)_2$ 及其衍生物］也被广泛研究和使用。一些常用锂盐的物理化学性质参见表 2-4。

表 2-4 一些锂离子电池常用锂盐的物理化学性质

锂盐	分子量	是否腐蚀铝箔	是否对水敏感	电导率 σ/(mS/cm)（1mol/L，在 EC/DMC 中，20℃）
六氟磷酸锂（$LiPF_6$）	151.91	否	是	10
四氟硼酸锂（$LiBF_4$）	93.74	否	是	4.5
高氯酸锂（$LiClO_4$）	106.40	否	否	9
六氟砷酸锂（$LiAsF_6$）	195.85	否	是	11.1(25℃)
三氟甲基磺酸锂（$LiCF_3SO_3$）	156.01	是	是	1.7(在 PC 中,25℃)
双(三氟甲基磺酰)亚胺锂（LiTFSI）	287.08	是	是	6.18
双(全氟乙基磺酰)亚胺锂（LiBETI）	387.11	是	是	5.45
双氟磺酰亚胺锂（LiFSI）	187.07	是	是	2~4(25℃)
(三氟甲基磺酰)(正全氟丁基磺酰)亚胺锂（LiTNFSI）	437.11	否	是	1.55
(氟磺酰)(正全氟丁基磺酰)亚胺锂（LiFNFSI）	387.11	否	是	4.7
双草酸硼酸锂（LiBOB）	193.79	否	是	7.5(25℃)

经过多年的努力，锂离子电池非水液体电解质的基本组分已经确定：主要是 EC 加一种或几种线形碳酸酯作为溶剂，$LiPF_6$ 作为电解质锂盐。但是这种体系的电解质也存在一些难以解决的问题：①首先是 EC 导致的熔点偏高问题，致使这种体系的电解质无法在低温下应用；②其次是 $LiPF_6$ 的高温分解导致该电解质无法在高温下使用。该电解质体系的工作温度范围为 $-20 \sim 50℃$，低于 $-20℃$ 时性能下降是暂时的，高温下可以恢复，但是高于 60℃ 时的性能变化则是永久性的。③电化学窗口不能满足 5V 正极的要求。为了提高电池的能量密度，锂离子电池的充电电压逐年提高，其关键是逐步研发能够耐受高电压的电解质。$LiPF_6$，EC-EMC-DEC-DMC 电解质体系一般耐受 4.3V。目前正在研制多种添加剂，发展氟代碳酸酯、氟代醚，添加辅助锂盐，和其他添加剂，来逐步提高电池的可充电电压。

目前常用的高电压添加剂主要有苯的衍生物（如联苯、三联苯）、杂环化合物（例如呋喃、噻吩及其衍生物）[150~152]、1,4-二氧环乙烯醚[153] 和三磷酸六氟异丙基酯[154] 等。它们均能有效改善电解液在高电压下的氧化稳定性，在高电压锂离子电池中起着非常重要的作用。

研究发现，溶剂的纯度对电解液的抗氧化性也有重要影响，溶剂纯度的提高能够大幅度提高电解液的抗氧化性。关于溶剂纯度的影响日本佐贺大学的 Yoshio 在第十届中国国际电池技术交流会上给出了详细介绍。例如，当 EC 的纯度从 99.91% 提高到 99.979% 时，它的氧化电位从 4.87V 提高至 5.5V vs Li^+/Li。

随着锂离子电池的发展，开发高电压电解液是非常必要和迫切的。目前有四种常用的高电压电解液体系，它们都有其优势和缺点，在商业化应用之前必须进一步优化。砜类电解液具有高的电导率和高的氧化稳定性，和石墨负极以及商品隔膜的兼容性差。氟取代的碳酸酯体系电解液具有比较高的氧化电位，溶解 $LiPF_6$ 的能力不高。腈类电解液具有较高的电导率和较低的黏度，它与负极兼容性较差，可通过加入添加剂或碳酸酯改善其性能。高电压添加剂的使用相对来说是一种比较有效的手段，随着高电压正极的发展需要开发性能更优越的添加剂。

锂离子电池电解质未来发展的方向需要重点解决以下问题：

①电解液和电池的安全性。通过离子液体、氟代碳酸酯、加入过充添加剂、阻燃剂，采用高稳定性锂盐来解决。最终可能需要通过固体电解质来彻底解决安全性，将在后续文章讨论。

② 提高电解质的工作电压。可以通过提纯溶剂、采用离子液体、氟代碳酸酯、添加正极表面膜添加剂等来解决，同样，发展固体电解质也能显著提高电压范围。

③ 拓宽工作温度范围。低温电解质体系需要采用熔点较低的醚、腈类体系，高温需要采用离子液体（熔融盐）、新锂盐、氟代酯醚来提高。固体电解质可以在很高的温度工作，但低温性能可能较差。

④ 延长电池寿命，需要精确调控 SEI 膜的组成与结构，主要通过 SEI 膜成膜添加剂、游离过渡金属离子捕获剂等来实现。固体电解质应该在界面稳定性方面具有优势。

⑤ 降低成本，需要降低锂盐和溶剂的成本，解决锂盐和溶剂纯度较低时如何提高电池性能的技术问题，这方面目前仍需要深入研究。

2.3.4　非活性材料

除了电解质，电池中还包括隔膜、粘接剂、导电添加剂、集流体、电池壳、极柱（引线）、热敏电阻等非活性材料。由于非活性材料的存在，电池的实际能量密度与理论能量密度必然有较大差距。目前，软包装 $LiCoO_2$/石墨电池能量密度达到 $220\sim265W\cdot h/kg$，而理论能量密度为 $370W\cdot h/kg$，实际能量密度与理论能量密度（R）已经高达 $60\%\sim70\%$，远高于其他二次电池或一次电池。典型的电池电芯中负极活性物质占 20%（质量分数），正极活性物质占 44%（质量分数），集流体加隔膜占 17%（质量分数），粘接剂、导电添加剂、电解质、包装等其他材料占 19%（质量分数）。锂离子电池发展之初，实际能量密度为 $90W\cdot h/kg$，R 值为 24%。通过近 20 年在电池技术方面的发展，在不改变材料化学体系的情况下，能量密度提高到今天的 $265W\cdot h/kg$，一方面归因于材料的振实密度和克容量得到了显著提高，另一方面是活性物质利用率（R 值）不断提高，这是多方面材料物性控制与制作工艺提高的结果。

粘接剂的种类和用量影响电极片的电子导电性，从而影响电池的倍率充放电性能。储锂材料在电化学嵌脱锂过程中都会随着锂离子的嵌入和脱出而不断膨胀和收缩，特别是高容量正负极材料。粘接剂必须能够承受充放电过程中的较大的体积变化。锂离子电池的粘接剂包括油系粘接剂和水系粘接剂。油系粘接剂主要是聚偏氟乙烯（PVDF），稳定性好，抗氧化还原能力强，但杨式模量高（$1\sim4GPa$）、脆性大、柔韧性不好，抗拉强度也不够大，以此为粘接剂制备的电极片容易出现"掉料"现象。水系粘接剂主要是丁苯橡胶（SBR）和羧甲基纤维素（CMC）混合粘接剂。这种粘接剂杨式模量低（$0.1GPa$），仅为 PVDF 的 $1/10\sim1/40$，弹性好，可以承受电极循环过程中活性物质颗粒在一定程度上的膨胀与收缩。但这种粘接剂是通过点接触实现活性物质颗粒之间的物理粘接，无法在长距离范围连接和固定活性物质颗粒。以上分析可见，理想的粘接剂应该抗拉强度高、杨氏模量低，这方面的研究报道相对不够系统，技术秘密掌握在各大公司手里。

广泛使用的导电添加剂是导电炭黑或乙炔黑，这类材料粒径小（40nm 左右）、比表面积大、导电性好，且价格低廉。但也存在一些明显的问题。一是密度低，直接影响电极的体积比能量；二是副反应显著，较大的比表面使负极首次充放电过程中可逆性降低；三是影响电极片抗拉强度，容易引起电极片在加工和存储中的"掉料"现象。除此之外，乙炔黑是零维点式导电剂，除非占有足够的体积，否则难以在电极中形成三维导电结构，这些都会在不同程度上影响电极的整体电化学性能。碳纤维、导电石墨以及石墨烯可改变导电炭黑颗粒零维点接触的情况，在电极内部形成三维的导电网络。提高电极片的导电性，降低导电添加剂和乙炔黑的用量，对提高正极片单位面积活性物质的荷载量、提高其电子导电性和倍率性能具有积极的意义。碳纳米管和石墨烯由于表面形成 SEI 膜的原因不适合大量使用作为负极的添加剂，但在正极里显示较好的效果。

作为一个整体的电化学系统，锂离子电池中正极、负极、电解质、粘接剂、集流体之间存在明显的相互作用，涉及固-固界面、固-液界面、无机-有机界面等。这种系统内部关键材料间的相互作用及其演化是影响锂离子电池性能和寿命的重要原因。因此，锂离子电池的系统优化与设计是锂离子电池的一个复杂而重要的课题。目前，通过先进的三维原位成像技术以及数值模拟方法从科学上给出系统优化的判据，正逐渐开始获得重视。

非活性材料的存在必不可少，显著影响实际能量密度与理论能量密度之比。目前锂离子电池技术在所有二次电池中这一比例最高，参见图 2-8。这一比例依然在不断提高，在满足其他电化学性能要求的前提下，各类非活性材料轻量化、薄型化是发展趋势。

Battery type		Electrochemical reaction	Cal. energy density /(W·h/kg)	Real energy density /(W·h/kg)	Ratio of Real/Cal. /%
Pb-acid		$Pb+PbO_2+2H_2SO_4 \rightleftharpoons 2PbSO_4+2H_2O$	171	25～55	15～32
Na-S		$2Na+5S \rightleftharpoons Na_2S_5$	792	80～150	10～19
Ni-M_xH		$1/5LaNi_5(1/2H_2)+NiOOH \rightleftharpoons Ni(OH)_2+LaNi_5$	240	50～70	20～29
Li-ion	Portable	$2Li_{0.5}CoO_2+LiC_6 \rightleftharpoons 2LiCoO_2+C_6$	360	180～220	50～61
	PHEV/BEV	$FePO_4+LiC_6 \rightleftharpoons LiFePO_4+C_6$	390	100～120	25～30
	PHEV/BEV	$Mn_2O_4++LiC_6 \rightleftharpoons LiMn_2O_4+C_6$	412	120～140	29～34
Li-S		$Li+2S \rightleftharpoons Li_2S$	2654	250～350	9～13
Li-O_2		$2Li+O_2 \longrightarrow 2Li_2O$	5217	370	7

Weight ratio of partial components in SBL BEV(3.7V,42A·h)

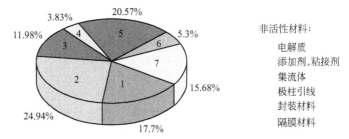

非活性材料：
电解质
添加剂,粘接剂
集流体
极柱引线
封装材料
隔膜材料

图 2-8　二次电池的实际能量密度与理论能量密度之比

（饼图为三星公司某款动力电池中的各材料的质量分数）

1—NCM622；2—LMO；3—PVDF；4—CB；5—graphite；6—PVDF；7—Electrolyte

2.4　能量型锂离子电池的技术发展和应用现状

锂离子电池的优点是能量密度高，实际上，各类电池都希望具备更高的能量密度，但由于同时还需考虑电池的功率、循环性、安全性、自放电等要求，没有一种锂离子电池能同时满足多项技术指标领先。锂离子电池可以选择多种材料，通过控制材料的结构和形貌，控制电极与电池的结构，可以使电池突出单一的性质。目前，在车用动力电池方面，开始区分为能量型和功率型电池，能量型具有更高的能量密度，相对低的功率密度；功率型可以放出很高的功率；这些区分没有明显的边界，并且不断发展。

在本文中能量型指当前最高能量密度的锂离子电池，主要应用于消费电子等领域，电芯能量密度达到 200W·h/kg 以上。能量型锂离子电池的应用除了在国家安全领域，目前还较少用到大型电池系统中，本节主要讨论电芯技术。

提高电池的能量密度，首先要提高电池体系的理论能量密度。当正负极材料的化学组成和结构确定后，在规定的放电深度（嵌脱锂量）下，电池体系的理论能量密度就已确定，可以通过 Nernst 方程计算获得。目前具有较好循环性、较高能量效率的电化学体系，如锂离子电池，其理论能量密度远不是化学储能体系中最高的。例如，石墨作负极，层状 $LiCoO_2$ 作正极，脱出 0.5mol 锂的锂离子电池的理论能量密度约为 370W·h/kg，实际能量密度最高为 265W·h/kg。而理论能量密度高于 370W·h/kg 的电化学体系至少还有数百种之多，如锂硫电池（2600W·h/kg）、锂空气电池（3700W·h/kg）。但是所有这些金属锂负极的电池循环可逆性、倍率性能、极化特性、安全性都还远远不能满足实际应用的要求，需要更为长期的研究。

对锂离子电池而言，提高能量密度的技术途径主要是提高正极材料的脱锂容量、平均脱锂电压，提高负极材料的储锂容量，降低非活性材料在电池中的比例。具体而言，如前面对正极材料的讨论，目前高能量密度锂离子电池正极材料的发展方向是：

① 高容量 $LiCoO_2$。目标容量是 $220 \sim 240mA \cdot h/g$，相当于 $0.8 \sim 0.87$ 质量分数的锂离子和电子从层状的 $LiCoO_2$ 中脱出，同时保持晶体结构的稳定性。目前的做法是通过在锂位、钴位共掺杂，在表面包覆化学、电化学性质稳定的材料，防止氧的析出和电解液与处于高氧化态的 $LiCoO_2$ 的化学反应。由于在含锂的正极材料中，$LiCoO_2$ 具有最高的真实密度和压实密度，因此 $LiCoO_2$ 材料具有最高的体积能量密度。

② 高电压正极材料。最重要的方向是发展尖晶石 $LiNi_{0.5}Mn_{1.5}O_4$ 材料，该材料的平均放电电压为 $4.7V$，可逆容量一般可以达到 $130 \sim 140mA \cdot h/g$。由于该材料相对易于合成，不含较贵的 Co 元素，单位能量密度需要的锂的物质的量最低，非常有应用价值。但该类材料发展的关键是要开发出能在高电压环境下工作的电解质、粘接剂、集流体、导电添加剂材料。

③ 富镍基正极材料。一般是指镍的摩尔分数高于 60% 的材料，特别是 811 类三元材料和 NCA 类正极材料。目前该类材料的可逆容量已经达到 $190mA \cdot h/g$，还有一定的发展空间。该类材料的问题是空气敏感，需要干燥的生产线。正在发展各类表面修饰和掺杂技术，以便能兼容现有的多数生产线，降低制造工艺对环境湿度的要求。

④ 富锂富锰基正极材料。该类材料的可逆容量可以达到 $300mA \cdot h/g$，但充放电电压范围宽，对多数应用来说，有效的容量并不高；其次，该类材料由于 Mn^{4+} 在放电过程中还原，在循环过程中电压逐渐衰减；此外，该类材料电子电导率较低，嵌脱锂过程中伴随过渡金属元素的迁移，导致倍率性能较差，这些问题到目前为止还没有很好的解决。改性电解质、表面修饰、梯度材料设计、掺杂是目前广泛采用的策略。

对提高负极材料容量而言，石墨负极材料的容量已经接近理论容量，下一步公认的发展方向是硅负极材料。硅负极材料嵌锂后体积会发生膨胀，膨胀的比例与嵌锂的量成正比，锂离子电芯并不能承受较大的体积变化，因此硅负极材料的理论容量无法全部利用。目前大多将少量的纳米硅碳复合材料、碳包覆氧化亚硅材料、硅合金材料与现有石墨负极材料混合使用，复合后的容量一般为 $450 \sim 600mA \cdot h/g$。主要需要解决界面反应、硅纳米颗粒各向异性体积膨胀、高强度粘接剂等技术问题。

降低非活性材料的质量比例，需要将集流体、隔膜、封装材料轻量化和薄型化。由于锂离子电池极片的制造是通过大面积涂布制备的，集流体、隔膜太薄容易导致极片破损，现在的技术似乎几乎达到了极限，例如，Cu 箔的厚度降至 $8\mu m$，Al 箔的厚度降至 $10\mu m$，隔膜的厚度降至 $11\mu m$。

在提高了电池的能量密度后，电池的安全性问题更为突出，耐受高电压、高温的陶瓷复合隔膜、安全性高的氟代碳酸酯、LiFNFSI 盐、离子液体、能够降低内阻的涂碳铝箔、合金强化的 Cu 箔、石墨烯、碳纳米管导电添加剂将逐步进入电芯产品中。此外，电芯外的相转变吸热阻燃涂层材料、各种水冷、空冷等散热设计对提高电池安全性也具有非常重要的作用。

目前，消费电子产品的能量型锂离子电池的能量密度可以达到 $200 \sim 230W \cdot h/kg$ 以上，松下公司采用 NCA 正极，石墨负极的 18650 电芯能量密度达到了 $265W \cdot h/kg$，2014 年 11 月 19 日，日立化学公司报告了采用富镍正极、硅合金负极的 $30A \cdot h$ 锂离子电池，质量能量密度达到了 $335W \cdot h/kg$，循环性为 100 次，离实际应用还有一定距离，但也说明了当前的技术发展水平。根据现有发展水平，预计在未来 5 年，采用高容量正极与高容量硅负极匹配，锂离子电池的能量密度有望最终达到 $350W \cdot h/kg$，体积能量密度有望达到 $800W \cdot h/L$，循环性能达到 $300 \sim 500$ 次。

现阶段高能量密度锂离子电池的主要市场在消费电子，纯电动汽车、航空航天、国防安全对高能量密度锂离子电池也有迫切需求。

2.5　动力型锂离子电池技术发展现状

动力型锂离子电池的主要目标市场是电动自行车、电动汽车、电动工具、工业节能、航空航天、国家安全等。一般要求功率密度达到 $500 \sim 4000W/kg$，个别应用超过 $10kW/kg$。图 2-9 为 DOE 给出的，这张图显示了主要针对车用的各类电池能量密度与功率密度水平。

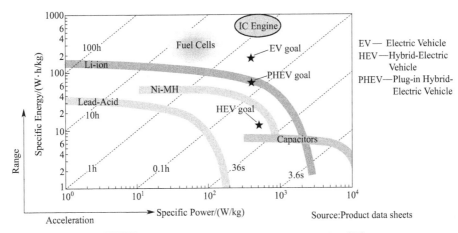

图 2-9　**二次电池电芯的功率密度与能量密度图**[155]

目前 SAFT 的公开资料（图 2-10）显示，高功率锂离子电池的功率密度已经达到了 20kW/kg。

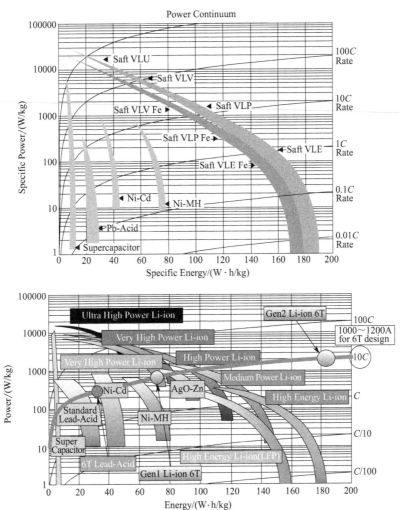

图 2-10　**SAFT 公司的高功率电池**（Hybrid power for the future，Lithium-ion batteries for hybrid combat vehicles；Laurence M. Toomey，US Army's Ground Vehicle Energy Storage，2014）

动力电池系统一般包括单体电芯、电池模块、电池系统；电池模块中包括多个单体电芯、电池监控、基本接口、电路接口、封装与结构材料等单元；电池系统中包括多个电池模块、电路接口、电源管理系统、冷却系统、封装与结构材料等，如图 2-11 所示。一般而言，系统的能量密度是模块能量密度的 70%～80%，模块能量密度是电芯能量密度的 80%～90%。

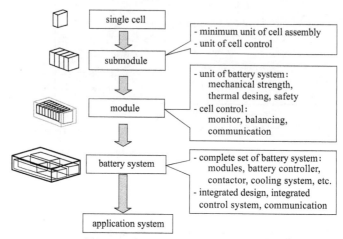

图 2-11 　锂离子电池电芯动力电池系统[156]

车用动力锂离子电池分为能量型和功率型。能量型强调能量密度，功率型强调功率密度，前者主要用于纯电动汽车，后者用于插电式与混合动力汽车。在 NEDO 的研发计划中，2020 年能量型电池电芯的能量密度为 250W•h/kg，功率密度 1500W/kg，循环次数 1000～1500 次；功率型能量密度为 200W•h/kg，功率密度为 2500W/kg，循环次数为 4000～6000 次。中国发布的动力电池研究计划中，电芯的能量密度 2020 年将达到 300W•h/kg。

材料体系上，目前动力锂离子电池正极一般选用磷酸铁锂材料、锰酸锂材料、三元正极材料、镍钴铝材料，负极材料为人造石墨、尖晶石钛酸锂、软炭材料等；隔膜类似于高能量密度锂离子电池材料，但更强调电池安全性和功率特性。电极设计上一般采用较小颗粒、薄层电极。

为了追求高功率特性，要求电极材料的动力学特性好，耐受大电流的能力强，电池的热稳定性、化学稳定性、电化学稳定性高，极柱的过流能力强，电池散热好。

电池成组还包括散热材料、冷却管、密封材料、模组封装材料、传感器；电池系统还包括电源管理系统、储能能量管理与监控系统。

2014 年，全球新能源汽车在美国、中国、日本和欧盟等国家产销量的带动下超过了 30 万辆，中国新能源汽车产量在 2014 年达到了 7.85 万辆，同比增长近 4 倍。在此背景下，给整车企业配套的动力电池生产企业出货量大幅度增长，大量动力电池生产企业出现了产能吃紧的情况。根据 EVTank 统计数据显示，2014 年全球锂动力电池出货量达到 10012.8MW•h，比 2013 年增长 109.39%。

从企业来看，AESC、BYD 和 LG 锂动力电池出货量超过 1GW•h，成为全球前三大锂动力电池生产企业。中国最大的锂动力电池企业 BYD 主要供应其比亚迪 K9、E6、秦、腾势等电动汽车，采用磷酸铁锂体系的锂离子电池；合肥国轩主要供应江淮汽车和南京金龙；ATL 主要供应北汽 E150、华晨宝马之诺等车型，万向和力神供应康迪，多氟多和波士顿等企业供应众泰 E20 等车型。中国企业在 2014 年基本采用磷酸铁锂动力电池。在 2015 年开始，已经有众多的车型如 EV200、众泰云 100、华晨宝马之诺第二代、江淮等开始采用三元的动力电池电芯。

2.6　储能型锂离子电池的发展现状

锂离子电池因比能量/比功率高、寿命长、充放电速度快、反应灵敏、转换效率高等特点被视为最具竞争力的化学储能技术之一，成为新型化学储能技术的研究热点和重点，发展势头最为迅猛。在千瓦·时～10^5 千瓦·时百 MWh 的储能领域，目前已显示出支配地位。

2008 年，美国 A123 Systems 公司（现在已被中国万向集团收购）开发出 H-APU 柜式磷酸铁锂电池储能系统，主要用于电网频率控制、系统备用、电网扩容、系统稳定、新能源接入等的服务，2MW 容量系统已服务于 AES 的南加利福尼亚电厂；2009 年，该公司为 AES Gener 在智利的阿塔卡马沙漠的 Los Andes 变电站提供了 12MW 的电池储能系统，并投入商业运行，主要用于调频和系统备用；2010 年，A123 Systems 将继续向 AES 提供 44MW 的电池储能系统。南加州爱迪生电力公司（Southern California Edison）于 2009 年 8 月投资 6 千万美元（其中 2.5 千万美元由美国能源局补贴），利用 A123 Systems 的设备建设当今世界上最大的锂离子电站（32MW·h）；印第安纳州的 Power & Light 公司于 2008 年 7 月对美国另外一个主要锂离子电池生产商 Altairnano 公司的两个 1MW/250kW·h（4C 充放）的锂离子储能系统进行了测试。

三菱重工已开发出日本第一个大容量、可移动储能系统。包括锂离子电池以及控制系统在内的整个储能系统安装在一个置于拖车上的 20ft（1ft=0.3048m）长的集装箱内，该储能系统的额定功率和容量分别是 1MW、0.408MW·h。韩国也投入了大量资金用于储能研究。三星的锂离子电池已经被安装在济州岛智能电网示范工程几个试点中。截至 2011 年 6 月，三星已经安装了 20 套 3kW/7kW·h 家用储能系统，另外 30 套在 2012 年就开始安装。三星还建立一个 600kW/150kW·h 储能系统用于电网稳定和快速充电站，该储能系统已在 2010 年 11 月开始运营。2011 年，三星还完成了一个 800kW/200kW·h 系统用于风电平滑和移峰输出。韩国第二大锂离子电池制造商，LG 化学公司的目标市场是家用储能市场。2011 年 4 月，LG 化学公司对外宣布了它的 4kW/10kW·h 聚合物锂电池系统于 2011 年晚些时候提供给了南加州爱迪生电力公司的一个智能电网示范工程。这些新项目的发展预示着韩国储能产业逐渐形成系统规模。

国家电网在河北省张北投资建设了集风力发电、光伏发电、储能电站、智能变电站一体化的"风光储输示范工程"。其中风力发电 100MW，光伏发电 40MW，储能 20MW。该示范项目安装了磷酸铁锂储能装置 14MW（共 63MW·h）。该装置分布于占地 $8869m^2$ 的三座厂房内，共分为九个储能单元。整套磷酸铁锂装置共安装电池单体 27.456 万节。截止到 2014 年，全球已有约 450MW 锂离子电池储能系统并网运行，用于工程示范或电网服务。

锂离子储能电池的快速发展实际上得益于锂离子电池产业链的完善以及动力电池的发展。动力电池的性能指标要求比储能电池高，储能电池更强调成本、寿命、能量效率。目前多数企业采用动力电池的电芯用于锂离子储能电池系统。

锂离子储能电池主要需要解决的是安全性、寿命、低成本。寿命、安全性和成本很大程度上取决于其电极材料体系的选择和匹配。因此，选择长寿命、高安全、低成本的材料体系是当前的锂离子储能电池的重要技术。

锂离子电池的能量效率可以达到 94%～98%。从电池的寿命和成本而言，目前，磷酸铁锂/钛酸锂电池的寿命可以达到 2 万次，但成本较贵，电芯成本接近 4 元/(W·h)。磷酸铁锂/石墨电池寿命达 6000 次，高温循环寿命为 4000 次，可以满足储能的应用需求，其电芯成本可以控制在 1.5～2 元/(W·h)。锰酸锂/石墨电池的循环寿命可以达到 3000 次，其电芯成本可以控制在 0.8～1.2 元/(W·h)。三元与锰酸锂复合的正极材料匹配石墨负极的电池循环寿命可达 2000～3000 次，其电芯成本可以控制在 1～2 元/(W·h)。上述电池体系均已作为动力电池获得较为系统的研究，目前通过陶瓷隔膜、添加剂、电芯和模块外围涂覆材料、BMS 多重技术的实施，电池安全性已经显著提高，完全可以满足储能电池应用的需求。

更为重要的是，研究表明，动力电池使用之后可以进一步应用于储能电池，实现梯级利用。动力电池在储能系统中的再利用，会显著降低储能电池的成本，可以低至 0.2～0.4 元/(W·h)。而大容量锂电池的广泛使用，对最终的电池回收也提供了便利条件。因此，从锂的资源上解除了顾虑，并形成完整的产业链。

目前锂离子电池用于储能电站，单一电站的容量已达到 64MW·h 的水平，系统效率达到 88%，系统成本在 3～6 元/(W·h)。可以实现对电池模块、系统的精确管理，储能系统响应速度在几十毫秒，寿命可以达到 2000～6000 次，浅充浅放寿命会更长。作为规模储能，锂离子电池储能系统在运行过程中尚未出现安全性事故。锂离子电池的模块化特点以及集装箱的形式可以方便地实现从百瓦·时级到百兆瓦·时级的应用，而且既可以固定，也可以移动。可以满足多种工业和家庭用储能的需求。目前锂离子储能电池技术水平的体现主要是技术经济性、寿命、可靠性。锂离子电池储能系统的核心技术是电芯技术、成组技术、电源管理技术、逆变器技术。电芯技术的关键主要是一致性、成本控制和电化学性能。目前韩国三星的 2.0A·h 18650 电芯成本降低到 0.75 元/(W·h) 的水平，主要受益于电池材料较低的采购价格，电芯制造较高的直通率，高度的自动化，较低的综合制造成本。目前我国的企业也能达到这一技术经济性指标，只是单一企业的规模相对较小，电芯制造设备水平与日韩比还有较大差距。我国的电芯制造企业，在工信部的支持下，目前正在发展自主的数字化电芯制造工厂，这个差距应该会在未来 5 年显著缩小。

目前具有较高利润的储能市场为数据中心、家庭备用电源、通信基站储能、机械能回收、调频等。我国基本上都已有示范及应用的经验。综合而言，储能技术受制于用户对成本的考虑，利润不会太高，盈利取决于规模和资源的掌控，从长远考虑，我国应该具备显著的后发优势。

2.7　锂离子电池的技术指标及未来发展线路图

作为实际应用的储能器件，技术指标往往是多项指标的综合，如图 2-12 所示。针对不同储能应用的指标，实际上存在着显著的差异，图 2-13 显示了指标体系的蜘蛛图，针对各类应用，需要提出各自的技术指标体系，以满足最佳技术经济性。

1—能量大小（kW·h）、功率大小（kW）
2—单体、模块、系统容量大小（A·h）
3—尺寸、质量、内阻
4—质量能量密度（W·h/kg）、体积能量密度（W·h/L）
5—质量功率密度（W/kg）、体积功率密度（W/L）
6—循环寿命（次数）
7—服役寿命（年）
8—响应时间（s）
9—能量效率（%）
10—工作温度范围（℃）
11—耐受环境特性（Pa，h%）
12—自放电率（%/month）
13—安全性（制造、储存、物流、使用、回收）
14—维护周期
15—可靠性、一致性
16—成本：初次、全寿命周期、运维、回收

● 单一指标冠军不能保证应用；
● 平衡各项要求需要深入系统地了解电池

图 2-12　锂离子电池的指标体系

储能应用主要关注的技术指标包括成本、寿命、效率等。降低成本的最有效途径是提高电池的能量密度与功率密度。电池的能量密度由理论能量密度以及实际能量密度利用率决定。

理论能量密度计算的结果表明，在所有计算的封闭体系的化学储能系统中，Li/F_2 体系具有 6294W·h/kg 的最高能量密度，Li/O_2 体系按产物为 Li_2O 计算，能量密度为 5217W·h/kg，排名第二，如果按照产物 Li_2O_2 计算，理论能量密度为 3500W·h/kg。这两类电池的理论能量密度较高，是因为反应物的生成能较低，产物的生成能较高。可以理解，化学储能的能量密度是有极限的。由于氟不便于利用，因此产物为 Li_2O 的 Li/O_2 电池是理论能量密度最大的电池，从质量能量密度考虑，Li/O_2 电池是化学储能器件的终极目标体系。

对于相同正极的体系，金属锂电池相比其他金属电池具有更高的理论能量密度。如果 Li/O_2 电池的产物是 Li_2O_2，则 Al/O_2 电池成为质量能量密度最高的化学储能体系，其计算值为 4311W·h/kg，其次是 Mg/O_2 电池，能量密度计算值为 3924W·h/kg。Na/O_2 的理论能量密度为

1683W·h/kg，Zn/O$_2$的能量密度为 1094W·h/kg，远高于锂离子电池的理论能量密度 360W·h/kg（按石墨/LiCoO$_2$电池，脱出 0.5Li 计算）。

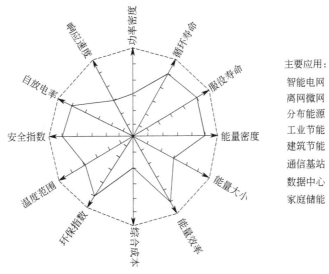

主要应用：
智能电网
离网微网
分布能源
工业节能
建筑节能
通信基站
数据中心
家庭储能

图 2-13 锂离子电池多指标体系蜘蛛图

从体积能量密度考虑，Al 电池的理论体积能量密度最高，为 5384W·h/L，高于 Mg/MnO$_2$（4150W·h/L）、Li/MnO$_2$（2642W·h/L）、Na/MnO$_2$（709W·h/L）、Zn/MnO$_2$（1738W·h/L）。

通过过去 10 年的研究，目前在高能量密度锂离子电池方面，高容量 Si 负极为首选负极材料，高电压钴酸锂材料、高容量富锂相层状复合结构材料、高电压尖晶石 Ni-Mn 系材料、层状 Ni-Co-Mn，镍钴铝系材料为较有希望的正极材料。采用这些材料体系的锂离子电池的能量密度有望提升到 300W·h/kg。虽然上述这些高能量密度材料已被广泛研究，但目前在满足所有指标要求方面仍然存在一些技术障碍，特别是循环性、倍率特性、充放电效率、安全性、体积变化。

目前，含液体电解质的锂离子电池通过多种技术进步和策略，电池的安全性已经显著提升，但并不能从根本上消除隐患。采用聚合物电解质或无机电解质，发展全固态电解质锂电池是公认的解决大容量锂电池安全性的根本办法。此外，采用固体电解质，可以避开液体电解质带来的副反应、泄露、腐蚀问题，从而显著延长服役寿命、降低电池整体制造成本、降低电池制造技术门槛，有利于大规模推广使用。目前全固态电池的研究主要是关键材料的选择优化、固固界面电阻的减小等问题，还没有达到在储能领域的演示验证阶段。但固态电池由于具有潜在的超长寿命的特点，必然会在储能领域获得应用。最近日本 NEDO 提出了未来电池的发展趋势，认为所有的高能量密度锂电池都要走固态化道路，参见图 2-14。

基于上述考虑，未来锂电池的发展趋势可以如图 2-15 所示。

目前，与锂离子电池竞争与互补的电化学储能电池技术还包括铅酸电池、液流电池、钠硫电池、超级电容器等，这些电化学储能器件的指标参数列在表 2-5 供参考。

表 2-5 液态电解质锂离子电池技术指标和其他商业化电化学储能器件的指标对比

储能技术	比能量/(W·h/kg)	比功率/(W/kg)	循环寿命/次	单体电压/V	服役寿命/年	能量效率/%	自放电率/(%/月)	库仑效率/%	安全性	成本/[元/(W·h)]	工作温度/℃
液态锂离子	90~260	100~20000	1000~2×10^4	3~4.5	5~15	90~95	<2	约95	中	1.5~10	-20~55
铅酸电池	35~55	75~300	500~5000	2.1	3~10	50~75	4~50	80	好	0.5~1	-40~60

续表

储能技术	比能量/(W·h/kg)	比功率/(W/kg)	循环寿命/次	单体电压/V	服役寿命/年	能量效率/%	自放电率/(%/月)	库仑效率/%	安全性	成本/[元/(W·h)]	工作温度/℃
镍氢电池	50~85	150~1000	1000~3000	1.2	5~10	50~75	1~10	70	良	2~4	-20~60
超级电容器	5~15	1000~10⁴	5000~10⁵	1~3	5~15	95~99	>10	99	好	40~120	-40~70
钒液流	25~40	50~140	5000~10⁴	1.4	5~10	65~82	3~9	80	好	6~20	10~40
钠硫电池	130~150	90~230	4000~5000	2.1	10~15	75~90	0	约90	良	1~3	300~350

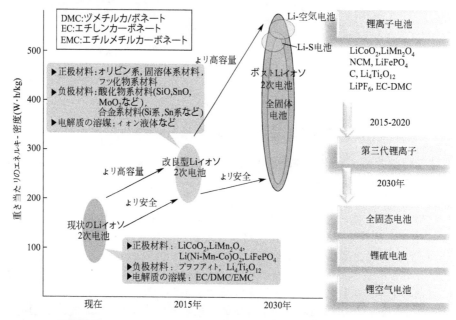

图 2-14　日本 NEDO 公开的技术发展路线图（中文部分为作者注释）

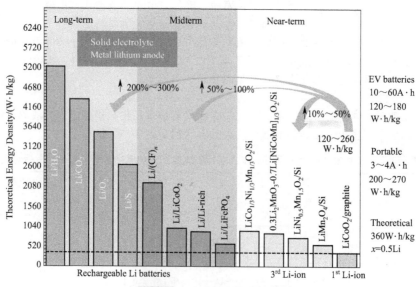

图 2-15　锂电池发展路线图

技术的发展主要是需求驱动，同时创造性能新的技术指标，也不断推动技术的进步。图 2-16 大致列出了目前储能器件的技术指标。这些指标还在不断更新，推动着电化学储能器件基础科学与技术的发展。

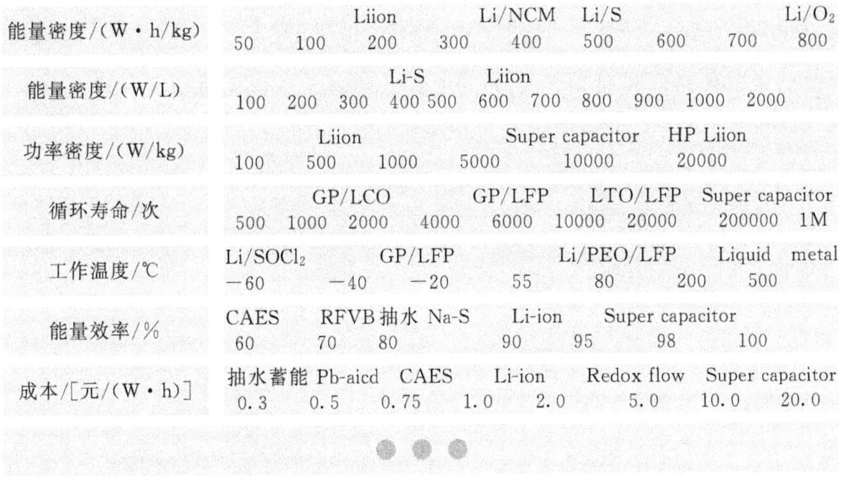

能量密度/(W·h/kg)		Liion		Li/NCM	Li/S			Li/O₂

能量密度/(W·h/kg)			Liion		Li/NCM	Li/S				Li/O$_2$
	50	100	200	300	400	500	600	700	800
能量密度/(W/L)		Li-S	Liion							
	100	200	300	400	500	600	700	800	900	1000	2000
功率密度/(W/kg)	Liion			Super capacitor	HP Liion	
	100	500	1000	5000	10000	20000
循环寿命/次	GP/LCO			GP/LFP		LTO/LFP	Super capacitor	
	500	1000	2000	4000	6000	10000	20000	200000	1M
工作温度/℃	Li/SOCl₂	GP/LFP		Li/PEO/LFP		Liquid metal	
	−60	−40	−20	55	80	200	500
能量效率/%	CAES	RFVB抽水	Na-S	Li-ion	Super capacitor	
	60	70	80	90	95	98	100
成本/[元/(W·h)]	抽水蓄能	Pb-aicd	CAES	Li-ion	Redox flow	Super capacitor	
	0.3	0.5	0.75	1.0	2.0	5.0	10.0	20.0

图 2-16　各类储能技术最高技术指标与锂电池技术指标对比

2.8　展望

本章对锂电池的发展历史，锂离子电池的主要材料体系、技术指标、储能应用进行了简要的介绍。锂离子电池是目前最为活跃的研发与商业化领域，在消费电子、电动汽车、航空航天、国防安全、工业应用方面取得了很大的成功。在规模储能领域也获得了大量示范，并且商业化也正在逐步推广。虽然目前锂离子电池储能技术从技术经济性、可靠性方面还不能很好地满足规模储能的应用，但已经展示了势不可挡的发展趋势。随着今后更高能量密度的锂离子电池、锂硫电池、固态电池、锂空电池的新电池体系的发展，各种瓶颈技术的突破，产业链的逐步成熟和完善以及动力电池、梯级利用、高效回收、能源互联网等技术的发展，相信锂电池在储能领域的应用将会达到无所不在的景象。

参　考　文　献

[1]　王德宇. 锂离子电池磷酸盐正极材料的制备与改性研究. 北京：中国科学院物理研究所，2005.

[2]　Vincent C A. Lithium batteries：a 50-year perspective，1959—2009. Solid State Ionics，2000，134（1-2）：159-167.

[3]　Watanabe N，Fukuda M. Primary cell for electric batteries. Google Patents，1970.

[4]　Peled E. The Electrochemical-Behavior of Alkali and Alkaline-Earth Metals in Non-Aqueous Battery Systems——the Solid Electrolyte Interphase Model. Journal of the Electrochemical Society，1979，126（12）：2047-2051.

[5]　Peled E. Lithium Batteries. London：Academic Press，1983.

[6]　Trumbore F A，Broadhead J，Putvinski T M. Boston：The Electrochemical Society Meeting，1973.

[7]　Broadhead J，Butherus A. Rechargable nonaqueous battery. Google Patents，1974.

[8]　Murphy D W，Trumbore F A. Chemistry of TiS₃ and NbSe₃ Cathodes. Journal of the Electrochemical Society，1976，123（7）：960-964.

[9]　Whittingham M S. Electrical Energy-Storage and Intercalation Chemistry. Science，1976，192（4244）：1126-1127.

[10]　Whittingham M S，Chianelli R R. Layered Compounds and Intercalation Chemistry：an Example of Chemistry and Diffusion in Solids. Journal of Chemical Education，1980，57（8）：569-574.

[11]　Gamble F R，Thompson A H. Superconductivity in Layer Compounds Intercalated with Paramagnetic Molecules. Solid State Communications，1978，27（4）：379-382.

[12]　Whittingham M S. Role of Ternary Phases in Cathode Reactions. Journal of the Electrochemical Society，1976，123（3）：315-320.

[13]　Delmas C，et al. The Li$_x$V$_2$O$_5$ System：an Overview of the Structure Modifications Induced by the Lithium Intercalation. Solid State Ionics，1994，69（3-4）：257-264.

[14] Rao B M L, Francis R W, Christopher H A. Lithium-Aluminum Electrode. Journal of the Electrochemical Society, 1977, 124 (10): 1490-1492.

[15] Fenton D E, Parker J M, Wright P V. Complexes of Alkali-Metal Ions with Poly (Ethylene Oxide). Polymer, 1973, 14 (11): 589.

[16] Armand M, Chabagno J, Duclot M. Extended Abstracts, in Second International Conference on Solid Electrolytes. Vashishta P, Mundy J, Shenoy G, Editors. St Andrews, 1978.

[17] Murphy D W, Broadhead J, Steele B C H. Materials for Advanced Batteries. Plenum Press, 1980.

[18] Lazzari M, Scrosati B. Cyclable Lithium Organic Electrolyte Cell Based on 2 Intercalation Electrodes. Journal of the Electrochemical Society, 1980, 127 (3): 773-774.

[19] Dipietro B, Patriarca M, Scrosati B. On the Use of Rocking Chair Configurations for Cyclable Lithium Organic Electrolyte Batteries. Journal of Power Sources, 1982, 8 (2-3): 289-299.

[20] Gabano J P, et al. Proceedings of the Symposium on Primary and Secondary Ambient Temperature Lithium Batteries. Electrochemical Society, 1988.

[21] density. , K. M. P. C. J. P. J. W. J. B. G. L. x. -A. n. c. m. f. b. o. h. e. , mizushima1980. pdf.

[22] Goodenough J B, Mizuchima K. Electrochemical cell with new fast ion conductors. Google Patents, 1981.

[23] Thackeray M M, Goodenough J B. Solid state cell wherein an anode, solid electrolyte and cathode each comprise a cubic-close-packed framework structure. Google Patents, 1985.

[24] 吴晓东. 纳米储能材料——锂离子电池用纳米负极材料及其界面研究. 北京: 中国科学院物理研究所, 2004.

[25] Fong R, Vonsacken U, Dahn J R. Studies of Lithium Intercalation into Carbons Using Nonaqueous Electrochemical-Cells. Journal of the Electrochemical Society, 1990, 137 (7): 2009-2013.

[26] Yamahira TCOSEI, Kato HCOSEI, Anzai MCOSEI. Non-aqueous electrolyte secondary cell. Google Patents, 1993.

[27] Shimotake H. Progress in Batteries and Solar Cells. JEC Press, 1990.

[28] Aurbach D Z A, Ein-Eli Y, et al. Recent studies on the correlation between surface chemistry, morphology, three-dimensional structures and performance of Li and Li-C intercalation anodes in several important electrolyte systems. Journal of Power Sources, 1997, 68: 91-98.

[29] Zu C X, Li H. Thermodynamic analysis on energy densities of batteries. Energy & Environmental Science, 2011, 4 (8): 2614-2624.

[30] 马璨, 吕迎春, 李泓. 锂离子电池基础科学问题 (Ⅷ) ——正极材料. 储能科学与技术, 2014, 3 (1): 53.

[31] Cho J, et al. Effect of P_2O_5 and $AlPO_4$ coating on $LiCoO_2$ cathode material. Chemistry of materials, 2003, 15 (16): 3190-3193.

[32] Cho J, Kim Y J, Park B. Novel $LiCoO_2$ cathode material with Al_2O_3 coating for a Li ion cell. Chemistry of materials, 2000, 12 (12): 3788-3791.

[33] Liu L, et al. Al_2O_3-coated $LiCoO_2$ as cathode material for lithium ion batteries. Solid State Ionics, 2002, 152-153: 341-346.

[34] Wang Z, et al. Electrochemical evaluation and structural characterization of commercial $LiCoO_2$ surfaces modified with MgO for lithium-ion batteries. Journal of The Electrochemical Society, 2002, 149 (4): A466-A471.

[35] Stoyanova R, Zhecheva E, Zarkova L. Effect of Mn-substitution for Co on the crystal structure and acid delithiation of $LiMn_yCo_{1-y}O_2$ solid solutions. Solid State Ionics, 1994, 73 (3): 233-240.

[36] Waki S, et al. High-Speed voltammetry of Mn-doped $LiCoO_2$ using a microelectrode technique. Journal of Solid State Electrochemistry, 2000, 4 (4): 205-209.

[37] Ceder G, et al. Identification of cathode materials for lithium batteries guided by first-principles calculations. Nature, 1998, 392 (6677): 694-696.

[38] Goodenough J B. Rechargeable batteries: challenges old and new. Journal of Solid State Electrochemistry, 2012, 16 (6): 2019-2029.

[39] Gao Y, Yakovleva M V, Ebner W B. Novel $LiNi_{1-x}Ti_x/2Mg_x/2O_2$ Compounds as Cathode Materials for Safer Lithium-Ion Batteries. Electrochemical and Solid-State Letters, 1998, 1 (3): 117-119.

[40] Eriksson T, Gustafsson T, Thomas J O. Surface Structure of $LiMn_2O_4$ Electrodes. Electrochemical and Solid-State Letters, 2002, 5 (2): A35-A38.

[41] Du Pasquier A, et al. Mechanism for Limited 55℃ Storage Performance of $Li_{1.05}Mn_{1.95}O_4$ Electrodes. Journal of The Electrochemical Society, 1999, 146 (2): 428-436.

[42] Kim J S, et al. The Electrochemical Stability of Spinel Electrodes Coated with ZrO_2, Al_2O_3, and SiO_2 from Colloidal Suspensions. Journal of The Electrochemical Society, 2004, 151 (10): A1755-A1761.

[43] Park S B, et al. Improvement of capacity fading resistance of $LiMn_2O_4$ by amphoteric oxides. Journal of Power Sources, 2008, 180 (1): 597-601.

[44] Zhan C, et al. Mn (Ⅱ) deposition on anodes and its effects on capacity fade in spinel lithium manganate - carbon systems. Nat Commun, 2013.

[45] Xia Y, Zhou Y, Yoshio M. Capacity Fading on Cycling of 4 V Li/LiMn$_2$O$_4$ Cells. Journal of The Electrochemical Society, 1997, 144 (8): 2593-2600.

[46] Lee J H, et al. Degradation mechanisms in doped spinels of LiM$_{0.05}$Mn$_{1.95}$O$_4$ (M=Li, B, Al, Co, and Ni) for Li secondary batteries. Journal of power sources, 2000, 89 (1): 7-14.

[47] Treuil N, et al. Relationship between chemical bonding nature and electrochemical property of LiMn$_2$O$_4$ spinel oxides with various particle sizes: "Electrochemical grafting" concept. The Journal of Physical Chemistry B, 1999, 103 (12): 2100-2106.

[48] Kosova N, et al. State of Manganese Atoms during the Mechanochemical Synthesis of LiMn$_2$O$_4$. Journal of Solid State Chemistry, 1999, 146 (1): 184-188.

[49] Gao Y, Richard M, Dahn J. Photoelectron spectroscopy studies of Li$_{1+x}$Mn$_{2-x}$O$_4$ for Li ion battery applications. Journal of applied physics, 1996, 80 (7): 4141-4152.

[50] Sun X, et al. Improved Elevated Temperature Cycling of LiMn$_2$O$_4$ Spinel Through the Use of a Composite LiF-Based Electrolyte. Electrochemical and Solid-State Letters, 2001, 4 (11): A184-A186.

[51] Sun Y, et al. Improved Electrochemical Performances of Surface-Modified Spinel LiMn$_2$O$_4$ for Long Cycle Life Lithium-Ion Batteries. Journal of The Electrochemical Society, 2003, 150 (10): A1294-A1298.

[52] Lee S, et al. Carbon-Coated Single-Crystal LiMn$_2$O$_4$ Nanoparticle Clusters as Cathode Material for High-Energy and High-Power Lithium-Ion Batteries. Angewandte Chemie International Edition, 2012, 51 (35): 8748-8752.

[53] Abruna H D, Goodenough J B, Buchanan M. ANYL 28-Summary overview of basic research needs for electrical energy storage. Abstracts of Papers of the American Chemical Society, 2007: 234.

[54] Prosini P P, et al. Determination of the chemical diffusion coefficient of lithium in LiFePO$_4$. Solid State Ionics, 2002, 148 (1-2): 45-51.

[55] Ravet B G J B, Besner S, Simoneau M, Hovington P, Armand M. Improved iron based cathode materials. Honolulu, 1999.

[56] Takahashi M, et al. Reaction behavior of LiFePO$_4$ as a cathode material for rechargeable lithium batteries. Solid State Ionics, 2002, 148 (3): 283-289.

[57] Yamada A, Chung S C, Hinokuma K. Optimized LiFePO$_4$ for lithium battery cathodes. Journal of the Electrochemical Society, 2001, 148 (3): A224-A229.

[58] Chung S Y, Bloking J T, Chiang Y M. Electronically conductive phospho-olivines as lithium storage electrodes. Nature materials, 2002, 1 (2): 123-128.

[59] Herle P S, et al. Nano-network electronic conduction in iron and nickel olivine phosphates. Nature Materials, 2004, 3 (3): 147-152.

[60] Shaju K M, Rao G V S, Chowdari B V R. Performance of layered Li (Ni$_{1/3}$Co$_{1/3}$Mn$_{1/3}$) O$_2$ as cathode for Li-ion batteries. Electrochimica Acta, 2002, 48 (2): 145-151.

[61] MacNeil D D, Lu Z, Dahn J R. Structure and electrochemistry of Li Ni$_x$Co$_{1-2x}$Mn$_x$O$_2$ ($0 \leqslant x \leqslant 1/2$). Journal of the Electrochemical Society, 2002, 149 (10): A1332-A1336.

[62] Ohzuku T, Makimura Y. Layered lithium insertion material of LiCo$_{1/3}$Ni$_{1/3}$Mn$_{1/3}$O$_2$ for lithium-ion batteries. Chemistry Letters, 2001, (7): 642-643.

[63] Li D C, et al. Effect of synthesis method on the electrochemical performance of LiNi$_{1/3}$Mn$_{1/3}$Co$_{1/3}$O$_2$. Journal of Power Sources, 2004, 132 (1-2): 150-155.

[64] Sun Y, et al. Effect of Co Content on Rate Performance of LiMn$_{0.5-x}$Co$_{2x}$Ni$_{0.5-x}$O$_2$ Cathode Materials for Lithium-Ion Batteries. Journal of The Electrochemical Society, 2004. 151 (4): A504-A508.

[65] Kim J H, et al. Comparative study of LiNi$_{0.5}$Mn$_{1.5}$O$_4$-delta and LiNi$_{0.5}$Mn$_{1.5}$O$_4$ cathodes having two crystallographic structures: Fd (3) over-barm and P4 (3) 32. Chemistry of Materials, 2004, 16 (5): 906-914.

[66] Santhanam R, Rambabu B. Research progress in high voltage spinel LiNi$_{0.5}$Mn$_{1.5}$O$_4$ material. Journal of Power Sources, 2010, 195 (17): 5442-5451.

[67] Aklalouch M, et al. Chromium doping as a new approach to improve the cycling performance at high temperature of 5V LiNi$_{0.5}$Mn$_{1.5}$O$_4$-based positive electrode. Journal of Power Sources, 2008, 185 (1): 501-511.

[68] Wang H, et al. High-rate performances of the Ru-doped spinel LiNi$_{0.5}$Mn$_{1.5}$O$_4$: Effects of doping and particle size. The Journal of Physical Chemistry C, 2011, 115 (13): 6102-6110.

[69] 罗飞, 等. 锂离子电池基础科学问题 (Ⅷ) ——负极材料. 储能科学与技术, 2014, 3 (2): 146.

[70] 郝润蓉, 方锡义, 钮少冲. 无机化学丛书: 第 3 卷. 北京: 科学出版社, I, 1998: 404-425.

[71] Ohzuku T, Ueda A, Yamamoto N. Zero-Strain Insertion Material of Li ~ O$_4$ for Rechargeable Lithium Cells. Journal

of The Electrochemical Society, 1995, 142 (5): 1431-1435.

[72] 钮因健, 等. 有色金属进展. 长沙: 中南大学出版社, 1996-2005.

[73] Choi W C, Byun D, Lee J K. Electrochemical characteristics of silver-and nickel-coated synthetic graphite prepared by a gas suspension spray coating method for the anode of lithium secondary batteries. Electrochimica acta, 2004, 50 (2): 523-529.

[74] Lee H Y, et al. Effect of carbon coating on elevated temperature performance of graphite as lithium-ion battery anode material. Journal of Power Sources, 2004, 128 (1): 61-66.

[75] Tanaka H, et al. Improvement of the anode performance of graphite particles through surface modification in RF thermal plasma. Thin solid films, 2004, 457 (1): 209-216.

[76] Guoping W, et al. A modified graphite anode with high initial efficiency and excellent cycle life expectation. Solid State Ionics, 2005, 176 (9): 905-909.

[77] Lee J H, et al. Aqueous processing of natural graphite particulates for lithium-ion battery anodes and their electrochemical performance. Journal of Power Sources, 2005, 147 (1): 249-255.

[78] Yamauchi Y, et al. Gas desorption behavior of graphite anodes used for lithium ion secondary batteries. Carbon, 2005, 43 (6): 1334-1336.

[79] Zhao X, et al. In-Plane Vacancy-Enabled High-Power Si-Graphene Composite Electrode for Lithium-Ion Batteries. Advanced Energy Materials, 2011, 1 (6): 1079-1084.

[80] 王广驹. 世界石墨生产, 消费及国际贸易. 中国非金属矿工业导刊, 2006, 1: 61-65.

[81] G. H. Jonker, Proceedings 3rd Symp. On Reactivity of Solid, Madrid, Span. 1956.

[82] Murphy D, et al. Ternary $Li_x TiO_2$ phases from insertion reactions. Solid State Ionics, 1983, 9: 413-417.

[83] Ferg E, et al. Spinel Anodes for Lithium-Ion Batteries. Journal of The Electrochemical Society, 1994, 141 (11): L147-L150.

[84] Robertson A, et al. New inorganic spinel oxides for use as negative electrode materials in future lithium-ion batteries. Journal of Power Sources, 1999, 81: 352-357.

[85] Peramunage D, Abraham K. Preparation of Micron-Sized $Li_4 Ti_5 O_{12}$ and Its Electrochemistry in Polyacrylonitrile Electrolyte-Based Lithium Cells. Journal of the Electrochemical Society, 1998, 145 (8): 2609-2615.

[86] Julien C, Massot M, Zaghib K. Structural studies of $Li_{4/3} Me_{5/3} O_4$ (Me＝Ti, Mn) electrode materials: local structure and electrochemical aspects. Journal of Power Sources, 2004, 136 (1): 72-79.

[87] Martha S K, et al. $Li_4 Ti_5 O_{12}$/$LiMnPO_4$ Lithium-Ion Battery Systems for Load Leveling Application. Journal of the Electrochemical Society, 2011, 158 (7): A790-A797.

[88] Yoshio M, Tsumura T, Dimov N. Electrochemical behaviors of silicon based anode material. Journal of Power Sources, 2005, 146 (1): 10-14.

[89] Weydanz W J, Wohlfahrt-Mehrens M, Huggins R A. A room temperature study of the binary lithium-silicon and the ternary lithium-chromium-silicon system for use in rechargeable lithium batteries. Journal of Power Sources, 1999, 81: 237-242.

[90] Gao B, et al. Alloy formation in nanostructured silicon. Advanced Materials, 2001, 13 (11): 816.

[91] Li H, et al. A high capacity nano-Si composite anode material for lithium rechargeable batteries. Electrochemical and Solid State Letters, 1999, 2 (11): 547-549.

[92] Zhang X W, et al. Electrochemical performance of lithium ion battery, nano-silicon-based, disordered carbon composite anodes with different microstructures. Journal of Power Sources, 2004, 125 (2): 206-213.

[93] Chan C K, et al. Structural and electrochemical study of the reaction of lithium with silicon nanowires. Journal of Power Sources, 2009, 189 (1): 34-39.

[94] Cui L F, et al. Crystalline-Amorphous Core-Shell Silicon Nanowires for High Capacity and High Current Battery Electrodes. Nano Letters, 2009, 9 (1): 491-495.

[95] McDowell M T, et al. Novel Size and Surface Oxide Effects in Silicon Nanowires as Lithium Battery Anodes. Nano Letters, 2011, 11 (9): 4018-4025.

[96] Ryu I, et al. Size-dependent fracture of Si nanowire battery anodes. Journal of the Mechanics and Physics of Solids, 2011, 59 (9): 1717-1730.

[97] Xu W L, Vegunta S S S, Flake J C. Surface-modified silicon nanowire anodes for lithium-ion batteries. Journal of Power Sources, 2011, 196 (20): 8583-8589.

[98] Yue L, et al. Nano-silicon composites using poly (3,4-ethylenedioxythiophene): poly (styrenesulfonate) as elastic polymer matrix and carbon source for lithium-ion battery anode. Journal of Materials Chemistry, 2012, 22 (3): 1094-1099.

[99] Zang J L, Zhao Y P. Silicon nanowire reinforced by single-walled carbon nanotube and its applications to anti-pulverization electrode in lithium ion battery. Composites Part B-Engineering, 2012, 43 (1): 76-82.

[100] Yoshio M, et al. Carbon-coated Si as a lithium-ion battery anode material. Journal of the Electrochemical Society,

2002，149（12）：A1598-A1603.

[101] Qu J, et al. Self-aligned Cu-Si core-shell nanowire array as a high-performance anode for Li-ion batteries. Journal of Power Sources，2012，198：312-317.

[102] Jia H P, et al. Novel Three-Dimensional Mesoporous Silicon for High Power Lithium-Ion Battery Anode Material. Advanced Energy Materials，2011，1（6）：1036-1039.

[103] Yao Y, et al. Interconnected Silicon Hollow Nanospheres for Lithium-Ion Battery Anodes with Long Cycle Life. Nano Letters，2011，11（7）：2949-2954.

[104] Fu K, et al. Aligned Carbon Nanotube-Silicon Sheets：A Novel Nano-architecture for Flexible Lithium Ion Battery Electrodes. Advanced Materials，2013，25（36）：5109-5114.

[105] Min J H, et al. Self-organized Artificial SEI for Improving the Cycling Ability of Silicon-based Battery Anode Materials. Bulletin of the Korean Chemical Society，2013，34（4）：1296-1299.

[106] Choi N S, et al. Effect of fluoroethylene carbonate additive on interfacial properties of silicon thin-film electrode. Journal of Power Sources，2006，161（2）：1254-1259.

[107] Chakrapani V, et al. Quaternary Ammonium Ionic Liquid Electrolyte for a Silicon Nanowire-Based Lithium Ion Battery. Journal of Physical Chemistry C，2011，115（44）：22048-22053.

[108] Etacheri V, et al. Effect of fluoroethylene carbonate（FEC）on the performance and surface chemistry of Si-nanowire Li-ion battery anodes. Langmuir，2011，28（1）：965-976.

[109] Buddie&Mullins C. High performance silicon nanoparticle anode in fluoroethylene carbonate-based electrolyte for Li-ion batteries. Chemical Communications，2012，48（58）：7268-7270.

[110] Profatilova I A, et al. Enhanced thermal stability of a lithiated nano-silicon electrode by fluoroethylene carbonate and vinylene carbonate. Journal of Power Sources，2013，222：140-149.

[111] Leung K, et al. Modeling Electrochemical Decomposition of Fluoroethylene Carbonate on Silicon Anode Surfaces in Lithium Ion Batteries. Journal of The Electrochemical Society，2014，161（3）：A213-A221.

[112] Kovalenko I, et al. A major constituent of brown algae for use in high-capacity Li-ion batteries. Science，2011，334（6052）：75-79.

[113] Ryou M H, et al. Mussel-Inspired Adhesive Binders for High-Performance Silicon Nanoparticle Anodes in Lithium-Ion Batteries. Advanced Materials，2012.

[114] Li J, Lewis R, Dahn J. Sodium Carboxymethyl Cellulose A Potential Binder for Si Negative Electrodes for Li-Ion Batteries. Electrochemical and Solid-State Letters，2007，10（2）：A17-A20.

[115] Bridel J S, et al. Key Parameters Governing the Reversibility of Si/Carbon/CMC Electrodes for Li-Ion Batteries†. Chemistry of Materials，2009，22（3）：1229-1241.

[116] Mazouzi D, et al. Silicon composite electrode with high capacity and long cycle life. Electrochemical and Solid-State Letters，2009，12（11）：A215-A218.

[117] Guo J C, Wang C S. A polymer scaffold binder structure for high capacity silicon anode of lithium-ion battery. Chemical Communications，2010，46（9）：1428-1430.

[118] Liu W R, et al. Enhanced cycle life of Si anode for Li-ion batteries by using modified elastomeric binder. Electrochemical and solid-state letters，2005，8（2）：A100-A103.

[119] Park H K, Kong B S, Oh E S. Effect of high adhesive polyvinyl alcohol binder on the anodes of lithium ion batteries. Electrochemistry Communications，2011，13（10）：1051-1053.

[120] Magasinski A, et al. Toward efficient binders for Li-ion battery Si-based anodes：Polyacrylic acid. ACS Applied Materials & Interfaces，2010，2（11）：3004-3010.

[121] Yun&Jang B, Soo&Kim J, Tae&Lee K. A photo-cross-linkable polymeric binder for silicon anodes in lithium ion batteries. RSC Advances，2013，3（31）：12625-12630.

[122] Han Z J, et al. Cross-Linked Poly（acrylic acid）with Polycarbodiimide as Advanced Binder for Si/Graphite Composite Negative Electrodes in Li-Ion Batteries. ECS Electrochemistry Letters，2013，2（2）：A17-A20.

[123] Koo B, et al. A Highly Cross - Linked Polymeric Binder for High - Performance Silicon Negative Electrodes in Lithium Ion Batteries. Angewandte Chemie International Edition，2012，51（35）：8762-8767.

[124] Yim C H, Abu-Lebdeh Y, Courtel F M. High Capacity Silicon/Graphite Composite as Anode for Lithium-Ion Batteries Using Low Content Amorphous Silicon and Compatible Binders. J Mater Chem A，2013.

[125] Erk C, et al. Toward Silicon Anodes for Next-Generation Lithium Ion Batteries：A Comparative Performance Study of Various Polymer Binders and Silicon Nanopowders. ACS Applied Materials & Interfaces，2013，5（15）：7299-7307.

[126] Kim J S, et al. Effect of Polyimide Binder on Electrochemical Characteristics of Surface-Modified Silicon Anode for Lithium Ion Batteries. Journal of Power Sources，2013.

[127] Li J, et al. Effect of heat treatment on Si electrodes using polyvinylidene fluoride binder. Journal of the Electrochemi-

cal Society，2008，155（3）：A234-A238.

[128] Kim Y L，Sun Y K，Lee S M. Enhanced electrochemical performance of silicon-based anode material by using current collector with modified surface morphology. Electrochimica Acta，2008，53（13）：4500-4504.

[129] Guo J C，Sun A，Wang C S. A porous silicon-carbon anode with high overall capacity on carbon fiber current collector. Electrochemistry Communications，2010，12（7）：981-984.

[130] Choi J Y，et al. Silicon Nanofibrils on a Flexible Current Collector for Bendable Lithium-Ion Battery Anodes. Advanced Functional Materials，2013，23（17）：2108-2114.

[131] Hang T，et al. Silicon composite thick film electrodeposited on a nickel micro-nanocones hierarchical structured current collector for lithium batteries. Journal of Power Sources，2013，222：503-509.

[132] Luais E，et al. Thin and flexible silicon anode based on integrated macroporous silicon film onto electrodeposited copper current collector. Journal of Power Sources，2013，242：166-170.

[133] Tang X X，et al. Preparation of current collector with blind holes and enhanced cycle performance of silicon-based anode. Transactions of Nonferrous Metals Society of China，2013，23（6）：1723-1727.

[134] Kim H，et al. Three - Dimensional Porous Silicon Particles for Use in High - Performance Lithium Secondary Batteries. Angewandte Chemie，2008，120（52）：10305-10308.

[135] Bang B M，et al. Scalable approach to multi-dimensional bulk Si anodes via metal-assisted chemical etching. Energy & Environmental Science，2011，4（12）：5013-5019.

[136] Kasavajjula U，Wang C，Appleby A J. Nano-and bulk-silicon-based insertion anodes for lithium-ion secondary cells. Journal of Power Sources，2007，163（2）：1003-1039.

[137] Magasinski A，et al. High-performance lithium-ion anodes using a hierarchical bottom-up approach. Nature materials，2010，9（4）：353-358.

[138] Notten P H L，et al. 3-D integrated all-solid-state rechargeable batteries. Advanced Materials，2007，19（24）：4564-4567.

[139] Baggetto L，et al. On the electrochemistry of an anode stack for all-solid-state 3D-integrated batteries. Journal of Power Sources，2009，189（1）：402-410.

[140] Liu G，et al. Polymers with tailored electronic structure for high capacity lithium battery electrodes. Advanced Materials，2011，23（40）：4679-4683.

[141] Chan C K，et al. High-performance lithium battery anodes using silicon nanowires. Nature Nanotechnology，2007，3（1）：31-35.

[142] 刘亚利，吴娇扬，李泓，锂离子电池基础科学问题（Ⅸ）——非水液体电解质材料. 储能科学与技术，2014，3（3）：262.

[143] Fry A J. Synthetic Organic Electrochemistry，1989.

[144] Xu K. Nonaqueous liquid electrolytes for lithium-based rechargeable batteries. Chemical Reviews，2004，104（10）：4303-4417.

[145] Aurbach D. Nonaqueous Electrochemistry，1999.

[146] 郑洪河. 锂离子电池电解质. 北京：化学工业出版社，2006.

[147] Li L F，et al. New electrolytes for lithium ion batteries using LiF salt and boron based anion receptors. Journal of Power Sources，2008，184（2）：517-521.

[148] Xie B，et al. New electrolytes using Li_2O or Li_2O_2 oxides and tris（pentafluorophenyl）borane as boron based anion receptor for lithium batteries. Electrochemistry Communications，2008，10（8）：1195-1197.

[149] Linden D. Handbook of Batteries，1995.

[150] Abe K，et al. Functional electrolytes：Novel type additives for cathode materials，providing high cycleability performance. Journal of Power Sources，2006，153（2）：328-335.

[151] Lee Y S，et al. Effect of an organic additive on the cycling performance and thermal stability of lithium-ion cells assembled with carbon anode and $LiNi_{1/3}Co_{1/3}Mn_{1/3}O_2$ cathode. Journal of Power Sources，2011，196（16）：6997-7001.

[152] Lee K S，et al. Improvement of high voltage cycling performance and thermal stability of lithium - ion cells by use of a thiophene additive. Electrochemistry Communications，2009，11（10）：1900-1903.

[153] 许梦清，邢丽丹，李伟善. 用于高电压锂离子电池的非水电解液及其制备方法与应用，2010.

[154] von Cresce A，Xu K. Electrolyte Additive in Support of 5 V Li Ion Chemistry. Journal of the Electrochemical Society，2011，158（3）：A337-A342.

[155] Nagpure S C，Bhushan B，Babu S S. Multi-Scale Characterization Studies of Aged Li-Ion Large Format Cells for Improved Performance：An Overview. Journal of the Electrochemical Society，2013，160（11）：A2111-A2154.

[156] Horiba T. Lithium-Ion Battery Systems. Proceedings of the IEEE，2014，102（6）：939-950.

第 3 章　液流电池技术

3.1　液流电池的基本原理和发展历史概述

3.1.1　液流电池的基本原理

　　液流电池是一种大规模高效电化学储能（电）装置，通过溶液中的电化学反应活性物质的价态变化，实现电能与化学能相互转换与能量存储。在液流电池中，活性物质储存于电解质溶液中，具有流动性，可以实现电化学反应场所（电池）与储能活性物质在空间上的分离，电池功率与储能容量设计相对独立，适合大规模蓄电储能需求。因此，在可再生能源发电、智能电网、分布式电网建设等市场需求的驱动下，特别是在未来能源互联网发展过程中，大规模储能基础设施建设将成为重要的产业建设环节。以液流电池为代表的储能产业将发挥越来越大的作用，呈现出快速增长趋势。

　　液流电池最初的概念于 1974 年由美国 NASA 的工程技术人员提出，将原先储存在固体电极上的活性物质溶解进入电解液中，通过电解液循环流动给电池供给电化学反应所需的活性物质[1]。因此，储能容量不再受有限的电极体积限制，可以根据实际需要独立设计所需储能活性物质的数量，特别适合于大规模电能储存场合使用。

　　液流电池的核心功能部分是实现电能与化学能相互转化与储存，与此同时，为了阻隔正极氧化剂和负极还原剂混合后发生自氧化还原反应，避免能量损耗，通常在正极电解液和负极电解液之间设置离子传导膜，起分隔两种电化学活性物质的作用。根据液流电池中固相电极的数量，可将液流电池分为双液流电池、沉积型液流电池，以及金属/空气液流电池。

　　在双液流电池中，无论是正极还是负极的电化学活性物质，均溶解于溶液中，电池运行过程中，正极和负极电解液流过电极表面，进行得失电子的电化学反应。如图 3-1 所示，全钒液流电池是典型的双液流电池体系。与双液流电池不同，沉积型液流电池中只有正极，或者负极活性物质溶于电解质溶液，另外一种电化学活性电对往往以固态形式存在。在电池充电/放电过程，溶液中的电化学活性物质随着电子得失产生由溶液中沉积到固相表面的变化，或者从固体电极表面溶解进入液相的过程，如锌镍单液流电池中的锌电极；此外，还存在双沉积型液流电池，在电池充电/放电过程中伴随电子得失，正负两个电极上均发生沉淀/溶解的相变过程，如全铅液流电池。

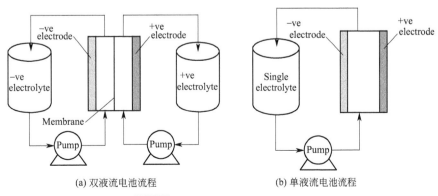

(a) 双液流电池流程　　　　　　　　(b) 单液流电池流程

图 3-1　液流电池工作原理示意图

通常情况下，单电池无法满足电力储能所需的电压条件。为了提高电池两端的输入/输出电压，克服单电池电压过低问题，在实际使用过程，将一定数量单电池串联成电池组，可以输出额定功率的电流和电压。当风能、太阳能发电装置的功率超过额定输出功率时，通过对液流电池充电，将电能转化为化学能储存在氧化/还原电对中；当发电装置不能满足额定输出功率时，液流电池开始放电，把储存的化学能转化为电能，保证稳定电功率输出。

3.1.2 液流电池的发展历史

世界上最早的液流电池是由法国科学家雷纳（C. Renard）在 1884 年发明的，他使用锌和氯元素作为液流电池的电化学活性物质，质量达到 435kg。见图 3-2。该液流电池产生的电能用于驱动军用飞艇的螺旋桨，成功完成了 8km 飞行，用时 23min，最后降落回到起飞点，使该飞艇在空中完成一个往返行程。

In 1884
435kg flow battery
8kilometre flight in 23 minutes

图 3-2　人类早期的液流电池探索

此后，雷纳的发明被遗忘多年，直到 1954 年德国专利文献报道可采用氯化钛和盐酸水溶液储存电能。研究人员或商业企业还探索其他液流电池的电化学活性物质，包括铀的化合物、锌溴液流电池、多硫化钠/溴液流电池等。这些液流电池的发展需要突破其局限性，才能在技术和商业上都具备可行性。部分技术障碍列举如下：①使用强腐蚀性物质组成电化学体系；②使用有毒害性的危险化学物质；③正负半电池中使用不同的电解质，产生交叉污染后电压下降；④成本和造价高昂，缺乏商业利用价值。

现代意义的液流电池研究始于 1974 年美国航空航天局（NASA）的科学家塞勒（L. H. Thaller）试图探索用于月球基地上储存太阳能的方法，提出将 Fe/Cr 元素作为液流电池的电化学活性物质，组成氧化还原对，并且给出液流电池流程[1]。虽然开发出功率 1kW 的样机，但由于运行过程中正极、负极电解液中的活性物质交叉污染，引起电压不稳而无法长期运行。1986 年，澳大利亚新南威尔士大学的 Maria Skyllas-Kazacos 等在国际上首次申请全钒液流电池专利，并开展系统的研究[2]。该电池使用不同价态钒离子构成氧化还原电对；以石墨毡为电极，石墨-塑料板栅为集流体；质子传导膜作为电池隔膜；正、负极电解液在充放电过程中流过电极表面发生电化学反应，可在 5～45℃温度范围长期运行。

目前，在众多的液流电池化学体系中，只有全钒液流电池（VRB）、锌溴液流电池进入实用化示范运行阶段。除此以外，人们先后研究了二十多种电化学活性物质组成的氧化还原电对，构成液流电池的化学家族。不仅包括传统的水溶液体系，也发展出有机溶剂的液流电池。由于避免了水溶液中的电解水电压的限制，在有机溶剂的液流电池中，单电池可以在更好的电压下工作[3,4]。与此同时，所研究的氧化还原电对也不局限于金属离子，还探索使用人工合成的有机化合物构成液流电池的氧化还原活性物质，不再受金属资源的制约。此外，还有望合成在氧化还原反应过程中能够得到或失去多个电子的有机化合物，从而极大提高液流电池的储能密度[5]。

典型的液流电池体系如图 3-3、表 3-1 所示，人们已经研究了多种双液流电池体系，包括铁铬体系（Fe^{3+}/Fe^{2+} vs Cr^{3+}/Cr^{2+}，1.18V）、全钒体系（V^{5+}/V^{4+} vs V^{3+}/V^{2+}，1.26V）、钒溴体系（V^{3+}/V^{2+} vs $Br^-/ClBr^{2-}$，1.85V）、多硫化钠溴（Br_2/Br^- vs S/S^{2-}，1.35V）等电化学体系。为了提高能量密度，简化电解液循环设备，近年来提出沉积型单液流体系。例如，锌/镍体系、二氧化铅/铜体系，以及全铅双沉积型液流电池和锂离子液流电池概念。

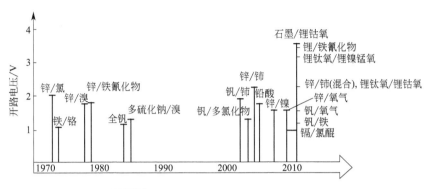

图 3-3 种类繁多的液流电池化学体系[6]

表 3-1 部分双液流电池的氧化还原电对和技术特征

电对	电解液组成	电极反应	满充时开路电压/V	技术特征	参考文献
Fe-Cr	负极:$CrCl_3$溶液 正极:$FeCl_2$溶液 支持电解液:HCl	正极:$Cr^{3+} \longrightarrow Cr^{2+} - e$ 负极:$Fe^{2+} \longrightarrow Fe^{3+} + e$	1.18	(1)Low activity of Cr^{2+} to Cr^{3+} reaction; (2)Low reversibility of Cr^{2+}/Cr^{3+} couple	[1]
Fe-Ti	负极:$TiCl_3$溶液 正极:$FeCl_3$溶液 支持电解液:HCl	正极:$Ti^{4+} \longrightarrow Ti^{3+} - e$ 负极:$Fe^{2+} \longrightarrow Fe^{3+} + e$	1.19	(1)The deposition of the Ti^{3+} (2)Low reversibility of Ti^{3+}/Ti^{4+}	[1]
All vanadium	Vanadium sulfate solution in both half-cells 支持电解液:H_2SO_4	正极:$V^{3+} \longrightarrow V^{2+} - e$ 负极:$VO^{2+} + H_2O \longrightarrow VO_2^+ + 2H^+ + e$	1.25	(1)Low solubility of negative electrolyte; (2)The deposition of VO_2^+; (3)Narrow working temperature scale	[7,8]
V-Br_2	VBr_3 + HBr solution in both half-cells 支持电解液:HCl	正极:$V^{3+} \longrightarrow V^{2+} - e$ 负极:$3Br^- \longrightarrow Br_3^- + 2e$	1.40	(1)Contamination of the active materials; (2)The toxicity of Br_2	[9]
Na_2S_x-Br_2	负极:Na_2S_x溶液 正极:NaBr 溶液	正极:$(x+1)S_x^{2-} \longrightarrow xS_{x+1}^{2-} - 2e$ 负极:$3Br^- \longrightarrow Br_3^- + 2e$	1.54	(1)Low reversibility of S_x^{2-}/S_{x+1}^{2-}; (2)The deposition of elemental sulfur; (3)The toxicity of Br_2; (4)Contamination of the active materials	[10]
V-Ce	负极:Ce^{3+}溶液 正极:V^{3+}溶液 支持电解液:H_2SO_4	正极:$V^{3+} \longrightarrow V^{2+} - e$ 负极:$Ce^{3+} \longrightarrow Ce^{4+} + e$	1.50	(1)Low reversibility of Ce^{3+}/Ce^{4+}; (2)The side reaction of O_2 evolution; (3)Contamination of the active materials	[11]
Fe-V	负极:$Fe^{2+} + V^{3+}$ solution in both half-cells 支持电解液:HCl	正极:$V^{3+} \longrightarrow V^{2+} - e$ 负极:$Fe^{2+} \longrightarrow Fe^{3+} + e$	1.02	Low potential of the single cell	[12]

3.2 几种典型的液流电池体系

　　根据液流电池的工作原理,任何两种溶解于电解液中,并且能够稳定存在的电化学可逆电对,将其置于物理空间上分离的两个电极上均能构成液流电池。迄今为止,人们已经研究了数十种液流电池的化学体系,并且,随着电化学储能技术和市场需求的扩大,不断有新的电化学体系被研究报道。尽管如此,从多方面综合考虑后发现,具有发展前景的液流电池体系十分有限。为了对液流电池的技术特征进行明显区分,可以根据电化学活性物质存在的形态,以及电池充电/放电过程该活性物质的形态变化,将液流电池划分为双液流电池和沉积型液流电池。以下选择有代表性的体系分别进行讨论。

3.2.1 双液流电池体系

3.2.1.1 全钒液流电池

1984 年，澳大利亚新南威尔士大学的 Maria Skyllas-Kazacos 等使用不同价态的钒离子组成全钒液流电池，它包括电池本体、电解液储罐、泵以及电解液管路，其结构如图 3-4 所示[7~9]。工作过程中，电解液通过泵在电池和储罐之间循环，流过电池时在电极上发生电化学反应。电池用离子交换膜将正负极电解液隔开，电池外接负载或者电源。

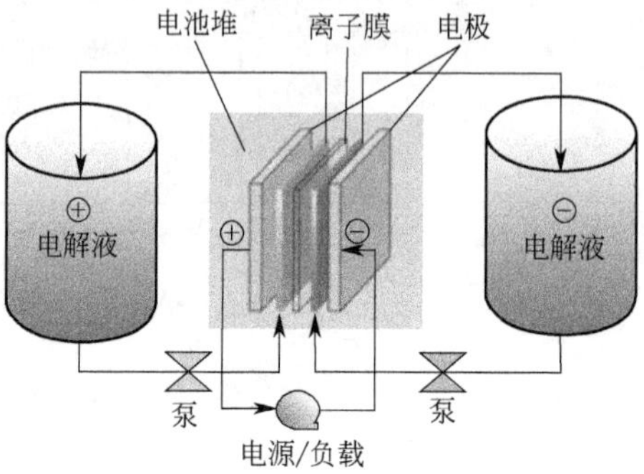

图 3-4 全钒液流电池原理图

全钒液流电池分别以含有 VO^{2+}/VO_2^+ 和 V^{2+}/V^{3+} 混合价态钒离子的硫酸水溶液作为正极、负极电解液，充电/放电过程中电解液在储槽与电堆之间循环流动。电解液流动过程中，钒离子会不断扩散并吸附到石墨毡电极的纤维表面，与它发生电子交换。反应后的钒离子经过脱附，离开原来的石墨毡电极纤维表面，再次回到流动的电解液中。

通过以下电化学反应，实现电能和化学能相互转化，完成储能与能量释放循环过程。

电极反应：

$$正极：VO^{2+}+H_2O-e \underset{放电}{\overset{充电}{\rightleftharpoons}} VO_2^+ +2H^+ \qquad\qquad E^0=+1.00V$$

$$负极：V^{3+}+e \underset{放电}{\overset{充电}{\rightleftharpoons}} V^{2+} \qquad\qquad E^0=-0.26V$$

$$电池总反应：VO^{2+}+V^{3+}+H_2O \underset{放电}{\overset{充电}{\rightleftharpoons}} VO_2^+ +V^{2+}+2H^+ \qquad\qquad E^0=1.26V$$

全钒液流电池（vanadium flow battery，VFB）利用不同价态的钒离子相互转化实现电能的储存与释放。由于使用同种元素组成电池系统，从原理上避免了正极半电池和负极半电池间不同种类活性物质相互渗透产生的交叉污染，以及因此引起的电池性能劣化。经过优化的电池系统能量效率可达 75%~85%，充放电循环次数可达 13000 次以上，其性能远远高于现有二次电池。

与传统二次电池不同，双液流电池的储能活性物质与电极完全分开，功率和容量设计独立，易于模块组合；电解液储存于储罐中不会发生自放电；电极只提供电化学反应的场所，自身不发生氧化还原反应；活性物质溶于电解液，不存在电极枝晶生长刺破隔膜的危险；流动的电解液可以把电池充电/放电过程产生的热量移出，避免电池热失效问题。氧化还原电对是液流电池实现储能的活性物质，是影响液流电池性能的主要因素。

早期的全钒液流电池研究主要集中在澳大利亚的新南威尔士大学，S. Maria 等提出全钒液流电池技术原理后，开展大量关于电极反应动力学的基础性研究，发表大量有关单电池的研究结果，构成了全钒液流电池发展的基础[13~16]。真正意义上的电解质溶液流动实验开始于 1987 年，此时单电池电极面积已有 $90cm^2$，使用炭毡为电极，石墨板为集流板。电流密度 $6~40mA/cm^2$。1988 年，S. Maria 的研究团队开始建造 1kW 级全钒液流电池堆，该电堆由 10 个单电池组成，电极面积 $1500cm^2$，能量效率可达 72%~88%[17]。千瓦级电堆的开发和建造成功具有重大意义，标志着全钒液流电池开始走出实验室，迈向工程化研发阶段。

全钒液流电池工程发展的第二个阶段主要集中在日本。从 20 世纪 90 年代初开始，以住友电工（SEI）和 Kashima-kita 电力公司为首的工业企业先后开发了一系列规模不一的试验性电堆，在此基础上对电堆的关键材料和工程设计问题进行了深入探索，逐步把全钒液流电池系统推向商业化试运营阶段。所研究开发的典型电堆规格见表 3-2。

表 3-2　1991～1998 年间代表性 VFB 电堆性能

规模	1kW[17]	2kW[18]	3kW[19]	200kW[20]	450kW[21]
建设时间	UNSW 1991	Kashima-kita 1993	UNSW 1995	Kashima-kita 1997	SEI 1996
电极面积/cm²	1500	600		4000	5000×8×3
单电池数	10cells	30cells	19cells×2stacks	21cells×2substacks× 8stacks	60cells×8series× 3modules
膜材料	Selemion CMV (Asahi Glass)	Anionic polysulfone Ion exchange membrane (Asahi Glass)	Selemion AMV (Asahi Glass)	Anionic polysulfone Ion exchange membrane (Asahi Glass)	Negative Ion exchange membrane
电极材料	carbon felt (0.3 mm)	XF308 carbon felt (Toyobo Co.)	Graphite felt +Conducting plastic electrodes	Carbon fiber Double layer electrode	carbon felt
电流密度/(mA/cm²)	20～80	50～100		80～100	50～100
放电电流/A	20～120	30～72	40～120	320～400	1000
最大功率/kW	1.58	2.6	3.2	200	450
电解液	1.5mol/L vanadium sulphate+2.6mol/L H_2SO_4 (referred to V^{4+} state)	2.0mol/L vanadium sulphate+2.0mol/L H_2SO_4 (referred to V^{4+} state)	2.0mol/L vanadium sulphate+2.6mol/L H_2SO_4 (referred to V^{4+} state)	1.8mol/L vanadium sulphate(referred to V^{4+} state)	1.0mol/L vanadium sulphate(referred to V^{4+} state)
电解液体积/L	12	250	332	20000	—
库仑效率/%	92.6～99.0	91.0～98.0	82.6～96.4	93	96.7
电压效率/%	73.2～95.0	80.0～86.0	79.8～99.2	86	85.1
能量效率/%	71.9～88.0	80.0～82.0	76.1～80.9	80	82.3

1998 年，澳大利亚 Pinnacle VRB 公司获得 UNSW 的全钒液流电池技术，并于 1999 年将新的专利许可授予日本的住友公司（SEI）和加拿大的 Vanteck 公司。图 3-5 为美国 Pacificorp 电力公司所属的输出功率 250kW×8h 全钒液流电池储能装置，用于犹他州东南部边远地区分散式供电系统，起到消峰填谷和平衡负荷的作用。目前，全钒液流电池技术逐渐成熟，产业化示范项目不断增加，作为安全性能优良的大容量储能产品，正在被更多的用户所采纳。

为了扩展全钒液流电池的工作温度，提高能量密度，目前的研究工作主要集中在电解液的改性方面。Liyu Li 等人利用硫酸和盐酸的混合溶液作为支持电解液，在钒浓度为 3.0mol/L 的条件下将全钒液

图 3-5　全钒液流电池工业装置

流电池的工作温度扩展到 −5～50℃ 范围，有效地拓展了全钒液流电池的工作温度范围[22]。

Fe-V 体系液流电池是一种最新提出的双液流电池体系[12]，这种电池利用 Fe^{3+}/Fe^{2+} 作为正极电对，V^{3+}/V^{2+} 作为负极电对，采用正负极电解液相混的方法避免活性物质的渗透带来的容量损失；由于正负极电对的溶解度较高，并且随温度的升高溶解度增大，从而有效地提高了电池的能量密度，拓展了电池的工作温度，但是这种电池的开路电压较低，功率密度较低，并且需要严格控制充电状态，以避免正极电解液中的 V^{3+}/V^{2+} 被氧化成更高价态，产生沉淀，极大地限制了这种电池体系的应用。

3.2.1.2　锌溴液流电池

锌溴液流电池利用金属锌和卤族元素溴组成氧化还原体系，完成电能转化与储能过程。因为水溶液中的锌离子（或者溴）在一次充电过程中可以储存 2 个电子，不像钒离子那样每次只有 1

个电子转移。这样，同样体积的水溶液，锌溴液流电池就比全钒液流电池储存的电量多 2 倍。通常利用以下反应式表述锌溴液流电池的电极反应原理：

负极反应：$Zn-2e \rightleftharpoons Zn^{2+}$

正极反应：$Br_2 + 2e \rightleftharpoons 2Br^-$

电池总反应：$Zn + Br_2 \rightleftharpoons ZnBr_2$　　$E^\ominus = 1.85V$（25℃）

锌溴液流电池的基本原理如图 3-6 所示，正/负极电解液同为 $ZnBr_2$ 水溶液，电解液通过泵循环流过正/负电极表面[23,24]。充电时锌沉积在负极上，正极生成的溴迅速被电解液中的溴络合剂配合，生成油状配合物，使水溶液中的溴含量大幅度减少；由于络合物密度大于电解液密度，电解液循环过程中逐渐沉积在储罐底部，显著降低电解液中溴的挥发性，提高了系统安全性。在放电时，负极表面的锌溶解，同时配合溴被重新泵入循环回路中分散后转变成溴离子。此时，溴化锌成为电解液的主要成分，该反应具有良好的电化学完全可逆性。

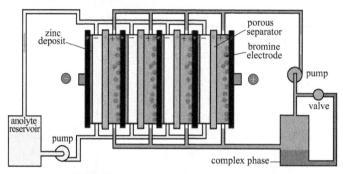

图 3-6　锌溴液流电池基本原理示意图

锌溴液流电池主要由三部分组成，包括电解液循环系统、电解液以及电堆。其中，电堆为双极性结构，通过双极板将多个单电池相互连接，形成串联结构的电路。电解液流过电堆内部的管路分配到每个单电池中，用以提高电池的功率密度。电解液并联结构设计使得流经各单电池的电解液流量比较均匀，电压在各单电池上分布一致性良好，电堆性能容易得到保障。电解液循环系统主要由储罐、管件、普通阀门、单向阀及传感器构成，在进行电解液循环的同时，传感器实时反馈电池的各项参数，例如：电压、电流、液位和温度等。

作为锌溴液流电池的核心部件，电堆由以下几部分组成：外部的端板为电堆的紧固提供刚性支撑，通过两端的电极与外部设备相连，实现对电池的充放电。双极板和隔膜与具有流道设计的边框连接，在极板框和隔膜框中加入隔网，提供电池内部支撑，一组极板框和膜框构成锌溴液流电池的单电池，多组单电池叠合在一起组成锌溴液流电池的电堆。

锌溴液流电池模块和小型锌溴液流电池分别见图 3-7 和图 3-8。

图 3-7　锌溴液流电池模块

图 3-8　小型锌溴液流电池

目前，澳大利亚电池制造商 RedFlow 公司已经开发出锌溴液流电池的大型储能系统，并完成工程验证工作。该公司将 48 组电池分四组进行了充放电测试，接入电网中的 14kW 逆变器与直流母线相连，产生 50～720V 电压。RedFlow 公司的储能系统在 440～750V 的标定电压下，能够储存 600kW·h 电量。该储能系统包含装入 20ft 集装箱内的 60 块电池。据 RedFlow 公司称，所研制开发的 3kW×8h 的锌溴电池储能模块适于多种固定型应用场合，并且每天可进行深度充放电。它能够将可再生能源产生的间歇性电能存储下来待用、调节电网峰谷负荷，以及在微电网中进行储能供电，其应用市场相当可观。

3.2.2 单沉积型液流电池

沉积型液流电池是在双液流电池基础上发展而来的一种新型液流电池技术。沉积型单液流电池中的正极、负极共用一种电解液，在充放电过程中，至少有一个氧化还原电对的充放电产物沉积在（或原本在）电极上。根据电化学沉积反应的数目，沉积型单液流电池又分为单沉积型液流电池和双沉积型液流电池。单沉积型单液流电池是指电池过程中，只有一个氧化还原电对的充放电产物沉积在电极上，另一个电极反应为固态相变的电池类型。

3.2.2.1 锌镍单液流电池

锌镍单液流电池正极是固体氧化镍电极，负极是在惰性集流体上发生沉积/溶解的锌电极，电解液是流动的碱性锌酸盐溶液。充电时，固体氧化镍电极中 $Ni(OH)_2$ 氧化成 $NiOOH$，锌酸根离子在负极上沉积成金属锌。放电时，发生其逆过程。电池的开路电压为 1.705V，极化较低，平均放电电压可达到 1.6V 左右，其结构如图 3-9 所示[25~27]。通过若干单电池串联成所需电压的电堆，获得额定电压和容量，以适应不同规模的储能场合。

沉积型锌镍单液流电池的锌负电极的溶解与 OH^- 浓度直接相关，但是，由于电解液的流动，不断为反应提供充足的 OH^-，有效地减少了浓差极化的影响。同时，流动的电解液能够抑制锌表面钝化膜的生成，避免电极性能的劣化；并且还能够避免由于锌电极上产生枝晶造成的电池短路现象。

锌镍单液流电池在充放电过程中，由于氧化镍正极反应的极化很小，电化学极化主要来源于锌电极。但是，锌镍单液流电池的电池容量却主要受限于氧化镍正极，其容量的衰减主要由 $Ni(OH)_2$ 与 $NiOOH$ 之间的电化学过程中的体积变化所致。因此，改善沉积锌电极的性能和研制大容量的氧化镍固体电极材料是促进锌镍单液流电池技术发展的关键。

3.2.2.2 醌/镉单液流电池

醌/镉单液流电池是基于酚醌类有机物在酸性溶液中具有良好的电化学可逆性而发展的一种新型单液流电池体系。该电池采用四氯对醌与碳纳米管的混合固体电极作为正极，碳纳米管的主要作用是增大电极的导电性；采用 Cd/Cd^{2+} 沉积型电极为负极；以 H_2SO_4-$(NH_4)_2SO_4$-$CdSO_4$ 的水溶液为电解液[28,29]。电池的电极反应为：

$$正极：QH_2Cl_4 \underset{放电}{\overset{充电}{\rightleftharpoons}} QCl_4 + 2H^+ + 2e$$

$$负极：Cd^{2+} \underset{放电}{\overset{充电}{\rightleftharpoons}} Cd - 2e$$

这种电池的开路电压为 1.1V 左右，可平稳放电，具有较好的循环性能。但是由于四氯对醌导电性能比较差，导致其电极面容量不高，电池的能量密度较低。

3.2.3 双沉积型液流电池

在双沉积型单液流电池中，正负两个氧化还原电对在充放电过程中均有固相产物沉积在电极上，可以采用同一种电解液，不再需要离子传导膜分隔正极、负极活性物质。

3.2.3.1 全铅沉积型液流电池

全铅沉积型单液流电池是这一方面的典型代表，最早由 Pletcher 等于 2004 年提出[30~38]。该电池以酸性甲基磺酸铅水溶液作为电解液，充电时正负极分别在惰性基体上沉积金属铅和二氧化铅；放电时沉积物溶解转化为 Pb^{2+} 回到溶液中，其结构如图 3-10 所示。

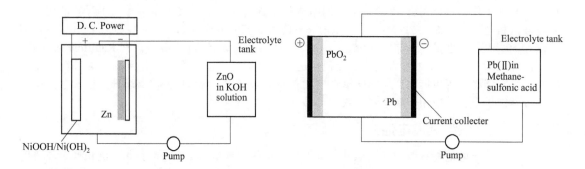

图 3-9 沉积型锌镍单液流电池示意图　　**图 3-10** 双沉积型全铅单液流电池原理图

在电池充电/放电过程，正负电极材料需要保持一定距离，避免电极接触和短路。该电池的电极反应为：

正极：$PbO_2 + 4H^+ \underset{放电}{\overset{充电}{\rightleftharpoons}} Pb^{2+} + 2H_2O - 2e$

负极：$Pb \underset{放电}{\overset{充电}{\rightleftharpoons}} Pb^{2+} + 2e$

由电极反应方程可见，电池充放电过程中会出现活性物质在液相和固相之间转变，电极反应过程比较复杂。当电池过充时，固相沉积物可能会填满正负极之间的间隙，使电池短路，导致电池失效。该电池的 Pb^{2+}/Pb 负极电位与 H^+ 浓度无关，在充放电过程中保持稳定，并且 Pb 的溶解沉积反应速率很快，不需要较大的反应过电势；Pb^{2+}/PbO_2 反应需要较大的过电势反应才能进行，反应比较慢，这样就造成正负极物质的沉积速度不同，电池在经过几次的充放电之后，负极就会有铅沉积，使电池性能降低直至发生短路失效；而 PbO_2 正极还原过程中要消耗 H^+，PbO_2 沉积层越厚，H^+ 的扩散阻力越大，导致 PbO_2 难以还原完全，充电效率容易降低，PbO_2 在电极残留物处会优先沉积，形成枝晶，使电池发生短路。Pb 电极的枝晶问题和 PbO_2 电极的动力学问题是全铅单液流电池发展的主要瓶颈。

3.2.3.2　二氧化铅-铜液流电池

二氧化铅-铜液流电池为单液流电池，其正极采用了与传统铅酸电池相同的 $PbSO_4/PbO_2$ 固态电极，负极为 Cu/Cu^{2+} 沉积型电极，以 $CuSO_4$ 的酸性水溶液为电解液，其结构如图 3-11 所示[39]。电池的电极反应为：

正极：$PbSO_4 + 2H_2O \underset{放电}{\overset{充电}{\rightleftharpoons}} PbO_2 + 4H^+ + SO_4^{2-} + 2e$

负极：$Cu^{2+} \underset{放电}{\overset{充电}{\rightleftharpoons}} Cu - 2e$

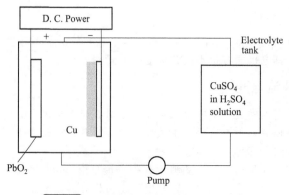

图 3-11 二氧化铅-铜单液流电池示意图

该电池使用 $PbO_2/PbSO_4$ 电对作为正极活性物质，在硫酸介质中该电对的极化过电位很小，所以电池的极化主要来自铜负极。在酸性溶液中，铜负极的动力学特征良好，且不形成枝晶，又由于其较高的电极电位，不会发生析氢反应。因此，铜负极具有较高的充电效率。但是，这种电池的 PbO_2 正极充放电状态要控制在 50% 以下，仅有部分的 Cu^{2+} 和 PbO_2 参与电极反应，损失电池的容量；并且电池在运行一段时间后，会有少量的铜粉和 PbO_2 粉末进入电解液中，造成电池容量损失。

3.2.4 金属/空气液流电池

为了减少双液流电池中电化学活性物质用量，降低储能系统成本，提高液流电池储能密度，将气体扩散电极用于正极半电池，利用空气中的氧气和水作为活性物质，以此构成"金属/空气"液流电池，有望推动液流电池科学技术的进步。典型的代表性实例包括锌氧液流电池、双功能锌氧液流电池、钒/空气液流电池。

3.2.4.1 锌氧液流电池

锌氧液流电池是以空气电极取代锌镍单液流电池中的氧化镍电极构建成的一种新型的单液流电池[40]。该电池的正极为双功能层复合氧电极，负极和电解液与锌镍单液流电池相同。

在电池的充放电过程中，发生如下电极反应[40]：

正极：$1/2O_2 + H_2O \xrightarrow[\text{放电}]{\text{充电}} 2OH^- - 2e$

负极：$Zn + 4OH^- \xrightarrow[\text{放电}]{\text{充电}} Zn(OH)_4^{2-} + 2e$

该电池的核心问题是半屏蔽型双功能层复合氧电极设计，氧电极通常由亲水层、电子集流体、疏水层和电化学催化剂组成，使用亲水层和疏水层将集流体夹持在中间，集流体上负载电催化剂，将它们加热后压制成型。电池放电过程中，氧气通过多孔疏水层扩散到催化剂表面，与集流体提供的电子反应生成 OH^-，该 OH^- 通过亲水层迁移进入电解液主体；电池充电过程发生相反方向的传质过程。只有在气、液、固三相界面交叉区域才能满足氧还原（ORR）、氧析出（OER）反应的传质条件。目前常用的亲水层和疏水层夹持集流体的电极结构，气、液、固三相电催化反应被限制在亲水层与疏水层形成的交界面上，有效利用的反应空间十分有限，直接导致氧还原（ORR）/氧析出（OER）反应速率低，空气电极的过电势高，成为制约金属空气电池发展的"瓶颈"和制约因素。

虽然双功能层复合氧电极为实现氧的可充放电提供了新的思路，使电池性能明显提升，但是仍存在电极碳层的腐蚀问题，并且由于采用碱性溶液作为支持电解液，空气中的酸性气体的渗入导致电解液成分变化，长期积累使电解液"酸化"，引起电池性能衰减。

3.2.4.2 双功能锌氧液流电池

双功能锌氧液流电池是一种将有机电氧化合成与液流电池蓄电储能相结合的碱性双功能液流电池体系，其中电池正极充电反应为有机物的电氧化合成，以正丙醇在碱性溶液中氧化镍催化电极上的氧化为例，充电反应如下[41]：

正极：$2NiOOH + 2H_2O \xleftarrow{\text{充电}} 2Ni(OH)_2 + 2OH^- - 2e$

正极化学反应：$CH_3CH_2CH_2OH + 4NiOOH \longrightarrow CH_3CH_2CH_2OOH + 4Ni(OH)_2$

$\qquad\qquad CH_3CH_2CH_2OOH + KOH \Longrightarrow CH_3CH_2CH_2OK + H_2O$

负极：$Zn + 4OH^- \xleftarrow{\text{充电}} Zn(OH)_4^{2-} + 2e$

放电反应与前述锌氧液流电池相同。电池结构如图 3-12 所示。

该体系中，双功能层复合氧电极由 2 个电极组成，分别用于充电时的有机物的电氧化合成和放电时空气中氧的还原。换言之，在锌氧液流电池中引入了第 3 电极用以完成充电过程，实现了电池的可再充，有效避免了空气电极的析氧腐蚀。此电池体系运行平稳，同时能够连续电合成有机产品，具有良好的应用前景。

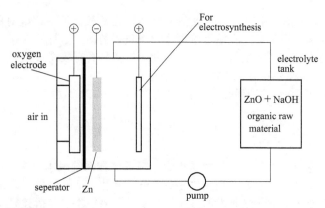

图 3-12 蓄电与电化学制备的碱性双功能锌单液流电池示意图

3.2.4.3 钒/空气液流电池

钒/空气液流电池是在全钒液流电池和燃料电池基础上发展起来的电池新概念，其结构如图 3-13 所示。该电池采用全钒液流电池的负极体系作为负极半电池，采用燃料电池中的空气或者氧扩散电极作为正极半电池，其充放电反应如下[42,43]：

$$正极：O_2 + 4H^+ + 4e \underset{充电}{\overset{放电}{\rightleftharpoons}} 2H_2O$$

$$负极：4V^{2+} - 4e \underset{充电}{\overset{放电}{\rightleftharpoons}} 4V^{3+}$$

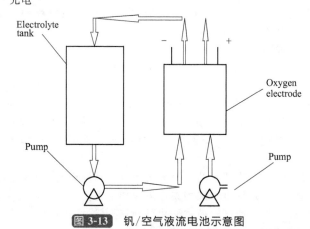

图 3-13 钒/空气液流电池示意图

与全钒液流电池相比，由于钒/空气液流电池采用空气/氧气扩散电极取代全钒液流电池的正极半电池，钒电解液用量减少一半，钒/空气液流电池系统的能量密度提高一倍，显著地降低储能装备成本。然而，由于正负极活性物质的相态不同，会出现正极一侧氧气向负极一侧扩散和负极一测溶液向正极一侧渗透等问题，这些问题不仅造成电池容量的损失，也极大地影响了电池的长期稳定运行。此外，空气/氧气扩散电极中发生气、液、固三相电化学反应，电化学催化剂开发与电极构造设计十分重要。作为一项具有广阔应用前景的电池技术，钒/空气液流电池需要克服很多技术障碍才能进入应用阶段。

3.2.5 半固态双液流电池

增加电解液中电化学活性物质的浓度是提高能量密度的有效途径，但是，活性物质溶解度的限制使得液流电池的能量密度往往处于较低水平。为了既能够保持液流电池的独特优势，又能提高电池能量密度，美国 MIT 的研究人员提出一种半固态液流电池概念——半固态锂离子液流电池[44,45]。

半固态锂离子液流电池采用与传统双液流电池相同的结构设计，如图 3-14 所示，不同之处在于半固态锂离子液流电池将传统锂离子电池电极材料的粉末分散到溶液中形成电极材料的悬浊液,利用这种悬浊液电极取代双液流电池中的惰性碳电极。悬浊液电极既充当了传统双液流电池电解液中的活性物质,发生电化学反应;同时又是电化学反应场所。这种电池能够将能量储存到固相物质中,而不是电解质溶液中,从而提高电池系统的能量密度,其能量密度约为传统双液流电池系统能量密度的 10 倍。但是,由于采用了半固态的悬浊液作为活性物质,成为液/固两相电化学体系,使得电化学反应与传质过程的矛盾十分突出,在规模化应用过程中遇到明显障碍。目前,这种半固态液流电池的研究尚处于起步阶段,无论是电极材料选择、膜材料的选择,还是电池结构的设计,均需要深入 。

图 3-14　半固态液流电池示意图[44]

　　综上所述,液流电池构成一个庞大繁杂的家族,只要将电化学活性物质溶解在稳定的电解液中,和一对电极就能够构成液流电池。由于电解液循环流动,可以不断供给电池过程所需的活性物质,液流电池的储能容量仅仅取决于电解液中活性物质的数量,容易实现大规模储能。与此同时,连续流动的电解液能够把电池充电/放电过程产生的热量不断带出电堆,为调节控制电池运行温度提供了物质条件。当然,电解液流动需要消耗一定动力,降低了储能效率。

　　对传统双液流电池来说,在逐步实现全钒液流电池、锌溴液流电池商业化的同时,开发具有溶解度大、化学性质稳定、电极反应可逆性高、无析氧/析氢副反应、电对平衡电位差大等特点的新电对,以及非水体系是一项很有意义且充满希望的工作。

　　与双液流电池相比,沉积型单液流电池具有结构简化、比能量高、成本低等特点,但是单液流电池的容量受固体电极所限,寿命有待提高;沉积型金属电极的均匀性和稳定性,以及兼顾正负电极性能的电解液等问题也有待进一步研究。

3.3　液流电池的效率与影响因素分析

3.3.1　液流电池效率的定义

　　液流电池的效率可以分为电流效率(或库仑效率) η_i、电压效率 η_v、能量效率 η_e,计算公式分别用式(3-1)~ 式(3-3) 表示:

$$电流效率: \eta_i = \frac{Q_{放电}}{Q_{充电}} \times 100\% \tag{3-1}$$

$$能量效率: \eta_e = \frac{W_{放电}}{W_{充电}} \times 100\% \tag{3-2}$$

$$电压效率: \eta_v = \frac{\eta_e}{\eta_i} \times 100\% \tag{3-3}$$

　　式中, $Q_{放电}$、$Q_{充电}$ 分别表示放电或充电过程电池的安时数,A·h; $W_{放电}$、$W_{充电}$ 分别表示放电或充电过程电池的瓦·时数,W·h。

　　液流电池作为典型的电化学反应装置,电池中的电化学活性物质迁移、电极上的电子传导与交换速率直接影响能量转化与储能效率。客观合理的电池性能评价,有助于电池材料选型、电池结构改进以及电池运行操作参数确定,进一步发展液流电池设计理论。以全钒液流电池作为研究范例,对影响各参数的因素进行理论分析。

3.3.2　液流电池极化曲线分析

　　在一定电流密度下,全钒液流电池电压输出电压如式(3-4) 所示,当全钒液流电池有电流通过时，电池会发生极化，输出电压偏离理想电压，电压损失包括欧姆极化、动力学极化、浓差极化，其中欧姆极化来源于膜材料阻抗（IR）$_m$、电解液阻抗（IR）$_e$、集流体阻抗（IR）$_c$。可用式（3-5）进行阻抗定量分析，其中 j_{appl} 代表所采用的电流密度，w_m、w_e、w_c 分别代表电池中膜、电解液、集流体的宽度，σ_m、σ_e、σ_c 分别代表膜、电解液、集流体的电导率，ε 为校正系数。当没有电流通过时，电池中处于开路状态，此时各种极化均不存在，电池的开路电压可由能斯特方程式（3-6）表示。

$$E_{cell} = E_{cell}^{rev} - \sum_k (IR)_k - \sum_k |\,\eta\,| \tag{3-4}$$

$$(IR)_m = j_{appl}\frac{w_m}{\sigma_m};\ (IR)_e = j_{appl}\frac{w_e}{\varepsilon^{3/2}\sigma_e};\ (IR)_c = j_{appl}\frac{w_c}{\sigma_c} \tag{3-5}$$

$$E_{cell}^{rev} = E^\ominus + \frac{RT}{F}\ln\left(\frac{C_{V(\mathrm{II})}\,C_{V(\mathrm{V})}\,[H^+]^2}{C_{V(\mathrm{III})}\,C_{V(\mathrm{IV})}}\right) \tag{3-6}$$

利用暂态极化曲线能够快速分析全钒液流电池性能，确定影响全钒液流电池性能的关键因素[46]。如图 3-15 所示，在较低操作电流密度下，全钒液流电池由动力学极化过程控制，其原因是电极材料与电解液界面之间电荷转移速度比较慢，为了减小动力学极化，需要增加电极表面反应活性点数。增加电极反应活性点数的途径有两种：对电极材料进行改性，对电池结构进行改进。如前文所述，电极材料的改性方法有很多，电极经过改性之后电化学反应活性增加。增加电极材料的压缩比使得单位电池厚度下电极反应活性点密度增大，或者保持电极压缩比不变而增大电池厚度也可以增加电极反应活性点数，采用这两种电池结构改进方法均可减小电池动力学极化。

随着电流密度的增大，电池逐步转变为欧姆极化控制。全钒液流电池欧姆内阻主要由膜材料、电极材料、电解液、导电板电阻及彼此之间的接触电阻组成。为了减小电池欧姆内阻，可以选择导电性比较好的隔膜材料、电极材料、导电板、电解液浓度及组成，也可以通过电池结构改进来减小电池欧姆内阻，例如：增大电极材料压缩比可以减小各部分材料之间的接触电阻；减小电池厚度可以减小各部分材料总的电阻。

随着电流密度进一步增大，电池转变为传质控制。活性物质的传质限制了反应的进行，为了减小传质极化，需要增大电解液流量，同时也可以通过设计流道来强化电池腔室内电解液传质。

全钒液流电池性能由动力学极化、欧姆极化、传质极化三部分决定，在全钒液流电池设计过程中，需要考虑操作条件对全钒液流电池的影响，同时也要针对每一部分控制因素，有目的地进行改进。利用暂态极化曲线分析方法，可以比较直观地反映提升全钒液流电池性能的限制因素。

为了比较不同操作电流密度对全钒液流电池性能的影响，需要首先确定在电池测试运行过程中，电池材料性能稳定，通过对比测试前后的暂态极化曲线（图 3-16），可以确认电堆性能未发生明显变化。

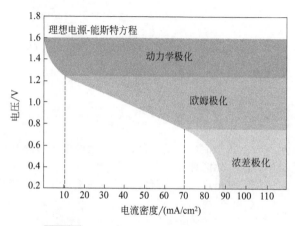

图 3-15 全钒液流电池暂态极化曲线分析

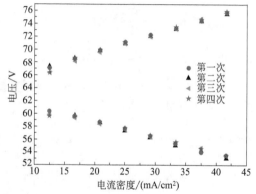

图 3-16 全钒液流电池电堆暂态极化曲线测试对比

3.3.3　电流密度对全钒液流电池性能的影响

3.3.3.1　充电过程电流密度对全钒液流电池性能的影响

　　充电电流密度对全钒液流电池性能的影响如图 3-17 所示。由于电池充电截止条件采用的是同一电解液荷电状态（state of charge，SOC），故电解液中活性物质的充电深度是相同的。全钒液流电池的起始充电电压值随着充电电流密度的升高而急剧增大，由 15mA/cm² 时的 70.28V 升高到 56mA/cm² 时的 77.96V。由前文所述，传质扩散极化往往发生在反应的末期，因为实验中电解液流量足够大，可以忽略浓差极化对电池性能的影响。此时电池反应中主要存在电极反应动力学极化和欧姆极化。在 15mA/cm² 到 56mA/cm² 操作电流密度范围内电池处于欧姆极化控制范围，电池的阻抗为一固定值，此时电池电压损失与操作电流密度成线性相关。采用较小的电流密度进行充电，电池的极化过电压较小，在相同的电解液充电深度下，充电电流密度越小，所需充电时间越长。随着充电电流密度增加，达到同样 SOC 状态，所需充电时间缩短。如果操作电流密度比较大，电池的充放电曲线比较陡峭，电池内部反应加剧，需要良好的电解液散热管理以及活性物质的传质控制，否则电池的性能波动性将加大。

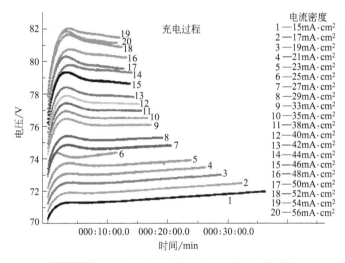

图 3-17　不同电流密度下全钒液流电池充电曲线

3.3.3.2　放电过程电流密度对全钒液流电池性能的影响

　　放电过程电流密度对全钒液流电池性能的影响如图 3-18 所示。和电池充电模式一样，电池放电截止条件也是采用同一电解液荷电状态，故电解液中活性物质的放电深度是相同的。由图 3-18可知，全钒液流电池的起始放电电压值随着充电电流密度的升高而急剧降低，由 15mA/cm² 时的 66.13V 降低到 56mA/cm² 时的 60.73V。忽略浓差极化对电池性能的影响，采用较小的电流密度进行放电，电池的极化过电压较小，在相同的电解液放电深度下，放电电流密度越小，放电时间越长。同理，大的放电电流密度所需充电时间较短。如果操作电流密度比较大，电池的放电曲线比较陡峭，为斜坡放电，此时电池内部反应加剧，需要良好的电解液活性物质传质控制。在相同的电解液荷电状态范围内，随着电流密度的增加，电池电流效率增大，电池电压效率减小，电池能量效率存在最佳值。

　　通过考察不同操作电流密度对全钒液流电池性能的影响，得到以下结论：在相同的充放电容量下，充电电流密度越大，充电时间越短，极化越严重，电池性能波动性越大；同理，放电电流密度越大，电池放电时间将大大缩短，极化损失越严重。通过不同电流密度下电池性能对比，电池充放电电流密度越大，电池电流效率越高，电压效率由于极化损失增大而降低，能量效率存在最优值。

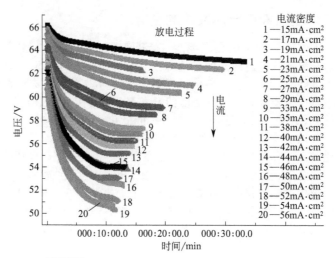

图 3-18 不同电流密度下全钒液流电池放电曲线

3.3.4 旁路电流对全钒液流电池性能的影响[47~49]

3.3.4.1 旁路电流形成机理

全钒液流电池工作过程以含有 VO^{2+}/VO_2^+ 和 V^{2+}/V^{3+} 的硫酸水溶液分别作为正极、负极电解液,充电/放电过程电解液通过电堆中的流道分配进入各单电池单元,平行流过电池的双极板与隔离膜构成的狭窄通道,通常将多孔炭毡置于该狭窄通道内作为电极。当电池充电时,正极电解液中的四价钒离子在多孔炭毡表面被氧化成五价钒离子;与此同时,负极电解液中的三价钒离子在多孔炭毡表面被还原成二价钒离子。

此外,在实际运行的电堆中,隔膜两侧存在多种钒离子跨膜传质的推动力,包括浓度差、水力学压差、渗透压差等,电池隔膜无法完全阻隔钒离子渗透,使得极少数钒离子在正极腔室和负极腔室之间跨膜迁移,产生自放电反应,同样导致电池库仑效率降低。

液流电池的电堆通常由几十个单电池叠加而成,利用单电池串联来提高电堆输出电压,这些单电池彼此呈串联电路关系。每个单电池由正负电极(炭毡)、隔膜和双极板构成。隔膜将每个单电池的正极和负极电解液隔开,阻断钒离子混合,但是,它能够传递氢离子连接内电路。为了给电堆中的多个单电池提供电解液,一般通过公共流道和分配管路来输送与分布电解液。该方式容易实现单电池间的电解液浓度均匀分布,但在电堆内形成了电解液的闭合回路,电化学活性物质在电解液中能够定向移动(图 3-19)。

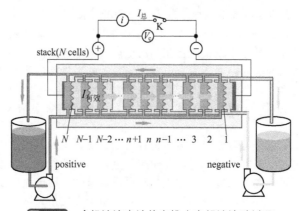

图 3-19 全钒液流电池的电堆内电解液流动过程

旁路电流的形成条件与产生过程如下：①正极电解液、负极电解液充满所有内部空间，呈现连续液体状态；②双极板和两侧的炭毡紧密接触，形成电子通路；③从正极到负极的不同双极板上的电位逐渐降低，不同双极板间的电位差推动荷电离子在电解液中定向迁移；④由于荷电离子定向迁移"打破"同一个双极板两侧的炭毡电极彼此等电势状态，引发该双极板两侧发生电子得失的氧化还原反应，导致荷电离子在电解液中连续迁移，连通管路中出现"旁路电流"。

如图 3-20 所示，对于"充电"而言，由 n 个单电池串联成的电堆，内部电位从第 n 个单电池到第 1 个单电池电位逐渐降低，阳极电解液中的 V^{4+} 和 V^{5+} 在电场力推动下，通过电解液管路从单电池 n 迁移到单电池 1 的正极腔室（见红色虚线），导致第 1 个单电池正极侧电位增高，"打破"该双极板 1 和与之紧密接触的炭毡电极的等电势状态；结果 VO_2^+ 从炭毡电极上得到电子被还原为 VO^{2+}。与此同时，在第 1 个单电池负极侧腔室中，V^{2+} 丢掉一个电子被氧化为 V^{3+}；所丢掉的电子经过"负极侧炭毡-双极板-正极侧炭毡"的传导，构成完整的放电过程。依据同样的机理，在电堆中的 n 个单电池间存在 $\frac{n}{2}(n-1)$ 个旁路电流，它们在电解液公共流道中彼此叠加形成一定的空间分布，使得定量计算十分复杂。此外，在液流电池"放电"过程，也产生相互叠加的旁路电流。

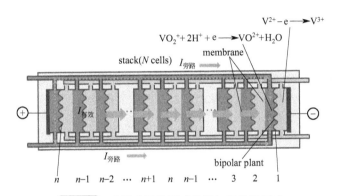

$VO_2^+ + 2H^+ + e \longrightarrow VO^{2+} + H_2O$
$V^{2+} - e \longrightarrow V^{3+}$
membrane
stack(N cells)　$I_{旁路}$
$I_{有效}$
$I_{旁路}$
bipolar plant
n　$n-1$　$n-2$　$\cdots$　$n+1$　n　$n-1$　$\cdots$　3　2　1

图 3-20　旁路电流的形成机制与自放电反应

图中蓝色、绿色分别表示阳极和阴极电解液流过的腔室，双极板 n
处电位高于双极板 1 处电位；红色虚线表示电解液中钒离子移动。

液流电池的"放电"与"充电"过程产生"旁路电流"的原因相同，荷电离子在电解液管路中的迁移方向相同。但是，由于液流电池的电流方向在"放电"与"充电"过程相反，使得"旁路电流"对外电路测量得到的总电流 $I_{总}$ 影响不同。

放电过程：$I_{总} = I_{有效} - I_{旁路}$　　　　　　　　　　　　　　　　　　　　　（3-7）

充电过程：$I_{总} = I_{有效} + I_{旁路}$　　　　　　　　　　　　　　　　　　　　　（3-8）

此处 $I_{有效}$ 代表电池"放电"或"充电"过程，为了形成储能过程所需的电流，该电流流过电堆中各单电池的主要工作区域，包括炭毡电极、双极板、隔膜等。从以上分析可见，只要电堆中存在能够连接不同电位双极板的连续电解液通路，旁路电流就无法避免；旁路电流总是消耗有效电荷，降低电池库仑效率。

3.3.4.2　有效减小旁路电流的措施

根据液流电池的旁路电流产生机制，可以建立数学模型进行分析与模拟，具体可参阅文献[49]。旁路电流导致液流电池充电/放电过程电荷损失，降低液流电池的库仑效率，因此，需要通过合理的电堆中电解液公共流道与分配管路设计，有效减小和抑制旁路电流对液流电池库仑效率的不利影响。以下讨论几种调节和控制旁路电流的技术措施。

（1）合理选择液流电池的电堆中包含的单电池的数量

在采用公共流道输送电解液的液流电池中，电堆内单电池数量增加使得两端的电压差增加，电解液中电荷迁移推动力变大，直接导致旁路电流增加。因此，单体液流电池电堆中的单电池数量一般不超过 40～45。

（2）设计电解液公共流道与分配管路的几何尺寸

电堆内的电解液公共流道和连接公共流道与单电池的分配管路设计十分重要，可以采用窄长通道来增加管道内电解液的电阻。在电堆设计过程，通常把公共流道作为恒压管路处理，需要公共流道内电解液流速较低，流通面积不能太小。因此，提高连接公共流道与单电池的分配管路内的电解液电阻成为关键，常常采用减小流通截面积、延长管路长度等措施。

（3）调控有效电流通路的电阻与旁路电流管路的电阻比例

在保持电解液公共流道和连接公共流道与单电池的分配管路结构不变时，增加有效电流流过的单电池面积、降低电池主要通路的阻抗、提高电流密度等措施，能够显著减小有效电流通路的电阻与旁路电流通路的电阻之比，成为降低旁路电流所产生的电荷损失，提高电池库仑效率的重要途径。

综上所述，在多个单电池以串联方式组成液流电池的电堆时，只要采用电解液公共流道和分配管路方式给单电池提供电解液，并且电解液充满电堆内部的全部空间时，就必然产生旁路电流，它是液流电池结构导致的必然结果。但是，合理安排电堆中单电池的数量，设计电解液公共流道与分配管路尺寸，用以调节有效电流通路的电阻与旁路电流管路电阻的比例，能够显著减小旁路电流的影响。一般来讲，保持旁路电流在总电流中所占比例小于 1% 时，在工程上可以接受。

3.4　液流电池的关键材料

高性能的液流电池材料对提高电池性能起着至关重要的作用，包括电极、双极板、隔膜等，在此方面已经有大量科研成果和工程示范。由于全钒液流电池是目前研究开发最为成熟的体系，以下论述主要围绕该电池体系展开，分别讨论电极、双极板、隔膜三类材料的研究开发现状。

3.4.1　液流电池的电极材料[50~55]

电极材料在电池运行过程中，虽然不直接参与钒离子氧化还原电对的转化过程，但其表面作为电化学反应的有效场所，其物理化学性质将对电化学反应的可逆性及电池性能产生影响。钒电池电极材料除需具有高电化学活性及导电性外，还需要具有优良的化学和电化学稳定性（耐腐蚀、抗强氧化性能）以及一定的机械强度。

钒电池的电极材料大致可以分为如下几类：金属电极；金属氧化物-金属电极；碳素类电极。相应的研究工作主要包括材料筛选、性能评价、电极的活化与改性、电极反应过程及电极相关催化机制等。

3.4.1.1　金属电极

由于金属具有导电性好、电化学活性高、力学性能优良等特点，传统上常用金属作为电极材料。澳大利亚的 Skyllas-Kazacos M 和其他研究机构对不同金属电极在全钒液流电池中的充放电性能进行了系统研究[51]，从电池体系高氧化性的特点出发筛选出金、铅、钛、钛基铂、不锈钢和氧化铱作为电极材料，通过循环伏安实验和充放电实验进行电化学性能测试。研究表明，金、不锈钢和铅的电化学可逆性差，且铅电极表面易形成钝化膜，阻止电化学反应继续进行；钛电极在电化学反应过程中易在电极的表面形成高电阻钝化膜，钛基铂在电极反应中表现出良好的导电性。此外，氧化铱电极具有良好的电化学可逆性和化学稳定性，循环伏安法测定和多次充放电循环后，电极表面无明显变化，适合于用作电极材料。由于铱和铂都是贵金属，价格昂贵，不利于大规模商业化应用。因此，除非在研究中需要使用金属或金属合金材料作为电极，实际工况下很难独立使用金属作为钒电池电极。

3.4.1.2　金属氧化物-金属电极

在钛、铅等金属基体上镀上铱、钌等贵金属或通过形成金属氧化物涂层，使其成为完全不同于原金属基体电极行为的新电极，电化学活性可得以大大改善。虽然镀有氧化铱的钛电极表现出较好的电化学活性和稳定性，但是，析氢过电势低使得在作为负极使用时有大量的析氢副反应；当然，这类电极材料如果用作正极，同样存在竞争性的析氧副反应的影响，导致电池库仑效率降低[50]。由于金属氧化物涂层的电极具有良好的化学和电化学稳定性，以及可以承载较大电流密度等突出优点，在一些特别条件下具有不可替代性，成为不得不选择的正极材料。

3.4.1.3　碳素类电极

碳素类材料主要包括石墨、石墨毡、玻碳、炭布和碳纤维等，由于在硫酸溶液中具有良好的导电性、耐蚀性以及较宽的电位窗口等特点，是一类在电化学技术性能和成本方面可以兼具的电极材料。石墨毡是由高聚物高温碳化后制成的毡状多孔性材料，具有耐高温、耐腐蚀、良好的机械强度、表面积大和导电性好等优点，在液流电池研究中被广泛用作正极材料。S. Zhong 等对热处理后的黏胶基石墨毡和聚丙烯腈基石墨毡电极分别进行了研究，发现在导电性和电化学活性方面，聚丙烯腈基石墨毡优于黏胶基石墨毡电极，但前者的机械强度不如后者[52]。H. Kaneko 等[53] 还研究了纤维素基电极，发现电极性能优于聚丙烯腈基石墨毡。

澳大利亚新南威尔士大学的 Sum 等首先采用循环伏安及旋转圆盘电极等电化学测试方法测定了 VO_2^+/VO^{2+} 及 V^{3+}/V^{2+} 氧化还原电对在玻碳电极表面的电化学反应速率常数（k_0）：VO_2^+/VO^{2+} 的 $k_0 = 7 \times 10^{-4}$ cm/s，V^{3+}/V^{2+} 的 $k_0 = 1.2 \times 10^{-4}$ cm/s，并指出电极反应可逆性与电极表面状态密切相关。随后该研究团队在使用石墨电极进行电池性能测试过程中，发现在电池过充时，电极发生的副反应会引起电极的腐蚀破坏[54,55]。我国东北大学和中国科学院金属研究所的许茜等，研究探索碳电极析氧和析氢的影响规律。电极表面发生析氧时，电极被氧自由基氧化成二氧化碳或一氧化碳，电极表面被氧化刻蚀。与此同时，可能引起析氧过电位的进一步降低；在析氢副反应的影响下，电极表面的结构受到破坏的同时，其电化学性能也会受到显著影响[56,57]。

在实际应用上，钒电池需要具有较大比表面积的电极材料，这样才可以有效降低电池在运行过程中的极化电阻及增加电池的充放电速度等。Skyllas-Kazacos 等考察了炭毡作为电极材料的行为[58]；Zhong 等采用不同原材料（黏胶基、聚丙烯腈基及沥青基）制备的炭毡材料作为电极，利用电化学的方法评价了不同电极的电化学性能，确认了聚丙烯腈基（PAN）炭毡材料性能较为优异[59]。

3.4.1.4　电极性能改进的机制与方法

（1）表面组成、结构的影响

对炭毡等三维碳素类电极材料的表面处理方法主要包括：空气中热氧化、电化学氧化、强氧化剂浸泡处理、金属氧化物及其他功能性材料修饰等。Sun 等分别将石墨毡在 400℃ 空气中热氧化及在浓硫酸中热处理，提高石墨毡表面的含氧官能团数量，明显改善其表面亲水性，降低传荷过程的过电位，使得电池电压效率得到提高[60,61]。通过分析表面含氧官能团的变化等，提出了催化机理（图 3-21 所示），认为石墨毡表面含氧官能团可以催化钒离子氧化还原电对在电极表面的氧转移及电子转移过程。

电化学氧化方法与氧化剂浸泡或空气环境热处理相比，可以通过有效控制电解液种类、电极电位等操作参数实现电极表面的可控调节，工艺过程易于操控。此外，为了增强石墨毡电极的表面含氧官能团数量，所采用的表面处理方法还包括在芬顿试剂、浓硝酸、浓硫酸中热处理及混酸溶液（$H_2SO_4/HNO_3 = 3/1$）水热超声处理，在惰性气氛中进行高温热处理及利用等离子体进行电极表面改性等。除在惰性气氛中进行高温热处理及等离子体处理外，其他的处理方法是以增加电极比表面积及表面含氧官能团为出发点来提高电极的电化学活性。炭毡电极材料在惰性气氛中热处理后，表面的杂质含量明显降低，使更多的电极表面暴露出来，尤其是 2000℃ 以上高温热处理后，炭毡材料的石墨化度有了明显的提高，材料电阻明显减小，但在处理过程中，炭毡表面的含氧量显著减低（例如，将炭毡材料在 2200℃ 处理 1h 后，含氧量从 15.6% 降低到 3.8%）。为了使炭毡电极表面兼有较高电化学活性和导电性，需要把热处理温度控制在 1600℃ 以下。此时，既能使炭毡的性能得到改善，又可使电极表面的含氧量、电阻及电极表面积之间平衡，获得较好的综合处理结果。

（2）电催化剂对电极性能的影响

钒电池用催化剂的研究探索主要集中在金属、过渡金属氧化物及以碳纳米管（CNTs）为代表的功能材料。Sun 等[61] 采用离子交换方法使电化学氧化后的碳纤维表面分别吸附上金属离子，发现一些金属材料修饰后的电极对 VO_2^+/VO^{2+} 有较显著的催化作用。由于氢在金、铂及钯金属的析氢过电位较低，以这些金属离子处理将导致电极析氢副反应增多。Gonzácez 等[62]采用元素铋修饰炭毡表面，得到了明显的正极催化效果。采用过渡金属氧化物修饰炭毡电极，主要有氧化铱和四氧化三锰，可以明显催化钒离子的氧化还原过程，但在电池运行过程中的长时间稳定性还有待考察[63]。Mn_3O_4 颗粒修饰炭毡材料的扫描电镜及循环伏安曲线见图 3-22。

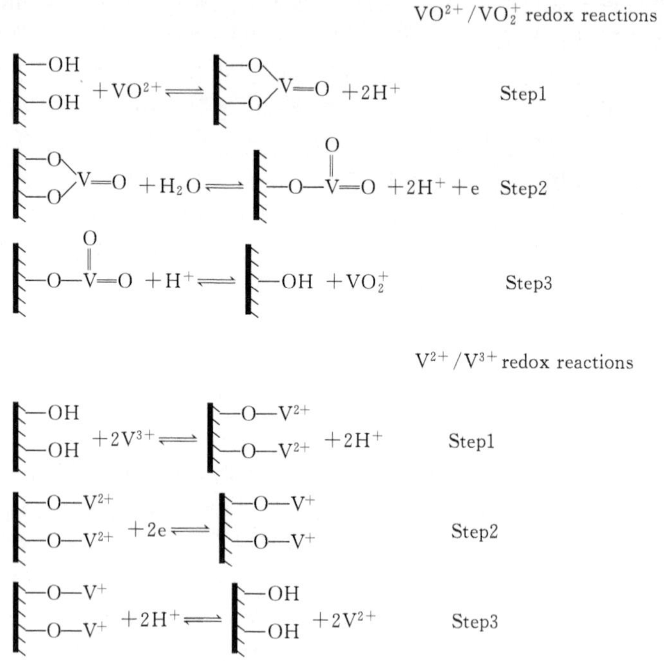

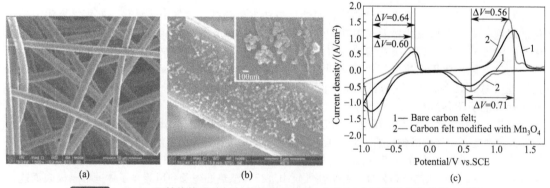

图 3-21 石墨毡表面含氧官能团催化 VO^{2+}/VO_2^+ 及 V^{2+}/V^{3+} 电对的催化机理[61]

图 3-22 Mn_3O_4 颗粒修饰炭毡材料的扫描电镜 [(a)和(b)] 及循环伏安曲线(c)[63]

Zhu 等[64]利用碳纳米管 CNTs 具有比表面积大、电导率高、在酸性溶液中好的稳定性及可修饰性特性，将其掺杂到石墨粉体中，得到了性能优化的 CNTs 增强石墨电极。中科院金属研究所研究人员[65]制备氧化石墨并控制其加入量，得到了电化学性能明显改善的氧化石墨/石墨复合电极，并将其电极性能的提高归因于氧化石墨大的比表面积及丰富的含氧官能团（图 3-23）。通过在惰性气氛中处理氧化石墨烯（GO）得到了热还原的氧化石墨烯（TRGO）材料，并对比研究了 TRGO 的催化活性。由于处理使材料的比表面积及电导性增加的同时也保留了一定数量的含氧官能团，结果 GO 具有显著的催化活性。此外，中科院金属研究所采用不同的多壁 CNTs（普通、羧基化及羟基化 CNTs 三种）的催化性能进行了对比研究，发现虽然羟基化的 CNTs 比表面积最大，但羧基化的 CNTs 的性能要明显优于前者，以此认为电极表面的羧基官能团在电极反应中起到了更关键的作用[66,67]。

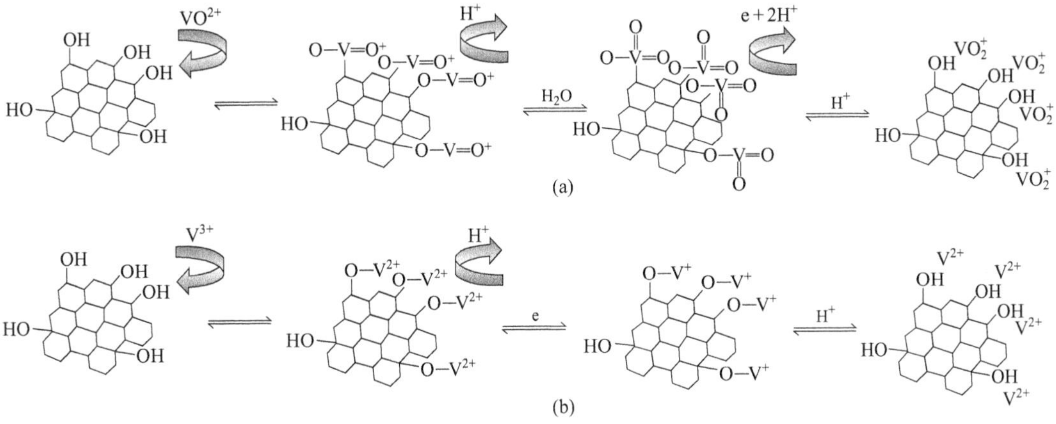

图 3-23　氧化石墨催化 VO_2^+/VO^{2+} 及 V^{3+}/V^{2+} 电对的机理[65]

在碳素电极表面掺杂氮元素能够显著提升氧化还原反应的可逆性，Shao 等研究将氮原子引入后对电极材料催化性能的影响，发现经过氮掺杂的介孔炭作为正极材料，钒离子在电极表面的氧化还原可逆性得到明显提高[68]。

3.4.1.5　电极/双极板的一体化结构

通常情况下，在组装全钒液流电池的电堆时，通过机械压合方式将石墨毡电极与双极板结合，电极与双极板之间仅为面接触，存在明显的接触电阻。在一定条件下，该接触电阻值与装配电池所施加的压紧力密切相关。为了减小该接触电阻，需要施加合适的压紧力，使石墨毡和双极板紧密结合。然而，过大的压紧力将使得石墨毡电极的孔隙率减小，造成电解液传质阻力增大，引起较大的浓差极化。

为了减小电极和双极板之间的接触电阻，同时还能保证电解液流动阻力较低，减小钒离子扩散传质阻力和浓差极化，"一体化"结构的石墨毡电极的设计成为必然的选择[69,70]。即采用适当方式将石墨毡电极结合在具有良好导电性的双极板上成为一个整体电极。Zhang 等[69]在石墨毡和柔性石墨板间加入一层碳素复合薄层，然后将三者热压在一起组成一体化电极；与传统工艺相比，这种一体化电极的制备成本降低了 10%，而导电性提高了 40%。由该一体化电极组装的电池能量效率从传统工艺的 73% 提高到 81%。一体化电极不仅可有效提高电池性能和可靠性，而且可简化电池的装配流程。

尽管人们已经对碳素材料作为钒电池电极进行了广泛的研究，所取得结果对钒电池的技术发展发挥了积极的作用，但距离构建起能够满足钒电池进一步产业化发展需要的知识体系尚有很长的路要走。围绕以下研究内容尚需开展大量工作：①石墨毡电极批量化、规模化生产制造工艺技术；②开发钒电池新结构和配套的新型电极材料技术；③电极系统与电堆结构的优化配合技术；④电极的使役行为、退化机制及其控制技术与策略。

3.4.2　液流电池的双极板材料

全钒液流电池的电堆由数十个单电池叠加在一起组成，单电池之间依靠双极板相互连接，收集和传导石墨毡电极上的电流后连通内电路。双极板是全钒液流电池的关键部件之一，其主要功能包括：①连接电池正负极，并传输不同单电池之间的电流。②阻止两侧不同价态钒电解液的混合。当钒离子透过双极板时，由于双极板两侧钒离子具有不同价态，将发生自放电反应，从而导致电池体系的能量损失；③支撑电池中离子交换膜和石墨毡电极等部件。全钒液流电池体系中离子交换膜和石墨毡都为软质部件，双极板能够使离子交换膜和石墨毡电极平整地铺展在上面，增大反应面积和提高反应效率。④双极板上面的流道可以使电解液均匀地分布在电极上。提高电解液的利用效率，进而增加电池输出功率。

根据双极板在全钒液流电池中所起的作用，要求其具备良好的导电性、机械强度和耐钒离子渗透性。同时，在全钒液流电池中，所使用的电解液为钒离子的硫酸溶液，具有很强的腐蚀性，V^{5+}具有较强的氧化性，因此作为全钒液流电池的双极板还须具有足够强的耐腐蚀性能[71]。

目前研究使用的双极板主要有石墨双极板、金属双极板和复合材料双极板。下面将分别介绍前两种双极板的性能特点及研究进展，并在下一节中详细介绍复合材料双极板。

3.4.2.1　石墨双极板

石墨主要分为天然石墨和人造石墨，工业上所使用的石墨板主要以人造石墨为主。人造石墨在生产过程中由于部分原材料分解成气体逸出，在产品内部形成许多不规则的、孔径大小不一且互相连通的微小气孔，所以需要一定的措施将空隙填塞。现在实验室中使用的全钒液流电池双极板多用酚醛树脂或环氧树脂浸渍。处理后的石墨板约 3cm 厚，经电脑刻绘或机械加工可在上面形成流道，然后即可用作全钒液流电池双极板。石墨双极板虽然具有良好的化学稳定性和导电性，但制备过程复杂，加工费用高且耗时多；同时石墨质脆，很容易在加工和安装过程中断裂，这些缺点限制了石墨双极板的工业化应用。

天然鳞片石墨经化学或电化学法处理，使其层间插入某些化合物便成为可膨胀石墨。可膨胀石墨在一定条件下膨胀为石墨蠕虫，然后直接压制出不同密度的柔性石墨板版，其电阻小于普通人造石墨板，是很好的双极板材料。郑永平等[72]以膨胀石墨蠕虫为原料，压制成带有流道的双极板，并在硼酸溶液和胶类聚合物中浸泡，制备用作燃料电池的双极板。所制双极板电导率可达 1000S/cm，且重量轻，厚度小，制备工艺简单，降低了双极板的成本。

3.4.2.2　金属双极板

金属材料是电和热的良导体，同时具有优异的机械强度和可加工性，易于大规模批量化生产。但金属材料也存在一些缺点：金、钛、铂等虽然耐腐蚀性良好，但由于价格昂贵，限制了其在全钒液流电池中的大量应用。铝、不锈钢等价格便宜，是制造双极板的合适材料，但其易受到钒电解液中硫酸的腐蚀，产生的金属离子很可能影响电极上的电池反应，降低电池效率。因此，必须通过表面处理或改性后才有可能应用于全钒液流电池。

Wang 等[73]在燃料电池体系里将 316L、317L、904L、346™不锈钢在 1mol/L 硫酸的环境下处理，用循环伏安法和接触电阻测定都发现 346™具有最好的耐腐蚀性能。但 346™在 0.1V 的电压下，20min 内表面就会形成稳定的钝化膜，从而增加双极板的接触电阻，且随时间的延长，接触电阻变大。之后，Wang 等[74]又研究了不同铁碳素体钢双极板的电池性能，也均表现了不同程度的钝化现象。

针对上述不锈钢等金属材料容易受腐蚀等原因，很多人采用热喷、化学气相沉积（CVD）、物理蒸汽沉积（PVD）、丝网印刷、电镀等方法处理双极板。研制一种金属双极板，由基体和表面的导电耐蚀涂层构成，基体材料是不锈钢薄板或铝合金薄板。这种金属双极板的加工成本低、工艺简单，易于批量化生产。经过改性的双极板寿命得到了一定程度的提高，但仍旧不能在全钒液流电池的运行环境中保持长期的稳定性。同时，表面改性的工艺复杂，成本高。上述原因使得金属双极板很难在全钒液流电池中得到广泛应用。

3.4.2.3　复合材料双极板

由于单一材料体系很难达到全钒液流电池对双极板的要求，近年来研究重点逐渐转移到复合材料上面来。复合材料能够避免单一材料的缺陷，将各种材料的优点叠加起来，满足全钒液流电池对双极板的需要。大多数复合材料的研究都集中在聚合物-碳素复合材料上，除此之外还有碳-碳复合材料双极板。

聚合物具有强度好、价格便宜、可快速成型的特性，将其与碳素导电填料混合后，能够克服单纯石墨双极板质脆和金属双极板不耐腐蚀的缺点。所使用的聚合物种类主要有热固性和热塑性两种类型。通常采用的热固性聚合物有酚醛树脂、环氧树脂等。热固性聚合物可一次固化成型并且具有良好的物理和化学性能，但其不能再回收利用，容易造成资源浪费。通常采用的热塑性聚合物有聚偏氟乙烯（PVDF）、聚氯乙烯（PVC）、氯化聚氯乙烯（CPVC）、聚乙烯（PE）等。在利用热塑性树脂制备双极板时，多数采用注塑、挤出及模压等成型技术。

德国 SGL 碳集团公司和杜邦公司已经生产商品化的复合材料双极板。德国 SGL 碳集团公司的 BBP4、PPG86 和 BMA5 型号的双极板电导率可达到 18S/cm、42S/cm 和 20S/cm；杜邦公司制造的 T8 系列复合材料双极板电导率为 25～33S/cm。

（1）聚合物-碳素复合材料的导电机理

复合材料电导率随着导电填料浓度的逐渐增加而连续变化，当导电填料浓度达到某一值时，双极板的电导率会发生突变，说明此时导电粒子在聚合物基体中的分散状态发生了突变。当导电填料增加到一定程度时，其在聚合物基体中形成可导电的渗滤网络结构。此时，导电填料的临界体积分数称为渗滤阈值。

由图 3-24 可以看出，V_0 的填料浓度即为该导电材料的渗滤阈值，当填料浓度值大于该值时，双极板导电性迅速增大。因此，双极板的导电填料含量应大于其渗滤阈值，才能获得较好的导电效果。

（2）导电填料的种类

碳素类导电填料主要有石墨、炭黑、碳纤维、碳纳米管等。

石墨是一种碳原子之间呈六角环形的多层叠合晶体，属六方晶系，具有层状解理面。每一层内，碳原子排成正六角形，它与其他三个相邻的碳原子以共价键连接，成为一个二度空间无限伸展的网状平面。由于其独特的晶体结构，石墨具有良好的热稳定性、导电性（>1000S/cm）和抗拉强度。同时，石墨还是化学稳定性最好的物质之一，在绝大多数化学介质中都是稳定的。

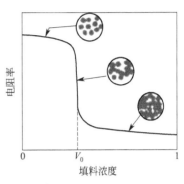

图 3-24　渗滤阈值附近导电粒子的分布示意图

复合材料双极板中应用的石墨粉主要有鳞片石墨和膨胀石墨。其中膨胀石墨是鳞片石墨经过插层处理而膨胀形成的石墨层间化合物，具有优异的耐热性、导电性和化学稳定性。

Huang 等[75]采用湿法铺层工艺（图 3-25）制备石墨和热塑性树脂的复合材料双极板用于燃料电池。实验结果发现这种双极板水平方向电导率在 200～300S/cm，满足全钒液流电池双极板的要求。

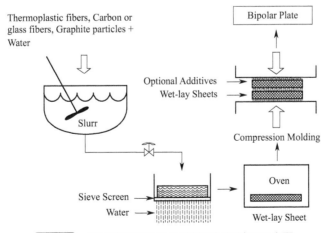

图 3-25　湿法铺层制备复合材料双极板过程示意图

以热塑性树脂作为石墨的黏结剂，采用模压一次成型制备复合材料双极板。其研究中考察了天然石墨和人造石墨配比对双极板性能的影响。实验表明最佳条件为：树脂质量分数为 10%～16%，天然与人造石墨比例接近 1:1，成型温度为 130～160℃，成型压力为 8～12MPa，可获得性能优异的双极板。

石墨的粒度及形状对双极板的导电性也有很大影响。将不同粒径和形状的石墨与树脂混合模压成双极板。发现不同粒度球形颗粒石墨所制双极板的导电性相近，其导电性和压实密度呈相关关系。但鳞片颗粒状石墨的导电效果要优于球形颗粒。而双极板机械强度则随石墨粒径的减小而增大。沈春晖等则从理论的角度，计算了单一粒径颗粒堆积、双级配颗粒堆积以及多元级配颗粒堆积的理论结果。其研究结果发现可以通过不同粒径石墨的配合提高导电复合材料的电导率。

炭黑是一种天然的半导体，其电导率为 $0.001\sim10$ S/cm。炭黑资源丰富并且价格低廉。同时，炭黑容易加工，对塑料强度有增强作用。很多用来作静电防护的导电复合材料都使用炭黑作为导电添加剂。炭黑的粒径大小、结构、表面状态等都会影响炭黑的导电性能。当炭黑的粒径在适当范围时，其能在塑料中均匀地分散，从而在聚合物中形成较完善的导电网络，提高复合材料的导电性能。

由于炭黑本身的电导率较低，使用炭黑作为导电填料时，复合材料电导率都较低。为了提高电导率，必须提高复合材料中炭黑的含量，但同时炭黑的密度较大，限制了炭黑的含量，使得炭黑的双极板很难达到较高的导电效果。将炭黑的体积分数提高到 50% 以上，电导率（>10 S/cm）才勉强可以满足双极板导电性能的需要，且随着炭黑体积分数大于 50% 时，物料的可加工性能降低，强度变差。因此，炭黑不适合作为主要填料来制作双极板。

Du 等[76]以环氧树脂为基体，将环氧树脂和固化剂溶解在丙酮中并搅拌，然后以石墨为主料，炭黑为辅料，加入到上述液体中，通过干燥和固化成型形成双极板。研究表明，双极板的电导率、热性能和力学性能与双极板中石墨和炭黑的含量直接相关。当碳材料质量分数为 50% 时，所得样品电导率达到 $200\sim500$ S/cm，弯曲模量、弯曲强度和抗冲击强度分别达到 2×10^4 MPa、72MPa 和 173J/m，同时，少量炭黑能够改善石墨的各向异性，增强双极板总体的导电性能。实验还表明，少量炭黑的加入有助于提高复合材料的力学性能。

此外，碳纤维也是一种常用的填充型导电剂。碳纤维是一种力学性能很好的高分子材料。同其他导电填料相比，碳纤维具有密度小、力学性能好等优点。当作为导电填料添加到双极板中时，在不降低导电性的同时极大地改善双极板力学性能。但是碳纤维为纤维状物质，在双极板的成型过程中，很难与其他物料混合均匀，从而材料的总体性能得不到提高。这也限制了碳纤维在双极板中的广泛应用。

将天然石墨、人造石墨、炭黑及碳纤维综合运用到双极板中，用酚醛树脂作为黏结剂，压模成型制备的双极板的密度可达 1185 g/cm^3，弯曲强度可达 60MPa，弯曲模量可达 10GPa。Hwang 等[77]以碳纤维布为导电物质，采用图 3-26 所示的方法模压成型，得到的双极板电导率为 300S/cm，弯曲强度 195MPa，性能优异。

1991 年，日本 NEC 公司的 Lijima 发现了由管状同轴纳米管组成的碳分子，即碳纳米管。由于碳纳米管很好的导电性和较大的长径比，因此用很少的碳纳米管就能在复合材料中形成导电网络。

研究碳纳米管在不同聚合物的混合物中的分布情况，发现当碳纳米管只存在于其中一种聚合物时，复合材料才具有最好的导电效果和力学性能。使用 Fenton 试剂和紫外射线处理碳纳米管，发现处理后的碳纳米管管壁上产生大量羟基和羧基。这些官能基团增加了碳纳米管与基体树脂的黏合性，但对导电性影响不大。

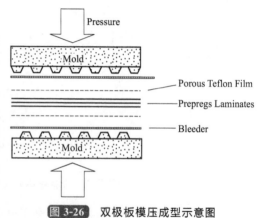

图 3-26 双极板模压成型示意图

现在仍有很多学者致力于碳纳米管的研究，并且已有工业化的产品问世，但相对于石墨、炭黑等导电填料，碳纳米管的价格仍然不菲。在其导电性不能完全超越石墨的情况下，碳纳米管在双极板中的应用必定受到限制。

（3）双极板基体材料种类

① 热固性树脂。早期对热固性聚合物复合双极板的研究多集中于燃料电池领域。热固性树脂在固化后，由于分子间交联，形成网状结构，且此网状结构不会由于物理原因而改变。热固性树脂具有刚性大、耐温高、硬度高、制品尺寸稳定性好的特点。

Yin 等[78]采用酚醛树脂和石墨粉为原料，用高速球磨机将原料干混均匀后模压成双极板，研究不同树脂含量、模压温度和模压时间对双极板的电导率和弯曲强度的影响。研究结果显示，随树脂含量增加，双极板电导率降低而弯曲强度增加；随模压温度的增大和模压时间的延长，双极板的电导率和弯曲强度呈现出先增加后减小的趋势。当酚醛树脂质量含量为 15%，模压时间 60min，模压温度 240℃时，双极板导电率 142S/cm，弯曲强度 61.6MPa。

② 热塑性树脂。近年来，以热塑性塑料为基体的复合双极板逐渐增多。热塑性可再次热成型，容易与全钒液流电池的其他部件以黏结等方式结合，且容易回收利用。目前，全钒液流电池复合双极板研究所使用的聚合物材料大都是热塑性的。

采用橡胶修饰的聚氯乙烯（PVC）、尼龙、低密度聚乙烯（LDPE）、高密度聚乙烯（HDPE）等分别与石墨粉、石墨纤维共混制得复合材料双极板，同时加入橡胶以改善由于导电填料的添加而引起的双极板机械强度的下降。结果表明，高密度聚乙烯拥有最好的性能表现，电池性能测试中其电压效率达 88%。使用混炼的方式混合聚丙烯（PP）、SEBS 与炭黑、碳纤维，然后采用模压的方法制得全钒液流电池的双极板，研究该双极板的结构、力学性能以及电学性能，得出了较好的结果。通过高速搅拌混合的方式制备了 HDPE/超高分子量聚乙烯（UHMWPE）/石墨/碳纤维双极板，其分析了复合材料的导电性能及微观相态结构，并对复合材料的物理机械性能及加工成型性能进行了研究。结果表明：HDPE/UHMWPE 在双极板中发生相分离，超高分子量聚乙烯占据非导电相，使得导电相高密度聚乙烯中的导电填料的浓度相对提高，从而有效提高了复合材料的导电性能。采用易挥发性溶剂为分散介质，在搅拌下使 PP、PE 或 PVC 等聚合物与导电填料混合均匀，然后抽滤，并将混合物干燥后模压成型，所得双极板电导率为 2～5S/cm。此种加工方法避免了常规高温混炼方式引起的聚合物氧化、力学性能下降等问题。

但是，上述研究中多采用聚乙烯、聚丙烯等带有大量碳氢键的聚合物，这些物质在全钒液流电池的强氧化性条件下很容易氧化分解，造成双极板质量下降，严重影响电池寿命。于是基体材料的选用逐渐转向具有较好化学稳定的氯化聚氯乙烯（CPVC）、氯化聚乙烯（CPE）、PVDF 等高分子材料。采用具有良好耐酸性和黏合性的 CPE 为基体，加入石墨、炭黑等导电填料后通过注塑成型，制成厚度 0.1mm 的双极板，并使双极板与电池 CPE 材质的边框黏合形成具有良好密封性能和导电性能的全钒液流电池框架。陈茂斌等[79]避免了高分子熔融物难以混合的弊端，采用聚四氟乙烯乳液的方式混合树脂和导电填料，其具体方法为：将导电填料加入悬浮液，搅拌混合均匀后干燥。再用异丙醇浸泡，在 70～80℃下反复碾压，制成膜片。把膜片裁成一定形状，放在一起，400kgf/cm² 的压力下压制成型，然后用高温炉烧结成最终的双极板样品。样品性能良好，具有优异的化学稳定性和耐防钒离子渗透性。但制作工艺复杂，很难使用全钒液流电池的工业放大。王保国等[80]采用化学稳定性良好的 PVDF 树脂为基体材料，使用溶液加工的方法，将 PVDF 溶解在一定的溶剂中，再加入导电填料，混合、干燥、模压成型，所得双极板电导率为 0.13～41S/cm，厚 0.1～2.2mm。目前，聚合物碳素复合材料双极板的研究重点是选用合适的高分子聚合物和导电填料，改善复合时聚合物和填料的加工性能，在导电填料尽可能少的情况下，保证双极板的高导电性和力学强度。

③ 碳-碳复合材料。为了探索性能更好，更适于工程放大的双极板，很多学者致力于新型复合双极板的研究。将聚合物树脂和填料混合后，形成预制料，然后固化成型，再进行炭化、石墨化和气相沉积等处理，可制得碳/碳复合双极板。这类复合材料双极板的导电性和腐蚀性能良好，并且重量轻，强度优于普通石墨板，是理想的双极板材料。

Emanuelson 等[81]把炭化的热固性酚醛树脂与高纯石墨等质量混合，然后注塑成型，经过炭化、石墨化等过程，制得厚度为 3.8mm 的复合双极板，此种双极板的电导率可达 91S/cm。

Stewart 等[82]使用高纯石墨粉、酚醛树脂及纤维素为原料，先让原料在液体中形成悬浮液，然后借助造纸工艺形成片材，再经过炭化、石墨化过程，制成碳/碳复合材料双极板。该复合双极板的电阻率为 7.9S/cm，抗弯强度为 3.76MPa。

尽管碳-碳复合双极板存在一定的优势，诸如全以炭为基体，耐腐蚀性能良好，电导率较高，但从上也可以看出，碳-碳复合双极板制作过程一般较复杂，需要高温条件进行炭化或石墨化，制作成本较高，不宜大规模生产。

3.4.3 液流电池的膜材料

3.4.3.1 概述

在液流电池运行过程中，往往需要利用具有离子选择性的膜材料，分隔溶解在电解液中的氧化剂和还原剂活性物质，并且还能够许可离子渗透来导通电池内电路。由于市场尚无成熟的液流电池专用膜产品，现有的液流电池储能过程大多数采用离子交换膜，其研究开发已有一百多年的历史。

1890 年 Ostwald 在研究半渗透膜时发现该膜可截留由阴阳离子所构成的电解质，提出了膜电势理论；1911 年 Donnan 证实了该理论，并相继发展了描述该过程的 Donnan 平衡模型。进入 20 世纪以后，离子交换膜的发展极为迅速，并很快发展了对应的膜应用过程。20 世纪 70 年代，美国杜邦公司开发出了 Nafion 膜系列，该系列膜采用全氟磺酸高分子作为制膜原料，化学性质非常稳定，首次实现了离子交换膜在能量储存系统（燃料电池）的大规模应用。离子交换膜和相关膜过程发展历程见图 3-27。

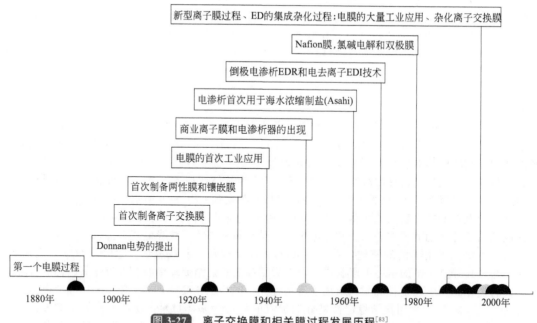

图 3-27 离子交换膜和相关膜过程发展历程[83]

长期以来的科学研究使人们对离子交换膜的认识不断深入，但大部分应用集中在氯碱工业、电渗析、水处理等领域[84]。针对储能电池技术而展开的离子交换膜分支之一的质子传导膜的研究相对较少。由于可再生能源发电、智能电网与电动汽车产业对电池隔膜的迫切需要，引发对该类导电膜的研究浪潮，现有研究多数集中在氢氧燃料电池、直接甲醇燃料电池领域，对应用于液流电池的质子传导膜的研究尚处于起步阶段[85,86]。

和以往的离子交换膜相比，在新能源电池技术领域所使用的质子传导膜除了要求原先离子交换膜的基本特性以外，如膜面电阻低、离子选择性强、机械强度高等，还必须具备以下几方面特点。

（1）化学稳定性高、耐电化学氧化性强

由于单体化学电池均包括氧化反应半电池和还原反应半电池，在氧化反应半电池中存在强烈的夺取电子趋势，质子传导膜长期工作在氧化性环境中，要耐受新生态氧等物质的腐蚀，对膜材料的稳定性提出十分苛刻的要求。

（2）耐温性和保湿性

现有的离子交换膜燃料电池通常在高于120℃以上的温度下工作，与此同时，需要使膜具有亲水保湿性能，才能获得较好的导电特性。

（3）阻止电化学活性物质渗透

质子传导膜起着分隔氢气和氧气或者甲醇和氧气的作用，为了避免氧化剂和还原剂接触发生反应而降低电池效率，对膜材料的气体渗透特性，阻止甲醇或者不同价态钒离子渗透特性提出严格要求。

目前，在燃料电池和液流电池中广泛使用的质子传导膜是美国杜邦公司（DuPont）生产的Nafion系列膜。由于Nafion膜中的分子链骨架是由碳氟键构成的，碳氟键的键能达到485kJ/mol，因此该膜具有优异的化学稳定性，在具有超强氧化能力的芬顿试剂中处理性能基本不变。Nafion膜虽然有优异的电导率和化学稳定性，但当把它使用在钒电池中时遇到了两个困难：①钒离子渗透速率高；②价格昂贵。由于Nafion膜制备过程复杂，工艺条件苛刻，氟原料价格昂贵，导致商品膜价格居高不下。在全钒液流电池采用Nafion膜时，膜材料在电堆总成本中占到40%左右，无法满足市场要求。因此，质子传导膜成为燃料电池和液流电池等储能装备产业化的主要障碍之一，膜材料的系统研究与批量化、低成本制造技术引起国内外研究人员的广泛关注，涌现出许多科研成果[87,88]。

3.4.3.2　Nafion膜改性

Nafion膜具有优异的电导率和化学稳定性，但是，阻钒性较差，导致钒电池过程自放电损失明显。Nafion膜改性研究目标通常为降低钒离子渗透速率，提高膜材料选择性。根据所使用的共混物种类可分为聚合物共混、无机添加物共混、表面改性等方法。

（1）Nafion/聚合物共混膜

根据 Klaus Schmidt-Rohr 等[89]提出的平行水通道模型（图3-28），在 Nafion 膜内部侧链上的磺酸基团具有强烈的亲水性，而碳氟构成的主链是强疏水性的，因此在亲水疏水相互作用下，带有磺酸基团的侧链聚集在一起形成离子束，而碳氟主链包围在离子束周围。当把膜浸泡在水溶液中时，亲水性基团吸收水分并发生溶胀，从而在离子束内部形成"空腔"。该结构相当于在膜内部形成孔结构，钒离子可通过该孔结构发生渗透。

由于 Nafion 膜在水溶液中的溶胀程度高，膜中的钒离子渗透速率较快。为了降低 Nafion 膜的钒离子渗透速率，可在其中添加疏水性聚合物，从而降低Nafion 膜的溶胀程度，进而降低钒离子渗透速率。

Mai Zhensheng 等[90]将 Nafion 树脂和聚偏氟乙烯（PVDF）同时溶解在二甲基甲酰胺中，充分溶解后在玻璃板上刮成薄膜并烘干得到 Nafion/PVDF 共混膜。

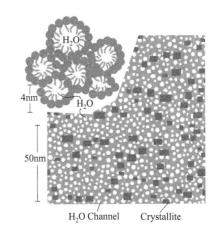

图 3-28　**Nafion 膜的平行水迁移通道模型**

PVDF 具有高结晶度和高疏水性，引入 PVDF 后有效限制 Nafion 膜的溶胀行为，降低 VO^{2+} 通过膜的扩散速率。

该共混膜在钒电池单电池测试中比 Nafion 膜具有更高的库仑效率；当共混膜中 PVDF 质量分数为20%时单电池能量效率高于 Nafion 膜，开路电压（OCV）衰减速率也只有重铸 Nafion 膜的50%左右。

通过共混疏水性较强的聚合物，将膜内部离子束的溶胀程度控制在较低水平，提高膜对钒离子渗透过程的阻力。但是，氢离子的斯托克斯半径较小，渗透过程受到的阻力很小，因此膜的离子选择性系数也得到了提高，进而得到较高的电池库仑效率。

（2）Nafion/无机添加物共混膜

与聚合物共混法类似，在 Nafion 膜中引进 SiO₂ 和 TiO₂ 等无机添加物同样可以达到降低钒离子渗透速率的目的。

Panagiotis Trogadas 等[91]将二氧化硅或二氧化钛颗粒添加到 Nafion 溶液中形成均匀分散的溶液，并通过流延法制成了复合膜。随后将炭黑与 Nafion 的混合物反复喷涂在复合膜两侧得到膜电极组件。复合膜的电导率（54～55mS/cm）略低于 Nafion 膜，但钒离子渗透速率降低了 80%～85%，电池性能有所提高。如图 3-29 所示，复合膜中的三价和四价钒离子渗透速率明显低于纯 Nafion 膜，证明在 Nafion 溶液中引入二氧化硅颗粒等有助于提高膜阻钒性能。

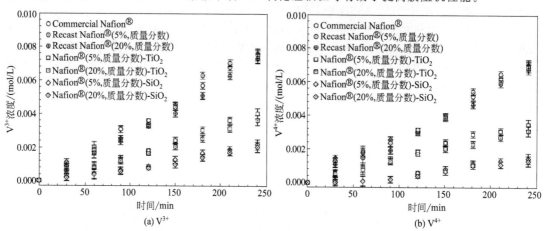

图 3-29 **Nafion/SiO₂（TiO₂）复合膜和 Nafion 膜中 V³⁺ 和 V⁴⁺ 渗透速率比较**

Xi Jingyu 等[92]将 Nafion 膜在甲醇/水溶液中充分溶胀后再加入正硅酸乙酯与甲醇的混合溶液（TEOS/MeOH），TEOS 与水分子之间发生溶胶凝胶反应。随后用甲醇清洗膜表面并烘干得到 Nafion/SiO₂ 复合膜，该复合膜的离子交换容量和电导率与纯 Nafion 膜基本相同，但钒离子渗透速率得到显著降低，因此开路电压下降速率明显降低。该膜在单电池测试中表现出更高的库仑效率和能量效率，证明该方法对提高 Nafion 膜的阻钒性能有积极意义。

从以上几个案例中可以看到无机添加物的引入对 Nafion 膜的阻钒性能改进有重要帮助。引入无机颗粒后在一定程度上填充了 Nafion 膜内部由溶胀引起的孔结构，从而增加了钒离子渗透的阻力。对氢离子而言，斯托克斯半径非常小，不易受到填充物的影响。因此复合膜的离子选择性能有了很大改善，电池库仑效率得到提高。

（3）Nafion 表面改性

除了在 Nafion 膜中掺杂聚合物或无机添加物以外，还可以对其进行表面改性，提高阻钒性能。Luo Qingtao 等[93]制备了 Nafion 与磺化聚醚醚砜（SPEEK）的复合膜（N/S 膜），通过化学反应在 SPEEK 膜层与 Nafion 膜层之间形成中间过渡层，反应过程如图 3-30 所示。

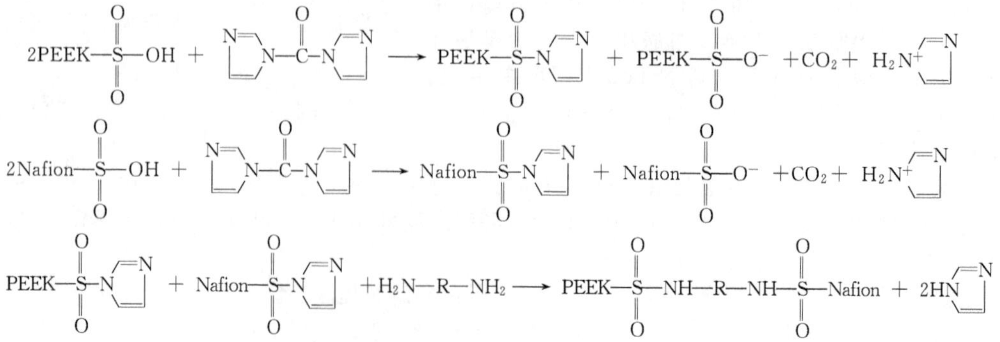

$$2PEEK-S-OH + \text{（咪唑羰基）} \longrightarrow PEEK-S-N + PEEK-S-O^- + CO_2 + H_2N$$

$$2Nafion-S-OH + \text{（咪唑羰基）} \longrightarrow Nafion-S-N + Nafion-S-O^- + CO_2 + H_2N$$

$$PEEK-S-N + Nafion-S-N + H_2N-R-NH_2 \longrightarrow PEEK-S-NH-R-NH-S-Nafion + 2HN$$

图 3-30 **N/S 膜制备反应过程**

该复合膜的面电阻（面电阻等于电导率和膜厚的乘积）略高于 Nafion 膜，但钒离子渗透速率得到显著降低。同时由于该膜中 Nafion 含量低于 SPEEK 含量，因此膜成本得到了一定降低，具有较好的商业价值。

Luo 等[94]还利用界面聚合的方法在 Nafion 117 膜的表面上形成了带有阳离子电荷的聚合物层，反应机理如图 3-31 所示，图中 R 代表 Nafion 膜。界面聚合后形成复合膜，虽然电导率有所下降，但阻钒性能得到了显著提高，水迁移速率降低。

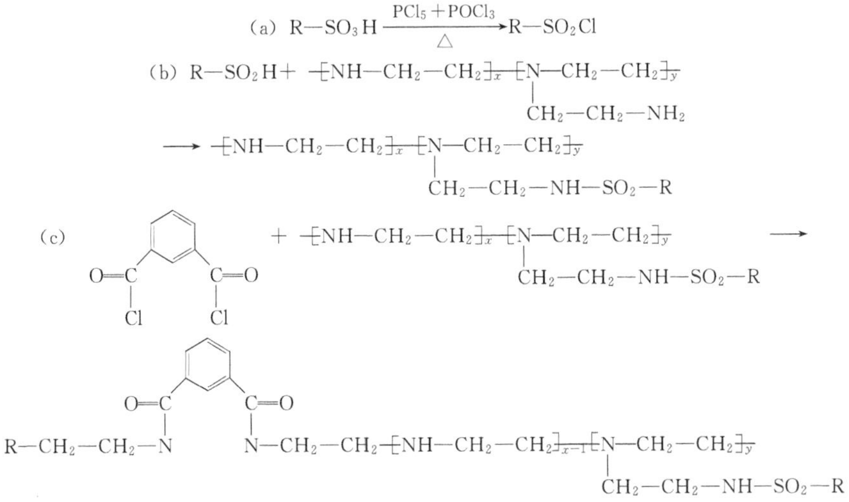

$$(a)\ R{-}SO_3H \xrightarrow[\triangle]{PCl_5+POCl_3} R{-}SO_2Cl$$

(b) $R{-}SO_2H +$ ${+}NH{-}CH_2{-}CH_2{+}_x{+}N{-}CH_2{-}CH_2{+}_y$
　　　　　　　　　　　　　　　　　　$\overset{|}{CH_2{-}CH_2{-}NH_2}$

$\longrightarrow$ ${+}NH{-}CH_2{-}CH_2{+}_x{+}N{-}CH_2{-}CH_2{+}_y$
　　　　　　　　　　　　　　　　$\overset{|}{CH_2{-}CH_2{-}NH{-}SO_2{-}R}$

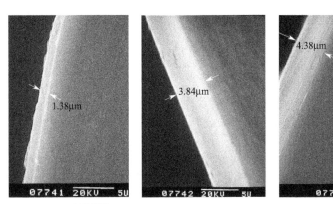

(c) ［间苯二甲酰氯结构］ $+$ ${+}NH{-}CH_2{-}CH_2{+}_x{+}N{-}CH_2{-}CH_2{+}_y$ $\longrightarrow$
　　　　　　　　　　　　　　　　　　　　　$\overset{|}{CH_2{-}CH_2{-}NH{-}SO_2{-}R}$

$R{-}CH_2{-}CH_2{-}N$ ... $N{-}CH_2{-}CH_2{+}NH{-}CH_2{-}CH_2{+}_{x-1}{+}N{-}CH_2{-}CH_2{+}_y$
　　　　　　　　　　　　　　　　　　　　　　　$\overset{|}{CH_2{-}CH_2{-}NH{-}SO_2{-}R}$

图 3-31　**Nafion 117 膜表面改性反应机理图**

Zeng 等[95]通过电沉积法在 Nafion 膜表面形成了聚吡咯层（图 3-32）。复合膜电导率相比于纯 Nafion 膜有所提高，四价钒离子渗透速率降低了 5 倍以上，水迁移速率降低 3 倍以上。

图 3-32　**电沉积法修饰 Nafion 表面后的侧面电镜照片**

除去聚合物共混、无机添加物共混、表面改性所述三种 Nafion 膜改性方法以外，还有其他多种途径，比如 B. Tian 等[96]在铅酸电池中使用的 Daramic 微孔膜中填充 Nafion 溶液并烘干制备了复合膜。该膜的水吸收率有所下降，开路电压下降速率也远小于未填充 Nafion 溶液的 Daramic 微孔膜。

需要指出的是，上述改性方法均基于全氟磺酸乳液和 Nafion 膜进行的后处理过程，通常情况下为了保证共混膜良好的电导性，复合膜中共混物的含量较低。因此，得到的复合膜成本仍非常高。通过该方法获得既能够满足电导率和离子选择性要求，且成本较低的膜材料存在很大障碍。

3.4.3.3　非氟质子传导膜

由于 Nafion 膜的价格昂贵且阻钒性能较差，人们希望使用非全氟型聚合物制备质子传导膜。

采用的方法包括：①使用磺化聚醚醚酮、磺化聚芴基醚酮、磺化聚二苯砜等，或通过对聚偏氟乙烯进行接枝等方法制备阳离子交换膜；②采用聚丙烯或聚四氟乙烯膜作为离子交换膜支撑体，或使用磷钨酸、二氧化硅等进行改性；③对阴离子交换膜进一步交联或磺化；④两性离子交换膜同时含有阳离子交换基团和阴离子交换基团，兼顾阳离子交换膜的高电导率和阴离子交换膜的高阻钒性能，在合理的制膜条件下能够得到性能较优的膜材料。下面介绍一些具体案例。

Mai Zhensheng 等[97]制备了磺化聚醚醚酮，分子结构式如图 3-33 所示，并将其溶解在甲基吡咯烷酮中形成溶液，该溶液在玻璃板上流延成膜。钒电池单电池测试说明该膜钒离子渗透速率比 Nafion 115 膜低约一个数量级，库仑效率达到 97% 以上，能量效率达到 84% 以上，经过 80 多以充放电循环膜性能保持稳定，且该膜成本低，具有很好的应用价值。

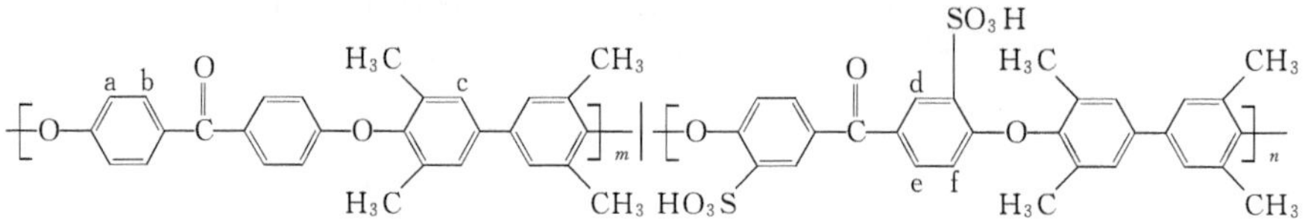

Sulfonated poly (tetramethydiphenyl ether ketone)

图 3-33 磺化聚醚醚酮分子结构式

Chen Dongyang 等[98]合成了磺化聚芴基醚酮、磺化聚亚芳基醚砜等多种含有离子交换基团的聚合物，溶解在二甲基乙酰胺中形成溶液，在玻璃板上流延后烘干成膜。这类质子传导膜表现出了同 Nafion 117 膜近似或更高的电导率，钒离子渗透速率得到显著降低，降低幅度同 Nafion 117 膜相比最高达到两个数量级。在此基础上，将磺化聚芴基醚酮与二氧化硅或带有磺酸基团的二氧化硅溶解在二甲基乙酰胺中并通过流延法制成有机/无机复合膜。该膜离子选择性系数高于 Nafion 117 膜，且在钒电池单电池实验中表现出了相比于单一的磺化聚芴基醚酮膜更高的库仑效率和平均放电电压。

利用同种电荷相斥原理，研究开发多种阴离子交换膜，期望提供良好的阻止钒离子渗透特性。Xing Dongbo 等[99]制备了多种季铵化阴离子交换膜并研究胺种类及不同胺化时间、温度、浓度等条件对离子交换容量、含水率、离子选择性系数等性能的影响。其中，季铵化杂萘联苯聚芳醚砜阴离子交换膜随着胺化时间、温度和浓度的提高，离子交换容量和含水率均提高，面电阻降低。将该膜应用于钒电池中，电池能量效率达到 87.9%，能量效率和阻钒性能均优于 Nafion 112 和 117 膜。

Qiu 等[100]采用了辐射接枝的方法制备了多种两性离子交换膜，并在钒电池中进行应用研究。将苯乙烯和甲基丙烯酸二甲氨乙酯通过 γ 射线辐照，引发 PVDF 薄膜表面共聚接枝，得到了两性离子交换膜，制备路线如图 3-34 所示。

通过上述方法得到的离子交换膜具有阳离子交换膜和阴离子交换膜的双重优点，即相比于阳离子交换膜更低的钒离子渗透速率，以及相比于阴离子交换膜更高的电导率。

非全氟型质子传导膜成本较低，易于制备，存在多种聚合物可供选用。通过大量的研究开发，有望获得钒电池使用的膜材料。但是，非全氟型质子传导膜最大的挑战在于膜稳定性。目前大部分研究的重点在于制备电导率高、电池效率高的膜材料，但对膜稳定性缺乏长时间的验证。文献中报道的膜稳定性验证大部分限制在几百个循环或几十天之内，而实际钒电池电堆的设计使用寿命在 10 年或更长。因此，现有的稳定性验证无法保证长期使用稳定性。

电解液中的五价钒离子具有强氧化性，质子传导膜在使用过程中受到的破坏作用主要来源于此。Soowhan Kim 等[101]研究了磺化聚砜类膜在钒电池电堆充放电过程以及在 VO^{2+} 溶液中浸泡过程中的稳定性，证明五价钒离子对该膜有非常明显的破坏作用，但是二至四价钒离子无明显破坏作用。Maria Skyllas-Kazacos 等研究了更多种类的质子传导膜的稳定性，结果表明，Nafion 系列膜具有优异的化学稳定性，其他膜的耐氧化能力则呈现出很大差异。采用化学改性方法往往会导致膜中原有化学键断裂，该部位的化学键形成不稳定的分子链段，遇到强氧化剂五价钒离子时容易被氧化，导致膜性能劣化。

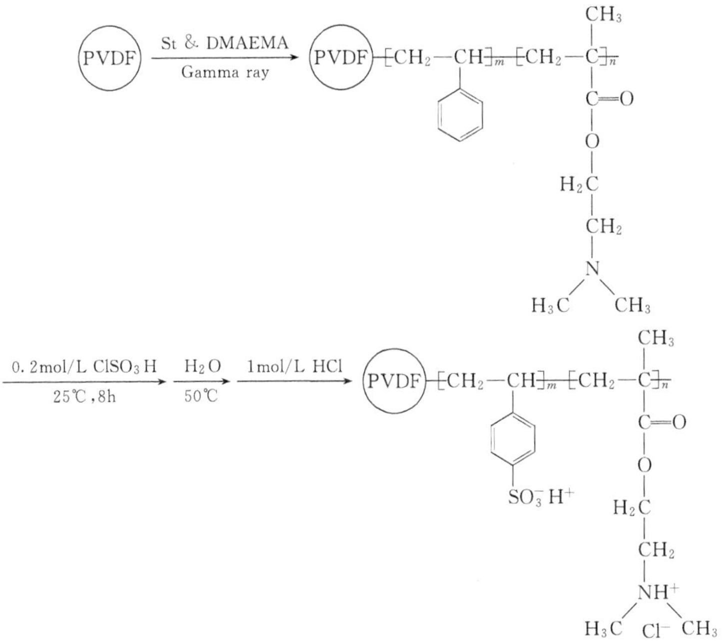

图 3-34 两性离子交换膜的制备过程

3.4.3.4 具有纳米尺度孔径的多孔膜在钒电池中的应用

长期以来，人们已经为钒电池系统研究多种质子传导膜，但是，仍然没有任何一种膜材料同时满足高导电性、阻钒性、稳定性和低成本要求。传统的质子传导膜中的离子传导过程一般被认为是通过离子交换过程实现的，因此在更多情况下称之为离子交换膜，在实际使用过程中离子交换基团（固定电荷）的化学键断裂，往往成为膜性能劣化的"症结"。纳滤膜等在水处理过程中广泛使用的膜材料也有选择性透过能力，但其选择性透过能力来源于其孔结构对不同离子的筛分效应。纳滤膜具有非常小的孔结构，甚至已经达到了聚合物的自由体积，其截留分子量在 150～500，对二价离子及多价离子有良好的截留特性。

钒电池的电解液由不同价态钒离子的硫酸水溶液组成，其中的钒离子以水合离子形式存在。利用钒离子水合物体积远大于氢离子体积的特征，有望突破膜中离子交换的传质机理，发展以"筛分效应"和"静电排斥"机理为主导的新型质子传导膜。

Zhang 等报道采用纳滤膜在钒电池中应用的研究成果。由于氢离子斯托克斯半径较小，可顺利通过纳滤膜在正极和负极电解液之间迁移，但是钒离子斯托克斯半径较大，无法通过纳米尺度膜孔进行迁移，膜材料表现出良好的阻钒特性（图 3-35）。分别制备三种纳滤膜，其中使用 M3 膜进行钒电池单电池的长期运行实验，能量效率达到 70% 以上。在 250 个充电/放电循环过程中膜性能无衰减现象，说明该膜在钒电池电解液中有优异的化学稳定性，为其实际应用奠定了基础。

清华大学的科研人员在分析总结现有全钒液流电池膜材料基础上，通过在分子水平上调节与控制成膜过程动力学，提出基于高分子结晶"成核-可控生长"的新型制膜机理。利用高分子结晶的"成核-可控生长"过程，调节所形成晶粒之间的"空间"减小到能够进行离子筛分的尺度，该"空间"相互贯通构成具有纳米尺度孔径的"离子筛膜"[102]，研发成功聚偏氟乙烯（PVDF）材料的纳米多孔质子传导膜并用于装配全钒液流电池[103,104]。该制膜过程主要包括四个步骤：①溶解。将结晶性高分子材料和亲水性成核剂溶解在共溶剂中形成均相铸膜液。②成核。在溶剂挥发的同时，有两种成核过程伴生共存；即结晶性高分子材料本身形成晶核，以及外加成核剂形成的晶核。③结晶生长。大量溶剂挥发导致高分子溶液浓度不断增加，结晶性高分子以溶液中的晶核为起点，开始结晶生长和形成晶粒过程。额外导入的成核剂使溶液中有足够的晶核数量存在，当晶粒的尺寸达到彼此接触时，晶粒间存在的空间成为膜"孔"。④成膜过程。通过改变结

晶生长速率和时间，可以实现对膜"孔"的定量调节；在合适
的时间将膜浸入水中，终止结晶生长过程，晶粒间形成的"孔"
彼此连通成为纳米尺度孔径的多孔膜。

根据上述成膜机理，以聚偏氟乙烯（PVDF）和烯丙基磺酸
钠（SAS）为主要原料，采用溶液流延法制膜，得到的质子传
导膜电导率超过 2×10^{-2} S/cm，爆破强度超过 0.3 MPa。铸膜液
中聚合物单体含量对膜孔径分布有重要影响，利用氮气吸附测
得膜孔径主要分布在 $4\sim6$ nm 范围，比表面积约 $10\,\mathrm{m^2/g}$。制得
的 PVDF 质子传导膜的纳米孔分布较窄，离子通过多孔网络结
构时受到一定阻力。H^+ 的斯托克斯半径比 VO^{2+} 小得多，通过
膜时受到的阻力较小，筛分效应使得 H^+ 通过膜的渗透速率远
高于 VO^{2+}，该膜具有从电解液中选择性透过 H^+ 的能力，其子
选择性系数达到 306。

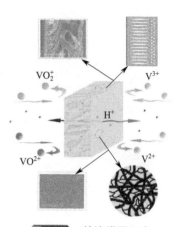

图 3-35 纳滤膜用于全
钒液流电池过程

在此基础上，研究开发了这种纳米多孔膜制膜设备，并且实现
钒电池专用质子传导膜的批量制备。工业生产设备上能够制造有效
面积为 $800\,\mathrm{mm}\times1000\,\mathrm{mm}$ 的质子传导膜（图3-36），膜厚度在 $60\sim150\,\mu\mathrm{m}$ 之间可调，膜性能满足全钒
液流电池产业化需要。将该 PVDF 质子传导膜用于全钒液流电池（图3-37），图 3-38 给出 15kW 钒电
池电堆和充电/放电循环过程能量效率变化情况，电池充电/放电过程能量效率达到 75%。

图 3-36 聚偏氟乙烯（PVDF）质子传导膜

图 3-37 15kW 全钒液流电池运行现场

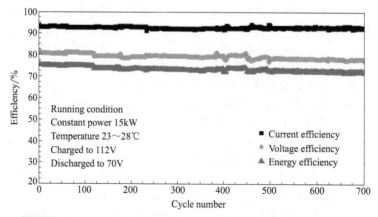

图 3-38 15kW 钒电池电堆和充电/放电循环过程能量效率变化情况

综上所述，质子传导膜是液流电池的关键材料之一，高性能质子传导膜将促进电化学储能与能量转化装备发展，满足可再生能源发电和节能技术领域国家重大需求。研究开发新型膜材料过程，需要考虑用于电化学过程的膜材料必须同时满足多项要求，包括优良的导电性、选择性、化学和电化学长期稳定性，以及合理的制膜成本等。目前大部分研究致力于制备具有高电导率、氧化剂或还原剂低渗透速率的膜材料，但对膜稳定性未给予足够重视。随着储能电池技术的逐渐成熟，膜稳定性的考察与提高将会是重要研究方向。最近出现的具有纳米尺度孔径的多孔膜中不存在离子交换基团，对氢离子的选择性透过是利用膜对不同离子的筛分效应。选择在钒电池电解液中稳定性良好的聚合物，有望制备满足液流电池多项要求的膜材料，该类研究工作方兴未艾，需要引起更多的关注和努力，高性能膜材料技术将成为大规模蓄电储能新兴产业的重要组成部分。

3.5　液流电池经济和技术指标及未来发展展望

3.5.1　液流电池装备的经济性概述

液流电池由于其储能容量和功率可以分别进行独立设计，具有在电网层次实施大规模电能存储的可能性，受到能源行业普遍关注。特别是全钒液流电池体系，成为人们关注的要点，日本政府在 2013 年度启动首批能源特别追加预算，投入 286 亿日元，实施包括全钒液流电池在内的大规模储能技术在间歇式电源接入、电网调峰、分布式供电领域应用示范验证，并持续支持到 2020 年。住友电工承建北海道电力公司投资的 15MW/60MW·h 全钒液流电池储能系统，用于提高新能源接入电网比例。

然而，由于目前还没有建立储能产品的商业模式，液流电池储能的经济性一直是人们讨论的焦点。具备化学储能的电池主要包括各类蓄电池、可再生燃料电池（RFC，电解水制氢-储氢-燃料电池发电）和液流电池等。由于大规模储氢目前尚未突破关键技术，且燃料电池价格高，RFC能量循环转换净效率较低，故用于航天领域尚可，但不宜用作大规模储能系统。表 3-3 将现有的储能技术按照功率应用（电动汽车、可移动工具等）和能量应用（可再生能源发电、电网储能等）进行分类比较，通过综合比较各种蓄电储能系统的优点和缺点，说明其各自适用的场合，无法用一种技术完全覆盖所有应用领域。图 3-39 中定量化分析不同储能技术的功率和持续功能时间，并与相应的需求相比较，进一步明确各自在未来细分市场中的定位。综上所述，可能用于大规模蓄电储能的技术主要包括钠硫电池、铅酸电池、液流电池等电化学储能，以及抽水蓄能电站、压缩空气等物理模式。

表 3-3　主要蓄电储能技术特点比较

储能技术	优点	缺点	功率应用	能量应用
抽水蓄能	大容量、低成本	场地要求特殊	*	* * * *
压缩空气储能	大容量、低成本	场地要求特殊，需要燃气	*	* * * *
液流电池	大容量	低能量密度	* * *	* * * *
(金属)空气电池	高能量密度	充电困难	*	* * * *
钠硫电池	大容量、高能量密度、高效率	高制造成本，安全顾虑	* * * *	* * *
锂电池	大容量、高能量密度、高效率	高制造成本，需要特殊充电回路	* * * *	* *
镍镉电池	大容量、高效率	低能量密度	* * *	* *
其他先进电池	大容量、高能量密度、高效率	高制造成本	* * * *	* *
铅酸电池	低投资	寿命低	* * * *	* *
飞轮储能	大容量	低能量密度	* * * *	*
超导储能	大容量	高制造成本，低能量密度	* * * *	*
超级电容器	长寿命，高效率	低能量密度	* * * *	*

注：不同技术的适用程度用"＊"号的数量表示。

相比于其他类别的储能技术，电化学储能过程能够提供特有的优点，如容易进行模块化设计，不受地域限制，储能效率高，响应速度快等技术优势。液流电池运行过程，电解液在电池和储槽之间流动需要额外的流体输送设备，会产生一定的能量消耗和增添部分设备，在一定程度增加储能设备的一次性投入。

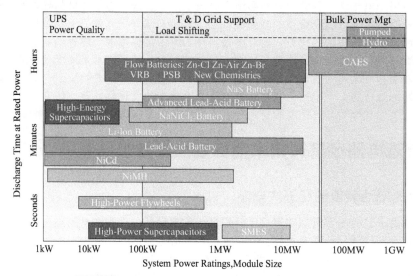

图 3-39　不同种类蓄电储能技术的容量特性比较[105]

3.5.2　大规模蓄电储能技术经济性评估方法

大规模储能是一种商业行为，必须切实考虑储能技术的经济效益。为了确保衡量各种储能技术经济效益的客观性，可以使用如下公式进行定量评估。

$$利润率 = \frac{电价_{出} - \dfrac{电价_{进}}{能量转换效率}}{\dfrac{输出\,1kW \cdot h\,的初投资}{循环寿命 \times 充放电深度} + 输出\,1kW \cdot h\,的运营成本} - 1$$

上式中，电价$_{进}$、电价$_{出}$的单位为元/(kW·h)；循环寿命为次数，与能量转换效率及充放电深度一样均为无量纲数值；输出 1kW·h 电能的初投资与运营成本的单位为元/(kW·h)。当计算出的"利润率"值＞0 时，表示储能企业盈利。该关系式明确表明：提高电化学储能装置的循环寿命和提高能量转换效率是提高储能运营企业利润率的有效手段，降低储能装备一次性固定资产投入是进入市场的重要途径。当然，适当的政策导向和市场机制，如增大峰谷电价差直接决定储能运营企业盈亏程度。所述储能的直接经济效益评价方法，考虑的范围仅仅限定于局部大规模储电应用，并没有从整个能源系统的角度进行考察与评价。

现有的电网运行过程模拟分析与局部测试结果表明，在电力能源系统的发电、储电、配电、用户的不同环节，导入规模化储能技术与装备，均能够在不同程度产生效益。事实上，在电网系统配置规模化储能装备，增加了电力系统可调度电量；当电网中的储能容量达到电网装机规模的2%～3%时，对增加电网可靠性、改善供电电压和频率发挥重要作用。

必须从国家能源战略发展的高度，来评估储能技术发展和储能产品的应用的社会经济价值，包括电力系统的安全性、可再生清洁能源的接纳程度、提高能量利用效率的贡献率，特别是对改善大气环境质量的作用。

3.6　本章小结

液流电池作为适用于大容量储能应用的电化学装备技术，区别于其他电池的最主要特征是将电化学活性物质溶解于电解质溶液中，随溶液流过电极表面，既能够及时提供电极反应所需的电化学活性物质（氧化剂或还原剂），又能够把得失电子后的产物迅速带走。在电池运行过程，储能介质能够得到快速补充，满足电能和化学能相互转化的需求。与此同时，流动的电解液还把电池内部产生的热量及时移出，使氧化还原反应在可控温度范围内进行，显著增强储能设备运行的安全性。与现有电池技术的最主要区别为，前者把储能所需电化学活性物质保存在固体电极上，而液流电池把它们保存在可以流动的溶液中。

液流电池依靠正极电对和负极电对的价态变化，实现电能存储与释放，要求两种电对具有良好的电化学可逆性。在放电过程，溶解于电解质溶液中的电对流过电极表面，通过负极上发生的氧化反应，负极电对失去电子变为氧化态；电子经过外电路做功后到达正极，借助正极上的还原反应，正极电对得到电子转变为还原态。在充电过程，电子的流动方向与电极上所发生的化学反应正好相反，既负极发生还原反应，正极发生氧化反应。由于采用两种电化学可逆性的电对，进行储能的充电过程和做功的放电过程可以无数次循环进行。

液流电池的电动势取决于正极电对和负极电对之间的化学势差别，仅仅与所选用的电对、浓度、温度等热力学因素有关。实际使用过程中，电池的极化过程导致正极和负极之间的电压低于电动势。由于单电池的电压太低，需要把若干单电池串联在一起组成电堆使用，有效降低电池内阻是电堆设计与制造过程中的关键环节。充电（或放电）过程的电流与电极上电子得失的速率相等，由电堆内的电化学反应速率决定，影响电化学反应的因素，包括正极电对和负极电对浓度、反应温度、有效电极面积、电解液流速等，均对电堆内的电化学极化过程产生影响。液流电池的功率等于电堆上的电压和电流的乘积，容量取决于电解质溶液中所含有的电化学活性物质的物质的量。

和其他的电池技术相比较，液流电池的显著特征是储能容量和功率可以分别独立设计。由于参与电化学反应的活性物质溶解于电解质溶液中，只要改变所使用的电解液量，就能够改变电池所拥有的电能储存容量。为了满足市场不同用户的需求，通常情况是仅仅研发有限的基本型电堆，再通过基本型电堆组合成储能系统，在最优化配置的条件下，同时满足用户对储能容量与储能功率的两方面需求。

在现有多数电池中，所有的储能物质均保持在电极上，一旦发生短路或意外事故，正极上的氧化剂和负极上的还原剂直接接触，所产生的氧化还原反应释放大量热量，往往导致燃烧或爆炸，给大规模储能带来极大隐患。与之对比，在液流电池充电/放电过程，仅仅有很小部分电解液停留在电堆中，大量的正极氧化剂和负极还原剂保存在完全隔离的储液槽内。此时，即使产生短路或意外事故，造成正极氧化剂和负极还原剂接触，也仅仅是流经电堆的少量电解液中的活性物质发生反应，极大降低储能系统发生事故的概率和危害程度，在一定程度上提高安全性。

液流电池运行过程，电解液在电池和储槽之间流动需要额外的流体输送设备，必然会消耗额外的能量和增添附属设备，在一定范围降低储能过程的效率，增加储能设备体积与重量。因此，液流电池在大多数情况下适用于静止场合使用，不适合安装于移动交通工具。对电池功率是用户主要需求的场合，液流电池需要提高电压或单电池面积，给实际设计带来诸多困难，从技术经济方面考虑，力图避免用于该场合。

液流电池储能系统是完成电能和化学能相互转化与储能的基本单元，根据具体应用场合进行功率与容量的优化设计，其经济的功率范围在 $10kW \sim 10MW$，容量从 $100kW \cdot h \sim 100MW \cdot h$。一般来讲，液流电池储能系统包括五个部分，电堆、电解液和输送系统、温度测控系统、电池管理系统（battery manage system，BMS）、双向换流器（power control system，PCS）。根据不同的客户需求，进行储能系统的优化设计后，能够提供可靠的电能储存于稳定供电功能。

液流电池储能系统研发过程一般可分为三个不同的层次：①电池材料，包括正极电对和负极电对的化学组成、电解质溶液成分、电极、双极板与集流体、隔膜等，电池材料是电池开发的基础；②电堆，包括单电池结构、电堆结构、分配正极和负极电解液的流量、抑制旁路电流、密封、电堆装配工艺、运行方法等，电堆技术是液流电池研发的核心；③储能系统与装备，包括电堆特性、电解液和输送系统、温度测控、电堆管理、双向换流器、运行与维护方法、安装技术与方法等，储能装备是液流电池直接面向用户的产品。因此，在进行液流电池研究开发过程中，需要根据实际情况，进行全面分析与市场调研，确定合理的技术发展路线，才能为储能市场提供技术上可行、经济上合理的产品。

液流电池能够提供经济性好、风险性低的电能储存解决方案，其储能容量和电功率可以分别进行选择，极大满足储能市场不同客户的需求。综合考虑各方面因素，液流电池在功率范围10kW～10MW、容量为100kW·h～100MW·h时具备强有力的竞争力。

<h1 style="text-align:center">参 考 文 献</h1>

[1] Thaller L H. Electrically Rechargeable Redox Flow Cells. Proc of the 9th IECEC, 1974：924.

[2] Skyllas-Kazacos M, Robins R G. All Vanadium Redox Battery. US Patent No. 849, 094 [1986], Japan Patent Appl. [1986], Australian Patent No. 575247 [1986].

[3] Liu Q, Shinkle A A, Li Y, Monroe C W, Thompson L T, Sleightholme A E S. Electrochem. Commun, 2010, 12, 1634.

[4] Sleightholme E S, Shinkle A A, Liu Q, Li Y, Monroe C W, Thompson L T. J Power Sources, 2011, 196：5742.

[5] Brian Huskinson, Michael P Marshak, Changwon Suh, et al. A metal-free organic-inorganic aqueous flow battery. Nature, 2014, 505：195-198.

[6] Puiki Leung, Xiaohong Li, Carlos Ponce de Leo'n, et al. Progress in redox flow batteries, remaining challenges and their applications in energy storage. RSC Advances, 2012, 2：10125-10156.

[7] Sun B, Skyllas-Kazacos M. A study of the V（Ⅱ）/V（Ⅲ）redox couple for redox cell application. J Power Sources, 1985, 15：179.

[8] Sun B, Rychik M, Skyllas-Kazacos M. Investigation of the V（V）/V（Ⅳ）system for use in the positive half-cell of a redox battery. J Power Sources, 1985, 16：85.

[9] Skyllas-Kazacos M, Limantari Y. J Appl Electrochem, 2004, 34：681.

[10] Zhou H T, Zhang H M, Zhao P, Yi B L. Electrochim Acta, 2006, 51：6304-6312.

[11] Fang B, Iwasa S, Wei Y, Arai T, Kumagai M. Electrochim Acta, 2002, 47：3971-3976.

[12] Wang W, Kim S, Chen B, Nie Z, Zhang J, Xia G G, Li L, Yang Z. Energy Environ Sci, 2011, 4：4068.

[13] Skyllas-Kazacos M, Kazacos M. Stabilized vanadium solutions for vanadium redox battery. PCT Patent Application, AU94/00711. 1994.

[14] Mohammadi T, Skyllas-Kazacos M. Characterisation of novel composite membranes for redox flow cell applications. J Membrane Sci, 1995, 98：77.

[15] Skyllas-Kazacos M, Menictas C, Kazacos M. J Electrochem Soc, 1996, 143 (4)：L86.

[16] Rahman F, Skyllas-Kazacos M. J Power Sources, 2009, 189：1212.

[17] Kazacos M, Cheng M, Skyllas-Kazacos M. J Appl Electrochem, 1990, 20：463.

[18] Skyllas-Kazacos M, Kasherman D, Hong R, Kazacos M. Characteristics and performance of 1kW vanadium redox battery. J Power Sources, 1991, 35：399-404.

[19] Shibata, Akira. Development of vanadium redox flow battery for photovoltaic generation system [C] //Conference Record of the IEEE Photovoltaic Specialists Conference, 1st World Conf on Photovoltaic Energy Conversion. Hawii, 1994.

[20] Maria Skyllas-Kazacos, Menictas C. The vanadium redox battery for emergency back-up applications [C] //19th International Telecommuni- cations Energy Conference. Melbourne, 1997.

[21] SINGH P. Application of non-aqueous solvents to batteries. Journal of Power Sources, 1984, 11 (1)：135-142.

[22] 徳田信幸，限元貴浩，重松敏夫，出口洋成，伊藤岳文，吉川憲康，原拓司．レドックスフロー型二次電池の開発．住友電気，第151号，1997：95.

[23] Liyu Li, Soowhan Kim, Wei Wang, Vijayakumar M, Zimin Nie, Baowei Chen, et al. A stable vanadium redox-flow battery with high energy density for large-scale energy storage. Adv Energy Mater, 2011：1-7.

[24] 孟琳．锌溴液流电池储能技术研究和应用进展[J]．储能科学与技术，2013，2 (1)：35-41.

[25] 张立，程杰，杨裕生，等．单液流锌镍电池锌负极性能及电池性能初步研究．电化学，2008，14 (3)：248-251.

[26] Zhang L, Cheng J, Yang Y S, et al. Study of zinc electrodes for single flow zinc/nickel battery application. J Power Source, 2008, 179：381-387.

[27] Junqing Pan, Jingjing Du, Yanzhi Sun, Pingyu Wan, Xiaoguang Liu, Yusheng Yang. The change of structure and electrochemical property in the synthesis process of spherical NiOOH. Electrochimica Acta, 2009, 54：3812-3818.

[28] Xu Y, Cheng J, Yang Y S, et al. Study on a single flow acid Cd-Chloranial battery. Electrochem Commun, 2009, 11：1422-1424.

[29] 徐艳，文越华，程杰，曹高萍，杨裕生．酚醌类有机物电化学性能及化学电源上的应用．电源技术，2011，35 (2)：153-157.

[30] Hazza A, Pletcher D, Wills R. A novel flow battery：a lead based on an electrolyte with soluble lead（Ⅱ）partⅠ：

preliminary studies. Phys Chem Chem Phys，2004，6：1773-1778.

[31] Pletcher D，Wills R. A novel flow battery：a lead based on an electrolyte with soluble lead（Ⅱ）part Ⅱ：Flow cell studies. Phys Chem Chem Phys，2004，6：1779-1785.

[32] Pletcher D，Wills R. A novel flow battery：a lead based on an electrolyte with soluble lead（Ⅱ）part Ⅲ：The influence of conditions on battery performance. J Power Source，2005，149：96-102.

[33] Hazza A，Pletcher D，Wills R. A novel flow battery：a lead based on an electrolyte with soluble lead（Ⅱ）part Ⅳ：The influence of additives. J Power Source，2005，149：103-111.

[34] Pletcher D，Zhou H T，Kear G，et al. A novel flow battery：a lead based on an electrolyte with soluble lead（Ⅱ）part Ⅴ：Studies of the lead negative electrode. J Power Source，2008，180：621-629.

[35] Pletcher D，Zhou H T，Kear G，et al. A novel flow battery：a lead based on an electrolyte with soluble lead（Ⅱ）part Ⅵ：Studies of the lead dioxide positive electrode. J Power Source，2008，180：630-634.

[36] Li X H，Pletcher D，Walsh F C. A novel flow battery：a lead based on an electrolyte with soluble lead（Ⅱ）part Ⅶ：Further studies of the lead dioxide positive electrode. Electrochimica Acta，2009，54：4648-4659.

[37] Collins J，Li X H，Pletcher D，et al. A novel flow battery：a lead based on an electrolyte with soluble lead（Ⅱ）part Ⅷ：The cycling of a 10cm×10cm flow cell. J Power Source，2010，195：1731-1738.

[38] Collins J，Li X H，Pletcher D，et al. A novel flow battery：a lead based on an electrolyte with soluble lead（Ⅱ）part Ⅸ：Electrode and electrolyte conditioning with hydrogen peroxide. J Power Source，2010，195：2975-2978.

[39] Pan J Q，Sun Y Z，Cheng J，et al. Study on a new single flow acid Cu-PbO$_2$ battery. Electrochem Commun，2008，10：1226-1229.

[40] Junqing Pan，Lizhong Ji，Yanzhi Sun，Pingyu Wan，Jie Cheng，Yusheng Yang，Maohong Fan. Preliminary study of alkaline single flowing Zn-O$_2$ battery. Electrochemistry Communications，2009，11：2191-2194.

[41] Yuehua Wen，Jie Cheng，Shangqi Ning，Yusheng Yang. Preliminary study on zinc-air battery using zinc regeneration electrolysis with propanol oxidation as a counter electrode reaction. Journal of Power Sources，2009，188（1）：301-307.

[42] Chris Menictas，Maria Skyllas-Kazacos. Performance of vanadium-oxygen redox fuel cell. Journal of Applied Electrochemistry，2011，41：1223-1232.

[43] Hosseiny S S，Saakes M，Wessling M. A polyelectrolyte membrane-based vanadium/air redox flow battery. Electrochemistry Communication，2011，13：751-754.

[44] Duduta M，Ho B，Wood V C，et al. Semi-solid lithium rechargeable flow battery. Advanced Energy Materials，2011，1：511-516.

[45] Victor E Brunini，Yet-Ming Chiang，Craig Carter W. Modeling the hydrodynamic and electrochemical efficiency of semi-solid flow batteries. Electrochimica Acta，2012，69：301-307.

[46] Doug Aaron，Zhijiang Tang，Alexander B Papandrew，Thomas A Zawodzinski. Polarization curve analysis of all-vanadium redox flow batteries. J Appl Electrochem，2011，41：1175 - 1182.

[47] White R E，Walton C W. Predicting shunt currents in stacks of bipolar plate cells. J Electrochem Soc，1986：485-492.

[48] Burney H S，White R E. Predicting shunt currents in stacks of bipolar plate cells with conducting manifolds. J Electrochem Soc，1988，135（7）：1609-1612.

[49] Tang A，McCann J，Bao J，Skyllas-Kazacos M. Investigation of the effect of shunt current on battery efficiency and stack temperature in vanadium redox flow battery. Journal of Power Sources，2013，242：349-356.

[50] 李文跃，魏冠杰，刘建国，严川伟. 全钒液流电池电极材料及其研究进展. 储能科学与技术，2013，2（4）：342-348.

[51] Skyllas-Kazacos M，Rychcik M，Robins R G，et al. New all-vanadium redox flow cell. J Power Sources，1987，19（1）：45-54.

[52] Zhong S，Padeste C，Kazacos M，et al. Comparison of the physical，chemical and electrochemical properties of rayon-and polyacylonitrile-based graphite felt electrodes. Power Sources，1993，45：29-41.

[53] Kaneko H，Nozaki K，Wada Y，et al. Vanadium redox reactions and carbon electrodes for vanadium redox flow battery. Electrochem Acta，1991，36（7）：1191-1196.

[54] Sun E，Skyllas-Kazacos M. A study of the V（Ⅱ）/V（Ⅲ）redox couple for flow cell applications. Journal of Power Sources，1985，15（2-3）：179-190.

[55] Sun E，Rychcik M，Skyllas-Kazacos M. Investigation of V（Ⅵ）/V（Ⅴ）system for use in positive half-cell of a redox battery . Journal of Power Sources，1985，16（2）：85-95.

[56] Liu H，Xu Q，Yan C，et al. Corrosion behavior of a positive graphite electrode in vanadium redox flow battery. Electrochimica Acta，2011，56（24）：8783-8790.

[57] Chen F，Liu J，Chen H，et al. Study on hydrogen evolution reaction at a graphite electrode in the all-vanadium redox flow battery. International Journal of Electrochemical Science，2012，7（4）：3750-3764.

[58] Kazacos M，Skyllas-Kazacos M. Performance of carbon plastic electrodes in vanadium redox cell . Journal of Electrochemical Society，1989，136（9）：2759-2760.

[59] Zhong S，Padeste C，Kazacosm，et al. Comparison of the physical，chemical and electrochemical properties of rayon-and poly-acylonitrile-based graphite felt electrodes . Journal of Power Sources，1993，45（1）：29-41.

[60] Sun B，Skyllas-Kazacos M. Modification of graphite electrode materials for vanadium redox flow battery application-Ⅰ. thermal treatment . Electrochimica Acta，1992，37（7）：1253-1260.

[61] Sun B，Skyllas-Kazacos M. Chemical modification of graphite electrode materials for vanadium redox flow battery application-part Ⅱ. acid treatments . Electrochimica Acta，1992，37（13）：2459-65.

[62] González Z，Sánchez A，Blanco C，et al. Enhanced performance of a Bi-modified graphite felt as the positive electrode of a vanadium redox flow battery. Electrochemistry Communications，2011，13（12）：1379-1382.

[63] Kim K，Park M，Kim J，et al. Novel catalytic effects of Mn_3O_4 for all vanadium redox flow batteries. Chemical Communication，2012，48：5455-5457.

[64] Zhu H，Zhang Y，Yue L，et al. Graphite-carbon nanotube composite electrodes for all vanadium redox flow battery. Journal of Power Sources，2008，184（2）：637-640.

[65] Li W，Liu J，Yan C. Graphite-graphite oxide composite electrode for vanadium redox flow battery［J］. Electrochimica Acta，2011，56（14）：5290-5294.

[66] Li W，Liu J，Yan C. Multi-walled carbon nanotubes used as an electrode reaction catalyst for VO^{2+}/VO_2^+ for a vanadium redox flow battery . Carbon，2011，49（11）：3463-3470.

[67] Li W，Liu J，Yan C. The electrochemical catalytic activity of single-walled carbon nanotubes towards VO^{2+}/VO_2^+ and V^{3+}/V^{2+} redox pairs for an all vanadium redox flow battery. Electrochimica Acta，2012，79：102-106.

[68] Wu T，Huang K，Liu S，et al. Hydrothermal ammoniated treatment of PAN-graphite felt for vanadium redox flow battery［J］. Journal of Solid State Electrochemistry，2012，16（2）：579-585.

[69] Qian P，Zhang H，Chen J，et al. A novel electrode bipolar plate assembly for vanadium redox flow battery applications［J］. Journal Power Sources，2008，175（1）：613-620.

[70] Qiu G，Dennison C，Knehr K，et al. Pore-scale analysis of effects of electrode morphology and electrolyte flow conditions on performance of vanadium redox flow batteries［J］. Journal of Power Sources，2012，219：223-234.

[71] 钱鹏，张华民，陈剑，等. 全钒液流电池用电极及双极板研究进展. 研究与探讨，2007，1：7-11.

[72] 郑永平，武涛，沈万慈，等. 一种柔性石墨双极板及其制备方法：CN1560947A. 2004-03-12.

[73] Wang H，Sweikart MA，Turner JA. Stainless steel as bipolar plate material for polymer electrolyte membrane fuel cells. Journal of Power Sources，2003，115：243-51.

[74] Wang H，Turner JA. Ferritic stainless steels as bipolar plate material for polymer electrolyte membrane fuel cells. Journal of Power Sources，2004，128：193-200.

[75] Huang JH，Baird DG，McGrath JE. Development of fuel cell bipolar plates from graphite filled wet-lay thermoplastic composite materials，Journal of Power Sources，2005，150（1）：110-119.

[76] Du L，Jana SC. Highly conductive epoxy/graphite composites for bipolar plates in proton exchange membrane fuel cells. Journal of Power Sources，2007，172（2）：734-741.

[77] Hwang IU，Yu HN，Seong SK，et al. Bipolar plate made of carbon fiber epoxy composite for polymer electrolyte membrane fuel cells. Journal of Power Sources，2008，184（1）：90-94.

[78] Yin Q，Li AJ，Wang WQ，et al. Study on the electrical and mechanical properties of phenol formaldehyde resin/graphite composite for bipolar plate. Journal of Power Sources，2007，165（2）：717-721.

[79] 陈茂斌，刘效疆，孟凡明，等. 一种液流电池复合导电塑料集流体的制备方法：中国，200710049913.2. 2007-08-29.

[80] 王保国，徐冬清，范永生，等. 一种液流电池的复合材料双极板制备方法：中国，200910082216.6. 2009-04-20.

[81] Emanuelson RC，Luoma WL，Taylor WA. Separator plate for electrochemical cells：US，4301222. 1981-11-17.

[82] Stewart J，Robert C. Carbon-graphite component for an electrochemical cell and method for making the component：US，4670300. 1987-06-02.

[83] 徐铜文，黄川徽. 离子交换膜的制备与应用技术. 北京：化学工业出版社，2008.

[84] Chenxiao Jiang，Md Masem Hossain，Yan Li，Yaoming Wang，Tongwen Xu. Ion exchange membranes for electrodialysis：a comprehensive review of recent advances. Journal of Membrane and Separation Technology，2014，3：185-205.

[85] Xianfeng Li，Huamin Zhang，Zhensheng Mai，Hongzhang Zhang，Ivo Vankelecom. Ion exchange membranes for vanadium redox flow battery（VRB）applications，Energy Environ Sci，2011，4：1147 - 1160.

[86]　Géraldine Merle，Matthias Wessling，Kitty Nijmeijer. Anion exchange membranes for alkaline fuel cells：A review. Journal of Membrane Science，2011，377：1-35.

[87]　青格乐图，郭伟男，范永生，王保国. 全钒液流电池用质子传导膜研究进展. 化工学报，2013，64（2）：427-435.

[88]　Zhaoliang Cuia，Enrico Driolia，Young Moo Lee. Recent progress in fluoropolymers for membranes. Progress in Polymer Science，2014，39：164-198.

[89]　Schmidt-Rohr K，Chen Qiang. Parallel cylindrical water nanochannels in Nafion fuel-cell membranes. Nat Mater，2008，7：75-83.

[90]　Mai Zhensheng，Zhang Huamin，Li Xianfeng，Xiao Shaohua，Zhang Hongzhang. Nafion/polyvinylidene fluoride blend membranes with improved ion selectivity for vanadium redox flow battery application. J Power Sources，2011，196：5737-5741.

[91]　Trogadas P，Pinot E，Fuller T F. Composite，solvent-casted Nafion membranes for vanadium redox flow batteries. Electrochem Solid State Lett，2012，15（1）：A5-A8.

[92]　Xi Jingyu，Wu Zenghua，Qiu Xinping，Chen Liquan. Nafion/SiO$_2$ hybrid membrane for vanadium redox flow battery. J Power Sources，2007，166：531-536.

[93]　Luo Qingtao，Zhang Huamin，Chen Jian，You Dongjiang，Sun Chenxi，Yu Zhang. Preparation and characterization of Nafion/SPEEK layered composite membrane and its application in vanadium redox flow battery. J Membr Sci，2008，325：553-558.

[94]　Luo Qingtao，Zhang Huamin，Chen Jian，Qian Peng，Zhai Yunfeng. Modification of Nafion membrane using interfacial polymerization for vanadium redox flow battery applications. J Membr Sci，2008，311：98-103.

[95]　Zeng Jie，Jiang Chunping，Wang Yaohui，Chen Jinwei，Zhu Shifu，Zhao Beijun，Wang Ruilin. Studies on polypyrrole modified Nafion membrane for vanadium redox flow battery. Electrochem Commun，2008，10：372-375.

[96]　Tian B，Yan C W，Wang F H. Proton conducting composite membrane from Daramic/Nafion for vanadium redox flow battery. J Membr Sci，2004，234：51-54.

[97]　Mai Zhensheng，Zhang Huamin，Li Xianfeng，Bi Cheng，Dai hua. Sulfonated poly（tetramethydiphenyl ether ether ketone）membranes for vanadium redox flow battery application. J Power Sources，2011，196：482-487.

[98]　Chen Dongyang，Wang Shuanjin，Xiao Min，Han Dongmei，Meng Yuezhong. Synthesis of sulfonated poly（fluorenyl ether thioether ketone）s with bulky-block structure and its application in vanadium redox flow battery. Polymer，2011，52：5312-5319.

[99]　Xing Dongbo，Zhang Shouhai，Yin Chunxiang，Zhang Bengui，Jian Xigao. Effect of amination agent on the properties of quaternized poly（phthalazinone ether sulfone）anion exchange membrane for vanadium redox flow battery application. J Membr Sci，2010，354：68-73.

[100]　Qiu Jingyi，Zhang Junzhi，Chen Jinhua，Peng Jing，Xu Ling，Zhai Maolin，Li Jiuqiang，Wei Genshuan. Amphoteric ion exchange membrane synthesized by radiation-induced graft copolymerization of styrene and dimethylaminoethyl methacrylate into PVDF film for vanadium redox flow battery applications. J Membr Sci，2009，334：9-15.

[101]　Kim S，Tighe T B，Schwenzer B，Yan Jingling，Zhang Jianlu，Liu Jun，Yang Zhenguo，Hickner M A. Chemical and mechanical degradation of sulfonated poly（sulfone）membranes in vanadium redox flow batteries. J Appl Electrochem，2011，41：1201-1213.

[102]　BingyangLi，BaoguoWang，ZhenhaoLiu，GeletuQing. Synthesis of nanoporous PVDF membranes by controllable crystallization for selective proton permeation. Journal of Membrane Science，2016，517，111-120.

[103]　Wang Baoguo，Long Fei，Fan Yongsheng，Liu Ping. A method for manufacture proton conductive membrane：CN，2009100770246. 2011-05-11.

[104]　李冰洋，吴旭冉，郭伟男，范永生，王保国. 液流电池理论与技术——PVDF 质子传导膜的研究与应用. 储能科学与技术，2014，3（1），66-70.

[105]　Wang Wei，Luo Qingtao，Li，Bin Wei，Xiaoliang Li，Liyu Yang. Zhenguo Adv Funct Mater，2013，23：970-986.

第4章 全钒液流电池技术

4.1 全钒液流电池概述

能源是支撑人类生存的基本要素，是推动世界发展的动力之源。提高能源供给能力，保证能源安全，支撑人类社会可持续发展已成为全球性挑战。然而，当前以化石能源为主的能源结构显然无法支撑社会发展。因此，开发绿色高效的可再生能源，提高其在能源供应结构中的比重是实现人类可持续发展的必然选择。可再生能源如风能、太阳能受昼夜更替、季节更迭等自然环境和地理条件的影响，电能输出具有不连续、不稳定、不可控的特点，给电网的安全稳定运行带来严重冲击[1,2]。电网对可再生能源发电的消纳能力成为决定其经济效益和发展前景的关键因素。为缓解可再生能源发电对电网的冲击，提高电网对可再生能源发电的接纳能力，需要通过大容量储能装置进行调幅调频，平滑输出、计划跟踪发电，提高可再生能源发电的可控性，减少大规模可再生能源发电并网对电网的冲击，提高电网对可再生能源发电的接纳能力。因此，大规模储能技术是解决可再生能源发电系统不连续、不稳定特征的关键瓶颈技术。

为适应不同应用领域对储能技术的需要，人们已探索和研究开发出多种电力储存（储能）技术，图4-1给出了已开发的各种储能技术及其适用范围，越向右上方的储能技术其储能规模越大[3]。这些储能技术各自具有独特的技术经济性，可适合于大规模储能的技术主要包括压缩空气储能技术、飞轮储能、抽水储能技术、液流电池技术、钠硫电池技术、锂离子电池技术等，它们在能源管理、电能质量改善和稳定控制等应用中具有良好的发展前景。

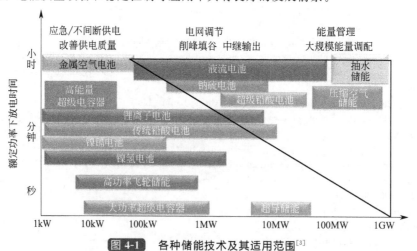

图 4-1 各种储能技术及其适用范围[3]

对于应用于风能、太阳能等可再生能源发电系统的大规模储能技术，电力系统对储能的功率和容量需求量大，所以大规模电池储能技术需要满足以下基本要求：①安全性好；②生命周期的性价比高；③生命周期的环境负荷小。

和手机、笔记本和电动汽车用电池不同，用于可再生能源发电平滑输出与跟踪计划发电和智能电网削峰填谷的储能电池，由于输出功率和储能容量大，如果发生安全事故会造成巨大的危害和损失，因此相应储能技术的安全性、可靠性是实际应用的重中之重。同时，大规模储能技术要求其使用寿命长、维护简单，生命周期的性价比要高。随着大规模储能电池技术的普及应用，电池报废后其数量是相当大的，因此储能电池生命周期的环境负荷也是重要的指标之一。

　　众多的储能技术中，液流电池储能技术具有能量转换效率高、蓄电容量大、选址自由、可深度放电、安全环保等优点，成为大规模高效储能技术的首选之一。液流电池的概念是由 L. H. Thaller（NASA Lewis Research Center，Cleveland，United States）于 1974 年提出的。该电池通过正、负极电解质溶液活性物质发生可逆氧化还原反应（即价态的可逆变化）实现电能和化学能的相互转化。充电时，正极发生氧化反应，活性物质价态升高；负极发生还原反应，活性物质价态降低；放电过程与之相反。与一般固态电池不同的是，液流电池的正极和（或）负极电解质溶液储存于电池外部的储罐中，通过泵和管路输送到电池内部进行反应，因此电池功率与容量独立可调。从理论上讲，有离子价态变化的离子对可以组成多种液流电池。图 4-2 给出了部分可能组成液流电池的活性电对及其半电池电压。如 $Fe^{2+/3+}/Cr^{2+/3+}$，$Br^{1+/0}/Zn^{2+/0}$，$Ni^{2+/3+}/Zn^{2+/0}$，$V^{4+/5+}/V^{3+/2+}$，$Fe^{2+/3+}/V^{3+/2+}$ 等[4]。

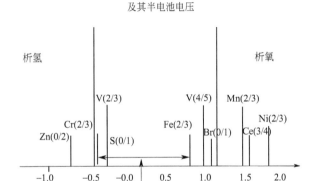

图 4-2　可能组成液流电池的活性电对及其半电池电压[4]

　　在众多液流电池中，全钒液流电池储能技术是目前研究最多也是最接近于产业化的规模储能技术，全钒液流电池基本原理如图 4-3 所示。

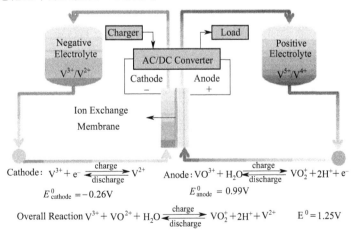

图 4-3　全钒液流电池基本原理[5]

　　全钒液流电池是以不同价态的钒离子作为活性物质，通过钒离子价态变化实现化学能和电能相互转变的过程。正极为 VO^{2+}/VO_2^+，负极为 V^{2+}/V^{3+}，电池开路电压为 1.25V。基于全钒液流电池系统自身的技术特点，全钒液流电池技术相对于其他大规模储能技术具有以下优势：

　　（1）全钒液流电池储能系统运行安全可靠，全生命周期内环境负荷小、环境友好

　　全钒液流电池储能系统的储能介质为电解质水溶液，只要控制好充放电截止电压，保持电池

系统存放空间良好的通风条件，全钒液流电池便不存在着火爆炸的潜在危险，安全性高。全钒液流电池电解质溶液在密封空间内循环使用，在使用过程中通常不会产生环境污染物质，不受外部杂质的污染。此外，全钒液流电池中正负极电解质溶液均为同种元素，电解质溶液可以通过在线再生反复使用。全钒液流电池电堆及全钒液流电池系统主要是由碳材料、塑料和金属材料叠合组装而成的，当全钒液流电池系统废弃时，有些金属材料可以持续使用，碳材料、塑料可以作为燃料来加以利用。因此，全钒液流电池系统全生命周期内环境负荷很小、环境非常友好。

（2）全钒液流电池储能系统的输出功率和储能容量相互独立，设计和安置灵活

全钒液流电池的输出功率由电堆的大小和数量决定，而储能容量由电解质溶液的浓度和体积决定。要增加全钒液流电池系统的输出功率，只要增大电堆的电极面积和增加电堆的个数就可实现；要增加全钒液流电池系统的储能容量，只要提高电解质溶液的浓度或者增加电解质溶液的体积就可实现。全钒液流电池系统的输出功率在数千瓦至数十兆瓦范围，储能容量在数十千瓦时至百兆瓦时范围。

（3）能量效率高，启动速度快，无相变化，充放电状态切换响应迅速

近几年来随着液流电池，特别是全钒液流电池材料技术和电池结构设计制造技术的不断进步，电池内阻不断减小，性能不断提高，电池工作电流密度由原来的 $60\sim80mA/cm^2$ 提高到 $160mA/cm^2$ 以上。且在此条件下，电池能量效率可达 80%，成本大幅度降低。另外，全钒液流电池在室温条件下运行，电解质溶液在电极内连续流动，在充放电过程中通过溶解在水溶液中活性离子价态的变化来实现电能的存储和释放，而没有相变化。所以，启动速度快，充放电状态切换响应迅速。

（4）全钒液流电池储能系统采用模块化设计，易于系统集成和规模放大[6]

全钒液流电池电堆是由多个单电池按压滤机方式叠合而成的。全钒液流电池单个电堆的额定输出功率一般在 10kW 到 40kW 之间；全钒液流电池储能系统通常是由多个单元储能系统模块组成，单元储能系统模块额定输出功率一般在 100kW 到 300kW 之间。与其他电池相比，全钒液流电池电堆和电池单元储能系统模块额定输出功率大，易于全钒液流电池储能系统的集成和规模放大。

（5）具有较强的过载能力和深放电能力

全钒液流电池储能系统运行时，电解质溶液通过循环泵在电堆内循环，电解质溶液活性物质扩散的影响较小；而且电极反应活性高，活化极化较小。所以与其他电池不同，全钒液流电池储能系统具有 2 倍以上的过载能力，全钒液流电池放电没有记忆效应，具有很好的深放电能力。

全钒液流电池也存在其自身的不足之处：①全钒液流电池系统由多个子系统组成，系统复杂；②为使电池系统在稳定状态下连续工作，必须给循环泵、电控设备、通风设备等辅助设备提供能量，所以全钒液流电池系统通常不适用于小型储能系统；③受全钒液流电池电解质溶解度等的限制，全钒液流电池的能量密度较低，只适用于对体积、重量要求不高的固定大规模储能电站，而不适用于移动电源和动力电池。

液流电池由意大利人 A. Pellegri 等于 1978 年在专利中提及。从 1984 年开始，澳大利亚新南威尔士大学（UNSW）M. Skyllas-Kazacos 教授的研究团队在全钒液流电池技术的研究领域做了大量研究工作，内容涉及电极反应动力学、电极材料、膜材料评价及改性[7~9]、电解质溶液制备方法[10~12]及双极板的开发等方面[13,14]。为全钒液流电池储能技术的发展做出了重大贡献。经过 20 余年的发展，已进入大规模商业示范运行和市场开拓阶段。本章将对全钒液流电池关键材料、核心部件、电池系统及全钒液流电池的应用前景作较为详细的分析和介绍。

4.2 全钒液流电池关键材料

4.2.1 电极材料

4.2.1.1 电极材料功能与作用

电极材料是全钒液流电池（VFB）的关键材料之一。与铅酸电池、镍氢电池等普通化学电源

的电极功能不同，VFB 中活性物质以电解质溶液的形式储存在电池外部的储罐中，电极材料中不含活性物质，因而其自身并不参与电化学反应，只为正、负极氧化还原电对提供反应的场所。电解质溶液中的活性物质钒离子在电极-电解液界面接受或给出电子来完成电池化学反应，进而实现电能与化学能之间的转变而完成能量的存储或释放。载流子在电极表面进行离子形式和电子形式的过渡，而使电池形成一个完整的回路。

4.2.1.2　电极材料特点与分类

电极作为液流电池的关键部件之一，其材料性能的好坏直接影响电化学反应速率、电池内阻以及电解质溶液分布的均匀性、扩散状态，进而影响电极的极化程度以及电池内阻，最终影响电池的能量转换效率和功率密度。电极材料的稳定性也影响电池的使用寿命。

根据全钒液流电池的体系特征，要求电极材料具有如下性能：①电极材料对 VFB 正负极氧化还原电对应具有较高的反应活性和良好的可逆性，使电化学反应电荷转移电阻较小，在较高工作电流密度下不引起大的电化学极化。②电极材料应具有稳定的三维网状结构，孔隙率适中，为电解质溶液的流动提供合适的通道，以实现活性物质的传送和均匀分布；电极表面与电解质溶液接触角较小，具有较强的亲和力，以降低活性物质的扩散阻力。③电极材料应具有较高的电导率，且与集流板的接触电阻较小，以降低电池欧姆内阻。④电极材料必须有足够的机械强度和韧性，以不至于在电池的压紧力作用下出现结构上的破坏。⑤电极材料必须有良好的耐腐蚀性，全钒液流电池的电解质溶液呈强酸性，要求电极材料必须耐强酸腐蚀。另外，正极活性物质的氧化态五价钒离子（VO_2^+）具有极强的氧化性，因此还要求正极材料在强氧化性的环境中稳定；而负极活性物质的还原态二价钒离子（V^{2+}）具有极强的还原性，因此还要求负极材料在强还原性的环境中稳定。⑥电极材料必须在充放电位窗口内稳定，析氢、析氧过电位较高，副反应较少，全钒液流电池的充放电电压范围一般在 1.0～1.6V，要求电极材料在此充放电电压区间内稳定。⑦电极材料价格低廉，资源广泛，使用寿命长。

应用于 VFB 的电极材料，按材料类型划分，可分为金属类电极材料和碳素类电极材料。

金属类电极材料是研究的比较早的一类电极，包括 Au、Sn、Ti、Pt、Pt/Ti 以及 IrO_2/Ti 等，此类电极的显著特点是电导率高，力学性能好。经循环伏安扫描研究发现：Au、Sn 和 Ti 电极电化学可逆性均较差，Sn 和 Ti 电极循环扫描时，易在表面形成钝化膜，阻碍活性物质与金属活性表面的接触，造成电极性能衰减[15]。B. Sun 和 Davis 都认为 VO^{2+}/VO_2^+ 半电池反应在铂电极上是电化学不可逆的[16]。Davis 研究了铂电极在硫酸溶液中 VO^{2+}/VO_2^+ 电对的动力学参数，认为在硫酸溶液中 Pt 电极表面会形成氧化物膜，因而降低了 VO^{2+}/VO_2^+ 体系的交换速率常数 K_0 值[17]。将铂黑镀在钛板上制备的钛基铂 Pt/Ti 电极，对钒电池正负极氧化还原电对 VO^{2+}/VO_2^+ 和 V^{2+}/V^{3+} 均表现出了良好的电化学可逆性，而且在循环扫描过程当中能够避免在钛电极表面生成使反应难以进行的钝化膜[18]。此外，尺寸稳定化电极（dimensionally stable anode，DSA）钛基氧化铱更是表现出了较高的电化学可逆性，而且在反复多次的扫描中，氧化铱膜力学性能依然稳定，未出现脱落现象[19]。经过多次循环充电后，充电效率仍可达 90% 以上。但遗憾的是，这两种电极的制造成本非常高，限制了其在全钒液流电池中的大规模应用。

碳素类电极材料主要包括玻碳、石墨、炭毡、石墨毡、炭布和碳纤维等，是一类具有良好稳定性而成本又相对较低的电极材料。但玻碳作为全钒液流电池的电极时，具有电化学不可逆性[20]。石墨棒、石墨板或炭布作电极时，经过多次循环后，正极表面会发生刻蚀现象。而且，这类电极的比表面积较小，导致电化学反应电阻较大，电池无法在高工作电流密度下运行。

炭毡或石墨毡均由碳纤维组成，石墨毡是将炭毡在 2000℃ 以上的高温下热处理制成的。它们具有良好的机械强度，真实表面积远远大于几何表面积，可以提供较大的电化学反应面积，从而大幅度提高碳素类电极的催化活性。而且，炭毡或石墨毡的孔隙率可达 90% 以上，纤维孔道彼此联通，使电解质溶液能够顺利流过，各向异性的三维结构还可以促使流体湍动，便于活性物质的传递。再加上碳素类材料良好的化学稳定性和导电性，目前全钒液流电池电极的首选材料是炭毡或石墨毡。

炭毡或石墨毡按其纤维原料来源可分为黏胶基、聚丙烯腈基和沥青基。研究发现，PAN 基石墨毡不仅导电性好，而且钒离子在其表面的电化学活性更高[21]。这是因为聚丙烯腈基石墨毡纤维的石墨微晶小，处于碳纤维表面边缘和棱角的不饱和碳原子数目多，表面活性较高，比较适合应用于全钒液流电池。

4.2.1.3 电极材料的发展现状

如果将炭毡或石墨毡直接用于全钒液流电池，其电化学活性、可逆性仍然不是太好，而且在长期使用过程中容易被氧化。因此需要对其进行适当的改性处理以改善其亲水性和电化学活性，获得电化学极化电位低、可逆性好、能抑制副反应、多次充放电循环后性质稳定的炭毡或石墨毡电极。目前，炭毡或石墨毡的改性方法主要包括氧化处理和表面担载催化剂。

氧化处理是采用化学或电化学的方法对炭毡或石墨毡进行氧化，使碳纤维表面的碳原子部分被氧化，以增加纤维表面的含氧官能团如羰基、羧基、酚羟基等的浓度，改善碳纤维的亲水性，并对正、负极氧化还原反应起到催化作用。1992 年，澳大利亚新南威尔士大学 Skallas-Kazacos 等[22]在空气条件下将炭毡在 400℃下热处理 30h，利用空气中的氧气对碳纤维表面进行氧化，使碳纤维表面—OH 和—COOH 等含氧官能团含量增加，改变了活性物质与电极界面的相容性，明显降低了电极反应极化电阻。以空气氧化处理的炭毡为电极组装的 VFB，在电流密度 25mA/cm^2 下进行充放电测试，电池的能量效率由 78% 升至 88%。同年，他们发现，将炭毡用浓酸处理也能显著提高电极的性能。研究表明，单独用硫酸处理的炭毡比用硝酸或硝酸和硫酸的混合液处理的炭毡电极的电阻低，在煮沸的 98% 浓 H$_2$SO$_4$ 中处理 5h 的炭毡电化学性能最优，将其用作 VFB 电极材料，25mA/cm^2 下电池的能量效率达到 91%[23]。

2007 年，Li 等[24]采用电化学方法对炭毡进行了氧化处理。将炭毡作阳极，Ti 片作阴极，浸入到 1mol/L 的硫酸溶液中，电压控制在 5～15V，通过调整时间来控制氧化的程度。处理前后炭毡的比表面积由 0.33m^2/g 升至 0.49m^2/g，碳纤维表面的 O/C 原子比分别为 0.085 和 0.15，增加的 O 主要是以—COOH 官能团的形式存在。经循环伏安法研究发现，处理后的炭毡显著提高了钒电池正极电对 VO^{2+}/VO$_2^+$ 的电化学活性及可逆性。在 30mA/cm^2 条件下，电池的库仑效率和电压效率分别为 94% 和 85%。电化学氧化的特点是氧化过程条件温和，对碳纤维的氧化程度可控。2013 年，清华大学 Zhang 等[25]，同样采用电化学氧化的方法对石墨毡进行电化学处理，使单电池性能得到明显提升。

此外，采用臭氧、等离子体和强氧化剂等对炭毡进行活化处理亦能使之得到不同程度的氧化[12]。

在碳纤维表面担载电催化剂是通过离子交换、浸渍-还原或电化学沉积等方法在碳纤维表面引入金属、合金等活性组分，增强电极的电化学性能。这些活性组分的引入一方面提高了碳纤维的电导率，另一方面起到电催化剂的作用，改变电极反应途径而加快反应速率，降低电极反应极化电阻。1991 年，Sun 等[26]采用在溶液中离子交换的方法对炭毡电极进行金属离子修饰，并研究了修饰电极的电化学行为。将炭毡电极分别浸入含有 Pt^{4+}、Pd^{2+}、Au^{4+}、Mn^{2+}、Te^{4+}、In^{3+} 和 Ir^{3+} 等金属离子的溶液中进行浸渍或离子注入。研究发现，Pt^{4+}、Pd^{2+}、Au^{4+} 修饰电极析氢速率较高；Mn^{2+}、Te^{4+}、In^{3+} 修饰电极循环伏安行为相似，电化学活性及可逆性较未修饰的电极均有较大幅度的提高，而 Ir^{3+} 修饰电极展示了最好的电化学行为。

2007 年，王文红等[27]将炭毡放入氯铱酸溶液中浸渍，后经高温热处理制备了 Ir 修饰的炭毡电极。修饰后炭毡的电阻率由 8×10^{-2}Ω·cm 降低至 5.1×10^{-6}Ω·cm。以此修饰电极为正极，酸和热处理的炭毡为负极组成的全钒液流电池，在电流密度 20mA/cm^2 下充放电时，电池的电压效率达 87.5%，相比用未修饰的炭毡组成的电池提高了大约 7%。

2013 年，Li 等[28]考察了 Bi 纳米颗粒对 VFB 负极氧化还原电对的电催化作用。利用沉积方法在炭毡纤维修饰的金属 Bi 其粒径为 2～50nm。循环伏安研究发现，修饰前后炭毡电极对 V^{2+}/V^{3+} 电对的氧化还原峰的电位差由 0.31V 降低至 0.22V，可逆性明显得到改善。采用修饰炭毡为负极材料组装电池，在 150mA/cm^2 下，电池的电压效率值达到 80.4%，相比未修饰炭毡性能提高了大约 12%。

Cristina Flox 等[29]将纳米级的 CuPt$_3$ 合金担载在石墨烯上，将其作为 VFB 正极催化剂。他们比较了未处理石墨烯（GO）、热处理石墨烯（HTGO）以及由热处理石墨烯担载的 Pt（Pt/HT-GO）和 $CuPt_3$（$CuPt_3$/HTGO）四种电极材料对 VO^{2+}/VO_2^+ 氧化还原电对的循环伏安行为。结果表明：$CuPt_3$/HTGO 表现出最优的电化学活性和动力学可逆性（图 4-4）。他们认为石墨烯的 $CuPt_3$ 表面修饰有—OH 基团，在—OH 和合金共同的作用下，增强了 VO^{2+} 和 VO_2^+ 活性物种的吸附能力，并加快了氧传递速率。

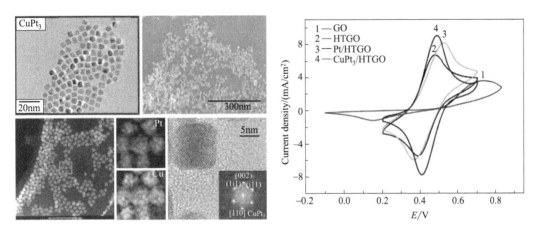

图 4-4　$CuPt_3$ 形貌（左）及对 VO^{2+}/VO_2^+ 氧化还原电对的循环伏安行为（右）[29]

由于全钒液流电池工作环境具有强酸性和强腐蚀性的特点，目前开发的电催化剂多为贵金属。这些组分具有良好的导电性并对钒氧化还原电对具有较好的催化作用，但该类催化剂通常都存在在流体冲刷条件下，机械稳定性差、容易脱落的问题，而且其高昂的成本是大规模应用的主要障碍[30]。在全钒液流储能电池电极材料的早期研究中，鲜有碳纸电极材料的研究报道，然而近些年来，碳纸电极的研究逐渐变成该领域的热点。碳纸具有优良的导电性，与炭毡相比，厚度很薄，可以大大减小 VFB 正负极两极间距而减小电池欧姆内阻，同时减小电池的重量和体积。Aaron 等[31]采用碳纸分别作为 VFB 正、负极电极材料，将电解液流道雕刻在集流板上来组装电池，研究了电池放电极化曲线和功率密度随电流密度的变化，如图 4-5 所示。结果表明，在 60% SOC（state of charge）下，电池的峰功率密度可达 $557mW/cm^2$，是传统报道值的五倍左右。电池的面电阻仅为 $0.5\Omega/cm^2$。面电阻的降低有利于提高电池的极限放电电流密度，该工作组装的电池其极限放电电流密度达到 $920mA/cm^2$。性能的提高应归因于薄的碳纸电极使电池各部件更加紧凑并良好接触，显著减小了电极电子到达极板和溶液载流子到达膜界面的传输距离，因而使电池内阻大大降低，但作者没有将其组装的电池进行充放电测试，未能给出电池在不同电流密度下的电池效率。

尽管碳纸可以减小电池极间距而降低电池内阻，但同时也使电极的有效活性面积降低。要维持较快的电荷转移动力学速率，避免产生较大的电极反应极化过电位，需要碳纸电极具有更高的电化学活性。然而，未经处理的原碳纸对 VFB 氧化还原电对的反应活性及动力学可逆性较差，需要对其进行表面修饰与改性。Yue 等[32]将聚丙烯腈基碳纸（TGP-H-060）在 H_2SO_4/HNO_3（体积比为 3/1）的混合酸中 80℃下超声处理 8h。研究发现，上述处理方法使得碳纤维表面羟基官能团的含量由原来的 3.8% 增加到 14.3%。这种高度羟基化的碳纸可用作全钒液流电池的正、负极电极材料，羟基官能团充当活性位点，显著提高了碳纸的电化学活性。以该碳纸组装电池，$10mA/cm^2$ 下电池的电压效率达到 91.3%。

Manahan 等[33]通过在碳纸的表面引入多壁碳纳米管，形成多孔纳米薄层（NPL）来提高碳纸电极电池性能，结构如图 4-6 所示。NPL 通过增加电极反应活性面积而降低电极反应阻抗。研究表明，当将 NPL 引入负极靠近极板一侧时，电池性能提高更为明显，相比原碳纸，放电电压大约提高 65mV，功率密度提高约 8%。

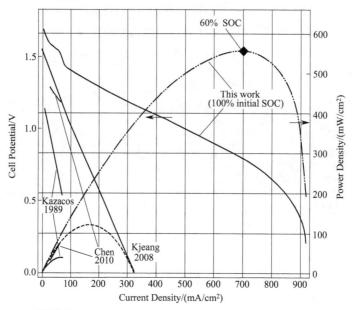

图 4-5　碳纸电极电池放电极化曲线和功率密度曲线[31]

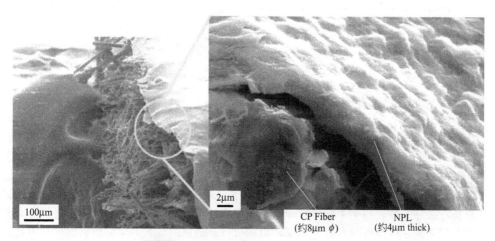

图 4-6　多孔纳米薄层（NPL）的形貌[33]

随着碳材料理论研究和制备技术深入发展，研究者们尝试将多种新型碳材料如碳纳米管、有序多孔碳、石墨烯用作 VFB 电极，评价其电化学性能并讨论其潜在应用价值。2008年，Zhu 等[34]考察了石墨和碳纳米管复合材料对 VFB 氧化还原电对的催化性能，通过循环伏安（CV）测试发现单纯的石墨电极可逆性好，但 CV 曲线上的氧化峰和还原峰的峰电流较小；而单纯的碳纳米管电极导电性好，氧化还原活性高但动力学可逆性差；如果将两种材料按照合适的比例混合，将得到反应电流大、可逆性好、兼具两种材料的优点的复合电极材料，最佳复合比例为石墨/碳纳米管质量比 95/5，这种电极材料同时可用作全钒液流电池正极和负极材料。

Shao 等[35]用间三苯酚和 $EO_{106}PO_{70}EO_{106}$ 通过软模板的方法合成了介孔碳材料，后经850℃ NH_3 下处理 2h 得到氮掺杂的介孔碳材料。循环伏安扫描发现，未经掺杂的介孔碳对 VO^{2+}/VO_2^+ 氧化还原电对的电化学活性及可逆性低于石墨电极，N 掺杂使介孔碳的电化学性能得到明显改善，如图 4-7 所示，含氮官能团作为 VO^{2+}/VO_2^+ 氧化还原反应的高催化活性位。

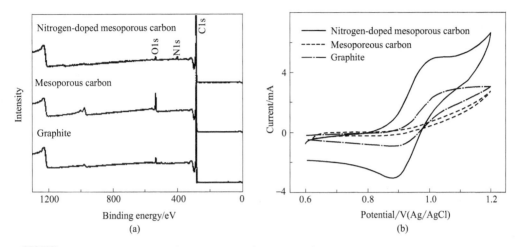

(a)

(b)

图 4-7 石墨、介孔碳和氮掺杂介孔碳 XPS 谱图（a）及在 1.0mol/L $VOSO_4$＋3.0mol/L H_2SO_4 中的循环伏安曲线（b）（扫描速率 50mV/s[35]）

Han 等[36]将氧化石墨烯纳米片（GONP）用作 VO^{2+}/VO_2^+ 和 V^{2+}/V^{3+} 氧化还原反应的电极材料。他们首先将 GONP 在 $KMnO_4$ 和 $NaNO_3$ 的浓硫酸溶液中处理（图 4-8），以增加材料表面或边缘处含氧官能团如—OH、—COOH 和 C—O—C 的浓度，后经洗涤、除杂后将其在不同温度下进行真空干燥。其中，50℃真空干燥处理的 GONP-50 对 VO^{2+}/VO_2^+ 和 V^{2+}/V^{3+} 氧化还原电对展现出较优的电化学行为。研究发现，由该温度干燥处理的 GONP 其表面含氧官能团的浓度最高，O/C 比达到了 50%。

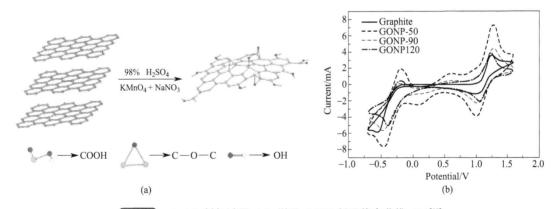

(a)

(b)

图 4-8 GONP 制备过程（a）以及 GONP 循环伏安曲线（b）[36]

Chakrabarti 等[37]考察了未处理多壁碳纳米管、羟基化多壁碳纳米管和羧基化多壁碳纳米管对 VFB 的正极氧化还原电对 VO^{2+}/VO_2^+ 的电化学活性（图 4-9）。通过 XPS 测得这三种电极材料的—OH 和—COOH 的含量分别为：5.9%、10.3%、6.4% 和 6.3%、4.5%、9.6%。通过循环伏安曲线对比发现：羟基化多壁碳纳米管动力学可逆性最佳，对 VO^{2+}/VO_2^+ 电对的氧化峰与还原峰的峰电位差仅为 111.8mV，但峰电流值较小。羧基化多壁碳纳米管电化学活性最高，峰电流值大约为羟基化多壁碳纳米管的三倍。将羧基化多壁碳纳米管通过溶液浸渍的方法修饰在炭毡纤维表面，并以这种炭毡为正极材料组装电池，20mA/cm² 下电池的能量效率达到 88.9%。

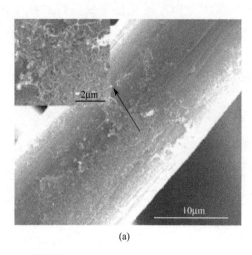
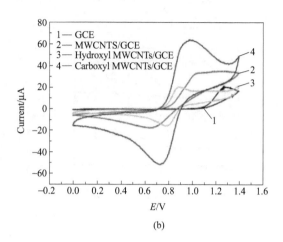

(a)　　　　　　　　　　　　　　(b)

图 4-9　羟基化多壁碳纳米管修饰炭毡的形貌以及玻碳电极（GCE）、多壁碳纳米管/玻碳电极（MWCNT/GCE）、羟基化多壁碳纳米管/玻碳电极（hydroxyl MWCNT/GCE）和羧基化多壁碳纳米管/玻碳电极（carboxyl MWCNT/GCE）在 **0.1mol/L VOSO₄＋2mol/L H₂SO₄** 溶液中的循环伏安图（扫描速率 **10mV/s**[37]）

综上所述，从性能和成本两方面考虑金属类电极并不适合大规模应用于全钒液流电池；炭毡及石墨毡的价格相对低廉，电化学性能相对较好，能初步满足全钒液流电池对电极材料的使用要求。但由于各种炭毡及石墨毡的原丝种类、预氧化条件、碳化或石墨化条件的不同，用不同炭毡组装的电池的性能大不相同。由于这方面的基础研究数据很少，炭毡及石墨毡对电池性能的影响因素仍不十分清楚，在现有研究数据的基础上分析推测其原因，可能与电极材料表面官能团种类及数量、碳纤维的表面形貌、电极材料的孔隙率、碳纤维在经纬方向的分布状态等因素相关，有待于今后更深入广泛的研究。

4.2.2　双极板

4.2.2.1　双极板功能与作用

全钒液流电池电堆按照压滤机的方式进行组装，双极板在电堆中实现单电池之间的联结，隔离相邻单电池间的电解质溶液，同时收集双极板两侧电极反应所产生的电流。此外，电堆中的电极要求一定的形变量，双极板需对其提供刚性支撑作用。

4.2.2.2　双极板特点与分类

要实现上述功能，全钒液流电池的双极板材料必须具备以下特征：①导电性能优良，联结单电池的欧姆电阻小且便于集流，同时为提高电池的电压效率，减小电池的欧姆内阻，还要求双极板与电极之间有较小的接触电阻。②良好的机械强度和韧性，既能很好地支撑电极材料，又不至于在密封电池的压紧力作用下发生脆裂或破碎。③良好的致密性，保持不发生渗液和漏液，避免相邻单电池之间的电解质溶液出现互混。④良好的耐酸性和耐腐蚀性。在全钒液流电池中，双极板一侧与强氧化性的正极五价钒离子（VO_2^+）溶液直接接触，另一侧与强还原性的负极二价钒（V^{2+}）溶液直接接触，同时，支持电解质溶液为强酸性溶液，而且电池通常在高电位条件下运行，因此双极板材料应在其工作温度范围和电位范围内，同时具有很好的耐强氧化还原性和耐酸腐蚀性及耐电化学腐蚀性。

综上，双极板材料应具有良好的导电性、耐腐蚀性、阻液性以及较强的机械强度。

全钒液流电池中可能应用的双极板材料主要有金属材料、石墨材料和碳塑复合材料。

非贵金属材料在全钒体系的强酸强氧化性环境下易被腐蚀或形成导电性差的钝化膜，铂、金、钛等贵金属虽然抗腐蚀性较好，但价格高昂，不适合规模化应用。人们通过电镀、化学沉积等方法对不锈钢材进行表面处理，以期增强其耐腐蚀性，提高其作为双极板的使用寿命，但效果甚微，仍然无法在全钒液流储能电池的运行环境中长期稳定工作。因此金属材料并不适合用作全钒液流电池的双极板材料，目前已鲜有该类材料的研究。

石墨材料在全钒液流电池运行条件下具有优良的导电性、优良的抗酸腐蚀性和抗化学及电化学稳定性。无孔硬石墨板材料致密，能有效阻止电解质溶液的渗透。这些特性使硬石墨板适合用作全钒液流电池双极板板材。无孔石墨板一般由碳粉或石墨粉与可石墨化的树脂制成，在制备过程中石墨化温度通常高于 2500℃，为了避免石墨板收缩或弯曲变形，石墨化过程须要按照严格的升温程序进行，加工周期较长。复杂的制造过程使得无孔石墨板价格昂贵。而且无孔石墨是脆性材料，其抗冲击强度和抗弯曲强度均很低，容易在电池组装过程中发生断裂，还无法做到很薄，造成双极板厚度较大，这就增加了液流电池堆的体积和重量。这些都限制了无孔石墨板在全钒液流电池中的应用。

柔性石墨板是由天然鳞片石墨经插层、水洗、干燥和高温膨胀后制得的膨胀石墨压制而成的一种石墨材料。柔性石墨具有良好的导电性和耐腐蚀性，与无孔石墨相比，其重量轻，价格便宜，并且由于是柔性材料，在电池装配过程中不容易发生断裂。但柔性石墨是由蓬松多孔的膨胀石墨压制而成的，所以致密性并不是很好，必须经过改性才能够应用于全钒液流电池中作为双极板材料使用。

碳塑复合材料由聚合物和导电填料混合后经模压、注塑等方法制作成型，其力学性能主要由聚合物提供，通过在聚合物中加入石墨纤维、玻璃纤维、聚酯纤维、棉纤维等短纤维提高复合材料的机械强度，其导电性能则由导电填料形成的导电网络提供，可以用来作为导电填料的材料有碳纤维、石墨粉和炭黑，聚合物通常为聚乙烯、聚丙烯、聚氯乙烯等。碳塑复合双极板比金属双极板的耐腐蚀性好，与无孔石墨双极板相比，碳塑双极板的机械强度又有大幅度提高，且制备工艺简单，成本较低，因此在目前的全钒液流电池中应用最为广泛。但碳塑双极板的电阻率比金属双极板和无孔石墨双极板的电阻率高一至两个数量级，因此提高碳塑复合材料的导电性能是目前的研究热点。

4.2.2.3　双极板的发展现状

为了提高碳塑复合板的电导率，研究人员们对导电填料的种类和配比进行了详细研究。研究表明：在相同的加入量下，炭黑作为导电填料的复合板导电性能远远高于石墨粉和碳纤维作导电填料的复合板。原因可能是：炭黑的颗粒粒径极小（纳米级），相同的含量下有更多的颗粒存在，其在树脂中的面积大，更容易交叉连成导电网络。然而，虽然炭黑具有较好的导电能力，但由于粒径小（纳米级），导致其相同质量分数下所占的体积较大，影响聚合物基体的流动性，导致复合材料的加工成型性差；而碳纤维为纤维状的填充物，容易在基体中形成网络状，故加工成型性较好。因此将不同种类的导电填料配合使用能提高复合材料的综合性能。

而且，从导电复合材料的导电机理考虑，要制备出高电导率的复合材料，必须全面考虑材料的近程导电能力与远程导电能力，具备良好的远近程导电能力的复合材料才能具有良好的导电性能。当采用炭黑与碳纤维作为导电介质时，炭黑主要以纳米级状态分散在聚合物中，赋予材料近程导电能力；而碳纤维长径比大，通过碳纤维彼此间搭接能够在材料体相间形成有效的空间导电网络，提高材料的远程导电能力。

Haddadi-Asl 等[17]采用橡胶修饰的聚丙烯、聚氯乙烯、尼龙、低密度聚乙烯、高密度聚乙烯等分别与石墨粉、石墨纤维共混压制成碳塑双极板。结果表明，高密度聚乙烯双极板的力学性能比聚丙烯双极板的力学性能好，但聚丙烯双极板的电导率要比聚乙烯双极板的电导率高，使电池电流密度在 20mA/cm^2 下电压效率达到 91%。林昌武等[38]采用高速搅拌混合的方式制备了高密度聚乙烯/超高分子量聚乙烯/石墨/碳纤维（HDPE/UHMW PE/GP/CF）复合材料，分析了复合材料的导电性能及微观相态结构。结果表明：高密度聚乙烯和超高分子量聚乙烯发生相分离，超高分子量聚乙烯占据非导电相，使得导电相高密度聚乙烯中的导电填料的浓度相对提高，从而有效提高了复合材料的导电性能；高密度聚乙烯与超高分子量聚乙烯的质量比为 1/3 时，复合材料的导电性能最佳；导电填料质量分数为 65％ 时，复合材料的体积电阻率达到 $0.1\Omega \cdot cm$。许茜等[39]研究了在碳塑复合板中复合铜网或不锈钢网的方法。他们将一定配比的聚乙烯与导电炭黑填料混匀后与铜网或不锈钢网热压成型，附有铜网的导电塑料板体积电阻率为 $0.062\Omega \cdot cm$，但其应用在全钒液流电池中的长期稳定性仍有待验证。

注塑成型工艺和模压成型工艺是目前复合材料双极板加工的两种常用方法。由注塑成型工艺发展出来的传递模塑工艺和反应注塑工艺也被用来加工复合材料双极板。注塑成型工艺是较模压成型工艺更加常用的方法，但是由于受到物料流动性能的影响，不能制备聚合物含量较低的复合材料双极板，由此而导致双极板导电性能较差。表 4-1 总结和比较了上述几种方法的优缺点。

表 4-1 复合材料双极板加工方法总结和比较

方法	优点	缺点
模压法	制品电导率高,接触电阻低,设备简单,投资少	生产效率低
注塑法	自动化生产,效率高,表面光洁度高,尺寸精度高	受物料流动性影响,树脂含量不能太低,导电性能相对较差,接触电阻高,设备较复杂
传递注塑法	自动化生产,效率高,表面光洁度高,尺寸精度高	受物料流动性影响,树脂含量不能太低,导电性能相对较差,接触电阻高,设备较复杂

如何在保持强度的同时制备具有较高导电性能和较大面积的碳塑复合材料双极板一直是碳塑复合双极板研究中的难点。中国科学院大连化学物理研究所通过对原料选择、配比、混合方式与复合材料导电性、阻液性及机械强度等性能的关联规律的系统研究，在小试材料性能优化研究基础上开展了中试和工程化放大研究。为了在保持强度的同时制备具有较高导电性能和较大面积的碳塑复合材料双极板，他们采用了挤出压延成型工艺，应用该工艺制备出厚度和宽度可调的碳塑复合材料板，复合材料板厚度均匀、表面光洁度高，其宽度达到 600mm，厚度为 1mm，材料体积电阻率为 $0.14\Omega \cdot cm$，抗弯强度达到 51MPa，并具有良好的阻液性，目前已形成年产 $10000m^2$ 的生产能力。

在全钒液流电池组装时，通常将正负极电极放置在双极板的两侧，电极与双极板直接接触，相互之间会存在一定的接触电阻，其大小与电极和双极板的材料类型及两者间的接触状态密切相关，电极与双极板之间的接触电阻在液流电池内阻中占相当大的比重，接触电阻的大小直接影响电池的效率。为了减小接触电阻，进一步提高液流电池的能量转换效率，研究人员尝试了将电极-双极板进行一体化，取得了一定的效果。

2002 年，M. Skyllas-Kazacos 等[40]为了降低电极与双极板之间的接触电阻，不使用传统的接触式电极双极板，直接将炭毡压入低密度聚乙烯（LDPE）或高密度聚乙烯（HDPE）基片制成了一体化的电极-双极板。聚乙烯基片中没有添加其他的导电填料，它的导电性通过压入基片内部的炭毡纤维所形成的导电逾渗网络来实现，这种一体化的电极-双极板具有电极与双极板的双重功能，同时消除了接触电阻，降低了电池的内阻。在电流密度 $40mA/cm^2$ 条件下，进行电池的充放电性能测试，其能量效率高达 90％ 以上。2008 年，大连化学物理研究所张华民等[41]以炭毡作为电极，柔性石墨板作为双极板，通过黏性导电层将两者粘接起来制备成一体化的电极-双极板。测试不同压力下的面电阻，如图 4-10 所示，发现黏性导电层的引入降低了电极-双极板间的接触电阻，提高了导电性。

综上所述，对全钒液流电池的双极板材料而言，金属类材料和石墨类材料已被证实不适合大规模应用；碳塑复合双极板生产工艺简单，成本低廉，同时具有较好的机械强度和韧性，已在全钒液流电池中得到广泛应用。今后的研究重点应当放在保持双极板材料较高机械性能的前提下，进一步提高材料的导电性；一体化电极-双极板能大幅度降低两者之间的接触电阻，提高电池能量转换效率，但制造工艺复杂，也是今后应该重点关注的研究领域。

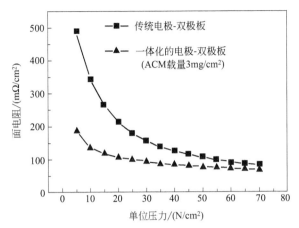

图 4-10　传统电极-双极板与一体化的电极-双极板在不同压力下的面电阻比较[41]

4.2.3　电解质溶液

4.2.3.1　电解质的作用

电解质溶液是全钒液流电池系统的重要组成部分，它不仅决定全钒液流储能电池系统的储能容量，而且还直接影响系统的性能及稳定性。全钒液流电池正负极电解质溶液以不同价态的钒离子作为活性物质，通常采用硫酸水溶液作为支持电解质。为提高钒离子的溶解度和稳定性，研究人员也开发了以一定比例混合的盐酸和硫酸混合溶液作为溶剂的混合酸型电解质溶液。

全钒液流电池电解质溶液中，钒离子有 VO_2^+（V）、VO^{2+}（Ⅳ）、V^{3+}（Ⅲ）、V^{2+}（Ⅱ）四种价态，正极半电池电解质溶液的活性电对为 VO_2^+/VO^{2+}，负极半电池电解质溶液的活性电对为 V^{3+}/V^{2+}。电解液作为全钒液流电池活性物质，其浓度和体积决定电池容量的大小，电解液的稳定性及温度适应性决定电池的寿命和使用范围。因此，制备高稳定性、高浓度、高纯度、温度适应范围广和低成本的全钒液流电池电解液仍然是目前研究全钒液流电池的重要课题之一。

4.2.3.2　电解质溶液稳定性及控制方法

在全钒液流电池的关键材料中，电解液是重要的储能介质，为电池提供正负极活性物质。电解液主要由不同价态的钒离子活性物质及支持电解质组成。钒是典型的过渡金属元素，其价层电子排布为 $3d^34s^2$，5 个电子都可以参与成键，可以形成四种价态的化合物。全钒液流电池正极电解液中所用的活性物质为 V（V）和 V（Ⅳ）溶液，负极活性物质为 V（Ⅲ）和 V（Ⅱ）溶液，由于各种价态的钒盐在硫酸中都有相对较好的溶解性，所以一般选用硫酸作为支持电解质。M. Skyllas-Kazacos 课题组[42]研究发现，钒离子浓度在 3.0 mol/L 以下时，硫酸的最佳浓度在3~4 mol/L，不仅增加了溶液的稳定性，而且提高了电解液的电导率和电压效率。

影响钒电解液稳定性的因素很多，比如支持电解质、温度、充放电程度、稳定剂、黏度等。全钒液流电池电解液的稳定性主要可以分为化学稳定性和热稳定性。其中，四种不同价态钒离子的化学稳定性表现为：V（Ⅱ）氧化态最低，具有强还原性，暴露在空气中很快就会被氧化成高价态的钒离子，是最不稳定的价态，而且作为负极活性物质，V（Ⅱ）的氧化会导致全钒液流电池的总体性能下降，通过采用惰性气体保护、密封储液罐或者加入添加剂和还原剂等方法可以改善二价钒的化学稳定性；V（Ⅲ）有一定的还原性，不能稳定存放在空气中，会被部分氧化；钒离子的四种价态中，V（Ⅳ）在溶液中最稳定，所以最早直接被当作电解液使用，但由于同离子效应，$VOSO_4$ 的溶解度会随硫酸浓度的增加而减小[2]；V（V）由于价电子全部被夺取而呈现空的 d 轨道，氧化态最高，具有强氧化性，也是空气中最稳定的形态，但在电解液中，V（V）溶解度有限，长期放置或过充会使 V（V）形成晶体沉淀析出而堵塞泵，阻碍电解液的循环，并附着在电极上，最终导致电池的总体性能下降[43]。

四种价态的钒离子的热稳定性和温度适应性表现为：低价态的 V（Ⅱ）、V（Ⅲ）和 V（Ⅳ）

在温度低于 10℃ 时会生成沉淀，而正极电解液中 V（V）则相反，在温度高于 40℃ 以上会热沉淀析出生成 V_2O_5[44]。由于电池系统的操作温度一般为室温，且电解液的温度比环境温度高出 10℃ 左右，因此正极电解液中五价钒的高温稳定性的提高对电池系统的稳定性和安全性尤其重要。除了温度对钒离子的稳定性有显著影响外，各价态钒离子的沉淀速度与钒离子的浓度、硫酸的浓度以及电解质的充电状态（SOC）有关。

为提高钒溶液浓度和稳定性，特别是正极电解液的稳定性，M. Skyllas-Kazacos 课题组[45]重点研究了电解液溶解度、稳定性与电解液组成、温度、酸度和充电状态（SOC）等因素的关系，以及 V（V）的热沉淀反应和沉淀动力学，探索提高电解液稳定性的途径。

研究发现，电解液中钒离子的浓度越高，SOC 越低，V（V）越稳定，越不容易形成 V_2O_5 沉淀。V（V）因具有很强的非离子性，所以很容易产生沉淀。对于 1.5～2.0mol/L 的 V（V），采用 3～4mol/L 的 H_2SO_4 较为适宜，可持续安全使用。若采用更高浓度的 V（V），则 V（V）会发生沉淀，充电状态限于 60%～80%[12]。当电池放电时，沉淀会再溶解；或与负极电解液混合，沉淀也会消失。因此，电池必须进行连续的充放电。但当 V（V）的浓度超过 3mol/L，V（V）热沉淀反应反而被抑制，浓度高达 5.4mol/L 时的 V（V）溶液在 40～60℃ 可稳定数月。但循环伏安对比研究表明，高浓度 V（V）溶液峰电位差变大，峰电流降低，且出现一个不可逆的氧化峰，此现象还无法得到合理的解释，推测可能是溶液黏度过大，或有新的非活性物种生成[46]。

此外，硫酸浓度对过饱和 V（V）电解液的稳定性影响很大。硫酸浓度的改变会导致电解液中 H^+、HSO_4^-、SO_4^{2-} 浓度的改变，进而直接影响这些离子与 V（V）的溶解性、相互作用和存在形式以及 V（V）的沉淀过程[47]。硫酸的浓度越大，V（V）电解液越稳定[48]。研究表明，40℃ 时，3mol/L V（V）＋6mol/L H_2SO_4 电解液放置 1000h 后，只有 8% 的 V（V）会产生沉淀。Vijayakumar 等[43]研究者通过核磁共振和 DFT 模拟计算推断，在高温下 V_2O_5 热沉淀过程分为脱质子反应和聚合反应（分别如下式所示）。此沉淀机理的提出可以有效地解释通过增加酸的浓度来阻止去质子化过程，进而提高 V（V）电解液的稳定性的原因。

$$[VO_2(H_2O)_3]^+ \longrightarrow VO(OH)_3 + [H_3O]^+$$
$$2VO(OH)_3 \longrightarrow V_2O_5 \cdot 3H_2O \downarrow$$

提高硫酸的浓度虽然可以显著提高五价钒的溶解度和热稳定性，但同时必须综合考虑正、负极钒离子的稳定性。由于同离子效应的存在，负极钒离子和四价钒离子的溶解度会随着硫酸浓度的提高而降低，而且硫酸浓度的提高对设备的抗腐蚀性也提出了更高的要求，从而会增加系统的成本。因此提高硫酸浓度对电解液稳定性的控制也有一定的局限性。

除了优化硫酸的浓度，人们还尝试用盐酸、甲基磺酸、混酸（硫酸和盐酸等）或有机物（草酸、四氟硼酸四丁胺）等作为新的支持电解质来提高电解质溶液的稳定性。Kim 等[47]利用盐酸作为支持电解质，可以溶解高达 3.0 mol/L 各种价态的钒离子而不产生沉淀，其能量密度比用硫酸作为支持电解质的全钒液流电池系统高出 30%，且具有更好的热稳定性和反应活性。Li 等[48]利用硫酸和盐酸组成的混酸作为钒电解液支持电解质，可以溶解 2.5 mol/L 钒离子，其容量比目前只用硫酸作为支持电解质的电池系统高出 70%。原因是加入盐酸引入的 Cl^- 和 VO_2^+ 形成了一种稳定的中间产物 VO_2Cl，增加了 V（V）电解液的稳定性。Peng 等[49]用甲磺酸和硫酸混酸作为支持电解质研究了 2 mol/L V（IV）电解液的电化学活性和充放电性能。结果表明，此种混酸作为支持电解质，可以增加正极电解液的电化学活性并降低活性物质的扩散阻力。用混酸作为支持电解质是解决钒电解液稳定性问题的一种有效的方法。虽然该方法已经取得了一些进展，但还处于起步阶段，大多仅限于实验室研究。Lee 等[50]以草酸作为支持电解质取代硫酸，通过与钒离子形成 V（Ox）$^{2-}$/V（Ox）$^-$ 等螯合物提高了正极氧化还原电对的电化学可逆性和活性及电池的充放电容量。Liu 等[51]以四氟硼酸四丁胺为支持电解质，乙酰丙酮钒（III）为液流电池电解液，组装了质子型玻璃单电池并研究了其充放电过程，提高了电池的开路电压（2.2V），获得了将近 50% 的库仑效率。

除支持电解质外，在电解液中添加少量的添加剂也是提高电解质溶液稳定性的重要手段。为了提高高浓度正极电解液中四价钒离子的稳定性，有研究者考虑在 V（IV）溶液中添加沉淀抑制剂，加入量一般低于与溶液中 V（Ⅳ）完全复合或反应的浓度，一般认为添加剂主要吸附在钒离子晶核表面上，降低了晶体长大的速率[52]。如加入 EDTA、吡啶等络合剂，或 K_2SO_4、Na_2SO_4、六偏磷酸钠和尿素等稳定剂可以有效地提高四价钒离子的稳定性。另外，M. Skyllas-Kazacos 等[53] 研究了添加六偏磷酸钠、硫酸钾、硫酸锂等对 4mol/L 的过饱和 V（Ⅳ）电解液稳定性的影响。结果表明，4℃时，添加 2％～5％（质量分数）硫酸钾或 3％（质量分数）六偏磷酸钠可以使 V（Ⅳ）电解液稳定 80 天以上。梁艳等[54]选择十二烷基硫酸钠、EDTA、柠檬酸、柠檬酸三钠、酒石酸、十二烷基苯磺酸钠、尿素、草酸铵、硫酸钠等作为添加剂，并控制添加量在 2％以内，结果表明，绝大多数添加剂可以提高电解液中钒离子浓度，且对电解液电导率和电化学活性没有影响。

由于 V（Ⅴ）的高温稳定性对电池的实际运行稳定性影响显著，所以 V（Ⅴ）的热稳定性的提高是众多研究者关注的重点。迄今为止，人们开发的 V（Ⅴ）的稳定剂主要可分为无机盐类和有机物添加剂（有机醇、有机酸类）两大类。

M. Skyllas-Kazacos[55] 通过在电解液中加入 10^{-6} 级的 Au、Mn、Pt、Ru 等金属盐来稳定 VO_2^+ 溶液，使其 VO_2^+ 浓度可达到 5mol/L 而不析出。Zhang 等[56]利用换位冷/热处理和原位电池测试方法研究钒电解液的稳定性时发现，加入的钾盐会和 V（Ⅴ）反应形成 $KVSO_6$ 沉淀，因此不适合用作钒电解液的稳定剂。Huang 等[57]研究了 Cr^{3+} 对钒电池正极电解液电化学性能的影响。结果发现，Cr^{3+} 的加入不会产生副反应。当 Cr^{3+} 浓度在一定范围内，可以提高 V（Ⅳ）/V（Ⅴ）电对在电极上反应的活性和可逆性，且有利于钒离子的扩散[17]。

M. Skyllas-Kazacos 等[58]在电解液中加入环状或链状结构的醇和硫醇等物质，降低电解液中 VO_2^+ 的沉淀。他们认为这类添加剂中的羟基基团通过参与钒离子的氧化还原过程使电解液中氧化还原离子的浓度增加，进而提高 V（Ⅱ）～V（Ⅴ）离子的稳定性，阻止或减少电解液中钒沉淀的产生。而且多羟基的仲醇和叔醇以及与之结构相似的硫醇和胺都可以阻止 V（Ⅴ）的氧化，以提高正极电解液的稳定性，因此作为钒电解液的稳定剂使用。Li 等[59]向钒电解液中加入果糖、甘露醇、葡萄糖、D-山梨醇等添加剂后发现 VO_2^+ 与 D-山梨醇形成配合物后，提高了 V（Ⅴ）的溶解性。而且 D-山梨醇中的多羟基可以增加活性位点，进而提高钒电解液的电化学活性。Wu 等通过向钒电池正极电解液中添加环状有机物肌醇和肌醇六磷酸，提高了正极液的稳定性和电化学活性。有机酸类添加剂含有的 H^+ 可以调节电解液的酸度进而影响电解液的稳定性。要提高电解液的稳定性，需要选择合适的有机酸种类和用量。Skyllas-Kazacos 课题组[55]研究发现，大多数羧酸添加剂会被 V（Ⅴ）缓慢氧化，产生 CO_2；少量的草酸铵在 V（Ⅴ）中被氧化的过程非常缓慢，但是 EDTA 和苹果酸即使在低浓度电解液中也会被快速氧化。Zhang 等[56]研究发现，聚丙烯酸及其与甲磺酸的混合物能够稳定 1.8mol/L 以上浓度各种价态的钒离子，有望用作钒电解液的稳定剂[16]。柠檬酸及酒石酸等有机酸能提高钒离子的溶解性和稳定性的原因可能是它们的加入使溶液的酸度增加，有利于钒离子的溶解。

由于正负极电解液是一个不可分割的整体，其中任何一种活性物质离子的存在形式和稳定性状况都会影响钒电解液的总体性能。因此，有必要增加对负极电解液 V（Ⅱ）和 V（Ⅲ）存在形式的研究，以完善钒电解液稳定存在的理论体系。

除了改变电解液组分，解决 V（Ⅴ）析出问题的措施还有：①尽量保持充满电荷的正极钒溶液在较低温度下不断循环（电池循环在高温持续时间不是非常长的情况下）；②2 mol/L 正极钒溶液能在 3～4 mol/L H_2SO_4 中稳定存在；③实际使用时，1.5 mol/L 的钒在 3～4 mol/L 的 H_2SO_4 中具有高的稳定性和可靠性。如果需要用更高浓度的钒溶液，则必须控制电解液的温度和荷电状态（SOC）在 60％～80％，防止 V（Ⅴ）析出；④如果正极电解液析出，可以通过和负极电解液混合或放电使它重新溶解。

综上，为了解决钒电解液活性物质浓度低和稳定性差的难题，存在各种控制方法：改变支持电解质浓度或种类，改变温度，调整充放电程度，引入电解液添加剂等。这些方法的开发对提高钒电池的能量密度和电池运行稳定性具有极其重要的工程意义。

4.2.3.3　电解质溶液迁移规律

电池在开路状态下，由于正负极电解质溶液扩散系数及水合质子数不同，时间的增加，正、负极电解质溶液中钒离子浓度逐渐失衡，这也导致水分子在两侧渗透压的作用下透过 Nafion 离子传导膜由钒离子浓度较低的一侧迁移至钒离子浓度较高的一侧。如果正极向负极迁移的钒离子较多，导致负极钒离子浓度高于正极钒离子浓度，水分子就在渗透压的作用下从正极迁移至负极，反之亦然。由此可见，水分子在渗透压作用下的迁移是为了能使正负极电解质溶液中的水含量达到平衡，因此水迁移方向与钒离子的净迁移方向一致。而在初始 SOC＝0 的自放电过程中，既没有电化学反应，也没有其他化学反应的发生，因此，造成水迁移的主要原因是钒离子和质子携带结合水的迁移以及水分子在渗透压下的迁移。根据实际测量出来的水迁移量以及根据两侧钒离子总量变化计算出来的正、负极体积的变化量，可以估算出这两种因素引起水迁移的比例。如图 4-11 所示，在两种引起水迁移的因素中，水分子在渗透压下的迁移大约占 75% 左右。

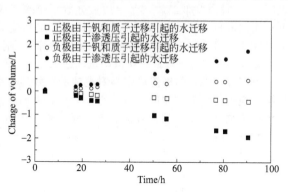

图 4-11 SOC 为 0 的状态下，电池自放电过程中由渗透压和钒离子迁移引起的水迁移的比例[60]

利用千瓦级电堆将电池在 SOC 为 65% 时进行自放电。图 4-12 给出了正、负极电解质溶液体积以及总钒量的变化。从图中可以看出，在自放电开始的前 7h 内，正极体积逐渐增加，而负极体积逐渐减少。而在 7h 之后，负极体积开始逐渐增加，正极体积逐渐减少。总钒量的变化与电解质溶液体积的变化趋势相似，说明在 7h 内，水与钒离子的净迁移方向是从负极向正极，而 7h 之后，其净迁移方向是从正极向负极。

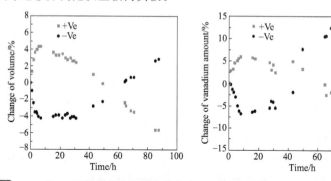

图 4-12 SOC 为 65% 时，电池自放电过程中正、负极电解质溶液体积及总钒量的变化[61]

图 4-13 中列出了正、负极电解质溶液中各价态钒离子浓度的变化，可以看出，当充电至 23.25V 后，正极中 VO_2^+ 浓度和负极中 V^{2+} 浓度约为 0.9mol/L，而正极中 VO^{2+} 浓度和负极中 V^{3+} 浓度约为 0.5mol/L，此时相应的 SOC 约为 65%。随着自放电时间的增加，正极中 VO_2^+ 浓度和负极中 V^{2+} 浓度逐渐降低，同时，正极中 VO^{2+} 浓度和负极中 V^{3+} 浓度逐渐升高。由于在此自放电过程中涉及四种不同价态的钒离子，而只有相邻价态的钒离子可以在溶液中共存，因此透过膜扩散到另一侧的钒离子必定会与非相邻价态的钒离子进行反应。

正极电解质溶液中涉及的反应：

$$VO_2^+ + V^{3+} \longrightarrow 2VO^{2+}$$
$$VO_2^+ + V^{2+} \longrightarrow 2VO^{2+}$$
$$VO^{2+} + V^{2+} \longrightarrow 2V^{3+}$$

负极电解质溶液中涉及的反应：

$$V^{2+} + VO^{2+} \longrightarrow 2V^{3+}$$
$$2V^{2+} + VO_2^+ \longrightarrow 3V^{3+}$$
$$V^{3+} + VO_2^+ \longrightarrow 2VO^{2+}$$

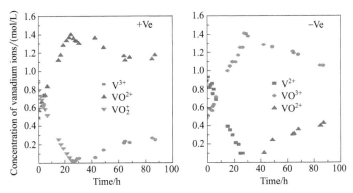

图 4-13　SOC 为 65% 时，电池自放电过程中正、负极中钒离子浓度变化[61]

　　图 4-14 给出了整个自放电过程中电池开路电压的变化，从图中可以看出，每当电解质溶液中有一种钒离子消失时，电池的开路电压会有一次陡降。图中 25h 处的陡降对应着正极中 VO_2^+ 的消失，而 30h 处的陡降对应着负极中 V^{2+} 的消失。

　　钒离子透过离子（质子）传导膜的扩散速率主要由膜两侧的钒离子浓度差以及相应的扩散系数决定。图 4-13 中给出了正、负极电解质溶液中各价态钒离子的浓度，可以计算出在某一时刻钒离子的迁移速率。表4-2给出了正极 VO^{2+} 和 VO_2^+ 向负极扩散的总速率

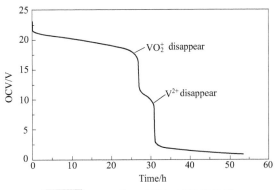

图 4-14　SOC 为 65% 时，电池自放电过程中 OCV 与自放电时间关系[61]

和负极 V^{2+} 和 V^{3+} 向正极扩散的总速率，以及总的净扩散速率。在自放电的初期，负极 V^{2+} 和 V^{3+} 向正极扩散的总速率大于正极 VO^{2+} 和 VO_2^+ 向负极扩散的总速率，因此造成正极电解质溶液中钒离子增加；随着自放电时间的增长，正极钒离子向负极扩散的总速率逐渐增大，而负极钒离子向正极扩散的总速率逐渐降低。在 7.2h 以后，正极 VO^{2+} 和 VO_2^+ 向负极扩散的总速率开始大于负极 V^{2+} 和 V^{3+} 向正极扩散的总速率，因此负极中的钒离子开始逐渐增加，总的扩散方向开始逆转。

表 4-2　Nafion 115 钒离子的净迁移速率

时间/h	正极 VO^{2+} 和 VO_2^+ 向负极扩散的速率/($\times10^{-3}$mol/min)	负极 V^{2+} 和 V^{3+} 向正极扩散的速率/($\times10^{-3}$mol/min)	净扩散速率/($\times10^{-3}$mol/min)
0	5.35	5.84	−0.494
2.1	5.31	5.73	−0.42
3	5.40	5.81	−0.411
4.2	5.52	5.87	−0.349
5.5	5.34	5.65	−0.312
7.2	5.48	5.21	0.272
15.6	5.72	4.18	0.154
17.3	5.75	4.07	0.168
19.3	6.04	3.87	0.217
21.7	6.06	3.40	0.266
23.6	6.03	3.46	0.257
25	6.07	3.09	0.298

　　从上述研究结果可以看出，在自放电过程中，正、负极电解质溶液中各价态钒离子浓度是

不断变化的，即电解质溶液的 SOC 是逐渐变化的，而各价态的钒离子浓度也直接决定了钒离子的迁移方向，因此，在自放电过程中，某一时刻钒离子的净迁移方向是由此时溶液的 SOC 决定的。因此，在全钒液流电池储能系统实际应用过程中，通过调控 SOC 的运行区间，可以有效调控钒离子的迁移，抑制由于钒离子相互扩散而造成的电解质溶液失衡。

综上所述，在自放电过程中由于不发生电化学氧化还原反应，因此钒离子在浓度差的作用下透过离子（质子）传导膜扩散，而质子由于平衡电荷的需要也会透过离子（质子）传导膜进行迁移。图 4-15 显示了在自放电过程中各种离子的迁移趋势，其箭头的长短表示迁移速率的快慢。可以看出，钒离子在浓度差的作用下携带不等量的水分子进行扩散，而质子也携带水分子往复迁移以平衡电荷、形成闭合回路。同时，由于钒离子迁移会造成膜两侧的电解质溶液浓度不同，因此，水分子必定会在渗透压的作用下进行迁移。

由于正、负极电解质溶液浓度的不同，钒离子透过膜的迁移不仅仅发生在自放电过程中，在电池充、放电循环过程中，也会发生水和钒的迁移，导致全钒液流电池长期运行过程中的电解质溶液失衡以及容量衰减。与自放电过程中的水和钒迁移不同的是，在充、放电循环过程中一直发生氧化还原反应，钒离子的价态也在不断变化，因此过程更为复杂。

图 4-16 中给出了全钒液流电池在 $60mA/cm^2$ 恒流充、放电模式下连续运行 300 个充放电循环后，电解质溶液中钒离子总量的变化情况。图中＋Ve 表示正极电解质溶液中的总钒量，－Ve 表示负极电解质溶液中的总钒量。从图中可以看出，随着充、放电循环次数的增加，正极电解质溶液中总钒量逐渐增加，负极电解液中的总钒量逐渐减少。在此运行模式下，正极的 VO_2^+ 和 VO^{2+} 始终向负极迁移，负极中的 V^{3+} 和 V^{2+} 始终向正极迁移，而钒离子的净迁移方向是从负极向正极迁移。

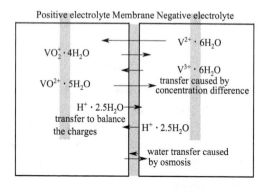

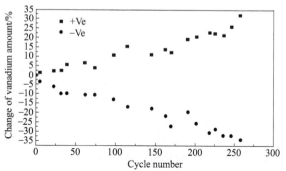

图 4-15　自放电过程中水和钒离子的迁移方向[61]

图 4-16　长期充、放电循环过程中正负极电解质溶液中的总钒离子变化[61]

图 4-17(a) 给出了在上述运行模式下，连续运行 300 个循环的正、负极电解质溶液体积的变化结果。在长期充、放电循环过程中，正极电解质溶液体积逐渐增加，负极电解质溶液体积逐渐减少。图 4-17(b) 给出了在连续 8 次充、放电循环过程中，正、负极电解质溶液体积的变化。从图中可以看出，在充电过程中，正极电解液体积减小而负极电解液体积增加；放电过程中，正极电解质溶液体积增加而负极电解质溶液体积减小。因此可以推断出，在充电过程中，水的迁移方向是从正极向负极，而放电过程中，水的迁移方向是从负极向正极。此外，由于充电过程中迁移到负极的水量小于放电过程中迁移到正极的水量，因此，在长期循环过程中，水的净迁移方向是从负极向正极。从图 4-17(a) 和 (b) 中的数据可知，在此实验条件下，每个充放电循环从负极向正极的净迁移量为 24～25mL。

从图 4-16、图 4-17 中可以看出，在充、放电循环中，水的迁移趋势与钒离子的迁移趋势是相同的，均是由负极向正极迁移，因此可以推断出，正、负极电解质溶液钒离子浓度应基本保持稳定。而图 4-18 给出的 300 个循环正、负极电解质溶液中总钒离子浓度的变化规律也证明了这一点。从图中可以看出，除前几个循环浓度有变化外，此后的钒离子浓度基本上保持稳定。

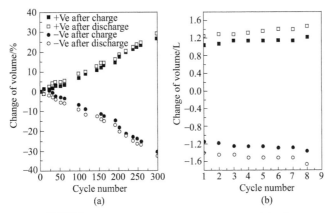

图 4-17　长期充、放电循环过程中的水迁移规律

　　综上所述，全钒液流电池运行过程中的水迁移规律与自放电过程中水迁移的规律类似，主要包括不同价态钒离子所携带的水分子扩散迁移、质子所携带的水分子平衡电荷的迁移，以及水分子在渗透压作用下的迁移。与自放电不同的是，在充、放电过程中，质子会携带水分子透过离子（质子）传导膜往复迁移以形成闭合的导电回路。

　　图 4-19 中给出了全钒液流电池充、放电过程中所有造成水迁移的因素。从图中可以看出，在单个的循环内，由于电极反应形成闭合回路而引起的质子往复迁移是引起充电时水向负极迁移，放电时水向正极迁移的主要原因。而在电池长期运行过程中，钒离子透过膜的不等量迁移和质子由于平衡电荷需要而进行

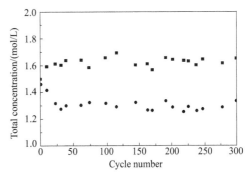

图 4-18　长期充、放电循环过程中正、负极电解质溶液中总钒离子浓度变化趋势[61]

的迁移，以及水分子在渗透压作用下的迁移是引起长期循环后水从负极净迁移向正极的主要原因。

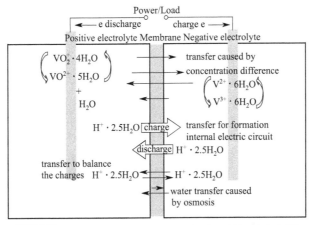

图 4-19　充、放电循环过程中水和钒离子的迁移方向[61]

　　综上所述，全钒液流电池自放电过程与充、放电过程中，水和钒离子具有以下迁移规律：①在自放电过程中，水和钒离子的迁移趋势是同向的，造成钒离子迁移的主要原因是离子传导膜两侧即正负极电解质溶液的浓度差，而造成水迁移的主要原因有两个：一是不同价态钒离子携带水的不等量迁移以及相应的质子平衡电荷的迁移；二是水分子在渗透压作用下的迁移，两者所占的比重大约为 1∶3。②在充、放电过程中，水与钒离子的迁移趋势也是相同的。除了自

放电过程中引起水与钒离子迁移的因素外，质子还需要完成充、放电的闭合回路而通过离子传导膜进行往复迁移，这是导致充电时水向负极迁移，放电时水向正极迁移的主要原因；长期充、放电过程中产生的正负极溶液失衡主要是由不同价态钒离子所携带的水和离子数不同及不同价态钒离子在离子传导膜中的扩散速率不同，以及为平衡电荷引起的相应的水合质子的迁移，还有水分子在渗透压作用下的迁移所共同造成的。

4.2.4　膜材料

4.2.4.1　离子传导膜的特点

离子传导膜是 VFB 的核心材料，它起着阻止正负极活性物质互混和导通离子形成电池内电路的作用。因此 VFB 膜材料应具有如下特点[62]。①高离子传导性，以降低电池的内阻和欧姆极化，提高电池的电压效率。全钒液流电池以硫酸氧钒的硫酸水溶液为电解质溶液，正极活性电对为 VO^{2+}/VO_2^+，负极活性电对为 V^{3+}/V^{2+}，导电离子为质子。因此，要求传导膜具有优良的离子传导性。②高离子选择性。VFB 中，正负极电解质溶液活性物质的互串会导致自放电，降低电池库仑效率，并造成电池储能容量的不可逆衰减。理想的全钒液流电池用膜材料应具有优异的质子选择透过性，避免由于正负极电解质溶液活性物质互串引起储能容量衰减和自放电。③优良的物理和化学稳定性，以保证电池的长期稳定运行。由于全钒液流电池处于强酸性和强氧化性介质中，对膜材料的氧化稳定性要求很高，因此要求膜材料具有优异的化学稳定性以保证其寿命。④价格便宜，以利于大规模商业化推广。

4.2.4.2　全钒液流电池用离子传导膜的分类及特点

自 18 世纪以来，科学工作者就高性能的膜材料做了大量的工作，并开发出许多有潜在应用前景的膜材料。按照膜的形态可以分为两类：一类为致密的离子交换膜，一类为多孔离子传导膜。然而致密膜与多孔膜之间并无绝对的界限。一般来讲，按照多孔膜孔径由大到小，可以将多孔膜粗分为微滤膜、超滤膜、纳滤膜、反渗透膜等。其中，纳滤膜的孔径小于 10nm，对高价离子具有很好的截留能力，适合分离氢离子和钒离子，因而在 VFB 中具有较好的应用前景。

按照离子在膜内的传导差异可分为：①阳离子交换膜。组成该类膜的分子链上布满磺酸、磷酸、羧酸等荷负电离子交换基团，可以允许阳离子（如质子、钠离子等）自由通过，而阴离子难以通过。②阴离子交换膜。组成该类膜的分子链上布满季铵、季鏻、叔胺等荷正电的离子交换基团，可以允许阴离子（如氯离子、硫酸根等）及少量的质子自由通过，而较大的阳离子难以通过。③多孔离子传导膜。该膜基本不含离子交换基团，通过孔径筛分进行离子选择性透过，水合质子、氯离子等体积较小的离子可以自由通过膜，而尺寸较大的水合钒离子则难以透过膜。

4.2.4.3　VFB 用离子传导膜材料的研究进展

全钒液流电池已经发展了近 30 年时间，人们在电池膜材料领域开展了大量的研究工作。按照组成膜的树脂的氟化程度不同，可以大体分为以下 3 种：

（1）全氟磺酸基离子交换膜

全氟磺酸基离子交换膜是指采用全氟磺酸树脂制成的离子交换膜。一般来讲，在高分子材料中，碳-氟键的键能远远大于碳-氢键的键能（C—F：485kJ/mol；C—H：86kJ/mol），所以，树脂材料的氟化程度越高，其耐受化学氧化和电化学氧化的能力越强。全氟高分子材料（树脂）是指材料中的 C—H 键全部被 C—F 键取代，所以表现出优异的化学和电化学稳定性。

商品化的全氟磺酸离子交换膜主要有美国杜邦公司生产的 Nafion 系列全氟磺酸膜，日本旭化成生产的 Flemin 和旭硝子公司生产的 Aciplex 系列全氟磺酸质子交换膜，比利时 Solvay 公司生产的 Aquivion® 膜，美国陶氏公司生产的 Dow 及中国东岳集团生产的全氟磺酸离子交换膜。其中，最具代表性的是美国杜邦公司生产的、商品名为 Nafion 系列全氟磺酸阳离子交换膜，简称 Nafion 膜。该膜是由全氟磺酸树脂通过熔融挤出或溶液浇铸法制备的。如图 4-20 所示，Nafion 树脂的分子结构由聚四氟乙烯主链和磺酸基团封端的全氟侧链组成。Nafion 分子的这一独特结构，使得 Nafion 膜呈现出独特的物化特性。一方面，憎水的全氟骨架赋予 Nafion 膜优异的机械和化学稳定性；另一方面，亲水性的磺酸侧链相互聚集，形成 Nafion 膜的离子传输通道。

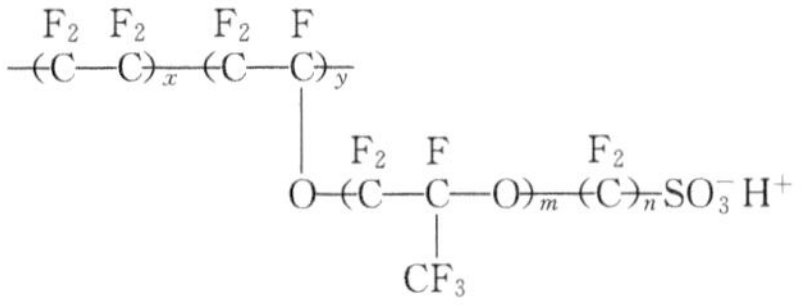

Nafion 膜最初应用在氯碱行业中，后来在质子交换膜燃料电池中获得广泛研究应用。目前，Nafion 膜是全钒液流储能电池中常用的膜，比较常见的有 Nafion 112、Nafion 115、Nafion 117 等规格。这些膜的 IEC（离子交换容量）为 0.91 mmol/g，厚度分别约为 $50\mu m$、$120\mu m$ 和 $170\mu m$。膜的厚度不同，其组装成的电池的性能也有很大差别。例如，在 80mA/cm^2 的充放电条件下，Nafion 115 的库仑效率和能量效率可以达到 94% 和 84%；而相同条件下 Nafion 112 的库仑效率和能量效率仅为为 91% 和 80%。这是因为 Nafion 115 比 Nafion 112 厚一倍以上，其阻隔钒离子互混的能力更强。因此，综合考虑质子传导膜的导电性和阻钒性及膜材料成本等因素，全钒液流电池一般采用膜厚度为 $125\mu m$ 的 Nafion 115。

图 4-20　全氟磺酸阳离子交换膜结构示意图

图 4-21 和表 4-3 分别给出了大连融科储能技术发展有限公司利用 Nafion 115 设计组装的 20kW 级电堆的照片和主要性能参数。电堆的设计额定工作电流密度为 $80mA/cm^2$，电堆在此工作电流密度下连续放电的输出功率为 20kW。此时电堆的库仑效率为 95.8%、电压效率为 83.1%、能量效率达到了 79.6%。经过 10000 次充放电循环的加速寿命实验，电堆的能量效率没有明显变化，说明该电堆所使用的 Nafion 115 膜及电极双极板材料等都具有很高的可靠性和耐久性。

图 4-21　大连融科储能技术有限公司 20kW 第一代液流电池电堆

表 4-3　大连融科储能技术有限公司 20kW 第一代液流电池电堆特性参数

参数	数值	参数	数值
额定放电功率(80mA/cm²运行时)	20kW	库仑效率	95.8%
平均电压	62.5V	电压效率	83.1%
输出电流	320.0A	能量效率(20kW 连续放电时)	79.6%
额定工作电流密度	80mA/cm²	测试最大放电功率	60kW

尽管 Nafion 膜在全钒液流电池中表现出优异的离子导电性和化学稳定性，但其离子选择性较差、价格昂贵（每平方米 500～800 美元）限制了其在全钒液流电池中的商业化应用[63~65]。其他的全氟离子交换膜也同样因为离子选择性和成本问题而难获商业化普及应用。因此，研究者们一直在开发新的高离子选择性、高耐久性、低成本的离子传导膜。

（2）部分氟化离子交换膜

为了结合氟化膜的稳定性和非氟膜的低成本优势，各国研究人员对部分氟化膜进行了广泛研究。部分氟化膜采用成本较低的部分氟化聚合物作为离子交换膜的基体，一定程度上保留了氟化物化学稳定性高的优点。膜基体常用的部分氟化聚合物包括乙烯-四氟乙烯共聚物（ETFE）以及聚偏氟乙烯（PVDF）。离子交换基团通过"接枝"方式引入到部分氟化的基体上，得到离子交换膜。由于 ETFE 和 PVDF 材料基体活性较低，在接枝过程中，需要对其链进行活化，产生活性位点。通常采用辐射或者碱活化的方法实现。

　　Qiu 等[66]利用 5kGy/pass（1Gy=1J/kg）剂量率的电子束，在 N₂ 保护和−20℃条件下对 PVDF 膜进行预辐照；然后将样品转移到苯乙烯和马来酸酐的丙酮溶液中，使单体小分子共聚于 PVDF 主链上；再通过氯磺酸处理，使苯乙烯被磺化，同时使马来酸酐水解成二羧酸。接枝获得的离子交换膜，其钒离子渗透率远低于 Nafion 117，且具有较长的充放电时间。

　　该研究组也曾用 γ 射线辐射接枝的方法制备了以 ETFE 为基体的季铵基团的阴离子交换膜（图 4-22）以及兼有季铵基团与磺化苯乙烯的两性膜（图 4-23）[67]。由于 Donnan 效应，接枝阴离子交换膜具有更低的钒离子渗透率。此外，膜的接枝率（GY）越高，其面电阻越低，最低值与 Nafion 117 相仿。

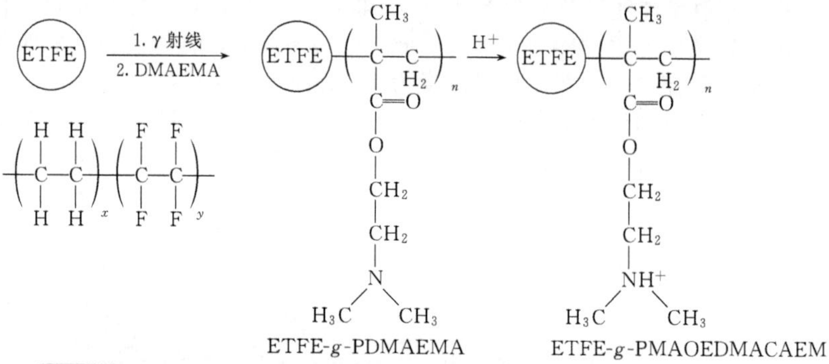

图 4-22　ETFE 为基体接枝季铵基团的阴离子交换膜制备流程

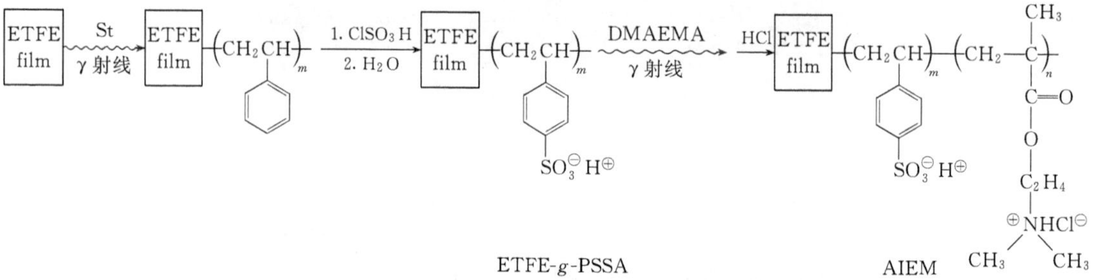

图 4-23　兼有季铵基团与磺化苯乙烯的 ETFE 为基底的两性膜制备流程

　　Luo 等[68]将 PVDF 膜置于氢氧化钾的乙醇溶液中作前处理，然后移至苯乙烯与四氢呋喃的混合溶液中，加入过氧化苯甲酰（BPO）引发自由基聚合，再经过氯仿洗涤和二氯甲烷浸泡，最后以浓硫酸处理，得到乙烯苯磺酸接枝的 PVDF 膜。该膜组装的 VFB 电池性能较佳，放电容量在二百多个循环中保持稳定。但对于该类膜的长期稳定性并未见相关文献报道。

　　（3）非氟离子传导膜

　　全氟离子交换膜高成本的主要原因是全氟树脂生产工艺复杂，难以从根本上降低成本。为大幅度提高全钒液流电池离子传导膜的选择性，降低成本，科技工作者对低成本的非氟离子传导膜进行了广泛的探索和研究。研究开发出磺酸型强酸性阳离子传导膜和季铵型强碱性阴离子交换膜，以及各种羧酸型、磷酸型、咪唑型及吡啶型等的弱酸或弱碱性离子交换膜。但由于非氟离子传导膜中的碳-氢键的键能远远低于全氟离子交换膜中碳-氟键的键能，所以，非氟离子传导膜中引入离子交换基团的碳骨架部位周围的键合力减弱，化学稳定性降低，在全钒液流电池运行条件下，容易被强氧化性的五价钒离子（VO₂⁺）及高电位的电化学氧化，所以非氟离子传导膜的化学和电化学稳定性较差。为解决这一问题，中国科学院大连化学物理研究所张华民研究团队原创性地将纳滤膜作为全钒液流电池非氟离子传导膜，并进行了广泛研究[69]。因此，本节将非氟离子传导膜分为无孔型非氟离子交换膜和多孔型非氟离子传导膜。①无孔型非氟离子交换膜。无孔型非氟离子交换膜主要是在非氟高分子树脂分子中引入离子交换基团制得的，主要分为阳离子交换膜和阴离子交换膜两类。前者主要包括磺酸型强离子交换膜、羧酸型离子交换膜、磷酸型离子交换膜和苯酚型离子交换膜；后者主要包括季铵型阴离子交换膜，以及季鏻型、叔胺型、咪唑型、吡啶型离子交换膜等。

首先介绍非氟阳离子交换膜，此类膜允许氢离子等阳离子通过，而阴离子难以透过。在全钒液流电池中，研究最多的是磺酸型离子交换膜，因为磺酸型膜在强酸中可以充分解离，离子传导能力较为优异。该类膜可通过对高分子树脂材料进行磺化制得，制备方法主要有两种：直接用磺化试剂（如浓硫酸、发烟硫酸、三氧化硫、氯磺酸等）与高分子树脂材料进行磺化反应，即"后磺化"过程；或者先将单体磺化，然后用磺化单体合成高分子树脂，即"先磺化"过程。一般而言，"后磺化"过程操作较为简便易行，因而较早得到研究。但是在"后磺化"过程中使用的磺化试剂往往破坏高分子树脂材料的主链结构，造成其力学性能下降。此外，后磺化过程通常很剧烈，且树脂的磺化程度难以控制。与此相比，"先磺化"尽管过程比较复杂，但是树脂的磺化度容易调控。

最早的非氟离子交换树脂以磺化聚苯乙烯或磺化苯乙烯的共聚物为主，磺酸基团直接接在苯环上。在 20 世纪 80 年代，M. Skyllas-Kazacos[70,71] 研究团队利用商品化的磺化聚乙烯和磺化聚苯乙烯离子传导膜组装全钒液流电池，获得较高的开路电压（1.4V）以及相对较高的库仑效率（$40mA/cm^2$ 下大于 90%）。由此可见，非氟离子传导膜具有良好的离子选择性，能有效传导质子（H^+）和阻隔钒离子。然而，当时使用磺化聚乙烯和磺化聚苯乙烯离子传导膜质子传导性（导电性）较差、面电阻较高，电池的电压效率较低，从而导致能量效率很低。1996 年，Hwang 等[72] 在多孔聚烯烃薄膜上覆盖 $20\mu m$ 的聚乙烯薄层，以磺酰氯气体使其氯磺化，然后再在氢氧化钠溶液中水解，得到含磺酸基团的非氟离子交换膜。膜的面电阻与 Nafion 117 接近，但是由于抗氧化性不好，在五价钒溶液中的稳定性差。后来，研究人员又对聚醚醚酮、聚砜、聚醚砜、聚酰亚胺等高分子材料进行了广泛的研究。这类材料化学稳定性和耐热性好，通过调控其磺化度/氨化度、分子构型、嵌段单元、交联度等参数可以获得物理化学特性不同、优点各异的离子传导膜材料，极大地扩展了液流电池离子传导膜的选择范围。孟等[73,74] 合成了一系列含有硫醚键和芴基的磺化聚醚酮类离子交换膜，在低电流充放电测试中其性能接近 Nafion 117。扫描电镜图片显示，膜具有清晰的相分离结构，且离子簇的尺寸随 IEC 上升而增大。孟等还合成了聚合物单体中具有多个砜基的磺化聚芳砜，但其 IEC 和质子电导率均较低。美国的西北太平洋国家实验室利用苏威公司的商业化树脂 Radel R-5500 制备了磺化聚砜致密膜[75]。该膜组装的液流电池在 $50mA/cm^2$ 工作电流密度下的能量效率为 83.7%，与 Nafion 117 接近，充放电循环中电池性能稳定且容量衰减率较 Nafion 117 略低。然而以 100 电流密度充放电时，电池性能出现较大波动。通过拉曼光谱、扫描电镜、元素分析对 50 次充放电循环后的磺化聚砜膜进行表征，发现膜面向电池的一侧出现了钒的富集层，砜基对应的伸缩振动峰明显减弱，表明膜在正极侧的降解较为显著（图4-24）。使用五价钒离子溶液直接浸泡，同样发现膜的砜基伸缩振动峰减弱，与在线测试一致。使用不同充电深度对电池进行循环测试，发现在 SOC=90%～100% 的范围内进行 60 个充放电循环后，膜的正极侧出现明显的隆起和裂纹；而在 SOC=0～10% 的情况下经过 80 个循环，膜的正极侧并无明显的形貌变化（图4-25）。他们推测，可能是由于吸附在膜中的五价钒离子以氧化物形式析出沉淀，使膜发生破损。

其次介绍非氟阴离子交换膜，此类膜允许阴离子通过，而阳离子难以透过。同时，研究者们也对这类材料进行季铵化（quanternization）改性，制备了一系列阴离子交换膜。改性路线一般为先对高分子树脂进行氯甲基化（或溴甲基化），再用季铵化试剂进行处理就可制得相应的阴离子交换树脂。传统的氯甲基化反应需要用到甲基氯甲醚等毒性较大的试剂，后改用毒性较小的正丁基醚等长链醚烃，也可以直接用 NBS 溴化的方法对含苯甲基的树脂进行溴化。季铵化试剂多种多样，包括三甲胺、三乙胺、吡啶、咪唑、胍等含氮碱性基团。这类膜都带有正电荷固定基团，对荷正电的钒离子具有静电排斥作用，理论上适用于全钒液流电池体系，因此也受到研究者的关注。Hwang 等[76] 分别使用加速电子辐射制备了交联的聚砜阴离子膜，组装的全钒液流电池在 $60mA/cm^2$ 恒流充放电的条件下能量效率达到 80% 以上。塞等[77,78] 使用氯甲醚对含有二氮杂萘基团的聚醚砜和聚醚酮进行氯甲基化反应，然后使用三甲胺进行胺化，得到含季铵基团的阴离子交换膜，其钒离子渗透率比 Nafion 117 低一个数量级以上。随着氯甲基化程度的增加，膜的电导率上升，但是溶胀率增大。在全钒液流电池单电池性能测试中，电池在 $40mA/cm^2$ 恒流充放电的能量效率接近 Nafion 117 膜。如果在氨化过程中加入碱性较弱的乙二胺，离子交换膜的阻钒能力进一步提高，但导电性降低。

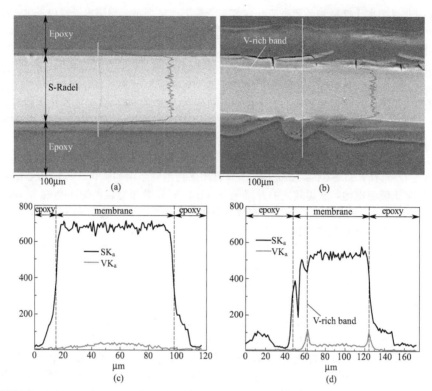

图 4-24 初始 Radel R-5500 膜的截面形貌及 V、S 元素分析（a）、（c） 和充放电循环
50 次后 Radel R-5500 膜的截面形貌及 V、S 元素分析（b）、（d）

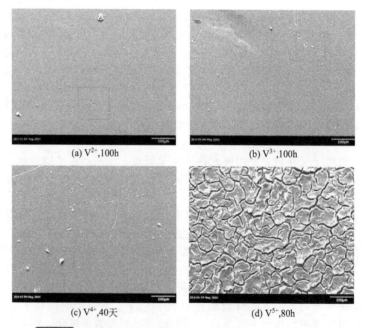

图 4-25 Radel R-5500 膜在 1.7mol/L V^{n+}、5mol/L H_2SO_4
溶液中 40℃下浸渍一定时间后的表面扫描电镜形貌

  一般来讲，无论是非氟高分子树脂的磺化质子交换膜还是季碱化阴离子交换膜，其在全钒液流电池中均表现出优于 Nafion 的库仑效率和与 Nafion 相近的能量效率，但其化学稳定性和耐久

性不能满足液流电池长时间运行的需要。磺化聚醚酮和磺化聚砜等树脂浇铸的致密膜在 VFB 工作条件下，寿命从几天到几个月。这是因为 C—H 键的键能（413kJ/mol）远低于 C—F 键键能（485kJ/mol），容易受到 5 价钒的氧化而断链。特别是当聚醚酮或磺化聚砜等树脂引入磺酸基等离子基团后，其碳链骨架周围的电荷分布受到影响，从而更容易被氧化降解。

到目前为止，尽管研究人员探索和开发的液流电池离子传导膜材料很多，但可以满足全钒液流电池使用要求的膜不多。数十年来，研究人员对现有的膜材料进行了各种改性研究，目的是改进膜的弱点，平衡或提高膜的综合性能。主要包括对非氟膜材料和全氟磺酸离子传导膜的改性与优化。对非氟离子传导膜来说，其物化稳定较差是导致其难以在 VFB 上广泛应用的主因。改性的目的主要是提高膜的化学稳定性和离子传导性；对多孔膜来说，改性的目的主要是提高膜的离子选择性和离子传导性。

（1）全氟磺酸膜的改性研究

美国杜邦公司生产的 Nafion 系列膜最具代表性的全氟磺酸膜。该膜在 VFB 中物化稳定性好，离子传导率高，被广泛用于商业示范中。但由于 Nafion 树脂的亲水链段较长，其形成的离子通道在水中溶胀严重（1～4nm），致使钒离子极易通过。所以学者针对该膜所做的改性主要是提高膜的离子选择透过性，可通过缩小离子通道半径和涂覆阻钒层来实现。改性的方法包括有机-无机复合（如二氧化硅填充 Nafion 膜）、有机-有机共混（如 Nafion/PVDF 共混成膜）、表面引入一层含有正电荷的阻钒层等。

① 无机纳米粒子掺杂的 Nafion 膜。无机纳米粒子是一类非常有效的改性材料，常用于塑料、橡胶等高分子的补强，并可以带来各种特殊的物理、化学特性。在高分子膜内填充无机纳米粒子可以增加膜的力学性能，改善膜的亲水性等。在直接甲醇燃料电池的研究中，研究者们常将二氧化硅等无机粒子掺入 Nafion 膜的亲水离子簇内，以降低甲醇的渗透。而在 VFB 中，对 Nafion 膜进行无机粒子填充的目的是降低钒离子（VFB 中）的渗透速度，以提高电池的库仑效率并延长电解液的使用寿命。

最常见的无机填充物是二氧化硅粒子，因为其价格低廉、种类丰富、在酸中稳定且掺杂方式灵活，既可以在成膜之前添加（先掺杂）[79] 也可以在成膜之后添加（后掺杂）。由于后掺杂可以保留商业化 Nafion 的力学性能，并且掺入的粒子大小均匀，所以得到较多研究。后掺杂方法如下，先将预处理后的 H-型 Nafion 膜在去离子水/甲醇溶液中充分溶胀，然后浸入正硅酸乙酯和甲醇的混合溶液中进行反应（图 4-26）。在此过程中，正硅酸乙酯渗入 Nafion 膜中，并在磺酸基团的催化作用下发生水解，生成二氧化硅溶胶。一定时间后，将 Nafion 膜取出烘干就得到二氧化硅掺杂的 Nafion 膜。清华大学的邱研究组[80] 对 Nafion/SiO_2 复合膜在 VFB 中的应用进行了研究，发现二氧化硅的掺入大大提高了 Nafion 膜的阻钒性能，自放电时间延长了两倍。他们又对有机硅掺杂的 Nafion 膜进行了研究[81]，发现阻钒性能有了更大的提高。如果将正硅酸乙酯换成钛酸四丁酯、正丁基氧锆或其混合物，同理可以得到氧化钛、氧化锆或混合粒子掺杂的 Nafion 膜。还可以将 Nafion 膜在硝酸氧锆和磷酸中依次浸渍，就可以得到磷酸锆掺杂的 Nafion 膜[82]。

这些无机离子掺杂膜的离子选择性比未掺杂的 Nafion 膜有很大提高。一般认为，无机离子的掺入堵塞了 Nafion 膜的离子传输通道，从而阻碍钒离子的传输，而氢离子由于体积小且可以通过氢键传递而受阻碍较小。然而，氢离子和钒离子通过 Nafion 膜的方式、无机粒子阻挡钒粒子渗透的机理仍有待深入研究。

② 有机高分子/Nafion 复合膜。用有机高分子对 Nafion 进行改性并用于 VFB 的方法主要有两种，一种是以 Nafion 为基底，在其表面复合一层阻钒层以降低钒离子的渗透（图4-27）；另一种直接将 Nafion 与有机高分子共混，然后铺制成致密的复合膜。

用第一种方法制备的复合膜力学性能主要由 Nafion 膜提供，表面的阻钒层只需要几十个纳米到几十个微米厚就可以。该阻钒层常带有正电荷或较为致密，通过电荷排斥或孔径筛分效应来降低钒离子的渗透。罗庆涛等[83] 首先用界面聚合的方法在 Nafion 膜表面聚合一层聚乙烯亚胺（PEI），制备方法如图 4-28 所示。聚乙烯亚胺的叔胺带有正电荷，可以对钒离子起到一定的排斥作用。然而，这层 PEI 的电阻较大，造成了膜电阻上升。用此复合膜组装的 VFB 的库仑效率大幅增加，而电压效率略有下降，自放电速度大大降低了。除 PEI 之外，学者们还将聚吡咯复合在

Nafion 表面，并对直接吸附、氧化聚合和电沉积三类复合方法进行了对比[84]。研究发现，用电沉积法所得 Nafion/聚吡咯复合膜的阻钒性能最佳，膜的水迁移现象也得到了有效抑制。同理，其他含有氨基、吡啶或其他荷正电的高分子都可以用作阻钒层。

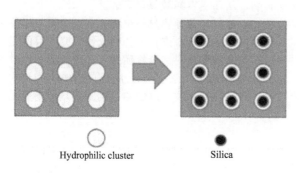

图 4-26　无机纳米粒子掺杂的 Nafion 膜示意图

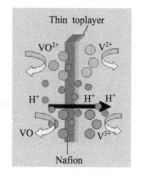

图 4-27　有机高分子/Nafion 复合膜示意图

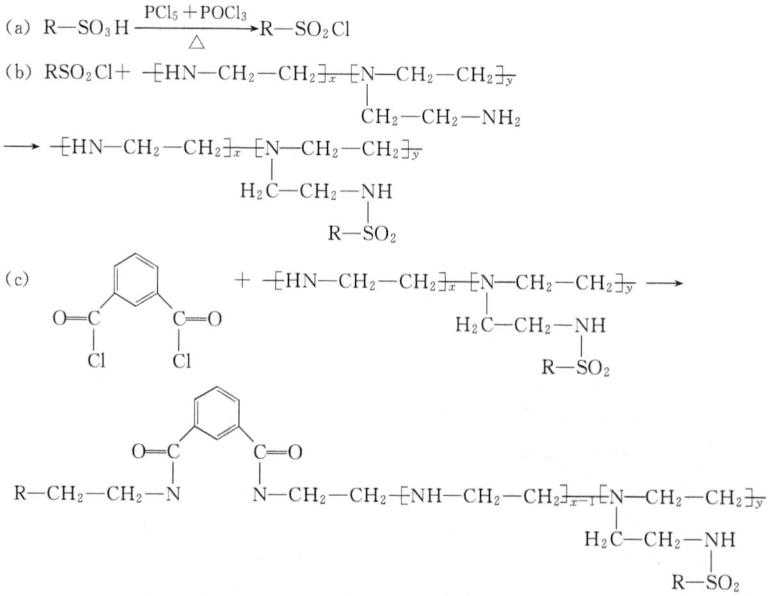

$$(a)\ R{-}SO_3H \xrightarrow[\triangle]{PCl_5+POCl_3} R{-}SO_2Cl$$

(b) RSO_2Cl+

图 4-28　Nafion/PEI 复合膜制备

除界面聚合外，层层自组装（LBL）技术也是制备这类复合膜的常用方法。如图 4-29 所示，将 Nafion 膜依次进入到荷正电的 PDDA 溶液及荷负电的聚苯乙烯磺酸钠溶液中，就在膜的表面组装了一层带有正负电荷的高分子膜。重复此过程，就可以得到多层复合膜。此方法简单，复合膜的层数易控，因而在纳滤、全蒸发、直接甲醇燃料电池等领域有广泛的应用前景。清华大学的邱新平等[85]将此方法应用到 VFB 中，制备了层层自主组装的 Nafion 复合膜，膜的阻钒性能有了大幅提高。

尽管此类复合膜的性能比纯 Nafion 膜有所提高，但是也存在一定的局限性。一方面，所用的聚乙烯亚胺等高分子难以承受长时间的电解液冲刷和电化学氧化；另一方面，如果复合膜层的厚度控制不好，会导致膜电阻上升，从而不利于电池性能的提高。因此，在制备此类膜时，必须要选择合适的高分子材料并对其厚度进行适当控制。

第二种制备 Nafion/高分子复合膜的方法是直接共混均匀后成膜，这也是一种较为简便的方法。共混的高分子可以是含有氨基、咪唑、吡啶等碱性官能团的高分子树脂，也可以是电中性的树脂（如 PVDF）。将碱性官能团的高分子与 Nafion 共混后，会使磺酸基团与碱性官能团相互结合，从而有效抑制 Nafion 膜的溶胀。而将 PVDF 共混到 Nafion 膜内，PVDF 的高度结晶特性也

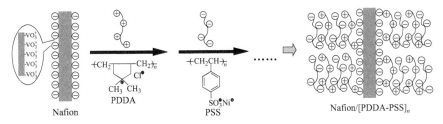

图 4-29　层层自组装复合膜结构示意图

会抑制 Nafion 树脂的溶胀，从而大大提高 Nafion 膜的阻钒性能。大连化物所的麦振声等[86]对 PVDF 共混的 Nafion 膜进行了研究，发现共混膜的阻钒性能有了大幅提高，而且电池的自放电时间大大延长（图 4-30）。然而，对此类复合膜来说，掺入的高分子树脂的量需要加以控制，因为该树脂的电导率一般远低于 Nafion，掺入过多会大幅提升复合膜的面电阻。

（2）非氟离子交换膜的改性

非氟离子交换膜改性的主要目的是提高其氧化稳定性，目前主要采用的方法是将离子交换树脂填充到微孔膜的内部。其中，微孔膜起骨架作用，将离子交换树脂固定在孔内并赋予复合膜足够的力学性能；离子交换树脂起离子选择透过的作用，透过氢离子或硫酸根离子而阻止钒离子互混。此类复合膜能有效抑制非氟膜的破碎和脱落，从而有效提高其在 VFB 中的使用寿命。微孔基膜的种类很多，文献中报道较多的是 Daramic 聚丙烯微孔膜（含 50％以上的氧化硅）、聚四氟乙烯微孔膜及聚丙烯微孔膜。这些微孔膜的化学稳定性优异，足以满足全钒液流储能电池的运行环境，复合膜的性能和寿命主要取决于所填充离子交换树脂的特性及填充方式。

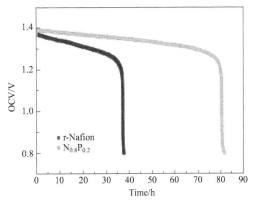

图 4-30　Nafion/PVDF 复合膜 OCV 图

20 世纪 90 年代澳大利亚的 Skyllas-Kazacos 研究组[7]开发出以 Daramic 微孔膜为基底的复合膜，并在 VFB 中进行了测试。制备工艺如图 4-31 所示：首先通过浸渍的方法在 Daramic 微孔膜内填充 Amberlite CG 400 离子交换树脂和对二乙烯苯（DVB），然后引发 DVB 交联。交联后的 DVB 呈支化的网络结构，可以将离子交换树脂固定在微孔膜内，这样就不会被流动电解液冲刷出来。该膜在 VFB 测试中表现良好，电池能量效率达到 75％（40 电流密度下充放），运行寿命在 4000h 以上。用同样的方法，该研究组又将磺化聚苯乙烯、羧甲基纤维素及 Amberlite CG 400 填充到 Daramic 微孔膜内，获得了性能更高的复合膜。该复合膜的库仑效率为 90％，远大于 Daramic 的 77％，并且可以稳定运行 8000h 以上。此外，日本的 Miyake 等[87]也开发了一套多孔复合膜的制备工艺。他们将含有乙烯基的离子交换树脂单体首先填充到微孔膜孔内，然后在孔内引发离子交换树脂的聚合。同样，中国科学院金属研究所也有学者将 Nafion 离子交换树脂直接浸渍到 Daramic 微孔膜内，同样获得了性能较好的 VFB 复合膜[88]。

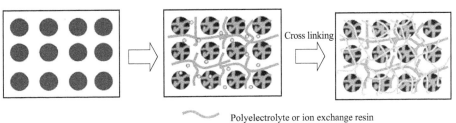

图 4-31　Daramic 微孔膜制备工艺

　　另外一类常用的复合膜是聚四氟乙烯（PTFE）微孔膜增强的各类离子交换膜，此类膜在燃料电池中已经获得成功使用，并且依然得到广泛研究。然而，此类膜在液流储能电池中的研究并不多。日本的 Miyake 等把 PTFE 浸泡在亲水小分子（如乙烯吡啶、乙烯咪唑、乙烯吡咯烷酮）与交联剂（如 DVB）的混合溶液中，然后通过自由基引发剂交联，获得阻钒性能良好的 VFB 膜。大连化学物理研究所的 Wenping Wei 等[89]考察了磺化聚醚醚酮（SPEEK）与 PTFE 的复合膜在 VFB 中的应用，并与单纯的 SPEEK 膜进行了对比研究。制备方法如下，将 SPEEK 溶液浇灌到 PTFE 的孔内，然后挥发溶剂制得致密复合膜。SPEEK/PTFE 复合膜的离子选择性和寿命均优于纯的 SPEEK 致密膜，并且 VFB 电池性能也达到了 80% 以上。这是因为 PTFE 微孔膜骨架抑制了 SPEEK 在电解液中的溶胀，并增强了其机械稳定性和化学稳定性。

　　然而，尽管 Daramic 微孔填充复合膜表现出优异的化学稳定性，但是其相对较高的面电阻限制了它们的应用。特别是在高电流密度的充放电条件下，由 VFB 膜带来的能量损失会更加明显。同样，PTFE 微孔膜由于较薄（$20\sim50\mu m$），其对离子交换树脂的保护作用较弱，膜的寿命仍然受限于离子交换树脂本身。目前，对此类复合膜的研究一般局限在少数商品化的微孔膜和离子交换树脂上，还有大量的材料有待考察研究。此外，微孔膜本身的厚度、孔径分布、亲疏水差异以及离子交换树脂在孔内的填充状态都影响着复合膜的性能，这些研究均有待进一步深化。

　　（3）多孔非氟离子传导膜

　　为了克服非氟离子交换膜稳定性差和全氟磺酸离子交换膜成本高昂的缺陷，大连化物所的张华民等提出了用不含离子交换基团的多孔膜代替离子交换膜的构思[69,90]。多孔膜的成本低廉，化学稳定性优异，在水分离和气体分离领域有广泛应用。最早报道的应用于液流电池中的多孔膜是微孔膜，1979 年 NASA 曾将此类膜应用于 Fe/Cr 电池中进行研究。然而，由于微孔膜的孔径远大于金属离子的水合半径，金属离子极易透过膜，造成 Fe/Cr 液流电池正负极电解液的交叉污染。世界各国逐渐停止 Fe/Cr 液流储能电池的研究，此后微孔膜在此类液流储能电池中的应用一直鲜有报道。从 20 世纪 80 年代澳大利亚的 Skyllas-Kazacos 研究组开发出全钒液流电池以后，才开始大量出现以微孔膜为基底的复合非氟离子交换膜在液流储能电池中应用的报道。

　　其实，在全钒液流电池中，水合氢离子的半径远小于水合钒离子，可以直接通过多孔膜的孔径筛分效应实现氢离子的选择性透过。2010 年，中国科学院大连化学物理研究所的 Zhang 等[69]首次提出将不含离子交换基团的多孔膜用于全钒液流电池的研究思路，并用相转化法制备了一类具有出色离子选择透过性的聚丙烯腈多孔膜，并在全钒液流电池中进行应用研究。该膜由一层致密皮层和大孔支撑层构成。其中，致密皮层的孔径在纳米范围内，起主要分离作用，如图 4-32 所示。

　　用该膜组装的全钒液流电池在 $80mA/cm^2$ 下进行恒流充放电，库仑效率可以达到 95%，与商业化 Nafion115 膜性能相近。经过二氧化硅修饰之后，聚丙烯腈多孔膜的库仑效率可以达到 98%[91]。研究表明，此类膜的离子选择性透过性与膜孔径、厚度、亲疏水性等因素密切相关。值

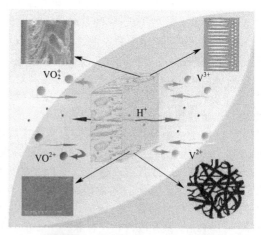

图 4-32 聚丙烯腈多孔离子传导膜
在 VFB 中的应用原理示意图

得一提的是，由于此类非氟膜不需要引入离子交换基团，因此膜的氧化稳定性好。Wenping Wei 等[92]用聚偏氟乙烯制备的多孔膜组装全钒液流电池，可以在 $80mA/cm^2$ 下恒流充放电 1000 个循环以上，而库仑效率保持在 95% 以上不衰减，显示了此类膜良好的稳定性。

　　在孔径筛分理论的指导下，中国科学院大连化学物理研究所经过 10 余年的努力，在非氟离子传导膜研究领域也取得关键技术突破，成功地开发出两代高离子选择性、高稳定性、高导电性的非氟离子传导膜，并完成了中试放大。经过测试得知，该膜的化学与电化学性能及机械强度等物

理性能都非常优异。利用第一代膜组装了单电池并进行了 10000 万次充放电循环加速寿命考察试验，结果图 4-33 所示。所开发的非氟离子传导膜具有非常优异的化学和电化学稳定性及耐久性，经过 10000 万次充放电循环加速寿命试验，电池的库仑效率、电压效率及能量效率没有明显的变化。表 4-4 给出了由第一代无孔非氟离子传导膜和 Nafion 膜组装的由 10 节单电池构成的千瓦级电堆的性能参数。大连化学物理研究所开发的无孔非氟离子传导膜的库仑效率高达 99.5%，远高于 Nafion 115 的 96.1%，这表明该无孔非氟离子传导膜的质子（H^+）透过选择性非常高，钒离子的互串很小；无孔非氟离子传导膜的电压效率为 82.1%，低于 Nafion 115 膜的 85.2%，这表明该无孔非氟离子传导膜的质子传导性（导电性）低于 Nafion 115 膜；电池的能量效率等于库仑效率与电压效率的乘积，作为结果，两种膜的电池能量效率分别为 81.7% 和 81.9%，电池性能基本相同。要进一步提高无孔非氟离子传导膜电池的能量效率，必须提高膜的离子传导性。

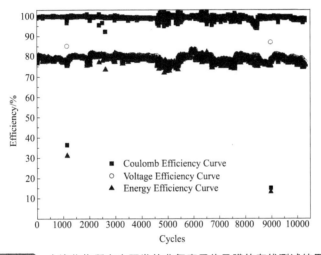

图 4-33　大连化物所自主研发的非氟离子传导膜的在线测试结果

表 4-4　大连化物所第一代无孔非氟离子传导膜和 **Nafion** 膜组装的 **1kW** 电堆的性能

膜型号	库仑效率/%	电压效率/%	能量效率/%
DICP-G1	99.5	82.1	81.7
Nafion 115	96.1	85.2	81.9

注：电池的工作电流密度为 $80mA/cm^2$。

图 4-34 给出了由第一代无孔非氟离子传导膜组装的千瓦级电堆照片和 3000 次充放电循环加速寿命试验结果。

(a)

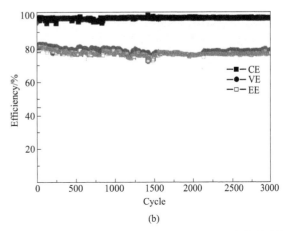

(b)

图 4-34　由第一代无孔非氟离子传导膜组装的千瓦级电堆照片和 **3000** 次充放电循环加速寿命试验结果

在第一代无孔非氟离子传导膜研究开发经验积累的基础上，中国科学院大连化学物理研究所在保持膜高离子选择性不变的前提条件下，进一步提高膜的离子传导性，成功地开发出第二代无孔非氟离子传导膜，性能参数如表4-5所示。

表 4-5 大连化物所第二代无孔非氟离子传导膜性能参数

膜型号	库仑效率/%	电压效率/%	能量效率/%
Nafion 115	96.1	85.2	81.9
DICP-G2	98.7	88.8	87.6

采用自主开发的第二代无孔非氟离子传导膜，设计组装出的30kW级电堆如图4-35所示。在100mA/cm²和130mA/cm²电流密度下，能量效率分别达到79.7%和75.0%（如表4-6所示）。与Nafion质子交换膜相比，相同功率规格的电堆，体积降低约20%，成本降低约30%。

图 4-35 大连融科公司采用自主开发离子膜组装出的30kW级电堆

表 4-6 大连融科公司采用自主开发的离子膜组装出的30kW级电堆性能参数

工作电流密度/(mA/cm²)	库仑效率/%	电压效率/%	能量效率/%	电池输出功率/kW
130	98.3	76.4	75.0	29.7
120	98.4	77.7	76.4	27.9
100	98.2	81.2	79.7	24.0
80	97.5	85.3	83.1	19.9

4.3 全钒液流电池电堆、系统管理与控制系统

4.3.1 电堆结构与设计

4.3.1.1 电堆结构

（1）电堆构成

全钒液流电池电堆是由数节单电池按照压滤机的形式组装完成的。其主要部件包括：端板、导流板、集流板、双极板、电极框、电极、离子交换膜以及密封材料。图4-36是由4节单电池构成的小型电堆流动示意图。图中各单电池之间采用串联的形式，由双极板连接相邻两节电池之间的正、负极，并在电堆的两端由集流板输出端电压，从而形成具有一定电压等级的全钒液流电池电堆。电堆的工作电流由实际运行的电流密度和电极面积决定，根据电堆串联的单电池节数，确定整个电堆的输出功率。

（2）电解液分布

对液流电池来说，电解液在电池内部的流动分布情况是影响电堆性能的一个关键因素。电解液由电堆的入口管路流入，进入公用管路，并逐一并联流入各单电池电极框内的分支流道，而后流经电极参与反应，再从出口分支流道和公用管路经出口管路流出电堆。其中对电堆性能影响最大的部分就是电解液在电极框内的分支管路与电极内的流动。电极中电解液分布不均，甚至流动死区的存在会极大地增加浓差极化，降低工作电流密度。更严重的是，局部的高过电位容易造成关键材料的腐蚀，缩短电堆的使用寿命。因而在电堆设计初期，合理有效地组织电极中电解液均匀分布的流场结构往往是最重要的一环。图 4-37 为常见的液流电池流场结构。图 4-38 为模拟计算得到的不同速度区间的流速分布云图。

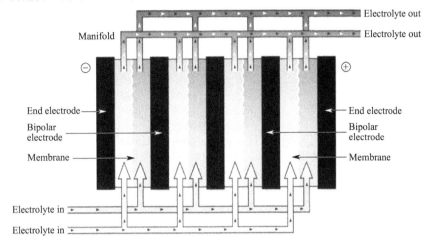

图 4-36　由 4 节单电池组成的液流储能电池电堆示意图

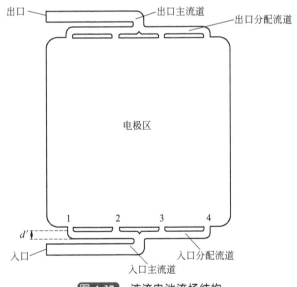

图 4-37　液流电池流场结构

（3）公用管路布局

公用管路连接电堆中的各节单电池，负责将电解液均匀地分配到每节单电池中，因而其流动形式的选择、结构尺寸的设计往往决定电堆中单电池的电压均匀性，进而影响电堆的效率以及使用寿命。常用的电解液溶液在电堆公用管路中的流动形式为两种：U 形和 Z 形。两者的主要差异在电解液进出口的布置上，如图 4-39 所示。

（4）密封结构

全钒液流电池由离子交换膜分隔正、负两极电解液，因此需要严密的密封结构来防止电堆内两极电解液之间发生放电反应，进而影响电堆的库仑效率和储能容量，严重的情况下甚至难以完成充放电；同时电解液向电堆外侧泄露也将直接影响电堆的性能和使用寿命，还会造成环境污染。因而选择合适的密封材料、密封方式是电堆设计的关键。

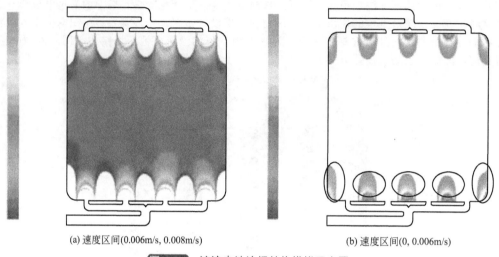

(a) 速度区间(0.006m/s, 0.008m/s)　　　　　(b) 速度区间(0, 0.006m/s)

图 4-38　液流电池流场结构模拟示意图

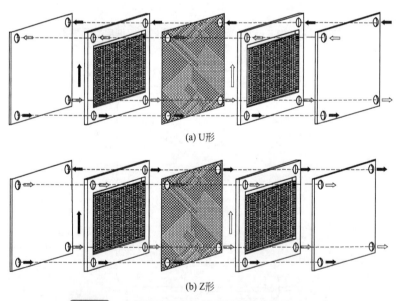

(a) U形

(b) Z形

图 4-39　电解液溶液在电堆公用管路中的流动形式

全钒液流电池常用的密封材料为橡胶材料，如氟橡胶或者三元乙丙橡胶。其要求有强的耐腐蚀性、强耐久性以及低的漏气率。密封方式一般分为面密封与线密封。采用面密封时，密封面积大，组装压力大，对组装平台的要求高，并且随电堆长时间运行，密封件容易老化变形，需要加装自紧装置。另外，面密封所需橡胶量大，对于昂贵的氟橡胶来说增大了实际成本。若采用线密封，虽可避免上述面密封的诸多缺点，但对关键部件的加工精度和装配精度均有较高要求，因而在产业化上不易实现。

（5）端板、导流板

端板作为电堆最外侧的关键部件起紧固电堆的作用，一般为铁板或者铝板。其要求有较高的刚性和加工平整度。刚度不佳的端板极易产生挠曲变形，造成电极内的炭毡压缩比不均匀，进而影响电堆性能。因而高刚性、轻质和低成本是端板设计要达到的三个目标。其中常见的设计方法为在达到设计刚度的条件下尽量减轻所用材料的重量，例如，采用加强筋的结构形式，如图 4-40 所示。另外也可进一步运用多目标优化算法来布置加强筋的位置，如图 4-41 所示。导流板可将流入电堆的电解液进行规整，按照设计要求流入电解液公用管路，以达到分配电解液的目的，尤其在大功率电堆中常用。导流板的材料为 PP 或者 UPVC 等耐腐蚀的塑料，同时较大的厚度也可以起到增大端板刚度的辅助作用。

图 4-40　日本住友电工液流电池电堆

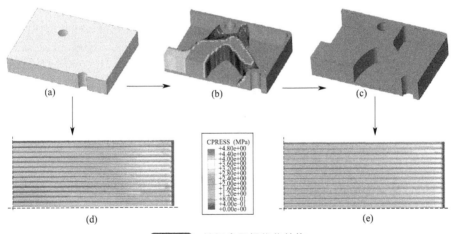

图 4-41　端板多目标优化结构

（6）电堆的组装

双极板、密封件、电极框、电极、离子传导（交换）膜、电极、电极框、密封垫片、双极板材料叠合在一起构成了全钒液流电池的一节单电池，数节或数十节单电池以压滤机的方式叠放在一起并在两侧装有集流板、端板就组装出液流电池电堆。电堆组装过程中，关键步骤有两个方面：一是定位，电堆组件随着单电池节数的增多显著增加，一个 30kW 的电堆通常由 40～60 节单电池组成，组件有几百件，将这些组件逐一地按照定位结构进行组装，可以避免错位，以保证电解质溶液的均匀分配和防止漏液；二是装配的压力均匀性，在压力机加压时，施压面与端板的平行度以及加压速度极为重要，平行度不好或者运行速度过快都会导致电堆的变形，甚至组件弹出等问题出现。图 4-42 为 U 形流动形式的电堆组装示意图。

4.3.1.2　电堆的设计原则

全钒液流电池电堆的设计目标与任何的商业化电池相同，即保证最大效率的同时实现高可靠性与低成本，因此电堆的设计原则主要围绕这三点展开。

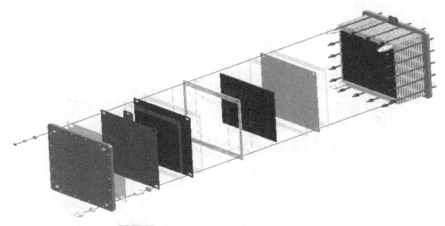

图 4-42 U 形流动形式的电堆组装示意图

高性能电堆设计如下。

① 电堆输出功率与能量效率。电堆有两个重要参数，电堆的额定功率，以及在额定功率运行时的能量效率。对于给定的电堆，在要求的输出功率不同的条件下，工作电流密度与能量效率必然不同。因此，输出功率、工作电流密度及对应的能量效率这三个参数是表示电堆性能的必要条件。在不同的工作电流密度下，电堆的输出功率和能量效率可表示为：

$$电堆输出功率＝工作电流密度×电极面积×平均电压×单电池节数$$
$$电堆的能量效率＝库仑效率×电压效率$$

增加电极面积和单电池节数均可以提高电堆的输出功率，但增加材料的使用量必然会抬高成本，增加的体积和重量也会增大系统的规模。而电池的平均电压也由于工作电压区间的限制无法大范围调节，因此在保证能量效率不变的前提下，提高工作电流密度是提高电堆输出功率、降低电堆成本的最有效途径。电堆的能量效率可表示为库仑效率和电压效率的乘积。一般对于给定的电堆来说，提高工作电流密度就会降低电压效率，因此降低电堆的极化是提高电堆性能最关键的因素。欧姆极化、电化学极化以及浓差极化是电堆极化的三个组成部分，减小极间距、提高离子交换膜的传导能力、降低接触电阻可以减小欧姆极化；高的电化学活性电极以及高效的电堆内流场结构则是降低电化学极化以及浓差极化，提高电压均匀性的有效方法。这是电堆设计、集成的重要原则。

② 低流阻、高均匀性流场结构。电堆中的流场设计主要涉及两个方面，一是电极框内的分支流道与电极内的流场设计；二是单电池间的公用管路的设计。

电极框内的分支流道、分配口形式决定电解质溶液在电极内的分配，间接决定过电位以及电流密度分布的均匀性，局部过电位以及电流密度的过高和过低对电堆的整体性能有很大的影响。图 4-43 为电流密度分布图。尤其是在电堆放大的过程中，流场的影响将进一步加剧，因此流道结构的优化设计，对提高电流密度的分布均匀性即液流电池的性能至关重要，是提高液流电池性能和寿命的研究的重要方向。

公用管路的流动形式分为 U 形和 Z 形。对于 U 形结构，如图 4-44 所示，公用管路以及单节电池中电解质溶液的流量由外至内逐渐降低，并且随着电池节数的增加，电解液流量分配的均匀性变差。而对于 Z 形结构，如图 4-45 所示，电堆中心处单电池中的电解质溶液流量最低，两端最大，公用管路的进口和出口电解质溶液流量呈中心对称分布。并且随着节数的增多，流量的分配均匀性变差。单电池间流量的分配不均匀直接影响各单电池的浓差极化，进而影响充放电深度以及电压的均匀性，因此，公用管路的设计与优化对电堆内电解质溶液在各单电池间流量的均匀分配十分重要。从图中也可以看出，单纯由公用管路造成的流量差异较小。相比于各单电池的流阻差异，例如多孔电极，渗透率差异较大时并不是很显著，因此各单电池的一致性也是决定电堆性能的关键因素。

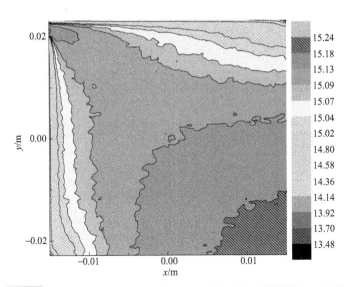

图 4-43　某一流场结构下的电池内部电流密度分布模拟结果示意图

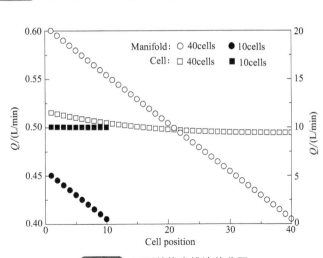

图 4-44　U 形结构电堆流体分配

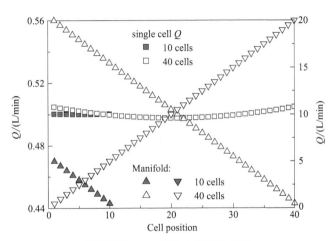

图 4-45　Z 形结构电堆流体分配

③ 漏电电流的控制。产生漏电电流主要有两个方面的要素：一是电解液通过公用管路进入各节单电池的正极或者负极，各单电池之间通过电解液形成离子通道；二是电堆中的各节单电池串联形成电压梯度，并且存在电子通道。因此电子通道和离子通道构成闭合回路，产生漏电电流。这部分电流不经过有用负载，而是经过离子通道消耗掉，所以会降低储能容量以及库仑效率。因此对漏电电流的控制是电堆设计的重点。

电堆内漏电电流的计算主要依据基尔霍夫定律，建立电堆内的等效电路图，对于 n 节单电池串联构成的电堆，其等效电路图如图 4-46 所示。其中电池内阻为定值，是电池电压随电流线性变化产生的内阻，而电池开路电压 E_0 是随时间变化的。

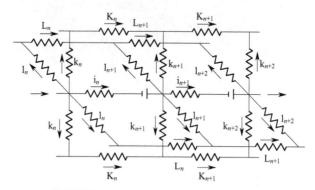

图 4-46　全钒液流电池电堆的等效电路图

由等效电路图可计算各节单电池、公用管路以及总漏电电流的大小以及分布规律。如图 4-47 所示。公用管路、分支管路以及总漏电电流在电堆中呈现对称分布。其中总漏电电流在电堆的中心节数处最大，而分支管路漏电电流则最小。一般地，在充电时，总漏电电流为负，一部分电流通过离子通道产生自放电；而在放电时，漏电电流为正，电堆的放电电流中有一部分产生漏电，而实际的输出电流减小。从等效电路图可以看出，减小漏电电流的方法主要在于调节各部分电阻，例如：增加公用管路及分支管路的长度或者减小截面积、减小电池的电阻。另外，减少单电池的节数也有利于减小漏电电流。近来，有研究者提出补偿电路的概念，即提供另一路与漏电电流方向相反、大小相等的补偿电流来抵消漏电损失，但漏电电流的采集以及补偿电流的控制是难点。

④ 可靠性与安全性。电堆中任何的主要组件，如电极、离子交换膜、双极板等和辅助配件，如密封垫、端板等均影响着电堆的可靠性与耐久性。一般来说，影响可靠性的主要因素在于以下两个方面：一是耐腐蚀性，包括各组件的耐酸性，也有电极的氧化造成的腐蚀等；二是力学性能，其中最重要的是离子交换膜和密封垫。常用的离子交换膜，如 Nafion 膜的机械强度不高，经常在电堆组装和电堆长期运行后出现破碎。密封垫虽然常选用耐腐蚀性很强的氟橡胶，但长期的耐性腐蚀和高压紧力的作用也会导致密封垫弹性变差，从而失去密封效果。

液流电池电堆作为电力设备，在充放电

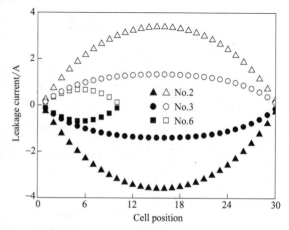

图 4-47　不同节数电堆中的总漏电电流分布

过程中外部遇明火、撞击、雷电、短路、过充或过放等各种意外因素，不应发生爆炸；同时，电气爬电距离、绝缘电阻等都应满足 GB/T 19826—2014《电力工程直流电源设备通用技术条件及安全要求》。

4.3.2　全钒液流电池系统

4.3.2.1　电池系统的组成

　　液流电池系统由电堆、电解质溶液、电解液储罐、循环泵、管道、辅助设备、仪表以及监测保护设备组成。循环泵是促成电解液不停循环的动力设备，一旦循环泵出现故障，电池系统将无法进行正常的充放电。另外，循环泵的功耗也对系统的能量效率有很大的影响，实验表明，其影响在 5% 左右。由此可见，循环泵的稳定性和可靠性对电池系统有着至关重要的作用。因为耐酸性的要求，循环泵材质一般要求塑料材质，例如 PP 和 PVC 等。而循环泵的类型主要是离心式磁力泵。电解液储罐是电解液的储存容器，一般材质为 PP、PVC、PE 等。对储罐的要求最主要的是安全与可靠，否则一旦泄露不仅造成电解液损失，而且造成环境污染等问题。辅助设备仪表包括流量计、压力传感器、过滤器以及换热器等。其中换热器尤为重要，不同于其他类型的电池，液流电池的电解液因不停地在管路内循环，因而可以将电堆内部的热量及时排出堆外。此时将电解液进行换热，换热控制过程简单易实现。这也是液流电池能够进行大规模应用的主要原因。换热器一般采用水冷式或者风冷式换热器，材质为 PP、PE、聚四氟乙烯等塑料材质。图 4-48 为全钒液流电池系统组成示意图。

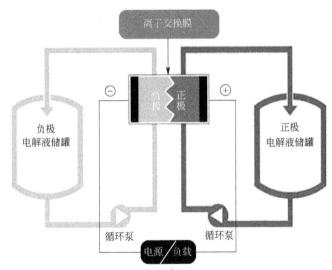

图 4-48　全钒液流电池系统组成示意图

4.3.2.2　电池系统设计原则

　　全钒液流电池系统的设计需要遵循：外部条件接口、高效能量转换效率以及高安全性。

　　（1）外部条件接口

　　外部条件接口多指与外部用户或者风电场的连接，其中包括系统功率、储能容量、能量转化效率以及电压等级等要求。鉴于液流电池的先天优势，电池系统的储能容量与功率可以独立设计，与其他储能电池相比，容量设置相对灵活，不受储能电池功率的影响，通过增减电解液的体积就可以实现液流电池系统容量的变化。电池系统的能量转换效率为放电能量与充电能量的比值，主要受电堆能量转换效率、漏电电流损耗和系统构成效应等因素的影响。能量效率越高，充放电能量损失越小。电池系统由多个电堆在电路上通过串联、并联或者串并联相结合的方式构建电路电压，达到一定功率，满足应用需求。电池系统中构建电路电压比较灵活，可以满足不同等级的应用要求，电路电压等级一般包括 48V、110V、220V 和 380V 等。

　　（2）高效能量转换效率

　　高能量效率的电堆是高效电池系统的基础，在此基础上系统管路构成以及运行控制技术等都是实现电池系统高效率的必要条件。

① 系统的漏电损耗控制。类似于电堆中的漏电电流的产生，电池系统中由于电堆之间存在串并联连接，并且电解液管路的并联供液方式，使得离子通路与电堆间的电子通路构成闭合回路，产生漏电电流。相比于电堆中的漏电电流，系统的漏电电流产生影响可能更大。原因在于电堆的电压远高于单电池电压，尤其是在大功率电堆中。另外，电堆均匀性的差异造成的管路中的自放电也会影响效率。严重时管路可因漏电电流产生的热量而发生变形。控制系统中漏电电流的方式在于如何打断离子通路，因而尽量将通往电堆的电解液管路都连于电解液储罐中，可减小甚至避免漏电电流的产生。

② 电解质溶液充电状态及其控制（SOC）。液流电池电解质溶液的充电状态称为 SOC（state of charge），可以通过实时监测电解液 SOC，保证液流电池在规定的充放电区间内运行，这是液流电池的很有应用价值的特点之一。对提高液流电池系统的效率、稳定性、可靠性及跟踪计划发电极为重要。在液流电池系统中，通常都专门配有监控电解质溶液充电（荷电）状态的电池，一般称之为 SOC 电池。将电池系统中的正、负极电解液流路各取出一支路的电解液流入 SOC 电池中，监测该电池的开路电压。开路电压反映正负极电解液不同价态离子的变化，可通过质量守恒定律和法拉第定律获得液流电池的荷电状态。一般液流电池的 SOC 状态（0～100）所对应的开路电压的范围是 1.2～1.5V。SOC 电池正负极两端预留开路电压监测接线端，液流电池管理系统对开路电压实时监测，从而保证液流电池按照设定的 SOC 状态进行工作。

③ 低功耗辅助技术。电解液流量的大小不仅直接影响循环泵的功耗及液流电池系统的能量效率和储能容量，而且影响电池内电解质溶液的分布均匀性，从而影响液流电池的性能，如图 4-49 所示。电解质溶液流量的选择应在保证液流电池系统的能量效率和容量的前提下，尽量降低电解液流量，从而降低循环泵功耗，提高液流电池系统的综合能量效率。

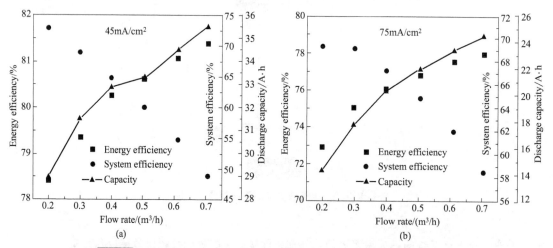

图 4-49 不同电解液流量下液流电池能量效率、系统效率和容量的关系

④ 正、负极电解质溶液调平技术。全钒液流电池系统在充放电循环工作过程中，正负极之间的离子和水会通过膜产生迁移，使电解液向着正极或者负极的一侧迁移（迁移方向根据膜材料的不同而不同）。电池长期运行会导致正负极电解液的体积、浓度和组成逐渐失衡，使得系统的能量效率和储能容量降低。为了恢复液流电池系统性能，通常在其运行相当长一段时间之后将正负极电解液混合至初始状态，但是该操作本身非常烦琐并且需要额外的电能以实现混液。专利 US20110300417 提出了正负极电解液储罐通过连通阀门和管路长期连通的方式，但长期运行后发现，系统会因漏电损失而降低能量效率。因此正、负极电解质溶液调平技术有待进一步发展，根据不同的运行状态进行有效的调节，实现操作的简单易行，同时降低能量损失。

（3）高安全性

① 充放电截止电压。液流电池的适宜电压范围为 1.0～1.60V，尤其是充电截止电压上限必须得到严格控制，否则会增加析氢等副反应发生的概率，严重时会腐蚀电极、双极板等关键材

料，严重影响系统效率与使用寿命。

②　电解质溶液温度。液流电池电解质溶液的运行温度范围一般为 0～40℃，适宜的运行温度为 20～40℃，超过运行温度上限，容易引起电解质溶液五价钒的析出，造成电极和管路堵塞；电解质溶液温度低于运行温度，容易引起负极电解质溶液中的 V^{2+} 生成沉淀而析出。根据能量守恒定律，能量损失大部分以热量的形式释放，热量使得电解质溶液温度不断升高，自然散热已经不能满足热量排放的需要，必须采用强制散热的方式使电解质溶液的温度保持在适宜的运行温度范围之内。

③　液流电池系统热管理。如前所述，液流电池系统的能量转化效率为 70%～80%，因此有 20% 左右的热量需要排出，以维持液流电池电解质溶液的最佳运行温度。利用能量守恒方程和热衡算方程可计算出进入换热器前的电解质溶液温度，为换热器的选型提供技术参数。

换热方式可为风冷和水冷两种。液流电池系统为钒离子的硫酸水溶液，而且正极电解质溶液中含有强氧化性的 5 价钒离子，负极电解质溶液中含有具有强还原性的 2 价钒离子，所以全钒液流电池电解质溶液具有很强的酸腐蚀性和氧化还原性。换热器的材质需要为 PP、PTFE 等耐腐蚀材料。塑料换热器是目前腐蚀溶液热交换器比较通用的产品，可参见具体的换热器设计、选型手册。

④　氢安全技术。电池系统在运行过程中，由于副反应的发生，会在负极产生微量氢气，长年运行累积，存在安全隐患。为保证使用安全，万无一失，一般采用惰性气体置换技术，及时排除电解液储罐中的氢气，并要求全钒液流电池室内设置可燃气体检测报警仪，电池系统装有自然或机械通风装置。

4.3.3　电池系统控制与管理

电池控制管理系统（BMS），其作用是实现液流储能电池系统中各电堆、设备仪表、储能标准单元运行状态参数的监测、分布式控制及联锁保护等功能，保证液流电池系统的正常运行，防止液流电池系统受到损害。具体为运行参数管理和报警参数设定、模拟量测量、保护功能的实现，另外还有自诊断、监测记录等功能。

电池控制管理系统的实现是通过各类传感器，如流量传感器、压力传感器、温度传感器、氢气传感器、漏液传感器等采集数据，经过模型分析之后输出控制信号，控制系统内的阀门以及开关实现管理功能。对 BMS 来说，故障诊断与安全保护是两个最重要的作用，其决定了整个系统的可靠性与安全性。

4.3.3.1　电池系统的故障诊断

实现故障诊断的功能首先要明确各类故障类型，建立完整的数据库。全钒液流电池系统常见的故障类型包括：单节电池电压过高、电解液的流量下降、温度过高、漏电报警、循环泵工作失常以及电解液失衡和系统无法正常启动等。通过系统模拟上述故障，并且记录故障时出现的不同现象，当再次出现类似现象时可以将特征数据进行比对，从而确定故障类型，甚至可以预报故障的发生。

4.3.3.2　电池系统的安全保护

液流电池系统安全管理主要包括三方面内容：一是电解质溶液的泄漏；二是液流电池电堆保护；三是氢气的安全防护。

电解质溶液的泄漏主要表现在管路、阀件连接处以及电池电堆的泄漏上，电池电堆的漏液一般是轻微渗漏，一般不会造成危害。而管路、阀件连接处电解质溶液泄露一般会造成电解质溶液的喷溅，往往会造成危害，因此需要对电解质溶液的泄漏做好充分的预防、监测和紧急处理措施。首先在液流电池启动和运行过程中，应定期进行检查，提前发现可能出现的漏点，预防在先；同时设置漏液传感器对漏液进行实时监测，缩短出现漏液的应对时间；最后一旦发生漏液，监测到漏液信号后，电池管理系统应及时停机，自动关闭有关阀门，避免漏液事故的进一步扩大，同时提醒工作人员及时处理。

各种故障可能引起液流电池系统不能正常运行的前兆通常首先反映在液流电池电堆内某节单电池的工作电压的变化。同时在液流电池系统运行时，监测电堆各节单电池工作电压，依据电池电堆在稳定功率输出时，某节单电池工作电压的变化和可能引起这种变化的原因，在电堆事故发生前采用针对性的控制及自修复策略和措施，排除故障，使电池电堆恢复到正常运行状态。当液流电池电堆单电池电压偏离工作电压范围且无法通过自修复策略和措施排除故障时，应及时自动停机保护，避免电堆及液流电池系统的进一步损伤。

液流电池在运行过程中，由于副反应的发生，会在负极产生微量氢气，长期运行累积，可能会在电解液储罐顶部造成氢气累积，氢气浓度的增大存在着安全隐患。为保证使用安全，万无一失，一般采用惰性气体置换技术，及时排除电解液储罐中的氢气，并要求全钒液流电池室内设置可燃气体检测报警仪，电池系统装有自然或机械通风装置。

4.4　全钒液流电池应用及前景分析

随着可再生能源的发展，人们认识到储能设备可以应用于从电力发电端到消费终端的各个中间环节。以功率等级和放电时间作为依据，针对应用场合的差异，美国能源部（DOE）把储能技术在电力系统中的应用划分为三个大类十个方向[93]。具体见表4-7。下面将针对全钒液流电池在不同领域中的应用情况作一简单介绍。

表 4-7　储能技术在电力系统中的应用方向

类别	应用方向
发电	备转容量 大规模储备电能,在发电站意外停运期间保证不间断供电
	区域控制与调频备转容量 控制区域内的电力设施使之保持频率一致,以防出现计划外的电力传输。使孤立发电系统能瞬时响应负荷变化引起的频率偏移
	商品化储能 储存低价谷电,调用作高价峰电
输配电	输电系统稳定性 使输电线路中各部件维持同步,避免系统崩溃
	输电电压调节 在负荷变化的情况下,使输电线路在发电/用电端的电压变动保持在5%以内
	延缓输电设施更新 为现有设施提供额外电源,以延缓输电线路和变压器的更新
	延缓配电设施更新 为现有设施提供额外电源,以延缓配电线路和变压器的更新
用户终端	用户端能量管理 用户端储存电厂的低价谷电,适时调用以满足需要
	可再生能源管理 储存可再生能源发电,满足用电高峰需要,同时保证持续供电
	电能质量和可靠性 避免电压瞬时高峰、电压骤降以及短时间断电对用户造成损失

4.4.1　大规模可再生能源发电并网

能源是国民经济可持续发展和国家安全的重要基础。随着经济的发展，对能源需求日益增加。化石能源的大量消耗所造成的环境压力日益突出。因此，节约化石能源，提高化石能源利用效率，实现节能减排，以及研究开发和大规模利用可再生能源，实现能源多样化成为世界各国能源安全和可持续发展的重要战略。各国政府高度重视可再生能源的普及应用，制定了相应的发展规划。德国政府决定，到2020年，可再生能源在整个能源消费中占到35%，到2030年达到50%，到2050年将达到80%；美国能源信息署推测，到2030年，美国电力供应量约40%来自于可再生能源发电。到2020年，日本可再生能源消费将占到总电力消费的20%，2030年将达到34%；我国政府在2009年向世界宣布，到2020年，我国可再生能源在全部能源消费中将达到15%。由此可见，可再生能源正在由辅助能源逐渐转为主导能源。

　　风能、太阳能等可再生能源发电受时间、昼夜、季节等因素影响，具有明显的不连续、不稳定及不可控的非稳态特性（图 4-50），不仅进一步加重了电网系统调峰难度，还会对电网的电压、频率、谐波等电能质量造成不良影响，严重时会危害电网负荷的安全稳定运行。

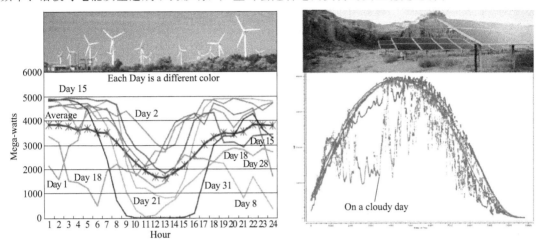

图 4-50　风电和太阳能发电的功率输出不稳定

　　这主要体现在：①可再生能源接入改变了电网支路潮流单向流动的模式，潮流难以预测，电压调整难以维持，影响系统的供电可靠性；②可再生能源受不确定气候因素的影响，输出功率变动幅度大、速度快，可引起电压的波动与闪变或及频率波动，经过逆变装置时将产生谐波，污染电网；③由于可再生能源产出的不稳定，并网后电网系统需增加相应的备转容量，以保证系统的调峰调频能力，换言之，可再生能源并网发电降低了系统机组的利用小时数，牺牲了经济性；④可再生能源输出功率不可控，电网运营商的发电计划制定和电力调度也受到影响。

　　目前可再生能源并网运行为满足对电力质量的需求，往往以牺牲电能使用效率为代价。为控制风电有功功率，我国甘肃、内蒙古等地风场"弃风"为装机容量的 20％～30％。2013 年，全国风电"弃风"达到 27.8 亿千瓦•时。要实现电能质量的管理，同时尽量提高电能利用率，应在并网发电系统中加入储能装置。事实上，在风电场和光伏电站部署功率、容量和响应速度与机组运行情况匹配的储能系统，即可在电力调峰的同时，起到稳定电压、调整频率、无功补偿、谐波抑制等改善电能质量的作用（图 4-51）。2011 年我国颁布的《风电场接入电力系统技术规定》要求，新建风场应配备有功功率控制系统，且须具有总额定输出 20％以上连续平滑调节能力；对风电容量占电源总容量 5％以上的电力系统，新增风场应具有低电压穿越能力。

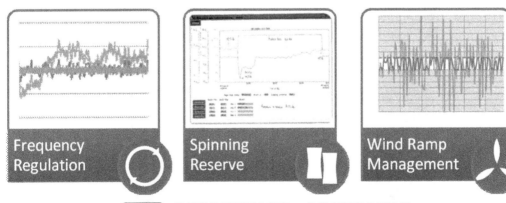

图 4-51　储能系统用于调节频率、备转容量和电压控制

　　全钒液流电池安全性好，响应速度快、使用寿命长，并可实时准确监控电池状态，适合配备

于可再生能源发电系统。于 2005 年在苫前町风力电场安装的 4MW/6MW·h 储能系统，如图 4-52 所示，此项目由 J-Power 公司牵头，与应用能源研究院（Institute of Applied Energy）、电力工业中心研究院（CRIEPI）、住友电工公司多家合作，得到了新能源和工业技术发展组织（NEDO）的资金支持[94]。Subaru 最初的目标是用储能减少风力发电的短时波动，稳定电网频率。这套储能系统建在了 Hokkaido 的北部岛屿，30.6MW 的 Tamamae 风场内。该 4MW/6MW·h 的钒电池系统由 4 组 1MW/1.5MW·h 的单元系统构成，每组单元系统通过一套 1.5MW 的储能逆变器连入母线。钒电池的快速响应和适应频繁充/放电切换的能力，能够有效平滑和稳定风电输出，这样的使用频次对于其他电池储能技术是很难实现的。该系统 2005 年 1 月安装完毕，运营到 2008 年 1 月，三年时间运行超过27 万次充放电循环，能量效率保持在 80％ 以上。除了测试、评估、优化储能的硬件设施，通过 Subaru 项目也开发出一套有效的多系统综合能量管理与控制方法。

图 4-52　苫前町风力电场所用 VFB 系统

2003 年，Pinnacle VRB 公司在澳大利亚国王岛风电场安装了 200kW/800kW·h 的 VFB 系统（图 4-53）[95]。该风场原有 3 台 250kW 的 Nordex 风力发电机组，2003 年扩建增加了 2 台 850kW 的 Vestas 风电机组，风电装机容量达到 2.45MW。这一扩建计划为了增加风电利用率并平滑输出，加大风电在当地电力负荷中的比重，取代柴油机发电。其具体技术指标为：①使风场具有 80％ 低电压瞬时穿越的能力；②全岛 45％～50％ 用电量由风力发电提供；③每年减少一百万升柴油消耗量，折合减排 3000t 二氧化碳[17]。该项目中 VFB 系统额定功率 200kW，可持续充放电 4h；也可在 300kW 功率下持续放电 5min，保证备用柴油发电机启动；另外，还可在最大功率 400kW 下工作 10s，起到调控电力质量的作用。

图 4-53　澳大利亚国王岛 VFB 系统

　　2012 年 7 月，住友电工公司在日本横滨建造了一座由最大发电功率 200kW 聚光型太阳能发电设备（CPV）和一套 1MW/5MW·h 全钒液流电池储能系统构成的并与外部商业电网连接的电站（如图 4-54 和图 4-55 所示）。利用钒液流电池可以实现：①工厂接入电量的稳定；②补偿受天气影响的 CPV 发电量，从而实现太阳能发电的有计划使用；③对于横滨制作所内的削峰填谷运作以及事先制定用电计划，随着电力负载的变化对放电量进行调整。

图 4-54　住友电工公司在日本横滨建造的光伏/储能示范工程现场

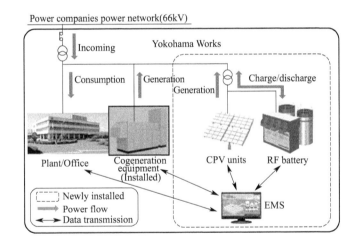

图 4-55　住友电工公司在日本横滨建造的光伏/储能示范工程管理控制流程

　　中国的液流电池研究始于 20 世纪 90 年代初。早期的研究单位包括中国地质大学、中国工程物理研究院、中南大学等。进入 21 世纪以来，中南大学、中国工程物理研究院和中科院大连化学物理研究所先后组装出千瓦级 VFB 电堆。2011 年，中国首个签约在建的兆瓦级液流电池示范项目是北京普能世纪科技公司在河北张北县设立的 2MW/4MW·h VFB 系统，该项目属于国家电网风光储输示范工程的一部分。2012 年，大连融科储能技术发展有限公司承建了全球最大规模的 5MW/10MW·h 全钒液流电池储能系统应用示范工程。该系统将与龙源电力位于辽宁省法库县的卧牛石 50MW 风电场配套，用于实现跟踪计划发电、平滑风电功率输出，进而提升风能发电接入电网的能力。此外，还将在风电并网运行状态中发挥暂态有功出力紧急响应和暂态电压紧急支撑的作用，确保电网的总体运行更安全和更可靠。该 5MW/10MW·h 全钒液流电池系统采用模块化设计，单个电堆的额定输出功率为 22kW，由 16 个 22kW 电堆组成 350kW 的单元模块系统，再由 350kW 的单元模块系统构建 5MW 液流储能电池系统（图 4-56）。这一设计不但可以提高项目的建设效率，更是保证了储能设备的利用率，且占地面积少。

图 4-56 **5MW/10MW·h 全钒液流电池系统**

（上述照片分别为 50MW 风电场，5MW/10MW·h 液流电池电堆区，电池管理及电力电子区，电解质溶液区）

4.4.2 电网削峰填谷

电网的基本功能是为用户提供充足、可靠、优质的电能。然而，随着全球经济发展，特别是电力电子设备使用量的快速增长，电力系统的运行和需求正在发生巨大的变化。当前电力负荷峰谷差日益增大，白天高峰和夜间低谷差值达到发电量的 30%～40%，现有电网系统的装机容量难以满足峰值负荷需求。

从需求负荷来看，电网电力可分为三部分：基本负荷，中间负荷以及高峰负荷（图4-57）。通常情况下，基本负荷部分的电能由火力发电、水电以及核电等稳定且价格相对低廉的电源供应；而中间负荷及高峰负荷则由原有电站的备转容量供应或其他电站（包括天然气电站、光伏电站、风力电站等）补充。由于基本负荷以上部分的电力来源本身价格较高，且利用率低，因此为满足用电峰值而额外建设大量电站极不经济。与此同时，备转机组的频繁启停既会加大能耗，又会缩短使用寿命。

需求负荷增加同样对输电环节产生不利影响。目前采用的百千伏以上的高压输电线路，电能的线损仍可达 7%～10%。若输电负荷增加，则需要扩建相应的输电线路，否则线路拥堵会进一步增加线损。以美国为例，近二十年来全国电量需求增加了 25%，而电网的新建速度却在减慢。结果，其线损从 1970 年的 5.1% 上升到 2001 年的 9.5%。配电环节，高负荷同样会增加电能损失。

良好的电网运营需要使发电与变化的负荷"实时"匹配，因此需要良好的计划发电和购电安排。由于间歇式的可再生能源发电接入量日益增大，发电量难以精确预测，发电和用电峰谷的差异加剧，计划发电变得更为困难。

储能设备纳入电网系统后，可在用电低谷时作为负荷存储电能，在用电高峰时作为电源释放电能，实现谷电峰用，减小峰谷负荷差值（图4-58）。对电力系统带来的好处包括：①减少发电设备投资，提高发电设备整体利用效率，减少火电机组参与调峰；②减少输电网络损耗，降低设备投资；③提高了电网的负荷水平控制能力，可实现负荷跟踪发电。

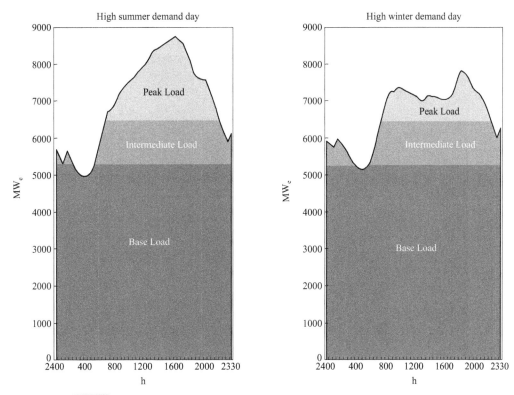

图 4-57　电网负荷在一天之内的典型变化情况（左图为夏季，右图为冬季）

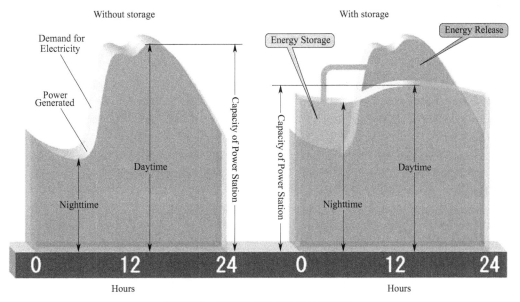

图 4-58　储能技术削峰填谷原理图示

　　虽然储能技术可以为电力系统带来诸多好处，但由于技术成熟度和建设成本等原因，储能作为调峰电源在电网中的比例还比较低，美国大约是发电容量的 2.5％，欧洲大约是 10％，日本约是 15％[1]。中国的电力储能装机容量为 16GW，仅占全国电力总装机容量的 1.7％。随着需求的日渐迫切，储能系统应用示范已逐步推行，预期未来在电网中的应用将有大幅增长。美国能源部主持的 32 个智能电网示范项目中，有 16 个涉及大规模储能装置的研发建设，以提高电网可靠性和效率，减少新建电厂。《美国复苏与再投资法案》批准拨款 1.85 亿美元用于这些项目的建设，项目总投资额达 7.72 亿美元。俄罗斯国家电网运营商联邦电网公司投入 4000 万美元研发储能系统，该项目由 Enerl 公司承接。中国对储能技术在电网的应用也高度重视。2010 年，发改委、电监会等六部委联合发布的《电力需求侧管理办法》提到"将推动并完善峰谷电价制度，鼓励低谷蓄能"[96]。适用于电力调峰的储能技术性能指标见表 4-8。

表 4-8　适用于电力调峰的储能技术性能指标

Power	Voltage	Response Time	Discharge Duration	Discharge per event	Discharge Duty Cycle
1～200MW	4.2～115kV	<10min	1～4h	1～200MW·h	60 events/y 1 event/d

用于削峰填谷的储能技术需要具有很大的功率规模和较长的放电时间。美国能源部归纳了 7 种常见的储能技术对不同应用需求的适用程度（图 4-59）[97,98]。对于谷电峰用的使用场合，无论是电网调峰，还是终端用户对峰谷电能的管理，液流电池都是最为合适的技术之一。

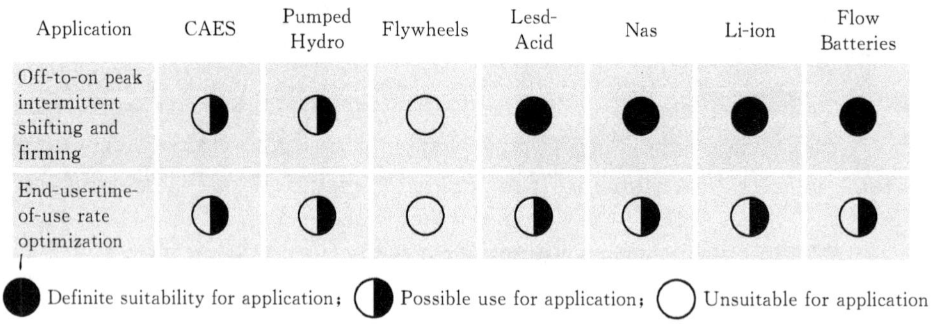

Application	CAES	Pumped Hydro	Flywheels	Lesd-Acid	Nas	Li-ion	Flow Batteries
Off-to-on peak intermittent shifting and firming	◐	◐	○	●	●	●	●
End-usertime-of-use rate optimization	◐	◐	○	◐	◐	◐	◐

● Definite suitability for application;　◐ Possible use for application;　○ Unsuitable for application

图 4-59　各种储能技术对峰谷电能管理的适用程度

全钒液流储能电池规模化技术较为成熟可靠，已建成数十个用于调节电力峰谷的应用示范。1997 年，Kashima-Kita 电力公司在日本安设了一套 200kW/800kW·h 并网全钒液流电池储能系统，用于电力系统的负荷均衡。该系统一年内运行了超过 150 次充放电循环，在 80～100mA/cm² 电流密度下能量效率接近 80%。2000 年，住友电工公司在大阪安装了 3MW/800kW·h 的钒电池系统，用于储存发电峰值电能。2005 年，VRB Power 在美国犹他州的 Castle Valley 建成了一套 250kW/2MW·h 的钒电池储能系统。该地区配电线路长，供电量有限，在用电高峰时可靠性不足（图 4-60 实线）。配备储能系统后，用电峰值可控制在供电负荷以内（虚线）。该系统无人值守，维护费低于 0.008 美元/kW·h，且在 13000 个充放电循环内能量效率保持在 70% 以上。配备该系统使其配电设施更新延后十年，节省的费用达每年二十多万美元。美国能源部资助俄亥俄州 Painesville 火力发电站安装一套 1MW/8MW·h 钒电池系统，以考察储能技术对电厂发电效率的改善情况[99]。预计在储能系统完全投入使用后，可调节用电高峰负荷，从而允许原有的 32MW 火电站以 80% 额定功率（26MW）恒定运行。拟建的 VFB 系统包括两套子系统，以 1008V 工作电压并联运行，总功率为 1.08MW，总电流 992A。其中第一套子系统由 54 个 10kW 电堆构成，第二套子系统由 30 个 18kW 电堆构成。每个子系统均带有两个体积为 15000US gal（约 56800L）的塑胶储罐，其电解液流量为每分钟 2US gal（7.57L）。该系统使用美国超导公司生产的 PM-3000 直流-交流转换器，额定功率 1.1MW，电流 1120A。两套 VFB 系统示范运行从 2012 年 12 月起正式开始示范运行[100]。

2012 年 5 月普能公司宣布其建造的 600kW/3600kW·h 全钒液流电池储能系统获得加州爱迪生电力公司（SouthernCaliforniaEdison）的并网运营许可，系统正式全面运行，用于提高吉尔斯洋葱（GillsOnions）公司（图 4-61）农产品加工厂内的分布式电网发、配、用电综合质量。美国加州的电价在用电高峰时段上调,尤其是午后的 6 个小时,为了缓解这个时段用电紧张局面,加州爱迪生电力公司必须增加额外的发电量满足用电需求。发电产生的额外成本按照分时电价机制由最终用户承担。尽管吉尔斯洋葱公司通过企业拥有的发电厂满足大部分自身用电需求,但是日常用电仍需依赖加州爱迪生电力公司的电网。使用该储能系统后,尤其是在晚上低谷时给系统充电,午后用电高峰时段释出,吉尔斯洋葱公司将可以降低企业的用电成本。

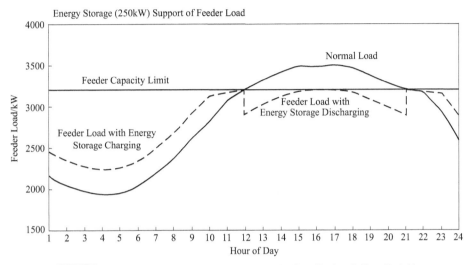

图 4-60 犹他州 Castle Valley 全钒液流电池储能系统对用电状况的改善

图 4-61 吉尔斯洋葱(GillsOnions)公司

4.4.3 智能微网

随着风能、太阳能、生物质等新能源利用的技术日益成熟,分布式发电技术得到了较快发展。分布式发电具有灵活、与负荷距离近、节省输电投资等特点,在与大电网互为备用的情况下,可有效提高供电可靠性。但分布式发电的大规模接入对传统电网的冲击较大,同时单机接入成本高,控制困难,不利于调度管理。

通过在配电网建立单独的发电单元对重要负荷进行发电,这些发电单元和负荷及相应的配电线路组成了一个相对独立的微型网络,又称微电网。微电网是相对于传统大电网而言的,它通过接入设备与外界电网进行电能交换。

美国电气可靠性联合会对微电网的定义为:微电网是由负荷和微型电源共同组成的系统,可同时提供电能和热能;微电网是由一些分布式发电系统、储能系统和负荷构成的独立网络,既可以和公共电网并联运行,也可以单独运行。微电网可以覆盖传统电力系统难以达到的偏远地区,并可提高供电可靠性及电力质量。基于对微电网安全性和经济性的考虑,微电网必须要有一定数量的储能设备,以应对发电用电不平衡、电压波动等电能质量事件。液流电池在智能微网领域的应用是近年的重要开发方向。

2011 年 6 月，日本住友电工公司开始了其在大阪建造的智能微网系统（图 4-62）的验证测试。此系统通过直流电缆将包含住友电工自主开发的聚光型太阳能发电装置（CPV）在内的多个可再生能源发电装置（共 8.2kW），以及一套 2kW/10kW·h 钒电池储能装置连接起来。通过能源管理系统（EMS），对太阳能及风能等不稳定可再生能源，以及照明和家电等较小规模用电负载进行管理，着重从消费者的角度来实现稳定且高效的电力供应。该 2kW/10kW·h 钒电池系统（图 4-63）表现出优异的性能：在 70mA/cm² 工作电流密度下运行，库仑效率、电压效率和能量效率分别达到 94.3%、91.0% 和 85.8%；在 140mA/cm² 工作电流密度下运行，库仑效率、电压效率和能量效率分别达到 96.6%、83.3% 和 80.8%。

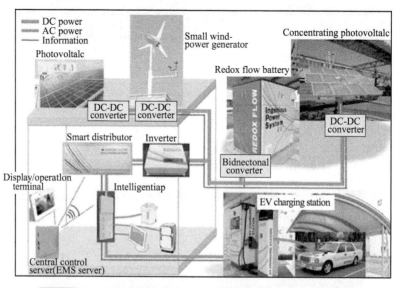

图 4-62　日本住友电工公司在大阪建造的智能微网系统示意图

图 4-63　日本住友电工公司开发的 1kW 电堆及 2kW/10kW·h 钒电池系统

2012 年 4 月，由大连融科储能技术发展有限公司提供的 200kW×4h 全钒液流电池系统（如图 4-64 所示）成功接入金风科技可再生能源智能微网，开始运行。金风科技可再生能源智能微网项目属国家级示范工程，位于北京金风科技凉水河基地，整个微网由一台 2.5MW 风力发电机、503kW 光伏发电系统、多种储能系统、控制系统和负荷组成。融科公司提供的 200kW×4h

全钒液流电池系统由 10 个 20kW 级电堆采用 5 串 2 并的方式构成，DC-DC 效率达 75％。表 4-9 列出了该系统的关键参数。

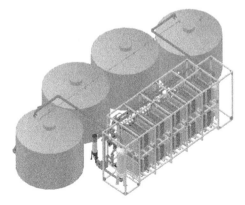

图 4-64 金风科技智能微网用 200kW/800kW·h
全钒液流电池系统外观及内部结构三维图 （融科储能公司研制）

表 4-9 200kW/800kW·h 钒电池系统参数表

参数	数值	参数	数值
额定功率	200kW	电堆	20kW×10,5 串 2 并
额定容量	800kW·h	使用温度	−20～40℃
DC 电压	250～390V	尺寸	12.5m×7.2m×2.5m
额定电流	DC 640A		

4.4.4 离网供电系统

离网型可再生能源发电系统已成为偏远地区、边防海岛、通信基站等应用场合的重要电力解决方案。储能是离网可再生能源供电系统中不可或缺的重要组成部分（图 4-65）。以光伏发电为例，其最大输出功率取决于日照辐射度。随着季节变化和昼夜变化，太阳高度角和方位角周而复始地改变，外加天气因素对大气质量的影响，使得光伏机组接收的太阳辐射量波动较大、难以预测。传统的离网供电系统一般采取添加柴油机的方式保证系统供电连续，或者必要时中断供电以保证系统安全。柴油机混合发电系统不能自治运行，而且油料燃烧将带来环境污染。加入储能装置，则既可起到平抑系统电能波动、缓解发电量和负荷需求矛盾的作用，又可实现系统的自治运行。

当风力较强或光照良好时，储能设备将多余的电能储存起来；在风力较弱或日照不足时，再将储存的能量转换为电能，继续向负荷供电，保证系统供电的连续性。与此同时，可再生能源发电带来的电压波动可通过储能装置平抑，达到平滑输出的效果。

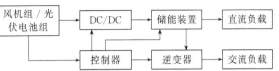

图 4-65 具有储能装置的离网型
风/光发电系统结构图示

由于离网供电系统规模较小，一般在几千瓦到数十千瓦，是液流电池应用示范初期的重要领域。无市电或弱市电地区的新能源通信基站是一种典型的离网用电模式，钒电池因其循环寿命长、免维护、备点时间长等优势成为新能源基站的储能设备佳选。钒电池制造商纷纷开发通信基站市场。如普能公司针对无市电或弱市电地区的新能源通信基站推出了额定功率 5～10kW，电压等级 48V（DC），储能容量 10kW·h、20kW·h、40kW·h 的全钒液流电池系统，并广泛开展了应用，以提高新能源供电稳定性、减少柴油机的使用。表 4-10 及图 4-66 列出了一些典型项目[29]。

表 4-10	普能世纪科技有限公司向通信基站领域供应的钒电池情况				
应用情况		规格/kW	数量	交货时间	应用国家/地区
离网电信服务供应商		5～10	1	2009 年 12 月	土耳其
离网电信服务供应商——减少柴油机的使用/绿色离网基站使用		5～10	16	2010 年 1、2、10 月	东非
阿联酋离网电信服务供应商——减少柴油机的使用		5～10	1	2010 年 5 月	中东
离网电信服务供应商——光伏应用集成、减少基站柴油机的使用		5～10	3	2011 年 9 月	印度

奥地利 Cellstrom 公司也针对新能源通信基站，推出 10kW/100kW•h 钒电池系统（cellcube FB 10-100，如图 4-66 所示），可为 1kW 基站负载提供 4 天的备电容量，每年可节约柴油 13140 L[101]。该系统由 10 个 1kW 电堆构成。通过 3 套液体回路控制，根据实际工作情况，实现 2kW、4kW、4kW 的分级运行，有效提高了系统效率。另外，有效的热管理系统设计也大大拓宽了电池系统的使用温度范围。

2006 年，VRB POWER 公司在丹麦 Risø 国家实验室以及 Aalborg 大学分别安装了 15kW/120kW•h 及 5kW/20kW•h 的 VFB 系统（图 4-67），作为风力发电及风光发电系统的储能单元，以评价离网可再生能源系统的利用效率。

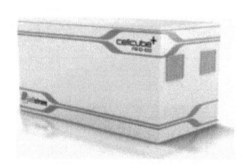

图 4-66　Cellstrom 公司 cellcube FB10-100 钒电池系统外观

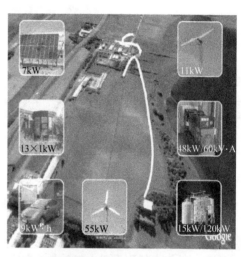

图 4-67　丹麦 Risø 国家实验室 VFB 系统

2011 年，融科储能公司在大连蛇岛自然保护区（位于大连旅顺口区西北部的渤海中的岛屿）建造了一座离网的太阳能/钒液流电池储能供电系统，提供岛上工作人员生活和工作用电（图 4-68 为供电方案示意图）。在此之前，旅顺蛇岛自然保护区的用电完全由柴油发电机来提

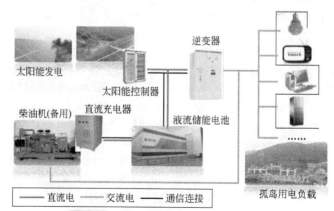

图 4-68　旅顺蛇岛微网供电方案示意图

供，但是柴油机噪声大，不利于生态环境，且柴油的输运也很困难。融科储能公司的供电方案中包括 21kW 太阳能光伏发电系统、10kW/200kW·h 钒液流电池系统以及逆变器等相关控制设备。该 10kW/200kW·h 钒液流电池系统由 10 个 1kW 电堆采用 5 串 2 并的方式连接构成，通过 2 套液体回路实现分级控制。该系统的使用大大降低了柴油机的使用。

4.5　前景与挑战

尽管我国液流电池储能技术水平国际领先，但要推进液流电池储能技术的产业，需要政府、企业以及相关研究机构的共同努力，不断创新，完善技术，大幅度降低液流电池的制造成本，满足产业化的要求。只有降低成本，才能真正将全钒液流电池储能技术推向市场。提高液流电池的可靠性、稳定性，降低成本主要包括以下挑战：

① 开发新一代高性能、低成本的国产化全钒液流电池关键材料和电堆技术，提高电池功率密度和性价比。目前液流电池堆的功率密度较低、材料用量大，成本高，严重影响其产业化。研究开发钒电解质溶液的稳定化技术，拓展钒电解质溶液的使用温度范围；结合新型电堆结构设计优化，研究开发高功率密度全钒液流电池电堆技术，使电堆的工作电流密度由现在的 $60\sim80\,mA/cm^2$ 提高到 $160\sim200\,mA/cm^2$。突破高运行电流密度，即高功率密度液流电池电堆的设计与组装技术、高可靠性系统单元模块的集成与控制技术，掌握液流电池工程化及产业化技术平台，使其功率密度提高一倍以上，大幅度减少液流电池电堆的材料的使用量，从而大幅度降低材料成本。

② 开发高可靠性、高稳定性、低成本的大功率液流电池单体电堆技术，以大功率单体电堆，集成集装箱组合式液流电池单元储能系统模块，开发优化高效的液流电池管理系统、储能系统控制策略及综合能量管理技术。并在大规模可再生能源发电、分布式供电及电网调峰领域开展应用示范，探索液流电池储能技术的商业化模式，推进液流电池技术的产业化进程。

③ 制定国家液流储能电池相关标准，并申请成为国际标准，提高我国液流电池储能技术在国际电器工业委员会（IEC）的话语权，奠定全球全钒液流电池技术的领军地位。

全钒液流电池技术已接近成熟，处于产业化初级的应用示范阶段，需要政府加大对储能新技术开发、工程转化、应用示范、产业化等方面的经费支持力度，择优支持创新能力强、具有自主知识产权的企业给予重点支持。界定风场、储能、电网之间的利益关系，研究并明确储能产业政策，规范储能技术标准，推动储能技术的市场应用，稳健推进钒电池的产业化进程。

参 考 文 献

[1] Dunn B，Kamath H，Tarascon J M. Electrical energy storage for the grid：a battery of choices. Science，2011，334 (6058)：928-935.

[2] Yang Z，Liu J，Baskaran S，et al. Enabling renewable energy—and the future grid—with advanced electricity storage. JOM Journal of the Minerals，Metals and Materials Society，2010，62 (9)：14-23.

[3] Rastler D M. Electricity energy storage technology options：a white paper primer on applications，costs and benefits. Electric Power Research Institute，2010.

[4] Yang Z，Zhang J，Kintner-Meyer M C W，et al. Electrochemical energy storage for green grid. Chemical Reviews，2011，111 (5)：3577-3613.

[5] Li X，Zhang H，Mai Z，et al. Ion exchange membranes for vanadium redox flow battery (VRB) applications. Energy & Environmental Science，2011，4 (4)：1147-1160.

[6] Skyllas - Kazacos M，Kazacos G，Poon G，et al. Recent advances with UNSW vanadium - based redox flow batteries. International Journal of Energy Research，2010，34 (2)：182-189.

[7] Chieng S C，Kazacos M，Skyllas-Kazacos M. Preparation and evaluation of composite membrane for vanadium redox battery applications. Journal of Power Sources，1992，39 (1)：11-19.

[8] Sukkar T，Skyllas-Kazacos M. Membrane stability studies for vanadium redox cell applications. Journal of Applied Electrochemistry，2004，34 (2)：137-145.

[9] Sukkar T，Skyllas-Kazacos M. Modification of membranes using polyelectrolytes to improve water transfer properties in the vanadium redox battery. Journal of Membrane Science，2003，222 (1)：249-264.

［10］ Menictas C，Cheng M，Skyllas-Kazacos M. Evaluation of an NH_4VO_3-derived electrolyte for the vanadium-redox flow battery. Journal of Power Sources，1993，45 (1)：43-54.

［11］ Skyllas-Kazacos M，Peng C，Cheng M. Evaluation of precipitation inhibitors for supersaturated vanadyl electrolytes for the vanadium redox battery. Electrochemical and Solid-State Letters，1999，2 (3)：121-122.

［12］ Kazacos M，Cheng M，Skyllas-Kazacos M. Vanadium redox cell Electrolyte optimization studies. Journal of Applied Electrochemistry，1990，20 (3)：463-467.

［13］ Haddadi-Asl V，KAZACos M，Skyllas-Kazacos M. Conductive carbon-polypropylene composite electrodes for vanadium redox battery. Journal of Applied Electrochemistry，1995，25 (1)：29-33.

［14］ Zhong S，Kazacos M，Burford R P，et al. Fabrication and activation studies of conducting plastic composite electrodes for redox cells. Journal of Power Sources，1991，36 (1)：29-43.

［15］ Zhong S，Kazacos M，Kazacos M S，et al. Flexible，conducting plastic electrode and process for its preparation：US 5665212. 1997-09-09.

［16］ Rychcik M，Skyllas-Kazacos M. Characteristics of a new all-vanadium redox flow battery [J]．Journal of Power Sources，1988，22 (1)：59-67.

［17］ Haddadi-Asl V，KAZACos M，Skyllas-Kazacos M. Conductive carbon-polypropylene composite electrodes for vanadium redox battery. Journal of Applied Electrochemistry，1995，25 (1)：29-33.

［18］ Zhong S，Kazacos M，Burford R P，et al. Fabrication and activation studies of conducting plastic composite electrodes for redox cells. Journal of Power Sources，1991，36 (1)：29-43.

［19］ Kazacos M，Skyllas-Kazacos M. Performance characteristics of carbon plastic electrodes in the all-vanadium redox cell. Journal of the Electrochemical Society，1989，136 (9)：2759-2760.

［20］ Skyllas-Kazacos M，Rychcik M，Robins R G，et al. New all-vanadium redox flow cell. J Electrochem Soc，1986，133：1057-1058.

［21］ Zhong S，Skyllas-Kazacos M. Electrochemical behaviour of vanadium (V) /vanadium (Ⅳ) redox couple at graphite electrodes. Journal of Power Sources，1992，39 (1)：1-9.

［22］ Sun B，Skyllas-Kazacos M. Modification of graphite electrode materials for vanadium redox flow battery application——Ⅰ. Thermal treatment. Electrochimica Acta，1992，37 (7)：1253-1260.

［23］ Sun B，Skyllas-Kazacos M. Chemical modification of graphite electrode materials for vanadium redox flow battery application——part Ⅱ. Acid treatments. Electrochimica Acta，1992，37 (13)：2459-2465.

［24］ Li X，Huang K，Liu S Q，et al. Characteristics of graphite felt electrode electrochemically oxidized for vanadium redox battery application. Transactions of Nonferrous Metals Society of China，2007，17 (1)：195-199.

［25］ W Zhang，J Xi，Z Li，et al. Electrochemical activation of graphite felt electrode for VO^{2+}/VO_2^+ redox couple application. Electrochimica Acta，2013，89 (1)：429-435.

［26］ Sun B，Skyllas-Kazakos M. Chemical modification and electrochemical behaviour of graphite fibre in acidic vanadium solution. Electrochimica Acta，1991，36 (3-4)：513-517.

［27］ Wang W H，Wang X D. Investigation of Ir-modified carbon felt as the positive electrode of an all-vanadium redox flow battery. Electrochimica Acta，2007，52 (24)：6755-6762.

［28］ Li B，Gu M，Nie Z，et al. Bismuth nanoparticle decorating graphite felt as a high-performance electrode for an all-vanadium redox flow battery. Nano letters，2013，13 (3)：1330-1335.

［29］ Flox C，Rubio-Garcia J，Nafria R，et al. Active nano-$CuPt_3$ electrocatalyst supported on graphene for enhancing reactions at the cathode in all-vanadium redox flow batteries. Carbon，2012，50 (6)：2372-2374.

［30］ Kim K J，Park M S，Kim J H，et al. Novel catalytic effects of Mn_3O_4 for all vanadium redox flow batteries. Chemical Communications，2012，48 (44)：5455-5457.

［31］ Aaron D S，Liu Q，Tang Z，et al. Dramatic performance gains in vanadium redox flow batteries through modified cell architecture. Journal of Power sources，2012，206：450-453.

［32］ Yue L，Li W，Sun F，et al. Highly hydroxylated carbon fibres as electrode materials of all-vanadium redox flow battery. Carbon，2010，48 (11)：3079-3090.

［33］ Manahan M P，Liu Q H，Gross M L，et al. Carbon nanoporous layer for reaction location management and performance enhancement in all-vanadium redox flow batteries. Journal of Power Sources，2013，222：498-502.

［34］ Zhu H Q，Zhang Y M，Yue L，et al. Graphite - carbon nanotube composite electrodes for all vanadium redox flow battery. Journal of Power Sources，2008，184 (2)：637-640.

［35］ Shao Y，Wang X，Engelhard M，et al. Nitrogen-doped mesoporous carbon for energy storage in vanadium redox flow batteries. Journal of Power Sources，2010，195 (13)：4375-4379.

［36］ Han P，Wang H，Liu Z，et al. Graphene oxide nanoplatelets as excellent electrochemical active materials for VO^{2+} andV^{2+}/V^{3+} redox couples for a vanadium redox flow battery. Carbon，2011，49 (2)：693-700.

［37］ Chakrabarti M H, Roberts E P L, Bae C, et al. Ruthenium based redox flow battery for solar energy storage. Energy Conversion and Management, 2011, 52 (7): 2501-2508.

［38］ 林昌武, 付小亮, 周涛, 等. 钒电池集流板用导电塑料的研制. 塑料工业, 2009, 37 (1): 71-74.

［39］ 许茜, 冯士超, 乔永莲, 等. 导电塑料作为钒电池集流板的研究. 电源技术, 2007, 31 (5): 406-408.

［40］ Hagg C M, Skyllas-Kazacos M. Novel bipolar electrodes for battery applications. Journal of Applied Electrochemistry, 2002, 32 (10): 1063-1069.

［41］ Qian P, Zhang H, Chen J, et al. A novel electrode-bipolar plate assembly for vanadium redox flow battery applications. Journal of Power Sources, 2008, 175 (1): 613-620.

［42］ Rahman F, Skyllas-Kazacos M. Solubility of vanadyl sulfate in concentrated sulfuric acid solutions. Journal of Power Sources, 1998, 72 (2): 105-110.

［43］ Vijayakumar M, Li L, Graff G, et al. Towards understanding the poor thermal stability of V^{5+} electrolyte solution in vanadium redox flow batteries. Journal of Power Sources, 2011, 196 (7): 3669-3672.

［44］ Skyllas - Kazacos M, Menictas C, Kazacos M. Thermal stability of concentrated V (Ⅴ) electrolytes in the vanadium redox cell. Journal of the Electrochemical Society, 1996, 143 (4): L86-L88.

［45］ Rahman F, Skyllas-Kazacos M. Vanadium redox battery: Positive half-cell electrolyte studies. Journal of Power Sources, 2009, 189 (2): 1212-1219.

［46］ Kausar N, Howe R, Skyllas-Kazacos M. Raman spectroscopy studies of concentrated vanadium redox battery positive electrolytes. Journal of Applied Electrochemistry, 2001, 31 (12): 1327-1332.

［47］ Kim S, Vijayakumar M, Wang W, et al. Chloride supporting electrolytes for all-vanadium redox flow batteries. Physical Chemistry Chemical Physics, 2011, 13 (40): 18186-18193.

［48］ Li L, Kim S, Wang W, et al. A stable vanadium redox - flow battery with high energy density for large - scale energy storage. Advanced Energy Materials, 2011, 1 (3): 394-400.

［49］ Peng S, Wang N F, Wu X J, et al. Vanadium species in CH_3SO_3H and H_2SO_4 mixed acid as the supporting electrolyte for vanadium redox flow battery. International Journal of Electrochemical Science, 2012, 7 (1): 643-649.

［50］ Lee J G, Park S J, Cho Y I, et al. A novel cathodic electrolyte based on $H_2C_2O_4$ for a stable vanadium redox flow battery with high charge - discharge capacities. RSC Advances, 2013, 3 (44): 21347-21351.

［51］ Liu Q, Sleightholme A E S, Shinkle A A, et al. Non-aqueous vanadium acetylacetonate electrolyte for redox flow batteries. Electrochemistry Communications, 2009, 11 (12): 2312-2315.

［52］ Chang F, Hu C, Liu X, et al. Coulter dispersant as positive electrolyte additive for the vanadium redox flow battery. Electrochimica Acta, 2012, 60: 334-338.

［53］ Skyllas-Kazacos M, Peng C, Cheng M. Evaluation of precipitation inhibitors for supersaturated vanadyl electrolytes for the vanadium redox battery. Electrochemical and Solid-State Letters, 1999, 2 (3): 121-122.

［54］ 梁艳, 何平, 于婷婷, 等. 添加剂对全钒液流电池电解液的影响. 西南科技大学学报, 2008, 23 (2): 11-14.

［55］ Skyllas-Kazacos M. Vanadium redox battery system - with additive ions giving stabilisation and kinetic enhancement: WO 8905526-A. 1989-06-15.

［56］ Zhang J, Li L, Nie Z, et al. Effects of additives on the stability of electrolytes for all-vanadium redox flow batteries. Journal of Applied Electrochemistry, 2011, 41 (10): 1215-1221.

［57］ Huang F, Zhao Q, Luo C H, et al. Influence of Cr^{3+} concentration on the electrochemical behavior of the anolyte for vanadium redox flow batteries. Chinese Science Bulletin, 2012: 1-7.

［58］ Kazacos M S, Kazacos M. Stabilized electrolyte solutions, methods of preparation thereof and redox cells and batteries containing stabilized electrolyte solutions: US 6143443. 2000-11-07.

［59］ Li S, Huang K, Liu S, et al. Effect of organic additives on positive electrolyte for vanadium redox battery. Electrochimica Acta, 2011, 56 (16): 5483-5487.

［60］ Zawodzinski T A, Derouin C, Radzinski S, et al. Water uptake by and transport through Nafion® 117 membranes. Journal of the Electrochemical Society, 1993, 140 (4): 1041-1047.

［61］ Sun C, Chen J, Zhang H, et al. Investigations on transfer of water and vanadium ions across Nafion membrane in an operating vanadium redox flow battery. Journal of Power Sources, 2010, 195 (3): 890-897.

［62］ Li X, Zhang H, Mai Z, et al. Ion exchange membranes for vanadium redox flow battery (VRB) applications. Energy & Environmental Science, 2011, 4 (4): 1147-1160.

［63］ Mai Z, Zhang H, Li X, et al. Sulfonated poly (tetramethydiphenyl ether ether ketone) membranes for vanadium redox flow battery application. Journal of Power Sources, 2011, 196 (1): 482-487.

［64］ Li Y, Li X, Cao J, et al. Composite porous membranes with an ultrathin selective layer for vanadium flow batteries. Chemical Communications, 2014, 50 (35): 4596-4599.

［65］ Wang Y, Wang S, Xiao M, et al. Amphoteric ion exchange membrane synthesized by direct polymerization for vanadium redox flow battery application. International Journal of Hydrogen Energy, 2014, 39 (28): 16123-16131.

[66] Qiu J, Zhao L, Zhai M, et al. Pre-irradiation grafting of styrene and maleic anhydride onto PVDF membrane and subsequent sulfonation for application in vanadium redox batteries. Journal of Power Sources, 2008, 177 (2): 617-623.

[67] Qiu J, Li M, Ni J, et al. Preparation of ETFE-based anion exchange membrane to reduce permeability of vanadium ions in vanadium redox battery. Journal of Membrane Science, 2007, 297 (1): 174-180.

[68] Luo X, Lu Z, Xi J, et al. Influences of permeation of vanadium ions through PVDF-g-PSSA membranes on performances of vanadium redox flow batteries. The Journal of Physical Chemistry B, 2005, 109 (43): 20310-20314.

[69] Zhang H, Zhang H, Li X, et al. Nanofiltration (NF) membranes: the next generation separators for all vanadium redox flow batteries (VRBs)?. Energy & Environmental Science, 2011, 4 (5): 1676-1679.

[70] Mohammadi T, Kazacos M S. Evaluation of the chemical stability of some membranes in vanadium solution. Journal of Applied Electrochemistry, 1997, 27 (2): 153-160.

[71] Mohammadi T, Skyllas-Kazacos M. Characterisation of novel composite membrane for redox flow battery applications. Journal of Membrane Science, 1995, 98 (1-2): 77-87.

[72] Hwang G J, Ohya H. Preparation of cation exchange membrane as a separator for the all-vanadium redox flow battery. Journal of Membrane Science, 1996, 120 (1): 55-67.

[73] Chen D, Wang S, Xiao M, et al. Synthesis and characterization of novel sulfonated poly (arylene thioether) ionomers for vanadium redox flow battery applications. Energy & Environmental Science, 2010, 3 (5): 622-628.

[74] Chen D, Wang S, Xiao M, et al. Sulfonated poly (fluorenyl ether ketone) membrane with embedded silica rich layer and enhanced proton selectivity for vanadium redox flow battery. Journal of Power Sources, 2010, 195 (22): 7701-7708.

[75] Kim S, Tighe T B, Schwenzer B, et al. Chemical and mechanical degradation of sulfonated poly (sulfone) membranes in vanadium redox flow batteries. Journal of Applied Electrochemistry, 2011, 41 (10): 1201-1213.

[76] Hwang G J, Ohya H. Crosslinking of anion exchange membrane by accelerated electron radiation as a separator for the all-vanadium redox flow battery. Journal of Membrane Science, 1997, 132 (1): 55-61.

[77] Xing D, Zhang S, Yin C, et al. Effect of amination agent on the properties of quaternized poly (phthalazinone ether sulfone) anion exchange membrane for vanadium redox flow battery application. Journal of Membrane Science, 2010, 354 (1): 68-73.

[78] Xing D, Zhang S, Yin C, et al. Preparation and characterization of chloromethylated/quaternized poly (phthalazinone ether sulfone) anion exchange membrane. Materials Science and Engineering: B, 2009, 157 (1): 1-5.

[79] Trogadas P, Pinot E, Fuller T F. Composite, Solvent-Casted Nafion Membranes for Vanadium Redox Flow Batteries. Electrochemical and Solid-State Letters, 2011, 15 (1): A5-A8.

[80] Xi J, Wu Z, Qiu X, et al. Nafion/SiO$_2$ hybrid membrane for vanadium redox flow battery. Journal of Power Sources, 2007, 166 (2): 531-536.

[81] Teng X, Zhao Y, Xi J, et al. Nafion/organically modified silicate hybrids membrane for vanadium redox flow battery. Journal of Power Sources, 2009, 189 (2): 1240-1246.

[82] Sang S, Wu Q, Huang K. Preparation of zirconium phosphate (ZrP) /Nafion1135 composite membrane and H$^+$/VO^{2+} transfer property investigation. Journal of Membrane Science, 2007, 305 (1): 118-124.

[83] Luo Q T, Zhang H, Chen J, et al. Modification of Nafion membrane using interfacial polymerization for vanadium redox flow battery applications. Journal of Membrane Science, 2008, 311 (1): 98-103.

[84] Li X, Vandezande P, Vankelecom I F J. Polypyrrole modified solvent resistant nanofiltration membranes. Journal of Membrane Science, 2008, 320 (1): 143-150.

[85] Xi J, Wu Z, Teng X, et al. Self-assembled polyelectrolyte multilayer modified Nafion membrane with suppressed vanadium ion crossover for vanadium redox flow batteries. Journal of Materials Chemistry, 2008, 18 (11): 1232-1238.

[86] Mai Z, Zhang H, Li X, et al. Nafion/polyvinylidene fluoride blend membranes with improved ion selectivity for vanadium redox flow battery application. Journal of Power Sources, 2011, 196 (13): 5737-5741.

[87] Miyake S, Tokuda N. Battery diaphragms for alkaline or redox flow batteries are composite films of porous polytetrafluoroethylene and a crosslinked polymer formed by impregnation of the substrate and polymerization: CA 2292290-A1. 2000-06-14.

[88] Tian B, Yan C W, Wang F H. Proton conducting composite membrane from Daramic/Nafion for vanadium redox flow battery. Journal of Membrane Science, 2004, 234 (1): 51-54.

[89] Wei W, Zhang H, Li X, et al. Poly (tetrafluoroethylene) reinforced sulfonated poly (ether ether ketone) membranes for vanadium redox flow battery application. Journal of Power Sources, 2012, 208: 421-425.

［90］　Zhang H，Zhang H，Li X，et al. Silica modified nanofiltration membranes with improved selectivity for redox flow battery application. Energy & Environmental Science，2012，5（4）：6299-6303.

［91］　Zhang H，Zhang H，Li X，et al. Silica modified nanofiltration membranes with improved selectivity for redox flow battery application. Energy & Environmental Science，2012，5（4）：6299-6303.

［92］　Wei W，Zhang H，Li X，et al. Hydrophobic asymmetric ultrafiltration PVDF membranes：an alternative separator for VFB with excellent stability. Physical Chemistry Chemical Physics，2013，15（6）：1766-1771.

［93］　Butler P，Miller J L，Taylor P A. Energy storage opportunities analysis phase ii final report a study for the doe energy storage systems program. Sandia National Laboratories，2002，60：24.

［94］　McDowall J. Implementation of Storage with Renewables Industry Status. Gelsenkirchen First International Renewable Energy Storage Conference（IRES I），2006.

［95］　Skyllas-Kazacos M. G1 and G2 Vanadium Redox Batteries for Renewable Energy Storage. Gelsenkirchen：First International Renewable Energy Storage Conference（IRES I），2006.

［96］　中华人民共和国国家发展和改革委员会. 关于印发《电力需求侧管理办法的通知》发改运行［2010］2643 号. 2010-11-04. http：//www. sdpc. gov. cn/fzgggz/jjyx/dzxqcgl/201011/t20101116 _ 381342. html.

［97］　Energy Storage Program Planning Document. U. S. Department Of Energy Office Of Electricity Delivery & Energy Reliability，2011.

［98］　Doughty D H，Butler P C，Akhil A A，et al. Batteries for large-scale stationary electrical energy storage. The Electrochemical Society Interface，2010，19（3）：49-53.

［99］　Kuntz M T. 2MW • h Flow Battery Application by PacifiCorp in Utah. Presentation given at California Energy Commission Staff Workshop：Meeting California's Electricity System Challenges through Electricity Energy Storage，2005.

［100］　City of Painesville，Ohio-Vanadium Redox Battery Demonstration Program. U. S. Department Of Energy Office Of Electricity Delivery & Energy Reliability，2010.

［101］　VRB Power Sells Two VRB Energy Storage Systems To Winafrique Technologies. 2007-11-20. http：//www. spacedaily. com/reports/VRB_ Power _ Sells _ Two _ VRB _ Energy _ Storage _ Systems _ To _ Winafrique _ Technologies_999. html.

第5章 钠电池技术

5.1 引言

在衡量储能技术的多项技术指标中，容量成本是一个重要的甚至是需要优先考虑的问题。金属钠作为仅次于锂的第二轻金属元素，地壳中的丰度高达2.3%～2.8%，比锂高4～5个数量级（图5-1）。从成本角度来看，将钠应用于储能技术会产生一定的优势（表5-1）。近年来，基于钠元素的二次电池的研究不断升温。其实，钠硫电池这种基于陶瓷电解质的储能技术2002年起已经进入商业化应用阶段[1]，它所能实现的实际比能量与锂离子电池相当[2,3]，到2015年为止仍占据40%以上电池储能的市场，另一种安全性出众的钠氯化物电池也已在电动汽车、储能领域得到一定规模的应用[4,5]。锂离子电池的蓬勃发展也让人们联想到了钠离子电池甚至钠-空气电池，针对它们的研究近年来可谓如火如荼。各种储能技术的比能量比较见图5-2。

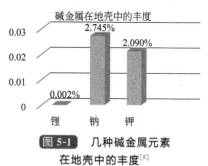

图 5-1　几种碱金属元素在地壳中的丰度[6]

表 5-1　不同碱金属原材料的价格

金属	规格/%	价格/(万元/t)	主要矿产
锂	≥99.7(工业级)	36～42	锂辉石,透锂长石,锂云母,磷锂铝石,铁锂云母
钠	≥99.7(工业级)	1.5～1.7	氯化钠,钠长石,芒硝(硫酸钠),天然碱(硅酸钠)等
钾	≥98.5(工业级)	8.5～9.5	氯化钾,钾长石,硫酸钾等

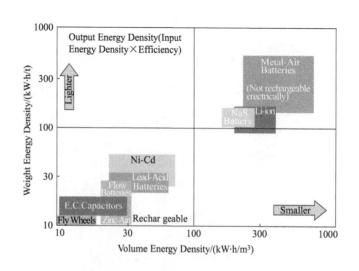

图 5-2　各种储能技术的比能量比较

5.2　钠硫电池

5.2.1　钠硫电池的原理与特点

钠硫电池是 1968 年美国福特汽车公司发明的，是最典型的金属钠为电极的二次电池之一，是目前应用非常成功的一种大规模静态储能技术[2,7,8]。从 2000 年到 2014 年，除抽水蓄能、压缩空气以及储热项目外，钠硫电池在全球储能项目中所占的比例为 $40\%\sim45\%$，占据领先地位。

钠硫电池（sodium sulfur battery，NAS）是一种以单一 Na^+ 导电的 Na-β''-Al_2O_3（或简称 β''-Al_2O_3）陶瓷兼作电解质和隔膜的二次电池，它分别以金属钠和单质硫作为阳极和阴极活性物质[9]。其电池形式如下：

$$(-)Na(液) \mid Na\text{-}\beta''\text{-}Al_2O_3 \mid Na_2S_x,S(液)(+)$$

基本的电池反应是：

负极反应：

$$2Na \longrightarrow 2Na^+ + 2e \tag{5-1}$$

正极反应：

$$2Na^+ + xS + 2e \longrightarrow Na_2S_x \tag{5-2}$$

总反应：

$$2Na + xS \longrightarrow Na_2S_x \tag{5-3}$$

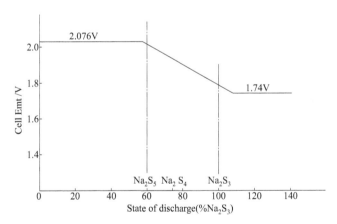

图 5-3　350℃时钠硫电池的电动势与放电深度的关系

图 5-3 是钠硫电池在 350℃时的电动势与放电深度的关系，在 S 含量为 $78\%\sim100\%$ 的区间内，硫电极中形成 S 与 $Na_2S_{5.2}$ 的不相容液相，电池的电动势稳定在 2.076V；随着放电的进一步进行，电池的电动势不断下降，直至 $Na_2S_{5.2}$ 反应至 $Na_2S_{2.7}$，电动势稳定在 1.74V。电池在实际工作过程中，由于极化的存在会导致充放电电压偏离电池的电动势，且充电过程的极化明显高于放电过程，即所谓的非对称极化。

钠硫电池的工作温度为 300~350℃。图 5-4 是中心钠负极的钠硫电池工作原理和结构示意图。金属钠装载在 Na-β''-Al_2O_3 电解质陶瓷管中形成负极。整个电池包括熔融钠负极、钠极毛细层、固体电解质、熔融硫（或多硫化钠）、硫极导电网络（一般为炭毡）、集流体和外壳兼集流体等部分。在电池的工作温度下，钠与硫均呈熔融态。电池放电时，负极钠失电子变为 Na^+，Na^+ 通过 β''-Al_2O_3 固体电解质迁移至正极与硫离子反应生成多硫化钠，同时电子经外电路到达正极使硫变为硫离子。反之，充电过程中，Na^+ 通过固体电解质返回负极与电子结合生成金属钠。电池的开路电压[10]与正极材料（Na_2S_x）的成分有关，通常为 1.6~2.1V。为了保证固体电解质 β''-Al_2O_3 具有足够高的离子导电，需要一定的温度，但另一方面，在过高的温度下，硫及多硫化钠会产生很高的蒸气压而在电池内部产生较大的压力，使电池的安全性能降低，因此钠硫电池的实际工作温度控制在300～350℃。除中心钠负极的设计外，还有将硫装入电解质陶瓷管内形成正极的中心硫设计，其电池工作原理相同，但由于硫中心的结构不利于电池的容量设计，实用化的电池基本采用中心钠负极的结构。

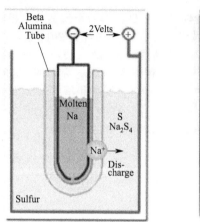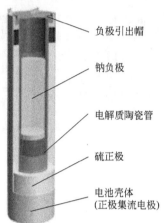

图 5-4 钠硫电池的工作原理与结构示意图

钠硫电池具有以下主要的特性[11～13]：

① 比能量高。钠硫电池理论比能量为760W·h/kg，实际比能量达到150～200W·h/kg，是铅酸电池的3～4倍。

② 容量大。用于储能的钠硫单体电池的容量可达到600A·h甚至更高，能量达到1200W·h以上，单模块的功率可达到数十千瓦，可直接用于储能。

③ 功率密度高，放电的电流密度可达到200～300mA/cm²，充电电流密度通常减半执行。

④ 库仑效率高。由于采用单离子导电的固体电解质，电池中几乎没有自放电现象，充放电效率几乎为100%。

⑤ 电池运行无污染。电池采用全密封结构，运行中无振动、无噪声，没有气体放出。

⑥ 寿命长。钠硫电池中没有副反应发生，各个材料部件具有很高的耐腐蚀性，产品的使用寿命达到10～15年。

⑦ 电池结构简单，制造便利，原料成本低，维护方便。

但钠硫电池也存在一些劣势，首先钠硫电池在300～350℃温度区间运行，为储能系统的维护增加了难度。其次，液态的钠与硫在直接接触时会发生剧烈的放热反应，给储能系统带来很大的安全隐患，钠硫电池中使用陶瓷电解质隔膜，本身具有一定的脆性，运输和工作过程中可能发生对陶瓷的损伤或破坏，一旦陶瓷破裂，将发生钠与硫的直接反应，造成安全问题。此外，钠硫电池在组装过程中，需要操作熔融的金属钠，需要有非常严格的安全措施。

5.2.2 管型钠硫电池

5.2.2.1 固体电解质的特性与制备

钠硫电池是基于陶瓷电解质的二次电池，Na-β″-Al₂O₃陶瓷也是钠硫电池的核心材料和难点技术[14,15]。在实用化管式钠硫电池中使用的Na-β″-Al₂O₃电解质需制备成一端封底的陶瓷管，图5-5是由中国科学院上海硅酸盐研究所研制并已批量化生产的Na-β″-Al₂O₃电解质陶瓷管，左图中的大尺寸及右图陶瓷管的外径约60mm，壁厚约1.5mm，长度500mm，用于大容量储能钠硫电池，左图中小尺寸陶瓷管外径15mm，长度约15cm，用于30A·h以下容量电池的制备[16]。

Na-β″-Al₂O₃实际上是一类铝酸钠盐，统称为Na-β″-Al₂O₃（或简称为beta-Al₂O₃）的铝酸盐

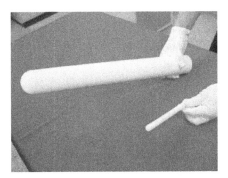
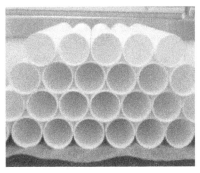

图 5-5　我国研制的 Na-β″-Al₂O₃ 电解质陶瓷管

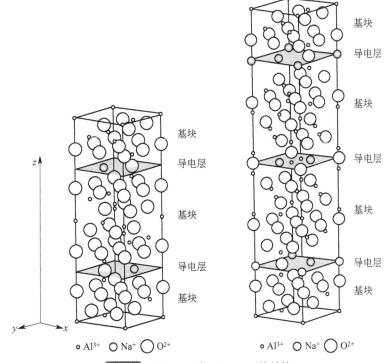

图 5-6　β-Al₂O₃ 和 β″-Al₂O₃ 的结构

中的一种。根据其结构特征不同，beta-Al₂O₃ 主要有 β-Al₂O₃ 和 β″-Al₂O₃ 两种相结构[17,18]，图 5-6 即是 β-Al₂O₃ 和 β″-Al₂O₃ 的结构图。其中 β-Al₂O₃ 的化学式为 $Na_2O \cdot 11Al_2O_3$，具有六方结构，空间群 $P6_3/mmc$，晶格常数 $a=5.59$Å（1Å$=10^{-10}$ m），$c=22.53$Å；β″-Al₂O₃ 的化学式为 $Na_2O \cdot 5.33Al_2O_3$，具有三方结构，空间群 R3m，晶格常数 $a=5.59$Å，$c=33.95$Å；β-Al₂O₃ 的结构可视为由 Al、O 原子密堆积的尖晶石基块和 Na、O 原子疏松排列的中间层组成，尖晶石基块具有与 $MgAl_2O_4$ 相同的原子排列，氧呈立方密堆积，Al^{3+} 占据其中的四面体和八面体间隙位置[19]。基块之间则依靠其中的铝原子与钠氧层中的氧原子形成的 Al—O—Al 桥进行连接。一个单位晶胞内含有两个尖晶石基块，相邻的基块呈镜面对称。中间层中存在很大比例的空位，为 Na⁺ 在层内的迁移提供了通道，而在尖晶石基块中原子是密堆积的，没有可提供离子迁移的空位和通道，因此，beta-Al₂O₃ 的钠离子传导是各向异性的，只能在钠氧层内进行。

　　中子衍射分析[20]表明，在钠氧层中的分布是无序的，随机地占据部分等效位置，随着温度的升高，这种无序性增加。与 β-Al₂O₃ 不同的是，β″-Al₂O₃ 的单胞由三个尖晶石基块组成，且相邻的两个基块呈三次螺旋轴非对称分布，钠氧层中的原子密度比 β-Al₂O₃ 更小，空间更大，空位更多，Na⁺ 迁移的势垒更小，因此 β″-Al₂O₃ 的离子电导率大于 β-Al₂O₃，在钠硫电池中实际使用的基本都是高电导率的 β″-Al₂O₃ 的陶瓷。β″-Al₂O₃ 在 150℃ 附近发生二维的有序/无序转化，在高温区中间层内形成准液态的离子无序分布，这种特征使电导活化能大大降低，电导率-温度曲线在该温度处发生了转折，偏离 Arrehnius 线性关系。而 β-Al₂O₃ 则在整个温度范围内服从 Arrehnius 线性关系。

β″-Al₂O₃ 是高钠含量的亚稳定结构，通常需要加入 MgO 或 Li₂O 等稳定剂对 β″-Al₂O₃ 的结构进行稳定[21]。研究发现，当稳定剂的阳离子半径小于 0.97Å 时，可以用来稳定 β″-Al₂O₃ 相，而当其大于 0.97Å 时不能够起到对 β″-Al₂O₃ 相的稳定作用，只能得到 β-Al₂O₃ 相。单晶 β-Al₂O₃ 垂直于 c 轴方向上 300℃ 时的电阻率低至 2.5Ω·cm，与熔盐的数量级相同。由于其结构的各向异性，陶瓷的电阻率要比单晶低[22]。多晶或陶瓷 beta-Al₂O₃ 的离子导电性主要取决于三方面的因素：①β-Al₂O₃ 和 β″-Al₂O₃ 相的相对含量；②化学组成；③显微结构与晶粒大小。

研究结果[23]表明，beta-Al₂O₃ 陶瓷的离子电导率与 β 和 β″-Al₂O₃ 两相的相对含量成线性关系，陶瓷中的 β″-Al₂O₃ 相含量越高，则电阻率越低，导电性越好；显微结构对导电性也有较显著的影响，通过特殊的工艺制备均匀晶粒尺寸的粗晶和细晶 β″-Al₂O₃ 陶瓷并测试其导电性能，发现 300℃ 时粗晶陶瓷（约 100μm）的电阻率为 2.81Ω·cm，细晶试样（1~2μm）则高达 4.8Ω·cm，二者的活化能亦有较大差距，分别为 5.11~5.60kcal/mol 和 3.66~4.22kcal/mol。但另一方面，由于 beta-Al₂O₃ 具有二维结构特征，使多晶陶瓷中晶粒往往表现出一定的取向性，因而粗晶陶瓷的导电性会呈现一定的各相异性，影响其使用性能。与此同时，晶粒过分生长会导致 beta-Al₂O₃ 陶瓷强度、断裂韧性等力学性能显著下降，致使其在各种电化学器件中的使用寿命大大缩短，因此，实际使用的陶瓷应具有均匀的细晶显微结构[24]。

化学组成对陶瓷导电性的影响比较复杂，首先需要将 β-Al₂O₃ 基本组分如 Na₂O、Li₂O 或 MgO 等[25]的比例控制在一定的范围内，以获得最佳的离子导电性；另一方面，杂质对导电性的影响也十分显著，如 CaO、SiO₂ 等[26]通常都是以较大的团聚体混入粉体中并最终在陶瓷的晶界上形成较大尺寸的非导电相，不仅使陶瓷的电导率降低，而且还会引起晶粒的异常长大。

值得注意的是，beta-Al₂O₃ 中的 Na⁺ 具有高度的离子交换性，特别是 β″-Al₂O₃ 中的 Na⁺ 几乎可以被所有的一价、二价和三价阳离子交换，其交换的程度取决于交换阳离子在交换介质中的浓度，浓度越高，被交换的 Na⁺ 量越大，一定的时间后，Na⁺ 与交换离子之间会达到平衡。不同的阳离子被交换到 beta-Al₂O₃ 中后，会引起其晶胞参数的变化，特别是大尺寸的阳离子会使 c 轴方向发生十分明显的变化。在陶瓷中发生离子交换，当晶胞尺寸发生明显变化时，会使陶瓷的微结构以及力学性能发生严重的损害，甚至会使陶瓷产生微裂纹，甚至破裂。因此钠硫电池的电极材料需要很高的纯度，以免发生破坏性的离子交换。除了通常的各种金属离子外，水合质子也可以对 beta-Al₂O₃ 中的 Na⁺ 进行交换，被交换的 beta-Al₂O₃ 的 c 轴晶胞参数发生显著的增大，陶瓷的力学强度会被显著破坏，因此，beta-Al₂O₃ 陶瓷通常需要在干燥的环境中进行保存。

高质量的 β″-Al₂O₃ 陶瓷管是钠硫电池获得高性能的前提。钠硫电池装配通常都是在常温下进行的，装配时要求所有的部件具有很高的尺寸精度，从而保证装配电池的可靠性。由于 β″-Al₂O₃ 中碱金属含量高，二维的晶体结构特征以及成分的不均匀性使陶瓷中的晶粒很容易发生过分长大；钠在高温下具有高度的挥发性，陶瓷的成分很容易偏离设计的计量比；约在 1580℃ 时，陶瓷中会出现大量的液相，一方面它可以促进陶瓷的烧成，而另一方面又会导致烧结的陶瓷管产生严重的变形。

对 β″-Al₂O₃ 陶瓷的制备工艺已经开展了大量的研究工作[27~29]。其中固相反应法是最常见且被广泛应用于批量化生产的技术。其基本的工艺步骤包括：前驱粉体的合成与造粒，素坯的成型与脱塑，烧成与加工。针对各个步骤也形成了一系列不同的方法。如粉体的合成，最简单的方法是将 α-Al₂O₃、NaOH 或 Na₂CO₃、MgOH 或 MgO、Li₂CO₃ 等化合物按照一定的比例在水或有机介质中球磨混合成均匀的浆料，通过喷雾等方法进行干燥和造粒形成高流动性的陶瓷粉体，采用等静压等各种方法成型得到素坯，经 1600℃ 以上高温烧结后得到致密的陶瓷，再经过必要的加工即得到要求尺寸的陶瓷管。陶瓷管的相对密度通常达到 99％ 以上，陶瓷管的压环强度达到 250～300MPa。

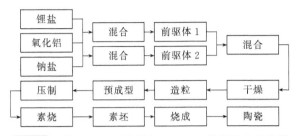

图 5-7　基于双 Zeta 法制备 β″-Al₂O₃ 陶瓷的工艺路线

美国盐湖城犹他大学和 Ceramatec 公司[30]合作研制了一种基于 Li₂O 稳定剂的 Zeta 工艺路线，其中以 Li₂O 和 Al₂O₃ 预先反应形成 Zeta 铝酸锂。我国中科院上海硅酸盐研究所进一步研制了双 Zeta 工艺[31]，图 5-7 即是这种工艺的基本流程，首先将锂盐和钠盐分别与 α-Al₂O₃ 进行反应，合成得到铝酸锂和铝酸钠化合物，Zeta 铝酸锂具有与尖晶石类似的结构，铝酸钠的结构类似于 Na-β-Al₂O₃，被类似地称作为 Zeat 铝酸钠，前驱铝酸盐的形成一方面可以有效地提高低含量组分钠和锂在最终材料中分布的均匀性，同时 Zeta 结构的形成可以引导 β″-Al₂O₃ 结构的生成，因此，用这种双 Zeta 工艺可以获得高均匀性的 β″-Al₂O₃ 陶瓷管，并可以实现规模化的制备。为了进一步提高陶瓷粉体的烧结活性，各种的化学法也用于合成前驱化合物，包括溶胶凝胶法、燃烧法、双氢氧化物前驱体法、醇盐分解法等[28,32]。化学法合成的前驱体具有比固相合成法产物更高的烧结活性，粉体颗粒度细，化学组成均匀，但制备量小，成本高，很难适用于规模化生产。

等静压成型是一种低成本，易于放大的成型技术，日本 NGK 公司和中科院上海硅酸盐研究所主要采用这种成型技术，成型时坯体中含有的黏结剂等有机组分含量较低，经一定温度的素烧可以全部排除，对陶瓷的致密化基本不会产生影响。美国的 GE 公司最早研制了电泳法成型 β″-Al₂O₃ 陶瓷坯体，不需要进行等静压压制，即可获得高质量的陶瓷管，相对密度大于 99％，这种技术也被用于规模化制备中，这种技术的最大优势是对异型陶瓷的适应性强。此外，挤压成型也被应用于制备 β″-Al₂O₃ 陶瓷，所得最终产品的相对密度达到 98％，其主要的优势是成型的素坯壁厚均匀性高。

烧成是 β″-Al₂O₃ 陶瓷制备过程中最困难的步骤，如前所述，一方面，β″-Al₂O₃ 陶瓷中含有大量的碱金属组分，在高温时很容易挥发，同时在高于 1580℃ 时烧结体中会产生一定含量的液相，很容易引起陶瓷的变形，另外，强碱性的挥发物腐蚀性强，会对炉体、坩埚等产生严重的腐蚀，目前能适用于 β″-Al₂O₃ 陶瓷烧成的坩埚材料主要有铂金和氧化镁两种，从成本考虑，由于铂金可以反复利用，最终用于规模生产时的成本要低于氧化镁坩埚。

为了进一步优化 β″-Al₂O₃ 陶瓷，提高陶瓷的力学性能，多个实验室还开展了复合陶瓷的研究，其中，以 ZrO₂ 为第二相添加剂的复合体系最为有效，并在规模化制备中可以得到应用[33]。我们知道，ZrO₂ 具有单斜（m）、四方（t）和立方（c）三种同质异构体，随着温度的变化可以发生如下的相变：

$$m\text{-}ZrO_2 \underset{}{\overset{1170℃}{\rightleftharpoons}} t\text{-}ZrO_2 \underset{}{\overset{2370℃}{\rightleftharpoons}} c\text{-}ZrO_2 \underset{}{\overset{2680℃}{\rightleftharpoons}} 液相$$

其中 $t\text{-}ZrO_2 \longrightarrow m\text{-}ZrO_2$ 的相变表现为马氏体相变的特征，在相变过程中无热效应，无扩散，但产生约 8％ 的切向应变和 3％～5％ 的体积膨胀，这种 $t\text{-}ZrO_2 \longrightarrow m\text{-}ZrO_2$ 马氏体相变具有有效的增韧作用，被广泛应用到一系列复相陶瓷中。相分析表明，ZrO₂ 与 β″-Al₂O₃ 的复合陶瓷体系具有理想的化学相容性。两相之间不发生化学反应。

图 5-8 是加入不同含量的四方或立方 ZrO₂ 所形成的复合陶瓷的显微结构，未加入 ZrO₂ 时，β″-Al₂O₃ 陶瓷的晶粒均匀性很差，存在明显的异常大晶。加入 5％ZrO₂ 时，对异常晶粒的抑制作

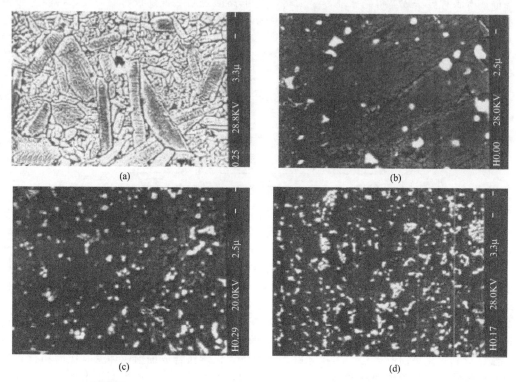

(a)

(b)

(c)

(d)

图 5-8　典型的 Na-β''-Al$_2$O$_3$ 陶瓷及其与 ZrO$_2$ 复合陶瓷的显微结构

用尚不明显；加入量为 10％时，有明显的抑制作用，加入量达到 15％时，β''-Al$_2$O$_3$ 晶粒的异常生长完全被抑制。ZrO$_2$ 作为第二相主要分布在 β''-Al$_2$O$_3$ 陶瓷的晶界上。无论是加入立方还是四方相 ZrO$_2$，复合陶瓷的力学性能较 β''-Al$_2$O$_3$ 陶瓷者有明显的改善，尤其在 t-ZrO$_2$-β''-Al$_2$O$_3$ 复合陶瓷中，应力诱导的 t-ZrO$_2$ $\longrightarrow$ m-ZrO$_2$ 相变增韧是其中的主要增韧增强机制[33]。除了上述的相变增韧外，微裂纹增韧以及裂纹偏转增韧也对复合陶瓷的力学性能提高起到了重要的作用，并同时存在于不同相 ZrO$_2$ 复合的陶瓷中。图 5-9 即反映了复合陶瓷断裂韧性 K_{IC} 受各种增韧机制的影响情况，其中 K_0 为基体 β''-Al$_2$O$_3$ 韧性，ΔK_1 为微裂纹增韧以及裂纹偏转增韧的贡献，ΔK_2 为相变增韧的贡献。断裂韧性的贡献比起微裂纹增韧以及裂纹偏转增韧要显著得多。氧化锆复合 β''-Al$_2$O$_3$ 陶瓷作为一种简单有效的技术路线，可直接应用于实用化陶瓷的制备中。

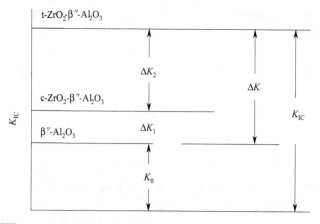

图 5-9　氧化锆与 Na-β''-Al$_2$O$_3$ 复合陶瓷中不同机制对断裂韧性的贡献

5.2.2.2　电池制造技术

单体钠硫电池采用全密封的结构设计，制备流程如图 5-10 所示。由于钠和硫都是很活泼的材料，不仅分隔正负极的电解质陶瓷需要完全致密，单电池相关的各种材料组合和密封的要求也很高，必须保证电池正负极室之间以及与外界完全隔离[34]。

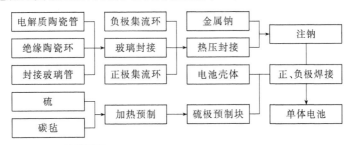

图 5-10　**单体钠硫电池制备的基本工艺流程**

负极是阳极反应和活性物质钠的储存室，作为钠硫电池的安全设计之一，在电解质陶瓷管表面制造毛细层可以控制钠向电解质表面输送的速度，避免陶瓷管破裂时大量的钠与硫之间的短路反应，毛细层可以是修饰在电解质陶瓷管内表面的碳[35]、金属[36]、氧化物等的多孔材料层，也可以是金属网，在毛细层的内表面衬有金属管，也称为钠芯，并在底部开孔与毛细层连通，钠即储存在金属管内[37]。批量制备电池时将定量熔融的钠直接加入负极室即可。

硫极通常采用预制技术制备，将熔融的硫注入与正极室相同形状和尺寸的碳材料内，冷却后凝固成预制的正极，电池组装时将预制的正极插入正极室后进行密封即可。预制硫极的技术简单实用，且适用于规模化生产，被广泛采用。

密封是钠硫电池的核心技术，密封性能直接影响电池的性能和寿命。和钠硫电池相关的密封技术包括陶瓷/陶瓷、陶瓷/金属以及金属/金属等不同材料部件之间的密封。其中，陶瓷与陶瓷，即 β''-Al_2O_3 陶瓷与 α-Al_2O_3 陶瓷绝缘件之间的密封主要采用玻璃密封的技术，通过调整玻璃的膨胀系数，可以实现两个部件之间高质量的密封。目前国内外已开始研发与 β''-或 α-陶瓷热系数更适应的玻璃陶瓷材料作为密封材料，这也是降低单电池成本的一个新途径[38]。金属与金属之间的密封主要指电池外壳（同时充当正极集流电极，一般采用不锈钢）与连接 α-Al_2O_3 陶瓷绝缘环的过渡不锈钢连接件之间的焊接，常用电子束或激光焊接技术焊接不锈钢件，可以达到很高的焊接质量。焊接时需要很好地控制功率，以保证焊接部位的温度适中而不损坏相邻的陶瓷和玻璃部件。

对于陶瓷与金属的密封，由于两种材料之间的膨胀系数相差大，是钠硫电池密封技术中的难点，它连接 α-Al_2O_3 陶瓷绝缘环和电池正、负极的集流电极。早期有采用法兰紧固式机械密封方式进行密封的，但结构复杂，且密封效果较一般。采用热压的技术可以实现高质量的金属/陶瓷密封，即热压封接。钠硫电池的热压封接采用金属铝作封接材料，在真空和一定的温度条件下通过施加一定的压力实现陶瓷和不锈钢之间的连接，真空热压封接可以保证钠硫电池的性能，并有稳定的长寿命，已被用于规模化制备。连续化金属陶瓷的热压封接有很大的技术难度，日本东京电力公司曾与 NGK、日立合作斥巨资（约 1 亿 5 千万日元）自行研制出 3.5h 间隔可以进行连续热压封接的六工位真空连续热压设备并成功批量制备出合格的热压封接件，为其钠硫电池的最终实际应用奠定了基础。图 5-11 是由中科院上海硅酸盐研究所与上海市电力公司合作研制的全自动方阵式多工作真空连续热压系统。整个装备涉及真空、气动、加热、推拉、冷却、液压、程控及降温、传动等九大系统最优化设计联动的全自动方阵式多轴真空连续热压系统装备，填补了国内的空白，制备的封接件具有很好的一致性和可靠性，被用于钠硫电池的批量化制备中。

5.2.2.3　电池性能与批量化

管型钠硫电池从 20 世纪 60 年代末开始针对动力应用有大量的研究机构和公司参与，相关的工作在 20 世纪 80 年代基本结束，由加拿大 Powerplex 公司与 ABB 公司联合研制的 A04 型电池（$\phi 35mm \times 230mm$）的 2h 工作容量达到（38 ± 2）A·h，比能量达到 176W·h/kg，2/3 开路电压

图 5-11　全自动方阵式多工位真空连续热压系统

时的比功率 370W/kg，平均寿命达到 1500 次，最高寿命 5000 次。日本 NGK 公司与东京电力公司自 1983 年开始对大容量储能钠硫电池合作研究[39,40]，开发成功 T4.1（$\phi62mm \times 375mm$）、T4.2（$\phi68mm \times 390mm$）和 T5（$\phi91mm \times 516mm$）三种规格的电池，电池的循环寿命超过 5000 次，容量的年衰减率约为 1.2%，效率的年退化率约为 0.2%，在放电深度（DOD）为 20%、90% 和 100% 时的循环寿命分别可达到 40000 次、4500 次和 2500 次，达到了可实用化的水平。由于钠硫电池良好的市场表现，2010 年 NGK 公司钠硫电池的生产能力比 2009 年提高了 50%，达到 150MW。仅在 2009 年，NGK 公司的合同订单就达到 600MW，其中分别与法国和阿联酋的公司签订了 150MW 和 300MW 的供货合同。储能钠硫电池也是当时唯一进入规模化商业应用的新能源储能技术，产品供不应求。

图 5-12　我国开发的 30A·h 车用（左图中小尺寸电池）以及 650-1 型储能钠硫电池

在我国，在 20 世纪 80 年代，中科院上海硅酸盐研究所研制了 30A·h 全密封车用钠硫电池并成功进行了车试[40,41]。2006 年起与上海电力公司合作，开发成功 650-1（$\phi89mm \times 560mm$）型储能电池（图 5-12），这也是目前国内外公开报道的最大容量单体电池，质量比能量达到 160W·h/kg，体积比能量 347W·h/L，体积比功率 40W/L，可实现近千次的循环。2007 年 1 月研制成功容量达到 650A·h 的单体钠硫电池，并在 2009 年建成了具有年产 2MW 单体电池生产能力的中试线，可以连续制备容量为 650A·h 的单体电池。中试线涉及各种工艺和检测设备百余台套，其中有近 2/3 为自主研发，拥有多项自主知识产权，形成了有自己特色的钠硫电池关键材料和电池的评价技术。2012 年 1 月由中科院上海硅酸盐研究所、上海市电力公司和上海电气集团联合成立了钠硫电池储能技术有限公司，实现储能钠硫电池的批量化生产与应用，设计产能为 50MW，成为世界上第二大钠硫电池生产企业。

NGK 公司开发了几种型号的储能钠硫电池模块，其中Ⅰ型和Ⅱ型的功率相同，但针对不同应用设计了不同的串并联方式，输出功率完全不同。表 5-2 是 NGK 基于 T5 单体电池开发的各种电池模块的性能参数。表 5-3 是我国钠硫电池公司开发的两种型号的模块（图 5-13）的性能参数。

表 5-2　NGK 开发的储能钠硫电池模块的性能

电池模块参数	50kW 模块		12.5kW 模块
	Ⅰ型	Ⅱ型	Ⅱ型
尺寸 $W \times D \times H$/mm	2170×1690×640		680×1400×649
质量/kg	3400		750
直流输出/kW	52.1	52.1	13.4
平均放电电压/V	59.7	597	132

续表

电池模块参数	50kW 模块		12.5kW 模块
	Ⅰ 型	Ⅱ 型	Ⅱ 型
能量/kW·h	375	375	80.4
电池连接方式	[8S×10P]×4S	320S	72S
最大功率/正常功率/%	NA	500	500

表 5-3　我国生产的钠硫电池模块的性能

模块型号	MCN1-5P	MCN1-25P
额定功率/kW	5	25
额定放电电流/A	240	240
放电时间/h	4～6	4～6
额定电压/V	28	144
过功率倍数/时间	1.5/1h	1.5/1h
工作电流电源	AC:380V/1A	AC:380V/3A
待机热损失/W	<350	<1900
电池连接方式	7S3P2S	12S3P6S
适应环境温度/℃	-20～65	-20～65
质量/kg	800	3500
尺寸 $W×D×H$/mm	976×956×1003	2100×1700×950

图 5-13　我国储能钠硫电池公司开发的 **5kW** 和 **25kW** 电池模块

目前，钠硫电池较高的制造成本、运行长期可靠性、规模化成套技术仍然是其大规模应用的重要瓶颈问题[42]。图 5-14 是 NGK 公司根据电池年产能估算的电池价格（仅电池系统本身，不含逆变器），可见制造规模是电池价格非常关键的决定因素。钠硫电池的价格中有 40% 来自其核心材料——电解质陶瓷管。低成本化的陶瓷与电池制造技术仍需要进行进一步的开发。

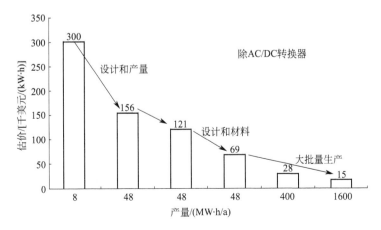

图 5-14　钠硫电池价格随年产能的变化估算

5.2.3　钠硫电池的应用

钠硫电池作为一种高能固体电解质二次电池最早发明于 20 世纪 60 年代中期[43,44]，早期的研究主要针对电动汽车的应用目标，美国的福特、日本的 YUASA、英国的 BBC 以及铁路实验室、德国的 ABB、美国的 Mink 公司等先后组装了钠硫电池电动汽车，并进行了长期的路试。但长期的研究发现，钠硫电池作为储能电池更具有优势，而用作电动汽车或其他移动器具的电源时，不能显示其优越性，且早期的研究并没有完全解决钠硫电池的安全可靠性等问题，因此钠硫电池在车用能源方面的应用最终被人们放弃。其高的比功率和比能量、低原材料成本和制造成本、温度稳定性以及无自放电等方面的突出优势，使得钠硫电池成为目前最具市场活力和应用前景的储能电池[45]。

大容量管式钠硫电池是以大规模静态储能为应用背景的。自 1983 年开始，日本 NGK 公司和东京电力公司合作开发，1992 年实现了第一个钠硫电池示范储能电站的运行，至今已有 20 余年的应用历程。目前 NGK 的钠硫电池成功地应用于城市电网的储能中，有 250 余座 500kW 以上功率的钠硫电池储能电站在日本等国家投入商业化示范运行，电站的能量效率达到 80% 以上。目前，钠硫电池储能占整个电化学储能市场的 40%～45%，足见其在储能应用方面非常成功。

图 5-15 是几种典型应用的钠硫电池储能电站，分别涉及削峰填谷、电能质量改善、

(a) 8MW钠硫电池储能系统用于削峰填谷

(b) 3MW钠硫电池储能系统用于电能质量改善

(c) 1MW钠硫电池储能系统用于应急电源

(d) 34MW钠硫电池储能系统用于风电站稳定输出

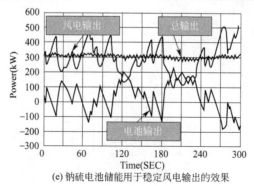

(e) 钠硫电池储能用于稳定风电输出的效果

图 5-15　NGK 典型的钠硫电池储能电站及其使用效果

应急电源以及风电的稳定输出等方面。最大的一座钠硫电池储能电站的功率达到 34MW [图 5-15(d)]，由 17 套 2MW 的分系统组成，应用于日本六村所风电场 51MW 风力发电系统，保证了风力发电输出的平稳 [图 5-15(e)]，实现了与电网的安全对接。

最近，NGK 正在九州电力公司的福冈县丰前发电站站内建立 50MW/300MW·h 的 NAS 电力储能系统，相当于 3 万户一般家庭一天的电力使用量，已于 2016 年 3 月开始运行，成为世界最大级别的蓄电池设备。

除较大规模在日本应用外，钠硫电池储能技术也已经推广到美国、加拿大、欧洲、西亚等国家和地区。储能站覆盖了商业、工业、电力、供水、学校、医院等各个部门。据预测，钠硫电池有望使电价达到 32 美分/(kW·h)，成为最经济最有前景的储能电池之一。

表 5-4　近 5 年来 NGK 在全球范围内已运行的项目概况

序号	项目名称	完成时间	项目地点	规模	应用
1	TEPCO 电源支撑	1997.3	日本，Tsunashima	6MW/48MW·h	负荷调平
2	NGK 办公楼	1998.6	日本，爱知县	500kW/4MW·h	商业
3	Toko 电气	1999.6	Ssitama	2MW/16MW·h	负荷调平
4	TEPCO	2001.10	日本 Asahi 酿酒厂	1MW/7.2MW·h	工业
5	TEPCO	2002.12	Honda/Tochig	1.8MW	工业
6	Tokyo 市中心	2003.8	Kasai 水厂	1.2MW/7.2MW·h	工业
7	TEPCO 化学工厂	2003.11	日本	2.4MW/16MW·h	工业
8	Sage 市中心	2004.3	日本，市政厅	600kW/3.6MW·h	应急电源
9	TEPCO 污水处理厂	2004.4	Morigasaki PFI	9.6MW/64MW·h	负荷调平
10	TEPCO 负荷调平	2004.6	照相机制造厂	1.8MW/12MW·h	工业
11	TEPCO	2004.8	医院	600kW/4MW·h	应急电源
12	TEPCO	2004.7	日立汽车	9.6MW/64MW·h	工业负荷调平
13	TEPCO	2004.10	日本，大学	2.4MW/16MW·h	负荷调平
14	TEPCO	2004.10	日本，飞机制造厂	4.8MW/32MW·h	负荷调平
15	世博会	2004.12	名古屋	600kW/4MW·h	负荷调平及应急电源
16	日本福岛六所村项目	2008.08	日本，六村所	34MW	可再生能源并网
17	AEP 延缓分布式电网项目Ⅱ	2008.11	美国，Milton	2MW/14.4MW·h	输配电领域
18	AEP 延缓分布式电网项目Ⅰ	2008.12	美国，Churubusco	2MW/14.4MW·h	输配电领域
19	NYPA 长岛公交汽车站项目	2009.09	美国，Garden	1MW/7MW·h	工业应用
20	留尼汪岛钠硫电池储能项目	2009.12	法国，留尼汪岛	1MW/7.2MW·h	海岛储能
21	Younicos 钠硫电池储能项目	2010.01	德国	1MW/6MW·h	海岛储能
22	Xcel 能源公司风电场项目	2010.08	美国，Luverne	1MW/7MW·h	可再生能源并网
23	卡特琳娜岛高峰负荷项目	2011.12	美国，卡特琳娜岛	1MW	海岛储能
24	加拿大水电公司储能项目	2012.05	加拿大，Golden	2MW/14MW·h	工业应用
25	PG&E Vaca 电池储能项目	2012.08	美国，瓦卡维尔	2MW/14MW·h	输配电领域
26	PG&E Yerba Buena 储能项目	2013.05	美国，圣何塞	4MW/28MW·h	工业应用

表 5-4 所列为钠硫电池在全球范围内已运行的代表性项目。到目前为止，钠硫电池在以下几个方面已经广泛应用：①削峰填谷。在用电低谷期间储存电能，在用电高峰期间释放电能满足需求，是钠硫电池主要的储能应用。②可再生能源并网。以钠硫电池配套风能、太阳能发电并网，可以在高功率发电的时候储能，在高功率用电的时候释能，提高电能质量。③独立发电系统。用于边远地区、海岛的独立发电系统，通常和新能源发电相结合。④工业应用。企业级用户在采用钠硫电池夜间充电、白天放电以节省电费的同时，还同时能够提供不间断电源和稳定企业电力质量的作用。⑤输配电领域。用于提供无功支持、缓解输电阻塞、延缓输配电设备扩容和变电站内的直流电源等，提高配电网的稳定性，进而增强大电网的可靠性和安全性。钠硫电池在工业应用的比例最高，达到 50% 以上，在商业、研究机构、大学以及自来水公司、医院、政府部门、地铁公司等部门也都有一系列储能系统的运行。

2010 年上海世博会期间，中国科学院上海硅酸盐研究所和上海电力公司合作，实现了

图 5-16 上海世博会期间示范的 **100kW/800kW · h 以及崇明 1.2MW · h 电站**

100kW/800kW · h 钠硫电池储能系统的并网运行（图 5-16 左），2015 年，上海钠硫电池储能技术有限公司在崇明岛风电场实现了兆瓦时级的商业应用示范（图 5-16 右）。

5.2.4　新型钠硫电池的发展

　　管式设计的钠硫电池虽然充分显示了其大容量和高比能量的特点，在多种场合获得了成功的应用，但与锂离子电池、超级电容器、液流电池等膜设计的电化学储能技术相比，它在功率特性上没有优势。平板式设计有一些管式电池不具备的优点。首先，平板式设计允许使用更薄的阴极，对给定的电池体积，有更大的活性表面积，有利于电子和离子的传输；其次，相对管式电池使用的 1～3mm 厚的电解质，平板式设计可使用更薄的电解质（小于 1mm）；另外，平板式设计使得单体电池组装电池堆的过程简化，有利于提高整个电池堆的效率。因此，平板式设计的电池可能获得较高的功率密度和能量密度。最近，美国西北太平洋国家实验室（PNNL）[46] 对中温 Na-S 电池进行了研究，并取得了较好的结果，其原理设计如图 5-17 所示。该电池的特点在于采用厚度为 600μm 的 β''-Al$_2$O$_3$ 陶瓷片作为固体电解质，1mol/L NaI 的四乙二醇二甲醚溶液作为阴极溶剂[47]。由于 600μm 的 β''-Al$_2$O$_3$ 片在 150℃时的电导率为 8.5×10^{-3} S/cm，远大于聚合物和液态电解质，而且其阴极材料 Na$_2$S$_4$ 和 S 的混合物在阴极溶剂中有大的溶解度，因此电池在 150℃下有较好的电化学性能。但是，平板钠硫电池存在密封脆弱导致安全性能差等严重隐患，还有待进一步的研究和开发。

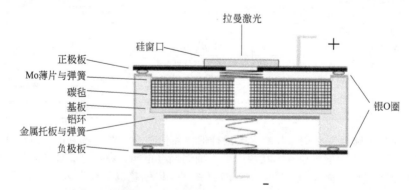

图 5-17　中温钠硫电池结构原理设计图[46]

　　钠硫电池虽然在大规模储能方面成功应用近 20 年，但其较高的工作温度以及在高温下增加的安全隐患一直是人们关注的问题。近年来，人们在探索常温钠硫电池方面开展了一系列的研究工作。一些实验室研究了使用聚合物（PEO 或 PVDF）或有机溶剂（四乙二醇二甲醚或碳酸乙烯酯以及碳酸二甲酯）作为电解质的室温 Na-S 电池[48~50]。例如，韩国国立庆尚大学研究了四乙二醇二甲醚作为阴极溶剂的室温 Na-S 电池的放电反应机理，并得到高的首次放电容量（538mA · h/g）（图 5-18），然而该容量在 10 次循环后下降为 240mA · h/g。我国上海交通大学采用与锂离子二次电池类似的方法组装室温纽扣 Na-S 电池，采用 S 和聚丙烯腈的复合物作为阴极材料，得到了 655mA·h/g 的首次放电容量，18 次循环后容量下降到 500mA·h/g。这些研究工作对钠硫电池的低温化是有益的尝试，但它们离实际应用的距离还很远。在某种意义上，这些室温 Na-S 电池借鉴了 Li-S 电池的概念，因此存在着与 Li-S 电池类似的问题，例如，阴极组分溶于电解液导致自放电和快速的容量衰退，钠枝晶的形成和对电池失效的影响，硫阴极利用率低等问题。

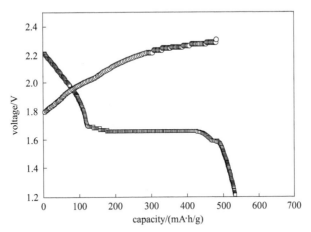

图 5-18 采用四乙二醇二甲醚作为阴极溶剂的室温 Na-S 电池首次充放电曲线

大容量钠硫电池在规模化储能方面的成功应用以及钠与硫在资源上的优势，激发了人们对钠硫电池更多新设计和技术进行开发的热情，钠硫电池储能技术的发展势头将在较长的时间内继续保持并不断取得新进展[51]。

5.3 ZEBRA 电池

ZEBRA（zero emission battery research activities）电池是从 Na-S 电池发展而来的一类基于 β''-Al_2O_3 陶瓷电解质的二次电池，常被称为钠氯化物电池、钠镍电池、钠盐电池，甚至被称为斑马电池[52~54]。ZEBRA 电池是 1978 年由南非 Zebra Power Systerns 公司的 Coetzer 发明的，之后由英国 Beta 研究发展公司继续开展工作，十年后 AEG（后为 Daimler）公司和美国 Anglo 公司也加入该项目的开发。此外，美国 Argonne 国家实验室和加州技术研究所的 Jet 推进实验室以及日本 SEIKO EPSON 公司也在积极进行研究和试验。

5.3.1 ZEBRA 电池的结构与原理

图 5-19 显示了 ZEBRA 电池结构及其基本电化学机制[55]。ZEBRA 电池由熔融钠负极和包含过渡金属氯化物（MCl_2，M 可以是 $Ni^{[56]}$、$Fe^{[57~59]}$、$Zn^{[60]}$ 等过渡金属元素）、过量的过渡金属 M 的正极以及兼作固体电解质和正负极隔膜的钠离子导体 β''-氧化铝陶瓷组成。

ZEBRA 电池一般在放电状态下组装，典型的电池体系为 Na/$NiCl_2$ 体系，组装时使用金属镍和氯化钠作为电极材料，同时使用熔融 $NaAlCl_4$ 作为正极的辅助电解质[61]。与钠硫电池类似，由于使用了 β''-氧化铝陶瓷电解质，ZEBRA 电池需要一定的工作温度，通常为 250~300℃[62,63]。并且，正极中的活性物质 $NiCl_2$、Ni 以及 NaCl 均为固体，只有在一定的温度下，电极中物质的扩散系数达到一定的水平，才能实现电池反应的快速进行。钠/氯化镍电池的基本电化学反应为：

$$\text{阳极：} \qquad 2Na \longrightarrow 2Na^+ + 2e \qquad\qquad (5\text{-}4)$$

$$\text{阴极：} \qquad NiCl_2 + 2Na^+ + 2e \longrightarrow Ni + 2NaCl \qquad\qquad (5\text{-}5)$$

$$\text{总反应：} \qquad NiCl_2 + 2Na \longrightarrow Ni + 2NaCl \qquad\qquad (5\text{-}6)$$

300℃时电池的开路电压为 2.58V，理论比能量 790W·h/kg。除了钠/氯化镍体系外，氯化铁、氯化锌等也可作为活性物质构成类似的 ZEBRA 电池。电池在放电态时组装，即将 Ni 粉和

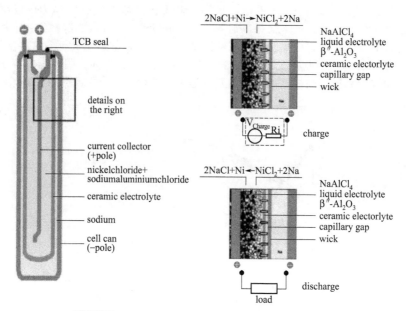

图 5-19   **ZEBRA** 电池结构及其基本电化学机制[55]

NaCl 的混合物装入电池的正极腔，在其中的空隙中填入液态的辅助电解质。

5.3.2   ZEBRA 电池的特性

图 5-20 所示为 ZEBRA 电池的电池反应，其中基本的反应为 Na 与 Ni 或 Fe 之间氯化物的电化学置换反应。钠/氯化镍电池的开路电压为 2.58V（300℃），钠/氯化铁电池的开路电压为 2.35V（295℃）。铁系 ZEBRA 电池的总反应为[64]：

$$FeCl_2 + 2Na \Longrightarrow Fe + 2NaCl \tag{5-7}$$

但电池反应的历程比上述反应要复杂得多，有一系列中间过渡产物形成。

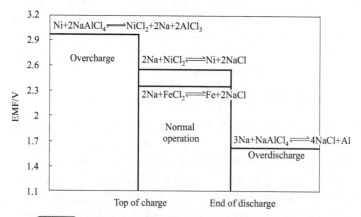

图 5-20   **ZEBRA** 电池的正常电化学反应及过充过放反应

上述基本的电池反应决定了 ZEBRA 电池的高安全性，其电化学反应不存在安全隐患，即使在严重事故发生的状况下，ZEBRA 电池也没有严重的危险性。ZEBRA 也是为数不多的高安全性二次电池体系。同时，ZEBRA 电池还具有很强的耐过充电和过放电的能力[55]。如上图所示，过充电反应为：

$$2NaAlCl_4 + Ni \Longrightarrow 2Na + 2AlCl_3 + NiCl_2 \tag{5-8}$$

295℃时的电位为 3.05V。电池过放电反应为：

$$NaAlCl_4 + 3Na \longrightarrow Al + 4NaCl \qquad (5-9)$$

基于上述的过充、过放的电池反应，ZEBRA 电池可以承受至少 1000 次以上 100% DOD 的深度充电和放电，而不出现安全事故，这一点在其他二次电池中很少出现，体现了 ZEBRA 在安全性方面独特的优势。

基于上述电化学反应，ZEBRA 电池呈现短路型的损坏机理，因此，在电池组中，即使有一个电池出现损坏，电池组仍然可以运行。由于 ZEBRA 电池没有副反应，其库仑效率为 100%，从而可以比较容易地实现对电池充放电状态的估计。与钠硫电池类似，ZEBRA 电池采用全密封结构的设计，并在恒定的温度下工作，因此具有很强的环境适应性和零维护的特性。

对 ZEBRA 电池的正极组成进行改性是提高电池比能量的有效途径，基于钠/氯化镍电池反应的 ZEBRA 电池能量密度约 94W·h/kg，通过在正极材料中加入添加剂（如 Al 和 NaF[65]），可使电池的能量密度提高到 140W·h/kg。加入的 Al 在电池首次充电过程中与 NaCl 发生反应生成 $NaAlCl_4$ 和金属钠。生成的金属钠存储在负极中可提高电池容量，同时生成的 $NaAlCl_4$ 可提高正极的离子电导性。实验还证明，在正极材料中掺杂 $FeCl_2$，ZEBRA 电池的功率密度可以得到有效的提高[66,67]。

组成 ZEBRA 电池的基本元素 Na、Cl、Al、Fe、Ni 等都在地壳中的储量丰富，开采容易，且组装电池的原材料 NaCl、Ni、Fe 金属粉等制造容易，因此钠-氯化镍电池的原材料价格与钠-硫电池相比更低，即便是钠-氯化镍电池体系，其原材料价格也与钠-硫电池持平。

5.3.3　管型设计的 ZEBRA 电池

5.3.3.1　电池结构

与钠-硫电池类似，实用化的 ZEBRA 电池也主要采用管型设计[55,68~69]。但不同的是，目前已经应用的钠-氯化镍电池采用中心正极的方管型设计（图 5-21）。电池中使用的 β″-氧化铝电解质截面形状如图 5-22 所示，其中图 5-22(a) 是在钠-硫电池中采用的圆形截面的电解质陶瓷管，(b) 则是钠-氯化镍电池中采用的花瓣状的陶瓷管。

之所以设计花瓣状陶瓷电解质隔膜并设计相应的方管型电池，是由于正极中的活性物质为固相并参与电化学反应，相关的电极反应基本在固体电解质的表面进行，不论放电还是充电，正极材料的电阻随充、放电深度增加而不断增大，离子需要克服向电解质表面扩散的阻力并到达电解质表面才能实现电池的持续工作[62,65]。当电池的横截面积相同时，方形电池中离子向陶瓷电解质隔膜扩散的路径与圆形管相比可以大大缩短，从而可以有效地提高电池的

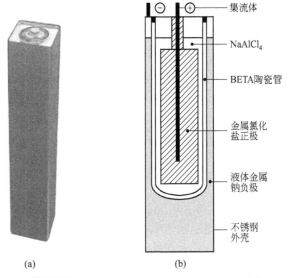

图 5-21　ZEBRA 电池的结构及原理示意图[70]

工作电流和功率密度。当电池的容量和长度相同时，使用花瓣状陶瓷管组装的方形结构电池功率密度可以达到 115W/kg，而使用圆形管状 β″-氧化铝陶瓷组装的 ZEBRA 电池组的功率密度仅约为 80W/kg。对 ZEBRA 电池的改进多集中于如何降低正极的高阻抗，提高电极的反应动力学、改进电极的微观形貌以及电池的结构等。经过一系列的技术改进，目前 ZEBRA 单电池的功率密度可以达到 200W/kg，电池组则约为 150W/kg。

5.3.3.2　电池的部件与材料

在 ZEBRA 电池中，陶瓷电解质也是其中核心的材料，它在电池中同时充当电解质和隔膜的双重角色，它的性能好坏直接影响电池的性能和寿命，因此它需要满足多方面的性能要求。首

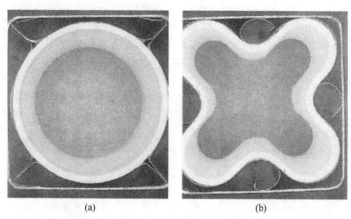

(a)　　　　　　　　　　　　(b)

图 5-22　两种不同截面形状的 β″-氧化铝陶瓷管[65]

先，需要在电池的运行温度下有足够的 Na^+ 电导率，同时没有电子电导性，与电池正负极中的各种物质尤其是液态的金属钠和辅助电解质能很好地润湿但不发生化学反应，不被腐蚀；各种液相化合物不能通过电解质隔膜在电极间渗透。此外，还应满足电池在组装和移动过程需要的高机械强度。和钠硫电池类似，目前能同时满足上述条件的材料只有 beta-Al_2O_3 体系，包括 β-Al_2O_3 和 β″-Al_2O_3 两种结构，有关这两种材料在钠硫电池一节已经进行了系统的介绍，在这里不重复论述。尽管其他一些体系如玻璃 Na^+ 的导体以及 NASICON 结构的材料具有较高的 Na^+ 电导率，但它们的化学稳定性或是力学性能很难同时满足 ZEBRA 电池的要求，基本上不能在 ZEBRA 电池中使用。

ZEBRA 电池的负极比较简单，仅包含单质的金属 Na，如前所述，ZEBRA 电池是以完全放电态组装的，因此新制备的电池中不含有金属钠，它是电池在首次充电后产生的。金属钠的熔点为 97.81℃，沸点为 882.9℃，由于电池的工作温度范围为 250～300℃，在后续的电池工作过程中，负极的金属钠完全呈熔融状态，并且负极室的内压也较低，保证电池足够的稳定性和可靠性。但由于熔融的金属钠具有很活泼的化学性质，因此，负极的密封性能要求很高，通常需要达到 10^{-10}～10^{-11} 数量级的氦漏率。为保证电池的性能，钠电池至少需要满足的要求是，在全部的电池工作过程，即充、放电态时与电解质陶瓷之间保持非常好的接触和润湿，同时与陶瓷电解质之间的极化很小或无极化。有很多方法可以实现熔融金属钠与电解质陶瓷的润湿，通常需要有外加的不锈钢钠芯，通过毛细作用力使熔融的金属钠被提升到陶瓷的上部表面，在电解质陶瓷的负极侧制备修饰层可以进一步提升熔融金属钠在电解质陶瓷的表面的润湿性能[36,71～73]。

正极是 ZEBRA 电池中最为复杂的部分。为保证电池的性能，正极需要具有高的化学活性、具有良好的电池电化学反应的可逆性、重量轻、热稳定好、与电解质陶瓷之间良好的化学匹配性能、对电解质陶瓷不发生腐蚀，同时与电解质陶瓷的界面的极化小、润湿性好。ZEBRA 电池的正极含有过渡金属氯化物以及过量的过渡金属。过量的过渡金属加入后，可以保证正极具有良好的电子导电性，并使电池的电性能稳定，为保证电池的活性，其中还包含第二相电解质 $NaAlCl_4$。对钠-氯化镍电池体系，300℃时的开路电压为 2.58V，镍的 ZEBRA 电池可以允许 170～400℃的宽温度范围。在正极内构筑良好的电子导电通道是保证 ZEBRA 电池性能的前提，因此，电池组装时在正极中加入适当过量的 Ni 可以保证形成很好的镍的网络，形成牢固的电子导电通路，保证电池稳定的循环性能[74]。

钠氯化铁（Na/$FeCl_2$）电池 250℃的开路电压为 2.35V，略低于钠镍电池，因为 NaCl 与 $FeCl_2$ 在 374℃时形成低共熔物，Fe^{2+} 会溶解在熔盐中并进入电解质陶瓷，导致电解质陶瓷和电池的电阻增加[58]。Fe 进入陶瓷电解质后使 Na-β″-Al_2O_3 的内面积增加，同时其晶胞参数发生变化。因此，钠氯化铁电池的运行温度需要限定在 175～300℃范围。铁的氯化物在液相电解质中可溶，会造成陶瓷电解质表面中毒并引起电池内阻增大，电池的电压下降，如在正极中加入少量的金属 Ni 可以在 2.58V 电压时形成镍的氯化物，从而阻止 2.75V 以上电压时生成 $FeCl_3$。加入镍还有另外一个作用，就是改善金属网络的形貌，长期循环后形成由非常细小的 Ni-Fe 合金颗粒组成的大的团聚体[53]。

ZEBRA 电池正极中的所有的反应物都是呈固态的，因此电池的反应速度受电极中较慢的固相扩散的约束，在正极中加入第二相液态电解质有利于电极中钠离子的迁移，熔融的 $NaAlCl_4$ 盐含有约 50% 的 NaCl 和 50% 的 $AlCl_3$，含有 Na^+ 阳离子和 $AlCl_4^-$ 阴离子，具有较高的钠离子迁移率（251℃时 Na^+ 的电导率为 0.565S/cm），是最好的第二相熔盐选择。对 ZEBRA 电池来说，熔盐是最好的电解质体系，通常熔盐体系与普通的水溶液或其他液体相比，具有可溶解物质范围广、电化学稳定范围宽，通过第二相高电导率电解质可以有效地提升 ZEBRA 电池的电极反应速度、降低电池的过电位和欧姆电阻的特点。由于 beta-Al_2O_3 结构中的 Na^+ 具有很高的交换性能，可以和大量的阳离子实现交换，因此 $NiCl_2$ 在 $NaAlCl_4$ 中的溶解度对电池的影响也很大，溶解在电极中的 Ni^{2+} 和电解质陶瓷隔膜中的 Na^+ 交换后，会在很大程度上破坏 beta-Al_2O_3 的稳定性，降低其电导率，由于镍、铁等的氯化物在 $NaAlCl_4$ 中的溶解度很低，因此对电池没有明显的不良影响[75]。

5.3.3.3　电池性能与退化机理

ZEBRA 电池有很多优点使之成为一种在电动汽车和储能方面很有潜力的二次电池[4,5,76,77]。首先，ZEBRA 电池是一种基于陶瓷电解质为核心材料的全密封设计，其中还涉及多种其他无机体系的玻璃或陶瓷材料。由于玻璃或陶瓷材料固有的脆性，因此电池在组装、运行、运输过程中都存在这些材料被损坏的可能性。特别是电解质陶瓷管发生破裂时，会导致液态的熔融盐与熔融金属钠（熔点为 97.8℃）直接反应生成 NaCl 和金属铝，这一反应与电池过放电反应类似。这种损坏机理直接造成电池内部短路，并形成良导电性的电子通路。在大容量的电池模块中，个别电池发生这种机理的损坏后，整个模块仍能继续工作。同样，由于 beta-Al_2O_3 电解质 Na^+ 单离子导电性赋予 ZEBRA 电池 100% 的理论库仑效率，除上述电池反应外，电池中没有其他副反应发生。这一特性也使电池充电深度的估算比较简单，即充电安·时数等于放出安·时数。

ZEBRA 电池也通过了各种安全性测试[77,78]。虽然钠-氯化镍电池通常的电压平台为 2.58V，但其过充电反应是可逆的，因此，通常可以把工作电压设到 3.03V。实际电池工作时，在极限电压下的过充电依然是安全的。不仅如此，如果电池发生意外损坏，其中的液态钠与液相电解质发生类似于过放电的反应而生成固态的 Al 以及 NaCl，电池仍然是安全的。ZEBRA 可以实现 3500 次循环的寿命，具有很好的实用价值。

功率特性也是 ZEBRA 电池的重要性能之一，如前所述，由于电池中含有一系列固相物质，在很大程度上制约了电池的功率特性。图 5-23 是不同放电深度时电池的各个部分对内阻的贡献，可见，陶瓷电解质和钠电极以及其他金属部件的电阻在电池整个放电过程中基本恒定，正极的电阻随着放电深度增加持续增加，并最终成为电池电阻的主要来源。

高导电率的集流体对降低电池内阻也具有重要的作用，在 ZEBRA 电池中使用铜集流体与纯镍集流体相比，集流体电阻降低 80%，对电池功率密度的提高有显著的效果。电池循环过程中产生的固态 $NiCl_2$ 和 NaCl 以及 Ni 颗粒的不断长大都可能堵塞正极中的孔隙，损害电池的容量和循环稳定性。在正极材料中加入硫可以起到提高电极材料利用率和稳定容量的作用[56,66]。另外，在加入硫的同时加入碘化钠[56,66,79,80]会有更好的效果，原因在于当电压低于碘形成的最低电压（2.8V）时，碘离子会修饰在 $NiCl_2$ 表面，降低内阻，而当电压高于 2.8V 时，碘的形成可以提高电池额外的容量。随着电池的循环，碘的高溶解度使得它容易到达阴极的活性位置，加快电极反应的进行。研究还发现，对第二相熔盐电解质进行优化，如加入少量 $CaSO_4$，可在很大程度上减轻 $NaAlCl_4$-$AlCl_3$ 混合物中 $AlCl_3$ 含量增加而引起的混合物电导率下降。熔融 $NaAlCl_4$ 在 187～267℃温度范围的电导率可由下列的经验公式得到：

$$\sigma = -0.0508 + 0.0027T^{-3} \times 10^{-8}T^2 \tag{5-10}$$

式中，T 为熔盐的温度，℃，对熔融 $NaAlCl_4$ 的电导率有明显的影响。

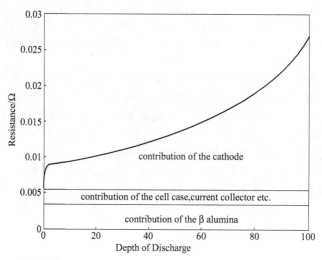

图 5-23　不同放电深度时电池的各个部分对内阻的贡献

　　电池的容量在很大程度上取决于其工作的电流或充放电的倍率，由于受 NaCl 在电极中溶解及扩散速度的限制，ZEBRA 电池在高倍率下的充电动力学过程比放电要慢，充电的倍率往往低于放电倍率。适当提高电极的孔隙率和电池的工作温度，有利于提高电池的电流特性。

　　图 5-24 所示是由 10 个单体电池组成的模块的放电特性和循环性能。从图中可以看到，电池组可以放出与其设计值接近的容量。电池组的容量在 3000 次循环以上保持稳定。

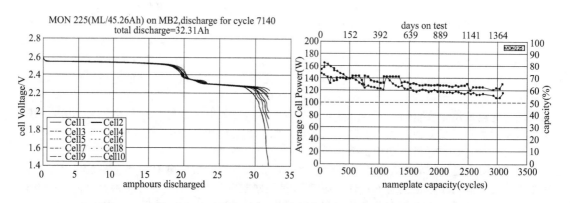

图 5-24　10 个单体钠-氯化镍电池组成的模块的放电特性（a）和循环特性（b）[62,78]

　　钠-氯化镍电池通过了 USABC（美国先进电池联合会）制定的极为严格的安全考核[78]，共有冲击、摔落、滚动、贯穿、浸泡、辐射热、热稳定性、隔热损坏、过加热、热循环、短路、过充电、过放电、极端低温和滥用振动等共 15 项试验项目。钠-氯化镍电池在过热状态下不会着火爆炸，电池性能与周围环境温度完全无关，能在恶劣环境下工作，外部工作环境的温度范围可为 −40～70℃。表 5-5 列出了 ZEBRA 电池通过的 4 大类安全考核项目。

表 5-5　钠-氯化镍电池的滥用试验及考核结果[78]

试验类别	试验内容	试验结果	结论
机械滥用试验	冲击	可运行,性能无变化	通过
	跌落	无明火,无爆炸	通过
	贯穿	无名火,无爆炸,无渗出,喷水雾后无反应	通过
	滚动	可运行,性能无变化,无泄漏	通过
	浸泡	干燥后可运行,无水污染	通过

续表

试验类别	试验内容	试验结果	结论
热滥用试验	热辐射	在汽油火中 30min,内部无温升,保持原样	通过
	热稳定性	全充电电池直至 600℃是稳定的	通过
	隔热损坏	外表温度适度增至 80℃	通过
	热循环	在 $-40 \sim -80$℃之间完全运行,允许冷热循环	通过
电滥用试验	短路	无温度上升	通过
	过充电	在 150% OCV 过充电 12h 后可运行	通过
	过放电	在过放电 135% 后可运行	通过
	极端低温	在 -40℃环境温度下可运行	通过
振动试验	滥用振动	可运行	通过

5.3.4　平板式设计的 ZEBRA 电池

近年来，平板式的 ZEBRA 电池开始有报道，ZEBRA 电池高度的安全可靠性是其平板式设计的前提[81~83]。大多数的平板式 ZEBRA 电池都是由经玻璃与 α-Al_2O_3 密封的 β''-Al_2O_3 陶瓷薄片和电极材料存放室组成的，通过热压密封而成。图 5-25 为美国太平洋西北国家实验室（PNNL）设计的平板 ZEBRA 电池的设计概念图。平板式的 ZEBRA 电池在某些方面具有比管式电池的优势[82]，如薄的阴极利于电子和离子的传输，薄的电解质有利于提高电池的能量密度和功率密度，简化了单体电池之间的连接，从而提高电池堆的效率。但是，平板 ZEBRA 电池仍存在密封脆弱等问题，有待进一步研究。

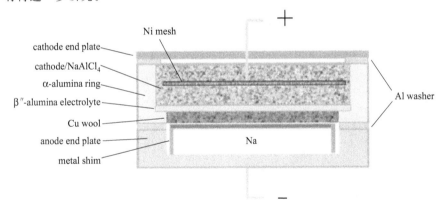

图 5-25　平板 **ZEBRA** 电池的设计概念图[82,83]

5.3.5　ZEBRA 电池的应用

ZEBRA 电池特有的高安全性避免了在储能系统设计时过多的附加安全设施，系统内不需要预留过多的通风降温空间，系统可持续高功率运行，实际比能量高。管型设计的 ZEBRA 电池已经进入规模化应用，最早实现规模生产的是瑞士的 MAS-DEA 公司，2010 年公司的产能达到 40000 只，图 5-26 是该公司制造的电池模块[55,62]。

美国 GE 公司 2011 起投资 1.7 亿美元在纽约 Schenectady 建造年产能 1GW・h 的 ZEBRA 电池制造工厂，所生产的 Durathon 电池自 2012 年开始也实现了商业应用，目前尚没有其他可实现产业化的机构。ZEBRA 电池主要应用在电动汽车、电信备用电源、

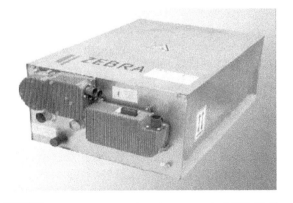

图 5-26　**MAS-DEA** 公司生产的 **ZEBRA** 电池模块[55,62]

风光储能以及 UPS 等方面。

　　由于 ZEBRA 电池优异的安全性，已在纯电动和混合动力汽车上展示了良好的应用前景。目前在欧美有超过 1 万辆 ZEBRA 电池电动车在运行中，这些电动车包括微型轿车、卡车、货车及大客车等（图 5-27）。德国 AEG Anglo Batteries GmbH 一辆用钠-氯化镍电池组装的电动汽车在 3 年多时间的实际路试中已运行了大于 11 万公里（相当于 1200 次正常循环）而不需任何维护。使用液冷技术的 ZEBRA 电池已经被装配在 Renault Twingo、Clio、Opel Astra、奔驰和宝马 3 系列的汽车中[55]。ZEBRA 电池作为新一代车用高能电池已显示了它的优势。此外，美国 GE 公司曾于 2007 年 5 月在美国 Los Angeles 展示了装配有 ZEBRA 的混合动力（柴油-电）机车，用于回收机车在制动过程中的能量（图 5-28）。

TH!HK City in Norway

Van for city logistic in the Netherlands

hybrid bus in Italy

electric bus with 140 miles range in California

图 5-27　装配有 ZEBRA 电池的纯电动和混合动力汽车[55]

电池模块部分

图 5-28　GE 公司设计的混合动力（柴油-电）机车

ZEBRA 是远程通信行业一种十分理想的备用电源。它要求电池永久性地与动力供应系统相连接，在完全充电状态下电压接近开路电压，电池放电只出现在动力供应失效的情况下。用于远程通信的 ZEBRA 电池的容量较用于电动汽车的电池高，一般为 32～40A·h。ZEBRA 电池较宽的工作温度范围和很好的安全性为其在气候恶劣的地区应用于远程通信提供了良好的条件。GE 公司的 Durathon 电池的第一批客户是位于南非约翰内斯堡的 Megatron Federal 公司，其主要产品和服务涵盖发电、输配电和电信领域，这些电池被装在尼日利亚的一些手机信号站上。使用 Durathon 电池后，每个电话塔 20 年大约可节约成本 130 万美元。

　　ZEBRA 电池系统还被广泛用于光伏电站的储能，图 5-29 是由 12 组 620V、38A·h 组成的 120kW/2h 储能系统，峰值功率 390kW，配套的光伏电站功率 1MW。相关的储能系统在美国、英国、法国、意大利、西班牙、韩国、南非、希腊等得到了大量的应用。

　　此外，ZEBRA 电池在军事上的应用也非常引人注目，美国加州技术研究所的 Jet 推进实验室从 19 世纪 80 年代末就开始对 ZEBRA 电池作为未来空间电源应用进行了一系列的基础研究。欧洲空间研究和技术中心从 19 世纪 90 年代初也开始对该电池进行了大量的研究试验，专门设计研制的钠-氯化镍原型空间电池在低地球轨道（LEO）条件下进行了模拟试验评估，初步结果表明，这种电池在 LEO 轨道飞行器上有良好的应用前景。

　　由于 ZEBRA 电池特有的安全性能，它被成功应用于救生潜艇的驱动电源。图 5-30 是英国制造的 LR7 型深潜救生艇，唯一采用了 ZEBRA 电池为动力电源，位于艇体的左右下侧，对称布

图 5-29　**ZEBRA** 电池储能系统以及 **PV** 储能应用

置。该救生艇出口到中国以及美国、法国、韩国等
多个国家。2000 年 8 月，俄罗斯"库尔斯克"号核
潜艇在巴伦支海沉没，当时参与救援工作的主力，
就是英国军方的 LR5 型深潜救生艇（LR7 的前身）。
而 LR7 比 LR5 更先进，是当时世界上最好的新型深
潜救生艇。全长 25ft（约 7.6m），可在 300m 深度潜
航 12h 以上。LR7 可在恶劣海况下对各种型号的核
潜艇及常规潜艇实施救援，每次最多能搭载 18 名遇
险者。ZEBRA 的高安全性以及高比能量是 LR 救生
艇成功的重要因素。

图 5-30　英国制造的 **LR7** 型深潜救生艇

　　在我国，中国科学院上海硅酸盐研究所与企业
合作开发 50～200A·h 容量的 ZEBRA 电池，此外，
绿聚能等企业也在开发 ZEBRA 电池。

5.4　钠-空气电池

　　金属-空气电池是以金属为负极发生氧化，空气或者氧气在阴极发生还原反应从而实现电流
输出的一次或二次电池，如图 5-31 所示。空气电池最大的优势就在于正极活性物质为空气中的
氧气，取之不尽用之不竭，并且不需要储存在电池内部，因此有非常高的能量密度[84]。如表 5-6
所示，目前常见的金属-空气电池主要包括 Li[85～87]、Na[88]、K[89]、Al[90]、Zn[91] 和 Mg[92] 等空气
电池，其中以对锂、钠二次空气电池的研究最为集中，而由于金属钠的资源优势（地壳中丰度高

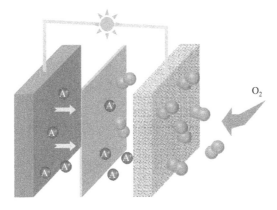

图 5-31　金属-空气电池工作原理

达 2.3%～2.8%，比锂高 4～5 个数量级），以钠作为金属负极的空气电池近年来也得到广泛的关注[93]。

表 5-6 常见几种金属-空气电池的理论工作性能参数

负极	放电产物	工作电位/V	能量密度/(W·h/kg)	可逆性
Li[94]	Li_2O_2	2.96	3505	√
Na[95]	Na_2O_2	2.33	1602	√
	NaO_2	2.27	1105	√
K[89]	KO_2	2.48	935	√
	K_2O_2	2.20	1070	√
Al[90]	$Al(OH)_3$	1.20～1.60	2800	×
Zn[91]	ZnO	1.65	1086	×
Mg[92]	$Mg(OH)_2$	3.10	3910	×

钠-空气研究的初期是从高温钠-空气电池入手的。2011 年即有研究人员提出改善空气电池性能的新概念，即利用液态熔融钠替代金属锂负极，在高于金属钠熔点（98℃）的温度下工作，得到钠-空气电池[96]。如图 5-32 所示，电池内部组成包括钠电极，ETEK 空气电极（美国 E-TEK 公司生产），以及两者之间的电解质膜；电池外部两端为金属铜盘，覆盖有铝箔的石墨盘，上部开孔使氧气可以通过 ETEK 空气电极的炭布进入电池内部。ETEK 空气电极为涂覆 Na_2CO_3 的 Pt，钠电解质在空气电极表面的涂覆可改善电解质和电极间的接触性能；玻璃隔膜用电解液浸润，电解液成分为 0.1mol/L CP（calix pyrrole），1mol/L $NaClO_4$ 和 1% 高比表面 Al_2O_3 粉分散于 PEGDME/PC（polyethylene glycol dimethyl ether/ propylene carbonate）（90∶10，体积比）。CP 的加入可以有效地提高钠离子的迁移数。液态钠电极的使用很好地避免了充电过程中金属枝晶在负极表面的形成，任何生成的钠枝晶都会被液相吸收；电池工作温度的提高加速了电极动力学过程并降低了电解质阻抗，有利于电池性能的发挥。另外，在温度高于 100℃ 的条件下，电池成分对水蒸气的吸收可以忽略，因而大气水成分的干扰基本可以忽略。

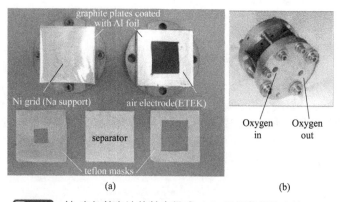

图 5-32 钠-空气单电池的基本组成（a）及组装后的电池（b）

但是由于高温钠-空气电池的研究成本较高，且电池操作的安全性差，常温的钠-空气电池可以缓解上述问题。在室温钠-空气电池初期的研究中，发现了很多不同于锂-空气电池的电化学性能，比如超氧化钠放电产物的发现，以及笔者最近发现的独特的铂催化活性等现象[95,97]。

目前常温钠-空气电池的研究主要分为以超氧化钠为放电产物和以其他钠化合物为放电产物两个方向。

人们发现，氧气体积定量的 $Na-O_2$ 电池运行时，在电压约 2.2V 的放电过程中，碱金属钠在碳材料的阴极上与空气中的氧元素结合生成稳定的过氧化物 NaO_2，在充电过程中，NaO_2 又被还原成金属钠并释放出氧的充电电压仅为 2.3～2.4V，首次充放电过程的效率达到 80%～90%，如图 5-33 所示[98]。与锂体系相比，充电过程的过电位明显降低，电池的转换效率得到有效的提高。但是在以过氧化钠为放电产物的 Na-O_2 电池中，电池的放电容量和电压平台较低，循环性能较差，且超氧化钠放电产物并不稳定。

以 Na_2O_2、$Na_2O_2 \cdot H_2O$ 和 Na_2CO_3 等其他钠化合物作为放电产物的钠-氧电池体系也被广泛研究[99~101]。在以这些钠化合物作为放电产物的电池中，电池的充放电行为与 Li-O_2 类似，有较高的容量和放电电压，但是在不使用催化剂的条件下，电池充电电压较高，从而导致电池能量效率的降低。

研究发现，在碳酸酯类和醚类电解液中电池有不同的充放电反应机理[99]。在碳酸酯类的电解液中，电池充放电的中间产物更多以 Na_2CO_3 的形式存在。在醚类的

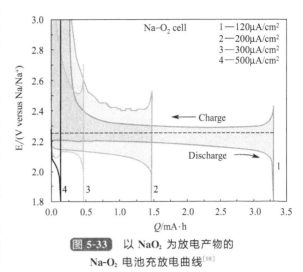

图 5-33　以 NaO_2 为放电产物的 **Na-O_2 电池充放电曲线**[98]

电解液中，电池的放电产物为 $Na_2O_2 \cdot H_2O$，但是，不管在哪类电解液中，电解液都有一定的分

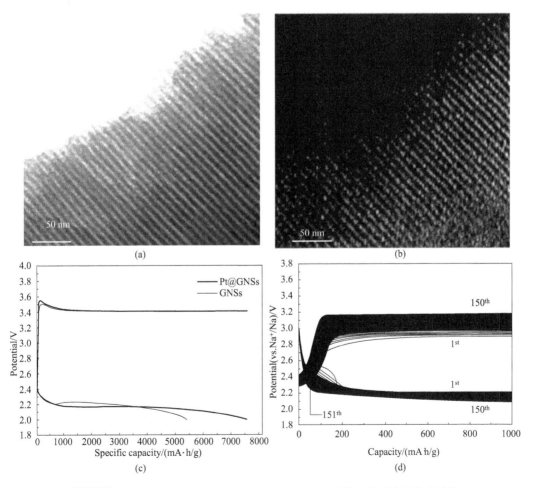

图 5-34　介孔碳对放电产物的限制作用（**a**）、（**b**）和铂颗粒对电池充电过程催化的行为（**c**）及 **NaI** 电解液催化剂对电池循环性能明显的改善作用（**d**）

解现象，这也是目前电池循环需要解决的主要问题之一。

在催化剂的研究中，$Na-O_2$ 电池有许多和 $Li-O_2$ 不同的地方。有人研究了介孔碳对低导电性放电产物的控制作用，通过这种控制作用，电池的循环性能得到明显的提升，如图 5-34(a) 和 (b) 所示[101]。最近，作者的研究表明，纳米金属铂颗粒在 $Na-O_2$ 中的催化性能与 $Li-O_2$ 电池中的情况非常不同[97]。在 $Li-O_2$ 电池中，金属铂由于对电解液有催化分解作用所以会产生电池充电电压降低的现象，但是在 $Na-O_2$ 电池中，金属铂扮演的更多的是一种帮助放电产物可逆分解的作用，如图 5-34(c) 所示。

还有研究者发现，电解液中使用 NaI 添加剂后电池的循环性能得到显著的提升 [图 5-34 (d)]，这与目前在 $Li-O_2$ 电池中没有出现明显的电解液添加剂效果不同[102]。在以非 NaO_2 作为放电产物的情形下，$Na-O_2$ 电池的充电过电压较高，导致能量效率较低，但电池的容量更大，且根据目前报道的结果，其循环性能也更好。

目前对室温 $Na-O_2$ 电池的研究与 $Li-O_2$ 电池有非常多的类似之处，但也发现了很多与 $Li-O_2$ 电池不同的电池充放电行为。未来 $Na-O_2$ 研究面临的主要挑战有：①合理的电池装置的设计，电池装置的设计决定电池的运行环境，也间接地决定电池的充放电行为，电池设计有待进一步的优化和研究；②电池充放电机理的深入研究，从已经报道的不同放电产物的结果来看，目前对电池的充放电机理仍然没有全面和深入的讨论；③长循环稳定的电解液研究，虽然醚类电解液是目前公认更稳定的电解液体系，但是目前 $Na-O_2$ 的电池在长循环的过程中仍然有较严重的分解情况发生；④高活性空气电极催化剂的研究，目前很多报道的催化剂对电解液的分解仍然有非常明显的作用，因此开发能够促进电池放电产物可逆分解的催化剂非常重要。

5.5 钠离子电池

如引言所述，钠不仅在地壳中的储量远高于锂，且其制备提取相对容易，作为原材料的钠的化合物的成本远低于锂的化合物[103,104]。锂离子电池在小型电子器件方面的大规模成功应用，以及在电动交通工具以及大容量储能方面的潜力激发了人们开发与锂离子同属碱金属族的钠离子的电池。钠离子电池可以认为是在锂离子电池的基础上发展起来的一种摇椅式的二次电池，充放电过程中钠离子在正负极插入化合物的晶格中往返插入和脱出。图 5-35 是以碳类材料为负极，钠的过渡金属化合物为正极活性物质的锂离子电池的工作原理。通常可以通过以下途径提高钠离子电池的能量密度：①使用高比容量的电极材料；②提高正极物质的电位；③降低负极物质的电位。到目前为止，钠离子电池的发展尚处于材料探索的阶段，针对钠离子电池的电极材料已经开展了大量的研究工作。

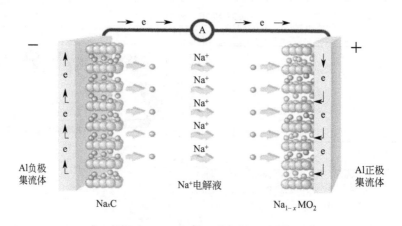

图 5-35 钠离子电池的工作原理

5.5.1　负极材料

钠是一种非常活泼的金属，熔点仅为 97.7℃，若以单质金属钠作负极将难以保证电池的安全性，同时与金属锂类似，钠离子电池也会存在枝晶的问题，影响电池的稳定性和安全性能。碳基材料、合金类材料以及氧化物和硫化物等体系都已经有较系统的研究报道，图 5-36 归纳了各种钠离子负极材料比容量[105]。

5.5.1.1　碳基负极材料

碳基材料主要包括石墨碳和非石墨碳两大类。其中，石墨（包括天然石墨和人造石墨）已经被广泛应用于锂离子电池，是研究最早也是商品化程度最高的负极材料，因此也成为最早被研究的钠离子电池负极材料。但研究人员普遍认为，除非在高温或高压的环境下，否则要使大量钠嵌入石墨层理论上是极其困难的。

中间相碳微球（MCMB）、无定形和非多孔炭黑、无序碳等作为钠离子电池负极材料均具有一定的可逆储钠容量[106]。通过热解葡萄糖得到的硬碳材料具有更高的比容量，制备时将葡萄糖溶液在空气中加热至 180℃脱水 24h，球磨至 300μm，再在 1000℃煅烧，取出后球磨并筛选出直径小于 75μm 的颗粒，所得到的硬碳材料的钠离子嵌入比容量能够接近锂离子，达到 300mA·h/g。这种高容量与锂离子的情形相似，被认为是发生了纳米石墨层间以及片外储钠（图 5-37）[106]。

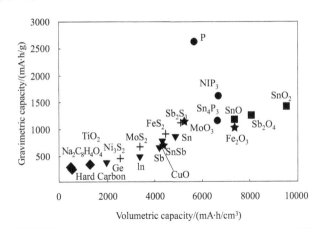

图 5-36　各种钠离子电池负极材料的质量和体积比容量[105]

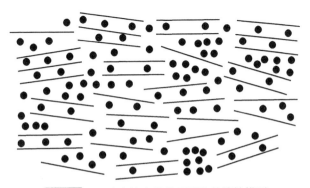

图 5-37　硬碳中钠离子的石墨片外储钠模型

碳材料的容量特性受很多因素的影响，电解液的分解对嵌钠性能有很大影响，当在电解液中加入对钠金属有更高化学稳定性的乙醚类溶剂时，可使硬碳材料的钠离子可逆嵌入容量提高，达到 285mA·h/g，并有效地改善充放电效率[107]。对碳基材料进行适当的表面修饰有望改善材料的界面性质，抑制碳基体与电解液发生的副反应，从而进一步提高首次充放电效率和寿命。

由于纳米线、纳米管和纳米片等结构的碳材料具有良好的导电性，且纳米材料具有较大的比表面积，能有效减小离子的扩散路径，从而改善碳基材料的电化学性能，对纳米碳材料的储钠特性有一系列的研究报道。如用自组装法合成的聚苯胺中空碳纳米线前驱体，通过高温碳化得到中空碳纳米线，50mA/g 电流密度下的首次比容量为 251mA·h/g，经过 400 次循环后仍保持 206.3mA·h/g 的比容量，体现了较好的循环性能[108]。

石墨烯的出现在全球掀起了一股研究热潮，作为一种结构特殊的新型二维碳材料，它具有超大的比表面积，优异的电学性能，存在大量的边缘位点和缺陷，可进行离子的存储。通过 Hummers 法合成的还原氧化石墨烯具有较大的层间距和不规则结构，40mA/g 电流密度下，250 次循环后的可逆比容量为 174.3mA·h/g，1000 次后仍保持 141mA·h/g，首次容量损失较大，主要是由于电解液的分解和 SEI 膜的损耗[109]。通过加入适量水合肼还原并通过冷冻干燥的改进 Hummers 法合成的氧化石墨烯作为钠离子电池负极，在 10mA/g 电流密度下首次放电比容量为 1018mA·h/g，第二次容量下降到 495mA·h/g，30 次循环后为 242mA·h/g[110]。

总体来说，碳基负极大多在比较低的电流密度（$C/70$ 或 $C/80$）或者较高的温度（$\geqslant 60\,℃$）时才能得到比较高的可逆比容量，在很大程度上降低了它们的实用性。

5.5.1.2　Sb 基负极材料

合金类负极材料表现了比碳材料更高的比容量，Si、Sn 基负极材料是锂离子电池中除碳类材料以外最为令人关注的体系，具有非常高的比容量和低电位。但在钠离子电池中，由于钠的电位比锂高出 0.3V，Si、Sn 的电位与 Na 非常接近，相对于 Na/Na$^+$ 电对的电位差为 0，因此，Si、Sn 不适合用于钠离子电池的负极材料，尽管理论上它们可与 Na 形成合金并通过一些化学的方法得到了 Na-Si 相，但很少有实验验证 Na 通过电化学过程插入 Si 中形成合金。相反，Sb、Ge 虽然由于它们的高成本在锂离子电池中的应用很少得到关注，但在钠离子电池中却表现了很好的性能。微米级的 Sb 可与 Na 合金化生成 Na_3Sb，100 次循环后保持 500～600mA·h/g 的可逆容量，所表现出的性能明显优于其在锂离子电池中的性能，分析认为，这与其结合 Na 的过程仅发生 Sb 经无定形 Na_xSb 向六方 Na_3Sb 较简单的转化有关。下面的反应方程式表示典型的 Sb 嵌脱钠的反应，式中，c 表示多晶态，a 表示非晶态[111]。

放电：
$$c\text{-}Sb \longrightarrow a\text{-}Na_xSb \tag{5-11}$$
$$a\text{-}Na_xSb \longrightarrow cNa_3Sb\ (hex) \tag{5-12}$$

充电：
$$c\text{-}Na_3Sb(hex) \longrightarrow a\text{-}Sb \tag{5-13}$$

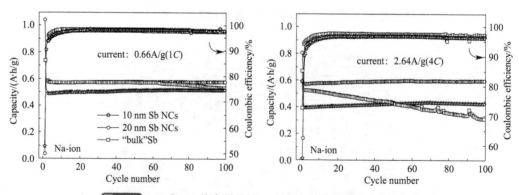

图 5-38　1C 和 4C 倍率时不同 Sb 材料的比容量和库仑效率[111]

纳米化的 Sb 可以获得更好的高倍率性能，如图 5-38 所示，10～20nm 的 Sb 在 4C 以上的高倍率条件下表现了很好的循环性能，即使在 20C 时 20nm 的纳米晶仍可达到 500mA·h/g 的可逆比容量。但纳米 Sb 的初始库仑效率较低，主要是由其很大的表面积消耗部分电解质形成 SEI 膜所致。尽管 Sb 电极 100 次循环有稳定的性能，但由于 Sb 在脱嵌钠的循环过程中发生的体积变化高达 300%，严重的体积效应导致电极的性能退化。人们采取了多种技术措施抑制这种体积效应，如形成 M_xSb_y（M＝Mo、Al、Cu 等）的二元合金，其中的 M 是电化学惰性的，可以成为体积变化的缓冲剂，并可阻止活性物质在循环过程中的团聚。与多孔碳、碳纳米管等各种碳材料形成复合材料也是有效缓解 Sb 的体积效应的途径，碳不仅可以提高导电性，其本身还有很高的比容量，可以提高 Sb 的电化学性能[112]。例如，10nm 的 Sb 与 C 基体形成的复合材料的比容量达到640mA·h/g，100 次循环的退化不明显。此外，还有形成像 Sb/SiC/C 三元复合材料的报道，Sb 的电化学性能得到了有效的改善。FEC 是合金类负极材料体系常用的电解质添加剂，它有助于合金在经历不断的体积变化的过程中形成稳定有效的 SEI 膜，改善材料的循环性能[113]。

5.5.1.3　Sn 基材料

作为一种有前途的负极材料，Sn 形成 $Na_{15}Sn_4$ 所对应的理论比容量为 847mA·h/g。其脱钠的还原过程经历 Na_9Sn_4、$NaSn$ 和 $NaSn_5$ 中间化合物的形成，所对应的阳极反应平台分别为0.2V、0.3V、0.56V 和 0.7V，与通过态密度计算的理论值相符合（图 5-39）[114]。

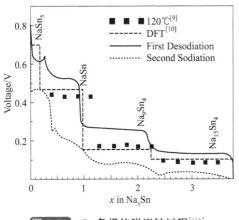

图 5-39　Sn 负极的脱嵌钠过程[114]

TEM 分析证明，Sn 完全插入钠后发生的体积膨胀达到 420%，对 Sn 的循环性能起到很大的破坏作用，利用可三维交联的黏结剂如聚丙烯酸（PAA）、羧甲基纤维素钠（CMC）等可阻止电极的变形，可获得优于 PVDF 黏结剂的循环性能。添加FEC 也可以形成稳定的 SEI 膜而提高 Sn 的循环稳定性[115]。

截止电压的设置对 Sn 嵌脱钠的循环性能有显著的影响，如当上限电压从 1.5V 降低到 0.8V 时，容量保持率可明显提高。通过形成 Sn/C 复合材料也可改善 Sn 的电化学性能，在不锈钢基体上垂直自组装的 Ni 纳米棒表面通过物理气相沉积 20nm 后的 Sn 层形成 Sn/Ni 核壳结构，并通过射频磁控溅射在外层沉积 5nm 厚的 C 层，纯 Sn 层与 Sn/C 复合层的可逆比容量类似，为 730mA·h/g，但 C 包覆后的循环性能得到了明显的改善（图 5-40）。但总体来说，Na^+ 在 Sn 中脱嵌的动力学过程明显比 Li^+ 慢，电荷迁移电阻较大，表现出的电化学性能不如 Sn 作为锂离子电池负极的性能[116]。

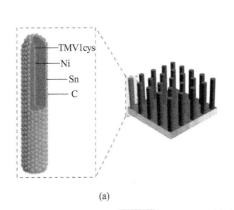
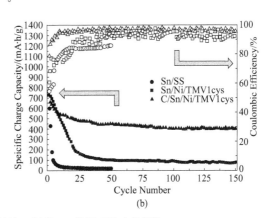

图 5-40　Ni/Sn/C 核壳结构及其嵌 Na 的循环稳定性[116]

Sn 的二元合金如 $Sn_{0.9}Cu_{0.1}$ 和 Cu_6Sn_5 也可用作 Na^+ 离子电池的负极，其中 $Sn_{0.9}Cu_{0.1}$ 在 0.2C时的可逆比容量为 420mAh/g，100 次循环后的容量保持率为 97%；双活性物质形成的 SnSb 具有更好的电化学性能，可先后发生如下的钠化反应：

$$SnSb + 3Na^+ + 3e \longrightarrow Na_3Sb + Sn \tag{5-14}$$

$$Na_3Sb + Sn + 3.75Na^+ + 3.75e \longrightarrow Na_3Sb + 0.25Na_{15}Sn_4 \tag{5-15}$$

经过多孔 C 纳米纤维复合后的可逆比容量为 500mA·h/g，超过 100 次的稳定循环寿命[117]。

除 Sb、Sn 外，其他元素如 Pb、Bi、Ga、Ge、In 等也可与 Na 形成合金，尽管它们也有较高的理论容量，但实际比容量都比较低[118]。

5.5.1.4　磷及磷化物

磷基材料用于锂离子电池负极材料受到了关注，如多晶黑磷、非晶黑磷以及红磷/介孔碳复合材料展现了优异的性能，2000mA·h/g 的可逆容量以及良好的循环稳定性，但由于磷的氧化还原电位相对于 Li/Li^+ 为 0.8V，作为全电池的负极时该电位过高[119]。但磷插入 Na^+ 的电位相对于 Na/Na^+ 为 0.4V，适合于钠离子电池的负极材料。当完全钠化为 Na_3P 时磷的理论比容量为 2596mA·h/g，高的比能量和合适的电位说明磷适合作为钠离子电池的负极材料。用非晶红磷与 Super P 碳（7:3，质量比）通过机械球磨得到的复合材料，以聚丙烯酸（PAA）为黏结剂的钠离子嵌入的比容量达到 1890mA·h/g，是所有钠离子电池负极材料最高的比容量，基于此的钠离子电池甚至可获得与锂离子电池类似的高比能量。该 P/C 复合材料在 2.86A/g 的大电流密度下的比容量仍高达 1540mA·h/g，并可稳定循环超过 30 次。图 5-41 所示是相应的充放电曲线，离线 XRD 分析的结果证明了 Na_3P 的形成。P 与 Na_3P 之间的体积变化为 491%，P 完全钠化后电极厚度的变化为 187%，同时磷的电导率仅约为 1×10^{-14} S/cm，说明碳的导电剂作用以及 PAA 对体积变化吸收作用的有效性[120]。

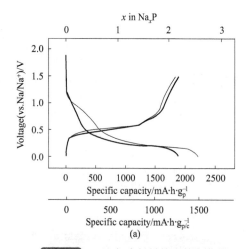 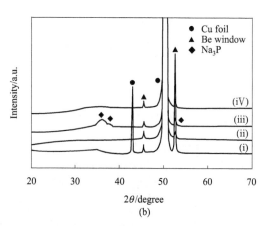

(a)　　　　　　　　　　　　(b)

图 5-41　P/C 复合材料的充放电曲线（a）以及不同充放电阶段产物的相分析结果（b）[120]

类似地，机械球磨制备的非晶红磷和碳的复合物，通过添加 FEC 形成稳定的 SEI 膜，也获得了 1750mA·h/g 的比容量以及 140 次稳定循环的性能[121]。

NiP_3 作为钠离子电池的负极也进行了研究，可逆比容量达到 1000mA·h/g，15 次循环后容量损失 11%。较高的容量损失可认为是活性物质团聚以及由于循环过程的体积变化不断生成新的表面暴露于电解液中并持续生成 SEI 膜所致[122]。NiP_3 的钠化过程为：

嵌钠：

$$NiP_3(多晶)+9Na^++9e \longrightarrow 3Na_3P+Ni \tag{5-16}$$

脱钠：

$$3Na_3P+Ni \longrightarrow NiP_3(无定形)+9Na^++9e \tag{5-17}$$

有报道，Sn_4P_3 的可逆脱嵌钠容量为 700mA·h/g，100 次循环的容量损失几乎可以忽略。Sn 的磷化物较其他 Sn 的化合物性能好，可归因于磷对 Sn 在循环过程中团聚的阻止作用。由于 Sn_4P_3 的电位较磷低，在相同比容量的情况下，Sn_4P_3 负极的全电池有望获得更高的比能量[123]。

5.5.1.5　氧化物

很多氧化物都作为钠离子电池负极材料得到了研究，它们通过插入或转化反应进行储钠。通过插入反应储钠时，由于多晶结构中储钠位置数有限，实际获得的比容量多低于 300mA·h/g，很多钛的氧化物，包括 TiO_2(B)[124]、$Na_2Ti_3O_7$[125]、$Na_2Ti_6O_{13}$[126]、$Na_4Ti_5O_{12}$[127]、$Li_4Ti_5O_{12}$[128]

以及 P2-NaO・66[Li$_{0.22}$Ti$_{0.78}$]O$_2$[129]等都属于这类插入反应的储钠化合物。而通过转化反应储钠的金属氧化物（MO$_x$）的理论比容量可以超过 600mA・h/g。这类氧化物又可分为两类，一类是氧化物中对应的金属元素 M 本身是电化学惰性的，包括 Fe、Cu、Ni 或 Co 等体系[130]。这些氧化物的脱嵌钠反应为：

$$MO_x + 2xNa^+ + 2xe \longrightarrow xNa_2O + M \tag{5-18}$$

另一类则是 M 具有电化学活性，包括 Sn 或 Sb 等。这类氧化物的脱嵌钠过程分转化反应和进一步的合金化两步进行。即

$$MO_x + 2xNa^+ + 2xe \longrightarrow xNa_2O + M \tag{5-19}$$

$$xNa_2O + M + yNa^+ + ye \longrightarrow xNa_2O + Na_yM \tag{5-20}$$

活性元素 M 决定了第一步反应的可逆性以及钠化过程中可能形成的 Na$_2$MO$_x$。

非活性金属氧化物的理论比容量都很高，如 Fe$_2$O$_3$、CuO、CoO、MoO$_3$、NiCo$_2$O$_4$ 等分别为 1007mA・h/g、674mA・h/g、715mA・h/g、1117mA・h/g 和 890mA・h/g，但它们的实际脱嵌钠的比容量低于 400mA・h/g[131~134]。由数十纳米单颗粒组成的纳米团簇 γ-Fe$_2$O$_3$/α-Fe$_2$O$_3$ 具有 300mA・h/g 的可逆容量，可稳定循环 60 次，但极化电位超过 1V。基于 Kirkendall 效应制备的纳米空心，γ-Fe$_2$O$_3$ 相对于 Na/Na$^+$ 1~4V 电压范围的容量为 140mA・h/g。Fe$_3$O$_4$、MoO$_3$、NiCo$_2$O$_4$ 实验得到的比容量分别为 400mA・h/g、410mA・h/g 和 200mA・h/g。如图 5-42 所示，在 Cu 箔上制备的纳米自支撑 CuO 阵列可获得 600mA・h/g 的高容量，但循环性能较一般。

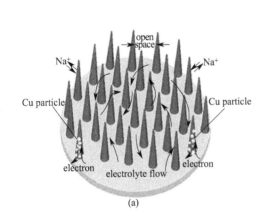
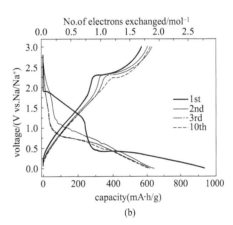

图 5-42 纳米自支撑 CuO 阵列及其充放电曲线[131]

绝大多数活性金属的氧化物具有较高的容量。如用水热法制备的约 60nm 的 SnO$_2$ 八面体纳米颗粒的可逆比容量为 500mA・h/g，循环稳定。良好的循环性能可归结于产生的 Na$_2$O 基体对 Sn 在循环过程中团聚的阻止作用[135]。结合离线的 TEM 分析，得出 SnO$_2$ 嵌脱钠的机理为：

嵌钠：

$$SnO_2 + Na^+ + e \longrightarrow NaSnO_2 \tag{5-21}$$

$$NaSnO_2 + 3Na^+ + 3e \longrightarrow 2Na_2O + Sn \tag{5-22}$$

$$2Na_2O + Sn + (9/4)e \longrightarrow 2Na_2O + (1/4)Na_9Sn_4 \tag{5-23}$$

脱钠：

$$2Na_2O + (1/4)Na_9Sn_4 \longrightarrow SnO_2 + (25/4)Na^+ + (25/4)e \tag{5-24}$$

SnO$_2$/氧化石墨烯（GO）以及 SnO$_2$/还原氧化石墨烯（rGO）、复合体系的性能分别达到 741mA・h/g，100 次循环的容量保持率分别为 86% 和 330mA・h/g，150 次保持率为 81.3%[136]。

SnO 在 40mA/g 时的可逆容量为 525mA・h/g，50 次循环后的保持率为 71%。完全脱钠后 SnO 和 Sn 共存，说明 SnO 的形成是部分可逆的。同时，原始的 SnO 具有四方结构，而脱钠后的

SnO 则为斜方结构[137]。SnO 的脱嵌钠机理为：

嵌钠：

$$SnO(四方) + 2Na^+ + 2e \longrightarrow Na_2O + Sn \tag{5-25}$$

$$Na_2O + Sn + 0.5Na^+ + 0.5e \longrightarrow Na_2O + 0.5NaSn_2 \tag{5-26}$$

脱钠：

$$Na_2O + 0.5NaSn_2 \longrightarrow xSnO(斜方) + (1-x)Sn + yNa^+ + ye \tag{5-27}$$

Sb_2O_4 薄膜具有较高的比容量[138]，1/70C 和 1/10C 倍率时分别为 $800mA \cdot h/g$ 和 $600mA \cdot h/g$，通过 XRD、TEM 和 SAED 分析得到的嵌钠机理为：

$$Sb_2O_4 + 8Na^+ + 8e \longrightarrow 4Na_2O + 2Sb \tag{5-28}$$

$$4Na_2O + 2Sb + 6Na^+ + 6e \longrightarrow 4Na_2O + 2Na_3Sb \tag{5-29}$$

5.5.1.6 硫化物

FeS_2（黄铁矿）[139]、Ni_3S_2（希兹硫镍矿）[140]、MoS_2[141] 和 Sb_2S_3（辉锑矿）等多种硫化物也表现了良好的电化学性能。如 1.3V 时 FeS_2 的比容量为 $630mA \cdot h/g$，0.9V 时 Ni_3S_2 的比容量为 $420mA \cdot h/g$。MoS_2 的比容量与其颗粒度大小以及所复合的碳材料的种类直接相关。包埋在电纺丝制备的纳米碳纤维中形成的复合材料在 $40mA/g$ 电流密度下的比容量为 $1267mA \cdot h/g$，100 次循环后的容量保持率为 79%。但 MoS_2 与还原氧化石墨烯（rGO）复合物的可逆容量仅 $400mA \cdot h/g$。$50mA/g$ 电流密度下 Sb_2O_3/rGO 体系的比容量则达到 $700mA \cdot h/g$，50 次循环的容量退化不明显[142]。

5.5.2 正极材料

与钠离子电池负极材料的研究同步，有关钠离子电池正极材料的研究不断在深度和广度上得到推进，大量的材料体系得到了研究。图 5-43 是选择的各种正极材料与硬炭形成的钠离子电池的平均电压及其比容量和能量密度，能量密度计算中包含硬炭材料（相对金属 Na 的平均电位为 0.3V，比容量 $300mA \cdot h/g$）。这些正极材料体系包括多种氧化物和聚阴离子的钠盐。可见，某些体系的比能量甚至超过了石墨/$LiMn_2O_4$ 体系，达到 $300W \cdot h/kg$ 以上。本节将概述主要的钠离子电池的正极材料。

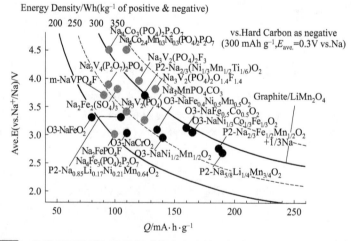

图 5-43 各种正极材料与硬炭组成的全电池的平均电压及其比容量和能量密度

5.5.2.1 氧化物体系

层状氧化物 $NaMO_2$（M＝Cr、Mn、Ni、Co、Fe 等）是钠离子电池研究较早且比较深入的体系，由于钠离子较大的尺寸，它只能占据在八面体及棱柱空隙中，通常至少有 0.5 个 Na 可以可逆地脱出和嵌入[143]。

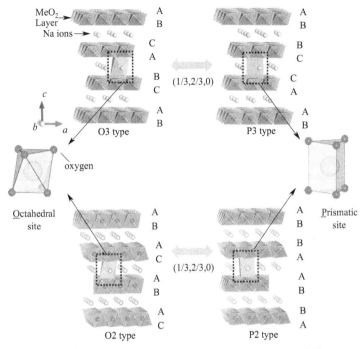

图 5-44　几种典型的钠离子层状氧化物晶格示意图[143]

Na_xCoO_2 是比较典型的体系，有 O2、O3、P3 和 P2 等多种相，结构特征如图 5-44 所示。其中，On 型结构中钠离子和氧离子呈八面体配位，n 是过渡金属离子占据不同位置的数目；同样，Pn 型结构中钠离子占据氧离子形成三棱柱配位体空隙位。不同相的电化学性能之间有较大的差别。有研究认为，P2 型结构中钠离子占据三棱柱空位，具有更大的层间距，钠离子脱出造成的相变比 O3 材料的相变更容易发生，同时，P2 相向其他相转变时，会伴随着 MO_6 八面体的旋转，需要断开 MO 键，这使得 P2 相的相变发生较为困难，因此，P2 相相对于 O3 相更为稳定，可逆性更好。总体来说，同种材料 P2 型结构的电化学性能优于 O3 型结构。但 P2 相材料都存在首次放电容量大于充电容量的问题（库仑效率＞100%），这会在很大程度上影响全电池的设计，有待改进。以固相合成法得到的 $Na_{0.74}CoO_2$ 在 0.1C 电流密度时的可逆比容量为 107mA·h/g，且稳定性较好。Na^+ 的插入过程很

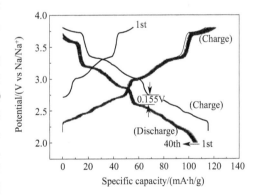

图 5-45　0.1C 倍率时 P2 型 $Na_{0.74}CoO_2$ 的充放电曲线[144]

复杂，其初期的充电曲线上显示有 8 个平台，其插入/脱出过程伴随着 Co^{3+}/Co^{4+} 的氧化还原（图 5-45）[144]。

$NaCrO_2$ 是一种典型的 $NaMO_2$ 系列的材料，具有良好的电化学性能，可逆脱嵌钠离子数量为 0.5 个。碳包覆固相法合成的层状结构 P2 型 $NaCrO_2$ 经 40 次循环后比容量仍达到 110mA·h/g，显示良好的稳定性。$NaMn_{0.5}Ni_{0.5}O_2$ 的可逆比容量也达到 120mA·h/g，同时由于镍离子和钠离子半径相差较大（$r_{Ni^{3+}}=0.69\text{Å}$，$r_{Na^+}=1.02\text{Å}$，$1\text{Å}=10^{-10}\text{ m}$），可以避免钠和镍离子混排可能造成的结构劣化和可逆容量降低[145]。

具有 P2 型层状结构的 $Na_{1.0}Li_{0.2}Ni_{0.25}Mn_{0.75}O_{2.35}$（$Na_{0.85}Li_{0.17}Ni_{0.21}Mn_{0.64}O_2$）在化学式中除了钠离子外还存在一定数量的锂离子，有研究认为它们可以对晶体结构起到保护作用，这一材料在

3.4V（vs Na/Na⁺）电压平台下，经过 50 个循环后仍保持 95～100mA·h/g 的比容量。另一种层状材料，即具有 R3m 空间群的 Na（Mn$_{1/3}$Fe$_{1/3}$Ni$_{1/3}$）O₂ 与锂离子电池常见的三元正极材料（如 LiNi$_{1/3}$Co$_{1/3}$Mn$_{1/3}$O₂）在化学组成和晶体结构上非常相似，同样有优异的电化学性能，以硬炭为负极的全电池初始可逆比容量可达 120mA·h/g，经过 100 次循环后依旧保持在 100mA·h/g，而且 XRD 测试结果显示其结构经过长期循环后未发生明显变化[142]。

P2 型的 Na$_x$[Fe$_{1/2}$Mn$_{1/2}$]O₂ 电化学性能明显优于 O3 型的 Na$_x$[Fe$_{1/2}$Mn$_{1/2}$]O₂，如图 5-46 所示，P2 型材料在 0.05C 倍率时的初始比容量高达 190mA·h/g，1C 倍率下循环 30 次的容量保持率达到 70%，相比之下，O3 型材料的初始比容量近 120mA·h/g 左右，30 次循环后的比容量近 70mA·h/g，保持率不足 60%[146]。

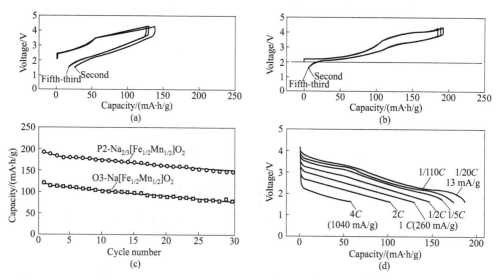

图 5-46　各种层状结构 Na$_x$[Fe$_{1/2}$Mn$_{1/2}$]O₂ 的充放电曲线及循环性能[146]
（a）O3 型的充放电曲线；（b）P2 型的充放电曲线；
（c）两种材料的循环性能；（d）P2 型在不同倍率下的放电曲线

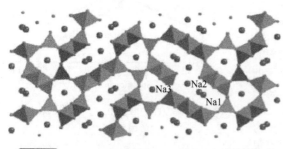

图 5-47　Na$_{0.44}$MnO₂ 垂直于 ab 平面的钠离子通道

Na₄Mn₉O₁₈（Na$_{0.44}$MnO₂）也是一种重要的氧化物系列的钠离子电池正极材料，其结构中有三种 Na⁺ 的位置（如图 5-47），Na⁺ 主要沿由 Na1、Na2 位置构成的 S 形通道扩散，所形成的离子通道尺寸较大，有利于钠离子的迁移，从而可表现出良好的电化学性能。用固相合成法制备的 Na$_{0.44}$MnO₂ 具有 140mA·h/g 的比容量，在 2～3.8V 电压区间有 6 个充放电平台，但循环稳定性不够理想，主要是由 Na⁺ 在其结构中较慢的动力学过程以及表面电荷迁移和钝化层的高电阻所致。通过碳纳米管的复合有效地提高了其高倍率特性，5C 时具有棒状结构的 Na$_{0.44}$MnO₂ 的比容量达到 95mA·h/g。Na-Mn-O 体系的钠含量对性能有显著的影响，2.0～4.3V 电压范围内，Na$_{0.6}$MnO$_{2+δ}$25mA/g 电流密度时的第二次放电比容量达到 188mA·h/g，经过 40 次循环后相对第二次的容量保持率达到 77.9%。上述 Ni、Mn、Fe 的体系由于所含的过渡金属元素均较廉价，比含 Co 的体系更具有实用的潜力[147]。

5.5.2.2　聚阴离子型

在钠离子电池正极材料中，聚阴离子材料由于具有高电压性能和热稳定性，也成为钠离子电池正极材料研究的热点。这些材料主要包括橄榄石结构的磷酸盐［AMPO₄（A 为碱金属元素，

M＝Fe、Mn、Ni 等）］、Tavorite 结构的氟磷酸盐和氟硫酸盐 ［AMXO₄F（A 为碱金属元素，M＝Fe、V，X＝P，S）］，不同的碱金属离子以及结构类型等因素与这些离子扩散动力学的关系很大，并决定材料的电化学性能，在一些材料中，Na^+ 的扩散系数高于 Li^+。

这些材料中，橄榄石结构和磷铁钠矿 $NaFePO_4$ 的结构（如图 5-48 所示）的理论比容量最大，为 154mA·h/g。通过水热法制备的碳包覆球形 $NaFePO_4$（80nm）0.05C 的比容量为 120mA·h/g，100 次循环后的容量保持率为 70％。在低倍率下，如 60℃，C/24 倍率下的首次比容量达到 147mA·h/g。较一般的性能和循环过程中的失配引起的电极中的错位、裂纹等缺陷直接有关。通过制备多孔、无定形态的 $FePO_4$ 纳米颗粒，并与单壁纳米碳管复合，可获得 120mA·h/g 的放电容量，1C 倍率时循环 300 次后保持 50mA·h/g 的容量[148]。

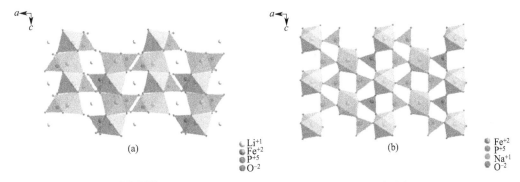

图 5-48　橄榄石结构 $LiFePO_4$ 和磷铁钠矿 $NaFePO_4$ 的结构

（1）氟磷酸盐材料

早在 2002 年，Barker 等首次合成了正方对称结构，空间群为 I4/mmm 的氟磷酸钠（$NaVPO_4F$），可逆比容量达到 95mA·h/g，尽管当时所得到的材料循环稳定性差，经 30 次循环后的容量保持率仅 50％，但由于它与硬炭组成的全电池的开路电压为 3.7V，所以非常引人瞩目。通过 Al 掺杂所获得的 $NaV_{0.98}Al_{0.02}PO_4F$ 的初始放电容量为 80.4mA·h/g，经 30 次循环后容量保持率达到 85％。通过碳包覆可以较大幅度地提高 $NaVPO_4F$ 的比容量，达到 97.8mA·h/g，并提高 Na 脱嵌过程中的结构稳定性，20 次循环后的容量保持率高达 89％[149]。

多电子反应的氟磷酸钠材料可以具有更高的比容量。而 Na_2FePO_4F 材料具有较开放的结构，由四面体结构的 PO_4 和八面体 FeO_6 通过共角连接成开放性的三维框架结构 ［$FePO_4F$］，F 原子作为两分子链的桥梁，如图 5-49 所示，经碳包覆直径为 500nm 的多孔中空 Na_2FePO_4F 球，具有比较理想的导电性和电荷传输动力学特性，比容量达到 89mA·h/g，0.1C 时的比容量仍有 60mA·h/g，是低倍率时的 80％[150]。

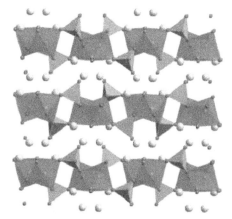

图 5-49　Na_2FePO_4F 的晶体结构

其他一些见诸报道的氟磷酸盐材料还有 Na_2MnPO_4F、Na_2NiPO_4F、$Na_2(Fe_{1-x}Co_x)PO_4F$（0≤ x≤1）和 $Na_2(Fe_{1-x}Mg_x)PO_4F$（x＜0.15）等。此外，还有氟硫酸钠系列的化合物 $Na_3MF_2(SO_4)_2$，M＝V、Mn、Fe 等，通过水热合成法可制备得到片状结构的这些化合物，其中含 Fe 材料的放电比容量为 65mA·h/g，含 F 化合物为 101mA·h/g[151]。

（2）焦磷酸盐

$Na_2MP_2O_7$（M 为过渡金属）焦磷酸盐系列化合物作为钠离子电池电极材料得到了研究。含铁化合物 $Na_2MP_2O_7$ 的结构如图 5-50(a) 所示，它可以通过固相合成法一步得到，Fe^{3+}/Fe^{2+} 氧

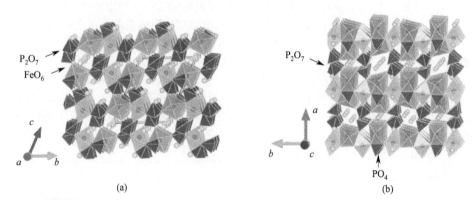

化还原对相对于 Na/Na^+ 的电位为 3V，可逆比容量为 82mA·h/g。由于焦磷酸根比磷酸根在高温时稳定，因此焦磷酸盐体系的电极材料被认为是安全的电极材料体系，可在高温条件下使用。以无机离子液体 NaFSA-KFSA（双三甲基硅烷基氨基）为电解质考察了其 90℃ 温度时的稳定性，其可逆比容量达到 91mA·h/g，在 2000mA/g 的电流密度下仍显示高的倍率特性，达到 59mA·h/g。通过玻璃-陶瓷工艺制备的三斜晶系的 $Na_{2-x}Fe_{1+x}P_2O_7/C$ 复合物的比容量达到 86mA·h/g（256W·h/kg），在大于 10C（2mA/cm²）的高倍率条件下仍有稳定的电化学性能。另一种具有混合磷酸根和焦磷酸根聚阴离子的化合物 $Na_4M_3(PO_4)_2(P_2O_7)$（M 为过渡金属）其结构如图 5-50(b) 所示，空间群为 Pn21a，由铁氧八面体共边和共顶角，磷氧四面体与铁氧八面体共边和两个顶角形成，具有沿 b-c 方向的层状结构的组元，并进一步通过焦磷酸根连接形成 $Na_4M_3(PO_4)_2(P_2O_7)$ 的结构。$Na_4Fe_3(PO_4)_2(P_2O_7)$ 的比容量达到 100mA·h/g，高于 $Na_2FeP_2O_7$ 体系，并具有良好的循环稳定性[152]。

用固相合成法制备的 Co 基混合聚阴离子化合物 $Na_4Co_3(PO_4)_2P_2O_7$，可呈现正交、四方和三斜等多种结构，通过 Co^{3+}/Co^{2+} 氧化还原对获得的可逆比容量达到 80mA·h/g，其层状结构提供了二维的传导通道。另一种 Co 基焦磷酸钠 $Na_4Co_3(PO_4)_2P_2O_7$ 在 4.1～4.7V 的高电压区呈现了多步氧化还原的过程（如图 5-51 所示），34mA/g 的电流密度下的可逆储钠比容量为 95mA·h/g（对应于 2.2 个钠的脱嵌）[153]。

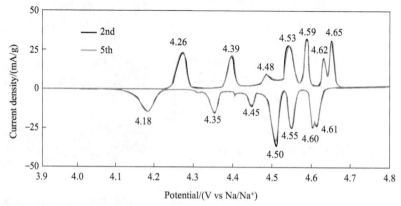

图 5-51 $Na_4Co_3(PO_4)_2P_2O_7$ 的动电位扫描曲线（扫描速率 0.01mV/s，参比电位 Na/Na^+）

Mn 系焦磷酸钠 $Na_2MnP_2O_7$ 具有最高的氧化还原电位 4.45V（对应于 Mn^{3+}/Mn^{2+} 氧化还原反应），具有三斜结构，放电比容量 80mA·h/g，开路电压 3.6V。用溶胶凝胶法制备的混合焦磷酸盐 $Na_4Co_{2.4}Mn_{0.3}Ni_{0.3}(PO_4)_2P_2O_7$ 同时发生 Co、Ni、Mn 的氧化还原反应，具有高电压、高容量的特性，可观察到 4.2V 和 4.6V 两个氧化还原对，电流密度 850mA·h/g 时的比容量达到

$103mA \cdot h/g^{[154]}$。

（3）NASICON 结构材料

NASICON（钠超离子导体）是一类很早研究的钠离子导体，具有传导的特性，结构中含有大量的 Na^+ 的空位，该类材料的化学式通式为 $AnM_2(PO_4)_3$，它也是钠离子电池的正极材料的热点材料。

$NaTi_2(PO_4)_3$ 是最早报道的 NASICON 结构钠离子电池正极材料，钠离子占据的八面体 Na1 位置在 c 方向通过六次螺旋轴与邻近的两个 TiO_6 八面体共面，PO_4 四面体则以共顶角与 Ti_6 八面体连接，形成具有 Na1 和 Na2 位置组成的钠离子迁移通道的骨架结构。这种材料的电化学性能并不好，通过溶胶凝胶法制备的由部分 Li^+ 取代的 $Li_{1-x}Na_xTi(PO_4)_3$（$0 \leqslant x \leqslant 1$）形成了有利于 Na^+ 迁移的通道，当 $x=0.5$ 时获得的比容量达到 $131.8mA \cdot h/g$，但更多的 Li^+ 的取代会降低性能[155]。

钒基 NASICON 结构 $Na_3V_2(PO_4)_3$ 本身的电导率很低，因此它的电化学性能比较差，以金属钠为负极，测得每个单元最高能嵌入 $0.8Na^+$，随后脱出 $2.6Na^+$，对应的 $Na_xV_2(PO_4)_3$ 循环中 x 的范围为 $1.2\sim3.8$。循环过程出现两个电压平台，即 $3 \leqslant x \leqslant 3.8$ 范围（V^{3+}/V^{2+}），1.5V vs. Na/Na^+；$1.2 \leqslant x \leqslant 3$ 范围（V^{4+}/V^{3+}），3.4V vs. Na/Na^+。初始充放电容量分别为 $98.6mA \cdot h/g$ 和 $93mA \cdot h/g$。理论上 $Na_3V_2(PO_4)_3$ 材料既可作为正极材料，也可作为负极材料应用于钠离子电池中。多孔结构的 $Na_3V_2(PO_4)_3$/C 复合体系 0.5C 倍率时的放电容量为 $98mA \cdot h/g$，且 50 次后的容量保持率仍达到 93%，循环 100 次后未检测到任何副反应的进行。通过多羟基化合物辅助的热解合成工艺得到的 $Na_3V_2(PO_4)_3$/C 复合体系初始容量甚至高达 $235mA \cdot h/g$（对应于每个分子中 4 个 Na 的脱出），2.67C 倍率时仍达到理论比容量的 56%。石墨烯复合可进一步提高高倍率性能，30C 时的容量达到 0.2C 容量（$90mA \cdot h/g$）的 67%[156]。

最近我国武汉理工大学研究人员开发了一种含钾的磷酸盐材料 $K_3V_2(PO_4)_3$/C 复合体系，基于化学法合成得到的碳包覆的纳米束在担载量 $2.5\sim2.8mg/cm^2$，$100mA/g$ 的条件下得到的稳定比容量为 $119mA \cdot h/g$，即使在 $2000mA/g$ 的大电流密度下，2000 次循环后的容量保持率仍达到 96.0%，当 Na^+ 嵌脱时，$K_3V_2(PO_4)_3$/C 材料体现了非常高的稳定性（图 5-52）[157]。

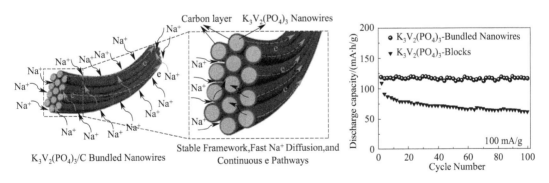

图 5-52　$K_3V_2(PO_4)_3$/C 纳米束及其钠离子嵌脱性能[157]

$Fe_2(MoO_4)_3$ 是另一种被研究的 NASICON 结构的钠离子电池电极材料，由于 Fe 廉价、无毒害，受到了很多关注。由于 Na 在其中的插入是动力学过程较慢的两相反应，当制成薄膜时，借助 Fe^{2+}/Fe^{3+} 的氧化还原形成 $Na_2Fe_2(MoO_4)_3$，相应的比容量达到 $91mA \cdot h/g$，并有较好的循环性能。

5.5.3　电解质

作为钠离子电池的电解质的选择需要满足以下条件：热稳定性能好，不易发生分解；溶液或固体的离子导电率高；有宽的电化学窗口等。目前已经研究的钠离子电池的电解质体系包括有机液体电解质、水溶液电解质、凝胶聚合物电解质以及固体电解质。

与锂离子电池相似，钠离子电池的研究中也主要采用有机溶剂，常用的电解液有机溶剂有碳酸乙烯酯（EC）、碳酸丙烯酯（PC）和碳酸丁烯酯（BC）。主要的钠盐为 $NaPF_6$ 和 $NaClO_4$，根据不同的正极材料，可选用其他钠盐，包括 $NaFeCl_4$、$NaBF_4$、$NaNO_3$、$NaPOF_4$ 等。选择匹配性好的高性能电解液是解决碳基负极首次循环不可逆问题和高低温性能问题有效的途径。使用含碳酸烷基酯电解液，在负极上易形成 SEI 膜，且不同碳材料作负极需不同电解液匹配。有实验表明，碳材料在 PC、EC 和 EC-DEC 电解液中的初始比容量和循环稳定性相似。但考虑高低温性能，钠离子电池更适合应用 PC 电解液[158]。

凝胶聚合物电解质不仅具有液态钠离子电池的高能量密度和长循环寿命等特点，而且在一定程度上提高了电池的安全性，基本可以解决液体电解质的漏液问题。凝胶聚合物电解质的核心问题是协调离子导电率和力学性能之间的关系。PEO 也是比较典型的钠离子的凝胶电解质体系，有研究报道，添加琥珀腈能在 PEO-$NaCF_3SO_3$ 体系中有效地提高电解质的离子导电率和力学性能。在凝胶体系中添加纳米级/微米级陶瓷填料，如在（PEO）$_6$:$NaPO_3$ 中填充 10%（质量分数）$BaTiO_3$，或在 PMMA 基质中添加高分散性的 SiO_2 纳米颗粒，都能一定程度上提高钠离子的迁移能力，并避免多孔结构漏液问题[159]。

5.5.4 水系钠离子电池

与锂离子电池类似，基于有机电解液的钠离子电池也同样会面临安全性和高成本等问题，水系钠离子电池有望解决上述问题。但同其他所有水溶液电池一样，水系钠离子电池的反应热力学性质也受到水分解反应显著的影响。如图 5-53 所示，水的热力学电化学窗口为 1.23V，即使考虑到动力学因素，水系钠离子电池的电压也不可能高于 1.5V。为了防止氢、氧析出等副反应的干扰，正极嵌钠反应的电势应低于水的析氧电势，而负极嵌钠反应的电势应高于水的析氢电势，因此，很多高电势的储钠正极材料、低电势的储钠负极（如 Sn、Sb、P 及其合金化合物）不适合于用作水溶液钠离子电池体系。由于钠的离子半径（0.102nm）比锂离子和质子大很多，在水溶液中的溶剂化离子半径更大（0.358nm），使得嵌入反应更加困难，活性材料的电化学利用率相对较低。不仅如此，体积较大的钠离子在嵌入反应过程中容易导致电极活性物质晶格的较大形变，甚至造成晶体结构的坍塌，影响电极材料的循环稳定性。此外，许多钠盐化合物在水中的溶解度很大，或遇水容易分解，进一步限制了储钠材料的选择范围[160]。

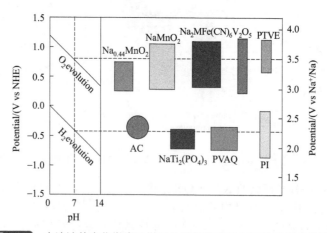

图 5-53 水溶液的电化学窗口以及几种储钠电极材料的电极电位[160]

美国 Aquion Energy 公司开发成功以活化的碳为负极，λ-MnO_2 为正极材料，Na_2SO_4 水溶液为电解质的"电容负极/嵌入正极"型非对称型钠离子电容电池，电池的能量达到 30W·h，电池在 0.5~1.8V 之间充放电的平均放电电压为 1.4V，以活性物质计算的体积能量密度达 40W·h/L，可连续 5000 次（100DOD%）以上的充放电循环而保持容量几乎不变（图 5-54）。电池可在 −10~60℃ 温度区间深度工作，电池组用聚丙烯包装，采用方形堆叠结构。电池组有低电压

（12～48V）和高电压（500～1000V）两类电压等级。由于这类电池体系的反应原理简单，原料丰富且价格低廉，预期价格 300 美元/(kW·h)，已经进行了一系列与离网太阳能、风能等可再生能源的储能以及调峰等的示范应用。但这种电池的比能量，尤其是质量比能量仍比较低，与上述的钠硫电池、钠氯化物电池等钠电池以及锂离子电池相比差距较大[161]。

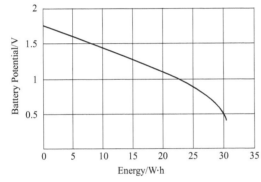

图 5-54 美国 Aquion Energy 公司的 **30W·h** 电池样品（左上）及其放电性能（左下），由 **8** 个单体电池形成的 **15V** 模块（右上）及其组合的储能单元（右下）

"摇椅式"水溶液钠离子电池则有效地提高了电池的比容量。如 $NaTi_2(PO_4)_3/Na_2SO_4·H_2O$（1mol/L）/$Na_{0.44}MnO_2$ 型水系钠离子电池的体积比能量达到 127W·h/L，平均工作电压为 1.1V，理论质量比能量为 33W·h/kg，在高倍率下 700 次循环后容量保持率仍达 60%。但是这种电池在低倍率下的充放电效率较低，且容量衰减非常严重，其原因可能是水分解反应产生的氢和氧与电极材料发生化学副反应。美国斯坦福大学近期的一项研究工作中开发出一种与水性电解液匹配并具备优异电化学性能的电极材料，他们在 70℃ 的较低温度下以共沉淀法制备得到镍与碱金属的复合铁氰化物 $ANiFe^{3+}(CN)_6$（A 为碱金属元素离子 Li^+、Na^+、K^+ 和铵离子 NH_4^+），该物质具有开放式的框架结构，能够可逆地嵌入和脱出锂离子、钠离子和钾离子，在水性电解液中采用三电极法对电池进行测试，以部分放电态的 $NaNiFe(CN)_6$ 作为对电极，获得了满意的倍率性能和循环性能，虽然在 $C/6$ 倍率下的初始比容量只有 59mA·h/g，但在 41.7C 倍率下其比容量仍可以达到低倍率容量的 2/3，并且在 8.3C 倍率下循环 5000 次没有出现明显的容量损失[162]。

我国武汉大学报道了以 $NaTi_2(PO_4)_3$ 为负极，$Na_2NiFe(CN)_6$ 为正极，Na_2SO_4 水溶液为电解质构建的基于嵌入反应的水溶液钠离子电池，其平均工作电压达到 1.27V，能量密度为 42.5W·h/kg。在 10C 倍率下，该电池仍能实现 90% 的可逆容量，以 5C 倍率循环 250 周容量保持率为 88%。若采用 $Na_2CuFe(CN)_6$ 为正极，电池的工作电压可提高至 1.4V[163]。

在我国，水系钠离子电池的产业化也已见起色，恩力能源科技有限公司拟投资 2 亿元人民币在南通市建设年产 200MW·h 水系钠离子电池的生产线，项目总占地面积 71191m²，公司成功研制开发出拥有自主知识产权的水系离子电池产品及储能系统，其研制生产的水系离子电池的循环寿命目前已达 3000 次以上，接近 100% 深度放电，可以确保在 10 年内正常使用。

总体来说，水系钠离子电池提供了一种廉价、清洁的新体系。通过材料、结构以及技术的提升，有望使水系钠离子电池的综合性能进一步改进。

5.5.5 钠离子电池的价格因素

　　目前，锂离子电池已经被广泛应用在多个领域，随着技术的进步和生产规模的扩大，价格在不断降低。由于锂在地壳中的丰度以及储藏量有限，人们期待资源丰富的钠离子电池能实现突破，并得到实际应用。但目前所研究的各种钠离子电池电极材料与锂离子电池相比价格方面可能存在的优势尚不能弥补性能上的差距。

　　从图 5-55 的分析可以看出，锂离子电池和钠离子电池各种材料成本占比中，除含钠或锂的正极材料以及负极集流体的占比不同外，负极（均设为碳材料）、电解质、隔膜、正极集流体以及其他材料的占比基本相同。但需要注意到，尽管钠盐与锂盐等的前驱化合物的成本相差很大，但过渡金属 Ni、Co、Mn 等元素及其化合物的价格远高于碱金属，尽管锂离子电池正极材料的成本占比达到 36%，被钠取代后仅使成本占比下降 3.6%。与锂不同的是，钠不会和廉价的 Al 形成合金，因此钠离子电池中可以 Al 取代高价格的 Cu 作为负极集流电极，使负极集流电极的成本占比大幅度下降。总体来说，若释放相同能量，简单地在目前商品化的电池中以钠取代锂得到的钠离子电池的成本仅比锂离子电池低 10% 左右。然而，目前已经研究的钠离子电池的正负极材料所能达到的比容量都明显比锂离子电池的材料性能差，其比容量或能量的损失难以弥补仅10% 的价格差异。

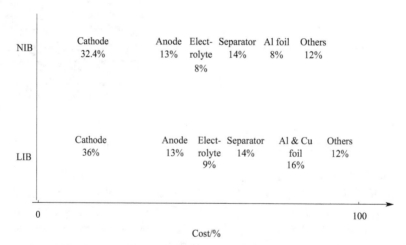

图 5-55　钠离子电池和锂离子电池各种材料的成本占比分析

5.6　本章小结

　　本章阐述了钠-硫电池、ZEBRA 电池以及钠-空气电池等以金属钠为负极的电池以及钠离子电池等四类钠电池的结构、工作原理和性能特性以及目前研发的最新进展，分析了它们在研究和应用方面所面临的问题以及已采取和可能采取的解决方案。

　　钠-硫电池具有高的比功率和比能量、低原材料成本、温度稳定性以及无自放电等方面的优势，是重要的储能技术之一，但是钠硫电池仍然需要进一步降低成本，提高电池系统的安全性。在钠-硫电池基础上发展起来的 ZEBRA 电池具有突出的安全性，同时它还具有很强的耐过充电和过放电的工作特性，具有高的能量密度，近年来得到了较快速的发展，但 ZEBRA 电池的功率密度还有待进一步的提高。钠-空气电池具有很高的能量密度期望值，但目前尚处于研究的初级阶段，对钠-空气各个关键材料的研究已经引起了研究人员越来越多的关注。人们对在锂离子电池基础上发展起来的钠离子电池充满了期待，水系钠离子电池已经得到了示范验证，展现了一定的发展前景，但至今仍没有得到理想的可与锂离子电池抗衡的钠离子电池的材料体系。

　　钠-硫电池和钠-氯化物电池需要加快国产化的进程。大规模、高安全性、低成本、高能量和功率密度及长寿命是今后各种钠电池的发展方向，因此需要进一步对电池关键材料（如 beta-Al_2O_3 陶瓷管和薄膜的低成本高质量的制备）和关键界面（如熔融金属钠与 beta-Al_2O_3 之间的界面）的研究和评价，以增强电池的电化学性能和安全可靠性。同时，还需要在钠电池产业化的道路上继续探索新的低温钠电池体系，加快钠离子电池和钠-空气电池相关的新材料体系的探索，推动新型钠电池实现突破。

<h2 align="center">参 考 文 献</h2>

[1] 张文亮，丘明，来小康. 储能技术在电力系统中的应用 [J]. 电网技术，2008，32（7）：1-9.

[2] Dunn B，Kamath H，Tarascon J-M. Electrical energy storage for the grid：a battery of choices [J]. Science，2011，334（6058）：928-935.

[3] Thackeray M M，Wolverton C，Isaacs E D. Electrical energy storage for transportation—approaching the limits of, and going beyond, lithium-ion batteries [J]. Energy & Environmental Science，2012，5（7）：7854-7863.

[4] Veneri O，Capasso C，Patalano S. Experimental study on the performance of a ZEBRA battery based propulsion system for urban commercial vehicles [J]. Applied Energy，2017，185：2005-2018.

[5] Yang Z G，Zhang J L，Kintner-Meyer M C W，et al. Electrochemical Energy Storage for Green Grid [J]. Chem Rev，2011，111（5）：3577.

[6] Taylor S. Abundance of chemical elements in the continental crust：a new table [J]. Geochimica et Cosmochimica Acta，1964，28（8）：1273-1285.

[7] Kummer J T，Neill W. Battery having a molten alkali metal anode and a molten sulfur cathode：US58260866A [P]. 1968-11-26.

[8] Bito A. Overview of the sodium-sulfur battery for the IEEE stationary battery committee [C]. Proceedings of the Power Engineering Society General Meeting，2005 IEEE.

[9] Dufo-L Pez R，Bernal-Agust N J L，Dom Nguez-Navarro J A. Generation management using batteries in wind farms：economical and technical analysis for spain [J]. Energy Policy，2009，37（1）：126-39.

[10] Oshima T，Kajita M，Okuno A. Development of Sodium-Sulfur Batteries [J]. International Journal of Applied Ceramic Technology，2004，1（3）：269-76.

[11] Wen Z，Hu Y，Wu X，et al. Main Challenges for High Performance NAS Battery：Materials and Interfaces [J]. Advanced Functional Materials，2013，23（8）：1005-18.

[12] Sudworth J，Hames M，Storey M，et al. An analysis and laboratory assessment of two sodium sulphur cell designs [J]. Power Sources，1973，4：1-20.

[13] Liu C，Li F，Ma L P，et al. Advanced materials for energy storage [J]. Adv Mater，2010，22（8）：28-62.

[14] 温兆银. 钠硫电池及其储能应用 [J]. 上海节能，2007（2）：7-10.

[15] 温兆银，陈昆刚. $Na\beta''$-Al_2O_3 与水的作用 [J]. 无机材料学报，1996，11（2）：297-302.

[16] Hong Y，Hong D，Peng Y，et al. The fabrication and properties of polycrystalline $Ca\beta''$-Al_2O_3 tube [J]. Solid State Ionics，1987，25（4）：301-305.

[17] Le Cars Y，Thery J，Collonques R. Domaine d'existence et stabilité des alumines β et β″ dans le système Al_2O_3-Na_2O. Étude par rayons X et microscopie électronique [J]. Rev Hautes Temp Refract，1972，9（1）：153-60.

[18] Boilot J，Thery J. Influence de l'addition d'ions etrangers sur la stabilite relative et la conductivite electrique des phases de type alumine β et β″ [J]. Materials Research Bulletin，1976，11（4）：407-413.

[19] Virkar A V，Miller G R，Gordon R S. Resistivity-microstructure relations in lithia-stabilized polycrystalline β″-alumina [J]. Journal of the American Ceramic Society，1978，61（5-6）：250-252.

[20] Tofield B. Structure of lithium-sodium beta-alumina by powder neutron diffraction [J]. Nature，1979，278：438-439.

[21] Bugden W，Duncan J. Effect of dopants on beta-alumina resistivity and reliability [C] // Proceedings of the Science of Ceramics，9，Proc 9 th Int Conf held Noordwijkerhout. Netherlands，1977.

[22] Hooper A. A study of the electrical properties of single-crystal and polycrystalline β-alumina using complex plane analysis [J]. Journal of Physics D：Applied Physics，1977，10（11）：1487.

[23] Itoh K，Kondo K-I，Sawoka A，et al. Effect of pressure on the ionic conduction of Na-β-alumina [J]. Japanese Journal of Applied Physics，1975，14（8）：1237.

[24] Buechele A，De Jonghe L. Microstructure and ionic resistivity of calcium-containing sodium beta alumina [J]. Am Ceram Soc Bull，1979，58（9）：861-864.

[25] Brown G，Schwinn D，Bates J，et al. Structures of four fast-ion conductors by single-crystal neutron-diffraction

analysis: Zn-stabilized Naβ″-Alumina and Mg-stabilized Na-, K-, and Agβ″-aluminas [J]. Solid State Ionics, 1981, 5: 147-150.

[26] Hsieh M, Jonghe L. Silicate-containing sodium beta-alumina solid electrolytes [J]. Journal of the American Ceramic Society, 1978, 61 (5-6): 186-191.

[27] Breiter M, Farrington G, Roth W L, et al. Production of hydronium beta alumina from sodium beta alumina and characterization of conversion products [J]. Materials Research Bulletin, 1977, 12 (9): 895-906.

[28] Tan S, May G. The production of beta-alumina by a zone sintering process [J]. Sci Ceram, 1977, 9: 103.

[29] Briant J, Farrington G. Ionic conductivity in Na$^+$, K$^+$, and Ag$^+$ β″-alumina [J]. Journal of Solid State Chemistry, 1980, 33 (3): 385-390.

[30] Jorgensen J, Rotella F, Roth W. Conduction plane and structure of Li-stabilized Na$^+$ β″-alumina: a powder neutron diffraction study [J]. Solid State Ionics, 1981, 5: 143-146.

[31] Wen Z, Gu Z, Xu X, et al. Research activities in Shanghai institute of ceramics, Chinese academy of sciences on the solid electrolytes for sodium sulfur batteries [J]. J Power Sources, 2008, 184 (2): 641-645.

[32] 陈昆刚, 徐孝和. 部分合成法制备 Na-β″-Al$_2$O$_3$陶瓷 [J]. 无机材料学报, 1997, 12 (5): 725-732.

[33] 温兆银, 林祖镶. ZrO$_2$在 β′-Al$_2$O$_3$复合陶瓷中的作用 [J]. 复合材料学报, 1996, 13 (3): 38-42.

[34] May G. The development of beta-alumina for use in electrochemical cells: A survey [J]. J Power Sources, 1978, 3 (1): 1-22.

[35] Hu Y, Wen Z, Wu X, et al. Low-cost shape-control synthesis of porous carbon film on β″-alumina ceramics for Na-based battery application [J]. J Power Sources, 2012, 219: 1-8.

[36] Hu Y, Wen Z, Wu X, et al. Nickel nanowire network coating to alleviate interfacial polarization for Na-beta battery applications [J]. Journal of Power Sources, 2013, 240: 786-795.

[37] Dunn B, Farrington G. Recent developments in β″alumina [J]. Solid State Ionics, 1986, 18: 31-39.

[38] Zhang G, Wen Z, Yang J, et al. Improvement of the sealing performance for sodium anode based battery by interface optimization of alpha-Al$_2$O$_3$/glass sealant [J]. Solid State Ionics, 2014, 263: 140-145.

[39] Roberts B P. Sodium-Sulfur (NaS) batteries for utility energy storage applications [C] //Proceedings of the Power and Energy Society General Meeting-Conversion and Delivery of Electrical Energy in the 21st Century. IEEE, 2008.

[40] Wen Z. Study on energy storage technology of sodium sulfur battery and it's application in power system [C]//2006 International Conference on Power System Technology, 2006.

[41] 曹佳弟. 电动汽车用高功率钠硫电池的新发展 [J]. 电源技术, 1996, 20 (6): 261-266.

[42] Doughty D H, Butler P C, Akhil A A, et al. Batteries for large-scale stationary electrical energy storage [J]. The Electrochemical Society Interface, 2010, 19 (3): 49-53.

[43] Weber N, Kummer J T. Sodium-sulfur secondary battery [C]. Proceedings of the Annual Power Sources Conference, 1967.

[44] Kummer J T, Weber N, 0148-7191 [R]: SAE Technical Paper, 1967.

[45] Wen Z, Cao J, Gu Z, et al. Research on sodium sulfur battery for energy storage [J]. Solid State Ionics, 2008, 179 (27): 1697-1701.

[46] Lu X, Kirby B W, Xu W, et al. Advanced intermediate-temperature Na-S battery [J]. Energy Environ Sci, 2013, 6 (1): 299-306.

[47] Ryu H, Kim T, Kim K, et al. Discharge reaction mechanism of room-temperature sodium-sulfur battery with tetra ethylene glycol dimethyl ether liquid electrolyte [J]. J Power Sources, 2011, 196 (11): 5186-5190.

[48] Kim I, Park J-Y, Kim C H, et al. A room temperature Na/S battery using a β″ alumina solid electrolyte separator, tetraethylene glycol dimethyl ether electrolyte, and a S/C composite cathode [J]. J Power Sources, 2016, 301: 332-337.

[49] Kohl M, Borrmann F, Althues H, et al. Hard carbon anodes and novel electrolytes for long-cycle-life room temperature sodium-sulfur full cell batteries [J]. Adv Energy Mater, 2016, 6 (6): 1502185.

[50] Kim J-S, Ahn H-J, Kim I-P, et al. The short-term cycling properties of Na/PVdF/S battery at ambient temperature [J]. J Solid State Electrochem, 2008, 12 (7-8): 861-866.

[51] Wang Y-X, Yang J, Lai W, et al. Achieving high performance of room-temperature sodium-sulfur batteries with S @interconnected mesoporous carbon hollow nanospheres [J]. Journal of the American Chemical Society, 2016, 138 (51): 16576.

[52] Hueso K B, Armand M, Rojo T. High temperature sodium batteries: status, challenges and future trends [J]. Energy & Environmental Science, 2013, 6 (3): 734-749.

[53] Lu X, Xia G, Lemmon J P, et al. Advanced materials for sodium-beta alumina batteries: status, challenges and perspectives [J]. Journal of Power Sources, 2010, 195 (9): 2431-2442.

［54］ Ha S, Kim J-K, Choi A, et al. Sodium-metal halide and sodium-air batteries ［J］. ChemPhysChem, 2014, 15 (10): 1971-1982.

［55］ Dustmann C-H. Advances in ZEBRA batteries ［J］. Journal of Power Sources, 2004, 127 (1-2): 85-92.

［56］ Bones R J, Teagle D A, Brooker S D, et al. Development of a Ni, NiCl₂ positive electrode for a liquid sodium (ZEBRA) battery cell ［J］. Journal of the Electrochemical Society, 1989, 136 (5): 1274-1277.

［57］ Coetzer J. A new high energy density battery system ［J］. Journal of Power Sources, 1986, 18 (4): 377-380.

［58］ Moseley P T, Bones R J, Teagle D A, et al. Stability of beta alumina electrolyte in sodium/FeCl₂ (ZEBRA) cells ［J］. Journal of the Electrochemical Society, 1989, 136 (5): 1361-1368.

［59］ Li G, Lu X, Kim J Y, et al. An advanced Na-FeCl₂ ZEBRA battery for stationary energy storage application ［J］. Advanced Energy Materials, 2015, 5 (12): 1500357-1500363.

［60］ Lu X, Li G, Kim J Y, et al. A novel low-cost sodium-zinc chloride battery ［J］. Energy & Environmental Science, 2013, 6 (6): 1837-1843.

［61］ Robelin C, Chartrand P, Pelton A D. Thermodynamic evaluation and optimization of the (NaCl+KCl+AlCl₃) system ［J］. The Journal of Chemical Thermodynamics, 2004, 36 (8): 683-99.

［62］ Sudworth J L. The sodium/nickel chloride (ZEBRA) battery ［J］. Journal of Power Sources, 2001, 100 (1-2): 149-163.

［63］ Hosseinifar M, Petric A. High temperature versus low temperature Zebra (Na/NiCl₂) cell performance ［J］. Journal of Power Sources, 2012, 206: 402-408.

［64］ Lu X C, Xia G G, Lemmon J P, et al. Advanced materials for sodium-beta alumina batteries: status, challenges and perspectives ［J］. J Power Sources, 2010, 195 (9): 2431.

［65］ Galloway R C, Haslam S. The ZEBRA electric vehicle battery: power and energy improvements ［J］. Journal of Power Sources, 1999, 80 (1-2): 164-170.

［66］ Ratnakumar B V, Surampudi S, Halpert G. Effects of sulfur additive on the performance of Na/NiCl₂ cells ［J］. Journal of Power Sources, 1994, 48 (3): 349-360.

［67］ B HM H, Beyermann G. ZEBRA batteries, enhanced power by doping ［J］. Journal of Power Sources, 1999, 84 (2): 270-274.

［68］ Van Zyl A. Proceedings of the 10th International Conference on Solid State IonicsReview of the zebra battery system development ［J］. Solid State Ionics, 1996, 86: 883-889.

［69］ Sudworth J L. Zebra Batteries ［J］. J Power Sources, 1994, 51 (1-2): 105.

［70］ Sudworth J, Galloway R. Secondary batteries-high temperature systems │ sodium-nickel chloride ［M］. Encyclopedia of Electrochemical Power Sources, 2009: 312-323

［71］ Hu Y, Wen Z, Wu X, et al. Low-cost shape-control synthesis of porous carbon film on β″-alumina ceramics for Na-based battery application ［J］. Journal of Power Sources, 2012, 219: 1-8.

［72］ Hu Y, Wen Z, Wu X. Porous iron oxide coating on β″-alumina ceramics for Na-based batteries ［J］. Solid State Ionics, 2014, 262: 133-137.

［73］ Lu X, Li G, Kim J Y, et al. Liquid-metal electrode to enable ultra-low temperature sodium-beta alumina batteries for renewable energy storage ［J］. Nature Communications, 2014, 5: 4578.

［74］ Sudworth J L. Zebra batteries ［J］. Journal of Power Sources, 1994, 51 (1): 105-114.

［75］ Prakash J, Redey L, Vissers D R. Morphological considerations of the nickel chloride electrodes for zebra batteries ［J］. Journal of Power Sources, 1999, 84 (1): 63-69.

［76］ Zhu Y, Murali S, Stoller M D, et al. Carbon-based supercapacitors produced by activation of graphene ［J］. Science, 2011, 332 (6037): 1537-1541.

［77］ Kluiters E C, Schmal D, Ter Veen W R, et al. Testing of a sodium/nickel chloride (ZEBRA) battery for electric propulsion of ships and vehicles ［J］. Journal of Power Sources, 1999, 80 (1-2): 261-264.

［78］ Dustmann C-H. ZEBRA battery meets USABC goals ［J］. Journal of Power Sources, 1998, 72 (1): 27-31.

［79］ Prakash J, Redey L, Vissers D R. Electrochemical behavior of nonporous Ni/NiCl₂ electrodes in chloroaluminate melts ［J］. Journal of The Electrochemical Society, 2000, 147 (2): 502-507.

［80］ Prakash J, Redey L, Vissers D R, et al. Effect of sodium iodide additive on the electrochemical performance of sodium/nickel chloride cells ［J］. Journal of Applied Electrochemistry, 2000, 30 (11): 1229-1233.

［81］ Lu X C, Li G S, Kim J Y, et al. Liquid-metal electrode to enable ultra-low temperature sodium-beta alumina batteries for renewable energy storage ［J］. Nat Commun, 2014, 5: 5578.

［82］ Lu X, Lemmon J P, Sprenkle V, et al. Sodium-beta alumina batteries: status and challenges ［J］. JOM, 2010, 62 (9): 31-36.

［83］ Bowden M E, Alvine K J, Fulton J L, et al. X-ray absorption measurements on nickel cathode of sodium-beta alumina batteries: Fe-Ni-Cl chemical associations [J]. Journal of Power Sources, 2014, 247: 517-526.

[84] Kim H, Jeong G, Kim Y-U, et al. Metallic anodes for next generation secondary batteries [J]. Chemical Society Reviews, 2013, 42 (23): 9011-9034.

[85] Luntz A C, Mccloskey B D. Nonaqueous Li-air batteries: a status report [J]. Chemical Reviews, 2014, 114 (23), 11721-11750.

[86] Cui Y, Wen Z, Liu Y. A free-standing-type design for cathodes of rechargeable Li-O_2 batteries [J]. Energy & Environmental Science, 2011, 4 (11): 4727-4734.

[87] Cui Y, Wen Z, Liang X, et al. A tubular polypyrrole based air electrode with improved O_2 diffusivity for Li-O_2 batteries [J]. Energy & Environmental Science, 2012, 5 (7): 7893-7897.

[88] Palomares V, Casas-Cabanas M, Castillo-Martinez E, et al. Update on Na-based battery materials. A growing research path [J]. Energy & Environmental Science, 2013, 6 (8): 2312-2337.

[89] Ren X, Wu Y. A low-overpotential potassium-oxygen battery based on potassium superoxide [J]. J Am Chem Soc, 2013, 135 (8): 2923-2926.

[90] Ren Z-W, Zhou D-B, Tu S-Q. Synthesis of cathode materials for Al-air cell and its electric performance [J]. Chinese Journal of Power Sources, 2007, 31 (9): 706.

[91] Li Y, Dai H. Recent advances in zinc-air batteries [J]. Chemical Society Reviews, 2014, 43 (15): 5257-5275.

[92] Milushevea Y, Boukoureshtlieva R, Hristov S, et al. Environmentally-clean Mg-air electrochemical power sources [J]. Bulgarian Chemical Communications, 2011, 43 (1): 42-47.

[93] 张三佩, 温兆银, 靳俊, 等. 二次钠-空气电池的研究进展 [J]. 电化学, 2015, 21 (5): 425-432.

[94] Zu C-X, Li H. Thermodynamic analysis on energy densities of batteries [J]. Energy & Environmental Science, 2011, 4 (8): 2614-2624.

[95] Das S K, Lau S, Archer L. Sodium-oxygen battery: a new class of metal-air battery [J]. Journal of Materials Chemistry A, 2014, 2 (32): 12623-12629.

[96] Peled E, Golodnitsky D, Mazor H, et al. Parameter analysis of a practical lithium-and sodium-air electric vehicle battery [J]. J Power Sources, 2011, 196 (16): 6835-6840.

[97] Zhang S, Wen Z, Rui K, et al. Graphene nanosheets loaded with Pt nanoparticles with enhanced electrochemical performance for sodium-oxygen batteries [J]. Journal of Materials Chemistry A, 2015, 3 (6): 2568-2571.

[98] Hartmann P, Bender C L, Vracar M, et al. A rechargeable room-temperature sodium superoxide (NaO_2) battery [J]. Nat Mater, 2013, 12 (3): 228-232.

[99] Kim J, Lim H-D, Gwon H, et al. Sodium-oxygen batteries with alkyl-carbonate and ether based electrolytes [J]. Physical Chemistry Chemical Physics, 2013, 15 (10): 3623-3629.

[100] Zhang S, Wen Z, Jin J, et al. Controlling uniform deposition of discharge products at the nanoscale for rechargeable Na-O_2 batteries [J]. Journal of Materials Chemistry A, 2016, 4 (19): 7238-7244.

[101] Kwak W-J, Chen Z, Yoon C S, et al. Nanoconfinement of low-conductivity products in rechargeable sodium-air batteries [J]. Nano Energy, 2015, 12: 123-130.

[102] Yin W-W, Yue J-L, Cao M-H, et al. Dual catalytic behavior of a soluble ferrocene as an electrocatalyst and in the electrochemistry for Na-air batteries [J]. Journal of Materials Chemistry A, 2015, 3 (37): 19027-19032.

[103] Palomares V, Serras P, Villaluenga I, et al. Na-ion batteries, recent advances and present challenges to become low cost energy storage systems [J]. Energy & Environmental Science, 2012, 5 (3): 5884-5901.

[104] Luo W, Shen F, Bommier C, et al. Na-ion battery anodes: materials and electrochemistry [J]. Accounts of Chemical Research, 2016, 49 (2): 231-240.

[105] Kim Y, Ha K, Oh S, et al. High capacity anode materials for sodium ion batteries [J]. Chemistry of European Journal, 2014, 20: 19980-11992.

[106] Doeff M M, Ma Y, Visco S J, et al. Electrochemical insertion of sodium into carbon [J]. Journal of the Electrochemical Society, 1993, 140 (12): L169-L170.

[107] Alcntara R, Lavela P, Ortiz G F, et al. Carbon microspheres obtained from resorcinol-formaldehyde as high-capacity electrodes for sodium-ion batteries [J]. Electrochemical and Solid-State Letters, 2005, 8 (4): A222-A225.

[108] Wang H G, Wu Z, Meng F L, et al. Nitrogen-doped porous carbon nanosheets as low-cost, high-performance anode material for sodium-ion batteries [J]. ChemSusChem, 2013, 6 (1): 56-60.

[109] Yan Y, Yin Y X, Guo Y G, et al. A sandwich-like hierarchically porous carbon/graphene composite as a high-performance anode material for sodium-ion batteries [J]. Advanced Energy Materials, 2014, 4 (8): 1079-1098.

[110] Xu J, Wang M, Wickramaratne N P, et al. High-performance sodium ion batteries based on a 3D anode from nitrogen-doped graphene foams [J]. Advanced Materials, 2015, 27 (12): 2042-2048.

[111] Wu L, Hu X, Qian J, et al. Sb-C nanofibers with long cycle life as an anode material for high-performance sodium-

ion batteries [J]．Energy & Environmental Science，2014，7（1）：323-328.

[112] Baggetto L，Allcorn E，Unocic R R，et al．Mo_3Sb_7 as a very fast anode material for lithium-ion and sodium-ion batteries [J]．Journal of Materials Chemistry A，2013，1（37）：11163-11169.

[113] Slater M D，Kim D，Lee E，et al．Sodium-ion batteries [J]．Advanced Functional Materials，2013，23（8）：947-958.

[114] Ellis L D，Hatahard T D，Obrovac M N. Reversible insertin of sodium in tin [J] . Journal of the Electrochemical Society，2012，159：A1801-A1805.

[115] Zhu H，Jia Z，Chen Y，et al．Tin anode for sodium-ion batteries using natural wood fiber as a mechanical buffer and electrolyte reservoir [J]．Nano Letters，2013，13（7）：3093-3100.

[116] Liu Y，Xu Y，Zhu Y，et al. Tin coated viral nanoforests as sodium ion battery anodes [J] . ACS Nano，2013，7：3627-3634.

[117] Thorne J，Dunlap R，Obrovac M．$(Cu_6Sn_5)_{1-x}C_x$ active/inactive nanocomposite negative electrodes for Na-ion batteries [J]．Electrochimica Acta，2013，112：133-137.

[118] Baggettc L，Keum J K，Browning J F，et al．Germanium as negative electrode material for sodium-ion batteries [J]．Electrochemistry Communications，2013，34：41-44.

[119] Zhang C，Mahmood N，Yin H，et al．Synthesis of phosphorus-doped graphene and its multifunctional applications for oxygen reduction reaction and lithium ion batteries [J]．Advanced Materials，2013，25（35）：4932-4937.

[120] Kim Y，Park Y，ChoI A，et al．An amorphous red phosphorus/carbon composite as a promising anode material for sodium ion batteries [J]．Advanced Materials，2013，25（22）：3045-3049.

[121] Qian J，Wu X，Cao Y，et al．High capacity and rate capability of amorphous phosphorus for sodium ion batteries [J]．Angewandte Chemie，2013，125（17）：4731-4734.

[122] Fullenwarth J，Darwiche A，Soares A，et al．NiP_3：a promising negative electrode for Li-and Na-ion batteries [J]．Journal of Materials Chemistry A，2014，2（7）：2050-2059.

[123] Qian J，Xiong Y，Cao Y，et al．Synergistic Na-storage reactions in Sn_4P_3 as a high-capacity，cycle-stable anode of Na-ion batteries [J]．Nano Letters，2014，14（4）：1865-1869.

[124] Xiong H，Slater M D，Balasubramanian M，et al．Amorphous TiO_2 nanotube anode for rechargeable sodium ion batteries [J]．The Journal of Physical Chemistry Letters，2011，2（20）：2560-2565.

[125] Senguttuvan P，Rousse G，Seznec V，et al．$Na_2Ti_3O_7$：lowest voltage ever reported oxide insertion electrode for sodium ion batteries [J]．Chemistry of Materials，2011，23（18）：4109-4119.

[126] Rudola A，Saravanan K，Devaraj S，et al．$Na_2Ti_6O_{13}$：a potential anode for grid-storage sodium-ion batteries [J]．Chemical Communications，2013，49（67）：7451-7453.

[127] Naeyaert P J，Avdeev M，Sharma N，et al．Synthetic，structural，and electrochemical study of monoclinic $Na_4Ti_5O_{12}$ as a sodium-ion battery anode material [J]．Chemistry of Materials，2014，26（24）：7067-7072.

[128] Sun Y，Zhao L，Pan H，et al．Direct atomic-scale confirmation of three-phase storage mechanism in $Li_4Ti_5O_{12}$ anodes for room-temperature sodium-ion batteries [J]．Nature Communications，2013，4：1870.

[129] Wang Y，Yu X，Xu S，et al．A zero-strain layered metal oxide as the negative electrode for long-life sodium-ion batteries [J]．Nature communications，2013，4（4）：2365.

[130] Zhou K，Hong Z，Xie C，et al．Mesoporous $NiCo_2O_4$ nanosheets with enhance sodium ion storage properties [J]．Journal of Alloys and Compounds，2015，651：24-31.

[131] Yuan S，Huang X I，Ma D I，et al．Engraving copper foil to give large-scale binder-free porous CuO arrays for high performance sodium ion battery anode [J]．Advanced Materials，2014，26：2273-2279.

[132] Rahman M M，Glushenkov A M，Ramireddy T，et al．Electrochemical investigation of sodium reactivity with nanostructured Co_3O_4 for sodium-ion batteries [J]．Chemical Communications，2014，50（39）：5057-5060.

[133] Jian Z，Zhao B，Liu P，et al．Fe_2O_3 nanocrystals anchored onto graphene nanosheets as the anode material for low-cost sodium-ion batteries [J]．Chemical Communications，2014，50（10）：1215-1217.

[134] Jiang Y，Hu M，Zhang D，et al．Transition metal oxides for high performance sodium ion battery anodes [J]．Nano Energy，2014，5：60-65.

[135] Gu M，Kushima A，Shao Y，et al．Probing the failure mechanism of SnO_2 nanowires for sodium-ion batteries [J]．Nano Letters，2013，13（11）：5203-5213.

[136] Wang Y-X，Lim Y-G，Park M-S，et al．Ultrafine SnO_2 nanoparticle loading onto reduced graphene oxide as anodes for sodium-ion batteries with superior rate and cycling performances [J]．Journal of Materials Chemistry A，2014，2（2）：529-534.

[137] Su D，Xie X，Wang G．Hierarchical mesoporous SnO microspheres as high capacity anode materials for sodium-ion batteries [J]．Chemistry-A European Journal，2014，20（11）：3192-3198.

[138] Sun Q，Ren Q-Q，Li H，et al. High capacity Sb_2O_4 thin film electrodes for rechargeable sodium battery [J] . Electrochemistry Communications，2011，13（12）：1462-1465.

[139] Hu Z，Zhu Z，Cheng F，et al. Pyrite FeS_2 for high-rate and long-life rechargeable sodium batteries [J] . Energy & Environmental Science，2015，8（4）：1309-1316.

[140] Ryu H-S，Kim J-S，Park J，et al. Degradation mechanism of room temperature Na/Ni_3S_2 cells using Ni_3S_2 electrodes prepared by mechanical alloying [J] . Journal of Power Sources，2013，244：764-770.

[141] Hu Z，Wang L，Zhang K，et al. MoS_2 nanoflowers with expanded interlayers as high-performance anodes for sodium-ion batteries [J] . Angewandte Chemie，2014，53（47）：12794-12801.

[142] Denis Y，Prikhodchenko P V，Mason C W，et al. High-capacity antimony sulphide nanoparticle-decorated graphene composite as anode for sodium-ion batteries [J] . Nat Commun，2013，4（4）：2922.

[143] Yabuuchi N，Kubota K，Dahbi M，et al. Research development on sodium-ion batteries [J] . Chem Rev，2014，114：11636-11682.

[144] Ding J J，Zhou Y N，Sun Q，et al. Electrochemical properties of P2 phase $Na_{0.74}CoO_2$ compunds as cathode material [J]. Electrochem Acta，2013，87：388-393.

[145] Ding J-J，Zhou Y-N，Sun Q，et al. Cycle performance improvement of $NaCrO_2$ cathode by carbon coating for sodium ion batteries [J] . Electrochem Commun，2012，22：85-93.

[146] Yabuuchi N，Kajiyama M，Iwatate J，et al. P2-type $Na_x[Fe_{1/2}Mn_{1/2}]O_2$ made from earth-abundant elements for rechargeable Na batteries [J] . Nat Mater，2012，11（6）：512-517.

[147] Tevar A，Whitacre J. Relating synthesis conditions and electrochemical performance for the sodium intercalation compound $Na_4Mn_9O_{18}$ in aqueous electrolyte [J] . J Electrochem Soc，2010，157（7）：A870-A875.

[148] Oh S-M，Myung S-T，Hassoun J，et al. Reversible $NaFePO_4$ electrode for sodium secondary batteries [J] . Electrochem Commun，2012，22：149.

[149] Lu Y，Zhang S，Li Y，et al. Preparation and characterization of carbon-coated $NaVPO_4$ F as cathode material for rechargeable sodium-ion batteries [J] . J Power Sources，2014，247：770-776.

[150] Kawabe Y，Yabuuchi N，Kajiyama M，et al. Synthesis and electrode performance of carbon coated Na_2FePO_4 F for rechargeable Na batteries [J] . Electrochem Commun，2011，13（11）：1225-1232.

[151] Zheng Y，Zhang P，Wu S，et al. First-principles investigations on the Na_2MnPO_4F as a cathode material for Na-ion batteries [J] . J Electrochem Soc，2013，160（6）：A927-A932.

[152] Kim H，Park I，Lee S，et al. Understanding the electrochemical mechanism of the new iron-based mixed-phosphate $Na_4Fe_3(PO_4)_2(P_2O_7)$ in a Na rechargeable battery [J] . Chem Mater，2013，25（18）：3614-3622.

[153] Nose M，Nakayama H，Nobuhara K，et al. $Na_4Co_3(PO_4)_2P_2O_7$：A novel storage material for sodium-ion batteries [J] . J Power Sources，2013，234：175-183.

[154] Huang Q，Hwu S-J. Synthesis and characterization of three new layered phosphates，$Na_2MnP_2O_7$，$NaCsMnP_2O_7$，and $NaCsMn_{0.35}Cu_{0.65}P_2O_7$ [J] . Inorganic Chemistry，1998，37（22）：5869-5874.

[155] Delmas C，Cherkaoui F，Nadiri A，et al. A nasicon-type phase as intercalation electrode：$NaTi_2(PO_4)_3$ [J] . Materials research bulletin，1987，22（5）：631-639.

[156] Jian Z，Han W，Lu X，et al. Superior electrochemical performance and storage mechanism of $Na_3V_2(PO_4)_3$ cathode for room-temperature sodium-ion batteries [J] . Adv Energy Mater，，2013，3（2）：156-160.

[157] Wang X，Niu C，Meng J，et al. Novel $K_3V_2(PO_4)_3$/C bundled nanowires as superior sodium-ion battery electrode with ultrahigh cycling stability [J] . Adv Energy Mater，2015，5（17）．

[158] Kim S W，Seo D H，Ma X，et al. Electrode materials for rechargeable sodium-ion batteries：potential alternatives to current lithium-ion batteries [J] . Adv Energy Mater，，2012，2（7）：710-721.

[159] Ponrouch A，Monti D，Boschin A，et al. Non-aqueous electrolytes for sodium-ion batteries [J] . J Mater Chem A，2015，3（1）：22-42.

[160] 杨汉西，钱江锋. 水溶液钠离子电池及其关键材料的研究进展 [J] . 无机材料学报，2013，28（11）：1165-1171.

[161] Whitacre J，Wiley T，Shanbhag S，et al. An aqueous electrolyte，sodium ion functional，large format energy storage device for stationary applications [J] . J Power Sources，2012，213：255-264.

[162] Wu X，Cao Y，Ai X，et al. A low-cost and environmentally benign aqueous rechargeable sodium-ion battery based on $NaTi_2(PO_4)_3$-$Na_2NiFe(CN)_6$ intercalation chemistry [J] . Electrochem Commun，2013，31：145-148.

[163] Wu X Y，Sun M Y，Shen Y F，et al. Energetic aqueous rechargeable sodium-ion battery based on $Na_2CuFe(CN)_6$-$NaTi_2(PO_4)_3$ intercalation chemistry [J] . ChemSusChem，2014，7（2）：407-411.

第6章 抽水蓄能技术

6.1 抽水蓄能技术的基本原理和发展历史概述

6.1.1 抽水蓄能技术的基本原理

抽水蓄能技术（pumped hydro storage），又称抽蓄发电，是迄今为止世界上应用最为广泛的大规模、大容量的储能技术。它将"过剩的"电能以水的位能（即重力势能）的形式储存起来，在用电的尖峰时间再用来发电，因而也是一种特殊的水力发电技术。简言之，抽水蓄能技术包括下水库、电动抽水泵/水轮发电机组和上水库三个主要部分，其基本原理如图6-1所示。当电力生产过剩时，剩电会供于电动抽水泵，把水由下水库输送至地势较高的上水库，对电网而言，这时它是用户。待电力需求增加时，把水闸放开，水便从高处的上水库依地势流往原来电抽水泵的位置，借水势能推动水道间的水轮重新发电，对电网而言，这时它又是发电厂。相比其他储能技术，抽水蓄能电站具有技术成熟、效率高、容量大、储能周期不受限制等优点[1]。但另一方面抽水蓄能电站需要合适的地理条件建造水库和水坝，建设周期长、初期投资巨大。

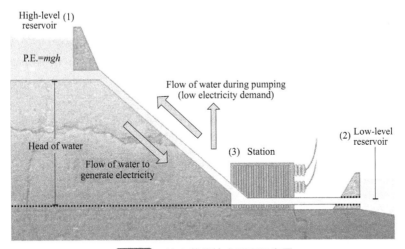

图 6-1 抽水蓄能技术原理示意图

抽水蓄能系统抽水时把电能转换为水的位能，发电时把水的位能转化为电能，显而易见，在每一次抽水-发电的能量转换循环中，蓄能的效率为二者的比值。在抽水过程中，电动抽水泵的能耗为：

$$E_p = \frac{\rho g h V}{\varepsilon_p} \tag{6-1}$$

式中，E_p 为电动抽水泵的能耗；ρ 为水的密度；g 为重力加速度；h 为抽水高度，即水头；V 为所抽水的体积；ε_p 为电动抽水泵的效率。

同理，在发电过程中水轮发电机组的产生的电能为：

$$E_g = \rho g h V \varepsilon_g \tag{6-2}$$

式中，E_g 为水轮发电机组产生的电能；ε_g 为水轮发电机组的效率。

由此可见，抽水蓄能系统的效率为电动抽水泵的效率和水轮发电机的效率的乘积：

$$\varepsilon = \varepsilon_p \varepsilon_g \qquad (6\text{-}3)$$

事实上，抽水蓄能过程中的能量损失还包括管道渗漏损失、管道水头损失、变压器损失、摩擦损失、流动黏性损失、湍流损失等。除去储能过程中所有这些损失，抽水蓄能系统的综合效率一般可以达到 $65\%\sim80\%$。

抽水蓄能电站的电气设备与常规电站基本相同。对电机而言，三相同步发电机兼作三相同步电动机在原理上和技术上都是可行的。蓄能电站对电机的特殊要求是启动频繁，增减负荷速度要求高。如电站水头变化大，则应采用双速电机。此外，主机应有专用励磁装置供同步启动，或有专用的同轴启动电动机，或变频启动装置。在主结线方面，如果是可逆机组，则应设有相序转换开关等。近年来，水力机械已向高水头、高转速、大容量方向发展。高水头具有很多优点，一般说来水头愈高，则：①可使用较高的转速，减小外形尺寸，增大单机容量，减小工程投资；②减小引用水量，使上下库容减小，采用较小的管道直径；③由于引用水量小，减小库内水位波动，使机组可在高效点运行。采用高转速可提高机械效率，泵的比转速已向 $\eta_q = 30\sim50$ 方向发展。由于高的比转速会加速汽蚀，因此要求有较大的淹没深度。采用大的单机容量，可减小台数，降低基建费用和运行费用。目前国外已开始设计 $1000\sim1500\mathrm{m}$ 水头的可调式抽水蓄能机组，单机容量达 $600\sim700\mathrm{MW}$，在技术上认为是可行的。

6.1.2　抽水蓄能的功率和容量

功率和容量是衡量抽水蓄能系统的具体应用中最重要的两个技术指标。由式(6-1) 和式(6-2) 可知，在抽水蓄能系统中抽水消耗的功率和发电功率均与体积流量及水头成正比，而抽水蓄能系统的蓄能容量取决于上水库的总蓄水量以及水头的高度。有效水头越高，所需的流量和水库容量就越小，单位造价也就越小，故抽水蓄能电站的造价随水头增大而降低。世界各国虽然对水头的高度没有统一的规定，但一般地可以按照发电水头的大小分为高水头抽水电站、中水头抽水电站和低水头抽水电站，并且一般称水头 $200\mathrm{m}$ 以上的抽水电站为高水头电站，水头 $70\sim200\mathrm{m}$ 的抽水电站为中水头电站，水头 $70\mathrm{m}$ 以下的抽水电站为低水头电站。我国的大部分抽水储能电站为高水头水电站，一般建设在河流上游的高山地区。这种水电站由于上下游水位相对稳定，水头变化幅度相对不大，它的出力和发电量基本可以通过水量来控制，综合效益较高。

抽水蓄能系统最主要的部分是上、下两个水库。上水库的进出水口，发电时为进水口，抽水时为出水口；下水库的进出水口，发电时为出水口，抽水时为进水口。这与常规水电站一般仅有一个水库，仅有一个发电进水口和一个出水口不同。上、下水库的开发方式主要取决于站址的自然条件，具体可以有几种方式：

① 上、下两库均由人工围建。此种方式的自然条件主要是地形上能建设合适的库容和站址距电网的经济距离，而水文条件是次要的。上库的调节库容量一般需考虑 $5\sim10\mathrm{h}$ 的蓄放水量，而水位变化幅度应不超过水轮机工作水头的 $10\%\sim20\%$。

② 上库由人工围建，下库则利用天然河道、湖泊、海湾或利用已经建成的水库。此种开发条件与①相同。

③ 人工围建下库，而上库则为已建成的水库。这种方式一般是对原有的常规水电站进行改造，使其具备抽水蓄能的功能，其建站规模亦主要由下库的地形和库容来决定。

④ 上、下两库均利用相近的天然河道或湖泊。这种方式的站址比较难选，而且上、下库之间的水位差一般来说也不会很大。

⑤ 在地形比较平坦的场合，只有上水库是露天的，而下水库、电站厂房及管道全部设在地下，也可利用报废的矿井。这种蓄能电站的水头可达 $1000\mathrm{m}$ 以上，可安装大容量、高水头、高效率的水轮机。

除上、下水库的选择外，抽水蓄能系统最重要的组成部分为电动抽水泵/水轮发电机组。20世纪 20 年代抽水储能技术最初兴起时，采用的是四机分置式的电动抽水泵/水轮发电机组。这种类型的抽水泵和水轮机分别配有电动机和发电机，形成两套机组，这种配置目前已不采用。

　　后来三机串联式的机组代替了四机分置式机组，其特点是抽水泵、水轮机和发电电动机三者通过联轴器连接在同一轴上，在发电或抽水时，水轮机和抽水泵分别和发电电动机连接以发挥专门的作用。这种三机串联式的机组因为水泵和水轮机的参数选择与设计可以按各自的运行工况来决定，因此在发电工况和抽水工况时都能保证有最高的效率。由于泵和水轮机旋转方向一致，简化了电气接线，便于操作，又可利用水轮机来启动水泵机组，工况转变和反应时间较快。但泵和水轮机有各自的涡壳，设备尺寸较大，管道阀门投资大，土建工程大，且泵或水轮机在空转时有一定损耗。这类机组最大出力在 300MW 左右。

　　1933 年出现了首台二机可逆式机组，其特点是机组由可逆抽水泵水轮机和发电电动机二者组成，是转轮正向旋转时作为水轮机使用[2]，反向旋转时作为水泵使用的可逆式水力机械。这种可逆机组设备尺寸小，投资降低，更适宜于地下厂房的安装，只需要较小的洞室，节省土建工程量，且管道阀门亦简化[3]。但机组效率受同一机械的限制，不能两者兼顾。此外，机组运行中受多次重复应力的作用，造成一些电器和机械设备问题。可逆机组又分为导水机构可调节的单级机组和导水机构不能调节的多级机组。单级机组的应用受到运行水头的限制，最大水头为 600～700m，单机容量 300～400MW。多级机组运行水头可达 1200m，由于不能调节，单机容量都不超过 160MW。

6.1.3　抽水蓄能电站的种类

　　抽水蓄能电站根据利用水量的情况可分为两大类：一类是纯抽水蓄能电站，它是利用一定的水量在上、下水库之间循环进行抽水和发电；其上水库没有水源或天然水流量很小，需将水由下水库抽到上水库储存，因而抽水和发电的水量基本相等。流量和历时按电力系统调峰填谷的需要来确定。纯抽水蓄能电站，仅用于调峰、调频，一般没有综合利用的要求，故不能作为独立电源存在，必须与电力系统中承担基本负荷的火电厂、核电厂等电厂协调运行。另一类是混合式抽水蓄能电站，它修建在河道上，上库有天然来水，电站内装有抽水蓄能机组和普通的水轮发电机组，既可进行能量转换又能进行径流发电，可以调节发电和抽水的比例以增加峰荷的发电量。

　　按照水库调节性能，抽水蓄能电站可以分为日调节抽水蓄能电站、周调节抽水蓄能电站和季调节抽水蓄能电站。其中日调节抽水蓄能电站的运行周期呈日循环规律，蓄能机组每天顶一次（晚间）或两次（白天和晚上）尖峰负荷，晚峰过后上水库放空、下水库蓄满，继而利用午夜负荷低谷时系统的多余电能抽水，至次日清晨上水库蓄满、下水库被抽空。纯抽水蓄能电站大多为日设计蓄能电站。周调节抽水蓄能电站的运行周期呈周循环规律，在一周的 5 个工作日中，蓄能机组如同日调节蓄能电站一样工作。但每天的发电用水量大于蓄水量，在工作日结束时上水库放空，继而在双休日期间由于系统负荷降低，利用多余电能进行大量蓄水，至周一早上上水库蓄满。季调节抽水蓄能电站则是每年汛期利用水电站的季节性电能作为抽水能源，将水电站必须溢弃的多余水量抽到上水库蓄存起来，并在枯水季内放水发电，以增补天然径流的不足。通过这样将原来是汛期的季节性电能转化成枯水期的保证电能，这类电站绝大多数为混合式抽水蓄能电站。

6.1.4　抽水蓄能技术的发展历史概述

　　世界上第一座抽水蓄能电站于 1882 年诞生在瑞士的苏黎世，至今已有 135 年的历史。但是从第一座抽水蓄能电站建成到迅速发展，中间相隔了近 80 年。自 20 世纪 50～60 年代开始，由于各国的电力系统迅速扩大和发展，电力负荷的波动幅度不断增加，调节峰谷负荷的要求日趋迫切，遂出现了以电网调节为主要作用的抽水蓄能电站，在电力系统中担任调峰和调频的角色。尤其是从 70 年代开始，核电进入快速发展时期。核电机组运行费用低，环境污染小，但核电机组所用燃料具有高危险性，一旦发生核燃料泄漏事故，将对周边地区造成严重的后果；同时，由于核电机组单机容量较大，一旦停机，将对其所在电网造成很大的冲击，严重时可能会造成整个电网的崩溃。在电网中必须要有强大调节能力的电源与之配合，因此通过建设一定规模的抽水蓄能电站配合核电机组运行，可辅助核电在核燃料使用期内尽可能的用尽燃料，多发电，不但有利于燃料的后期处理，降低了危险性，而且可以有效降低核电发电成本。正是由于这样的原因，伴随着核电的发展，抽水蓄能电站得到迅速发展。据统计，1960 年全世界抽水蓄能电站总装机容量35GW，1970 年为 160GW，1980 年为 460GW，1990 年为 830GW，30 年增加了近 24 倍。其中在1970～1990 年间，美国建成的抽水蓄能总容量超过 18GW，约占同一时期其全国发电装机总容量的 2.5%，并且抽水蓄能电站的建设与核电的建设非常正相关，如图 6-2 所示。欧洲的情况也很相似，在这一时期建成的抽水蓄能装机容量为 21.5GW，约占欧洲总蓄能容量的 70%。

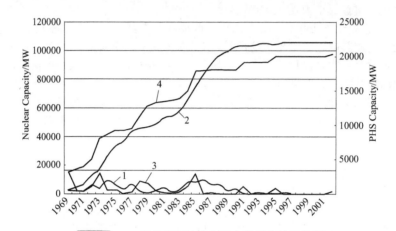

图 6-2 20 世纪美国核电和抽水蓄能电站的发展

1—Installed Nuclear；2—Culmative Nuclear；3—Installed PHS；4—Culmative PHS

然而自 1990 年起，抽水蓄能电站在欧美等国的发展明显放缓。在这一时期内，整个欧洲只新建了 8 个抽水蓄能电站，总容量为 4GW，如图 6-3 所示。造成这一时期抽水蓄能电站发展缓慢的原因是多方面的，其一是从成本上看合适建设抽水蓄能电站的地理条件在逐步减少，而且核电的发展速度在这一时期也明显放缓。其二是以天然气为燃料的燃气轮机发电技术的成本大幅下降，从成本和技术上均可以作为调节高峰负荷的有效手段。这种情况一直持续了近 20 年，直到

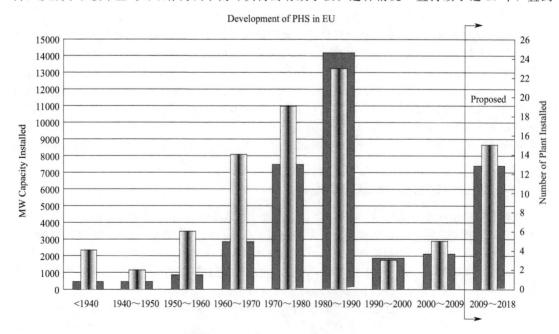

图 6-3 20 世纪欧洲抽水蓄能电站的发展

■MW Capacity Installed；▨Number of Plant

近几年来随着化石能源成本的上升和可再生能源的大量接入，电网对大规模的调峰容量需求增加的同时，对大规模低谷电的消纳能力需求也在增加，这就使得建设抽水蓄能电站，特别是通过改造原有的水力发电站使其成为具有"吸收"能力的抽水蓄能电站被大量提上日程，客观上再一次促进了抽水蓄能电站的快速发展。

相对于欧美，我国抽水蓄能技术的发展有很大不同。我国抽水蓄能电站建设起步较晚，20世纪 60 年代后期才开始研究抽水蓄能电站的开发，1968 年和 1973 年先后在华北地区建成岗南和密云两座小型混合式抽水蓄能电站。在近 40 年中，前 20 多年蓄能电站的发展几乎处于停顿状态，90 年代初随着核电比重大增、电网对调峰容量需求的增大，抽水蓄能电站得到迅速发展。目前，随着国家能源局批复福建、海南等 22 个省（区）59 个站点的抽水蓄能电站选点规划，我国新一轮抽水蓄能电站规划选点工作基本完成。截至 2013 年底，全国抽水蓄能电站投产容量已达 21.545GW，在建容量 14.24GW，保持稳定增速。预计到 2020 年，我国抽水蓄能电站装机容量将达到 70GW。

6.2　抽水蓄能技术的功能和能量应用范围

6.2.1　抽水蓄能技术的运行特性

抽水蓄能技术是以水为媒介进行能量的储存和转换的，通过将水抽往较高的位置实现将电能转换为水的势能并储存起来，在需要电能时则将水从高的位置放下来推动机组发出电能，完成将水的势能转换为电能。这种能量重力势能和动能直接转化的方式过程简单，因而其运行相比其他一些发电技术具有以下特点：

（1）既能发出有功、无功，也能吸收有功、无功

抽水蓄能电站，可以像常规水力发电站一样将水的势能转变为电能发出有功电力，还可以吸收电网的有功电力以电动机方式运行带动水泵把水抽到上水库，将电能转变成势能。机组还有调相工况，因机组有两种旋转方向，所以分别有发电转向调相和水泵转向调相。在以上四种运行工况中，机组可以发出无功提高电网电压，也可以吸收无功降低电网电压。

（2）启动和工况转换快

抽水蓄能机组发电工况启动像常规水电机组一样，能快速启动。一般来说，抽水蓄能机组从停机到带满负荷只需 1~3min 左右，从满发电负荷运行到满负荷抽水运行也同样只需1~3min，而机组从空载到满负荷一般小于 35s。相比之下，用于调峰的燃气轮机发电机组负荷从 50% 至 100% 需要约 1h，而火电机组的启动和增负荷速度就更慢了。

（3）不受天然来水影响，没有枯水期

常规水电站受降雨量制约，一般电站有明显的丰水期和枯水期。在丰水期一般要尽可能多发，否则造成水库弃水，枯水期因来水量不足不可能多发电。特别是建于大河上的低水头电站，由于汛期要大量开闸泄洪，会造成上下游水位落差太小而不能发电，这会在一定程度上影响常规电站在某些季节对电网的调节能力。而抽水蓄能电站总是使两水库水量往复循环，只要天然来水大于水库蒸发等水量损失，就不至于影响电站的运行。

表 6-1 中列举了电网中各种电站的运行特性，相比而言，抽水蓄能电站既是发电厂又是电力用户，其填谷作用是其他任何类型的电厂都没有的。另外，抽水蓄能机组的启动最迅速，运行最为灵活，对负荷的急剧变化可以作出快速反应，因而更加适合承担电网的各种动态任务。

表 6-1　电网中各种电站的运行特性比较

项目	抽水蓄能电站	单循环燃气轮机	联合循环燃气轮机	常规水电	燃煤火电	
					降负荷	启停
所承担负荷位置	峰荷	峰荷	峰荷、基荷	峰荷、基荷	峰荷、基荷	峰荷
最大调峰能力/%	200	100	85	100	50	100

续表

项目		抽水蓄能电站	单循环燃气轮机	联合循环燃气轮机	常规水电	燃煤火电	
						降负荷	启停
开启特点	每日启动	√	√	√	√	×	√
	静止~满载	95s	3min	60min	2min		
填谷		√	×	×	×	×	×
调频		√	√	√	√	√	×
调相		√	√	√	√	×	×
旋转备用		√	√	√	√	√	×
快速增荷		√	√	√	√	×	×
黑启动		√	√	√	√	×	×

6.2.2 抽水蓄能技术的功能

抽水蓄能电站有发电和抽水两种主要运行方式，在两种运行方式之间又有多种从一个工况转到另一工况的运行转换方式。正常的运行方式具有以下功能：

（1）发电功能

抽水蓄能电站本身不能向电力系统供应电能（混合式抽水电站除外），它只是将系统中其他电站的低谷电能和多余电能，通过抽水将水流的机械能变为势能，存蓄于上水库中，待到电网需要时放水发电。蓄能机组发电的年利用小时数比常规水电站低得多，一般在800~1000h。蓄能电站的作用是实现电能在时间上的转换。

（2）调峰功能

抽水蓄能电站是利用夜间低谷时其他电源（包括火电站、核电站和水电站）的多余电能，抽水至上水库储存起来，待尖峰负荷时发电。因此，抽水蓄能电站抽水时相当于一个用电大户，其作用是把日负荷曲线的低谷填平了，即实现"填谷"。"填谷"的作用使火电出力平衡，可降低煤耗，从而获得节煤效益。应该指出的是，具有日调节以上功能的常规水电站也具有调峰功能，但不具备"填谷"功能，即通常在夜间负荷低谷时不发电，而将水量储存于水库中，待尖峰负荷时集中发电，也就是通常所谓的尖峰运行。

（3）调频功能

调频功能又称旋转备用或负荷自动跟随功能。常规水电站和蓄能电站都有调频功能，但在负荷跟踪速度（爬坡速度）和调频容量变化幅度上蓄能电站更为有利。常规水电站自启动到满载一般需数分钟。而抽水蓄能机组在设计上就考虑了快速启动和快速负荷跟踪的能力。现代大型蓄能机组可以在一两分钟之内从静止达到满载，增加出力的速度可达每秒10000kW，并能频繁转换工况。最突出的例子是英国的迪诺威克蓄能电站，其6台300MW机组设计能力为每天启动3~6次，每天工况转换40次；6台机处于旋转备用时可在10s达到全厂出力1320MW。

（4）调相功能

调相运行的目的是稳定电网电压，包括发出无功的调相运行方式和吸收无功的进相运行方式。常规水电机组的发电功率因数为0.85~0.9，机组可以降低功率因数运行，多发无功，实现调相功能。抽水蓄能机组在设计上有更强的调相功能，无论在发电工况还是抽水工况，都可以实现调相和进相运行，并且可以在水轮机和水泵两种旋转方向进行，故其灵活性更大。另外，蓄能电站通常比常规水电站更靠近负荷中心，故其对稳定系统电压的作用要比常规水电机组更好。

（5）事故备用功能

有较大库容的常规水电站都有事故备用功能。抽水蓄能电站在设计上也考虑有事故备用的库容，但蓄能电站的库容相对于同容量常规水电站要小，所以其事故备用的持续时间没有常规水电站长。在事故备用操作后，机组需抽水将水库库容恢复。同时，抽水蓄能机组由于其水力设计的特点，在作旋转备用时所消耗电功率较少，并能在发电和抽水两个旋转方向空转，故其事故备用的反应时间更短。此外，蓄能机组如果在抽水时遇电网发生重大事故，则可以由抽水并以同样容量转为发电。所以有人说，蓄能机组有两倍装机容量的能力来作为事故备用。当然这种功能是在一定条件下才能产生的。

(6) 黑启动功能

黑启动是指出现系统解列事故后，要求机组在无电源的情况下迅速启动。常规水电站一般不具备这种功能。现代抽水蓄能电站在设计时都要求有此功能。抽水蓄能机组的正常运行和工况转换可能有下列的多种操作方式。可见蓄能机组的运行方式是相当复杂的，同时也说明蓄能机组的功能是很完善的。

6.2.3 抽水蓄能技术的应用场合

由于能源在地区分布上的差别以及电网构成上的不同，其对抽水蓄能的需求也不同。一般地讲，抽水蓄能电站适用于以下情况：

① 以火电甚至是核电为主、没有水电或水电很少的电网。这样的电网中由于其电源本身的负荷调节能力很差，因而迫切需要一定容量的抽水蓄能电站承担调峰填谷、调频、调相和紧急事故备用。尤其是大多数核电站是按基荷方式运行设计的，一则是为了保证核电机组的安全，再则是为了提高利用小时数，降低上网电价，因此必须有抽水蓄能电站与之配合运行。电网中有了抽水蓄能电站，可以保证核电站按照基本负荷稳定运行（负荷因子达到 $70\%\sim80\%$），借以提高电网和核电站本身的经济性和安全性；也可以使火电尽可能承担负荷曲线图上基荷和部分腰荷，从而使火电机组安全、稳定地运行，提高了利用小时，并减少频繁启动，节约能源，降低煤耗；因而这种情况下抽水蓄能电站的效益主要体现在提高电网中核电和火电的负荷率，使核电和火电的能量得到更充分的利用。

② 虽然有水电、但水电的调蓄性能较差的电网。很多电网虽然都有一定比例的水电，但具有年调节及以上能力的水电站比例较小。这些电网虽然在枯水期可利用水电进行调峰，但汛期水电失去调节能力，若要利用水电调峰，则只能被迫采取弃水调峰方式。在这样的电网配备了抽水蓄能电站后，可吸收汛期基荷电，将其转化为峰荷电，从而减少或避免汛期弃水，提高经济效益并改善水电汛期运行状况，较大地改善电网的运行条件。

③ 远距离送电的受电区。一般而言，当输电距离远到一定限度后，送基荷将比送峰荷更经济，特别是上网峰谷电价较大的情况下，受电区自然要求买便宜的低谷电，但不能解决缺调峰容量的矛盾。如在受电当地自建抽水蓄能电站后，可将低谷电加工成尖峰电，经济效益更好。

④ 风电比例较高或风能资源比较丰富的电网。风电比重较大的电网，如果配备了抽水蓄能电站，则可把随机的、质量不高的电量转换为稳定的、高质量的峰荷，这样即可增加系统吸收的风电电量，使随机的不稳定的风电电能变成可随时调用的可靠电能。

6.2.4 抽水蓄能技术在核电中的应用

我国大亚湾核电站与广州抽水蓄能电站一期是同步建设的。广州抽水蓄能电站对提高大亚湾核电站的功能起到了巨大的作用，是抽水蓄能电站发挥效益的一个典型实例，其效果主要有以下几方面：

① 抽水蓄能电站保证了核电站按基荷方式运行。核电机组在电网中要带基荷运行，必须解决调峰问题。广东电网各电站的老机组、小机组很多，调峰能力仅为 $20\%\sim30\%$，电网中可调峰的水电机组容量比例也不大，而抽水蓄能机组在电网中担任调峰，是核电机组实现满载基荷运行的可靠保证。大亚湾核电站商业运行以来，随着蓄能机组可用率的提高，以及电网对调度核电机组和蓄能机组方式的日臻完善，核电站满载基荷运行已成事实。

② 抽水蓄能机组有助于提高核电站的安全性。核电机组投资大，投入运行以后一回路设备将带放射性，使核电机组维修及设备失效的后处理费用很高。有了蓄能机组的配合，避免核电机组频繁升降负荷调峰，大大节省了瞬变消耗，也就是说，设备的安全裕度加大了。另外有了蓄能机组，可保证核电机组长期稳定运行，有助于保持燃料组件包壳的完好性，也就是提高了核电站的安全性。

③ 抽水蓄能电站有助于电网的安全。大亚湾核电机组容量大，一旦甩负荷对电网冲击很大。

在机组调试阶段，各种计划的和非计划的跳机次数较多，如 1995 年 1、2 号机均经过了 1000 多次的试验，其中有 4 个系统的试验带有较高跳机风险。这些试验都是依靠蓄能机组快速承担负荷的能力来完成的，所以蓄能机组的投入对维护整个电网的安全起到了重要作用。

④ 蓄能机组有助于提高核电站的经济效益。在我国目前的电价制度下，对于任何一类的发电站，发电量高其经济效益就高，对核电站来说这个效果就更明显。核燃料费在核电站生产成本中所占比重很低，据 20 年预测，核燃料费只占生产成本的 12.2%。所以可以说，核电站的经济效益几乎与发电量成正比。大亚湾核电站头 3 年实际每年上网电量分别为 $107\times10^8\,\mathrm{kW\cdot h}$、$100\times10^8\,\mathrm{kW\cdot h}$ 和 $115\times10^8\,\mathrm{kW\cdot h}$，比可行性研究报告预测年上网电量（当时尚无同步建设抽水蓄能电站的计划）分别高出 51%、15% 和 16%。

⑤ 蓄能电站与核电站同步建设是明智的决定。1996 年原电力规划部门对华东地区的核电站需要多少抽水蓄能容量进行了规划研究。初步结论是秦山核电站二、三期（共 2600MW）建成后会使电网调峰容量缺口增加 1200MW，因此建议同步建设有 1000MW 调峰能力的抽水蓄能电站，与核电机组容量之比为 0.385。考虑到华南电网的实际情况并留有裕量，建议华南地区蓄能与核电容量比取 0.45～0.5。

6.2.5　抽水蓄能技术在风电中的应用

在风电较集中的或准备大规模开发风电的电网，需要建设抽水蓄能电站，把随机的、质量不高的风电电量转换为稳定的、高质量的峰荷电量。如目前风电比重较大的新疆、内蒙古和正在准备大规模开发风电的东南沿海省份，为了充分利用当地资源，在发展风电的同时，配备一定比重的抽水蓄能电站是非常必要的。风力发电是一种清洁可再生的能源，不污染环境，没有燃料运输、废料处理等问题，建设周期短，运行管理方便。风能资源丰富的省、市和自治区，可充分利用当地资源，发挥这一优势。由于风能存在随机性和不均匀性，只有电网装机容量大的时候这种影响才会减小，因此发展风电必然要受到电网规模的限制。抽水蓄能电站是解决电网调峰填谷的手段，国内外已有成熟的经验，在运行实践中，已显示其在改善电网运行条件，提高经济效益方面的优越性。对于风电较集中的或风电资源丰富准备大规模开发的电网，在大力发展风电的同时，建设一定规模的抽水蓄能电站，实现风蓄联合开发，是该地区能源资源优化配置的具体体现。风蓄联合开发，可利用抽水蓄能电站的多种功能和灵活性弥补风力发电的随机性和不均匀性，不仅可以打破电网规模对风电容量的限制，为大力发展风电创造条件，而且可为电网提供风多的调峰填谷容量和调频、调相、紧急事故备用的手段，改善其运行条件。

6.2.6　抽水蓄能技术在水电中的应用

在有些水电丰富的地区建设抽水蓄能电站，其经济性的评价要比火电为主的电网更加复杂，至今人们对水电丰富地区的电网中建设抽水蓄能电站的必要性还存在较大争议。对于缺少常规水电的电网，无论是从调峰还是从紧急事故备用方面看，都需配备一定数量的抽水蓄能机组，这已逐步得到大家的公认；而在常规水电丰富的地区，径流式水电站较多，水电调节性能较差，系统负荷峰谷差较大，是否也应建设一定规模的抽水蓄能电站呢？我们可从以下几个方面进行分析：

① 抽水蓄能机组吸收电力系统低谷电量，正好克服了系统内径流式水电站多的缺点，减少水电汛期弃水调峰。将负荷低谷时段的水电电量转化为高峰时段可使用的调峰电量，而在负荷高峰时段则可以替代火电调峰。

② 抽水蓄能机组在负荷高峰时可以替代火电机组发电，负荷低谷时可以抽水填谷，减少火电站的出力变幅，使大型火电机组在高效区运行，降低发电成本。由于抽水蓄能机组运行灵活、工况变换迅速、具有抽水和发电双向功能，除了承担调峰外，还可担负紧急事故备用等任务。

③ 抽水蓄能电站投入水电丰富但调节性能差的电网，经济效果显著。建设时以低于火电投资的建设费用替代相当规模的火电必需容量，运行时将改善水、火电站运行工况，节省系统煤耗，从而达到节省系统运行费用的效果；同时也是减少污染、保护环境的需要。

④ 水电丰富而调节性能差的电网，尤其是"西电东送"的受电端，抽水蓄能电站投运后，

可调整超高压电网的电压，并具有调整电网频率的功能，是维护电网安全、稳定运行的需要。

⑤ 在某些水电比例不低的电网，随着时间的推移，常规水电资源基本开发完后，电网中水电的比重将逐步减少。而抽水蓄能电站的运用不受天然来水条件的影响和制约，其他综合利用要求也较少，与常规水电站相比，建设中碰到的问题相对简单。建设一定规模的抽水蓄能电站可满足电网中电源结构优化的需要，是经济可行的办法。

6.3　抽水蓄能技术的应用现状

抽水蓄能技术是目前世界上最成熟、应用最为广泛的大规模储能技术，它占全世界总储能容量的 99％ 以上，相当于全世界总发电装机容量的约 3％。世界上第一座抽水蓄能电站是一百多年前建造于瑞士的苏黎世抽水蓄能电站，其装机容量为 515kW，扬程 153m。自 20 世纪 60 年代开始，抽水蓄能电站得到迅速发展。据统计，1960 年全世界抽水蓄能电站总装机容量 3.5GW，1970 年为 16GW，1980 年为 46GW，1990 年为 83GW，2000 年达到 113.28GW，40 年增加了 32 倍，平均年增长 9.1％。到目前为止全世界约有 300 座抽水蓄能电站，其总的储能容量约为 130GW。另外还有约 30GW 的抽水蓄能电站正处于规划或建设阶段，并且这个数字正在以每年 5GW 的速度在增长。世界上抽水蓄能电站发展最快、装机容量最多的是日本；其次是美国、意大利、法国、德国、西班牙等，日本和美国抽水蓄能电站总装机容量均已超过 20GW，具体见表 6-2。

表 6-2　截至 2013 年世界抽水蓄能电站较多的国家总装机容量表

国家	抽水蓄能装机容量/GW	发电总装机容量/GW	所占比例/％
日本	26.27	292.06	9
美国	22.29	1055.28	2.1
中国	21.545	1257.58	1.7
意大利	7.54	118.45	6.4
法国	6.99	131.36	5.3
德国	6.78	163.26	4.2
西班牙	5.26	102.80	5.1
韩国	4.70	84.65	5.6
英国	2.74	93.82	2.9
波兰	1.41	34.55	4.1
挪威	1.33	31.69	4.2
澳大利亚	0.74	61.12	1.2
加拿大	0.18	138.69	0.1
瑞典	0.10	35.23	0.3

6.3.1　抽水蓄能技术在日本的发展和应用

水电在日本总装机容量构成中比重小，只有不到 10％，为了加强电网的调峰能力，近年来日本兴建了大量抽水蓄能电站。至 1999 年，日本共建成抽水蓄能电站 43 座，装机容量达 2430.5×10^4 kW，占水电总装机容量的 53％。已建成的抽水蓄能电站中，容量在 20×10^4 kW 以上的有 34 座，其中 100×10^4 kW 及以上的 11 座。目前日本拥有全世界最多的抽水蓄能电站，总装机容量大约为 25GW。日本发展抽水蓄能电站主要原因有三个：①高份额的核电站，核电站的总装机容量约为 50GW，占全国电力总装机容量的 20％。而如前所述，核电站需要常规水电站和抽水蓄能电站协作以确保安全输电。②常规水电站比例较低，总装机容量大约为 21GW，占电力总装机容量的 8％，这个比例比其他主要国家，比如中国要小得多。③从地理位置上考虑，日本是一个岛国，阻碍了与其他国家电网的连通，其用电负荷的同步要求更多的存储容量，以满足用电高峰需求。

表 6-3 [4] 列举了日本主要运行的抽水蓄能电站。从中可以看出，日本从 20 世纪 60 年代就已

经发展该项技术。其中早期以小型混合式抽水蓄能电站为主，后期主要以大型纯抽水蓄能电站为主。这是由于早期常规水电站可以在有限的地理位置建造混合式抽水蓄电站，但随着不断增长的用电需求，特别是用电高峰期和非高峰期之间的差距越来越大，大型纯抽水蓄能电站就逐渐占主导地位。

表 6-3　截至 2012 年日本主要的抽水蓄能电站（装机容量≥150MW）

电站名称	所在公司	装机容量/MW	建成时间/年	类型
Niikappu	Hokkaido	200	1974	混合式抽水蓄能电站
Takami	Hokkaido	200	1983	混合式抽水蓄能电站
DainiNumazawa	Tohoku	460	1981	纯抽水蓄能电站
Shin Takasegawa	Tokyo	1280	1981	混合式抽水蓄能电站
Tamahara	Tokyo	1200	1986	纯抽水蓄能电站
Imaichi	Tokyo	1050	1991	纯抽水蓄能电站
Shiobara	Tokyo	900	1994	纯抽水蓄能电站
Kazunogawa	Tokyo	800	2001	纯抽水蓄能电站
Azumi	Tokyo	623	1969	混合式抽水蓄能电站
Kannagawa	Tokyo	2700	在建	纯抽水蓄能电站
Midono	Tokyo	245	1969	混合式抽水蓄能电站
Yagisawa	Tokyo	240	1965	混合式抽水蓄能电站
Okumino	Chubu	1500	1985	纯抽水蓄能电站
OkuyahagiDaini	Chubu	780	1974	纯抽水蓄能电站
Takane Daiichi	Chubu	340	1969	混合式抽水蓄能电站
Okuyahagi Daiichi	Chubu	315	1974	纯抽水蓄能电站
Mazegawa Daiichi	Chubu	288	1976	混合式抽水蓄能电站
Okutataragi	Kansai	1932	1998	纯抽水蓄能电站
Okawachi	Kansai	1280	1995	纯抽水蓄能电站
Okuyoshino	Kansai	1206	1978	纯抽水蓄能电站
Kisenyama	Kansai	466	1970	纯抽水蓄能电站
Matanogawa	Chugoku	1200	1999	纯抽水蓄能电站
Nabara	Chugoku	620	1976	纯抽水蓄能电站
Shin Nariwagawa	Chugoku	303	1968	混合式抽水蓄能电站
Hongawa	Shikoku	615	1983	纯抽水蓄能电站
Omarugawa	Kyusyu	1200	2012	纯抽水蓄能电站
Tenzan	Kyushu	600	1986	纯抽水蓄能电站
Ohira	Kyushu	500	1975	纯抽水蓄能电站
Shin Toyone	EPDC	1125	1973	混合式抽水蓄能电站
Shimogo	EPDC	1000	1991	纯抽水蓄能电站
Okukiyotsu	EPDC	1000	1982	纯抽水蓄能电站
Numappara	EPDC	675	1973	纯抽水蓄能电站
OkukiyotsuDaini	EPDC	600	1996	纯抽水蓄能电站
Ikehara	EPDC	350	1973	混合式抽水蓄能电站
Nagano	EPDC	220	1968	混合式抽水蓄能电站

6.3.2　抽水蓄能技术在美国的发展和应用

全球范围内美国的抽水蓄能电站拥有量仅次于日本，总装机容量为 21.5GW。美国和日本的不同之处是美国的抽水蓄能电站绝大多数是在 20 世纪 70 年代以前伴随核电站发展建造的，此外，美国相当大比例的抽水蓄能电站为混合式抽水蓄能电站[5,6]。目前更新抽水蓄能电站的经济效益明显比新建更高[7]。市场的不确定性也是阻碍新的抽水蓄能电站建造的因素，特别是更为廉价的页岩气被源源不断的生产出来[8]。美国主要的抽水蓄能电站见表 6-4。

表6-4　　美国主要的抽水蓄能电站

名　　称	地区	装机容量/MW	建成时间/年	类型
Castaic Dam	California	1566	1978	混合式抽水蓄能电站
Edward C. Hyatt	California	780	1967	混合式抽水蓄能电站
Helms	California	1200	1984	纯抽水蓄能电站
San Luis Dam	California	424	1968	纯抽水蓄能电站
Cabin Creek	Colorado	324	1966	纯抽水蓄能电站
Mount Elbert	Colorado	1212	1971	混合式抽水蓄能电站
Flatiron	Colorado	480	1954	混合式抽水蓄能电站
Carters	Georgia	250	1975	混合式抽水蓄能电站
Rocky Mountain	Georgia	848	1968	混合式抽水蓄能电站
Wallace Dam	Georgia	208	1980	混合式抽水蓄能电站
Richard B. Russell Dam	Georgia/South Carolina	475	1987	混合式抽水蓄能电站
Bear Swamp	Massachusetts	600	1974	纯抽水蓄能电站
Northfield Mountain	Massachusetts	1080	1972	纯抽水蓄能电站
Ludington	Michigan	1872	1973	纯抽水蓄能电站
Yards Creek	New Jersey	400	1965	纯抽水蓄能电站
Blenheim-Gilboa	New York	1200	1973	纯抽水蓄能电站
Lewiston	New York	240	1962	纯抽水蓄能电站
Salina	Oklahoma	260	1968	纯抽水蓄能电站
Muddy Run	Pennsylvania	1071	1967	纯抽水蓄能电站
Seneca	Pennsylvania	435	1970	纯抽水蓄能电站
Fairfield/Lake Monticello Reservoir	South Carolina	512	1979	纯抽水蓄能电站
Lake Jocassee	South Carolina	610	1974	混合式抽水蓄能电站
Raccoon Mountain	Tennessee	1530	1979	纯抽水蓄能电站
Bath County	Virginia	2772	1985	纯抽水蓄能电站
Smith Mountain	Virginia	236	1965	混合式抽水蓄能电站
Grand Coulee Dam	Washington	314	1978	纯抽水蓄能电站

6.3.3　抽水蓄能技术在欧洲的发展和应用

除了日本和美国外，其余大多数抽水蓄能电站位于欧洲。截至 2011 年初，欧洲大约运行着 170 座抽水蓄能电站，总装机容量为 45GW。总装机容量 75％的抽水蓄能电站位于欧洲主要的 8 个国家，这其中的一半在意大利、德国、法国和西班牙等 4 个国家。这是由于这些国家作为欧洲最大的能源工业国家，需要最大的电力能源储存能力。

与美国类似，欧洲 2/3 的抽水蓄能电站是在 1970～1990 年间伴随着高速发展的核电站建成的。而 1990～2010 年间只有 15 座总装机容量为 5.6GW 的抽水蓄能电站建成。但是，在长时间的发展缓慢期后，市场对于抽水蓄能电站的需求将会使其迎来如同早期的蓬勃发展时期。在未来 10 年中，欧洲将会建成比以往任何 10 年建成的抽水蓄能电站都要多，无论是数量上还是总装机容量上：总共将建造 60 座、总装机容量为 27GW 的抽水蓄能电站，这将是现有抽水蓄能电站总量的 50％以上。抽水蓄能电站高速发展的原因是可再生能源发电站所占的份额越来越多，尤其是高速发展的风力发电站和太阳能发电站。根据欧盟的规划，2020 年可再生能源的应用比例将从 2010 年的 11.6％上升到 20％，其中大多数是风力发电。因此，大多数抽水蓄能电站将建在风能和太阳能充足的国家（例如伊比利亚半岛）或者有较好地形条件的国家（像瑞士和奥地利）。而由于受到有限的地理条件的制约，像德国等国家将对现有电站进行扩建[9]。

6.3.4 抽水蓄能技术在中国的发展和应用

中国的抽水蓄能电站发展较晚（表6-5），最早的两个抽水蓄能电站，岗南抽水蓄能电站和密云抽水蓄能电站分别在20世纪60年代和70年代建成。之后一直处在停滞状态，直到20世纪90年代才开始建设，到了21世纪后又迎来了高速发展时期。推动我国抽水蓄能电站发展的主要因素可以归纳为以下几点[10,11]：

① 随着中国的高速发展，特别是空调系统的大量使用，电力消耗也不断扩大。需要大量的抽水蓄能电站来填补电网电力系统"波峰"与"波谷"之间的差距。

② 近年来政府节能减排的目标刺激可再生能源的发展。中国西北地区高速发展的风力发电站促使了抽水蓄能的发展。截至2012年，风力发电总装机容量为63GW，但其中40%没有并入电网。

③ 电力供应安全越来越受到监管部门的重视。由于抽水蓄能电站可以为电网的安全运行提供配套服务而被广泛地应用。

值得一提的是，由于我国华北、华东和华中等地区用电量较多且用电尖峰负荷突出，几乎所有的抽水蓄能电站都建在这些地区，且大多数抽水蓄能电站为纯抽水蓄能电站，目前我国常规水电站装机容量为250GW，占所有发电站总装机容量的21%。而燃煤火力发电站所占比例还相当高，大多数装机容量大（装机容量＞300MW）、效率低、经济效益差，这就导致更多的纯抽水蓄电站被部分火力发电站用来蓄电。

表6-5 中国的抽水蓄能电站

电站名称	地区	水头高度/m	输出功率/MW	容量/MW·h	建成时间/年	类型
岗南	河北	28~64	11	—	1968	混合式
密云	北京	70	22	—	1975	混合式
潘家口	河北	85	270	—	1992	混合式
寸塘口	四川	21~34	2	—	1992	纯抽水
广州Ⅰ期	广东	535	1200	20400	1994	纯抽水
十三陵	北京	450	800	—	1997	纯抽水
羊卓雍湖	西藏	840	90	—	1997	纯抽水
溪口	浙江	276	80	—	1998	纯抽水
天荒坪	浙江	560	1800	13000	2000	纯抽水
广州Ⅱ期	广东	535	1200	20400	2000	纯抽水
响洪甸	安徽	64	80	—	2000	混合式
天堂	湖北		70	—	2001	纯抽水
沙河	江苏	93~121	100	—	2002	纯抽水
回龙	河南	379	120	—	2005	纯抽水
桐柏	浙江	244	1200	7000	2006	纯抽水
白山	吉林	106	300	—	2006	混合式
泰安	山东	253	1000	8000	2007	纯抽水
琅琊山	安徽	126	600	—	2007	纯抽水
宜兴	江苏	363	1000	—	2008	纯抽水
西龙池	山西	624	1200	7000	2008	纯抽水
张河湾	河北	305	1000	7000	2008	纯抽水
宝泉	河南	510	1200	8500	2008	纯抽水
黑麋峰	湖南	295	1200	—	2008	纯抽水
惠州	广东	532	2400	34065	2009	纯抽水
白莲河	湖北	195	1200	9000	2009	纯抽水

电站名称	地区	水头高度/m	输出功率/MW	容量/MW·h	建成时间/年	类型
蒲石河	辽宁	308	1200	9000	2012	纯抽水
响水涧	安徽	190	1000	8000	2011	纯抽水
呼和浩特	内蒙古	513	1200	9000	在建	纯抽水
仙游	福建	640	1200	—	在建	纯抽水
溧阳	江苏	259	1500	—	在建	纯抽水
深圳	广东	445	1200	10000	在建	纯抽水
荒沟	黑龙江	434	1200	12000	在建	纯抽水
丰宁	河北	—	3600	—	批准	混合式
清远	广东	475	1280	13000	批准	纯抽水
马山	江苏	—	600		批准	
文登	山东	—	1800		批准	混合式
仙居	浙江		1500		批准	
乌龙山	浙江		2400		批准	
溪口Ⅱ期	浙江		400		批准	混合式
光山五岳	河南		1000		批准	
河南天池	河南		1200		批准	

6.4　抽水蓄能的发展方向及新技术

6.4.1　常规抽水蓄能技术发展动向

目前常规抽水蓄能技术水泵水轮机正向高水头、大容量、高转速方向发展。由于水力发电站的水泵水轮机的出力与水头、流量成正比，抽水蓄能电站水头越高，在出力相同的情况下所需的流量就越小，水泵水轮机和输水系统结构尺寸就可减小，储存单位能量所需的上下水库库容就小，蓄能电站的工程规模和建设工程量也减小。发电机组转速提高，发电电动机尺寸也减小，厂房尺寸也可减小。为了提高抽水蓄能电站的经济性，水泵水轮机和发电电动机向着高水头高转速大容量化方向发展。

高水头可逆式水泵水轮机分为单级和多级，一般认为单级水泵水轮机适用扬程上限为900～1000m，水头再高就必须采用多级水泵水轮机。目前多级水泵水轮机中，意大利埃多洛抽水蓄能电站最高，水泵水轮机最大扬程为1265m，该抽水蓄能电站为5级水泵水轮机，单机容量为128MW。由于多级水泵水轮机不能调整机组出力，难以满足电网对蓄能技术灵活多变的要求，因此现在应用很少。两级可调节水泵水轮机克服了多级水泵水轮机的一些问题，但造价较高。法国和韩国分别建成了水泵水轮机最大扬程为443m和817m的两级可调节水泵水轮机。

高水头单级混流可逆式水泵水轮机发展较快，自1973年日本沼原抽水蓄能电站单级混流可逆式水泵水轮机最大扬程达到528m后，每隔10年跨越一个台阶。1982年南斯拉夫巴吉纳·巴斯塔抽水蓄能电站水泵水轮机最大扬程达到621.3m。1994年保加利亚茶拉抽水蓄能电站水泵水轮机最大扬程达到701m，1999年日本葛野川抽水蓄能电站水泵水轮机最大扬程更是达到778m。我国高水头抽水蓄能电站也有了较快的发展，山西西龙池抽水蓄能电站2008年建成，是国内水头最高的水电项目，水泵水轮机最大扬程达到704m，总装机容量为120×10^4kW。

随着火电站和核电站单机容量不断扩大，抽水蓄能电站单机容量也随之扩大，以适应电网调峰和预防事故的需要。提高单机容量是未来发展的必然趋势，同时提高单机容量也可减少机组数量和厂房规模及建设工程量，经济上也有益。1970年前水泵水轮机出力不超过250MW，20世纪70～80年代大多为300MW，到了20世纪90年代大多采用250MW以上大容量水泵水轮机。之后出现了日本的神流川抽水蓄能电站和汤之谷抽水蓄能电站水泵水轮机最大出力分别为482MW和467MW，我国最大的水泵水轮机单机容量为375MW的浙江仙居抽水蓄能电站。

总装机容量方面，超过1600MW装机容量的抽水蓄能电站有广州一、二期抽水蓄能电站（总装机容量2400MW，为当时世界上最大装机容量的抽水蓄能电站），美国的巴斯康蒂

（2100MW）、美国的路丁顿（1980MW），日本的奥多多良木（一、二期合计1932MW）、奥清津（一、二期合计1600MW）、葛野川抽水蓄能电站（1600MW）、神流川抽水蓄能电站（2820MW）、金居原抽水蓄能电站（2280MW）、汤之谷抽水蓄能电站（1800MW），英国的迪诺威克抽水蓄能电站（1800MW），中国的天荒坪（1800MW）抽水蓄能电站、中国台湾的明潭抽水蓄能电站（1600MW）。

除了提高抽水蓄能水泵水轮机单机容量，提高机组转速也是发展的趋势，已投入运行的超过200MW大型机组转速达到500r/min的有日本的葛野川抽水蓄能电站、神流川抽水蓄能电站，中国的西龙池抽水蓄能电站，天荒坪、广州和十三陵三座抽水蓄能电站。转速达到600r/min的有保加利亚茶拉抽水蓄能电站、日本的小丸川抽水蓄能电站、美国的希望山抽水蓄能电站。

6.4.2　地下抽水蓄能电站的发展

地下抽水蓄能电站是一种传统地表水力发电站的改变版，它采用地下洞穴作为下水库[12]。其特点是：①地下式抽水蓄能电站只有一个上水库在地面；受地形条件限制较少，可考虑采用尽可能高的水头，且对环境的影响更要小些；②下水库设在地下，选择电站位置时受地形限制较少，电站可以更靠近负荷中心，输电方便，又节约工程投资，并提高电站的快速响应能力，可为电网提供高质量的辅助服务；③可以尽量缩短上、下水库间的距离，使水道长度与机组水头之比接近理想值，可节省输水系统投资，又为提高电站快速响应能力创造了条件；④地下水库暗挖量大，投资高，地下抽水蓄能电站要在经济上具有竞争力，必须水头高、装机容量大，最好能利用废弃的地下矿井。

从概念上讲，地下抽水蓄能电站似是乎合乎逻辑和比较合理的解决方案，但事实上，地下抽水蓄能电站在设计和施工时面临巨大挑战[13]。广泛研究表明，这种方案是可行的，但是没有实际工程应用[14,15]。美国从20世纪70年代开始进行地下式抽水蓄能电站的研究，80年代完成了希望山（2000MW）和萨米特（1500MW）两座地下式抽水蓄能电站的可行性研究。但受到美国电力市场改革带来的电力销售前景不确定性的影响，两个电站未动工。此外，日本、荷兰、英国也进行过地下式抽水蓄能电站的可行性研究。

6.4.3　海水抽水蓄能电站的发展

海水抽水蓄能电站是以高海拔沿海地区储存海水作为上水库，海洋本身作为下水库[16]，洋流作为抽水蓄能电站的载能流体。其优点是水源充足；缺点是过流部件均要耐腐蚀，该方案面临密封储存器和发电机组被海水腐蚀严重等新的挑战[17]。还要防止上水库漏水造成附近土地的盐碱化，从而投资相对较高，但在缺乏淡水资源的海岛，规划建设海水抽水蓄能电站是合理的选择。目前，世界上只有日本冲绳一座海水抽水蓄能电站，该电站1999年3月建成，电站内设一台容量30MW，最大水头为152m的可逆式水泵水轮机组，冲绳抽水蓄能电站是研究这种蓄能电站建设和运营重要的信息来源[18,19]。为适应海水条件，该电站采用了许多特殊技术，其中有些是为了满足环境保护要求，另一些是为了提高电站的效率和耐久性。例如，在材料选取方面，为防止海水渗漏，上水库采用全库盆防渗，面板材料采用合成橡胶。选择防渗衬砌时还需考虑：臭氧及紫外线对面层材料的破坏；海洋生物黏附对结构的破坏；在损坏时，渗漏水的控制及维修措施；在低水位遇强台风期间，面层材料的稳定性等因素。高压管道斜直段采用玻璃纤维增强塑料管和玻璃纤维增强塑料涂层，并在圆周和管轴方向配置两层加强用的玻璃纤维；内外面均设保护层，具有抗酸、抗碱和抗磨作用。这两种管都具有优良的耐磨性和耐海水腐蚀性，与钢管相比，海生物附着少，附着后也容易剥离，是适于海水抽水蓄能电站使用的材料。管节接头平滑、密封性好、强度高、耐海水腐蚀，采用橡胶止水。管体外周用不掺加骨料的粉煤灰水回填，此种材料具有高流动泥浆性、不易离析、适于长距离输送的特点。竖井段、弯管段和渐缩管段采用经防腐蚀处理的钢管。维护比较困难的进/出水口拦污栅部位采用了玻璃纤维增强塑料板和抗腐蚀性强的二相系不锈钢的组合结构，水道系统的其他钢结构采用电气防腐蚀措施。下水库进/出水口外设一道防波堤，海水需渗过防波堤才能进入水道，以减少海浪对机组运行水头变幅及出流对周围海洋环境的影响。为防止含有盐分的空气通过换气和水泵水轮机室进入地下厂房，在地面通风机房内设置除盐过滤器，并在配电盘室设置空调除湿。水泵水轮机转轮的材料除要求抗空蚀、耐磨性好之外，还要求抗腐蚀性好。转轮、导叶选用在奥氏体不锈钢铸钢中添加 2％～3％ 的钼并在铸造时吹氮的钢材。顶盖、底环等表面水流流速高又靠近旋转部件处采用含碳量低的奥氏体不锈钢。

在结构方面，转轮采用下拆方式，尾水锥管上段与底环和尾水锥管下段间分别用法兰盘连接，无须拆卸发电电动机就可将转轮从尾水管锥管段取出检修。

在顶盖、底环、蜗壳、尾水管等水泵水轮机的固定部件处设置防电蚀用的电极，为使转轮等转动部件也具有防电蚀作用，将电刷装在主轴上，其固定部分接地。导轴承采用无油轴承，滑动部分采用海水不易进入的结构。设置可从外部操作的淡水冲洗系统，可冲洗包括导叶等活动部件在内的水轮机机井内各设备。各结构件的端部都设圆角，使喷涂涂料不易剥落。蜗壳、尾水管等碳素钢构件的过水面上设陶瓷保护层，并喷涂耐盐涂料使其不易剥落。为防止水泵水轮机机井内含盐分的空气通过下机架和主轴的间隙进入发电电动机的风道内，在下机架上装有向机架与主轴之间的间隙送风的风机。

此外，冷却方式采取"海水-淡水热交换冷却方式"，即水泵水轮机、发电电动机的冷却以淡水作为一次冷却水进行闭路循环，通过热交换器用海水作为二次冷却水进行冷却。共配置两套热交换器，且为防止海洋生物附着，周期性地变换海水流向。过滤器设置自动涡流过滤器，并且装设能自动摘除附着于部件上的杂物的装置。用一台过滤器就能有效清除大至海草和贝壳，小至海中流沙的杂物，使过滤系统简化。海水系统的管道尽可能采用明管，以便更换。从经济性考虑，根据压力、直径、使用场所（明管或埋管）等条件，管道分别采用 SUS 管、玻璃纤维强化塑料管或树脂衬管。为避免焊接结构连接端防腐处理问题，除树脂管等之外，都采用法兰盘连接结构。管道内尽可能保持光滑，在弯头等容易出现沉积和附着藤壶等海洋生物的部位，均涂刷无公害的防污染涂料。

该电站自 1999 年投入运行以来，除了检修外几乎每天都在运行。运行 18 个月后电站各部分运行正常，年均发电量为 33GW·h，运行 1571h；抽水耗电量 49GW·h，运行 1680h。中国有很长的海岸线，具有建设海水抽水蓄能电站的条件，海水抽水蓄能电站技术的开发使抽水蓄能电站选址的范围扩大，有广阔的应用前景。

6.4.4　可调速抽水蓄能发电机组的发展

抽水蓄能技术在机组方面的最新发展热点是可调速水泵/水轮机机组。这种可调速水泵/水轮机的应用将大大提高抽水蓄能技术的可操作性，具体而言它将从以下几个方面改进抽水蓄能系统的性能：

（1）提高抽水模式运行时的部分负荷运行性能

一般而言，可调速水泵/水轮机机组在抽水模式下可以在设计负荷的 60％ 到 100％ 之间高效运行。也就是说在抽水模式下可调速水泵/水轮机机组可以更好地通过调节水泵的功率来实施负荷跟踪的功能。因此可调速水泵/水轮机的应用使抽水蓄能电站在抽水模式下也可以代替高运行费用的燃油或燃气机组，降低电网整体发电系统的成本。

（2）提高抽水模式运行时调频调相的能力

传统的可逆式水泵/水轮机机组在抽水工况下只有一个转速，因此它只能在发电模式时才能够实施调频调相的功能。而可调速水泵/水轮机机组的应用可以使系统在抽水模式和发电模式两种情况下都实现调频调相的功能，这将大大提高系统的动态收益。

（3）使机组的平均储能效率调高 3％ 以上

传统的可逆式水泵/水轮机机组由于在抽水工况下只有一个转速，在机组设计时通常只能满足在抽水或发电中的一个模式下能量的转化效率最高，亦即必须以牺牲另一工况下的效率为代价来达到可逆式运行的目的。而可调速水泵/水轮机机组可以通过转速的改变使得机组在抽水和发电两种工作模式下的能量转化效率都得到保障，这样相对于传统机组其整体储能效率可以提高达到 3% 或以上。

（4）减小机组在切换运行模式和工况过程中的机械振动并延长水泵/水轮机机组的使用寿命

传统的可逆式水泵/水轮机机组由于转速恒定，在水流量和水头低于设计工况点以下运行时会引起设备比较强烈的振动，这将给机器的密封件和轴承带来比较严重的磨损，对机组的寿命影响很大。而可调速水泵/水轮机机组可以在低于设计水流量和水头的情况下通过调节转速比较平稳地运行，这将大大减小维护停工和检修的时间，并延长机组的寿命。

值得指出的是，随着可再生能源电力，尤其是风电的大量开发和接入电网，对可调速抽水蓄能机组的需求更加迫切。这是因为在传统的电力结构中发电侧是可以预期和可控的，电网中电力的波动仅仅来自用户端电力需求的波动。而在大量间歇的和难以预测的可再生能源接入电网的情况下，电网必须配备更大比例且反应更为迅速和灵活的备用容量才能保证电网的安全和稳定运行。可调速抽水蓄能发电系统不仅启动时间短、在部分负荷工况下的运行范围广，而且具有以极快速度控制有效发电功率的功能，这些功能与提高包含大量可再生电力的电网系统的稳定性和经济实用性密切相关。因此，在未来抽水蓄能发电系统的建设中，可调速抽水蓄能发电机组技术必将拥有广阔的市场前景。

① 提供频率自动控制容量。恒速抽水蓄能机组在水泵工况下不能调节输入功率，因此在抽水时不能参与电网频率自动控制。由于水泵输入功率与转速的 3 次方成正比，转速有少量变化，输入功率就会有大幅度的改变，使抽水蓄能机组具有自动跟踪电网频率变化调整水泵/水轮机输入功率的功能，为电力系统提供相应的频率自动控制容量。

② 提高抽水、发电两种工况的效率，适应的水头范围更宽。变速机组通过改变转速能更好地分别适应发电和抽水两种工况，使水泵/水轮机运行效率有所提高，可适应更宽的水头变幅和功率范围。

③ 实现有功功率的高速调节。变速机组通过调整转子交流励磁电流的相位及频率，可实现有功功率的高速调节，当电力系统发生扰动时，它会很快吸收有功功率的变化，有利于抑制电力系统有功功率的波动。

④ 提供机组运行的稳定性。变速机组通过改变转速能较好地适应不同的运行水头，明显改善水泵/水轮机的水力性能，减少振动、空蚀和泥沙磨损，扩大运行范围，提高机组运行的稳定性。由于通过控制交流励磁来进行控制转速，从原理上来说就不会发生像恒速机组那样因转子振动而产生稳定问题；另外，由于能高速控制有功功率和无功功率，可以使变速机组旁边的恒速机组运行更加稳定。如果可调速机组与热电厂联合运行，在热电厂故障时，可平稳整个电力系统。

当然，调速机组也有缺点，最主要的不足就是造价比较贵，整个变速机组大概比恒速机组贵一倍，所以不可能大量使用，另外在机组维护方面就多了交流励磁系统和发电电动机集电环和电刷部分的维护。

可调速电机/发电机也是可再生能源所要求的，尤其是风速波动大的风力发电机。数值模拟证明，采用可调速抽水蓄能系统，风力涡轮机引起的功率波动可被补偿，以减小对电网的其余部分的影响。与现有的抽水蓄能设备相比，风能被转化或储存为水压能被大幅增加[20]。这对于低负荷高功率输出的波动较大的可再生能源十分重要，可以使之不必参与调频[21]。

在设计和制造高功率调速电动机/发电机方面取得最显著成就的是日本的东芝和日立公司[22]。自从 1990 年起，有 11 座调速抽水蓄能机组进入商业运行，其中 9 座在日本，2 座在德国[19,23]。1987 年日本首先在其常规水电站上安装一台 22MW 的交流励磁连续调速水轮发电机。1990 年 12 月，世界首台交流励磁连续调速抽水蓄能机组在日本矢木泽抽水蓄能电站投入运行。进入 90 年代后，日本抽水蓄能电站的主要作用已从调峰填谷转为电网调度管理的工具。通常在夜间负荷低谷期，火电站与常规水电站发电量减少，可用作频率自动控制的容量也相应减少，迫切需要抽水蓄能电站在夜间抽水运行时也能调整人力，以补充电力系统频率控制容量的不足。单机容量最大的变速机组为葛野川抽水蓄能电站 475MW、转速为 480~520r/min 的变速机组，这也是世界上最大的变速机组。连续调速抽水蓄能机组具有在水泵工况下进行频率自动控制的功能，能提高供电频率的合格率，提高电力系统的供电质量，故应用日益增多，而分挡式变速机组在抽水蓄能电站中应用日益减少。日本连续调速抽水蓄能机组均采用变频交流励磁的调速方式。德国最大的抽水蓄能电站——金谷抽水蓄能电站有 2 台 331MW 的变速机组变，主要是利用变速机组在水泵工况下可调节负荷的性能，使褐煤电厂能在最优工况下运行，使电网总体经济效益最佳。

6.4.5　抽水蓄能电站未来发展路线

（1）抽水蓄能发展重点由欧美向亚洲转移

20 世纪 60～70 年代欧美、日本等发达国家进入抽水蓄能电站的高速发展时期，90 年代随着经济发展的不景气，抽水蓄能电站开始进入停滞时期。但是在 70～80 年代，随着亚洲经济的崛起，中国台湾、韩国等地进入了抽水蓄能电站的高速发展期发展时期，进入 21 世纪后中国掀起了第二轮抽水蓄能电站建设高潮，在建抽水蓄能电站规模跃居世界第一。目前全世界在建的抽水蓄能电站主要在亚洲，初步统计，仅中国、印度、韩国和泰国四个国家在建抽水蓄能电站规模就超过 17530MW，若再加上日本将超过 24650MW，分别为世界已运行抽水蓄能电站装机容量的 1/6 和 1/4 左右。随着世界经济发展中心逐步转移到亚洲，今后世界抽水蓄能电站建设中心也将转移到亚洲，这已是明显的趋势。

（2）抽水蓄能电站建设与环境保护协调发展

抽水蓄能电站对环境的影响有两个方面，总体来看对环境的影响是有利的，因为抽水蓄能电站与火电站和核电站相比不会引起大气污染和产生核废料。但是对所在地区的局部环境影响又往往是不利的，例如可能会影响鱼群生存、使水生生物栖息地消失、对自然景观造成破坏等。

作为可持续发展战略的一部分，抽水蓄能电站建设必须与环境保护协调发展。特别是美、欧、日等经济发达国家，对环境保护的重视程度越来越高，例如，美国的康乃尔、兰岭和戴维斯山等抽水蓄能电站分别因为对鱼类、沼泽和自然景观等环境的不利影响而没有通过审批；美国希望山和萨米特两个地下式抽水蓄能电站虽然在经济上有利，但都因对环境有不利影响而放弃了，最后选择现有湖泊作上水库，而在山顶上开挖筑坝新建一个上水库的方案；日本冲绳海水抽水蓄能试验电站中海水对环境的特殊影响也是重点探讨的课题之一。可持续发展战略是我国的基本国策，因而在发展抽水蓄能电站的同时也应该充分考虑环境因素，在充分发挥其经济效益的同时，发挥其环境效益。

（3）抽水蓄能电站更新改造和扩建增容

由于环境保护要求越来越高，新建水电站要获得审批越来越困难。在美国，将以前只需 2 年左右就可完成的审批程序，延长到现在可能要花 5 年以上的时间才能完成，而且出现了很多因环境保护的原因而被否决的项目。而为了满足保护鱼类资源、水质、自然景观等要求增加的设施和运行限制，使得发电量平均下降约 8%，这些原因又降低了水电站在电力市场中的竞争力，导致新电站的启动更加困难。

20 世纪 60～70 年代为抽水蓄能电站建设高速发展期，当时建成的一批抽水蓄能电站的技术水平比目前最先进的技术水平要落后很多。例如，利用当前先进的计算机流道设计、模型试验及高精度数控机械加工方法对转轮和导叶的形状作改进，可使机组效率和出力都得到提高；可减少过渡过程中的水击压力上升、消除导叶过大振动，使机组使用寿命增加；引入计算机监控等技术，可使机组反应速度提高。通过更新改造可提高电站与电力系统的效率和可靠性，进而提高其经济效益和安全性，但所需的资金却比新建抽水蓄能电站要少很多。所以，欧美等经济发达国家在 20 世纪 90 年代后新建的抽水蓄能电站很少，而将对老电站的更新改造和扩建增容作为工作的重点。

（4）联网促使抽水蓄能资源优化配置

国际联网是世界电力工业发展的普遍趋势，除可取得电力电量效益外，还可取得错峰、减少备用、充分利用水能资源、提高电力系统可靠性和改善供电质量等多种效益，可最充分有效地利用资源，是符合可持续发展战略的措施。联网的错峰和互为备用作用不仅不排斥抽水蓄能电站，反而促使抽水蓄能电站在更大范围内实现资源的优化配置。

抽水蓄能电站对联网的安全来说十分重要。2003 年在不到短短两个月的时间内，美国、英国、瑞典、丹麦和意大利 5 个经济发达国家相继发生历史上罕见的大面积停电事故，令世界震惊。美国和加拿大的大面积停电事故涉及美国 6 个州和加拿大 2 个省，停电范围超过 $2.4 \times 10^4 km^2$，影响 5000 万居民。

抽水蓄能电站成为电网管理的有力工具。进入 20 世纪 90 年代后，随着高新技术产业的发展，对供电质量的要求越来越高，在经济发达国家，抽水蓄能电站已从主要作为电网"调峰填谷"的工具，逐步发展成为主要用作电力系统灵活的动态管理工具。

（5）电力市场化改革

1989 年首先从英国开始，电力工业打破行业垄断，引进竞争机制，建立电力市场。发电、供电资产私有化的浪潮迅速席卷北美、欧洲、澳洲等地区，只有亚洲的改革进程较慢。抽水蓄能电站在电力市场的竞争环境中能否生存已成为人们普遍关注的问题，从国外的实践来看，在电力市场的竞争环境中，抽水蓄能电站不仅能生存，而且更有利，它将成为电力市场为顾客提供低廉和优质服务的有力工具。

自从进入 20 世纪 90 年代后许多国家开始了电力市场化改革，改革无先例可循，可谓是"摸着石头过河"，尤其是辅助服务的定价尚在探讨之中。而这对抽水蓄能电站赢利能力的影响很大，改革带来对电力销售前景的不确定性，使新建抽水蓄能电站筹集资金的难度大大增加，如美国希望山和萨米特抽水蓄能电站推迟了十多年，至今尚未能开工建设。

电量价格竞价上网有利于抽水蓄能电站。电力市场电量价格通常采用竞价上网方式，这对于利用低谷电抽水蓄能，于峰荷时发电的抽水蓄能电站是有利的。

市场为辅助服务付费更体现出抽水蓄能电站的价值。任何电力系统，不论采用何种经营管理模式，为了保证电力系统的安全和供电质量，都必须建立一种机制确保提供足够的辅助服务。电力市场化后必须为所有辅助服务（备用、调频、调相、黑启动等）付费。

市场化的不确定性对抽水蓄能电站建设造成不利影响。电力市场化改革带来的不确定因素影响了投资者建设新的发电站（包括抽水蓄能电站）的积极性。

总而言之，电力市场化对抽水蓄能电站的发展有有利的一面，即市场竞争使峰谷电价差增大，辅助服务成为有偿服务，从而使抽水蓄能电站的效益，尤其是动态效益的价值得以实现。但也有不利的一面，市场竞争带来的不确定性使筹资困难，有可能影响电站的开工建设，可谓是机遇与风险并存[24]。我国作为社会主义国家，改革开放已进行多年，具有社会主义特色的市场经济体制也蓬勃发展，电力市场化改制需要谨慎进行，既不能全盘照搬国外的模式，也不能因为国情特殊、情况复杂而停滞不前，必须认真分析、全面调研，最终形成符合我国国情的模式，将电力市场改革逐步向前推进。

6.5　抽水蓄能技术的经济性

6.5.1　抽水蓄能电站主要技术经济指标

6.5.1.1　抽水蓄能电站投资

抽水蓄能电站的投资（即基本建设投资），是指电站达到设计规模以前在勘测、设计、科研以及施工安装过程中所花费的全部建设资金，用符号 K 表示，它由以下几个部分组成：

① 主体工程投资，包括上、下水库挡水、泄水和输水建筑物、发电厂房及机电设备等的投资；

② 水库淹没、浸没损失赔偿费用及移民安置等费用；

③ 工程建筑单位的生产管理费用；

④ 施工机械和工具的费用；

⑤ 施工期间生活设施和临时建筑物的费用；

⑥ 其他未能预先估计的费用。

在方案比较中，对上述投资需要进行修正：

① 增加为保证工程生效所需抽水用电和发电供电而必需的输变电工程投资 $K_{输}$；

② 扣除工程竣工时可回收的那一部分施工建筑物和设备、工具等的资金 $K_{回}$。回收投资可按施工建筑物和设备的剩余价值计算。全部投资扣除回收部分后称为造价。

抽水蓄能电站的造价：

$$K_{抽} = K + K_{输} - K_{回} \tag{6-4}$$

6.5.1.2　抽水蓄能电站年费用

维持抽水蓄能电站正常运行而每年所需的各种费用的总和，称为年费用，一般包括固定年费用和年运行费用两部分。

① 固定年费用。在静态经济分析中，一般指基本折旧费和大修提存费。抽水蓄能电站在运行过程中，建筑物和机电设备都会逐渐损耗，所以每年应提存一定数量的存款，以便在建筑和设备的经济寿命终结时，用新的建筑物和设备来代替它们，使抽水蓄能电站能够继续正常运行。每年所提存的这笔款项，称为折旧费 $U_{折}$，可根据建筑物或设备的投资原值 K 扣除寿命终结时的残余价值 L 后的余额，按经济寿命 T 确定：

$$U_{折} = \frac{K - L}{T} \tag{6-5}$$

抽水蓄能电站的机电设备和建筑物，每隔一段时间要进行一次大修，包括修复或更换基本部件、整修建筑物，工作量大，资金耗费多，因此每年还要提存一部分大修费。

在动态经济分析中，固定年费用是指工程在经济寿命期内每年应支付的利息相应摊还的本金，按下式计算：

$$U_{固} = K \left[\frac{i(1+i)^n}{(1+i)^n - 1} \right] \tag{6-6}$$

方括号内的分式称为本利摊还因子。式中，i 为折现率，在国民经济评价中按社会折现率计，当下可取值 0.12，在财务评价中按贷款利率计；n 为抽水蓄能电站的经济寿命。当建筑物经济寿命与机电设备的经济寿命不同时，需分别计算其固定年费用，然后加总。

② 年运行费用。年运行费用指抽水蓄能电站在运行期内所需的经常性维护费。它包括职工工资及提取的福利基金，建筑物和发电设备的小修费、材料费、厂用电费、抽水电费、行政管理费、流动资金利息、库区维护基金及补水费等。其中大部分只与电站装机容量大小有关。在年费用构成中，通常将折旧费与大修费合称为间接费用，而其他运行、管理、维修、电费等经常性支出合称为直接费用。抽水蓄能电站年费用随水头、装机容量和蓄水时间的不同而不同。

6.5.1.3　抽水蓄能电站技术经济评价指标体系

为了综合反映抽水蓄能电站的技术经济特性，便于对各方案进行比较或对所选方案进行评价，目前采用下列技术经济指标体系：

（1）技术指标

① 最大水头 H_m，它反映电站枢纽，特别是机组投资的大小。在一定范围内，随着水头的增高，单位千瓦投资或造价逐渐变小。

② 地形指标 L/H，即上、下水库水平距离与水头的比值，它反映输水隧洞的情况，以及上、下调压井设置与否的条件。

③ 电站调峰系数 N_p，它指电站最大出力加抽水功率之和与电力系统最大峰谷差的比值，用以说明抽水蓄能电站调峰填谷能力的大小，反映建站的主要目的。

④ 地理位置指标 L，它反映抽水蓄能电站距负荷中心和抽水电源的远近：

$$L = L_1 + L_2 \tag{6-7}$$

式中，L_1、L_2 为电站距离负荷中心和抽水电源的距离，一般 L_2 以 300～700m 为宜。

⑤ 装机容量和发电量指标，反映抽水蓄能电站在电力系统中的作用。发电量指标中，一般应包括由于抽水蓄能电站调峰而使火电厂增发的电量。

（2）经济指标

① 电站单位千瓦投资 K_N：

$$K_N = \frac{K}{N_\text{装}} \tag{6-8}$$

式中，K 为抽水蓄能电站投资原值；$N_\text{装}$ 为抽水蓄能电站装机容量。

② 输变电单位千瓦投资，它反映输电距离、电能损失、电力潮流的合理性。

③ 电力系统年节煤量，反映由于抽水蓄能电站的投入对火电机组运行特性的改善。

④ 电力系统总费用节约量。

⑤ 施工工期，反映资金周转和自己积压程度以及能否满足某一水平年系统对电源的要求。

⑥ 单位千瓦土建工程量，反映施工难易程度。

在抽水蓄能电站站址初选阶段，可依据以上技术经济指标进行筛选。

6.5.1.4 抽水蓄能电站的经济效益分析

（1）静态效益

抽水蓄能电站的静态效益包括容量效益和调峰填谷效益两部分。抽水蓄能电站能有效地承担系统的工作容量和备用容量，从而可减少火电站装机容量，节省电力系统的投资和运行费用，由此产生的经济效益称为容量效益；抽水蓄能电站投入系统运行后，一方面由于抽水用电，增加了系统燃料消耗，另一方面由于代替火电调峰和改善火电机组的运行条件，降低了厂用电率和耗煤率，减少系统总燃料消耗，显然，前者小于后者，而它们的差值即通常所说的"削峰填谷"效益[26]。

① 抽水蓄能电站容量效益计算。抽水蓄能电站容量效益是指基本方案（抽水蓄能电站）与等效替代方案的正常运行年费用值（不包括燃料费）之差值，等效替代方案一般为火电站，其"等效"必须满足以下四个条件[27~33]：a. 满足电力系统的电力电量平衡；b. 满足电力系统的调峰能力平衡；c. 电力系统中各电站运行方式要符合整体最优的要求；d. 电能质量及可靠性方面的可比性。

虽然抽水蓄能电站和火电站的建设期不同，但基本方案和等效替代方案的产出时间基本相同。根据国家发展与改革委员会发布的《建设项目经济评价方法与参数》（第三版）、原电力工业部《抽水蓄能电站经济评价暂行办法》、国家电力公司《抽水蓄能电站经济评价暂行办法实施细则》，以国家现行财税制度规定为依据，采用年费用值计算容量效益，公式如下：

$$K_0 = \sum_{n=n_0}^{n_a-1} K_n (1+i)^{n_a-n} \tag{6-9}$$

$$BC = OC + K_0 \left[\frac{i(1+i)^t}{(1+i)^t-1} \right] \tag{6-10}$$

式中　BC——年费用值；

　　　i——折现率；

　　　OC——年运行费用；

　　　K_0——折算到 n_a 年时的总投资；

　　　K_n——第 n 年的投资额；

　　　t——投资回收期；

　　　n_0，n_a——工程开始、结束时刻。

比较基本方案的年费用值和替代方案的年费用值，即得抽水蓄能电站的容量效益为：

$$CB = \Delta BC = BC_\text{替代方案} - BC_\text{基本方案} \tag{6-11}$$

② 抽水蓄能电站调峰填谷效益计算。所采用的调峰填谷效益评估模型及数学模型包括：负荷模型和发电机组模型[34]。

a. 负荷模型。假设条件：采用典型日负荷曲线或预测的日负荷变化曲线，并考虑负荷在预测附近的随机波动和计划外负荷增长；机组的发电量与负荷的时序无关。

系统日持续负荷曲线可由典型日负荷曲线生成。持续负荷曲线是一种派生的负荷曲线，是按某一研究周期内电力负荷递减的顺序绘制成的负荷曲线，而不是按时间递增的顺序。根据研究周期不同，可将持续负荷曲线分为日持续负荷曲线、月持续负荷曲线和年持续负荷曲线等[35~38]。

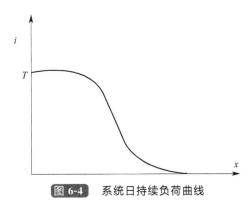

图 6-4　系统日持续负荷曲线

持续负荷曲线就是指将典型日的时负荷按从大到小的顺序绘制而成的负荷曲线,如图 6-4 所示。

b. 机组模型。火电机组由三个容量分段组成,采用分段线性的煤耗曲线,每分段的平均单位耗煤率为常数。抽水蓄能电站机组的发电量是事先给定的,其大小与机组的运行容量和模拟周期内的利用小时数有关。

图 6-5 中 λ_T、μ_T 分别为机组额定运行状态下的故障率和修复率。

图 6-6 中 λ_D、μ_D 分别为机组降额运行状态的故障率和修复率;T_{r1} 是从降额出力增荷至额定出力所需的时间;P_+、P_- 是系统的需求率和不需求率。

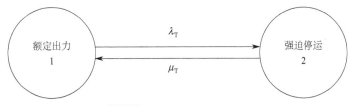

图 6-5　基荷机组模型图[26]

c. 随机模拟过程。为了计算抽水蓄能电站的调峰填谷效益,分无抽水蓄能电站和有抽水蓄能电站两种情况进行随机模拟,当系统中机组数较多时先将小机组进行适当的合并。

无抽水蓄能电站时的模拟过程为[39~42]:

ⅰ. 由系统持续负荷曲线计算出原始等效电量函数 $E^{(0)}(J)$;

ⅱ. 安排火电机组和水电机组的启动顺序表,排列原则为:先把各火电机组的最小技术出力安排在负荷曲线的基荷部分,然后再按各火电机组的腰荷和峰荷单位耗煤率的大小排优先启动顺序,在此过程中当满足水电站经济运行判据时安排水电站运行;

ⅲ. 由机组的启动顺序,采用等效电量函数法计算出火电机组各分段所发的电量以及 LOLP 和 EENS。

ⅳ. 根据火电机组各分段所发的电量和相应分段单位煤耗率计算得出系统的燃煤耗量 $\mathrm{FMH_1}$。

有抽水蓄能电站机组时的模拟过程为:

ⅰ. 由系统持续负荷曲线计算出原始等效电量函数 $E^{(0)}(J)$;

ⅱ. 安排火电机组、水电机组与抽水蓄能电站机组的启动顺序表,排列方法如下:同无抽水蓄能电站模拟过程类似地安

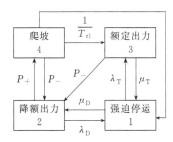

图 6-6　压负荷机组模型图[26]

排火电机组与水电机组的运行过程,直到抽水蓄能电站的工作位置满足经济运行判据,在抽水蓄能电站之后再顺次安排火电机组。抽水蓄能电站机组经济运行判据为:

$$\begin{cases} E_L = E_A \\ P_{HL} = C_H \end{cases} \tag{6-12}$$

式中　E_L——抽水蓄能电站所担当的负荷电量;

　　P_{HL}——抽水蓄能电站所担当的最大负荷;

　　E_A——抽水蓄能电站的给定电量;

　　C_H——水蓄能电站的运行容量。

由机组的启动顺序,采用等效电量函数法计算出火电机组各分段所发的电量以及 LOLP 和 EENS。

根据火电机组各分段所发的电量和相应分段单位煤耗率计算得出系统的燃煤耗量 FMH_2。

两次模拟过程所得系统燃煤耗量的差值即为抽水蓄能电站的调峰填谷效益：

$$PSB = FMH_1 - FMH_2 \tag{6-13}$$

d. 调峰填谷效益的影响因素[26]。对抽水蓄能电站的调峰填谷效益产生不同程度影响的因素如下：

ⅰ. 系统峰谷发电成本的差异；

ⅱ. 系统中常规水电站所占比例及其季节性电量的变化；

ⅲ. 抽水蓄能电站的循环效率，也就是蓄能电站本身抽水容量与发电容量的比例；

ⅳ. 负荷峰谷差的大小、负荷形状和负荷率；

ⅴ. 系统的机组构成、负荷情况以及各机组的成本费用；

ⅵ. 抽水蓄能电站和可承担调峰水电机组的装机容量在系统中的比重。

这些影响因素是相互联系与相互制约的，它们共同决定了抽水蓄能电站在特定系统中调峰填谷效益的大小。

（2）动态效益

由于抽水蓄能电站运行灵活、出力变速快、变幅大、启停迅速、跟踪负荷能力强，因而特别适宜在电力系统中承担调峰、调频、调相、旋转备用和事故备用等"动态"任务，满足系统运行的需要。与静态效益相比较，抽水蓄能电站更重要的是动态效益。在电力系统运行时，根据电力系统负荷特性、电源和电网结构，通过分析动态效益确定抽水蓄能电站的合理运行方式，保障为用户提供高质量电力服务，最终使发电企业、广大电力用户和全社会受益[43]。动态效益包括以下几个方面：

① 调峰效益。抽水蓄能机组由于结构简单，控制方便，可以随需要增加功率或减少功率，因而有效地减轻了火电机组（包括燃气轮机机组）的调峰负担。

② 调频效益。抽水蓄能机组调节灵活，出力变化可以从 0 到 100%，可以快速启动，随时增荷或减荷，起到调整周波的作用，有助于保持频率并提高电网的稳定性。

③ 负荷跟随效益。电网负荷总是在不断地变化，特别是在高峰出现时，负荷变率很大，当负荷急剧变化时，抽水蓄能机组与火电或其他类型机组相比，其负荷跟随很快，爬坡能力较强，抽水蓄能电站对负荷的急剧变化能做出快速反应，所以能很好地跟踪系统负荷的变化，从而所取得的效益称为负荷跟踪效益[44]。

④ 旋转备用（事故备用）效益。抽水蓄能机组作为水力机组可以方便地处于旋转备用状态，以便快速地承担事故备用。抽水蓄能电站能够快速启动机组，迅速转换工况，但因其水库库容较小，起到的作用与具有较大库容的常规水电站有所区别，一般只能担任短时间的事故备用。在发电工况下，可利用抽水蓄能电站运行中的空闲容量，短时间内加大出力；在停机状态下，亦可紧急启动，从而达到短时应急事故备用的目的。在水泵工况下，可停止抽水，快速切换至发电工况。

⑤ 调相效益。抽水蓄能机组由于其结构上的优点，可以方便地做调相运行。不但在空闲时可供调相用，在发电和抽水时也可调相，既可以发出无功功率提高电力系统电压，也可以吸收无功功率降低电力系统电压，尤其是在抽水工况调相时，经常进相吸收无功功率，有时进相很深，持续时间很长，这种情况是其他发电机组达不到的，只有抽水蓄能机组才能做到。另外，抽水蓄能机组在调相运行完成后可以快速地转为发电或抽水。

抽水蓄能电站的动态效益是在上述五个方面优于火电等其他电源的运行机制时而言的，是一个相对概念。电力系统的运行方式不同、电源构成不同；同一个抽水蓄电站的动态效益也不相同。而且由于抽水蓄能电站的布局特点、地理位置不同，动态效益也不同，因此，不是所有抽水蓄能电站都具有以上所述五个方面的动态效益。如果抽水蓄能电站离负荷中心较远，输送无功出力产生的线损较大，那么就不比在负荷中心设置无功补偿设备有利，因而这种情况就不存在调相效益。

在电力系统中抽水蓄能电站的动态效益比较大，一般都要高于其静态效益。美国对一座

20×10^4 kW 的抽水蓄能电站的研究结果表明，该电站造价为 500 美元/kW，而抽水蓄能电站动态效益为每年 85 美元/kW。据统计，1993～1997 年 8 月，美国的电力系统 93.4％的事故是由输配电设施引起的，由电厂直接引起的只有 9 起。抽水蓄能机组不仅可调相运行（发出或吸收无功功率），为电网提供电压支持，避免出现热过载和电压崩溃，而且抽水蓄能电站工况转换迅速、应变能力强，在一系列的重大电网事故中能在短时间内从任何工况下转为满负荷发电，从而防止事故扩大和系统瓦解。英国和法国间通过两条额定容量为 1000MW 的直流输电线路连接，联网后虽可互为备用，但也使最大甩负荷风险由 660MW 增加到 1000MW，备用容量也要相应增加。迪诺威克抽水蓄能电站（1800MW）设计时考虑能在 10s 内发出 1320MW 出力，以适应紧急事故备用的需要。

我国广州抽水蓄能电站投产后，在电网中发挥了紧急事故备用作用。1994 年 5 月至 1996 年年底期间，在核电机组跳机、火电机组甩负荷和西电解列等 66 次事故中，由于广州蓄电站迅速投入，防止了事故的扩大，帮助电网及时恢复正常供电。十三陵抽水蓄能电站投产以来，对京津唐电网的安全、稳定运行起到了关键作用。特别是在 1999 年 3 月，由于特殊恶劣天气造成的原因，供电线路不断出现电网污闪、线路闪络掉闸等事故，在此期间十三陵蓄能电厂均能做出快速反应，六天内共开机 48 次，紧急启动成功率 100％，避免了事故造成的损失。

总的来讲，国外对抽水蓄能电站动态效益的经济论证方法有：综合经济评价法、经济性评价法、效益比较法、盈利法和成本法等[45]。

我国抽水蓄能电站建设起步较迟，经济分析及计算尚处于研究阶段。1998 年原电力部颁发了电计（1998）289 号《抽水蓄能电站经济评价暂行办法》，该办法规定对"有"、"无"设计抽水蓄能电站系统电源优化规划，优选两方案的系统电源构成，以替代方案的费用作为设计方案的效益。这个规定使得评价抽水蓄能电站的经济效益行为规范化。

目前动态效益的评价方法主要有两类：解析模型和模拟模型。解析模型是用概率法分别计算基本方案和替代方案的可靠性指标的年期望值，效益是用等效替代的方法估算出来的，虽然思路比较清晰，计算速度也很快，但是对发电机组的概率模型做了较大的简化处理，机组故障之间及机组故障与负荷变化之间的相互关系基本考虑，其结果是与实际情况有出入；模拟模型考虑的因素较多，例如，发电机组容量、运行状态以及类别等条件，它采用随机模拟的方法分别计算了基本方案和替代方案的经济指标和可靠性指标，但是该方法在运用时如果机组数较多，计算时间将会很长，其实际工程应用的价值在一定程度上将会受到影响。

（3）抽水蓄能电站爬坡效益

在日负荷曲线的上升阶段里，为了满足负荷爬升的要求，必须合理地安排备用容量，以保证在 Δt 时段中，系统备用出力的增值不小于该时段中电力系统负荷的增值。由于火电机组每分钟允许的增荷速率较小，在负荷陡升阶段仍有可能跟不上负荷的变化而导致频率下降，影响电能质量。抽水蓄能电站具有反应快速、运行方式灵活和工作可靠的特点，其在应付负荷剧变时有着特别的优越性。抽水蓄能电站的爬坡效益就是指以抽水蓄能电站代替火电机组承担部分爬坡容量并满足爬坡速率要求时，整个系统发电成本减少和电量不足期望值的减小所体现出来的经济效益。

① 爬坡效益负荷模型。

假设条件：a. 采用典型日负荷曲线或预测的日负荷变化曲线，并考虑负荷在预测附近的随机波动和计划外负荷增长；b. 为计算每一负荷水平处负荷的平均增减速率和一天中负荷的最大增减速率，令负荷从 t 小时到 $t+1$ 小时的增减是线性的。负荷模型的特征参数如下：累计概率 $P(L_k)$、累积频率 $F(L_k)$、电量不足期望值 EENS(L_k) 和负荷最大增长速率 $a'(L_k)$[46～50]。

令 $a'_t(L_k)$ 是从 t 小时到 $t+1$ 小时负荷的平均增长速率，$F_t(L_k)$ 是第 t 小时负荷的转移频率，$a'_t(L_k)$ 和 $F_t(L_k)$ 的取值分别为 $t=1,2,3,\cdots,24$，则：

$$a'_t(L_k) = \begin{cases} \dfrac{(L_{t+1} - L_t)}{60} (\text{MW/min}) & (L_{t+1} > L_k > L_t) \\ 0 & \text{其他} \end{cases} \tag{6-14}$$

在一日之内，可能会有多峰出现，也就是说有多个负荷上升期，$a'(L_k)$ 定义为在 L_k(MW)

处负荷的最大增长速率，$F(L_k)$ 是一日当中负荷在该处的转移频率：

$$\begin{cases} a'(L_k) = \max[a'_1(L_k), a'_2(L_k), \cdots, a'_{24}(L_k)] \text{(MW/min)} \\ F(L_k) = \sum_{t=1}^{24} F_t(L_k) \qquad \text{(次/天)} \end{cases} \tag{6-15}$$

根据公式，如果 L_k 不同，则 $P(L_k)$、$F(L_k)$、$EENS(L_k)$ 和 $a'(L_k)$ 的值也可以相应地求出来。

② 爬坡效益机组模型。爬坡功能由火电旋转备用机组、处于冷备用以及处于旋转备用状态的常规水电机组和蓄能机组共同承担，各机组增荷过程均设为线性的，即

$$T_{r1} = (C_e - C_d)/(a^8 \cdot 60) \tag{6-16}$$

$$T_{r2} = C_e/(a^8 \cdot 60) \tag{6-17}$$

式中 C_e——额定出力，MW；

$\quad\quad C_d$——降额出力，MW；

$\quad\quad T_{r1}$——从降额出力增加至额定出力所需时间，h；

$\quad\quad T_{r2}$——从零增加至额定出力所需时间，h；

$\quad\quad a^8$——机组的增荷速率，MW/min。

机组状态空间如图 6-7 和图 6-8 所示[25]。

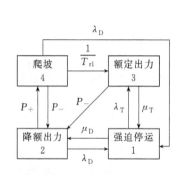

图 6-7　旋转备用机组模型

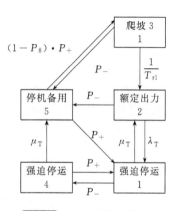

图 6-8　冷备用机组模型

③ 爬坡效益随机模拟分析。与计算调峰填谷效益相同，该方法分为无抽水蓄能电站和有抽水蓄能电站两种情况进行随机模拟，当系统中机组数较多时，为了计算简便可先将小机组进行适当的合并。

无抽水蓄能电站时的模拟过程为：a. 由系统持续负荷曲线计算出原始等效电量函数 $E^{(0)}(J)$；b. 火电机组的爬坡容量的确定。

火电机组爬坡容量的计算方法如下：

设在投运顺序表中序号为 $k+1$ 的一个分段 C_{k+1}，它属于第 i 台机组，则在 C_{k+1} 投运前后，系统火电机组的爬坡容量修正为：

如果 C_{k+1} 是单分段机组：

$$\Delta C_{k+1}^T(\Delta t) = \Delta C_k^T(\Delta t) \tag{6-18}$$

如果 C_{k+1} 是第 i 台机组的第 1 分段：

$$\Delta C_{k+1}^T(\Delta t) = \Delta C_k^T(\Delta t) + \begin{cases} a_i^8 \cdot \Delta t & (a_i^8 \cdot \Delta t < C_{ei} - C_{k+1}) \\ C_{ei} - C_{k+1} & (a_i^8 \cdot \Delta t \geqslant C_{ei} - C_{k+1}) \end{cases} \tag{6-19}$$

如果 C_{k+1} 是第 i 台机组的后续分段：

$$\Delta C_{k+1}^T(\Delta t) = \Delta C_k^T(\Delta t) - \begin{cases} a_i^8 \cdot \Delta t & (a_i^8 \cdot \Delta t < C_{ei} - C_{k+1}) \\ C_{k+1} & (a_i^8 \cdot \Delta t \geqslant C_{ei} - C_{k+1}) \end{cases} \tag{6-20}$$

式中 a_i^8——第 i 台机组的最大增荷速率；

$\quad\quad C_{ei}$——第 i 台机组的额定容量。

水电机组爬坡容量的确定：由于水电机组不管是否处在同步状态，其剩余容量均可在 3min 内全

部提供。所以平均爬坡速率为：

$$a^h = K_{CAP}/3 \quad (MW/min) \tag{6-21}$$

那么提供的爬坡容量为：

$$\Delta C^h(\Delta t) = \begin{cases} a^h \Delta t & (\Delta t \leqslant 3\min) \\ K_{CAP} & (\Delta t \geqslant 3\min) \end{cases} \tag{6-22}$$

K_{CAP} 即为水电机组的可用容量。

爬坡约束条件：

$$\Delta C^s_{k+1}(\Delta t) = \Delta C^H_{k+1}(\Delta t) + \Delta C^T_{k+1}(\Delta t) \geqslant a'(L+C_{k+1})\Delta t \tag{6-23}$$

式中　　$\Delta C^s_{k+1}(\Delta t)$——$\Delta t$ 时间段里负荷的增量；

$\Delta C^H_{k+1}(\Delta t)$——$\Delta t$ 时间段里火电机组的爬坡容量；

$\Delta C^T_{k+1}(\Delta t)$——$\Delta t$ 时间段里水电机组的爬坡容量；

$a'(L+C_{k+1})$——负荷值 $L+C_{k+1}$ 处最大负荷增长速率。

L——第 $k+1$ 分段的初始投运位置。

根据机组的启动顺序，采用等效电量函数法计算出火电机组各分段所发的电量以及 LOLP 和 EENS。

再根据火电机组各分段所发的电量和相应分段单位煤耗率计算得出系统的燃煤耗量 FMH_1。

有抽水蓄能电站机组的模拟过程：由于抽水蓄能电站机组与水电机组类似，可用类似的方法计算出抽水蓄能电站的可用爬坡容量 P_{CAP}。

爬坡约束条件为：

$$\Delta C^t_{k+1}(\Delta t) = \Delta C^H_{k+1}(\Delta t) + \Delta C^P_{k+1}(\Delta t) + \Delta C^T_{k+1}(\Delta t) \geqslant a'(L+C_{k+1}) \cdot \Delta t \tag{6-24}$$

抽水蓄能电站机组经济运行判据：

$$\begin{cases} E_L = E_A \\ P_{HL} = C_H \end{cases} \tag{6-25}$$

式中　　E_L——抽水蓄能电站的负荷电量；

E_A——抽水蓄能电站的给定电量；

P_{HL}——抽水蓄能电站的最大负荷；

$\Delta C^T_{k+1}(\Delta t)$——$\Delta t$ 时间段里抽水蓄能电站机组的爬坡容量；

C_H——抽水蓄能电站的运行容量。

采用与无抽水蓄能电站模拟过程类似的方法分别计算出火电机组各分段所发的电量以及 LOLP、EENS 和 FMH_2。

抽水蓄能电站的爬坡效益：

$$PCB = FMH_1 - FMH_2 \tag{6-26}$$

（4）抽水蓄能电站事故备用效益

事故备用效益是抽水蓄能电站为应付其他机组随机故障而避免电力系统产生巨大的经济损失以提高系统的可靠性为目的的经济效益。随着生产力的发展和社会的不断进步，人们在生产、生活中对电力系统的要求越来越高，同时电力系统对事故备用的要求也越来越高。抽水蓄能电站机组启停快、工况改变迅速，是良好的旋转备用机组。在水泵工况时，可作为大负荷而紧急切除，如果需要，又可尽快变为水轮发电机。在机组不运行时，可作为电力系统最好的冷备用。在日本和意大利等国，有些抽水蓄能电站装机利用时间只有 500h，绝大部分时间是处于冷备用状态。据有关专家估算，电力系统发生一次事故，抽水蓄能电站紧急投入所带来的经济效益是巨大的，有时可等于或大于抽水蓄能电站的投资。

所有的事故备用都由抽水蓄能电站承担可能不一定合适，但抽水蓄能承担其中的一部分则是必要的，也是可能的。尤其是作事故备用，抽水蓄能电站比其他电源更有优势，这是因为抽水蓄能承担系统事故备用可减少系统火电开机，从而改善火电机组的运行条件、减少运行火电的煤耗[25,51~54]。

抽水蓄能电站向系统提供事故备用主要有两种方式：第一种方式是从抽水蓄能电站全部装机中划出部分容量作为专设的事故备用容量，专门向系统提供事故备用任务，而不再承担静态发电任务。当有专门的抽水蓄能机组替代火电机组承担起旋转事故备用任务后，可减少火电机组的装机容量和运行中的开机容量，从而相应减少系统投资或燃料消耗。第二种方式是抽水蓄能优先承担静态发电任务以后，利用其非发电剩余容量（包括发电工况下事故备用、静止状态下空闲容量和抽水工况下的抽水容量）向系统提供事故备用。在这种情况下，抽水蓄能事故备用效益的产生是有条件的，即系统停机事故正好发生在抽水蓄能电站有非发电剩余容量之时。根据上述两种方式，归纳起来，抽水蓄能承担事故备用，其效益主要有以下几项：

① 节省投资的效益。抽水蓄能机组单位造价低于火电。在第一种方式中，抽水蓄能承担备用可以降低系统对火电备用的需求，减少火电容量，从而降低系统的投资。

② 节煤效益。两种方式都具有节煤效益，但第一种方式节煤效益尤为显著。利用抽水蓄能机组承担事故备用一般不需要消耗额外的燃料，还可减少系统火电开机，改善火电机组的运行条件，减少火电煤耗，提高火电机组运行的经济性和可靠性等。

③ 减少系统停电损失、增加系统供电可靠性。抽水蓄能机组承担事故备用，启停迅速，跟踪负荷速度快、性能好、事故率低、可靠性好。无论是作为停机备用还是事故备用都可有效降低系统的期望损失电量值。

（5）抽水蓄能电站负荷备用效益

抽水蓄能电站负荷备用效益就是指利用抽水蓄能电站承担系统中短时负荷波动的调整和计划外负荷增加时，整个系统发电成本减少和可靠性增加所体现出来的经济效益。电力系统中的负荷备用可分为两种情况：一是承担常规意义下的二次调频，即应付实际负荷在预测负荷均值附近的上下波动，这种波动的幅度相对较小，但出现的频率相对较高；二是应付负荷的计划外增长，增长的幅度相对较大，出现的频次较低。这两种情况都可以用负荷预测的不确定性来描述。当系统出现短时的负荷波动和计划外负荷增长，负荷备用也就是调频备用。由于负荷的波动和计划外增长都具有随机性，所以承担负荷备用的机组必须时刻处于旋转状态。这两种情况都要求机组反应速度快、增荷速率高和增减负荷方便。而水电机组和抽水蓄能机组由于启动快速，所以不用要求机组时刻处于旋转状态，需要时随时都可以启用。因此，可以计算出以抽水蓄能机组和以火电机组承担负荷备用时，整个系统的煤耗量和可靠性指标，然后可根据不同方案的指标差异对抽水蓄能电站的负荷备用效益进行分析[55]。

6.5.2 抽水蓄能电站环保效益

（1）节煤效益分析

抽水蓄能电站在进行电网调峰时，抽水蓄能过程中在电力系统中提供这部分电力的是煤耗最低的一批先进机组，在当前的电力系统中这批机组为超临界及亚临界机组，所以抽水蓄能电站抽水所耗电量的煤耗应是系统中煤耗最低的超临界、亚临界机组的供电煤耗。抽水蓄能电站在发电时，它会顶替系统中煤耗最高的调峰机组运行，在当前的电力系统中这批机组为中压或高压的50MW 或 100MW 以下机组。这样抽水蓄能电站抽发电节煤量应是满足高峰负荷要求所替代的调峰机组的燃煤量与现抽水耗电燃煤量的差，其计算公式如下[56]：

$$C = \left(C_r - \frac{4/3}{C_h}\right)Q \tag{6-27}$$

式中　C——抽水蓄能电站的年节煤量，g/(kW·h)；

　　　C_r——抽水蓄能机组发电时所替代机组的供电煤耗，g/(kW·h)；

　　　C_h——抽水耗电单位电量的煤耗，g/(kW·h)；

　　　4/3——抽水蓄能电站抽发电的比；

　　　Q——抽水蓄能电站的年发电量。

（2）废气减排分析

针对火力发电机组而言，抽水蓄能电站具有的环保效益体现在它能减少硫化物、氮氧化物、粉尘及一氧化碳等的排放，其中氮氧化物、粉尘及一氧化碳的减排是通过节煤实现的，而硫化物的减排不仅仅是由节煤实现。因为抽水蓄能电站在正常运行时耗用的是先进的超临界、亚临界机组的电力，这些机组一般都装有脱硫装置，所以抽水蓄能机组在抽水时耗用电力燃煤的污染物排放很低。而抽水蓄能电站在发电时所替代的是系统中最落后的中高压机组，一般都没有安装脱硫装置，所以抽水蓄能电站的环保效益不仅仅是节煤所减少的污染物排放效益，而是全部替代的中低压机组发电耗煤的污染物排放所减少的污染物排放效益。燃煤机组的污染物排放计算方法如下[57]：

① SO_2 排放。燃煤机组燃烧过程中排出的 SO_2 是由燃料中的硫分生成的。假设已知单位发电煤耗率，则燃煤机组 SO_2 的排放量用下式来计算：

$$G_{SO_2} = (32/16) CSt (1 - \eta_S) \tag{6-28}$$

式中　C——燃煤消耗率，$g/(kW \cdot h)$；

$32/16$——SO_2 与 S 分子量之比；

S——燃煤的收到基硫分，%；

t——燃料燃烧后 S 氧化生成 SO_2 的比例，一般取 80%；

η_S——脱硫装置脱硫效率，%。

② NO_x 排放量。NO_x 的生成机理比较复杂，燃烧过程排放出来的氮氧化物主要是一氧化氮（NO）和二氧化氮（NO_2），其中 NO 为绝大部分，约占 95%，NO_2 仅占 5%。它的形成途径主要有两条：一方面是燃煤中氮化物热分解后再氧化；另一方面是燃烧用空气中的氮在高温下氧化。在有些燃烧装置中，后者是产生 NO_x 的主要来源，但是在烧煤粉或原油的装置中，由于燃料含氮的成分很高，燃料氮是 NO_x 的主要来源。例如，煤粉燃烧时 70%～90% 的 NO_x 由燃料中的氮转化而成。实际燃烧过程中，并非全部的燃料氮转化成为 NO_x，实现转化的氮和燃料中全部氮之比称为燃料氮的转化率 η_N。通常燃煤锅炉的转化率为 20%～25%，一般不超过 32%。同上，已知单位发电煤耗率 C，则火电机组 NO_x 排放量用下式计算：

$$G_{NO_x} = 30.8/14 CN \eta_n / m (1 - \eta_N) \tag{6-29}$$

式中　N——煤中氮的质量分数；

m——燃料氮生成的 NO_x 占全部 NO_x 排放量的比率；

η_N——脱氮装置的脱氮效率；

η_n——燃料氮的转化率；一般取 $\eta_n = 25\%$，$m = 80\%$。

③ 烟尘和 CO 排放量。锅炉排放烟尘的多少与锅炉炉型、燃料品种、运行工况、除尘器类别和除尘效率以及管理水平等诸多因素有关。一般机组烟尘排放量可按下式计算：

$$G_y = C(Q/29271.2 q_g + A_a \alpha_f)(1 - \eta_c) \tag{6-30}$$

式中　q_g——锅炉的固体未完全燃烧热损失，%；

A_a——燃料的收到基灰分，%；

α_f——飞灰中的含碳量占燃料总灰量的份额，%；

Q——燃料的低位发热量，kJ/kg；

η_c——除尘效率。

采用上述方法计算的烟尘排放量比较准确，但实际数据的获取比较麻烦，而且 CO 的排放计算现在还没有成熟的方法，对烟尘 CO 排放量的计算可采用近似系数法[26]。这样火电机组单位供电的烟尘排放量为：

$$G_y = \omega C(1 - \eta_c) \tag{6-31}$$

式中　ω——燃烧过程中烟尘的排放系数，其取值见表 6-6。

火电机组单位供电的 CO 排放量为：

$$G_{CO} = \mu C \tag{6-32}$$

式中　μ——CO 排放系数，其取值见表 6-6。

表 6-6　火电机组各污染物的排放系数

种类	CO	NO_x	SO_2	烟尘
煤炭/(kg/t)	0.23	—		$1000 A_a \cdot \alpha_f$
天然气/$[kg/(10^6 m^3)]$	—	6200	630	238.5

抽水蓄能电站环保效益可以通过下面的公式计算。

氮氧化物、粉尘及一氧化碳的计算公式为：

$$E_{ri} = BG_i W \tag{6-33}$$

式中　E_{ri}——第 i 种污染物的减排量；

　　　G_i——燃煤机组单位发电量第 i 种污染物的排放量。

硫化物的计算公式为：

$$E_{ri} = (G_{SO_2}^1 - 4/3 G_{SO_2}^2)W \tag{6-34}$$

式中　E_{ri}——抽水蓄能电站硫化物的减排量；

　　　$G_{SO_2}^1$——系统中、高压机组的单位供电量的二氧化硫排放量；

　　　$G_{SO_2}^2$——系统中超临界机组的单位供电量的二氧化硫排放量。

如果要统一计算抽水蓄能电站的环保效益，还可以将各污染物按其当量值进行统一计算，计算公式如下：

$$C_e = \sum_{i=1}^{k} \frac{E_{ri}}{N_i} \tag{6-35}$$

式中　C_e——所有减排污染物的总当量值；

　　　E_{ri}——第 i 种污染物的减排量；

　　　N_i——第 i 种污染物的当量值，各相关污染物的当量值见表 6-7。

表 6-7　电厂排放污染物的当量值

污染物	CO_2	NO_x	CO	烟尘
污染当量值/kg	0.95	0.95	16.7	2.18

6.5.3　各国抽水蓄能电站的投资、运营、管理模式

（1）日本

水电在日本总装机容量构成中比重小，不到 10%，为了加强电网的调峰能力，近年来日本兴建了大量抽水蓄能电站。至 1999 年，日本共建成抽水蓄能电站 43 座，装机容量达 $2430.5 \times 10^4 kW$，占水电总装机容量的 53%。已建成的抽水蓄能电站中，容量在 $20 \times 10^4 kW$ 以上的有 34 座，其中 $100 \times 10^4 kW$ 及以上的 11 座。日本全国按地区成立了九个私营电力公司，其抽水蓄能电站的建管方式有两种。一是从电站建设开始到投产上网完全由电力公司统一管理，电力公司既是建设单位也是运行管理单位；二是由九大电力公司和政府合资组建国营的电源开发公司，只负责建设抽水蓄能电站，不负责运行管理，所建电站租赁给当地的电力公司，每年当地电力公司向电源开发公司支付一笔投产前以合同方式签订的租赁费用，以满足电站运行维修、还贷、税收及利润等需要。此外，电网还对抽水蓄能电站实行奖惩考核，如电站未能按电网要求参与调峰、调频则受罚，如电站大修少于规定时间则进行奖励。

（2）美国

美国对抽水蓄能电站的投资相当大，超过 $20 \times 10^4 kW$ 的抽水蓄能电站有 20 多座，并确定了 $1700 \times 10^4 kW$ 的开发计划。美国最大的抽水蓄能电站 Bathcoanty 电站于 1984 年投运，装机容量 $210 \times 10^4 kW$。美国的抽水蓄能电站一般都由电网公司建设和经营。据统计，1999 年为止，电网公司建设和拥有蓄能电站容量为 $1790 \times 10^4 kW$，同期非电网公司的抽水蓄能电站为 $170 \times 10^4 kW$。事实上，美国 1992 年开始电力市场化，抽水蓄能电站才由独立的电力生产商建设，但成效不是很大。Bathcoanty 电站在系统中的作用就是在电网调度下灵活地满足系统峰荷需求和降低系统运行与电站抽水费用。由于美国各州电力体制改革的方式不同，抽水蓄能电站在各州的运营存在差异。美国加州在能量市场外设立了以竞价为基础的辅助服务市场。抽水蓄能电站可以在主能电市场和辅助服务市场间进行策略选择，以获得最大收益。而在辅助服务市场建立以前，抽水蓄能电站主要依照它所替代常规机组的发电费用来计取收入。

容量达 $150 \times 10^4 kW$ 的 Summit 抽水蓄能电站采取的是向电网租赁的模式。在电站建设之前，

SES（Summit Energy Storage Inc）与俄亥俄州电力公司签订备忘录，就电站的租赁容量、输变电服务辅助设施以及调度控制等方面达成协议，最大程度上降低抽水蓄能电站的运营风险，并以此作为贷款保证金。SES 公司要保证租赁期间抽水蓄能电站的设备可用率和机组启动成功率。而电站运行过程中的维修费用以及低谷抽水用电都由承租者提供。因此，容量租赁费实际上只包括建设投资的偿还以及投资者的利润。投资者的利润率定在 15%～20%，抽水蓄能电站的基本投资额和基本租金要按照贷款利率和套期保值利率的变化进行相应调整，基本租金根据电站平均综合效率作出相应变化。承租者除支付容量租金外，还要向抽蓄电站逐月支付燃料费用。

（3）英国

到 2002 年底，英国抽水蓄能电站共有 4 座，总装机容量为 278.7×10⁴ kW。其中 Dinorwig 电站装机 172.8×10⁴ kW，是欧洲最大的抽水蓄能电站之一，也是世界上第一座能在 16s 内满负荷运转的抽蓄电站。随着英国电力体制改革的进行，Dinorwig 电站的管理体制也几经变迁。该电厂系国家投资兴建，1984 年投运，属国家电力局。1991 年英国实行私有化改革后，作价 12 亿英镑卖给私营的国家电网公司。然后又转让给 Edison Mission Energy 公司独立经营，参与英格兰和威尔士电力市场竞争。

在英国实行私有化前，Dinorwig 抽水蓄能电站与电网签订协议，决定每年收费，作为对抽水蓄能电站提供动态效益的补偿。收费标准是直接成本加电网补贴。直接成本是机组的运行维护费用，电网补贴是机组的电量损失补贴。按照此项标准，对 Dinorwig 抽蓄电站的补贴达到其全部收入的近 50%。英国电力实行私有化后，由国家电网向电厂购买全部的辅助服务，包括无功补偿、热备用、频率调整等，再以上浮价格形式向供电局征收辅助服务的费用。在英国，参加电网调峰的电厂除上报电价外，还要增报启动价和空载价，以更好地反映其运营性能和成本。蓄能电厂由于价格低廉、性能优越，在竞争中常能受到电网的青睐。Dinorwig 抽水蓄能电站的全部收益中，调峰电力销售收入、辅助服务收入以及填谷效益各占 1/3 左右，电站年盈利额基本上维持在 1 亿英镑，效益还是很可观的。

（4）法国

在法国，核电占总发电量的比例达到近 80%，而水电只有 12% 左右。法国目前水电的主要方针是改造现有水电站，发展抽水蓄能电站，提高水电的利用率和经济性。目前法国已建成 1×10⁴ kW 以上、机组容量和特点各异的抽水蓄能电站 18 座。建于 1987 年的 Grand Maison 是其最大的抽水蓄能电站。

法国的抽水蓄能电站主要由法国电力公司（EDF）统一建设经营和管理。抽水蓄能电站并没有独立的经营权，完全按照 EDF 的调度要求进行抽水、发电运行，同时 EDF 也统一负责电站的成本、还本付息、利润和税收等开支以及对电站的运行进行考核。抽水蓄能电站除用于调峰、填谷、备用外，有 10% 的容量用于调频和与外国交换电能，调相的时间占总运行时间的 12%～20%。抽水蓄能电站对保障电网总体安全、经济运行所起的作用，与其发电量所产生的电量效益相比更为重要。

（5）中国

随着电力体制改革不断深化，我国已实施厂网分开，重组发电和电网企业。按国家政策规定，电网企业可以拥有抽水蓄能电站或少数应急、调峰电厂，这充分说明国家政府部门已非常重视电网安全稳定运行的重要性。

我国国民经济的快速发展，人民生活水平的提高，全国各主要电网负荷率逐年减小，峰谷差越来越大，使电网的调峰问题逐渐显露出来。到 2001 年全国主要电网的峰谷差率除华北电网 32.5% 和西北电网 29.4% 外均超过 35%。全国各主要电网的调峰能力普遍不足，具有较好调峰能力的燃气机组、抽水蓄能机组和多年调节能力的水电机组比例偏小。目前全国已建的水电站中，季调节以上水电站约占水电总装机的 25.7%，年调节以上约占 12.9%，多年调节以上仅占 3.96%。而建成的抽水蓄能电站也仅占全国总装机容量的 1.7%。

过去为了保证供电的质量和安全，电力公司统一安排发电、调峰、调频、各种备用计划。网厂分开后，发电企业和电网公司成为平等竞争伙伴，各自均有其经济利益，为了争取自己经济效益的最大化，将可能减弱对电网调峰、调频的力度，给电网的稳定、安全运行带来很大困难。从深化电力体制改革看，为保证电网安全、稳定运行，应积极研究和解决系统的调峰问题。抽水蓄能电站具有随时启停、调节灵敏、并网迅速的特点，可以满足电网调峰、调频和大机组跳闸或电网事故状态下的紧急事故备用，特别是发生电网瓦解事故时可以实现"黑启动"功能。另外，抽水蓄能电站具有双倍的调峰能力，是一种很好的调峰电源。抽水蓄能电站一般可在 5min 之内从静止状态带到最大负荷，而煤电机组每分钟平均增负荷 3×10^4 kW，20×10^4 kW 机组从热状态下带满负荷至少要 4h。我国各大电网在早 8 点高峰段、晚 7 点高峰段往往以每小时上百万千瓦的速度上升，每分钟增长负荷约 5×10^4 kW，须有煤机 2 倍容量的机组在 50％负荷下运行，以备高峰爬坡使用。

根据国家发展改革委员会 2004 年 1 月 12 日下发的《关于抽水蓄能电站建设管理有关问题的通知》（以下简称《通知》），对于抽水蓄能电站的建设和管理，做出了如下规定："抽水蓄能电站主要服务于电网，为了充分发挥其作用和效益，抽水蓄能电站原则上由电网经营企业建设和管理，具体规模、投资与建设条件由国务院投资主管部门严格审批，其建设和运行成本纳入电网运行费用统一核定。发电企业投资建设的抽水蓄能电站要服从于电力发展规划，作为独立电厂参与电力市场竞争。"

根据规定，2005 年之前已建成的抽水蓄能电站基本上都是租赁制，其中天荒坪和十三陵电站除外；2005 年之后抽水蓄能电站上网电价纳入当地电网运行费用，即将抽水蓄能电站作为电网运行的工具，就像变电站一样由电网内部消化。例如，在国家发改委《国家发展改革委关于桐柏、泰安抽水蓄能电站电价问题的通知》中规定："核定的抽水蓄能电站租赁费原则上由电网企业消化 50％，发电企业和用户各承担 25％"，"核定浙江桐柏、山东泰安抽水蓄能电站年租赁费分别为 4.84 亿元、4.59 亿元（含税，下同）"，"上海、浙江、山东电网公司采购抽水电量的指导价格分别为每千瓦·时 0.367 元、0.367 元和 0.296 元，由发电企业自愿选择发电"。

目前抽水蓄能电站的投资机制、经营模式和电价政策方面还存在一些不尽合理的地方，主要表现在以下几个方面：

① 抽水蓄能电站缺乏统一规划、统一管理，不利于社会资源的优化配置。抽水蓄能电站投资巨大，百万千瓦级的抽水蓄能电站投资在 40 亿元左右。由于建设抽水蓄能电站对地方经济的拉动和对 GDP 增长的推动，加之现行电价机制的影响，因此各地上马抽水蓄能电站项目的积极性极高。据初步调查，目前全国绝大多数省区都有一定的抽水蓄能电站资源储备，可建抽水蓄能电站站址 247 处，规模约 3.1×10^8 kW，个别省仅选点就达三十几个，这些项目的前期开发投入，少则上百万元，多则上千万元甚至上亿元，造成资源的极大浪费。

② 部分政策不到位、不明晰，影响抽水蓄能电站综合效益的发挥。通过近期对国内数座百万千瓦级的抽水蓄能电站的调研发现，采取"国家核定租赁费模式"的抽水蓄能电站在实际运营过程中还存在一定的问题，这些问题甚至已经影响到抽水蓄能电站综合效益的发挥。这一点从各抽水蓄能电站的年利用小时数上可见一斑。在已经转入商业运营的抽水蓄能电站中，执行"国家核定租赁费模式"的部分抽水蓄能电站年利用小时数较低，大多在100～200h，最低的仅 28h，其主要作用体现在迎峰度夏、特殊时期保电和紧急备用上。在调研过程中发现，执行"国家核定租赁费模式"的抽水蓄能电站其问题主要有：

一是抽水蓄能电站运行费用分摊原则不明。由于抽水蓄能电站的能量转换过程中存在 25％的能量损失，而且抽水蓄能电站启停次数越多，利用小时数越高，发挥的作用越大，产生的损耗自然也就越多。"国家核定租赁费模式"保证了抽水蓄能电站的还本付息和合理收益，但没有明确规定抽水蓄能电站运行费用（主要为运行过程中产生的电能损耗）如何分摊，这个问题目前已经成为影响抽水蓄能电站发挥综合效益的一个重要因素。目前，抽水蓄能电站运行费用有由发电企业承担和由电网企业承担两种方式。发电企业认为除按照国家有关规定承担租赁费外，额外承担运行费用违反国家有关规定，利益受损；由电网企业承担运行费用无形中增加了网损，影响调度使用抽水蓄能电站的积极性，由于目前电力调度机构归属电网公司，从经济利益出发，电力调度机构对抽水蓄能电站自然采用了"能不用就不用"的调用方式。

二是发电侧抽水电量价格较低。由于核定的发电企业抽水电价较低，发电企业认购抽水电量积极性不高。国家在核定文件中均明确了发电企业的抽水电量指导价，如山西 0.260 元/(kW·h)，山东 0.296 元/(kW·h) 等，并强调由发电企业自行决定是否参加投标发电。但近年来电煤价格大幅上涨和煤质的下降大大增加了发电企业的发电成本。在这种情况下，原国家核准的发电企业抽水电价甚至无法弥补发电企业的变动成本，自然导致部分省份发电企业认购抽水电量积极性不高，抽水电量招标认购工作难以开展，个别地区只能由电网企业按照各发电企业年度发电量计划或装机容量等比例分配。

三是抽水电费测算基准不明确。国家有关核定抽水蓄能电站租赁费的文件虽然明确了发电企业抽水电价，但没有明确究竟应该以哪个电价为标准来测算价差，进而计算发电企业应承担的抽水电费。目前，各地执行情况存在较大差异，或以平均上网电价为基准，或以燃煤机组标杆电价为基准，或以中标发电企业的上网电价为基准，这三个价差计算方式存在差异，不同的测算基准得出的应招标抽水电量数额自然差别较大。如 2009 年山东省平均上网电价为 0.419 元/(kW·h)，燃煤机组标杆电价为 0.3974 元/(kW·h)，前者需要发电企业认购抽水电量 9.329×10^8 kW·h，后者则需要认购 11.317×10^8 kW·h。

③ 部分经营模式通过上网电价和抽水电价之间的差价保证抽水蓄能电站运行成本的回收，造成能源浪费。"单一电量电价模式"，"两部制电价模式"下，抽水蓄能电站运行成本的回收是通过上网电价高于抽水电价实现的，考虑到抽水蓄能电站"抽四发三"的能量转换比率，上网电价一般需要比抽水电价高出 33% 以上，此时电站抽水越多，发电越多，收益就越高。因此，这种经营模式下的电价机制就驱使抽水蓄能电站投资运营者争取多抽水、多发电，通过两者差价赚取更多利润，而不是考虑按电网实际需求提供抽水发电服务，导致不必要的能源浪费。

6.6　本章小结

历史上发展最早的抽水蓄能电站于 19 世纪 90 年代出现在瑞士、奥地利和意大利的阿尔卑斯山地区。最早的设计使用单独的泵叶轮机和涡轮发电机。进入 20 世纪 50 年代后，单一的可逆的混合式抽水蓄能电站逐渐占主导地位[58]。之后抽水蓄能电站发展比较缓慢，直到 20 世纪 60 年代，许多国家将核能设想为未来的主要能源，因而许多抽水蓄能电站被规划为用来对核能发电进行调峰。

进入 20 世纪 90 年代，许多国家抽水蓄能电站的发展明显下降。许多原因可能导致这种发展的减慢，在此期间低廉的天然气价格使燃气涡轮机用来调峰比抽水蓄能更具有竞争力。与此同时，环境因素导致几个抽水蓄能项目被取消或审批程序被显著延长。电力行业重组在某些国家可能也促成了这一增长放缓。20 世纪 90 年代，一些国家开始通过分拆发电、输电系统，重组电力部门[59]。由于抽水蓄能电站的净发电量为负值，抽水蓄能电站不能作为发电机组。

虽然抽水蓄能电站为电网提供关键的负载平衡和配套服务，并降低了传输升级的需要，但抽水蓄能设施通常不符合作为电能传输的基础设施。例如，美国联邦能源管理委员会拒绝了把抽水蓄能电站作为以提高传输效率为目的的传输基础设施的请求[30]。抽水蓄能电站的这项规定各国之间有很大不同，例如，在中国，抽水蓄能电站被认为是电能传输基础设施。中国政府收取国家电网公司的费用主要责任是用来发展抽水蓄能电站，并允许抽水蓄能电站收回成本。

在 20 世纪 90 年代之后的 20 年内，只有少量的抽水蓄能电站被建成。这主要是由于现有的最佳位置（最佳经济效益）的自然饱和，而且核电站增长下滑。尽管在许多国家抽水蓄能电站与大型燃煤火力发电站联合应用，但为了满足发电峰值的需求，抽水蓄能系统被认为比备用发电设备和储存化石能源更为昂贵。1999 年到 2009 年期间，欧洲只有 8 座总装机容量为 4GW 的抽水蓄能电站被建成[60]。但是最近随着可再生能源的高速发展，许多新的抽水蓄能电站重新被列入修建计划[60,61]。

抽水蓄能电站的发展伴随着水力发电站的发展。早在 1881 年世界上第一座水力发电站为英国萨里的哥达明提供公共电力系统时[1]，水力发电的成本就变得比燃气发电的成本要低。水力发电设备自身高水平的储能能力被用作自然来水的存储，因此在电网中通过延缓输出来实现大容量储能。随着水力发电的不断普及，19 世纪 90 年代的意大利和瑞士采用一定的泵送机制弥补上水库自然来水的不足。泵送水与自然来水相结合的模式被认为是抽水蓄能电站第一阶段的形式，也就是混合式抽水蓄能电站[60]。可以看出混合式抽水蓄能电站不是一个纯粹的储能技术，但却在常规的水力发电系统上配备抽水能力后增加了储能功能（包括电能的吸收)[62]。到了 20 世纪初，所有的水力发电站都配备了抽水泵送机制以便补充上水库自然来水的不足。

然而，由于天然河流被逐渐有效利用，导致适合建混合式抽水蓄能电站的地点减少，纯抽水蓄能电站开始发展起来。纯抽水蓄能电站只利用水泵将下水库的水抽上来发电，无须考虑河流系统的条件，只要地方足够大即可。在纯抽水蓄能电站中有许多封闭的人造水系统，而不是天然的水道或流域，因此，它们的规模比混合式抽水蓄能电站要小。

混合式抽水蓄能电站的一个重要的优点是有大量的天然来水，通过运行常规水力发电设备，在增加天然来水流入的次数的过程中提高了电站的经济竞争力。目前在欧洲的发展趋势是，在开放的市场条件下，开发商倾向于建造混合式抽水蓄能电站而不是纯抽水蓄能电站[62]。这种趋势的部分原因是缺乏经济上的吸引力，此外，改造或加强现有基础设施可以提高资本的利用率，还可以减少环境负担和规划问题。改造的发电厂受益于技术和设计的改进，通常使用效率更高和功率更大的发电机和泵。混合式抽水设施还有个优点就是它们的储能容量更大[22,63]。一些大型混合式抽水蓄能电站被赋予了多种功能。其中一个原因是，其他功能的季节性或不定期排放要求有时会限制常规功率运行。这些要求包括在偶尔的低流量时段，灌溉、城市供水和计划调峰能力[5]。这些多功能使系统在成本方面更具竞争力。一个应用的例子是美国的大古力项目，该项目被用来平衡水库对哥伦比亚盆地的灌溉功能。通常情况下可逆式机组被用作泵，但它们冬天时当抽水负荷最小和能耗要求高时被用作发电机组。

参 考 文 献

[1] Levine J G. Large energy storage systems handbook. CRC Press 2011：51-75.

[2] Ter-Gazarian A G. Energy storage for power systems. 2nd Edition. Institution of Engineering and Technology：86-92.

[3] Pertchers N. Combined heating，cooling & power handbook：technologies and applications：an integrated approach to energy conservation/resource optimization. LIlburn：The Fairmont Press，Inc. 2002.

[4] Kim H M K，Rutqvist J，Choi BH. Feasibilty analysis of underground compressed air energy storage in lined rock caverns using the tough-flac simulator. Berkeley：Lawrence Berkeley National Laboratory，2012.

[5] Succar S，Williams R H. Compressed air energy storage：theory，resources，and applications for wind power. Princeton University：Princeton Environmental Institute，2008.

[6] Chen H，Zhang X，Liu J，Tan C. Compressed air energy storage. In：Zobaa A，ed. Energy Storage-Technologies and Applications：InTech，2013.

[7] Deane J P，Ó Gallachóir B P，McKeogh E J. Techno-economic review of existing and new pumped hydro energy storage plant. Renewable and Sustainable Energy Reviews，2010，14：1293-1302.

[8] Jovan I，Marija P，Shawn R et al. Technical and economic analysis of various power generation resources coupled with CAES systems. National Energy Technology Laboratory，2011.

[9] Steffen B. Prospects for pumped-hydro storage in Germany. Energy Policy，2012，45：420-429.

[10] Jovan I，Marija P，Shawn R et al. Technical and economic analysis of various power generation resources coupled with CAES systems. National Energy Technology Laboratory，2011.

[11] Safaei H，Keith D W，Hugo R J. Compressed air energy storage （CAES） with compressors distributed at heat loads to enable waste heat utilization. Applied Energy，2013，103：165-179.

[12] Gonzalez A，Gallachoir B，McKeogh E. Study of electricity storage technologies and their potential to address wind energy intermittency in Ireland，2004.

[13] Kim Y M，Shin D G，Favrat D. Operating characteristics of constant-pressure compressed air energy storage （CAES） system combined with pumped hydro storage based on energy and exergy analysis. Energy，2011，36：6220-6233.

[14] Crotogino F，Mohmeyer K-U，Scharf R. Huntorf CAES：more than 20 years of successful operation. Orlando，2001.

［15］　Schulte R. Iowa Stored Energy Park Project Terminated. http：//www. isepa. com/ISEP%20Press%20Release. pdf.

［16］　New electric generating plants in Texas since 1995. http：//www. puc. texas. gov/industry/maps/elecmaps/gen-table. pdf.

［17］　DIT. Review of electrical energy storage technologies and systems and of their potential for the UK，2004.

［18］　EPRI. Energy storage project activities-demonstrations & commercial installations，2012.

［19］　Prmm A，Garvey S. Analysis of flexible fabric structures for large-scale subsea compressed air energy storage. Journal of Physics：Conference Series，2009：181.

［20］　Anagnostopoulos J S，Papantonis D E. Pumping station design for a pumped-storage wind-hydro power plant. Energy Conversion and Management，2007，48：3009-3017.

［21］　Lim S D，Mazzoleni A P，Park J et al. Conceptual design of ocean compressed air energy storage system. Oceans，2012，10：1-8.

［22］　Havel T F. Adsorption-Enhanced Compressed Air Energy Storage. http：//www. ctsi. org/publications/proceedings/pdf/2011/655. pdf.

［23］　De Lima A C，Guimaraes S C，Camacho J R，Bispo D. Electric energy demand analysis using fuzzy decision-making system. Melecon 2004：Proceedings of the 12th Ieee Mediterranean Electrotechnical Conference，2004，1：811-814.

［24］　邱彬如. 世界抽水蓄能电站新发展. 北京：中国电力出版社，2006，1，122-132.

［25］　江伟民. 抽水蓄能电站经济效益计算方法研究. 合肥：合肥工业大学，2007.

［26］　范明天，张祖平，杨少勇. 具有抽水蓄能电厂的多区域日经济调度研究. 电网技术，2000，24（8）：57-61.

［27］　王海忠，于尔铿. 协调方程式用于抽水蓄能电站群优化调度的研究. 电网技术，1996，20（5）：22-25.

［28］　陈雪青，王世缦，相年德. 水火联合电力系统的优化调度. 清华大学学报，1985，25（2）.

［29］　程芳，高龙，陈守伦. 抽水蓄能电站优化调度技术综述. 水利水电科技进展，2004，24（5）：64-66.

［30］　徐得潜，韩志刚，翟国寿. 抽水蓄能电站与火电配合运行优化模型研究. 水力发电学报，1996（4）：11-20.

［31］　Antonio J C，Miehael C C，JeremyAB，An efficient algorithm for optimal reservoir utilization in plobabilistic production costing. IEEE transactions on Power Systems，1990，5（2）：439-447.

［32］　陈雪青，郑彤听，石光. 有抽水蓄能电站的联合电力系统优化调度模型和算法. 中国电机工程学报，1995，15（4）：274-280.

［33］　陈雪青，陈刚，张炜. 电力系统长、中、短期能源优化调度管理系统. 中国电机工程学报，1994，14（6）：41-48.

［34］　童灵华. 抽水蓄能电站效益分析与运行优化. 杭州：浙江大学，2010.

［35］　陈雪青，陈刚，陈开庸. 大型水火电力系统经济调度的分解协调算法. 清华大学学报，1987，27（1）：97.

［36］　Maceira M E P，Pereira M V F，Analytical modeling of chronological reservoir operation in probabilistic production costing. IEEE Transaction On power Systems，1996，11（1）：171-180.

［37］　Toshiya N，Akira T. A study on required reservoir size for pumped hydro storage. IEEE Transactions on Power Systems，1994，9（1）：359-365.

［38］　Guan X H，Peter R. Optimization-based scheduling of hydrothermal Power Systems with pumped-storage units. IEEE Transactions on Power Systems，1994，9（2）：1023-1031.

［39］　Lin H J，Yuan Y H，Chang B S. A linear programming method for the scheduling of pumped-storage units with oscillatory stability constraints. IEEE Transactions on Power Systems，1996，11（4）：1705-1710.

［40］　Wen F S，A K David. Oligopoly electricity market production under incomplete information. IEEE Power Engineering Review，2002，21（4）：58-61.

［41］　Ferrero R W，River J F，Shahidehpour S M. Application of games with incomplete information for pricing electricity in deregulated power pools，IEEE Transactions on Power Systems，1998，13（1）：184-189.

［42］　Aoki K，Fan M，Nishikori A. Optimal VAR planning by approximation method for recursive mixed-integer linear programming. IEEE Transactions on Power Systems，1988，3（4）：1741-1747.

［43］　刘国中. 广州抽水蓄能电站静态效益定量评估与运行优化.《抽水蓄能电站工程建设文集》. 2013.

［44］　Zhao Hongwei，Ren Zhen. Hydro-thermal commitment considering pumped storage station. IEEE Proceedings of International Conference on Power System Technology，1998，1：576-580.

［45］　Steffen B. Prospects for pumped-hydro storage in Germany. Energy Policy，2012，45：420-429.

［46］　Li Ruomei，Chen Yunping. An application of ANN in scheduling pumped storage. IEEE Proceedings of International Conference on Energy Management and Power Delivery，1995，1：85-90.

［47］　Liang Ruey-Hsun. A noise annealing neural networks for hydroelectric generation scheduling with large pumped storage untis. IEEE Transactions on Power Systems，2000，15（3）：1008-1013.

［48］　丁明. 蓄能电站爬坡效益定量评估方法［J］. 电力系统自动化，1993（9）：43-49.

［49］　Pereira M V F. Application of decomposition techniques to the mid-and short-term scheduling of hydrothermal systems，IEEE Transcations on Power Apparatus&Systems，1983，102（11）：3611.

[50] Anderson S A probabilistic production costing methodology for seasonal operations planning of a large hydro and thermal power system，IEEE Trans PWRS，1986，1（4）.

[51]   Habibollah zadeh H，A New Generation Scheduling Program at Ontario Hydro，IEEE Trans PWRS，1990，5（1）：65.

[52] Bainbridge E S，Mcname J M，Robianson D J. Hydro-thermal dispatch with pumped storage. IEEE Transcations on Power Apparatus&Systems，1966，85（5）：472-484.

[53] Allan R N，Li R，Elkateb M M. Model ling of pumped-storage generation in sequential Monte Carlo production simulation. IEEE Proceeding-Generation，Transmission and Distribution，1998，145（5）：611-615.

[54] Malik A S，Cory B J. Efficient algorithm to optimize the energy generation by pumped storage units in probabilistic production costing. IEEE Proceeding-Generation，Transmission and Distribution，1996，143（6）：546-552.

[55] Rajat D. Operating hydroelectric plants and pumped storage units in a competitive environment. The Electricity Journal，2000，13（3）：24-32.

[56] 崔继纯，刘殿海，梁维列，谢枫，陈宏宇. 抽水蓄电站经济环保效益分析. 中国电力，2007，40（1）：5-10.

[57] 刘殿海，杨勇平，杨昆. 计及环境成本的火电机组供电成本研究. 中国电力，2005，38（9）：24-28.

[58] Walawalkar R，Apt J，Mancini R. Economics of electric energy storage for energy arbitrage and regulation in New York. Energy Policy，2007，35：2558-2568.

[59] IETT. Electricity Storage：A briefing provided by the institution of engineering and technology，2012.

[60] Deane JP，Ó Gallachóir BP，McKeogh EJ. Techno-economic review of existing and new pumped hydro energy storage plant. Renewable and Sustainable Energy Reviews，2010，14：1293-1302.

[61] Connolly D，Lund H，Finn P，et al. Practical operation strategies for pumped hydroelectric energy storage（PHES）utilising electricity price arbitrage. Energy Policy，2011，39：4189-4196.

[62] Jill T. Pumped Storage Hydroelectricity//Encyclopedia of Energy Engineering and Technology. 3 Volume Set（Print Version）. CRC Press，2007：1207-1212.

[63] Zach K，Auer H，Korbler G，Lettner G. The role of bulk energy storage in facilitating renewable energy expansion，2012.

第 7 章 压缩空气储能技术

7.1 概述

储能系统通过一定的介质存储能量，在需要时将所存能量释放，以提高能量系统的效率、安全性和经济性。储能系统一般要求储能密度高、充放电效率高、单位储能投资小、存储容量和储能周期不受限制等[1,2]。

20 世纪 90 年代以来，世界上主要发达国家和地区均启动了储能技术相应研究计划，包括美国（1997）、日本（2000）、英国（2004）、欧盟（2004）和澳大利亚（2005）等。我国关于电力储能系统的研究虽然开始较晚，但已经得到了国家和科研部门的重视，如在国家自然科学基金、国家重点基础研究发展计划（973 计划）、国家高技术研究发展计划（863 计划）中均安排经费予以支持。目前已有电力储能技术包括抽水蓄能电站（pumped hydro）、压缩空气储能（compressed air energy storage system，CAES）、蓄电池（secondary battery）、液流电池（flow battery）、超导磁能（superconducting magnetic energy storage system，SMES）、飞轮（flywheel）和电容/超级电容（capacitor/supercapcitor）等。但由于容量、储能周期、能量密度、充放电效率、寿命、运行费用、环保等原因，迄今已在大规模（比如 100MW 以上）商业系统中运行的电力储能系统只有抽水蓄能电站和压缩空气储能系统两种[1~3]。

压缩空气储能系统是一种能够实现大容量和长时间电能存储的电力储能系统[4]，它通过压缩空气储存多余的电能，在需要时，将高压空气释放通过膨胀机做功发电。自从 1949 年 Stal Laval 提出利用地下洞穴实现压缩空气储能以来[5]（图 7-1），国内外学者开展了大量的研究和实践工

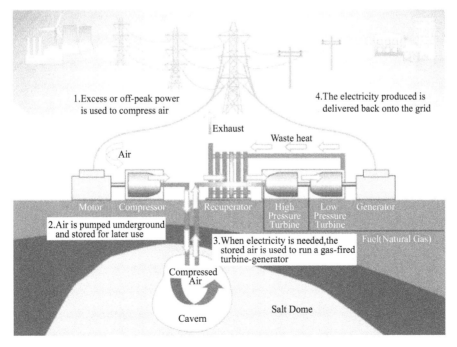

图 7-1 压缩空气储能电站[2]

作，并已有两座大型电站分别在德国和美国投入商业运行。另外，日本、意大利、以色列等国也分别有压缩空气储能电站的在建设与应用[3,6,7]。我国虽然对压缩空气储能系统的研发起步较晚，但随着电力负荷峰谷比快速增加、可再生能源特别是风力发电的迅猛发展，迫切需要研究开发一种除抽水电站之外，能够大规模长时间储能的技术。因此，对压缩空气储能系统的研究已经得到相关科研院所、电力企业和政府部门的高度重视，是目前大规模储能技术的研发热点。

本章将对压缩空气储能技术进行综述，包括压缩空气储能系统的技术原理、性能特点、发展现状、关键技术、发展趋势等，力求为开展压缩空气储能技术研发和应用的读者提供比较全面的参考。

7.2 技术原理与特点

7.2.1 技术原理

压缩空气储能系统是基于燃气轮机技术发展起来的一种能量存储系统。图 7-2 为燃气轮机的工作原理图，空气经压气机压缩后，在燃烧室中利用燃料燃烧加热升温，然后高温高压燃气进入透平膨胀做功。燃气轮机的压气机需消耗约 2/3 的透平输出功，因此燃气轮机的净输出功远小于透平的输出功。压缩空气储能系统（图 7-3）的压缩机和透平不同时工作，在储能时，压缩空气储能系统耗用电能将空气压缩并存于储气室中；在释能时，高压空气从储气室释放，进入燃烧室利用燃料燃烧加热升温后，驱动透平发电。由于储能、释能分时工作，在释能过程中，并没有压缩机消耗透平的输出功，因此，相比于消耗同样燃料的燃气轮机系统，压缩空气储能系统可以多产生 1 倍以上的电力[4,5,8,9]。

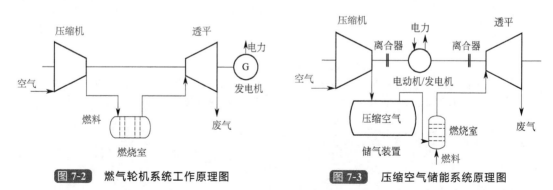

图 7-2　燃气轮机系统工作原理图　　　　图 7-3　压缩空气储能系统原理图

压缩空气储能系统的热力学工作过程（T-S 图）如图 7-4 所示，主要包括压缩过程、存储过程、加热过程、膨胀过程和冷却过程[5,8]。假定压缩空气储能的压缩和膨胀过程均为单级过程，其工作过程如图 7-4(a) 所示：

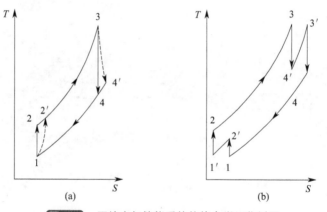

(a) | (b)

图 7-4　压缩空气储能系统的热力学工作过程

① 压缩过程：空气经压缩机压缩至高压，理想状态下空气的压缩过程为绝热过程 1-2；实际状态下由于不可逆损失，空气的压缩过程为 1-2′。

② 储过程：空气的存储过程，理想状态下为等容绝热过程，实际状态下，通常为等容冷却过程。

③ 加热过程：高压空气经储气室释放，同燃料燃烧加热后成为高温高压空气；通常情况下该过程为等压吸热过程 2-3。

④ 膨胀过程：高温高压的空气膨胀，驱动膨胀机发电；理想状态下空气的膨胀过程为绝热过程 3-4；实际状态下由于不可逆损失，空气的膨胀过程为 3-4′。

⑤ 冷却过程：空气膨胀后排入大气，然后下次压缩时经大气吸入；这个过程一般为等压冷却过程 4-1。

压缩空气储能系统和燃气轮机系统的工作过程类似，但也存在区别，主要包括：

① 燃气轮机系统中各过程为连续进行的，即压缩-加热-膨胀-冷却（1-2-3-4）形成一个回路；而压缩空气储能系统的压缩过程（1-2）、加热和膨胀过程（2-3-4）是不连续进行的，中间为存储过程。

② 燃气轮机系统没有存储过程。压缩空气在储气室的存储过程在图 7-4 中没有示出，一般情况下压缩空气在存储过程中温度会有所降低，而容积保持不变，因此是一个定容冷却过程。

实际工作过程中，常采用多级压缩和级间/级后冷却、多级膨胀和级间/级后加热的方式，其工作过程如图 7-4(b) 所示。图 7-4(b) 中，过程 2′-1′和过程 4′-3′分别表示压缩过程的级间冷却过程和膨胀过程级间加热过程。

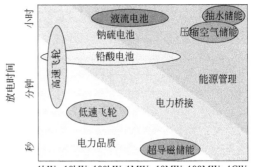

(a) 系统规模和工作时间

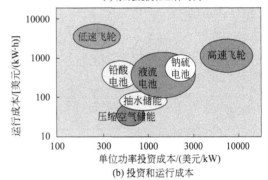

(b) 投资和运行成本

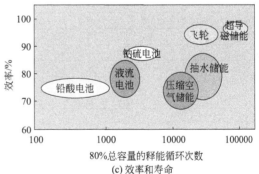

(c) 效率和寿命

图 7-5　压缩空气储能系统与不同类型储能系统技术对比[5]

7.2.2　技术特点

图 7-5 给出了压缩空气储能系统同其他不同类型储能系统的性能的比较[2,4,5,8]，详细数据列于表 7-1 中。

表 7-1　不同类型储能技术参数对比[2]

系统	功率等级与连续发电时间		储能周期		成本/美元		
	功率等级	持续发电时间	能量自耗散率	合适的储能期限	每千瓦	每千瓦时	每千瓦时·单次循环
抽水蓄能	100～5000MW	1～24h 以上	极低	小时～月	600～2000	5～100	0.1～1.4
压缩空气蓄能	5～300MW	1～24h 以上	低	小时～月	400～800	2～50	2～4
铅酸电池	0～20MW	s～h	0.1%～0.3%	分钟～天	300～600	200～400	20～100
镍镉电池	0～40MW	s～h	0.2%～0.6%	分钟～天	500～1500	800～1500	20～100
钠硫电池	50kW～8MW	s～h	约 20%	秒～小时	1000～3000	300～500	8～20

续表

系统	功率等级与连续发电时间		储能周期		成本/美元		
	功率等级	持续发电时间	能量自耗散率	合适的储能期限	每千瓦	每千瓦时	每千瓦时·单次循环
镍氯电池	0～300kW	s～h	约15%	秒～小时	150～300	100～200	5～10
锂电池	0～100kW	min～h	0.1%～0.3%	分钟～天	1200～4000	600～2500	15～100
燃料电池	0～50MW	s～24h以上	接近零	小时～月	10000以上		6000～20000
金属-空气电池	0～10kW	s～24h以上	极低	小时～月	100～250	10～60	—
钒电池	30kW～3MW	s～10h	低	小时～月	600～1500	150～1000	5～80
锌溴电池	50kW～2MW	s～10h	低	小时～月	700～2500	150～1000	5～80
多硫化钠-溴电池	1～15MW	s～10h	低	小时～月	700～2500	150～1000	5～80
太阳燃料	0～10MW	1～24h以上	接近零	小时～月	—	—	—
超导储能	100kW～10MW	ms～8s	10%～15%	分钟～小时	200～300	1000～10000	—
飞轮储能	0～250kW	ms～15min	100%	秒～分钟	250～350	1000～5000	3～25
电容储能	0～50kW	ms～60min	40%	秒～小时	200～400	500～1000	—
超级电容	0～300kW	ms～60min	20%～40%	秒～小时	100～300	300～2000	2～20
含水介质储冷	0～5MW	1～8h	0.5%	分钟～天		20～50	
低温储能	100kW～300MW	1～8h	0.5%～1.0%	分钟～天	200～300	3～30	2～4
高温储热	0～60MW	1～24h以上	0.05%～1.0%	分钟～月		30～60	

系统	能量和功率密度				寿命与循环次数		对环境的影响	
	W·h/kg	W/kg	W·h/L	W/L	寿命/年	循环次数	影响	描述
抽水蓄能	0.5～1.5		0.5～1.5		40～60		负面	水库建设破坏生态系统
压缩空气蓄能	30～60		3～6	0.5～2.0	20～40		负面	天然气燃烧排放污染物
铅酸电池	30～50	75～300	50～80	10～400	5～15	500～1000	负面	有毒
镍镉电池	50～75	150～300	60～150		10～20	2000～2500		
钠硫电池	150～240	150～230	150～250		10～15	2500		
镍氯电池	100～120	150～200	150～180	220～300	10～14	2500以上		
锂电池	75～200	150～315	200～500		5～15	1000～10000以上		
燃料电池	800～10000	500以上	500～3000	500以上	5～15	1000以上	负面	燃料燃烧并产生污染物
金属-空气电池	150～3000		500～10000			100～300	小	产生污染物
钒电池	10～30		16～33		5～10	12000以上	负面	
锌溴电池	30～50		30～60		5～10	2000以上		
多硫化钠-溴电池	—	—	—	—	10～15			
太阳燃料	800～100000		500～10000		—	—	良性	太阳能的使用和储存
超导储能	0.5～5	500～2000	0.2～2.5	1000～4000	20以上	100000以上	负面	强磁场
飞轮储能	10～30	400～1500	20～80	1000～2000	约15	20000以上	几乎没有	
电容储能	0.05～5	约100000	2～10	100000以上	约5	50000以上		产生污染物
超级电容	2.5～1.5	500～5000		100000以上	20以上	100000以上		
含水介质储冷	80～120		80～120		10～20		小	
低温储能	150～250	10～30	120～200		20～40		积极	液化过程去除空气中污染物(储电)
高温储热	80～200		120～500		5～15		小	

可见，同其他储能技术相比，压缩空气储能系统具有容量大、工作时间长、经济性能好、充放电循环多等优点。具体包括：①压缩空气储能系统适合建造大型储能电站（＞100MW），仅次于抽水蓄能电站；压缩空气储能系统可以持续工作数小时乃至数天，工作时间长［图 7-5(a)］。②压缩空气储能系统的建造成本和运行成本均比较低，远低于钠硫电池或液流电池，也低于抽水蓄能电站，具有很好的经济性［图 7-5(b)］。③压缩空气储能系统的寿命很长，可以储/释能上万次，寿命可达 40～50 年；并且其效率最高可以达到 70％左右，接近抽水蓄能电站［图 7-5(c)］。

文献［2］也指出了压缩空气储能系统的缺点。具体包括：①传统的压缩空气储能系统仍然依赖燃烧化石燃料提供热源，一方面面临化石燃料逐渐枯竭和价格上涨的威胁，另一方面其燃烧仍然产生氮化物、硫化物和二氧化碳等污染物，不符合绿色（零排放）、可再生的能源发展要求。②压缩空气储能系统需要特定的地理条件建造大型储气室，如岩石洞穴、盐洞、废弃矿井等，大大限制了压缩空气储能系统的应用范围。

7.2.3 应用领域

压缩空气储能系统是一种技术成熟、可行的储能方式，在电力的生产、运输和消费等领域具有广泛的应用价值[10~12]。具体功能如下。

① 削峰填谷：发电企业可利用压缩空气储能系统存储低谷电能，并在用电高峰时释放使用，以实现削峰填谷。

② 平衡电力负荷：压缩空气储能系统可以在几分钟内从启动达到全负荷工作状态，远低于普通的燃煤/油电站的启动时间，因此更适合作为电力负荷平衡装置。

③ 需求侧电力管理：在实行峰谷差别电价的地区，需求侧用户可以利用压缩空气储能系统储存低谷低价电能，然后在高峰高价时段使用，从而节约电力成本，获得更大的经济效益。

④ 应用于可再生能源：利用压缩空气储能系统可以将间歇的可再生能源拼接起来，以形成稳定的电力供应。

⑤ 备用电源：压缩空气储能系统可以建在电站或者用户附近，作为线路检修、故障或紧急情况下的备用电源。

压缩空气储能系统的主要应用领域如下[5,8]。

① 常规电力系统：大规模压缩空气储能系统的最重要的应用就是电网调峰和调频。用于调峰的压缩空气储能电站可分为两类，在电网中独立运行的压缩空气储能电站和与电站匹配的压缩空气储能电站；压缩空气储能电站也可以像其他燃气轮机电站、抽水蓄能电站和火电站一样起到调频作用，由于其用的是低谷电能，可作为电网第一调频电厂运行，当其与其他储能技术如超级电容、飞轮储能结合时，调频的响应速度更快。

② 可再生能源系统：通过压缩空气储能系统可以将间断的和不稳定的可再生能源存储起来，在用电高峰释放，起到促进可再生能源大规模利用和提供高峰电量的作用。具体形式包括与风电结合的压缩空气储能系统，与太阳能结合的压缩空气储能系统，以及与生物质结合的压缩空气储能系统等。

③ 分布式能源系统：压缩空气储能系统可以用作负荷平衡装置和备用电源，从而解决分布式能源系统负荷波动大、系统故障率高的问题，而且由于压缩空气储能系统很容易同制冷/制热/冷热电联供系统相结合，在分布式能源系统中将有很好的应用。

④ 移动式能源系统：微小型和移动式压缩空气储能系统在汽车动力、UPS 电源等移动式能源系统中有很好的应用前景。

7.3 发展现状

7.3.1 应用现状

如前所述，目前已有两座大规模压缩空气储能电站投入了商业运行。第一座是 1978 年投入商业运行的德国 Huntorf 电站，目前仍在运行中，如图 7-6 所示。机组的压缩机功率 60MW，释能输出功率为 290MW，于 2006 年扩容为 321MW，系统将压缩空气存储在地下 600m 的废弃矿洞中，矿洞总容积达 $3.1 \times 10^5 \mathrm{m}^3$，压缩空气的压力最高可达 10MPa。机组可连续充气 8h，连续发电 2h。冷态启动至满负荷约需 6min，系统的设计能耗为 5800kJ/(kW·h)，其排放量仅是同容量燃气轮机机组的 1/3，但燃烧废气直接排入大气。该电站在 1979 年至 1991 年期间共启动并网 5000 多次，平均启动可靠性 97.6%，平均可用率 86.3%，容量系数平均为 33.0%~46.9%[4,6,13,14]。

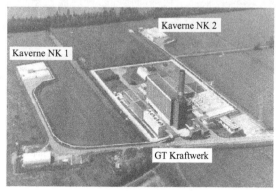

(a) 德国Huntorf电站鸟瞰图

(b) 德国Huntorf电站外部照片

(c) 德国Huntorf电站内部结构图

(d) 德国Huntorf电站内部照片

图 7-6 德国 Huntorf 电站[8]

第二座是于 1991 年投入商业运行的美国 Alabama 州的 McIntosh 压缩空气储能电站，如图 7-7 所示。其地下储气洞穴在地下 450m，总容积为 $5.6 \times 10^5 \mathrm{m}^3$，压缩空气储气压力为 7.5MPa。该储能电站压缩机组功率为 50MW，发电功率为 110MW，可以实现连续 41h 空气压缩和 26h 发电，机组从启动到满负荷约需 9min。该机组增加了回热器用以吸收余热，以提高系统效率。该电站由 Alabama 州电力公司的能源控制中心进行远距离自动控制。1992 年储能耗电 46745MW·h，净发电量 39255MW·h，平均负荷因数 4.1，以高位发热量计的发电热耗为 5565kJ/(kW·h)[3,15,16]。

7.3.2　研发现状

除上述两座已商业运行的压缩空气储能电站外，国际上正在建设或研发的压缩空气储能电站包括：

① 美国 Ohio 州 Norton 2001 年计划建一座 2700MW 的大型压缩空气储能商业电站，如图 7-8 所示。该电站由 9 台 300MW 机组组成。压缩空气存储于地下 670m 的地下岩盐层洞穴内，储气洞穴容积为 $9.57 \times 10^6 \mathrm{m}^3$，其设计发电热耗为 4558kJ/(kW·h)，压缩空气耗电 0.7kW·h/(kW·h)。但是，由于设备供应商的变更以及电价问题，该电站尚未建成，项目的参与单位仍在积极地推动

该压缩空气储能电站的建设[15,17]。

(a) 美国McIntosh电站鸟瞰图

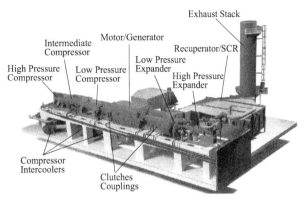

(b) 美国McIntosh电站内部结构图

(c) 美国McIntosh电站内部结构图

图 7-7　美国 McIntosh 电站[8]

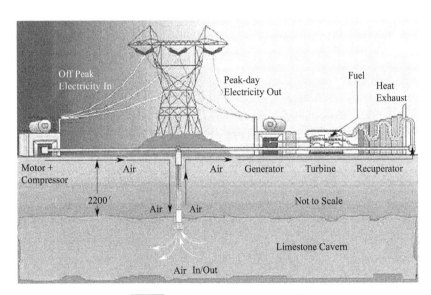

图 7-8　美国 Norton 电站示意图[8]

　　② 美国 Texas 州规划了多座压缩空气储能电站，在 Texas 州有丰富的风电资源，但是其输电线路能力不足，无法安全输送高比例的风电，另外，Texas 州有大量的圆形盐矿，适宜开发为储气洞穴。Ridge 储能与电网服务公司计划在 Matagord 建设 540MW（4×135MW）的压缩空气

储能电站，膨胀机的设计工作压力为 4.8MPa，该电站设计可以实现 7min 内紧急启动；Ridge 公司还计划在 Texas 州的 Panhandle 与 Surrounding 地区建设压缩空气储能电站[4,15]。

③ 美国 Iowa 州规划建设的压缩空气储能电站，如图 7-9 所示。它是是世界上最大风电厂的组成部分，风电厂的总发电能力将达到 3000MW。该压缩空气储能系统将针对 75～150MW 的风电场进行设计，系统将能够在 2～300MW 范围内工作，从而使风电厂在无风状态下仍能正常工作。项目执行过程中的地质勘探显示，其储气洞穴不能满足储气压力的需求，该项目被终止[4,18~20]。

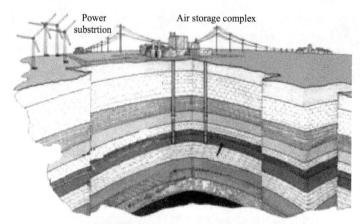

图 7-9 美国 Iowa 电站示意图[8]

④ 日本于 2001 年投入运行的上砂川盯压缩空气储能示范项目，位于北海道空知郡，输出功率为 2MW，是日本开发 400MW 机组的工业试验用中间机组。它利用废弃的煤矿坑（约在地下 450m 处）作为储气洞穴，最大压力为 8MPa[3,7,21]。

⑤ 瑞士 ABB 公司（现已并入阿尔斯通公司）开发了联合循环压缩空气储能发电系统，该项目发电机用同轴的燃气轮机和汽轮机驱动。储能系统发电功率为 422MW，空气压力为 3.3MPa，系统充气时间为 8h，储气洞穴为硬岩地质，采用水封方式。该系统的燃烧室和燃气透平都分别由高压和低压两部分构成，采用同轴的高、中、低压 3 个透平，机组效率可达 70.1%[3,4]。

目前除德国、美国、日本、瑞士外，俄罗斯、法国、意大利、卢森堡、南非、以色列和韩国等也在积极开展压缩空气储能技术研发。

我国对压缩空气储能系统的研究开发开始比较晚，但随着电力储能需求的快速增加，相关研究逐渐被一些大学和科研机构所重视[2,5,8]，目前的相关研究工作大多集中在理论层面。中国科学院工程热物理研究所在 20 世纪 90 年代初对压缩空气储能电站进行了热力性能和经济性能综合评价分析。华北电力大学近期进行了传统压缩空气储能系统的热力性能计算与优化及其经济性分析的研究。华中科技大学、中国科学院武汉岩土力学研究所和中国科学院工程热物理研究所结合湖北云英盐矿的地质条件和开采现状，对湖北省建设压缩空气储能电站进行了技术和经济可行性分析。西安交通大学进行了热、电、冷联供的新型压缩空气储能的相关研究。

中国科学院工程热物理研究所在国家自然科学基金、国家高技术研究发展计划（863 计划）项目、国家重点基础研究发展计划（973 计划）项目等的支持下，开展一系列先进压缩空气储能系统的实验验证和示范工作，建立了很好的研究基础。从 2006 年开始，为解决常规压缩空气储能系统对化石燃料的依赖问题，中科院工程热物理所开展带蓄热的压缩空气储能系统的研究工作，并搭建了 5kW 级的小型实验装置。从 2007 年起，为解决常规压缩空气储能系统对化石燃料和大型储气室的依赖问题，中科院工程热物理所与英国高瞻公司等单位研究了液化空气储能系统。由于液态空气的密度远大于气态空气的密度，因此该系统不需要大型储气室。经过 2.5kW、12.5kW 系统实验后，目前 350kW/2.5MW·h 级液态空气储能系统已在英国示范运行。2009 年，中科院工程热物理所在国际上首次提出并自主研发了超临界压缩空气储能系统，该技术利用超临界状态下空气的特殊性质，综合了压缩空气储能系统和液化空气储能系统的优点，具有储能规模大、效率高、投资成本低、能量密度高、不需要大的储存装置、储能周期不受限制、适用各种类型电站、运行安全和环境友好等优点，具有广阔的发展前景。目前，1.5MW 示范系统已于 2012 年成功运行，10MW 示范系统正在建设中。

7.3.3　技术分类

近年来，关于压缩空气储能系统的研究和开发一直非常活跃，先后出现了多种形式的压缩空气储能系统。根据分类标准的不同，可以做如下 3 种分类[5,8]：

① 根据压缩空气储能系统的热源不同，可以分为：燃烧燃料的压缩空气储能系统；带储热的压缩空气储能系统；无热源的压缩空气储能系统。

② 根据压缩空气储能系统的规模不同，可以分为：大型压缩空气储能系统，单台机组规模为 100MW 级；小型压缩空气储能系统，单台机组规模为 10MW 级；微型压缩空气储能系统，单台机组规模为 10kW 级。

③ 根据压缩空气储能系统是否同其他热力循环系统耦合，可以分为：传统压缩空气储能系统；压缩空气储能-燃气轮机耦合系统；压缩空气储能-燃气蒸汽联合循环耦合系统；压缩空气储能-内燃机耦合系统；压缩空气储能-制冷循环耦合系统；压缩空气储能-可再生能源耦合系统。

7.3.3.1　按热源分类

（1）燃烧燃料的压缩空气储能系统

燃烧燃料的传统压缩空气储能电站的基本工作原理如图 7-3 所示，图 7-10 给出了该系统的详细结构。相对于图 7-3 中的系统，图 7-10 中的压缩过程包括级间以及级后冷却；膨胀过程包括中间再热结构，这样可以提高系统的效率。Huntorf 电站采用的系统结构同图 7-10 相同，其实际运行效率约为 42%[13]。

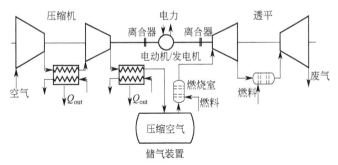

图 7-10　燃烧燃料的传统压缩空气储能系统[5]

图 7-11 表示的是带有余热回收装置的压缩空气储能系统，它通过回收透平排气中的废热预热压缩空气，从而可以提高系统的热效率。美国 McIntosh 电站采用了图 7-11 所示的系统结构，

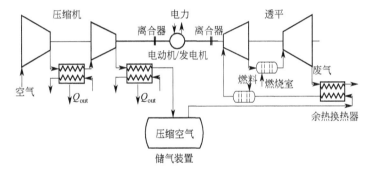

图 7-11　带回热的传统压缩空气储能系统[5]

其效率约为 54％。由于具有回热结构，McIntosh 电站的单位发电燃料消耗相对于 Huntorf 电站节省了约 25％[4]。

（2）带储热的压缩空气储能系统

通常所说的带储热的压缩空气储能系统又被称为先进绝热压缩空气储能系统（advanced adiabatic compressed air energy storage system，AACAES）[22]。压缩空气储能系统中空气的压缩过程接近绝热过程，产生大量的压缩热。比如，在理想状态下，压缩空气为 10MPa 时，能够产生 650℃的高温[22]。带储热的压缩空气储能系统将空气压缩过程中的压缩热存储在储热装置中，并在释能过程中，利用存储的压缩热加热压缩空气，然后驱动透平做功，如图 7-12 所示。相比于图 7-10 所示的燃烧燃料的传统压缩空气储能系统，由于回收了空气压缩过程的压缩热，系统的储能效率可以得到较大提高，理论上可达到 70％以上；同时，由于用压缩热代替燃料燃烧，系统去除了燃烧室，实现了零排放的要求。该系统的主要缺点是，由于添加了储热装置，相比传统的压缩空气储能电站，该系统初期投资成本将增加 20％～30％[1,22,23]。

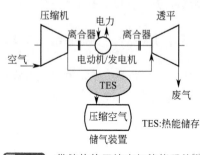

图 7-12 带储热的压缩空气储能系统[5]

另一种重要的带储热的压缩空气储能系统是通过存储外来热源代替燃料燃烧加热。这种压缩空气储能系统最重要的应用领域为太阳能热发电系统，如图 7-13 所示[24]。目前通过太阳集热器可以获得 550℃以上的高温，但由于太阳能的间歇性和不稳定性，储热装置在太阳能热发电系统中具有先天的需求。通过带储热的压缩空气储能系统，太阳能热能存储在储热装置中，在需要时加热压缩空气，然后驱动透平发电[25]，从而可以解决太阳能的间歇性和不稳定性问题[26~28]。除太阳能热能外，电力、化工、水泥等行业的余热废热均可作为压缩空气储能系统的外来热源，带储热的压缩空气储能系统具有广泛的应用前景。图 7-13 所示系统还耦合了风力发电，这里不详细论述，关于风力发电系统与压缩空气储能系统的耦合问题将在下节详细讨论。

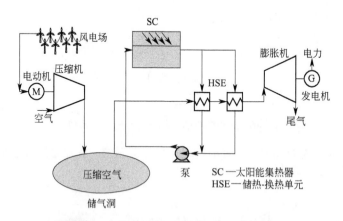

图 7-13 存储外来热源的压缩空气储能系统[5]

（3）无热源的压缩空气储能系统

无热源的压缩空气储能系统既不采用燃烧燃料加热，也不采用其他外来热源，其结构如图 7-14 所示。这种无热源的压缩空气储能系统的优点是结构简单，但系统能量密度和效率较低。因此，它仅应用在微小型系统中，用作备用电源、空气马达动力和车用动力等。图 7-14 为某微型压缩空气备用电源示意[29]，该系统的储存压力为 30MPa，储气装置由 55 个 80L 的标准压缩空气储气罐组成。该系统的功率为 2kW，工作寿命约为 20 年，每年只需要 4 次检查补气，除此之外，几乎没有任何维护成本。

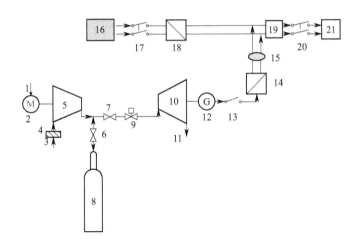

图 7-14　用作备用电源的压缩空气储能系统示意图[5]

1—电力；2—电动机；3—空气；4—过滤器；5—压缩机；6,7—控制阀门；8—储气罐；9—降压阀；
10—膨胀机；11—尾气；12—发电机；13—电源开关；14—整流器；15—安全/控制单元；16—电网；
17—电源开关；18—整流器；19—电流转换器；20—电源开关；21—用电设备

7.3.3.2　按规模分类

（1）大型压缩空气储能系统

传统的压缩空气储能系统均为大型系统，其单台机组规模为 100MW 级，储气装置一般为废弃矿洞或岩洞等，储气洞穴的体积一般为 $10^5 m^3$ 以上。大型压缩空气储能系统一般用作削峰填谷和平衡电力负荷，也可以用于稳定可再生能源发电输出。现有的 2 座商业运行的压缩空气储能电站均是大型系统，如图 7-6 和图 7-7 所示。

（2）小型压缩空气储能系统

小型压缩空气储能系统的规模一般在 10MW 级，它利用地上高压容器储存压缩空气，从而突破大型传统压缩空气电站对储气洞穴的依赖，具有更大的灵活性。相比于大型电站，它更适合于城区的供能系统——分布式供能、小型电网等，用于电力需求侧管理、无间断电源等；同时它也可以建于风电场等可再生能源系统附近，调节稳定可再生能源电力的供应等[30~34]。图 7-15 为文献 [30] 设计的功率为 10MW 级的小型压缩空气储能系统。该系统的压缩机功率为 15～16MW，储存压力为 7.9～8.3MPa，约 232℃ 的燃气进入高压膨胀机，减压至约 1.17MPa，通过再热换热器，最后通入透平发电。系统充气时间为 5h，可以连续供电 9h，其单位功率耗能为 4300～4400kJ/(kW·h)。为提高系统的效率，图 7-15 中的压缩机具有级间冷却结构，并将储气装置和水塔结合，通过水泵调节储气罐中的水位，可使储气罐内压力保持基本恒定。

（3）微型压缩空气储能系统

微型压缩空气储能系统的规模一般在几到几十千瓦级，它也是利用地上高压容器储存压缩空气，主要用于特殊领域（比如控制、通信、军事领域）的备用电源、偏远孤立地区的微小型电网以及压缩空气汽车动力等。图 7-14 表示的为一微型压缩空气储能系统[29]，该系统功率为 2kW，压缩空气存储压力为 30MPa，主要用于备用电源。图 7-16 为一种车用压缩空气动力系统[35]，该系统车载储气罐 300L，存储压力为 30MPa，可以驱动一辆质量为 1000kg 的汽车，以 50km/h 的速度，行驶 96km，可基本满足城市日常市内交通的需要。

7.3.3.3　按同其他热力循环系统耦合的方式分类

（1）传统压缩空气储能系统

如图 7-10 和图 7-11 所示，传统的压缩空气储能系统不和其他热力循环系统耦合，不再赘述。为了提高系统工作方式的灵活性、改善系统的效率和适应特殊用途等，先后出现了多种压缩空气储能和其他热力循环系统耦合的系统。

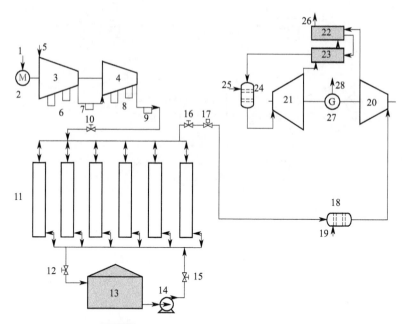

图 7-15 小型压缩空气储能系统示意图[5]

1—电能；2—电动机；3—低压压缩机；4—高压压缩机；5—空气；6~9—冷却器；10,12,15,16—阀门；
11—储气罐；13—水塔；14—水泵；17—降压阀；18,24—燃烧室；19,25—燃料；20—高压膨胀机；
21—低压膨胀机；22,23—换热器；26—废气；27—发电机；28—电能

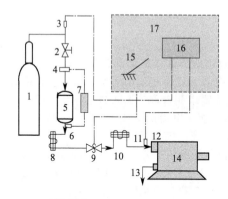

图 7-16 压缩空气动力汽车

气动回路示意图[5]

1—储气罐；2—主控制阀；3,6,11—压力
传感器；4—高速气动开关；5—减压气罐；
7—控制器；8,10—热交换器；9—降压阀；
12—配气机构；13—排气管；14—气动发动机；
15—离合器；16—仪表盘；17—驾驶室

（2）压缩空气储能-燃气轮机耦合系统

文献[36~39]提出了一种压缩空气储能-燃气轮机混合动力系统，如图 7-17 所示。在用电低谷，盈余的电力用来压缩空气并储存在地下洞穴或者地上高压容器里；在用电高峰，压缩空气与燃气轮机联合做功。如果存储的空气压力较低（1~2MPa），压缩空气可以直接喷入或者同燃气轮机压缩空气混合喷入到燃烧室，以增加燃气轮机出功 [图 7-17(a)]；如果存储的空气压力较高（5~10MPa），压缩空气先与燃气轮机废气换热，然后进入高压透平膨胀做功，高压透平出口空气再同燃气轮机压缩空气一起进入燃烧室，同燃料燃烧后驱动燃气轮机透平做功 [图 7-17(b)]。

可见，该混合动力系统的工作模式非常灵活，包括：

① 燃气轮机工作模式：燃气轮机独立工作，压缩空气储能系统处于关闭状态。

② 压缩空气储能模式：压缩空气储能系统独立工作，压缩机消耗盈余的电力压缩并储存空气。

③ 压缩空气释能模式：在需要时存储的空气吸收燃气轮机余热后进入燃烧室，同燃料燃烧后驱动燃气轮机透平发电。

④ 压缩空气储能-燃气轮机耦合模式：用电高峰时，压缩空气储能系统和燃气轮机同时工作，压缩空气储能系统吸收燃气轮机的余热，系统的输出功率和效率均可大幅提高。

文献[36]分析了以 GE7FA 燃气轮机为基础的压缩空气储能-燃气轮机混合动力系统，压缩空气储能系统作为辅助供气参与燃气轮机的燃烧，其输出功率约增加 26.7%，热消耗率 [kJ/(kW·h)] 分别下降约 59% 和 36.5%。对于图 7-17(b) 的系统，燃气轮机的设计功率为 100MW

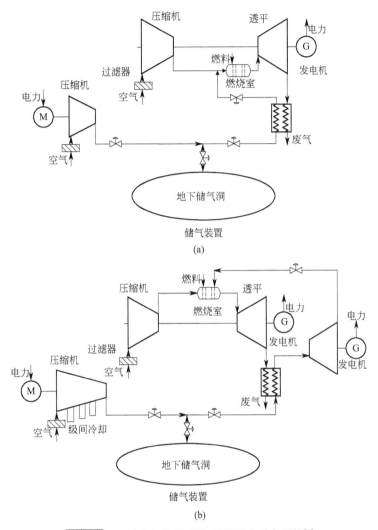

图 7-17 压缩空气储能-燃气轮机混合动力系统[5]

级，压缩空气储能系统依靠吸收燃气轮机的废热，可以恢复 70% 以上的储存能量，如果耗电峰谷电价之比大于 2.0，该系统将具有可观的经济效益；并且该混合系统的总的能量输出可以达到单独燃气轮机功率的 3 倍，燃料消耗率 [kJ/(kW·h)] 下降约 50%[37,38,40]。

（3）压缩空气储能-燃气蒸汽联合循环耦合系统

图 7-18 表示压缩空气储能-燃气蒸汽联合循环耦合系统[3,41]，工作模式包括：

① 压缩空气储能-蒸汽循环耦合模式：系统通过压缩空气储能系统储能，同时耦合蒸汽循环吸收压缩空气过程的压缩热，如图 7-18(b) 所示。

② 压缩空气释能-蒸汽循环耦合模式：系统通过压缩空气储能系统释能，同时耦合蒸汽循环回收压缩空气储能系统透平排气余热，如图 7-18(c) 所示。

③ 燃气-蒸汽联合循环模式：燃气蒸汽联合循环系统单独运行，如图 7-18 (d) 所示。

④ 压缩空气释能-燃气蒸汽联合循环模式 [图 7-18(a)]：压缩空气释能同燃气蒸汽联合循环共同运行，用于产生高峰电能。

可见，该系统耦合了压缩空气储能、蒸汽轮机和燃气轮机三种热力循环，相比于压缩空气储能-燃气轮机混合动力系统，具有如下优点：

① 其工作方式更为灵活，更易于调节功率输出，优化运行工况；

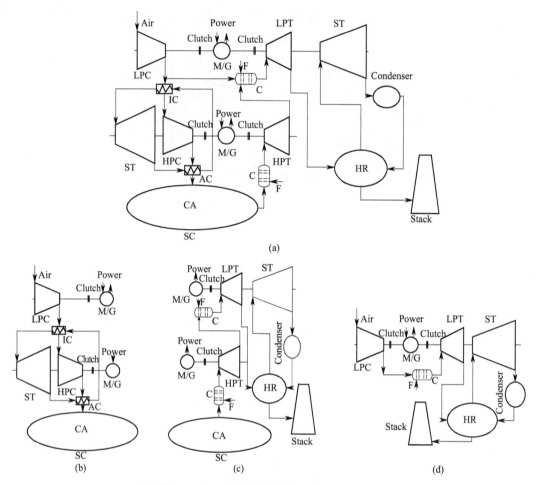

图 7-18 压缩空气储能-燃气蒸汽联合循环耦合系统[5]

LPC—低压压缩机；IC—级间换热器；AC—级后换热器；HPC—高压压缩机；CA—压缩空气；SC—储气洞；
M/G—电动机/发电机；C—燃烧室；F—燃料；LPT—低压膨胀机；HPT—高压膨胀机；Clutch—离合器；
Power—电力；ST—蒸汽透平；Condenser—冷凝器；HR—余热锅炉；Stack—排气管

② 由于耦合了蒸汽轮机循环，系统实现了对低品位余热的回收利用，因而系统效率将得到提高；

③ 由于耦合了压缩空气储能系统，燃气-蒸汽联合循环系统的运行将更为稳定。

文献 [3] 的研究表明，耦合了压缩空气储能系统的燃气蒸汽联合循环系统，能够降低用电中高负荷燃气轮机能耗，功率成本下降约 9 美元/kW；同时混合系统的容量因子也得到提高。文献 [42] 的研究表明，耦合了压缩空气储能系统的整体煤气化联合循环系统（IGCC），通过"削峰填谷"可以使整个系统稳定在 80% 以上的负荷下工作，从而大幅提高 IGCC 电站的工作稳定性。

（4）压缩空气储能-内燃机耦合系统

由于单独的压缩空气储能汽车动力的能量密度较低（图 7-16），其续航里程有限。因此，有关学者提出了压缩空气储能-内燃机耦合的汽车混合动力，如图 7-19 所示。该系统中压缩空气吸收内燃机余热后通过气动发动机产生动力，气动发动机与原有汽车发动机联合工作，提供汽车混合动力[43~46]。

文献 [46] 分析了功率为 11.8kW 的压缩空气储能-内燃机耦合系统，该系统的压缩空气的排气量为发动机流量的 2 倍，排气压力为 0.15 个大气压。研究表明，在额定工况下，气动发动机可以从内燃机排气和冷却水中吸收 26% 和 20% 的能量，从而降低内燃机的燃料消耗率[46]。

文献[44]也分析了一种基于传统汽车发动机和压缩空气储能系统的混合动力系统，该混合动力系统的内燃机驱动压缩机获得压缩空气，然后压缩空气与发动机尾气混合后，通过气动发动机输出轴功，安装该动力系统的汽车的热效率可以从 15% 提高至 33%。

文献[47]研究了压缩空气储能和柴油机耦合的混合动力系统，该系统的工作原理同图 7-19 类似，但主要用于分布式供能和小型/区域电网。该系统采用两台分别为 60kW 和 40kW 的柴油机，混合系统的油耗相比于单独柴油机供电可减少 27%。

（5）压缩空气储能-制冷循环耦合系统

高压空气在膨胀过程中气体温度会大幅降低，因此可以作为制冷剂向用户供冷[48,49]。文献[48]设计了一种压缩空气储能-制冷循环耦合系统，如图 7-20 所示。该系统用低谷电能压缩并存储空气；当需要制冷时，压缩空气进入空气透平膨胀，一方面透平输出功可以驱动另外一个蒸发制冷循环，另一方面，透平膨胀后出口空气温度降低，可直接为用户提供冷气。以该系统为一个 200m² 的房间供冷为例，系统每天

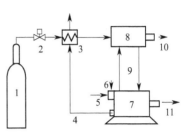

图 7-19 压缩空气-内燃机混合动力系统[5]

1—储气罐；2—降压阀；3—尾气换热器；4—尾气；5—空气；6—燃油；7—内燃机；8—气动发动机；9—冷却水；10,11—轴功

持续工作 10h，可提供 720MJ 的冷量，系统的性能参数（COP＝制冷量/储能量）约为 2.0，其运行成本低于同类型的蒸发压缩制冷循环和冰蓄冷系统[67,68]。

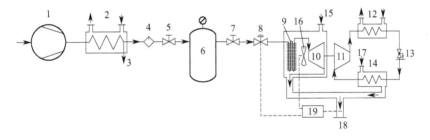

图 7-20 压缩空气制冷系统示意图[5]

1—空气压缩机；2—换热器；3—排水器；4—干燥器；5,7—控制阀门；6—储气罐；8—降压阀；9—换热器；10—膨胀机；11—压缩机；12—冷凝器；13—膨胀阀；14—蒸发器；15,17—进气口；16—风扇；18—排气口；19—控制单元

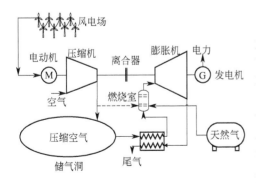

图 7-21 压缩空气储能-风能耦合系统[5]

（6）压缩空气储能-可再生能源耦合系统

风能、太阳能等可再生能源具有间歇性和不稳定性问题，压缩空气储能系统可以将间歇式可再生能源"拼接"起来，并稳定地输出，为可再生能源大规模利用提供有效的解决方案[50~55]。图 7-21 表示了压缩空气储能-风能耦合系统的示意图[56]。在用电低谷，风电厂的多余电力驱动压缩机，压缩并储存压缩空气；在用电高峰，压缩空气通过燃烧室加热升温后进入燃气透平发电，用以填补风电对电网/用户的供电不足。采用压缩空气储能-风能耦合的系统可将风电在电网中供电的比例提高至 80%，远高于传统的 40% 的上限[56]。压缩空气储能系统与风力发电系统有两种耦合方式[57]：

① 在电力销售侧建造压缩空气储能系统，这样可以根据电能的消耗需求来调节储/释能，存储低谷低价电，而在高峰高价时段出售，从而产生优越的经济效益。但是，如果风电厂和储能系

统分别管理，风电厂将不能分享储能得到的收益。

② 在风电厂侧建造压缩空气储能系统，根据风电厂的发电功率调节储/释能，并根据风电厂的容量因子调整输电线路的载荷，而不必根据最大发电功率配置输电线路，从而大幅提高输电线路的有效载荷。但是它根据发电功率调节储/释能，而不是根据市场的电力需求调节，因此将比第一种方式的经济性差。

将风电系统与图 7-17(a) 所示的压缩空气储能-燃气轮机系统耦合，形成一种双模式压缩空气储能-风能耦合电力系统，如图 7-22 所示[55]。在储能模式下，风电驱动压缩机产生高压空气，并存入储气洞穴；释能时，压缩空气进入燃烧室加热升温后，驱动透平做功；也可以直接切换至燃气轮机模式，风电驱动电动机-压缩机产生压缩空气，取代传统的燃气轮机中通过燃气透平带动压缩机部件压缩空气，这部分压缩空气进入燃烧室与天然气燃烧后做功。文献 [55] 分析了一个 25MW 的风电厂，如果该双模式系统的储气洞穴选用已有的地下岩洞（存储压力 5MPa），忽略其成本，其在 5MW 功率下每天工作 3 个小时提供高峰耗电量，那么它的成本约为 200 欧元/(MW·h)，低于当地的高峰电价成本 [约 250 欧元/(MW·h)]。

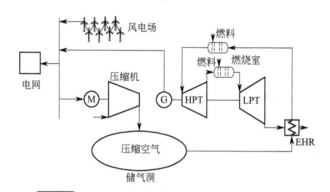

图 7-22　双模式压缩空气储能-风能耦合电力系统[5]

M—电动机；G—发电机；HPT—高压透平；LPT—低压透平；EHR—尾气换热器

压缩空气储能系统还可以方便地同太阳能和生物质能耦合。比如，图 7-13 表示的压缩空气储能-太阳能热发电耦合系统[24]既可以节省压缩空气储能系统的燃料成本，又可以提高太阳能热发电系统的稳定性。压缩空气储能系统也可以方便地同太阳能光伏发电站耦合，以缓解光伏发电的间断性特点，稳定光伏发电的并网电量[58]。如果采用生物质代替天然气作为压缩空气储能的燃料，将可以降低系统温室气体的排放，并降低系统对天然气供应的依赖[59]。生物质一般首先气化为合成气，然后应用到压缩空气系统中。如果计及政府对生物质发展的补贴，以及相对较低的温室气体排放节省的费用，那么将可以充分弥补因采用生物质燃料增加的费用，成为很有吸引力的技术[59]。

7.4　关键技术

压缩空气储能系统一般包括 6 个主要部件：①压缩机，一般为多级压缩机带中间冷却装置；②膨胀机，一般为多级透平膨胀机带级间再热设备；③燃烧室及换热器，用于燃料燃烧和回收余热等；④储气装置，地下或者地上洞穴或压力容器；⑤电动机/发电机，通过离合器分别和压缩机以及膨胀机连接；⑥控制系统和辅助设备，包括控制系统、燃料罐、机械传动系统、管路和配件等。相应地，其关键技术也包括如下 5 个方面，即压缩机、膨胀机、储气装置、燃烧室、储热装置，而电动机/发电机、控制系统和辅助设备同燃气轮机系统和其他发电系统没有本质区别，这里不再赘述。

7.4.1　压缩机

压缩机是压缩空气储能系统最核心部件之一[4]，其性能对整个系统的性能具有决定性影响。尽管压缩空气储能系统与燃气轮机类似，但是燃气轮机的压缩机压比一般小于 20[60]，而压缩空气储能系统的压缩机压比需达到 40～80，甚至更高[4]。因此，大型压缩空气储能电站的压缩机一般采用轴流与离心压缩机组成多级压缩、级间和级后冷却的结构形式（图 7-23）。比如，Huntorf 电站采用的就是这种结构形式的压缩机，其压缩机其成本约为 170 美元/kW[61]。而对于带储热压缩空气储能系统，由于通常其压比高于传统的大型压缩空气储能电站，且需要添加储热单元，因此其成本要高于 170 美元/kW。小型压缩空气储能系统由于要求空间灵活性较高，为减少储气装置的体积，一般空气的存储压力更高；同时，由于系统的流量较小，采用单级或者多级往复式压缩机（kW～MW）比较合适。往复式压缩机可以提供高达 10～30MPa 以上的压力。

图 7-23　压缩空气储能系统大型离心式压缩机[62]

7.4.2　膨胀机

图 7-24 所示为大型燃气和空气透平。与压缩机类似，压缩空气储能系统中膨胀机的膨胀比也远高于常规燃气轮机透平，因而一般采用多级膨胀加中间再热的结构形式。比如，Huntorf 电站的膨胀机由两级构成，第一级从 4.6MPa 膨胀至 1.1MPa，然后通过第二级完全膨胀。由于压力太高，第一级透平不能直接应用普通燃气轮机透平，Huntorf 电站采用改造过的蒸汽透平作为第一级透平使用。对于大型电站，透平膨胀机的投资成本约为 185 美元/kW[61,63]。小型的压缩空气储能系统可以采用微型燃气轮机透平部件、往复式膨胀机或者螺杆式空气发动机。比如文献 [30] 采用了 Mercury 50 型燃气轮机（约 4.5MW），但其透平需要工作在约 1MPa、1150℃的条件下。因此，在 Mercury 50 燃气轮机透平前安装了一个前置透平，使空气压力从 8MPa 降至 1MPa 后，再进入燃气轮机燃烧室。该系统做功部分（燃烧室、前置透平、透平以及余热换热器）的总成本约为 430 美元/kW[30]。螺杆式空气发动机技术已经成熟，其工作压力一般低于 1.3MPa，但效率较低（约 20%），成本约为 500～1500 美元/kW[64]，小型高压往复式膨胀机尚处于研究阶段，目前没有市场

发电机　　透平膨胀机

润滑油站

图 7-24　大型燃气和空气透平[67]

化的产品[65,66]。

7.4.3　储气设备

大型压缩空气储能系统要求的压缩空气容量大,通常储气于地下盐矿、硬石岩洞或者多孔岩洞[4,16,68~70]。已运行的两座电站(Huntorf & McIntosh)均采用地下盐矿洞穴,其容积分别达到 $3.1 \times 10^5 \mathrm{m}^3$(Huntorf,图 7-25)和 $5.6 \times 10^5 \mathrm{m}^3$(McIntosh),每天的漏气量仅为 $1/10^6 \sim 1/10^5$,其储气洞的投资成本为 $1 \sim 2$ 美元/(kW·h)(储气所能产生的能量)[4,61]。如果采用新开掘的硬石岩洞,其投资成本较高[约 30 美元/(kW·h)],而通过改造已存在的岩洞,将可以大幅降低其成本[约 10 美元/(kW·h)],但是在储气的过程中,岩洞以及水泥输气管路存在漏气问题。多孔岩洞比如盐碱含水层,其投资成本较低[仅为 0.11 美元/(kW·h)],位于美国 Texas 州规划的电站将利用这种洞穴来储气[4]。

对于微小型压缩空气储能系统,采用地上储气装置可以摆脱对储气洞穴的依赖。根据结构形式的不同,地上储气装置可以分为储气罐、钢瓶组和储气管道三种类型。目前市场上的高压储气罐容许压力可以达到 30MPa 以上[30,71,72],可以满足压缩空气储能的要求。文献[73]设计了一种储能能力为 8GW·h 的地面压缩空气储能电站,它采用地上的直径为 6m、总长 25km 的铁管为储气单元。文献[30]设计了一种地上储气装置,应用高强度的铁管竖直放置,可以承受 8.3MPa 以上的压力,能够满足压缩空气电站对储气设备的要求。也可以采用地下储气管道的方式,满足微小型压缩空气电站对储气设备的要求,如图 7-26 所示[70]。

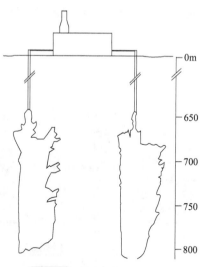

0m

650

700

750

800

图 7-25　德国 Huntorf 电站储气洞穴示意图[13]

另一方面,储气装置的体积一般是固定的,如果不采取措施,储气装置内部压力将随着膨胀过程逐渐减小;采用稳压(降压)阀可以稳定膨胀机的进口压力,但会引起较大的能量损失。图 7-26 给出了一种地下储气洞和地上蓄水池结合的恒压储气系统,该系统利用地上蓄水池和地下储气洞之间的落差形成一个基本稳定的水压头,从而可以保证储气装置内的压力基本稳定[4,32,69,74]。与此类似,如果地上的储气设备连接一个水泵和蓄水池(图 7-27),也可以使存储气体稳定在一定的压力范围内[30,32]。

7.4.4　燃烧室

相对于常规燃气轮机燃烧室(压力一般低于 2MPa),压缩空气储能系统的高压燃烧室的压力

图 7-26　地下储气管道[70]

(4～5MPa) 较大。因此，燃烧过程中如果温度较高，可能产生较多的污染物（NO_x 等），因而高压燃烧室的温度一般控制在 500℃以下。Huntorf 电站的第一级透平（4.6MPa）前燃烧室温度为 500℃；文献 [14] 的设计方案中，高压（约 8.3MPa）燃烧室的出口温度仅为 505K。为了降低高压燃烧的污染排放，对于多级膨胀透平，也可以在第一级膨胀之后再安装燃烧室，同时回收尾气余热来加热初始压缩空气，其温度也可以达到 400～600℃[3,63,75]。这样一方面可以降低污染物的生成，同时可以充分利用余热，降低系统燃料消耗率和提高系统效率。

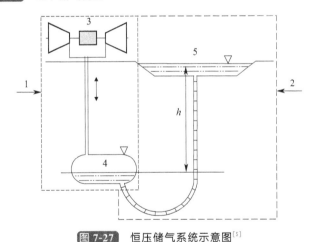

图 7-27　恒压储气系统示意图[5]

1—压缩空气储能系统；2—蓄水系统；3—压缩空气储能
地上系统；4—恒压储气洞；5—蓄水池

7.4.5　储热装置

在压缩空气储能系统中，储热单元根据结构不同，可以分为固定式和流动式；根据储热材料是否相变，可以分为显热和相变（潜热）储热；根据储能材料的形态，可以分为固态（如岩石、陶瓷、金属等）、液态（如各种油、盐溶液、水等）、气态以及固液混合、气液混合等。根据是否相变是区分储热材料最常用的方法。显热蓄热系统最为简单，它凭借蓄热材料温度的上升来储存热能，需要时蓄热材料温度降低以释放热能。显热蓄热系统结构简单，蓄热效率高，但系统的蓄热密度较低。潜热蓄热技术主要利用相变材料在特定温度下熔化/凝固或蒸发/凝结，存储/释放巨大的潜热来实现蓄热的目的。潜热蓄热系统拥有蓄热密度大、系统温度变化范围小、设备紧凑等优点，但存在系统复杂、传热设备技术要求高、蓄热材料相对昂贵等缺点[76～80]。

许多材料都可作为蓄热材料，理想的蓄热材料应具有的特性包括：①密度大；②比热容大（显热蓄热）或潜热大（潜热蓄热）；③传热特性良好；④蓄热循环疲劳强度高；⑤无毒、不燃、无腐蚀性、对环境无害；⑥具有惰性，与常用材料兼容；⑦容易购得，成本低。常见的显热蓄热材料有水、砂石、高温油、耐火砖、陶瓷、混凝土、熔盐等，它们在暖通空调、供应热水、太阳能发电等领域中均有应用。比如，耐火砖、陶瓷材料、砂石、水等常用于住宅或小型商业应用，水、砂石、高温油、高温油/石子混合及熔盐常应用于大型工业或太阳能热电站。

水是理想的蓄热介质，它成本低，而且将水的温度保持在冰点和沸点之间时，它表现出许多理想蓄热介质的特性，如水具有很高的比热容——4180J/(kg·K)。然而，由于其沸点较低，高于100℃时，蓄热容器必须能够承受水蒸气压，然而压力设备昂贵，这令蓄热成本急剧上升，从而限制水的工作温度范围。同时高温水也具有高度的腐蚀性，鉴于可能的冻结或沸腾，水一般适合作为5℃和95℃之间的蓄热介质[81]。有机油、熔盐和液态金属等不出现同样的压力问题，但存在成本、操作、泄漏、容量、温度范围等问题，因而应用也受到限制。

砂石（包括卵石、砂石、沙砾）是最常见和最常用的显热蓄热材料之一，砂石填充床是以砂石为蓄热介质最常用的显热蓄热形式。砂石或卵石松散地填充在绝缘容器中，传热流体则在这些砂石或卵石之间的空隙流动。这种砂石填充床类型的储存系统设计简单，且相对便宜。砂石填充床已在太阳能电站热力存储中取得应用，是比较适合压缩空气储能的蓄热系统。除此之外，类似砂石的混凝土、砖块、矿渣与陶瓷块等也可在压缩空气储能的蓄热系统中应用[82,83]。

如果采用液态材料储存热能，可以采用两个隔热储罐结构形式[79,84]。文献［25］采用的储热材料为40% KNO_3 和60% $NaNO_3$ 的混合物，该混合物在290～550℃之间为液态，冷、热态储热材料分别存储在两个隔热储液罐中，通过液泵驱动实现储/释热过程[25]。

7.5 发展趋势

通过以上分析可以看出，为了实现压缩空气储能系统的大规模应用，压缩空气储能技术还面临如下几方面的挑战：

① 效率：压缩空气储能系统比较适合于大型系统，效率最高可达70%，而已运行的压缩空气储能系统的效率较低，一般在60%以下。主要原因是：一方面，系统中的关键部件效率较低，如空气压缩机、透平膨胀机、发电机等关键部件的效率还有待提高；另一方面，系统的集成与匹配还需优化，如空气压缩过程中产生的热量没有回收利用等。

② 储气室：由于高压空气储能密度较低，所以大型压缩空气储能系统需要大型储气室，例如德国和美国商业运行的两座储能电站的储气室容积均在 $10^5 m^3$ 级，致使必须依靠特定的地理条件建造大型储气室，如岩石洞穴、盐洞、废弃矿井等，从而大大限制了压缩空气储能系统的应用范围。

③ 燃料：传统的压缩空气储能系统仍然依赖燃烧化石燃料提供热量，一方面面临化石燃料逐渐枯竭和价格上涨的威胁，另一方面其燃烧仍然产生氮化物、硫化物和二氧化碳等污染物，不符合绿色（零排放）、可再生的能源发展要求。特别对于当前我国缺油少气的能源现状，存在巨大的挑战。

为了解决压缩空气空气储能技术面临的挑战，国内外学者开展了大量的研究和开发工作，具体的措施归纳如下：

① 效率：一方面，提高关键部件效率，如通过采用全三维设计与加工技术、多级中间冷却压缩技术、多级再热膨胀技术等提高压缩机和透平的效率，采用强化换热等手段提高换热器的效率，采用高性能蓄热材料、保温材料等提高蓄热效率；另一方面，通过系统的耦合优化提高系统性能，如采用压缩机进气冷却、高效回收利用压缩机间冷热、回收利用透平排气余热、回收工业余热、利用太阳能等。通过这些措施系统效率可以提高到70%左右。

② 储气室：为解决压缩空气储能的储气室的限制问题，可采取的措施包括：开展全国范围的地质调查和勘探，掌握适合建造压缩空气储能电站岩石洞穴、盐洞、废弃矿井的信息，并进行

详细的静态和动态地质学研究；提高压缩空气储能系统的储气压力、采用液态空气储能、采用恒压储气室等技术均可大幅提高压缩空气储能系统的储能密度，大幅度减小储气室的体积，从而摆脱对大型地下储气室的依赖。

③ 燃料：为解决压缩空气储能对化石燃料的依赖问题，可采取的措施包括：a. 采用带储热的压缩空气储能系统（绝热压缩空气储能系统），采用压缩热替代化石燃料；b. 与可再生能源整合，比如用太阳能或生物质燃料代替化石燃料；c. 采用工业和电厂余热或废热作为热源。

相应地，国内外研发机构和企业也开发了多种新型的压缩空气储能系统，其中已实现 MW 级示范的新型压缩空气储能系统如下。

7.5.1 新型蓄热式压缩空气储能系统

新型蓄热式压缩空气储能系统，如图 7-28 所示，它综合了多级间冷的压缩空气储能系统和先进绝热压缩空气储能系统的优点。它将多级压缩过程包括级间压缩热回收并存储，在压缩空气膨胀过程采用级间再热，加以回收利用。同多级间冷的压缩空气储能系统相比，系统中增加了一套热能存储系统，从而摆脱对化石燃料的依赖；同先进绝热压缩空气储能系统相比，系统采用多级回收压缩热的方式，系统工作温度不太高，成本相对较低，且效率较高。美国 ESPC 公司和 General Compression 公司正在开发这种新型蓄热式压缩空气储能系统，其中 General Compression 公司已经在 Texas 州的 Gaines 已建成了 2MW/300MW·h 的示范项目。

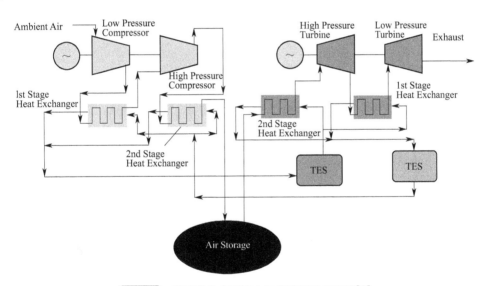

图 7-28 新型蓄热式压缩空气储能系统示意图[23]

7.5.2 超临界空气储能系统

超临界空气储能系统是中国科学院工程热物理研究所最近提出的一种新型压缩空气储能系统[85]，如图 7-29 所示。其工作过程为：储能时（或用电低谷时），利用可再生能源的间歇性电能（或电站低谷电能）将环境空气压缩至超临界状态，过程中存储压缩热，然后利用蓄冷/换热器中存储的冷能将超临界空气冷却液化后存储到低温储罐中；释能时（或用电高峰时），液态空气经低温泵加压至超临界状态（回收冷能存储到蓄冷/换热器中），吸收蓄热/换热器中存储的压缩热后通过膨胀机做功并驱动发电机发电。超临界空气储能综合了蓄热式压缩空气储能系统和液态空气储能系统的优点，以及空气的超临界特性，如较高的密度、较好的传热传质特性及渗透性等，可同时解决限制压缩空气储能应用的技术瓶颈，具有储能密度高、储能效率高、不需要化石燃料、储能周期长、绿色环保及适应性强等优点。中国科学院工程热物理研究所开展了超临界空气储能系统的研发和实验工作，目前 1.5MW/1.5MW·h 的示范系统已经正常运行，10MW 级的示范系统正在建设中。

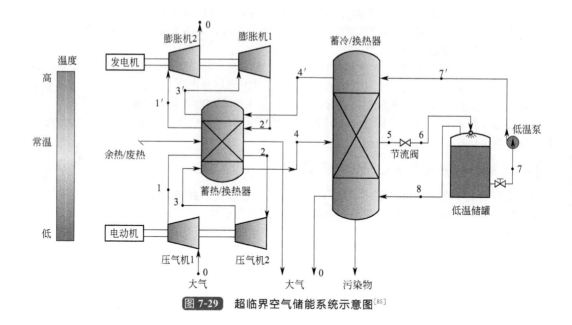

图 7-29　超临界空气储能系统示意图[85]

7.6　本章小结

本章介绍了压缩空气储能系统的技术原理、性能特点、发展现状、关键技术和发展趋势。总结如下：

① 压缩空气储能系统通过压缩空气储存多余的电能，在需要时，将高压空气释放，通过膨胀机做功发电。压缩空气储能系统具有容量大、工作时间长、经济性能好、充放电循环多等优点，但存在依赖化石能源、依赖大型储气室和效率偏低等挑战，是目前大规模储能技术的研发热点。

② 压缩空气储能系统在电力的生产、运输和消费等领域具有多种用途和功能，包括削峰填谷、平衡电力负荷、用户侧电力管理、可再生能源接入和备用电源等，在常规电力系统、可再生能源、分布式供能系统，以及智能电网等领域具有广泛的应用前景。

③ 世界上多个国家在大力发展压缩空气储能技术，并已有两座电站投入商业运行。正在研发的压缩空气储能技术可以分为多种类型，根据系统的热源不同，可以分为燃烧燃料的压缩空气储能系统、带储热的压缩空气储能系统和无热源的压缩空气储能系统；根据系统的规模不同，可以分为大型、小型和微型压缩空气储能系统；根据是否同其他热力循环系统耦合，可以分为传统压缩空气储能系统、压缩空气储能-燃气轮机耦合系统、压缩空气储能-内燃机耦合系统、压缩空气储能-可再生能源耦合系统等。

④ 压缩机、膨胀机、储气装置、燃烧室或蓄热装置是压缩空气储能系统的关键部件，相关的设计与加工技术是提高压缩空气储能系统总体性能的关键技术。

⑤ 为应对压缩空气储能系统的技术挑战，即效率有待提高、依赖大型储气室、依赖化石燃料，最近提出了新型蓄热式压缩空气储能系统、液化空气储能系统、超临界空气储能系统等新型压缩空气储能系统，是压缩空气储能系统的最新发展方向。

致谢

作者感谢国家自然科学基金优秀青年基金项目（51522605）、重点基础研究发展计划项目（973 计划）（2015CB251301）、中国科学院前沿科学重点研究项目（QYZDB-SSW-JSC023）和国家国际合作项目（2014DFA60600）对本章内容的资助。

参 考 文 献

［1］　McLarnon F R，Cairns E J. Energy Storage. Ann Rev Energy，1989，14（1）：241-271.

［2］　Chen Haisheng，Cong Thang Ngoc，Yang Wei，et al. Progress in electrical energy storage system：A critical review. Progress in Natural Science，2009，19（3）：291-312.

［3］　ERRI. EPRI-DOE Handbook of Energy Storage for Transmission and Distribution Applications，2003：516.

［4］　Succar Samir，Williams Robert H. Compressed Air Energy Storage：Theory，Resources，and Applications for Wind Power，2008：81.

［5］　张新敬，陈海生，刘金超，等. 压缩空气储能技术研究进展. 储能科学与技术，2012，（01）：26-40.

［6］　Kushnir Roy，Ullmann Amos，Dayan Abraham. Thermodynamic and hydrodynamic response of compressed air energy storage reservoirs：a review. Reviews in Chemical Engineering，2012，28：26.

［7］　Terashita Fumihiro，Takagi Shingo，Kohjiya Shinzo，et al. Airtight butyl rubber under high pressures in the storage tank of CAES-G/T system power plant. Journal of Applied Polymer Science，2005，95（1）：173-177.

［8］　陈海生，刘金超，郭欢，等. 压缩空气储能技术原理. 储能科学与技术，2013，（02）：146-151.

［9］　Ibrahim H，Ilinca A，Perron J. Energy storage systems——Characteristics and comparisons. Renewable and Sustainable Energy Reviews，2008，12（5）：1221-1250.

［10］　Makansi Jason. Abboud Jeff Energy storage-the missing link in the electricity value chain. St. Louis：Energy Storage Council，2002：23.

［11］　Mason James，Fthenakis Vasilis，Zweibel Ken，et al. Coupling PV and CAES power plants to transform internittent PV electricity into a dispatchable electricity source. Progress in Photovoltaics：Research and Applications，2008，（16）：20.

［12］　Nourai A. Large-scale electricity storage technologies for energy management. Power Engineering Society Summer Meeting，2002，1：310-315.

［13］　Crotogino Fritz，Mohmeyer Rlaus-Uwe，Scharf Roland. Huntorf CAES：More than 20 Years of Successful Operation//Solution Mining Research Institute（SMRI）Spring Meeting. Orlando，2001.

［14］　Ter-Gazarian A. Energy Storage for Power Systems. ed. by IEEE London. UK：Peter Pergrinus Ltd.，1994.

［15］　Budt Marcus，Wolf Daniel，Span Roland，et al. A review on compressed air energy storage：Basic principles，past milestones and recent developments. Applied Energy，2016，170：250-268.

［16］　Davidson B J，Glendenning I，Harman R D，et al. Large-scale electrical energy storage. Physical Science，Measurement and Instrumentation，Management and Education，Reviews，IEE Proceedings A，1980，127（6）：345-385.

［17］　Elliott T. The first CAES merchant. Modern Power Systems，2001，21（9）：5.

［18］　Schulte Robert H，Critelli Nicholas，Holst Kent，et al. Lessons from Iowa：Development of a 270 megawatt compressed air energy storage project in midwest independent system operator，Oak Ridge，TN：Sandia National Laboratories，U. S. Department of Energy，2012，97.

［19］　Guo Chaobin，Pan Lehua，Zhang Keni，et al. Comparison of compressed air energy storage process in aquifers and caverns based on the Huntorf CAES plant. Applied Energy，2016，181：342-356.

［20］　Luo Xing，Wang Jihong，Dooner Mark，et al. Overview of current development in compressed air energy storage technology. Energy Procedia，2014，62：603-611.

［21］　Shidahara T，Oyama T，Nakagawa K，et al. Geotechnical evaluation of a conglomerate for compressed air energy storage：the influence of the sedimentary cycle and filling minerals in the rock matrix. Engineering Geology，2000，56（1-2）：125-135.

［22］　Bullough Chris，Gatzen Christoph，Jakiel Christoph，et al. Advanced adiabatic compressed air energy storage for the integration of wind energy. European Wind Energy Conf Ewec，2004：22-25.

［23］　Schainker Robert B，Nakhamkin Michael，Kulkarni Pramod，et al. New utility scale CAES technology：performance and benefits（including CO_2 benefits）. Las Vegas：Power-Gen International，2009.

［24］　van der Linden Septimus. Integrating wind turbine generators（WTG's）with GT-CAES（compressed air energy storage）stabilizes power delivery with the inherent benefits of bulk energy storage，ASME International Mechanical Engineering Congress ﹠ Exposition，2007，379-386.

［25］　Donatini F，Zamparelli C，Maccari A，et al. High efficency integration of thermodynamic solar plant with natural gas combined cycle. International Conference on Clean Electrical Power 2007：770-776.

［26］　Kalogirou Soteris A. Solar thermal collectors and applications. Progress in Energy and Combustion Science，2004，30（3）：231-295.

［27］　Kenisarin Murat，Mahkamov Khamid. Solar energy storage using phase change materials. Renewable and Sustainable Energy Reviews，2007，11（9）：1913-1965.

[28] Mills D. Advances in solar thermal electricity technology. Solar Energy，2004，76（1-3）：19-31.

[29] Beukes J，Jacobs T，Derby J，et al. Suitability of compressed air energy storage technology for electricity utility standby power applications. Intelec IEEE International Telecommunications Energy Conference，2008：1-4.

[30] Penberton Dave，Jewitt Jim，Pletka Ryan，et al. Mini-compressed air energy storage for transmission congestion relief and wind shaping applications. New York：New York State Energy Research and Development Authority，2008：68.

[31] Swanbarton Limited. Status of Electrical Energy Storage System，Dti，2004：24.

[32] Kim Y M，Favrat D. Energy and exergy analysis of a micro-compressed air energy storage and air cycle heating and cooling system. Energy，2009，35（1）：213-220.

[33] Grazzini Giuseppe，Milazzo Adriano. Thermodynamic analysis of CAES/TES systems for renewable energy plants. Renewable Energy，2008，33（9）：1998-2006.

[34] Vongmanee V，Monyakul V. A new concept of small-compressed air energy storage system integrated with induction generator. IEEE International Conference on Sustainable Energy Technologies，2008：866-871.

[35] 刘昊，张浩，罗新法，陈鹰. 压缩空气动力汽车集成技术. 机电工程，2003，20（4）：3.

[36] Nakhamkin Michael，Wolk Ronald H，Linden Sep van der，et al. New compressed air energy storage concept improves the profitability of existing simple cycle，combined cycle，wind energy，and landfill gas power plants. ASME Turbo Expo：Power for Land，Sea，&.Air，2004：103-110.

[37] Nakhamkin Michael，Chiruvolu Madhukar. Available compressed air energy storage（CAES）plant concepts. Power-Gen International，2007.

[38] Nakhamkin M，Chiruvolu M，Patel M，et al. Second generation of CAES technology-performance，operations，economics，renewable load management，green energy. Power-Gen International，2009.

[39] Akita Eiji，Gomi Shin，Cloyd Scott，et al. The air injection power augmentation technology provides additional significant operational benefits. ASME，2007.

[40] Schainker Robert B，Nakhamkin Michael，Kulkarni Pramod，et al. New utility scale CAES technology：performance and benefits（including CO_2 benefits）. EPRI，2007：6.

[41] Katsuhisa Yoshimoto，Toshiya Nanahara. Optimal daily operation of electric power systems with an ACC-CAES generating system. Electrical Engineering in Japan，2005，15-23.

[42] van der Linden Septimus. Bulk energy storage potential in the USA，current developments and future prospects. Energy，2006，31（15）：3446-3457.

[43] Creutzig Felix，Papson Andrew，Schipper Lee，et al. Economic and environmental evaluation of compressed-air cars. Environmental Research Letters，2009，（4）：9.

[44] Huang K David，Tzeng Sheng-Chung. Development of a hybrid pneumatic-power vehicle. Applied Energy，2005，80（1）：47-59.

[45] Huang K D，Quang K V，Tseng K T. Study of recycling exhaust gas energy of hybrid pneumatic power system with CFD，Energy Conversion &. Management，2009，50（5）：1271-1278.

[46] 翟昕，俞小莉，刘忠民. 压缩空气-燃油混合动力的研究. 浙江大学学报（工学版），2006，40（4）：5.

[47] Ibrahim H，Younès R，Ilinca A，et al. Study and design of a hybrid wind-diesel-compressed air energy storage system for remote areas. Applied Energy，2010，87（5）：1749-1762.

[48] Wang Shenglong，Chen Guangming，Fang Ming，et al. A new compressed air energy storage refrigeration system. Energy Conversion and Management，2006，47（18-19）：3408-3416.

[49] 郭中纬，朱瑞琪. 冷热联供的空气制冷不可逆循环分析. 工程热物理学报，2004，25（增刊）：4.

[50] Cavallo Alfred. Controllable and affordable utility-scale electricity from intermittent wind resources and compressed air energy storage（CAES）. Energy，2007，32（2）：120-127.

[51] Ibrahim H，Ilinca A，Younes R，et al. Study of a hybrid wind-diesel system with compressed air energy storage. Electrical Power Conference，2007：320-325.

[52] Lund Henrik，Salgi Georges. The role of compressed air energy storage（CAES）in future sustainable energy systems. Energy Conversion and Management，2009，50（5）：1172-1179.

[53] Salgi Georges，Lund Henrik. System behaviour of compressed-air energy-storage in Denmark with a high penetration of renewable energy sources. Applied Energy，2008，85（4）：182-189.

[54] Drury Easan，Denholm Paul，Sioshansi Ramteen. The value of compressed air energy storage in energy and reserve markets. Energy，2011，36（8）：4959-4973.

[55] Zafirakis D，Kaldellis J K. Economic evaluation of the dual mode CAES solution for increased wind energy contribution in autonomous island networks. Energy Policy，2009，37（5）：1958-1969.

[56] Lerch Edwin. Storage of fluctuating wind energy. IEEE，2007：8.

[57] Denholm Paul, Sioshansi Ramteen. The value of compressed air energy storage with wind in transmission-constrained electric power systems. Energy Policy, 2009, 37 (8): 3149-3158.

[58] Mason James, Fthenakis Vasilis, Zweibel Ken, et al. Coupling PV and CAES power plants to transform intermittent PV electricity into a dispatchable electricity source. Progress in Photovoltaics: Research and Applications, 2008 (16): 20.

[59] Denholm Paul. Improving the technical, environmental and social performance of wind energy systems using biomass-based energy storage. Renewable Energy, 2006, 31 (9): 1355-1370.

[60] Brooks Frank J. GE Gas Turbine Performance Characteristics. GE Power Systems, 20.

[61] Greenblatt Jeffery B, Succar Samir, Denkenberger David C, et al. Baseload wind energy: modeling the competition between gas turbines and compressed air energy storage for supplemental generation. Energy Policy, 2007, 35 (3): 1474-1492.

[62] http://turbomachinery.man.eu/products/compressors.

[63] Karalis A J, Sosnowicz E J, Stys Z S. Air storage requirements for a 220 Mwe CAES plant as a function of turbomachinery selection and operation. IEEE Transactions on Power Apparatus & Systems, 1985, PAS-104 (4): 803-808.

[64] http://company.ingersollrand.com. 2017.

[65] Zhang Xinjing, Xu Yujie, Xu Jian, et al. Study of a single-valve reciprocating expander. Journal of the Energy Institute, 2016, 89 (3): 400-413.

[66] Qiu Guoquan, Liu Hao, Riffat Saffa. Expanders for micro-CHP systems with organic Rankine cycle. Applied Thermal Engineering, 2011, 31 (16): 3301-3307.

[67] http://turbomachinery.man.eu/products/expanders.

[68] Jensen J. Energy Storage. London: Newnes-Butterworths, 1980.

[69] Giramonti Albert J, Lessard Robert D, Blecher William A, et al. Conceptual design of compressed air energy storage electric power systems. Applied Energy, 1978, 4 (4): 231-249.

[70] Kim Hyung-Mok, Rutqvist Jonny, Ryu Dong-Woo, et al. Exploring the concept of compressed air energy storage (CAES) in lined rock caverns at shallow depth: A modeling study of air tightness and energy balance. Applied Energy, 2012, 92: 653-667.

[71] Irvine John T S. The Bourner lecture: Power sources and the new energy economy. Journal of Power Sources, 2004, 136 (2): 203-207.

[72] Liu Jinchao, Zhang Xinjing, Xu Yujie, et al. Economic analysis of using above ground gas storage devices for compressed air energy storage system. Journal of Thermal Science, 2014, 23 (6): 535-543.

[73] Glendenning I. Long-term prospects for compressed air storage. Applied Energy, 1976, 2 (1): 39-56.

[74] Nielsen Lasse, Leithner Reinhard. Dynamic simulation of an innovative compressed air energy storage plant-detailed modelling of the storage cavern. Wseas Transactions on Power Systems, 2009, 4 (8): 11.

[75] Fort J A. Thermodynamic analysis of five compressed-air energy-storage cycles. Richland: Pacific Northwest Laboratory, 1983: 40.

[76] Agyenim Francis, Hewitt Neil, Eames Philip, et al. A review of materials, heat transfer and phase change problem formulation for latent heat thermal energy storage systems (LHTESS). Renewable and Sustainable Energy Reviews, 2010, 14 (2): 615-628.

[77] Hasnain S M. Review on sustainable thermal energy storage technologies, Part I: heat storage materials and techniques. Energy Conversion and Management, 1998, 39 (11): 1127-1138.

[78] Sharma Atul, Tyagi V V, Chen C R, et al. Review on thermal energy storage with phase change materials and applications. Renewable and Sustainable Energy Reviews, 2009, 13 (2): 318-345.

[79] Medrano Marc, Gil Antoni, Martorell Ingrid, et al. State of the art on high-temperature thermal energy storage for power generation. Part 2 case studies. Renewable and Sustainable Energy Reviews, 2010, 14 (1): 56-72.

[80] Mike Pauken, Nick Emis, Brenda Watkins. Thermal energy storage technology developments. AIP Conference Proceedings, 2007: 412-420.

[81] Yang Zheng, Chen Haisheng, Wang Liang, et al. Comparative study of the influences of different water tank shapes on thermal energy storage capacity and thermal stratification. Renewable Energy, 2016, 85: 31-44.

[82] Chai Lei, Liu J, Wang Liang, et al. Cryogenic energy storage characteristics of a packed bed at different pressures. Applied Thermal Engineering, 2014, 63 (1): 439-446.

[83] Chai Lei, Wang Liang, Liu Jia, et al. Performance study of a packed bed in a closed loop thermal energy storage system. Energy, 2014, 77: 871-879.

[84] Herrmann Ulf, Kelly Bruce, Price Henry. Two-tank molten salt storage for parabolic trough solar power plants. Energy, 2004, 29 (5-6): 883-893.

[85] Chen Haisheng, Tan Chunqing, Liu Jia, et al. Supercritical air energy storage system: PCT/CN2010/001325. 2010.

第8章 低品位热和冷存储技术

8.1 低品位热和冷存储技术发展概述

8.1.1 低品位热能现状

多数能源（如太阳能、地热能、工业余热等）存在间断性和不稳定的特点。常出现热用户不需热（或冷）量时有大量热（或冷）产生，而急需时热（或冷）量却又不能及时供给。热（或冷）量得不到合理和充分利用造成浪费。就我国而言，有 15%～40% 的能量以热（或冷）量的形式直接排放到环境中。以钢铁行业为例[1]，大中型企业吨钢产生的余热总量为 8.44GJ，约占吨钢总能耗的 37%。因此希望有一种装置，能像蓄水池一样将暂时不用或者多余的热（或冷）量存储起来，当需要用时再释放出来，如图 8-1 所示，这样的技术称为储热技术，这样的装置即为储热装置。

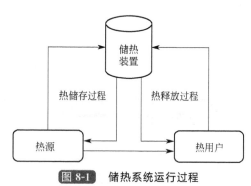

图 8-1　储热系统运行过程

热能资源按其温度划分为：①中高温热量。温度高于 150℃，例如高温的烟气、蒸汽等，中高温热量品位高，可通过发电装置加以回收利用。②低温热量。温度低于 150℃，低温热量多用于建筑采暖或采用热泵、蓄热式燃烧等技术进行余热回收。根据热量温度的高低，对应的储热技术分为中高温储热技术和低温储热技术，本章节主要针对低温储热技术，即低品位热和冷存储进行介绍。

8.1.2 低品位热和冷存储技术现状

人们对热能存储技术的应用由来已久，例如，冬季在湖泊和河流中采回天然冰，储存于绝热良好的库房，用于保存食物、冷却饮料等。自 20 世纪 70 年代爆发世界能源危机后，储热技术在发达国家迅速兴起并越来越受到重视，成为开发新能源、提高能源利用率、协调能量供求不匹配的重要技术之一。

最初采用岩石、水等的显热存储热量或冷量，显热材料储热技术简单成熟，但是其储热密度低、系统庞大。而相变材料具有潜热大、储热温度恒定的特点，性能明显优于显热材料。适合于低品位热和冷存储的相变材料主要为结晶水合盐和石蜡、脂肪酸等。在 20 世纪，对相变材料的研究工作侧重于相变材料的配制、相平衡、结晶、相变传热、封装方式、系统设计等。在相变储热方面，美、日、德、英、土耳其等国家都较早地开展过研究。美国 Telkes 和其同事[2]在马萨诸塞州建了世界第一座 PCM 太阳能暖房；日本三菱电子公司和东京电力公司在 20 世纪 70 年代早期对水合硝酸盐、磷酸盐、氟化物和氯化钙进行了研究，并将其用于采暖和制冷系统中；德国 K. Gawron 和 J. Schroder 对 -65～0℃ 温度范围相变材料性能进行分析对比后，推荐储冷材料采用 NaF·H_2O 共晶盐，低温储热或热泵储热材料采用 KF_4·H_2O，建筑采暖则采用 $CaCl_2$·$6H_2O$（29℃）或 Na_2HPO_4（35℃）[3]。国内虽然对储热技术的研究较晚，但近年来发展迅速。中国科学技术大学陈则韶[4,5]、清华大学张寅平[6]等对材料热物性测定、相变材料导热分析等方面做了大量研究。华中师范大学阮德水等[7]针对无机水合盐的过冷问题及其核机理进行了系统的研究。华中理工大学陈文振等[8,9]对水平矩形腔及椭圆管内接触熔化现象进行了分析，中科院过程工程研究所、中科院广州能源所、北京工业大学等单位也开展了类似相关研究工作。

进入 20 世纪后，随着材料科学和纳米技术的发展，复合相变材料得到了快速的发展。相变材料通过与载体（或称基体）材料复合，得到形状固定、高热导率、高储热密度的复合相变材料。对相变材料进行微封装，常用复合技术有吸附法、共熔法以及微胶囊封装法等[10,11]；为增强相变材料导热、储热性能，将相变材料与导热性能良好的膨胀石墨、泡沫金属复合或在相变材料中添加金属微纳米颗粒[12,13]。复合相变材料适应性强，越来越受到关注，已成功应用于建筑采暖[14]、纺织[15]等领域。然而，复合相变材料制备技术复杂，生产成本高；同时，用于封装的载体材料多为有机物，其强度、热稳定性差也是有待解决的问题。

8.2 低品位热和冷存储材料

8.2.1 热能存储方式

热能存储主要方式有三种：显热、潜热和化学反应热存储。

（1）显热储热技术

显热储热是通过固态或液态介质温度的升高来储存热量或冷量，储热材料在储存和释放热量或冷量时，只发生温度变化，其单位质量的储热密度用下式表示。

$$Q_s = \int_{T_0}^{T_s} C_{ss} dT \tag{8-1}$$

式中，T_0 和 T_s 分别指材料储热过程中最高、最低温度；C_{ss} 为储热材料的比热容。常用的显热储热材料有水、砂石等。显热储热原理简单、技术难度小、材料成本低，但同时也存在显著的不足之处：一方面在热量储存和释放过程中，温度发生变化，无法实现温度控制的目的；另一方面，在低品位热或冷的存储过程中，较小的温差也使得该类材料储热密度低，大大削弱了其工业应用价值。

（2）潜热储热技术

潜热储热是通过物质熔化、蒸发或在一定恒温条件下产生其他某种状态变化来储存能量，这样的材料称之为相变材料，这一过程中所储存的能量称为相变潜热，单位质量的储热密度用下式表示。

$$Q_s = \int_{T_0}^{T_{sf}} C_{ls} dT + \Delta H_{lf} + \int_{T_{sf}}^{T_s} C_{ll} dT \tag{8-2}$$

式中，C_{ls} 为相变储热材料固相时的比热容；C_{ll} 为液相时的比热容；T_{sf} 为相变温度；ΔH_{lf} 为相变潜热。与显热相比，潜热储能储热密度高，储、释热过程近似等温，易与其他系统配合。根据材料在相变过程中形态不同，可进一步将其分为固-固相变、固-液相变、液-气相变和固-气相变储热四种方式，见表 8-1，四种相变方式的相变潜热依次逐渐增加。

固-气和液-气相变过程虽然相变潜热很大，但由于所产生的气体体积过大，实际应用困难。相反，固-固相变过程是指固体材料从一种晶体形态变为另一种晶体形态，晶体形态改变时体积变化小，对相变材料无密封要求，逐渐受到研究者的重视。固-液相变过程同时具有相变潜热大和体积变化小的特点，常见低温储热（储冷）材料有冰、石蜡、脂肪酸、水合盐以及低熔点合金、低熔点混合熔盐等。

表 8-1 四种相变储热比较

相变过程	相变潜热	体积变化	特点
固-固相变	小	很小	固体晶体状态改变,固体不发生流动
固-液相变	大	小	相变后液相发生流动
液-气相变	很大	很大	气体体积大、收集困难
固-气相变	很大	很大	气体体积大、收集困难

（3）化学热储热技术

化学反应储热是指利用可逆化学反应的结合热储存热能。储热材料（C_1C_2）在受热时发生化学分解，分解为两种物质（C_1 和 C_2），对外吸热，将热能储存起来。

$$C_1C_2 + 热量 \rightleftharpoons C_1 + C_2 \qquad (8\text{-}3)$$

当 C_1 和 C_2 重新合成为 C_1C_2 时，将所存储的热量释放出来。发生化学反应时，可以有催化剂，也可以没有催化剂，反应可以为气相催化反应、气-固反应、气-液反应、液-液反应等。例如，十水硫酸钠 $Na_2SO_4 \cdot 10H_2O$ 会溶解于结晶水中，当温度升至 32.4℃ 以上时，形成无水硫酸钠的浓溶液，并吸收大量的热。而温度降到 32.4℃ 以下时，重新生成结晶体，释放同样多的热量。其反应式为：

$$Na_2SO_4 \cdot 10H_2O + 81kJ \longrightarrow Na_2SO_4(aq) + 10H_2O(l) \qquad (8\text{-}4)$$

化学储热有不少优点：储热量大，不需要绝缘的储能罐，如果反应过程能用催化剂或反应物控制，可长期储存热量。其缺点是：与显热或潜热储热相比，系统复杂，价格高。

以上三种储热方式各自特点可总结为表 8-2，其中以潜热储热最具有实际发展前途，也是目前研究最多和最为重要的储热方式。

表 8-2 三种储热方式的比较[16]

项目	显热储热	潜热储热	化学热储热
储热材料	水、岩石、土壤等	有机物、无机物	金属氯化物、氢化物、氧化物等
储热技术	水池储热、岩洞储热、地下水/土壤储热	复合相变材料、冰蓄冷	热吸附/吸收储热
优点	对环境影响小，储热材料便宜，系统简单易控制，可靠性高	能量密度较高，可得到恒定温度	能量密度很高，系统紧凑，热损失小，适合长期储热
缺点	储能密度低，系统庞大，散热较大，初投资大，受地质结构影响	热稳定性差，存在结晶、腐蚀问题，储热材料价格贵	储热材料价格贵
目前水平	大规模示范	储热材料表征，实验中试阶段	储热材料表征，实验中试阶段
下一步工作	优化控制策略，减小能耗和热损失；综合考虑储热温度、储热装置位置等各种影响因素，对系统进行模拟分析	研发熔化潜热大的储热材料；对储热过程优化分析；对材料储、放热过程热力学、动力学进一步分析	降低储热材料成本；对反应过程进行设计、分析和优化

8.2.2 储热材料分类及性能要求

储热材料的种类很多，从材料化学组成来看有无机和有机两大类；从储热方式可分为显热、潜热和反应储热三种；由相变方式不同则分为固-液相变、固-固相变材料；而从储热温度范围来看，又可分为中高温储热材料和低温储热材料，储热材料的分类见图 8-2。中高温储热材料有熔盐、碱、金属、岩石等，多用于太阳能蓄热发电、蓄热燃烧、工业余热利用。低温储热材料主要有冰、水、水合盐、石蜡、脂肪酸以及低熔点合金等，多用于建筑采暖、制冷。

作为一种理想的储热材料，应具有以下特征：价格便宜；储能密度大；资源丰富，价格便宜，可以大量获得；无毒，危险性小，腐蚀性小；化学性能稳定等。当然，实际研制过程中，以上特征不可能全部满足，因此在储热材料选择时，首先考虑合适的储热温度和较大的储热密度，再结合实际情况考虑其他因素对储热性能的影响。

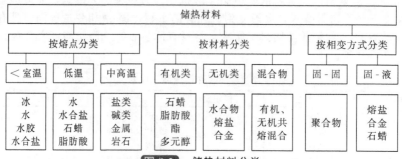

图 8-2 储热材料分类

（1）显热储热（冷）材料

显热储热（冷）材料有水、砖、铸铁、水泥等，见表 8-3，其中最为常用的是水和岩石。由于具有较大的比热容，水在是较为理想的低温储热材料，常用于空调蓄冷设备和太阳能蓄热装置，例如，太阳能热水器[17]、太阳池[18]等。水的比热容大约是岩石的 5 倍，岩石的密度大约是水的 2.7 倍，从储热密度的角度水要优于岩石，而岩石的优点是不存在泄漏问题。Furnas[19]在 1930 年提出岩石也是一种理想的填充床储热材料，Hasnain[20]在比较水、岩石、有机物和无机物储热后，提出采用岩石作为储热材料在大规模储热时具有非常好的经济性。

选择显热储热材料时，储热密度（单位体积或质量热容量）是最为重要的参考依据，储热密度越大，所需的储热材料就越小，储热装置的投资成本也就越小。除热容量外，还希望储热材料热导率尽可能高，高热导率有利于快速储存和释放热量。因此，在需快速储、放热时，可考虑采用金属（例如铸铁）作为储热材料。

表 8-3　常用的显热储热材料热物性

物质名称	密度 /(kg/m³)	比热容 /[kJ/(kg·℃)]	单位体积热容量 /[kJ/(m³·℃)]	热导率 /[W/(m·℃)]
水	1000	4.2	4.6×10^3	0.58
花岗石	2700	0.80	2.2×10^3	2.7
大理石	2700	0.88	2.4×10^3	2.3
Fe_2O_3	5200	0.76	4.0×10^3	2.9
Al_2O_3	4000	0.84	3.4×10^3	2.5
水泥	2470	0.92	2.3×10^3	2.4
砖	1700	0.84	1.4×10^3	0.63
铸铁	7600	0.46	3.5×10^3	46.8

（2）相变储热（冷）材料

相变储热（冷）材料从广义上来说，即那些通过本身物理状态的变化吸收或放出大量热，进行能量储放的材料；从狭义上来说，多指固-液相变储热材料。相变储热（冷）材料主要包括无机相变材料和有机相变材料两大类。

① 无机类相变储热材料。无机类低温相变储热材料主要有结晶水合盐类、低熔点熔融盐、金属或合金类等。结晶水合盐是中、低温相变蓄能材料中重要的一类，具有价格便宜、储热密度大、熔解热大、熔点固定、工作温度跨度大的特点，热导率大于有机相变材料，一般呈中性。例如，$CaCl_2 \cdot 6H_2O$、$Na_2HPO_4 \cdot 12H_2O$、$Na_2CO_3 \cdot 10H_2O$、$Na_2SO_4 \cdot 5H_2O$ 等[21]。结晶水合盐在使用过程中会出现过冷、相分离等问题，过冷和相分离严重影响水合盐的广泛应用[22,23]。

金属及金属合金通常相变温度较高，常为中高温储热材料，但也存在部分低熔点金属或合金[24]，其熔点低于 100℃，用于低温储热。相比于其他储热材料，金属及合金最大的特点是热导率非常大，储热、释热速率快。将部分硝酸盐、氯化盐按合适的比例进行混合，也可得到熔点较低的储热材料[25]，盐类材料价格便宜，但具有较强的腐蚀性，目前将其应用于低温储热较少。

② 有机类相变储热材料。有机类低温相变储热材料主要包括石蜡、醋酸和其他有机物等。与无机类相变储热材料相比，有机类相变储热材料在固态时成型性较好，一般不出现过冷和相分离。材料的腐蚀性较小、性能比较稳定、毒性小、成本低；但同时该类材料也存在如下缺点：热导率小、储能密度小、容易挥发甚至燃烧或被空气缓慢氧化而老化等。

为了得到相变温度适当、性能优越的相变储热材料，常将几种有机（或无机）相变储热材料复合以形成二元或多元相变储热材料，有时也将有机相变储热材料和无机相变储热材料复合，以弥补二者的不足，得到性热良好的复合相变储热材料，使之得到更好的应用。表 8-4 给出了相变温度在 −90～120℃范围内相变储热（冷）材料的物性参数。相变材料种类繁多，在选择相变材料时应从以下四方面进行考虑。

① 热力学性能：具有适当的相变温度和相变潜热，密度大、比热容较大、热导率大、相变过程中体积变化小、蒸气压低；②动力学性能：凝固过程过冷度很小，熔化后在凝固点温度结

晶，有很好的相平衡性质，不会产生相分离；③化学性能：化学稳定性好，不发生化学分解，有较长的寿命周期，对容器材料无腐蚀作用，无毒、不燃、不爆炸、对环境无污染；④经济性能：来源方便，价格便宜，容易得到。

表8-4   相变储热材料热物性[25,26]

相变材料	类型	熔点/℃	溶解热/(kJ/kg)	密度/(kg/m³)	比热容/[kJ/(kg·℃)]
24.8%HCl	溶液	−86	−73.77(kJ/mol)		
24%LiCl	盐溶液	−67	−36.26(kJ/mol)		
30.5%CaCl₂	盐溶液	−49.5	−76.81(kJ/mol)		
20.01%MgCl₂	盐溶液	−33.5	−36.30(kJ/mol)		
30.5%Al(NO₃)₃	盐溶液	−30.6	131	1283(液) 1251(固)	
27.9%Li₂SO₃	盐溶液	−23	−26.10(kJ/mol)		
22.4%NaCl	盐溶液	−21.2	222	1165(液) 1108(固)	
19.7%KCl	盐溶液	−10.6	18.43(kJ/mol)		
二甘醇	有机物	−10	247	1200(液)	
6%KCl	盐溶液	−10			
正十二烷	有机物	−9.6	216		2.21(液)
22.1%BaCl₂	盐溶液	−7.7	−10.2(kJ/mol)		
三甘醇	有机物	−7	247	1200(液)	
16.5%KHCO₃	盐溶液	−6			
18.63%MgSO₄	盐溶液	−4.8	−84.96(kJ/mol)		
正十四烷、正十八烷混合物	有机物	−4.02	227.52		
20.5%Na₂CO₃	盐溶液	−3			
6.49%KSO₄	盐溶液	−1.55	26.88(kJ/mol)		
4.03%Na₂SO₄	盐溶液	−1.2	−1.07(kJ/mol)		
H₂O	无机物	0	333	998(液) 917(固)	0.6(液) 2.2(固)
水+聚丙烯酰胺	混合物	0			
正十四烷(91.67%)+正十六烷(8.33%)	有机物	1.7	156.2		
正十四烷、正二十二烷	有机物	1.5~5.6	234.33		
K₂HPO₄·6H₂O	水合盐	4	109		
Na₂SO₄(31%)+ NaCl(13%)+ KCl(16%)+ H₂O(40%)	混合无机物	4	234		
KF·4H₂O	水合盐	4.5	165		
四氢呋喃	有机物	5	280	970(固)	
微胶囊:十四烷(94%)+十四烷醇(6%)	有机物	5.1	202.1		
微胶囊:十四烷	有机物	5.2	215		
微胶囊:十四烷(96%)+十四烷醇(4%)	有机物	5.2	206.4		
十四烷	有机物	5.5	215		
十四烷(96%)+十四烷醇(4%)	有机物	5.5	206.4		
十四烷(94%)+十四烷醇(6%)	有机物	5.5	202.1		

续表

相变材料	类型	熔点/℃	溶解热/(kJ/kg)	密度/(kg/m³)	比热容 /[kJ/(kg·℃)]
石蜡(C₁₄)	有机物	5.5	228		
正十四烷	有机物	6	230		
十五烷、二十一烷	有机物	6.23~7.21	128.25		
甲酸	有机酸	7.8	247		
LiClO₃·3H₂O	水合盐	8	253		
聚乙二醇	有机物	8	99.6	1125(液) 1228(固)	0.187
石蜡(C₁₅、C₁₆)	有机物	8	153		
十五烷、十八烷	有机物	8.5~9.0	271.93		
十五烷、二十二烷	有机物	7.6~8.99	214.83		
正十五烷	有机物	9.9	193.9		
ZnCl₂·3H₂O	水合盐	10			
石蜡(C₁₅)	有机物	10	205		
Zn(ClO₂)₂·3H₂O	水合盐	10			
四丁基溴化铵(A 类、B 类)	有机物	10~12	193~199		
棕榈酸异丙酯	有机物	11	95~100		
癸酸(90%)+月桂酸(10%)	不饱和酸	13.3	142.2		
K₂HPO₄·6H₂O	水合盐	14	109		
硬脂酸异丙酯	有机物	14~18	140~142		
三羟甲基乙烷(38.5%)+水(31.5%)+尿素(30%)	混合物	14.4	160	1170(液)	0.66
CaCl₂·6H₂O(38.5%)+CaBr₂·6H₂O (31.5%)	水合盐	14.7	140		
NaOH·(3/2)H₂O	水合盐	16	200		
棕榈酸丙酯	有机物	16~19	186		
辛酸	不饱和酸	16	148.5	901(液) 981(固)	0.149
二甲基亚砜	有机物	16.5	85.7	1009(液)	
石蜡(C₁₆)	有机物	16.7	237.1		
乙酸	不饱和酸	16.7	184		
癸酸(45%)+月桂酸(55%)	不饱和酸	17~21	143		
十六烷酸丁基酯(48%)+硬脂酸丁酯 (52%)	有机物	17			
LiNO₃·3H₂O(45%~52%)+Zn(NO₃)₂· 6H₂O(48%~55%)	水合盐	17.2	220		
甘油	有机物	17.9	198.7		0.143
Na₂CrO₄·10H₂O	水合盐	18			
正十六烷	有机物	18	210	760(液)	
KF₄·4H₂O	水合盐	18.5	231	1447(液)	
正十七烷	有机物	19	240	760(液)	
硬脂酸丁酯	有机物	19	140	760(液)	
石蜡(C₁₆~C₁₈)	有机物	20~22	152		
FeBr₃·6H₂O	水合盐	21	105		
癸酸+月桂酸	不饱和酸	21	143		
十四酸(26.5%)+癸酸(73.5%)	不饱和酸	21.4	152		
石蜡(C₁₇)	有机物	21.7	213		
聚乙二醇 E600	有机物	22	127.2	1126(液,25℃) 1232(固,4℃)	0.1897
十六烷酸甲酯(65%~90%)+硬脂酸甲酯(35%~10%)	不饱和酸	22~25.5	120		

续表

相变材料	类型	熔点/℃	溶解热/(kJ/kg)	密度/(kg/m³)	比热容/[kJ/(kg·℃)]
石蜡($C_{13} \sim C_{24}$)	有机物	22~24	189	760(液) 900(固)	0.21
癸酸(75.2%)+软脂酸(24.8%)	不饱和酸	22.1	153		
棕榈酸乙酯	有机物	23	122		
$C_{14}H_{28}O_2$(34%)+$C_{10}H_{20}O_2$(66%)	有机物	24	147.7		
$LiNO_3 \cdot 3H_2O$(55%~65%)+$Li(NO_3)_2$(45%~35%)	无机混合物	24.2	230		
$Ca(NO_3)_2 \cdot 6H_2O$(45%)+$Zn(NO_3)_2 \cdot 6H_2O$(55%)	水合盐	25	130	1930	
$CaCl_2 \cdot 6H_2O$(66.6%)+$MgCl_2 \cdot 6H_2O$(33.3%)	水合盐	25	127	1590	
$CaCl_2$(50%)+$MgCl_2$(50%)+$6H_2O$	无机混合物	25	95		
十八烷+二十二烷	有机物	25.5~27.0	203.8		
$Mn(NO_3) \cdot 6H_2O$	水合盐	25.5	125.9	1738	
十八烷+二十一烷	有机物	25.8~26.0	173.93		
乳酸	不饱和酸	26	184		
十四酸(34%)+癸酸(66%)	有机物	26	147.7		
十二烷醇	有机物	26	200		
$CaCl_2$(48%)+NaCl(4.3%)+KCl(0.4%)+$6H_2O$(47.3%)	混合物	26.8	188		
癸酸(86.6%)+硬脂(13.4%)	不饱和酸	26.8	160		
CH_3CONH_2(50%)+NH_2CONH_2(50%)	有机物	27	163		
NaCl(4.3%)+KCl(0.4%)+CaCl(48%)+$6H_2O$(47.3%)	无机混合物	27	188		
石蜡(C_{18})	有机物	28	244	774(液) 814(固)	0.148
$CaCl_2 \cdot 6H_2O$	水合盐	29	190.8	1562	0.540
硬脂酸甲酯	有机物	29	169		
$CaCl_2 \cdot 12H_2O$	水合盐	29.8	174		
Ga+[Ga-NH_4]	无机混合物	29.8			
Ga	无机物	30	809		
$LiNO_2 \cdot 3H_2O$	水合盐	30	296		
$LiNO_2 \cdot 2H_2O$	水合盐	30	296		
$Ca(NO_3)_2$(67%)+$Mg(NO_3)_2$(33%)	水合盐	30	136		
$Ca(NO_3)_2 \cdot 4H_2O$(47%)+$Mg(NO_3)_2 \cdot 6H_2O$(53%)	水合盐	30	136		
$Na(CH_3COO) \cdot 3H_2O$(60%)+$CO(NH_2)_2$(40%)	水合盐	31.5	226		
$Na_2SO_4 \cdot 3H_2O$	水合盐	32	251		
$Na_2SO_4 \cdot 10H_2O$	水合盐	32	254	1485(固)	0.554(固)
$Na_2CO_3 \cdot 10H_2O$	水合盐	33	247		
石蜡(C_{19})	有机物	32	222		
癸酸	不饱和酸	32	152.7	878(液)	0.153
月桂酸(62.6%)+十四酸(37.4%)	不饱和酸	32.6	156		
月桂酸(80%)+十六酸(20%)	不饱和酸	32.7	150.6		
月桂酸(64%)+十六酸(36%)	不饱和酸	32.8	165		
月桂酸(77%)+十六酸(23%)	不饱和酸	33	150.6		
月桂酸+硬脂酸	不饱和酸	34	150		
$CaBr_2 \cdot 6H_2O$	水合盐	34	115.5	1956(液)	

续表

相变材料	类型	熔点/℃	溶解热/(kJ/kg)	密度/(kg/m³)	比热容/[kJ/(kg·℃)]
$LiBr_2 \cdot 2H_2O$	水合盐	34	124		
月桂酸(66%)+十四酸(34%)	不饱和酸	34.2	166.8		
$Na_2HPO_4 \cdot 12H_2O$	水合盐	35~44	280	1522(固)	0.514(固)
聚乙二醇 E1000	有机物	35~40			
月桂酸(69%)+十六酸(31%)	不饱和酸	35.2	166.3		
$Zn(NO_3) \cdot 6H_2O$	水合盐	36	146.9	1828(液)	0.464(液)
石蜡(C_{20})	有机物	36.7	246		
$FeCl_3 \cdot 6H_2O$	水合盐	37	223		
$Mn(NO_3) \cdot 6H_2O$	水合盐	37.1	115		
十四醇	有机物	38	205		
棕榈酸甲酯	有机物	38	205		
豆蔻酸(51%)+棕榈酸(49%)	不饱和酸	39.8	174		
二十一烷	有机物	40~40.2	155.5~213	778	
石蜡(C_{21})	有机物	40.2	200		
$Na(CH_3COO) \cdot 3H_2O(50\%)+HCONH_2(50\%)$	有机物	40.5	155		
$CoSO_4 \cdot 7H_2O$	水合盐	40.7	170		
苯酚	有机物	41	120		
十七烷酮	有机物	41	201		
1-十七烷酮	有机物	41	218		
4-十七烷酮	有机物	41	197		
$KF \cdot 2H_2O$	水合盐	42	162		
$MgI_2 \cdot 8H_2O$	水合盐	42	133		
$CaI_2 \cdot 6H_2O$	水合盐	42	162		
$K(CH_3COO) \cdot (1/2)H_2O$	水合盐	42			
月桂酸	不饱和酸	42~44	178	870	0.147
石蜡($C_{16} \sim C_{28}$)	有机物	42~44	189	765(液) 910(固)	0.21
豆蔻酸(59%)+棕榈酸(41%)	不饱和酸	42.6	169.2		
$Ca(NO_3)_2 \cdot 4H_2O$	水合盐	42.7			
豆蔻酸(65.7%)+棕榈酸(34.3%)	不饱和酸	44	181		
豆蔻酸(64%)+棕榈酸(36%)	不饱和酸	44	182		
石蜡(C_{22})	有机物	44	249		
二十二烷	有机物	44	196.5~252		
$K_2HPO_4 \cdot 7H_2O$	水合盐	45	145		
$K_3PO_4 \cdot 7H_2O$	水合盐	45			
$Zn(NO_3)_2 \cdot 4H_2O$	水合盐	45.5			
$NH_2CONH_2(53\%)+NH_4NO_3(47\%)$	水合盐	46	95		
$Mg(NO_3)_2 \cdot 2H_2O$	水合盐	47	142		
$Fe(NO_3)_2 \cdot 9H_2O$	水合盐	47	155		
反油酸	不饱和酸	47	218		
石蜡(C_{23})	有机物	47.5	232		
$Na_2HPO_4 \cdot 7H_2O$	水合盐	48			
$Na_2SiO_3 \cdot 4H_2O$	水合盐	48	168		
$K_2HPO_4 \cdot 3H_2O$	水合盐	48	99		
$Na_2S_2O_3 \cdot 5H_2O$	水合盐	48~49	209.3	1666(固)	
3-十七烷酮	有机物	48	218		
2-十七烷酮	有机物	48	218		

续表

相变材料	类型	熔点/℃	溶解热/(kJ/kg)	密度/(kg/m³)	比热容/[kJ/(kg·℃)]
石蜡($C_{20} \sim C_{33}$)	有机物	48~50	189	769(液) 912(固)	0.21
$MgSO_4 \cdot 7H_2O$	水合盐	48.5	202		
豆蔻酸	不饱和酸	49~51	204.5	861(液)	
十六醇	有机物	49.3	141		
棕榈酸(64.9%)+硬脂酸(35.1%)	不饱和酸	50.4	181		
棕榈酸(27.5%)+硬脂酸(65%)+其他不饱和酸	不饱和酸	51~56	180		
9-十七酮	有机物	51	213		
$Ca(NO_3)_2 \cdot 3H_2O$	水合盐	51	104		
$Ca(NO_3)_2$(61.5%)+NH_4NO_3(38.5%)	无机混合物 水合盐	52	125.5	1515	0.494(65℃) 0.515(88℃) 0.552(36℃)
棕榈酸(64.2%)+硬脂酸(35.8%)	不饱和酸	52.3	181.7		
十五酸	不饱和酸	52.5	178		
尿素(37.5%)+乙烯胺(62.5%)	有机物	53			
$Zn(NO_3)_2 \cdot 2H_2O$	水合盐	54			
聚乙二醇 E10000	有机物	55~66			
$Mg(NO_3)_2 \cdot 6H_2O/Mg(NO_3)_2 \cdot 2H_2O$	水合盐	55.5			
$FeCl_3 \cdot 2H_2O$	水合盐	56	90		
三硬脂酸甘油酯	有机物	56	191		
石蜡(C_{26})	有机物	56.3	256		
$Ni(NO_3)_2 \cdot 6H_2O$	水合盐	57	169		
$MnCl_2 \cdot 4H_2O$	水合盐	58	151		
$MgCl_2 \cdot 4H_2O$	水合盐	58	178		
$Na(CH_3COO) \cdot 3H_2O$	水合盐	58	226~264	1280	0.63
$Mg(NO_3)_2 \cdot 6H_2O$(50%)+$MgCl_2 \cdot 6H_2O$(50%)	水合盐	58~59	132	1550(液) 1630(固)	0.510(液) 0.680(固)
$Mg(NO_3)_2$(62.5%)+NH_4NO_3(37.5%)	盐	58	267	1450	0.63
$Mg(NO_3)_2 \cdot 6H_2O$(58.7%)+$MgCl_2 \cdot 6H_2O$(41.3%)	水合盐	59	132.2	1550(65℃) 1630(85℃) 1680(38℃)	0.510(65℃) 0.565(85℃) 0.678(38℃)
石蜡($C_{22} \sim C_{45}$)	有机物	58~60	189	795	0.21
石蜡(C_{27})	有机物	58.8	236		
$Cd(NO_3)_2 \cdot 4H_2O$	水合盐	59.5			
$Mg(NO_3)_2 \cdot 6H_2O$(80%)+$MgCl_2 \cdot 6H_2O$(20%)	水合盐	60	150		
$Fe(NO_3)_2 \cdot 6H_2O$	水合盐	60			
棕榈酸(11%)+硬脂酸(83%)+其他不饱和酸	不饱和酸	60~66	206		
$NaAl(SO_4)_2 \cdot 10H_2O$	水合盐	61	181		
Bi-Cd-In	低熔点合金	61	25		
石蜡(C_{28})	有机物	61.6	253		
固体石蜡	有机物	64	173.6	790	0.167(液)
棕榈酸	不饱和酸	64	185.4	850	0.162
NaOH	碱	64.3	227.6	1690	
CH_3CONH_2(50%)+$C_{17}H_{35}COOH$(50%)	有机物	65	218		
棕榈酸(5%)+硬脂酸(95%)	不饱和酸	65~68	209		

续表

相变材料	类型	熔点/℃	溶解热/(kJ/kg)	密度/(kg/m³)	比热容/[kJ/(kg·℃)]
石蜡(C_{30})	有机物	65.4	251		
$Mg(NO_3)_2 \cdot 6H_2O(59\%) + MgBr_2 \cdot 6H_2O(41\%)$	水合盐	66	168		
聚乙二醇 E6000	有机物	66	190	1085(液)	
石蜡($C_{21} \sim C_{50}$)	有机物	66~68	189		
萘(61.7%)+苯甲酸(32.9%)	不饱和酸	67	123.4		0.136~0.282
$Na_2B_4O_7 \cdot 10H_2O$	水合盐	68.1			
石蜡(C_{31})	有机物	68	242		
$Na_3PO_4 \cdot 12H_2O$	水合盐	69			
硬脂酸	不饱和酸	69	202.5		
石蜡(C_{32})	有机物	69.5	170		
Bi-Pb-In	低熔点合金	70	29		
$Na_2P_2O_7 \cdot 10H_2O$	水合盐	70	184		
$LiCH_3COO \cdot 2H_2O$	水合盐	70	150		
联二苯	有机物	71	119.2	991	
Bi-In		72	251		
$Al(NO_3)_2 \cdot 9H_2O$	水合盐	72	155		
$LiNO_3(14\%) + Mg(NO_3)_2 \cdot 6H_2O(86\%)$	水合盐	72	180		
石蜡(C_{33})	有机物	73.9	268		
石蜡(C_{34})	有机物	75.9	269		
$NH_2CONH_2(66.6\%) + NH_4Br(33.4\%)$	有机物	76	151		
$Mg(NO_3)_2 \cdot 6H_2O + (93\%) MgCl_2 \cdot 6H_2O(7\%)$	水合盐	77.2~77.9	150.7		
尿素(66.6%)+NH_4Br(33.4%)	有机物	76	161		
$Ba(OH)_2 \cdot 8H_2O$	水合盐	78	265~280	1937(液,84℃) 2180(固)	0.653(液,85.7℃) 1.255(固,23℃)
丙烯胺	有机物	79	168.2		
$AlK(SO_4)_2 \cdot 12H_2O$	水合盐	80			
奈	有机物	80	147.7	976(液,84℃) 1145(固,20℃)	0.132(液,83.8℃) 0.341(固,49.9℃)
$LiNO_3(25\%) + NH_4NO_3(65\%) + NaNO_3(10\%)$	盐	80.5	113		
$LiNO_3(26.4\%) + NH_4NO_3(65\%) + KNO_3(8.6\%)$	盐	81.5	116		
$LiNO_3(27\%) + NH_4NO_3(68\%) + NH_4Cl(5\%)$	盐	81.6	108		
四十烷	有机物	82			
乙烯胺	有机物	82	263	1159	
$Al_2(SO_4)_3 \cdot 18H_2O$	水合盐	88			
$Al(NO_3)_2 \cdot 8H_2O$	水合盐	89			
$Mg(NO_3)_2 \cdot 6H_2O$	水合盐	89	162.8	1550	0.490
$KAl(SO_4)_2 \cdot 12H_2O$	水合盐	91	184		
木糖醇	有机物	93~94.5	263.3	6.7~8.3	
正五十烷	有机物	95			
$NH_4Al(SO_4)_2 \cdot 6H_2O$	水合盐	95	269		
Bi-Pb-Tin		96			
山梨醇	有机物	96.7~97.7	185.0	1500	

相变材料	类型	熔点/℃	溶解热/(kJ/kg)	密度/(kg/m³)	比热容/[kJ/(kg·℃)]
Na₂S·(5/2)H₂O	水合盐	97.5			
KOH·H₂O+KOH	无机混合物	99			
高密度聚乙烯	有机物	100~150	200		
CaBr₂·4H₂O	水合盐	110			
聚乙烯 CₙH₂ₙ₊₂	有机物	110~135	200	870~940	
Al₂(SO₄)₃·12H₂O	水合盐	112			
醌	有机物	115	171		
MgCl₂·6H₂O	水合盐	117	168.6	1450(液,120℃)	0.570(液,120℃)

注：表中百分含量均为质量分数。

8.2.3 典型储热（冷）材料

（1）水和冰

水和冰是最常用的两种蓄冷介质，多用于建筑物空调蓄冷，即水蓄冷系统和冰蓄冷系统。水蓄冷系统是利用价格低廉、使用方便、热容较大的水作为蓄冷介质，利用水温度变化所具有的显热进行冷（热）量储存。冰蓄冷系统则是通过水的液-固变化所具有的凝固（溶解）热来储存（释放）冷量的。由于冰蓄冷采用液-固相变，含有巨大的相变潜热，所以蓄能密度较高，为水蓄冷的7~8倍。但与水蓄冷相比，冰蓄冷系统中的制冷机组的工作效率较低。

0℃时冰的相变潜热为335kJ/kg，水的比热容是4.2kJ(kg·℃)，储存同样多的冷量，冰蓄冷所需的体积比水蓄冷要小得多。由于冰水温度低，在相同的空调负荷下冰水供应量少。常规空调系统和水蓄冷空调系统冷冻水供水温度为7℃，送风温度为13~15℃。而冰蓄冷空调系统蓄冷槽内水温可降到接近0℃，因而空调系统送风温度可达4~7℃，与常规空调系统相比，提供相同的冷量，送风量减少40%左右。

在20世纪60年代前采用蓄冷技术多以消减空调制冷设备的装机容量为目标，70年代后则主要是转移高峰用电负荷，对电网进行消峰填谷。

（2）石蜡

石蜡是应用最广的有机相变材料，它主要由直链烷烃混合而成，其通式为CₙH₂ₙ₊₂，其相变焓一般在160~270kJ/kg，熔点在-14~76℃，储热密度约为150MJ/m³，热导率约为0.2W/(m·℃)，500℃以下具有良好的化学稳定性。随碳链长度增加，其相变温度和相变潜热均升高，如C₃₀H₆₂的熔点是65.4℃，C₄₀H₈₂的熔点是81.5℃。

此外，由于空间的影响，有偶数碳原子烷烃的石蜡材料的熔解热略高于具有奇数碳原子烷烃的石蜡，随碳链增长，二者熔解热趋于相等，C₇H₁₆以上的奇数烷烃和C₂₀H₄₂以上的偶数烷烃在7~22℃范围内会产生两次相变，在低温处先发生固-固相变，它是链围绕长轴旋转形成的，略高温度时发生固-液相变，总潜热接近于固-液相变时的熔解热，它被看作是储热中可利用的热能。石蜡的相变温度范围宽泛，根据不同的碳原子个数可以得到不同的熔点，商用石蜡的相变温度通常在55℃附近，因此非常适合作为中低温相变材料。表8-5给出了部分石蜡的热物性。

石蜡为提炼石油的副产品，其来源丰富，价格便宜，无毒无腐蚀，石蜡的主要缺点是热导率很低。

表8-5 石蜡类热物性表[6,27]

名称	碳原子数	熔点/℃	溶解热/(kJ/kg)	密度/(kg/m³)	体积收缩率/%	
					固化	转变
n-Dodecane	12	-12	—	750	—	—
n-Tridecane	13	-6	—	756	—	—
n-Tetradecane	14	5.5	226.1	771	—	—
n-Pentadecane	15	10	247	768	—	—

续表

名称	碳原子数	熔点/℃	溶解热 /(kJ/kg)	密度 /(kg/m³)	体积收缩率/%	
					固化	转变
n-Hexadecane	16	16.7	237	774	—	—
n-Heptadecane	17	21.7	1	778	—	—
n-Octadecane	18	28.2	171.7	774	—	—
n-Nonadecane	19	32.6	—	—	10.5	2.5
n-Eicosane	20	36.6	247	755	16.0	—
n-Heneicosane	21	40.2	201	758	10.0	2.5
n-Docosane	22	44	251.2	763	10.0	6.2
n-Tricosane	23	47.5	234.5	764	9.4	4.2
n-Tetrcosane	24	50.6	249.1	765	9.5	4.2
n-Pentacosane	25	53.5	—	769	9.6	4.8
n-Hexacosane	26	56.3	255.4	770	9.8	6.0
n-Heptacosane	27	58.8	234.9	773	10.0	3.4
n-Octacosane	28	61.2	255.4	775	10.0	6.2
n-Nonacosean	29	64.4	238.6	776	—	—
n-Triacontane	30	65.4	251.2	—	—	—
n-Hentriacontane	31	68	242	—	—	—
n-Dotricontane	32	69.5	170.4	—	—	—
n-Tritriacontane	33	72	—	—	—	—

（3）水合盐类

水合盐是另一类常用的无机中低温相变储能材料，具有较高的储热密度，其可供选择的熔点范围非常宽，从几摄氏度至一百多摄氏度，见表 8-6。使用较多的有碱及碱土金属的卤化物、硝酸盐、磷酸盐、碳酸盐、醋酸盐等。与石蜡相比，水合盐热导率较高、密度较高且价格适中，但是使用过程中具有过冷、相分离等问题需待解决。

表 8-6 部分水合盐热物性表[29,30]

材料名称	熔点 /℃	溶解热 /(kJ/kg)	密度/(kg/m³)		比热容/[kJ/(kg·℃)]		热导率/[kW/(kg·℃)]	
			固相	液相	固相	液相	固相	液相
$CaCl_2 \cdot 2H_2O$	29	180	—	—	—	—	—	—
$LiNO_3 \cdot 3H_2O$	30	296	—	—	—	—	—	—
$Na_2CO_3 \cdot 10H_2O$	32	267	—	—	—	—	—	—
$Na_2SO_4 \cdot 10H_2O$	32.4	241	1460	1330	7369	13816	—	—
$KFe(SO_4)_2 \cdot 12H_2O$	33	173	—	—	—	—	—	—
$LiBr \cdot 2H_2O$	34	124	—	—	—	—	—	—
$CaBr_2 \cdot 6H_2O$	34.2	138	—	—	—	—	—	—
$Na_2HPO_4 \cdot 12H_2O$	35	266	—	—	—	—	—	—
$FeCl_3 \cdot 6H_2O$	37	223	—	—	—	—	—	—
$KF \cdot 2H_2O$	42	162	—	—	—	—	—	—
$MgI_2 \cdot 8H_2O$	42	133	—	—	—	—	—	—
$K_3PO_4 \cdot 7H_2O$	45	145	—	—	—	—	—	—
$Mg(NO_3)_2 \cdot 4H_2O$	47	142	—	—	—	—	—	—
$Ca(NO_3)_2 \cdot 4H_2O$	47	153	—	—	—	—	—	—
$Na_2S_2O_3 \cdot 5H_2O$	48.5	210	1650	—	6113	9965	0.57	—
$K_3PO_4 \cdot 7H_2O$	45	145	—	—	—	—	—	—
$CH_3COONa \cdot 3H_2O$	58.2	250.8	—	—	—	—	—	—
$Al(NO_3)_3 \cdot 9H_2O$	90	135.9	2016	—	—	—	—	—
$Ba(OH)_2 \cdot 8H_2O$	78	293	—	—	—	—	—	—
$Sr(OH)_2 \cdot 8H_2O$	88	351.7	—	—	—	—	—	—
$Mg(NO_3)_2 \cdot 6H_2O$	89	159.9	—	—	—	—	—	—
$KAl(SO_4)_2 \cdot 12H_2O$	91	232.4	—	—	—	—	—	—
$NH_4Al(SO_4)_2 \cdot 12H_2O$	94	250.8	—	—	—	—	—	—
$MgCl_3 \cdot 6H_2O$	120	169	1560	—	6657	9378	—	—

过冷现象：物质冷凝到冷凝点时并不结晶，而需要到冷凝点以下一定温度后才开始结晶；同理，温度迅速上升至冷凝点时，物质也不能及时发生相变，影响热量的及时释放和利用。产生过冷现象的原因是大多数的结晶水合盐结晶时成核性能差。解决水合盐过冷的办法有：加成核剂，冷指法。

相分离现象[28]：当温度上升时，物质所释放出来的结晶水的数量不足以溶解所有的非晶态固体脱水盐（或低水合物盐），由于密度的差异，这些未溶脱水盐沉降到容器的底部，在逆相变过程中，即温度下降时，沉降到底部的脱水盐无法和结晶水结合而不能重新结晶，使得相变过程不可逆，形成相分层，导致溶解的不均匀性，从而造成该储能材料的储能能力逐渐下降。解决水合盐相分离的办法有：加增稠剂；加晶体结构改变剂；采用薄层结构容器盛装相变材料；摇晃或搅动。

（4）低熔点合金

低熔点合金主要指含有 Bi、Pb、Sn、Cd、In、Ga、Tl、Zn、Sb 等金属的二元、三元、四元等合金。虽然组成这些合金的纯金属熔点较高（表 8-7），但是采用二元或多元合金后，其熔点可低于 200℃ 甚至低于 100℃，可用于低温储热。表 8-8 为工程常用的低熔点合金的熔点和成分关系，其中序号 1～16 为共晶合金，具有固定熔点；17～22 为非共晶合金，非共晶合金的熔点随试验方法、合金质量、测量位置、加热速率等影响因素而变化。

低熔点合金具有化学活性低、热导率大、密度高的特点，是一种潜在的热量存储和传输介质。相比于石蜡、不饱和酸、水合盐，低熔点合金储热材料研究较晚，相关的研究工作也较少。

表 8-7 低熔点金属物性表[31,32]

金属名称	熔点 /℃	沸点 /℃	熔化热 /(kJ/kg)	密度 /(kg/m³)	比热容 /[kJ/(kg·℃)]	热导率 /[W/(m·℃)]
Hg	−38.87	356.65	11.4[a]	13546[a]	0.139[a]	8.34[a]
Cs	28.65	2023.84	16.4[d]	1796[d]	0.236[d]	17.4[d]
Ga	29.80	2204.8	80.12[n]	5907[n]	0.37[n]	29.4[n]
Rb	38.85	685.73	25.74	1470[m]	0.363[m]	29.3[m]
K	63.20	756.5	59.59[d]	664[m]	0.78[m]	54.0[m]
Na	97.83	881.4	113.23[d]	926.9[d]	1.38[d]	86.9[d]
In	156.80	2023.8	28.59[m]	7030[c]	0.23	36.4[c]
Li	186.00	1342.3	433.78	515	4.389	41.3
Sn	231.9	2622.8	60.5[m]	730[d]	0.221	15.08[b]
Bi	271.2	1560	53.3	979	0.122	8.1

注：（a）25℃；（b）200℃；（c）150℃；（d）100℃；（m）熔化温度；（n）50℃。

表 8-8 低熔点合金物性表[24]

序号	合金熔点 /℃	成分/%				
		Bi	Pb	Sn	Cd	其他
1	46.8	44.7	22.6	8.3	5.3	In 19.1
2	58.0	49.0	18.0	12.0	—	In 21.0
3	60.0	53.5	17.0	19.0	—	In 10.5
4	70.0	50.0	18.7	23.3	10.0	—
5	72.0	34.0	—	—	—	In 66.0
6	78.8	—	57.5	17.3	—	In 25.2
7	91.5	51.6	40.2	—	8.2	—
8	95.0	52.5	32.0	15.5	—	—
9	102.5	54.0	26.0	—	20.0	—
10	124.0	55.5	44.5	—	—	—
11	130.0	56.0	—	40.0	—	In 4.0
12	138.5	58.0	—	42.0	—	—
13	142.0	—	30.6	51.2	18.2	—

续表

序号	合金熔点/℃	成分/%				
		Bi	Pb	Sn	Cd	其他
14	144.0	60.0	—	—	40.0	—
15	177.0	—	—	67.75	32.25	—
16	183.0	—	38.14	61.86	—	—
13	199.0	—	—	91.0	—	Zn 9.0
14	221.0	—	—	96.5	—	Ag 3.5
15	236.0	—	79.9	—	17.7	Sb 2.6
16	247.0	—	87.0	—	—	Sb 13.0
17	70.0~72.0					
18	70.0~78.9	50.5	27.8	12.4	9.3	—
19	70.0~83.9	50.0	34.5	9.3	6.2	—
20	70.0~90.0	50.72	30.91	14.97	3.4	—
21	70.0~101.1	42.5	37.7	11.3	8.5	—
22	95.0~103.9	35.1	36.4	19.06	9.44	—
23	95.0~148.9	56.0	22.0	22.0	—	—
24	95.0~148.9	67.0	16.0	17.0	—	—
25	95.0~142.8	33.3	33.33	33.3	—	—
26	102.6~226.7	48.0	28.5	14.5	—	Sb 9.0
27	138.3~170.0	40.0	—	60.0	—	—

8.3 相变材料复合技术

8.3.1 相变材料封装与成型

相变储热应用时,先将相变材料封装于一定形状和体积的容器中,构成一个储热单元,再根据实际需要由多个储热单元组成不同性能和用途的储热系统。相变材料封装时需要考虑:相变材料与封装材料的相容性,封装材料具有较好的导热性能,不泄露且加工方便。相变材料的封装方法有很多种:将相变材料直接装入由金属、塑料或薄膜制成的管、球、板或整个换热器的大封装;以具有多孔或层间结构的矿物为载体的吸附封装技术;高分子熔融或共混法以及微胶囊封装技术等。

(1) 大封装

大封装即将相变材料直接放置于换热器或其他金属、塑料材质的容器中。在容器选择时需考虑:相变-容器材料的相容性(腐蚀、渗透、化学反应),容器的力学性能(强度、柔韧性)和热物理性能(热稳定性、热导率)。常用的容器材料为金属和塑料。有机相变材料对金属材料的腐蚀性很小,通常采用金属容器封装多数有机相变材料是可行的。但水合盐通常对金属材料的氧化具有加速作用,选用金属容器封装水合盐时,需将容器密闭性,降低水合盐(水合盐自身具有氧化性除外)自身对金属的腐蚀程度不明显。当然,最为安全的方法是进行相变材料-金属对腐蚀实验,表 8-9 为常见几种金属材料腐蚀实验测试结果。塑料不存在腐蚀问题,但是相变材料会溶于塑料,使得塑料容器降性;此外,塑料作为容器材料长期暴露在阳光下会被氧化而发生脆化。

表 8-9 金属材料腐蚀测试结果

相变材料	铝	铝合金 AlMg₃	铜 99.9	不锈钢 1.4301	柔钢 1.0330
$Na_2S_2O_3 \cdot 5H_2O$	+	+	—	+	+
$Na_2HPO_4 \cdot 12H_2O$	—	—	—	+	++
$CaCl_2 \cdot 6H_2O$	—	—	+	+	+
Loxiol G32		+	+	+	
月桂酸		+	+	+	

注:"+"抗腐蚀(腐蚀速率≤0.1mm/a);"—"不抗腐蚀(腐蚀速率≤25~30mm/a)。

大封装的优点是储热密度高（与微封装以及其他复合材料相比），但相变材料可能会对容器材料腐蚀，包封的相变材料中也可能出现空穴，影响材料的热导率。

（2）微胶囊封装

微胶囊封装是将相变材料封装在一个几微米的狭小空间内，解决相变材料的泄漏、相分离等问题，改善相变材料的应用性能。微胶囊可通过原位聚合、界面聚合、喷雾干燥或复凝聚等方法制备，微胶囊封装技术已在建材、纺织物等上得到了应用，但目前制备工艺比较复杂、不易控制、产量较低、成本过高，微胶囊的壁材多为高分子材料，热导率差、强度低。

原位聚合是把反应性单体（或其可溶性预聚体）与催化剂全部加入分散相（或连续相）中，芯材物质为分散相。由于单体（或预聚体）在单一相中是可溶的，而其聚合物在整个体系中是不可溶的，所以聚合反应在分散相芯材上发生。反应开始后，单体预聚，然后预聚体聚合，当预聚体聚合尺寸逐步增大后，沉积在芯材物质的表面。具体聚合过程如图 8-3 所示，其中 X、Y 为反应剂，$(X—Y)_n$ 为聚合产品。图 8-3（a）是壳材为水溶性单体的聚合过程，单体从体系的连续相中向连续相-分散相界面处移动，在界面处发生聚合反应并形成微胶囊；图 8-3（b）是壳材为油溶性单体的聚合过程，单体在油溶性溶剂中溶解，在水中乳化后，通过加热引发自由基聚合，产生的聚合物在溶剂水界面上沉淀并形成胶囊壁。石黑守等[33]在其专利中介绍了以尿素-甲醛预聚体为原料，用原位聚合法对石蜡进行微胶囊化的方法，该发明制备了作为空调系统中传热介质的储热材料的微胶囊分散液。Alkan 等[34]以正二十二烷为相变材料、聚甲基丙烯酸甲酯为囊壁材料，所制得的材料具有很好的热循环稳定性及适合的相变温度、潜热，可用于储能和余热回收系统。

界面聚合法首先要将两种含有双（多）官能团的单体分别溶解在两种不相混溶的相变材料乳化体系中，通常采用水-有机溶剂乳化体系。在聚合反应时两种单体分别从分散相（相变材料乳化液滴）和连续相向其界面移动并迅速在界面上聚合，生成的聚合物膜将相变材料包覆形成微胶囊。Cho 等[35]以甲苯-2,4-二异氰酸酯和二乙烯三胺为单体，以十八烷（相变温度在 29℃ 到 30℃之间）为相变材料，以 NP-10 非离子型表面活性剂作为乳化剂，通过界面聚合法制得微胶囊相变材料，粒径从 $0.1\mu m$ 到 $1\mu m$，如图 8-4 所示。绝大部分微胶囊的表面非常光滑，并且形状规则，粒径很小的颗粒通过扫描电镜（SEM）难以观察到。赖茂柏等[36]采用界面聚合法以甲基丙烯酸甲酯包覆石蜡制备相变微胶囊，得到的微胶囊颗粒较小且均匀，包覆层强度也较好，不易发生泄漏。邹光龙等[37]用界面聚合制备了含有相转移材料（含有正十六烷）的、直径约为 $2.5\mu m$的聚脲胶囊。该微胶囊可以承受约 300℃ 的高温而不破坏，微胶囊化的石蜡在 50 次操作循环后仍具有储存能量的能力。界面聚合法制得的微胶囊粒径大小取决于乳化液滴的大小，而乳化液滴的尺寸与乳化阶段的构造、容器形状、搅拌速度、乳化剂特性、乳化剂浓度等相关。因此，采用界面聚合法制备微胶囊相变材料，选择合适的反应条件和控制乳化液滴大小是非常关键的[38]。

Hawladera 等[39]分别用凝聚法和喷雾干燥法制备了以石蜡为芯材的微胶囊相变材料，见图 8-5，两种方法均得到表面光滑，且均匀一致的球状胶囊，相比较而言，通过凝聚法制备的相变材料强度较差，喷雾干燥法制备的相变材料储热能力差。

（3）吸附法封装

多孔基质具有大孔径的结构，例如，膨胀珍珠岩（EP）、膨胀石墨（EG）、石膏、膨胀黏土等。通过微孔的毛细作用力，利用吸附和浸渍的方法将相变材料吸附到这些孔内，形成一种外形上具有不流动性的多孔基定形相变储热材料。这种方法制备过程所需时间较长，均匀性和稳定性不高，多次融固相变循环后仍可能出现渗漏。针对渗漏问题，可通过真空吸附及表面改性等技术手段进行改善。

张正国[40]采用吸附膨胀石墨吸附石蜡，吸附后膨胀石墨依然保持原来的疏松多孔蠕虫状形态，石蜡被膨胀石墨均匀吸附。Sari 利用此技术制备了多种相变材料，如膨胀珍珠岩/癸酸[41]、膨胀珍珠岩/石蜡[42]、膨胀石墨/石蜡[43]、膨胀石墨/软脂酸[44]等，这些复合相变材料都具有良好的多孔基定型结构和良好的导热性能。

（4）共熔法封装

将相变材料与熔点较高的另一种或多种高密度材料在高温下（温度高于材料的熔点）共混熔

融，然后降温至高密度材料熔点之下，高密度材料先凝固形成空间网状结构作为支撑材料，液态的相变材料则均匀分散到这些网状结构中，形成定形复合相变材料。这种材料的使用寿命长、性能稳定、无过冷和层析现象、材料的力学性能较好、便于加工成各种形状，是相变材料的研究热点之一。

叶宏等[45]以石蜡作为相变储热材料，聚乙烯作为支撑材料制备得到复合材料，并应用于房间辐射采暖，可提高房间采暖舒适度。张平则采用高压聚乙烯、低压聚乙烯等一系列高分子材料作为支撑材料，不同熔点、不同类型的石蜡作为相变材料，制备得到的定型相变材料中石蜡质量分数可达 80%，具有潜热高、均匀性好的特点。吕社辉等[46]介绍了高分子物质作为载体基质和相变介质制备高分子复合相变材料的方法，并分析了各种高分子复合相变材料的优缺点。

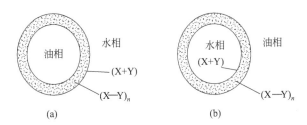

图 8-3　原位聚合法合成微胶囊[47]

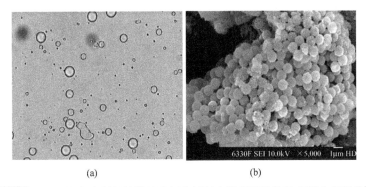

图 8-4　界面聚合法制得的微胶囊相变材料光学微观结构和扫描电镜图像[35]

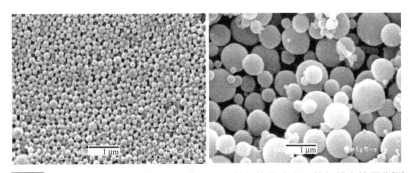

图 8-5　凝聚法（左）和喷雾干燥法（右）制得的微胶囊颗粒扫描电镜图像[39]

8.3.2　相变材料导热强化

对于大多数相变材料（金属及金属合金除外），其热导率都很低，直接影响储热或储冷过程的效率。在热量/冷量的储存释放过程中，固态的相变材料内部仅为导热，因此需要采取强化传热措施提高相变材料传热效率。强化相变材料热导率主要有三种方法[48]。

（1）相变材料-膨胀石墨复合
第一种导热强化方法是将相变材料与导热性好的石墨材料一起制备得到复合相变材料[49,50]。

将膨胀石墨（EG）作为导热增强材料与相变材料均匀混合，由于石墨孔隙多，比表面积大，当相变材料熔化后填充到石墨孔内，形成定型相变材料，利用石墨的高热导率提高相变材料的导热能力。

尹辉斌、高学农等[51]以石蜡为相变材料，与膨胀石墨制得复合相变材料后，其传热系数随膨胀石墨的含量先增加后减小，当膨胀石墨质量分数为 6.25％时得到最佳热导率 4.676W/(m·℃)，而纯石蜡的热导率仅为 0.27W/(m·℃) 左右，传热系数增强约 17 倍，蓄放热时间缩短了 65.3％～26.2％。Py 等[12]将石蜡吸附在具有多孔结构的膨胀石墨内，构成石蜡/石墨复合相变储热材料（石蜡质量分数 65％～95％），其热导率为 4～70W/(m·℃)。张正国等[52]改变石蜡质量分数分别为 50％、60％、70％和 80％，复合材料相变温度与纯石蜡相似，相变潜热与基于复合材料中对应石蜡含量的相变潜热计算值相当。Sari[43]在石蜡中添加不同质量分数的石墨，得到的复合材料的熔化温度与石蜡自身的熔化温度几乎相同。

（2）相变材料-泡沫金属复合

第二种导热强化方法是将相变材料均匀填充到泡沫金属骨架内的空隙，制得复合材料，从而提高相变材料的导热能力。高孔隙率的泡沫金属材料是近年开发的一种新型材料，这样得到的复合材料传热性能大大提高，相变装置内部均匀性得到改善，但是由于泡沫金属密度低，复合材料的储热能力有所降低[53,54]。郭茶秀等[55]将相变材料 KNO_3-$NaNO_3$ 填充在蒸汽管和铝片之间，利用铝片进行传热强化。

（3）添加导热微粒

第三种导热强化方法是在相变材料中均匀添加热导率高的微细颗粒，提高相变材料热导率，改善单一相变材料储、放热时温度分布不均匀的缺陷，缩短储热单元储放热时间[56]。

清华大学张寅平等[6]研究了在相变储热材料中加入铜粉和铝粉时的传热问题，结果表明，加入 5％～20％的铝粉和铜粉时，相变材料的热导率分别提高了 20％～56％和 10％～26％。Mettawee 等[13]研究了在石蜡中添加粒径为 80μm 铝粉的复合相变材料对太阳能蓄热系统的影响，研究结果表明：添加质量分数为 0.5％的铝粉后，复合材料的储热时间较纯石蜡缩短了 60％，平均传热效率也得到很大提高。Wang 等[57,58]在软脂酸中加入 30nm 的碳纳米管，其热导率随着加入碳纳米管的量的增加而增大，当碳纳米管质量分数为 5％时，固体和液体热导率分别提高 36％和 56％，相变温度和潜热分别降低 3.86％和 13.2％；而在石蜡中加入碳纳米管，当碳纳米管质量分数为 2％时，固体和液体热导率分别提高 35％和 40％。Zeng 等[59,60]在十四烷醇中加入 Ag 纳米颗粒，其热导率随 Ag 纳米颗粒的增加而得到增强，相变温度和相变潜热略有降低；在聚苯胺、十四烷醇中加入 30nm 的多壁碳纳米管，碳纳米管质量分数为 5％时热导率增加约 30％。表 8-10 列出了部分相关研究结论对比。

表 8-10　添加纳米颗粒改善相变材料热导率[61]

相变材料/颗粒	颗粒尺寸	主要结论	参考文献
石蜡/CNT	Φ30nm	CNT 质量分数为 2％时,固体和液体热导率分别提高 35％和 40％	[57]
软脂酸/CNT	Φ30nm	CNT 质量分数为 5％时,固体和液体热导率分别提高 36％和 56％,相变温度和潜热分别降低 3.86％和 13.2％	[58]
十四醇/Ag		热导率提高;相变温度、相变潜热稍降低	[59]
MWNTs/PA	Φ30nm	热导率最大分别提高 26％(不加分散剂)、19％(CTAB)、10.4％(SDBS);相变潜热稍降低	[60]
MWNTs/十四醇	Φ30nm	热导率提高 30％以上	[60]
AlN/PEG/SiO$_2$		相变潜热稍有降低,但导热性能明显提高。当添加的 AlN 质量分数从 5％增加到 30％时,复合材料的热导率从 0.847W/(m·℃) 增加到 0.661W/(m·℃)	[62]
石蜡/CNF	Φ100nm	CNF 质量分数为 3％时,热导率提高了 25％	[63]
正十八烷/介孔二氧化硅	Φ300nm	介孔二氧化硅质量分数为 3％和 5％时,热导率提高了 3％和 6％	[64]
石蜡/碳纳米填料		碳纳米填料质量分数为 5％时,热导率提高了 64％	[65]
石蜡/碳纳米纤维	Φ100nm×20μm	碳纳米填料质量分数为 4％时,热导率提高了 77％	[66]

8.3.3　复合材料热导率计算方法

（1）傅里叶计算法

傅里叶计算法认为复合材料由一定数量的周期性胞体单元组成，分析其整体性能时，可以首先对胞体单元进行力学分析。取复合材料中典型的胞体单元，分析这些代表性的胞体单元得到复合材料的宏观等效特性。

稳态热传导分析中，温度和热流密度满足以下方程：

$$\frac{\partial}{\partial x_i}\left(k_{ij}\frac{\partial T}{\partial x_j}\right)=0 \tag{8-5}$$

$$q_i=k_{ij}\frac{\partial T}{\partial x_j} \tag{8-6}$$

式中，k_{ij} 为热传导系数张量；T 是温度标量；q_i 是热流密度向量；$i,j=1,2,3$。对一个长、宽、高分别为 L、D 和 H 的长方形胞体单元，在其长度方向两边（胞体 $x_1=0$ 和 $x_1=L$ 两面）加载不同的温度，同时在其他四个面上加载周期性边界条件，如下：

$$T|_{x_1=0}=T_0+\Delta T \tag{8-7}$$
$$T|_{x_1=L}=T_0$$
$$T|_{x_2=0}=T|_{x_2=D} \tag{8-8}$$
$$T|_{x_3=0}=T|_{x_3=H}$$

根据以上边界条件求解温度场分布，即可得到温度和热流密度分布。复合材料胞体等效传热系数张量：

$$k_{e,ij}=q_i^{\text{avg}}\frac{L}{\Delta T} \tag{8-9}$$

式中，q_i^{avg} 为通过胞体 x_i 方向的平均热流向量。根据同样的道理，在宽度和高度方向加载不同温度，可得到这两个方向的等效传热系数。

采用傅里叶定律对复合材料热导率进行计算时，通常结合有限元方法进行求解。Klett[67]、梁基照[68]、孙爱芳[69]等分别用傅里叶定律和有限元方法预测了碳-碳复合材料、中空微球聚丙烯复合材料、聚四氟乙烯-石墨复合材料的有效热导率，对添加相较为稀少的情况，有限元数值模拟能较好地预测复合材料的有效热导率，随着添加相含量的增加，实验结果逐渐高于有限元预测。

（2）最小热阻和等效热阻法

热量在物体内传递时，热流会沿热阻力最小的通道传递，或通道在流过定向热流量时呈最小热阻力状态，相应通道的总热阻即为最小热阻，也称等效热阻。热阻力是热量流经热阻后产生的温降。最小热阻力类似于水顺着水阻力最小的通道流动，电流在电阻最小的路径内流通，同属物理学上的最小阻力法则。任取物体内具有 n 个并联通道的两个点，不论每个通道的具体热阻大小如何，两点之间每个通道的热流 q 与热阻的乘积均是相等的，此时通过 n 个通道的热流总和最大。n 个通道的热阻总和（总热阻），即等效热阻力为最小值。

根据傅里叶定律，对于均质材料，其热阻 R 可写成：

$$R=d/(Ak) \tag{8-10}$$

式中，d 表示热流通道的距离；A 表示热流通道的横截面积；k 为均匀介质的热导率（如单一相变材料）。对于非均质材料，引入等效热阻（R_e）和等效热导率（k_e）的概念，将其代入上式可得：

$$R_e=d/(Ak_e) \tag{8-11}$$

复合材料属于非均质材料，式（8-11）可用于计算其等效热阻。对于不同的材料，只要其等效热阻（R_e）相同，它们的等效热导率（k_e）就相同。因此，复合材料在指定热流向的热导率（k_e）可通过先求出该热流通道的等效热阻（R_e）获得。

在采用最小热阻和等效热阻法计算复合材料的等效热阻时，常采用热阻网络图。把热流量看作流量，而热导率、材料厚度和面积的组合则可以看作对应于流量的阻力，材料内部可以看成一个阻力网络，温差则是驱动热量流动的位势函数。傅里叶方程可表示为：热流量$Q=$温差 $\Delta T/$ 热阻 R。这种关系与电路理论的欧姆定律完全相似。应用电模拟原理能解决包括串联热阻和并联热阻的复杂导热问题。

陈则韶等[70]采用分区确定复合材料等效热导率的方法。如图 8-6(a) 所示的正方体复合块，用 x_1、x_2 和 y_1、y_2 4 个平面把单元体在 x-y 截面上切成 9 块。图 8-6(b) 为其热阻网络图，R_1（带阴影）为分散相热阻，R_2 为微元块热阻，R_3 为横向热阻。热流方程式可以写为：

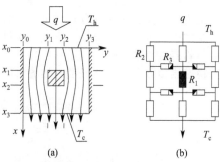

$$q=\frac{\Delta T}{\sum R_i} \tag{8-12}$$

式中，ΔT 为热流进出口温差，$\Delta T=T_h-T_c$。确定各热阻的阻值后，其等效热阻即可计算得到确定复合材料热导率。梁基照等[71]、李明伟等[72]分别用最小

图 8-6　正方复合体单元热阻模型及热阻网络图[70]

热阻和等效热导率计算了碳酸钙填充聚苯硫醚复合材料、Ni_2-ZrO_2 系复合材料的等效热导率。

（3）逾渗理论法

逾渗转变是指在庞大无序系统中随着联结程度，或某种密度、占据数、浓度的增加（或减少）到一定程度，系统内突然出现（或消失）某种长程联结性，性质发生突变，这种转变被称为发生了逾渗转变，或者说发生了尖锐的相变。逾渗理论用于处理无序系统中由于相互联结程度的变化所引起的突变效应，多用于研究复合材料的导电和脆韧转变，亦可用于分析多孔复合材料导热性能，尤其适用于高含量填充型复合材料热导率的预测。在相变材料中，随着添加材料量的增加，添加物在相变材料中形成聚集体的可能性也越大，当达到临界体积分数时，其导热特性产生突变。

王亮亮[73]根据导热填料在基体中的"海岛-网络"结构分布，并结合逾渗理论及其在导电复合材料中的应用，建立了导热复合材料的逾渗热导率方程：

$$k_m=\frac{k_1 k_c}{V k_2+(1-V) k_1}; \quad V \leqslant V_c$$

$$k_m=k_c \left(\frac{k_1}{k_c}\right)^{\left(\frac{V-V_c}{F-V_c}\right)^t \left(\frac{V}{\Phi}\right)^\beta}; \quad V>V_c \tag{8-13}$$

式中，k_1、k_2、k_m 分别为添加物、相变材料、复合材料的热导率；k_c 为临界热导率；V 为相变材料的体积分数；V_c 为逾渗临界体积分数；Φ 为填充因子，与填料的形状、大小以及物性相关，$\Phi=m_1/(V \rho_1)$；m_1 为分散相质量；ρ_1 为分散相相对密度；β 为形成粒子导热链的自由因子，代表分散添加物在复合材料中形成导热网络链的难易程度。

Privalko 等[74]采用逾渗理论和逐步平均法（SSA），对填料填充体系做出很好的预测。Gao 等[75]利用 Bruggeman 模型并考虑界面热阻，得出碳纳米管复合材料热导率的计算公式，并分析了不同粒子形状对其逾渗阈值和有效热导率的影响。

8.3.4　复合材料热导率计算模型

复合材料的热导率由载体、相变材料和所加的添加剂共同决定，是衡量材料导热性能的重要指标。影响复合材料热导率的因素包括：相变材料、载体材料热导率，相变材料含量，载体材料的结构形态等。对不同的相变材料传热强化方法，采用不同的适用模型，以下分别进行介绍。

（1）粒子填充模型

粒子填充模型适合于向相变材料中添加球形或近似球形导热颗粒强化传热。

① Russell 模型[76]。Russell 假定分散相分散在基体材料中后为具有相同尺寸、相互没有任何作用的立方体，根据热传导与电导相似性原理，得到该模型的数学表达式为：

$$k_{\mathrm{m}}=k_1\,\frac{V^{2/3}+\dfrac{k_1}{k_2}(1-V^{2/3})}{V^{2/3}-V+\dfrac{k_1}{k_2}(1-V^{2/3})}\tag{8-14}$$

式中，k_1、k_2、k_{m} 分别为添加粒子、相变材料、复合材料的热导率；V 为相变材料的体积分数。Russell 模型仅考虑到分散相的体积效应，且简单地假设粉体是具有相同尺寸的立方体，与实际情况相差较大，故偏离实测结果较大。

② Maxwell-Eucken 模型[77]。Maxwell 在假设颗粒增强复合材料中的相变材料为球形（图 8-7），且均匀分布在载体的条件下，提出了颗粒增强复合材料模型热导率的计算公式如下：

$$k_{\mathrm{m}}=k_1\,\frac{k_2+2k_1+2V(k_2-k_1)}{k_2+2k_1-V(k_2-k_1)}\tag{8-15}$$

Maxwell-Eucken 方程可较好地适应于颗粒增强复合材料（即分散相之间接触程度较低的情况），复合材料有效热导率与填充颗粒的形状、大小无关。但是颗粒浓度较高时，粒子之间不再孤立，采用 Maxwell-Eucken 方程与实验结果差别较大。

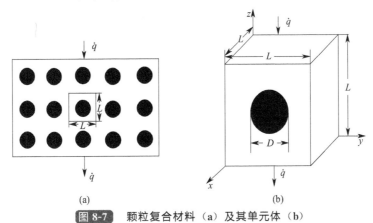

图 8-7　颗粒复合材料（a）及其单元体（b）

③ Bruggeman 模型[78]。导热填充粒子的含量增加到一定程度后，粒子之间相互接触。Bruggeman 采用微分方法，推导出对于微小增量（$\mathrm{d}V$）Maxwell-Eucken 方程的微分形式：

$$\mathrm{d}k_{\mathrm{m}}=3k_{\mathrm{m}}\,\frac{\mathrm{d}V(k_2-k_{\mathrm{m}})}{(1-V)(k_2+2k_{\mathrm{m}})}\tag{8-16}$$

积分后得到 Bruggeman 方程：

$$1-V=\frac{k_2-k_{\mathrm{m}}}{k_2-k_1}\left(\frac{k_1}{k_{\mathrm{m}}}\right)^{1/3}\tag{8-17}$$

④ Agari 模型[79]。填充粒子浓度增加后，粒子彼此之间发生团聚而形成导热链。针对 Maxwell-Eucken 模型中颗粒的低浓度假设，Y. Agari 引入垂直和平行传导机理。若所有填充粒子聚集形成的传导块与聚合物传导块在热流方向上是成行的，则热导率最高，称其为并联系统（vertical system）；若是成列的，则复合材料的热导率为最低，称其为串联系统（horizonical

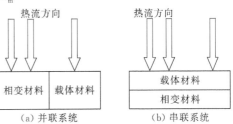

图 8-8　复合材料热传导模型

system），如图 8-8 所示，每块材料分别代表聚合物基体和填料理想堆积固体。

当材料骨架与热流平行时，热导率最大，

$$k_{\mathrm{m}}=Vk_2+(1-V)k_1\tag{8-18}$$

而材料骨架与热流垂直时，热导率最小，

$$k_{\mathrm{m}} = \left(\frac{V}{k_2} + \frac{1-V}{k_1} \right)^{-1} \tag{8-19}$$

复合材料真实热导率介于二者之间，采用以下计算公式：

$$\lg k_{\mathrm{m}} = V \beta \lg k_2 + (1-V) \lg (C k_1) \tag{8-20}$$

式中，C 为影响结晶度和聚合物结晶尺寸的因子；β 为形成粒子导热链的自由因子；导热链的形成程度由 β 体现，$0 \leqslant \beta \leqslant 1$，粒子形成的导热链越强，则对复合材料导热性影响越大，β 越接近 1。

⑤ Fricke 模型[80]。Fricke 模型考虑了填充粒子几何外形对复合材料热导率的影响，假定填充粒子为椭圆形，且为随机分布：

$$K_{\mathrm{m}} = k_1 \frac{1 + V[F(k_2/k_1 - 1)]}{1 + V(F - 1)} \tag{8-21}$$

式中，F 的大小由粒子形状、基体热导率和粒子热导率共同决定。

$$F = \frac{1}{3} \sum_{i=1}^{3} [1 + (K_2/K_1 - 1) f_i]^{-1}; \quad \sum_{i=1}^{3} f_i = 1 \tag{8-22}$$

式中，f_i 是椭圆形粒子的半轴长。$f_1 = f_2 \neq f_3$ 时，填料粒子的形状为椭球形；$f_1 = f_2 = f_3$ 时，填料粒子的形状为球形，此时 Fricke 方程可简化为 Maxwell 方程。

⑥ Hamilton-Crosser 模型[81]。对于更具有普遍意义的非球形填充粒子，Hamilton-Crosser 给出了复合材料的热导率的计算公式：

$$k_{\mathrm{m}} = k_1 \frac{k_2 + (n-1) k_1 + (n-1) V (k_2 - k_1)}{k_2 + (n-1) k_1 - V (k_2 - k_1)} \tag{8-23}$$

式中，$n = 3/\Psi$，Ψ 为粒子的球形度。如果粒子形状为球形，则 $\Psi = 1$，即 $n = 3$。此时 Hamilton-Crosser 方程可以简化为 Maxwell 方程。

(2) 纤维填充模型

纤维填充模型适合于向相变材料中加入纤维状添加物导热，强化传热。

① Springer-Tasi 模型[82]。Springer-Tasi 假设纤维为圆柱体，在基体材料中成直角分布，通过分析材料剪切负荷与热传导的关系，得到在垂直于纤维方向上复合材料热导率的半经验公式。

$$k_{\mathrm{m}} = k_1 \left\{ 1 - 2\sqrt{\frac{V}{\pi}} + \frac{1}{B} \left[\pi - \frac{4}{\sqrt{1 - B^2 V/\pi}} \tan^{-1} \left(\frac{\sqrt{1 - B^2 V/\pi}}{1 + B^2 V/\pi} \right) \right] \right\} \tag{8-24}$$

其中，$B = 2 \left(\frac{k_1}{k_2} - 1 \right)$。

② Halpin-Tsai 模型[83]。Halpin 提出了一个预测复合材料更为通用的模型，亦可适用于除圆柱体纤维外的长方体纤维。

$$k_{\mathrm{m}} = k_1 \frac{1 + \xi X V}{1 - \xi X V} \tag{8-25}$$

式中，$X = \dfrac{k_2/k_1 - 1}{k_2/k_1 + \xi}$；$\xi = \sqrt{3} \lg(a/b)$，$a$ 和 b 分别为复合材料中纤维的宽度和厚度，对于圆形和方向纤维，$\xi = 1$。

③ Y. Agari 模型[84]。Y. Agari 粒子填充模型改进后也可用于短纤维填充型复合材料热导率计算，填充纤维状添加物后复合材料热导率为：

$$\lg k_{\mathrm{m}} = V \left(\beta \lg \frac{L}{D} + E \right) \lg k_2 + (1-V) \lg (C k_1) \tag{8-26}$$

式中，L/D 为短纤维长径比；E 是与纤维种类及分散体系种类有关的参数。

(3) 多孔介质模型

对于共熔法和吸附法得到的复合材料，由于载体是多微孔材料，且孔隙之间形成互相连通的三维网络结构，当相变材料浸入多孔基体以后，基体中的孔隙被相变材料填充亦形成互联网络结构，但可能出现部分连通、部分隔离的情况，因此不能把该复合材料看作简单的两相复合，应用粒子填充或纤维填充模型计算结果与实验有较大差别。

徐伟强等[85]针对泡沫金属基复合材料的微观结构特征，提出了一种立体骨架式相分布（图 8-9），考虑了复合材料中熔化与凝结引起的空穴子（图 8-10，$2a$、$2b$ 为孔隙及金属骨架内沿边长，$2c_q$ 和 $2c_s$ 分别为相变材料熔融状态和凝固状态时空穴边长），利用等效热阻法推导得出了泡沫金属基复合材料有效热导率计算式为：

$$k_m = k_2 \left[(1-\zeta)^2 x_i + \frac{2\zeta(1-\zeta)x_i}{1-\zeta+x_i} + \frac{\zeta^2(1^2-\zeta_i^2)}{\zeta^2-\zeta_i^2+\zeta_i^3} \right] \tag{8-27}$$

式中，x 为热导率比，$x = k_2/k_1$，$\zeta = b/a$，$\zeta_i = c_i/a$，下标 $i = q$ 或 s，分别代表相变材料熔融状态和凝固状态时的值。

Boomsma[86]以三维圆柱近似金属韧带，以方块作为节点，采用十四面体结构建立计算金属泡沫等效热导率，不考虑自然对流、热辐射以及空气导热影响时计算式为：

$$k_m = k_2 \left[\frac{4\lambda}{2e^2 + \pi\lambda(1-e)} + \frac{3e-2\lambda}{e^2} + \frac{(\sqrt{2}-2e)^2}{2\pi\lambda^2(1-2e\sqrt{2})} \right] \tag{8-28}$$

式中，$\lambda = \sqrt{\dfrac{\sqrt{2}[2-(5/8)e^3\sqrt{2}]-2\varepsilon}{\pi(3-4e\sqrt{2}-e)}}$，$e = 0.339$，$\varepsilon$ 为泡沫金属空隙率。

Jagjiwanram[87]将泡沫金属视为均匀骨架结构，分析了骨架结构域热流方向夹角对复合材料有效热导率的影响规律。泡沫金属传热模型见图 8-11。

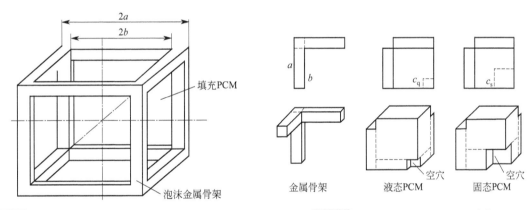

图 8-9　泡沫金属基复合材料热导率分析单元模型[85]　　图 8-10　包含空穴子的传热模型[85]

8.3.5　复合材料储热

（1）材料储热密度计算

材料的储热密度是指单位质量的材料所能够储存的热量，这个热量既包含材料的显热，也包含材料的潜热。储能密度是衡量材料储热能力的重要指标。对于显热和潜热储热材料，其单位质量储能密度按式(8-1) 和式(8-2) 计算。而对于复合材料，由于相变材料和载体材料（或添加材料）是纯物理的熔融浸渗复合过程，两者在复合过程中及使用过程中都不会发生化学反应，故复合材料单位质量的储能密度的表达式为：

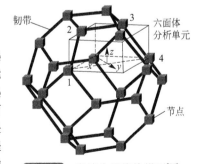

图 8-11　泡沫金属传热模型[86]

$$Q_s = (1-\eta)\int_{T_0}^{T_s} C_{ss}\mathrm{d}T + \eta\left(\int_{T_0}^{T_{sf}} C_{ls}\mathrm{d}T + \Delta H_{lf} + \int_{T_{sf}}^{T_s} C_{ll}\mathrm{d}T\right) \tag{8-29}$$

式中，η 为相变材料的质量分数。式(8-29) 也可写为类似(8-2) 的形式。

$$Q_s = \int_{T_0}^{T_s} C'_s dT + \eta \Delta H_{lf} + \int_{T_{sl}}^{T_s} C'_l dT \tag{8-30}$$

式中，C'_s 和 C'_l 分别为相变材料处于固相、液相时复合材料的比热容。

（2）纳米颗粒储热强化

在相变材料中加入微纳米颗粒后，所得复合材料的比热容会发生改变。若添加材料的比热容大于相变材料比热容，则所得到的复合材料比热容增加；反之，添加材料比热容小于相变材料，复合材料比热容减小。对于大尺寸添加物，复合材料比热容按添加材料质量分数加权计算。

$$C'_s = \eta C_{ss} + (1-\eta)C_{ls}$$
$$C'_l = \eta C_{ss} + (1-\eta)C_{ll} \tag{8-31}$$

当颗粒尺寸处于纳米量级时，则存在尺寸效应和表面效应。加入少量纳米颗粒后，所得复合材料比热容就会发生较大的变化[88]。黎荣标[89]以水为基液、月桂酸为分散剂，加入 40nm 的 Cu 纳米颗粒制得 $Cu\text{-}H_2O$ 纳米复合相变材料，其潜热和比热容都随着纳米质量分数的添加呈非线性减小。当质量分数为 5%、10%、15%时，比热容减小分别为 29.1%、49.8%和 55.6%。

8.4 储热（冷）技术中的传热问题

8.4.1 相变材料的熔化与凝固

蓄热器内相变材料的传热（熔化与凝固）过程，是蓄热器设计的重要参考依据，如确定储热材料的用量、热储存或释放过程所需时间等。相变传热问题求解的核心问题为熔化（或凝固）界面的确定，该界面随着熔化（或凝固）过程的进行而发生移动。对于共熔共晶混合物，存在一明确清晰的熔化（或凝固）界面，而非纯材料（石蜡、部分合金等），其熔化（凝固）发生在一个温度范围，因此，界面为模糊的两相区。

相变材料熔化过程受实验容器形状、热流方向的影响，表现出不同的形式。其熔化形式可分为两类，一类为大空间熔化，即将加热器件（例如加热棒）放入相变材料中，研究加热器件周围相变材料的熔化过程；另一类为有限空间熔化，即将相变材料装入一定形状的容器中，热流从容器壁传热，研究容器内相变材料的熔化过程。

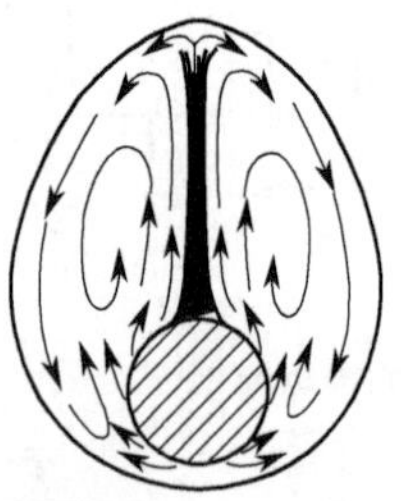

图 8-12 加热管周围对流运动规律[90]

（1）大空间内相变材料熔化

Bathelt 等[90]将 6.4mm 的电加热棒水平放入石蜡（C_{18}）槽中，观察了不同的斯蒂芬数（St）时加热棒周围石蜡的溶化情况。在 $St=0.587$，$Fo=1.92$ 时（Fo 为傅里叶数，无量纲加热时间），观察到圆柱体附近的换热以导热为主，再经过一段时间后自然对流才开始发展。而在 $St=1.175$ 的情况下，$Fo=1.92$ 时，已经可以观察到自然对流的现象发生，并且随着加热的继续，可以看到整个熔化区域呈梨外轮廓形状。这说明相变材料的熔化主要在圆柱体的上方发生，而几乎不在圆柱体的下方。图 8-12 为加热管周围熔化后石蜡的对流运动情况；图 8-13 给出了不同斯蒂芬数下石蜡的熔化过程。

Sparrow 等[91]也进行了相似的实验并得到了相似的结果。在熔化的开始阶段，换热主要以导热的形式进行，在经过一个相对较短的导热主导的相变传热过程后，相变传热的形式开始主要以自然对流展开。

（2）有限空间内相变材料熔化

根据容器形状和加热方式的不同，有限空间内相变材料熔化存在以下 3 种形式：球形或水平圆柱容器加热；容器垂直侧壁加热；以及容器顶部或底面加热。

① 球形或水平圆柱容器加热。由于球内或水平圆柱内的相变材料的固液两相存在着密度差（相变材料的液态密度一般要低于固态密度），导致固体在重力的影响下一边熔化一边下沉，并且使固体底部一直与容器内壁保持接触，直接与容器底部发生传热，发生接触熔化，如图 8-14 所示。

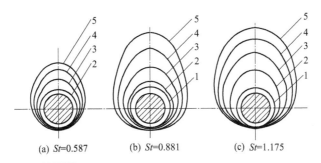

(a) $St=0.587$　　　(b) $St=0.881$　　　(c) $St=1.175$

图 8-13 不同加热时间加热管周围石蜡熔化情况

$1—Fo=0.96$；$2—Fo=1.92$；$3—Fo=3.84$；$4—Fo=5.76$；$5—Fo=7.68$[90]

在上部区域相变材料熔化后，液态相变材料沿管壁上升，在中心处下降，形成图 8-15 所示的自然对流。如果将相变材料固定在容器中心，通过液态的相变材料传热给固体使其熔化，同样由于液态相变材料的对流的影响，横截面处相变材料熔化并不保持圆形；上部分的固体的熔化速率快于下部分固体，自然对流将热流体输送到圆管横截面的上部，而将冷流体输送到底部。图 8-16 和图 8-17 给出了熔化过程、液相区的流线和温度场。

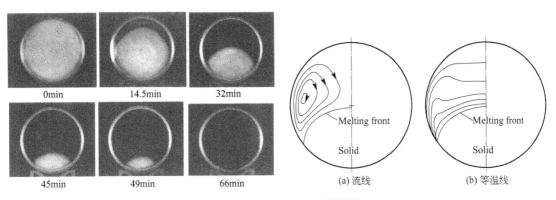

0min　　　14.5min　　　32min

45min　　　49min　　　66min

图 8-14　圆柱容器内相变材料
（石蜡，C_{18}）的熔化过程[92]

Melting front

Solid

(a) 流线

Melting front

Solid

(b) 等温线

图 8-15　容器内相变材料（石蜡，C_{18}）
熔化后的流线和温度场[92]

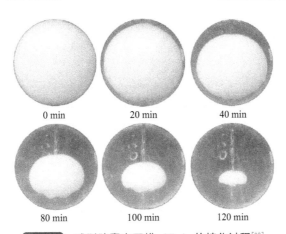

0 min　　　20 min　　　40 min

80 min　　　100 min　　　120 min

图 8-16　球形胶囊内石蜡（C_{18}）的熔化过程[93]

　② 容器侧壁加热。对容器侧壁进行加热，容器内相变材料发生熔化，其上部熔化速率要大于下部，且这一现象随着加热的进行越来越明显（图 8-18）。这也是由于熔化后的液态相变材料发生自然对流，加热壁面出热流体向上运动，强化上部相变材料熔化。

图 8-17 容器内相变材料（石蜡，C_{18}）
熔化后的流线和温度场[93]

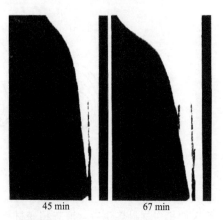

45 min 67 min

图 8-18 容器侧壁加热后石蜡（C_{18}）
的熔化过程[94]

③ 容器顶部或底面加热。对容器上表面加热，上部相变材料先熔化，容器内温度梯度方向垂直向上。此时液态相变材料不会形成明显对流运动，其熔化为稳定的纯导热过程。对容器下表面加热，则底部相变材料熔化后会向上运动，形成自然对流，此时的熔化过程是不稳定的。

熔化刚开始时，在底部相变材料液态区会出现一个个的对流区间，对流区间的数量与加热温度以及液态区的高宽比有关。温差越大、高宽比越小，则对流区间的数量越多。随着熔化过程的进行，相变材料熔化层厚度增加，对流区间逐渐发展并相互融合，其尺寸变大而数量减少（图 8-19）。对流区间变大后，其扰动变得剧烈，上升的热流体不断冲击熔化界面热边界层，加速熔化过程的进行。

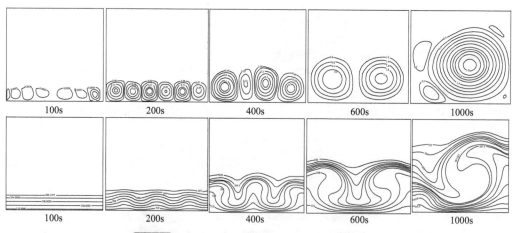

100s 200s 400s 600s 1000s

100s 200s 400s 600s 1000s

图 8-19 底部加热后相变材料（镓）熔化过程[95]

（3）相变传热数学模型[6]

相变传热控制方程以连续介质概念作为基础，假定相变材料在每相都是均匀和各向同性的。图 8-20 为空间中所选取的一控制体 V，控制体结构和尺寸不随时间变化而变化。在某一时刻 t，控制体 V 由固液界面分为固相和液相两部分（V_s、V_l），在液相区，由于密度变化以及可能存在的对流会产生液相流动速度 v。通过热边界条件、初始温度以及材料物性条件等计算控制区界面的运动、温度变化。

相变传热问题的分析按所选表征量可分为两种模型。温度法模型：以温度为唯一因变量，分别在固相和液相区建立能量守恒方程。

$$\rho_s c_s \frac{\partial T_s}{\partial t} = \nabla(k_s \nabla T_s) + q_s \tag{8-32}$$

$$\rho_1 c_1 \left(\frac{\partial T_1}{\partial t} + v \nabla T_s \right) = \nabla (k_s \nabla T_s) + q_s \tag{8-33}$$

界面能量平衡方程为：

$$\rho_s \Delta h_m v_n = \left(k \frac{\partial T}{\partial n} \right)_s - \left(k \frac{\partial T}{\partial n} \right)_1 \tag{8-34}$$

式中，T 为温度；ρ 为密度；c 为比热容；k 为热导率；q 为体积内热源项；v 为液相流动速度；v_n 为界面运动速度；Δh_m 为相变材料熔化焓变；下标 s、1 分别代表固相和液相。在以下情况可不考虑液相速度场（$v=0$）：①忽略密度变化的影响，液相内只有导热；②密度不同，但液相一直处于相变温度。

熔法模型：以焓和温度共同作为因变量，对固、液相不区分整体建立控制方程。

$$\frac{d}{dt} \int_1 \rho h \, dV + \int_s \rho h v \, dA = \int_s k \nabla T \, dA + \int_1 q \, dV \tag{8-35}$$

当固、液两相比热为常数时，温度与焓的关系为：

$$T - T_f = \begin{cases} (h - h_s^*)/c_s & h < h_s^* \\ 0 & h_s^* < h < h_1^* \\ (h - h_1^*)/c_1 & h > h_1^* \end{cases} \tag{8-36}$$

在不考虑有对流及热源的情况下，则有：

$$\rho \frac{\partial h}{\partial t} = k \nabla^2 T \tag{8-37}$$

$$\rho = \begin{cases} \rho_s \\ \rho_1 \end{cases} \quad k = \begin{cases} k_s & h < h_s^* \\ k_1 & h > h_1^* \end{cases} \tag{8-38}$$

式中，h_s^*、h_1^* 分别为固相、液相的饱和焓。熔法模型对材料的密度和相变特性没做任何假设，亦适用于相变发生在一个温度区间甚至根本没有发生相变的问题。熔法模型把原来在两个活动区域及固-液界面成立的方程组转换为在一个固定区域内成立的方程，无须跟踪界面，便于数值计算。

通常方程(8-32)至方程(8-34)的求解需要采用数值方法，数值求解过程可参考文献[96]。而对于一维相变传热［斯蒂芬（Stefan）问题］，方程(8-32)至方程(8-34)存在精确解，即诺曼（Neumann）解。

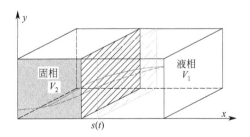

图 8-20　储热材料相变过程控制体示意图

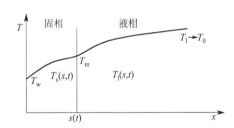

图 8-21　半无限大平板冷凝过程示意图

如图 8-21 所示，考虑一个分布在正 x 区域处于均匀温度 T_0 的液体，T_0 高于其固态的熔解温度 T_f，在 $t=0$ 时，处于 $x=0$ 的液态表面突然降到 T_w（$T_w < T_f$），并保持下去。这样，凝固从 $x=0$ 的表面开始，固-液交界面则沿 x 正方向移动。忽略固-液相密度变化，方程(8-32)至方程(8-34)可写为：

$$\frac{\partial T_s}{\partial t} = a_s \frac{\partial^2 T_s}{\partial t^2} \quad x < s(t) \tag{8-39}$$

$$\frac{\partial T_1}{\partial t} = a_1 \frac{\partial^2 T_1}{\partial t^2} \quad x > s(t) \tag{8-40}$$

界面 $s(t)$ 处固相与液相具有相同的温度，$T_s(s,t)=T_1(s,t)=T_m$，界面能量平衡方程为：

$$\rho_s \Delta h_m \frac{\mathrm{d}s}{\mathrm{d}t} = k_s \frac{\partial T_s}{\partial x} - k_1 \frac{\partial T_1}{\partial x} \quad x=s(t) \tag{8-41}$$

其单值性条件为：

$$\begin{aligned} T_s(s,0)=T_1(s,0)=T_i \quad t\leqslant 0 \\ T_s(0,t)=T_w \quad x=0, t>0 \\ T_1(x,t)=T_0 \quad x\to\infty \end{aligned} \tag{8-42}$$

构造出固相和液相内温度分布的解分别为：

$$T_s(x,t)=T_w + A\,\mathrm{erf}\,\frac{x}{\sqrt{4a_s t}} \tag{8-43}$$

$$T_1 = T_0 + B\,\mathrm{erfc}\,\frac{x}{\sqrt{4a_1 t}} \tag{8-44}$$

解方程(8-43) 和方程(8-44) 满足微分方程、边界条件和初始条件，带入界面条件，可得：

$$T_w + A\,\mathrm{erf}(\lambda) = T_0 + B\,\mathrm{erfc}\left(\lambda \sqrt{\frac{a_s}{a_1}}\right) = T_m \tag{8-45}$$

$$\lambda = \frac{s(t)}{\sqrt{4a_s t}} \tag{8-46}$$

式中，λ 为常数，得到系数 A、B 的表达式：

$$A = \frac{T_m T_w}{\mathrm{erf}(\lambda)}$$

$$B = \frac{T_i - T_m}{\mathrm{erfc}\left(\lambda \sqrt{\frac{a_s}{a_1}}\right)}$$

通过固定边界位置，诺曼得到固相区和液相区的温度分布如下（具体方法参见 M. N. 奥齐西克《热传导》[97]）：

$$\frac{T_s(x,t)-T_w}{T_m - T_w} = \frac{\mathrm{erf}\,\dfrac{x}{\sqrt{4a_s t}}}{\mathrm{erf}(\lambda)} \quad x<s(t) \tag{8-47}$$

$$\frac{T_1(x,t)-T_0}{T_m - T_0} = \frac{\mathrm{erf}\,\dfrac{x}{\sqrt{4a_1 t}}}{\mathrm{erf}(\lambda \sqrt{a_s/a_1})} \quad x>s(t) \tag{8-48}$$

式中，λ 由界面能量守恒方程(8-41) 确定。

$$\frac{e^{-\lambda^2}}{\mathrm{erf}(\lambda)} - \frac{k_1\sqrt{a_s}}{k_s\sqrt{a_1}} \frac{T_m - T_0}{T_m - T_w} \times \frac{e^{-(a_s/a_1)\lambda^2}}{\mathrm{erf}(\lambda\sqrt{a_s/a_1})} = \lambda \frac{\Delta h_m \sqrt{\pi}}{C_{sp}(T_m - T_w)} \tag{8-49}$$

式(8-49) 是超越方程，λ 一般通过作图或迭代方法求得。

通过壁面 $(x=0)$ 的热流及从 $t=0$ 到 τ 时刻起总传热量为：

$$q = k_s \frac{\partial T}{\partial x}\bigg|_{x=0} = -\frac{k_s(T_w - T_0)}{(\pi a_s t)^{0.5}\,\mathrm{erf}(\lambda)} \tag{8-50}$$

$$Q = A\int_0^\tau q\,\mathrm{d}t \tag{8-51}$$

误差函数：

$$\mathrm{erf}\left(\frac{x}{\sqrt{4at}}\right) = \frac{2}{\sqrt{\pi}} \int_0^{x/\sqrt{4at}} e^{-t^2}\,\mathrm{d}t \tag{8-52}$$

$$\mathrm{erfc}\left(\frac{x}{\sqrt{4at}}\right) = 1 - \mathrm{erf}\left(\frac{x}{\sqrt{4at}}\right) = \frac{2}{\sqrt{\pi}} \int_{x/\sqrt{4at}}^\infty e^{-t^2}\,\mathrm{d}t \tag{8-53}$$

对于加热固相相变材料的溶解，在忽略自然对流的情况下，以上解法同样适用。

8.4.2　储热系统散热削弱

为减少储存热量的散热损失，提高储热系统的热效率，需对储热单元作保温处理。常用的做法是在储热装置壁面上附加一层热绝缘材料（保温层），以增加热阻的方式削弱系统散热。工程上所指的保温材料是指热导率不大于 $0.2W/(m \cdot ℃)$ 的材料，常用的有泡沫塑料、岩棉等，其物性参数见表 8-11。

表 8-11　常用保温材料物性表

序号	材料名称	耐火等级		热导率 /[W/(m·℃)]	工作温度 /℃	密度 /(kg/m³)	常规板材尺寸 /mm
1	岩棉	A	不燃	0.026~0.035	−260~700	≤150	1000×630×100
2	矿渣棉	A	不燃	0.041~0.055	≤650	60~100	1000×630×100
3	复合硅酸盐	A	不燃	0.028~0.045	−40~700	30~80	1000×500×100
4	玻璃棉板	A	不燃	0.03~0.04	−120~400	24~96	
5	泡沫石棉板	A	不燃	0.033~0.044	≤600	20~40	1000×500
6	橡胶海绵（一类）	B1	难燃	≤0.038	≤110	65~85	1000×2000×100
7	聚氨酯发泡板	B1	难燃	0.022~0.024	−130~120	≥30	500×1000×100
8	聚苯乙烯泡沫板	B1	难燃	0.031~0.04	−130~70	18~22	

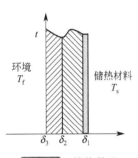

图 8-22　储热装置保温层示意图

如图 8-22 所示的储热装置保温层，储热材料温度为 T_s，储热材料由容器盛装，容器外有两层保温材料，容器壁厚和保温层厚度依次为 δ_1、δ_2 和 δ_3，环境（或储热装置外流体）温度为 T_f，其传热系数为：

$$k = \cfrac{1}{\cfrac{1}{h_s} + \cfrac{\delta_1}{\lambda_1} + \cfrac{\delta_2}{\lambda_2} + \cfrac{\delta_3}{\lambda_3} + \cfrac{1}{h_f}} \tag{8-54}$$

传热量为：

$$\Phi = Ak(T_f - T_w) \tag{8-55}$$

式中，h_s、h_f 分别为储热材料侧、环境侧对流换热系数；λ_1、λ_2 和 λ_3 分别为容器材料以及两种保温材料热导率；A 为保温材料散热面积。

从散热角度看，保温层厚度越大，其传热系数越小，当厚度趋于无穷大时保温装置热损失趋于零，但从经济角度分析，这显然不可取。因此在投资和热绝缘效果之间折中考虑，在保证热绝缘效果的同时减少投资，这样的保温层厚度被称为经济厚度。经济厚度确定方法如下：首先计算保温装置在不同厚度保温层时的热损失，根据这些热损失求出各保温层厚度时的年度经济损失，将保温层厚度与年度热量损失费用的关系用曲线表示出来，如图 8-23 中曲线 1 所示。其次，计算不同保温层厚度的初投资和年度折旧费用，同样将厚度与费用的关系用曲线表示，如图 8-23 中曲线 2 所示。最后求出这两种费用的总和，将保温层厚度与总费用用如

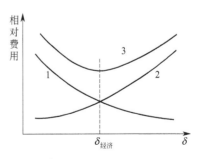

图 8-23　经济厚度确定方法

图 8-23 曲线 3 表示，曲线 3 的最低点横坐标所对应的保温层厚度即为最经济的保温层厚度，用 $\delta_{经济}$ 表示。

对于保温板而言，传热系数总是随着保温层厚度的增加而减小，但是对于保温管，则存在临界热绝缘直径 d_{lj}。只有当管外径 d_x 大于临界绝缘直径时，增加保温层厚度才能起到增强保温的作用。

$$d_{lj} = \frac{2\lambda_2}{\alpha_2} \tag{8-56}$$

式中，λ_2 为保温层材料热导率；α_2 为保温层外表面换热系数。临界热绝缘直径与材料热导率有关，故可通过改变材料来改变热绝缘直径。通常储热装置管道直径都大于临界热绝缘直径，只有管道直径较小且绝缘材料性能较差时，才会出现管外径小于临界热绝缘直径的情况。

8.4.3 储热系统传热强化

在热量存储和释放过程中，传热流体与储热装置之间进行热交换，其传热量同样可采用式 (8-54) 和式 (8-55) 计算。为保证一定的储热（或释热）速率，需强化传热流体与储热装置间传热。传热强化方式可从以下两方面入手。

（1）增加传热面积

采用肋壁是增加换热面积最常用的方式。加肋后，传热量的计算表达式为：

$$\Phi = A_2 k_2 (T_f - T_w) \tag{8-57}$$

$$k_2 = \frac{1}{\frac{1}{h_1}\beta + \sum\frac{\delta_i}{\lambda_i}\beta + \frac{1}{\eta h_2}} \tag{8-58}$$

式中，A_2 为加肋后传热面积；h_2 为肋侧换热系数；k_2 为肋侧表面积 A_2 为基准时的传热系数；β 为肋化系数；η 为肋面总效率，肋壁传热推导过程可参考文献［98］。值得一提的是，为最有效地强化传热，肋面需加在热阻换热系数较小（热阻较大）的一侧。

（2）提高换热系数

提高传热流体与壁面的对流换热系数的方法很多，可行的方法有：通过加大流速、改变换热结构形状等方法增加流体扰动；通过加入干扰物（如金属丝、螺旋环等）、射流喷射等方法破坏流动边界层；在传热流体中加入微粒、液滴等方式改变传热流体物性。

8.5 低品位热和冷存储技术应用

8.5.1 太阳能利用

太阳能具有清洁、无污染的特点，利用太阳能是解决能源危机和环境污染的重要途径之一。但是受到地理、季节、昼夜及天气变化等因素的制约，太阳能具有间断性和不稳定性等特点。为了保证不间断供热，需采用储能装置，在能量富裕时储能，在能量不足时释放。

根据储热时间的长短，太阳能蓄热分为短期和长期储热。一般来说，短期储热装置容积较小，主要为住宅、宾馆等建筑提供生活用水或冬季供暖的部分用热。图 8-24 表示一套太阳能相变材料蓄热式热水器结构示意，在蓄热槽内放入三排聚乙烯瓶，每个瓶内填充 0.7347kg 相变材料（$Na_2S_2O_3 \cdot 5H_2O$，相变温度 48.5℃），其储热能力为传统热水器的 2.59~3.45 倍，且在晚间同样能供给恒定为 45℃ 的热水。Rabin 等[99] 设计了一种类似的太阳能热水器，采用 $CaCl_2 \cdot 6H_2O$ 和 $CaBr_2 \cdot 6H_2O$ 的混合物作为储热材料，在冬季时能供给恒定为 20℃ 的热水。

与短期储热相对应，储热周期为一年的季节性储热即为长期储热，季节性储热系统为区域建筑提供全年生活热水用热和冬季采暖部分热量。季节性储热装置一般置于地面以下，以土壤、岩石、地下水等作为储热介质。为减少热损失，需选择合适的储热温度，使储热容积尽可能大，同时考虑土壤绝热性能以及储热装置位置等。储热装置中热量的储、取以热水作为能量介质，在冬季为避免管道冻裂，可采用乙二醇水溶液作为能量介质。图 8-25 为德国弗里德里希斯哈芬（Friedrichshafen）的季节性水储热装置，该装置利用岩洞中的水作为储热介质，太阳能集热装置吸收太阳能热量加热热水，热水经热力管网送至岩洞中。在冬季需时通过换热器将储热装置内热量输送至区域热力管网。

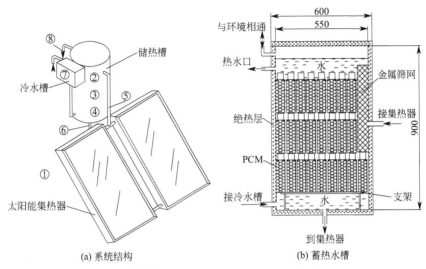

(a) 系统结构　　　　　　　　(b) 蓄热水槽

图 8-24　太阳能 PCM 蓄热式热水器[17]

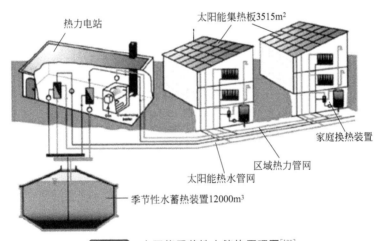

图 8-25　太阳能季节性水储热原理图[100]

8.5.2　建筑节能

　　储热（或冷）技术在建筑节能上主要有以下几方面的应用：①低温储热材料用于蓄冷，调节空调负荷，例如冰（或）水蓄冷技术。②在建筑材料中添加相变材料，用于增加房屋的热惰性，减小房间的温度波动，从而降低空调或采暖负荷，达到建筑节能的目的，此时相变材料的相变温度在室温附近。最初是将相变材料直接掺混到建筑材料中构建建筑护围结构或直接封装相变材料用于蓄冷、蓄热，在 20 世纪 90 年代后，则开始对复合相变材料制备进行研究，并得到了很好的应用。③采用相变材料吸收热量，用于建筑供暖，例如主动或被动式太阳能暖房，常采用相变温度 50℃至 60℃的相变材料。

　　冰蓄冷空调技术是指在用电低谷时用电制冰并暂时储存在蓄冰装置中，在需要时（如用电高峰）把冷量取出来进行利用，由此可以实现对电网的"削峰填谷"，有利于降低发电装机容量，维持电网的安全高效运行。图 8-26 为某建筑所采用的冰蓄冷空调系统工作流程：夜间用户风机盘管系统停止运行，前段只运行工况机组，打开 V2、V4 节流阀，关闭 V1、V3 节流阀，让－3.5～－3℃低温 20％浓度的乙二醇溶液被主机运送到蓄冰罐，在蓄冰罐中吸收热量，然后通过冷冻泵回流工况机组，一直循环，让蓄冰罐中的水冰化 90％以上。白天高峰负荷时，储冰罐中

0℃的水被输送到融冰板式换热器,换热后的高温水回流到储冰罐,被洒在冰上直接进行融冰,只要罐中有冰就可以一直保持出水温度在3.5℃左右,为融冰板式换热器的另一侧提供5～7℃的冷冰用于供冷。

当空调系统采用冰蓄冷和低温送风相结合的方式后,由于输送冷水温度降低,系统的管网和盘管、整个风道系统以及水泵、冷却塔等辅机在材料、尺寸和容量方面的要求均比较低,因而可以明显节约系统设备的投资。此外,在安装过程中,施工量和材料消耗量也相应减少。冰蓄冷和低温送风系统相结合具有很大的竞争力,已成为建筑空调节能技术的发展方向之一。

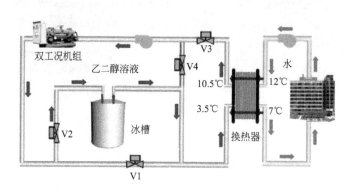

图 8-26 冰蓄冷空调系统工作原理

8.5.3 纺织工业

人体处于热平衡时,感觉舒适的平均温度是33.4℃,若温度范围超过±4.5℃,则有冷暖的感觉。根据人体的这一特点,选择合适熔点温度的相变材料应用在纺织服装上,可以达到使人体舒适的感觉。相变材料对环境变化起到一定缓冲作用:当环境温度升高时,相变材料吸收热量从固态变为液态,降低体表温度;相反,环境温度降低后,相变材料从液态变为固态放出热量,保持人体正常温度。

在纺织上所用的相变材料通常是石蜡类烷烃,采用不同烷烃混合可以得到纺织所需的相变温度点。对于严寒气候,相变温度选择18.33～29.44℃,温暖气候为26.67～37.78℃,炎热气候或大运动量时则为32.22～43.33℃。

相变材料的纺织方法主要有:①中空纤维填充法。将中空纤维浸渍于相变材料溶液中,纤维吸附相变材料后,再用特殊技术将纤维两端封闭。②复合法。用复合纺丝技术纺出皮芯复合相变纤维。③微胶囊法。将相变材料密封于微胶囊,然后纺入纤维中或涂在纺织物表面。

近年来,储热调温纺织品种不断增加,性能不断得到完善,其应用领域不断扩大。除满足生活舒适性外,还在医用防护服、消防服[15]、军用防红外探测装置等多个领域得到应用。

8.6 低品位热和冷存储技术发展趋势

热能存储技术的理论和应用属交叉学科的新方向,涉及材料、能源、化学、工程热物理等学科。随着相关学科的发展,低品位热和冷存储技术体现出以下发展方向。

(1) 新型相变材料

低温相变储热材料主要以水合盐和有机物为主,通过共熔混合可得到不同熔点的相变材料,具有较为成熟的应用。但过冷和相分离目前仍是水合盐大规模使用存在的问题,而有机相变材料具有易燃特性,在特定场合(如消防)具有一定的局限性。因此,有必要研发更多的相变储热材料,满足不同需求。相比而言,合金具有良好的导热特性,熔盐具有价格便宜、原料丰富的特点,有必要对低熔点合金、低熔点混合熔盐特性做进一步研究。

（2）相变材料复合技术

复合相变储热材料既能有效克服单一的无机物或有机物相变储热材料存在的缺点，又可以改善相变材料的应用效果以及拓展其应用范围。复合相变储热材料是目前以及今后低品位热和冷储能技术的研究热点。

（3）纳米强化储热技术

纳米材料尺度介于分子与体相尺寸之间，具有量子尺寸效应以及大表面积和高表面能的特点。将纳米材料与相变储热材料结合，可增加储热材料热导率、比热容等参数，改善其传热性能、流动性能、储热性能等。相变材料与纳米技术结合是储热技术的一个重要方向。

（4）功能型相变热流体

功能相变热流体具有储热密度大、传热速率大的双重优点，能提高传热效率，减小换热器及相应管道尺寸，是相变材料和工程热物理学科结合的研究热点。

（5）蓄能系统优化

热量（或冷量）的存储是为某一工艺过程服务，在蓄能系统设计和研发时结合实际过程，对储热系统中储放热时间、储热量、传热过程等进行优化，可使整个系统发挥最佳作用。结合热力学、系统论等知识，有必要对储热系统优化分析。

（6）储热技术在新领域应用

经过几十年的发展，储热技术在太阳能蓄热、建筑采暖、空调蓄冷等领域取得了很好的应用。利用相变储热材料自身特点（具有大潜热、吸放热在恒温下进行等），拓宽其应用领域，使储热技术发挥新的活力。

参 考 文 献

[1]　蔡九菊，王建军，陈春霞，等．钢铁工业余热资源的回收与利用．钢铁，2007，6：1-7.

[2]　Telkes M. Thermal energy storage in salt hydrates. Solar Energy Materials，1980，2（4）：381-393.

[3]　崔海亭，杨锋．蓄热技术及其应用．北京：化学工业出版社，2004.

[4]　陈则韶，葛新石．相变储热材料的热物性及石蜡的增量与对容积增量的关系．太阳能学报，1983，4（1）：9-15.

[5]　陈则韶．求凝固相变传导问题的简便方法——热阻法．中国科学技术大学学报．1991，21（3）：69-76.

[6]　张寅平，胡汉平，孔祥冬，等．相变贮能理论与应用．合肥：中国科学技术大学出版社，1996.

[7]　阮德水，张太平，张道圣，等．相变储热材料的DSC研究．太阳能学报，1994，15（1）：19-24.

[8]　陈文振，程尚模．矩形腔内相变材料接触熔化的分析．太阳能学报．1993，14（3）：202-208.

[9]　陈文振，程尚模，罗臻．水平椭圆管内相变材料接触熔化的分析．太阳能学报，1995，16（2）：133-137.

[10]　詹世平，周智轶，黄星，等．原位聚合法制备微胶囊相变材料的进展．材料导报A，2012，26（12）：76-78.

[11]　肖鑫，张鹏．泡沫石墨/石蜡复合相变材料热物性研究．工程热物理学报，2013，3：530-533.

[12]　Py X，Olivess R，Mauran S. Paraffin/porous graphite matrix composite as a high and constant power thermal storage material. International Journal of Heat and Mass Transfer，2001，44（14）：2727-2737.

[13]　Mettawee E B S，Assassa GM R. Thermal conductivity enhancement in a latent heat storage system. Solar Energy，2007，81：839-845.

[14]　颜家桃，高学农，唐亚男，等．复合相变材料的制备及其在地板采暖中的应用．新型建筑材料，2010，10：6-9.

[15]　李俊，王云仪，张向辉，等．消防服多层织物系统的组合构成与性能．东华大学学报：自然科学版，2008，34（4）：410-415.

[16]　Xu J，Wang R Z，Li Y. A review of available technologies for seasonal thermal energy storage. Solar Energy，2013，103：610-618.

[17]　Canbazoğlua S，Sahinaslana A，Ekmekyaparb A，et al. Enhancement of solar thermal energy storage performance using sodium thiosulfate pentahydrate of a conventional solar water-heating system. Energy and Building，2005，37（3）：235-242.

[18]　葛少成，孙文策，解茂昭．太阳池非对流层最佳厚度及最大效率数值模拟．工程热物理学报，2005，26（3）：397-399.

[19]　Furnas C C. Heat transfer from a gas stream to a bed of broken solid. Industrial and Eneineering Chemistry，1930，22（1）：26-31；22（7）：721-731.

[20]　Hasnain SM. Review on sustainable thermal energy storage technologies. Part1. Heat storage materials and techniques. Energy Conversion and Management，1998，39（11）：1127-1138.

[21] Mohammed M Farid，Amar M Khudhair，Siddique Ali K，et al. A review on phase change energy storage：materials and applications. Energy Conversion and Management，2004，45：1597-1615.

[22] Abhat A. Low temperature latent heat thermal energy storage：heat storage materials. Solar Energy，1983，30：313-332.

[23] Zalba B，Marin J M，Luisa F，et al. Review on thermal energy storage with phase change：materials heat transfer analysis and applications. Applied Thermal Engineering，2003，23：251-283.

[24] 沈国勇. 低熔点合金的性能、用途和发展. 机械工程材料，1981，4：29-33.

[25] Sharma A，Tyagi V V，Chen C R，et al. Review on thermal energy storage with phase change materials and applications. Renewable and Sustainable Energy Reviews，2009，13：318-345.

[26] Cabeza L F，Castell A，Barreneche C，et al. Materials used as PCM in thermal energy storage in building：A review. Renewable and sustainable Energy Reviews，2011，15：1675-1695.

[27] 张海峰. 相变储热型热泵热水器的理论与实验研究. 杭州：浙江大学，2005.

[28] 王智平，王克振，郭长华，等. 相变材料三水醋酸钠储热性能的研究. 化学工程，2011，39（5）：27-30.

[29] Kreider J F，Kreith F. Energy storage for solar application//Solar Energy Handbook，McGraw-Hill Book Company，1981.

[30] 陈国强，胡连方. 蓄热型热泵的理论讨论. 制冷，1995（2）：50-54.

[31] Li H Y，Liu J. Revolutionizing heat transport enhancement with liquid metals：proposal of a new industry of water-free heat exchangers. Frontiers in Energy，2011，5：20-42.

[32] Wee A G，Schneider R L，Aquilino S A. Use of low fusing alloy in dentistry. Journal of Prosthetic Dentistry，1998，80：540-545.

[33] 石黑守，前田茂宏，近泽明夫，等. 蓄热材料用的微胶囊分散液：CN1161364A. 1997-10-08.

[34] Alkan C，Sarl A，Karaipekli A，et al. Preparation，characterization，and thermal properties of microencapsulated phase change material for thermal energy storage. Solar Energy Materials and Solar Cells，2009，93：143-147.

[35] Jeong-Sook Cho，Aehwa Kwon，Chang-Gi Cho. Microencapsulation of octadecane as a phase-change material by interfacial polymerization in an emulsion system. Colloid and Polymer Science，2002，280（3）：260-266.

[36] 赖茂柏，孙蓉，吴晓琳，等. 界面聚合法包覆石蜡制备微胶囊复合相变材料. 材料导报，2009，23（11）：62-64.

[37] 邹光龙，兰孝征，谭志诚，等. 正十六烷聚脲微胶囊化相变材料. 物理化学学报，2004，20（1）：90-93.

[38] Fosset A J，Maguire M T，Kudirka A A，et al. Avionics passive cooling with microencapsulated phase change materials. Journal of Electronic Packaging，1998，120：238-242.

[39] Hawladera M N A，Uddina M S，Khin M M. Microencapsulated PCM thermal-energy storage system. Applied Energy，2003，74（1-2）：195-202.

[40] Zhang Z，Fang X. Study on paraffin/expanded graphite composite phase change thermal energy storage material. Energy Conversion and Management，2006，47（3）：303-310.

[41] Sarı A，Karaipekli A. Preparation，thermal properties and thermal reliability of capric acid/expanded perlite composite for thermal energy storage. Materials Chemistry and Physics，2008，109：459-464.

[42] Karaipekli A，Sarı A，Kaygusuz K. Thermal characteristics of paraffin/expanded perlite composite for latent heat thermal energy storage. Energy Sources Part A Recovery Utilization and Environmental Effects，2009，31：814-823.

[43] Sarı A，Karaipekli A. Thermal conductivity and latent heat thermal energy storage characteristics of paraffin/expanded graphite composite as phase change material. Applied Thermal Engineering，2007，27：1271-1277.

[44] Sari A，Karaipekli A. Preparation，thermal properties and thermal reliability of palmitic acid-expanded graphite composite as form-stable PCM for thermal energy storage. Solar Energy Materials and Solar Cells，2009，93：571-576.

[45] 叶宏，葛新石，焦冬生. 带定形 PCM 的相变贮能式地板辐射采暖系统热性能的数值模拟. 太阳能学报，2002，23（4）：482-487.

[46] 吕社辉，郭元强，陈鸣才，等. 复合高分子相变材料研究进展. 高分子材料科学与工程，2004，20（3）：37-40.

[47] 詹世平，周智轶，黄星等. 原位聚合法制备微胶囊相变材料的进展. 材料导报 A，2012，26（12）：76-78.

[48] 郭茶秀，刘树兰. 固-液相变传热强化过程研究进展. 广州化工，2011，39（12）：32-33.

[49] 丁鹏，黄斯铭，钱佳佳，等. 石蜡和石墨复合相变材料的导热性能研究. 华南师范大学学报（自然科学版），2010，2（2）：59-62.

[50] Zhong Y，Guo Q，Li S，et al. Heat transfer enhancement of paraffin wax using graphite foam for thermal energy storage. Solar Energy Materials and Solar Cells，2010，94：1011-1014.

[51] Yin H，Gao X，Ding J. Experimental research on heat transfer mechanism of heat sink with composite phase change materials. Energy Conversion and Management，2008，49：1740-1746.

［52］ Zhang Z，Fang X. Study on paraffin/expanded graphite composite phase change thermal energy storage material. Energy Conversion and Management，2006. 47（3）：303-310.

［53］ 程文龙，韦文静. 高孔隙率泡沫金属相变材料储能、传热特性. 太阳能学报，2007，28（7）：739-744.

［54］ 张涛，余建祖. 泡沫铜作为填充材料的相变储热实验. 北京航空航天大学学报，2007，33（9）：1021-1024.

［55］ 郭茶秀，张务军，魏新利. 新型相变储能设备的强化传热研究. 冶金能源，2008，27（1）：30-34.

［56］ Khodadadi J M，Fan L，Babaei H. Thermal conductivity enhancement of nanostructure-based colloidal suspensions utilized as phase change materials for thermal energy storage：A review. Renewable and Sustainable Energy Reviews，2013，24：418-444.

［57］ Wang J F，Xie H Q，Xin Z. Thermal properties of heat storage composites containing multiwalled carbon nanotubes. Journal of Applied Physics，2008，104：113537/1-5.

［58］ Wang J F，Xie H Q，Xin Z. Thermal properties of paraffin based composites containing multiwalled carbon nanotubes. Thermochimica Acta，2009，488（1-2）：39-42.

［59］ Zeng J L，Sun L X，Xu F，et al. Study of a PCM based energy storage system containing Ag nanoparticles. Journal of Thermal Analysis and Calorimetry，2007，87：369-373.

［60］ Zeng J L，Liu Y Y，Cao Z X，et al. Thermal conductivity enhancement of MWNTs on the PANI/tetradecanol form stable PCM. Journal of Thermal Analysis and Calorimetry，2008，91：443-446.

［61］ 吴淑英，朱冬生，汪南. 改善有机储热材料传热性能的研究进展及应用. 现代化工，2009，29（10）：19-23.

［62］ Wang W L，Yang X X，Fang Y T，et al. Enhanced thermal conductivity and thermal performance of form-stable composite phase change materials by using beta-Aluminum nitride. Applied Energy，2009，86：1196-1200.

［63］ Shaikh S，Lafdi K，Hallinan K. Carbon nanoadditives to enhance latent energy storage of phase change materials. Journal of Applied Physics，2008，103：094302/1-6.

［64］ Motahar S，Nikkam N，Alemrajabi A A. A novel phase change material containing mesoporous silica nanoparticles for thermal storage：A study on thermal conductivity and viscosity. International Communications in Heat and Mass Transfer，2014，56：114-120.

［65］ Fan L，Fang X，Wang X，et al. Effects of various carbon nanofillers on the thermal conductivity and energy storage properties of paraffin-based nanocomposite phase change materials. Applied Energy，2013，110：163-172.

［66］ Elgafy A，Lafdi K. Effect of carbon nanofiber additives on thermal behavior of phase change materials. Carbon，2005，43：3067-3074.

［67］ Klett J W，Ervin V J，Edie D D. Finite element modelling of heat transfer in carbon/ carbon composites. Composites Science and Technology，1999（59）：593-607.

［68］ 梁基照，李锋华. 中空微球填充 PP 复合材料传热的有限元分析. 合成树脂及塑料，2003，20（5）：1-4.

［69］ 刘敏珊，孙爱芳，董其伍. 石墨增强 PTFE 复合材料导热性能的数值模拟. 材料科学与工程学报，2007，25（3）：1-4.

［70］ 陈则韶，钱军，叶一火. 复合材料等效热导率的理论推算. 中国科学技术大学学报，1992，22（4）：416-424.

［71］ 梁基照，刘冠生. 无机粒子填充聚合物复合材料传热模型及有限元模拟. 特种橡胶制品，2006，27（5）：35-38.

［72］ 李明伟，朱景川，尹钟大. 颗粒弥散复合材料等效热导率的估算. 功能材料，2001，32（4）：397-398.

［73］ 王亮亮. 聚合物基复合材料导热模型及热导率方程的研究. 中国塑料，2005，19（12）：12-14.

［74］ Privalko V P，Novikov V V. Model treatment of the heat conductivity of heterogeneous polymers. Advances in Polymer Science，1995，119：31-77.

［75］ Gao L，Zhou X F，Din G Y L. Effective thermal and electrical conductivity of carbon nanotube composites. Chemical Physics Letters，2007，434：297-300.

［76］ Russell H W. Principles of heat flow in porous insulators. Journal of the American Ceramic Society，1935，18：1-5.

［77］ Maxwell J C. A treatise on electricity and magnetism. Unabridged 3rd ed. New York：Dover Publications，1954.

［78］ Bruggeman D A G. Berechnung verschiedener physikalischer Konstanten von Substanzen. Ann Phys（Paris），1935，24：636-79

［79］ Agari Y，Ueda A，Nagai S. Thermal conductivity of composites in several types of dispersion systems. Journal of Applied Polymer Science，1994，42：1665-1669.

［80］ Fricke H. Mathematical treatment of the electric conductivity and capacity of disperse systems. Physical Review，1924，24：575-587.

［81］ Hamilton R L，Crosser O K. Thermal conductivity of heterogeneous two-component systems. Industrial and Engineering Chemistry Fundamentals，1962（1）：187-191.

［82］ Tavman I H，Akinci H. Transverse thermal conductivity of fibber reinforced polymer composites. International Communications in Heat and Mass Transfer，2000，27：253-261.

［83］ Elias H G. An Introduction to Plastics. 2nd ed. Wiley，2003.

[84] Agari Y，Ueda A，Nagai S. Thermal conductivity of polyethylene filled with oriented short-cut carbon fibers. Journal of Applied Polymer Science，1991，43：1117.

[85] 徐伟强，袁修干，李贞. 泡沫金属基复合相变材料的有效热导率研究. 功能材料，2009，40（8）：1329-1332.

[86] Boomsma K，Poulikakos K. On the effective thermal conductivity of a three-dimensionally structured fluid-saturated metal foam. International Journal of Heat and Mass Transfer，2001，44（4）：827-836.

[87] Jagjiwanram，R Singh. Effective thermal conductivity of highly porous two-phase systems. Applied Tehermal Engineering，2004，24：2727-2735.

[88] 王补宣，周乐平，彭晓峰. 尺寸效应和表面效应对纳米颗粒比热容的影响. 热科学与技术，2004，3（1）：1-6.

[89] 黎荣标. 纳米流体（Cu-H_2O）强化相变蓄能特性的数值模拟研究. 上海：东华大学，2014.

[90] Bathelt A G，Viskanta R，Leidenfrost W. An experimental investigation of natural convection in the melted region around a heated horizontal cylinder. Journal of Fluid Mechanics，1979，20：227-239.

[91] Sparrow E M，Schmidt R R，Ramsey J W. Experiments on the role of natural convection in the melting of solids. ASME Journal of Heat Transfer，1978，100：11-16.

[92] Saitoh T，Kato K. Experiment on melting in heat storage capsule with close contact and natural convection. Experimental Thermal and Fluid Science，1993，6：273-281.

[93] Tan F L，Hosseinizadeh S F，Khodadadi J M，et al. Experimental and computational study of constrained melting of phase change materials（PCM）inside a spherical capsule. International Journal of Heat and Mass Transfer，2009，52：3464-3472.

[94] Hale Jr N W，Viskanta R. Photographic observation of the solid-liquid interface motion during melting of a solid heated from an isothermal vertical wall. Letters in Heat Mass Transfer，1978，5（6）：329-337.

[95] Kousksou T，Mahdaoui M，Ahmed A，et al. Melting over a wavy surface in a rectangular cavity heated from below. Energy，2014，64：212-219.

[96] 陶文铨. 数值传热学. 西安：西安交通大学出版社，2001.

[97] 奥齐西克 M N. 热传导. 北京：高等教育出版社，1984.

[98] 杨世铭，陶文铨. 传热学. 第4版. 北京：高等教育出版社，2010.

[99] Rabin Y，BarNiv I，Korin E，et al. Integrated solar collector storage system based on a salt-hydrate phase-change material. Solar Energy，1995，55（6）：435-444.

[100] Raab S，Mangold D，Heidemann W，Müller-Steinhagen H. Solar assisted district heating system with seasonal hot water heat store in Friedrichshafen（Germany）. Germany：The 5th ISES Europe Solar Conference，2004.

第 9 章 中高温储热技术

9.1 中高温储热技术的基本原理和发展历史概述

能源与环境问题是当今世界的两大热点问题。能源开发，尤其是化石能源的开发和利用促进了人类社会的发展和世界经济繁荣，但同时也对人类自身生存所依赖的自然环境造成了日益严重的破坏[1]。提高能源转换和利用效率是全世界特别是我国实施可持续发展战略必须优先考虑的重大课题。在许多能源利用系统中存在着能量供应和需求不匹配的矛盾，造成能量利用不合理和大量浪费[2]。目前，我国工业过程能源利用效率较低，大部分以余热形式排放到环境中。工业余热量大，可认为是一种资源。长期排放不仅浪费资源，也对大气环境造成了不可忽视的热污染。另外，全球能源预算中的 90% 是围绕热的转换、传输和存储进行的。因此，发展储热技术，并开展热能的综合有效利用至关重要。然而，中高温余热高效回收仍然存在不少挑战性的技术问题，特别是对大量具有分散性和不稳定性特点的余热资源。解决这些问题的关键就是发展中高温蓄热技术。中高温蓄热技术是指在 150℃ 以上的中高温段用蓄热材料进行热能的储存与释放，以解决热能供给与需求在时间和强度上不匹配的矛盾而发展起来的一种技术。这种技术可以有效避免能源浪费，提高能源利用率，得到了全世界的重视和发展。工业余热的分散性和大能级跨度以及可再生能源的间歇性等需要中高温储热技术。目前中高温蓄热技术广泛应用于太阳能热电厂、空间太阳能热动力系统、建筑节能、航天技术和水下潜器等领域。

9.1.1 基本原理

按照蓄热方式不同，中高温蓄热技术可以分为显热蓄热、相变蓄热、热化学蓄热和吸附蓄热四大类。

显热蓄热是利用显热蓄热材料本身温度的变化来进行热量的储存和释放，可采用直接接触式换热。蓄热材料可以分为固态蓄热和液态蓄热两种类型[2]。常用的中高温显热蓄热材料有以下几种（见表 9-1）。

表 9-1 常用的显热蓄热材料

蓄热介质	适用温度范围/℃	平均密度/(kg/m³)	平均传热系数/[W/(m²·K)]	平均比热/[kJ/(kg·K)]
砂-石-矿物油	200~300	1700	1.0	1.30
混凝土	200~400	2200	1.5	0.85
导热油	200~350	900	0.11	2.3
液态钠	270~530	850	71.0	1.3

熔融盐显热蓄热系统一般由热盐罐、冷盐罐、泵和换热器组成。图 9-1 给出了熔融盐显热蓄热系统组成原理。当蓄热时冷盐罐中的低温熔融盐（292℃）被抽出进入熔融盐换热器，从集热器出来的高温流体也进入熔融盐换热器加热低温熔融盐变成高温熔融盐放入热盐罐储存起来。当需要放热时，热盐罐中的熔融盐被抽出，经过熔融盐换热器加热低温流体，使低温流体变为高温流体，高温流体进入用热设备，维持用热设备的正常运行，高温熔融盐在熔融盐换热器中放热后变为低温熔融盐进入冷盐罐中[3]。

中高显热蓄热材料原料丰富，成本低廉，但是由于显热蓄热材料是依靠温度的变化来进行能量储存的，所以蓄放热是个变温过程，蓄热密度小，导致蓄热设备体积庞大，效率不高，这都限制了高温显热蓄热材料的发展[2]。显热材料的热物理特性、熔盐换热流体的腐蚀性、高温凝结等

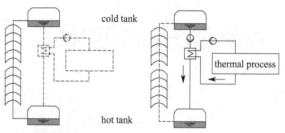

图 9-1　熔融盐显热蓄热系统组成原理

问题需要做进一步研究。

　　相变蓄热主要通过蓄热材料发生相变时吸收或放出热量来实现能量的储存和释放。中高温相变储热材料储热密度大、放热过程近似等温，有利于设备的紧凑和微型化，但是相变材料的腐蚀性、与结构材料的兼容性、相变材料的热/化学稳定性、循环使用寿命等问题都需要进一步的研究。

　　热化学反应蓄热主要通过可逆化学反应的反应热来进行蓄热。热化学蓄热技术适用的温度范围比较宽，储热密度大，可以实现长期储热，成本相对较低，适用在中高温储热领域，在实际应用时要考虑储存容器和系统的严密性，以及生成气体对材料的腐蚀问题。热化学储热技术工艺复杂，迄今为止，其技术成熟性尚低，需要进行大量的研究投入。目前热化学蓄热技术还处于实验室研究阶段。关注较多的有氢氧化钙分解为氧化钙和水的可逆反应以及氨的可逆反应。

　　吸附是一种广泛存在的物理化学现象，可分为物理吸附和化学吸附，是许多重要的化工过程的基础。吸附技术在化工领域中已经得到了长期而广泛的应用，主要用于混合物的分离、干燥、制备高纯度的气体及水的净化等方面。将吸附技术应用于能量储存是吸附现象的新应用。吸附式蓄热的原理是采用吸附工质对在吸附解吸循环过程中伴随发生的热效应来进行热量储存和转化，将低谷时期电、太阳能、废热和余热等用来加热吸附剂以便解吸被吸附的吸附质，同时实现能量储存；在需要的时候（如电网高峰时段）利用吸附过程中的吸附热来释放能量，从而有效利用低谷期电力、太阳能及工业废热、余热等廉价能源，并在电网负荷高峰时段释放使用。它是一种新型蓄热技术，研究起步较晚。吸附蓄热材料的蓄热密度可高达 $800\sim1000kJ/kg$，具有蓄热密度高、蓄热过程无热量损失等优点。吸附蓄热材料无毒无污染，是除相变蓄热材料以外的另一研究热点，但由于吸附蓄热材料通常为多孔材料，传热传质性能较差，而且吸附蓄热较为复杂，这些问题需要进一步研究后，才能在工业领域大规模应用[4]。

9.1.2　发展历史概述

　　近年来，各种新型材料层出不穷，蓄热材料作为影响蓄热技术发展和应用的关键因素，得到了国内外学者的关注，成为材料制备和研究中的热点问题，其中高温相变蓄热材料以其蓄热密度高、蓄热装置结构紧凑等成为研究中的重点。国外在高温蓄热材料领域起步较早，掌握了蓄热材料的热物性，并且已在太阳能热发电、航空航天、高温蓄热电采暖器等领域成功应用。

9.1.2.1　中高温显热蓄热技术

　　显热蓄热材料以其原料丰富、成本低廉在早期受到关注并成功应用。例如，美国与以色列联合的鲁兹（LUZ）公司于 1983 年至 1991 年先后在美国加利福尼亚州南部的莫罕夫沙漠建成了 9 座大型槽式抛物面镜线聚焦太阳能热发电系统 SEGS Ⅰ-SEGS Ⅸ，起初使用的蓄热材料就是导热油；1982 年，由美国能源部等在加利福尼亚州建立 Solar One 太阳能试验电站，蓄热材料也为导热油。不过由于蓄放热过程不恒温、蓄热密度小等缺点，限制了高温显热蓄热材料的发展。2009 年，Calvet 等通过用 1400℃等离子体焰炬处理含有石棉的废料，使其玻璃化，同时产生相应数量具有经济价值的惰性材料，称为 Cofalit。Cofalit 能够作为太阳能发电厂的蓄热材料，蓄热能力类似于高温混凝土和太阳能熔盐，其热导率是混凝土的 3 倍，膨胀率与其近似，但价格低至 8 欧元/t。

熔融盐显热蓄热技术已在太阳能热发电电站中实现了大规模应用，总装机容量达到了875MW，而熔融盐蓄热的关键技术包括对熔融盐工质关键属性的把握和熔融盐蓄热系统的关键设备的设计与布置。目前，国外电站中采用的二元混合硝酸盐存在熔点高、使用温度低等缺陷，还不能满足太阳能热发电、间歇性余热发电等多样化的需求。因此，开展高温熔融盐传热蓄热介质制备及热性能表征研究将是熔融盐蓄热技术发展的一个重点方向。熔融盐的流动与传热特性直接关系到熔融盐蓄热循环系统的设计与布置，而熔融盐的热物性决定熔融盐的流动与传热特性，最终会影响到蓄热系统的效率，因此，深入研究熔融盐的流动与传热性能也是熔融盐蓄热技术发展的方向之一[3]。

9.1.2.2 中高温相变蓄热技术

相变蓄热又叫潜热蓄热，它是利用材料在相变时会吸收或放出大量的热来进行蓄热或放热的。相比显热蓄热的吸热或者放热过程会伴随着温度的迅速变化，相变蓄热在吸热或者放热过程中，温度近似于一个恒温过程，即在吸热或者放热的过程中仍能维持热源的品质，易于运行控制与管理。另外，相变蓄热的蓄热密度是前者的5～14倍，有利于蓄热设备的紧凑与微型化。因此，相变蓄热具有很好的应用前景。上海交通大学的赵长颖教授在相变蓄热的研究领域做了卓有成效的工作，在相变蓄热机理、相变材料制备和物性改进方面的成果尤为突出[5～14]。

相变一般分为四类：固-固相变、固-液相变、固-气相变及液-气相变。其中，固-气相变与液-气相变由于有气体的存在，蓄热材料体积变化很大，这客观上增加了系统的复杂程度，因此尽管它们有很大的相变焓，但在实际应用中很少被选用，一般情况下还是选用固-液相变进行蓄热。

高温相变蓄热材料以其蓄热密度高、易于管理等成为多数学者的研究重点。20世纪80年代中期，美国自由号空间站计划的实施极大地推动了高温相变潜热蓄热技术的发展。我国对高温蓄热材料的研究虽起步晚，但近年来取得了可喜的成绩。目前，国内文献主要集中在高温相变蓄热材料上，很多科研机构、高等院校对新材料的合成与测试做了大量工作。

研究热点之一是各种混合盐，其最大优点是根据不同的盐类配比使物质的熔融温度可调。Solar Two太阳能热发电站采用熔盐Solar salt（60%的硝酸钠和40%的硝酸钾组成）作为传热和蓄热介质，此熔盐在220℃时开始熔化，在600℃以下热性能稳定，电站运行工况良好。2003年意大利建了太阳能槽式集热器熔融盐循环测试系统，该系统熔盐罐装有熔盐9500kg，最大的传热功率500kW，集热器中熔融盐出口温度可达550℃。西班牙2008年建成的50MW Andasol-Ⅰ电站中采用31000t熔盐作为蓄热工质。高温相变蓄热材料的第二种研究热点材料是铝基合金，高温下铝基合金的储热性能优于无机盐，且储能容量大，热导率和稳定性良好，但在合金液态时其化学活性较强，易与储热容器材料反应。

尽管中高温相变储热材料的研究已经取得了部分成果，但是金属及合金相变材料的成本较高，单位质量储热密度受到限制，加上金属合金相变材料相变后化学活性较强，易与容器反应，这种高温腐蚀大大限制了其在中高温储热领域的广泛应用。熔盐作为相变储热材料，相变焓较大，储热密度高，相变温度可调，价格适中，在中高温储热应用领域具有较大的发展潜力。但是熔盐导热性不佳，且与金属合金相变材料都存在较严重的高温腐蚀等问题仍然是制约其规模应用的难题，这些问题可以从复合材料的角度得到较好的解决。因此，开发高性能的复合结构储热材料将是中高温储热材料的发展趋势[2]。

9.1.2.3 热化学蓄热技术

作为化学能与热能相互转换的核心技术，化学反应蓄热是利用化学变化中吸收、放出热量进行热能储存的，是21世纪最为重要的储能技术之一。与传统的潜热储能方式相比较，化学反应蓄热的能量储存密度有数量级的提升。其化学反应过程没有材料物理相变存在的问题，该体系通过催化剂或产物分离方法极易用于长期能量储存。然而，目前化学蓄热系统在国内尚未实现市场化，制约其商业化的关键问题之一是安全系数低。国外基于商用的化学储能反应通常在较高的温度条件下进行，同时会有氢气这类易燃物质参与，这显然增加了化学蓄热系统整体的风险指数，技术问题的复杂化导致一次性投资过大。同时，化学蓄热材料在反应器中的传质传热效率需要进一步提高，从而优化系统的整体效率。因此，寻求安全且高效的化学蓄热技术是推动我国化学储能商业化的核心问题，其广泛的应用前景对国民经济和环保事业发展具有重大的科学意义。近年来学术界围绕着该领域进行了一系列有益的探索，目前化学蓄热体系的科研工作主要集中在欧洲以及日本等，而国内对吸附式制冷以及建筑节能方面的应用研究重点则在相变储能领域，对该新兴学科的应用基础研究工作相对滞后。化学蓄热材料作为化学储能的核心技术之一，主要可以分为金属氢氧化物、金属氢化物、金属碳酸盐、结晶水合物、金属盐氨合物等[15]。

在高温化学储能领域，关于无机氢氧化物的研究主要集中在 $Ca(OH)_2$ 和 $Mg(OH)_2$ 上［其储热机理见式(9-1)］。西安建筑科技大学的闫秋会等[16]利用 HSC 模拟软件对几种金属氢氧化物反应条件下的热力学参数进行了分析，发现 $Ca(OH)_2$ 非常适用于大规模的太阳能储存装置。德国宇航中心报道了关于 $Ca(OH)_2$ 蓄热反应动力学[17]以及构建反应器[18]方面的最新研究成果，该金属氢氧化物在反应稳定性以及蓄热性能方面表现比较突出。

$$M(OH)_2 \underset{\text{放热反应}}{\overset{\text{蓄热反应}}{\rightleftharpoons}} MO + H_2O \quad M = Ca、Mg \tag{9-1}$$

金属氢化物的蓄热原理是利用金属的吸氢性能，其在适当的温度和压力下与氢反应生成金属氢化物，同时放出大量的热能［其储热机理见式(9-2)］。储氢材料具备储能密度高、清洁无污染等优点，其在多次反应循环后依然能保持良好的稳定性[19]。氢气在化学蓄热反应中扮演的角色仅为工作介质，然而氢气是未来氢燃料经济的主要能源载体，金属氢化物在以后的能源系统中可以充当热力、电力生产与能量存储的枢纽。

$$MH_2 \underset{\text{放热反应}}{\overset{\text{蓄热反应}}{\rightleftharpoons}} M + H_2 \quad M = Ca、Mg \tag{9-2}$$

早在 20 世纪 90 年代，许多学者[20,21]已经对 MgH_2 这一化学蓄热材料开展了研究，MgH_2/Mg 在热化学反应温度范围内可以直接产生过热蒸汽[22]。14.5kg 的 Mg 可以产生 $3.6 \times 10^4 kJ$ 的热能，加上 Mg 是一种相对廉价且易得的金属，因此在商用化学蓄热领域受到了青睐，目前以 MgH_2 为基的化学蓄热体系在西班牙[23]的太阳能发电应用已经趋近成熟。国内学者在这方面的研究工作主要集中在理论计算方面，西安交通大学的张早校教授[24]用 CFD-Taguchi 方法对基于金属氢化物的蓄热反应器进行了优化设计。上海交通大学的赵长颖教授[25]对基于 MgH_2 的热化学蓄热体系进行了系统的数值分析，获得了反应器内的优化参数。

关于碳酸盐材料的化学蓄热研究主要集中在 $CaCO_3$ 上[26]，其蓄热体系的原理与金属氢氧化物、金属氢化物的类似，气相反应物则替换为 CO_2［其储热机理见式(9-3)］。

$$MCO_3 \underset{\text{放热反应}}{\overset{\text{蓄热反应}}{\rightleftharpoons}} MO + CO_2 \quad M = Ca \tag{9-3}$$

日本名古屋大学的窒田光宏等[27]对该体系蓄热过程的工作压力进行研究发现，CO_2 的脱附压力必须低于平衡压力的一半以获得可用的反应速率，这就对反应器的优化设计提出了更高的要求。与金属氢氧化物相比，$CaCO_3/CO_2$ 具有更高的分解温度和更大的储能密度，脱附的 CO_2 必须以一个适当的方式存储，例如机械压缩等，这必然导致额外的能量损失[28]。

相对于其他化学蓄热材料而言，结晶水合物所具备的独特优势在于简单的水合与水解可逆反应即可完成蓄热［其储热机理见式(9-4)］，反应过程条件温和，在安全性上展现出极大的优势；在低温蓄热方面的应用前景广阔，反应温度通常低于150℃，大大拓展了化学储能技术的应用范围；结晶水合物易于通过填充或者负载的方式与多孔材料形成复合材料，从而优化其传热性能。

$$\text{Melting} \cdot H_2O \underset{\text{放热反应}}{\overset{\text{蓄热反应}}{\rightleftharpoons}} \text{Melting} + H_2O$$
$$\text{Melting} = 金属盐类、氢氧化物 \tag{9-4}$$

窒田光宏等[29]研究发现，在近 40 种结晶水合物化学蓄热反应评价中，$LiOH \cdot H_2O$、$Ba(OH)_2 \cdot 8H_2O$ 和 $Na_3PO_4 \cdot 12H_2O$ 具有非常高的蓄热性能，其储能密度均在 1000kJ/kg 以上，明显优于硫酸盐和硝酸盐类化合物。然而结晶水合物低温化学蓄热科学研究仍面临重大挑战，蓄热组分单体的水合反应速率普遍较慢，低下的放热效率严重制约了其工程应用。采用蓄热活性组分与吸湿材料混合的方式所形成的复合化学蓄热材料，能利用吸湿材料对水的高吸附性，使活性组分与水稳定反应。

氯盐氨合物通过与氨气之间的可逆分解/化合反应进行蓄放热［其储热机理见式(9-5)］，其在低温（200℃以下）储能领域有着重要应用。

$$MCl_2 \cdot NH_3 \underset{\text{放热反应}}{\overset{\text{蓄热反应}}{\rightleftharpoons}} MCl_2 + NH_3$$

$$M = Ca、Ba、Mn \tag{9-5}$$

氯盐氨合反应一直以来主要应用于吸附式制冷和热泵系统[30,31]，其在化学蓄热方面的系统研究尚不成熟。法国国家科研中心的 Stitou 等[32] 将 $BaCl_2/NH_3$ 吸附体系用于制冷量为 $20kW \cdot h$ 的太阳能试验工厂，所装备的平板式太阳能集热器针对的是该体系 67℃ 左右的反应温度。

目前在高温蓄热材料领域，热化学蓄热并没有广泛应用。美国、澳大利亚在化学反应蓄热研究方面走到了世界的前列。美国太平洋西北国家实验室利用氢氧化钙分解成氧化钙和水的逆反应来存储太阳能。在蓄热过程中，热能驱动吸热反应，由氢氧化钙产生氧化钙和水，在放热过程中，将水蒸气加热氧化钙，两者生成氢氧化钙并释放出热能。Brown 等在报告中指出，化学反应热蓄热方式在理论上可以满足太阳能热发电的要求。不过，他们的研究只是基于理论分析和实验研究，对于能否满足太阳能热发电蓄热系统的动力要求，以及如何与发电系统结合的问题尚未解决。澳大利亚大学太阳能学会设计了氨化学储热系统，氨的合成技术比较成熟，合成与分解过程没有副反应发生，容易控制，发生吸热反应的温度与集热器温度相当，适合热能的吸收，储存方便。这种小规模的实验装置已经用于抛物碟形集热系统中，当然理论上也可以用在同种温度范围的抛物槽形集热系统中。

蓄热技术将成为未来能源系统中热电生产的一个重要组成部分，化学蓄热在储能密度以及工作温度范围上的优势是其他蓄热方式无可比拟的。然而目前小规模的化学储能装置处于主导地位，化学蓄热技术在很多领域的应用还仅仅处于研究和尝试阶段。在化学蓄热材料制备这一核心技术方面，多孔载体复合以及金属掺杂型材料的优化制备是未来发展的主要方向。在完善材料合成的基础上对整体系统中迫切需要解决的机理和工程问题进行研究，将有助于推进化学储能的规模化应用，为该项环境友好的新能源技术发展提供持久的动力。

9.1.2.4　吸附蓄热技术

吸附过程是指固体的吸附剂和液态或气态的吸附质直接接触，吸附剂在吸收和释放吸附质的过程中，对热能进行释放和储存的过程。其中，吸附剂常常是具有多孔结构的固体，其内部有细微的孔隙结构，这样可以增大吸附剂和吸附质的接触面积，使得吸附剂能够更快地吸附更多的吸附质，使吸附过程尽快达到平衡，而在吸附/解吸的过程中，也会释放/吸收更多的热量；吸附质可以是单纯的一种流体，也可以是由几种流体物质组成的混合物[33]。

吸附蓄热技术在能量储存的过程中，吸附剂能够保持和大气环境相同的温度，不会向周围环境散失热量而造成热量损失，因此可以实现热能长期的无损的储存[34]。

吸附剂的吸附过程就是对热量的释放过程，而解吸的过程则是对热量的储存过程。在热量储存和释放的过程中，能量的形式也会发生变化。在吸附过程中，所产生的热量我们就称之为吸附热。在吸附蓄热过程中，吸附剂通过对吸附质的吸收和释放来完成蓄热过程的循环[35~37]。

吸附蓄热技术是一种较为新型的蓄热技术[38]，其研究起步较晚，但是由于其独特的优点，得到了广大学者的广泛关注，因此发展也较为迅速。

不过，由于吸附蓄热材料通常为多孔的固体材料，因此，其传热传质的性能相对较差，吸附材料较弱的传热性能导致了换热温差加大，造成吸附蓄热系统的储能效率降低[39]。尤其是物理吸附为双变量控制的过程，不易实现在恒温条件下的放热过程，进一步增加了蓄热损失[40]。传热传质的协同强化困难的问题也是目前各国学者重点研究和亟须解决的问题。而且吸附蓄热的过程也较为复杂。但是总体来说，吸附蓄热技术的蓄热密度较高，无污染，可实现无损蓄热，具有非常良好的应用前景。

化学吸附蓄热材料的蓄热密度较高，而且在储存/释放热量的过程中没有热量的损失，同时又由于吸附蓄热材料无毒无污染以及可以直接输出热量和冷量[41]等优点，因此，化学吸附蓄热材料也成为目前除了相变蓄热材料之外的又一研究热点[42]。

在吸附蓄热材料方面，基于对储能密度、环保和安全性能等因素的考虑，化学吸附蓄热系统常用的吸附工质对为无机盐（如 $MgSO_4$、$CaCl_2$ 等)/水。然而，无机盐在吸附过程中易潮解，会阻碍吸附剂的传质性能，而且其自身热导率极低，大约只有 $0.4W/(m·K)$[43]，这严重阻碍了吸附蓄/放热过程的反应速率。为了改善无机盐的传质性能，可以采用将无机盐与硅胶、沸石等多孔介质复合的方法来取得较好的效果，但是这种方法所制备的复合吸附剂的无机盐负载量较低，均低于 30%，这样复合吸附剂中无机盐的含量较少，因此，会大大地降低吸附过程的储能密度[44,45]。

通过研究发现，吸附蓄热技术在应用过程中有利有弊，但是其传热传质较差的问题，可以通过改善其制备因素和制备方法而得到改善，同时，吸附蓄热方式具备其他蓄热技术不具备的独特优点，因此，各国学者普遍看好吸附技术的发展前景，并都对其进行了深入细致的研究[46]。

吸附蓄热工质对的选择是关系到系统性能的重要因素之一。吸附式蓄热是利用固体吸附剂交替吸附、解吸吸附质来实现的，通过优化选择吸附剂-吸附质工质对，可以增大单位质量工质的蓄热量，提高系统性能系数。通常要求吸附质满足：单位体积蒸发潜热大；良好的热稳定性；工作压力适中；无毒，无污染，价格便宜等。对吸附剂要求：比表面积大；对相应的吸附质的吸附循环量大和吸附速度快；传热传质性能好；价格便宜和能反复使用等。

固体吸附式蓄热技术作为一种新颖的蓄热方式，无论是在蓄热密度、设备结构和体积方面，还是节能和环保的角度，都具有较大优势，是一种很有前途的蓄热方式。通过材料复合手段寻求新的高效吸附工质对，提高蓄热材料的蓄热密度、改善循环性能和强化传热传质过程是固体吸附蓄热技术的关键。

吸附式蓄热技术的研究刚刚起步，与常见的显热蓄热和相变潜热相比还不太成熟，尚有一些关键问题值得深入研究：建立吸附蓄热材料蓄热/放热过程的理论模型，分析各因素的影响；探索吸附材料与载体材料的较好的结合方式；进行实验研究，验证、修正理论模型，为该技术的实用化产品设计和性能优化提供理论指导；强化蓄热/放热过程的热、质传递。

我国十分重视储能技术的研究，《国家中长期科学和技术发展规划纲要（2006—2020 年)》和《国家"十二五"科学和技术发展规划》将储能技术列为重要研究内容。在可再生能源利用方面，《国家能源科技"十二五"规划（2011—2015)》中则明确提出开发大规模太阳能热发电技术，重点包括 600℃ 大规模低成本蓄热技术以及聚光-吸热-蓄热等能量传递与转化系统的集成应用特性。当前，面向承担基础电力负荷的"大容量-高参数-长周期储热"是国际太阳能热发电的技术发展趋势，降低蓄热系统造价以及提高蓄热材料性能是实现高效、规模化、低成本太阳能热发电技术的关键。国家科技部 2012 年 3 月颁布的《太阳能发电科技发展"十二五"专项规划》也明确指出，开展"面向高参数-高效率-稳定输出的太阳能热发电技术研究，突破次高参数熔融盐吸热-储热塔式发电关键技术及设备"，"掌握高温段（450℃ 以上）储热材料设计、制备，大容量储热系统热损抑制，形成分布式和大容量集中太阳能储热与供热系统示范"。中高温蓄热技术的开发和应用研究涵盖材料科学与工程、热能工程、化学工程等多个学科，并涉及诸多自动化控制、工程建设等方面的问题，需要综合考虑技术性能、成本效益和环境影响等多方面因素，其发展思路是开发高蓄热密度、高使用温度、高蓄/放热速率、低成本、环境友好的蓄热介质材料，研究过程可控的蓄热方法及系统。具体来说，中高温蓄热技术的研究重点和发展趋势包括以下几个方面：

① 熔融盐传热蓄热技术：熔融盐使用温度高，有利于提高热功转换的蒸汽参数，从而提高发电效率，因此采用熔融盐是今后中高温蓄热的发展方向，而寻找性能优越的混合熔融盐成为熔融盐传热蓄热研究的切入点之一，其发展方向则是提高熔融盐材料的高温化学稳定性、降低凝固点、拓宽使用温度范围、降低运动黏度、降低对容器的腐蚀性以及降低成本。

② 新型传热蓄热工质：针对不同的储能系统，开发适应不同温度段的经济高效蓄热材料体

系，譬如金属纤维-相转变复合材料、金属结构 PCM（phase change material，相变材料）、相变介质定型化和梯级熔点混合工质等，研究开发离子液体、磁流变导热油、磁流变熔融盐强化传热机理；高温混凝土的成本优势非常明显，其研发方向主要是提高热导率、解决高温时的开裂以及降低成本，而包覆相变储热材料的混凝土蓄热系统也是研究和应用的方向；中高温相变蓄热的关键是提高相变蓄热材料的热导率，除了研究储能密度高、性能稳定、相变温度满足不同用能温位要求的储热系统以外，通过强化换热改善蓄热和放热速率也是改善储热系统性能的重要方向。

③ 热化学蓄热关键单元技术：基于化学反应热力学、动力学和经济性原则，选择适用于储能的化学反应体系，包括无机氢氧化物的热分解、甲烷重整和甲醇分解技术等，涉及新型氢氧化物体系、碳酸盐反应体系和催化剂材料、反应器和换热器的优化设计等。研究热化学反应过程中伴随反应物质流所发生的能量转换、储存、热再生效应，为化学反应储能系统的结构设计、工艺流程设计及优化提供支撑。

④ 蓄热系统的控制策略与集成优化：主要包括蓄热系统在长期循环高热载荷和循环交变热应力工况下化学及力学稳定性，强化蓄热过程传热传质机理与方法，蓄热器模型的优化，基于终端用能系统运行特征的蓄热系统设计与调控。

采用高温转换、利用中高温蓄热进行稳定的能量供应，是提高利用效率的根本途径，也是可再生能源低成本、规模化、连续利用的关键技术之一。高效蓄热技术的开发和应用，正是遵循了吴仲华先生所提倡的"温度对口、梯级利用"理论以及徐建中院士的科学用能论点，也符合"绿色、低碳"科学发展观的要求，其发展思路是开发新型高效的传热蓄热材料、发展过程可控的蓄热方式、实现蓄热系统的控制策略与集成优化。由于熔融盐具有热容量大、使用温度高、低蒸气压、低黏度、化学稳定性好等一系列优点，兼具蓄热与传热功能，将是中高温热利用及蓄热技术的发展重点。

9.2　中高温储热技术的功率和能量应用范围

储能通过一定介质存储能量，在需要时将所存能量释放，以提高能量系统的效率、安全性和经济性。储能技术是目前制约可再生能源大规模利用的最主要瓶颈之一，也是提高常规电力系统以及分布式能源系统和智能电网效率、安全性和经济性的关键技术，因此成为当前电力和能源领域的研发和投资热点[3]。储热技术按照储热方式不同，可以分为显热储热、潜热储热、热化学储热和吸附储热。

9.2.1　显热储热

显热储热主要是通过蓄热材料温度的上升或下降来储存或释放热能，在蓄热和放热过程中蓄热材料本身不发生相变或化学变化。显热储热材料利用物质本身温度的变化来进行热量的储存和释放，显热储热材料的储热量可用式(9-6) 表示。

$$Q = m \int_{T_1}^{T_2} c_{ps} \mathrm{d}T \tag{9-6}$$

式中，Q 为储热量，J；m 为材料的质量，g；c_{ps} 为材料的比热容，J/(g·K)；T_1 和 T_2 为操作温度。

显热储热材料按照物态的不同可以分为固态显热储热材料和液态显热储热材料。混凝土以及浇注陶瓷材料来源广泛，适宜用作固态显热储热材料。中高温固态显热储热材料的缺点包括储热密度低，放热过程很难实现恒温和设备体积庞大等。液态显热储热材料同时也可作为换热流体实现热量的储存与运输，这类材料包括水、导热油、液态钠、熔盐等物质，其中水的比热大、成本低，但主要应用在低温储热领域。1982 年在美国加利福尼亚州建成的首个大规模太阳能热试验电站 Solar One 中使用的储热材料就是导热油，但是导热油价格较高、易燃、蒸气压大。熔盐体系价格适中、温域范围广，能够满足中高温储热领域的高温高压操作条件，且无毒、不易燃，尤其是多元混合熔盐，蒸气压较低，是中高温液态显热储热材料的研究热点。熔融盐的显热蓄热技术原理较简单、技术较成熟、蓄热方式较灵活、成本较低廉，并已具备大规模商业应用的能力，目前在太阳能热发电领域熔融盐的显热蓄热技术已经得到了应用，并取得了非常显著的效果[47]。所谓熔融盐就是无机盐在高温下熔化形成的液态盐，常见的熔融盐包括硝酸盐、氯化盐、氟化盐、碳酸盐和混合熔融盐等。熔融盐是一种不含水的高温液体，其主要特征是熔化时解离为离子，正负离子靠库仑力相互作用，所以可用作高温下的传热蓄热介质。熔融盐作为高温传热蓄热介质主要包括以下优点：

① 液体温度范围宽。如二元混合硝酸盐，其液体温度范围为 240～565℃，北京工业大学马重芳课题组[3]研发的低熔点混合熔融盐，其液体温度范围扩大到了 90～600℃，三元混合碳酸盐其液体温度范围是 450～850℃。

② 低的饱和蒸气压。熔融盐具有较低的饱和蒸气压，特别是混合熔融盐，饱和蒸气压更低，接近常压，保证了高温下熔融盐设备的安全性。

③ 密度大。液态熔融盐的密度一般是水的 2 倍。

④ 较低的黏度。熔融盐的黏度随温度变化显著，在高温区熔融盐的黏度甚至低于室温下水的黏度，流动性非常好。

⑤ 具有化学稳定性。熔融盐在使用温区内表现出的化学性质非常稳定。

⑥ 价格低。如高温导热油的价格是 3 万～5 万元/吨，常用混合熔融盐的价格一般小于 1 万元/吨。

2008 年世界上第一座大规模采用熔融盐蓄热的太阳能热电站 Andasol-I 电站建成并投入商业化运行，此电站装机容量为 50MW，采用的是 60%（质量分数）的硝酸钠和 40%（质量分数）的硝酸钾混合熔融盐，一共 28500t，能够满足该电站 7.5h 的蓄热。截止到 2013 年 4 月，在西班牙已经建成 17 座采用导热油传热加双罐熔融盐显热蓄热的 50MW 槽式太阳能热电站，总装机容量达到了 850MW[48]。2011 年 9 月底，西班牙 Gemasolar 电站成功进入商业运行和并网发电，该电站装机容量为 19.9MW，使用了 8500t 熔融盐作为传热蓄热工质，能够满足 15h 的蓄热需求，在 2012 年 6 月底成功实现了 24h 的连续发电。美国 Solar Reserve 公司在内华达建设 110MW Crescent Dunes 塔式太阳能热电站，该电站也采用了双罐熔融盐显热蓄热系统，能够满足电站 10h 的需求，该电站在 2013 年底并网发电。

9.2.2 相变储热

物质相变过程是一个等温或近似等温过程，在这个过程中伴随有能量的吸收或释放。相变储热是利用相变材料在其相变过程中，从环境吸收或释放热量，达到储能或放能的目的。中高温相变材料具有相变温度高、储热容量大、储热密度高等特点，它的使用能提高能源利用效率，有效保护环境，目前已在太阳能热利用、电力的"移峰填谷"、余热或废热的回收利用以及工业与民用建筑和空调的节能等领域得到了广泛的应用[47]。

中高温相变储热材料分为固-液相变材料、固-固相变材料和复合相变材料。

固-液相变材料是指在温度高于相变点时物相由固相变为液相，吸收热量，当温度下降时，物相又由液相变为固相，放出热量的一类相变材料。目前固-液相变材料主要包括结晶无机物类和有机物类两种。

无机盐高温相变材料主要为高温熔融盐、部分碱、混合盐。高温熔融盐主要有氟化物、氯化物、硝酸盐、硫酸盐等。它们具有较高的相变温度，从几百摄氏度至几千摄氏度，因而相变潜热较大。例如，LiH 相对分子质量小而熔化热大（2840J/g）。碱的比热容高，熔化热大，稳定性好，在高温下蒸气压力很低，且价格便宜，也是一种较好的中高温储能物质。例如，NaOH 在 287℃和 318℃均有相变，潜热达 330J/g，在美国和日本已试用于采暖和制冷工程领域。混合盐熔化热大，熔化时体积变化小，传热较好，其最大优点是熔融温度可调，可以根据需要把不同的盐配制成相变温度从几百摄氏度至上千摄氏度的储能材料。表 9-2 列出了部分无机盐高温相变储能材料热物性值[48,49]。

表 9-2　无机盐中高温相变蓄热材料热物性质

物　　质	熔化温度/℃	熔化热/(kJ/kg)	热导率/[W/(m·K)]	密度/(kg/m³)
MgF₂	1263	938	—	1945
KF	857	452	—	2370
MgCl₂	714	452	—	2140
NaNO₃	307	172	0.50	2260
Li₂SO₄	577	257	—	2220
Na₂CO₃	854	275.7	2.00	2533
KOH	380	149.7	0.50	2044
LiOH	471	876	—	1430
50%NaCl+50%MgCl₂	273	429	0.96	2240
95.4%NaCl+4.6%CaCl₂	570	191	0.61	2260
LiOH+LiF	700	1163	1.20	1150
37%LiCl+63%LiOH	535	485	1.10	1550
Na₂CO₃-BaCO₃/MgO	500～850	415.4	5.00	2600

固-固相变蓄热材料是利用材料的状态改变来蓄热、放热的材料，与固-液相变材料相比较，固-固相变蓄热材料的潜热小，但它的体积变化小、过冷程度轻、无腐蚀、热效率高、寿命长，其最大的优点是相变后不生成液相，不会发生泄漏，对容器要求不高。具有较大技术经济潜力的高温固-固相变蓄热材料目前有无机盐类、高密度聚乙烯[50]。无机盐类材料主要是利用固体状态下不同种晶型的变化进行吸热和放热，通常它们的相变温度较高，适合于高温范围内的储能和控温，目前实际中应用的主要有层状钙铁矿、Li₂SO₄、NH₄SCN、KHF₂等物质。其中，KHF₂的熔化温度为196℃，熔化热为142kJ/kg；NH₄SCN从室温加热到150℃发生相变时，没有液相生成，相转变焓较高，相转变温度范围宽，过冷程度轻，稳定性好，不腐蚀，是一种很有发展前途的储能材料。高密度聚乙烯的特点是使用寿命长、性能稳定、基本无过冷和分层现象、有较好的力学性能、便于加工成形。此类固-固相变材料具有较好的实际应用价值，熔点通常都在125℃以上，但高密度聚乙烯在加热到100℃以上会发生软化，一般通过辐射交联或化学交联之后，其软化点可以提高到150℃以上[51]。

近年来，高温复合相变储能材料应运而生，其既能有效克服单一的无机物或有机物相变储能材料存在的缺点，又可以改善相变材料的应用效果以及拓展其应用范围。因此，研制高温复合相变储能材料已成为储能材料领域的热点研究课题之一。研究表明[52,53]，在高温储热系统中，特别是储热系统工作温区较大的高温储热系统，其组合相变材料储热系统可以显著提高系统效率，减少蓄热时间，提高潜热蓄热量，而且能够维持相变过程相变速率的均匀性。金属基/无机盐相变复合材料中金属基主要包括铝基（泡沫铝）和镍基等，相变储能材料主要包括各类熔融盐和碱。无机盐/陶瓷基复合储能材料的概念是20世纪80年代末提出的，它由多微孔陶瓷基体和分布在基体微孔网络中的相变材料（无机盐）复合而成，由于毛细管张力作用，无机盐熔化后保留在基体内不流出来；使用过程中可以同时利用陶瓷基材料的显热又利用无机盐的相变潜热，而且其使用温度随复合的无机盐种类不同而变化，范围为450～1100℃[54]。表9-3列出了这几种复合材料的热物性值。多孔石墨基/无机盐相变复合材料是利用天然矿物本身具有孔洞结构的特点，经过特殊的工艺处理与相变材料复合，如膨胀石墨层间可以浸渍或挤压熔融盐等相变材料。

表 9-3　无机盐、陶瓷基复合储热材料的热物性值

储能材料	ω(相变材料)/%	密度 ρ/(g/cm³)	熔化温度/℃	比潜热/(J/g)
Na₂SO₄/SiO₂	50	1.80～2.10	879	80.0
Na₂CO₃-BaCO₃/MgO	24+26	2.88	686	73.6
NaNO₃-NaNO₂/MgO	40	1.75	308	59.1

研究热点之一是各种混合盐，其最大的优点是根据不同的盐类配比使物质的熔融温度可调。Solar Two 太阳能热发电站采用熔盐 Solar salt（60%的硝酸钠和40%的硝酸钾组成）作为传热和

蓄热介质，此熔盐在 220℃时开始熔化，在 600℃以下热性能稳定，电站运行工况良好[55]。2003年意大利建成了太阳能槽式集热器熔融盐循环测试系统，该系统熔盐罐装有熔盐 9500kg，最大的传热功率 500kW，集热器中熔融盐出口温度可达 550℃[56]。西班牙 2008 年建成的 50MW Andasol-Ⅰ电站中采用 31000t 熔盐作为蓄热工质，正在建设的多个西班牙和美国槽式太阳能热发电站均采用熔盐作为蓄热工质[56]。

9.2.3 热化学储热

热化学储（蓄）热材料是利用物质的可逆吸/放热化学反应进行热量的存储与释放，适用的温度范围比较宽，储热密度大，可以应用在中高温储热领域。

J. van Berkel 等[57]对现在研究较多的几种热化学蓄热材料进行了总结，见表 9-4。从表中我们可以发现，现在主要研究的热化学蓄热材料的蓄热密度都在 GJ 量级，这比常用的相变蓄热材料的蓄热密度要大一个量级[58]。

表 9-4　几种常见的热化学蓄热材料

反应物	反应	材料蓄热密度	反应温度/℃
氨	$2NH_3 \rightleftharpoons N_2 + 3H_2$	67kJ/mol	400～500
甲烷/水	$CH_4 + H_2O \rightleftharpoons CO + 3H_2$	n. a.	500～1000
氢氧化钙	$Ca(OH)_2 \rightleftharpoons CaO + H_2O$	3GJ/m³	500
碳酸钙	$CaCO_3 \rightleftharpoons CaO + CO_2$	4.4GJ/m³	800～900
碳酸亚铁	$FeCO_3 \rightleftharpoons FeO + CO_2$	2.6GJ/m³	180
氢氧化亚铁	$Fe(OH)_2 \rightleftharpoons FeO + H_2O$	2.2GJ/m³	150
金属氢化物	$M \cdot xH_2 \rightleftharpoons M + xH_2$	4GJ/m³	200～500
金属氧化物(锌和铁)	使用 Fe_3O_4/FeO 氧化还原系统	n. a.	2000～2500
甲醇	$CH_3OH \rightleftharpoons CO + 2H_2$	n. a.	200～250
氢氧化镁	$Mg(OH)_2 \rightleftharpoons MgO + H_2O$	3.3GJ/m³	250～400
硫酸镁	$MgSO_4 \cdot 7H_2O \rightleftharpoons MgSO_4 + 7H_2O$	2.8GJ/m³	122

Ogura[59]等建立了一个氢氧化钙热化学蓄热系统，实验的反应床中装备了径向的翅片加强换热，在放热过程中，系统能把初始温度为 27℃的进口空气快速加热至 187℃，而后在接下来的 600min 内缓慢地降低到 47℃。系统在 30min 内的平均对外放热功率是 2.86kW（477W/kg），60min 内的对外放热功率是 1.77kW（295W/kg）。许多金属或者合金与氢气会发生反应生成金属氢化物，同时放出大量的热，在加热金属氢化物的时候又会吸热分解成金属与氢气，利用这一原理，金属氢化物被用作热化学蓄热材料。其中氢化镁由于有蓄热密度大（0.85kW·h/kg）、蓄放热温度可变、可逆性好，且镁的价格也比较便宜等优点，特别适宜用作大规模热化学蓄热系统的蓄热材料，是热化学蓄热的研究热点之一[23]。

目前热化学蓄热技术仍多处于理论分析和实验研究初期阶段，实现化学反应系统与储热系统的结合以及中高温领域的规模应用仍需要进一步研究。

9.2.4 吸附储热

吸附主要包括两种形式，即化学吸附和物理吸附。物理吸附蓄热是将热能以分子势能的形式储存起来，化学吸附蓄热是将热能以化学能的形式储存起来。两种吸附过程有着相似之处，同时也存在着本质的区别[33]。

化学吸附蓄热材料的蓄热密度较高，而且在储存/释放热量的过程中没有热量的损失，同时又由于吸附蓄热材料具有无毒、无污染以及可以直接输出热量和冷量等优点，因此，化学吸附蓄热材料也成为目前除了相变蓄热材料之外的又一研究热点[33]。化学吸附的吸附/解吸过程伴随着化学反应的进行，也就是分子中化学键的破坏和再生的过程，这种化学反应所产生的作用力要远远高于物理吸附当中的范德华力。因此，在化学吸附的过程中，吸附热也要远远高于物理吸附[60]，可以达到 84.417kJ/mol。Vasiliev 对氯化钙-活性炭复合吸附剂进行了深入的研究，研究发现，氯化钙-活性炭复合吸附剂可以输出的能量高达 $330\,W/kg$ [61]。

在吸附剂吸附的过程中，伴随着大量的热效应[33]。吸附式蓄热是利用固体吸附剂交替吸附、解吸吸附质来实现的，通过优化选择吸附剂-吸附质工质对，可以增大单位质量工质的蓄热量，提高系统性能系数。通常要求吸附质满足：单位体积蒸发潜热大；良好的热稳定性；工作压力适中；无毒，无污染，价格便宜等。对吸附剂的要求：比表面积大；对相应的吸附质的吸附循环量大和吸附速度快；传热传质性能好；价格便宜和能反复使用等。

水是一种理想的工质，来源非常广泛而且无污染，汽化潜热大（在蒸发温度为 5℃时汽化潜热高达 $2490\,kJ/kg$）。缺点在于其蒸发压力低，组成的系统为负压系统。在吸附式空调系统中，水是使用最多的工质之一。氨也是一种非常合适的吸附工质，属于自然工质，不破坏环境，在蒸发温度为 5℃时汽化潜热可达到 $1250\,kJ/kg$。氨有轻微的毒性，存在刺激性和腐蚀性的问题，且它的压力高，由此带来安全性方面的问题[62]。醇也是一种常用的吸附工质，其蒸发压力介于水和氨之间，它的汽化潜热小于水和氨，在蒸发温度为 55℃时蒸发潜热为 $1170\,kJ/kg$。甲醇作为吸附工质的缺点主要是：甲醇有剧毒，在温度高于 150℃时会发生分解，造成系统不能正常工作，因此使用甲醇的吸附系统最高温度受到限制[62]。

9.3　中高温储热材料

9.3.1　显热储热材料

显热储热材料是利用物质本身温度的变化（未伴随相变过程）来进行热量的储存和释放。根据物态的不同，显热储热材料可以分为固态显热储热材料和液态显热储热材料。

在固态显热储热材料中，高温混凝土和浇铸陶瓷材料因具有成本低和来源广的特点而被较多的研究和采用[63,64]。在实际应用中，固态显热储热材料通常以填充颗粒床层的形式与流体进行换热[65~67]。高温混凝土中多使用矿渣水泥，成本低、强度高、易于加工成型，已应用在太阳能热发电等领域，但其热导率不高，仍需要强化传热措施来增强传热性能，比如添加高导热性的组分和优化储热系统的结构设计。浇注陶瓷多采用硅铝酸盐铸造成型，在比热容、热稳定性及导热性能等方面都优于高温混凝土，其应用成本也相对较高。固态显热储热材料还具有其他缺点，包括储热密度低、放热过程很难实现恒温和设备体积庞大等。

液态显热储热材料也可作为换热流体实现热量的储存与运输，包括水、空气、导热油、液态钠、熔盐等物质。其中，熔盐因具有价格适中、温域范围广、黏度低、流动性能好、蒸气压较低、能够满足中高温储热领域的高温高压操作条件，并且无毒、不易燃等优点，已成为中高温液态显热储热材料的研究热点，已在太阳能热发电领域得到应用。目前应用最多的熔盐显热储热材料有 Solar salt 和 HitecXL，其中，Solar salt 是二元混合盐，组分是 $60\%\,NaNO_3$ 和 $40\%\,KNO_3$，而 HitecXL 是三元混合盐，组分是 $48\%\,Ca(NO_3)_2$、$7\%\,NaNO_3$ 和 $45\%\,KNO_3$[68,69]。尽管熔盐作为液态显热储热材料能够实现对流换热，大大提高了储热换热效率，但是熔盐通常凝固点较高，作为换热流体应用时操作温度不宜控制，易结晶析出。此外，熔盐液相腐蚀性较强，对管道循环输送设备材料要求较高。

9.3.2　相变储热材料

相变储热材料是利用材料的相变潜热来实现能量的储存和利用的。根据相变形式的不同，相变过程可分为固-固相变、固-液相变、固-气相变和液-气相变 4 类。固-气相变、液-气相变虽有很大的相变潜热，但由于相变过程中大量气体的存在，材料体积变化较大，难以实际应用；固-固相变虽然具有体积变化小等优点，但其相变潜热较小；而固-液相变的储热密度高、吸/放热过程近似等温且易运行控制和管理，是目前蓄热领域研究和应用较多的相变类型。理想的、有实用价值的相变储热材料应该具备如下特性：具有满足工作条件的适宜的相变温度；高比热容和相变焓，实现高储热密度和紧凑的储热系统；熔化温度一致，无相分离和过冷现象；良好的循环稳定性；良好的导热性能，能够满足储热系统的储/释热速率要求，维持系统的最小温度变化；相变过程中体积变化较小，易于选择简单容器或者换热设备；低腐蚀性，与容器或者换热设备兼容性好；无毒或者低毒性，不易燃、不易爆；成本较低，适宜大规模生产应用。

9.3.2.1　熔融盐与共晶盐

高温熔盐一般指硝酸盐、氯化物、碳酸盐以及它们的共晶体，具有应用温度区间广（150～1200℃）、热稳定性高、储热密度高、对流传热系数高、黏度低、饱和蒸气压低、价格低[70]等特点，因此成为目前中高温传热和储热材料的首选。

实际应用中，很少利用单一盐，大多会将二元、三元无机盐混合共晶形成混合熔盐。混合盐的主要优势表现在[71]：适当改变其组分的配比即可得到所希望的熔点，适用的温度范围更广；可以满足在较低的熔化温度下获得较高的能量密度；可以将储热性能好的高价格物质与低价格物质结合在一起使用以节省成本，同时热容量可以近似保持不变。目前研究的熔融盐可以分为以下几类：

① 氟化物。氟化物主要为某些碱及碱土金属氟化物或某些其他金属的难溶氟化物等，是非含水盐。它们具有很高的熔点及很大的熔融潜热，属高温型储热材料。氟化物作为储热剂时多为几种氟化物配合形成低共熔物，以调整其相变温度及储热量，如当 $NaF:CaF_2:MgF_2=65:23:12$ 时，相变温度为745℃。国内北京航空航天大学将太阳能高温潜热蓄热技术应用在空间站热动力发电系统中[72,73]，采用80.5LiF-19.5CaF$_2$共晶盐作为高温吸热/蓄热器的相变材料，在数值模拟和实验研究方面对其相变传热过程做了大量的工作。氟盐和金属容器材料的相容性较好，但氟化物高温相变材料有两个严重的缺点：一是由液相转变为固相时有较大的体积收缩，如 LiF 高达23%；二是热导率低。这两个缺点导致在空间站热动力发电系统中的阴影区内出现"热松脱"和"热斑"现象。

② 氯化物。氯化物种类繁多，价格一般都很便宜，可以按要求制备成不同熔点的混合盐；而且相变潜热比较大、液态黏度小、具备良好的热稳定性，非常适合作为高温传热蓄热材料，缺点是工作温度上限较难确定，腐蚀性强。氯化钠（NaCl）的熔点为801℃，固态密度为 1.9g/cm³，液态密度为 1.55g/cm³，熔化热为 406kJ/kg。氯化钠的储热能力很大，但腐蚀性亦强；氯化钾（KCl）的熔点为770℃，固态密度为 1.99g/cm³，熔化热为 460kJ/kg。氯化钾的储热能力很大，但腐蚀性亦强，同时具有高温易于挥发的特点；氯化钙（CaCl$_2$）的熔点为782℃，液态密度为 2g/cm³，熔化热为 255kJ/kg，比热容为 1.09kJ/(kg·℃)。但氯化钙有极强的腐蚀性，在含氧的潮湿情况下几乎可以腐蚀所有金属材料。

③ 硝酸盐。硝酸盐熔点为300℃左右，其价格低廉，腐蚀性小，500℃下不考虑分解，但其热导率低，易发生局部过热。其中二元熔盐 KNO$_3$-NaNO$_3$（Solar salt，质量分数分别为40%和60%）及三元熔盐 KNO$_3$-NaNO$_2$-NaNO$_3$（HTS，质量分数分别为53%、40%和7%，下同）被作为传、储热一体的介质在国外的太阳能热发电站广泛使用。含 NaNO$_2$ 的三元熔盐得到很多学者的研究，Alexander 等[74]和 Kirst 等[75]通过研究发现，KNO$_3$-NaNO$_2$-NaNO$_3$ 三元熔盐在454.4℃以下有较好的化学稳定性。Kearney 等[76]还研究确定了熔盐的上限温度为535℃。中国在熔盐炉中所用的 HTS 熔融盐使用温度通常不超过500℃，因为当温度高于500℃时亚硝酸盐会在空气中氧化，从而导致亚硝酸盐分解，熔点上升。彭强等[77]以 HTS 盐为基元和添加剂制备了多元混合熔盐，发现添加质量分数为5%的添加剂 Additive A，最佳操作温度可提升至550℃，有效提高了混合熔盐的蓄热效率。于建国等[78]在三元熔盐的基础上发明四元体系（LiNO$_3$-KNO$_3$-NaNO$_3$-NaNO$_2$），由于 Li 与 K、Na 为同系物，离子状态时具有相类似的性质，当 LiNO$_3$ 与 KNO$_3$-NaNO$_3$-NaNO$_2$ 混合后，能形成新的离子间的作用力，因此具有较好的耐热性，难以挥发，最优操作温度为250～550℃。

④ 碳酸盐。国内外关于碳酸盐熔盐的研究主要集中在燃料电池方面的应用，其实碳酸盐熔盐用作高温传热蓄热材料也是很有希望的。碳酸钾是无色单斜晶体，熔点为891℃；碳酸钠在常温下是白色粉末，熔点为854℃。两者价格低廉、热稳定性比较好，是材料的首选。56.6%（摩尔分数）Na$_2$CO$_3$－43.4%（摩尔分数）K$_2$CO$_3$ 混合熔盐最低共熔温度为710℃，比热容为

0.92kJ/(kg·℃)，熔化热为364kJ/kg，在低于830℃时性质稳定。在二元碳酸钾钠中添加高熔点的KF、KCl、K_2SO_4、Na_2SO_4、NaF、NaCl、$BaCO_3$、Li_2CO_3、Li_2SO_4等，可以形成熔点更低的共熔物。

Petri等[79~81]给出了Li_2CO_3-Na_2CO_3-K_2CO_3、Na_2CO_3-K_2CO_3、Li_2CO_3-Na_2CO_3、Li_2CO_3-K_2CO_3、Li_2CO_3-$CaCO_3$、Na_2CO_3-$BaCO_3$熔盐体系的熔点、相交潜热、价格等数据，并从整个太阳能集热系统的试验研究、成本预算方面进行了深入探讨，认为碳酸熔盐作为蓄热材料具有一定的可行性。Jorgensen等[82]提到LNK碳酸熔盐作为蓄热材料，其运用温度到达900℃，并验证了Inconel 600防腐相对较好。Araki等[83]通过阶梯式加热方法、扫描量热仪、阿基米德原理分别对Li_2CO_3-K_2CO_3的热扩散系数、比热容及密度进行了测量，同时推导得到了碳酸熔盐的热导率。辛嘉余等[84]计算了Na_2CO_3、K_2CO_3、Li_2CO_3及其混合熔融体的黏度，碳酸盐熔融体的黏度随温度的升高而降低，并且变化明显。摩尔比为1:1的K_2CO_3、Na_2CO_3熔融体在777℃时的黏度为0.4Pa·s，摩尔比为1:1:1的K_2CO_3、Na_2CO_3、Li_2CO_3熔融体在927℃时的黏度为$4.4×10^{-5}$Pa·s，说明碳酸盐在熔融后具有良好的流动性。Kourkova和Sadovska[85]通过实验给出了碳酸锂的比热容（30~290℃）、热熵和热焓数据，说明碳酸锂具有很好的传热蓄热能力。这些研究为今后的物性测量提供了方法基础以及数据参考。

魏小兰等[86,87]采用静态熔融法制备添加剂对二元体系（K_2CO_3-Na_2CO_3）进行改性，有效降低了二元体系的熔点（从698℃降到567℃），增大了熔盐体系相变潜热（从34J/g增大到103J/g），提高了熔盐的热稳定性，扩大了熔盐体系的工作温度范围。

在450~850℃的高温区，碳酸盐熔盐具有很大的优势，但是碳酸盐的熔点较高且液态碳酸盐的黏度和腐蚀性均比硝酸盐的大，有些碳酸盐容易分解，很大程度上限制了其规模化应用。

9.3.2.2 金属与合金

高温熔盐虽然具有工作温度较高、蒸气压低和热容量大的优点，但仍需要克服热导率低和固液分层等问题[88]。而金属及其合金的热导率是熔融盐的几十倍到几百倍[89]，而且具有储热密度大、热循环稳定性好、蒸气压力低等诸多优点，发展潜力巨大，是一种较好的蓄热物质，但在选择金属及其合金材料作为相变储热材料时，必须注意毒性低和价廉易得的原则。

Birchenall等[90]最早对金属作为储热材料进行了研究。金属作为相变储热材料单位体积的储热密度大、导热性能好、热稳定性较好、过冷度小、相变时体积变化小，特别适用于300℃以上的储热应用。1980年，Birchenall等[91]又对合金相变储热进行了研究，测量分析了由地球上储量丰富的Al、Cu、Mg、Si和Zn组成的二元和三元合金的热物性，发现相变温度在507~577℃且富含Si或Al的合金的储热密度最高。之后，文献[92~98]分别测试了不同组成的二元和三元铝合金相变储热材料的相变温度与相变潜热。1985年，Farkas等[99]研究了一些新型二元和多元合金的热物性，发展了一个试差法，结合热差分析、金相图谱和显微图片分析，可用不超过3个步骤确定合金的组成，研究发现，二元材料的合金化会降低相变温度，但不会显著提高材料的储热密度。张寅平等[94,95]重点研究了铝-硅合金$AlSi_{12}$、$AlSi_{20}$的储热性能，并对$AlSi_{12}$合金的热物性进行了深入的研究。研究发现，与$AlSi_{20}$相比，$AlSi_{12}$是一种性能优良的高温相变材料，其潜热大、相变温度适中、相变温区窄、热稳定性高且导热性能好，可用于储存太阳能热的介质；温度对$AlSi_{12}$与金属材料之间的扩散渗透影响显著，低温时扩散渗透反应慢，高温反应较快。孙建强等[92,100,101]对三元铝基合金相变材料60%Al-34%Mg-6%Zn的循环性能以及与容器的兼容性进行了研究。研究发现，合金相变温度并未随着热循环次数的增加而呈现明显变化，但是熔解热却略有降低；含有Cr、Ni和Ti元素的不锈钢（SS304L）对60%Al-34%Mg-6%Zn相变合金材料有较好的兼容性。

金属及其合金储热能力强的同时热导率大，这无疑是其优势所在，但高温条件下液态腐蚀性强，导致其与容器材料相容性差，这正是限制金属及其合金在高温相变储热领域实际应用的最大原因。虽然国内外已有大量金属及其合金与容器材料相容性方面的研究，但是多数都显得比较零散，缺乏系统性和规律性。因此应更进一步地研究材料相容性问题，进而寻求到合理的封装方式，最终实现金属及其合金在高温相变储热领域的广泛应用。

9.3.2.3　复合相变储热材料

复合相变储热材料通常是将熔点高于相变材料熔点的有机物或者无机物材料作为基体与相变材料复合而形成具有特定结构的一种材料的总称。复合相变储热材料有望解决相变材料在应用中所面临的某些问题，特别是腐蚀性、相分离和低导热性能等问题，为相变材料提供更好的微封装方法，从而打破制约相变储热技术应用的主要瓶颈。基体在复合结构中熔点较高，可以作为显热储热材料加以利用，不仅为相变材料提供结构支撑，还能够有效提高其导热性能。复合相变储热材料拓展了相变材料的应用范围，成为储热材料领域的热点研究课题[102,103]。

（1）微胶囊储热材料

微胶囊储热材料比表面积大，很好地解决了材料相变时渗出、腐蚀等问题，常用制备方法主要包括原位聚合（in situ polymerization）、界面聚合（interface polymerization）、悬浮聚合（suspension polymerization）、喷雾干燥（spray drying）、相分离（phase separation）以及溶胶-凝胶（sol-gel）和电镀（electroplating）等工艺，但是高分子聚合物等有机壁材存在强度较差、传热速率较低、易燃等问题。二氧化硅等无机物为壁材的微胶囊尽管有望避免有机壁材的弊端，但有关研究多局限于有机相变材料，限制了其在中高温储热领域的应用。电镀方法制备金属微胶囊相变材料能够满足中高温储热应用领域的要求，但其制备工艺复杂，能够满足微胶囊电镀的金属材料的可供选择范围小。此外，高温相变时金属间的合金化问题严重，如何实现较高的包覆率和较好的包覆效果都需要进一步研究。

（2）定型结构储热材料

① 陶瓷基复合相变材料。陶瓷基复合相变材料是 20 世纪 80 年代出现的，它由多微孔陶瓷基体和分布在基体微孔网络中的相变材料复合而成。由于毛细管张力作用，相变材料熔化后保留在陶瓷基体内不流出来，使用过程中可同时利用陶瓷基材料的显热和相变材料的相变潜热，相变温度可用相变材料的种类进行调节，当相变材料为无机盐时，范围为 450～1100℃。

目前已经制备的无机盐/陶瓷基体复合相变储热材料主要有：Na_2CO_3-$BaCO_3$/MgO、Na_2SO_4/SiO_2 和 $NaNO_3$-$NaNO_2$/MgO。Claar 等[80,104]研究了陶瓷基复合材料的制备工艺和由复合材料制成的元件构成的储热系统的整体性能，表明由 Na_2CO_3-$BaCO_3$/MgO 制成的复合材料在 615～815℃范围内进行 17 次（398h）循环后热稳定性良好，质量损失仅为 0.94%，密度变化 1%，保持原始形状且无开裂。20 世纪 90 年代初，Hame 等[105,106]利用 Na_2SO_4/SiO_2 制成高温蓄热砖，并建立太阳能中央接收塔的储热系统，建立了中试装置，以 200kW 燃气炉 1300℃的烟气对系统进行加热，然后以冷空气冷却释放热能，对系统性能进行了测试和理论计算，结果表明，含 20%（质量分数）无机盐的陶瓷体比相同体积的纯陶瓷蓄热量可提高 2.5 倍，其中，Na_2SO_4/SiO_2 的相变潜热和比热容均高于 Na_2CO_3-$BaCO_3$/MgO 和 $NaNO_3$-$NaNO_2$/MgO，同时具有更高的相变温度，使 Na_2SO_4/SiO_2 应用范围更加广泛。王永军等[107]采用粉末烧结工艺制备 Na_2SO_4/MgO 复合材料，理想配比为 $n(MgO):n(Na_2SO_4)=7:3$，使用温度为 900～1000℃。吴健锋等[108]用多孔陶瓷基体与硫酸钠复合制备了 Na_2SO_4/SiC 储热材料，结果表明，相变盐与陶瓷基的兼容性较好，复合结构中相变材料的相变潜热为 30.03J/g，800～900℃内，所得复合材料的储热密度为 161J/g，热导率为 5.5W/(m·K)，比热容为 1.31J/(g·K)。Shin 等[109]研究了一种金属/陶瓷基复合相变材料，他们将二元 GeSn 型纳米粒子嵌入 SiO_2 基体中，制备出了 GeSn/SiO_2 高温复合相变材料，研究了这种相变材料在 300℃、400℃和 500℃等不同温度下的相变潜热，并且发现，在 SiO_2 基体中，GeSn 二元纳米粒子的晶形可以向均匀型合金转化且转化过程可用二元材料的组成来调节。

② 石墨基复合相变材料。石墨基相变复合材料是利用天然矿物本身具有多孔结构的特点，经过相应的工艺处理后，与相变材料复合在一起，如膨胀石墨层间可浸渍或挤压熔融盐等相变材料。石墨本身耐腐蚀、导热性好，是良好的高温相变材料的基体之一。

张泰等[110]利用水溶液浸渗法制备了 $NaNO_3$-$LiNO_3$/EG 复合相变材料，和纯相变材料相比，热导率提高了 37.6%。Steiner 等[111]研究了石墨/碳酸熔盐储热材料。结果发现，当添加石墨的质量分数为 5%～30%时，石墨/碳酸熔盐储热材料的热导率由 3W/(m·K) 升至 25W/(m·K)。

Aktay 等[112] 和 Jegadheeswaran 等[113] 研究了膨胀石墨对熔融盐储热材料 NaNO₃-KNO₃ 的影响，采用浸渗法、冷压法和热压法等研究了 5 种样品，结果表明，掺入石墨的相变材料有效热导率至少提高 5 倍。李月峰等[114] 采用饱和水溶液混合搅拌法制备了 NaNO₃-LiNO₃/EG 复合高温相变材料。结果表明，水溶液法制备相变材料的热导率比挤压法的低。

③ 无机盐/金属基复合相变材料。金属基主要包括价格便宜、导热性能优良的铝基（泡沫铝）、铜基（泡沫铜）和镍基相变材料等[5,115,116]。相变储热材料主要包括各类蓄热量大、化学稳定性好和廉价易得的熔融盐和碱。这类复合相变储热材料中，熔融盐较均匀地分布在多孔质网状结构金属基体中，其中熔融盐在复合蓄热材料中的占比可达 80% 以上。将相变蓄热材料复合到多孔质泡沫金属基体中，主要利用熔融盐的高相变潜热和多孔金属基体的高导热性等优点，同时也利用金属基体的显热进行热能存储。另外，金属骨架把相变蓄热材料分成无数个微小的蓄热单元，在吸热/放热过程中不存在传热恶化的现象，克服了潜热储能材料在相变时液固两相界面处传热效果差和显热储能材料蓄热量小以及很难保持在一定温度下进行吸热和放热等缺点。当温度超过熔融盐熔点时，熔融盐熔化而吸收潜热，与陶瓷基底复合相变材料一样，熔融盐因泡沫金属孔道内的毛细管张力作用而不会流出。

祁先进[117] 采用真空中共混熔融将金属基（泡沫镍）与 KNO₃、Li₂CO₃、Na₂CO₃、LiOH 和 NaOH 等熔融盐在一定温度下复合，成功制得了高温下具高储能密度的各类镍基复合储热材料。王胜林等[118] 研究了用熔融盐浸渗多孔镍基，并对此熔融盐的储能密度做了研究。为了更有效地预测泡沫金属基复合相变材料（composite phase change material，CPCM）的导热性能，徐伟强等[119] 针对泡沫金属基 CPCM 的微观结构特征提出了一种新的复合材料相分布模型。由结果可以看出，利用金属添加物来提高储热材料的储能密度具有一定的可行性。上海交通大学的赵长颖教授[10] 研究了泡沫金属以及柔性石墨与 NaNO₃ 熔盐经浸渗工艺制备复合结构的传热性能，结果表明，预制体的孔隙率以及孔径尺寸都是影响复合结构导热性能的主要因素，其中孔隙率的影响更加显著，减少孔隙率以及孔径尺寸，有利于增加换热接触面的表面面积，因此更有利于增强换热效果。但是孔隙率减小，导致复合体单位体积内熔盐含量减少，故又降低了热容量。泡沫金属以及柔性石墨均能显著增强复合体系的导热，从而提高储/释热速率，此外，通过对比发现泡沫金属基复合结构储热材料的整体性能优于柔性石墨基复合的储热材料。

9.3.3　热化学储热材料

热化学储热材料利用物质的可逆吸/放热化学反应进行热量的存储与释放，适用的温度范围比较宽，储热密度大，可以应用在中高温储热领域。在一个热化学蓄热系统的设计中，系统所使用的蓄热材料处于最关键的地位，Gantenbein 等[120] 总结了一些热化学蓄热材料选取的标准：① 高能量密度；② 较高的热导率，与热交换器间热量传输良好；③ 与环境友好，无毒，较低的温室效应，不破坏臭氧层；④ 材料没有腐蚀性；⑤ 在工作条件下较少产生副反应；⑥ 工作的压力不要太高，也不要高度真空；⑦ 较低的费用。

现在主要研究的热化学蓄热材料的蓄热密度在 1000～2000kJ/kg 范围内，这比常用的相变蓄热材料的蓄热密度大了一个量级。

9.3.3.1　水合盐

水合盐是无机盐与水在氢键等化学键的作用下构成的。在无机盐与水结合成水合盐时产生了化学键，同时放出热量，在水合盐分解成水和无机盐时需要吸收热量来断裂化学键，这个循环是可逆的，故可以利用这个原理来进行蓄热。常用的水合盐储释热体系有 $MgSO_4 \cdot nH_2O$、$NaS \cdot nH_2O$、$H_2SO_4\text{-}H_2O$、$NH_4NO_3 \cdot 12H_2O$ 等。荷兰能源研究中心（ECN）研究了多种潜在的热化学蓄热材料，通过计算比较，他们认为[121] $MgSO_4 \cdot 7H_2O$ 是比较有希望进行长时间蓄热的材料。然而进一步的研究指出[45]，在现实情况中 $MgSO_4 \cdot 7H_2O$ 不能释放出所有潜在的热量，在硫酸镁与潮湿的空气反应时，会立刻形成一个水合盐的表层，阻止水蒸气与固体的接触，从而限制反应的进一步发生，降低 $MgSO_4 \cdot 7H_2O$ 的蓄热密度。为了解决这个问题，Hongois 等[45] 将饱和的硫酸镁水溶液注入小球状的沸石颗粒中，而后将过滤得到的沸石颗粒取出，在 150℃ 的烘箱中干燥，制得硫酸镁与沸石的混合物，沸石属于多孔材料，它扩大了硫酸镁的比表面积，使反应更容易发生，同时沸石基质本身也有吸水放热的特性，也是一种蓄热材料，在 200g 样本的实验中，混合物达到了其理论蓄热密度的 45% （0.18kW·h/kg），并且在三次蓄放热循环的测试中保持了这一蓄热密度。Posern 等[122]为了解决 $MgSO_4$ 吸水不完全的问题，将 $MgSO_4$ 与 $MgCl_2$ 混合，作用原理是 $MgCl_2$ 是一种强吸水性的物质，非常易潮解，带来很多水分，而 $MgSO_4$ 在这样的环境中能完全的吸收水分，文献研究了 $MgSO_4$ 与 $MgCl_2$ 的不同混合比例，结果表明，质量分数占 20% 的 $MgSO_4$ 与 $MgCl_2$ 混合有 0.44kW·h/kg 的蓄热密度。Balasubramanian 等[123]和 Ghommem 等[124]分别建立了 $MgSO_4·7H_2O$ 储能及热释放过程的数学模型，探究了材料特性、输入热流以及系统的绝热性能对无水盐脱水的影响，并采用灵敏度分析法定量确定了影响热化学储/释能过程的关键参数，能够为热化学储能材料工业应用提供指导。水合盐蓄热材料蓄热密度略低一些，但由于其反应物和反应产物比较安全，并且其蓄热温度在 100℃ 左右，所以水合盐储热体系一般用在中、低温储热系统中。

9.3.3.2 氢氧化物

氢氧化物一系也是常用的热化学蓄热材料。金属氧化物与水反应生成氢氧化物时会放出热量，在氢氧化物吸收热量时会分解成金属氧化物与水，循环可逆，故可以利用这一原理进行蓄热。目前研究较多的是 $Ca(OH)_2/CaO+H_2O$ 体系，其次是 $Mg(OH)_2/MgO+H_2O$ 体系。

李靖华等[125]在 1986 年对氢氧化物的蓄热过程进行了动力学研究，从动力学的角度考虑认为氢氧化钙比较适合作为蓄热材料，发现在 447℃、460℃、470℃ 时其热分解动力学属于一级反应，495℃、545℃、573℃ 其热分解动力学属于 0.5 级反应，并对两部分相应的活化能和指前因子进行了计算。

Oguar 等[59]建立了一个氢氧化钙热化学蓄热系统，实验的反应床中装备了径向的翅来加强换热，在放热过程中，系统能把初始温度为 27℃ 的进口空气快速加热至 187℃，而后在接下来的 600min 内缓慢地降低到 47℃。系统在 30min 内的平均对外放热功率是 2.86kW （477W/kg），60min 内的对外放热功率是 1.77kW （295W/kg）。

Azpiazu 等[126]对氢氧化钙的循环的可逆性进行了研究。研究结果表明，由于氧化钙会与空气中的二氧化碳反应生成碳酸钙，反应不能达到完全的可逆，氢氧化钙使用的循环次数是有限的，但是至少可以维持 20 个循环。将反应物加热到 1000℃ 可以使反应产物重新获得可逆性。另外，文中对反应物水的供应也提出了建议，认为水应该使用喷雾的方法均匀地喷到 CaO 的表面。

$Mg(OH)_2$ 是一种常压下蓄热温度在 300℃ 以上的蓄热材料，Kato 等[127]对 $Mg(OH)_2$ 蓄热循环的可逆性做了实验测试，实验检测了三种形成方式不同的 $Mg(OH)_2$，一种是超细 MgO 粉末制成，一种是普通 MgO 制成，另一种是用镁乙醇盐制得的 MgO 制成，实验结果表明，使用超细 MgO 粉末制得的 $Mg(OH)_2$ 有最好的循环可逆性，在最初的 5 个循环中，材料的反应性能有一定的下降，但在接下来的 19 个循环中，材料的反应性能一直保持稳定，文献推测，材料优良的循环性能是由粉末超细这一特征带来的。为了利用在 250～300℃ 下的余热，Kato 等[128]通过将 $Mg(OH)_2$ 与 $Ni(OH)_2$ 进行混合，降低了 $Mg(OH)_2/Ni(OH)_2$ 混合物的分解温度，使混合物能在该温区下蓄热。实验结果表明，随着 α 从 0 增大到 1，混合物 $Mg_\alpha Ni_{1-\alpha}(OH)_2$ 的蓄热温度从 250℃ 增加至 330℃。

无机氢氧化物体系的储能密度大、反应速度（热能的储/释速度）快，稳定安全、无毒且价格低廉，但研究发现，采用无机氢氧化物体系容易出现反应物烧结的现象，从而导致反应器内床层导热性能差以及反应速率减慢。实验发现，向反应物中添加一些导热性能好的材料能有效改善反应器内的传质、传热性能，例如膨胀石墨[129,130]。此外，由于氢氧化物能和 CO_2 发生副反应，导致储能系统循环寿命下降（使用时注意隔绝空气，同时清除反应物水中溶解的 CO_2），因此关于氢氧化物系统的循环寿命研究也是热化学储能实际应用中要考虑的问题。

9.3.3.3 氢化物

许多金属或者合金与氢气会发生反应生成金属氢化物，同时放出大量的热，在加热金属氢化物的时候又会吸热分解成金属与氢气,利用这一原理,金属氢化物被用作热化学蓄热材料。其中氢化镁由于有蓄热密度大（$0.85kW \cdot h/kg$）、蓄放热温度可变、可逆性好且镁的价格也比较便宜等优点,特别适宜用作大规模热化学蓄热系统的蓄热材料,是热化学蓄热的研究热点之一[23]。然而,氢气和镁反应相当缓慢,因此并不能真正用在实际储能中,选择合适的催化剂来提高金属和氢气的反应速率十分重要。Bogdanović 等[131]对镍掺杂和没有镍掺杂的 $Mg-MgH_2$ 材料用于储能、储氢对比研究,发现镍掺杂的 $Mg-MgH_2$ 即使在中温中压下也有比较好的氢化速率及循环稳定性,非常适合用于太阳能储热、热泵及储氢过程中。随后他们又证实了 Mg_2FeH_6 和 Mg_2FeH_6-MgH_2 在 500℃时是良好的热化学储能材料,从热力学和动力学角度进行热力学特性和循环稳定性的研究,认为下一步的研究应放在单位质量储能密度的优化和中间产物 H_2 的储存[132]。Rango 等[133]建立了一个体积为 $260cm^3$ 的小型镁-氢化镁储氢系统,系统中装有 110g 活性 MgH_2 粉末,并探究系统在不同条件下的吸附、解吸特性,实验结果显示,在 80min 内系统的储氢容量可以达到 4.9%（按质量计）,并且实验中要保证材料温度不超过 370℃,因为温度过高会导致镁粉结晶引起系统动力学性能下降。实验结果表明,反应物的热导率对系统的热量传递起了主要作用,进一步研究发现,选用膨胀的天然石墨或金属泡沫基质可以提高反应物的径向热导率,但又在一定程度上降低了氢气的渗透率,从而导致系统效率下降[134]。这些研究对进一步了解氢化镁储氢系统有重要意义,但其主要关注系统吸氢速率,而忽略了系统循环过程中的能量变化,这也为氢化镁蓄热系统研究指明了方向。

9.3.3.4　甲烷/二氧化碳重整

CH_4/CO_2 重整反应不仅能够有效减少 CO_2 的释放,还能够提供一种高效的可再生资源（如太阳能）储存及输送的方法。

Gokon 等[135]探究了在 950℃的熔盐中,FeO 作催化剂,不同流率的 CH_4/CO_2 混合气的催化重整情形,发现当流率为 200mL/min 的时候,CH_4/CO_2 重整生成 CO、H_2 和 H_2O,当流率为 50mL/min 的时候,CH_4/CO_2 重整生成 CO 和 H_2。CH_4/CO_2 重整过程中有副反应发生,故选择合适的催化剂来提高反应物的活性及选择性十分重要。Kodama 等[136]将金属氧化物还原和甲烷催化重整相结合,将高温热能转化成 1000℃下的化学能,实验发现,WO_3 和 V_2O_5 对甲烷重整具有很高的活性和选择性。随后他们又发现,在氙弧灯光的照射下,镍催化剂对 CH_4/CO_2 重整的催化性能和选择性,发现 $Ni/\alpha-Al_2O_3$ 在模拟太阳光的照射下对 CO_2-CH_4 具有最好的活性和选择性,甲烷的转化率超过 90%,且有 16%的入射光以化学能的形式储存[137]。

9.3.3.5　氨基热化学蓄能

氨基热化学储能反应发生的条件是温度 400～700℃,压力 10～30bar（$1bar=10^5Pa$）,且正逆反应都需要催化剂,常用的氨合成催化剂是"KM1",常用的氨分解催化剂是"DNK-2R"。氨基热化学储能相比其他的储能方式具有很多的优点,如成熟的合成氨工业为氨基热化学储能的研究提供丰富的研究资料;氨在环境条件下为液体,容易实现和产物的分开储存;储能体系无副反应发生。但是 $NH_3/N_2/H_2$ 系统用于热化学储能仍然有一些问题需要解决,如 H_2 和 N_2 的长期安全储存问题;反应必须使用催化剂,增大成本;反应的操作压力过高;正、逆反应的不完全转化等。氨基热化学储能系统下一步的研究方向是储能系统的中试放大研究、储能反应器的设计及热能储/释过程温度分布的优化。

9.3.3.6　碳酸化合物的分解

对于中高温储热研究,目前只对 $CaCO_3/CaO$ 体系、$PbCO_3/PbO$ 体系有比较详细的研究,其中,$CaCO_3/CaO$ 体系由于储能密度高（$3.26GJ/m^3$）、无副反应及原料 $CaCO_3$ 来源丰富而被认为在高温储热的应用上具有广阔的前景。Kato 等[138]探究了 CaO/CO_2 反应用于化学热泵的反应活性,发现当压力为 0.4MPa 时,储能密度可达到 800～900kJ/kg,且平衡时 CaO 床层的热输出温度可达到 998℃。然而,CO_2 的储存问题是 $CaCO_3/CaO$ 储能系统中必须要解决的一个关键问题。Kyaw 等[139]提出了 3 种 CO_2 的储存系统:作为压缩气体、生成其他的碳酸盐、采用合适的吸附剂如活性炭或沸石来吸收,结果发现,当压力为 1MPa,温度为 300℃时,单位质量的沸石 13X 能够吸收 2%～3%的 CO_2,因此沸石 13X 可以作为 $CaCO_3/CaO$ 储能系统中 CO_2 的吸附剂。

Kato 等[140]也提出了一个 $CaO/PbO/CO_2$ 复合系统来储存 CO_2。提高碳酸化合物分解过程中反应物的活性以及选择有效的方法来解决 CO_2 的储存问题是下一步的研究重点。

9.3.3.7　氧化还原反应

由于具有较大的储能密度和较高的操作温度，可逆的氧化还原反应是实现热化学储能比较有前景的方法之一，尤其是空气既能作为传热流体，又能作为反应物，这既简化了储能系统，又节约了操作成本。这些反应通常都发生在 600～1000℃，特别适用于高温热能储存。

Bowrey 等[141]在 1978 年探究了 BaO/BaO_2 系统用于高温热能储存的可行性，结果发现，储能密度高达 $2.9GJ/m^3$。其他热化学储能体系如 Fe_2O_3、Co_3O_4、Mn_2O_3、Mn_3O_4 等也引起了广泛的探究，结果发现其中 Co_3O_4 具有最好的动力学性能，且经过 30 次循环后 Co_3O_4 没有发现明显的降解，储能反应中反应物的平均转化率是 40%～50%，反应的储能密度为 $95kW \cdot h/m^3$[142,143]。

然而 Co_3O_4 的极毒性和高成本限制了 Co_3O_4/CoO 系统用于热化学储能，研究发现，向 Co_3O_4 中添加一些廉价的、低毒性的金属氧化物能够在一定程度上改善这种缺陷。Carrillo 等[144]发现掺杂了少量 Mn_2O_3 的 Co_3O_4 中较纯 Co_3O_4 具有更好的循环稳定性。Block 等[145]也提出了一个 Co_3O_4/Fe_2O_3 复合系统用于热化学储能，结果发现，较纯 Co_3O_4 和纯 Fe_2O_3，Co_3O_4/Fe_2O_3 混合物的微观结构稳定性以及反应的可逆性都有很大的提高。

9.3.4　吸附蓄热材料

吸附蓄热是一种新型蓄热技术，研究起步较晚，是利用吸附工质来对吸附/解吸循环过程中伴随发生的热效应进行热量的储存和转化的。吸附蓄热材料的蓄热密度可高达 800～1000kJ/kg，具有蓄热密度高、蓄热过程无热量损失等优点。吸附蓄热材料无毒无污染，是除相变蓄热材料以外的另一研究热点，但由于吸附蓄热材料通常为多孔材料，传热传质性能较差，而且吸附蓄热较为复杂，这些问题需要进一步研究后，才能在工业领域大规模应用。

吸附蓄热分为物理吸附蓄热和化学吸附蓄热。在物理吸附蓄热中，常用的材料有硅胶/H_2O 和沸石/H_2O，其中，硅胶/H_2O 物理吸附蓄热主要应用于低温范围，而沸石/H_2O 物理吸附蓄热可用于中温范围内的蓄热，蓄热温度可达 150℃以上，甚至 200℃。Aiello 等[146]对沸石/H_2O 物理吸附闭式蓄热系统进行了研究，发现释热速率要明显高于蓄热速率。Shigeishi 等[147]将沸石（4A、5A 和 13X）的吸附蓄热性能与活性氧化铝和硅胶进行了对比，结果发现 13X 的性能最优，在 110℃下的蓄热密度可达 $148kW \cdot h/kg$。此外，可采取离子交换、改变 Si/Al 比例和脱铝的方法来减弱沸石的强亲水性，以改善其吸附蓄热的效果[148~152]。近年来，一批新型的多孔吸附材料伴随着技术发展相继研制出来，包括 AlPOs、SAPOs、MOFs 等。在化学吸附中，主要用到的是氨合物与氨的配位反应和水合盐与水的水合反应，其中氨合物与氨的配位反应可以涵盖 48℃（NH_4Cl）至 334℃（NiI_2）的范围，而水合反应中，$MgSO_4$ 和 $MgCl_2$ 的反应温度可在 130℃至 150℃之间。

由于分子筛作为吸附蓄热材料时对水的吸附属于物理吸附，吸附平衡量和吸附循环量不高，因此有研究者利用沸石分子筛规整而稳定的孔隙结构，把对水吸附容量比较高的氯化钙填充进去，从而制备出既具有高吸附蓄热容量又具有稳定吸附蓄热性能的复合吸附蓄热材料。朱冬生等[153]以分子筛为基体，使氯化钙填充进入分子筛制备出吸附蓄热复合材料，实验发现，复合吸附剂的最大吸附量可达 $0.55kg/kg$，比 13X 分子筛提高了 1.5 倍，用于蓄热时其蓄热密度达到 $1000kJ/kg$ 以上。在进一步提高复合吸附蓄热材料的蓄热能力和循环方面，Mrowiec 等[154]用四乙氧基硅烷制成 $SiO_2/CaCl_2$ 复合多孔材料，1kg 该吸附剂的水蒸气吸附量超过 1kg，而且经过 50 次循环实验，该复合吸附材料的吸附性能无明显改变。这种由分子筛等多孔材料和吸湿性无机盐复合而制得的吸附蓄热材料，一方面使无机盐的化学吸附蓄热循环过程发生在多孔材料的孔道内，改善了吸附蓄热过程的传热和传质性能；另一方面，多孔材料对吸附质也具有吸附作用，不仅提高了复合吸附材料的总吸附量和蓄热密度，而且物理吸附作为化学吸附的前驱态还促进了无机盐的化学吸附。

9.4　中高温储热系统的应用现状

中高温蓄热技术主要运用于太阳能发电厂中,同时在工业余热回收、工业窑炉蓄热式燃烧系统、电采暖器、航天器和水下潜器动力系统中均有应用。不过中高温蓄热材料的使用也面临诸多难题,如蓄热材料与蓄热器的相容性问题、蓄热器的优化传热问题等,国内外许多学者对此进行了研究。

有关中高温蓄热器的研究,目标是如何获得较高的传热效率,同时减少高温蓄热材料与容器之间的腐蚀。目前的热点在于蓄热系统形式、高温蓄热器的优化设计和高温蓄热器的耐腐蚀性研究等几个方面。

9.4.1　显热和相变储热系统

Antoni Gil 等[155]对太阳能热电厂高温蓄热技术进展进行了详细的介绍,将蓄热系统分为两罐熔盐法、两罐合成油法、单罐温度分层法、带有填充材料的单罐温度分层法等,并对世界各地最主要的太阳能发电厂所采用的技术和蓄热材料进行了分类。

美国与以色列 1983～1991 年在加州南部莫罕夫(Majave)沙漠建成的太阳能热发电系统 SEGS Ⅰ-SEGS Ⅸ [156],其中 SEGS Ⅰ采用双罐蓄热系统(如图 9-2)。建于 1982 年的 Solar One 太阳能试验电站采用单罐系统,系统装置为一圆形斜温层罐,蓄热方式为间接式蓄热(如图 9-3 所示)。1996 年 Solar Two 太阳能试验电站成功开始运行,蓄热系统采用两罐熔盐法,由一个直径为 11.6m、高为 7.8m 的冷盐罐和一个直径为 11.6m、高为 8.4m 的热盐罐组成(如图 9-4 所示)[56]。Solar Two 塔式试验电站蓄热系统从 1996 年一直运行到 1999 年结束,未出现大的操作问题,为目前最成熟的熔融盐传热蓄热系统。

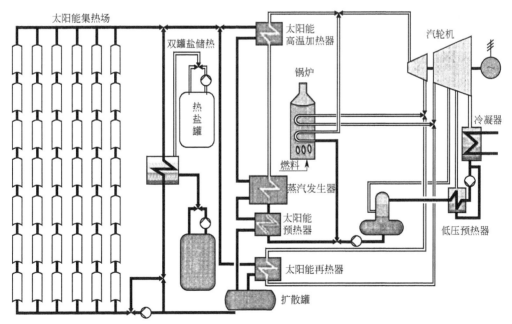

图 9-2　双罐蓄热的太阳能热发电系统

在太阳能热电厂中,单罐系统采用斜温层罐蓄热,根据冷热流体温度不同而密度不同的原理在罐中建立温跃层,省了一个罐的费用,但是真正实现温度分层有一定困难,且蓄热温度较低,发电效率低下。目前更多采用的是双罐系统,蓄热介质也以高温熔融盐居多,相比之下双罐系统原理简单,易操作,且效率大大提高。

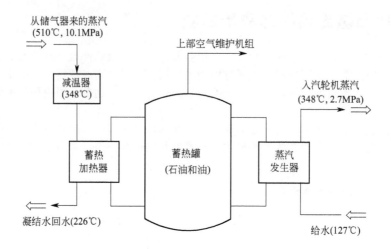

图 9-3 Solar One 电站单罐蓄热系统示意图

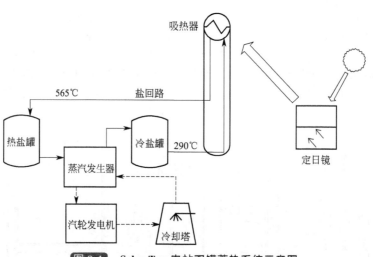

图 9-4 Solar Two 电站双罐蓄热系统示意图

1997 年 Gong 等[157]建立了以管侧为传热流体、壳侧填充相变材料的管壳式换热器的蓄-放热模型，研究了蓄热过程和放热过程对相变蓄热系统效率的影响。采用有限元法对导热型熔解进行数值分析。结果表明，导热型相变材料的蓄热系统的传热流体以同侧布置较好。

1989 年美国 LUZ 公司提出了级联相变蓄热的设计方案；1993 年 DLR（德国航天航空研究中心）与 ZSW（德国太阳能及氢能研究中心）共同提出了相变/显热蓄热材料混合蓄热方法，并发布了一些可用于级联蓄热的相变蓄热材料，证实了级联相变蓄热的可行性[158]。

Laing 等[159]使用硝酸钠为相变介质，利用"夹心概念"通过添加石墨翅片或铝翅片制成新的实验装置，实验证明，在 250℃时，使用石墨是合适的，在较高温度下，应使用铝翅片，该高温蓄热装置显著提高传热效率，传热速率在进行了 172 个蓄热、放热周期后没有下降。

上海交通大学的赵长颖教授[160]分析了应用金属泡沫增强相变材料的传热性能，用 Boomsma 和 Poulikakos 提出的三维结构模型（tetrakaidecahedron）来求解金属泡沫的有效导热系数，建立数学模型并搭建实验平台，得出 85% 孔隙率传热性能优于 95% 孔隙率的结论，且使用金属泡沫材料可以显著地增强传热。

填充床蓄热的再生型蓄热器可以作为电厂的热储存系统，德国宇航中心 Dreißigacker 等基于离散单元法建立了填充床热循环过程蓄热器的数学方程，把离散单元法方程耦合到热储存的空间分布式热工模型中，为解决填充床在大规模热储存中提供理论依据[161]。

在盐类相变材料的储存容器中，由于盐类相变材料在高温下有较强的腐蚀性，容器材料必须采用耐腐蚀的高温合金，且在使用之前要进行大量测试。目前大多着眼于钴基、镍基、铌基等高温合金。如 Carrett 公司在 40kW 和 25kW 的方案中，改用了钴基合金 Haynes 188，该公司完成了 5681 次、近 1 万小时的热循环，试验表明，它与 80.5％ LiF-19.5％Ca 有良好的相容性[162]。洛克韦尔公司完成了 3245 次、5984h 的热循环试验，试验结果表明，80.5％ LiF-19.5％ CaF_2 对 Haynes 188 的腐蚀率为 0.01mm/a[162]。波音宇航与电子公司完成了 Inconel 617、Haynes 188、Haynes 230 和 316SS 等 4 种材料与 80.5％ LiF-19.5％ CaF_2 在 871℃下 5000h 的相容性试验[162]，大量实验保证了蓄热材料在自由号空间站中的使用。

硝酸钾和硝酸钠的混合盐对常见的不锈钢和钢材腐蚀性较小，Solar Two 太阳能试验电站的蓄热容器采用不锈钢，美国可再生能源实验室的 Bradshaw 等[163]对不锈钢和碳钢在 3 种混合硝酸钾和硝酸钠中的腐蚀行为进行了详细的实验，才得以保证 Solar Two 太阳能试验电站的成功运行。

Williams 等[164]在温度为 1100℃的条件下测量了氟化盐对金属的腐蚀情况，得到了 LiF 的腐蚀性最小，NaF 和 KF 的腐蚀性相当的结论。

对于高温硝酸盐的使用，Sandia 研究中心（NST-TF）采用 60％ $NaNO_3$-40％ KNO_3（Solar salt）与硅石（silica sand）、石英石（quartzite rock）相结合进行研究，研究表明，在 290～400℃之间，经过 553 次循环试验后没有出现填料腐蚀性问题[165]。后来，该研究中心又用 44％ $Ca(NO_3)_2$-12％ $NaNO_3$-44％ KNO_3（Hitec XL）做试验，结果表明，在450～500℃之间，经过 10000 次循环试验后，填料与熔融盐相容性仍很好，因而得到了大量使用[166]。

对相变蓄热系统的数值模拟研究，一般以半经验公式与数值求解相结合为主，纯数值模拟求解较少，计算难度大，但指导意义广泛。中科院宿建峰等[167]提出了双级蓄热和双运行模式的塔式太阳能热发电新系统，采用 Aspen Plus 流程模拟软件对 10MW 级的新系统进行了模拟，同时利用 EUD（Energy-Utilization Diagrams）分析方法揭示出关键过程中热能梯级利用与节能机理，为开发高效、低成本的塔式太阳能热发电系统提供新途径和理论支撑。袁修干等[168]以 NASA 2kW 热动力发电系统地面试验采用的吸热/蓄热器为研究对象，建立了蓄热容器的优化设计模型，求出了蓄热容器的最佳尺寸使其质量最低，研究了容器的壁厚、外径和长度等参数对吸热/蓄热器性能的影响。此外，徐伟强等[119]还对泡沫金属基 CPCM 的微观结构特征提出立体骨架式相分布，根据材料相变时的体积变化特点以及空穴在泡沫金属孔隙中的分布规律，在传热模型中增加空穴子模型来考虑空穴的分布和体积变化的影响，论证了泡沫金属的孔隙率和空穴体积率对热导率的影响。周建辉等[169]通过显热容法处理相变潜热和变茹性系数处理固液茹性，建立了基于修正等效热容考虑自然对流的高温固液相变蓄热器共轭求解数学模型，从而可以对固液相 PCM 及肋壁、加热器、绝缘材料、外壳进行整体统一求解。求解结果与纯导热焓法模型进行比较，指出了自然对流对固液相变换热过程的影响和换热规律的不同之处。北京工业大学的马重芳教授[170]选择了热稳定性好、传热性能和混合熔盐类似、一些热工参数已知的硝酸锂熔融盐与导热油的强制对流换热实验，逐步掌握熔盐的传热实验系统的设计方法及熔盐换热性能的实验方法，为下一步进行混合熔盐的换热实验打下了基础。

刘靖等[171]研究了以铝硅作为相变材料与不锈钢 5304、5316、耐热钢 42CrMo 的相容性，并得出温度是相变材料与容器材料之间扩散渗透的显著影响因素之一，结果表明，42CrMo 耐热钢作为容器材料腐蚀最小。

广东工业大学的张仁元教授课题组[172,173]研究了以 Al-Si 合金为高温相变蓄热材料时容器的腐蚀，实验证明，石墨不能用作盛装熔融铝硅合金液的容器材料，碳化硅作为容器材料明显比 316 不锈钢的抗熔融铝硅合金液腐蚀性能优越，进行 240 次热循环实验后，碳化硅试样基本没有被腐蚀。

北京工业大学的马重芳教授课题组[170]研究了高温熔融状态时氯化盐对常见不锈钢材料的腐蚀情况，证明氯化熔融盐对 2520、304、321、316L 这 4 种常见不锈钢腐蚀都比较严重，为蓄热

图 9-5 中高温梯级相变蓄热系统

材料的盛装容器设计提供依据。

在蓄热系统方面，尤其是蓄热器的设计，对蓄热器传热过程并没有公认的比较成熟的数学模型；在如何强化传热方面研究不够，缺乏在增强传热采取措施时的实验；此外，国内在蓄热材料和容器的相容性实验上做得还不够多，并未完全证实某种材料的相容性，同时蓄热容器材料选择单一，导致蓄热材料在工程不能推广应用。

上海交通大学的赵长颖教授课题组根据模拟的结果，设计搭建了适用于间歇性中高温余热储存和释放的梯级相变蓄热实验系统（如图9-5所示）[174]。该实验系统的相变蓄热单元采用了可拆卸结构，可以更换不同的部件以研究不同结构参数与工况参数对蓄放热性能的影响。整套实验系统贴近工业应用实际，可以进行系统集成和参数优化研究。

9.4.2 热化学储热系统

热化学蓄热是利用可逆的化学反应的反应热来储存热量。在充能的时候，蓄热材料吸收热量分解成不同组分，在需要热量的时候，将分解产物混合，放出反应热提供给外界。热化学蓄热相对于其他蓄热方式，有两个明显的优点：热化学蓄热的蓄热密度大，而且可以在接近室温的情况下长时间存储而不需要绝热措施。但同时也有一些缺点：储热系统比较复杂，许多材料的价格比较昂贵，使用的经验较其他的蓄热方式少许多。

日本的 Kanzawa 等[175]对氢氧化钙的整个蓄放热循环进行了研究，并建立了一个热化学蓄热系统，如图9-6所示，为了加强氢氧化钙与反应器之间的传热，在底盘上加上插入氢氧化钙粉末的铜板作为翅，文献通过实验研究了翅的高度、厚度以及翅之间距离的最佳选择，翅的高度最佳为 5～10cm，厚度为 0.02～0.2cm，翅之间的距离为 0.5～1cm。

Azpiazu 等[176]建立了一个氢氧化钙热化学蓄热系统，实验的反应床中装备了径向的翅来加强换热，在放热过程中，系统能把初始温度为 27℃ 的进口空气快速加热至 187℃，而后在接下来的 600min 内缓慢地降低到 47℃。系统在 30min 内的平均对外放热功率是 2.86kW（477W/kg），60min 内的对外放热功率是 1.77kW（295W/kg）。

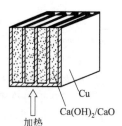

图 9-6 Ca(OH)$_2$反应器的示意图

Wierse 等[177]将镁-氢化镁系统使用在了一个小型的太阳能电站中，利用收集到的一部分太阳能使氢化镁分解，分解产生的氢气在压力容器或者在低温金属合金中储存，其余部分收集到的太阳能通过发电装置来产生电能。在没有太阳能的夜晚或者阴雨天气，将氢气与镁粉混合反应放出热量供发电装置来产生电能。在发电装置与蓄热系统之间，作者设置了两根钾热管来传递热量，系统在 300～480℃ 工作。实验室原型系统中存有 20kg 镁粉，约蓄热 12kW•h。

Bogdanovic 等制作了一个以镁-氢化镁蓄热系统为基础的水蒸气发生器，如图9-7所示，一些结果发表在文献[178]中，反应器中装了 14.5kg 活性镁粉，结果表明，系统能产生 4kW 的功率，将 6kg/h 的水加热至 400℃，40atm（1atm=101325Pa）的水蒸气。在热量有富余的时候（蓄热阶段），该系统中的氢化镁吸收热量分解成镁粉与氢气，氢气通过中心的管道排出，储存在压力容器中。在需要热量的时候（放热阶段），将一定压力的氢气通入反应器中，与镁粉反应，放出热量，加热水生成水蒸气。

氢化物蓄热系统在工作过程中伴随着氢气的储存和释放，也可被用作储氢系统，氢化镁由于有二元金属氢化物中最大的储氢质量分数（7.6%），所以镁基合金也是储氢材料的研究热点。在用作储氢材料时，希望系统在吸放氢时伴随着较小的热量变化，这与用作蓄热时背道而驰，但在蓄热时材料发生的物化过程本质上还是氢气的储存与释放，只是由于应用的目的不同所以在材料的选择和操作的方式上有所区别，因此许多对金属氢化物储氢系统的研究对蓄热系统来说都很有借鉴意义：包括设计储氢反应器，加入催化剂改善金属氢化物的动力学性能，添加膨胀石墨或金属泡沫等来改善金属氢化物的导热性能，建立金属氢化物吸放氢的数学模型等。

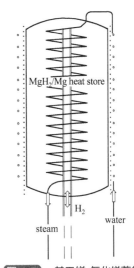

图 9-7　基于镁-氢化镁蓄热系统的水蒸气发生器

Chaise 等[179]针对这一特性设计了一套实验装置，使之能测试不同氢气压力下反应物粉末的热导率，实验结果显示，反应物粉末的热导率随着氢气压力增大而增大，在工作压力下，反应物粉末的热导率在 0.5~2W/(m·K)，热导率偏小，因此热量的传递成为了系统效率的限制因素。为了增大系统的当量热导率，该文在反应物中添加了 10% 质量分数的膨胀石墨，并且将混合物压制成圆柱状。实验结果显示，反应物的径向热导率达到了 7.5W/(m·K)，但实验同时发现，膨胀石墨的添加导致了氢气渗透率的降低，这一定程度上影响系统效率。在文献 [180] 中建立了一个储存 123g 氢化镁粉末的储氢系统，利用之前文献的结果，建立了一个吸放氢阶段的数学模型，所得数值模拟结果与实验结果进行比对，取得了较好的结果。在文献 [181] 中由之前文献取得的经验，设计了一个装载 1.8kg 氢化镁粉末的储氢系统，系统设置了一根贯通整个反应器的管道，通过管道中强制对流的空气，带走反应器中的热量，实验结果发现，在超过一个特定的空气流速之前，系统的吸氢效率随着空气的流速增大而增大。需要指出的是，虽然针对氢化镁储氢系统的研究有一定的参考意义，但由于关注的点与蓄热不尽相同，如在针对氢化镁储氢系统建立的数学模型中，较关注系统吸氢的快慢而忽视系统中的能量变化，仍然非常需要对氢化镁热化学蓄热系统进行包括理论与实验的研究。

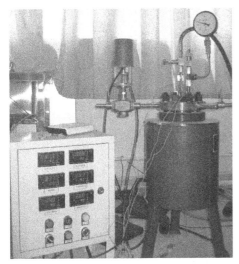

图 9-8　镁-氢化镁蓄热系统

上海交通大学的赵长颖教授课题组[182]在对镁-氢化镁储放热系统（图 9-8）的实验中发现，由于氢化镁在壁温未达设定温度时就会分解产生氢气，所以难以直接验证结论。但在实际实验过程中，壁温越高，蓄热越快是显而易见的。需要注意的是，壁面温度过高有可能造成镁粉的烧结，同时出于节约能源的考虑，蓄热时壁面温度不会定得太高。大多数条件都没有影响系统的转化率，镁粉的转化率达到 48%，蓄热密度为 1468kJ/kgMg。另外，赵长颖教授课题组也对氢氧化钙-氧化钙和氢氧化镁-氧化镁系统进行了储放热实验（图 9-9 和图 9-10），实验发现，氢氧化钙通过掺杂 Li 离子可以显著降低系统的蓄热温度，可以实现在 300℃ 放热。同时，实验研究表明，较传统的固定床通过换热管壁间接输入输出热量，通过混合气体（传热气体和反应气体混合）直接通过反应床层可以显著提高反应器的蓄/放热功率。

9.4.3　吸附储热系统

吸附蓄热系统的蓄热床是整个系统的心脏，因为吸附循环过程对应的放热蓄热过程均是在吸

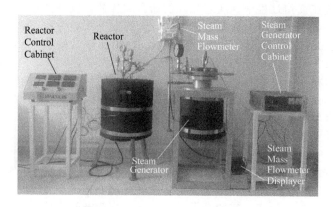

图 9-9 氢氧化钙-氧化钙蓄热系统

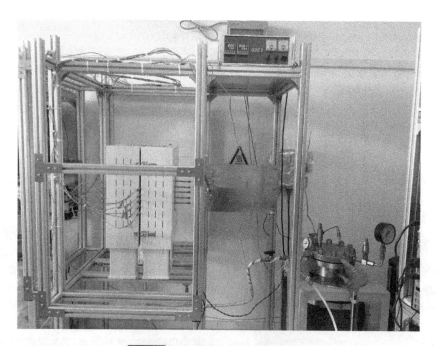

图 9-10 氢氧化镁-氧化镁蓄热系统

附蓄热床内完成的，因此对蓄热床的研究也是吸附蓄热技术研究的重点，吸附蓄热系统的性能主要是由吸附蓄热床的传热传质特性决定的。吸附蓄热床的传热热阻主要来自两个方面：一是吸附剂本身的热阻；另一方面是吸附剂与吸附蓄热床换热器的接触热阻。为了优化吸附蓄热床的传热，可以从改善吸附剂的传热性能提高其热导率和采用先进的吸附再生器结构这两方面来考虑[183]。

在吸附蓄热床换热器的结构型式方面，最常采用的是管壳式吸附换热器（图 9-11），因为它具有结构简单、加工方便、价格便宜等优点，缺点是吸附换热器与吸附剂之间难以保持良好的接触。近年来人们对采用不同吸附蓄热床换热器结构进行了研究分析，如平板式吸附换热器（图 9-12）、板翅式吸附换热器（图 9-13）、螺旋板式吸附换热器（图 9-14）、热管换热器等。华南理工大学的方利国、朱冬生等人发明了一种带内置多孔管的整体翅片管吸附发生器，可以有效地强化蓄热床的传热传质过程。

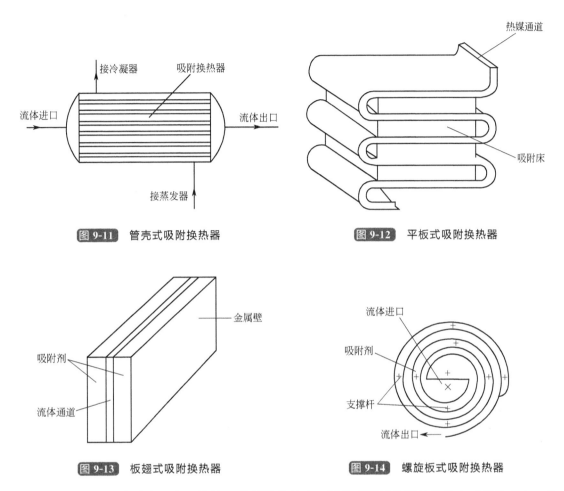

图 9-11　管壳式吸附换热器

图 9-12　平板式吸附换热器

图 9-13　板翅式吸附换热器

图 9-14　螺旋板式吸附换热器

对于非固结型蓄热床，由于是将吸附剂堆放其中，固体吸附剂呈颗粒状散布于蓄热床中，吸附剂与吸附换热器表面的接触热阻较大，其热导率很低，传热性能较差。在此种情况下，主要是通过增大吸附换热器的传热面积（如使用翅片、肋片等）来实现蓄热床的传热优化。研究表明，接触热阻对蓄热床的传热过程影响很大，其原因是吸附剂与蓄热床的接触热阻的存在使得在吸附蓄热床的表面形成了很陡的温度梯度，吸附剂颗粒与吸附蓄热换热器表面之间不能保持亲密接触。

9.5　中高温储热的相关新技术发展

储热材料按照储热方式不同，可以分为显热储热材料、相变储热材料、热化学储热材料和复合储热材料四大类。同时也可以以这四类不同的储热方式来看其相关新技术发展，当然除此之外，还要关注储热新系统及新方法等。

9.5.1　显热储热相关新技术

显热储热材料按照物态的不同可以分为固态显热储热材料和液态显热储热材料。高温混凝土以及浇注陶瓷材料来源广泛，适宜用作固态显热储热材料，在应用中通常以填充颗粒床层的形式与流体进行换热，得到了广泛的研究[66,184,185]。高温混凝土中多使用矿渣水泥，其成本较低、强度高、易于加工成型，已应用在太阳能热发电等领域，但其热导率不高，通常需要添加高导热性的组分（如石墨粉等），或者通过优化储热系统的结构设计来增强传热性能。浇注陶瓷多采用硅铝酸盐铸造成型，所制备材料在比热容、热稳定性及导热性能等方面都优于高温混凝土，但其应用成本相对较高。这类中高温固态显热储热材料的其他缺点包括储热密度低，放热过程很难实现恒温和设备体积庞大等。液态显热储热材料同时也可作为换热流体实现热量的储存与运输，这类材料包括水、导热油、液态钠、熔盐等物质，其中水的比热大、成本低，但主要应用在低温储热领域。1982 年在美国加利福尼亚州建成的首个大规模太阳能热试验电站 Solar One 中使用的储热材料就是导热油，但是导热油价格较高、易燃、蒸气压大。熔盐体系价格适中、温域范围广，能够满足中高温储热领域的高温高压操作条件，且无毒、不易燃，尤其是多元混合熔盐，黏度、蒸气压较低，是中高温液态显热储热材料的研究热点。尽管熔盐作为液态显热储热材料能够实现对流换热，大大提高了储热换热效率，但是熔盐通常凝固点较高，作为换热流体应用时操作温度不宜控制，易结晶析出。此外，熔盐液相腐蚀性较强，对管道循环输送设备材料要求较高。这些缺点与不足正是显热储热的相关新技术突破点，但是主要由于显热储热量太小，所以相关显热储热的研究比较少。

9.5.2 相变储热相关新技术

相变蓄热是现如今的研究热点，潜热储热材料利用材料的相变潜热来实现能量的储存和利用，又称相变储热材料。由于相变储热材料储热密度高、储热装置结构紧凑，且吸/放热过程近似等温、易运行控制和管理，因此利用相变材料进行储热是一种高效的储能方式。

9.5.2.1 金属及合金相变储热

Birchenall 等[186]最早对金属作为储热材料进行了研究。金属作为相变储热材料单位体积的储热密度大、导热性能好、热稳定性较好、过冷度小、相变时体积变化小，特别适用于 300℃ 以上的储热应用。合金的组成直接影响铝、硅基合金相变储热材料的热物性，高熔点元素组成的合金材料通常具有较高的储热性能[187]。张寅平等[95]重点研究了铝-硅合金 AlSi12、AlSi20 的储热性能，并对 AlSi12 合金的热物性进行了深入的研究。与 AlSi20 相比，AlSi12 是一种性能优良的高温相变材料，其潜热大、相变温度适中、相变温区窄、热稳定性高且导热性能好，可用于储存太阳能热的介质；温度对 AlSi12 与金属材料之间的扩散渗透影响显著，低温时扩散渗透反应慢，高温反应较快。孙建强等[101]对三元铝基合金相变材料 60%Al-34%Mg-6%Zn 的循环性能以及与容器的兼容性进行了研究。研究发现，合金相变温度并未随着热循环次数的增加而呈现明显变化，含有 Cr、Ni 和 Ti 元素的不锈钢（SS304L）对 60%Al-34%Mg-6%Zn 相变合金材料有较好的兼容性。

李辉鹏等[188]认为合金晶态的熵变是引起相变潜热值下降的主要原因。不考虑高温氧化及物质交换且热循环方式固定时，在非平衡热循环状态下，随着循环次数的不断增加，合金的晶态结构最终将出现一个定态，相变潜热值的衰减会趋于一个定值。张适阔[189]运用余氏电子理论（EET）对不同成分的 Al-Si、Al-Cu、Al-Mg、Al-Zn 合金在晶化或凝固时析出相的价电子结构进行了计算分析，从电子结构层次上初步探究了铝基合金相变储热材料的相变储热机理。目前关于铝基合金相变储热材料基础理论的研究还不成熟，尚缺少完整、统一的理论体系用以支持其大规模的开发和应用。

程晓敏等[190]以热熔值较大的 Al 为主组分，加入高密度的 Cu 提高材料体积热容和热循环使用寿命，添加 Mg、Zn 调节合金的相变温度，进行合金成分的优化设计，发明了一种 Al-Cu-Mg-Zn 高温相变储热材料，具有相变潜热高、相变稳定性好、使用寿命长、储热密度高的特点，可应用于太阳能热发电系统。

9.5.2.2 无机相变储热

无机盐材料来源广泛、相变熔值大、价格适中，特别适合于中高温条件下的应用。无机盐相变温域较宽（250～1680℃），相变熔值范围广（68～1041J/g），能够满足很多中高温储热的应用要求。使用多元混合熔盐可实现相变温度可调，从而大大扩展了单一无机盐作为相变储热材料的应用温度范围，并且其热物理性能优越，特别是共晶盐，结晶能力强，"过冷"现象较小，在中高温储热领域得到了广泛研究。

导热性能是无机盐相变储热材料的一个重要特性。Nagasaka 等[191]对碱金属氯化物熔盐的导热性能进行了研究，并得出了以下熔盐热导率与温度的回归方程：

$$\lambda = \lambda_m + b(T - T_m) \tag{9-7}$$

式中，T_m 是熔点；λ 和 λ_m 分别是温度 T 和 T_m 下的热导率；b 是常数。随后他们又将该公式拓展到碱金属溴化物、碘化物[192]熔盐体系。熔盐的导热性能直接影响了整个储热系统的设计。图 9-15 所示是特定的相变材料（$2000kg/m^3$，相变熔值为 $100J/g$）情况下单位面积所需换热管数与热导率之间的关系。从图 9-15 可以看出，随着热导率的增大，所需单位面积内的换热管数目急剧减少，可见导热性能较好的熔盐相变储热材料易于实现紧凑换热器的设计，以实现储热系统的优化。

一个理想的相变储热材料，其储/释热温度应该相同，金属及合金相变材料的熔化-凝固温度相差较小，但是由于无机盐结晶的热力学特性，在凝固时往往容易出现"过冷"现象，晶型结构、结晶速度以及成核中心都显著影响熔盐体系的"过冷度"，Misra 等[193]研究了氟化物的过冷现象，发现加入成核剂，或者利用能够形成共晶盐的熔盐相变材料都能有效减小"过冷"现象的发生。熔盐相变材料在相变前后的体积变化也是影响储热系统和设备性能的重要因素，Heidenreich 等[194]研究了部分熔盐的相变体积变化，发现许多熔盐体系相变前后的体积变化率超过 10%，较大的体积变化率增大了凝固后熔盐相变材料体系内的空穴，影响了储/释热速率，同时增加了储热系统设备的设计难度，降低了储/释热动态性能。

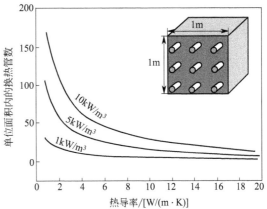

图 9-15　给定体积能量密度的条件下，单位面积换热管数与热导率之间的关系

Marianowski 等[195]对熔盐相变储热材料与不锈钢的兼容性进行了研究，结果表明，不锈钢对大多数熔盐有较好的防腐蚀效果，但没有给出具体的评价参数。Misra 等[193]对氟化物熔盐与钴、镍以及难熔金属元素合金钢的兼容性进行了研究，结果表明，掺杂钼、铌、钽以及钨等稀有难熔金属的钢材耐盐腐蚀效果最好，Heidenreich 等[194]研究了氢氧化锂与结构合金材料的兼容性，纯镍具有较好的耐锂盐腐蚀性，铁的耐锂盐腐蚀性最差。镍-铬合金钢中铬含量显著影响了合金耐锂盐的腐蚀性能，低铬含量的镍基合金钢的腐蚀性较好，铌、锆以及钛等难熔元素合金钢耐锂盐的腐蚀性最好，这一点与 Marianowski 的研究结论一致。

熔融盐热容量大，经济性高，但是其缺点在于熔点高，系统需在高温下运行，从而使熔融盐系统初始操作程序变得复杂，增加系统的初始运行成本，同时还会增加由于温度波动造成熔融盐管路冻堵的风险，因此用于中高温蓄热的熔融盐介质的熔点越低越好。为了降低成本、提高效率，当前发电机组向超临界和超超临界方向发展，这就要求蒸汽的温度在 600℃以上，甚至更高。因此，迫切需要开发具有低熔点、高使用温度的新型混合熔融盐团[196]。赵长颖团队[12]研制了一系列 KNO_3-$LiNO_3$-$Ca(NO_3)_2$ 三元硝酸熔融盐混合物，其中部分熔融盐具有优越的热性能，例如低熔点（<100℃）、高温热稳定性（可达 500℃）、低黏度［在 190℃时低于 5cP（$1cP=10^{-3}$ Pa·s）］。北京工业大学以 KNO_3、$LiNO_3$、$NaNO_3$ 为原料，增加 1 种添加剂，也开发出了凝固点温度低于 100℃的高性能熔融盐，并且分解温度可达 600℃以上[197]。

王军伟等[198]针对工程应用中无机盐储热材料铸态组织的高温热导率值与实验室常规测得值不一致的问题，基于恒定升温速率法建立数学模型，设计并搭建无机盐铸态组织高温热导率测量装置，并详述测试方法。以分析纯 NaCl 为例，测得 530～650℃之间平均导温系数为 $9.39×10^{-7}$ m^2/s，平均热导率为 $1.72W/(m·K)$。温度-时间拟合直线与理论预测一致；并以测得的热导率作为已知参数进行有限元模拟，时间-温度曲线与实验值吻合良好。证明该测量方法获得的热导率值准确可靠，且该测量装置能获得某一温度段上任一温度点处的导温系数和热导率值，测试温度范围更适于中高温段；装置简单易建，对样品限制小，操作简便。

程晓敏等[199]在常见的 K_2CO_3-Na_2CO_3-Li_2CO_3 三元熔盐基础上进行储热性能改性研究。选取成本较低的无机盐 $BaCO_3$ 和 $SrCO_3$ 作为添加剂，采用静态熔融法制备四元碳酸盐，运用差式扫描量热法（DSC 法）、连续法等方法测试其熔点、相变潜热、分解点等热物性能。结果表明，四元碳酸盐具有相变潜热大、工作温度范围广等优点。该结果为熔盐相变材料在中高温储热领域的应用提供了依据。

9.5.3 热化学储热

化学反应储能实际上就是利用储能材料相接触时发生可逆化学反应，而通过热能与化学能的转换储存能量的，它在受冷和受热时可发生两个方向的反应，分别对外吸热或放热，这样就可把能量储存起来。热化学储热最主要的储热材料集中在金属氢化物以及无机氢氧化物等。

大部分的金属都能够与氢气结合生成金属氢化物，并且许多金属氢化物的化学性质都很稳定，有着较高的分解温度。金属氢化物能够在恒定压力下进行吸氢和放氢反应，这一独特的性质使得可以通过调节氢气压力来控制吸放热反应过程中的温度。因此，金属氢化物是一种特别适用于热化学蓄热的材料。Bogdanovic 等针对镁基金属氢化物做了一系列的研究，通过机械研磨法和化学溶液置换法[178]将 Ni 元素添加到镁粉中制成了活性较高的蓄热介质，并对吸放氢速率、储氢量和循环稳定性进行了实验研究。鲍泽威等[200]为了研究 $LaNi_5$-H_2 反应器吸氢过程的传热传质规律，建立了二维非稳态多场耦合的物理模型，新建立的模型考虑了换热流体流速与温度变化对反应器吸氢过程的影响，采用商用 CFD 软件来求解，并探讨了一些重要参数变化对反应器性能的影响，结果表明：反应床靠近管壁的位置由于具有较好的换热能力，因此吸氢反应更快。相对于出口位置，换热流体入口处附近的吸氢反应进行得快；减小反应床与管壁之间的接触热阻和增加反应床有效热导率都可以起到增强换热效果的作用，从而加快吸氢反应。当接触热阻从 $0.002m^2 \cdot K/W$ 减小 $0.0005m^2 \cdot K/W$ 到时，吸氢反应时间大约缩短了 15.5%；采用强化换热措施可以加快吸氢反应速率，提高反应器放热功率。此外，赵长颖团队[25,201]专门针对镁/氢化镁储热系统进行了模拟优化计算研究，以及固定床的储热实验研究等。

Kato 等[128,202]对 $MgO/Mg(OH)_2$ 蓄热系统进行了一系列试验研究，其中包括使用 $MgO/Mg(OH)_2$ 与 NiO 等其他氧化物混合，以及 $Mg(OH)_2$ 与 LiCl、NaCl 等氯化物混合进行的研究，研究发现，尤其在掺入一定比例的 LiCl 时，会影响蓄热系统在同一温度下的蓄热速率。Schaube 等[203]设计搭建了一个 $CaO/Ca(OH)_2$ 蓄热试验台并进行了相关测试，其中包括一个 25 次的循环稳定性测试。60g 样品的测试发现，水合循环整体而言稳定性还是很不错的，但是分解循环测试中稳定性略有下降。而赵长颖团队[204,205]专门针对镁/氢化镁储热系统的吸放热过程及稳定性等进行了实验研究，得到了系统放热中温度、蓄热进度等关系；还对 $CaO/Ca(OH)_2$ 蓄热系统的微观原理进行了研究，包括添加 Li 对蓄热过程的影响等，发现添加 Li 可以使得分子间能量势垒降低，从宏观上讲可以降低反应温度，提高反应速率。

此外，还有使用氨合盐的反应来进行化学储热的研究[206]，其中有一个 10MW 的氨基热化学储能式太阳能热电站的系统概念设计图最为有名（如图 9-16），整个系统由太阳能集热部分、氨分解器、氨合成器以及朗肯动力循环装置组成。

9.5.4 复合储热材料

尽管中高温相变储热材料的研究已经取得了部分成果，但是金属及合金相变材料的成本较高，单位质量储热密度受到限制，加上金属合金相变材料相变后化学活性较强，易与容器反应，这种高温腐蚀大大限制了其在中高温储热领域的广泛应用。熔盐作为相变储热材料，相变焓较大，储热密度高，相变温度可调，价格适中，在中高温储热应用领域具有较大的发展潜力。但是熔盐导热性不佳，且与金属合金相变材料都存在较严重的高温腐蚀等问题仍然是制约其规模应用的难题，这些问题可以从复合材料的角度得到较好的解决。因此，开发高性能的复合结构储热材料将是中高温储热材料的发展趋势。

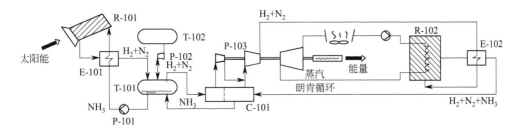

图 9-16　采用闭环氨基热化学储能式太阳能热电站概念进行的系统设计

R-101—太阳能分解反应器；E-101—太阳能热交换器；T-101—主高压管；T-102—变压器；
P-101—给氨泵；P-102—H_2+N_2 扩充器/泵；P-103—H_2+N_2 复合与再循环压缩器；
C-101—过程冷却/冷凝器；R-102—氨合成器；E-102—热交换器（NH_3 供给/产出）

　　微胶囊储热材料比表面积大，很好地解决了材料相变时渗出、腐蚀等问题。常用制备方法主要包括原位聚合（in situ polymerization）、界面聚合（interface polymerization）、悬浮聚合（suspensionpolymerization）、喷雾干燥（spray drying）、相分离（phase separation）以及溶胶-凝胶（sol-gel）和电镀（electroplating）等工艺，但是高分子聚合物等有机壁材存在强度较差、传热速率较低、易燃等问题。二氧化硅等无机物为壁材的微胶囊尽管有望避免有机壁材的弊端，但有关研究多局限于有机相变材料，限制了其在中高温储热领域的应用。电镀方法制备金属微胶囊相变材料能够满足中高温储热应用领域的要求，但其制备工艺复杂，能够满足微胶囊电镀的金属材料的可供选择范围小。此外，高温相变时金属间的合金化问题严重，如何实现较高的包覆率和较好的包覆效果都需要进一步研究。赵长颖团队[10,207,208]对相变储热材料的封装进行了系统深入的研究，包括封装受力、动力学等多方面；此外，还在相变储热材料中添加金属泡沫增强储热材料的导热性能，研究了泡沫金属以及柔性石墨与 $NaNO_3$ 熔盐经浸渗工艺制备复合结构的传热性能，结果表明，预制体的孔隙率以及孔径尺寸都是影响复合结构导热性能的主要因素，其中孔隙率的影响更加显著，减少孔隙率以及孔径尺寸，有利于增加换热接触面的表面面积，因此更有利于增强换热效果。但是孔隙率减小，导致复合体单位体积内熔盐含量减少，故又降低了热容量。泡沫金属以及柔性石墨均能显著增强复合体系的导热，从而提高储/释热速率。此外，通过对比发现泡沫金属基复合结构储热材料的整体性能优于柔性石墨基复合的储热材料。

　　王淑萍[209]选取膨胀石墨作为吸附基质，相变温度高于 80℃ 的癸二酸、RT100、甘露醇为相变材料，以吸附法制备了癸二酸/膨胀石墨、RT100/膨胀石墨、甘露醇/膨胀石墨三种复合相变材料，利用 SEM、XRD、FT-IR、DSC、TG 等手段对复合相变材料的微观形貌和热特性进行了表征。通过三种膨胀石墨基复合相变材料的 XRD 衍射图谱发现，癸二酸/膨胀石墨、RT100/膨胀石墨复合相变材料只是癸二酸、RT 100 各自同膨胀石墨的结合，而甘露醇/膨胀石墨复合相变材料的衍射峰显示出明显变化，并且丧失了储热功能。通过漏液测试和 SEM 分析发现，癸二酸/膨胀石墨复合相变材料中癸二酸的最佳百分含量为 85%（质量分数），RT100/膨胀石墨复合相变材料中 RT100 的最佳百分含量为 80%（质量分数），两种复合相变材料的相变温度与有机相变材料的相变温度相对应，相变潜热值与复合相变材料中相变材料的当量计算值相当。通过 3000次冷热循环实验发现，两种膨胀石墨基复合相变材料均具有良好的结构稳定性、化学稳定性以及热可靠性。

　　方斌正[210]系统分析了煅烧铝矾土原料的组成、结构与性能，研究了其高温烧成性能后，以煅烧铝矾土为铝源，分别设计了偏硅、偏镁、偏铝和正堇青石组成，原位合成制备了堇青石陶瓷。采用 XRF、XRD、SEM、EPMA、TEM、拉曼光谱、红外光谱、核磁共振等现代测试技术研究了材料组成、制备工艺、结构与性能的关系，探讨了不同组成对合成堇青石陶瓷结构与性能的影响，研究了煅烧铝矾土合成堇青石的合成机理。在原位合成堇青石基础上，通过添加碳化硅、红柱石、莫来石及采用原位合成莫来石方法进一步提高堇青石材料的抗热震性能和储热性能。探讨了用作以空气为传热介质的太阳能热发电高温储热材料的堇青石陶瓷的抗热震机理；为增大储热材料的比表面积、提高对流换热效率，通过热力学模拟计算确定了高温储热显热材料的外观及其孔洞结构。为进一步提高陶瓷储热材料的储热密度，在陶瓷显热储热材料中封装相变材料，研制了堇青石-莫来石复相陶瓷显热-潜热复合储热材料，研究了封装剂与显热基体材料的结合机理及陶瓷显热基体材料与 PCM 的相适应性机理。并采用自主研发的储热系统对其充放热过程中的传热和储热性能进行了研究，揭示了太阳能储热系统运行的基本规律。

在显热潜热复合储热材料研究领域，最常见的复合类型是将无机盐和陶瓷基复合，得到的无机盐/陶瓷复合储热材料在使用过程中能综合利用无机盐熔化潜热和陶瓷/无机盐的显热储热。在国外早在 20 世纪 80 年代末期开始就有德国、美国的一大批学者对该类材料的复合配方、制备技术和性能测试做了大量研究，并将部分材料应用到太阳能储热系统中进行了相关测验。在国内张仁元课题组[211]也较早开始了关于无机盐/陶瓷复合储热材料的研究，并对该类材料的热物性能和制备工艺做了分析比较，为他人的研究提供了一定的参考价值。近年来，部分学者将目光放在以耐高温耐腐蚀的无机非金属材料为基体与潜热大的 PCM 复合并适当添加导热增强材料的技术来制备新型显热-潜热复合储热材料。如冷光辉等[212]先制备出红柱石蜂窝陶瓷，再将 PCM 封装在该陶瓷基体中，制备的新型显热潜热复合储热材料储热密度大，如封装 220%（质量分数）的 K_2SO_4 后的复合储热密度能达到 987.7kJ/kg，而封装 16%（质量分数）的 NaCl 后的储热密度也高达 796.4kJ/kg，且材料的热稳定性较好。

9.5.5 新型储热系统与方法

在储热过程（系统）方面，研究者们不仅关注储热换热器本身的性能，而且以换热系统网络整体为着眼点，通过在现有的热流网络中添加储热单元这一环节以实现能量的最优配置，提高系统整体的效率[213,214]，如图 9-17 所示。如前所述，终端用户所需的各种能量绝大部分是通过热能的形式转化或以热能为最终形式的，因而加入储热环节是对系统能量流在时空上调节和优化配置的最简单方式。然而必须注意这样一种系统尺度上的调节是一种多物理过程、非稳态、强非线性耦合的复杂系统。构建这类系统最主要的难点为：①系统涉及的余热源、转换的电源、热电用户这三大要素之间相互依赖，这种相互依赖往往造成能量供给与需求之间矛盾的加大或不可调和，进而使系统的热效率大打折扣；②余热源、转换的电源、热电用户在时空上不断变化，尤其是余热源的间歇性和能级分化。余热源的间歇性具体表现为随工况的波动，它往往使热能的回收与持续利用变得十分困难。从这个意义上讲，储热过程（系统）的研究是一个动态热管理的过程，它通过在时空上对系统能量流、佣流及现金流进行预测（或测量）、调节分配及优化控制等，实现系统最优的能量配置和最佳的整体效率和效益。

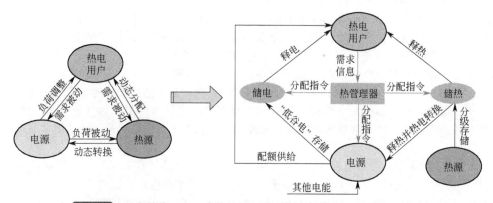

图 9-17 具有储热（电）功能的能源综合管理系统的工作流程示意图

在新型蓄热方法（理念）方面，德国航天航空研究中心（DLR）[215]发明了一种单罐蓄热新方法，结构如图 9-18 所示，利用可活动的机械壁面将一个罐分为两部分，分别储存高温熔盐和低

温熔盐。在蓄热过程中，经过换热器或者吸热
器升温后的熔盐进入单罐的高温部分，使得高
温熔盐体积增加，推动分隔壁面移动使低温熔
盐流出蓄热罐，使得低温熔盐的体积减小，但
整个蓄热单罐的熔盐体积保持不变，放热过程
与蓄热过程原理相同。此方法的好处是减少了
一个单罐的投资费用，由于单罐间采用了分隔
界面使得冷、热熔盐的热损失比斜温层单罐蓄
热要减少，同时其结构和控制过程都比斜温层

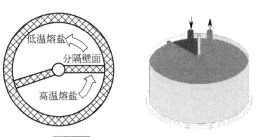

图 9-18　移动隔板式蓄热方法

单罐蓄热简单，但其实际应用可行性需要得到更深入的研究。

　　DLR 同时应用流化床的概念研制了一种蓄热方法，其原理如图 9-19 所示，来自塔式吸热器
的高温空气与流动的砂石进行充分的换热，高温空气中的大部分热量可以传递给砂石，升温后的
砂石则储存在热罐中，需要时与水进行换热产生高温水蒸气用来发电，降温后的砂石回到冷罐完
成一个循环。由于来自容积吸热器的空气温度非常高，整个系统的发电效率和蓄热效率也相应得
到了提高。

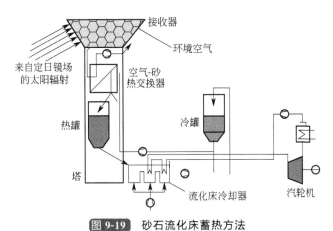

图 9-19　砂石流化床蓄热方法

　　Verena 等[216]提出了采用螺旋换热器（screw heat exchanger）的高温潜热蓄热方法，在蓄
热介质发生相变的过程中，利用螺旋片的自清洁效果来实现两相流体的输送。为了分析螺旋
换热器中相变及传递过程的动力学特性，以导热油作为传热流体，$NaNO_3$ 和 KNO_3 共晶混合
物作为相变蓄热介质，构建了实验室模型并进行了整体性能测试，螺旋换热器的构造如图
9-20 所示。

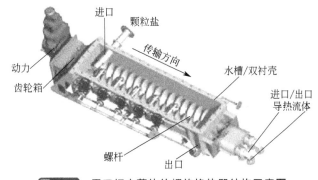

图 9-20　用于相变蓄热的螺旋换热器结构示意图

　　Adinberg 等[217]提出了一种回流传热蓄热（re-flux heat transfer storage）方法，利用高传热

性能的中间流体进行蓄热。该方法基于中间传热流体中发生的回流蒸发-冷凝现象，整个蓄热系统主要包括相变材料蓄热单元以及安置在相变材料外部的蓄热换热器和放热换热器，其中蓄热换热器浸没在液态中间传热流体中。

目前典型的太阳能热化学反应器是体积式反应器，这类反应器工作时一般置于聚焦太阳光焦面处，聚焦太阳光直接照射到催化剂上为化学反应提供能量，从而将太阳能转化为化学能。由于太阳能辐射强度时段性变化，反应器内化学反应的反应温度和速度等参数不稳定，影响化学反应和储能效率。为了克服现有技术的缺点和不足，中山大学丁静等[218]提出了一种太阳能热化学混合储能装置和方法，主要包括装置本体、反应系统、蓄热系统和输入输出系统，如图9-21所示。其中蓄热系统设置在装置本体内，包括蓄热腔和蓄热介质，蓄热腔为装置本体与反应系统之间的空腔，中间填充有蓄热介质。蓄热介质可以为显热蓄热介质或相变蓄热介质，若为相变蓄热介质，则其相变温度需高于反应温度。为提高蓄热介质的蓄放热速度，蓄热介质内可以加入金属丝网等强化传热装置。反应系统设置在蓄热系

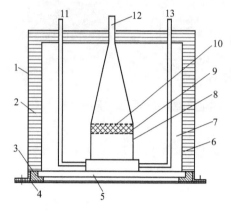

图 9-21 太阳能热化学混合储能装置

1—壳体；2—保温层；3—耐高温密封圈；4—法兰；5—石英窗口；6—蓄热腔；7—蓄热介质；8—反应腔；9—过滤网；10—催化剂层；11—输入气体通道一；12—反应产物输出通道；13—输入通道二

统内，输入输出系统分别与反应系统的原料输入口和反应产物输出口相连，装置本体上设置有石英窗口，聚光太阳辐射透过石英窗口加热蓄热系统和反应系统，反应系统在催化剂作用下吸收太阳能进行化学储能，蓄热系统吸收太阳辐射进行显热或相变储热。使用该装置储存太阳能时，蓄热系统可以维持化学反应的高效稳定进行并在无太阳辐射时继续热化学储能，直至蓄热系统温度低于最低反应温度值。该装置和方法结合了热化学储能和显热、潜热储能的优点，具有储能容量大、运行高效稳定的优点，从而满足工业上规模化太阳能中高温热利用的要求。

关于储热方面的新技术近年发展很快，尤其是相变蓄热方面，应用也再扩大，在化学蓄热方面有不可比拟的优势，所以技术发展新的突破也越来越多，不停的创新研究促进了储热的发展和社会的进步。

9.6 中高温储热的技术和经济指标及未来发展线路图

蓄热系统是由蓄热材料和外部设备构成的一个完整的独立系统，蓄热系统设计的考虑因素有以下六个方面：蓄热材；封装策略；传热流体；蓄热罐；换热器布置；蓄热罐保温设计。

蓄热系统仍然在初步发展阶段，诸多学者对蓄热系统进行了一定的研究，在蓄热系统工业应用前，需要考虑蓄热系统各方面的主要性能指标，图9-22给出了蓄热系统设计过程中需要考虑的主要技术指标。

9.6.1 蓄热材料技术指标

蓄热材料的技术指标主要包括蓄热密度、蓄/放热功率和蓄/放热温度等。这些技术指标对材料的选择、应用过程中的系统设计都有很大影响。因此，对新型蓄热材料的研究，需要规范技术指标的定义及测量方式。开发的新型蓄热材料也应当对其各方面的物性进行全面准确的测量，方便后续蓄热系统的设计。

蓄热材料具体的技术指标如表9-5所示。其中，蓄热密度对于显热材料来说主要取决于材料的比热容，相变材料则主要由相变焓决定，化学蓄热则由反应焓决定，同时比热容对相变材料和化学蓄热材料的蓄热密度也有一定的影响。对材料的比热容、相变焓和反应焓的测量，当前主要

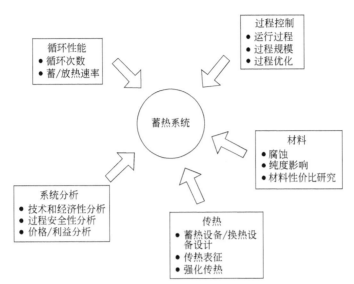

图 9-22　蓄热系统的主要技术指标

应用差示量热分析仪（DSC）和同步热分析仪（STA）进行，DSC 是当前测量比热容最常用的商业设备。蓄热系统的蓄放热功率由材料的传热性能决定，对大多数固态显热蓄热材料而言，导热是其主要传热方式，相变蓄热材料在固相区的传热由导热决定，液相区是导热和对流的综合结果。化学蓄热材料主要由固态粉末状颗粒组成，因此，其传热属于多空介质导热范围。对材料导热性能的测量，当前主要的技术是热线法、平行板以及激光法，其中平行板稳态法精度较好，但是对液相材料来说，对流换热对测量精度有巨大的影响，而激光导热仪则主要应用于高温快速导热测量。蓄热材料的蓄放热温度决定该蓄热系统的应用场合，对显热蓄热材料而言，只要在其材料稳定范围内，均是其使用温度。而对于相变蓄热材料，其应用的温度范围应在其发生相变的温度附近，同时，温度不能超过其材料的化学分解温度。化学蓄热材料的使用温度则是其分解合成温度范围附近。对循环使用的蓄热系统而言，蓄热材料的循环稳定性是其重要指标，表 9-6 给出了当前研究过的蓄热材料的循环使用寿命，从中可以看出，对显热蓄热材料和相变材料的循环研究已经较为普遍，而对化学蓄热的循环稳定性研究由于其系统运行的复杂，所以从研究数量和研究时长上来说还有待进一步发展。

表 9-5　蓄热材料技术指标

蓄热材料技术指标		显热蓄热	相变蓄热	化学蓄热
蓄热密度	体积蓄热密度	比热容	比热容/相变焓	比热容/反应焓
	质量蓄热密度			
蓄/放热功率	传热性能	导热	导热、对流	多孔介质导热
蓄放热温度			相变温度附近	反应温度附近
蓄放热温度稳定性		蓄热温度变化较大	蓄放热温度变化小	蓄热温度变化小，放热温度可调
热/化学稳定性				
循环稳定性				
腐蚀性				
毒性				
是否易燃、易爆				

表9-6　蓄热材料循环使用寿命

蓄热物质	蓄热方式	循环次数/时间	文献
耐高温混凝土	显热	370 次循环	[219]
60% NaNO₃/40% KNO₃(质量分数)	显热	30000h	[220,221]
铁燧岩	显热	350 次循环	[221~223]
碳酸钡	显热	10h	[221]
硫酸钡	显热	10h	[221]
铝土矿	显热	1000h	[221]
钛铁矿	显热	1000h	[221]
石灰岩	显热	1000h	[221]
硫酸钙	显热	1000h	[221]
碳化硅	显热	1000h	[221]
二氧化硅	显热	553 次循环	[221]
磷灰石	显热	1000h	[221]
大理石	显热	350 次循环	[221]
含水碳酸钙	显热	364 次循环	[221]
刚玉	显热	1000h	[221]
白钨矿	显热	1000h	[221]
锡石	显热	1000h	[221]
16%Ca(NO₃)₂/34%NaNO₃/50%KNO₃(质量分数)	显热	>72h	[224]
30%Ca(NO₃)₂/24%NaNO₃/46%KNO₃(质量分数)	显热	>72h	[224]
42%Ca(NO₃)₂/15%NaNO₃/43%KNO₃(质量分数)	显热	>72h	[224]
12%LiNO₃/18%NaNO₃/70%KNO₃(质量分数)	显热	>72h	[224]
20%LiNO₃/28%NaNO₃/52%KNO₃(质量分数)	显热	>72h	[224]
27%LiNO₃/33%NaNO₃/40%KNO₃(质量分数)	显热	>72h	[224]
30%LiNO₃/18%NaNO₃/52%KNO₃(质量分数)	显热	>72h	[224]
铝	相变	130 次循环	[225]
60%Al/34%Mg/6%Zn(质量分数)	相变	1000 次循环	[101]
50%NaNO₃/5%KNO₃(摩尔分数)	相变	>1000 次循环	[226]
硝酸钠	相变	2600h	[227]
LiKCO₃	相变	5650h/129 次循环	[228]
18.5%NaNO₃-81.5%NaOH(摩尔分数)	相变	1000 次循环	[229]
Li₂CO₃	相变	408h/13 次循环	[230]
Na₂CO₃	相变	288h/13 次循环	[230]
52.2%BaCO₃-47.8%Na₂CO₃(质量分数)	相变	984h/36 次循环	[230]
81.3%Na₂CO₃-18.7%K₂CO₃(质量分数)	相变	1032h/38 次循环	[230]
MgH₂/Mg	热化学	700 次循环	[231]
Ca(OH)₂/CaO	热化学	25 次循环	[203]
Mg(OH)₂/MgO	热化学	25 次循环	[127]

　　对于不同的蓄热材料，由于蓄热方式、蓄热过程的差异，存在其独有的一些问题。对于固态显热材料，诸如高温混凝土和浇注陶瓷材料，高温混凝土加工方便，价格便宜，但是其热稳定性和导热性能不如浇注陶瓷材料。对于液态显热蓄热材料，如水、导热油、液态钠和熔盐等，除了上述主要指标外，需要考虑液体的黏度，黏度过大不易于其流动，泵功消耗大，蒸气压也是液态显热蓄热材料需要考虑的因素。同时熔盐等物质的凝固温度对它的应用也有很大影响，必须使蓄热系统保持在凝固温度以上，才能使蓄热系统正常运行。对于相变材料，由于相变过程会发生体积变化，因此，相变体积的变化率是一个重要的指标。另外，由于相变材料普遍热导率较低，因

此，对于相变材料，热导率是一个极其重要的指标。在熔化和凝固过程中，会出现"过冷"现象，即熔化温度和凝固温度不完全相同，这也会对蓄热系统的运行造成一定的影响。高温相变材料诸如金属、合金等，则存在成本高、高温腐蚀的问题，特别是在高温情况下，金属容易与罐体材料发生合金过程。复合结构蓄热材料是当前研究的一个重要分支，主要有微胶囊蓄热材料和定型结构蓄热材料。对微胶囊蓄热材料而言，其胶囊的强度、传热的速率以及可燃性是其研究的重点。对定型结构材料而言，其浸渗率是其重要指标，浸渗率高，则材料的蓄热能力大。热化学蓄热材料的蓄放热过程的化学反应动力对整个蓄放热过程起决定作用，因此，对热化学蓄热材料而言，影响蓄/放热过程的化学反应动力的每个因素都需要进行单独研究，如气-固反应中，气体的压力、温度，固体颗粒的比表面积等性质，都会对化学反应动力产生影响。

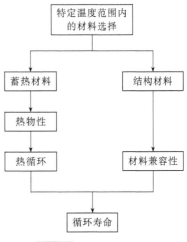

图 9-23　材料研究路线

　　蓄热材料应该具备如下特性：满足工作条件适宜的应用温度；高的蓄热密度，包括比热容、相变焓和反应焓，实现紧凑的蓄热系统；良好的热/化学稳定性，循环使用寿命长；良好的导热性能，能够满足蓄热系统的蓄/放热速率要求，维持系统的最小温度变化；蓄/放热体积变化小，易于选择简单容器或者换热设备；与容器或者换热设备兼容性好，腐蚀性低；无毒或者低毒性，不易燃、不易爆；成本较低，适宜大规模生产应用。结合储热材料应具备的特点，对储热材料的开发与选择可遵循如图 9-23 所示的研究路线。

　　蓄热系统的效率对电厂的效率具有至关重要的作用。蓄热系统部件的设计和安装对蓄热密度、蓄放热能力和造价都有很大的影响。在蓄热系统层面上，有几个关键因素决定了蓄热性能，对于系统开发的关键技术的要求，如表 9-7 所示。

表 9-7　开发蓄热系统的关键要求

序号	要　　求
1	高储热密度的蓄热材料
2	合理布局换热器使得蓄热材料和传热流体之间高效地传热
3	在放热模式下快速响应热负荷的变化
4	蓄热材料和传热流体对结构材料没有腐蚀性
5	蓄热材料/传热流体自身的化学稳定性,能够维持蓄热系统蓄热效率长期运行
6	蓄热系统的高热效率以及低附加电力
7	降低由于偶然因素导致蓄热系统大量化学物质溢出引起的环境污染
8	降低蓄热材料的价格,并将生产蓄热材料的能耗考虑在内
9	易于运行并减少运行和维护费用
10	考虑扩大蓄热系统设计的可行性,用以提供工业所需的蓄热时间和蓄热量级

9.6.2　技术的成熟度

　　2011 年，Tamme 提供了蓄热系统的技术成熟度。从表 9-8 和图 9-24 中可以看出，成熟度最低的技术有最大的潜力减少蓄热系统中蓄热介质的使用。以 2011 年为例，美国能源部门授权了 15 个项目总共达到 3730 万美元的经费用于先进储能技术的开发。这些项目已开发可持续、经济可行的方式来储存热能。蓄热方式的研究涵盖了显热、潜热和化学蓄热三大类。在 2012 年欧洲能源研究框架内，欧盟授权了 86.5 亿欧元的太阳能项目，题为"结合蒸气发生的蓄热系统优化"。许多欧洲研究机构将联合在一起，经过三年的时间开发一个单罐，熔融盐蓄热系统，其储热温度在 550℃ 左右。

表 9-8　　蓄热系统特点比较

项　目	显热蓄热系统	潜热蓄热系统	热化学蓄热系统
蓄热密度			
体积蓄热密度/(kW·h/m³)	约 50	约 100	约 500
质量蓄热密度/(kW·h/kg)	0.02~0.03	0.05~0.1	0.5~1
蓄热温度	蓄热温度	蓄热温度	环境温度
储存时间	受限制	受限制	长期
传输距离	短距离	短距离	理论上无限远
成熟度	工业应用	中试	实验室研究
技术难度	简单	中等	复杂

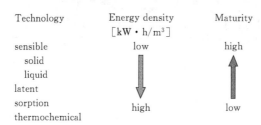

图 9-24　　蓄热技术的成熟度

9.6.3　蓄热系统的热效率和㶲效率分析

9.6.3.1　蓄热系统热效率分析

蓄热系统传热方式一旦确定，就必须分析系统的效率。蓄热单元需要满足蓄/放热过程中的能量传递要求。一般来说，较高的传热速率可以提高热力学可逆性，从而减少系统的体量。蓄热系统热效率有很多有效定义。例如，蓄热系统热效率可定义为：

$$\eta_{th} = \frac{蓄热系统热量的输出}{蓄热系统热量的输入} \tag{9-8}$$

$$\eta_{th} = \frac{蓄热系统热量的输出 + 蓄热系统残留的热量}{蓄热系统热量的输入 + 蓄热系统初始热量} \tag{9-9}$$

两种定义都是合理的，但是在某些情况下可以得到不同的结果。许多研究者对不同的应用进行了效率计算。根据应用的不同，一部分学者将蓄热过程和放热过程分开计算，另外一部分学者则关注系统的整体工作循环效率。Seeniraj 等研究了壳管式潜热蓄热单元用于太空发电，其中热效率以总的蓄热量和潜热最大储热量的比例进行定量分析。Hamid 则用相变储热材料储存的潜热和总的太阳辐射能量的比例作为热效率进行分析。

Hanchen 等研究了高温固定床蓄热系统的效率。系统蓄热、放热和总效率分别定义如下：

$$\eta_{th,charging} = \frac{储存的热量}{输入的热量 + 泵功} \tag{9-10}$$

该式描述了蓄热过程中需要输入的热量和泵功之间的比例。低的效率表明低效地传热或者由于热流体离开蓄热罐引起的热量损失，也就是输入的热量不能被储存起来。放热效率定义如下：

$$\eta_{th,discharging} = \frac{提取的热量}{储存的热量 + 泵功} \tag{9-11}$$

该式描述了从蓄热罐中提取的热量与储存的热量、泵功两者之和之间的比例。第三个参数是总的热效率：

$$\eta_{th,overall} = \frac{提取的热量}{输入的热量 + 蓄热泵功 + 放热泵功} \tag{9-12}$$

该式表示了在一个蓄放热循环中，放出的热量与输入的热量、泵功两者之和之间的比例。

大多数对于蓄热系统效率的分析集中在基于热力学第一定律的热量分析，这种评价方式既没有考虑到热能的可用性、品质以及提供热量持续的时间，也没有考虑到环境的温度，因此这种单一的蓄热系统评价方式有其不足之处。

9.6.3.2 蓄热系统㶲效率分析

热力学第二定律考虑了能量转化的不可逆性，用一种更具体更有意义的方式来定义蓄热系统热效率[232]。㶲就是描述的有用能，它定义了理论上从某系统中最大能提取的功，最终使系统与环境之间达到平衡态[233]。一旦系统达到平衡，它就不能再做功。当系统向平衡移动时，不可逆性就出现了，在这个过程中，㶲在逐渐减少。因此，不像能量永远守恒，㶲可以被破坏或者消耗掉。在一个显热蓄热系统中，用气体作为传热流体，增加蓄热时间导致系统的储热能力上升，但是系统却不一定能够储存更多的㶲。然而，存在一个最优蓄热时间，使得系统的可逆性最小。Bejan[234]用这样一个例子来区别能量分析和㶲分析的差别。因此，利用㶲分析加深对蓄热系统的热力学过程的理解是非常重要的。㶲分析也更正确地反应了蓄热系统的热力过程和经济价值，并被认为是蓄热系统和其他系统效率分析的有力工具[235~238]。

为了实现㶲分析，通用的㶲平衡方程由下式给出[232]：

$$㶲输入-（㶲释放-㶲损）-㶲消耗=㶲增加 \tag{9-13}$$

括号里的部分表示从系统边界输出的总的㶲。㶲消耗是由于过程不可逆引起的，因此消耗正比于熵增[239]。上式中的每一项㶲是动能、势能、物质的物理化学㶲的总和，同时必须合适地应用于给定的系统[240]。Erek 将方程(9-13)扩展到蓄热系统，提供了一个简化的㶲平衡方程：

$$Ex_{HTF,in} + Ex_{Qgain} - Ex_{HTF,out} - Ex_{consumed} = \Delta Ex_{system,t} \tag{9-14}$$

式中，Ex_{Qgain} 代表和传热相关的㶲；$\Delta Ex_{system,t}$ 代表系统中的㶲增；$Ex_{consumed}$ 代表㶲消耗；$Ex_{HTF,in}$ 和 $Ex_{HTF,out}$ 分别代表㶲流。这些量可分别通过下式算出[239]：

$$Ex_{HTF} = Ex_{HTF,out} - Ex_{HTF,in} = \dot{m} \int_{t=0}^{t} (\varepsilon_{out} - \varepsilon_{in}) dt \tag{9-15}$$

式中，ε 表示单位㶲流，$[(h-h_0)-T_0(s-s_0)]$。

$$Ex_{Qgain} = \int_{t=0}^{t} \left(1 - \frac{T_0}{T}\right) q \, dt \tag{9-16}$$

式中，当 Ex_{Qgain} 是正值时表示由传热流体传给蓄热介质的能量速率是 q 时储存的㶲，当 Ex_{Qgain} 是负值时则表示能量由系统到环境系统中损失的㶲[241]。

$$\Delta Ex_{system,t} = Ex_{sys,t} - Ex_{sys,i} = \iiint \rho \{[u(t) - u_i] - T_0[s(t) - s_i]\} dV \tag{9-17}$$

在㶲分析中，总的㶲损是由系统的不可逆性引起的，这部分可以计算出。但是由㶲消耗引起的部分却没有办法确定[241]。为了得到何时何地发生了不可逆过程，熵分析更为合适。

总的蓄热过程包括蓄热、储存、放热，因此，总的㶲平衡可以表达为：

$$\varepsilon_c - [\varepsilon_d + \varepsilon_l] - I = \Delta\Xi \tag{9-18}$$

式中，ε_c 表示由于蓄热过程中的热量进入引起的㶲流；ε_d 表示由于放热过程中的热输出引起的㶲流；ε_l 表示由于整个过程中的热损失引起的㶲流；I 表示由于不可逆引起的㶲消耗；$\Delta\Xi$ 表示蓄热系统的㶲累积。

和能量分析类似，㶲效率是投入和产出的比，因此，有多种方式表达这个量，对于㶲效率存在有很多种表达式[232]。Jegadheeswaran 等[241]阐明了几种潜热蓄热系统蓄热效率定义的可行方案，如表 9-9 所示，分别以蓄热过程和放热过程分开表示或者用整个循环的效率表示。一些学者将泵功放入投入部分计算，另一些学者则将泵功剔除。在如何定义传热流体提供的㶲速率上，也

表 9-9 㶲效率的定义

效率	表达式	描述
蓄热效率(ψ_{char})	1. $\dfrac{Ex_{stored}}{Ex_{HTF}}$	储存的㶲和蓄热过程中提供的总㶲之比
	2. $\dfrac{\dot{Ex}_{stored}}{\dot{Ex}_{HTF}}$	时间平均的㶲效率
	3. $\dfrac{\dot{Ex}_{stored}}{\dot{Ex}_{HTF}+Pump \rightleftharpoons work}$	考虑泵功
	4. $\dfrac{\dot{Ex}_{stored}}{\dot{Ex}_{HTF,init}}$	考虑最大储存的㶲
放热效率(ψ_{dis})	1. $\dfrac{Ex_{HTF}}{Ex_{PCM,init}}$	输出的㶲和总的储存的㶲之间的比
	2. $\dfrac{\dot{Ex}_{HTF}}{\dot{Ex}_{PCM}}$	考虑最大输出的㶲
总效率($\psi_{overall}$)	1. $\dfrac{Ex_{recovered}}{Ex_{supplied}}$	输出的㶲与输入的㶲之比
	2. $\psi_{char}\psi_{dis}$	
蓄/放/总效率	$1-N_s$	㶲损

表 9-10 㶲效率的计算

过程	表达式	文献
㶲储存	$\dot{m}_{HTF}C_{HTF}(T_{HTF,out}-T_{HTF,in})\left[1-\left(\dfrac{T_0}{T_{PCM}}\right)\right]$	[241]
	$\dot{m}_{HTF}C_{HTF}(T_{HTF,out}-T_{HTF,in})\left[1-\left(\dfrac{T_0}{T_{PCM}}\right)\right]+Q_{gain}\left[1-\left(\dfrac{T_0}{T_{PCM}}\right)\right]$	[241]
	$\left[\Delta G_f+\sum(n\varepsilon_{chne})\right]prod,tot-\left[\Delta G_f+\sum(n\varepsilon_{chne})\right]react,tot$	[253]
	$\rho VCT_0\displaystyle\int_0^L\left(\dfrac{T(t,Z)}{T_0}-1-\ln\left[\dfrac{T(t,Z)}{T_0}\right]\right)dz$	[254]
蓄热过程中的㶲输入	$\dot{m}C_p\displaystyle\int_0^L\left(T_{HTF,in}-T_0-T_0\ln\left(\dfrac{T_{HTF,in}}{T_0}\right)\right)dt$	[255]
	$\dot{m}_h\dfrac{p_0}{(\rho f)_0}\ln\left(1+\dfrac{\Delta p_h}{p_0}\right)t_s+\dot{m}_c\dfrac{p_0}{(\rho f)_0}\ln\left(1+\dfrac{\Delta p_c}{p_0}\right)t_R$	[255]

存在不同的方式，例如，一些学者仅仅考虑由传热流体的入口温度和出口温度之差传递的㶲，但是如果将入口传热流体温度和环境温度之间的差异来计算最大可用的㶲也是合理的。表 9-10 包括了显热、潜热和化学蓄热材料的蓄/放㶲表达式。为了给出㶲效率合理的形式，评价需要基于对系统的准确理解和正确的判断。一旦㶲各项确定后，就可以给出优化㶲效率的最优方案，使得㶲效率达到最大值。

一种提高蓄热过程㶲效率的方式是减少由传热流体入口处和蓄热材料之间、传热流体出口处与环境之间的温差引起的不可逆损失[234]。使用梯级蓄热单元就能够实现减少上述不可逆损失，提高㶲效率。从图 9-25 中可以看到，蓄热单元在流动方向的合理安排能够使蓄热单元的温度单调下降。这种方式可以减少流体与蓄热材料以及出口和环境的温差。

梯级潜热蓄热系统（CLHS）是一种可行的蓄热方案，可以减少必要的蓄热材料。用不同的蓄热材料实现梯级蓄热可以使蓄热材料得到最优利用。Aceves 等[242] 利用简化的最优化模型对梯级蓄热系统优化进行了理论分析。他们建议总的㶲效率由下式计算：

$$\varphi_{ov} = \frac{t_d(T_{d,out} - 1 - \ln T_{d,out})}{(T_{c,in} - 1 - \ln T_{c,in})} \tag{9-19}$$

式中，$T_{d,out}$ 表示放热过程中的出口温度；t_d 是放热的时长，可由最大㶲效率得到；$T_{c,in}$ 是蓄热过程中的入口温度。

对于单个蓄热放热过程，如果随着蓄放热过程以逆流运行，则梯级蓄热系统得到㶲效率的提高。Domański 和 Fellah[243] 发展了利用多种蓄热材料进行梯级蓄热的能量和㶲分析。对二级、三级以及五级系统的蓄热系统进行了优化研究。结果表明，梯级相变蓄热系统比单机相变蓄热系统热效率有惊人提高。

低温下的梯级蓄热固定床系统已经有了众多数值和实验研究[244~246]。他们的工作局限于蓄热单元以垂直圆管的方式布置

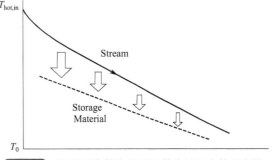

图 9-25　梯级显热蓄热单元再蓄热过程中的示意图

蓄热材料，并且传热流体均为空气。对于数值研究，Watanabe 等[247] 的固定床梯级蓄热系统的一维模型得到实验的验证。研究证明了三级蓄热系统较单级蓄热系统的效率有提升。如果设定了适当的操作参数，梯级蓄热系统将得到较小的出口传热温差，从而有利于整个热工循环。

Michels 和 Pitz-Paal[248] 用 $NaNO_3$、KNO_3 和 KNO_3/KCl 混合物对高温梯级蓄热系统进行了实验和数值研究。这些盐的熔化温度在 306℃ 到 335℃ 之间。实验在垂直的壳管式换热设备中在理想参数下进行。这项工作的结果表明，这个温度范围的梯级蓄热系统的设计非常复杂，并且低的相变材料热导率将是制约蓄热发展的障碍。

提议将梯级相变蓄热系统应用于槽式导热油聚热系统中可以参考文献[249~251]。所有这些提议都利用混合盐提高盐的熔化温度应用于不同的电厂。对梯级蓄热系统的分析，可以得到以下结论：

① 用一系列的相变材料可以帮助增加系统的㶲效率。

② 系统的蓄热温度将更均一。

③ 多种相变材料之间的熔化温差在梯级蓄热单元中将起到很重要的作用。因此，选择合适数量的相变材料将对系统性能的提高起到重要作用。

Laing 等[252] 对蓄热系统进行了㶲效率分析，包括对蓄热系统模型的经济评价。结果表明，蓄热系统存在很大的经济优化潜力。

9.6.4　经济分析

图 9-26 为两罐式间接显热蓄热系统的成本分析。以当前发展水平来看，两罐式蓄热系统最大的成本来自于大量使用的蓄热材料。因此，蓄热材料的价格非常重要，目前大量研究和赞助都为了用更低的成本储能。在高温蓄热系统中，多种无机盐被提出作为蓄热介质，初步估计材料的单位价格是比较困难的。不像金属和石油产品的全球性交易，工业盐都是区域生产，由制造商定价。另外，盐的价格由于制造工艺不同或者纯度不同等价格也有很大差别。

图 9-26 中也反映了蓄热罐体和换热器的减少也将降低蓄热系统的造价。因此，蓄热系统需要强化传热的机制，同时尽量使用高蓄热密度的蓄热介质。

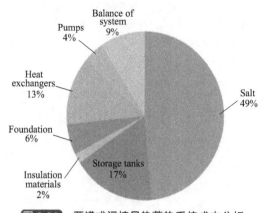

图 9-26 两罐式间接显热蓄热系统成本分析

从前面的讨论可以看出，蓄热系统必须有高的㶲效率和低廉的价格。蓄热系统的价格主要由以下几方面决定：①蓄热材料本身；②蓄/放热换热器；③蓄热系统的封装价格。

作为评估太阳能应用的经济性的一部分，国际原子能得到以导热油作为传热流体的显热蓄热系统的价格可以由以下公式估计：

$$\text{Storage cost} = \text{Tank cost}(美元) + \text{oil cost}(美元)$$
$$= 352 \times (\text{vol})^{0.515}(\text{ft}^3) + (\text{oilcost})$$
$$(美元/\text{ft}^3)(\text{vol})(\text{ft}^3) \qquad (9\text{-}20)$$

这个关系对蓄热系统在 4.2m^3（约 150ft^3）到 42000m^3（150000ft^3）之间有效。蓄热罐的资本成本必须通过通货膨胀来修正以适应当前的油价。Nexant[256]对两罐熔融盐蓄热系统的具体造价和设计进行了研究。几位学者用不同的优化技术来配置蓄热系统。

Rovira 等[257]模拟了两个系统配置：①一个双蓄热系统（DTS），每个系统使用不同的机制；②太阳能集热细分（SSF）将太阳能热电厂细分为几个部分。结果表明，和参照电厂比较，两种配置方式均能增加年生产电力（1.7%对于 DTS，3.9%对于 SSF）。

9.6.5　蓄热技术未来发展

开发高效低价的蓄热系统是未来太阳能热发电的重要方向，能够提高电厂的容量以及提高电厂效率。

蓄热系统的发展要求：提高蓄热密度，提高相变材料和化学材料的技术成熟度；提高传热流体和蓄热介质的传热速率，改变蓄热材料的内部结构或者加入强化传热的结构材料；提高蓄热材料机械和化学稳定性，使系统的循环次数达到工业应用的要求；提高蓄热材料和换热器、容器之间的兼容性；减少热损失；系统运行过程易于控制。

根据蓄热介质，蓄热系统可分为显热蓄热、潜热蓄热和热化学蓄热，当前仅有显热蓄热实际应用于太阳能热发电技术，但是相变蓄热和热化学蓄热具有诸多优势，后两种蓄热方式将是未来发展的方向。

对于显热蓄热系统，熔融盐是当前太阳能热发电中主要使用的技术。当前太阳能热电厂中所使用的 Solar salt，它由 60% 的 $NaNO_3$ 和 40% 的 KNO_3 组成，另一种商业化的盐叫作 HitecXL，由 48% $Ca(NO_3)_2$、7% $NaNO_3$ 和 40% KNO_3 组成。现在的熔融盐凝固点过高会引起一系列问题，现在诸多研究都在开发新的混合盐以解决这个问题。

热化学储热材料是利用物质的可逆吸放热化学反应进行热量的存储与释放，适用的温度范围比较宽，储热密度大，理论上可以适用在中高温储热领域。但热化学储热技术工艺复杂，迄今为止，其技术成熟性尚低，需要进行大量的研究投入。

中高温相变储热材料储热密度大、放热过程近似等温，有利于设备的紧凑和微型化，但是相变材料的腐蚀性、与结构材料的兼容性、相变材料的热/化学稳定性、循环使用寿命等问题都需要进一步的研究。相变蓄热材料的技术虽然较热化学蓄热成熟，但仍然没有商业化的应用，其商业化道路需要探索。

中高温复合结构储热材料有利于结合显热与潜热储热材料的优点，为中高温相变材料的微封装防腐蚀技术提供了更新的思路。结构支撑材料有利于实现复合体的定型结构，同时导热强化材料的微纳米掺杂易于实现中高温储热材料的传热过程可调，提高储热材料的储/释热速率。材料的多尺度范围内的复合制备有利于平衡复合结构储热材料的结构特性、导热性能、储热性能三者之间的关系，开发高性能纳微复合结构储热材料对中高温储能领域尤其是太阳能热发电、工业余热回收等领域有着重要意义。

9.7　本章小结

中高温储热系统作为解决能源供应时间与空间矛盾的有效手段，是提高间歇性能源利用率的重要途径之一。本章从中高温储热技术的基本原理和发展历史概述相变材料的选取、中高温储热技术的功率、中高温储热材料、中高温储热系统的应用现状、中高温储热的相关新技术发展和中高温储热的技术和经济指标及未来发展线路图能量应用范围六个方面对中高温储热的研究进行了综述。中高温蓄热在太阳能利用、工业余热回收等领域逐渐得到应用。为了进一步拓宽其使用领域，仍需重视以下几项工作：

① 针对不同温区热量储存的要求，通过 DSC 分析、质量损失曲线分析以及持续高温吸放热循环前后组分变化等热稳定性评价，对相关腐蚀特性进行分析研究，发展循环稳定性好和腐蚀性低的中高温蓄热材料。

② 针对选定的中高温储热材料，采取适当的传热强化措施，提高热量储存和释放速度。

③ 利用热量储存、非稳态热源和换热器之间的协同强化及优化耦合机制，形成中高温储热材料选择、参数优化和装置设计的理论体系。

④ 对于温度范围比较大的间歇性热量，建议采用梯级系统进行热量的储存和释放，提高热量综合利用效率。

参 考 文 献

[1]　韩瑞端，王沣浩，郝吉波. 高温蓄热技术的研究现状及展望. 建筑节能，2011 (9)：32-38.

[2]　葛志伟，等. 中高温储热材料的研究现状与展望. 储能科学与技术，2012，1 (2)：89-102.

[3]　吴玉庭，任楠，马重芳. 熔融盐显热蓄热技术的研究与应用进展. 储能科学与技术，2013 (6)：586-592.

[4]　吴会军，等. 蓄热材料的研究进展. 材料导报，2005，19 (8)：96-98.

[5]　Zhao C Y，Lu W，Tian Y. Heat transfer enhancement for thermal energy storage using metal foams embedded within phase change materials (PCMs). Solar Energy，2010，84 (8)：1402-1412.

[6]　Tian Y，Zhao C Y. A numerical investigation of heat transfer in phase change materials (PCMs) embedded in porous metals. Energy，2011，36 (9)：5539-5546.

[7]　Wu Z G，Zhao C Y. Experimental investigations of porous materials in high temperature thermal energy storage systems. Solar Energy，2011，85 (7)：1371-1380.

[8]　Zhao C-Y，Zhou D，Wu Z. Heat transfer of phase change materials (PCMs) in porous materials. Frontiers in Energy，2011，5 (2)：174-180.

[9]　Zhou D，Zhao C Y. Experimental investigations on heat transfer in phase change materials (PCMs) embedded in porous materials. Applied Thermal Engineering，2011，31 (5)：970-977.

[10]　Zhao C Y，Wu Z G. Heat transfer enhancement of high temperature thermal energy storage using metal foams and expanded graphite. Solar Energy Materials and Solar Cells，2011，95 (2)：636-643.

[11]　Zhang G H，Zhao C Y. Thermal and rheological properties of microencapsulated phase change materials. Renewable Energy，2011，36 (11)：2959-2966.

[12]　Zhao C Y，Wu Z G. Thermal property characterization of a low melting-temperature ternary nitrate salt mixture for thermal energy storage systems. Solar Energy Materials and Solar Cells，2011，95 (12)：3341-3346.

[13]　Zhou D，Zhao C Y，Tian Y. Review on thermal energy storage with phase change materials (PCMs) in building applications. Applied Energy，2012，92：593-605.

[14]　Han X X，Tian Y，Zhao C Y. An effectiveness study of enhanced heat transfer in phase change materials (PCMs). International Journal of Heat and Mass Transfer，2013，60：459-468.

[15]　杨希贤，等. 化学蓄热材料的开发与应用研究进展. 新能源进展，2014，2 (5)：397-402.

[16]　Yan Q，Zhang X，Zhang L. Analysis and optimization on solar energy chemical heat storage material. Springer：Proceedings of the 8th International Symposium on Heating，Ventilation and Air Conditioning，2014：121-129.

[17]　Schaube F，et al. A thermodynamic and kinetic study of the de-and rehydration of Ca(OH)$_2$ at high H$_2$O partial pressures for thermo-chemical heat storage. Thermochimica Acta，2012，538：9-20.

[18]　Schmidt M，et al. Experimental results of a 10kW high temperature thermochemical storage reactor based on calcium hydroxide. Applied Thermal Engineering，2014，62 (2)：553-559.

[19]　Harries D N，et al. Concentrating solar thermal heat storage using metal hydrides. Proceedings of the IEEE，2012，

100 (2): 539-549.

[20] Bogdanović B, Ritter A, Spliethoff B. Active MgH₂/Mg systems for reversible chemical energy storage. Angewandte Chemie International Edition in English, 1990, 29 (3): 223-234.

[21] Bogdanović B, Hartwig T, Spliethoff B. The development, testing and optimization of energy storage materials based on the MgH₂/Mg system. International Journal of Hydrogen Energy, 1993, 18 (7): 575-589.

[22] Bogdanović B, et al. A process steam generator based on the high temperature magnesium hydride/magnesium heat storage system. International Journal of Hydrogen Energy, 1995, 20 (10): 811-822.

[23] Felderhoff M, Bogdanović B. High temperature metal hydrides as heat storage materials for solar and related applications. International Journal of Molecular Sciences, 2009, 10 (1): 325.

[24] Bao Z, et al. Optimal design of metal hydride reactors based on CFD-Taguchi combined method. Energy Conversion and Management, 2013, 65: 322-330.

[25] Shen D, Zhao C Y. Thermal analysis of exothermic process in a magnesium hydride reactor with porous metals. Chemical Engineering Science, 2013, 98: 273-281.

[26] Schaube F, Antje W, Tamme R. High temperature thermochemical heat storage for concentrated solar power using gas-solid reactions. Journal of Solar Energy Engineering, 2011, 133 (3): 031006.

[27] Kubota M, et al. Study of decarbonation of $CaCO_3$ for high temperature thermal energy storage. Journal of Chemical Engineering of Japan, 2000, 33 (5): 797-800.

[28] Ervin G. Solar heat storage using chemical reactions. Journal of Solid State Chemistry, 1977, 22 (1): 51-61.

[29] Kubota M H N, Togari H. Improvement of hydration rate of $LiOH/LiOH$ H_2O reaction for low-temperature thermal energy storage. Tokai University: 2013 Annual Meeting of Japan Society of Refrigerating and Air Conditioning Engineers, 2013.

[30] Meunier F. Solid sorption heat powered cycles for cooling and heat pumping applications. Applied Thermal Engineering, 1998, 18 (9): 715-729.

[31] Neveu P, Castaing J. Solid-gas chemical heat pumps: field of application and performance of the internal heat of reaction recovery process. Heat Recovery Systems and CHP, 1993, 13 (3): 233-251.

[32] Stitou D, Mazet N, Mauran S. Experimental investigation of a solid/gas thermochemical storage process for solar air-conditioning. Energy, 2012, 41 (1): 261-270.

[33] 岳虹. 太阳能蓄热复合吸附剂制备及性能研究. 济南: 山东大学, 2014.

[34] Hui L, N'Tsoukpoe K E, Lingai L. Evaluation of a seasonal storage system of solar energy for house heating using different absorption couples. Energy Conversion and Management, 2011, 52 (6): 2427-2436.

[35] 吴会军, 朱冬生. 固体吸附蓄冷在空调工程中的应用展望. 制冷, 2001, 20 (3): 16-19.

[36] Wu H, Zhu D, Zou H. Thermodynamic analysis and simulation of ground source heat pump with adsorption dehumidification. Proceedings of the International Sorption Heat Pump Conference, 2002: 528-532.

[37] 朱冬生, 等. 除湿系统中固定床内部气体流场的数值分析. 华南理工大学学报: 自然科学版, 2002, 30 (5): 45-49.

[38] 朱冬生, 毛本平, 吴会军. 吸附式蓄热电采暖装置, 2003.

[39] Daou K, et al. Experimental comparison of the sorption and refrigerating performances of a $CaCl_2$ impregnated composite adsorbent and those of the host silica gel. International Journal of Refrigeration, 2007, 30 (1): 68-75.

[40] Tahat M. Heat-pump/energy-store using silica gel and water as a working pair. Applied Energy, 2001, 69 (1): 19-27.

[41] Habeebullah B. Economic feasibility of thermal energy storage systems. Energy and Buildings, 2007, 39 (3): 355-363.

[42] 曾令可, 等. 蓄热储能相变复合材料的研究及其进展. 材料研究与应用, 2008, 2 (4): 479-482.

[43] Li S, et al. Study on the adsorption performance of composite adsorbent of $CaCl_2$ and expanded graphite with ammonia as adsorbate. Energy Conversion and Management, 2009, 50 (4): 1011-1017.

[44] Wu H, Wang S, Zhu D. Effects of impregnating variables on dynamic sorption characteristics and storage properties of composite sorbent for solar heat storage. Solar Energy, 2007, 81 (7): 864-871.

[45] Hongois S, et al. Development and characterisation of a new $MgSO_4$-zeolite composite for long-term thermal energy storage. Solar Energy Materials and Solar Cells, 2011, 95 (7): 1831-1837.

[46] 李军, 等. 吸附蓄冷技术的研究与开发. 流体机械, 2003, 31 (10): 51-53.

[47] 陈思明, 等. 高温相变换热材料的研究进展和应用. 真空与低温, 2010 (3): 125-130.

[48] 张焘, 张东. 无机盐高温相变储能材料的研究进展与应用. 无机盐工业, 2008, 40 (4): 11-14.

[49] 左远志, 丁静, 杨晓西. 中温相变蓄热材料研究进展. 现代化工, 2005, 25 (12): 15-19.

[50] 忢晓伍, 吕恩荣. 太阳能固-固相变蓄热. 新能源, 1996, 18 (8): 9-13.

[51]　艾明星. 相变储能材料的研究. 天津：河北工业大学，2003.

[52]　方铭，陈光明. 组合式相变材料组分配比与储热性能研究. 太阳能学报，2007，28 (3)：304-308.

[53]　王剑锋，陈光明. 组合相变材料储热系统的储热速率研究. 太阳能学报，2000，21 (3)：258-264.

[54]　李爱菊，张仁元. 无机盐/陶瓷基复合储能材料制备、性能及其熔化传热过程的研究. 广州：广东工业大学，2004.

[55]　Gil A, et al. State of the art on high temperature thermal energy storage for power generation. Part 1——Concepts, materials and modellization. Renewable and Sustainable Energy Reviews，2010，14 (1)：31-55.

[56]　吴玉庭，张丽娜，马重芳. 太阳能热发电高温蓄热技术. 太阳能，2007 (3)：23-25.

[57]　Van Berkel J. Storage of solar energy in chemical reactions. Thermal energy storage for solar and low energy buildings，IEA Solar heating and cooling Task，2005，32.

[58]　Zalba B, et al. Review on thermal energy storage with phase change：materials，heat transfer analysis and applications. Applied Thermal Engineering，2003，23 (3)：251-283.

[59]　Ogura H, et al. Experimental studies on a novel chemical heat pump dryer using a gas-solid reaction. Drying Technology，2001，19 (7)：1461-1477.

[60]　刘业凤. 空气取水用复合吸附剂的吸附性能及吸附动力学特性研究. 上海：上海交通大学，2003.

[61]　Vasiliev L, Mishkinis D, Vasiliev Jr L. Multi-effect complex compound/ammonia sorption machines. Montreal：Proceedings of the International Sorption Heat Pump Conferences，1996：3-8.

[62]　王飞，黄德斌. 固体吸附蓄热技术的研究与开发. 韶关学院学报，2005，26 (6)：46-50.

[63]　Lovegrove K, Luzzi A, Kreetz H. A solar-driven ammonia-based thermochemical energy storage system. Solar Energy，1999，67 (4)：309-316.

[64]　Tamme R. Concrete storage：update on the German concrete TES program. Workshop on Thermal Storage for Trough Power Systems，2003.

[65]　Tamme R, Laing D, Steinmann W-D. Advanced thermal energy storage technology for parabolic trough. Journal of Solar Energy Engineering，2004，126 (2)：794-800.

[66]　Laing D, et al. Solid media thermal storage for parabolic trough power plants. Solar Energy，2006，80 (10)：1283-1289.

[67]　Tamme R, Steinmann W-D, Laing D. Thermal energy storage technology for industrial process heat applications//ASME 2005 International Solar Energy Conference. American Society of Mechanical Engineers，2005：417-422.

[68]　Hale M. Survey of thermal storage for parabolic trough power plants. NREL Report，No. NREL/SR-550-27925，2000：1-28.

[69]　Forster M. Theoretical investigation of the system SnO_x/Sn for the thermochemical storage of solar energy. Energy，2004，29 (5)：789-799.

[70]　尹辉斌，丁静，杨晓西. 聚焦式太阳能热发电中的蓄热技术及系统. 热能动力工程，2013，28 (1)：1-6.

[71]　Kenisarin M M. High-temperature phase change materials for thermal energy storage. Renewable and Sustainable Energy Reviews，2010，14 (3)：955-970.

[72]　崔海亭，袁修干，邢玉明. 空间站太阳能蓄热/吸热器轻量化研究. 航空动力学报，2003，6：021.

[73]　崔海亭，袁修干，邢玉明. 高温相变蓄热容器的优化设计及参数分析. 太阳能学报，2003，24 (4)：513-517.

[74]　Alexander Jr J, Hindin S. Phase relations in heat transfer salt systems. Industrial & Engineering Chemistry，1947，39 (8)：1044-1049.

[75]　Kirst W, Nagle W, Castner J. A new heat transfer medium for high temperatures. Transactions of the American Institute of Chemical Engineers，1940，36：371-394.

[76]　Kearney D, Herrmann U, Nava P. Assessment of a molten salt heat transfer fluid in a parabolic trough solar field. Methodology，2002 (2)：3.

[77]　彭强，等. 多元混合熔融盐的制备及其性能研究. 太阳能学报，2009，30 (12)：1621-1626.

[78]　于建国，宋兴福，潘惠琴. $LiNO_3$-KNO_3-$NaNO_3$-$NaNO_2$ 混合熔盐及制备方法：CN1263924. 2000-1-1.

[79]　Petri R, Claar T, Marianowski L, Evaluation of molten carbonates as latent heat thermal energy storage materials. Chicago：Institute of Gas Technology，1979.

[80]　Petri R J, Claar T, Ong E. High-temperature salt/ceramic thermal storage phase-change media. intersociety energy conversion engineering conference. Orlando：Institute of Gas Technology，1983.

[81]　Petri R J, Ong E T, Olszewski M. High temperature composite thermal storage systems. 1984.

[82]　Jorgensen G, Schissel P, Burrows R. Optical properties of high-temperature materials for direct absorption receivers. Solar Energy Materials，1986，14 (3-5)：385-394.

[83]　Araki N, et al. Measurement of thermophysical properties of molten salts：mixtures of alkaline carbonate salts. International Journal of Thermophysics，1988，9 (6)：1071-1080.

[84]　辛嘉余，等. 几种碳酸盐熔融体的粘度计算. 工业加热，2006，35 (1)：22-24.

[85] Kourkova L, Sadovska G. Heat capacity, enthalpy and entropy of Li_2CO_3 at 303. 15～563. 15K. Thermochimica Acta, 2007, 452 (1): 80-81.

[86] 魏小兰, 等. 一种碳酸熔融盐传热蓄热介质及其制备方法与应用: CN101289612. 2008-04-23.

[87] 丁静, 等. 一种含锂碳酸熔融盐传热蓄热介质及其制备方法与应用: CN101508888. 2009-02-24.

[88] 王华, 王胜林, 饶文涛. 高性能复合相变蓄热材料的制备与蓄热燃烧技术. 北京: 冶金工业出版社, 2006.

[89] 张仁元. 相变材料与相变储能技术. 北京: 科学出版社, 2009.

[90] Birchenall C, Telkes M. Thermal storage in metals. Sharing the Sun: Solar Technology in the Seventies, 1976, 8: 138-154.

[91] Birchenall C E, Riechman A F. Heat storage in eutectic alloys. Metallurgical transactions A, 1980, 11 (8): 1415-1420.

[92] 张仁元, 等. Al-Si 合金的储热性能. 材料研究学报, 2006, 20 (2): 156-160.

[93] 邹向, 仝兆丰. 铝硅合金用作相变储热材料的研究. 新能源, 1996, 18 (8): 1-3.

[94] 刘靖, 等. 高温相变材料 Al-Si 合金选择及其与金属容器相容性实验研究. 太阳能学报, 2006, 27 (1): 36-40.

[95] Wang X, et al. Experimental research on a kind of novel high temperature phase change storage heater. Energy Conversion and Management, 2006, 47 (15): 2211-2222.

[96] 程晓敏, 等. 铝合金高温储热材料及储热系统设计. 中国材料科技与设备, 2008, 5 (2): 91-93.

[97] 孙建强, 等. Al-34％Mg-6％Zn 和 Al-28％Mg-14％Zn 合金的热分析研究. 广东工业大学学报, 2006, 23 (3): 8-15.

[98] Gasanaliev A M, Gamataeva B Y. Heat-accumulating properties of melts. Russian Chemical Reviews, 2000, 69 (2): 179-186.

[99] Farkas D, Birchenall C. New eutectic alloys and their heats of transformation. Metallurgical Transactions A, 1985, 16 (3): 323-328.

[100] 孙建强, 张仁元, 钟润萍. Al-34％Mg-6％Zn 合金储热性能和液态腐蚀性实验研究. 腐蚀与防护, 2006, 27 (4): 163-167.

[101] Sun J Q, et al. Thermal reliability test of Al-34％Mg-6％Zn alloy as latent heat storage material and corrosion of metal with respect to thermal cycling. Energy Conversion and Management, 2007, 48 (2): 619-624.

[102] Zhao C Y, Zhang G H. Review on microencapsulated phase change materials (MEPCMs): Fabrication, characterization and applications. Renewable and Sustainable Energy Reviews, 2011, 15 (8): 3813-3832.

[103] Kenisarin M M, Kenisarina K M. Form-stable phase change materials for thermal energy storage. Renewable and Sustainable Energy Reviews, 2012, 16 (4): 1999-2040.

[104] Claar T, Ong E, Petri R. Composite salt/ceramic media for thermal energy storage applications//Intersociety Energy Conversion Engineering conference. USA: Institute of Gas Technology, 1982.

[105] Hame E, Taut U, Grob Y. Salt ceramic thermal energy storage for solar thermal central receiver plants. Proceedings of Solar World Congress, 1991: 937-942.

[106] Glück A, et al. Investigation of high temperature storage materials in a technical scale test facility. Solar Energy Materials, 1991, 24 (1-4): 240-248.

[107] 王永军, 王胜林. Na_2SO_4/MgO 复合相变蓄热材料的制备及性能研究. 冶金能源, 2011, 30 (3): 42-45.

[108] Wu J, et al. Molten salts/ceramic-foam matrix composites by melt infiltration method as energy storage material. Journal of Wuhan University of Technology-Mater Sci Ed, 2009, 24 (4): 651-653.

[109] Shin S, et al. Embedded binary eutectic alloy nanostructures: A new class of phase change materials. Nano Letters, 2010, 10 (8): 2794-2798.

[110] 张焘, 曾亮, 张东. 膨胀石墨, 石墨烯改善无机盐相变材料热物性能. 无机盐工业, 2010 (5): 24-26.

[111] Steiner D, Groll M, Wierse M, Development and investigation of thermal energy storage systems for the medium temperature range. United States, 1995.

[112] do Couto Aktay K S, Tamme R, Müller-Steinhagen H. Thermal conductivity of high-temperature multicomponent materials with phase change. International Journal of Thermophysics, 2008, 29 (2): 678-692.

[113] Jegadheeswaran S, Pohekar S D. Performance enhancement in latent heat thermal storage system: a review. Renewable and Sustainable Energy Reviews, 2009, 13 (9): 2225-2244.

[114] 李月锋, 张东. 水溶液法制备 $NaNO_3$-$LiNO_3$/石墨复合高温相变材料研究. 功能材料, 2013, 44 (10): 1451-1456.

[115] Tian Y, Zhao C-Y. Heat transfer analysis for phase change materials (PCMs). Effstock Conference Proceedings 2009: Richard Stockton College of New Jersey, 2009.

[116] Zhao C, Lu W, Tassou S. Thermal analysis on metal-foam filled heat exchangers. Part Ⅱ: Tube heat exchangers. International Journal of Heat and Mass Transfer, 2006, 49 (15): 2762-2770.

[117] 祁先进. 金属基相变复合蓄热材料的实验研究. 昆明: 昆明理工大学, 2005.

[118] 王胜林，等. 高温余热回收用熔融盐/多孔镍基复合相变蓄热材料. 中山大学学报：自然科学版，2005，44（A02）：7-10.

[119] 徐伟强，袁修干，李贞. 泡沫金属基复合相变材料的有效导热系数研究. 功能材料，2009（8）：1329-1332.

[120] Gantenbein P. Fundamental geometrical system structure limitations in a closed adsorption heat storage system. Proceedings of the Eurosun 2008，1st international conference on solar heating，cooling and buildings，2008.

[121] Visscher K，Veldhuis J. Comparison of candidate materials for seasonal storage of solar heat through dynamic simulation of building and renewable energy system. Montréal：Ninth International IBPSA Conference，2005.

[122] Posern K，Kaps C. Calorimetric studies of thermochemical heat storage materials based on mixtures of $MgSO_4$ and $MgCl_2$. Thermochimica Acta，2010，502（1）：73-76.

[123] Balasubramanian G，et al. Modeling of thermochemical energy storage by salt hydrates. International Journal of Heat and Mass Transfer，2010，53（25）：5700-5706.

[124] Ghommem M，et al. Release of stored thermochemical energy from dehydrated salts. International Journal of Heat and Mass Transfer，2011，54（23）：4856-4863.

[125] 李靖华，白同春. 碱土金属氢氧化物热分解反应贮存太阳能的研究. 太阳能学报，1986（3）：007.

[126] Azpiazu M，Morquillas J，Vazquez A. Heat recovery from a thermal energy storage based on the $Ca(OH)_2/CaO$ cycle. Applied Thermal Engineering，2003，23（6）：733-741.

[127] Kato Y，Kobayashi K，Yoshizawa Y. Durability to repetitive reaction of magnesium oxide/water reaction system for a heat pump. Applied Thermal Engineering，1998，18（3-4）：85-92.

[128] Kato Y，et al. Study on medium-temperature chemical heat storage using mixed hydroxides. International Journal of Refrigeration，2009，32（4）：661-666.

[129] Kim S T，Ryu J，Kato Y. Reactivity enhancement of chemical materials used in packed bed reactor of chemical heat pump. Progress in Nuclear Energy，2011，53（7）：1027-1033.

[130] Zamengo M，Ryu J，Kato Y. Thermochemical performance of magnesium hydroxide-expanded graphite pellets for chemical heat pump. Applied Thermal Engineering，2014，64（1）：339-347.

[131] Bogdanović B，et al. Ni-doped versus undoped Mg-MgH_2 materials for high temperature heat or hydrogen storage. Journal of Alloys and Compounds，1999，292（1）：57-71.

[132] Bogdanović B，et al. Thermodynamics and dynamics of the Mg-Fe-H system and its potential for thermochemical thermal energy storage. Journal of Alloys and Compounds，2002，345（1）：77-89.

[133] De Rango P，et al. Nanostructured magnesium hydride for pilot tank development. Journal of Alloys and Compounds，2007，446：52-57.

[134] Chaise A，et al. Enhancement of hydrogen sorption in magnesium hydride using expanded natural graphite. International Journal of Hydrogen Energy，2009，34（20）：8589-8596.

[135] Gokon N，et al. Methane reforming with CO_2 in molten salt using FeO catalyst. Solar Energy，2002，72（3）：243-250.

[136] Kodama T，et al. Thermochemical methane reforming using a reactive WO_3/W redox system. Energy，2000，25（5）：411-425.

[137] Kodama T，et al. CO_2 reforming of methane in a molten carbonate salt bath for use in solar thermochemical processes. Energy & Fuels，2001，15（1）：60-65.

[138] Kato Y，et al. Calcium oxide/carbon dioxide reactivity in a packed bed reactor of a chemical heat pump for high-temperature gas reactors. Nuclear Engineering and Design，2001，210（1）：1-8.

[139] Kyaw K，et al. Applicability of zeolite for CO_2 storage in a CaO-CO_2 high temperature energy storage system. Energy Conversion and Management，1997，38（10）：1025-1033.

[140] Kato Y，Watanabe Y，Yoshizawa Y. Application of inorganic oxide/carbon dioxide reaction system to a chemical heat pump//Proceedings of the 31st Intersociety. Energy Conversion Engineering Conference，1996：763-768.

[141] Bowrey R，Jutsen J. Energy storage using the reversible oxidation of barium oxide. Solar Energy，1978，21（6）：523-525.

[142] Wong B，et al. Oxide based thermochemical heat storage. Solar Paces，2010.

[143] Neises M，et al. Solar-heated rotary kiln for thermochemical energy storage. Solar Energy，2012，86（10）：3040-3048.

[144] Carrillo A J，et al. Thermochemical energy storage at high temperature via redox cycles of Mn and Co oxides：Pure oxides versus mixed ones. Solar Energy Materials and Solar Cells，2014，123：47-57.

[145] Block T，Knoblauch N，Schmücker M. The cobalt-oxide/iron-oxide binary system for use as high temperature thermochemical energy storage material. Thermochimica Acta，2014，577：25-32.

[146] Aiello R，Nastro A，Colella C. Solar energy storage through water adsorption-desorption cycles in zeolitic tuffs.

Thermochimica Acta，1984，79：271-278.

［147］　Shigeishi R A，Langford C H，Hollebone B R. Solar energy storage using chemical potential changes associated with drying of zeolites. Solar Energy，1979，23（6）：489-495.

［148］　Jänchen J，et al. Studies of the water adsorption on zeolites and modified mesoporous materials for seasonal storage of solar heat. Solar Energy，2004，76（1）：339-344.

［149］　Henninger S K，et al. Novel sorption materials for solar heating and cooling. Energy Procedia，2012，30：279-288.

［150］　Henninger S，Schmidt F，Henning H-M. Water adsorption characteristics of novel materials for heat transformation applications. Applied Thermal Engineering，2010，30（13）：1692-1702.

［151］　Jänchen J，Stach H. Adsorption properties of porous materials for solar thermal energy storage and heat pump applications. Energy Procedia，2012，30：289-293.

［152］　Henninger S K，et al. Monte Carlo investigations of the water adsorption behavior in MFI type zeolites for different Si/Al ratios with regard to heat storage applications. Adsorption，2005，11（1）：361-366.

［153］　李军，等. 一种新型吸附蓄热复合材料的实验研究. 华南理工大学学报：自然科学版，2004，32（5）：63-66.

［154］　Mrowiec Białoń J，et al. SiO$_2$-LiBr nanocomposite sol-gel adsorbents of water vapor：preparation and properties. Journal of Colloid and Interface Science，1999，218（2）：500-503.

［155］　Gil A，et al. State of the art of high temperature storage in thermosolar plants. The 11th International Conference on Thermal Energy Storage-Effstock，2009：14-17.

［156］　朱教群，等. 太阳能热发电储热材料研究进展. 太阳能，2009（6）：29-32.

［157］　Gong Z X，Mujumdar A S. Finite-element analysis of cyclic heat transfer in a shell-and-tube latent heat energy storage exchanger. Applied Thermal Engineering，1997，17（6）：583-591.

［158］　Herrmann U，Kearney D W. Survey of thermal energy storage for parabolic trough power plants. Journal of Solar Energy Engineering-Transactions of The ASME，2002，124（2）：145-152.

［159］　Laing D，et al. Advanced high temperature latent heat storage system-design and test results. Effstock，2009.

［160］　Tian Y，Zhao C Y. Heat transfer analysis for phase change materials（PCMs），2009.

［161］　Dreißigacker V，Müller-Steinhagen H，Zunft S. Thermo-mechanical investigation of packed beds for the large-scale storage of high temperature heat，2009.

［162］　崔海亭，袁修干，侯欣宾. 高温熔盐相变蓄热材料. 太阳能，2003（1）：27-28.

［163］　Goods S H，et al. Corrosion of stainless and carbon steels in molten mixtures of industrial nitrates. Solar Energy，1994.

［164］　Williams D，et al. Research on molten fluorides as high temperature heat transfer agents. Proceedings Global 2003，Embedded Topical in 2003 American Nuclear Society Winter Meeting，2003：16-20.

［165］　Pacheco J E，Showalter S K，Kolb W J. Development of a molten-salt thermocline thermal storage system for parabolic trough plants. Journal of Solar Energy Engineering-Transactions of the ASME，2002，124（2）：153-159.

［166］　Brosseau D，et al. Testing of thermocline filler materials and molten-salt heat transfer fluids for thermal energy storage systems in parabolic trough power plants. Journal of Solar Energy Engineering，2005，127（1）：109-116.

［167］　宿建峰，等. 双级蓄热与双运行模式的塔式太阳能热发电系统. 热能动力工程，2009（1）：132-137+148.

［168］　崔海亭，袁修干，邢玉明. 高温相变蓄热容器的优化设计及参数分析. 太阳能学报，2003（4）：513-517.

［169］　周建辉. 高温固液相变蓄热器的流场分析. 中国工程热物理学会第十一届年会，传热传质学，2005：503-506.

［170］　叶猛，等. 熔融盐（LiNO$_3$）强制对流换热实验. 工程热物理学报，2008，（09）：1585-1587.

［171］　刘靖，等. 高温相变材料 Al-Si 合金选择及其与金属容器相容性实验研究. 太阳能学报，2006（1）：36-40.

［172］　陈泉，等. 太阳能热发电中储能容器防护涂层的制备与研究. 材料导报，2009（16）：48-50.

［173］　李辉鹏，等. 盛装储热铝硅共晶合金的容器材料研究. 广东工业大学学报，2009（2）：36-39.

［174］　纪育楠. 中高温相变蓄热实验与模拟研究. 上海：上海交通大学，2015.

［175］　Kanzawa A，Arai Y. Thermal energy storage by the chemical reaction augmentation of heat transfer and thermal decomposition in the CaO/Ca(OH)$_2$ powder. Solar Energy，1981，27（4）：289-294.

［176］　Azpiazu M N，Morquillas J M，Vazquez A. Heat recovery from a thermal energy storage based on the Ca(OH)$_2$/CaO cycle. Applied Thermal Engineering，2003，23（6）：733-741.

［177］　Wierse M，Werner R，Groll M. Magnesium hydride for thermal energy storage in a small-scale solar-thermal power station. Journal of the Less Common Metals，1991，172：1111-1121.

［178］　Bogdanović B，Hartwig T H，Spliethoff B. The development，testing and optimization of energy storage materials based on the MgH$_2$/Mg system. International Journal of Hydrogen Energy，1993，18（7）：575-589.

［179］　Chaise A，et al. Enhancement of hydrogen sorption in magnesium hydride using expanded natural graphite. International Journal of Hydrogen Energy，2009，34（20）：8589-8596.

［180］　Chaise A，et al. Experimental and numerical study of a magnesium hydride tank. International Journal of Hydrogen

Energy，2010，35（12）：6311-6322.

[181] Garrier S，et al. MgH₂ intermediate scale tank tests under various experimental conditions. International Journal of Hydrogen Energy，2011，36（16）：9719-9726.

[182] 顾清之. 镁-氢化镁热化学蓄热系统数值模拟和实验研究. 上海：上海交通大学，2013.

[183] 王飞，黄德斌. 固体吸附蓄热技术的研究与开发. 韶关学院学报：自然科学版. 2005，26（6）：46-50.

[184] Tamme R，Laing D，Steinmann W D. Advanced thermal energy storage technology for parabolic trough. Journal of Solar Energy Engineering-Transactions of The ASME，2004，126（2）：794-800.

[185] Tamme R，Steinmann W-D，Laing D. Thermal energy storage technology for industrial process heat applications. ASME International Solar Energy Conference，2005：417-422.

[186] Birchenall C E，Telkes M. Thermal storage in metals. Sharing the Sun：Solar Technology in the Seventies，1976，8：138-154.

[187] 陈泉，张仁元，李辉鹏. Al 基金属相变储能材料的研究与应用进展. 材料研究与应用，2009，3（2）：73-76.

[188] 李辉鹏. 储能铝硅合金热稳定性及其与容器的相容性研究. 广州：广东工业大学，2009.

[189] 张适阔. 铝合金高温储热材料相变储热机理研究. 武汉：武汉理工大学，2009.

[190] 程晓敏. 等. Al-Cu-Mg-Zn 高温相变储热材料：CN101818292A. 2010-03-18.

[191] Nagasaka Y，Nakazawa N，Nagashima A. Experimental determination of the thermal diffusivity of molten alkali halides by the forced Rayleigh scattering method. Ⅰ. Molten LiCl，NaCl，KCl，RbCl，and CsCl. International Journal of Thermophysics，1992，13（4）：555-574.

[192] Nakazawa N，Nagasaka Y，Nagashima A. Experimental determination of the thermal diffusivity of molten alkali halides by the forced Rayleigh scattering method. Ⅲ. molten NaI，KI，RbI，and CsI. International Journal of Thermophysics，1992，13（5）：763-772.

[193] Misra A K，Whittenberger J D，Fluoride salts and container materials for thermal energy storage applications in the temperature range 973 to 1400K. Intersociety Energy Conversion Engineering Conference，1987.

[194] Heidenreich G R，Parekh M B. Thermal energy storage for organic Rankine cycle solar dynamic space power systems. Intersociety Energy Conversion Engineering Conference，1986：791-797.

[195] Marianowski L G，Maru H C. Latent heat thermal energy storage systems above 450℃. 12th Intersociety Energy Conversion Engineering Conference，1977：555-566.

[196] 吴玉庭，等. 熔融盐传热蓄热及其在太阳能热发电中的应用. 新材料产业，2012（7）：20-26.

[197] Ren N，Wu Y，Ma C. Preparation and experimental study of molten salt with low melting point. Spain：Proceedings of the Solar PACES 2011 Conference，2011.

[198] 王军伟，等. 无机盐储热材料高温导热系数测量装置及方法. 太阳能学报，2014（2）：332-337.

[199] 程晓敏，等. 四元碳酸盐相变储热材料的制备及热物性研究. 化工新型材料，2014（6）：49-51.

[200] 鲍泽威，等. 金属氢化物反应器吸氢过程的热质传递特性分析. 西安交通大学学报，2012（9）：49-54.

[201] 顾清之，赵长颖. 镁-氢化镁热化学蓄热系统数值分析. 化工学报，2012（12）：3776-3783.

[202] Ryu J，et al. Dehydration behavior of metal-salt-added magnesium hydroxide as chemical heat storage media. Chemistry Letters，2008，37（11）：1140-1141.

[203] Schaube F，et al. De-and rehydration of Ca(OH)₂ in a reactor with direct heat transfer for thermo-chemical heat storage. Part A：Experimental results. Chemical Engineering Research and Design，2013，91（5）：856-864.

[204] Pan Z，Zhao C Y. Dehydration/hydration of MgO/H₂O chemical thermal storage system. Energy，2015，82：611-618.

[205] Yan J，Zhao C Y. First-principle study of CaO/Ca(OH)₂ thermochemical energy storage system by Li or Mg cation doping. Chemical Engineering Science，2014，117：293-300.

[206] Abedin A H，Rosen M A. A critical review of thermochemical energy storage systems. Open Renewable Energy Journal，2011.

[207] Pitie F，Zhao C Y，Caceres G. Thermo-mechanical analysis of ceramic encapsulated phase-change-material（PCM）particles. Energy & Environmental Science，2011，4（6）：2117-2124.

[208] Tian Y，Zhao C Y. Thermal and exergetic analysis of metal foam-enhanced cascaded thermal energy storage（MF-CTES）. International Journal of Heat and Mass Transfer，2013，58（1-2）：86-96.

[209] 王淑萍. 膨胀石墨基复合中温相变储热材料的制备及性能研究. 广州：华南理工大学，2014.

[210] 方斌正. 煅烧铝矾土合成堇青石及其在太阳能储热材料中的应用研究. 武汉：武汉理工大学，2013.

[211] 黄金，张仁元. 无机盐/陶瓷基复合相变蓄热材料的研究. 材料导报，2005（8）：106-108+116.

[212] 冷光辉，吴建锋，徐晓虹. 封装 PCM 陶瓷储热材料的性能. 储能科学与技术，2012（2）：123-130.

[213] Cerri G，Borghetti S，Salvini C. Neural management for heat and power cogeneration plants. Engineering Applications of Artificial Intelligence，2006，19（7）：721-730.

[214] 李永亮，等. 储热技术基础（Ⅰ）——储热的基本原理及研究新动向. 储能科学与技术，2013（1）：69-72.

[215] Medrano M, et al. State of the art on high-temperature thermal energy storage for power generation. Part 2—Case studies. Renewable and Sustainable Energy Reviews, 2010, 14（1）：56-72.

[216] Zipf V, et al. High temperature latent heat storage with a screw heat exchanger: Design of prototype. Applied Energy, 2013, 109：462-469.

[217] Adinberg R, Zvegilsky D, Epstein M. Heat transfer efficient thermal energy storage for steam generation. Energy Conversion and Management, 2010, 51（1）：9-15.

[218] 丁静，等. 一种太阳能热化学混合储能装置及方法：CN102721312A. 2012-07-06.

[219] Laing D, et al. Thermal energy storage for direct steam generation. Solar Energy, 2011, 85（4）：627-633.

[220] Reilly H, Kolb G. Evaluation of Molten salt power tower technology based on experience at solar two. Sandia National Laboratories Report No. SAND2001-3674, 2001.

[221] Pacheco J E, Showalter S K, Kolb W J. Development of a molten-salt thermocline thermal storage system for parabolic trough plants. Journal of Solar Energy Engineering, 2002, 124（2）：153-159.

[222] Burolla V P, Bartel J J. High temperature compatibility of nitrate salts, granite rock and pelletized iron ore. Energy Storage, 1979.

[223] Laurent S T, Steven J. Thermocline thermal storage test for large-scale solar thermal power plants. Office of Scientific & Technical Information Technical Reports, 2000.

[224] Bradshaw R W, Meeker D E. High-temperature stability of ternary nitrate molten salts for solar thermal energy systems. Solar Energy Materials, 1990, 21（1）：51-60.

[225] Leiby Jr C C, Ryan T G. Thermophysical properties of thermal energy storage materials: 1973.

[226] Acem Z, Lopez J, Palomo Del Barrio E. $KNO_3/NaNO_3$-Graphite materials for thermal energy storage at high temperature: Part Ⅰ. -Elaboration methods and thermal properties. Applied Thermal Engineering, 2010, 30（13）：1580-1585.

[227] Bauer T, et al. Sodium nitrate for high temperature latent heat storage. 11th International Conference on Thermal Energy Storage-Effstock, 2009：14-17.

[228] Maru H, et al. Molten salt thermal energy storage systems. Chicago: Final Report Institute of Gas Technology, 1978, 1.

[229] Takahashi Y, et al. Investigation of latent heat thermal energy storage materials: V. thermoanalytical evaluation of binary eutectic mixtures and compounds of NAOH with $NaNO_3$ or $NaNO_2$. Thermochimica Acta, 1988, 123：233-245.

[230] Petri R J, Claar T D, Marianowski L G. Evaluation of molten carbonates as latent heat thermal energy storage materials. Institute of Gas Technology Chicago I L, 1979.

[231] Reiser A, Bogdanović B, Schlichte K. The application of Mg-based metal-hydrides as heat energy storage systems. International Journal of Hydrogen Energy, 2000, 25（5）：425-430.

[232] Rosen M A. Appropriate thermodynamic performance measures for closed systems for thermal energy storage. Journal of Solar Energy Engineering, 1992, 114（2）：100-105.

[233] Bejan A. Fundamentals of exergy analysis, entropy generation minimization, and the generation of flow architecture. International Journal of Energy Research, 2002, 26（7）：1-43.

[234] Bejan A. Entropy generation minimization: The new thermodynamics of finite-size devices and finite-time processes. Journal of Applied Physics, 1996, 79（3）：1191.

[235] Hahne E. Thermal energy storage: some views on some problems. Proceedings of the 8th International Heat Transfer Conference, 1986：279-292.

[236] Bejan A. Entropy generation through heat and fluid flow. Wiley, 1982.

[237] Kreith F, Kreider J F. Principles of solar engineering. MeGraw-Hill Book Co, 1978.

[238] Krane R J. A second law analysis of the optimum design and operation of thermal energy storage systems. International Journal of Heat and Mass Transfer, 1987, 30（1）：43-57.

[239] Erek A, Dincer I. A new approach to energy and exergy analyses of latent heat storage unit. Heat Transfer Engineering, 2009, 30（6）：506-515.

[240] Rosen M A. Second-law analysis: approaches and implications. International Journal of Energy Research, 1999, 23（5）：415-429.

[241] Jegadheeswaran S, Pohekar S D, Kousksou T. Exergy based performance evaluation of latent heat thermal storage system: A review. Renewable & Sustainable Energy Reviews, 2010, 14（9）：2580-2595.

[242] Aceves S M, et al. Optimization of a class of latent thermal energy storage systems with multiple phase-change materials. Journal of Solar Energy Engineering, 1998, 120（1）：14-19.

[243] Domański R, Fellah G. Exergy analysis for the evaluation of a thermal storage system employing PCMS with different melting temperatures. Applied Thermal Engineering, 1996, 16 (11): 907-919.

[244] Farid M M, Chen X D. Domestic electrical space heating with heat storage. Proceedings of the Institution of Mechanical Engineers, Part A: Journal of Power and Energy, 1999, 213 (2): 83-92.

[245] Farid M M, Husian R M. An electrical storage heater using the phase-change method of heat storage. Energy Conversion and Management, 1990, 30 (3): 219-230.

[246] Farid M M, Kanzawa A. Thermal performance of a heat storage module using PCM's with different melting temperatures: mathematical modeling. Journal of Solar Energy Engineering, 1989, 111 (2): 152-157.

[247] Watanabe T, Kikuchi H, Kanzawa A. Enhancement of charging and discharging rates in a latent heat storage system by use of PCM with different melting temperatures. Heat Recovery Systems & CHP, 1993, 13 (1): 57-66.

[248] Michels H, Pitz-Paal R. Cascaded latent heat storage for parabolic trough solar power plants. Solar Energy, 2007, 81 (6): 829-837.

[249] Dinter F, Geyer M A, Tamme R. Thermal energy storage for commercial applications: a feasibility study on economic storage systems. Springer, 1991.

[250] Haslett R, et al. Thermal energy storage heat exchanger design. American Society of Mechanical Engineers, Intersociety Conference on Environmental Systems, 1978.

[251] Steiner D, Heine D, Nonnenmacher A. Studie über thermische Energiespeicher für den Temperaturbereich 200 Grad C bis 500 Grad C. Fachinformationszentrum Energie, Physik, Mathematik, 1982.

[252] Laing D, et al. Solid media thermal storage development and analysis of modular storage operation concepts for parabolic trough power plants. Journal of Solar Energy Engineering, 2007, 130 (1): 011006-011006.

[253] Abedin A H, Rosen M A. Assessment of a closed thermochemical energy storage using energy and exergy methods. Applied Energy, 2012, 93: 18-23.

[254] Jack M W, Wrobel J. Thermodynamic optimization of a stratified thermal storage device. Applied Thermal Engineering, 2009, 29 (11-12): 2344-2349.

[255] Adebiyi G A. A second-law study on packed bed energy storage systems utilizing phase-change materials. Journal of Solar Energy Engineering, 1991, 113 (3): 146-156.

[256] Nextant. Thermal storage oil-to-salt heat exchanger design and safety analysis, 2000.

[257] Rovira A, et al. Energy management in solar thermal power plants with double thermal storage system and subdivided solar field. Applied Energy, 2011, 88 (11): 4055-4066.

第10章 液态空气储能技术

10.1 液态空气储能技术的原理

液态空气储能技术是一种利用液态空气或液态氮气作为储能介质的深冷储能技术，同时，储能介质也是储能和释能过程的工质[1~13]，其工作流程如图 10-1（a）所示，主要包括两个基本过程：

① 存储过程。在用电低谷时段或者电价相对低的时段（通常是在晚上和周末），深冷储能系

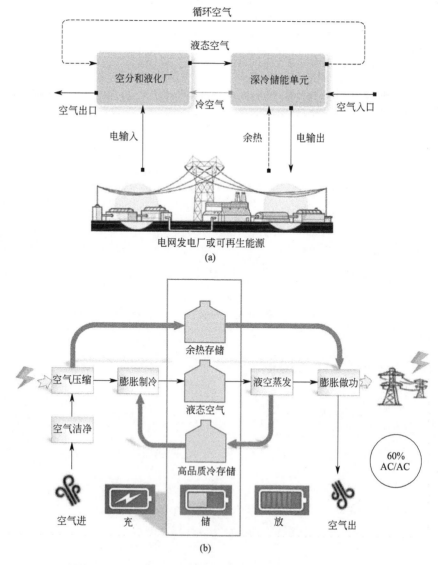

（a）

（b）

图 10-1　液态空气储能系统工作流程（a）及原理（b）示意图

统的空气液化单元利用低谷电生产液态空气或液氮，电能以低温冷能的形式储存在液态空气或液氮中。

②　释放过程。在用电高峰或需要紧急电力的情况下，低温泵加压存储的液态空气或液氮，经换热器吸收环境热升温升压后驱动空气透平机组做功发电。

在液态空气储能技术中，液态空气的生产（储能）过程产生大量压缩热，膨胀发电（释能）过程产生大量高品位冷，这两部分能量都可以在储能/释能过程中回收与利用。因此，液态空气储能技术涉及三个储罐，即液态空气储罐（主要储能单元）、压缩热储罐（辅助储能单元）和高品位冷储罐（辅助储能单元），如图 10-1(b) 所示。另外，如果有外界的热源与液态空气储能技术集成，例如工业余热或可再生热源，则可利用这些热源加热高压空气至更高温度，有效提高透平出力，以提高系统的储能效率。

液态空气产生的高压气体不仅能够直接驱动空气透平，而且可以供给燃烧室间接驱动燃气透平[4,6~8]，因此一些学者认为液态空气储能技术是常规压缩空气储能技术的一种升级版本[5]。然而从理论上讲，液态空气储能技术主要是一种基于气液相变过程的储冷技术。通常来说，气液相变材料并不适合于储能应用，因为气相密度非常小，需要非常大的储存容积。然而空气作为储热材料时，仅在其液态下需要特定的容器存储，解决了压缩空气储能中高压存储困难的问题。同时，低温下空气或氮气的液化及存储技术已有很长的应用历史，因此液态空气储能是一种实用可行的大容量储能技术。

10.2　液态空气储能的特点

相较于压缩空气储能，液态空气储能单位体积和单位质量的储能密度要高得多，因此液态空气储能设备的安装可以摆脱地理条件的限制，尤其在末端电网的应用方面具有很大优势[4]。当环境压力为 1.0bar，温度为 25℃时，压缩空气和液态空气的储能密度变化如图10-2所示[1,5,10~13]。由图可知，当压缩空气的储存压力低于 100bar 时，液态空气的质量密度仅是压缩空气 1.5～3 倍，但体积储能密度高达压缩空气的 10 倍以上，几乎与当前最先进的电池储能密度相当，并且液态空气/氮气的大容量存储技术的单元设备已较为成熟，因此液态空气储能在大容量储能方面的推广和应用方面具有很大的潜力。

如前所述，液态空气储能技术在本质上是一种储冷技术，该技术比储热具有更高的㶲效率。以显热储热/冷为例，假设储热材料本身的定压比热容 C_p 恒定，其在储热/冷过程中的温度变化为 ΔT，则其储存的热量 ΔQ 为：

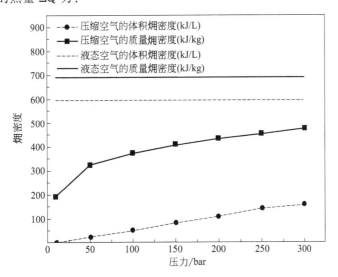

图 10-2　压缩空气及液态空气的㶲密度图

$$\Delta Q = C_p \Delta T \tag{10-1}$$

假设过程可逆，则其㶲值的变化可表示为：

$$dE = dH - T_a dS = dH - T_a \frac{\delta Q}{T} \tag{10-2}$$

式中，T_a 为环境温度；H 为材料的焓值；T 为温度。将式(10-2)中从温度 T_a 至温度 $T_a +$ ΔT 积分可得储热过程中储热材料本身㶲值的变化：

$$\Delta E = C_p \left(\Delta T - T_a \cdot \ln \frac{T_a + \Delta T}{T_a} \right) \tag{10-3}$$

合并式(10-1) 和式(10-3)可得到储存于储热材料的热/冷能中㶲值的比例（η）为：

$$\eta = \frac{\Delta E}{|\Delta Q|} = \frac{\Delta T - T_a \cdot \ln\left(\frac{T_a + \Delta T}{T_a}\right)}{|\Delta T|} \tag{10-4}$$

假定环境温度为 25℃，则公式(10-4)的计算结果如图 10-3 所示[1]。可以看出，在相同的温度变化条件下，储冷比储热具有更高的㶲存储密度。

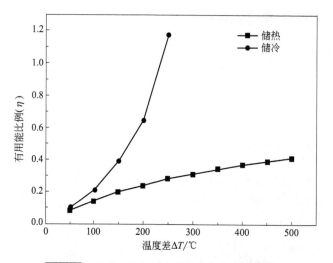

图 10-3 储热/储冷中有用能比例随温度差变化

表 10-1 比较了一些常用储热/冷介质的比热容、潜热和㶲密度。可以看出，虽然深冷液体与其他储热材料具有大致相同的比热容和相变焓，但其㶲密度却要大得多，这是低温储能技术的优势。

表 10-1 常用储热/冷介质的比热容、潜热以及㶲密度的比较[14,15]

储热介质	储热方式	比热容 /[kJ/(kg·K)]	相变/工作温度 /℃	潜热 /(kJ/kg)	㶲密度 /(kJ/kg)
岩石	S	0.84~0.92	1000		455~499
金属铝	S	0.87	600		222
金属镁	S	1.02	600		260
金属锌	S	0.39	400		52
液态氮	S+L	1.0~1.1	−196	199	762

续表

储热介质	储热方式	比热容 /[kJ/(kg·K)]	相变/工作温度 /℃	潜热 /(kJ/kg)	㶲密度 /(kJ/kg)
液态甲烷	S+L	2.2	−161	511	1081
液态氢	S+L	11.3~14.3	−253	449	11987
硝酸钠	L		307	182	89
硝酸钾	L		335	191	97
40%硝酸钾+60%硝酸钠	S	1.5	290~550	N	220
氢氧化钾	L		380	150	82
氯化镁	L		714	452	316
氯化钠	L		801	479	346
碳酸钠	L		854	276	203
氟化钾	L		857	425	313
碳酸钾	L		897	236	176
38.5%氯化镁+61.5%氯化钠	L		435	328	190

注：S 表示显热储热；L 表示相变储热。

10.3　液态空气储能技术的发展历史

利用液态空气储能的概念产生于 19 世纪，而将液态空气储能应用于电网调峰的思想则由英国纽卡斯尔大学于 1977 年首次提出[3]。虽然早期的工作主要集中在理论分析，但为液态空气储能技术的推广发展起到了积极作用。

液态空气储能的发展方向之一是作为压缩空气储能的一种升级技术，即将空气液化技术和燃气轮机技术结合，利用低温罐中储存的液态空气为燃气轮机提供高压空气。日本的三菱重工、日立[6~8]，美国的膨胀能源公司和英国利兹大学都在这个方向上进行过相关的数值和试验研究[9~13]，其中，三菱重工开发了一个基于液体火箭引擎技术的液态空气膨胀机释能示范系统，其输出功率达到 2.6MW。在这个储能系统中，空气液化过程和释能过程分别在独立装置中进行，释能过程的绝热效率大约为 77%。然而，这套系统是基于传统的空气液化技术，系统整体的效率并不高。

为了解决空气液化过程能耗大且系统效率低这一问题，日立公司提出了将空气液化过程与释能过程集成[8]，并通过一个高效的冷能"再生器"回收释能过程中释放的冷能，降低空气液化的能耗的方案。日立公司分别使用固体和液体材料作为冷能载体进行了仿真和小型实验研究，并声称高效再生器的使用可使液态空气储能系统的效率提高到 70%以上。但是日立公司并没有开展全系统集成的试验研究。

液态空气储能技术的实质性发展始于 2005 年英国利兹大学与 Highview Enterprises Ltd（高瞻公司）的合作研究。此次合作完成了液态空气储能技术第一个全系统专利[12]，并于 2008 年起在英国 Slough 建立了世界上第一套完整的液态空气储能独立示范厂（350kW/2.5MW·h），这个系统于 2011 年建成，2012 年完成实验，2013 年整厂捐赠给英国伯明翰大学进行后续的试验研究。在英国工程和物理科学基金以及一些工业界（总额约一千二百三十万英镑）的资助下，该示范厂于 2015 年 11 月正式并入伯明翰大学校园网。

除了上述的电网调峰（静态）应用，从 20 世纪 70 年代起，液态空气储能技术开始作为一种零排放汽车的替代解决方案得到深入研究[16~20]。相比于铅酸和镍镉等电池技术，使用液态空气或液氮等储能介质可以避免相关的重金属污染问题。在液氮汽车发展早期，基于液氮的释能系统常常通过朗肯循环为传统汽车提供辅助动力，这种混合动力系统可以改善传统汽车发动机的性能并且有助于减少排放。20 世纪 80 年代以后，研究人员开始尝试纯液氮动力汽车，即完全以液氮作为燃料而不使用其他化石能源的汽车。早期的尝试仍以朗肯循环产生动力，传热流体常采用水-乙二醇混合物等低凝固点流体，换热方式为基于传统换热器的间接非接触式换热[16,17]。2005

年，英国高瞻公司与利兹大学合作，对基于液态空气储能技术的纯液氮动力汽车进行了大量的理论和实验室验证工作[19]，其中气缸中换热流体和液态空气直接接触换热的新型液氮发动机技术于 2012 年开始由 Dearman Engine Company（英国迪门发动机公司）进行示范和商业推广。

10.4　液态空气储能技术与其他储能技术的比较

液态空气储能是一种解耦型的能量存储技术，它在大规模（10MW 级以上）和长时间运行（数小时以上）的能源管理等应用方面更具有优势，如电网的削峰填谷、负荷跟踪以及备用应急电源等。下面将在技术性能（如技术成熟度、功率、效率、能量密度和响应时间等）和经济性能（如容量成本、续航时间、环境影响等）两方面将液态空气储能技术与其他解耦型技术，特别是抽水蓄能、压缩空气储能、液流电池、储热和压缩储氢等技术进行比较。

10.4.1　技术性能比较

在技术性能方面，解耦型储能技术中只有抽水蓄能得到了大规模的应用。压缩空气储能和储热已经有实际应用，但是仍然不广泛。液态空气储能、液流电池和储氢技术等目前处于商业示范阶段，尚没有大规模的应用。

解耦型储能技术的能量存储量取决于储能介质的多少，即由储罐大小决定，因而容易实现长时间的释能过程，而其充/释能功率则由其能量转化装置的性能决定。抽水蓄能的能量转化装置主要由水轮机和水泵组成，其充/释能功率可达吉瓦级。压缩空气储能、储热和液态空气储能一般采用传统的燃气轮机或蒸汽轮机释能，其释能功率也可以达到数百兆瓦。液流电池和储氢通过电化学方法进行能量转化，因而单机功率达到兆瓦级比较困难。

从储能系统效率看，液流电池和抽水蓄能的效率可达 65%～85%，压缩空气储能和液态空气储能由于受压缩机和透平机的效率限制，其系统效率在 50%～75%；储氢的系统效率一般在 60%左右；储热技术效率取决于应用，如终端应用是热，则 95%以上效率比较正常，如终端需求完全是电，且不使用热泵技术，余热也不利用，效率介于 35%～45%。

对于解耦型储能技术，能量存储介质可独立于能量转化设备之外，因而储能介质的能量密度越大，单位容量的能量所需的储存体积和/或重量就越小，系统成本和耗损等越低。考虑体积能量密度（W·h/L），储氢技术可通过高压压缩、液化或物理/化学吸附等方式达到很高的体积能量密度（500～3000W·h/L），但氢气极易燃，对储存容器的技术要求非常高，因此储氢技术的成本非常高。对于压缩储氢，由于氢气密度低，其质量储能密度并不高。液态空气储能的体积能量密度介于 120～200W·h/L，低于储氢的体积能量密度，但其质量储能密度比较高。液态空气储能另一个突出优点是可在接近环境压力下存储，因而大大降低存储装置及其维护成本。压缩空气储能和液流电池的体积储能密度都非常低（5～30W·h/L），并且压缩空气存储需要很高的压力，这也是限制压缩空气储能发展的最主要原因之一。抽水蓄能的体积储能密度最低，只有 0.5～1.5W·h/L。

响应时间是衡量储能系统动态特性的一个重要参数。抽水蓄能和压缩空气储能的响应时间一般为 8～12min；中试实验结果表明，液态空气储能的响应时间可以在 2.5min 左右；液流电池和储氢（燃料电池）的响应时间可达秒级；如果使用旋转备用技术，抽水蓄能、压缩空气和液态空气储能的响应时间均可达到秒级。

10.4.2　经济性比较

功率成本（美元/kW）和容量成本［美元/(kW·h)］是比较不同解耦型储能技术经济性的主要参数。但由于储能系统的成本受诸如系统规模、地理位置、当地经济水平和劳动力成本、市场变化、当地气候和环境因素、相关运输和接入问题等因素的影响，简单评估一个特定技术的经济性比较困难，也不准确。因此，这里只对储能技术的经济性量级进行比较。

在解耦型储能技术中，功率成本主要由能量转化装置的成本决定。例如，目前储氢的功率成本最高，约在 10000 美元/kW 以上，主要原因是其释能装置（燃料电池）的成本很高。其他解耦型储能技术如抽水蓄能、压缩空气储能、液态空气储能和储热等都是通过旋转机械实现能量转化（小型压缩空气储能和液态空气储能也可用往复式机械实现，其成本更低），因此其功率成本大致相当，一般介于 400～2000 美元/kW。液流电池通过电化学方法实现能量转化，由于膜的成本较高，其功率成本远高于抽水蓄能、压缩空气储能、液态空气储能和储热等，但比储氢要低很多。

由于解耦型储能技术的能量容量取决于储能装置的大小，与能量转化装置的功率大小相关度不高，因此简单利用储能系统的总体成本（包括能量转化装置的成本和存储装置的成本）来估计储能系统的容量成本并不科学，一个比较合理的指标是计算单位容量所需存储装置的成本，例如，抽水蓄能的单位蓄水量成本和液态空气储能的液态空气储罐的单位容积成本。尽管这方面数据的报道不多，但是由于压缩储氢和压缩空气储能需要保持高压，其装置的容量成本最高。抽水蓄能虽然可以利用天然大坝，但其能量密度低，所以装置的容量成本适中。液态空气储能、储热和液流电池均可在常压或低压下工作，因此容量成本最低。

如前所述，大规模抽水蓄能、压缩空气储能、储热和液态空气储能通过旋转机械实现能量转化，其系统寿命也主要取决于其主要机械部件的寿命，因此系统寿命一般较长，介于 20～60 年之间。储氢和液流电池通过电化学方法实现能量转化，其系统寿命要短一些，一般认为在 5～15 年之间。

10.5　液态空气储能技术的余能利用

在传统热动系统中，循环工质和热能载体通常是分开的，例如，太阳能热发电系统用熔盐作为储热介质，水作为循环工质，水和熔盐之间的热量传递通过换热器实现，在这个过程中储热介质和循环工质是完全分开的。与传统热动系统不同，液态空气储能系统中的储能介质（液态空气或液态氮气）同时作为系统的储能介质和循环工质。由于空气和氮的临界温度和压力远低于水，因而从热力学理论来说比较容易实现超临界动力循环。目前，中低温热-电转换往往以水作为循环工质，例如，联合循环燃气轮机（CCGT）技术采用蒸汽循环来回收布雷顿循环的余热，这种方法也用在低温太阳能热发电系统中[21]。然而，由于水的临界温度（374℃）比环境温度要高得多，其临界压力也很高（221bar），使该循环的相变过程存在较大的换热温差，尤其是在蒸汽发生器中，因此只能在亚临界或跨临界区域运行。从热力学第二定律不难发现，这个过程需要消耗大量的有用能，即传热过程中热源和循环工质之间的温度梯度变化不匹配，这就是所谓的夹点。如果利用低临界温度和压力的工质（如制冷剂）代替水作为循环工质，则可避免由于这种因温度梯度变化不匹配而造成的有用能损失。下面以热源和循环工质之间的换热过程为例，来比较各种工质利用低品位热源的性能。

假设循环工质从环境温度 T_a 加热到 $T_H=400℃$，定义以下无量纲数：

$$\overline{Q}(T) = \frac{H(T) - H(T_a)}{H(T_H) - H(T_a)} \tag{10-5}$$

式中，H 是焓，$\overline{Q}(T)$ 可以理解为某一温度下的换热量与整个过程热负荷总量的比值。假设环境温度为 25℃，以水和三种低临界点的气体（氢气、甲烷和氮气）作为循环工质进行比较，可得图 10-4。由图可见，给定工作压力的情况下，三种低临界点气体的比热（图中曲线的斜率）在整个换热过程中大致相同且基本保持不变；而以水为循环工质，特别是当工作压力远远低于其临界压力时，水的比热在相变过程中变化非常大，考虑到大多数情况下的携热介质为流体（例如烟气或热空气），其比热基本恒定，故虽然以水为循环工质的超临界压力条件下的换热性能与其他工质相似（图 10-4 中 300bar 压力），但传热过程中热源价值显著降低，大大增加了系统设备成本。

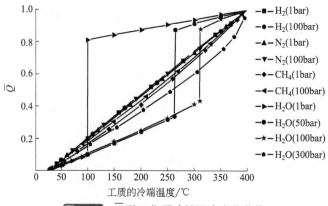

图 10-4 $\overline{Q}$ 随工作质冷端温度变化曲线

10.6 液态空气储能技术在电力系统中的应用分析

液态空气储能技术可以用于调节电能的供需平衡，当电力供给高于终端用户需求时，多余的电能可以用来驱动液态空气储能系统中的空气液化单元生产液氮或液态空气。而当终端用户的用电需求大于电力供给端的供应能力时，储能系统储存的液氮或液态空气可用来发电，弥补电力供给侧发电能力的不足。液态空气储能也可作为传统的基荷发电厂的调峰或备用电源，这样可以使基荷发电厂在额定功率下运行，保证其运行效率，达到简化设备操作、延长机组寿命的目的。比较特别的是液态空气储能技术以液氮或液态空气作为循环工质，可以更高效地回收和利用传统发电系统排放的低品位余热，提高释能过程输出功率和储能过程效率。

图 10-5 所示为电网级液态空气储能系统的单元操作构成图。低谷时段，启动空气液化单元，使过剩电能以液态空气的形式储存起来。这里空气液化过程是：经过前处理（去除湿、二氧化碳和颗粒物质等）的空气与循环气体混合并由带有级间冷却的压缩机压缩至高压；高压空气经过冷箱冷却到设计的最低温度，再通过节流/膨胀过程，部分变成液态空气储存到深冷储罐中；其余的（气态）空气流回冷箱及级间冷却换热器，提供部分液化过程所需冷能；液化过程的其余冷能需求则由系统的储冷单元提供。

在用电需求高峰期，液态空气从深冷储罐中抽出并加压，并使其吸收环境热升温膨胀，驱动透平机组发电。在此过程中，液态空气加压由低温泵完成，吸热通过热交换器，同时将此过程中释放的（高级）冷能存储在储冷介质；所得高压空气通过带有级间再热器的透平机组膨胀，驱动发电机发电。若余热可用，则将高压空气在每级透平进口前过热，以提高出功。由透平机组出口的尾气用于空气前处理单元的再生。

上述储冷介质可以为固体或液体，以显热形式存储，也可以用基于潜热存储的相变材料，这里考虑显热存储。图 10-5 所示为基于液体储冷介质的双罐型设计，这种设计流体流量调节非常容易，其传热过程调控简单；但是由于单种液体很难满足宽温域应用，所以需要两种以上的储冷液体。目前低温储冷单元主要使用基于鹅卵石、砂砾和陶瓷等固体材料的填充床设计，这种设计显然比基于液体的双罐设计简单，且工作温度范围宽，但其缺点是高温和低温介质储存于同一个容器内，自身内部的传热会引起较为严重的能级混合。为了解决这一问题，可以采用多个储冷填充床串联的设计，减小单个储冷填充床的温度工作范围，缓解内部传热导致的能级混合现象。

液态空气储能技术可以为电网提供静态和动态两种服务功能。其静态服务主要是按照电网的要求和计划进行大容量电能的"吸收"和"释放"，这个功能的特性可以通过"吸收"和"释放"的总电量的大小来评估。相比之下动态服务是指储能系统对非计划的突发情况作出补偿服务和支持，例如负荷跟踪、备用、调频、补偿、黑启动等。

液态空气储能的效率是决定其静态服务功能和价值的关键，如果释能过程中的高级冷能不回

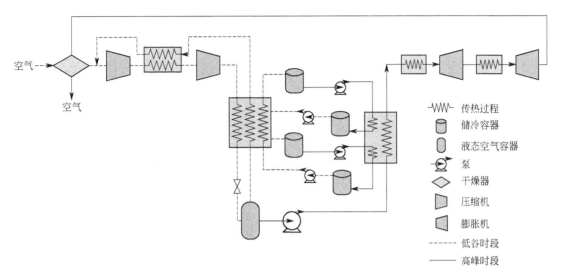

图 10-5　电网级液态空气储能系统的单元操作构成图

收利用，其系统效率将低于 30％，回收、存储和再利用这部分冷能于空气液化过程中，可以使系统效率提高到 50％～60％。另外，如前所述，合理利用外界低品质余热可以进一步提高系统效率，世界首个中试厂的运行结果充分证明了这一点——约 50％ 的 30～50℃ 的低品位热能可以转化为电能，这是其他任何储能技术都不能达到的。液态空气储能技术还具有良好的动态性能，英国电网短期运行备用（short term operating reserve，STOR）性能标准测试表明世界首个中试厂的运行可靠性达到 95％ 以上；该中试厂也根据美国 PJM 电力市场兼容性测试标准进行了测试，结果表明，其兼容性达到 99.8％，这些结果表明该技术可以为短期储能市场和 STOR 提供优质的动态服务。

10.7　液态空气储能在交通运输中的应用

液态空气储能技术可以应用于水陆交通。考虑陆上交通，液态空气储能技术释能过程产生的能量可驱动发动机工作，即以液态空气或液氮为"燃料"的能量转化装置用于车辆的动力系统[16～19]。这类技术对于有制冷要求的车辆（例如冷冻运输）应用潜力巨大。类似于静态储能系统，为车辆提供动力的第一步也是液态空气/液氮的加压和加热过程，这个过程可以通过两种不同的传热方式实现，即间接非接触式传热和直接接触式传热两种方法。

采用间接非接触换热方法的深冷发动机类似于传统的开口式朗肯循环，只是工质的工作的温度范围不同。图 10-6(a) 为这种深冷发动机的原理示意图[17]，液态空气首先通过低温泵加压至超临界状态；高压液态空气在回热器中预热气化变成高压空气，并在主换热器中继续加热到接近环境温度；高压空气通过主换热器后段的稳压器进入膨胀机（主要是活塞机）做功；空气膨胀过程中，发动机气缸壁通过换热流体与外界换热实现接近等温的膨胀过程，而排出的低压空气可用来预热高压"燃料"。这种间接非接触式的换热方法需要较大和较重的热交换器来实现高压力下热量的有效传递。

采用直接接触换热的深冷发动机的换热是通过传热流体和液态空气之间的直接混合而实现的，这种深冷发动机的主要基础和初期商业化研究开始于 2005 年，由英国利兹大学和 Highview Enterprises Ltd 合作进行；其后的 2012 年，英国迪门发动机公司（Dearman Engine Company）成立，开始了深冷发动机的商业化开发[20]。

图 10-6(b) 所示是直接接触式换热的深冷发动机原理，可以看出，相对于间接非接触式的深冷发动机，直接接触的换热方法引入了额外的换热流体以从外界热源吸收热量，从而使

得高压热交换过程仅仅发生在汽缸中。其缺点是增加了换热流体的分离过程，且可能由于分离过程不充分导致换热流体损失，也就是说在运行一段时间后必须补充换热流体。

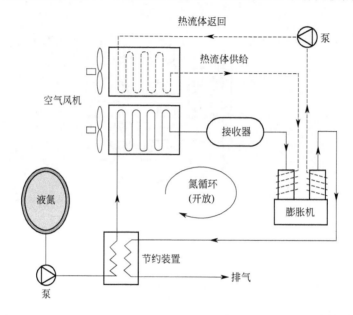

（a）间接接触法[17]

热流体流入——热传热流体
进入汽缸（类似进气冲程）

液态空气喷入——液态空气喷入热传热流体后
气化，汽缸内压力升高，类似压缩冲程

动力冲程——高压空气
膨胀推动活塞做功

排气排流体冲程——传热流体与气态空气混合物
排出汽缸，经分离，空气排出，传热流体经与
环境换热后返回循环使用

（b）直接接触法[18~19]

图 10-6 低温发动机工作原理

类似于应用于电网的深冷储能系统，深冷发动机同样可以高效利用低品位余热，增加输出功，特别是把深冷发动机和传统化石燃料发动机集成后，深冷发动机可以将内燃机高温尾气所含热能的 50% 左右转化为功输出。

10.8　液态空气储能技术的集成应用

本节以几个具体例子进一步说明液态空气储能技术的集成应用优势和潜力，包括与燃气透平调峰电站、太阳能热发电、核电站和液化天然气再气化等的集成。

10.8.1　液态空气储能与燃气轮机发电系统的集成

电网级液态空气储能系统的空气液化单元一般不包括空气分离过程，也就是说空气液化装置的最终产品为液态空气。目前大规模空分系统的最终产品常常包括气态或液态的氧、氮、氩气等，因此，如果对这些空气产品有需求，液态空气储能系统可以提供这些产品，即储能的同时，生产供应高纯度氧等作为副产品，以进一步提高其运行的经济性。基于这一思想，本章作者提出了燃气轮调峰电站与液态空气储能的集成技术[10,11]，其工艺流程如图10-7所示。该集成技术利用液态空气储能系统的空气液化单元生产氮和氧，将所产氮用于储能，而氧用于燃气轮机高富氧燃烧。

从热力学角度看，以上技术集成了闭路燃气轮机的布莱顿循环和以氮气为工质的开路循环，其工艺流程如下：在低谷时段，多余的电力驱动空气分离设备以及气体液化设备生产氧和氮。所产生的氧和氮分别存储在各自储罐中；在高峰时段，天然气通过压缩机 C1 加压至工作压力，与氧气以及少部分氦气混合并在燃烧室（B）中实现富氧燃烧，燃烧产物主要是由 CO_2、H_2O、He 组成的高温高压烟气，这里氦气的加入主要是为了降低燃气温度，使其满足燃气轮机透平（GT）的最高使用温度，同时提供循环工质（即氦气在系统中作为循环工质使用，从理论上并不消耗）；经过燃气透平膨胀做功后的燃烧产物——氦混合物随后通过一系列热交换器（HE1、HE2 和 HE3），与以液氮为工质的开路动力循环过程进行热交换实现最大程度的余热和余冷利用；在余热和余冷回收过程中，燃烧产物——氦混合气中的水蒸气通过水分离器（WS）去除，而二氧化碳则在深冷分离器 CS（CO_2 的三相点为 5.18bar 和 $-56.6℃$）中通过凝固过程以干冰的形式分离出来；去除水和 CO_2 之后的循环工质（氦气）经 HE3 进一步冷却，经压缩机 C2 升至工作压力，再经 HE2 和 HE1 预热后返回燃烧室。同时，对于开路氮气动力循环，储罐中的液氮通过低温泵加压至工作压力后，经热交换器（HE3、HE2 和 HE1）逐级加热，再经过带有级间再热功能的氮气透平机组（HT 和 LT）膨胀，带动发电机发电；膨胀后的氮气返回空气分离单元，用于空气前处理。

综上所述，以上技术是由一个以 $He/CO_2/H_2O$ 作为循环工质的闭口布雷顿循环和一个以氮气为循环工质的开口式直接膨胀循环组成的，系统中的 5→6→8→9→11→12→13→14→15→16→4 为闭口布雷顿循环；系统中 18→20→21→23→24→25→26 为开口直接膨胀循环。在用电高峰时段，这两个循环同时开启用于产生峰值电力。由于尾气中的 CO_2 被全部捕获，整个循环过程的实际排放产物仅为水和氮气。

本章作者的研究表明，以上集成系统的最优储能效率接近 70%，同时可以捕集烟气中的 CO_2 并以干冰的形式储存；经济性分析表明，若集成系统用于电网的削峰填谷，其经济性能（建设成本和高峰期用电成本）与没有安装碳捕集系统的天然气联合循环系统相当，但要远远强于带有碳捕集功能的天然气联合循环系统。

10.8.2　液态空气储能与聚光太阳能热发电系统的集成

如前所述，在释能过程加入低品质热可以有效地提高液态空气储能系统的功率输出及效率，这种低品位热可以是工业生产过程产生的余热，也可以是来自太阳辐射的可再生热。近年来，聚光太阳能技术，特别是太阳能热发电技术的发展十分迅速，但由于其运行温度低于传统基于化石燃料的发电系统，所采用的水蒸气朗肯循环为亚临界循环，热电转化效率较低。基于这个背景，本章作者提出了液态空气储能技术与聚光太阳能热发电技术的系统集成的思想[21]，下面将举例说明这种思想可以大幅度提高系统的热电转换效率。

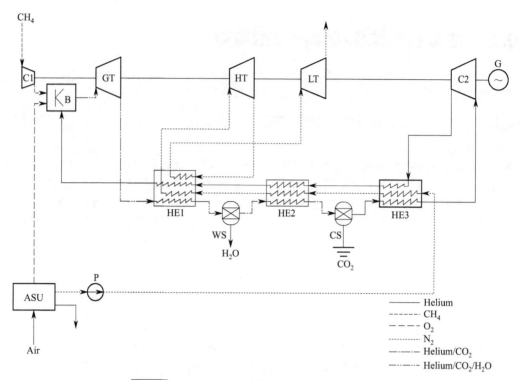

图 10-7 液态空气储能与燃气电站集成系统示意图

ASU—空气分离单元；GT—燃气透平；HT/LT—高/低压透平；B—燃烧室；HE—换热器；
C—压缩机；WS—水分离器；P—深冷泵；CS—CO₂分离器；G—发电机

图 10-8 所示为本章作者所提出的液态空气储能技术与聚光太阳能热发电技术的系统集成示意图，该系统由基于空气的开式循环（其本质上是液态空气储能的释能单元）和中低压闭式布雷

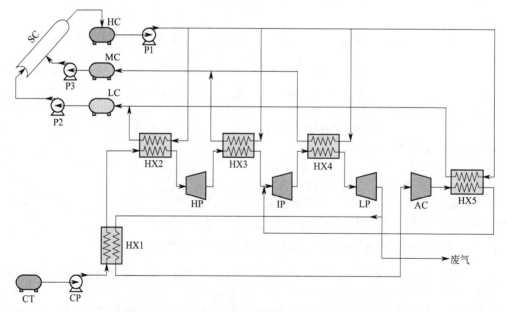

图 10-8 液态空气储能-太阳能热混合发电系统示意图

CT—储冷罐；IP—中压透平；P—泵；CP—低温泵；LP—低压透平；HC—高温储热罐；HX—换热器；
AC—空气压缩机；MC—中温储热罐；HP—高压透平；SC—太阳能收集器；LC—低温储热罐

顿循环组成。以布雷顿循环取代常见的朗肯循环可实现更为高效的换热过程和更低的工作压力。这里气体膨胀过程包括高压、中压和低压三节，太阳能热用于膨胀过程中工质的过热和级间加热。模拟结果表明，这个集成系统的输出功率比单独太阳能热发电系统和单独液态空气储能系统的出功总和还高 30% 以上[21]。

10.8.3 液态空气储能技术与核电站的集成

核电一般提供基荷电力，即在额定功率下稳定运行。当核电的装机容量远远大于终端用户需求时，核电站在非高峰时段不得不下调其功率，实现电力的供需平衡。这种非额定工况的变负荷运行不仅降低核电站的运行效率、增加电力成本，而且对核电厂的安全性和设备寿命都造成不利影响。将核电站与液态空气储能技术集成可以解决这一挑战性问题，并为核电站变负荷运行提供一个有效的解决方案。本章作者提出了这个思想，评估了其技术和经济性[22]。结果表明，该集成系统可以使高峰时段的输出功率提高约 270%，储能单元效率可达 70% 以上，而其成本是抽水蓄能的 30% 左右，电池储能的 5% 左右[22]。

10.8.4 液态空气储能技术与液化天然气再气化过程的集成

液态空气储能技术还可以与液化天然气的再气化过程集成，充分利用液态天然气再气化过程释放的冷能，减小空气液化过程的功耗，大幅度提高储能效率。目前液化天然气通常依靠海水或燃烧部分天然气产生的热量来实现其再气化过程，这个过程不仅浪费了天然气，而且白白浪费了液化天然气所含的冷能。将液态空气储能技术与液化天然气的再气化过程集成，用空气代替海水为液化天然气的再气化过程提供热量，则空气获得的冷量可以使液态空气储能系统中空气液化过程能耗大幅度降低（最高可降低三分之二）。

10.9 本章小结

本章介绍了液态空气储能技术的原理、特点、优势、发展历史、当前技术发展阶段、独立系统的应用前景和与其他技术集成应用的前景，进行了相关热力学分析，并与其他相关储能技术进行比较。通过比较和分析得出以下几点结论：

① 独立的液态空气储能系统主要适用于大规模、能量型的应用；其释能单元可以用于小型应用，例如交通运输。

② 液态空气储能技术具有较高的体积和质量储能密度的特点，因而占地小，无特别的地质地理要求。

③ 液态空气储能技术的反应时间在 2.5min 左右，因而可参与电网的二次调频应用，如果使用旋转备用模式，也可用于一次调频。

④ 由于较低的临界温度和压力，以液态空气作为循环工质可以非常高效地利用低品位余热，这是液态空气储能技术的独有优势。

⑤ 液态空气储能技术是集成技术，关键部件非常成熟，预计寿命达 30～60 年以上。

⑥ 液态空气储能技术与其他技术集成的应用前景巨大。

参 考 文 献

[1] Li Y，Chen H，Ding Y. Fundamentals and applications of cryogen as a thermal energy carrier：A critical assessment. International Journal of Thermal Sciences，2010，49：941-949.

[2] Li Y，Chen H，Zhang X，Tan C，Ding Y. Renewable energy carriers：Hydrogen or liquid air/nitrogen? Applied Thermal Engineering，2010，30：1985-1990.

[3] Smith E M. Storage of electrical energy using supercritical liquid air. ARCHIVE：Proceedings of the Institution of Mechanical Engineers，1977，191：289-298.

[4] Poonum A. et al. Characterization and Assessment of Novel Bulk Storage Technologies. California：Sandia National Laboratories，2011.

[5] Chen H, et al. Progress in electrical energy storage system: A critical review. Progress in Natural Science, 2009, 19: 291-312.

[6] Kenji K, Keiichi H, Takahisa A. Development of generator of liquid air storage energy system. Mitsubishi Heavy Industries, Ltd. Technical Review, 1998, 35: 4.

[7] Chino K, Araki H. Evaluation of energy storage method using liquid air. Heat Transfer——Asian Research, 2000, 29: 347-357.

[8] Wakana H, Chino K, Yokomizo O. Cold heat reused air liquefaction/vaporization and storage gas turbine electric power system. US patent, 2005.

[9] Vandor D. System and method for liquid air production, power storage and power release. US patent, 2011.

[10] Li Y, Jin Y, Chen H, Tan C, Ding Y. An integrated system for thermal power generation, electrical energy storage and CO_2 capture. International Journal of Energy Research, 2011, 35: 1158-1167.

[11] Li Y, Wang X, Ding Y. A cryogen-based peak-shaving technology: systematic approach and techno-economic analysis. International Journal of Energy Research, 2013, 37 (6): 547-57.

[12] Chen H, Ding Y, Peters T, Berger F. Energy storage and generation. US patent, 2009.

[13] Li Y. Cryogen based energy storage: process modelling and optimisation. University of Leeds, 2011.

[14] Donatini F, Zamparelli C, Maccari A, Vignolini M. High efficency integration of thermodynamic solar plant with natural gas combined cycle. International Conference on. Clean Electrical Power, 2007: 770-776.

[15] Zalba B, Marín J M, Cabeza L F, Mehling H. Review on thermal energy storage with phase change: materials, heat transfer analysis and applications. Applied Thermal Engineering, 2003, 23: 251-283.

[16] Ordonez C A. Liquid nitrogen fueled, closed Brayton cycle cryogenic heat engine. Energy Conversion and Management, 2000, 41: 331-341.

[17] Knowlen C, Mattick A T, Bruckner A P, Hertzberg A. High efficiency energy conversion systems for liquid nitrogen automobiles. University of Washington, 1998.

[18] Dearman P T. Engines driven by liquified or compressed gas. US patent, 2006.

[19] Ding Y, Wen D, Dearman P T. Cryogenic engines. US patent, 2009.

[20] Akhurst M, Arbon I, Ayres M, et al. Liquid Air in the energy and transport systems: Opportunities for industry and innovation in the UK. Foot & Ankle International, 2013.

[21] Li Y, Wang X, Jin Y, Ding Y. An integrated solar-cryogen hybrid power system. Renewable Energy, 2012, 37: 76-81.

[22] Li Y, et al. Load shifting of nuclear power plants using cryogenic energy storage technology. Applied Energy, 2014, 113: 1710-1716.

第11章 镍氢电池技术

11.1 镍氢电池概述

11.1.1 基本原理

镍氢电池是继镍镉电池后的新一代高能二次电池，与镍镉电池相比，镍氢电池具有对环境友好（不含金属镉）、比能量较大（60～120W·h/kg）、循环寿命长（500～1800次）、适合大电流放电等优点[1]。镍氢电池的正极采用氢氧化镍，化学式为 $Ni(OH)_2$，也称镍电极。负极采用金属合金储氢材料，英文名为 Metal Hydride，缩写为 MH，也称储氢合金电极，因此，镍氢电池也表示为 Ni/MH 电池。镍氢电池的电解液通常使用添加少量氢氧化锂的氢氧化钾水溶液（体积分数约30%），因此镍氢电池也属于碱性电池。电解液中有一层绝缘电子的隔膜，一般采用多孔的维尼纶无纺布、尼龙无纺布、聚丙烯接枝处理膜等[2]。

在充电的时候，正极材料 $Ni(OH)_2$ 与电解溶液中的 OH^- 反应生成碱式氧化镍 $NiOOH$（又名羟基氧化镍）和 H_2O，并释放出电子。而负极中的合金 M 与 H_2O 以及从正极转移过来的电子反应生成金属氢化物 MH_x（x 为配位数）并释放出 OH^-。整个过程中，OH^- 和 H_2O 的总浓度不变，但是在浓度差的驱动下 OH^- 和 H_2O 反向地从电极一端通过扩散到另一端。充电过程的总反应可以表示为 M 从氢氧化镍中夺取了 H，反应式见表11-1中的式(11-1)～式(11-3)。同样地，当镍氢电池放电的时候，电极反应、OH^-、H_2O 都朝着与充电过程中的方向相反的过程进行，M 又将 H 返还给了氢氧化镍。具体的化学反应见表11-1中的式(11-4)～式(11-6)。值得指出的是，无论是充电还是放电过程，H 都是以 H_2O 为载体从电极一端转移到另一端。

表11-1 镍氢电池在正常充电/放电过程中的电极反应[3,4]

	充电	
正极	$Ni(OH)_2 + OH^- \longrightarrow NiOOH + H_2O + e$	(11-1)
负极	$M + xH_2O + xe^- \longrightarrow MH_x + xOH^-$	(11-2)
总反应	$M + xNi(OH)_2 \longrightarrow MH_x + xNiOOH$	(11-3)
	放电	
正极	$NiOOH + H_2O + e \longrightarrow Ni(OH)_2 + OH^-$	(11-4)
负极	$MH_x + xOH^- \longrightarrow M + xH_2O + xe$	(11-5)
总反应	$MH_x + xNiOOH \longrightarrow M + xNi(OH)_2$	(11-6)

镍氢电池充放电过程物质循环路线可用图11-1更形象地表示出来，三个长方形块表示的是正、负极以及电解液，虚线代表的是充电过程物质转移的路线图，例如，正极材料中 $Ni(OH)_2$ 变成 $NiOOH$，负极材料中 M 变成 MH，电解液中 OH^- 向正极移动，H_2O 向负极移动，电子由正极流向负极。反过来，放电过程用实线表示充电的逆过程。

镍氢电池的设计是正极限容，负极容量过剩，也就是说储氢合金 M 的理论吸氢量远大于从氢氧化镍中100%释放出来的氢。镍氢电池过充或过放时，电解质中的氢氧根离子和水分别在正负电极反应，而总的反应为零（见表11-2）。只要过充或过放缓慢进行，这个反应理论上可以不产生任何副产物，因此镍氢电池相比锂离子电池不怕小电流的过充或过放。如果过充/过放电流

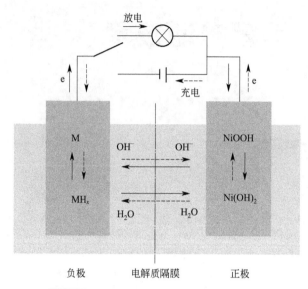

图 11-1 镍氢电池充/放电过程的示意图[5]

（箭头表示电子流动/物质变化的方向）

较大，镍氢电池内部压力增加主要是由于氧气的积累[6,7]。

表 11-2　镍氢电池在过充电/过放电过程中的电极反应

过充电		
正极	$4OH^- \rightleftharpoons 2H_2O + O_2 + 4e$	(11-7)
负极	$2H_2O + 4e \rightleftharpoons 4OH^-$	(11-8)
过放电		
正极	$2H_2O + 2e \rightleftharpoons 2OH^- + H_2$	(11-9)
负极	$2OH^- + H_2 \rightleftharpoons 2H_2O + 2e$	(11-10)

　　镍氢电池正负极在标准状态下的电势差为 1.2V。图 11-2 表示的是镍氢单电池电极电势在充放电过程中随荷电状态的变化趋势。从图中可以很明显地看到三个阶段：电量 0%～20% 区间、20%～80% 区间以及 80%～100% 三个区间。在第一和第三阶段，镍氢电池的电压变化加快，而在中间段表现得很平缓，这一段镍氢电池的内阻变化较小，是镍氢电池频繁使用的充放电区间。

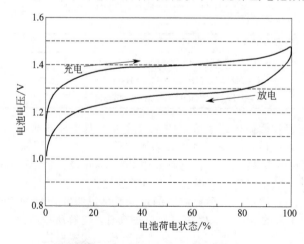

图 11-2　镍氢电池充放电的特征曲线[8]

在前后两个阶段无论是充电还是放电过程，电势差增加的速度或下降的速度都较快，这是因为在电池容量的两端，极化电势较大，而在中间阶段，电压的增加或减少几乎与电量成线性关系。镍氢电池正负极之间的标准电势差为 1.23V，充电过程中电极之间的电势差可以升高至 1.5V 左右。但是到了 100% 充电状态的时候，电势差会出现小幅度的下降。电池电势差最高约为 1.5V，而电势差在放电过程中最低约为 1.0V 左右，过度的充电或放电都会对镍氢电池产生不可逆转的损害[4]。

11.1.2　镍氢电池分类

镍氢电池按封装方式可分为极板盒式镍氢电池（又称袋式或盒式电池）、无极板盒式镍氢电池（包括烧结式、压成式、粘接式和发泡式等）和密封镍氢蓄电池。按形状镍氢电池可分为圆柱形和方形（见图 11-3），在应用过程中，由于活性物质的结构变化，电极会发生膨胀，圆柱形电池的耐压程度要远高于方形电池，所以一般圆柱形电池的安全阀开启压力比方形电池要高得多。方形电池在应用中容易发生膨胀，组合应用时需要采取防膨胀措施。

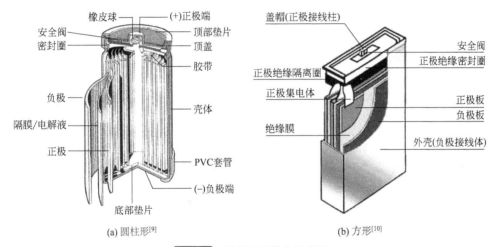

图 11-3　镍氢电池结构示意图

Ni-MH 电池由正极、负极、隔膜、碱性电解液、不锈钢壳盖等组成。隔膜采用聚丙烯接枝，用于储存电解液、导通离子并阻断电池内部正负电极间电子传递。详细的镍氢电池内部结构及其功能见表 11-3。

表 11-3　镍氢电池结构部件及其功能

序号	零部件	功　　能
1	正、负极柱	连接正、负极板，是电池与外电路的连接点
2	安全阀	完成电池的密封，同时当电池内部压力过大时安全阀开启，释放气体，降低电池内部压力，保证电池能安全使用
3	电池盖、电池壳	电池反应的容器，同时完成电池体系的密封，并起到保护电池的作用
4	绝缘垫	实现电池极柱与电池壳体之间的绝缘
5	正、负电极	电池反应的主体，电池的能量储存在正、负电极上
6	隔膜	储存电解液，为电池正、负电极提供离子通道，阻断电池内部正、负电极间电子通道
7	极组	电池极组由多片负极、多片正极和隔膜构成。其中正极装在隔膜袋中，负极在隔膜袋外与正极间隔叠片形成电池极组。电池极组经焊极柱、入壳、封口、注液、化成后即可制造出 Ni-MH 电池

按照电池尺寸以及功率分类，镍氢电池的型号通常有 A、AA、AAA、AAAA、AAAAA、SC、D、F 等（见图 11-4）。常用电池有 AA 型电池，俗称 5 号电池，直径约为 13.9mm，容量为 1200～1600mA·h，也有高容量 AA 型电池直径做到 14.1mm，容量可以达到 2200 mA·h。AAA 型电池俗称 7 号电池，10.5mm 标称直径，容量为 550～700mA·h。D 型电池又名 1 号电池，直径 32.1mm，容量可以做到 4500～9000mA·h。湖南科霸汽车动力电池有限公司生产的混动车载镍氢电池就是容量为 6000mA·h 的 D 型电池。

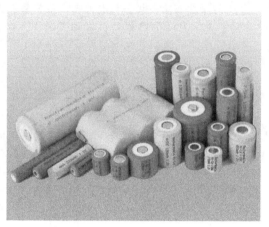

图 11-4 镍氢电池产品及其尺寸

11.1.3　镍氢电池发展历史

镍氢电池的发展史实际上是储氢材料的发展史。1967 年，日内瓦 Battelle 研究中心对氢氧化镍（NiOOH）电极的研究过程中发现，一种新型的功能材料在一定的温度和压力条件下可吸收和释放大量的氢，这种材料也就是后来被用于镍氢电池的负极材料。经过科学家对储氢材料的几次改进，稳定的负极材料在 1980 年被开发出来，镍氢电池才从实验室走向实际应用。

我国镍氢电池起步不算晚，1983 年南开大学就已经开始镍氢电池研究，1987 年通过改进镍氢电池工艺，采用发泡镍，电池容量提升 40%。1989 年镍氢电池研究列入国家计划，1990 年镍氢电池进入商业化生产。最早的镍氢电池产品以圆形为主，单体容量小。1992 年广东省中山市建立了国家高技术储能材料工程开发中心和镍氢电池中试生产基地，有效地推动了我国镍氢电池产业化进程。到了 90 年代中期，镍氢电池追求高容量、高功率的性能，以方形为代表的动力电池进入研发和生产。其中北京有色金属研究院先后运行了 0.84kW·h（35A·h，24V）镍氢电池驱动的电动三轮车，14.4kW·h（120A·h，120V）、24kW·h（200A·h，120V）镍氢电池电动汽车，续航里程可以达 225km，最高时速 121km/h。此外，春兰集团、天津电源研究所、沈阳三普、上海友申等单位研发的镍氢电池产品也陆续在电动车领域示范运行。

在 20 世纪 90 年代，镍氢电池逐步取代镍镉电池的市场地位，普及地应用在民品消费电子，如各种电动工具、电动自行车、混合动力汽车（HEV）、磁悬浮列车、潜水艇、通信后备电源设施以及某些军事装置和医疗装置等领域。进入新世纪后，能量密度更高的锂离子电池技术逐渐成熟，镍氢电池的市场逐渐被锂离子取代，尤其体现在民品领域。根据全球销量统计，镍氢电池 2000 年的市场约 12 亿美元，逐步下降至 2003～2004 年的 7.5 亿美元。但是从 2005 年开始，镍氢电池市场销售额呈上升趋势，2010 年全球镍氢电池销售约 10 亿美元，而 2010～2014 年镍氢电池的销售当量小幅下降，基本维持在 10 亿美元的当量。这主要得益于日本开发的高质量、高功率镍氢动力电池，并装载在混合动力汽车上销售，截至 2014 年 9 月底，日本丰田公司开发的普锐斯（Prius）油电混动汽车累积销量达到 700 万辆。但是在民品市场，镍氢电池的空间近十年来一直被锂离子电池挤压。

虽然我国镍氢电池产量早已超过日本居世界首位，但都是集中在民品领域的生产。再加上油电混合系统集成方面的核心技术缺乏，我国绝大多数企业在电动汽车方向上已经抛弃了镍氢路线，真正在坚持镍氢动力电池的只有湖南科力远新能源股份有限公司。其在 2011 年收购日本湘南工厂并全盘引进、吸收镍氢动力电池的先进生产技术，是目前国内唯一能生产汽车镍氢动力电池的厂家，并且成为日本丰田混合汽车的战略供应商之一。

11.2　镍氢电池的功率和能量应用范围

11.2.1　民品电池

镍氢电池在民品市场上由于受锂电池的竞争，市场空间已剩下为数不多的领域，如无绳电话、电动工具等，配置的镍氢电池容量一般为 $700\sim2000\text{mA}\cdot\text{h}$。随着手机的普及，无绳电话这一应用领域也将慢慢被取代。电动工具保留少量应用镍氢电池的，例如扫地机就是其中之一。美国的 iRobot 机器人吸尘器（见图 11-5）是由美国麻省理工学院（MIT）的罗迪·布鲁克斯教授的团队发明的，这个家用工具深受喜欢，2011 年全球销量就超过 100 万台，创造了机器人销售神话。在 iRobot 机器中搭载了一个 14.4V、$4500\text{mA}\cdot\text{h}$ 的镍氢电池包，由 12 个 D 型电池串联而成。

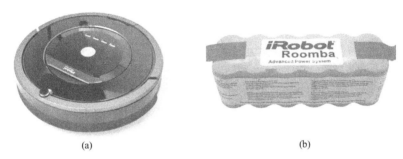

(a)　　　　　　　　　　　(b)

图 11-5　iRobot 机器人吸尘器（a）及其搭载容量为 $4500\text{mA}\cdot\text{h}$ 的镍氢电池（b）

镍氢电池的循环寿命与材料、电池工作环境温度、SOC 等因素有关。一般情况下，新购买的镍氢电池只含有少量的电量，电池在购买后需要先进行充电再使用[11]。但如果电池出厂时间比较短，电量很足，推荐先使用然后再充电。

镍氢电池的前身镍镉电池有一定的记忆效应，即如果电池每次只放出 30% 的电量，在长期使用后，镍镉电池剩余的 70% 电量将无法放出。这是因为传统工艺中镍镉电池的负极为烧结式，镉晶粒较粗，镉晶粒容易聚集成块而使电池放电时形成次级放电平台。而电池会储存这一放电平台并在下次循环中将其作为放电的终点，尽管电池本身的容量可以使电池放电到更低的平台上。在以后的放电过程中电池将只记得这一低容量。同样在每一次使用中，任何一次不完全的放电都将加深这一效应，使电池的容量变得更低。

镍氢电池采用储氢合金作为负极后基本上解决了记忆效应的问题。例如动力电池用的镍氢电池，经常在小幅度的充放电过程，这样也要求镍氢电池不能有记忆效应。但是镍氢电池却有一定的自放电现象[12,13]。研究发现，镍氢电池的自放电与电极反应动力学、氧化还原穿梭机制、容量保留等因素相关。一般民品镍氢电池在长期不使用状况下自放电为 10%～15%，车载镍氢电池一方面质量更高，另一方面使用也较频繁，自放电较低。据测试，镍氢电池保存的最佳条件是带 80% 的电量，并且尽量不要对镍氢电池进行过放电，过放会导致电池失效。

11.2.2　动力电池

动力电池由于受复杂工况影响，其性能指标在比能量、比功率、循环寿命、工作温度、高倍率充放电等方面要求较为苛刻[14]，同时对动力电池的管理系统也要求较高[15]。一方面因为充电的时候电池会发热，正极材料在温度较高的时候放电效率较低[16]，无法满足动力输出。例如，普通镍氢电池在 45℃ 温度下充电效率约为 80%，1C 以上放电效率为 85%。高温下充电析氧副反应严重，内压增大会导致镍氢电池迅速失效。因此，制备高性能耐高温的电极材料是动力电池的基本要求。

表 11-4 三种动力电池技术对比

项 目		镍氢动力电池	锂离子动力电池	氢燃料电池
一般性特点		比能量适中(60～120W·h/kg) 充放速度快 稳定性好,安全性好 工艺成熟,成本较低 回收价值高、可循环利用	比能量高(100～150W·h/kg) 充放速度较慢 稳定性较差,安全性较差 工艺较复杂,成本较高 回收价值低、回收污染环境	比能量高 充放速度快 稳定性一般,安全性好 工艺复杂,成本很高
新能源汽车产业化应用情况		EV:不应用 　比能量不足 HEV:已产业化 　充放速度快、稳定、安全 　能够满足比能量要求 　技术工艺成熟,产品一致性好,使 　用寿命长 　成品率高,成本低 PHEV:研发阶段 　比能量不足	EV:研发阶段 　比能量高 　有稳定性、安全性问题 　技术工艺不成熟,产品一致性差、 　使用寿命短 　成品率低,成本高 HEV:研发阶段① PHEV:研发阶段①	EV:研发阶段 　比能量高 　技术工艺不成熟,产品稳定性 　差,使用寿命短 　成品率低,成本高 　受制于制氢技术 　需要建加氢站 HEV:研发阶段① PHEV:研发阶段①

① 相关应用情况参见同种电池 EV:研发阶段。

　　相比于锂离子动力电池、氢燃料电池等其他新能源汽车动力电池体系（见表 11-4），镍氢动力电池在技术成熟度、产品稳定性、安全性以及快速充放电能力方面，均具有突出的优势，主要特点有：

图 11-6 某公司生产的镍氢电池
单体和 L6 模块

　　① 质量比功率高：目前商业化的镍氢功率型电池能做到 135W·h/kg。

　　② 循环次数多：目前电动车的镍氢动力电池 80% 放电深度（DOD）循环可达 1000 次以上，为铅酸电池的 3 倍以上；某公司（见图 11-6）和日本 PEVE 公司模块电池单元寿命达到 1400～1600 次，在混合动力汽车（hybrid electric vehicle，HEV）中可使用 10 年以上。

　　③ 无污染：不含铅、镉等对人体有害的金属，为 21 世纪“绿色环保电源”。

　　④ 耐过充过放。

　　⑤ 无记忆效应。

　　⑥ 使用温度范围宽：正常使用温度范围 -30～55℃；贮存温度范围 -40～70℃。

　　⑦ 安全、可靠：镍氢动力电池在短路、挤压、针刺、安全阀工作能力、跌落、加热、耐振动等安全性、可靠性试验中无爆炸、燃烧现象。磷酸铁锂电池是目前安全性最高的锂系电池，但其安全性仍远低于镍氢电池，其满足车载高安全高可靠性的要求需要走很长的路。镍氢动力电池的以上特点表明其特别适合用作混合电动汽车的动力电池。

　　2009 年 6 月 25 日工信部发布的《新能源汽车生产企业及产品准入管理规则》中对各种新能源汽车所处的技术阶段进行了明确划分。具体情况为：

　　① 氢燃料电池汽车被划分为起步期，即指“技术原理的实现路径尚处于前期研究阶段，缺乏国家和行业有关标准，尚未具备产业化条件的产品”。并且规定“起步期产品只能进行小批量生产，且只在批准的区域、范围、期限和条件下进行示范运行，并对全部产品的运行状态进行实时监控”。

　　② 锂离子电池乘用车被划分为技术发展期，即指“技术原理的实现路径基本明确，国家和行业标准尚未完善，初步具备产业化条件的产品”，并且规定“发展期产品允许进行批量生产，

只能在批准的区域、范围、期限和条件下销售、使用，并至少对 20％的销售产品的运行状态进行实时监控"。

而以镍氢汽车动力电池作为储能设备的混合动力乘用车则被划分为技术成熟期，即指"技术原理的实现路径清晰，产品技术和生产技术成熟，国家和行业标准基本完备，可以进入产业化阶段的产品"，并且规定"成熟期产品与常规汽车产品的《车辆生产企业及产品公告》管理方式相同，在销售、使用上与常规汽车产品相同"。

相比之下，镍氢动力电池是几大汽车动力电池体系中最为成熟，综合性能最佳的一种，据日本野村综合研究所分析，由于镍氢电池技术相对成熟，近年内 HEV 所用电池将以镍氢电池为主，占 95％以上，未来五年，镍氢电池仍然是 HEV 动力电池市场的主流。

镍氢电池未来在电动汽车领域发展的方向主要包括：①需要进一步完善镍氢电池技术及BMS 技术，延长使用寿命，降低单位电耗成本。②镍氢电池回收再利用体系的建成，对镍氢电池中有价值的材料进行回收再利用，可以降低汽车电池使用成本。③寻求对比能量要求不苛刻的新兴市场，镍氢电池的优势在大倍率充放电能力以及使用的安全性。

11.2.3 智能电网

据我国工信部报道，2015 年我国智能电网总储能设备可达到 1.3×10^8 kW，按储能电池占到总储能设备比重的 2％～2.5％计算，2015 年我国储能电池总容量可到 315×10^4 kW·h，估计未来十年储能电池的年均市场规模可以达到 45～60 亿元。代号为"坚强电网"的中国智能电网每年投入 2000 亿元，我国智能电网建设分三个阶段。第一阶段（2009～2010 年）：规划试点阶段，重点开展坚强智能电网发展规划工作，制定技术和管理标准，开展关键技术研发和设备研制，开展各环节的试点工作。第二阶段（2011～2015 年）：全面建设阶段，加快特高压电网和城乡配电网建设，初步形成智能电网运行控制和互动服务体系，关键技术和装备实现重大突破和广泛应用。第三阶段（2016～2020 年）：引领提升阶段，全面建成统一的坚强智能电网，技术和装备全面达到国际先进水平。届时，电网优化设置资源能力大幅提升，清洁能源装机比例大大提高，分布式电源实现即插即用，智能电表普及应用。

目前应用在智能电网的储能蓄电池主要有铅酸电池、锂离子电池、钠硫电池、全钒液流电池、镍镉电池、镍氢电池。其中镍镉电池已经被镍氢电池取代，铅酸电池的历史最悠久、技术成熟、成本低。但是由于对环境有污染的负面影响，在欧洲的发达国家已经明确将逐步淘汰铅酸电池，而采用更加环保的其他新能源技术。锂离子电池在大规模集成技术上还未成熟，大容量的储能应用主要还在示范运行中。钠流电池和全钒液流电池这两种新兴技术被市场看好，正在飞速发展的过程中。表 11-5 对比了蓄电池应用于智能电网领域的技术参数。

表 11-5　各种用于智能电网储能电池比较[17]

电池种类	铅酸电池	锂离子电池	钠硫电池	全钒液流电池	镍镉电池	镍氢电池
比能量/（W·h/kg）	30～40	90～120	约 100	20～30	40～50	60～70
放电深度/%	70	90	90	100	100	100
循环次数/次	500	2000	2000	20000	2000	2000
全寿命费用/[元/（kW·h）]	1.0	1.8	0.9	0.2	1.2	1.5
成熟度	很成熟	不成熟	较成熟	较成熟	成熟	不成熟
安全性	高	低	中	中	高	高
环境影响	大	小	中	中	大	小

使用镍氢电池做智能电网储能系统的案例有春兰清洁能源研究院有限公司承担的国家"十二五"863 计划——《高功率镍氢电池系统开发研究》项目开发，2010 年与上海电力公司合作开发的 100kW 储能系统，并在上海世博会上展示[18,19]。

2012 年 12 月，由湖南科力远新能源股份有限公司麾下的先进储能材料国家工程研究中心有限公司自主研发了中国首套微网分布式新能源储能节能系统（见图 11-7），采用全球最先进的日本松下湘南工厂（2011 年被科力远成功收购）车用高能动力镍氢电池技术，不间断运行满两月后电池的一致率达到 99.89%，功率最高可达 5MW，使用寿命 8 年，安全性能高、稳定性能强、使用寿命长、放电功率大及可循环利用、无污染。

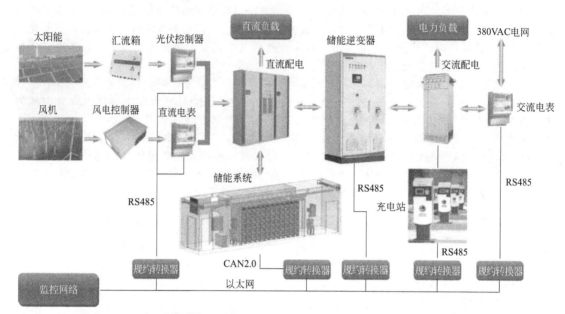

图 11-7 微网分布式新能源储能系统工程结构图

11.3 镍氢电池应用现状和产业链及环境问题

11.3.1 市场

根据全球统计的电池销量[20]，镍氢电池销售额从 2000 年开始到 2015 年没有明显的增长，镍氢电池产能近年来趋于稳定，基本维持在 10 亿只左右，并预测其 2020 年销售额会进一步萎缩 [图 11-8(a)]。市场萎缩的主要原因是民用市场被锂电池替代，而且低廉的铅酸电池带来了强劲的市场增长。车载电池是镍氢电池市场保有量最重要的点，其市场规模占据了镍氢电池56%的销量。在民用市场上，镍氢电池在玩具、家用电器、无绳电话、仪器仪表等应用上仍具有一定的优势 [图 11-8(b)]。这是由于镍氢电池的低温性能优于锂电，且镍氢电池适合于大倍率的放电。

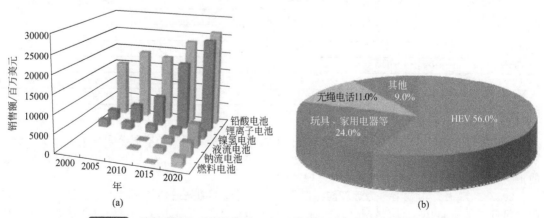

图 11-8 镍氢电池全球销量统计（a）及镍氢电池应用领域市场情况（b）

我国镍金属资源和稀土资源丰富，全球镍氢电池 70％以上在中国生产。世界许多著名公司都纷纷将生产基地转向中国，日本松下电池公司、日本三洋电池公司、日本汤浅电池公司先后在无锡、苏州、天津建厂；世界上最大的钴供应商比利时五矿公司、最大的镍供应商加拿大英可公司等也先后在中国投资设厂，中国已成为全球先进电池及电池材料生产中心。根据全国化学与物理电源行业协会 2013 年公布的中国电池产业发展数据显示，我国 2006 年生产镍氢电池近 12 亿只，2009 年微增长到峰值近 13 亿只。但是 2009 年之后整个镍氢电池行业增长乏力，产量缓慢下降（表 11-6）。主要的原因是一方面原材料价格不断攀升，另一方面锂离子电池在民用市场各方面争夺镍氢电池的市场导致产量萎缩[21]。镍氢电池在未来几年的民用市场上前景堪忧，其民用市场的份额会被锂电进一步蚕食，镍氢电池企业面临进一步转型的压力。

表 11-6　2006～2012 年我国主要电池产品产量　　　　　　　　　　单位：亿只

品　　种	2006 年	2007 年	2008 年	2009 年	2010 年	2011 年	2012 年
锌锰电池	215.1	210	199	190	195	200	206
碱锰电池	50.73	60	70	80	90	105	115
镍镉电池	13.89	13.5	12	9.9	6	5	4
镍氢电池	11.55	11.78	12.7	12.9	10	10.5	9.5
锂离子电池	8.5	10	12	14.5	15	20	23
铅酸电池/10^4kW·h	4334.5	7777.8	9000	9700	11500	13700	14400

据行业人士调查[22]，2011 年国内具有一定规模的镍氢电池生产企业为 194 家，其中广东 144 家、河南 14 家、上海 6 家、湖南 3 家等。整体上看，全国 194 家企业中员工人数 3000 以上的只有 10 家，占 5％，如超霸、豪鹏、比亚迪、科力远等；人员总数 1000 人以上 3000 人以下企业 41 家，占 21％；人员 1000 人以下，200 人以上有 80 家，占 40％；200 人以下 68 家，占 35％。由此可见，多数企业为小企业，生产工艺落后，产品质量无法保证，资金力量薄弱，抗风险能力差。近年来，随着锂离子电池的兴起，镍氢电池市场份额逐步被挤压，镍氢电池生产企业由于多为民营企业，资金实力与技术研发能力薄弱，很容易就被市场淘汰。以混合动力汽车用镍氢电池为例，10 年前国内尚有春兰集团、中炬集团、科力远集团等一批国内上市企业从事该行业，但目前仅有科力远集团仍在坚守。镍氢电池生产企业逐步实现优胜劣汰，呈现集团化、趋势化、多元化、全产业链形式发展。如比亚迪建立了镍氢电池、锂离子电池、纯电动汽车等多元化电池帝国；如科力远，参股湖南稀土集团，组建湖南科霸汽车动力电池有限责任公司，合资成立科力美等公司，拉通了镍氢电池全产业链。

11.3.2　镍氢电池回收

中国是世界上最大的电池生产大国，中国电池产品在全球的市场份额中，镍镉电池占全球产量的 55％，镍氢电池占全球产量的 60％，锂离子电池占到 30％。中国更是废旧的二次电池产生大国，据估计，大型电池企业的废品率一般在 1％～3％、极片生产过程中的废弃边角料占 1％～2％，而小型电池企业的残次品率更高。镍氢电池的平均寿命在 3 年左右，每 1 亿只镍氢电池要耗费约 2000t 的电极活性材料，回收利用镍氢电池中的大量 Ni、Co 及稀土等有价金属，对金属资源的有效利用及进一步降低电池的生产成本均有非常重要的价值。而目前国内废旧电池的整体回收比例不到 2％，绝大多数民用电池都没有进行回收处理，废旧电池被使用者当作生活垃圾丢弃，对环境造成很大污染。

由于镍、钴金属价格很高，很多具有较高回收价值的电池（镍氢、镍镉、锂电池等）被私人商贩获得后，都在自己的小作坊内进行简单的回收处理或者高价卖给小型电池回收工厂。小型工厂、小作坊回收的产品一般都为粗制硫酸镍，很难作为电镀或电池材料使用，同时它们基本没有很好的污水处理设施，容易对环境造成二次污染。部分国内大型的电池企业建有自己相关联的回收工厂，进行专门的电池和电池材料回收。而具有正规资质的回收企业的收购价格通常比没有回收资质的小型回收工厂、小作坊的回收价格低，这是因为企业在污水处理方面投入较大。但国内外很多大型电池企业仍然选择将废旧电池、电池边角料等废旧资源销售给具有处理资质的正规回收企业，不会随意销售给小作坊与小型工厂。大型正规回收企业一般都会生产附加值较高的电池级硫酸镍、氯化钴或者对其进一步加工成超细镍粉、钴粉、覆钴球镍等附加值较高的产品。废旧镍、钴资源的收购价格一般根据废旧资源中的镍含量进行折算计价，其他可回收物质都不会作为计价依据。目前与电池行业相关的废旧镍、钴资源存在形式主要有废旧电池、正负极边角料、废镍泥渣，可回收的金属主要有镍、钴、稀土、铜等贵重金属，其含量分布如表 11-7 所示，各种资源的收购价格一般为"价格系数×镍含量×当前金属镍价"。

表 11-7 　 镍氢电池相关的废旧镍钴资源情况

资源种类	镍含量	其他可回收金属			收购价格系数
		钴	稀土	其他	
方形动力电池	35%～40%	2.5%～5%	5%～8%	铁 6%～9%	0.5
民用/工具电池	40%～55%	4%～10%	4%～10%	铜 1%～3%、铁 10%～25%	0.5
废电池材料(电极片)	50%	8%	10%	铜 1%～3%	0.6
镍泥/镍渣	5%	微量			0.4

11.3.3　回收技术分析

镍氢电池的正极及电池结构与镉镍电池相同，因此目前镍氢电池处理技术在很大程度上是继承或借鉴了镍镉电池的处理方法。但是与镍镉电池中成分比较单一的负极材料相比，镍氢电池的储氢合金电极材料通常含有多种金属元素（如 Ni、Co、La、Ce、Mn、Fe、Zr、Ti 等），因此应根据镍氢电池的特殊性并考虑废旧电池材料再生冶金过程的技术可行性及经济性进行处理。现针对不同的回收目标、不同的电极材料等提出几种废旧镍氢电池材料的回收处理方法。目前国内外对废旧镍氢电池处理方法主要有火法冶金回收[23]、湿法冶金回收、正负极分开回收、电池再生利用等技术。

（1）火法冶金技术

火法回收是以生产镍铁合金为目标的废电池处理方法。主要利用废旧镍氢电池中各元素的沸点差异进行分离、熔炼。具体步骤为：先将废旧镍氢电池破碎，解体，洗涤，以除去 KOH 电解液。重力分选出有机废物，再放入焙烧炉中在 $600\sim800℃$ 下焙烧，从排出的烟气废渣中分离和提纯不同的金属。可获得含镍质量分数为 $50\%\sim55\%$，含铁质量分数为 $30\%\sim35\%$ 的镍铁合金。该工艺方法流程简单、物料通过量大、对所处理的储氢合金类型没有限制、适合处理较复杂的电池，可直接利用现有的处理废旧镉镍电池的设备。但火法回收的产品是 Ni-Fe 合金，并未实现镍的分离回收，利用此工艺方法得到的合金价值低，贵重金属钴也未被回收，而稀土元素成分也进入了炉渣，资源浪费较大。

Tobias Muller 等[24]研究了一种火法回收废旧镍氢电池的新工艺，该工艺将经过分解和前处理的废旧 Ni-MH 电池在直流电弧熔炉中熔化，然后生产镍钴合金。对炉渣体系选择的分析研究表明，在实验室和产业规模下，采用 CaO 体系，镍和钴几乎 100% 集中到金属相中，而稀土金属则集中在渣相中。

（2）湿法冶金技术

同火法冶金处理技术相比，湿法冶金处理技术具有可将各种金属元素单独回收且回收率高的优点，但湿法冶金处理工艺比较复杂，一般先将废旧镍氢电池进行机械粉碎、去碱液、磁力与重力分离方法处理后，将含铁物质分离出来；然后酸浸、溶解全部电极敷料，过滤除去不溶物（黏结剂和导电剂石墨等），再加入相应的药剂，调节溶液 pH 值，使稀土元素、铁、锰、铝等金属元素以沉淀的形式分离出来，得到镍、钴元素含量较高的浸出溶液。湿法冶金处理中研究的重点和难点是浸出条件的优选和镍、钴元素的分离。湿法回收技术具有投资小、能耗低、污染小、产品附加值高的特点，适合于小型工厂进行废旧电池的回收。

曾金祥等[25]研究了采用剥离电池铁壳，粉碎电极芯，电极材料酸浸，化学除杂，镍、钴金属分离方法分别得到了含镍、钴的溶液，然后分别加入相应化学试剂再浓缩结晶得到了纯度较高的、可作为工业产品的硫酸镍和醋酸钴晶体。

（3）正负极分开回收技术

未来几年混合动力汽车用电池所占的比例会逐渐增加，大型废旧镍氢电池中正负极板、隔膜等构件比较容易分离，因此正负极材料分开处理的技术自然引起人们广泛的关注。将镍氢电池正负极进行分离后，对正负极材料分别处理。研究证明，电池回收工艺以正负极分开技术回收的投资最少、效益最高且处理工艺较为简单。

① 正极材料回收。对于正极材料的活性物质，先将其浸在硫酸溶液中，因为于硫酸体系中浸出的镍、钴可用于电池生产。廖华等[26]依据正交实验得出浸出的最佳条件：氧化剂的加入量为 0.38mL/g 正极材料，浸出时间 60min，浸出温度 80℃，硫酸初始浓度为 3.0mol/L。然后根据镍、钴两者电极电位不同，即 2 价钴较镍容易被氧化成为 3 价，并迅速水解形成 $Co(OH)_3$ 沉淀，因其溶度积常数（$K_{sp}=1.6\times10^{-44}$）很小，在较低的 pH 值及恰当的氧化剂作用下即可产生 $Co(OH)_3$ 沉淀，而镍不发生这样的反应。控制体系的 pH 值为 3，在回流下加入硫酸铵氧化钴，从而将镍钴分离，回收得到的碳酸镍和硫酸钴产品的纯度都在 99.0%，两者的回收率都超过 98%[27]。

② 负极材料回收。负极材料可以采用湿法冶金技术有效回收其中的镍、钴等稀土金属。林才顺等[28]通过预处理后对负极材料进行酸浸取。实验证明，按 1.67∶0.13∶7.50 比例配制工业浓硫酸、浓硝酸和去离子水在 80℃ 浸出废旧储氢合金负极材料最好。稀土硫酸盐易溶于硫酸钠使之形成稀土硫酸复盐沉淀分离。以高锰酸钾为氧化剂、工业稀碱为中和剂分离铁、锰、铝。剩下含钴的硫酸镍溶液直接制备含钴型 $Ni(OH)_2$。王荣等[29]将收集的储氢合金废料经过一定预处理，除去废料中的有害杂质，同时添加一定的有价金属，然后进行真空熔炼，直接得到镍氢电池制造所需的合格储氢合金。此生产工艺方法简单，安全可靠，无污染，而且合金元素回收利用率高、成本低；但是这种储氢合金废料回收对原料的要求高，得到的产品质量不稳定，产品杂质含量高，产品性能与原合金性能仍有一定的差异，故而这种回收方法受到一定的限制。

③ 失效镍氢电池直接再生技术。镍氢电池湿法冶金回收采用的机械破碎和酸浸取逐一分离各物质等方面，工艺过程复杂，且难以实现产业化[30]。日本通过深入系统地研究电池的失效机理，开发出镍氢电池直接再生技术，采用含镍等离子的浓硫酸清洁电池内部，保持一定温度并对电池充电，以恢复正负极的容量以及隔膜的亲水性，从而实现对镍氢电池的再生。如日本丰田自行车株式会社利用包含镍离子或钴离子的浓硫酸注入镍氢电池，加热到 60℃ 保持 1h 使得负极表面的氢氧化物彻底清除，恢复负极容量。在充电方向充电流，提高负极反应活性。将浓硫酸排干，补充新的碱性电解质，恢复正极容量，获得再生的电池[31]。

11.4　镍氢电池相关新技术的发展

11.4.1　正极材料

镍氢动力电池正极材料活性物质为高密度球型氢氧化镍 $Ni(OH)_2$ 颗粒[32]，品种有覆钴型氢氧化镍，也有组分调整型氢氧化镍，还有外掺型普通氢氧化镍。制备高容量、高活性的 $Ni(OH)_2$ 是国内外研究镍氢电池正极材料的热点。研究的重点在于控制氢氧化镍的形貌[33]、化学组成[34]、粒度分布[35]、结构[36]。工业上的氢氧化镍是通过连续生产工艺，硫酸镍经由氨配位络合，共沉淀析出的粉末，平均粒度大小为 $6\sim15\mu m$。该粉末通过掺杂锌（Zn）和钴（Co）固溶于氢氧化镍中用以抑制导致正极显著膨胀的 $\gamma\text{-}NiOOH$ 的生成[37]，以及抑制充电时正极因过充产生氧气，从而进行改进，提高充放电效率等。

镍氢电池正极材料活性物质依据传统晶体学理论存在四种基本晶型结构，即 $\alpha\text{-}Ni(OH)_2$、$\beta\text{-}Ni(OH)_2$、$\beta\text{-}NiOOH$ 和 $\gamma\text{-}NiOOH$。它们之间的相互转化反应通常表示如下（括号内为理论密度）：

$$\alpha\text{-}Ni(OH)_2(2.82g/cm^3) \Longleftrightarrow \gamma\text{-}NiOOH(3.79g/cm^3)$$

$$\beta\text{-}Ni(OH)_2(3.97g/cm^3) \Longleftrightarrow \beta\text{-}NiOOH(4.68g/cm^3)$$

镍电极在正常充放电情况下，正极活性物质在 $\beta\text{-}Ni(OH)_2$ 与 $\beta\text{-}NiOOH$ 之间转变，过充时，生成

γ-NiOOH，γ-NiOOH 在放电时转变为 α-Ni(OH)$_2$，α-Ni(OH)$_2$ 在碱液中陈化时可转变为 β-Ni(OH)$_2$。

氢氧化镍粉末在二次电池活性物质中属于半导体，本体导电性能较差，为确保导电功能，一般在正极活性物质中需添加碳粉、金属粉末[38]或金属氧化物等导电材料，目前主流方式是添加钴氧化物或钴氢氧化物等钴化合物[39]，通过在充电过程中生成高次钴化合物，填充在正极活性物质之间，形成导电性网络，从而实现正常充放电。

添加钴化合物与氢氧化镍粉末进行机械混合的均匀程度有限，在民用电池领域应用尚可，但在高端动力电池领域上的应用就不能尽如人意。为此研究者提出了在以氢氧化镍为主成分的内核粒子的表面均匀包覆形成氢氧化钴层的活性物质，填充有该活性物质粉末的正极装配成镍氢电池后，通过充电将正极活性物质表面包覆层的氢氧化钴氧化，生成高次钴化合物 β-CoOOH，从而形成优良的导电网络[40,41]。

该方法虽能极大地改善导电网络的均匀覆盖性，但氢氧化钴在氧化成高次钴化合物的同时，需消耗在负极上对等的活性物质，且该反应是不可逆的，这便导致负极上放电储备生成量增大、放电容量减小。此外，β-CoOOH 稳定性不高[42]，在长期的充放电过程中和与电解液长期接触过程中，有可能被还原。为改善该情况，研究者提出预先在氢氧化镍为主成分的内核粒子的表面均匀包覆形成氢氧化钴层，再在碱性水溶液中，通过氧化剂将氢氧化钴层氧化，即在组装成电池以前，将表层氢氧化钴氧化成更加稳定的具有优良导电性能的更高次钴化合物 γ-CoOOH。该钴化合物因提前被氧化，因此之前通过充电过充生成的 β-CoOOH 所对应的负极放电储备即可大大削减。该改性材料即目前高端镍氢动力电池所用到的正极材料覆钴氢氧化镍，简称覆钴球镍。在覆钴球镍的基础上，将内核的氢氧化镍的一部分镍氧化成高次镍化物，可以进一步降低在充放电过程中负极放电储备的生成量。

对镍氢电池正极活性物质的其他改性方法，研究者还提出在活性物质中添加碱金属离子的方法，如添加锂离子。碱金属离子的添加能防止内核氢氧化镍和包覆层高次钴化合物的剥离，能够抑制过放电时电池容量的降低，同时当锂离子进入氢氧化镍晶格中而使晶格缺陷增加后，电子的移动得到促进，导电性提高，活性物质利用率提高。

上述提及的氢氧化镍颗粒均为 β-Ni(OH)$_2$，为目前市面上主流的球形氢氧化镍。未来氢氧化镍的发展方向有可能朝着 α-Ni(OH)$_2$ 的研究方向进行。α-Ni(OH)$_2$ 比 β-Ni(OH)$_2$ 的克容量提升 1.5 倍左右，且能从机理上杜绝过充带来的危害，如电池膨胀、容量下降等。但 α-Ni(OH)$_2$ 目前仍存在振实密度较低、粒度偏小等问题，使得单位体积内正极活性物质填充量有限，从而限制了其市场应用。

11.4.2 负极材料

镍氢电池负极材料通常采用储氢合金，传统单一的储氢合金已经很难满足市场对高性能电池的需求[43,44]。为了提高镍氢电池负极储氢材料的综合性能，人们通常采用机械合金化[45]或粉末烧结等方法将某些合金进行复合，使各种合金的优良性能在复合处理过程中产生协同效应，从而制备出各种综合性能更加优良的复合储氢合金负极材料。复合储氢合金是由 2 种或 2 种以上储氢合金或金属间化合物通过适当的制备方法合成的一类新型储氢合金，常见的复合储氢合金及其储氢性能见表 11-8。

表 11-8　常见储氢合金及其储氢性能比较[46]

合　　金	吸氢量(质量分数)/%	分解压/MPa(℃)	反应热/(kJ/mol)	滞后系数(p_a/p_d)
LaNi$_5$	1.4	0.4(50)	−30.1	0.19
LaNi$_{4.7}$Al$_{0.3}$	1.4	1.1(120)	−33.1	0.25
MmNi$_5$	1.4	3.4(50)	−30.2	1.65
MmNi$_{4.5}$Al$_{0.5}$	1.2	0.5(50)	−29.7	0.18
MmNi$_{4.7}$Al$_{0.3}$Zr$_{0.1}$	1.2	9.9(30)	−45.1	0.10
MmNi$_{4.5}$Mn$_{0.5}$	1.5	0.4(50)	−20.2	0.62
Mm$_{0.3}$Ca$_{3.7}$Ni$_5$	1.6	0.4(25)	−30.7	0.10
MmNi$_{4.15}$Fe$_{0.85}$	1.2	1.1(25)	−28.8	0.17
TiFe	1.8	1.0(50)	−23.0	0.64

续表

合金	吸氢量(质量分数)/%	分解压/MPa(℃)	反应热/(kJ/mol)	滞后系数(p_a/p_d)
TiFe$_{0.8}$Mn$_{0.2}$	1.9	0.9(80)	−29.3	0.41
TiFe$_{0.8}$Ni$_{0.15}$V$_{0.05}$	1.6	0.1(70)	−51.8	0.11
TiCo$_{0.5}$Fe$_{0.5}$Zr$_{0.05}$	1.3	0.3(120)	−46.9	0.21
Mg	7.6	0.1(300)	−75.0	—
Mg$_2$Cu	2.7	0.1(239)	−72.9	—
Mg$_2$Ni	3.6	0.1(250)	−64.4	—

对于衡量储氢合金的性能，吸氢量是一个重要考核指标。美国能源部（DoE）提出，车载使用固体储氢的目标是 5%[47]，从表 11-8 中可以看出，只有镁基储氢合金有可能达成目标。除了这个数据外，分解压和分解温度也是重要的指标，镁基储氢合金虽然储氢量较高，但是释放氢气的温度较高，不利于市场推广。滞后系数表示的是释放氢气的平衡压力与吸收氢气的平衡压力比值，这个值越小表明两个压力越接近。下面将分别对几种储氢合金进行分类描述：

（1）稀土系储氢合金

稀土系储氢合金以 LaNi$_5$ 为典型代表，该合金具有 CaCu$_5$ 型六方结构，在室温下有良好的氢吸收（解吸）性能，平台压力适中且平坦、吸/放氢平衡压差（磁滞）小，动力学性能优良、易于活化且不易中毒。在 25℃ 及 0.2MPa 压力下，该合金储氢量约为 1.4%（质量分数，下同），分解热为 30kJ/mol，在常规条件下即可实现对氢的存储。同时，该合金还具有吸/放氢纯度高（99.9% 以上）的特点，因此亦可作为制备高纯度氢气的一种途径。

目前主要采用 Mm（Mm 为混合稀土，主要成分为 La、Ce、Pr、Nd 等）取代部分元素 La 来提高合金的抗粉化、抗氧化性能，降低合金的成本。同时也可通过对 B 侧（Ni、Co、Mn、Al）的化学组成优化来降低合金的平衡氢压。针对普通民用电池的低成本合金需求，目前主要采用无 Pr、Nd，低钴甚至无钴配方来降低成本，一些合金用铜、铁的部分取代钴元素来实现低成本化。针对车用镍氢电池的性能需求，目前除化学成分优化外，主要通过熔炼急冷控制合金内部晶体结构、减少成分及结构偏析，后期采用表面处理等工艺来控制合金表面微观形貌进而提高合金的催化及耐腐蚀性能。

稀土储氢合金是市场上比较成熟的产品，产品中三分之一是稀土元素（La、Ce、Pr 和 Nd），稀土元素由于储量和用途不同，价格差别很大，其中 Pr 和 Nd 的价格较高，是 La、Ce 合金价格的 3~6 倍。因此，稀土储氢合金发展的趋势就是既要将 Pr 和 Nd 去掉，又要保持储氢合金的性能。内蒙古稀奥科储氢合金有限公司就开发了无 Pr、Nd 产品[48]，成本下降 10%~20%，各项电化学性能不差于传统的含 Pr、Nd 产品。对稀土系储氢合金的研究开发，今后应着重于调整和优化合金吸氢 A 侧、不吸氢 B 侧的化学组成，并进一步优化合金的组织结构及微观表面形貌，进而改善合金的综合性能[49]。

（2）镁系储氢合金

镁系合金的典型代表是 Mg$_2$Ni[50,51]。镁系合金具有成本低（即资源丰富、价格低廉）、重量轻（密度仅为 1.74g/cm^3）、储氢量高（储氢合金中储氢能力最高，如 MgH$_2$ 储氢量达 7.6%，而 Mg$_2$NiH$_4$ 的储氢量也可达 3.6%）的特点。因此，镁系合金被认为是最具潜力的合金材料，但由于 Mg 表面容易氧化生产氧化膜，导致 Mg 吸放氢的条件较为苛刻。该合金的放氢温度高（一般为 250~300℃），放氢动力学性能以及抗腐蚀性能均较差，目前主要通过热处理、表面处理来进一步改善动力学性能和提高循环寿命[5]。

（3）钛系储氢合金

钛系合金的典型代表是 TiFe。钛系合金具有储氢性能好（储氢量为 1.8%~4%）、放氢温度低（可在 −30℃ 时放氢）、成本较低等优点，但缺点是不易活化、易中毒（H$_2$O、O$_2$）、氢化物不稳定、磁滞较大。目前主要采用 Ni 等金属部分取代 Fe，进而形成多元合金以实现常温下的活化，同时结合表面处理来使其具备更高的实用价值。

（4）钒基固溶体型储氢合金

钒基固溶体型合金具有储氢量大（储氢量为 3.8%）、活化容易、氢在氢化物中的扩散速度较快等优点，已经在氢的储存、净化、压缩以及氢的同位素分离等领域进行了实际应用，但缺点是合金在电化学条件下活性低，循环容量衰减速度较快且成本较高。因此对于钒基固溶体型储氢合金的研究开发，优化合金成分与结构、合金的制备技术以及合金表面改性技术，将是进一步提高合金性能的主要研究方向。

（5）锆系储氢合金

锆系储氢合金主要有 Zr-V、Zr-Cr、Zr-Mn，典型代表是 $ZrMn_2$。该合金具有 Laves 相结构、吸/放氢量大（$ZrMn_2$ 的理论容量可达 482mA·h/g）、循环寿命长、易于活化、没有滞后效应等优点，但同时存在初期活化困难、氢化物生成热较大、高倍率放电性能较差以及合金的原材料价格相对偏高等问题。为改善其综合性能，目前主要通添加 Ni、Mn、Cr、V 等元素使得合金的相结构由 $ZrMn_2$ 的纯 C_{14} 相结构部分转变为 C_{15}，同时合金中出现一系列的 Zr-Ni 相。对于锆系合金的研究开发，目前最常用的手段依然是进一步调整和优化合金的化学组成以及优化合金的组织结构、改善合金的表面形貌。

11.4.3 动力电池

（1）国外镍氢动力电池进展

国外研制 HEV 用高功率镍氢电池的公司主要有松下电动汽车能源有限公司（PEVE）、日本三洋电机株式会社、美国的 Cobasys 公司、德国的 Varta 公司和法国的 Saft 公司等。主要的电池供应商是三洋电机株式会社和松下电动汽车能源有限公司（PEVE）。

松下电动汽车能源有限公司（PEVE）：为实现混合动力车的产量达到全球汽车总产量十分之一的目标，丰田汽车公司携手松下电器公司大幅增产用于混合动力车等环保车型的车载镍氢电池。丰田与松下共同出资的电池生产企业"Primearth EV 能源"（简称 PEVE）将新建一家生产主流镍氢电池的工厂，投资规模约 2 亿美元，在 2011 年建成投产，每年可生产约 50 万块车载电池，电池模块规格仍然为 6.5～8A·h 模块电池，目前采用松下电池的商业化混合动力汽车有：丰田全系列的 Prius、Alphard、Estima、Lexus、Camry 及 highland 等系列；本田的 Civic、Insight 等。鉴于该公司所装配电池的汽车的销量巨大，该公司的车载电池系统目前是最成熟的。

松下 EV 电池公司早在 1997 年就开始生产 HEV 用的圆形 6.5A·h 的镍氢电池组，其质量比功率 600W/kg。早期的"Prius"、现在的 insight、Civic 采用的就是这种型号的电池。2004 年，松下 EV 电池公司报道其新推出的 HEV 用 6.5A·h 方形镍氢模块放电功率高达 1200W/kg，据称其负极采用 AB_5 型储氢合金，正极活性物质中含有添加剂而有很好的高温充电接受能力，采用聚丙烯隔膜并作疏水处理，电池组内单体电池之间采用新的内连接结构，可降低内阻、提高比功率。

三洋电机株式会社是第二家实现 HEV 商品化生产的公司。该公司 2006 年开始与德国大众集团携手开发新一代镍氢电池系统。其圆柱形 5.5A·h 的镍氢电池组，质量比功率为 1000W/kg。2001 年为 Escape 配备，后来为本田 Accord 采用。目前本田和福特两家汽车厂商均使用了由三洋电机提供的 7.2V/6.5A·h 镍氢电池。

美国的 Cobasys 公司的电池技术源于世界著名的镍氢电池研究单位 Ovonic 公司。Cobasys 是 Chevron Texaco Thecnology Venture（美国第二大能源公司）和 ECD（Energy Conversion Devices）的合资公司。ECD 全资控股 Ovonic，Ovonic 拥有很多关于镍氢电池方面的专利，全世界生产镍氢电池的企业须得到它的许可才能生产销售。Cobasys 专门为混合动力汽车开发 8.8A·h 电池模块。目前采用该电池的有通用、福特等公司。

德国的 Varta 是美国江森自控（Johnson ControlsInc.，JCI）控股的企业，江森自控是世界上最大的汽车电池制造商之一。该公司为混合动力车用镍氢电池开发的主要产品有圆形模块 5.5A·h、8A·h、12A·h；方形模块 7A·h、25A·h。其中方形模块优于市场上同类产品：内阻低、质量比功率高（1200W/kg）、质量比能量高、低温性能好。其产品已经在奇瑞 A5、上海通用君越等汽车上使用。

法国 Saft 公司的 4/5SF 型（Φ41mm×93mm）高功率镍氢电池容量为 14A·h，比能量为 47W·h/kg，80％充电态对应的比功率为 900W/kg，体积比功率达 2500W/L，使用温度在 10～45℃。另外，日本的蓄电池公司、古河电池公司、东北电力公司、汤浅公司及韩国现代汽车公司等都在进行积极开发。

目前，国际上最先进的电池单元是由松下电动汽车能源公司设计制造的，制造方法不再是先做单体电池，而是电池模块单元，日本丰田汽车公司全系列混合电动汽车均采用了这种先进的模块电池单元，为其成为全球最大电动汽车厂商奠定基础，正是基于这种新型的电池技术，使丰田公司成为电动汽车的全球霸主。这种集成性的电池模块大大提高了电池组的实际使用性能，原因还在于这种设计技术了采用高度自动化的制造方法相配合，在可靠性及实现较低缺陷率方面，大幅度提高了汽车固有的高可靠性的要求。

（2）国内镍氢动力电池发展情况

我国也有很多科研单位一直从事 HEV 用镍氢电池的研究，例如，中科院上海微系统与信息技术研究所长期从事镍氢电池及相关材料的研究和开发，北京有色总院、中山中炬森莱电池公司、湖南神舟科技、春兰研究院、鞍山三普等单位均从不同角度做过大量积极有益的工作，取得了很大的进展。

例如，在混合电动客车方面，北京有色院是与大客车用的燃料电池（电-电混合）进行配套，湖南神舟科技和春兰研究院针对混合电动大巴（油-电混合）进行配套，容量从 45A·h 到 80A·h。湖南神舟科技是国内技术较早进入动力电池领域的厂家，其研制的高功率 40A·h Ni/MH 电池的连续充电电流可达 4C，连续放电电流可达 8C；单组电池装车运行已累计超过 10 万公里。春兰研究院在 2002～2005 年研制了 27～80A·h 的 HEV 用镍氢电池，比功率在 200～620W/kg。春兰电池 25A·h 以上电池在国内较为成功，使用在国内多家 HEV 客车上，其中 30A·h 电池使用在长春一汽，40A·h 使用在东风电动车 HEV 大巴车上，其主要目标放在客车用高容量电池方面。

在混合电动轿车方面，神舟科技 8A·h 的镍氢电池主要与轿车配套，比能量为 45W·h/kg，比功率为 800W/kg，电池级指标为 144V/6A·h 电池，长安汽车 2008 年完成了 100 套 CV11 电池系统的采购，并且额外追加了 20 套电池。2008 年北京奥运会长安公司所提供的 22 台车上有 21 台采用的是神舟公司的电池系统。

在国内 HEV 镍氢动力电池领域，湖南科力远新能源股份有限公司走在领先地位。根据 2014 年 2 月富士经济报告，HEV 车用电池组（包括镍氢和锂离子电池）全球市场份额前三名为日本 PEVE 公司（见图 11-9）、日本松下（三洋）公司和湖南科力远新能源股份有限公司，分别占到 67％、20％、4％的市场份额。其子公司湖南科霸汽车动力电池有限责任公司结合日本湘南工厂的自动化电池生产制造技术，引进了先进的镍氢汽车动力电池工艺及工艺流程设计智能化开发系统，并且在其基础上不断优化和突破，年生产能力达到 9 万套动力电池包，其性能已经达到世界领先水平（见表 11-9）。

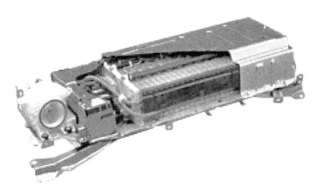

图 11-9　日本 PEVE 公司生产的镍氢动力电池包

表 11-9	镍氢汽车动力电池主要性能比较表		
项　　目	科霸	松下（PEVE）	三洋
电池型号	6A·h/7.2V	6.5A·h/7.2V	6.5A·h/7.2V
尺寸	34.8mm(直径)×397mm	285mm(长)×19.6mm(宽)×106mm(高)	36.5mm(直径)×375mm
模块功率/W	1365	1364	1261
质量/kg	1.05	1.04	1.18
能量比/(W·h/kg)	43	45	36.5
功率比/(W/kg)	1300	1312	1069
最大放电电流(终止电压5.4V/模块)	160A,120s	251A,3s	232A,3s

湖南科霸汽车动力电池有限责任公司致力于标准化能量包研发，使用红外热成像技术、温度场仿真技术和多点分布探头等方式实现对电池能量包内部温度分布的测量，掌握在通风状态下电池温度的分布情况；利用流体仿真分析、烟雾发生器等手段实现对冷却效果和冷却均匀性的评估，通过优化模块组合结构、能量包内电池排布结构等，保证能量包内电池温度的一致性。通过模块结构调整完成了风道设计，完成各种器件包括动力、信号线束的排布和规划，实现能量包结构设计与热管理、电控管理的协调统一。其开发的标准化系列能量包（图 11-10）产品应用于 HEV 汽车及储能领域。

(a)　　　　　　　　　　　　(b)

图 11-10　由科霸公司设计开发的 CCA-144V 型（a）、 FAW-288V 型（b）镍氢动力电池包

11.4.4　电池管理系统

混合动力汽车的最大优点是可以利用车载电能存储装置对整车制动时的动能加以回收，这部分能量可以用于汽车驱动，使整车燃油经济性提高，为了优化蓄电池组的使用状况，延长蓄电池组的使用寿命，需要电池管理系统来实时反映电池剩余电量（SOC）、快速找出故障电池、提高整组电池的使用寿命。另外，管理系统应能够补偿由于不均衡造成的电压差异，从而进一步延长电池组寿命，通过电池管理系统的优化，可以起到电池参数测量及单体均衡，电池的荷电状态（SOC）监测，电池的热平衡管理，车载电池充电器及能量控制的作用[52,53]。高功率型宽温区动力镍氢电池管理系统有以下几个特点。

（1）系统热、电、结构设计一体化集成技术

使用红外热成像技术、温度场仿真技术[54]和多点分布探头等方式实现对电池能量包内部温度分布的测量[55]，掌握在通风和非通风状态下电池温度分布情况。利用流体仿真分析、烟雾发生器等手段实现对冷却效果和冷却均匀性的评估，通过优化模块组合结构、能量包内电池排布结构等，最终保证能量包内电池温度的一致性。通过对风扇风量分析，优化风扇选型，使用多级控制机制，实现对电池整体温升控制的同时降低风扇引起的能量消耗。利用管理系统对能量包内部环境温度、单体电池温度、进风口、出风口等温度的测量，在能量包使用过程中实时监控各项温度，根据预先制定的策略实现对风扇的控制，确保冷却效果。

在强电电路加漏电检测模块、熔断器、继电器、手动开关等部件，在电路上做好对电池的异

常保护；在电池组合连接方面，引入新工艺、新方法，降低因连接产生的接触电阻，提升连接可靠性。在弱点方面，通过线束优化控制，降低信号线用量，采用屏蔽线等手段，提高抗干扰能力，使用多点接插件，实现线束的简洁化。

通过 CATIA 软件、CAE 分析等手段在能量包设计之初就以三维图像的形式进行展现和结构强度分析，优化结构设计，通过模块结构调整完成风道设计，完成各种器件包括动力、信号线束的排布和规划，提高设计成功率，进而实现能量包结构设计与热管理、电控管理的协调统一。

（2）基于整车控制电池系统管理策略（SOC）

电池管理系统是保证电池正常使用，提高电池使用一致性，实现电池与整车通信的必要部件[56]。通过安时积分法、开路电压法、卡尔曼滤波法等 SOC 估算方法的组合使用[57]，建立 SOC 估算模型，提高 SOC 估算精度[58]；结合电池特性，设定电池状态参数与 SOH、SOF 关系状态模型，实现管理系统对 SOH、SOF 的估算和电池状态控制；通过引入绝缘电阻检查等手段，实时检测电池组及其高压总线绝缘情况，保证整车安全性；通过电压、电流、温度采集实现管理系统对电池的状态监控，结合 SOC、SOH、SOF 等管理策略及相关控制参数，实时提供电池可用指标，确保电池在可控的范围内使用；通过告诉 CAN 总线网络实现电池管理系统与整车控制器的可靠通信；通过电磁兼容性分析和改进，确保电池管理系统具有优良的抗干扰性能，同时保证系统对外产生的干扰度最低化。

11.5　镍氢电池的技术和经济指标及未来发展线路图

11.5.1　HEV 混合动力车

虽然锂电池有全面取代镍氢电池的趋势，但是镍氢电池作为车载动力电池技术发展的非常成熟，尤其以日本丰田公司的普锐斯混动车为代表。从 1997 年第一代普锐斯问世以来，全球累计销量超过 700 万辆，至今没有一起因电池原因导致的安全事故。虽然第四代普锐斯采用锂离子电池组，功率进行了提升，综合油耗目标是控制在 2.5L/100km 内，但是丰田新开发的燃料电池电-电混动车（fuel cell vehicle，FCV）仍然采用 1.6kW·h 的镍氢电池包，和普锐斯混动车的镍氢电池一样。由此可见，镍氢电池是目前混合动力技术中发展最成熟的方案。

镍氢动力电池目前是混合动力汽车所用电池体系中唯一被实际验证并被商业化、规模化的电池体系，全球已经批量生产的混合动力汽车全部采用镍氢动力电池体系，2012 年，混合动力汽车使用镍氢的比例高达 93.68%。相对于传统汽车，混合动力汽车的使用成本优势是其发展的前提。当前条件下，混合动力汽车的使用成本优势体现在 15 万以上价位汽车，混合动力技术在价位为 5 万元的汽车上不具有使用成本优势，即使能够实现 100% 的节油效果，其使用成本仍比传统车辆高出 22%。以 15 万～20 万元汽车为例，若 93 号汽油价格较低，则混合动力技术的使用成本优势将变小，实际使用价值较小。若 93 号汽油价格较高，如超过 8 元/L，则混合动力技术的实际使用价值将更明显。在目前的混合动力汽车及未来的电动汽车所采用或将采用的电池中，存在着镍氢电池与锂电池之争。与镍氢电池相比，随着锂电池技术的提高，以及大规模制造导致成本降低，未来有可能替代镍氢产品成为 HEV 动力电池的主流。但是，锂电池代表的是混合动力汽车动力电池的未来，还存在诸如充电桩、续航里程、循环次数、充电时间等一系列问题，而目前从成本和商业化的角度看，特别是近 10 年内，更现实的选择是镍氢电池。中国汽车工业协会常务副会长兼秘书长董扬曾多次在公开场合指出："混合动力并不是电动车的过渡方案，更不是妥协，而是传统汽油发动机的升级版，可以明显提高效率，节约燃油。"董扬表示，虽然以电动车为代表的新能源汽车是汽油车发展的下一个阶段，但以目前的经济发展和汽车工业制造水平来看，混合动力车是由油到电的必经之路。

湖南科力远股份有限公司是国内镍氢动力电池的坚定支持者，并积极推动国产 HEV 事业的发展。其旗下的湖南科霸汽车动力电池有限责任公司成立于 2008 年，科霸公司在 2010 年通过 TS16949 质量体系认证，成为国内在动力电源领域第一个通过国际质量体系认证的企业。在技术领域，公司形成了自原材料再处理技术、浆料制备技术、极板制作技术、电池制作技术、电池化成技术、电池分选技术、能量包装配技术、电池管理系统（BMS）技术等全套的动力电池能量包技术能力，并向长安汽车、华普汽车等企业提供了动力电池系统。

凭借科霸公司在 HEV 用动力镍氢电池领域积累的技术条件和科力远集团的整体实力，在国家商务部的领导下，公司于 2011 年成功收购了日本松下公司专门进行动力电池生产的湘南电池工厂，成为全球第三家掌握动力镍氢电池自动生产技术的企业。

2011 年科霸收购湘南公司后，在长沙基地 2013 年开始建设 2014 年投产的工厂的工艺流程设计就是依托于此智能化开发系统，工厂建成后马上投入到设备调试和量产试作阶段，迄今为止已完全具备年产 6 万台套镍氢汽车动力电池能量包和年产 180 万米电池极片的能力，并已经实现了对天津松正、重庆长安、上海华普等厂家的能量包供货和对日本 PEVE 的正负极板的批量供货。

2012 年 5 月以来，天津松正公司与科霸公司共同设计混合动力客车使用的混动系统方案，采用超级电容和镍氢电池并联技术，充分发挥超级电容大电流充放电特性，以及镍氢动力电池良好的低温和高功率特性，设计出满足混合动力客车使用的混动系统，并对其进行了大量试验验证。2013 年 8 月，科霸公司将首批生产的 1634 个镍氢动力电池模组提供给松正公司 34 台车使用，截至 2014 年 8 月，装载有科霸镍氢动力电池的混合动力客车，每台车累计行驶里程近 10 多万公里，通过爬坡、加速、城市工况、城郊工况、急停等不同工况的试验，没有发生一起电池故障；在安全性方面进行了针刺、短路、挤压、跌落、过充、过放等安全性试验，均未爆炸起火；通过近一年的路况试验，科霸公司生产的镍氢动力电池一致性良好，且节油率为 30％以上，完全达到产品设计要求。直到 2014 年 9 月松正公司正式采购科霸公司首批次产品 1584 个电池模组，松正公司投入的 34 台装载有松正系统和科霸电池的混动大巴车，每天在佛山繁忙的公交线路运行 14h 左右。

此外，科霸公司已与一汽、长安、吉利、一汽海马等车企开展相关开发及量产化前期工作。2011 年，中国一汽发布"低碳节能技术战略"，投资 98 亿元用于节能与新能源汽车的研发，预计 2018 年混合动力汽车达 10 万台/年。长安汽车示范运营的混合动力汽车远期目标为 10 万台/年。吉利与科霸已经联合开展车载路试试验，目前已经装车 100 台，远期目标将达到 20 万台/年。一汽海马 2017 年混合动力汽车产量预计达到 5 万台/年。随着国家节能减排政策逐步加强，国内节能与新能源汽车市场的进一步扩发，车企对混合动力汽车需求量也会不断地增加，镍氢动力电池的市场发展前景也会越来越广阔。

2014 年 8 月科力美汽车动力电池有限公司获得批准成立营业，公司由日本 Primearth EV Energy 株式会社、湖南科力远新能源股份有限公司、常熟新中源创业投资有限公司、丰田汽车（中国）投资有限公司、丰田通商株式会社 5 家公司共同出资，投资总额 163.2 亿日元，注册资本 54.4 亿日元，主要产品为车用镍氢电池。新公司将广泛地向汽车厂家、系统供应商等客户供应高品质的电池模块，并致力于为中国的环保车辆普及和节能环保做贡献。

11.5.2 燃料电池车

2014 年 12 月，日本丰田开发的燃料电池乘用车 MIRAI（中文为"未来"）正式推入市场，这一消息吸引了全球新能源车企和新能源企业的眼光。市场反应大大超出了丰田的预期，丰田公司原计划 2015 年量产 400 台 FCV，截至 2015 年 4 月，全球订单就已经达到 1500 辆。除此之外，韩国现代、德国奔驰、宝马公司、美国通用等车企巨头都纷纷表示将推出燃料电池车。充分说明燃料电池车将是新能源车下一阶段发展的重心。

而镍氢电池在 FCV 中仍然扮演了重要的角色，以丰田公司的 MIRAI 为例，直接驱动 MIRAI 车轮的电动机额定功率是 113kW，峰值转矩 335N·m，基本相当于一辆 2.0L 自然吸气家轿的动力水平。除了燃料电池发电之外，MIRAI 后轴上方布置的 1.6kW·h 的镍氢电池组也有着非常重要的作用，它与燃料电池组成了一个动力电池＋储能电池电-电混合动力系统（图 11-11）。这个镍氢电池组跟凯美瑞混动的镍氢电池完全一样，在整车负载低的时候可以单独用它供电带动车辆前进，与此同时，燃料电池发出来的电可以给电池充电，用镍氢电池充当一个"缓存"。当车辆有更大的动力需求、镍氢电池组耗光的时候，燃料电池堆就直接向电动机输电，跟镍氢电池组实现双重供电来满足需求；当车辆减速行驶的时候，电动机转化为发电机来回收动能，电量直接输送到镍氢电池组内储存起来。

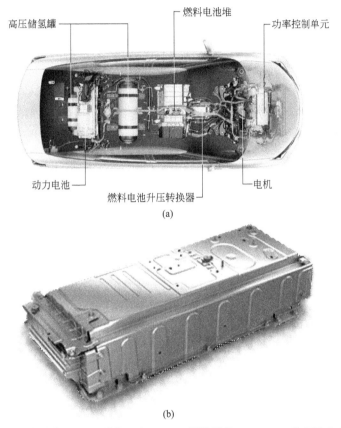

(a)

(b)

图 11-11　燃料电池车 **MIRAI** 结构示意（a）及其搭载的 **1.6kW·h** 镍氢动力电池组（b）

丰田公司选择镍氢电池搭载燃料电池主要的原因是镍氢电池模块技术已经成熟，在成熟技术基础上开发可以节省开发成本和时间。徐梁飞等[59]结合 Rint 模型分析燃料电池混合动力系统中镍氢电池的最佳工作范围发现，镍氢电池的 SOC 应该保持在 40%～60%，以达到系统的安全性和经济性。

从日本丰田引领的燃料电池轿车技术方案来看，搭载镍氢电池的方式将有效地弥补燃料电池在大倍率放电[60]、能量回收等方面的不足。日本丰田技术专家在访问科力远公司的时候就表示，丰田将坚持将镍氢电池作为燃料电池车二次电源的首选方案。因此，镍氢电池在即将到来的燃料电池时代也会有一定的市场份额。

11.6　本章小结

尽管 Ni-MH 电池在数码领域有逐渐被锂离子电池取代的趋势，但 Ni-MH 电池在动力电源领域里仍具有较大的市场前景，备受消费者信赖。具体体现在以下几个方面。

第一，随着世界能源的日益紧张，高油价使得 HEV 成为汽车发展的一种必然趋势，它是最具有市场前景的新能源汽车，其最大的技术瓶颈仍是车载化学电源，车载化学电源系统已经被国家定位为新能源汽车的核心技术，混合动力汽车用电池的开发备受世人瞩目。目前，高功率动力 Ni-MH 电池已成为 HEV 电源的首选。随着大型汽车公司如一汽、二汽等在市场上对 HEV 的成功运营，HEV 在我国的销量将与日俱增，并为大容量动力 Ni-MH 电池打开应用市场空间。

第二，由于欧洲对 Ni-Cd 电池进口的限制，加上要上环保税，国内原 Ni-Cd 电池厂家逐渐减少 Ni-Cd 电池的生产而转向 Ni-MH 电池的生产。

第三，随着 Ni-MH 电池生产技术水平的不断成熟和节能减排力度的加大，开发的系列密封动力 Ni-MH 电池在国内已率先成功应用于各种电动摩托车、电动自行车等代步工具，在全国各大城市风靡，其市场空间非常可观。

第四，动力 Ni-MH 电池所独有的绿色环保、性能卓越、价格低廉等特点，使其成为电动车电池的首选。随着电动车技术及产品的不断发展，动力 Ni-MH 电池必将有更广阔的发展和应用空间。

第五，无须充电，无须建充电桩，无须固定车位，不会参与争夺电网资源，更适合在以火力发电为主导的中国推广和使用。

在所有的电动汽车中，混合电动汽车最具商业开发价值，成为现在及未来电动汽车发展的主流方向。在所有混合电动汽车所用的动力电池系统中，镍氢电池是目前唯一规模化和产业化的动力电池品种，并在全球汽车巨头大规模推行混合电动汽车的商业化过程中得到了实际验证，同时也得到了全球市场的广泛认同和普及，譬如，日本已经进入了混动车时代，不论是高端汽车市场，还是中低端领域，搭载镍氢动力电池的混合电动汽车业已进入千家万户，成为一种无法阻挡的潮流。

同时，在国内，混合电动汽车也开始步入产业化和商业化门槛，国家科技部在 2012 年 3 月份发布的《电动汽车科技发展"十二五"专项规划》中明确列出镍氢动力电池混合动力汽车仍是今后政策重点支持的方向之一。镍氢动力电池成为国内混合电动汽车产业的最佳能源解决方案，得到广泛的技术和市场确认，成为国内混合电动汽车产业化推广的主流和首选电池体系。镍氢动力电池符合 21 世纪对电动汽车动力电池提出的高容量、高功率、长寿命、无污染、安全性高的要求，符合我国电池产业总体战略中指出的向高技术、高附加值产品结构调整的产业政策。

参 考 文 献

[1] 唐有根，李文良. 镍氢电池. 北京：化学工业出版社，2007.

[2] 刘元刚，唐致远，徐强，张晓阳，柳勇. 隔膜对镍氢电池大电流放电性能的影响及特性. 过程工程学报，2006 (1)：114-119.

[3] Salai T，Yuasa A，Ishikawa H. Nickel metal hydride battery using microencapsulated alloys. Journal of the Less Common Metals，1991，172/174 (10)：1194-1204.

[4] 孙逢春，何洪文，陈勇，张承宁. 镍氢电池充放电特性研究. 汽车技术，2001 (6)：6-8.

[5] Liu Y F，Cao Y H，Huang L，et al. Rare earth-Mg-Ni-based hydrogen storage alloys as negative electrode materials for Ni/MH batteries. Journal of Alloys and Compounds，2011，509 (3)：675-686.

[6] Gu W B，Wang C Y，Li S M，et al. Modeling discharge and charge characteristics of nickel-metal hydride batteries. Electrochimica Acta，1999，44 (25)：4525-4541.

[7] 胡威，单忠强，田建华. 镍氢电池正负极活性物配比对电池内压的影响. 化学工业与工程，2006，23 (2)：95-97.

[8] Ikoma M，Yuasa S，Yuasa K，et al. Charge characteristics of sealed-type nickel/metal-hydride battery. Journal of Alloys and Compounds，1998，267 (1-2)：252-256.

[9] 杨志远. 废旧镍氢电池中镍钴回收工艺的研究. 沈阳：东北大学，2008.

[10] 许开华，聂祚仁，夏定国，郭学益. 用作方形动力电池的新型极板材料的研究与应用. 长沙：中国储能电池与动力电池及其关键材料学术研讨会，2005.

[11] 阎勇，刘国兴. 镍氢电池充电控制技术的探讨. 企业技术开发，2005 (6)：26-29.

[12] Ruetschi P，Meli F，Desilvestro J. Nickel-metal hydride batteries：The preferred batteries of the future. Journal of Power Sources，1995，57 (1-2)：85-91.

[13] Ovschinsky S，Fetchenko M，Ross J. A nickel metal hydride battery for electric vehicles. Science，1993，260 (5105)：176-181.

[14] 楼英莺，王文，娄豫皖，夏保佳. 镍氢电池充放电传热过程模拟. 上海交通大学学报，2007，43 (3)：457-460.

[15] 冯旭云. 混合动力汽车动力电池 (Ni-MH) 管理系统的研究现状与发展. 电源技术应用，2008，11 (8)：1-5.

[16] 于丽敏，蒋文全，傅钟臻，郭荣贵，李涛，杨慧. 镍氢动力电池正极材料的研究. 材料导报 B：研究篇，2011，25 (9)：58-62.

[17] 张文亮，丘明，来小康．储能技术在电力系统中的应用．电网技术，2008，32（7）：1-9.

[18] 春兰高功率镍氢电池系统开发研究通过国家 863 计划中期检查．科技动态，2013.

[19] 春兰清洁能源研究院为世博"储能"．稀土信息，2010.

[20] 张丽华，王彦．近年镍氢电池发展状况及前景（下）．中国稀土信息，2009，298：25-28.

[21] 贾旭平．金属氢化物镍蓄电池民用市场发展近况．电源技术，2007，31（12）：1025-1026.

[22] 牛丽贤．我国镍氢电池产业现状与发展对策研究．包头：第三届稀土产业论坛，2011.

[23] 王大辉，张盛强，侯新刚，汪建义，黄秀扬，孙雷雷．废镍氢电池负极材料中活性物质与基体的分离．兰州理工大学学报，2011，37（3）：11-15.

[24] Muller T，Friedrich B. Development of a recycling process for nickel-metal hydride batteries. Journal of Power Sources，2006，158：1498-1509.

[25] 曾金祥，李朋恺，严志红．废镍电池资源化生产醋酸钴硫酸镍工艺研究．无机盐工业，2004（1）：39-41.

[26] 廖华，吴芳，罗爱平．废旧镍氢电池正极材料中镍和钴的回收．五邑大学学报，2003，17（1）：52-56.

[27] 张志梅，张建，张巨生．废弃 Ni/MH 电池正极的回收．电池，2002，32（4）：249-250.

[28] 林才顺．废旧废弃 Ni/MH 电池负极材料的回收利用．湿法冶金，2005，24（2）：102-104.

[29] 王荣，阎杰，周震．失效 Ni/MH 电池负极合金粉的再生．应用化学，2001，18（12）：979-982.

[30] 李丽，陈妍斥，吴锋，陈实．镍氢动力电池回收与再生研究进展．功能材料，2007，12（38）：1928-1932.

[31] 蒉原雄敏．镍氢电池二次电池的再利用方法：日本，JP 98120533.X. 1998.

[32] 贺万宁，覃事彪，李宗雄，杨健．高密度球形 Ni(OH)$_2$ 工艺开发研究．电源技术，1995，19（5）：1-3.

[33] 陈腾飞，龚伟平，贺万宁，覃事彪，危亚辉．制备条件对球形 Ni(OH)$_2$ 物理性能的影响．云南冶金，2002，31（2）：46-49.

[34] 陈飞彪，吴伯荣，安伟峰，杨照军，吴锋，陈实．掺杂 NiO 的氢氧化镍电化学性能的研究．电化学，2010（1）：39-42.

[35] 黄行康，张文魁，马淳安．纳米氢氧化镍的制备及其电化学性能．中国有色金属学报，2003，13（5）：1121-1124.

[36] 周勤俭，袁庆文，覃事彪，王利君，曾子高，董正强．正极材料 α-Ni(OH)$_2$ 的研究进展．电池，2003，33（2）：93-95.

[37] 周勤俭，覃事彪，张海艳，胡泽星，袁庆文．表面包覆 γ 羟基氧化钴的氢氧化镍的制备方法：中国，CN101106193A. 2008.

[38] 胡国荣，谭潮溥，杜柯，黄金龙．正极材料 LiNi$_{1/3}$Co$_{1/3}$Mn$_{1/3}$O$_2$ 包覆 LiNi$_{0.8}$Co$_{0.15}$Al$_{0.05}$O$_2$ 的性能．电池，2013，43（3）：143-146.

[39] 胡泽星，袁庆文，周勤俭，覃事彪，贺万宁，殷春梅．球形氢氧化镍表面包覆 Co(OH)$_2$ 的研究．矿冶工程，2004，24（4）：79-82.

[40] 宫本唱起，儿玉充浩，落合诚二郎，金本学，初代香织，黑葛原实，绵田正治．碱二次电池用镍电极及其制造方法以及碱二次电池：CN101080831A. 2005.

[41] 加藤文生，生驹宗久．羟基氧化镍、羟基氧化镍的制备方法及其碱性一次电池：中国，CN 1982222A. 2006.

[42] 张翔宇．镍氢动力电池正极材料 β 型氢氧化镍表面改性制备技术及其高温与高倍率电化学性能研究．长沙：中南大学，2008.

[43] 张丽华，张临婕．近两年稀土贮氢合金及镍氢电池产业状况．中国稀土信息，2012（1）：16-19.

[44] Young K h，Nei J. The current status of hydrogen storage alloy development for electrochemical applications. Materials，2013，6（10）：4574-4608.

[45] 郑立军，蒋亚雄，李军，唐金库．机械合金化在镍氢电池中的应用．山东化工，2014（6）：49-51.

[46] Tliha M，Khaldi C，Boussami S，et al. Kinetic and thermodynamic studies of hydrogen storage alloys as negative electrode materials for Ni/MH batteries：a review. Journal of Solid State Electrochemistry，2014，18（3）：577-593.

[47] 王英，唐仁衡，肖方明，卢其云，彭能．固体氢储存技术的研究进展与面临的挑战．材料研究与应用，2008（4）：503-507.

[48] 朱惜林．无镨钕 AB5 型储氢合金的发展及车载电容镍氢电池的应用前景．第六届中国包头稀土产业论坛，2014.

[49] 邹剑平，高军伟，钟发平，王旭．负极表面镀镍对镍氢电池循环寿命与内部压强的影响．电镀与涂饰，2009，28（11）：9-13.

[50] Tang R，Liu Y N，Liu C C，et al. Effect of Mg on the hydrogen storage characteristics of $M_{1-x}Mg_xNi_{2.4}Co_{0.6}$（$x=0\sim0.6$）alloys. Materials Chemistry and Physics，2006，95（1）：130-134.

[51] Huang L，Liu Y F，Li R，et al. Research progress of R-Mg-Ni-Based hydrogen storage electrode alloys. Rare Metal Materials and Engineering，2012，41（3）：542-547.

[52] 赵慧勇，罗永革，余建强，杨启梁．车载镍氢电池管理系统电压采集方案的研究．湖北汽车工业学院学报，2005（3）：5-8.

[53] 冯旭云．混合动力汽车动力电池（Ni-MH）管理系统的研究现状与发展．中国科技信息，2008（8）：130-131.

［54］ Pesaran A. Battery thermal models for hybrid vehicle simulations. Journal of Power Sources，2002（2）：377-382.

［55］ 胡明辉，秦大同，石万凯，杨亚联 . 混合动力汽车镍氢电池组温度场研究 . 汽车工程，2007（1）：37-40.

［56］ 齐晓霞，王文，邵力清 . 混合动力电动车用电源热管理的技术现状 . 电源技术，2005，29（3）：178-181.

［57］ 吴友宇，肖婷，雷冬波 . 电动汽车用动力镍氢电池 SOC 建模与仿真 . 武汉理工大学学报：信息与管理工程版，2008（1）：55-58.

［58］ 王军平，陈全世，林成涛 . 镍氢电池组的荷电状态估计方法研究 . 机械工程学报，2005（12）：62-65.

［59］ 徐梁飞，李建秋，杨福源，欧阳明高 . 燃料电池混合动力系统镍氢电池特性 . 清华大学学报：自然科学版，2008（5）：864-867.

［60］ 朱东，曾祥兵，任海娟 . 混合动力汽车用镍氢电池性能研究 . 合肥工业大学学报：自然科学版，2011，34（12）：1792-1794.

第12章 飞轮储能技术

12.1 储能原理和发展历程

12.1.1 飞轮储能原理

飞轮储能是利用改变物体的惯性需要做功这一原理来实现能量的输入（储能）或输出（释能）的。

飞轮是一个绕其对称轴旋转的圆轮、圆盘或圆柱刚体。刚体绕定轴转动时（图12-1），刚体上各点都绕同一直线（转轴）做圆周运动，而轴本身在空间的位置不变[1]。设刚体绕 Oz 轴以角速度 ω 转动，把刚体看作 n 个质元构成的质点系，每个质元质量为 δm_i，则刚体动能：

$$E_k = \sum \frac{1}{2} \delta m_i v_i^2 = \sum \frac{1}{2} \delta m_i (\omega r)_i^2 = \frac{1}{2} \omega^2 \sum \delta m_i r_i^2$$

$$(12\text{-}1)$$

定义刚体绕 Oz 轴转动惯量（图12-2）：

$$J = \sum \delta m_i r_i^2 \qquad (12\text{-}2)$$

质量连续分布的刚体：

$$J = \sum r^2 \mathrm{d}m \qquad (12\text{-}3)$$

于是旋转刚体动能为：

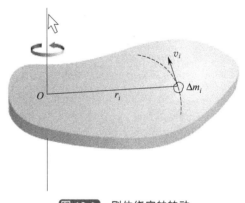

图 12-1　刚体绕定轴转动

$$E_k = \frac{1}{2} J \omega^2 \qquad (12\text{-}4)$$

飞轮加速过程中，角速度从 ω_1 增加到 ω_2，角位移从 θ_1 增加到 θ_2，外力矩 M 对飞轮做功转化

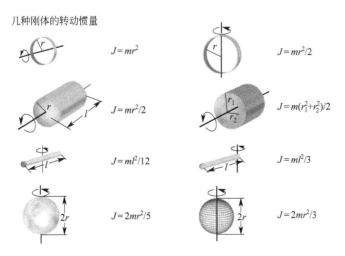

几种刚体的转动惯量

$J = mr^2$

$J = mr^2/2$

$J = mr^2/2$

$J = m(r_1^2 + r_2^2)/2$

$J = ml^2/12$

$J = ml^2/3$

$J = 2mr^2/5$

$J = 2mr^2/3$

图 12-2　刚体的转动惯量

为飞轮的动能增量：

$$W = \int_{\theta_1}^{\theta_k} M \mathrm{d}\theta = \frac{1}{2}J\,\omega_2^2 - \frac{1}{2}J\omega_1^2 = \Delta E_k \tag{12-5}$$

飞轮减速过程中，角速度从 ω_2 减少到 ω_1，角位移从 θ_2 减少到 θ_1，飞轮动能释放，转化为输出力矩 M 对外做功。

转速为 ω 时，增速储能或减速释能的瞬时功率：

$$P = \frac{\mathrm{d}W}{\mathrm{d}t} = M\,\frac{\mathrm{d}\theta}{\mathrm{d}t} = M\omega \tag{12-6}$$

$$P = \frac{\mathrm{d}E_k}{\mathrm{d}t} = J\omega\,\frac{\mathrm{d}\omega}{\mathrm{d}t} \tag{12-7}$$

因此飞轮轴系惯性特性和变速特性与外力矩的平衡关系式为：

$$M = J\,\frac{\mathrm{d}\omega}{\mathrm{d}t} \tag{12-8}$$

12.1.2　飞轮储能系统结构

飞轮储能早在蒸汽机、内燃机上广为使用，但仅作为运转平稳的调节部件[2]。具有类似电池功能的飞轮电机充放电系统（飞轮电池）的研制始于 20 世纪 50 年代，工程师设想用超级飞轮储能并作为车辆的主要动力源。如图 12-3 所示，现代飞轮储能系统的典型特征是借助功率电子技术控制下的电机既作电动机驱动飞轮储能，又能作发电机在飞轮带动下发电运行释放能量[3]。

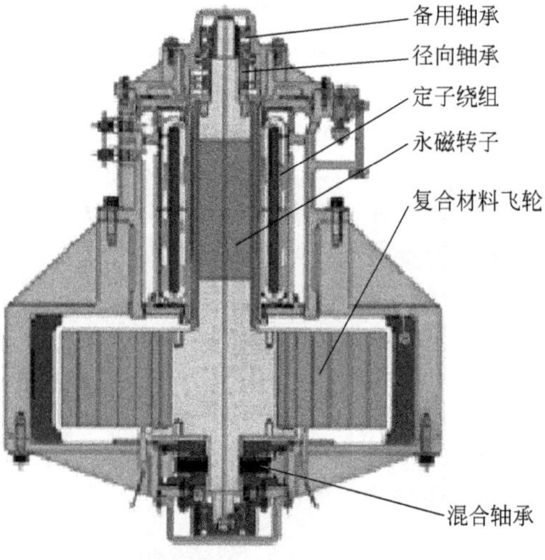

飞轮储能系统由飞轮、轴承、电机、控制器和辅助系统组成。见图 12-4。辅助系统通常包括真空安全容器、真空获得及维持设备、飞轮状态检测仪器仪表和机座等。

右侧标注：
备用轴承
径向轴承
定子绕组
永磁转子
复合材料飞轮
混合轴承

图 12-3　飞轮轴承电机

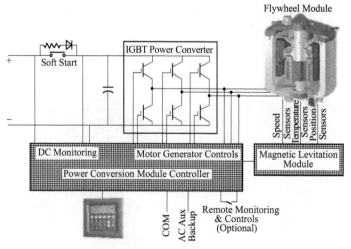

图 12-4　飞轮储能系统

12.1.3　发展历程

12.1.3.1　工程化应用探索

早在 20 世纪 50 年代，瑞士苏黎世 Oerlikon 公司开发出飞轮储能巴士并投入实际运行多年，这种无引线电动车载客 32 人行进 800m 后充电 2min，飞轮重 1362kg，转速 3000r/min，飞轮置于氢气中[4]。70 年代，美国十分重视电动汽车的研发，启动了多个飞轮储能电动车辆应用研发项目，但 80 年代纷纷因技术无法突破而终止。

英国石油公司 1984 研制的 400W·h 复合材料飞轮储能系统，用于车辆刹车动能再生，飞轮转速为 16000r/min（385m/s）时，功率可达到 200kW，待机损耗 2kW。持久实验进行了 18000 次，1000h[5]。自 1982 年始，ETH-Zurich 在瑞士国家能源基金资助下，到 1988 年研制出 1 套 60kV·A/500W·h 的飞轮 UPS 系统，转速为 12000～24000r/min，复合材料飞轮储能密度为 12W·h/kg[6]。

以航天和车辆电源为应用目标，美国劳伦斯国家实验室研制了 870W·h 的飞轮储能实验系统，质量为 58kg 的马氏体刚飞轮边缘线速度可达到 480m/s，试验转速 20000～10000r/min，飞轮释放能能量 650W·h，放电效率 96%[7]。

1989 年日本长冈技术大学与国立仙台工学院联合研制了 230W·h/5kW 的飞轮不间断电源实验装置[8]，钢质飞轮重 30kg，最高转速 30000r/min，20000～30000r/min 升速充电效率 88.3%，30000～20000r/min 降速放电效率 88.5%。

1991 年，美国劳伦斯国家实验室研制了 1kW·h/200kW 的飞轮电池实验装置，电机采用"Halbach"磁路分布设计以获得高功率，飞轮转子采用多环组合结构，使用被动磁轴承[9]。

12.1.3.2　工程实用产品的研制与推广

经过 20 年的技术积累，90 年代后期，飞轮储能系统实用产品逐步成熟。1997 年，Beacon Power 推出 2kW·h 的飞轮储能系统，飞轮转速 30000r/min，采用永磁/电磁混合支承，永磁无刷电机效率高达 96%[10]。基于铀同位素分离气体离心机技术，Urenco 研制成功 100kW 脉冲电源（持续时间 30s），飞轮最高转速 42000r/min[11]。

由于电网电压跌落故障时间在 3s 以内的占总故障的 95% 以上，对储能电源要求是高功率、短时间放电，飞轮储能作为储能单元比传统的化学电池技术有优越性，特别是廉价的低速飞轮，Piller 公司开发了 1650kW/10s 低速飞轮储能 UPS[12]。据美国 Active 电源公司网站数据，到 2013 年底该公司已为商家提供约 3000 套飞轮储能不间断电源。Beacon 公司和 Piller 公司飞轮储能见图 12-5。

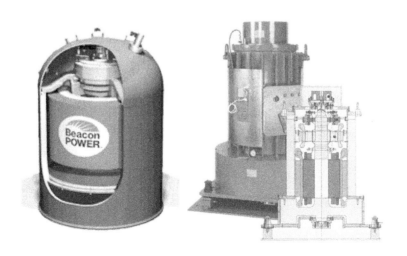

图 12-5　Beacon 公司/Piller 公司飞轮储能装置

12.1.3.3 基于超导磁轴承技术的先进飞轮储能系统研究

飞轮轴承损耗的降低是飞轮储能技术孜孜以求的目标，高温超导磁体轴承是一个重要的解决途径，超导轴承技术的突破将为大规模飞轮储能提供可能，目前美国、日本、韩国和德国都在开发。

德国正开发 5kW·h/250kW 的大容量高功率飞轮 UPS，质量为 450kg 的飞轮由高温超导磁体轴承完全悬浮[13]。日本 NEDO 飞轮项目（2000～2004 年）资助建立了 10kW·h 级超导磁轴承飞轮系统，实验系统运行到 11250r/min，储能 5kW·h[14]。波音公司研发团队研制了高温超导轴承悬浮的 5kW·h/100kW 飞轮储能系统，质量为 164kg 的飞轮在高温超导磁轴承中运转到 15000r/min。控制器可实现三相 480VAC-600VDC-480VAC 的充电、放电电力转换[15]。

12.2 关键技术概论

12.2.1 转子材料与结构

飞轮转子是储能的载体，飞轮储能密度是衡量飞轮储能技术水平的最重要指标[16,17]。储能密度，即单位质量的储能量，通常有飞轮系统储能密度 U_s 和飞轮转子储能密度 U_r 两种定义。

飞轮系统储能密度 U_s 定义为飞轮在最高工作转速时的储能总量与整个飞轮储能系统总质量的比值；飞轮转子储能密度 U_r 则定义为飞轮在最高工作转速时的储能总量与飞轮转子质量的比值。在飞轮储能技术的研究中，飞轮转子储能密度 U_r 应用得更为广泛，这主要是因为 U_r 能够直接表明飞轮转子结构与材料优化设计和旋转强度试验所达到的水平，通常将其简称为飞轮储能密度 U_r。由于飞轮储能系统结构较复杂，系统质量大于储能元件飞轮转子，因此 U_s 为 U_r 的 1/2 到 1/5。

12.2.1.1 储能密度的理论分析

对于单一材料制成的飞轮，储能密度 U_r 的理论极限值（飞轮的实际转速达到极限转速时）为：

$$U_0 = K_s \times \frac{\sigma_{max}}{\rho} \tag{12-9}$$

式中，ρ 为飞轮材料密度；K_s 为飞轮结构形状系数；σ_{max} 为飞轮转子极限离心应力。

令 $\sigma_{max} = K_m \cdot \sigma_b$，$\sigma_b$ 为飞轮材料强度极限，K_m 为飞轮材料许用系数，由式(12-9) 得：

$$U_0 = K_s K_m \times \frac{\sigma_b}{\rho} \tag{12-10}$$

由上式可知，为了提高储能密度理论极限值 U_0，需要选用高强度、低密度的玻璃纤维、碳纤维等复合材料作为转子材料。

实验或工程应用中的飞轮储能密度 $U_r (\leqslant U_0)$ 对应的转速为飞轮旋转强度试验或飞轮系统充放电时的最高的非破坏转速，特定飞轮制作完成后，飞轮储能密度的高低就取决于实际达到的转速，U_r 大小可由飞轮转子的外缘线速度直观反映[18]。

对于圆环形状的飞轮，轴转动惯量和质量为：

$$J = \frac{1}{2} m (r_1^2 + r_e^2)$$
$$m = \pi \rho h (r_e^2 - r_1^2) \tag{12-11}$$

式中，r_1、r_e 分别为飞轮的内、外径；h 为飞轮的高度；ρ 为材料密度。相应的飞轮储能密度 U_r 为：

$$U_r = \frac{E}{m} = \frac{1}{4} (r_1^2 + r_e^2) \omega^2 = \frac{1}{4} (1 + \alpha^2) v_e^2 \tag{12-12}$$

式中，α 为内外径比 (r_1/r_e)；ω、v_e 分别为飞轮转子在试验中达到的旋转角速度和外缘线速度。

可见，飞轮储能密度 U_r 与转子外缘线速度 v_e 的平方成正比，α 主要受轮毂的极限应力和飞轮体积的限制。

12.2.1.2　结构和材料对储能密度的影响

各向同性材料制作的圆环状飞轮，当以角速度 ω 旋转时，飞轮内部的主要应力是环向离心应力，环向最大应力为：

$$\sigma_{\max} = \rho\omega^2 r^2 \left(\frac{3+\mu}{4} + \frac{1-\mu}{4}\alpha^2 \right) \tag{12-13}$$

式中，μ 为材料的泊松比；α 为飞轮的内外半径比。因此圆环均匀材料飞轮的结构形状系数为[19]：

$$K_s = \frac{1+\alpha^2}{3+\mu+(1-\mu)\alpha^2} \tag{12-14}$$

圆环飞轮的 $K_s = 0.3 \sim 0.5$，薄壁圆环飞轮（≈ 1）的 $K_s = 0.5$，中心有小孔的圆盘飞轮（≈ 0）的 $K_s \approx 0.3$。

非圆环状飞轮可进行结构形状优化以降低应力，如近似等应力设计的圆盘飞轮，其 K_s 可接近于 1。飞轮常用材料可达到的最大储能密度见表 12-1。

表 12-1　等应力圆盘飞轮材料及储能密度（$K_s = 1$）

材　　料	强度/GPa	密度/(kg/m³)	材料许用系数 K_m	最大储能密度/(W·h/kg)
高强铝合金	0.6	2850	0.9	52.6
高强度合金钢	2.4	7850	0.9	76.4
玻璃纤维/树脂	1.8	2150	0.6	140.0
T700 纤维/树脂	2.1	1650	0.6	212.0
T1000 纤维/树脂	4.2	1650	0.6	424.0

纤维缠绕复合材料的各向异性使得式(12-13)、式(12-14) 不再适用，需要考虑环向和径向两个方向的应力状态和许用强度。纤维复合材料飞轮的径向应力将随飞轮厚度的增加（减小）而增加（减小），而且缠绕纤维树脂圆环结构的径向强度一般只有 $20 \sim 30\text{MPa}$，径向强度成为限制飞轮极限转速的重要因素。

圆环状复合材料飞轮通常以高强度纤维环向缠绕为主，因而飞轮的环向模量 E_θ 和环向许用应力 F_θ 较高，而径向模量 E_r 和径向许用应力 F_r 较低。飞轮结构应力状态见图 12-6。

复合材料飞轮减小内外半径比 $\alpha = r/R$，即采用径向厚壁圆环飞轮，可改善转子的环向应力分布，有其优越性，但同时径向应力增加，由于复合材料的径向强度 F_r 远小于环向强度 F_θ，往往是径向首先破坏。因此单层复合材料环向缠绕的飞轮，径向厚度增大时，径向强度成为主要问题，会引起纤维层开裂，导致飞轮破坏。

设环向强度允许的飞轮形状结构系数为 $K_{S\theta}$，径向强度允许的飞轮形状结构系数为 K_{Sr}，飞轮所能达到的极限储能密度为[19]：

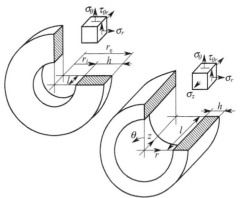

图 12-6　飞轮结构应力状态

$$U_{\max} = \min(U_\theta, U_r) = \min\left(K_{S\theta}\frac{F_\theta}{\rho}, K_{S\theta}\frac{F_r}{\rho} \right) \tag{12-15}$$

增加径向纤维铺层，直接提高径向强度是解决问题的一种方法，另一种方法是采用多层复合材料转子[20~23]，改变径向应力分布。多层复合材料飞轮由若干单层复合材料圆环组装而成，各层径向厚度不大，各层之间采用过盈装配或张力缠绕，在层间产生预压力。多层飞轮高速运转时，层间预压力逐渐减小，在工作转速时，层间仍保持有正压力，不会松脱，而各层由于径向厚度不大，内部径向应力仍在允许范围以内，因此多层转子结构可使飞轮线速度和储能密度得到提高。

飞轮与芯轴之间需要轮毂传递转矩，为充分发挥材料性能，一般采用纤维复合材料轮缘与金属轮毂的复合结构。

国内飞轮结构设计研究侧重于理论分析与计算，尽管可以设计出数百瓦·时/千克的高储能密度飞轮，但是飞轮转子在试验中所能达到的储能密度指标（<60W·h/kg）远远低于国际先进水平。这一方面是因为工程实际中的复合材料制品是细观非均质的、不连续的。由于原材料、工艺过程等诸多因素的影响，复合材料中存在的裂纹、脱层、界面结合不良、纤维断裂和空隙等，对转子结构强度产生重要影响。另一方面则是由于旋转试验对飞轮转子支承系统动力学稳定性、轴承技术、驱动技术以及真空技术的要求苛刻，这两方面的困难，使得试验中所能达到的转子外缘线速度往往低于理论设计值，也就不能达到储能密度的优选值，而对于储能密度的理论极限值 U_0，则往往需要进行超速爆破试验和疲劳试验，目前国内在此方面的研究工作很少。

飞轮转子储能密度的校核方法：假定飞轮的质量 m 全部集中到转子最外缘上，则飞轮处于最大工作转速时，所储存的动能为 $mv^2/2$，v 为飞轮外缘线速度。动能与质量之比即储能密度为 $v^2/2$，这是所有旋转物体储能密度的极限。因此，工程试验中，只要给出飞轮边缘线速度 v，按 $0.5v^2$ 就可计算出极限能量密度。

12.2.1.3 飞轮轴系结构设计

在飞轮材料及形状确定后，可以确定转速，储能密度与飞轮的转速或外缘线速度的平方成正比，转速提高必须考虑轴承技术水平、电机技术水平的约束，机械轴承小于 10000r/min，否则要采用技术难度大的电磁轴承技术和超导磁轴承技术，驱动电机受永磁材料结构和高频损耗限制，一般小于 60000r/min。

之后依据储能量、角动量、转速初步确定设计转子尺寸，然后利用有限元计算软件对转子进行结构应力、应变分析。对转子形状结构进行优化，以获得更高的飞轮结构形状系数 K_s，优化各材料的应力分布，提高材料的利用系数 K_m。

为提高比能量指标，设计中尽可能选择大的内外半径比。对于采用复合材料轮缘、合金轮毂结构的转子，其强度最危险点与复合材料内外半径比 α 有着密切的联系。内外半径比 α 高，则强度最危险点位于合金轮毂内；随着内外半径比 α 的逐渐减小，合金轮毂的尺寸逐渐减小，应力水平逐渐降低，但同时复合材料增厚，复合材料的径向应力水平逐渐升高；在一定的内外半径比下，复合材料轮缘和合金轮毂内同时达到应力极值，即为内外半径比的最优值。

为提高总储能量，需要增加飞轮的高度，飞轮的高度主要影响动力学特性，对于具有陀螺效应的转子，赤道转动惯量 J_d 与极转动惯量 J_p 的比值 J_d/J_p，一般希望其<0.7 或者>1.4。即飞轮应当是扁平形状或长轴形状，要避免惯量比接近 1 的方形转子[24]。

12.2.1.4 设计实例

为进行 500W·h 飞轮储能系统试验研究，依据前述设计思路和方法，设计并制造了一种高速复合材料飞轮[18]。飞轮结构的设计主要要求是：储能量 500W·h，飞轮外径小于 320mm。

飞轮设计过程是：①确定轮缘纤维材料为 T700 和高强 2 号玻璃纤维，轮毂采用 7050 铝合金；②根据国内永磁-流体动压混合轴承的技术水平并考虑永磁电机技术难度，确定最高转速约为 40000r/min；③依据试验台保护及真空室尺寸条件，确定飞轮外径为 300mm，轮缘内外半径比为 0.5；④飞轮的高度适合总能量要求而确定为 150mm 左右；⑤对初步确定的飞轮结构进行有限元分析，调整结构参数、轮毂的细致结构和预应力水平。

（1）试验飞轮总体结构

试验飞轮外径为 300mm，高度 140mm。轮缘采用外层碳纤维（厚度 35mm）、内层玻璃纤维（厚度 35mm）树脂增强复合材料，轮缘内径 160mm。轮缘与芯轴通过薄壁环壳与圆板复合铝合金轮毂连接。转子剖面见图 12-7，飞轮重 14.5kg，飞轮极转动惯量为 0.181kg·m²，惯量比为 0.63。

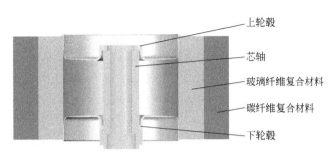

图 12-7　复合结构飞轮转子剖面图

（2）强度计算分析

将图 12-7 转子体、上下轮毂与中心轴建在同一个 ANSYS 模型中进行有限元计算，检验高速运行时各部件的应力状况以及配合处的径向位移情况，保证转子应力在许可的范围内并且中心轴-上下轮毂-转子体之间保持紧贴的状态，不致松脱。

计算采用平面轴对称模型，单元类型为 plane 183 单元。三种材料参数见表 12-2。

表 12-2　材料参数

材料	E_x/GPa	E_z/MPa	ρ/(kg/m³)	σ_{LS}/MPa	σ_{TS}/MPa	σ_b/MPa
GFRP	15	65	2100	1600	30	—
CFRP	7	130	1550	1800	20	—
7050	72.5	72.5	2800	—	—	570

由于用弹性材料模拟计算，所以用两载荷步模拟加载。第一载荷步为 0 转速，模拟飞轮转子过盈装配（轮毂与内层复合材料间半径过盈量 0.3mm）后的情况；第二载荷步施加 42000r/min 的转速，模拟旋转到该转速下的情况。在第一载荷步结束后，上轮毂外侧径向位移为 -0.29mm，转子内侧径向位移为 0.01mm，轮毂轴向测点位置轴向位移为 -0.04mm。在此基础上进行第二个载荷步的计算，得到的轮毂径向位移如图 12-8 所示（为显示清楚变形趋势，变形显示设成实际的 4 倍）。上轮毂与转子内层配合处接触压力仍有数兆帕（图 12-9），且有一定的接触面积，表明轮毂与转子未松脱。

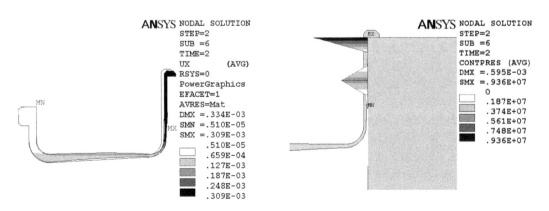

图 12-8　700r/s 上轮毂径向位移（单位：m）　　图 12-9　700r/s 上轮毂与转子接触压力（单位：Pa）

中心轴的最大 von Mises 应力为 44.4MPa，上、下轮毂最大 von Mises 应力为 330MPa，未超过铝合金材料的应力极限 550MPa。复合材料为单向（环向）缠绕，旋转时应力状态为三向受拉，按最大应力准则对正交各向进行校核。700r/s 时各方向的最大应力和应力极限如表 12-3 所示。

表 12-3 700r/s 转子复合材料最大分应力

复合材料	σ_r/MPa	σ_θ/MPa	σ_z/MPa	σ_{LS}/MPa	σ_{TS}/MPa
玻璃纤维	19.3	475	7.01	1600	30
碳纤维	13	616	4.07	1800	20

计算结果表明：复合材料纤维方向的强度足够安全，整个转子体的最大径向应力在内层玻璃纤维内部，在 700r/s 强度安全，但裕度不大。玻璃纤维内层轴向缩短 0.287mm，中间配合层缩短 0.243mm，碳纤维外层缩短 0.210mm。从复合材料内层到外层径向膨胀量总体趋势是减小的，最大径向膨胀量是在玻璃纤维内侧。这也说明两层复合材料之间在旋转的情况下是互相压紧的。

（3）理论计算数据与试验数据比较

将试验飞轮安装于飞轮储能试验台中，进行升、降速试验[9]。经过多次运行试验，最后达到 700r/s。径向测点在轮毂外环的内侧，利用电涡流位移传感器测量转子内侧在升速过程中的位移变化，为消除飞轮运行偏摆引起测量系统偏差，需要反向放置两个电涡流位移传感器。轮毂与内层玻璃纤维层紧密配合，能反映出转子内侧的真实位移。从图 12-10 中看出，ANSYS 计算结果与实验数据吻合。

12.2.2 微损耗轴承技术

轴承是飞轮储能的关键技术之一，这是决定飞轮储能系统效率和寿命的最主要因素。由于飞轮的质量、转动惯量相对较大，转速很高，其陀螺效应十分明显，并存在通过临界转速问题，因此对支承轴承提出了较高的要求。传统的滚动轴承、流体动压轴承难以满足高速重载而摩擦损耗低的要求，飞轮的先进支承方式主要有超导磁悬浮、永磁悬浮、电磁悬浮[25]。

在速度不超过 10000r/min 时，采用低成本的永磁、电磁与滚动轴承混合支承方式也是一

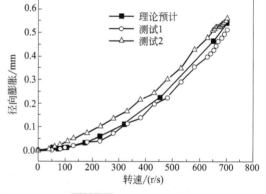

图 12-10 径向位移比较

种可行的技术，在 Piller 公司和 Active Power 公司都有采用磁浮减载滚动轴承混合支承的成熟工业产品。

12.2.2.1 高温超导磁悬浮轴承(SMB)

SMB 由永磁体与高温超导体钇钡铜氧（YBCO）组成。图 12-11 是日本新能源和工业技术发展中心（NEDO）研制的储能飞轮系统中 SMB 结构简图。当 YBCO 处于超导态时，具有抗磁性和磁通钉扎性。高温超导磁悬浮轴承就是利用抗磁性提供静态磁悬浮力，利用钉扎性提供稳定力，从而实现稳定悬浮[26]。

超导体在超导态有迈斯纳效应（Meissner effect），在磁场呈现完全抗磁性。当永磁体接近超导体时，超导体内部产生感应电流。感应电流产生的磁场与外磁场方向相反，由此产生超导体和永磁体间的斥力，使超导体或永磁体稳定在悬浮状态[27]。超导体的磁化强度取决于超导材料的微观晶体结构。有明显磁通钉扎性的 YBCO 超导体所产生的磁悬浮力有黏滞行为，它一方面表现为刚度，另一方面也带来阻尼。由于磁场的不均匀性，转子自转时，定子和转子之间的磁性相互作用会产生摩擦阻力。

SMB 的能量损耗主要包括磁滞损耗、涡流损耗和风损。由于无机械接触，SMB 的总能耗很小，当然，低温液氮的获取和维持需要消耗一定的能量。由于旋转体为永磁材料，受结构强度限制，转速不能太高，一般不超过 30000r/min。

由于具有自稳定性、能耗小、高承载力等优点，SMB 可以用作储能飞轮系统的支承，提高系统的稳定性和储能效率。

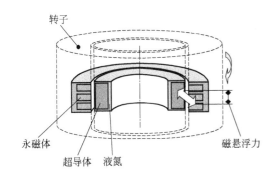

图 12-11　NEDO SMB 结构简图

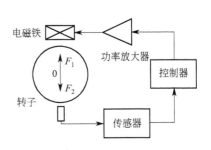

图 12-12　电磁悬浮轴承系统结构简图

12.2.2.2　电磁悬浮轴承(AMB)

电磁悬浮轴承采用反馈控制技术[26]，根据转子的位置调节电磁铁的励磁电流，以调节对转子的电磁吸力，从而将转子控制在合适的位置上。其系统结构简图如图 12-12 所示。

电磁轴承能在径向和轴向对主轴进行定位，使飞轮运转的稳定性和安全性得到一定的提高，电磁轴承的突出优点是可超高速运行，10000～60000r/min 是电磁轴承通常的运行范围。

12.2.2.3　永磁悬浮轴承和机械轴承

永磁悬浮轴承是利用磁场本身的特性将转子悬浮起来，可以完全由径向或轴向磁环组成（如图 12-13 所示），也可以由永磁体和软磁材料组成。永磁轴承可用作径向轴承，也可用作抵消转子重力的卸载轴承，都可以采用吸力型或斥力型。只用永磁轴承是不可能获得稳定平衡的，至少在一个坐标上是不稳定的。因此，对于永磁轴承系统，至少要在一个方向上引入外力（如电磁力、机械力等）才能实现系统的

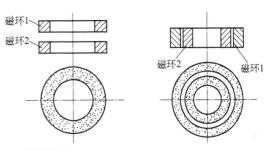

图 12-13　由磁环组成的永磁悬浮轴承结构图

稳定[28]。永磁体要实现高速旋转，必须减小径向尺寸而降低卸载力，或者以导磁钢环代替永磁环。

机械轴承主要有滚动轴承、滑动轴承、陶瓷轴承和挤压油膜阻尼轴承等，其中滚动轴承和滑动轴承常用作飞轮系统的保护轴承，陶瓷轴承和挤压油膜阻尼轴承在特定的飞轮系统中获得应用。

以上四种支承方式各有优缺点（如表 12-4 所示），因此在实际应用中常将几种支承方式组合使用。

表 12-4　四种轴承的特点

特点		SMB	AMB	永磁轴承	机械轴承
优点		自稳定 高承载力 低损耗 无须精密控制	无磨损 能耗低 噪声小 无须润滑 可控性强	卸载力大 能耗低 无须电源 结构简单	成本低 结构简单
缺点		需要液氮冷却 成本高	连续消耗电能 结构复杂	无法独立实现稳定悬浮	机械磨损 能耗较大 寿命较短

12.2.2.4　国外飞轮轴承技术研究进展

飞轮储能系统的支承轴承需要考虑转子-支承动力学、陀螺效应和功耗的影响，是各研究机

构的研究重点之一。美国宇航局 Glenn 研究中心研制的储能飞轮工作转速达到了 60000r/min，其支承系统包括：上端的组合磁轴承，提供轴向和径向磁力；径向磁轴承；高速滚珠轴承，作为保护轴承[29]。马里兰大学长期从事电磁悬浮储能飞轮开发，采用差动平衡磁轴承，已完成储能 20kW·h 飞轮研制，系统效率为 81%[29]。美国 Active Power、欧洲 Urenco 和德国 Piller 等公司生产的采用飞轮储能技术的不间断电源（UPS）已经在世界范围内销售，这些产品中飞轮的支承系统采用的都是磁悬浮轴承和机械轴承组合技术。

超导磁轴承在技术上尚未成熟，是现阶段飞轮储能技术研究的热点，德国、美国和日本在这方面进行了大量研究，并取得了一定进展，如表 12-5 所示。应用超导技术的被动磁轴承和混合式磁轴承将成为飞轮支承技术发展的主流趋势。

表 12-5　SMB 在飞轮储能系统中的应用

项　　目	美国 Boeing[30]	日本 NEDO[31,32]	日本 CJRC[33]	德国 ATZ[34]	德国 Piller
轴承	SMB(轴向) 永磁轴承	SMB(径向) AMB	SMB(轴向) AMB	SMB(轴向) 永磁轴承	SMB(径向)
轴承刚度/(N/mm)	轴向 168	轴向 3000 径向 80		轴向 3000 径向 1800	轴向 6000 径向 4000
储能量/kW·h	5	10	50	5	10
功率/kW	100	400	1000	250	2000
转子质量/kg	164	433	25000	450	450
设计转速/(r/min)	25000	15860	2000		
研究进展	15000r/min 稳定运行；最高转速达 23675r/min	最高转速达 11250r/min，5.04kW·h	处于各零部件测试阶段	通过实验验证了系统轴向轴承足以承载转子	零部件测试完成

12.2.2.5　国内储能飞轮轴承技术研究进展

国内的飞轮储能系统多采用永磁悬浮与机械轴承组合的方式，在超导磁悬浮技术方面与发达国家存在较大差距，对于超导磁悬浮轴承在储能飞轮中的应用，主要进行的是理论分析和方案设计。

华北电力大学设计并制作的飞轮储能系统中，转子质量 334kg，转动惯量 10.43kg·m²，轴承采用的是永磁吸力轴承和油浮轴承组成的混合式轴承系统[35]。转子可达到的最高转速为 6000r/min，对应的储能量为 2.05MJ。

中国科学院电工研究所研制了一台采用永磁轴承卸载，轴向位置确定，超导磁悬浮提供稳定的立轴旋转机构，径向刚度大于 3N/mm，径向振动小于 10μm。还提出了立式永磁有源超导混合磁力轴承（PASMB）研究方案[26]，即采用 PMB 轴向卸载，一个 SMB 提供稳定，一个 AMB 提高径向刚度及阻尼。

清华大学储能飞轮实验室设计制作的几套飞轮储能系统中，采用了三种支承方式，如表 12-6 所示。

表 12-6　清华大学飞轮实验室三种支承方式比较

支承方式	永磁轴承＋动压螺旋槽轴承[24]	电磁悬浮轴承[36]	永磁悬浮轴承＋滚珠轴承[37]
转速/(r/min)	42000	28500	30000
外缘线速度/(m/s)	660	450	500
储能量/W·h	510	240	1000
轴承功耗/W	40	<10	高
成本	较低	高	低
结构复杂性	较低	高	低
可靠性	高	高	高

12.2.2.6　结论

目前，机械轴承和永磁轴承技术被广泛地应用在飞轮储能系统中。采用电磁轴承的飞轮储能技术已比较成熟，并实现了产品化。超导磁轴承在技术上尚未成熟，是现阶段飞轮储能技术研究的热点，德国、美国、日本和韩国在这方面进行了大量研究，应用超导技术的被动磁轴承和混合式磁轴承将成为飞轮支承技术发展的主流趋势。我国的飞轮储能技术，尤其是在微损耗轴承技术方面，与发达国家存在较大的差距。

12.2.3　电机技术

电机是飞轮储能系统的做功部件，实现电能与动能的变换，电机电动/发电双向变速运行。当外界能量输入系统时，电机转速升高带动飞轮转子转速升高，将电能转换成动能，当向外界输送能量时，电机将飞轮转子减小的动能转换成电能，飞轮转速降低[38]。

12.2.3.1　电机类型

高速飞轮储能用电机应具有以下基本性能要求：额定功率时具有很高的效率，空载时具有很低的损耗；具备电动/发电集成功能。感应电机、磁阻电机和永磁电机均能实现电动和发电。飞轮储能电机与常规电机的主要差别是高速、变速、变矩。

感应电机具有结构简单、制造方便等优点，但是由于功率因数不高、效率较低以及调速性能较差，在飞轮储能系统中应用较少[39]。

磁阻电机结构简单，其突出的优点是转子不存在电磁损耗，待机状态无损耗，较适合于内燃机发电 UPS 系统的跨越电源。磁阻电机包括开关磁阻电机和同步磁阻电机两种。开关磁阻电机存在噪声大及转矩脉动大等问题，在飞轮储能技术上的应用较少。同步磁阻电机能够克服开关磁阻电机的缺陷，而且效率高、转子损耗低。

可应用于飞轮储能电能转换的永磁电机包括永磁无刷直流电机和永磁同步电机[40~43]。永磁无刷直流电机结构具有灵活多变的特点，按照磁场的方向不同可以分为径向磁场结构和轴向磁场结构，按照转子的位置不同可以分为内转子和外转子结构，还包括一些特殊的电机结构，如 Halbach 磁场转子结构、定子无铁芯结构等。

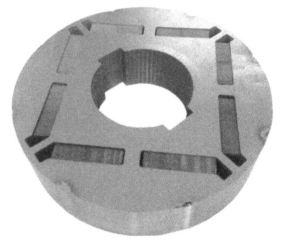

图 12-14　永磁体嵌入"窗式"转子结构

由于电机的转速较高，转子将承受很大的离心力，转子设计时应合理地选择转子的长径比，使转子既有足够的强度和刚度，又有足够的空间安放永磁体，输出需要的转矩和功率。烧结而成的永磁材料不能承受高速旋转产生的拉应力，保护永磁体的方法主要有三种[44,45]：一是采用高强度的非导磁不锈钢护套；二是采用碳纤维绑扎永磁体；三是采用窗式嵌入结构（图 12-14）。

12.2.3.2　电机损耗分析

永磁同步电机转子与定子基波磁动势同步旋转，因此转子涡流损耗较少。高速永磁同步电机谐波频率较高，且由于定子开槽、定子磁势的空间和时间谐波的存在，会在转子中产生涡流损耗。尽管与定子铁芯损耗以及绕组铜耗相比，转子涡流损耗较小，但是转子散热条件差，转子涡流损耗可能会引起转子较高的温升。且永磁材料性能与温度有关，尤其是对于居里点较低、电导率较高、温度系数较大的钕铁硼材料，过高的温度会使钕铁硼永磁电机性能下降，甚至引起磁钢的退磁而损坏电机。

国内外学者提出了多种计算转子涡流损耗的方法[46,47]，研究方法主要有两种：一种为不计磁路饱和及齿槽效应，如解析法；另一种为计及了磁路饱和及齿槽效应的瞬态有限元法，但往往只计算总的磁钢涡流损耗。

在电机的温升计算和散热技术方面，对于定子上的铁芯损耗和绕组中的铜损，采用合适的冷却措施（如油冷或水冷）就可以把定子的温度大大降低。但是对于转子上的涡流损耗，由于转子的冷却和散热条件差，容易使转子产生很高的温升。目前针对高速电机转子散热的研究很少，大多数都集中在降低转子涡流损耗和风阻损耗，控制热源，来改善转子散热条件。文献［48］通过选择导热性能更好的材料、增加材料的散热面积和在电机轴上设置直径为 10mm 的通孔来改善转子散热条件。

对于在真空环境下工作的飞轮储能用高速电机，由于没有传导介质和空气的对流，转子只能靠辐射散热，散热条件更差[49,50]。

12.2.3.3　高速电机研究方向

高速电机的研究目前正在成为国际电工领域的研究热点。由于军用和民用对高速电机的需求，20 世纪末以来发达国家竞相开展对高速电机的研究，其中以美国发展最为迅速。美 Calnetix 公司开发的舰用 2MW 高速永磁发电机，转速范围为 19000～22500r/min。

（1）高速电机转子结构与强度

电机在高速旋转时转子的离心力很大，当线速度达到 150m/s 以上时，常规叠片转子难以承受高速旋转产生的离心力，需要采用特殊的高强度叠片或实心转子。

高速感应电机的转子损耗大，功率因数低，但其实心转子能够承受 300m/s 的表面速度，并能承受较高的温度。

高速永磁电机结构有多种形式，即内转子周边永磁体结构、外转子周边永磁体结构和内转子圆柱永磁体结构。

（2）高速电机的定子结构

定子结构对高速电机的性能有重要的影响。斯德歌尔莫皇家工学院研究高速永磁发电机的特性、参数、结构，设计了一台 20kW 样机，该样机采用了定子无槽结构，定子绕组采用环形绕组。在该结构中，由于定子铁芯没有齿槽，防止了因定子开槽在转子表面引起的涡流损耗，这也是该结构的优点所在。但是，在转子永磁体和定子铁芯之间，电枢绕组占了很大空间，这将使电机的气隙增大，导致电机输出功率受到限制。

（3）高速电机的损耗和温升计算

高速电机的损耗计算和传统电机的损耗计算有很大的不同。高速电机功率大，体积小，功率密度高，但同时高速电机单位体积内的损耗也大。虽然目前对各种普通电机的电磁性能和损耗研究比较多，但是对高速电机损耗的研究比较少。高速电机的定子损耗分为铜耗和铁耗，其中定子铜耗计算比较简单。要计算定子铁耗，首先必须了解定子材料在高频下的损耗系数。

12.2.4　飞轮储能电力电子技术

飞轮储能电力电子装置实现电机的升降速控制、飞轮储能系统与电网或负载之间的物理连接，实现电能的双向流动。

12.2.4.1　概述

现代电力电子技术的发展使得变频调速技术日益成熟，改变电源的频率即可改变电机的运行速度，改变电流即可控制电机的转矩。

飞轮储能系统电机控制方法一般为：先通过整流器将三相交流电源整流成直流电源，再通过逆变器将直流电源逆变为电压和频率可控的交流电源提供给电动机，然后由频率的提高来达到提高电动机转速的目的。因此基于功率电子模块的飞轮储能电机控制系统的功能是：①调节电机转速，调节电机的转矩；②实现 AC-DC-AC 变频和逆变，在电机-电源之间实现电能双向流动[51]。

飞轮"电池"的"充电"和"放电"功能由 PWM 变流器来控制实现，PWM 变流器能工作于整流和逆变两种状态，可以实现能量的双向输送。随着电力电子技术的发展和新的功率器件

IGBT 和 IGCT 的应用，电力变换电路转换效率和器件开关频率更高，导通损耗更小。

电力变换电路的实现方法主要有三种，即电压型两电平三相全桥逆变电路、三电平中点钳位电路，以及基于矩阵变换器的电压型交变频拓扑[51]。

12.2.4.2　控制器结构与控制方法

在飞轮储能系统中，电力变换电路的控制包括飞轮电机的充放电控制器和飞轮储能应用于电网的功率调节器 PCS。充放电控制器是指由逆变器驱动电机使其加速或者减速，功率调节器是将飞轮转子减速放电生成的制动能量转换成满足负载功率和电压等级要求的能量。

永磁同步电机可以采用矢量控制或者直接转矩控制[52]。矢量控制是基于磁场定向的控制策略，通过控制电机的电枢电流实现电磁力矩控制，速度外环和电流内环的存在，使电机电枢电流动态跟随系统给定，以满足实际对象对电机电磁力矩的要求。电机的电磁力矩平稳，可以运行的转速较低，调速范围较宽。电机启动、制动时，所有电流均用来产生电磁力矩。

直接转矩控制是由控制转矩和磁链入手，无须精确掌握电机的各项参数，根据给定的电磁转矩指令和实际转矩观测值比较得出转矩误差，确定转矩的调节方向，然后根据定子磁链的大小与相位角确定合适的定子电压空间矢量，从而确定两电平逆变器的开关状态，使电磁转矩快速跟踪外部给定的转矩指令值。基于转矩方程，永磁同步电机有四种电流控制方式：① $i_d = 0$ 的矢量控制；② 最大转矩电流控制，即定子电流最小控制；③ 单位功率因数控制；④ 弱磁控制。

飞轮储能系统的功率调节器 PCS 是将电机减速生成的变频变压的反电势变换成适应于用户使用的电能形式，目前的实现方式主要有两种，一种是在永磁电机的矢量控制的基础上，将直流母线电压和给定电压的差值经过电压控制器生成电机的制动转矩指令值，构成电压外环、速度内环的双环控制结构。另一种是在飞轮减速时把逆变器的可控开关管全部关断，仅利用其续流二极管构成不控整流桥，得到幅值持续降低的直流电压，再经过 DC/DC 升降压控制把直流母线电压稳定在恒定值。

12.2.4.3　控制器算法研究

郭伟针对飞轮储能系统（FESS）转动惯量大、启动时在零速附近容易出现转速震荡的问题，采用理论计算转速替代模型参考自适应（MRAS）算法的观测转速，并用给定电流替代反馈电流对耦合项进行计算，减小电机转速震荡[53]。宋良全在分析了开关磁阻电机电动、发电运行原理的基础上，结合飞轮的充放电过程控制，提出了飞轮在加速储能过程采用恒转矩结合恒功率的控制方法，在减速发电过程采用闭环恒电压输出的控制方法[54]。杜玉亮分析了永磁同步电机的弱磁控制原理，在负 i_d 补偿弱磁控制策略中采用了复矢量电流调节器，提高了飞轮储能系统控制器的动态性能和稳定性[55]。

荀尚峰基于电压电流双环 PI 控制算法基础上，提出飞轮储能系统放电时双环串级非线性控制算法。电压外环采用鲁棒性强的滑模变结构控制，改善了飞轮储能系统放电时的动、静态特性。在双环之间添加限流环节，保证了飞轮储能系统的安全运行[56]。黄宇淇等提出永磁无刷直流电机回馈制动新 6 拍脉宽调制方式，并将之应用于高速飞轮储能系统，改善了相电流波形，显著减小了无刷直流电机在高速发电机状态下的转矩脉动[57]。朱俊星等研究了基于飞轮储能的 DVR 拓扑结构及各自的充电策略，提出了两种新型的拓扑结构：并联结构和串联结构，并针对串联结构提出了自充电策略，对 3 种拓扑结构进行了比较[58]。

唐西胜等给出了飞轮阵列储能系统的设计方法、并联拓扑结构与控制策略[59]。随着飞轮储能单元并联技术的逐渐成熟，飞轮阵列储能系统应用领域将逐步扩展到电力系统调频、间歇式可再生能源发电等领域，并将在提高电网对可再生能源的接纳能力等方面发挥重要作用。

12.2.4.4　500kW 飞轮储能电机控制器设计举例[60]

飞轮储能系统的充电控制采用转速和电流双闭环控制策略，其中电流控制采用基于 $i_d = 0$ 的矢量控制策略，飞轮储能系统充电控制框图如图 12-15 所示。

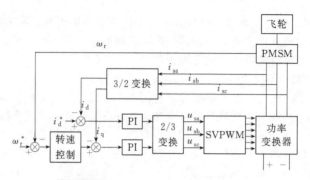

图 12-15 飞轮储能系统充电控制框图

飞轮充电时，先启动至某一转速，然后进入工作转速运行，设定最低工作转速和最高工作转速。根据飞轮储能系统的充电工作特性要求（即功率和时间限制），参考智能复合控制策略，提出一种改进复合控制的充电控制策略：启动飞轮电机；在电机转速低于最低工作转速时，采用恒转矩方式运行；在电机最低工作转速至最高工作转速之间，采用恒功率方式运行；到达最高工作转速后，以小功率维持飞轮运行。飞轮充电控制策略如图 12-16 所示。

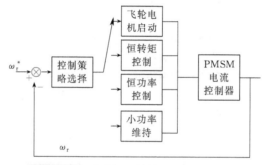

图 12-16 改进复合控制的充电控制策略

飞轮储能系统放电时，电机电流和直流侧电流均反向，双向能量变换器实现三相 PWM 整流。采用直流母线电压和永磁电机电流双闭环的控制方式，用直流电阻充当直流负载。飞轮储能系统放电控制框图如图 12-17 所示。

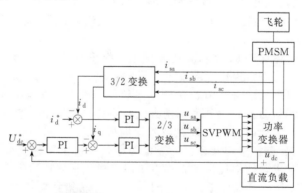

图 12-17 飞轮储能系统放电控制框图

12.2.5 真空及系统集成技术

系统真空与安全技术目标是：研究解决高真空、密封技术以降低风损；研究飞轮破毁防护措施，确保安全。

采取的技术路线：①采用高质量的结构材料、辅助结构材料和真空密封物质，结构设计中考虑使用低蒸气压环氧树脂材料加强密封，以降低系统的漏率；②高真空腔体与普通真空腔体连接处采用特殊设计，根据飞轮转子的特点，增加特殊结构的螺旋分子泵装置；③普通真空腔体内设置高性能的吸气材料，用于吸收少量渗入腔体的气体，在没有外接真空获得设备时，只要系统的漏率满足设计要求，就可以较长时间维持普通真空腔体内的真空度。

整个系统的初始真空由外接真空获得设备（涡轮分子泵＋前级机械真空泵）获得，系统真空条件达标后，断开真空获得设备，当真空压力升高到一定值（比如 10Pa）后，再次启动真空获得设备，降低飞轮系统的真空室内压力③。

实时检测飞轮转速、振动、轴承温度、密封室内压力、电机绕组温度、电力控制器电压、电力控制器电流信息，并自动分析判断飞轮储能系统的状态，在参数异常时，及时采取必要的对策并发布给电力控制器、电力用户系统，这对系统安全运行至关重要，这就需要一个智能仪器仪表系统。

飞轮储能系统涉及高速机械、轴承、电机、电力电子、真空等技术，系统复杂程度较高，各分系统需要协调，总体考虑分析充分才能得到工程应用所必需的高效率、高可靠特性。

12.3 产业应用概况

12.3.1 研究开发机构概述

世界范围内，从 20 世纪 70 年代开始，美国、欧洲和日本都有企业、大学开展飞轮储能技术研究开发。比如，美国 NASA 所属 Glenn 研究中心致力于为航天飞轮储能技术开发，研究工作持续了 10 年。最近十五年，亚洲的韩国、中国出现了研究飞轮储能技术的热点。

国内研究机构包括中科院电工研究所、清华大学、华中科技大学、浙江大学、北京航空航天大学、哈尔滨工业大学以及中国电力科学研究院等多家单位。

12.3.2 生产企业

美国 Active Power 成立于 1992 年（NASDAQ：ACPW），生产基于飞轮储能的 UPS。其不间断电源产品销售到全球 50 个国家和地区。飞轮 UPS 的容量范围为 300～1200kV·A，满负荷工作时间 14s，飞轮单体可用动能 3360kJ，储能单元为磁阻电机转子，转速 7700r/min。Active Power 公司产品及应用见表 12-7。

Piller Group 生产大容量旋转 UPS、混合 UPS、内燃机 UPS、静态 UPS 等电源产品。Powerbridge Flywheel 可以释放的能量为 2400kW×8s＝19.2MJ（飞轮转速 3600～1500r/min）。

Beacon Power 公司成立于 1997 年。在美国能源部的支持下，2011 建成了 20MW 飞轮调频电厂，该公司在 2012 年被 Rockland Capital 收购。Beacon 公司产品飞轮单体 100kW，放电 900s，能量 90MJ（25kW·h）。2014 年又建成了第 2 座 20MW 飞轮储能调频电站。

表 12-7 美国 Active Power 公司产品及应用

Custom	Solution	Application
University of Texas at Austin(Austin,TX)	4x CleanSource UPS 900kV·A systems	Data center protection
Major wireless telecom provider(California)	Rapid delivery of 2x PowerHouse systems(rated at 480kW each) andchillers	Continuous power for containerized datacenter deployment
Chemicals manufacturer(Nunchritz,Germany)	2 x CleanSource UPS 750kV·A systems	Silicon production

12.4 技术经济分析与发展趋势

12.4.1 技术指标

飞轮储能技术指标包括储能容量、功率、循环效率、待机损耗、功率密度、能量密度等。

12. 4. 1. 1　功率及功率密度

功率指标反应飞轮储能电源系统单位时间内的做功能力，工业应用的单个飞轮储能电源功率范围为 100～1000kW，多个飞轮并列运行可以输出上兆瓦的功率。

实验室研究飞轮储能系统功率多数在几百瓦到几十千瓦。

12. 4. 1. 2　能量及能量密度

飞轮能量反映其在特定转速下的动能，单位采用 W·h，1W·h＝3600J，工业应用的单个飞轮储能量多数在 1000～5000W·h。Beancon 公司的单个复合材料飞轮储能 25kW·h，是目前工业应用中最大的飞轮。

工业应用中的飞轮转子的储能密度为 5～20W·h/kg。实验研究飞轮储能转子密度可以达到 50～100W·h/kg。飞轮储能系统因系统结构复杂，重量较大，系统的储能密度为飞轮转子储能密度的 1/2 到 1/5。

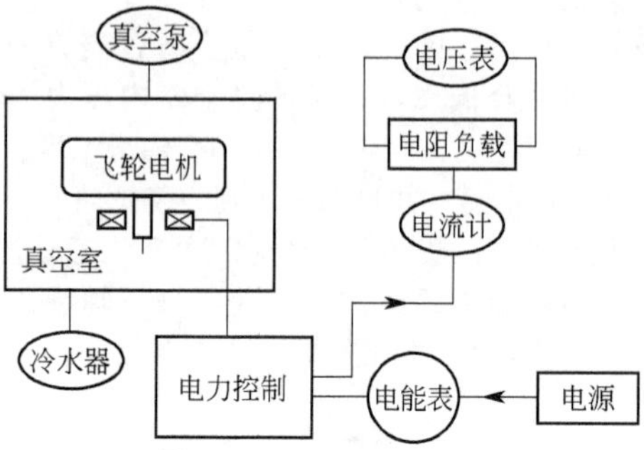

因飞轮储能系统功率大，因此充放电时间比较短。多数飞轮储能系统额定放电时间为 10～30s，最长的 Beacon 公司飞轮可 100kW 放电 900s。

图 12-18　飞轮储能系统实验系统

12. 4. 1. 3　储能系统效率

为了测量整个飞轮电机充放电效率，建立图 12-18 所示的实验系统，测量方法是：在设备电源输入端安装数显三相电度表，直接测量输入电能；输出负载串联电流表，并联电压表，再通过实时记录的放电时间计算出放电量。

确定充电循环飞轮电机转速由 12000r/min 升速到 36000r/min，发电循环转速由 36000r/min 降速到 12000r/min，充放电之间无待机空载状态。飞轮电机放电深度：

$$\lambda = \frac{n_t^2 - n_b^2}{n_b^2} \times 100\% = 88.9\% \tag{12-16}$$

式中，n_t 为飞轮电机最高工作转速；n_b 为最低工作转速。

（1）充电效率

充电效率定义为充电结束后，飞轮（转动惯量为 J）转速（单位为：r/min）由 n_b 升到 n_t，飞轮所具有的动能 E_d 与电机控制系统输入电能 E_i 之比，即

$$\eta_c = \frac{E_d}{E_i} \tag{12-17}$$

$$E_d = \frac{1}{1800} \pi^2 J (n_t^2 - n_b^2) \tag{12-18}$$

（2）放电效率

发电降速时，发电机带负载运行，电机回路有电流通过，铁损、铜损同时存在，带动负载要经过电力变换器而存在转换能量损耗，合称发电损耗。但是目前这些损耗还不能通过试验方法直接测量，于是考虑采用间接测量的方法。

通过记录负载的电压 U 和电流 I，得到负载功率 P，开始放电时，便开始记录时间。实验过程中记录负载的电压 U 和电流 I 的同时需要记录相应的时间 t_0，t_1，t_2，t_3，t_4，…，将相邻时间作差便得到各个功率对应的近似放电时间 $\Delta t_1 = t_1 - t_0$，$\Delta t_2 = t_2 - t_1$，…，再将功率对时间积分，便得到负载有用功 W_1：

$$W_1 = \sum_{i=1}^{n} P_i \times \Delta t_i (i = 1, 2, \cdots, n) \tag{12-19}$$

放电效率定义为放电结束后，飞轮转速由 n_t 降到 n_b，系统放出的电能（负载有用功）与飞轮所具有的动能之比，即

$$\eta_d = \frac{W_1}{E_d} \tag{12-20}$$

（3）充放电效率

飞轮电机充放电效率定义为放出能量（负载有用功）与系统输入能量之比，即

$$\eta_{\mathrm{E}} = \frac{W_{\mathrm{l}}}{E_{\mathrm{i}}} \tag{12-21}$$

（4）飞轮储能系统效率的测量

实验条件为：真空 0.4Pa，轴向承载力 5.3kgf（1kgf＝9.80665N）。实验转速由 12000r/min 开始，记录升速到 18000r/min、24000r/min、30000r/min、36000r/min 时各测量点的电能表读数，可以知道不同充电、放电深度条件下的充放电效率。测量表明，最高转速一定，放电深度降低，效率提高。

风损、轴承摩擦损耗的功率可以计算并由实验验证得到，与时间相乘便得到能量，电机及控制损耗等于总损耗能量（输入电能与飞轮动能之差）减去风损、轴承损耗。转速由 12000r/min 升至 36000r/min，当外电源为飞轮系统输入电能为 1.58MJ 时，各部分能量值如表 12-8 所示。

表 12-8　充放电循环能量分布

项　　目	充电	放电	循环	E_{i}	项　　目	充电	放电	循环	E_{i}
输入电能/10^6J	1.58	—	1.58	100%	轴承损耗/10^4J	5.30	6.18	11.5	7.2%
动能/10^6J	1.14	1.14	—	—	电机损耗/10^5J	3.71	4.06	7.77	49%
风损/10^4J	1.82	2.10	3.92	2.5%	负载/10^5J	—	6.54	6.54	41%

由表 12-8 可知，放电过程中风损、轴承损耗与电机及控制损耗均大于充电过程中的对应值，这是因为放电时间较充电长 18.6%。在 12000r/min-36000r/min-12000r/min 充放电循环内系统的效率为 41%，而电机损耗及其控制损耗占据了 49%，风损和轴承损耗之和为 10%。

假定不计轴承、风损，假定电机效率、控制器效率都提高到 98%，系统充放电效率就有 92.23%（0.98 的四次方），因此飞轮储能商业化产品的循环能量效率合理区间是 85%～95%。

（5）飞轮充放电效率分析

飞轮储能系统一般还有维持真空的泵系统和冷却轴承、电机的水系统，其消耗功率分别为 P_{va}、P_{co}，充电循环，飞轮升速用时 t_{c}；高速待机时间 t_{i}，放电循环，飞轮降速用时 t_{d}，系统循环周期：

$$\begin{aligned} T &= t_{\mathrm{c}} + t_{\mathrm{d}} + t_{\mathrm{i}} = \frac{E_{\mathrm{d}}}{\eta_{\mathrm{c}} P_{\mathrm{m}}} + \frac{E_{\mathrm{d}}}{\eta_{\mathrm{d}} P_{\mathrm{g}}} + t_{\mathrm{i}} \\ &= \frac{E_{\mathrm{d}}(\eta_{\mathrm{c}} + \eta_{\mathrm{d}})}{P_{\mathrm{m}} \eta_{\mathrm{c}} \eta_{\mathrm{d}}} + t_{\mathrm{i}} \end{aligned} \tag{12-22}$$

式中，P_{m} 为电机电动功率；P_{g} 为电机发电功率。

系统充放电循环效率：

$$\begin{aligned} \eta_{\mathrm{s}} &= \frac{W_{\mathrm{l}}}{E_{\mathrm{i}} + T(P_{\mathrm{va}} + P_{\mathrm{co}})} = \frac{\eta_{\mathrm{d}} E_{\mathrm{d}}}{\dfrac{E_{\mathrm{d}}}{\eta_{\mathrm{c}}} + T(P_{\mathrm{va}} + P_{\mathrm{co}})} \\ &= \frac{\eta_{\mathrm{d}}}{\dfrac{1}{\eta_{\mathrm{c}}} + \dfrac{(t_{\mathrm{c}} + t_{\mathrm{d}})(P_{\mathrm{va}} + P_{\mathrm{co}})}{E_{\mathrm{d}}} + \dfrac{t_{\mathrm{i}}(P_{\mathrm{va}} + P_{\mathrm{co}})}{E_{\mathrm{d}}}} \end{aligned} \tag{12-23}$$

式中，P_{va} 为真空维持功率；P_{co} 为冷却水制冷及输运功率。

$$\eta_{\mathrm{s}} = \frac{\eta_{\mathrm{d}}}{\dfrac{1}{\eta_{\mathrm{c}}} + \dfrac{(P_{\mathrm{va}} + P_{\mathrm{co}})(\eta_{\mathrm{c}} + \eta_{\mathrm{d}})}{P_{\mathrm{m}} \eta_{\mathrm{c}} \eta_{\mathrm{d}}} + \dfrac{t_{\mathrm{i}}(P_{\mathrm{va}} + P_{\mathrm{co}})}{E_{\mathrm{d}}}}$$

$$= \frac{\eta_d}{\dfrac{1}{\eta_c} + \dfrac{P_{va}+P_{co}}{P_m}\left(\dfrac{1}{\eta_c}+\dfrac{1}{\eta_d}\right) + \dfrac{t_i(P_{va}+P_{co})}{E_d}} \tag{12-24}$$

$$P_{co} = \alpha(P_w + P_b + \beta P_m)$$

式中，α 为热交换系数；P_w 为风损功率；P_b 为轴承损耗功率；β 为电机发热系数。

$$\eta_s = \frac{\eta_d}{k}$$

$$k = \frac{1}{\eta_c} + \left(\frac{P_{va}+\alpha P_w+\alpha P_b}{P_m}+\alpha\beta\right)\left(\frac{1}{\eta_c}+\frac{1}{\eta_d}\right) + \frac{t_i(P_{va}+P_{co})}{E_d} \tag{12-25}$$

当飞轮充电、放电效率 η_c、η_d 确定后，上式中只有 t_i、P_{va} 和 P_m 是变量，提高 P_m，提高真空密封性能以减小 P_{va} 和缩短待机 t_i 时间将会提高系统的储能效率。这就是飞轮电机功率必须要做大的原因。

商业应用飞轮 UPS 因长时间待机，即 t_i 很长，系统能量效率趋于 0，因此它是一个耗能部件，以耗能为代价确保供电可靠性。

电机功率做大后，总能量受转速限制而确定，循环周期变短可以缩短轴承、风损做功时间，从而提高充放电效率。因此飞轮储能系统效率高的应用条件是大功率、快速充放电，无高速待机状态。飞轮储能应用于航天，由于航天真空、微重力环境使得真空维持功率、风损功率为 0，而轴承损耗也会降低，因此储能效率得以提高。

12.4.2　经济性估计

以功率 200kW，储能 1000～2000W·h 的飞轮储能系统为例，对其经济性做一个初步的评估。材料费估价见表 12-9。

表 12-9　材料费估价

材　料	单价/元	数　量	总价/万元
钢飞轮	20～30	200～400	0.4～1.2
碳纤维飞轮	300～500	50～100	1.5～5.0
轴承	2500	4	1.0
电磁轴承	10000	5	5.0
电机绕组	80～100	100～200	0.8～2.0
硅钢片	20～30	200～400	0.4～1.2
永磁材料	1500～2000	5～20	0.8～4.0
钢飞轮合计			3.4～14.4
碳纤维飞轮合计			4.3～18.2

12.4.2.1　飞轮电机轴系
制造费用估价：4 万～18 万元，材料与制造费用合计：8 万～36 万。

12.4.2.2　电力控制器
500～800 元/千瓦×200 千瓦=10 万～16 万元。控制电路 4.0 万～6.0 万元。小计：14.0 万～22.0 万元，制造费用：4.0 万～6.0 万元，器件电路合计：18.0 万～28.0 万元。

12.4.2.3　辅助系统
真空系统 1.0 万元，检测系统 3.0 万元，机组结构 4.0 万元，合计：8.0 万元。
上述 3 项制造成本 34.0 万～72.0 万元，加上研发成本分摊 6 万元，则合计 40 万～80 万/

套。于是飞轮储能功率成本 2000～4000 元/kW，能量成本 20 万～40 万/(kW·h)，其储能成本太高，只能通过其循环次数 10 万次以上来弥补。

上述分析表明，飞轮储能如长期使用，能量效率特性不具有优势，其空载损耗偏高，相对于电池或超级电容器的自放电率而言，是一个明显的劣势。因此飞轮储能的竞争优势在于寿命长、快速频繁充放电。对于高品质的不间断供电领域，其作为大功率跨越电源保证供电安全性，需要付出耗能的代价，在长使用周期内，费用低于传统的铅酸电池。

12.5　本章小结

飞轮储能技术是一种独具特色的较为成熟的储能技术，在不间断电源供电、独立能源系统调峰以及电网调频中均有应用。

飞轮储能电机功率等级涵盖 100～1000kW，飞轮阵列可以实现数十兆瓦功率输出，其工作时间为 10～1000s，充放电效率为 85%～95%，充放电循环寿命超过 10 万次以上。因此一般认为飞轮储能是分秒级大功率容量的高效储能技术。

采用新材料和结构的转子研究目标是提高其储能密度，采用新型超导磁悬浮技术的目标是降低飞轮电机轴系损耗。

欧美在飞轮储能技术方面处于领先水平，亚洲各国研究热点不断。针对广阔的储能需求，飞轮储能应有其发展的一方空间。

参 考 文 献

[1] 哈尔滨工业大学理论力学教研室. 理论力学. 北京：高等教育出版社，2009.
[2] Genta G. Kinetic energy storage：theory and practice of advanced flywheel systems. London & Boston：Butterworths，1985.
[3] Baker J. New technology and possible advances in energy storage. Energy Policy，2008，36：4368-4373.
[4] Armagnac A P. Super flywheel to power zero-emission car. Popular Science，1973，11：41-43.
[5] Medlicott P A. Development of a lightweight，low cost flywheel energy storage system for a regenerative braking application. USA，SAE/P-85-164.
[6] Asper H K，et al. Application oriented flywheel energy storage system research at the ETH-Zurich. Intersociety Energy Conversion Engineering Conference，1988：69-74.
[7] Loewenthal S H，et al. Operating characteristics of a 0.87kW·h flywheel energy storage module. USA：IECEC，1985：361-371.
[8] Takahashi I，Itoh Y，Andoh I. Development of a new uninterruptible power supply using flywheel energy storage system. Industry Applications Society Meeting，2008，112（9）：711-716.
[9] Post R F，Bender D A Merritt B T. Electromechanical battery program at the Lawrence Livermore National Laboratory. Intersociety Energy Conversion Engineering Conference，1994：1367-1373.
[10] Hockney R L，Driscoll C A. Powering of standby power supplies using flywheel energy storage. International Telecommunications Energy Conference，1997：105-109.
[11] Tarrant C. Revolutionary flywheel energy storage system for quality power. Power Engineering Journal，1999，13（3）：159-163.
[12] Darrelman H. Comparison of high power short time flywheel storage systems. International Telecommunication Energy Conference，1999：492.
[13] Werfel F N，et al. A compact HTS 5kW·h/250kW flywheel energy storage system. IEEE Transactions on Applied Superconductivity，2007，17（2）：560-565.
[14] Koshizuka N. R&D of superconducting bearing technologies for flywheel energy storage systems. Physica C Superconductivity and Its Applications，2006，445：1103-1108.
[15] Strasik M，et al. Design，fabrication，and test of a 5kW·h/100kW flywheel energy storage utilizing a high-temperature superconducting bearing. IEEE Transactions on Applied Superconductivity，2007，17（2）：2133-2137.
[16] 戴兴建，于涵，李奕良. 飞轮储能系统充放电效率实验研究. 电工技术学报，2009，24（3）：20-24.
[17] 张力，张恒. 复合材料飞轮研究进展. 兵器材料科学与工程，2000，24（1）：63-65.
[18] 戴兴建，李奕良，于涵. 高储能密度飞轮结构设计方法. 清华大学学报：自然科学版，2008，48（3）：379-382.
[19] 李文超，沈祖培. 复合材料飞轮结构与储能密度. 太阳能学报，2001，（22）：96-101.

[20] 李奕良.纤维缠绕飞轮强度分析与高效永磁轴承设计.北京:清华大学工程物理系,2008.

[21] Ha S K, Han H H, Han Y H. Design and manufacture of a composite flywheel press-fit multi-rim rotor. Journal of Reinforced Plastics and Composites, 2008, 27 (9): 953-965.

[22] Krack M, Secanell M, Mertiny P. Cost optimization of hybrid composite flywheel rotors for energy storage. Structural and Multidisciplinary Optimization, 2010, 41 (5): 779-795.

[23] Gowayed Y, et al. Optimal design of Multi-direction composite flywheel rotors. Polymer Composites, 2002, 23 (3): 433 -441.

[24] 戴兴建,卫海岗,沈祖培.储能飞轮转子轴承系统动力学设计与试验研究.机械工程学报,2003,39 (4): 97-101.

[25] 蒋书运,卫海岗,沈祖培.飞轮储能技术研究的发展现状.太阳能学报,2000,21 (3):424-433.

[26] 方家荣,林良真,夏平畴,严陆光.超导混合磁力轴承的发展现状和前景.电工电能新技术,2000,1:27-31.

[27] 詹三一,唐跃进,李敬东,等.超导磁悬浮飞轮储能的基本原理和发展现状.电力系统自动化,2001,25 (16): 67-72.

[28] 杨怀玉,陈龙.被动磁力轴承在磁悬浮技术中的作用.机械工程与自动化,2005,(4):123-126.

[29] 王健,戴兴建,李奕良.飞轮储能系统轴承技术研究新进展.机械工程师,2008,(4):71-73.

[30] Strasik M, et al. Design, fabrication, and test of a 5kW·h/100kW flywheel energy storage utilizing a high-temperature superconducting bearing. IEEE Transactions on Applied Superconductivity, 2007, 17 (2): 2133-2137.

[31] Koshizuka N, et al. Progress of superconducting bearing technologies for flywheel energy storage systems. Physica C Superconductivity & Its Applications, 2006, 445-448 (8): 1103-1108.

[32] Isono M, et al. Operation tests of 10kW·h-class flywheel energy storage system with radial-type superconducting magnetic bearings. Journal of the Cryogenic Society of Japan, 2005, 40 (12): 578-584.

[33] Yamauchi Y, et al. Development of 50kW·h-class superconducting flywheel energy storage system. International Symposium on Power Electronics, 2006, 36: 484-486.

[34] Werfel F N, et al. A compact HTS 5kW·h/250kW flywheel energy storage system. IEEE Transactions on Applied Superconductivity, 2007, 17 (2): 2138-2148.

[35] Zhang J. Research on flywheel energy storage system using in power network. International Conference on Power Electronics & Drives Systems, 2005, 2: 1344-1347.

[36] 白金刚.储能飞轮磁轴承系统研究.北京:清华大学工程物理系,2007.

[37] 唐长亮,戴兴建,王健,李奕良.20kW/1kW·h飞轮储能系统轴系动力学分析与试验研究.振动与冲击,2013, 32 (1):38-42.

[38] 金能强,夏平畴.飞轮电力储能系统.电工技术杂志,1997,1:16-19.

[39] 鲍海静,梁培鑫,柴凤.飞轮储能用高速永磁同步电机技术综述.微电机,2014,47 (2):64-72.

[40] Nagorny A S, et al. Design aspects of a high speed permanent magnet synchronous motor/generator for flywheel application. IEEE Transaction on Industry Application, 2005: 635-641.

[41] Zhu Z Q, Howe D. Halbach Permanent magnet machines and applications: a review. IEE Proceedings Electric. Power Application, 2002, 148 (4): 299-308.

[42] Jang S M, Jeong S S, Wan D, et al. Comparison of three types of PM brushless machines for an electro-mechanical battery. IEEE Transactions on Magnetics, 2000, 36 (5): 3540-3543.

[43] 王志强,房建成,刘刚.高速无刷直流电机在磁悬浮惯性执行机构中的应用研究进展.航天控制,2009,1 (27): 98-103.

[44] 王继强,王凤翔,孔晓光.高速永磁发电机的设计与电磁性能分析.中国电机工程学报,2008,28 (20): 105-110.

[45] Wu L J, Zhu Z Q. Analytical prediction of electromagnetic performance of surface-mounted PM machines based on sub-domain model accounting for tooth-tips. IET Electric Power Applications, 2011, 5 (7): 597-609.

[46] Ede J D, Atallah K, Jewell G W, et al. Effect of axial segmentation of permanent magnets on rotor loss in modular permanent-magnet brushless machines. IEEE Transactions on Industry Applications, 2007, 5 (43): 1027-1213.

[47] 周凤争,沈建新,王凯.转子结构对高速无刷电机转子涡流损耗的影响.浙江大学学报,2008,42 (9): 1587-1590.

[48] 杜国华,房建成,刘西全,等.高速永磁无刷直流电机的热分析.北京航空航天大学学报,2012,8 (38): 1101-1105.

[49] 张姝娜,房建成,韩邦成,等.磁悬浮飞轮转子组件温度场分析与研究.中国惯性技术学报,2007,15 (1): 67-71.

[50] Huynh C, Zheng L P, McMullen P. Thermal performance evaluation of a high-speed flywheel energy storage system. Conference of the IEEE Industrial Electronics Society, 2007: 163-168.

[51]　唐任远．现代永磁电机理论与设计．北京：机械工业出版社，1997.

[52]　汤双清．飞轮储能技术及应用．武汉：华中科技大学出版社，2007.

[53]　郭伟，王跃，李宁．永磁同步电机飞轮储能系统充放电控制．西安交通大学学报，2014，48（10）：60-65.

[54]　宋良全，孙佩石，苏建徽．飞轮储能系统用开关磁阻电机控制策略研究．电力电子技术，2013，47（9）：55-57.

[55]　杜玉亮，郑琼林，郭希铮，刘友梅．飞轮储能系统弱磁控制研究．电力电子技术，2013，47（9）：60-62.

[56]　王楠，李永丽，张玮亚，常晓勇，薛薇．飞轮储能系统放电模式下的非线性控制算法．中国电机工程学报，2013，33（19）：1-7.

[57]　黄宇淇，姜新建，邱阿瑞．飞轮储能能量回馈控制方法．清华大学学报：自然科学版，2008，48（7）：1085-1088.

[58]　朱俊星，姜新建，黄立培．飞轮储能动态电压恢复器的拓扑结构和充电策略．电机与控制学报，2009，13（3）：317-321.

[59]　唐西胜，刘文军，周龙，齐智平．飞轮阵列储能系统的研究．储能科学与技术，2013，2（3）：208-219.

[60]　刘学，姜新建，张超平，李胜忠．大容量飞轮储能系统优化控制策略．电工技术学报，2014，29（3）：75-82.

第13章 电容和超级电容器储能技术

13.1 电容和超级电容器储能技术的基本原理和发展历史

13.1.1 概述

自远古的人类学会使用火开始，人类社会的进步便始终伴随着能源领域的突破。第一次工业革命带来的蒸汽动力，第二次工业革命内燃机的发明均让人类科技和社会生活有了突飞猛进的发展。然而在以化石能源为基础的当今社会，由于煤、石油、天然气等矿物能源的日渐枯竭以及工业排放、汽车尾气等造成的环境污染现象日趋严重，让世界对绿色能源的需求更加强烈。当下，如何将发电动力由矿物能源转移到可持续资源上来，以及如何使地面交通运输实现电力推进，即以电动汽车取代现有的内燃机动力汽车，正成为今后发展亟待解决的两大难题。尽管近些年来，风力发电、光能等可持续能源领域已经有了飞速的发展，但是其在能量输出上的不稳定性和不连续性，使得二次储能器件成为今后储能技术的重要发展方向。

13.1.2 超级电容器简介

超级电容器，又名电化学电容器、黄金电容、法拉电容，其功率密度和能量密度通常介于常规电解电容器和二次电池之间，可提供远高于二次电池的功率密度和循环寿命，以及比电解电容器更高的能量密度。超级电容器具有无爆炸、无燃烧的极高安全性和可靠性；能够耐受 100 万次的充放电循环，是电池的近千倍；可以提供数十倍于电池的功率；温度适应能力极强，−40℃仍可正常使用，而目前电池在−20℃时的容量已经开始急剧衰减；是一种无重金属的绿色环保型储能器件[1,2]。2007 年，Discover 杂志将超级电容器评为 21 世纪世界七大发明技术之一。此外，超级电容器被《中国制造 2025》收录为轨道交通核心储能部件，并在 2016 年成为工业强基支持的核心基础零部件。图 13-1 为大型超级电容器展示图。

图 13-1 大型超级电容器

表 13-1 对比了超级电容器、电解电容器以及二次电池之间的基本性能参数。

表 13-1 超级电容器、电解电容器及二次电池基本性能参数比较

基 本 参 数	电解电容器	超级电容器	二次电池
理论充电时间/s	$10^{-6} \sim 10^{-3}$	$1 \sim 30$	$1 \sim 5h$
理论放电时间/s	$10^{-6} \sim 10^{-3}$	$1 \sim 30$	$0.3 \sim 3h$
功率密度/(W/kg)	>10000	>3000	<1000
能量密度/(W·h/kg)	<0.1	$1 \sim 10$	$40 \sim 120$
循环寿命/次	无限次	$>10^5$	$500 \sim 2000$
工作电压/V	—	$0 \sim 3$	$3.6 \sim 4.2$

超级电容器目前广泛应用于辅助峰值功率、备用电源、存储再生能量、替代电源等不同的市场领域，而在工业控制、风光发电、交通工具、军工等方向上同样具有非常广阔的发展前景。此外，随着启停装置逐渐成为汽车标配，更是大幅拓宽了超级电容器的应用前景。在《2014—2024年的超级电容市场》报告中，IDTechEx 称，到 2024 年，全球超级电容器市场价值将达到 65 亿

美元，市场份额增大的同时会吞噬电池市场。IDTechEx 主席 Peter Harrop 博士解释说，超级电容器并不需要全部达到锂离子电池的能量密度来占有电池的市场。也许目前电池市场的百分之一已经被取代，因为这百分之一的能量密度持续时间更长，而且更加安全，还能提供 10 倍的功率密度。在中国的一些公交车上，超级电容器已经取代了锂离子电池，但因前期价格高昂，超级电容器的销量比锂离子电池低 3%。他预计，未来十年，超级电容器的销量将比锂离子电池高出 10%，尽管锂离子电池的能量密度能有进一步的提高，但还是无法阻挡超级电容器的侵吞。为此，超级电容器或电容电池（尤其是锂离子电容器）的能量密度必须达到约 40W·h/kg，其他参数也需要与之适配，例如功率密度和使用寿命，此外，也需要更环保。如果确实能达到上述目标，那么毫无疑问，未来十年超级电容器的能量密度预计可达到约 100W·h/kg，超级电容器或电容电池将侵吞锂离子电池 50% 的市场份额，年收益也将达数十亿美元。

与此同时，超级电容器在国内市场的发展同样迅速。据业内预测，中国超级电容器市场年需求量已经达到 2150 万支，约 1.2 亿瓦·时，且每年都在以 50% 的速度增长（全球的超级电容器年需求量约为 2 亿支，增速为 160%）。目前，超级电容器占世界能量储存装置（包括电池、电容器）的市场份额不足 1%，在我国所占市场份额约为 0.5%，因此有着具有巨大的市场潜力。据不完全统计，2013 年国内超级电容器的市场规模在 31 亿元左右，比 2012 年增加 37.32%。到 2020 年国内超级电容器市场有望达到 120 亿元，2013～2020 年的复合增长率可以达到 25%。

可以预见的是，作为机械储能、化学储能之后的第三代新型储能器件，超级电容器正以极高的输出功率密度（>10kW/kg）、超快的充放电能力（<30s）、超长的循环寿命周期（>10^5 次）以及完美的安全性能成为诸多绿色能量转换及二次储能器件中研究和市场关注的热点。

13.1.3　超级电容器的储能原理

超级电容器中电荷的存储能力理论上来源于两种类型的电容行为，一种与电极/电解液界面的双电层结构有关，即利用具有高比表面积的炭粉或者多孔碳材料形成的界面电容，其碳材料的比表面积可达到 1000～2000 m^2/g；另一种则与赝电容有关，这种赝电容发生于特定的电极反应中，转移电荷量（q）为电势（V）的特定函数，导出的 dq/dV 在电学上等价于电容，即"赝电容"，通常可以通过实验来测定其容量；随着研究的进一步展开，又出现了兼顾这两种电容行为的混合型储能方式，电极材料既有多孔碳材料也有金属氧化物等赝电容及二次电池的材料。通常，超级电容器也依照这三种不同的储能机理，可分为双电层电容器、赝电容电容器和混合型超级电容器。表 13-2 为这三类超级电容器各方面参数的情况对比。

表 13-2　不同储能机理的超级电容器对比

项目	双电层电容器	赝电容电容器	混合型超级电容器
电极材料	正负极为对称结构，材料选用活性炭、碳纤维、碳纳米管、碳气凝胶、纳米结构石墨等，其中活性炭使用最广	金属氧化物或导电聚合物	既有活性炭材料，也有二次电池材料
储能机理	物理储能，利用多孔炭电极/电解液界面双电层储能	电极和电解液之间有快速可逆氧化还原反应	物理储能＋化学储能
单体电压	0～2.7V(有机系) 0.8～1.6V(水系)	0.8～1.6V(水系)	由正负极材料体系决定
工作温度	−40～70℃	−20～65℃	−20～55℃
循环寿命	>100 万次	>1 万次	>5 万次
现状	已商业化应用	成本高昂，技术并不成熟，产业化应用前景不明朗	LIC，NHC，电池电容

13.1.3.1　双电层储能机制

根据电化学基本原理，双电层是指在电极/电解液的界面上形成的稳定而符号相反的双层电荷，电解液中的阴阳带电离子在一定的电场作用下，分别移动到与所带电性相反的电极，并靠静电作用吸附在电极材料表面。

以双电层电容器来说,其电介质的介电特性具有特殊的意义,来源于电解质溶液中组成双电层区域介质的溶剂部分,它为分散在体系中的离子提供溶剂化的壳层。类比于常规的电解电容器,在双电层电容器的电极与电解质溶液交界面的双电层,可以认为是由一个实际存在的导电平板,即金属、半导体、氧化物或者碳材料的表面和一个假想的平板组成的,而后者受到导电电解质溶液内部相界面的限制。双电层间的电荷分布在这种相界面的区域内,由一个致密层和一个分布较宽的区域构成,致密层的厚度为 $0.5\sim0.6\mathrm{nm}$,正是因为厚度很薄,因而双电层电容器的比电容相当大,可以达到 $20\sim50\mu\mathrm{F/cm}^2$。在实际情况下,双电层电容器中必须包含至少两个如上所述的界面双电层,而且每一个都能表现出电容特性,双电层电容器的电介质就存在于这两个双电层界面区域内,可以说在双电层电容器中电介质在分子尺度的微观特性即决定双电层电容器的比电容。

图 13-2 展示了两个界面的双电层电容器的基本单元[1],这两个界面双电层在电解质溶液中彼此相对立地工作,即一个带正电吸附负电荷,一个带负电吸附正电荷,与电池体系一样,在两个电极间加上隔膜,即可组成由两电极、两界面组成的一个双电层电容器系统单元。

(1) 双电层理论早期发展的几种模型

双电层理论是界面电化学的一个重要组成部分,它与液-固界面的吸附和交换等许多重要性质有关。双电层理论的发展初始于 19 世纪,在此后较长的一段时期内不断演化、深入,直到今天还在结合实际应用不断进行完善,在其漫长的发展历程中经历了多种理论模型。图 13-3 为几种经典的双电层储能机理模型。

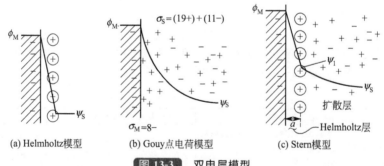

图 13-3　双电层模型

德国人 Helmholtz[3] 于 1853 年首先提出双电层模型,用来描述在胶体粒子表面准二维区间相反电荷分布的构想。他认为双电层由两个相距为原子尺寸的带相反电荷的电荷层构成,正负离子整齐地排列于电极/溶液界面的两侧,电荷分布情况类似于平板电容器,双电层的电势分布为直线分布,双电层的微分电容为一定值而与电势无关,只与溶液中离子接近电极表面的距离成反比。这种紧密的结构被称为 Helmholtz 双电层模型,如图 13-3(a) 所示。

在胶体界面的最初模型中,双电层结构中微粒表面侧的电荷来自于酸-碱离子化作用,例如蛋白质、聚电解质体系或者离子的吸附,常见的体系如疏液性胶体体系。而在双电层结构的溶液侧,反向电荷的离子积聚起来平衡微粒表面侧的电荷,从而形成正、负电荷的双电层排列[3,4]。Helmholtz 模型后来被修改应用于电极界面的情况中,其中对应于金属非定域化电子电荷的过剩或者欠缺,即在电极界面的金属侧产生可控的过剩负电荷或正电荷。由于金属中存在高度自由的电子密度(大约 1 电子/原子),因此金属表面的任何净电荷密度都被强烈地屏蔽,充电金属界面的电子密度梯度就高度地局限于离金属表面仅 0.05～0.2nm 的区域内，即 Thomas-Fermi 屏蔽距离。由于导带电子的波动函数的振幅十分显著，而在通常的电极表面的平面外其强度会衰减，因此电子密度溢出而进入界面溶液一侧的双电层的现象就会很明显，并且这种效应是具有电势依赖性的[5,6]。

该双电层模型完全是从静电学的角度出发来考虑，两种相反的电荷靠静电引力存在于电容器的两侧，其间距约为一个分子的厚度。双电层界面的电容量可以通过一个简单的公式来描述，见公式(13-1)。

$$C = \frac{\varepsilon_r \varepsilon_0 A}{d} \tag{13-1}$$

式中，ε_r 代表电解液的相对介电常数；ε_0 代表真空介电常数；d 为双电层的有效厚度，即电荷屏蔽距离；A 代表电极的表面积。但是需要指出的是，该模型过于简单，将双电层溶液侧的离子理想为静止不动的情况。然而在实际情况中，双电层中溶液侧的离子并不会保持紧密排列的静止状态，而是服从 Boltzmann 定律所描述的热振动效应，此效应的大小取决于离子和充电金属表面电荷相互作用的静电能 U_e（包括化学结合能 U_c），超过或者不足温度 $T(\mathrm{K})$ 时的平均热能 kT 的程度即用比值 $(U_e + U_c)/kT$ 来衡量。

1910 年，Gouy[7] 在 Helmholtz 模型中引入了上述的热振动因素，其中，与金属表面电荷相吸附的离子被设想成电解液中阴阳离子在三维尺度上扩散分布的聚集体，如图 13-3(b) 所示。而电解液中的净电荷密度和金属表面的电荷的数值相等但符号相反。在此模型中，离子被假设为点电荷，然而这一理想化条件使得模型中电极表面附近的电势分布和局部电场不符合实际情况，其电容值定义为双电层溶液侧的净离子电荷的变化与界面方向上金属与溶液间电势差变化的比值，在浓溶液和电极表面电荷密度较大时，计算出的电容值远大于实验值。1913 年，Chapman 对 Gouy 扩散层模型进行了详尽的数学讨论[8]，综合了 Boltzmann 能量分布方程和 Poisson 方程来处理相界面区域内离子的空间电荷密度与电势相对于电荷离开电极表面的距离的二阶微商之间的关系。

Gouy-Chapman 提出的分散双电层模型相较 Helmholtz 模型有了一定的进步，可以解释零电荷电势处出现电容极小值和微分电容随电势变化的关系，但未考虑反离子与界面的各种化学作用，仍是从静电学的观点考虑问题，具有较为明显的缺陷，估算出的双电层电容过大。

1924 年，Stern 提出了进一步的修正模型，克服了这一问题[9]。他将 Helmholtz 模型和 Gouy-Chapman 模型结合起来，提出了吸附双电层模型，他认为双电层同时具有类似于 Helmholtz 的紧密层（内层）和与 Gouy 扩散层相当的分散层（外层）两部分，内层的电位是直线式下降，外层的电位呈指数式下降，如图 13-3(c) 所示。Stern 的模型和计算中考虑了离子分布的内层区域，并可以通过 Langmuir 的等温吸附过程来分析，在这个内层区域外尚存在延伸到较远的本体溶液中的区域，即符合 Gouy-Chapman 模型所假定的分散离子电荷的扩散区域。此外，如果考虑离子包括的水合物层的环状厚度在内，它们具有有限的尺寸，即离子的 Gurney 共球半径，这样可以很容易地定义电极表面离子吸附的紧密区域的空间界限，对应于 Helmholtz 模型里的紧密结构的双电层。同时，Stern 双电层模型认为电势也分为紧密层电势（$\varphi - \psi_1$）和分散层电势（ψ_1）。当电极表面剩余电荷密度较大和溶液电解质浓度很大时，静电作用占优势，双电层的结构基本上是紧密的，其电势主要由紧密层电势组成；当电极表面剩余电荷密度较小和溶液电解质浓度很稀时，离子热运动占优势，双电层的结构基本上是分散的，其电势主要由分散层电势组成。

Stern 模型在分散双电层模型的基础上修正了离子为点电荷的概念，认为紧密双电层的厚度相当于离子的平均半径 a，这与 Debye 和 Hückel 分析电解质活度系数以及电导时所采用的方法类似。由于把双电层看作是由紧密层和分散层两部分组成，计算双电层电容时可以利用公式(13-2)。

$$\frac{1}{C_d} = \frac{\mathrm{d}\varphi}{\mathrm{d}q} = \frac{\mathrm{d}(\varphi - \psi_1)}{\mathrm{d}q} + \frac{\mathrm{d}\psi_1}{\mathrm{d}q} = \frac{1}{C_{\text{紧}}} + \frac{1}{C_{\text{分散}}} \tag{13-2}$$

将双电层的电容看成由紧密层电容（$C_紧$）与分散层电容（$C_{分散}$）串联而成。这一模型主要也是处理分散层中剩余电荷的分布与电势分布，其处理时所用的方法原则上与 Gouy-Chapman 的分散模型相同，因此也叫作 GCS 分散模型。1954 年，Parsons 在一篇重要论文中进一步阐述了这种分析方法[4]，明确了紧密层和远离它的扩散层之间的区分极限，其可以根据反阴离子或反阳离子最接近金属电极表面的距离来理解。通过引入有限尺寸离子的最近距离，可以从空间上定义双电层中的紧密层，这样就可以解决 Gouy-Chapman 模型中理论计算电容量过高的问题。相较于之前的两种模型，Stern 模型一直是较好地解释电极界面现象的理论基础，包括电极动力学中的双电层效应，已经能说明一些电位与电极电位的区别及电解质对溶胶稳定性影响的问题。

（2）Grahame 双电层理论模型

1947 年，Grahame 在化学评论上发表了富有创造性的综述[10]，结合之前在不同文章中报道了电解质水溶液汞电极表面的双层电容的细致工作，进一步发展了双电层理论体系。为了突出这一理论提出的重要意义，1997 年 5 月，电化学协会还举行了专门的主题年会来纪念它诞生 50 周年。Grahame 的研究工作着重指出汞电极表面双电层电容特性受电解质中阳离子和阴离子性质的重要影响，特别是受电解液阴离子的尺寸、极化率和电子输运特性等因素的影响。这些研究促使 Grahame 将相界的 Helmholtz 内层和外层进行了重大的区分，它们对应于能在电极表面产生阴阳离子互相吸附的不同最接近距离，这种最接近距离的不同，主要是由于大多数普通阳离子与普通阴离子半径小得多，并且由于强烈的离子-溶剂间偶极作用，阳离子保持着一定的溶剂化壳层，如图 13-4 所示[11~13]。因此，Grahame 将 Stern 模型中的紧密层再分为内 Helmholtz 层和外 Helmholtz 层。内 Helmholtz 层由未溶剂化的离子组成，并紧紧靠近电极表面且定向排列，这层离子的相对介电常数 ε 降至 6~7（称为介电饱和），相当于 Stern 模型中的内层；而外 Helmholtz 层

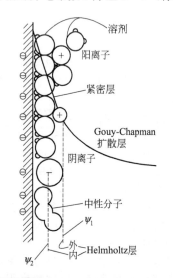

图 13-4　**Grahame 双电层理论模型**

由一部分溶剂化的离子组成，与界面吸附较紧，并可随分散相一起运动，即溶剂化离子部分定向排列，其中部分离子是经过初级溶剂化后的，其相对介电常数 ε 为 30~40，这也包括了 Stern 模型的外层（扩散层）中反离子密度较大的一部分。再外层则是一个分散的离子分布区域，由溶剂化的离子组成，不随分散相一起运动。按 Grahame 的观点，经分散相界面到分散介质中的电位分布如下：由分散相表面到内 Helmholtz 层，电位是呈直线状迅速下降的；由内 Helmholtz 层到外 Helmholtz 层，以及向外延伸到扩散层，电位分布是按指数关系下降的。

Grahame 模型是双电层理论中比较完善的一个基础理论，实验表明，这种双电层模型在许多情况下都比吸附双电层模型有更多的优点，它的适应性较强，应用得也较多。例如，该模型认为界面电容主要由第一层的溶剂化离子所决定，而与溶液中的阳离子的半径和价态无关，计算的界面电容为 16~20$\mu F/cm^2$。如果外层由阴离子组成，则电极表面带正电，因为溶剂化程度小的阴离子较阳离子更易接近电极表面，因而界面电容往往比阳离子高出一倍（30~40$\mu F/cm^2$）。虽然 Grahame 双电层模型对一些实验规律提供了更为实际的解释，但是至今学术界对双电层的结构仍未充分阐明，许多现象还有待进一步的解释，许多问题至今仍在争论中，双电层理论还在不断发展和完善。目前更多的注意力集中在溶剂分子和被吸附中性质点在电极/溶液界面形成双电层时所起的作用，随着研究的不断深入，近年来一些新的思想和理论不断涌现，也在不断丰富着传统的双电层理论。

13.1.3.2　赝电容储能机制

基于赝电容（psuedocapacitance）或称准电容的电化学超级电容器，可以视为双电层电容器的一种补充形式，这种赝电容产生于部分电吸附过程和电极表面或氧化物薄膜的氧化还原反应

中，即"赝电容"现象。相较于传统双电层电容器起因于电极表面电荷密度的电势依赖性，即电荷以静电吸附方式存储于电容器电极表面。产生于电极表面的赝电容则源于完全不同的电荷储存机制，简单来说，赝电容的储能是一个法拉第过程，类似于电池的充放电过程，其涉及电荷穿过双电层的过程。此外，还关系到电荷吸附程度（Δq）和电势变化（ΔV）之间的热力学因素。因此 $\mathrm{d}(\Delta q)/\mathrm{d}(\Delta V)$ 的数值等效于电容量，可以用公式来表示，也可以通过直流、交流或者瞬态技术来进行实验测量。

　　赝电容与双电层电容的形成机理不同，但两者并不相互排斥。大比表面积赝电容电极的充放电过程同样会形成双电层电容，双电层电容电极（如多孔炭）的充放电过程也往往伴随有赝电容氧化还原过程发生。研究发现，碳基双电层电容器呈现的电容量中可能有 $1\%\sim5\%$ 是赝电容，这是由碳材料表面的含氧官能团的法拉第反应引起的。而另一方面，赝电容器也总会呈现静电双电层电容，这与电化学上可以利用的双电层界面面积成正比，可能达到 $5\%\sim10\%$ 面积。从热力学的角度来看，只要与传输电荷成正比例的某种特性 y 与电位具有如式(13-3)所示的关系时，就会产生赝电容。

$$\frac{y}{(1-y)} = K \exp\left[\frac{VF}{RT}\right] \tag{13-3}$$

　　式中，y 可能是电极表面的部分覆盖率 θ 的数值，这是由表面吸附原子沉积的电荷引起的，例如在 Pt 上的氢原子或者发生"欠电压沉积"反应的金属吸附原子；或者是原子嵌入宿主电极材料中的吸附率的数值；也有可能是与氧化还原溶液体系中氧化物转化为还原物的某种比例，比如 $Fe(CN)_6^{4-}/Fe(CN)_6^{3-}$；或者是对应于金属氧化物的情形，图 13-5 展示了氧化还原和原子嵌入的两种赝电容的基本原理，前者对应 RuO_2 近表面区域的氧化还原反应，后者对应 Nb_2O_5 中锂离子的嵌入和脱出。以上每一个示例大体上都对应于氧化物 Ox（如 H^+ 或者 H_2O、Li^+、金属离子氧化还原试剂）与还原物 Red（如吸附 H、嵌入到阴极材料晶格中的 Li^+、氧化还原试剂中处于还原状态的金属离子）之间的电子传输过程。当反应的电量 Q 是电压 V 的某种连续函数时，就会产生赝电容，从而产生表现电容性质的微分表达式 $\mathrm{d}Q/\mathrm{d}V$。需要注意的是，这个过程涉及反应试剂状态的化学变化的法拉第过程，从而引起电子转移，即它不只是像双电层电容那样，在两电极双电层界面产生净电荷的积聚或者缺乏。

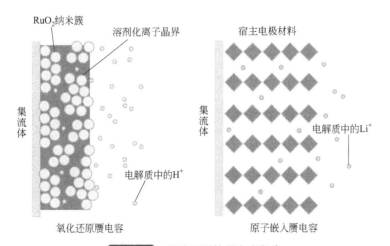

图 13-5　两种不同的赝电容行为

　　综合来说，赝电容是在电极表面或体相中的二维或准二维空间上，电活性物质进行欠电位沉积，发生高度可逆的化学吸附或氧化还原反应，产生与电极充电电位有关的电容。这种化学吸附或氧化还原反应与发生在二次电池表面的氧化还原反应不同，反应主要集中在电极表面完成，离子扩散路径较短，无相变产生，且电极的电压随电荷转移的量呈线性变换，表现出电容特征，故称为"准电容"。赝电容不仅发生在电极表面，而且可以在整个电极内部产生，因此可以获得比双电层电容更高的电容量和能量密度。在相同电极面积的情况下，法拉第赝电容可达到双电层电容量的 $10\sim100$ 倍。赝电容的电极材料主要为金属氧化物（如 RuO_2、MnO_2、SnO_2、Co_3O_4 和 NiO 等）[14~16]和导电聚合物（如 PEDT、PPy、PAN 等）[17~19]。

13.1.3.3 混合电容器储能机制

随着超级电容器理论和制备技术的不断发展，如何提高超级电容器本身性能尤其是能量密度成为亟待解决的问题。通过对赝电容材料的研究，提供了一种新的思路，即使用复合材料作为电极制成新型的混合型超级电容器，如将二次电池的电极材料和双电层电容的电极材料混合使用。混合型超级电容器可分为两类：一类是电容器的一个电极采用电池电极材料，另一个电极采用双电层电容电极材料，制成不对称电容器，这样可以拓宽电容器的电位窗口，提高能量密度；另一类是电池电极材料和双电层电容电极材料混合组成复合电极，制备混合型电池电容器。

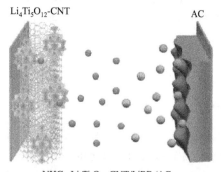

目前研究和产业化的热点集中于一种基于超快充放材料 $Li_4Ti_5O_{12}$ 的纳米混合型超级电容器（NHC），结构如图 13-6 所示。虽然 $Li_4Ti_5O_{12}$ 在充放电过程中存在电压平台并且会经历材料的固态相变，仍属于锂离子电池材料，但是其相变过程中的晶格畸变极小（$<0.2\%$），而且材料颗粒纳米化以后可支撑 Li^+ 的超快速嵌入和脱出，有实验数据表明[20]，在 $30C$ 的充放电倍率下（$2min$ 即可充满）的容量可以达到 $120mA\cdot h/g$。此外，不同于 MnO_2 和 RuO_2 等赝电容材料在水系电解液体系下工作，电位窗口仅为 $1V$ 左右，$Li_4Ti_5O_{12}$ 可以在电压更高的有机电解液体系中工作。这两点优势均可以大大提

图 13-6 纳米混合型超级电容器

升混合型超级电容器的能量密度，满足更广泛的应用需要。现有的 NHC 体系常使用活性炭作为混合超级电容器的正极，负极则使用超高速离心方法所制备的 $Li_4Ti_5O_{12}$-CNT 的复合材料，超高速离心法可以用来制备纳米颗粒而且尺寸可控的复合材料，可与高比表面积的碳材料如碳纳米管或者不定形活性炭相复合[21~23]。

除此之外，作为最早投入商业应用的混合型超级电容器产品，LIC 即锂离子电容器是第一个将锂离子引入石墨电极的器件，拥有充足的锂离子来源，同时构造一个活性炭的对应电极来组成混合型超级电容器。在 LIC 体系中，负极电容 C_n 比正极电容 C_p 要大很多，并且由式(13-4) 共同构成储能单元的总容量 C_{cell}，其中 M_n 和 M_p 代表正、负电极的相对质量。

$$\frac{1}{C_{cell}(M_n+M_p)}=\frac{1}{C_nM_n}+\frac{1}{C_pM_p} \tag{13-4}$$

LIC 在工作时，掺杂锂的碳材料的负极的电势相对 Li/Li^+ 约为 $0.2V$，并且正极活性炭相对 Li/Li^+ 的电势为 $3V$。电解质溶液由碳酸丙烯酯（PC）或碳酸乙烯酯（EC）作为溶剂，溶质由 $LiPF_6$ 组成。在充电时，Li^+ 在电解液中嵌入负极，余下的 BF_4^- 吸附到正极碳表面形成双电层电容的单元。放电过程由于负极掺杂锂元素而稍有差别，锂离子在电解液中停止嵌入，BF_4^- 维持电解液中性，由于多余的 Li^+ 可以进入电解液使得只有放电过程可以比常规的双电层电容器延续更长的时间。此外，Li^+ 通过表面电解液界面在石墨负极嵌入和脱出需要经由 Li^+ 形成的溶剂，并且 Li^+ 必须使在充电过程中嵌入的离子重新融入碳材料时溶解。这种溶解和停止溶解的过程则无疑会极大限制这类混合型超级电容器中离子的大宗运输速度，从而降低 LIC 的功率密度。

目前，国内外多家超级电容器生产企业均已开展了 LIC 以及 NHC 体系混合型超级电容器的研发工作，并且实现了初步的试制量产。表 13-3 对比了 LIC、NHC 体系与双电层电容器的各项性能参数。

表 13-3　不同电容器的构成材料与性能参数对比

电容器种类	LIC	NHC	EDLC
正极	活性炭	钛酸锂	活性炭
负极	石墨及类石墨材料	碳材料	活性炭
电解液	$LiPF_6/PC:EC$	$LiPF_6/EC:EMC$	$TEABF_4/PC(AN)$
工作电压范围/V	3.8～2.2	2.8～1.5	3.0～0
能量密度/(W·h/kg)	10～50	10～50	5～10
安装结构有效能量密度/(W·h/kg)	11～13(JM)	15(CRRC)	7.5(CRRC)
功率密度/(kW/kg)	0～2	0～4	5～20
大电流倍率性能	差	好	极好
充放电循环寿命	>10 万次	>10 万次	>100 万次
自放电电流	小	小	大
工艺成熟度	实验室或小批量	批量	大批量
安全性	中	高	高
是否需要预嵌锂处理	需要	不需要	无锂
生产成本	较高	低	低
使用温度范围/℃	−20～55	−20～55	−40～65

13.1.4　超级电容器历史回顾

早在 1879 年，Helmholz[3] 就提出了第一个金属电极表面离子分布的模型，该模型描述了电极/电解质界面的双电层电容性质，而后不断有学者对此进行了修正和补充。

利用该原理，通用电气的 Becker 于 1957 年申请了第一个由高比表面积活性炭为电极材料的电化学电容器专利，他提出可以将小型电化学电容器用作储能器件。该专利描述了将电荷存储在充满水性电解液的多孔炭电极的界面双电层中，从而达到存储电能的原理[24]。

1968 年，美国俄亥俄州标准石油公司（Standard Oil Company of Ohio，SOHIO）的 Robert A. Rightmire 提出了利用高比表面积碳材料制作双电层电容器的专利[25]，该发明通常利用吸附在电子导体界面和离子导体界面边界处的静电场离子来促进能量的存储。随后，该技术被转让给日本 NEC 公司，该公司从 20 世纪 70 年代末开始生产商标化的超级电容器，NEC 最初的产品以水溶液为电解液，两个电极都采用活性炭电极。此后相继推出名为"超电容"的系列产品，并不断改良，1994 年推出的大功率超电容 FK 系列，功率密度最大可达 800W/kg。与此同时，日本松下发明了以活性炭为电极材料，以有机溶剂为电解液的 10F/1.6V 大容量电容器，名为"gold capacitor"（即"金电容"）[26]，图 13-7 为两种型式的"金电容"的结构示意图。到 20 世纪 90 年代，已经可以实现单体耐压 2.3V，容量 1500F，瞬时放电电流 100A 以上，同时可在数秒内快速充电。研究发现，电化学电容器可以为混合动力电动汽车的加速提供必要的动力，并且能够回收刹车时产生的能量。此外，电化学电容器还具有为蓄电池提供后备电源，防止电力中断等其他更重要的作用。

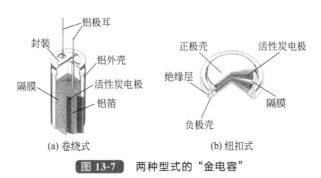

图 13-7　两种型式的"金电容"

从此，碳基电化学电容器开始得到大规模商业应用，其中日本企业率先占据了全球的大容量

图 13-8 Maxwell 的超级电容器产品

电容器市场，电化学电容器从此也引起了世界各国的广泛关注和研究。20 世纪 90 年代后，全球多个国家都开始进行大容量高功率型电化学电容器的研发和生产，许多著名的研究机构和大公司对碳基电化学电容器的研究都取得了令人瞩目的成就。20 世纪 90 年代，俄罗斯 Econd 公司和 ELIT 生产了 SC 牌电化学电容器，其标称电压为 12~450V，电容从 1F 至几百法，适合需要大功率启动动力的场合。1996 年俄罗斯 Eltran 公司研制出了采用纯电容器作电源的电动汽车样品。1993 年，日本 Panasonic 公司开发了 2.3V/2000F 的大容量超级电容器，使超级电容器的应用市场由电子消费转向电动车、混合动力大巴等行业。真正意义上的动力型超级电容器是由美国 Maxwell 公司于 2002 年生产的 2.7V、3000F 超级电容器，如图 13-8 所示。如今，日本松下、EPCOS、NEC，美国 Maxwell、Powerstor、Evans，法国 SAFT，澳大利亚 Capxx，韩国 Ness 等公司在超级电容器方面的研究均非常活跃。

宁波中车新能源科技有限公司先后推出 7500F、9500F 以及 12000F 三代超级电容器产品，其中 12000F 超级电容器的额定电压可以达到 3V，能量密度超过 10W·h/kg，功率密度高于 15kW/kg。目前产品已成功应用于广州海珠线、淮安有轨电车线、宁波中心城区线和宁波 196 路无轨电车线等项目，开创了超级电容器在有轨电车和无轨电车应用的先河，为城市公共交通"绿色化、智能化"发展提供了"芯动力"。

以上这些电化学电容器基本都属于双电层电容器（electric-double-layer capacitor，EDLC）。随着电化学电容器应用领域的拓展，对其所存储能量的要求不断提升，活性炭基电化学电容器的比能量特性已经无法满足需求，于是基于法拉第氧化还原反应的赝电容器开始得到关注。20 世纪 70 年代后，学者们陆续发现贵金属氧化物（如 RuO_2）和导电性高分子（如聚苯胺）的电化学行为介于电池电极材料和电容器电极材料之间，这些材料构成的非极化电极具有典型的电容特性，能够存储大量的能量。

1975~1981 年间，加拿大渥太华大学 Conway 研究小组同加拿大大陆集团（Continental Group）合作开发出一种以 RuO_2 为电极材料的"准电容"体系[27]。Pinnacle Research 公司一直在 Continental Group 的实验室中持续进行有关 RuO_2 体系的研究，并开发了其在激光武器和导弹定向系统等军事方面的应用[28]。

1990 年，Giner 公司推出了以这种具有法拉第赝电容性材料作电极的新型电容器，被称为赝电容器或准电容器（pseudo-capacitor）[29]，其能量密度远大于传统双电层电容器。然而，对于大规模电容器的生产而言，使用 Ru 材料过于昂贵，难以实现民用商业化，目前仅在航空航天、军事方面有所应用。

此外，相关的研究机构还开始研究新体系的电化学电容器机理，且尝试更广阔的应用领域，尤其是近年来对电动汽车的开发以及对功率脉电源的需求，更加激发了人们对电化学电容器的研究。

1995 年，长期从事电容器研究并成立了 Evans Capacitor Company 的 Evans 发表了关于混合电容器的文章[30]，他以贵金属氧化物 RuO_2 为正极，以 Ta 为负极，以 Ta_2O_5 为介质，构成了电化学混合电容器（electrochemical hybrid capacitor，EHC），该混合电容器既能发挥出赝电容性电极 RuO_2 较高能量密度的特点，同时又能保留双电层电容器功率密度较高的优点。俄罗斯科学家 A. Burke 以铅或镍的氧化物为正极、活性碳纤维为负极，使用水性电解液，得到了一种混合装置[31]。相对于两电极均使用同一种储能材料的"对称"装置，俄罗斯人定义该混合装置为"非对称"混合电容器（asymmetric hybrid electrochemical capacitor，AHEC），并申请了专利[32]。

1997 年，俄罗斯 ESMA 公司揭示了以蓄电池材料和双电层电容器材料组合的新技术，公开了 NiOOH/AC 混合电容器的概念[33]。

2001 年，美国 Telcordia 的 G. G. Amatucci 报告了使用锂离子电解液、锂离子电池材料和活性炭材料组合的新型体系 $Li_4Ti_5O_{12}/AC$ 混合电容器，其正、负极分别依靠双电层电容和锂离子嵌入/脱嵌的机制储能，能量密度达到了 20W·h/kg[34]，这是电化学混合电容器发展的又一里程碑。

2004 年后，日本富士重工陆续公开了一种以活性炭为正极，经过预嵌锂处理的石墨类碳材料为负极的新型混合型电容器的制造专利[35~39]，并将其命名为"锂离子电容器（lithium-ion capacitor，LIC）"。相比双电层电容器，该锂离子电容器的能量密度可得到大幅提升。2008 年，日本的 JM Energy 公司率先生产锂离子电容器，目前已在日本开始验证使用。

2008 年，日本东京农工大学的 Naoi 等[40] 报道了以活性炭为正极，纳米钛酸锂与碳纳米纤维复合材料为负极的混合型电容器，并将其命名为"NanoHybrid Capacitor"（NHC）。该 NHC 体系与 LIC 体系类似，都是通过活性炭与锂离子电池材料的混合使用实现高能量密度。目前该体系由日本 NCC（Nippon Chemi-Con）公司制作出了实验室样品。

图 13-9　混合型超级电容器

2015 年，宁波中车新能源科技有限公司采用超高速分散技术和原位合成技术，制备得到"零应变结构"的钛酸锂/碳复合材料，并利用该材料制造了世界上第一支超高比能量（21W·h/kg）和容量（30000F）的混合型超级电容器，并实现了小批量生产。产品顺利通过了科技成果鉴定，结论为国际领先水平。图 13-9 为宁波中车新能源科技有限公司小批量生产的混合型超级电容器。此外，上海奥威科技也同样开展了混合型超级电容器的研发和制造，可以提供 UCK42V14000、UCK42V9000 等多款产品，能量密度可以达到 18W·h/kg 以上，循环寿命高于 30000 次充放电周期，产品先后在上海多条公交线路上铺设运营。

近年来，随着对电动汽车研究的深入，电化学电容器的应用优势越来越明显。经过多年的发展，随着电化学电容器材料与工艺关键技术的不断突破，出现了不同的电化学电容器体系。人类对电化学电容器的研究愈发活跃，其市场前景日趋繁荣。

需要说明的是，在上述利用电化学原理存储电能装置的发展进程中，人们使用了许多不同的名字来称呼这类储能装置，如金电容器（gold capacitor）、动电电容器（electro kinetic capacitor）、双电层电容器（electrical double-layer capacitor）、准电容器、假电容器或赝电容器（pseudocapacitor）和超级电容器（supercapacitor 或 ultracapacitor）等等。其中，超级电容器是许多研究者和企业更偏爱的称呼。但是近年来，人们更多地使用更为科学和专业的术语——电化学电容器（electrochemical capacitors，ECs）来称呼该体系。因此，本章中统一使用电化学电容器这一术语，但有时为了说明原理或尊重某些引用的资料，也会使用双电层电容、准电容和超级电容器等术语[41]。

13.2　多孔碳材料

碳材料由于其良好的导电能力、高比表面积、独特的化学稳定性、丰富的原料来源、成熟的生产工艺以及低成本、易成型、无毒性等特点，成为双电层电容器（electric double layer capacitor，EDLC）最广泛应用的电极材料同时，也被更广泛而深入地研究[42]。

13.2.1　电化学性能影响因素

根据双电层储能原理，EDLC 的电容量大小取决于极化电极的双电层上累积电荷的多少，而通常情况下，碳材料存储电荷主要发生在电极和电解质之间的界面，因而，为了使 EDLC 存储更多电荷，要求极化电极具有尽可能大的电解质离子可及表面积，从而形成更大面积的双电层。因此，碳材料的比表面积、孔径分布、空隙形状和结构、导电性以及表面官能团成为影响其电化学性能的重要因素[43]。

根据 Conway[44] 表示，EDLC 用碳材料必须具备三个属性：高比表面积（＞1000m²/g）、多孔基体粒子间及粒子内部的良好导电性、碳材料空隙内部空间的良好电解质可及性。根据这三个属性，在选择超级电容器电极材料的过程中的主要原则就是具有良好的导电性且能获得高比表面积和电解质可及表面积。活性炭（activated carbon，AC）、石墨烯（graphene）、碳纳米管（carbon nanotubes，CNTs）、碳气凝胶（carbon aerogels）等高比表面碳基材料成为主要选择对象。

13.2.1.1 比表面积

根据双电层理论，一般认为比表面积越大，碳材料的比电容也越大，但实际测量值要远小于理论值。理论上，清洁石墨表面的双电层电容量为 $20\mu F/cm^2$，活性炭的比表面积为 $500\sim3000m^2/g$，按此计算得到，单电极的比容量达 500F/g 以上；而实际上活性炭材料的比容量在水系电解液中为 $75\sim175F/g$，在有机系电解液中比容量为 $40\sim100F/g$。大量实验表明，大多数碳材料的比电容并不总是随其比表面积的增大而线性增高[45,46]。

13.2.1.2 孔径分布

一般来讲，碳材料的比表面积越高，电极/电解液界面的电荷积累能力越高。为了提高材料的比表面积，热处理、碱活化处理、水蒸气/CO_2 活化、NH_3 等离子表面处理等大量的方法被研究出来[47~55]。这些方法能够在碳表面有效地制造微孔和缺陷，进而提高材料的比表面积。

然而由于碳材料的表面只有在被电解液浸润时才能形成双电层，因此，并不是所有电极涂层中的微孔都必然能够容纳电解质离子。多孔碳材料中孔根据孔径尺寸分为微孔（＜2nm）、中孔（2~50nm）和大孔（＞50nm）三类，而其中对比表面积贡献较大的大量超细微孔无法容纳电解质离子，因此其存在对比电容没有贡献。所以除了比表面积外，孔径分布也是影响材料比电容的一种重要参数。而由于不同电解质所要求的最小孔径是不一样的，因此到目前为止，仍然没有一个用于衡量碳材料性能的最佳孔径标准[47,56]。

Fernandez[57] 等以 12 种树脂基活性炭为研究对象，对活性炭电化学性能与其孔径分布的关系进行了研究，结果表明，电解质离子在孔径大于 0.8nm、"离子筛"效应消失时才能进入活性炭孔隙内形成双电层。江奇等[58] 研究发现，活性炭料经 KOH 二次化学活化处理后，孔径为 $2\sim3nm$ 的中孔比例大大增加，在 1mol/L $LiClO_4$/EC 有机电解液中比电容由原来的 45 F/g 提高至 145F/g，从而证实对于有机电解液，活性炭电极材料中 2~3nm 的中孔对其电容量的提高具有重要意义。

13.2.1.3 表面官能团

碳材料的表面性质是由于碳表面具有剩余的悬键，所以很容易因吸附或物理化学处理等形成有机官能团，这些官能团包括醌、氢醌、酚、羧基、羰基、内酯、氢键、游离基等。通过电化学氧化、化学氧化、低温等离子体氧化或添加表面活性剂等方式对碳材料进行处理，可在其表面引入有机官能团。这些官能团在充放电的过程中，容易发生氧化还原反应产生赝电容，从而对超级电容器的性能有很大影响。一方面，碳材料表面的官能团可以提高碳材料的表面浸润性，从而提高碳材料的比表面积利用率，还可以利用其赝电容的特性来大幅度提高碳材料的比容量；另一方面，随着碳材料表面官能团含量增高，材料的接触电阻增大，进而导致电容器的等效内阻（ESR）增大，同时官能团的法拉第副反应还会导致电容器漏电流的增大；此外，碳材料表面含氧量越高，电极的自然电位越高，这会导致电容器在正常工作电压下也可能发生气体析出反应，影响电容器的寿命[59]。Zheng 等[60] 采用 KOH 碱活化 C_{70} 微管，得到具有耐高温和高容量的超级电容器，这是由于在碱活化过程中产生了大量微孔和大孔，引进了含氧官能团，与此同时导致易石墨化碳的形变和脱离。该超级电容器在 600℃体现出最佳电化学性能，在 0.1A/g 电流密度下达到 362.0F/g 的容量，并且在 1A/g 电流密度下循环 5000 次，容量保持率为 92.5%。

13.2.1.4　导电性

活性炭材料的电导率直接影响超级电容器的充放电性能。而对于活性炭来说，由于微孔壁上的碳含量会随表面积的增大而减少，进而使材料的电导率会降低，与此同时，活性炭颗粒之间的接触面积、活性炭所处的位置以及活性炭与电解液之间的浸润程度也会对电容器的电导率产生很大的影响。在活性炭中掺杂一定比例的导电性金属颗粒或纤维是解决电导率问题的有效途径[61,62]。

13.2.2　活性炭

活性炭作为商品化超级电容器的首选材料，具有原料丰富、价格低廉和比表面积高等特点，至今仍是商品化超级电容器的首选材料。其原料包括煤、沥青、石油焦等化石燃料，椰壳、杏仁等生物类材料，木材、坚果壳、植物以及酚醛树脂、聚丙烯腈等高分子聚合物材料。

原料不同，其生产工艺会略有差别，材料的结构决定了材料的性能，不同的原料及制备工艺制备出的活性炭结构不同，因而其理化性能也不尽相同。活性炭的常规制备方法是先对前驱体进行炭化、除灰分等预处理，然后通过物理活化（水蒸气、CO_2 等作为活化剂）或化学活化（$ZnCl_2$、H_3PO_4、KOH、NaOH、K_2CO_3、K_2SO_4、K_2S 等化学药品作为活化剂）的活化工艺对其造孔，获得高比表面多孔道活性炭。

Fuertes 等[63]以聚糠醇为前驱体，采用模板法制备出平均孔径为 $3\sim8nm$ 的超级电容器用中孔活性炭电极材料。Subramanian 等[64]以香蕉皮纤维为碳源，通过 KOH 和 $ZnCl_2$ 活化制得活性炭，其比表面为 $1097m^2/g$，在 $1mol/L\ Na_2SO_4$ 中测得比容量为 $74F/g$。E. Raymundo-Piñero 等[65]以生物聚合物藻酸钠为前驱体，通过高温直接炭化制备炭材料，其比表面为 $270m^2/g$，在 $1mol/L\ H_2SO_4$ 电解液测其比容量为 $198F/g$，且孔隙率低、密度大，$10W/kg$ 条件下其能量密度可达 $7.4W\cdot h/kg$。

郑祥伟等[66]以天然椰壳为原料，采用 $ZnCl_2$ 预活化和 CO_2/水蒸气二次活化法制备活性炭，其比表面积为 $968m^2/g$，在 $6mol/L$ KOH 电解液中其比电容高达 $278F/g$。时志强等[67]以石油焦为原料，经过不同温度预炭化处理后进行 KOH 活化。对制备超级电容器用活性炭电极材料进行研究，发现通过调控预炭化温度可实现对石油焦基活性炭的微晶结构和孔结构的调控，分别制得无晶体特征的高比表面积活性炭和由大量类石墨微晶构成的低比表面积（$15.9\sim199.4m^2/g$）的新型活性炭。该新型活性炭依靠充电过程中电解质离子嵌入类石墨微晶层间而实现能量存储，具有比高比面积活性炭高 10 倍的面积比电容和更大的体积比电容。Zhang 等[68]以烟煤为原料，通过 KOH 快速活化法制备出一种富氧活性炭（oxygen-rich activated carbons，OAC），其比表面积为 $1950m^2/g$。相比与传统 KOH 活化法制备的高比表面积活性炭，以 OAC 作电极材料可获得具有更高的能量密度和功率密度的 EDLC，$3mol/L$ KOH 电解液中，在 $50mA/g$ 和 $20A/g$ 电流密度下的比电容分别为 $370F/g$ 和 $270F/g$。

目前研究人员的研究方向主要在集中寻找适合的孔结构以更好地发挥超级电容器的性能，因而在碳源选择上不断拓展的同时，制备的手段也越发繁复多样。

在商用超级电容器用微米级活性炭以传统原料在 $600\sim900℃$ 经物理或化学活化制备生产的同时，近年来，一种以金属碳化物为前驱体，通过 Cl_2 在 $200\sim1200℃$ 祛除其中金属元素制备的纳米孔碳化物衍生物材料（carbide derived carbon，CDC）被用于双电层电容器。Gogotsi[69~75]课题组在这方面做了大量的研究工作，表 13-4[59]总结了不同碳化物为前驱体制备所得的 CDC 的主要参数和比电容。目前已经报道的前驱体有 TiC、ZrC、Ti_2AlC、B_4C、SiC、Mo_2C 和 Al_4C_3 等，以 TiC 为代表，其典型的反应机理如下：

$$TiC(s)+2Cl_2(g)\Longrightarrow TiCl_4(g)+C(s) \tag{13-5}$$

这类材料的特点是孔径较小，且分布较窄，基本在 $0.5\sim2.5nm$，通过对反应温度的控制可以对孔径大小进行调节，最后得到的 CDC 导电性优于活性炭，因此在制备电极时认为不需要加入导电剂。根据前驱物的不同和反应温度的高低，所得的碳材料的比表面从 $1000\sim2000m^2/g$ 不等，由于其孔径尺寸可以控制在 $5\sim11Å$（$1Å=10^{-10}m$）来匹配电吸附离子，因此 CDC 在非水系电解质中表现出高达150F/g比电容[72,73]，在水系电解液中的比容量可达190F/g。

表 13-4 超级电容器用碳化物衍生物材料[59]

前驱体	D_p/nm	比表面积/(m²/g)/T/℃	电解液	容量/(F/g)
Ti₂AlC	1.5～3.0	1500/1000	1mol/L H₂SO₄	175
B₄C	1.2～1.8	1800/1000	1mol/L H₂SO₄	147
TiC	0.75～2.0	2000/800	1mol/L H₂SO₄	190
ZrC	0.75～1.5	1400/800	1mol/L H₂SO₄	150
TiC	约0.7	1450/800	1mol/L(C₂H₅)₃CH₃NBF₄	130
SiC	约0.7	1085/800	1mol/L(C₂H₅)₃CH₃NBF₄	163
Mo₂C	约4.0	1490	1mol/L(C₂H₅)₃CH₃NBF₄	120
Al₄C₃	约1.3	1525	1mol/L(C₂H₅)₃CH₃NBF₄	82.3
B₄C	约0.8	1470	1mol/L(C₂H₅)₃CH₃NBF₄	70.9
TiC	0.6～2.25	1200/600	1mol/L(C₂H₅)₄NBF₄	140

　　其中尤其值得注意的是，由 TiC 制得的 CDC 虽然可以具有很小的孔径，但在电解液离子较大的有机体系中仍然表现出很大的比电容，这种现象与传统的微孔活性炭迥然相异。Gogotsi 等对其孔径、比表面积以及比电容等之间的关系进行研究发现，当孔径小于1nm时，孔径与表面比电容呈反比趋势，CDC 的最高表面比电容达 $13\mu F/cm^2$，是一般活性炭在有机体系中的 3 倍。

　　他们对这种反常现象给出的解释如图 13-10[31] 所示，当孔径大于2nm时，碳表面吸附的溶剂化的离子，由于溶剂化离子的半径很大，因此孔径越大对电解液的浸润和传输越有利，如图 13-10(b) 所示，比电容也越大；当孔径小于1nm时，溶剂化离子直径大于孔径，离子挤入孔内时，其表面溶剂化壳层受到剧烈扭曲变形进而十分致密，如图 13-10(d) 所示，此时碳表面吸附的是脱溶剂化或部分脱溶剂化的离子，因此被吸附的离子半径降低，导致表面比电容迅速升高，这一结果也是进一步提高碳材料能量密度的新希望[59]。

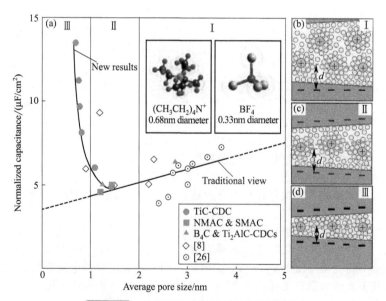

图 13-10 表面比电容与孔径间关系图[72]

　　同一课题组的 Dyatkin B 等[75]认为，获得纳米级的 CDC，其 TiC 前驱体的粒径在 20nm 左右，材料制备过程中要经过长期多次的球磨、筛选过程，导致其生产成本较高，而在降低成本获得颗粒尺寸稍大（30nm～20μm）的 SiC-CDC 的研究中[76]，容量是随着颗粒尺寸的减小而增大的。对于大颗粒，由于传统的固有观念中长程孔隙会阻碍离子的迁移，几乎没有研究注意到大颗粒上，因此他们则对低成本、大颗粒的 CDC 进行了研究，同样以 TiC 为前驱体，他们选取的

TiC 的颗粒较大（140～250μm）且成本较低，合成的 CDC 粒径在 70～250μm，具有狭小孔隙分布，比表面积为 1800m²/g，制备的超级电容器电极厚度在 250～1000μm，在有机电解液中 CDC 电极具有优异的倍率性能，在 250mV/s 的扫速下比容量在 100F/g 以上，打破了超级电容器用电极材料必须是小尺寸颗粒的传统。

Cheng 等[77]以天然香菇为原料，采用两步活化的方法制备了分级多孔碳材料，其中第一步是用 H_3PO_4 将香菇活化，第二步是用 KOH 将得到的产物进一步活化。由此得到的碳材料具有丰富的微孔、中孔和大孔结构，比表面积高达 2988m²/g，孔隙体积为 1.76cm³/g，其在水系和有机系电解液中比电容分别为 306F/g 和 149F/g，在 6mol/L KOH 溶液中、30A/g 电流密度下，其容量保持率达到 77%，15000 次循环后保持率为 95.7%。

Ferrero 等[78]用脱脂大豆进行水热碳化，得到高比表面积的微孔结构物质，用这种材料制成超级电容器电极在水系电解液中能够表现出较高的容量（H_2SO_4 中 250～260F/g，Li_2SO_4 中 176F/g）。此外，由于 Li_2SO_4 电解液的电压窗口为 1.7V，远高于 H_2SO_4 的 1.1V，因此采用前者的超级电容器能储存的能量比后者大 50%，在 2kW/kg 下能达到 12W·h/kg 的比能量。

除了对碳源的探索，积极探索有效的孔结构、改善活性炭电极材料的表面性质和表面积利用率，以获得更高比电容也是研究者探索的方向。研究者对活性炭孔结构中大孔、中孔、微孔三种孔的比例进行调控的同时也在寻求着各种新型结构。

Kim 等[79]以沥青为碳源、中孔 SiO_2 为模板，通过 KOH 活化除去模板的同时，化学刻蚀形成包含大、中、微孔的多级孔径结构的活性炭。Zheng 等[80]以本身具有纳米、微米、毫米三个层次的结构的草本植物芭蕉为碳前驱体，通过碳化活化后制备了多级结构的碳材料。Zhang 等[81]采用一步烧结法合成比表面积达 3000m²/g 的高介孔纳米碳材料，研究表明，采用介孔碳比例较高（76%）的纳米碳材料制成的超级电容器比容量达 215F/g，在 $EMIMBF_4$ 电解液中，电压窗口达 3.5V 时比能量达 76W·h/kg。

Wang 等[82]通过理论模型计算发现圆柱形的孔径更易于提升碳材料的质量比容量。同时制备了圆柱形孔径结构的碳纳米海绵进行实验验证，其比表面积为 3464m²/g，孔径主要分布在 7nm 左右。在离子液体中，其比容量达到 290F/g，当电压达到 4V 时，比容量为 387F/g。Ariyanto 等[83]通过两种方式合成了壳核结构的多孔碳材料，并且通过调控温度可对壳核结构的厚度进行调节。研究表明，由于这种材料核结构由高容量的无定形结构组成，壳结构由石墨化材料构成，因此相比于传统的均一多孔碳材料，这种新型的复合型壳核结构多孔碳材料具有更好的容量保持率，40kW/kg 条件下比能量达 27W·h/kg。

Zhang 等[84]采用 K_2CO_3 浸渍淀粉，合成了分级多孔中空碳球（HCS），得到的 HCS 外壳高度石墨化，且表面具有丰富的含氧官能团。由于 K_2CO_3 的存在，碳基体在热处理过程中形成大量多级孔，而较慢的升温速率成为制备空心球的关键；延长碳化加热时间使孔隙度提高，同时壳体的石墨化程度增加。HCS 比表面积高达 517.5m²/g，孔隙体积达到 0.265cm³/g，以 6mol/L KOH 为电解液制备成对称型电容器，1.0V、5mV/s 下进行 CV 测试，得比电容为 317F/g，300mV/s 下比容量为 222.2F/g，显示出良好的倍率性能。

综上所述，为进一步提高电容器的性能，加快其推广应用，活性炭的研究必将持续创新，新型活性炭电极材料的研究重点主要集中在以下三方面[85]：①寻找新型碳源及活化技术，为制备具有高比表面积及合理孔径分布的新型活性炭电极材料开辟新途径；②探索有效的孔结构和表面性质的控制技术，改善活性炭电极材料的表面性质和表面积利用率，以提高电容器的容量及稳定性；③针对活性炭电极超级电容器容量的限制，大力开发活性炭复合材料（与金属氧化物或导电聚合物复合），增大赝电容效应，提高电容器的能量密度，同时降低生产成本，以满足不同用途的需要。

13.2.3　碳气凝胶

碳气凝胶（carbon aerogel）是一种轻质、多孔、非晶态、块体纳米碳材料，其连续的三维网络结构可在纳米尺度控制和剪裁。它作为一种新型气凝胶，孔隙率高达 80%～98%，孔隙尺寸小于 50nm，网络胶体颗粒直径为 3～20nm，比表面积高达 600～1100m²/g。它具有导电性好、比表面积大、密度变化范围广等特点，是唯一具有导电性的气凝胶，是制备双电层电容器理想的电极材料。自从 20 世纪 80 年代末 R. W. Pekala 首次以间苯二酚与甲醛为前驱体合成出三维结构的 RF（resorcinol formaldehyde）纳米气凝胶以来，这一领域的研究成果已逐渐广泛应用于超级电容器和燃料电池的多个领域，这些都得益于它具有的以下几种优势：

① 具有孔径可控性。由间苯二酚和甲醛两种原料制备的碳气凝胶孔径可由简单地改变间苯二酚和甲醛的缩聚聚合时间而获得。碳气凝胶的孔径大小随聚合时间而单调增加。

Yang 等[86]发现在高电流密度下，碳气凝胶的孔径对 EDLC 的比电容等电化学特性起到重要作用。电解质离子的方便运输需要碳气凝胶具有足够大的孔径，这些类型的碳气凝胶在作为 EDLC 的电极时提供了优异的电化学性能。聚合时间最长的 CA-20 碳气凝胶具有最大的孔径和最大的孔隙体积，如图 13-11(a)、(b) 所示。由于它能够轻便地传输电解质离子，CA-20 表现出最高的比容量，如图 13-11(c)、(d) 所示。其结果是，设计一种在保持高比表面积的同时具有足够大孔径的碳气凝胶对于它在 EDLC 电极的应用中是非常重要的。

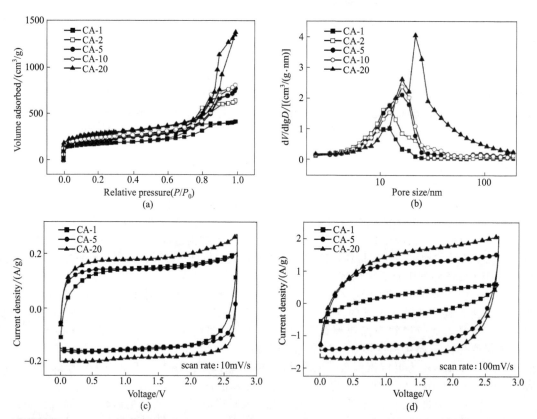

图 13-11　（a）不同缩聚聚合时间下碳气凝胶的氮吸/脱附等温线；（b）上述各碳气凝胶孔径分布；
（c）各碳气凝胶在 10mV/s 扫速下的 CV 曲线；（d）各碳气凝胶在 100mV/s 扫速下的 CV 曲线

② 孔结构发达。Kwon 等[87]对比了两种用 KOH 化学激活来生产纳米多孔活性碳气凝胶的方法，如图 13-12(a) 所示。

尽管两种多孔活性碳气凝胶都展现了比有机电解液中的碳气凝胶更好的容量状态。但是，在 ACA-C 中观测到随着电流密度的增加，比容量急剧下降。这在有机电解液 EDLC 的碳电极中是一个普遍趋势。有趣的是，ACA-S 电极的比容量随着电流密度的增加降低较为缓慢，同时它的 CV 曲线在 500mV/s 的高扫速下仍能保持矩形。ACA-S 在高电流密度下更强的电化学特性要归因于它发达的孔结构带来的低离子电阻，其中合适的孔径可方便有机电解液离子的移动。

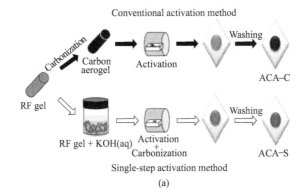

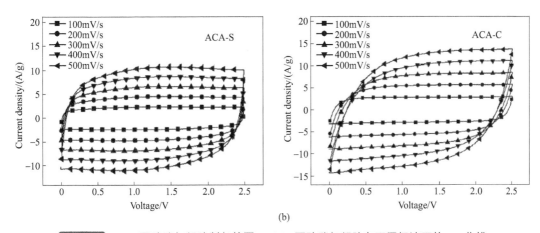

图 13-12 （a）两种碳气凝胶制备简图；（b）两种碳气凝胶在不同扫速下的 CV 曲线

③ 导电性好。碳气凝胶碳材料虽然本身电容性能较低，但是植入金属纳米颗粒后将大大提高其电化学活性。Kim 等[47,88]研究了一种通过 PEI 辅助技术直接合成带有高分散铂纳米颗粒的掺氮碳气凝胶的方法。一种用水溶性阳离子处理过的 RF 凝胶被用于金属离子的锚定位点。RF 凝胶表面的功能性 PEI 链引发了化合物的独特结构，$PtCl_6^{2-}$ 先锚定于 RF 凝胶，随后同质金属纳米颗粒在其上生长。包含 PEI 的大量氨基基团接枝到 RF 凝胶同样使得氮原子归并到碳架构中并且直接转化成 NCA，如图 13-13 所示。在得到的 Pt/NCA 材料中，球形的铂纳米颗粒高度分散在 NCA 表面上，即使在 900℃ 的高温退火后也没有块状烧结，如图 13-14 所示。

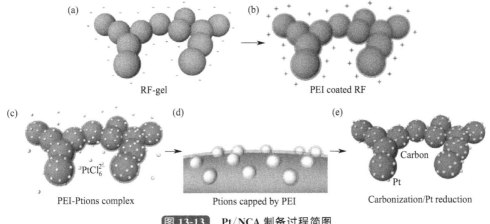

图 13-13　Pt/NCA 制备过程简图

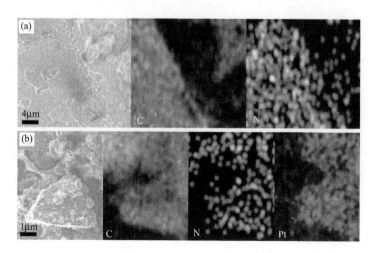

图 13-14　（a）PEI 覆盖 RF 凝胶和（b）Pt/NCA 的 SEM 图像和 EDS 原子分析结果

　　和传统还原法制备的 Pt/CA 相比，Pt/NCA 的氧还原展现了更高的电化学性能，它的电化学活性表面积高达 $191.1cm^2/g$，电催化活性为 0.95V vs. RHE。这种 Pt/NCA 的高电催化活性要归因于高分散铂纳米颗粒和 PEI 辅助法得到的掺氮碳架构的协同效应。

　　④ 微孔密度高。Singh 等[89]尝试用间苯二酚与甲醛在纯碱作催化剂的条件下，以合适的合成参数通过溶胶凝胶法制备出具有大量亚微孔的碳气凝胶。氮吸附和 TEM 研究确认了高密度微孔的存在，其中绝大多数为孔径在 0.30～1.46nm 之间的亚微孔，如图 13-15 所示。

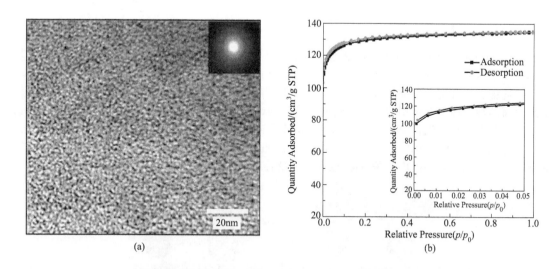

图 13-15　碳气凝胶的 TEM 图像（a）和氮掺杂曲线（b）

　　综上所述，碳气凝胶凭借其优异的性能可作为电容器的一种电极材料，但是由于制备碳气凝胶前驱体通常采用超临界干燥，其工艺复杂，成本较高，且具有一定的危险性，因此寻找更加安全和廉价的制备方法是未来有待研究的课题之一。同时对催化剂的选择也可以做出进一步的研究，通过选择不同的催化剂和催化条件来获得不同形貌的碳气凝胶。

13.2.4　碳纳米管

　　碳纳米管（CNTs）是由石墨片层卷曲而成的纳米级管状碳材料，是 Iijima 于 1991 年发现的[90]。根据石墨片层堆积的层数，碳纳米管可分为多壁碳纳米管（MWCNTs）、双壁碳纳米管（DWCNTs）和单壁碳纳米管（SWCNTs）。CNTs 具有超高的电导率（5000S/cm）和电荷传输能力、较高的理论比表面积（SWCNTs，1315m^2/g；DWCNTs 或 MWCNTs，约 400m^2/g）、较窄的孔径分布、优异的导电性和导热性，以及优异的力学性能，因此 CNTs 是一种具有优良电化学性能的双电层电容器电极材料。它的优势主要体现在以下几个方面：

（1）具有低内阻高功率密度

碳纳米管具有优异的导电性能，可以显著降低电极的内阻，因此，可以获得高的功率密度。

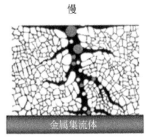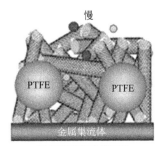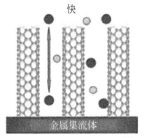

| (a) 活性炭电极 | (b) 无序碳纳米管电极 | (c) 定向碳纳米管阵列电极[91] |

图 13-16　几种不同电极中离子扩散示意图

研究者在集流体上原位生长碳纳米管阵列，不但没有添加粘接剂，还可以显著降低活性物质与集流体间的接触内阻，增强电子/离子快速传递，表现出高的功率性能。Zhang 等[91]用钛箔作集流体，在钛箔上通过气相沉积的方法直接生长碳纳米管阵列，以两片这样的阵列直接作为正负极组装成超级电容器。在 1mol/L 的 $(C_2H_5)_4NPF_4$ 电解液中的比容量为 25F/g。说明表面利用率高，而且其功率密度显著优于活性炭电极。图 13-16 给出了活性炭、乱堆碳纳米管以及定向生长的碳纳米管阵列电极的示意图，从图上可以形象地看到在集流体上定向生长的阵列更有利于加快离子的传递，降低内阻，提高功率密度。

（2）良好的倍率性能和长循环寿命

碳纳米管外笼状表面利于离子的快速扩散，特别是有序度更高的碳纳米管阵列电极，具有规整的结构和孔径，大倍率充放电下，容量基本不衰减。此外，碳纳米管结构稳定，经过几万次循环测试后，其性能衰减很小。

Izadi-Najafabadi 等[92]分别测量了离子沿单壁管阵列方向和垂直单壁管阵列方向的扩散系数，如图 13-17 所示。他们发现，沿单壁管阵列方向离子扩散系数为 1×10^{-5} cm^2/s，是活性炭离子扩散系数（5×10^{-7} cm^2/s）的 20 倍，垂直于单壁管阵列方向的离子扩散系数是 8×10^{-7} cm^2/s，略高于活性炭离子扩散系数。从而定量说明集流体上直接生长定向阵列，会提高离子的扩散速率，会部分抑制比容量的衰减。

（3）具有高的窗口电压

有研究表明，在一定的电压范围内，超级电容器的比容量与电压成线性关系，能量密度与电压成立方关系，因此，提高工作电压能显著提高能密度。碳纳米管由 sp^2 杂化碳组成，结晶度高，表面不含有杂质官能团，在高电压下结构稳定，不会发生副反应诱导电解液分解，能获取高的能量密度。

Hata 课题组[93]首先在硅片上镀上很薄的一层金属催化剂，并在 CVD 过程中通入水蒸气生长单壁碳纳米管阵列，从硅片上揭下阵列（金属催化留在基体上），溶剂收缩后制作电极片，如图 13-18(a) 所示，在有机电解液中，用两电极测试电化学性能。所制备的单壁管的比表面积为 1300m^2/g，碳管的纯度为 99.98%。CV 曲线如图 13-18 所示，在 4V 的窗口电压下，单壁管的 CV 曲线保持很好的矩形结构，没有副反应发生，而活性炭电极超过 3.5V 后出现明显的氧化峰，说明电极中发生了氧化反应，主要是活性炭电极中的杂质（含氧官能团等）诱导了电解液的分

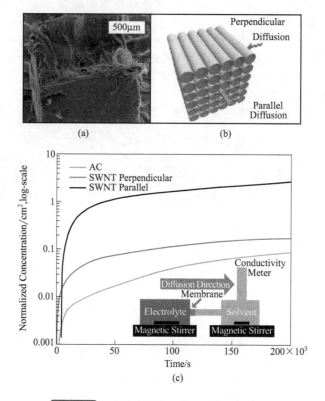

图 13-17 碳纳米管阵列离子扩散系数测量

（a）碳纳米管阵列截面图；（b）碳纳米管阵列示意图；
（c）离子沿平行于碳纳米管阵列方向，垂直于碳纳
米管阵列方面和活性炭表面扩散系数比较图

解。其他的比容量达到 160F/g（与中孔活性炭相当），最终得到的能量密度为 94W·h/kg，功率密度为 210kW/kg。

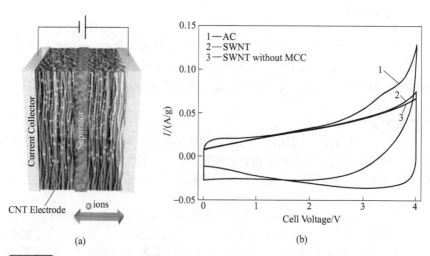

图 13-18 （a）单壁碳纳米管阵列电容器示意图及（b）4V 电压下的循环伏安曲线

综上所述，高比表面积、高纯度、高度有序的单壁管阵列是非常优异的超级电容器电极材料，但目前 SWCNTs 的产量比 MWCNTs 低得多，其部分原因是 SWCNTs 层数较少，导致单根

SWCNTs 的质量仅为单根 MWCNTs 的数千分之一。对于相同密度和长度的碳纳米管，SWCNTs 的产量总是相对低很多，且价格偏贵，并不适合商业化应用。目前真正实现了批量制备的碳纳米管有聚团多壁管、阵列多壁管和少壁管，它们都是无序乱堆的结构，孔径分布较宽，而且堆积密度较低。其中多壁碳纳米管比表面积很低，而少壁管（层数较多的双壁、三壁碳管）的比表面积相对不是很高，并不适合直接作为超级电容器储能材料，一般作为导电添加剂使用。除此之外，碳纳米管在商用超级电容器中的应用还面临三个技术难点：①化学气相沉积法是 CNTs 宏量生产的最有工业价值的方法，但是必须采用 Fe、Co 和 Ni 等纳米过渡金属催化剂进行催化组装合成 CNTs，因此 CNTs 的纯度不够高，易引起双电层电容器的微短路和高压下电解液的分解；②CNTs 作为导电剂使用时，难以均匀分散于其他活性物质中；③CNTs 作为活性物质使用时，电极密度太低（<0.1g/cm³）。尽管 CNT 已经成功应用于锂电池电极材料添加剂，但并没有在双电层电容器器件上实现商业化应用，处于试验应用阶段。

13.2.5　石墨烯

石墨烯，通常是指一种单原子层厚度的二维 sp^2 杂化碳材料，可以看作是石墨的一层，由于石墨烯可以弯曲得到诸如碳纳米管、富勒烯、石墨等碳材料，因此被认为是石墨碳材料之母。受其特殊结构的影响，石墨烯拥有一系列优异的物化特性：高断裂强度（125GPa）、高速载流子迁移率[2×10^5 cm²/(V·s)]、高热导率[5000W/(m·K)]和超大比表面积（2630m²/g）等。这些突出的、吸引人的特征使得石墨烯作为双电层电容器电极已成为清洁能源领域的研究焦点[94]。

具体到超级电容器的应用领域来说，石墨烯的优点主要体现在：

① 导电性好。超级电容器作为功率型储能器件，需要具有瞬间输出功率大的特性。石墨烯导电性能优异，能大幅降低器件内阻，提高功率密度，并且降低充放电过程中产生的热量，提高热量传递。此外，石墨烯还能提高器件的倍率性能和循环寿命等。

② 高比表面积。根据超级电容器双电层储能机理，当电极材料的孔径与电解液离子大小匹配，以及其表面被电解液充分浸润时，电极材料的比容量与其比表面积构成一定的线性关系。石墨烯理论比表面积 2630m²/g，远高于商用活性炭，理论比容量达 550F/g。

③ 稳定的结构。石墨烯具有良好的抗腐蚀性和热稳定性，特别是高工作电压下的稳定，适用于 4 V 以上的体系，拓宽器件的工作电压，提升器件能量密度。

④ 廉价的批量制备方法。目前，石墨烯的制备方法主要是化学转化石墨烯法（chemical converted graphene，简称 CCG），即用强氧化剂处理天然石墨后，将得到的氧化石墨进行超声处理得到氧化石墨烯（graphene oxide，简称 GO），之后再经过一定方式还原即可得到石墨烯。该方法的优点在于容易实现产量化且制作成本低，具有广阔的商业化前景。

目前，国内外基于石墨烯或改性石墨烯超级电容器的研究工作非常广泛。美国的 Ruoff 和 Ajayan 研究组澳大利亚李丹研究组以及国内成会明、陈永胜、石高全、高超、杨全红等研究组做了大量的研究工作。研究结果表明，石墨烯是高工作电压、高性能超级电容器理想电极材料之一，具有很强的商业化应用前景。

但目前石墨烯基双电层比容量远小于它的理论值，主要是石墨烯在制备和后续的电极制备过程中非常易于团聚，其宏观粉体的比表面积仅有 500～700m²/g。为充分发挥石墨烯的储能性能，解决石墨烯的团聚及其比表面积较低的问题尤为关键。Liu 等[95]制备了一种褶皱的石墨烯电极材料。这种褶皱的石墨烯可以阻止石墨烯的团聚，保持了 2～25nm 的中孔。在离子液体中，石墨烯的比容量在 100～250F/g（电流密度 1A/g，电压窗口 0～4V），室温下它的能量密度可达 85.6W·h/kg（80℃ 时 136W·h/kg）。

2011 年，美国德州大学奥斯汀分校的 Rodney S. Ruoff 等[96]提出活化石墨烯的概念，相关结果发表在当年的 Science 上。其制备过程及结构如图 13-19 所示：通过微波处理氧化剥离法（Hummer 法）制备氧化石墨，得到活化石墨烯前驱体微波剥离氧化石墨。利用 KOH 化学活化对石墨烯结构进行修饰重构，形成具有连续三维孔结构的石墨烯。用高分辨透射电镜对其结构进行表征，发现高度卷曲的、单原子层厚的壁上形成 1～10nm 的孔，用 N_2 和 CO_2 气体吸附实验证实活化石墨烯含有 1nm 左右的微孔和 4nm 的中孔，其比表面积 $3100m^2/g$，远高于石墨烯理论比表面积。活化石墨烯在有机电解液中的比容量为 200F/g（工作电压 3.5V，电流密度 0.7A/g），基于整体器件的能量超过 $20W \cdot h/kg$，是活性炭基超级电容器能量密度的 4 倍。

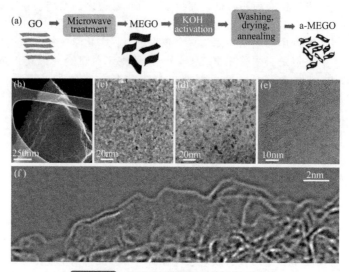

图 13-19　活化石墨烯的制备过程及结构
(a) 活化石墨烯制备工艺示意图；
(b)～(d)活化石墨烯不同放大倍数的扫描电镜图；
(e),(f)活化石墨烯高分辨透射电镜图

从上述具有代表的研究结果看，石墨烯是一种非常理想的电极材料，特别是具有超高比表面积的活性石墨烯具有优异的应用和发展前景。从石墨烯发展历程看，它已经进入下游产业化应用开发阶段。虽然近年来石墨烯规模化制备技术取得了巨大的进步，但是适用于超级电容器需求的石墨烯制备技术还是相当缺乏。以石墨为原料，通过传统液相氧化剥离法加还原法技术路线制备石墨烯存在污染大、能耗高、难以规模化制备等技术难题。寻找更加绿色、更加经济、高效的石墨烯制备路线是另一个亟待解决的难题。另一方面，石墨烯的体积密度较低，在实际应用中，超级电容器的质量能量密度和体积能量密度同样重要。石墨烯材料密度低，吸液量大，对器件的可加工性和便携性造成极大的挑战。目前，超级电容器传统的湿法涂布工艺难以加工石墨烯电极片，迫切需要针对石墨烯的特性，开发新型的电极加工工艺。

13.3　赝电容材料

法拉第赝电容由于具有比双电层碳材料更高的比容量和能量密度，成为近年来研究的热点。常用作赝电容电容器的电极材料主要有金属氧化物和导电聚合物[97]。

13.3.1　金属氧化物

金属氧化物作为重要的赝电容电极材料之一，具有导电性好、比容量高等优点[98]，下面就目前研究较多的金属氧化物做简要介绍。

13.3.1.1　钌系氧化物

在各种金属氧化物中，氧化钌是研究最早也是最为广泛的超级电容器电极材料，这主要归因于其自身的优点：高比容量、良好的导电性、优良的电化学可逆性、高倍率性能和长循环寿命等[99]。

氧化钌材料作为超级电容器电极材料，有多种状态，一般可分为晶态和无定形两种。较为早期的氧化钌多为晶态，但经人们研究发现，晶态材料由于电子的运动受阻，导电性差，因此不适

用于超级电容器电极材料[100]。这主要归因于晶体 RuO_2 氧化还原反应只能在电极表面进行，使得电极材料的利用率较低。而无定形 $RuO_2 \cdot xH_2O$ 具有像活性炭电极材料那样的多孔结构，其氧化还原反应不仅发生在电极表面，而且深入到电极内部。这样整体电极的活性物均得到利用，且内部的多孔结构利于 H^+ 的传输及内部 Ru^{4+} 的利用，从而提高电极的比电容[101]。

　　氧化钌的制备方法较多，一般可分为物理法和化学法。其中物理方法主要有热分解法、溅射法[102~104]，化学方法主要有电化学沉积法、溶胶-凝胶法[105~108]。Raistrick[109] 采用热分解氧化法制备 RuO_2 晶体材料，其比容量仅为 380F/g，远低于其理论容量值。张莉等[110] 将 $Ru(OC_2H_5)_3$ 涂敷在金属钽箔上利用热分解氧化法制备得到 RuO_2 电极材料，其内阻仅为 1.08Ω，且循环性能优异，但其比容量较低，仅为 362F/g，这主要是由于在相对较高的温度下制备的 RuO_2 结晶性高，不利于电解液离子在材料体相中的扩散。Huang 等[104] 分别采用直流溅射和射频溅射法，在硅基体表面沉积氧化钌，找出了膜性质的各种影响因素，指出膜电阻受结晶状态的影响最为显著；此外，气流中的氧含量、退火温度及时间对膜性质的影响也很大。Hu 等[108] 用循环伏安沉积法将 RuO_2 直接沉积在 Ti 基片上，该方法操作简单，易于控制，但仅得到 103.5F/g 的容量。Fang 等[111] 利用溶胶-凝胶法制备得到无定形 $RuO_2 \cdot xH_2O$，它的比容量远高于晶体 RuO_2，高达 768F/g。Zheng 等[112] 利用溶胶凝胶法合成了无定形 $RuO_2 \cdot xH_2O$ 电极材料，其能量密度高达 941J/kg，且连续充放电可达 60000 次以上，这表明其具有极为优异的循环稳定性。这些结果说明结晶水的引入有利于提高 RuO_2 材料的比容量。这是由于无定形 $RuO_2 \cdot xH_2O$ 的晶格刚性较弱，电解液更容易进入到其体相中，因此，电荷的存储不仅在固相电极表面，而且包括固液界面间及体相内部。因此 RuO_2 电极材料的比表面积[113]、结晶性[114]和颗粒尺寸[115]均对其电化学性能起着重要的作用。

　　尽管 RuO_2 作为超级电容器电极材料表现出优异的电化学性能，但高昂的成本阻碍了其大规模的商业化应用。因此，研究者为了降低其成本往往采取两种手段，一是与其他材料复合减少 Ru 的用量[116~118]；另一种办法是开发价格低廉且性能较好的 RuO_2 替代材料[119~121]，这成为近年来的一个热门研究方向。

13.3.1.2　锰系氧化物

　　二氧化锰（MnO_2）作为常用的赝电容电极材料之一，具有原料易得、价格低廉、来源广泛、环境友好等优点。影响二氧化锰赝电容性能的因素主要有以下两个方面：材料的晶体结构、材料的形貌。首先其晶体结构主要分为三大类，第一类是一维隧道结构，主要包括软锰矿（β-MnO_2）、斜方锰矿（γ-MnO_2）、隐钾锰矿（α-MnO_2）、钡镁锰矿、氧化锰八面体分子筛（OMS-5）；第二类是二维层状结构，以水钠锰矿（δ-MnO_2）最为典型，这种 MnO_2 的层间距为 0.69~0.7nm，层间通常含有 Na^+、K^+、Li^+ 等离子和层间水；第三类是相互连通的三维孔道结构，以尖晶石结构（λ-MnO_2）为主，这种立方对称三维介孔结构与一、二维结构相比具有更大的孔体积[122]。Chen 等[123] 采用两步水热法合成出一种具有高比能量的球形 α-MnO_2。首先通过第一个水热法制备 $MnCO_3$ 前驱体，其次由前驱体与高锰酸钾进行水热反应得到 α-MnO_2。结果表明，在第二步水热法反应中，温度对 MnO_2 的电容性能有显著影响。在 150℃ 下合成的 MnO_2 表现出良好的电化学特性，100mA/g 时比容量为 328.4F/g。Yu 等[124] 采用水热法制备出一种多级结构的 α-MnO_2 阵列（HMNTAs），该阵列由单晶（001）取向的四方形纳米管构成，其中支链的纳米管沿着特定的结晶方向生长到主链纳米管上，展现出独特的边缘间结构。时间的演变揭示着 HMNTAs 形成过程中 δ-MnO_2 纳米片的选择性溶解和 δ-MnO_2 纳米管的生长机制。此外，通过改变分支纳米管的直径，可以较为容易地控制 HMNTAs 的空间结构。

　　MnO_2 的形貌对其赝电容性能影响极大，采用不同制备方法可合成不同形貌的 MnO_2 纳米粉末。与普通结构的 MnO_2 相比，某些特殊形貌的 MnO_2 具有更高的电导率、比电容、循环寿命和能量密度及功率密度等优异的电化学特性[125,126]。Zhao 等[127] 采用简单易行的水热法合成出一种纳米花瓣状水钠锰矿型 MnO_2（见图 13-20）。通过 SEM 和 TEM 表征发现这种特殊结构的形成受到反应物配比的影响。将这种材料进行电化学测试表现出优良的电化学性能与理想的伏安行为，在 1A/g 的电流密度下，比电容达到 197.3F/g，经过 1000 次循环后比电容只损失了 5.4%。这种优越的电化学性能主要归因于多分支的纳米层状结构，它提供了大量的活性位点和电解质离子接触面积，有效地缩短了离子的运输路径，使得氧化还原反应能够快速、可逆地进行。因此这种独特的纳米花瓣状 MnO_2 较为适合作为超级电容器电极材料。

图 13-20 纳米花瓣状水钠锰矿型
MnO_2 在不同倍率下的 SEM 图[127]

　　Phattharasupakun 等[128]以纳米棒状 MnO_2 为赝电容材料，以氧化的碳纳米片（OCNs）为导电剂。研究发现，当 MnO_2：OCN：PVDF＝60：30：10 时，电极材料性能达到最优值（能量密度 64W·h/kg，功率密度 3870W/kg）。核壳结构的纳米电极材料作为一种高性能的储能材料已经得到广泛认可，然而以纳米线为核形成的核壳结构的材料还甚少被研究，尤其是其超容行为方面。Kim 等[129]采用 MgO 模板法制备出具有均匀介孔结构及高比表面积的介孔碳（MPC），并以此为基底制备 MnO_2/C 复合材料。其制备过程是在 MPC 上，分别采用 $MnSO_4$ 和 $KMnO_4$ 为前驱体，通过阳极和阴极电沉积制备复合材料。从 XRD 谱图可以证明无论是阳极电沉积还是阴极电沉积，MnO_2 都有效地沉积在 MPC 上。再结合 SEM 图可以发现采用阳极电沉积得到的 MnO_2 呈薄片状，而用阴极电沉积得到的 MnO_2 呈针状。通过电化学性能测试得到由于 MnO_2 的形貌不同，两种复合材料的比容量、倍率性能以及循环性能都有较大的差异。比较得出，采用阴极电沉积得到的 MnO_2 表现出更为优异的电化学性能，这主要因为针状的 MnO_2 能够更好地利用 MPC 的介孔结构。二氧化锰用作赝电容器电极材料已有广泛的研究，但是深入探究其电荷存储机理的研究还较为缺乏。Jadhav 等[130]采用电化学沉积法制备了一种三维网络结构的 MnO_2 纳米纤维。这种电沉积方法通过电化学石英晶体微天平（EQCM）研究得出，在电压为 0.85V 时电极表面沉积的二氧化锰纳米纤维最多。FE-SEM 图显示出相互交错的三维结构的 MnO_2 纳米纤维直径有 $10\sim27$ nm，长度为 $0.1\sim0.5\mu m$，表现出较高的纵横比。在 1mol/L 的 Na_2SO_4 电解液中，采用循环伏安法（CV）在 10mV/s 的扫速下，比电容达到 392F/g，在 2mA/cm^2 充放电电流密度下比电容达到 383F/g。同时这种材料具有优异的倍率性能和高的能量密度（48.74W·h/kg）及功率密度（2.12kW/kg），因此极为适合作为超级电容器电极材料。反常的 X 射线小角散射（ASAXS）是一种非侵入性的、能整体分析碳干凝胶-氧化锰电极纳米结构的方法。电极材料作为超级电容器的核心部件，它们的微观结构影响着整个器件的性能，因此研究碳干凝胶的支架结构以及二氧化锰包覆的形态是非常有必要的。Chen 等[131]以薄膜 MnO_2 电极为模型，采用原位拉曼光谱法探测其循环期间材料结构的变化。通过谱图可以发现，光谱的特征（如谱带位置、强度和宽度）是与不同电解液中不同大小的阳离子（如 Li$^+$、Na$^+$、K$^+$）数量相关的；同时通过放电的程度可以了解阳离子掺入 MnO_2 赝电容的夹层机理。用此方法研究阳离子的大小对拉曼谱带位置的影响得到的实验结果，与用声子能量与层间阳离子掺入 MnO_2 模型计算的理论结果相一致。此外，MnO_2 电极在不同电位的阳离子尺寸效应对光谱特征的影响与存储在 MnO_2 电极的电荷量成定量关系。因此从拉曼光谱可以了解到电极材料电荷存储过程中相关的结构变化，这为研究阳离子大小对 MnO_2 电极的电化学性能的影响提供了很好的方法。

MnO_2 作为超级电容器电极材料表现出巨大的潜能，但是要真正实用化仍然面临一些挑战。今后的研究可能围绕以下方面展开：①设计具有高比容量的 MnO_2 纳米材料，结合 MnO_2 晶形与电容性能之间的关系，结合电极过程动力学和储能机理，指导新材料设计。②增强 MnO_2 纳米材料的导电性，MnO_2 与一些导电性好的碳材料（如活性炭、碳纳米管、碳气凝胶，尤其是石墨烯）复合，可以改善材料的电化学性能；在 MnO_2 晶格中掺入合适的其他过渡金属元素，以改善 MnO_2 的电导率和微观结构，提高电极材料的电化学特性；利用无机-有机杂合材料协同效应，以导电聚合物为导电衬底，在衬底表面原位形成一层 MnO_2 纳米结构，从而形成合适的微观形态，是提高电极材料电化学性能的有效途径。③寻找具有高导电性且电化学窗口广的优良电解质溶液[132,133]。

13.3.1.3　镍系氧化物

氧化镍具有电化学活性高、反应可逆性好、有相对高的比容量（理论比容量达 $3750F/g$），而且易于制备、环境友好且成本低等优点，因此，是目前最为广泛研究的金属氧化物电极材料[134]。Parveen 等[135]借助油胺辅助溶剂热法将二维的具有薄膜结构的 $Ni(OH)_2$ 制备出三维具有花瓣状结构的 $\beta\text{-}Ni(OH)_2$ 材料，并研究了这种材料的生长机制。在反应过程中，油胺既作为表面活性剂存在，同时也起助溶剂、稳定剂和还原剂的作用。这种三维材料之所以性能优越，是因为其具有更大的比表面积和更适合的孔径大小，使得层间的活性位点增加；而且这种花瓣状 $\beta\text{-}Ni(OH)_2$ 结晶度高，且分散均匀，使得嵌入/脱嵌反应过程迅速，因此，这种材料在比容量和充放电性能方面都表现优异。Xu 等[136]采用化学沉积的方法制备出了一种超长、密集、高度取向的镍纳米线阵列（NNA），其制备原理如图 13-21 所示。且系统研究了其作为电极材料在超级电容器方面的应用。NNA 材料具有优良的导电性、较大的矩形度以及高度的垂直取向性。相比于传统的多孔电极材料，NNA 提供了许多离子和电子的传输通道，这对材料电化学性能的提升起着关键作用。此外，凸状的 Ni 纳米线有助于减少循环过程中活性材料体相内部的反应。最后，在应用过程中，由于 Ni 纳米线稳固地长在金属箔基底上，所以当厚度压到原有厚度的 1/5 时，其电化学性能仍表现优异，不受影响。

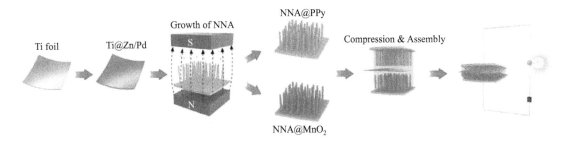

图 13-21　NNA 阵列形成及非对称电容器组装原理图[136]

Zheng 等[137]通过自组装的方法将 3nm 左右的 NiO 纳米颗粒沉积在大孔泡沫镍表面，同时制备出无黏结剂、比表面积达 $268m^2/g$ 的三维大-中孔电极片。将其组装成电容性电池后，得益于电极内部优异的三维孔道结构，NiO 电极展现出电容性倍率性能的同时具备锂电池的能量密度，即在 $50A/g$ 条件下具有 $518mA\cdot h/g$ 的高容量。相比于石墨类负极电池（$2\sim3A/g$ 具有 $50mA\cdot h/g$ 的能量密度），性能提升了接近 10 倍。Zhu 等[138]采用化学沉积法将纳米碳纤维沉积于经 NiO 纳米壁沉积的金属丝上，获得一种丝状复合材料。这种复合材料可直接作为电极材料组装成用于微电源的纤维超级电容器。三维 NiO 纳米壁在金属丝上的预沉积增加了 CNF 的沉积面积，电流密度为 $10\mu A/cm^2$ 时，电容器的面积比电容可高达 $12.5mF/cm^2$。同时该纤维超级电容器可以有效地集成以满足一些扩大的能源和电力需求。Cheng 等[139]通过一种有效的超临界二氧化碳辅助法将氧化镍（NiO）纳米颗粒均匀地分布在垂直取向的毫米级厚度的碳纳米管阵列（VACNTs）上。所制备的 VACNT/NiO 混合结构可作为无黏结剂、无添加剂的电极材料而应用于超级电容器领域。正是由于这种 NiO 和 VACNTs 的纳米多孔结构与一维平行的电子导电路径的协同效应，电容器的比电容可达到 1088.44F/g。更值得注意的是，这种非对称电容器的能量密度可达 $90.9W \cdot h/kg$，功率密度为 $3.2kW/kg$；最大功率密度为 $25.6kW/kg$ 时，能量密度为 $24.9W \cdot h/kg$，性能均优于 NiO 或 VACNTs 为基础的非对称电容器。另外，此电容器在 5A/g 电流密度下充放电循环 2000 次容量保持率可达 87.1%。Qi 等[140]利用树脂微球吸附 Ni^{2+} 然后对其进行适当的煅烧制得到多壳层 NiO 空心微球超级电容器材料，通过改变合成参数，可以控制 NiO 空心微球的壳数量、壳间距及外部的壳结构等。研究表明，在多壳层 NiO 空心微球中，具有单一外壳层的三壳 Ni 空心微球具有快速离子/电子迁移能力、较高的比表面积和较大的层间距，而表现出优异的电化学性能，其 1A/g 下比容量为 1280F/g，在 20A/g 下仍然保持高容量 704F/g。再者，3S-NiO-HMS//RGO@Fe_3O_4 非对称超级电容器在功率密度 800W/kg 下具有 $51W \cdot h/kg$ 的超高能量密度，循环寿命稳定，10000 次后电容保持在 78.8%。Gonzalez 等[141]采用一锅法通过连续吸附方式（逐层自组装方法，LBL）将不同的聚丙烯酰胺（PEI）和聚丙烯酸（PAA）电解质膜组装到 β-Ni（OH）$_2$ 纳米片上。通过改变电解质膜层数量 1~5 层，调节超级电容器电极材料的微观结构，进而提高其比表面积、孔隙率等物理性能，最后达到提高具体器件电容的目的。由 1 层和 3 层核壳结构组成的膜表现出较高的倍率性能，在循环过程中，1 层核壳膜组成的封闭微孔结构比电容有轻微降低，从 250F/g 到 180F/g，容量保持率为 72%，而由 3 层核壳膜组成的开放微孔结构比电容值达到 400F/g 且保持稳定，保持率为 100%。

NiO 近年来的发展趋势是开发特殊形貌的纳米结构材料，这些制备的纳米 NiO 材料包括纳米片、纳米柱、纳米环、分层多孔纳米花、多孔纳米阵列、纳米微球、纳米空心球等[142~148]。不同的制备方法可得到不同结构和性能的氧化镍材料，也就是说氧化镍材料的电化学性能与其结构有着直接的关系。

13.3.1.4 钴系氧化物

氢氧化钴和氧化钴材料也是一种具有发展潜力的超级电容器电极材料。近年来 Co_3O_4 的研究主要集中在特殊形貌和结构的 Co_3O_4 基电极材料的制备上。Zheng 等[149]在层状多孔碳中插入 Co_3O_4 纳米柱阵列，作为一种高性能超级电容器用免黏结剂的三维电极。三维分层碳纳米结构不仅提供了分层的多孔通道，还拥有更高的电导率以及杰出的结构机械稳定性。在本研究中，根据蓝蝴蝶翅膀上的鳞片衍生出分层多孔氮掺杂碳和 Co_3O_4 纳米柱阵列。这些结构有更高的电容量。电流密度为 0.5A/g 时，质量比电容量达到 978.9F/g，循环稳定性佳，2000 次循环后容量保持率为 94.5%，不需要牺牲功率密度就可以提高能量密度，碳化的鳞片状 Co_3O_4 复合物制成的超级电容器，其最大的能量密度达到 $99.11W \cdot h/kg$。Wang 等[150]采用一种简单易行的化学方法于泡沫镍上合成一种纳米花瓣状 Co_3O_4，通过扫描观察与电化学性能测试发现：在 6mol/L 的 KOH 电解液中，电流密度为 4A/g 时，纳米花瓣状的 Co_3O_4 具有较高的比容量（2612.0F/g），经 2000 次（电流密度为 30A/g）充放电循环后，容量保持率为 85.3%。Sun 等[151]采用水热法制备 Co_3O_4 纳米棒，在此过程中使用环境友好的去离子水而不是有机溶剂作为水热介质。所制备的 Co_3O_4 纳米棒由直径为 30~50nm 的纳米颗粒组成，形成一指状的形态。采用循环伏安法（CV）在 2mV/s 的扫速下，比电容达到 265F/g，在 50mA/g 充放电电流密度下比电容达到 $1171mA \cdot h/g$。同时这种 Co_3O_4 电极材料具有优异的循环稳定性和电化学可逆性。Zou 等[152]在氮掺杂石墨烯泡沫（NGF）上垂直生长了中孔 Co_3O_4 纳米片，孔径为 3~8nm。由于 Co_3O_4 和 NGF 的协同增强作用以及复合材料的 3D 分级结构，这种复合材料可以表现出优异的电化学性能。相较于 Co_3O_4/Ni 电极，比容量可以从 320F/g 提高到 451F/g。此外，在 20A/g 的大倍率下充放电 1000 次后，容量仍有 95%。Liang 等[153]通过在 MoS_2 纳米片表面修饰超细 Co_3O_4 纳米颗粒合成了 MoS_2/

Co_3O_4 复合材料，这种复合材料既保留了 MoS_2 纳米片的优点，同时 MoS_2 和 Co_3O_4 纳米颗粒的协同增强效应使其具有很好的电化学性能。0.5A/g 下的比容量为 69 mA·h/g，500 次循环后容量保持率为 87%，相较于纯的 MoS_2 和 Co_3O_4 都有明显的提高。Naveen 等[154]制备了一种 Co_3O_4 和石墨烯纳米片（GNS）的复合材料，以研究石墨烯在复合材料中的作用。结果表明，石墨烯纳米片的引入可以减小 Co_3O_4 团聚物的粒径大小，改善复合材料的导电性，从而获得和纯 Co_3O_4 相比更佳的电化学性能。采用循环伏安法在 5mV/s 的扫速下，复合材料的容量可以达到 650F/g，此外，组装的对称型 Co_3O_4-GNS 超级电容器也具有极佳的功率性能。Zhou 等[155]合成了一种空心、蓬松的笼状结构 Co_3O_4（HFC-Co_3O_4），由大量超薄的纳米片所构成，比表面积可以达到 245.5m^2/g。这种分级的结构可以最小量化材料中的晶界，使得充放电时的离子迁移更加容易，2~3nm 超薄的纳米片则提供了高活性的场所进行材料表面的氧化还原反应。在 1A/g 下的比容量可以达到 948.9F/g，40A/g 时也仍然高于 500F/g，另外，这种材料在 10A/g 大倍率下循环 1 万次同样表现出极佳的循环稳定性。Zhao 等[156]采用 Cu_2O 模板辅助加后煅烧处理的方法，制备了空心纳米管结构的 Co_3O_4。研究结果表明，空心 Co_3O_4 纳米管的外壳为一种多孔结构，由许多厚度小于 5nm 的超薄纳米片交织而成，这可以大大方便离子及电子的传输。材料的比容量可以达到 404.9F/g（0.5A/g），20A/g 时容量保持率为 87.8%，2000 次循环以后的容量损失为 5%。此外还以活性炭为负极组装了非对称电容器，功率密度 0.4kW/kg 下的能量密度为 21.8W·h/kg。

13.3.1.5　二元及多元金属氧化物

综上可以看出，金属氧化物电极材料的超级电容性能除了与其晶体类型、结晶度、粒径大小、多孔结构和水合程度等因素相关外，金属元素自身的种类也决定着其氧化物材料的电容性能，因为不同金属元素的氧化物其赝电容性能存在较大的差别，其性能的优缺点也有所不同。如 NiO 电极材料具有很高的比容量，但是循环稳定性较差；Co_3O_4 虽然容量低于 NiO，但是其倍率性能和循环稳定性较好。也就是说，氧化物材料的赝电容性能首先由组成氧化物的金属元素的种类所决定。但对于确定的氧化物，其电容性能又与晶型、结晶度、水合程度、微观结构等因素紧密相关。因此，要获得性能优异的电极材料，首先应该选用赝电容性能优越的金属元素，然后通过调节其微观结构，争取使其赝电容性能的发挥最大化。同时，根据所选择的氧化物赝电容性能的优缺点选择相应的复合对象设计复合材料，通过复合组分的优缺点互补，达到全面提升性能的目的[157~159]。

近年来，二元或多元金属氧化物被用作电极材料成为新能源领域研究的热点。Yin 等[160]以 Co_3O_4 纳米线为核（其中 1/3 Co 用 Ni 替代），以 $Ni(OH)_2$ 为壳（其负载量为 61%）制备出一种新型核壳结构电极材料 $NiCo_2O_4/Ni(OH)_2$。相较于 $Co_3O_4/Ni(OH)_2$ 电极材料，$NiCo_2O_4/Ni(OH)_2$ 表现出更优异的电化学性能，其体积比容量增加 93%，循环性能也明显改善。从这个实验说明，内核与壳层对电极材料的电化学性能都有影响，而且通过理论模拟核/壳界面的能量变化可以揭示化学的本质变化。Nagaraju 等[161]通过简单的两电极体系的电化学沉积方法制备了一种三维分层 Ni-Co 双氢氧化物纳米片（Ni-Co LDH NSs/CTs）。在 1mol/L 的 KOH 电解液中，这种具有三维多孔框架结构的赝电容电极材料表现出良好的电化学性能，在 2A/g 电流密度下其比容量可达到 2105F/g。另外，这种双金属氢氧化物纳米材料的制备可以为低成本储能装置的应用提供一种理想的电极。Chen 等[162]研究了常温条件下提高过渡金属掺杂氧化物 CoOOH 电容量的方法，通过简易的常温氧化法，实现氢氧化钴和 100~300nm 的二元掺杂氧化物 $Co_{0.9}M_{0.1}OOH$（M=Ni、Mn、Fe）纳米环在溶液中的组装。经过长时间反应后，他们观察到核壳型的纳米盘中，$Co(OH)_2$ 核和 $Ni(OH)_2$ 壳发生了元素偏析，$Co_{0.9}Ni_{0.1}(OH)_2$ 纳米盘转变成了中空的 $Co_{0.9}M_{0.1}OOH$ 纳米环。用典型的循环伏安法分析 $Co_{0.9}M_{0.1}OOH$ 纳米盘和纳米环，电压扫描速度设置成 5mV/s，电位窗口设置成 0.2~0.7V（相对饱和甘汞电极）。对比纳米盘和纳米环，后者的氧化还原峰有明显的增加。更强的氧化还原峰表明电容特性主要由法拉第反应控制，这和双电层的矩形峰有明显的区别。充放电电流密度为 1A/g 时，纳米盘的形状转变为纳米环时，质量比电容量由 211.5F/g 增加到 439.7F/g。相比掺杂锰和铁，掺杂了镍的 CoOOH 纳米环展示出更好的电容性能，这部分增加的电容量归功于纳米环的多孔表面。在未掺杂过渡金属时，本身 CoOOH 纳米环的电容量就比 CoOOH 纳米盘要高，但是没有掺杂了镍之后提高的明显，这意味着纳米环形态和镍掺杂对电容量的提高都有贡献。Long 等[163]采用一种非常简单的方法制备了非晶结构的镍钴氧化物作为超级电容器的电极材料。这种非晶镍钴氧化物表现出良好的电化学性能：首先，这种独特的多孔结构可以有效地输送电解质和缩短离子扩散路径；其次，二元化合物和无定形的性质可以在氧化还原反应过程中引入更多的表面缺陷。其比容量高达 1607F/g，循环 2000 次后容量保持率为 91%。另外，非对称电容器的能量密度达到 28W·h/kg，当能量密度为 10W·h/kg 时，最大功率密度可达 3064W/kg。Pei 等[164]报道了一种能够提高在光电化学水分解反应和超级电容储能中的电化学反应效率的方法，这种方法可以同时提高电荷的转移以及促进 TiO$_2$ 纳米管阵列（TNAs）电极活性位点的产生。研究表明，从真空引起的缺陷自掺杂所导致增强的电荷转移可以极大地提高水分解性能和 TiO$_2$ 纳米管阵列的初始电容。而沉积锰氧化物的种类，作为电化学活性位点，可以进一步提高其能量转换和存储效率。MnO$_x$/TNAs 负极在 Na$_2$SO$_4$ 电解液中有 0.56% 的光电转化效率。另外，这种复合电极在 5mV/s 扫速下电容可达 12.51mF/cm^2，相当于原始 TNAs 电极的 3 个数量级。可为实现提高能源转换和储存装置的性能提供新的能源。电化学性能与生产成本是目前超级电容器实际应用中的主要问题。Tang 等[165]研究了高性能超级电容器用 CuCo$_2$S$_4$ 材料的简易合成，在不使用模板的情况下，通过简单的溶剂热法，在丙三醇中合成了 CuCo$_2$S$_4$ 纳米颗粒材料，该材料显示了出色的电化学性能，在聚硫化物电解液中，20A/g 的电流密度下，实现了 5030F/g 的超高比电容量。为了评价该材料在超级电容器上的潜在应用，分别使用水、乙二醇和丙三醇作为溶剂合成了 3 种 CuCo$_2$S$_4$ 纳米颗粒材料，用泡沫镍作集流体，电极活性材料 CuCo$_2$S$_4$ 的用量约为 5mg，每个工作电极的表面积为 1cm^2，在三电极体系下使用聚硫电解液测试材料的电化学性能。在循环伏安测试中，当电位扫描速度为 5mV/s 时，得到 3 种材料的比电容量为 2737F/g、3647F/g 和 5148F/g。为了进一步研究 CuCo$_2$S$_4$ 电极的电化学性能，在不同电流密度下对上述 3 种环境下合成的 CuCo$_2$S$_4$ 纳米颗粒材料进行恒电流充放电，电化学窗口设定为 −0.25~4V（vs. Ag/AgCl）。在 20A/g 的电流密度下，丙三醇中合成的 CuCo$_2$S$_4$ 纳米颗粒材料的比电容量达到 5030F/g。在更高的 70A/g 的电流密度下，比电容量也能达到 1365F/g，这些数据预示着 CuCo$_2$S$_4$ 在超级电容器电极材料方面存在巨大的应用潜力。Wang 等[166]通过两步水热法，在三维石墨烯泡沫镍（GNF）上原位生长出具有六方锥微观结构的海胆状 NiCo$_2$S$_4$（NCS-GNF）。石墨烯的出现改善了离子和电荷在 NiCo$_2$S$_4$ 和泡沫镍之间的传输状况。作为一种不需要黏结剂的超级电容器电极材料，当电极密度为 5.8mg/cm^2 时，在 10mA/g 的电流密度下，其比电容量为 9.6F/cm^2，倍率性能和循环稳定性优异。电流密度提高到 1.7A/g 时，质量比电容量为 1650F/g。之所以能有这么良好的性能，得益于 NCS-GNF 这种材料独特的微观结构。Dai 等[167]研究了 KCu$_7$S$_4$ 氧化还原活性材料在柔性全固态超级电容器中的电荷储存。通过理论和实验调查相结合，以柔性全固态超级电容器为研究载体，揭示了 KCu$_7$S$_4$ 线的电荷存储机理。具有独特的双孔道结构的 KCu$_7$S$_4$ 导电性能优异。电化学实验和 DFT 计算的结果表明，在 KCu$_7$S$_4$ 电极中发生的氧化还原反应过程中，比锂离子的活性更高的钾离子的嵌入和脱出是储能过程能够稳定进行的主要原因。SEM 照片证实了 KCu$_7$S$_4$ 线形成了多孔网状结构，这种网状结构中填充了大量的电解液，有利于离子和电子的快速迁移。以该材料制成的电极浸润在磷酸电解液中，能达到 41W·h/kg 的能量密度和 0.5kW/kg 的功率密度，当功率密度提高到 2.8kW/kg 时，能量密度仍能保持 19W·h/kg。而且，这种全固态超级电容器在不同的弯曲程度下，保持了良好的电容特性，展示出强大的柔性。Ma 等[168]介绍了两步水热法和微波辅助加热法制备 SnO$_2$/MoS$_2$ 复合物。XRD 和 SEM 分析发现，这种复合物由 MoS$_2$ 纳米片层和平均尺寸在 3~4nm 的超细 SnO$_2$ 颗粒组成，这些 SnO$_2$ 颗粒均匀地固定在 MoS$_2$ 纳米片层表面。为了评价复合物作为超级电容器电极的电化学性能，研究人员用三电极体系对该复合物做了循环伏安和恒流充放电测试。电化学窗口设定为 0.8~0.2V，电位扫描速度为 5mV/s。从 CV 曲线上可以看出，SnO$_2$/MoS$_2$ 复合物电极比单独的 SnO$_2$ 或 MoS$_2$ 拥有更高的电容量。提高扫描速度之后，CV 曲线的形状依然保持近似，电流电压响应特性对称，预示这种复合物的电容行为和可逆性优良。运用恒流充放电法测量复合物电极的比电容量，电压窗口保持不变，电流密度设定为 1A/g。从充放电曲线上读取数据计算得到 SnO_2/MoS_2 复合物的质量比电容为 159.22F/g，高于单独的 SnO_2 和 MoS_2 电极，它们分别为 8.6F/g 和 104.12F/g。这个实验结果和循环伏安测试结果是相吻合的。Ren 等[169] 提供一种简单适用的方法，利用金属固有的还原特性与 $KMnO_4$ 的氧化特性第一次通过氧化还原反应来制备混合金属氧化物。在室温条件下，泡沫镍在 $KMnO_4$ 溶液中发生自反应，生长出应用于超级电容领域的 $Ni(OH)_2/MnO_2$ 混合纳米片。这种纳米片具有较高的比电容（2937F/g），组装的非对称固态电容器具有 91.13W·h/kg 的超高能量密度（功率密度为 750W/kg）；经过 25000 次充放电循环后容量保持率为 92.28%，$Co(OH)_2/MnO_2$ 和 Fe_2O_3/MnO_2 材料同样可通过上述原理进行制备。这种环保低成本的方法可以大规模地生产电极。Jiang 等[170] 采用两步水热法制备了 $\alpha\text{-}Fe_2O_3$ @Ni(OH)$_2$ 超薄二维纳米片复合材料，其作为超级电容器材料在高充放电倍率下具有超高比电容和稳定的循环性能。$\alpha\text{-}Fe_2O_3$ @Ni(OH)$_2$ 电极与 Ni(OH)$_2$ 电极相比，随着电流密度的增大，其电容平滑降低，而 Ni(OH)$_2$ 组成的电极随着电流密度的增加电容大幅下降，同时它表现出优异的倍率性能，在 16A/g 下比电容达到 356F/g，循环 500 次后容量保持率达到 93.3%，与之相比，Ni(OH)$_2$ 的性能较差，在 16A/g 下比电容为 132F/g，容量保持率仅为 81.8%。Wang 等[171] 通过简单低成本水热法和化学沉淀法将 Mn_3O_4 纳米颗粒均匀地掺入 MoS_2 的分层结构中得到 MoS_2/Mn_3O_4 纳米结构，并研究了其作为赝电容电容器电极材料的电化学性能，实验结果表明，MoS_2/Mn_3O_4 纳米结构作为赝电容电容器的循环稳定性大大提高。1.0A/g 电流密度时，2000 次循环后，电容器比容量仍然高达 119.3F/g，为初始容量的 69.3%，是纯层状 MoS_2 电极电容器的两倍以上，良好的性能来源于层状 MoS_2 和 Mn_3O_4 纳米颗粒之间的协同效应。Mn_3O_4 作为支撑可以防止 MoS_2 纳米片团聚，提高 MoS_2 层状结构的稳定性并提供额外的容量，MoS_2 片作为基体提高了 Mn_3O_4 电导率。Kakvand 等[172] 将 $NiMnO_3$、合成石墨（GR）和还原氧化石墨烯（RGO）复合，制备 NMO/Gr 和 NMO/RGO 纳米复合材料，并研究其作为超级电容器的活性材料的电化学性能，NMO/RGO 材料在 1A/g 时的比电容高达 285F/g。NMO/RGO 复合材料通过组装 NMO/RGO//NMO/RGO 对称电容器，能量密度为 27.3W·h/kg，比功率为 7.5kW/kg。与只有 NMO 材料相比，NMO/RGO 材料的优异电化学性能主要归因于由还原氧化石墨烯提供高表面积和在 GO 纳米片层上均匀分布的 NMO 纳米颗粒。Shen 等[173] 采用超声波法与水热法制备了一种 $CoNi_2S_4$-G-$MoSe_2$ 纳米复合材料。通过超薄 $MoSe_2$ 纳米片、高导电性石墨烯和 $CoNi_2S_4$ 纳米颗粒之间的协同效应使得这种电极材料具有独特的电化学性能。$CoNi_2S_4$-G-$MoSe_2$ 电极的最大比容量为 1141F/g，20A/g 电流密度条件下循环 2000 次后容量保持率约为 108%。在 5mV/s 的扫速下，比容量为 109F/g。这项开创性的工作对提高超级电容器电极材料的电容性能具有深远的影响。Wang 等[174] 采用环糊精为模板，通过简单的一步法和煅烧成功地合成了一种多层（1~4 层）可调的 $CoFe_2O_4$ 纳米空心微球。在合成过程中，通过控制水与乙醇的比例可以精确地控制壳体的层数与内部结构。纳米空心结构的 $CoFe_2O_4$ 材料不仅有效地缩短了电解液中离子的扩散路径，同时为氧化还原反应提供了更大的活性比表面积，从而显著提高了材料的倍率性能与循环稳定性。在 20A/g 电流密度条件下，比容量为 1231F/g。在 50mV/s 扫速下，循环 500 次后容量保持率为 98%。

由于多元金属氧化物较一元金属氧化物用于超级电容器的研究时表现出更为优异的电容性能，因此寻找简易、低成本且能大规模合成的新型多元金属材料是未来研究的重点。

13.3.2　导电聚合物

超级电容器主要由电极、集流体、电解质和隔膜四部分组成，电极材料作为核心材料是影响超级电容器性能和成本的关键因素，因此有必要开发性能优异的电极材料。导电聚合物具有成本低、环境稳定性高、在掺杂态下电导率高、电荷储存能力高和优良的可逆性等优点[175,176]，同时导电聚合物超级电容器电极可通过设计聚合物的结构、优选聚合物的匹配性来提高电容器的整体性能，这逐渐成为超级电容器电极材料研究的热点。目前应用于超级电容器的导电聚合物主要有聚吡咯（polypyrrole，PPy）、聚苯胺（polyaniline，PANI）、聚噻吩（polythiophene，PTh）和聚噻吩衍生物聚 3,4-亚乙基二氧噻吩 poly（3,4-ethylenedioxythiophene，PEDOT），各导电聚合物参数如表 13-5 所示[177]。

表 13-5　常见导电聚合物的参数[177]

导电聚合物	摩尔质量 /(g/mol)	电压 /V	导电性 /(S/cm)	理论比容量 /(F/g)	实际比容量 /(F/g)
PANI	93	0.7	0.1～5	750	240
PPy	67	0.8	10～50	620	530
PEDOT	142	1.2	300～500	210	92

13.3.2.1　导电聚合物电极材料工作原理

采用导电聚合物作为电极的超级电容器时，其电容一部分源于电极/溶液界面的双电层，最主要的一部分来自法拉第准电容。其作用机理是：它们在充放电过程中，电极内具有高电化学活性的导电聚合物进行可逆的 p 型或 n 型掺杂或去掺杂，从而使导电聚合物电极存储高密度的电荷，产生大的法拉第电容。导电聚合物的 p 型掺杂即指：共轭聚合物链失去电子，导电聚合物呈现正电性。为保持电中性电解液中的阴离子就会聚集在聚合物链中来实现电荷平衡，具体过程如图 13-22（a）所示。而 n 型掺杂是指聚合物链中富裕的负电荷通过电解液中的阳离子实现电荷平衡，从而使电解液中的阳离子聚集在聚合物链中，具体过程如图 13-22(b) 所示[178]。其中 PPy、PANI 主要是以 p 型掺杂为主，而 PEDOT 既可以 p 型掺杂又可以 n 型掺杂。导电聚合物电极主要有 3 种组合方式：I 型，两个电极材料都是相同的 p 型掺杂聚合物；II 型，两个电极为不同的 p 型掺杂聚合物；III 型，由 2 个相同或不相同的既可以 p 型掺杂又可以 n 型掺杂的导电聚合物组成，充电时正极进行 p 型掺杂，负极进行 n 型掺杂，放电后都是去掺杂状态。III 型由于具有更宽的电压范围和更高的工作电位，因此具有更高的比电容[179]。此外还有混合超级电容器，如用聚合物作正极，碳或锂作负极的超级电容器。

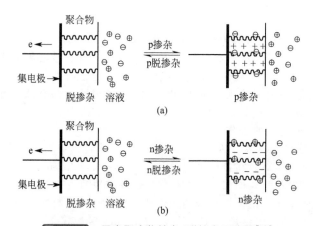

图 13-22　导电聚合物掺杂/脱掺杂示意图[179]

在导电聚合物的充放电（掺杂）过程中，电化学反应发生在材料的三维立体结构中而非仅仅在材料的表面。以聚苯胺为例，它具有如图 13-23 所示的化学结构，在掺杂过程中，每两个苯环结构可以得到一个电子，在某些特定环境下还可以更高，这意味着导电性聚合物材料中的电荷密度在掺杂状态下，比电容量可以达到 500C/g 以上[180]。因此其作为超级电容器电极材料优于高比表面的活性炭，后者的充放电过程仅仅发生在电极材料和电解液界面的双电层中。

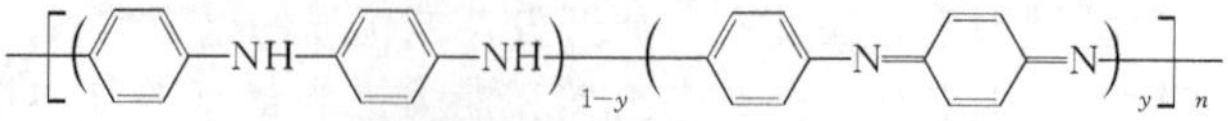

图 13-23　聚苯胺结构式

13.3.2.2　超级电容器导电聚合物电极的研究进展

1974 年日本的 Shirakawa 等[181]研究发现一种制备聚乙炔自支撑膜的方法，该膜具有金属光泽。1977 年，美国的 Macdiarmd 和 Heeger 教授与 Shirakawa 进行合作研究，发现这种聚乙炔膜经 AsF$_5$ 掺杂后电导率提高了 13 个数量级，达到 10^3 S/cm，表明这种聚合物是可导电的，随后合成了聚对亚苯、聚吡咯和聚苯硫醚等导电高分子。导电高分子的研究只有 20 多年的历史，但已经取得了令人瞩目的成就。这是因为导电聚合物具有快速充放电、高储能密度、可塑性、成本低和绿色环保等特点，是一种很有前景的超级电容器电极材料。作为赝电容器电极材料，导电聚合物相对于碳材料具有更高的能量密度，而相较于过渡金属氧化物，其具有更好的导电性。然而，导电聚合物的超级电容器通常循环稳定性较差，这是由于在掺杂和脱掺杂态之间造成结构断裂形成大体积效应，影响了它的实际应用。导电聚合物存在的主要缺点有如下几个方面：①力学性能不佳，离子反复进出电极，容易破坏聚合物的共轭体系；②相对于金属钌及其氧化物，有机聚合物的比电容还不够高；③工作电压和储能密度有待提高。不断开发新型导电聚合物，改进导电聚合物电极材料的性能，不断优化电极匹配和结构设计将是以后的主要研究内容。目前研究的重点将是：①研究合成新型、容易实行 p 型和 n 型掺杂的聚合物，并与具有立体空间结构的导电材料复合得到高比表面积的复合材料；②进一步研究混杂型超级电容器，找到合适的正负电极匹配，从而提高工作电压和储能密度；③研究基于导电聚合物的复合电极材料，提高有机物电极的力学性能和电导率。为了进一步提高导电高分子材料的性能，扩展其应用，近年来对导电高分子的研究主要有两种趋势：一是对导电高分子进行微结构化，二是制备导电高分子复合材料。如导电高分子/碳纳米管[182]、导电高分子/石墨烯[183,184]、导电高分子/金属氧化物[185,186] 复合材料等。下面介绍三种主要导电聚合物及其复合电极材料的研究进展。

(1) 聚吡咯及其复合电极材料

聚吡咯（polypyrrole，PPy）是由吡咯单体聚合而成的一种新型导电聚合物。常用的 PPy 合成方法有化学氧化法、模板法和电化学聚合法。PPy 不溶也不熔，因此其链结构的测定非常困难。但吡咯单体 a-c 位置的反应活性最高，a 位取代的概率最大，一般认为 PPy 具有 a-a′位相连的链结构。而且聚吡咯处于氧化掺杂态，其掺杂度约为 3 个吡咯单元 1 个对阴离子，所以其结构式[187] 一般表达如图 13-24 所示。聚吡咯具有易成型、耐腐蚀、低密度、无毒害、加工性能优良、可选择的电导率范围宽等优点。可用作导电材料、电致变色材料、二次电池阳极材料、防腐材料、医用材料、抗静电材料，也可用于制备传感器、传动器、固体电解质电容器等等。目前在超级电容器中，以导电聚吡咯或者其复合材料为电极材料的赝电容型电容器所开展的研究很多。然而，聚吡咯充放电倍率性能差[188]，在充放电过程中循环稳定性很差，原因可归为：①电解液离子在充放电过程中不断进出电极材料，导致导电聚吡咯的骨架不断地膨胀/收缩，一定程度上破坏了材料的稳定性；②掺杂态的聚吡咯的氧化还原反应不是完全可逆的，这就更加剧了充放电过程中的容量衰减。如图 13-25 所示，充电过程中，电解液离子进入到掺杂态的聚吡咯中，存储能量；放电过程中，电解液离子从掺杂态的聚吡咯中脱离出来进入到电解液。可见，充放电过程中掺杂态的聚吡咯并没有发生化学反应，然而电解液离子的插入脱出使得聚吡咯骨架膨胀/收缩，因而不利于聚吡咯的电化学循环稳定性[189]。通过制备具有独特结构的 PPy 可以有效改善其膨胀/收缩问题。Li 等[190] 制备了一种新型的中空多孔囊壁结构聚吡咯（PPy）纳米纤维，这种独特的纤维结构和囊壁为 PPy 膜提供了足够的空间来适应掺杂和脱掺杂态时的体积变化。该 PPy 制成柔性、无黏结剂、自支撑电极膜具有优异的循环稳定性能，在 10A/g 的电流密度下，循环 11000 次后容量保持率大于 90%。此外，研究人员通常利用 PPy 与其他材料进行复合的方法来弥补 PPy 材料本身的不足。

图 13-24　聚吡咯结构式

Kashani 等[188] 将聚吡咯（PPy）导入高导电性和高稳定性的纳米多孔石墨制备了新型三维互联纳米管石墨-PPy（nt-G/PPy）复合物。nt-G/PPy 是一种双连续相纳米管混合材料，具有很大的比表面积和很高的导电性，因而可以有效提高 PPy 超级电容器的比电容、循环性能和倍率性能。Huang 等[191]通过电化学方法在原始碳毡上的碳纤维表面生成有序聚吡咯（PPy）纳米线（NWAs），三维导电碳纤维骨架和其顶上有序的电活性聚合物纳米线组成层状结构复合材料 PPy-NWA。PPy-NWA 电极在 1A/g 下的比电容高达 699F/g，同时表现出优异的倍率性能，在 10A/g 和 20A/g 下电容保持率分别为 92.4% 和 81.5%。在 0.65kW/g 下得到 164.07W·h/kg 的高能量密度。Yang 等[192]采用真空过滤的方法制备了还原态氧化石墨烯（rGO）/聚吡咯纳米管（PPy NT）复合材料。该复合材料可用于柔性全固态超级电容器（ASSSCs），电化学测试表明，掺入 rGO 能提高 PPy NT 的电化学性能，该电极在 $1mA/cm^2$ 的电流密度下，面积比电容高达 $807mF/cm^2$，在 $0.1A/cm^3$ 的电流密度下，体积比电容高达 $94.3F/cm^3$。此外，它还

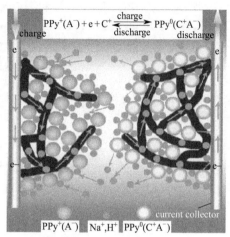

图 13-25 超级电容器中掺杂态的聚吡咯的充放电机制图解[189]

具有优异的倍率性能（$1\sim10mA/cm^2$ 有 86.3% 的容量保持率）和循环稳定性能，且具有在不同弯曲状态下无容量偏差，漏电流小和自放电低的特性。Yang 等[193]通过溶剂热复合电沉积的处理方法，合成了 $Co_3O_4@PPy$ 核壳结构复合材料。PPy 作为导电聚合物可以改善电子传输倍率，再加上两种材料的协同效应，$Co_3O_4@PPy$ 复合材料表现出良好的电化学性能。$2mA/cm^2$ 下的容量为 $2.11F/cm^2$，约为纯 Co_3O_4 电极的 4 倍。此外还具有优良的功率性能和循环稳定性，$20mA/cm^2$ 时的容量保持率为 65%，5000 次循环后的容量衰减为 14.5%。

Ji 等[194]制备了 $PPy@MnO_4$ 复合材料，研究 $KMnO_4$ 浓度对复合物形貌及电化学性能的影响。通电化学测试，表明复合材料具有较高的比电容和良好的循环稳定性，在 1A/g 的恒电流充放电密度下，比容量达到 403F/g。Boota 等[195]通过原位聚合方法制备了聚吡咯/$Ti_3C_2T_x$ 复合材料，聚吡咯在 $Ti_3C_2T_x$ 单层间整齐排列，使得扩散途径缩短、$Ti_3C_2T_x$ 层间距增大，因而材料导电性、可逆还原反应和离子运输能力都得到提高。该复合物用作超级电容器电极材料体积比电容可达 $1000F/cm^3$，循环 25000 后保持率为 92%。Wang 等[196]采用超分子手段以聚吡咯（PPy）作为模型系统，酞菁铜-3,4′,4″,4‴-四磺酸钠盐（CuPcTs）为掺杂剂和凝胶器，使用合理的掺杂抗衡可控进行原位合成一维纳米结构的导电性水凝胶。与纯聚吡咯相比，经 CuPcTs 掺杂后分子间的电荷运输能力大大增强，赝电容的导电性也显著提高。Zhou 等[197]制备了三维层状的 $CNT@PPy@MnO_2$ 核壳纳米复合材料，制备过程如图 13-26 所示。由于 PPy 的存在，MnO_2 均匀包覆在 CNT 表面形成均匀一致的核壳结构，使得复合材料比表面积增加、离子的可通过率提高。$CNT@PPy@MnO_2$ 电极具有柔韧性，经电化学测试，$CNT@PPy@MnO_2$ 电极材料的比容量高达 $490\sim530F/g$，在 5A/g 的电流密度下充放电 1000 次后，容量保持率为 98.5%。$CNT@PPy@MnO_2//AC$ 非对称电容器表现出高能量密度 38.42W·h/kg（$2.24mW·h/cm^3$）和功率密度 100W/kg（$5.83mW/cm^3$）。此外，$CNT@PPy@MnO_2//AC$ 和 $CNT@PPy@MnO_2//CNT@PPy@MnO_2$ 超级电容器在 5A/g 电流密度下循环 2000 次后容量保持率分别为 89.7% 和 97.2%

（2）聚苯胺及其复合电极材料

一百多年前，Anand 等[198]发现了聚苯胺，由于其具有良好的导电性、易于合成、环境稳定等特点，成为首个被商业化的导电聚合物材料。聚苯胺的制备方法可以分为无模板法和有模板法，无模板法有普通化学聚合法、快速混合法、电化学法、界面聚合法、辐射聚合法、超声聚合法等。有模板法分为硬模板法和软模板法。硬模板法以聚合物膜、氧化铝、阳极氧化铝膜（AAO）等具有特定孔隙结构的材料为模板，在它们的孔道中定向合成生长纳米材料的方法。软模板法也叫乳液聚合法或自组装法，是在大量具有定向分子结构的表面活性剂、乳化剂、大分子功能质子酸等存在的条件下，利用它们在溶液中形成有序稳定的纳米级组合体作为模板来进行聚

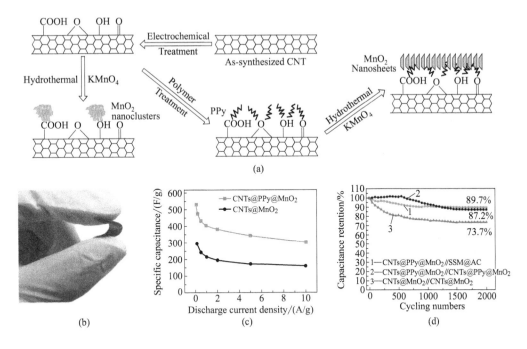

图 13-26　CNT@MnO₂核壳结构制备过程（a）；CNT@PPy@ MnO₂电极（b），
CNT@PPy@ MnO₂和 CNT @ MnO₂电极在不同电流密度下的放电比容量（c），
CNT@PPy@MnO₂和 CNT @ MnO₂电极在 5A/g 电流密度下的循环寿命（d）

合反应，可以合成出纳米纤维、纳米球形粒子形状[199]。1987 年 Macdiarmid 等[200]提出了被广泛接受的聚苯胺苯式和醌式结构单元共存模型，本征态聚苯胺的分子结构式可以表示为图 13-23，其中，y 表示聚苯胺的氧化/还原程度，其值在 0～1 之间。$y=1$ 时，称为全还原态聚苯胺（leucoemeraldine base，LEB）；$y=0$ 时，称为全氧化态聚苯胺（pemigraniline base，PB）；$y=0.5$时，称为半氧化半还原态聚苯胺（emeraldine base，EB）。

　　近年来，不少学者对导电聚苯胺在超级电容器上的应用产生了浓厚兴趣，并进行了广泛而深入的研究。这主要是利用聚苯胺良好的掺杂-去掺杂电荷能力，通过整个三维体相内发生快速可逆的法拉第赝电容反应而储存能量，因而可以获得远高于仅靠电极/电解液界面双电层而储能的碳材料的比容量。此外，由于聚苯胺[201,202]具有化学稳定性好、电导率高、成本低廉、合成简便等优点，因此其成为一种极具发展潜力的超级电容器电极材料。

　　Jang 等[203]通过蒸发沉积法在碳纳米纤维表面一步沉积一层聚苯胺薄膜，制备成聚苯胺/碳纳米纤维复合电极，通过控制聚苯胺的沉积厚度，得到复合电极最高比容量，得到薄膜厚度为20nm 左右时，电极比容量达到最大值 264F/g，高于纯聚苯胺电极的比电容，同时导电性也得到提高。Zhou 等[204]用普通化学聚合法制备了聚苯胺/单壁碳纳米管复合电极材料，通过与碳纳米管复合可以有效降低电极的离子扩散内阻，有利于电荷传输。电化学测试表明，复合材料比纯聚苯胺电极呈现更好的功率性能，在 NaNO₃ 电解液中，复合电极的比容量（190.6F/g）也较高。Yan 等[205]采用原位聚合法以 GNS 为支撑材料，引入 1%的 CNTs 构成导电网络，制备了 PANI/GNS/CNTs 复合材料。相对于 CNTs，GNS 具有更高比面积和化学活性，所以 GNS 优先在PNAI 表面进行聚合生长，进而通过 CNTs 形成的导电网络实现彼此之间的相互连接。PANI/GNS/CNTs 电极材料具有较高的电导率和力学强度，电容值最高可达 1046F/g。石墨烯具有超高的表面积和良好的导电性能，与纳米结构的导电聚合物聚苯胺复合，可提高材料的功率密度和使用寿命。导电聚合物的溶解问题会降低其导电性，并且导电聚合物膨胀/收缩问题使得循环稳定性差。Wang 等[206]制备了一种新型氮掺杂石墨烯（NG）/聚丙烯酸/聚苯胺（NG-PAA/PANI）

复合材料。通过无缺陷涂布控制 PANI 的含量，调节 NG 含量可以实现复合材料的最优比容量。当碳毡（CC）电极上 PANI 含量为 32%（质量分数），NG 含量为 1.3%（质量分数）时，在 0.5F/g 下充放电容量可达到 521F/g。NG-PAA/PANI 电容器具有很高的能量密度和功率密度（在 1.1kW/kg 下达到 5.8W·h/kg），循环 2000 次保持率为 83.2%。Hu 等[207]报告了一种用于高性能柔性超级电容器的三维层状结构 rGO-PANI NFs 复合材料，PANI NFs 紧密包裹在 rGO 纳米片骨架内。复合材料薄膜电极质量比电容和体积比电容分别达到 921F/g、391F/cm^3。同时，超级电容器倍率性能相当优异，在折叠状态下结构稳定、几乎没有容量损失。Jeon 等[208]研究了喷雾辅助法制备的逐层组件（LBL），它由聚苯胺纳米纤维（PANI NFS）或常规聚苯胺和聚（丙烯酸）（PAA）组成，PAA 提供氢键和静电作用。检测表明，含有 PANI NFS 的薄膜在 PAA 分子量越高和 PAA pH 值越低的情况下 LBL 薄膜越薄，且最薄的薄膜由类似常规聚苯胺组装方法得到。含 PANI NFS 的 LBL 膜是非常多孔的，而常规聚苯胺膜是非常致密的（分别为 0.28g/cm^3、1.33g/cm^3）。基于 PANI NFS LBL 膜电化学性能稳定，循环 1000 次后容量保持为 94.7%。Boota 等[209]利用废轮胎作为前体合成了高度多孔碳（1625m^2/g）并用作超级电容器的电极材料。这种碳的窄孔径分布和高表面积使其具有很高的电荷存储容量，尤其是作为一个三维纳米支架聚合聚苯胺（PANI）时。该复合纸具有高度柔性和强导电性，在 1mV/s 充电/放电下循环表现出 480F/g 的电容，循环 10000 次后保持率高达 98%。高电容和稳定的循环寿命归因于短扩散路径、均匀的聚苯胺涂层和通过 π-π 作用紧紧限制在轮胎衍生碳孔内的聚苯胺，聚苯胺在这样的状态下降解作用大大降低。Xu 等[210]通过控制 ANI 单体在石墨烯载体上的吸收，可以将 ANI 的聚合行为限定在石墨烯表面，接着石墨烯网络收缩，使得复合材料的密度达到 1.5g/cm^3。当 PANI 的负载量为 54% 时，这种无金属超级电容器电极材料体积比电容高达 800F/cm^3，这个数值远超过别的碳材料和导电聚合物，且接近 2D 金属复合物薄膜可以得到的体积比电容。更甚的是，当电流密度增大 100 倍后，电容保持率为 66%。Wang 等[211]通过原位生长方法使聚苯胺嵌入 PCH 膜中形成 PANI-PCH 复合膜，它由共价 PVA 聚合物链交联，然后采用膜浇铸方法制备得到。PANI-PCH 复合膜实现了一种新概念柔性超级电容器原型，它有异于原始电极-电解质-电极组件，具有超强的可拉伸强度，可伸长 300%，面积比电容达到 488mF/cm^2。Li 等[212]使用双氧化剂 KMnO$_4$ 和（NH$_4$）$_2$S$_2$O$_8$ 通过油-水界面聚合法制备了 graphene-polyaniline-MnO$_2$（G-P-Mn）复合物，在 0.4 A/g 电流密度下放电比容量达到 800.1F/g。Zhang 等[213]通过两步水热法，以 PANI 作为 Ni(OH)$_2$ 结晶生长修饰剂，制备了聚苯胺/氢氧化镍复合物 PANI/ Ni（OH）$_2$。三维花状的 Ni(OH)$_2$ 与聚苯胺紧密接触，可利用表面积高，且有许多活性部位可供纳米颗粒沉积，复合材料电极表现出良好的电化学性能，在 0.5mA/cm^2 电流密度下比容量达到 55.50 C/g。

（3）噻吩均聚物及其复合电极材料

噻吩类聚合物作为发光材料的研究早已被人们报道。与聚吡咯和聚苯胺相比，聚噻吩结构式如图 13-27(a) 所示，不仅导电性高，而且聚噻吩及其衍生物不仅可以实现 p 型掺杂/去掺杂，而且可以实现 n 型掺杂/去掺杂来存储能量。1997 年 Du 等[214]在会议上报道了一种两极分别由聚 3-氟苯噻吩和聚噻吩构成的超级电容器。另外，Mastragostino 等[215]报道了聚 3,4-双噻吩基噻吩电极材料，并与传统的活性炭材料进行性能对比。随后，对聚噻吩类超级电容器的研究逐渐增多。

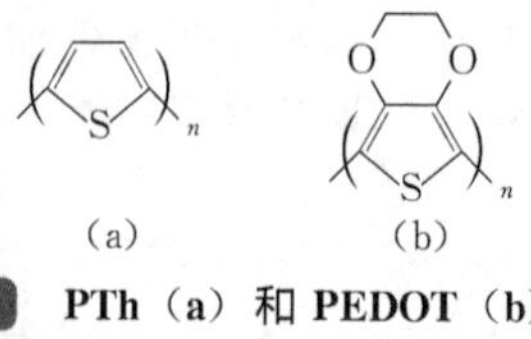

图 13-27 PTh（a）和 PEDOT（b）结构式

Lagoutte 等[216]对聚 3,4-二甲基噻吩（PDMT）、聚 3-甲基噻吩（P3MT）以及两者的共聚物进行研究，分别采用离子液体 EMITFSI 和 PYRTSI 进行聚合。图 13-28 所示为共聚物合成路线。电化学测试表明，使用 EMITFSI 合成的聚合物具有较高的循环稳定性，按照不同的比例单体进行共聚，其制得的电极材料的比电容范围为 190～287F/g。

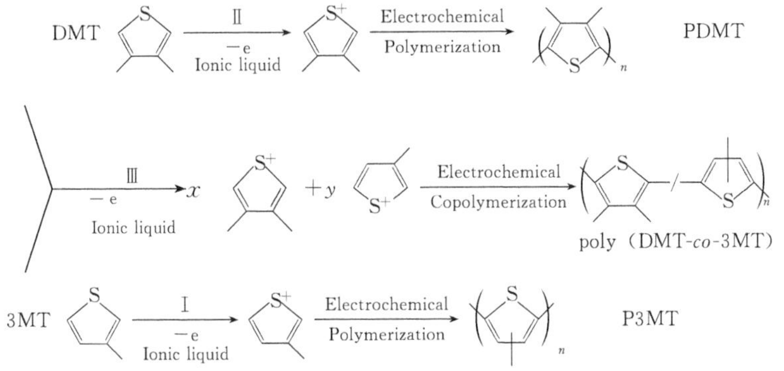

图 13-28 共聚物的合成路线

聚 3,4-亚乙基二氧噻吩（PEDOT）结构式如图 13-27(b) 所示，是目前研究较多的噻吩均聚物，其具有良好的电导率、较低的氧化还原电位和良好的热化学稳定性，主要的合成方法是电化学聚合，电极材料的比电容一般低于 200F/g。聚 3,4-亚乙基二氧噻吩/聚苯乙烯磺酸（PEDOT/PSS）导电性高，具有良好的化学和电化学稳定性，在大部分溶剂中不溶，是一种非常有前景的超级电容器电极材料[217]。石墨烯[218]由于具有超高比表面积，因此其电容高和循环寿命长，也常被作为超级电容器材料研究，然而纯石墨烯层的重叠导致其电容通常发挥不佳。金莉等[219]通过在离子液体中在石墨烯表面用恒电流法聚合 3,4-乙烯二氧噻吩单体制备石墨烯/聚 3,4-乙烯二氧噻吩（石墨烯/PEDOT）复合物，用作超级电容器电极材料时，在 1.0A/g 的充放电比电流下得到的比电容值为 181F/g。同时，该材料还显现出较好的充放电可逆性和稳定性。金莉等[219]通过简单的条形-涂布方法制备了高度灵活、可弯曲的导电石墨烯-聚 3,4-亚乙基二氧噻吩/聚苯乙烯磺酸（RGO-PEDOT/PSS）复合材料薄膜。PEDOT/PSS 作为导电剂可抑制石墨烯层的重叠，并增加电极的柔韧性。使用 RGO-PEDOT/PSS 组装的电极可弯曲，在卷绕情况下没有任何电化学性能损失。当复合材料载量为 8.49mg/cm^2 时，电极在扫描速率为 10mV/s 下可以实现 448mF/cm^2 的高面积比电容。Jo 等[220]使用石墨烯纳米片 RGO 与导电聚合物 PEDOT/PSS 一起，使用光交联的重氮树脂（DR）组装成基于还原石墨烯（rGO）纳米片的超薄超电容器电极。该混合薄膜在 20mV/s 的扫描速率下电容达到 354F/cm^3，在 200mV/s 的高扫描速率可维持 300F/cm^3 的电容，优于许多其他薄膜超级电容器。

13.3.2.3 小结

超级电容器是最有前景、最有可能替代其他能源的储存装置。导电聚合物作为一种新型 ECs 的电极材料具有比电容量高、使用寿命长、绿色环保、充放电速度快和安全性高等特点，成为近几年研究的热点。然而，导电聚合物在该领域的应用仍存在很多不足之处，如相对于碳材料循环稳定性差；与金属氧化物相比，其比电容较低；同时其能量密度和功率密度均较低。针对导电聚合物的问题，今后的研究主要有以下方向：制备具有特殊结构的导电聚合物，提高其本身循环稳定性及比电容；构建三维导电聚合物基电极复合材料，提高材料空间有序性，从而减小离子运输距离，减小电化学阻抗；将导电聚合物与碳材料、石墨烯、金属氧化物和其他聚合物相复合，以达到各种材料相互协同效应的目的，发挥各类电极材料的优势，改变材料微观形貌可以在不同程度上改善这种状况。

13.3.3 杂原子掺杂化合物

在碳材料中引入杂原子，利用杂原子的赝电容效应来提高碳材料的比电容是制备高比电容碳电极材料的一个新途径。由于改变了碳石墨层的电子给予和接受性能，碳材料中的杂原子在充放电过程中可发生法拉第反应，产生赝电容。另外，表面杂原子形成的官能团还能改善碳材料的亲水性。

氮是一种重要的碳材料表面改性元素，氮掺杂中空碳球（N-HCSs）是一种有潜在应用价值的超级电容器电极材料。Liu 等[221]用简易的一步制备法，在水、乙醇和氨水的混合溶剂中，用多巴胺作为碳的前驱体，四乙基原硅酸盐（TEOS）作为结构定型剂，制备出分散度高的 N-HCSs，且结构多样化，有中空核壳状（YS-HCSs），单壳体状（SS-HCSs），还有双壳体状（DS-HCSs），仅需调整氨水的用量就可以实现不同结构。见图 13-29。

通过电化学方式测算出三种结构的中空碳球的比电容量分别为 215F/g、280F/g 和 381F/g。所有的氮掺杂中空碳球循环稳定性极佳，3000 次循环后，容量保持率维持在 97.0％。研究人员分析，之所以双层壳状的中空碳球比电容量最高，可能与其比表面积大、结构中空、氮官能团的存在以及双层结构有关。

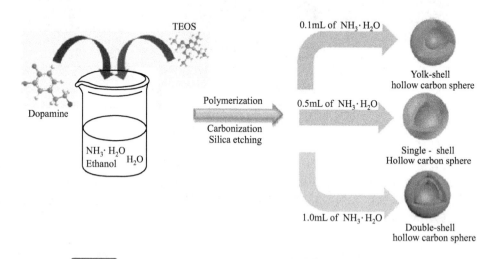

图 13-29   YS-HCSs、 SS-HCSs、 DS-HCSs 氮掺杂中空碳球的形成过程

为了制备单壳体的中空碳球，Liu 等人使用氨水（0.5mL，25％）来促进二氧化硅的快速成核。为了确保二氧化硅核能预成型，研究人员预先向反应溶液中添加了 TEOS。然后，聚多巴胺作为聚合物壳再包覆二氧化硅核。经过碳化和去核过程，单壳体的中空碳球就制作出来了。氨水用量增加一倍，中空碳球的结构就会从单壳体转变为双壳体。

根据氮吸附数据计算得到 YS-HCSs、SS-HCSs、DS-HCSs 的 BET 比表面积分别为 427m²/g、622m²/g、822m²/g，SS-HCSs 的壁厚约为 22nm，中空内径约为 340nm。而 DS-HCSs 的壁厚约为 46nm，壁与壁之间的间隙约为 15nm，单分散的球状结构直径在 750nm 至 910nm 之间。

恒流充放电是测量超级电容器比电容量最准确的方法，根据公式(13-6)计算得到三种碳球的比电容量在电流密度为 1A/g 时分别为 215F/g、280F/g 和 381F/g，即使在 40A/g 时，比电容量仍保持初始容量的 63％、62％、70％。

$$C = It/(m\Delta E) \tag{13-6}$$

值得注意的是，DS-HCSs 在 1mol/L 的硫酸水溶液中，电流密度为 1A/g 时，比电容量高达 381F/g，这个数值比许多氮掺杂碳材料都高，例如三维碳、碳纳米管、纳米笼、纳米球、石墨烯以及纳米纤维。

DS-HCSs 显著的高比电容量可能得益于高比表面积，允许大量的电荷聚集在电极和电解液的接触面。中空结构有利于电解液的渗透，加速了电解质离子在电极材料中迁移的动力学过程。氮掺杂可以增强碳材料的电导率和电解液在其表面的润湿性，因此能够提高电容量。除此之外，双层结构的碳壳之间存在空隙，可以为电化学反应提供更多的活性点位，提高电极的体积能量密度，这些空隙在充放电过程中起缓冲体积变化的作用。

锰掺杂活性碳气凝胶作为超级电容器电极材料，性能优异。Lee 等[222]在此基础上，对比碳气凝胶活化前后的电化学性能。向两种碳气凝胶中掺入 7％（质量分数）的锰，研究活化前后的电容量。

　　研究人员采用间苯二酚和甲醛聚合的溶胶凝胶法制备碳气凝胶。用氢氧化钾（KOH）作活化剂。以六水合硝酸锰[Mn(NO₃)₂·6H₂O]作为锰的前驱体，运用初湿浸渍法在碳气凝胶中掺杂锰（Mn）。在乙醇中溶解锰的前驱体，对应的锰含量为 7%（质量分数），然后将溶液滴加到活化碳气凝胶粉末中充分浸渍。最后，在 250℃温度下焙烧 5h 获取掺杂了锰元素的活化碳气凝胶，焙烧在空气流中进行。见图 13-30。用同样的方法获得掺杂了锰元素的普通碳气凝胶。

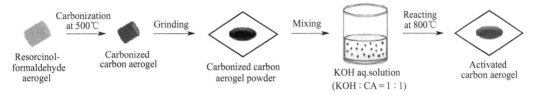

图 13-30　活化碳气凝胶的制备过程

　　表征结果显示，普通碳气凝胶经过活化后，孔径变小，BET 比表面积从 706m²/g 增加到 1447m²/g，这些现象表明，在活化过程中，介孔向微孔转变。从 XRD 衍射峰推测，碳气凝胶可以看成石墨化碳。

　　用循环伏安法计算电极的比电容，在电压扫描速度为 10mV/s，电化学窗口为 0~1V 时，活化碳气凝胶的比电容为 119F/g，明显高于普通碳气凝胶的 72F/g。用恒流充放电法计算电极的比电容，电流密度设为 1A/g，活化碳气凝胶的比电容为 136F/g，高于普通碳气凝胶的 90F/g。

　　掺杂锰元素的碳气凝胶，氧化锰颗粒分布在碳基体表面，如同黑点一般。在活化碳气凝胶中分布的氧化锰颗粒尺寸比普通碳气凝胶上的氧化锰颗粒更小，分布更均一。金属氧化物的颗粒尺寸过大会导致利用率下降，倍率性能下跌，因为质子接近大尺寸的氧化锰需要更多的时间。Lee 等人分别用循环伏安法和恒流充放电法计算掺杂锰元素后的碳气凝胶的比电容，设置参数同上，结果如表 13-6 所示。

表 13-6　碳气凝胶和活化碳气凝胶掺杂锰元素前后的比电容对比

材料	循环伏安法 计算得到的比电容 /(F/g)	恒流充放电 计算得到的比电容 /(F/g)
Mn/CA-7	80	98
Mn/ACA-7	143	168

　　由此可见，锰元素的存在，产生了法拉第氧化还原反应，提供了赝电容，导致材料总的比电容增加。

　　Chen 等[223]在介孔型碳纳米纤维上掺杂杂原子，以六氯环三磷腈（HCCP）和 4,4-二羟基二苯砜（BPS）为原料，通过一步聚合得到聚碳纳米纤维杂化物（PNFs），然后直接在高温下炭化形成杂化介孔碳纳米纤维（HMCNF）。见图 13-31。PNFs 高度交联的分子结构见图 13-32。

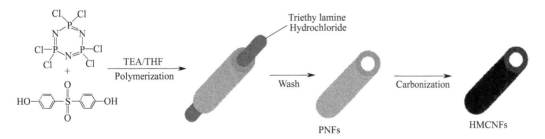

图 13-31　HMCNF 制备过程示意图

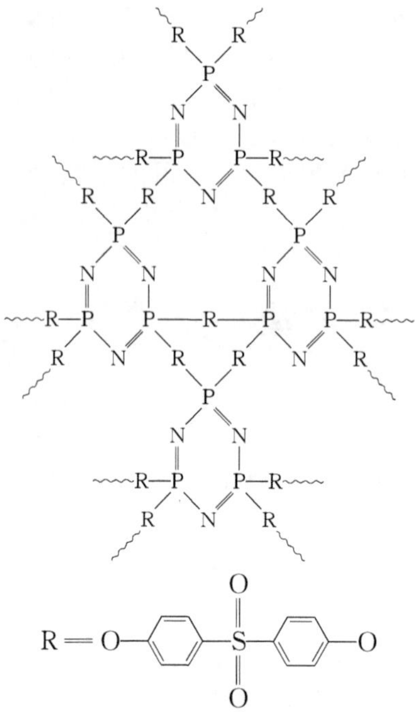

图 13-32　PNFs 高度交联的分子结构

Chen 等考察了不同的炭化温度（700～1000℃）下制备出 HMCNF 的物理和电化学性能。HMCNF-800、HMCNF-900、HMCNF-1000 的吸附等温线属于Ⅱ型（S 形）等温线，出现了典型的 H3 回滞环，说明这类材料中的孔属于夹缝孔。从孔径分布曲线上分析，这三种碳纳米纤维内部孔径分布窄，以 4nm 左右的介孔居多。随着炭化温度的提高，碳纳米纤维的 BET 比表面积和孔体积也在增大，以 HMCNF-1000 为例，其 BET 比表面积达到 $791.5m^2/g$，孔体积为 $0.545cm^3/g$。推断其中的原因，可能是高温导致 PNFs 中的杂原子严重流失。没有使用氢氧化钾或者二氧化碳之类的活化剂，就实现了增大碳纳米纤维比表面积和孔体积的目的，从中可以发现杂原子掺杂能够起到这样的积极作用。

为了进一步了解这些碳纳米纤维的电化学性能，研究人员以 6mol/L 浓度的氢氧化钾溶液作为电解液，电位区间 -0.1～-0.9V（vs. Hg/HgO），扫描电位的速度为 2mV/s。观察循环伏安曲线，发现 HMCNFs-700 相比其他的样品有一个驼峰，这是由于碳纳米纤维表面结构中掺入了高浓度的杂原子，产生了较大的赝电容效果。

用恒流充放电法计算四种样品的质量比电容，其中 HMCNFs-800 在 0.1A/g 的电流密度下，最高达到 214.9F/g，而 HMCNFs-700 以 $3.86F/cm^2$ 的面积比电容高居首位，这也得益于杂原子产生的赝电容效果。

高炭化温度致使样品的 BET 比表面积大幅度提高，获得了大量的介孔结构，因此多次充放电后，容量保持率越高。

交流阻抗分析是了解整个体系阻抗分布的一个手段，高频区反映电化学控制过程，低频区的直线对应电解液扩散控制反应。高频区阻抗实部与坐标轴的截距大小与内阻有关，这个内阻包含电解液体相电阻，样品的本征电阻，以样品与泡沫镍集流体之间的接触电阻。Z 轴半圆直径代表电荷转移电阻，其中，HMCNFs-800 的内阻和电荷转移电阻最低，分别为 0.72Ω 和 0.27Ω。在低频范围内，斜线很接近理论上的垂直线，意味着电解液和孔道浸润性更佳，这同样是因为样品的高介孔特性。

Li 等[224]用 6nm 厚的聚邻苯二胺包覆 MnO_2 纳米线（MnO_2@PoPD），之后经过 650℃高温处理 3h，部分 MnO_2 转变为 MnO，得到掺氮碳层包覆氧化锰纳米线（MnO_x@NCs-650），见图 13-33。氮原子掺杂后，在 sp^2 碳原子晶格中形成稳定的氮官能团，通常有三种键合类型：石墨氮、吡啶型氮、吡咯氮。同未掺氮的碳材料相比，氮的加入给碳结构引入更多的活性点，这些活性点可以和金属氧化物颗粒发生静电作用或者配位反应，起防止颗粒移动和团聚的作用，改善活性材料的耐久性。

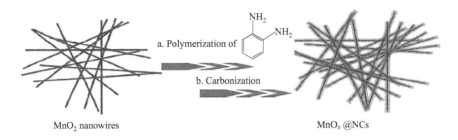

a. Polymerization of

b. Carbonization

MnO₂ nanowires

MnOₓ@NCs

图 13-33　MnO₂ 纳米线制备 MnO 纳米线的过程

MnO_2 纳米线是一维结构，电子和离子在上面拥有较短的扩散路径，有利于快速地进行氧化还原反应，经过包覆和热处理之后的 MnO_2 变为颗粒状，长度从 $1.5\mu m$ 缩短为 800nm，直径略微增大，但仍保持着一维形态。电导率从 $6.8\times10^{-5}\,S/cm$ 提升至 $4.2\times10^{-3}\,S/cm$，从恒流充放电曲线上观察到的动态压降比较低，证明导电性增强。根据氮吸脱附等温曲线计算 BET 比表面积，MnO_2 纳米线、MnO_2@PoPD、MnO_x@NCs-650 分别为 $38\,m^2/g$、$25\,m^2/g$、$87\,m^2/g$。可见炭化去除三嵌段共聚物对比表面积的提升影响很大。

以 $10mV/s$ 的电位扫描速度作循环伏安（CV）曲线，通过积分曲线包围面积计算被测样品的质量比电容，MnO_x@NCs-650 拥有 269F/g，而 MnO_2 纳米线是 111F/g。经过 1200 次循环充放电试验后，比电容下降至 134F/g。当扫描速度提高至 $100mV/s$ 时，MnO_x@NCs-650 的比电容下降至 135F/g。

氮掺杂微孔型碳微球应用于超级电容器能够带来较大的体积优势，Ferrero 等[225]采用纳米铸造法，用二氧化硅颗粒作为模板，富氮物质（例如吡咯）作为碳的前驱体，制备出了粒径 $1\mu m$ 左右高度致密且均一的氮掺杂碳微球。这些碳微球拥有含氮量约为 9%（质量分数）的含氮官能团，高达 $1300\,m^2/g$ 的 BET 比表面积，绝大多数都是孔径小于 2nm 的微孔，$0.97g/m^3$ 的高堆积密度。由于含氮基团的赝电容效果，在以硫酸为电解液的测试中，该材料的体积比电容高达 $290F/cm^3$，以至于在 $40A/g$ 的电流密度下仍能保持 50% 的电容量。除此以外，研究人员通过 KOH 活化法增加材料的微孔网络以提高性能，高度造孔的碳微球比表面积达到 $2690\,m^2/g$，氮含量低于 2%（质量分数），在 $TEABF_4/AN$ 电解液中测试，$40A/g$ 的电流密度下仍能保持 83% 的电容量。

Li 等[226]通过邻氨基苯酚和甲醛树脂的热分解，获得了掺杂 4.06%（质量分数）的氮元素和 10.42%（质量分数）的氧元素的碳材料，接着在高温下用氢气还原，除去材料表面 2.22%（质量分数）的氧元素，而氮元素的含量几乎保持不变。但是比表面积却从 $90\,m^2/g$ 增大到 $22\,m^2/g$，且出现了大量微孔。研究人员发现，比电容降低了近 25%。通过测量电导率、表面润湿性能，以及电化学阻抗，我们推测，表面含氧官能团对电容特性起到重要作用，特别是赝电容。虽然掺杂了氧元素会降低材料的电导率，但是从另一方面考虑，它同时增加了材料表面的润湿性和电极内部的离子扩散性。

13.4　超级电容器电解液

电解液作为超级电容器的重要组成部分，其主要作用是提供电荷载体。市场上有各种各样的电解液，电导率、电化学窗口、熔沸点、毒性及热稳定性等都是电解液重要的参数。根据组成不同电解液可以分为水系、有机系、离子液体、固态电解液等。这些电解液体系支撑着超级电容器的商品化发展，其中有机体系电解液是目前市场化应用最广泛最成熟的一类。

13.4.1　有机体系电解液

　　超级电容器的储能原理决定了其储存的能量与施加电压的平方成比例，而电解液对超级电容器整个系统的电化学窗口起关键作用，电解液是一个受限的离子热动力学系统，通常地，在电极保持稳定状态下，电解液是超级电容器的最大限制因素。目前有机系电解液综合性能最优：较高的电导率（50mS/cm）、较宽的电化学窗口（4～5V）、较好的化学和热稳定性、可以接受的成本，这使得其在双电层电容器市场中成为主流[227]。

　　有机系电解液的特点是分解电压高，能量密度高，工作温度范围较宽，对电极无腐蚀性，缺点是电阻率高，而且作为电容器电解液，纯度要求很高，溶液的电化学稳定性与其杂质、阴阳离子有关，微量的氧气和水等都对有机体系有害。要用作溶剂，其电化学电位必须比电容器的偏移点位要宽，且必须控制杂质的含量。阴阳离子也具有电化学稳定性，是限制电解液分解的重要参考依据，一些常见的有机溶剂的电化学窗口如图 13-34 所示[228]，一般有机电解液工作电压应该达到 2.7V 以上，而相应的有机溶剂不发生化学反应的电压范围应该不小于 3V。常用溶剂包括乙腈（AN）、碳酸丙烯酯（PC）、碳酸乙烯酯（EC）、γ-丁内酯（GBL）、甲乙基碳酸酯（EMC）、碳酸二甲酯（DMC）、环丁砜（SL）、N,N 二甲基甲酰胺（DMF）等。

　　Jow 等[229]将不同的四元络合阳离子盐溶解在 EC（碳酸乙烯酯）/DMC（碳酸二甲酯）（1∶1 混合）溶剂中，通过 GC（玻璃碳）作为工作电极，$50\mu A/cm^2$ 作为截止电流，测得含不同络合离子的电解液的限制电压等，证明在超级电容器非水系电解液中，离子稳定性这个参数的重要性。Muroi 等[230]研究了超级电容器在高压环境下的降解机理。正极在 4.5V（vs. Li/Li$^+$）发生容量迅速衰减，而负极是在 1.2V 发生降解。正极表面覆盖着电解液 PC 的降解产物，这会导致阻抗的增加，而负极的降解是由电解质盐的降解反应引起的，导致活性基团的形成，而且活性基团会腐蚀作为黏结剂的氟化高分子，导致黏结剂的脱氟，进而增加电化学循环中的极化，进一步说明电解液分解电压的重要性，电解液分解电压越高，能量密度越高，工作温度范围越宽。

　　近年来为了优化电解液性能，经常将不同溶剂配合使用，以达到扩大液态温度范围、提高电导率的目的。Brandon 等[231]研究了以下溶剂组合：AN-MF（甲酸甲酯）、AN+MA（乙酸甲酯）、AN+DX（二氧戊环），发现经过合适的配比，三组混合溶剂都能达到 $-60℃$ 以下熔点。Taberna 等[232]将 AN 与乙酸甲酯以不同比例混合，溶解 1mol/L 的 TEA-BF$_4$ 后组装 600F 双电层电容器，发现电容器工作温度由 $-40℃$ 降低到了 $-55℃$，而 AN 单溶剂电解液体系却不能工作。

　　左飞龙等[233]将四氢呋喃（THF）和 2-甲基四氢呋喃（MeTHF）为低温共溶剂加入乙腈电解液体系，实现了双电层电容器在超低温（$-70～65℃$）环境中工作。其中 AN/THF 体系电解液在 $-70℃$ 时可以保持常温下容量的 85%，如图 13-35 所示。

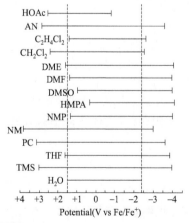

图 13-34　不同溶剂的电化学窗口（$vs\,Fe/Fe^+$）
（用光滑 Pt 电极在 $10\mu A/mm^2$ 电流下通过循环伏安法测得）

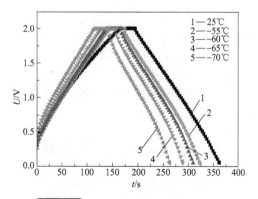

图 13-35　AN/THF 体系电解液不同温度下充放电曲线[233]

　　但是四氢呋喃的电化学窗口不够宽，这导致单体器件工作电压仅为 2.0V。经过大量筛选研究发现，丁酸乙酯和乙腈以 1：2 比例组成的混合溶剂体系是低温性能最好的组合，既能保持优异的低温特性，又能维持较高的工作电压，如图 13-36 所示。

　　提高工作电压一直是双电层电容器研究的一项重要任务，因为其在提高器件能量密度的同时，组装模块中还可以减少串联单体器件的个数，这在实际应用中也具有很重要的意义。选择耐高压溶剂可以有效解决这一问题。

　　Maxwell 公司认为电解液浓度和电容器工作电压成正比，浓度越高，工作电压越高，而且电解液浓度的不同还能导致其凝固点的变化[234]。Maxwell 通过实验证实：0.1mol/L Et₄ABF₄/AN 电解液中，产生的容量为 103F/g，而在 1.4mol/L Et₄ABF₄/AN 电解液中容量升高到 166F/g[235]。

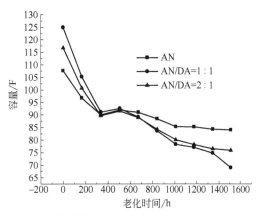

图 13-36　容量-老化时间曲线

　　开发性能优异的电解质盐成为超级电容器研究的热点之一。日本 Carlit 公司新开发出了新型电解质——双吡咯烷螺环季铵盐（SBP-BF₄）和双哌啶螺环季铵盐（PSP-BF₄）。因为其阳离子结构的特殊性，此类盐在有机溶剂中可以获得更高的浓度和更加稳定的电化学性能。在平均孔径小于 2nm 的微孔活性炭电极中 SBP-BF₄/PC 电解液能量密度高于 TEA-BF₄/PC。SBP-BF₄/PC 体系电解液在电导率、循环稳定性方面都优于 TEMA-BF₄/PC。如表 13-7 所示，两种螺环季铵盐 PC 体系电解液电容性能都优于常用电解液。

表 13-7　两种螺环季铵盐和常规盐电解液的性能对比[236]

Electrolytic solution	Salt	Solvent	Electrolyte concentration /(mol/L)	Electrical conductivity /(mS/cm)		Long-term reliability		
				At 30℃	At−40℃	Intial capacitance at 20℃/F	Capacitance after 3000h/F	Capacitance decrease /%
1	SBP-BF₄	PC	2.50	20.41	1.53	1.55	1.41	9.0
3	PSP-BF₄	PC	2.50	19.11	1.45	1.55	1.44	7.1
5	TEA-BF₄	PC	0.69	11.21	1.31	1.57	1.34	14.8
6	TEMA-BF₄	PC	1.80	16.15	1.45	1.55	1.30	16.2
7	TMI-BF₄	PC	2.50	20.27	1.08	1.58	0.68	57.1

　　注：SBP-BF₄，spiro-(1,1)-bipyrrolidinium tetrafluoroborate；PSP-BF₄，piperidine-1-spiro-1′-pyrrolidinium tetrafluoroborate；TMI-BF₄，1,2,3,4-tetramethylimidazolium tetrafluoroborate。

　　阮殿波等[237]证实了这样一个结果：将三种电解液 TEA-BF₄/AN、SBP-BF₄/AN、PSP-BF₄/AN 注入商品化 7500F 方形双电层电容器中进行对比试验。由于 SBP-BF₄ 的阳离子尺寸小于另外两种，因此其容量高出 2%～3%，内阻差别不大。但是通过高温高压（65℃，2.85V）浮充测试（图 13-37），发现螺环结构的电解质电容器容量保持率优于线性 TEA-BF₄。然而，这样的电解液比标准 1mol/L TEABF₄/AN 电解液更贵，尽管在性能上占优势。

　　中南大学 Lai 等[238]开发新型电解质盐：双氟草酸硼酸四乙基铵盐（TEAODFB），在 1.6mol/L 的 PC 下性能和 TEA-BF₄ 相当，甚至略微更优。Feng 等[239]合成了一系列含硫阳离子，并和常用阴离子 BF₄、TFSI 配对成电解质盐，发现在 TFSA 盐中，DEMS-TFSA/PC 电导率最高，在 BF₄ 盐中，DEMS-BF₄/PC 电导率最高，在 243K、2V 下条件下，比容量比常规盐 EMI-BF₄、TEMA-BF₄ 高，直流内阻低，但是电化学稳定性不好，循环寿命较差。

13.4.2　水系电解液

　　水系电解液是最早应用于超级电容器的电解液，其优点是电导率高，电容器内部电阻低，电解质分子直径较小，容易与微孔充分浸渍，而且水系电解液成本低，不可燃，安全，易于大批量制备，不需要有机系电解液要求严格无水的环境条件。目前水溶液电解质主要用于一些涉及电化学反应的赝电容以及双电层电容器中，但缺点是电化学窗口窄。水系电解液的研究主要是对酸性、中性、碱性水溶液的研究，其中最常用的是 H_2SO_4、Na_2SO_4、KOH 等水溶液[240]。

由于水在 1.229V 时会发生热力学降解，导致水系电解液双电层电容器的工作电压一般不超过 1.0V，这大大限制了其储存电荷能力。但是通过改变电极材料的比例、结构成分或表面构成等可以提高析氢过电位，进而有效提高双电层电容器器件的

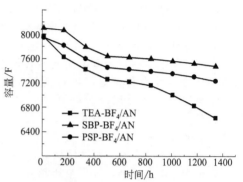

图 13-37 线性和两种环状电解质盐的老化寿命对比[237]

工作电压。将惰性电极变为高比表面的多孔活性炭时，析氢电位会被大大降低。三电极测试显示 (图 13-38)，负极发生电化学反应产氢气的电位降低到了 −1.0V 左右。这样，当正负极间的电压

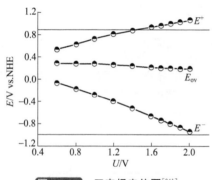

图 13-38 三电极电位图[241]

增大至 1.8V 时，负极还可以保持不发生电化学的稳定状态，而此时正极电位也已经超过了其析氧电位极限，储存在活性炭孔结构内部的氢会发生可逆的电子氧化。因此，对称型活性炭基双电层电容器在水溶液中的工作就可以增大至 1.8V，此体系可以稳定地循环上万次。经三电极测试表明，电容器电压为 1.9V 时，正极电位达到 1.06V，超过了 0.88V 吸氧电位。但是负极电位仅达到了 −0.84V，还没有达到 −1.0V，因此此体系下正负极间的最高电压还是取决于正极材料的[241]。

为了获得更高的能量密度，可以在电解液中添加氧化还原添加剂，电容器在充放电过程中，添加剂在两极发生可逆的氧化还原反应，结果是产生赝电容[242~244]。研究较多的氧化还原添加剂有两类，一类是化合价可以发生可逆改变的无机盐，如碘离子、铜离子、溴离子等无机盐；另一类是以对苯二酚及其类似物为代表的有机物。Senthilkumar 等[245]在 1mol/L 的 H_2SO_4 中加碘化钾，利用碘离子的氧化还原电对产生的赝电容增加电容量，实现了 912F/g 的高比容量。Wang 等[246]向水系 KOH 电解液中加入 KI，制备了氧化还原水系电解液。在充放电过程中，利用离子对 IO_3^-/I^- 的氧化还原转化，得到了法拉第电化学反应（图 13-39），得到了比有机电解液更高的能量密度，工作电压达到 1.6V，能量密度达到7W·h/kg，功率密度大约为 6200W/kg，循环 1.4 万次后容量损失仅为 7%。

向硫酸溶液中加入对苯醌，可以发生对苯醌和对苯二酚之间相互转化的电化学反应[243,244,247]。西班牙的 Roldán 等[248]将 0.4mol 醌加入 1mol/L 的 H_2SO_4 中，在充放电时发生了以下电化学反应，产生了赝电容，结果比容量从原来的 290F/g 增大到 477F/g。1mol/L 的硫酸水溶液在加入 0.38mol/L 对苯醌后，比容量由之前的 124F/g 增加到 280F/g。另外，其他多种的氧化还原添加剂也在研究中，如天然生物质材料腐殖酸，原理和苯醌类似[249]，将 $CuCl_2$ 加入 H_2SO_4 溶液中，利用 Cu^+ 和 Cu^{2+} 之间的可逆的氧化还原反应来提高比容量[250]。根据 CV 曲线（图 13-40）可看出，氧化还原反应的稳定性与电极材料、溶液 pH 值都有很大关系，在碱性或者酸性环境中的比容量比在中性环境中更高。

13.4.3 离子液体

离子液体因具有良好的热稳定性和电化学稳定性，被用于超级电容器的研究，其中以咪唑类、吡咯烷类两种离子液体研究的最为透彻和广泛[227]。Wang 等[251]以离子液体 1-乙基-3-甲基咪

唑四氟硼酸盐（Emim-BF₄）作为电解液，以含有褶皱的 N 掺杂的石墨烯为电极，制作超级电容器。通过循环伏安扫描发现，工作电压达到 3.5V，获得了高达 128F/g 的质量比容量和 98F/cm³ 的体积比容量，质量能量密度和体积能量密度分别为 56W·h/kg 和 43W·h/L。烷基吡咯类离子液体在电势窗口、电导率等各方面性能都是较好的，可是熔点却不够低，这限制了其低温应用。一个有效的解决方法是在这类离子液体的烷基链上引入氧原子，Rennie 等[252]将有无醚键的两类离子液体作对比，发现含有醚键的离子液体黏度更低，熔点更低，液态范围更大，而用作电解液时的比容量也远大于烷基侧链的离子液体。

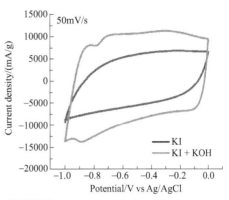

图 13-39　纯 KI（4mol/L）电解液和混合电解液[KI（4mol/L）+KOH（1mol/L）] 的循环伏安曲线

离子液体相比于 AN 基或 PC 基的电解液价格比较昂贵，且难以纯化，这就导致这类产品的成本急剧上升，但是这类电解液因其宽电化学窗口、几乎不挥发、低毒性、在宽的温度范围内保持稳定且不易燃等特点，可以应用于如高温（100～120℃）的特定环境中，或者应用在低功率密度但需要高电压下工作的器件中，在日本，Nisshinbo 公司和日本无线电公司合作[253,254]，采用 DEMEBF₄[N,N-二甲基-N-甲基-N-(2-甲氧乙基)铵四氟硼酸盐]制备离子液体单体并组成模块，产品测试显示比 PC 基电解液更好的电化学性能[255]。

目前，国内还未见有以离子液体为电解液的商品化超级电容器，但在新宙邦已经可以提供商品级的超级电容器离子液体电解液，不过要配合特殊的有机溶剂使用，尤其适合电容器单体电压 2.7V 以上的体系应用。将离子液体作为支持电解质盐溶于有机溶剂，配得的有机溶液作为电解液能降低黏度，提高电导率，目前离子液体/有机溶剂电解液体系也是超级电容器研究的热点之一。Vaquero 等[256]将 PYR14TFSI 溶于 AN，制成 50%（质量分数）浓度的电解液用于炭材料电极进行测试，3.2V 恒流充放电 10000 次后容量保持率高达 99%。Frackowiak 等[257]合成两种季鏻盐离子液体，并且加入不同比例的乙腈来降低其黏度。实验发现，含有 25% 乙腈的离子液体在 3.4V 工作电压下电化学性能最好，在 200mA/g 电流密度下容量达到 70F/g。

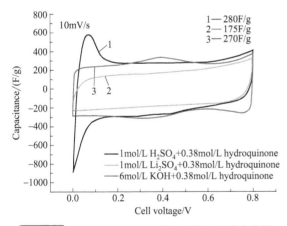

图 13-40　电解液中加入对苯醌后的循环伏安曲线

13.4.4　固态电解质

固态电解质的主要优势在于制造过程，将电解液和隔膜浓缩到同一种材料中具有质量轻、易成薄膜、弹性好等优点，并且可将器件制作成各种形状以充分利用有效空间，此类电解质不同于金属、石墨、聚合物等电子导体，近年来掀起对固态电解质的研究和开发热潮。

Yang 等[258]研究全固态高能量不对称超级电容器，以三维混合价态 MnO$_x$ 和纳米以及石墨烯作为电极，以 H₂SO₄/PVA 为电解液，在 1A/g 的电流密度下，比容量高达 942F/g，实现了 23W·h/kg 的能量密度，在 2A/g 电流密度下循环 1 万次，容量保持率为 96.3%。Yu 等[259]利用氧化剂 H₂SO₄/KMnO₄将高比表面积和高中孔率的原碳纤维进行处理，依次经过氧化剥离、空气中退火、碘化氢和乙酸还原等步骤，制作成电极，并以 PVA/H₃PO₄ 凝胶为电解质组装超级电容器。经过处理后的电极比容量比处理前提高了 22 倍，能量密度达到 0.35mW·h/cm³，功率密度

高达 $3000MW/cm^3$。

盐离子尺寸对电解质也存在重要影响。Suleman 等[260]研究柔性凝胶聚合物电解质，作者认为盐离子尺寸在凝胶电解质中起着重要作用，而且发现在丁二腈塑晶中三氟甲磺酸锂 (Li-Tf) 比三氟甲磺酰亚胺锂 (LiTFSI) 效果好，将 Li-Tf 溶于聚(偏氟乙烯共六氟丙烯)(PVDF-HFP) 中，25℃时，离子电导率为 1mS/cm，电势窗口达到 4V，比容量高达 240～280F/g，能量密度为 39W·h/kg。固态电解质在实际应用中表现出低温下导电性能差、离子在电极中较低的饱和率等缺点，目前应用在超级电容器中主要是低电压微型器件，在大型的超级电容器市场还未得到应用。

13.5 其他关键原材料

超级电容器在生产制造过程中，除了上述活性材料和电解液以外，还有导电剂、黏结剂、隔膜和集流体等关键原材料会对最终的超级电容器性能产生较大的影响。科研机构和研发人员往往对这些材料的研发投入相对较少，而生产厂家等却在这些方面做了大量的工作，也同时推动着这些材料的进展。

导电剂和黏结剂是浆料制备的关键性添加剂，虽然在制浆过程中加入量不大，却对最终超级电容器产品的相关性能起到关键作用。目前主流的导电剂添加量在 5% 左右，而黏结剂的添加量则更少。集流体和隔膜则是超级电容器产品制备过程中的重要原材料。

13.5.1 导电剂

表 13-8 列举了目前市场常用的导电剂及其性能。这六种产品已经由 TIMCAL、日本 LION、日本昭和电工以及国内众多企业开发和量产，几乎囊括了所有商业化的导电剂。而许多院校则把研究方向集中在石墨烯、膨胀石墨以及复合导电剂等方向。

表 13-8 六种商业化导电剂材料

导电剂	粒径(D_{50})/nm	比表面积/(m^2/g)	电导率/(S/cm)	备注
导电炭黑	40	60	10	刚性纳米颗粒，点与点接触
导电石墨	3.4μm	17～20	1000	刚性纳米颗粒，点与点接触
科琴黑	30～50	400～1000	1000	柔性支链结构，线与点接触
CNT	10	400	1000	柔性支链结构，线与点接触
VGCF	150	13～20	1000	柔性支链结构，线与点接触
石墨烯	3	30	1000	柔性薄片结构，面与点接触

杨绍斌等[261]研究了在膨胀石墨的制备过程中高锰酸钾和浓硫酸的加入量对其膨胀容积的影响程度，并用所制得的膨胀石墨应用到超级电容器电极制备过程中。结果显示，当混合质量比为活性物质:黏结剂:导电剂=90:5:8 时，活性炭的比容量最高，为 152.27F/g。

潘登宇等[262]将多层石墨烯作为导电剂应用到超级电容器中并与炭黑导电剂的电极比较，结果显示，随着多层石墨烯含量的增加，超级电容器的等效串联电阻减小，而超级电容器比电容在多层石墨烯为 5% 时最高。5% 多层石墨烯电极与含有 10% 炭黑电极相比，虽然倍率性能略差，但可在增加活性材料含量的同时，提高比电容 (117.4F/g)，降低 ESR 到 1.18Ω。该试样在 1.2A/g 的电流密度下在电压窗口 0～2.7V 下 1000 次循环后容量保持率大于 1.5%。

荣常如等[263]研究了活化石墨烯和活性炭复合材料对超级电容器性能的影响，其实验结果表明，在复合材料中，随着活化石墨烯含量的增加，比表面积增加而平均孔径减小，说明活性炭孔径比石墨烯孔径相对较大。而该组试样中 AGC30 电极的性能最佳，在 0.1A/g、1.0A/g、3.0A/g 时的比电容分别为 155.2F/g、133.5F/g 和 127.7F/g，与添加了 10% 导电剂的 AC 电极具有相同的电化学性能。

然而，许多科研人员在研发导电剂的过程中，主要侧重于其最终的电化学性能，但对器件整体的质量比能量和体积比能量以及试制过程中的工程化问题涉及较少，因此将这些研究结果中较为出色的导电剂应用到商业化的产品中还有一定的距离。

13.5.2　黏结剂

黏结剂是超级电容器制造过程中重要的辅助材料，其主要作用是黏结电极材料各组分以及连接电极材料和集流体。由于其特殊的作用，要求其具有较强的黏性和稳定性，且不与电解液反应也不溶于电解液，目前常用的黏结剂有 PVDF（NMP 油系体系中）、PTFE、CMC、SBR（水系体系中），而黏结剂的加入量则是小于 10％（质量分数）以平衡黏结强度和电极比容量的关系。

对 PVDF 而言，Qamar Abbas 等[264]研究了 PVDF 亲油属性对活性炭微孔的影响，结果表明，PVDF 会吸附包裹在活性炭表面，减小活性物质的比表面积，降低容量，增加内阻，缩短寿命。与此同时，在 PVDF 的使用过程中残留的 NMP 会在循环过程中产生一定的副反应，减少超级电容器寿命。因此，对于采用活性炭的超级电容器而言，PVDF/NMP 黏结剂是无法满足要求的。

Laforgue 等[265]比较了 CMC、PTFE 与 PVDF，作为黏结剂，CMC 会导致电极的内阻增大，循环性能降低，即便 CMC 是一种溶于水的环境友好型黏结剂，且在价格上具有巨大的优势。阮殿波[266]比较了 PTFE 和 SBR 两种黏结剂在活性炭电极中的效果，结果显示，两种电极在 1mol/L TEABF$_4$/AN 电解液中的初始体积比电容基本持平，但 SBR-活性炭电极具有较小的直流内阻，更好的功率性能和循环稳定性。这是因为 SBR 是颗粒状结构，在长期使用后形态不发生变化，稳定性较好，而 PTFE 在循环过程中会由颗粒状结构变成链状结构，最后导致黏结失效而电极脱落。

在复合黏结剂研究方面，韩国的 Kyong-Min Kim 等[267]研究了 PVDF-HFP 和 PVDF-HFP/PVP 复合黏结剂在超级电容器中的效果。结果表明，采用 PVDF-HFP/PVP 复合黏结剂的试样具有较低的内阻，并根据该配方研制出了 2.3V/3000F 圆柱形超级电容器。可以看到，复合型黏结剂是超级电容器黏结剂未来发展的方向。

13.5.3　集流体

集流体是电极材料的载体，根据其在超级电容器中的结构和作用，要求其具备导电性、耐压性、负载能力和支撑能力。集流体材料大多采用导电性能出色的铝、铜、镍等稳定的金属箔或金属网，特殊情况下还会采用金、银等贵金属，而在商业化超级电容器中一般采用高电导率、耐腐蚀、低成本的铝箔。但是超级电容器中商业化使用的铝箔基本上均是经过腐蚀处理的，这是因为铝集流体活性高，表面生成的氧化铝薄膜会增加集流体与活性物质之间的电阻，同时降低两者之间的黏结性，使得活性物质脱落。目前使用的铝箔腐蚀箔，虽然其导电性略有下降，但是黏结性和寿命有很大的提高。

王力臻等[268]在 2mol/L 的盐酸溶液中，用 200mA/cm^2 的直流电流刻蚀铝箔片，之后将得到的蜂窝状结构的铝箔制成超级电容器。结果表明，采用刻蚀铝箔作为集流体的超级电容器能将采用未刻蚀铝箔的超级电容器比容量从 75.58F/g 提高到 203.76F/g，内阻从 71W 下降到 11W，有效提高超级电容器性能。

洪东升等和曹小卫等分别研究了铝箔刻蚀程度和刻蚀方法对最终超级电容器性能的影响。洪东升等[269]比较了在 80℃下和 2mol/L HCl＋0.2mol/L Al$_2$(SO$_4$)$_3$ 的混合溶液中刻蚀时间分别为 40s、60s、80s 及未刻蚀的铝箔作为集流体的超级电容器比容量，分别为 102.6F/g、113.2F/g、130.7F/g、140.2F/g。可以看到，刻蚀时间越长，比容量越大，且内阻减小，但会在一定程度上降低铝箔强度，增加工艺难度。曹小卫等[270]比较了用于化学刻蚀的 4mol/L 的 HCl、HNO$_3$、H$_2$SO$_4$ 和 KOH 溶液体系，通过对试样进行电化学阻抗、恒流充放电、倍率充放电等电化学性能测试，可以看到，经过 HNO$_3$ 和 H$_2$SO$_4$ 处理的集流体制成的试样性能最佳，比功率分别达到 9275W/kg 和 9837W/kg。

另外，阮殿波等[271]比较了 30μm 光箔和腐蚀箔在超级电容器中的容量和内阻，结果如图 13-41 所示。可以看到，光箔的初始内阻低于腐蚀箔，而比容量高于腐蚀箔。但随着 70℃、2.7V 的高温保持过程，光箔的内阻急剧增加，比容量迅速衰减。拆开完成后的试样发现，电极材料从光箔上已经集体脱落，而腐蚀箔则基本上没有发生变化。

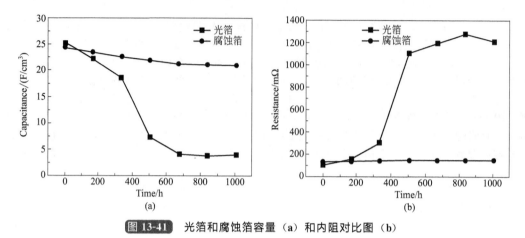

图 13-41 光箔和腐蚀箔容量 (a) 和内阻对比图 (b)

总的来说，目前商业化的超级电容器基本上采用腐蚀铝箔作为集流体，而目前主流的集流体研发方向为开发薄且力学强度出众的腐蚀铝箔和研发涂有导电胶的光箔。

13.5.4 隔膜

隔膜在超级电容器中影响电解质离子通过的速度，是影响双电层电容器的比功率和漏电流的重要因素。隔膜与电极一起浸润在电解液体系中，作用是隔绝正负极极板，防止内部短路，阻止电子传导，以此来形成电源电动势。

根据隔膜的作用可以看到，超级电容器隔膜应具有电子绝缘性好、内阻低、隔离性能好、化学稳定性和热稳定性高、电解液浸润性好、机械强度好、孔隙率高且孔径大于电解液离子小于电极材料颗粒的特点，除此以外，结构是否均一、厚度是否均匀、孔径大小是否一致也是评价隔膜好坏的重要指标。

目前主流的超级电容器隔膜有聚丙烯薄膜（PP 膜）和纤维素隔膜，此外也有 PP-PE-PP 三层复合隔膜、陶瓷-PP 膜、纳米纤维隔膜等。对于目前卷绕型和叠片型超级电容器来说，绝大多数厂家采用纤维素隔膜，这是因为 PP 膜耐热性较差，超过 80℃就开始收缩，而对于卷绕型和叠片型超级电容器来说，需要在 100℃ 以上的环境中干燥一段时间，以除去电芯中残余的水分。然而，干燥温度和干燥时间也需要根据隔膜的情况进行调整，防止长时间烘烤之后隔膜变黄变脆。

电解液对隔膜的浸润性直接决定了初始容量、内阻和生产工艺，因此许多科研人员对隔膜的表面活性进行研究。Stepniak 等[272]为改善 PP 膜和活性碳纤维的亲水性，分别在紫外线照射下涂一层聚丙烯酸（AAc），两者组装成的超级电容器在 4.6mol/L 的 LiOH 水溶液体系电解液中经过 1000 次 1A/g 电流循环后，在 1kW/kg 的比功率下能达到 11W·h/kg 的比能量（110F/g）。

Karabelli 等[273]采用相变法在丙酮溶剂中合成了 PVDF 隔膜，得到了孔隙率高达 80%、机械强度较好的 PVDF 隔膜，在 1mol/L 的 TEABF$_4$/AN 电解液（25℃）中的电导率为 18mS/cm，高于目前商业化的 PP 隔膜和纤维素隔膜，具有较好的性能。但 PVDF 隔膜与 PP 隔膜有相同的缺点：热稳定性差，熔点较低。此外，该隔膜的规模化生产也存在一定的问题。

最近几年，Dreamweaver 公司在超级电容器隔膜上的研发进行了突破，研发出了厚度仅为 10～12μm 的超级电容器隔膜，该隔膜材料选用纳米纤维制备而成，并采用特殊工艺，保证孔隙率、强度和安全性，为超级电容器能量密度的提升提供了解决方案，而这也是隔膜的主要发展方向。

13.6　超级电容器的应用

21 世纪，面临全球气候变暖、资源匮乏、电能和燃油紧缺等诸多问题，为了走可持续发展道路，人们迫切需要更多的替代能源。超级电容器作为一种介于传统电容器和充电电池之间的新型储能元件，具有循环寿命长、充放电频率高、工作温度范围宽、工作安全可靠、无须维护保养并且对环境无污染等特点[274]。可广泛应用于辅助峰值功率、备用电源、存储再生能量、替代电源等不同的应用场景，在工业控制、风光发电、交通工具、智能水表、电动工具、军工等领域具有非常广阔的发展前景，特别是在部分应用场景具有非常大的性能优势。

13.6.1　电子类电源

超级电容器不仅可以用作光电功能电子手表和计算机存储器等小型装置的电源，而且还可以用在卫星上。卫星上使用的电源多是由太阳能与电池组成的混合电源，一旦装上超级电容器，卫星的脉冲通信能力定会得到改善。由于超级电容器具有快速充电的特性，对于像电动工具和玩具这些需要快速充电的设备来说，超级电容器无疑是一个很理想的电源。文献[275～278]介绍了在移动通信电源领域，电化学双电层电容器由于具有高功率密度和低能量密度的特性，将主要用来与其他电源混合组成电源，同时还可以用于短时功率后备，用于保护存储器数据。另外，超级电容器在对讲机、笔记本电脑等方面具有应用，并取得了不错的效果。文献[279]研究了利用双电层电容器作为可植入医疗器械的救急电源，由于双电层电容器不需要过渡充放电保护电路且使用寿命长，将替代传统电池。

13.6.2　电动汽车及混合动力汽车

近年来，随着新能源汽车飞速发展，作为核心动力储能设备或制动回馈设备的超级电容器也步入高速发展的阶段。据汽车工业协会数据统计，2014 年我国新能源汽车累计销售 74763 辆，比 2013 年增长 320%，其中纯电动汽车销量 45048 辆，较 2013 年上升了 211%。新能源汽车的高速增长对超级电容提供了巨大市场需求。以 Maxwell 为例，2013 年 Maxwell 的超级电容收入超过 1.3 亿美元，绝大部分应用在交通运输领域，各种交通运输细分市场如巴士、汽车、铁路、货车等都正在使用超级电容器。

超级电容在交通运输领域主要有两大应用方向：一是用作再生制动回馈能力储存单元，与动力电池组成联合体共同工作；二是用作主动力单元，替代动力电池（图 13-42）。

超级电容作为再生制动回馈能力储存单元

超级电容作为动力单元

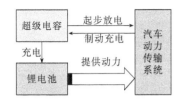
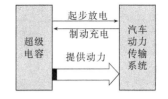

图 13-42　超级电容在汽车上的两大应用方向

超级电容器作为再生制动回馈能力储存单元时，汽车在收油或踩刹车的过程中，特制的发电机可以产生足够大的电能，在几秒钟之内就将这个超级电容充满。然后在加速过程中，发电机不工作，超级电容为所有的电气系统提供电能。此外，超级电容还可以与蓄电池协同工作，可以慢慢释放电能为蓄电池充电，二者协调搭配，可以做到完全不需要用发动机正常工作的能量来发电，实现最理想的能量回收。从阿特兹的产品系统指标来看，这种制动能量回收系统能实现 10% 的油耗降低，宝马也表示能够实现 3% 的油耗降低。

作为动力电源时，超级电容完全替代电池为汽车提供动力系统，由于相比于锂电池，超级电容的能量密度低，超级电容作为动力系统的汽车续航里程较小，只能在特定应用场景应用，例如公交大巴、低速电动汽车、电动自行车等。利用超级电容器充电快的特点，可以使用超级电容器作为城市公交车的主电源，在车辆停靠站迅速完成充电，从而减小车辆携带电源的重量，降低车辆的综合制造与运行成本。

1996 年，欧洲共同体制定了电动汽车用超级电容器储能发展计划，大力开展研究能满足电动汽车储能的超级电容器。本田燃料电池-超级电容器混合动力车是世界上最早实现商品化的燃料电池轿车，其第 5 代 FCX 使用了自行开发研制的超级电容器来取代电池，减少了汽车的质量和体积，使系统效率增加。FCX 能快速达到较大的输出功率，改善燃料电池车启动和加速性能，并缩短启动时间。美国能源部最早于 20 世纪 90 年代就在《商业日报》上发表声明，强烈建议发展电容器技术，并使这项技术应用于电动汽车上。在当时，加利福尼亚州已经颁布了零排放汽车的近期规划，而这些使用电容器的电动汽车则被普遍认为是正好符合这个标准的汽车。电容器就是实现电动汽车实用化的最具潜力、最有效的一项技术。日本富士重工推出的电动汽车已经使用日立机电制作的锂离子蓄电池和松下电器制作的储能电容器的联用装置；日本丰田公司研制的混合电动汽车，其排放与传统汽油机车相比：CO_2 下降 50%，CO 和 NO_x 排放降低 90%，燃油节省一半。西班牙 CAF 研制出了用于部分线路无接触网的超级电容轻轨车辆，运营于西班牙的萨拉戈萨。2013 年 1 月 CAF 公司获得高雄捷运轻轨批量订单，为其提供全线路无接触网超级电容车[280]。

我国超级电容器发展虽然起步较国外晚，但是目前已成功研制出使用超级电容器作为动力源的有轨电车及无轨电车。2004 年，上海市张江高科技园区建成了世界上首部"电容器蓄能变频驱动式无轨电车"。2006 年 8 月，上海超级电容公交车运行示范线 11 路投入运行，成为世界上首条投入商业化运营的电容公交线路。2013 年中车株洲电力机车有限公司开发出储能式轻轨车这一创新型产品（图 13-43）[281]。整车采用双电层电容器作为储能元件，车辆能够脱离接触网运行。车站设有充电系统，充电最高电压 DC 900V，充电最长时间约 30s，车辆减速时，制动能量回馈至超级电容器。线路无供电接触网，既美化了景观，又降低了供电网的建设和维护成本，同时还能大大提高车辆制动时的再生能量反馈的吸收效率，其能耗较传统车辆可降低 30% 以上。2014 年 4 月，国产新能源公交车成功登陆海外，截至 2016 年底，国产超级电容公交车已经拿到以色列、保加利亚等国家的 600 台订单，将在未来三年内交付。2015 年 4 月，18m 超级电容储能式 BRT 快速公交车在宁波下线。公交用超级电容市场仍在快速爆发。

项目	储能式现代有轨电车
最长充电时间	30s
地板高度	350mm
最高速度	70km/h
最大坡道	80%
制动效率	85%
线路距离	7.7km
运行线路	广州海珠线

图 13-43　广州海珠线储能式有轨电车

在我国，随着针对私人购买新能源汽车的财政补贴政策的正式出台，市场人士指出，这将成为超级电容器进一步发展的契机。在新能源汽车领域，通常超级电容器与锂离子电池配合使用，二者的完美结合形成了性能稳定、节能环保的动力汽车电源，可用于混合动力汽车及纯电动汽车。锂离子电池解决的是汽车充电储能和为汽车提供持久动力的问题，超级电容器的使命则是为汽车启动、加速时提供大功率辅助动力，在汽车制动或怠速运行时收集并储存能量。在国内涉足新能源汽车的厂商中，已有众多厂商选择了超级电容器与锂离子电池配合的技术路线。例如安凯客车的纯电动客车、海马并联纯电动轿车 Mpe 等车型采用了锂离子电池/超级电容器动力体系；厦门金龙生产的 45 辆油电混合动气公交车采用了 720 套美国 Maxwell 公司的超级电容器模组，并因其节油效果明显受到赞誉。此外，中国中车株洲电力机车有限公司成功研制出新一代大功率石墨烯超级电容器——"3V/12000F 石墨烯/活性炭复合电极超级电容器"和"2.8V/30000 F 石墨烯纳米混合型超级电容器"，可在一分钟内实现满额充电。活性炭/活化石墨烯超级电容器带来了我国公共交通车辆储能牵引技术领域的大变革，并在节能减排、雾霾治理方面做出重要贡献。同蓄电池等传统储能器件相比，产品具有绿色、节能、环保等优势。产品作为主动力电源的储能式有轨电车，比有网运行节电 30% 以上；与传统公交车相比，超级电容纯电动公交客车的制动能量回收 20%，且无尾气排放，能有效降低空气 PM2.5 值，提高人民的生活环境质量。上海奥威科技开发有限公司研发的将普通活性炭经高技术改性为高纯度活性炭，并制成电储新材料用于超级电容器的技术，已实现产业化。他们生产的超级电容器开始用于新能源车，这标志着我国超级电容器研发应用已达到世界先进水平。在国家推广新能源汽车的"十城千辆"计划中，该公司已接到产值超过 10 亿元的超级电容器订单。

13.6.3　变频驱动系统的能量缓冲器

超级电容器与功率变换器构成能量缓冲器，可以用于电梯、港口轮胎吊起重机等变频驱动系统[282,283]。

当电梯加速上升时，能量缓冲器向驱动系统中的直流母线供电，提供电机所需的峰值功率；当电梯减速下降时，吸收电机通过变频器向直流母线回馈的能量（图 13-44）。减小了电梯设备供电容量，达到节能效果，且不会对电网造成冲击和污染。它与传统的变频调速电梯相比，综合节电率达 30% 左右。无论是新装电梯还是在用电容，只要将超级电容器安装在电梯机房，就可以实现节能降耗，成本虽然比普通电梯高二三万元，但电梯运行 2 年就可以收回成本。

中国是目前世界上最大的电梯制造国，电梯保有量和新增量占据世界第一，现在使用的电梯，大多采用制动电阻转化为热量消耗，且产生的热量不利于机房设备正常运行，而采用超级电容作为备用电源系统则是对传统方式的颠覆与革命。根据中国电梯协会数据显示，截至 2013 年底，全国电梯的保有量已超过 300 万台，确切数字是 300.45 万台。其中，2013 年电梯制造总量为 63 万台，增长率在 18% 左右。

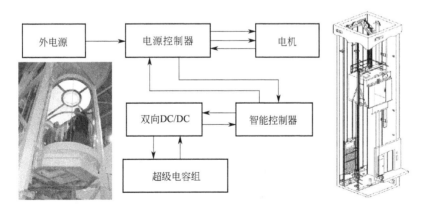

图 13-44　超级电容在电梯中应用

我国上海洋山深水港电动起重机引入超容储能模块后，减轻了港口起重机同时工作造成的电网电压波动，降低了建设更大容量输电线路带来的高成本。同时，超容储能模块的技术参数和可靠性也帮助了洋山深水港的持续运作（如图 13-45）。此外，上海宝钢安大电能质量有限公司也在其电力系统中安装了 126 个 125V 重型运输模块，是亚洲最大的超级电容器安装项目之一。该电力系统负责运行 26 个用于装卸洋山深水港集装箱的起重机，为起重机稳定电压，缓解功率输出波动，从而实现系统不中断运行[284]。

图 13-45 上海洋山深水港采用超级电容机组

13.6.4 工业电器方面的应用

以超级电容器作为电力储能装置,可以用于电网或配电网的电力调峰。在夜间负荷较小时将电能储存在超级电容器中,并在白天用电高峰期释放出来,以减小电网的峰谷差,提高容量利用率。超级电容器还可以用于电网或配电网的动态电压补偿(DVR)系统,以改善电能质量。当电网或配电网出现电压跌落、闪变和间断等电能质量问题时,超级电容器通过逆变器释放能量,及时输出补偿功率并维持一定的时间,以保证电网或配电网的电压稳定,使敏感设备正常、不间断地运行。此外,超级电容器通过功率变换器,还可以对配电网进行无功功率补偿、谐波电流消减。容量较大的甚至还可以作为重要负载的不间断电源(UPS)。

UPS 和直流屏作为供电电源,在重要的数据中心、通信中心、网络系统、医疗系统等领域中具有重要的作用,供电电源的好坏直接影响供电质量,从而影响这些关键领域在出现故障时能否正常稳定工作。目前,这些供电电源大部分还是采用蓄电池组成的直流屏,在电源出现故障的瞬间,上述储能装置中只有电池可以实现瞬时放电,其他储能装置需要长达一分钟的启动才可达到正常的输出功率。而电池的寿命远小于双电层电容器,且电池在使用过程中需要消耗大量人力、物力对其进行维修维护。超级电容器具有充放电迅速、使用寿命长、高低温性能优越等优点,其组成的储能装置能够很好地弥补这些缺陷[285]。

因此尽管超级电容器的储能所能维持的时间很短,但当使用时间在1min左右时,它具有无可比拟的优势——100 万次循环、无须维护、经济环保。在新加坡,ABB 公司生产的利用超级电容器储能的动态电压恢复装置(DVR)安装在 4MW 的半导体工厂,以实现 160ms 的低电压跨越。

此外,在某些特殊情况下,双电层电容器的高功率密度输出特性使它成为良好的应急电源。例如,炼钢厂的高炉冷却水是不允许中断的,都备有应急水泵电源。一旦停电,超级电容器可以立即提供很高的输出功率启动柴油发电机组,向高炉和水泵供电,确保高炉安全生产。Z. Chlodnicki 等[286]将双电层电容器用于在线式 UPS 储能部件,当供电电源发生故障时可以保证试验系统继续运行。

13.6.5 可再生能源发电系统或分布式电力系统

在可再生能源发电或分布式电力系统中[287,288],发电设备的输出功率具有不稳定性和不可预测性。采用超级电容器储能,充分发挥其功率密度大、循环寿命长、储能效率高、无须维护等优点，可对可再生能源系统起到瞬时功率补偿的作用，同时可以在发电中断时作为备用电源，以提高供电的稳定性和可靠性[289]。超级电容器在可再生能源领域的应用主要包括：风力发电变桨控制，提高风力发电稳定性、连续性，光伏发电的储能装置，以及与太阳能电池结合应用于路灯、交通指示灯等[290,291]。

光伏发电过程中受天气影响的输出波动会影响并网电能质量，Maxwell 科技公司在光伏储能的相关产品能有效平抑波动，稳定其对电网的输出，这是因为超级电容器储能技术具有瞬时大功率充放电的特性。以 Maxwell 与加州能源委员会（CEC）合作的超级电容器辅助光伏发电一期工程为例：当太阳被短时遮挡，超级电容器能够释放瞬时功率，确保电网稳定。这项工程于 2014 年安装，能使输出功率的波动降低至 $\pm 10\%$/min。李毅山博士透露，由于该项目一期运行良好，二期工程规模扩大了 5 倍之多。另外，光伏发电产生的功率会随着季节、天气的变化而变化，即无法产生持续、稳定的功率，增加双电层电容器后，可实现稳定、连续地向外供电，同时起到平滑功率的作用。唐西胜等[291]和 Thounthong 等[292]研究了光伏发电-双电层电容器相结合的能源系统：发现通过增加双电层电容器，光伏发电的电能输出更为平稳。

众所周知，在风机运行过程中，如果电网出现故障，风机需要启动紧急备用系统。备用系统是一种储能系统，它可提供足够的电能，让风机桨叶恢复到空档位置，实现安全停机，避免风机因风力过大或不均匀而严重受损甚至彻底报废，是改善柴油发动机的运行时间和功率可靠性的理想选择，并将让交通运输、建筑、国防、农业、林业、矿业等产业使用的各类柴油发动机车辆和设备受益匪浅。

变桨系统是风力发电机的重要组成部分，变桨系统通过控制叶片的角度来控制风轮的转速，进而控制风机的输出功率，并能够通过空气动力制动的方式使风机安全停机（图 13-46）。风机正常运行期间，当风速超过机组额定风速时（风速在 12～25m/s 时），为了控制功率，输出变桨角度限定在 0°到 30°之间（变桨角度根据风速的变化进行自动调整），通过控制叶片的角度使风轮的转速保持恒定。任何情况引起的停机都会使叶片顺桨到 90°位置（执行紧急顺桨命令时叶片会顺桨到 91°限位位置）。变桨系统有时需要由备用电池供电进行变桨操作（比如变桨系统的主电源供电失效后），因此变桨系统必须配备备用电池以确保机组发生严重故障或重大事故的情况下可以安全停机（叶片顺桨到 91°限位位置）。此前，变桨系统备用电源一般采用铅酸电池，铅酸电池由于寿命短、故障多、维护成本高等一系列问题影响风电机组正常运行，而超级电容恰好弥补了这一缺陷，在风电变桨备用电源中正广泛使用。Maxwell 科技公司采用超级电容器储能装置，只需 20s 的储能，就能将风力发电的占比提升到 40%，且不会出现切负荷跳闸。不仅可以支持更高的风力发电占比，同时还可保持电力质量。超级电容器储能装置不仅能够降低成本，提高瞬时功率的可靠性，还能有效平衡负荷，减小功率波动。

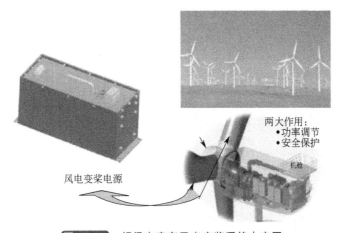

两大作用：
• 功率调节
• 安全保护

机舱

风电变桨电源

图 13-46 超级电容在风电变桨系统中应用

13.6.6 军事装备领域

军用装备，尤其是野战装备，大多不能直接由公共电网供电，必须配置发电设备及储能装置。军用装备对储能单元的要求是可靠、轻便、隐蔽性强，超级电容器的诸多优点决定了其在军事装备领域具有广阔的发展前景。采用超级电容器与蓄电池混合储能，可以大幅度减轻电台等背负设备的重量；可以为军用运输车、坦克、装甲车等解决车辆低温启动困难的问题，还可以提升车辆的动力性和隐蔽性；可以解决常规潜艇中蓄电池失效快、寿命短的问题；还可以为雷达、通信及电子对抗系统等提供峰值功率，减小主供电电源的功率等级。

13.7 本章小结

随着广大科研单位和企业对储能机理和关键材料研发的不断扩展及深入，以及相关上下游产业链的蓬勃发展，超级电容器在近些年来迅速由实验室走向市场，而且正从传统二次电池的性能补充产品的角色，转变为轨道交通、电动汽车等领域的主要驱动电源，超级电容器正以其长寿命、免维护、绿色安全、节能环保的卓越性能优势逐步建立起在二次储能器件中的重要定位。

目前超级电容器市场上的产品仍然以双电层超级电容器为主，赝电容以及混合型超级电容器大多存在于基础研发过程中或者由于某个方面的限制应用有限。但是在保持高功率、长寿命、高安全的性能优势的前提下，提高产品的能量密度已经成为超级电容器领域的发展共识，这无疑又要回到机理研究以及关键材料研发的工作中去。因此更加深入的理论研究、材料研发、工艺探讨也亟待扩展，以期实现超级电容器性能的新突破，提升超级电容器各项指标的竞争实力，推动超级电容器在产业应用上的飞速发展。

参 考 文 献

[1] Conway B E. Electrochemical Supercapactiors Scientific Fundamentals and Technological Applications. New York: Kluwer Academic/Plunum, 1999.

[2] Miller J R, Simon R. Patrice electrochemical capacitors for energy management. Science, 2008, 321 (5889): 651-652.

[3] von Helmholtz H. Annals of Physics, 1853, 89: 211-233.

[4] Parsons R. Modern aspects of electrochemistry. London: Butterworths, 1954.

[5] Lang N D, Kohn W. Theory of metal surfaces: work function. Physical Review B, 1971, 3 (4): 1215-1223.

[6] Amokrane S, Badiali J P. Modern aspects of electrochemistry. New York: Plenum, 1992.

[7] Gouy G. Sur la fonction électocapillaire. Annals of Physics, 1917, 7: 129-184.

[8] Chapman D L. A contribution to the theory of electrocapillarity. Philosophical Magazine, 1913, 25: 475-481.

[9] Stern O. Zur theorieder elektrolytischen doppelschriht. Zeit-schrift Electrochem, 1924, 30: 508-516.

[10] Grahame D C. The electrical double layer and the theory of electrocapillarity. Chemical Reviews, 1947, 41 (3): 441-501.

[11] Conway B E. Ionic hydration in chemistry and biophysics, Chapter 10. Amsterdam, Elsevier, 1981.

[12] Butler J A V. Hydrogen overvoltage and the reversible hydrogen electrode. Proceedings of the Royal Society of London, Series A, 1936, 157 (891): 423-433.

[13] Bernal J D, Fowler R H. A theory of water and ionic solution, with particular reference to hydrogen and hydroxyl Ions. Journal of Chemical Physics, 1933, 1 (8): 515-548.

[14] Wu M S, Chiang P C J. Fabrication of nanostructured manganese oxide electrodes for electrochemical capacitors. Electrochemical and Solid-State Letters, 2004, 7 (6): 123-126.

[15] Sugimoto W, Iwata H, Murakami Y, et al. Electrochemical capacitor behavior of layered ruthenic acid hydrate. Journal of the Electrochemical Society, 2004, 151 (8): A1181-A1187.

[16] Dong X, Shen W, Gu J, et al. MnO_2 embedded in mesoporous carbon wall structure for use as electrochemical capacitors. Journal of Physical Chemistry B, 2006, 110 (12): 6015-6019.

[17] Groenendaal L, Zotti G, Aubert P, et al. Electrochemistry of poly (3, 4-alkylenedioxythiophene) derivatives. Advanced Materials, 2010, 15 (11): 855-879.

[18] Zang J F, Li X D. In situ synthesis of ultrafine β-MnO_2/polypyrrole nanorod composites for high-performance super-

capacitors. Journal of Materials Chemistry，2011，21（29）：10965-10969.

[19] Sharma R K，Rastogi A C，Desu S B. Manganese oxide embedded polypyrrole nanocomposites for electrochemical su-percapacitor. Electrochimica Acta，2008，53（26）：7690-7695.

[20] Naoi K，Ishimoto S，Isobe Y，et al. High-rate nano-crystalline $Li_4Ti_5O_{12}$ attached on carbon nano-fibers for hybrid supercapacitors. Journal of Power Sources，2010，195（18）：6250-6254.

[21] Naoi K，Ishimoto S，Ogihara N，et al. Encapsulation of nanodot ruthenium oxide into KB for electrochemical capaci-tors. Journal of the Electrochemical Society，2009，156（1）：A52-A59.

[22] Naoi K，Ishimoto S，Miyamoto J I，et al. Second generation "Nanohybrid Supercapacitor"：evolution of capacitive energy storage devices. Energy & Environmental Science，2012，5（11）：9363-9373.

[23] Naoi K，Naoi W，Aoyagi S，et al. New generation "Nanohybrid Supercapacitor". Accounts of Chemical Research，2013，46（5）：1075-1083.

[24] Becker H I. Low Voltage Electrolytic Capacitor：US 2800616. 1957-04-14.

[25] Boos D L，Metcalfe J E. Electrolytic Capacitor Employing Paste Electrodes：US 3634736. 1972-01-11.

[26] Boos D L，Adams H A，Hacha T H，et al. Proc. 21st Electronic Components Conf. Washington DC，USA：Micro-electronics Reliability，1971：336-342.

[27] Conway B E. Transition from "supercapacitor" to "battery" behavior in electrochemical energy storage. Journal of the Electrochemical Society，1991，138（6）：1539-1548.

[28] Bullard G L，Sierra-Alcazar H B，Lee H L，et al. Operating principles of the ultracapacitor. IEEE Transactions on Magnetics，1989，25（1）：102-106.

[29] Sarangapani S，Lessner P M，Laconti A B. Proton Exchange Membrane Electrochemical Capacitors：US 5136474. 1992-08-04.

[30] Evans D A. Proceeding of the fifth international seminar on double layer capacitors and similar energy storage de-vices. Deerfield Beach：Florida Educational Seminars，Inc.，1995.

[31] Burke A. Ultracapacitors：Why，How，and Where is the Technology. Journal of Power Sources，2000，91（1）：37-50.

[32] Razoumov S，Klementov A，Litvinenko S，et al. Asymmertric Electrochemical Capacitor and Method of Making：US 6222723. 2001-04-24.

[33] 刘兴江，陈梅，胡树清，等 . 电化学混合电容器研究的进展 . 电源技术，2005，29（12）：787-790.

[34] Amatucci G G，Badway F，Pasquier A D，et al. An asymmetric hybrid nonaqueous energy storage cell. Journal of the Electrochemical Society，2001，148（8）：A930-A939.

[35] 安东信雄，小岛健治，田崎信一，等 . 有机电解质电容器：CN 1768404-A. 2006-05-03.

[36] 安东信雄，小岛健治，田崎信一，等 . 有机电解质电容器：CN 1860568-A. 2006-11-08.

[37] 田崎信一，安东信雄，永井满，等 . 锂离子电容器：CN 1926648-A. 2007-03-07.

[38] 松井恒平，高畠里咲，安东信雄，等 . 锂离子电容器：CN 1954397-A. 2007-04-25.

[39] 小岛健治，名仓哲，安东信雄，等 . 使用中孔碳材料作为负极的有机电解质电容器：CN 1938802-A. 2007-03-28.

[40] Naoi K，Simon P. New materials and new configurations for advanced electrochemical capacitors. Journal of The Elec-trochemical Society，2008，17，34-37.

[41] 袁国辉 . 电化学电容器 . 北京：化学工业出版社，2006.

[42] Yong Z，Hui F，Wu X，et al. Progress of electrochemical capacitor electrode materials：A Review. International Journal of Hydrogen Energy，2009，34（11）：4889-4899.

[43] Wang G，Zhang L，Zhang J. A review of electrode materials for electrochemical supercapacitors. Chemical Society Reviews，2012，41（2）：797-828.

[44] Conway B E. Electrochemical supercapacitors. New York：Kluwer Academic/Plenum Press，1999.

[45] Kinoshita K. Carbon：electrochemical and physicochemical properties. New York：Kodansa Press，1988：326.

[46] Wang Y G，Luo J Y，Wang C X，et al. Hybrid aqueous energy storage ceus using activated carbon and lithium-ion intercalated compounds. Journal of the Electro chemical society，2006，153：A1425-A1431.

[47] Raymundo-piñero E，Kierzek K，Machnikowski J，et al. Relationship between the nanoporous texture of activated carbons and their capacitance properties in different electrolytes. Carbon，2006，44（12）：2498-2507.

[48] Raymundo-piñero E，Cazorla-amorós D，Linares-solano A，et al. High surface area carbon nanotubes prepared by chemical activation. Carbon，2002，40（40）：1614-1617.

[49] Lozano-castelló D，Lillo-ródenas M A，Cazorla-amorós D，et al. Preparation of activated carbons from spanish an-thracite：I Activation by KOH. Carbon，2001，39（5）：741-749.

[50] An K H，Kim W S，Park Y S，et al. Supercapacitors using single-walled carbon nanotube electrodes. Advanced Ma-terials，2001，13（7）：497-500.

[51]　And C Z, Kumar S, And C D D, et al. Functionalized single wall carbon nanotubes treated with pyrrole for electrochemical supercapacitor membranes. Chemistry of Materials, 2005, 17 (17).

[52]　Xia K, Gao Q, Jiang J, et al. Hierarchical porous carbons with controlled micropores and mesopores for supercapacitor electrode materials. Carbon, 2008, 46 (13): 1718-1726.

[53]　Jurewicz K, Babeł K, Ziółkowski A, et al. Capacitance behaviour of the ammoxidised coal. Journal of Physics & Chemistry of Solids, 2004, 65 (65): 269-273.

[54]　Bleda-martínez M J, Maciá-agulló J A, Lozano-castelló D, et al. Role of surface chemistry on electric double layer capacitance of carbon materials. Carbon, 2005, 43 (13): 2677-2684.

[55]　Frackowiak E, Delpeux S, Jurewicz K, et al. Enhanced capacitance of carbon nanotubes through chemical activation. Chemical Physics Letters, 2002, 361 (1-2): 35-41.

[56]　Salitra G, Soffer A, Eliad L, et al. Carbon electrodes for double layer capacitors I. relations between ion and pore dimensions. Journal of the Electrochemical Society, 2000, 147 (7): 2486-2493.

[57]　Fernandez J A, Tennison S, Kozynchenko O, et al. Effect of mesoporosity on specific capacitance of carbons. Carbon, 2009, 47 (6): 1598-1604.

[58]　江奇, 赵晓峰, 黄彬, 等. 活性炭二次活化对其电化学容量的影响. 物理化学学报, 2009, 25 (4): 757-761.

[59]　李会巧. 超级电容器及其相关材料的研究. 上海: 复旦大学, 2008.

[60]　Zheng S, Ju H, Lu X. A high-performance supercapacitor based on KOH activated 1D C_{70} microstructures. Advanced Energy Materials, 2015, 5 (22): 1500871.

[61]　Maletin Y, Novak P, Shembel E, et al. Matching the nanoporous carbon electrodes and organic electrolytes in double layer capacitors. Applied Physics A, 2006, 82 (4): 653-657.

[62]　Kastening B, Heins M. Properties of electrolytes in the micropores of activated carbon. Electrochimica Acta, 2005, 50 (12): 2487-2498.

[63]　Fuertes A B, Lota G, Centenob T A, et al. Templated mesoporous carbons for supercapacitor application. Electrochim Acta, 2005, 50 (14): 2799-2805.

[64]　Subramanian V, Luo C, Stephan A M, et al. Supercapacitors from activated carbon derived from banana fibers. Journal of Physical Chemistry C, 2007, 111 (20): 7527-7531.

[65]　Raymundo-piñero E, Leroux F, Béguin F. A high-performance carbon for supercapacitors obtained by carbonization of a seaweed biopolymer. Advanced Materials, 2006, 18 (18): 1877-1882.

[66]　郑祥伟, 胡中华, 刘亚菲, 等. 中等比表面积高容量活性炭电极材料制备和表征. 复旦学报, 2009, 48 (1): 58.

[67]　时志强, 赵朔, 陈明鸣, 等. 预炭化对 KOH 活化石油焦的结构及电容性能的影响. 无机材料学报, 2008, 23 (4): 799-804.

[68]　Zhang C, Long D, Xing B, et al. The superior electrochemical performance of oxygen-rich activated carbons prepared from bituminous coal. Electrochemistry Communications, 2008, 10 (11): 1809-1811.

[69]　Chmiola J, Yushin G, Dash R, et al. Effect of pore size and surface area of carbide derived carbons on specific capacitance. Journal of Power Sources, 2006, 158 (1): 765-772.

[70]　Chmiola J, Yushin G, Dash R K, et al. Double-layer capacitance of carbide derived carbons in sulfuric acid. Electrochemical and Solid-State Letters, 2005, 8 (7): A357-A360.

[71]　Celine L, Cristelle P, John C, et al. Relation between the ion size and pore size for an electric double-layer capacitor. Journal of the American Chemical Society, 2008, 130 (9): 2730-2731.

[72]　Chmiola J, Yushin G, Gogotsi Y, et al. Anomalous increase in carbon capacitance at pore sizes less than 1 nanometer. Science, 2006, 313 (5794): 1760-1763.

[73]　Gogotsi Y, Nikitin A, Ye H, et al. Nanoporous carbide-derived carbon with tunable pore size. Nature Materials, 2003, 2 (9): 591-594.

[74]　Dash R, Chmiola J, Yushin G, et al. Titanium carbide derived nanoporous carbon for energy-related applications. Carbon, 2006, 44 (12): 2489-2497.

[75]　Dyatkin B, Gogotsi O, Malinovskiy B, et al. High capacitance of coarse-grained carbide derived carbon electrodes. Journal of Power Sources, 2016, 306: 32-41.

[76]　Portet C, Yushin G, Gogotsi Y. Effect of carbon particle size on electrochemical performance of EDLC. Journal of the Electrochemical Society, 2008, 155 (7): A531-A536.

[77]　Cheng P, Gao S, Zang P, et al. Hierarchically porous carbon by activation of shiitake mushroom for capacitive energy storage. Carbon, 2015, 93: 315-324.

[78]　Ferrero G A, Fuertes A B, Sevilla M. From soybean residue to advanced supercapacitors. Scientific Reports, 2015, 5: 16618.

[79]　Kim M H, Kim K B, Park S M, et al. Hierarchically structured activated carbon for ultracapacitors. Scientific Re-

ports，2016，6：21182.

[80] Zheng K，Fan X，Mao Y，et al. The well-designed hierarchical structure of musa basjoo for supercapacitors. Scientific Reports，2016，6：20306.

[81] Zhang H，Zhang X，Ma Y. Enhanced capacitance supercapacitor electrodes from porous carbons with high mesoporous volume. Electrochimica Acta，2015，184：347-355.

[82] Wang X H，Zhou H T，Sheridan E，et al. Geometrically confined favourable ion packing for high gravimetric capacitance in carbon-ionic liquid supercapacitors. Energy & Environmental Science，2016，9：232-239.

[83] Ariyanto T，Dyatkin B，Zhang G R，et al. Synthesis of carbon core-shell pore structures and their performance as supercapacitors. Microporous & Mesoporous Materials，2015，218：130-136.

[84] Zhang Y，Jia M，Gao H，et al. Porous hollow carbon spheres：facile fabrication and excellent supercapacitive properties. Electrochimica Acta，2015，184：32-39.

[85] 邢宝林，谌伦建，张传祥，等. 超级电容器用活性炭电极材料的研究进展. 材料导报，2010，24（15）：22-25.

[86] Yang I，Kim S G，Kwon S H，et al. Pore size-controlled carbon aerogels for EDLC electrodes in organic electrolytes. Current Applied Physics，2016，16：665-672.

[87] Kwon S H，Kim B S，Kim S G，et al. Preparation of nano-porous activated carbon aerogel using a single-step activation method for use as high-power EDLC electrode in organic electrolyte. American Scientific Publishers，2016，16：4598-4604.

[88] Kim G P，Lee M，Lee Y J，et al. Polymer-mediated synthesis of a nitrogen-doped carbon aerogel with highly dispersed Pt nanoparticles for enhanced electrocatalytic activity. Electrochimica Acta，2016，193：137-144.

[89] Singh S，Bhatnagar A，Dixit V，et al. Synthesis，characterization and hydrogen storage characteristics of ambient pressure dried carbon aerogel. Science Direct，2016，41（5）：3561-3570.

[90] Iijima S. Helical microtubules of graphitic carbon. Nature，1991，354（6348）：56-58.

[91] Zhang H，Cao G，Wang Z，et al. Electrochemical capacitive properties of carbon nanotube arrays directly grown on glassy carbon and tantalum foils. Carbon，2008，46（5）：822-824.

[92] Izadi-Najafabadi A，Futaba D N，Iijima S，et al. Ion diffusion and electrochemical capacitance in aligned and packed single-walled carbon nanotubes. Journal of American Chemical Society，2010，132（51）：18017-18019.

[93] Izadi-Najafabadi A，Yasuda S，Kobashi K，et al. Extracting the full potential of single-walled carbon nanotubes as durable supercapacitor electrodes operable at 4V with high power and energy density. Adv Mater，2010，22（35）：E235-E241.

[94] Novoselov K S，Geim A K，Morozov S V，et al. Electric field effect in atomically thin carbon films. Science，2004，306：666-669.

[95] Liu C G，Yu Z N，Neff D，et al. Graphene-based supercapacitor with an ultrahigh energy density. Nano Letter，2010，10：4863-4868.

[96] Zhu Y W，Murali S，Stoller M D，et al. Carbon-based supercapacitors produced by activated of Graphene. Science，2011，332（6037）：1537-1541.

[97] Simon P，Gogotsi Y. Materials for electrochemical capacitors. Nature Materials，2008，7：845-854.

[98] Wang G P，Zhang L，Zhang J J. A review of electrode materials for electrochemical supercapacitors. Chemical Society Reviews，2012，41：797-828.

[99] Trasatti S，Buzzanca P. Ruthenium oxide：a new Interesting electrode material，solid state structure and electrochemical behavior. Journal of Electroanalytical Chemistry，1971，29：1-5.

[100] Xu Y，Wang B，Wang Q，et al. Investigation and progress of RuO_2 and its composites using as electrode materials of supercapacitor. Electronic Components & Materials，2006，25：8.

[101] Bi R R，Wu X L，Cao F F，et al. Highly dispersed RuO_2 nanoparticles on carbon nanotubes：facile synthesis and enhanced supercapacitance performance. The Journal of Physical Chemistry C，2010，114（6）：2448-2451.

[102] Rizzi G A，Magrin A，Granozzi G. Preparation of epitaxial ultrathin RuO_2-TiO_2（110）films by decomposition of Ru_3（CO）$_{12}$. Surface Science，1999，443（3）：277-286.

[103] Lim W T，Cho K R，Lee C H. Structural and electrical properties of Rf-sputtered RuO_2 films having different conditions of preparation. Thin Solid Films，1999，348：56-62.

[104] Huang J H，Chen J S. Material characteristics and electrical property of reactively sputtered RuO_2 thin films. Thin Solid Films，2001，382：139-145.

[105] Hiratani M，Matsui Y，Imagawa K，et al. Growth of RuO_2 thin films by pulsed-laser depositionp. Thin Solid Films，2000，366：102-106.

[106] Vuković M，Ćukman D. Electrochemical quartz crystal microbalance study of electrodeposited ruthenium. J Electroanalytical Chemistry，1999，474：67-173.

[107] Park B O, Lokhande C D, Park H S, et al. Cathodic electrodeposition of RuO₂ thin films from Ru（Ⅲ）Cl₃ solution. Mater Chem Phys, 2004, 87: 59-66.

[108] Hu C C, Huang Y H. Effects of preparation variables on the deposition rate and physicochemical properties of hydrous ruthenium oxide for electrochemical capacitors. Electrochim Acta, 2001, 46: 3431-3444.

[109] Raistrick I D. Electrochemistry of semiconductors and electronics: processes and devices. Park Ridge: Noyes Publishcation, 1992: 297-298.

[110] 张莉, 邹积岩, 宋金岩. 二氧化钌薄膜电极的制备及性能研究. 仪器仪表学报, 2006, 27 (6): 930-932.

[111] Fang Q L, Evans D A, Roberson S L, et al. Ruthenium oxide film electrodes prepared at low temperatures for electrochemical capacitors. Journal of The Electrochemical Society, 2001, 148 (8): A833-A837.

[112] Zheng J P, Cygan P J, Jow T R. Hydrous ruthenium oxide as an electrode material for electrochemical capacitors. Journal of the Electrochemical Society, 1995, 142 (8): 2699-2703.

[113] Hu C C, Chen W C, Chang K H. How to achieve maximum utilization of hydrous ruthenium oxide for supercapacitors. Journal of the Electrochemical Society, 2004, 151 (2): A281-A290.

[114] Pico F, Morales E, Fernández J A, et al. Ruthenium oxide/carbon composites with microporous or mesoporous carbon as support and prepared by two procedures. a comparative study as supercapacitor electrodes. Electrochimica Acta, 2009, 54 (8): 2239-2245.

[115] Kim H, Popov B N. Characterization of hydrous ruthenium oxide/carbon nanocomposite supercapacitors prepared by a colloidal method. Journal of Power Sources, 2002, 104 (1): 52-61.

[116] Wu N, Kuo S, Lee M. Preparation and optimization of RuO₂-impregnated SnO₂ aerogel supercapacitor. Journal of Power Sources, 2002, 104 (1): 62-65.

[117] Trasatti S. Physical electrochemistry of ceramic oxides. Electrochimica Acta, 1991, 36 (2): 225-241.

[118] Takasu Y, Murakami Y. Design of oxide electrodes with large surface area. Electrochimica Acta, 2000, 45 (25-26): 4135-4141.

[119] Subramanian V, Zhu H, Wei B. Alcohol-assisted room temperature synthesis of different nanostructured manganese oxides and their pseudocapacitance properties in neutral electrolyte. Chemical Physics Letters, 2008, 453 (4-6): 242-249.

[120] Wu M S, Huang Y A, Jow J J, et al. Anodically potentiostatic deposition of flaky nickel oxide nanostructures and their electrochemical performances. International Journal of Hydrogen Energy, 2008, 33 (12): 2921-2926.

[121] Wei T Y, Chen C H, Chang K H, et al. Cobalt oxide aerogels of ideal supercapacitive properties prepared with an epoxide synthetic route. Chemistry of Materials, 2009, 21 (14): 3228-3233.

[122] Ghodbane O, Pascal J L, Favier F. Microstructural effects on charge-storage properties in MnO₂-based electrochemical supercapacitors. ACS Applied Materials & Interfaces, 2009, 1 (5): 1130-1139.

[123] Chen Y, Qin W Q, Fan R J, et al. Hydrothermal synthesis and electrochemical properties of spherical alpha-MnO₂ for supercapacitors. Journal of Nanoscience and Nanotechnology, 2015, 15 (12): 9760-9765.

[124] Yu B Z, Dan Zhao X, Luo J, et al. Hierarchical α-MnO₂ tube-on-tube arrays with superior, structure-dependent pseudocapacitor performance synthesized via a selective dissolution and coherent growth mechanism. Advanced Materials Interfaces, 2016.

[125] Toupin M, Brousse T, Bélanger D. Charge storage mechanism of MnO₂ electrode used in aqueous electrochemical capacitor. Chemistry of Materials, 2004, 16 (16): 3184-3190.

[126] Wang X, Li Y. Selected-control hydrothermal synthesis of α-and β-MnO₂ single crystal nanowires. Journal of the American Chemical Society, 2002, 124 (12): 2880-2881.

[127] Zhao S Q, Liu T M, Hou D W, et al. Controlled synthesis of hierarchical birnessite-type MnO₂ nanoflowers for supercapacitor applications. Applied Surface Science, 2015, 356: 259-265.

[128] Phattharasupakun N, Wutthiprom J, Chiochan P, et al. Turning conductive carbon nanospheres into nanosheets for high-performance supercapacitors of MnO₂ nanrods. Chemical Communications, 2016, 52: 2585-2588.

[129] Kim I T, Kouda N B, Yoshimoto N B K, et al. Preparation and electrochemical analysis of electrodeposited MnO₂/C composite for advanced capacitor electrode. Journal of Power Sources, 2015, 298: 123-129.

[130] Jadhav P R, Suryawanshi M P, Dalavi D S, et al. Design and electro-synthesis of 3D nanofibers of MnO₂ thin films and their application in high performance supercapacitor. Electrochimica Acta, 2015, 176: 523-532.

[131] Chen D C, Ding D, Li X X, et al. Probing the charge storage mechanism of a pseudocapacitive MnO₂ electrode using in operando raman spectroscopy. Chemistry Materials, 2015, 27: 6608-6619.

[132] González A, Goikolea E, Barrena J A, et al. Review on supercapacitors: technologies and materials. Renewable and Sustainable Energy Reviews, 2016, 58: 1189-1206.

[133] Ou T M, Hsu C T, Hu C C. Synthesis and characterization of sodium-doped MnO₂ for the aqueous asymmetric supercapacitor application. Journal of the Electrochemical Society, 2015, 162 (5): A5124-A5132.

［134］　Zhi M，Xiang C，Li J，et al. Nanostructured carbon-metal oxide composite electrodes for supercapacitors：a review. Nanoscale，2013，5（1）：72-88.

［135］　Parveen N，Cho M H. Self-assembled 3D flower-like nickel hydroxide nanostructures and their supercapacitor applications. Scientific Reports，2016，6.

［136］　Xu C，Li Z H，et al. An ultralong, highly oriented nickel-nanowire-array electrode scaffold for high-performance compressible pseudocapacitors. Advanced Materials，2016，28：4105-4110.

［137］　Zheng X F，Wang H E，Wang C，et al. 3D interconnected macro-mesoporous electrode with self-assembled NiO nanodots for high-performance supercapacitor-like Li-ion battery. Nano Energy，2016，22：269-277.

［138］　Zhu G Y，Chen J，Zhang Z Q，et al. NiO nanowall-assisted growth of thick carbon nanofiber layers on metal wires for fiber supercapacitors. Chemical Communications，2016，13（52）：2721-2724.

［139］　Cheng J，Zhao B，Zhang W K，et al. High-performance supercapacitor applications of NiO-nanoparticle-decorated millimeter-long vertically aligned carbon nanotube arrays via an effective supercritical CO_2-assisted method. Advanced Functional Materials，2015，25（47）：7381-7391.

［140］　Qi X，Zheng W，Li X，et al. Multishelled NiO hollow microspheres for high-performance supercapacitors with ultrahigh energy density and robust cycle life. Scientific Reports，2016，6.

［141］　Gonzalez Z，Ferrari B，et al. Use of polyelectrolytes for the fabrication of porous NiO films by electrophoretic deposition for supercapacitor electrodes. Electrochimica Acta，2016，211：110-118.

［142］　Fan Z，Chen J，Cui K，et al. Preparation and capacitive properties of cobalt-nickel oxides/carbon nanotube composites. Electrochimica Acta，2007，52（9）：2959-2965.

［143］　Nam K W，Lee E S，Kim J H，et al. Synthesis and electrochemical investigations of $Ni_{1-x}O$ thin films and $Ni_{1-x}O$ on three-dimensional carbon substrates for electrochemical capacitors. Journal of the Electrochemical Society，2005，152（11）：A2123-A2129.

［144］　Zhang X，Shi W，Zhu J，et al. Synthesis of porous NiO nanocrystals with controllable surface area and their application as supercapacitor electrodes. Nano Research，2010，3（9）：643-652.

［145］　Ren Y，Gao L. From three-dimensional flower-like α-Ni（OH）$_2$ nanostructures to hierarchical porous NiO nanoflowers：microwave-assisted fabrication and supercapacitor properties. Journal of the American Ceramic Society，2010，93（11）：3560-3564.

［146］　Yuan C，Zhang X，Su L，et al. Facile synthesis and self-assembly of hierarchical porous NiO nano/micro spherical superstructures for high performance supercapacitors. Journal of Materials Chemistry，2009，19：5772-5777.

［147］　Zhu J，Jiang J，Liu J，et al. Direct synthesis of porous NiO nanowall arrays on conductive substrates for supercapacitor application. Journal of Solid State Chemistry，2011，184（3）：578-583.

［148］　Cao C Y，Guo W，Cui Z M，et al. Microwave-assisted gas/liquid interfacial synthesis of flowerlike NiO hollow nanosphere precursors and their application as supercapacitor electrodes. Journal of Materials Chemistry，2011，21：3204-3209.

［149］　Zheng Y C，Lia Z Q，Xu J，et al. Multi-channeled hierarchical porous carbon incorporated Co_3O_4 nanopillar arrays as 3D binder-free electrode for high performance supercapacitors. Nano Energy，2016，20：94-107.

［150］　Wang H J，Zhou D，Li G H，et al. Facile fabrication of cobalt oxide nanoflowers on Ni foam with excellent electrochemical capacitive performance. Journal of Nanoscience and Nanotechnology，2015，15（12）：9754-9759.

［151］　Sun S J，Zhao X Y，Yang M，et al. Facile and eco-friendly synthesis of finger-like Co_3O_4 nanorods for electrochemical energy storage. Nanomaterials，2015，5（4）：2335-2347.

［152］　Zou Y，Kinloch I A，Dryfe R A W. Mesoporous vertical Co_3O_4 nanosheet arrays on nitrogen-doped graphene foam with enhanced charge-storage performance. ACS Applied Materials & Interfaces，2015，7（41）：22831-22838.

［153］　Liang D W，Tian Z F，Liu J，et al. MoS_2 nanosheets decorated with ultrafine Co_3O_4 nanoparticles for high-performance electrochemical capacitors. Electrochimica Acta，2015，182：376-382.

［154］　Naveen A N，Manimaran P，Selladurai S. Cobalt oxide（Co_3O_4）/graphene nanosheets（GNS）composite prepared by novel route for supercapacitor application. Journal of Materials Science：Materials in Electronics，2015，26：8988-9000.

［155］　Zhou X M，Shen X T，Xia Z M，et al. Hollow fluffy Co_3O_4 cages as efficient electroactive materials for supercapacitors and oxygen evolution reaction. ACS Applied Material Interfaces，2015，7：20322-20331.

［156］　Zhao C H，Huang B Y，Fu W B，et al. Fabrication of porous nanosheet-based Co_3O_4 hollow nanocubes for electrochemical capacitors with high rate capability. Electrochimica Acta，2015，178：555-563.

［157］　Tang C，Tang Z，Gong H. Hierarchically porous Ni-Co oxide for high reversibility asymmetric full-cell supercapacitors. Journal of the Electrochemical Society，2012，159（5）：A651-A656.

［158］　Wang X，Han X，Lim M，et al. Nickel cobalt oxide-single wall carbon nanotube composite material for superior cycling stability and high-performance supercapacitor application. The Journal of Physical Chemistry C，2012，116 (23)：12448-12454.

[159] Zhang Y，Li L，Su H，et al. Binary metal oxide：advanced energy storage materials in supercapacitors. Journal of Materials Chemistry A，2015，3 (1)：43-59.

[160] Yin X S，Tang C H，Zhang L Y. Chemical insights into the roles of nanowire cores on the growth and supercapacitor performances of Ni-Co-O/Ni (OH)$_2$ core/shell electrodes. Scientific Reports，2016，6：21566.

[161] Nagaraju G，Raju G S R，Ko Y H，et al. Hierarchical Ni-Co layered double hydroxide nanosheets entrapped on conductive textile fibers：a cost-effective and flexible electrode for high-performance pseudocapacitors. Nanoscale，2016，8 (2)：812-825.

[162] Chen Y H，Zhou J F，Pierce M，et al. Enhancing capacitance behaviour of CoOOH nanostructures using transition metal dopants by ambient oxidation. Scientific Reports，2016，6：20704-20711.

[163] Long C，Zheng M T，Xiao Y，et al. Amorphous Ni-Co binary oxide with hierarchical porous structure for electrochemical capacitors. ACS Applied Materials & Interfaces，2015，7 (44)：24419-24429.

[164] Pei Z X，Zhu M S，Huang Y，et al. Dramatically improved energy conversion and storage efficiencies by simultaneously enhancing charge transfer and creating active sites in MnO_x/TiO_2 nanotube composite electrodes. Nano Energy，2016，20：254-263.

[165] Tang J H，Ge Y C，Shen J F，et al. Facile synthesis of $CuCo_2S_4$ as a novel electrode material for ultrahigh supercapacitor performance. Chemical Communications，2016，52 (7)：1509-1512.

[166] Wang X L，Xia X J，Beka L G，et al. In situ growth of urchin-like $NiCo_2S_4$ hexagonal pyramid microstructures on 3D graphene nickel foam for enhanced performance of supercapacitors. RSC Advances，2016，6 (12)：9446-9452.

[167] Dai S G，Xu W N，Xi Y，et al. Charge storage in KCu_7S_4 as redox active material for a flexible all-solid-state supercapacitor. Nano Energy，2016，19：363-372.

[168] Ma L，Zhou X，Xu L，et al. Microwave-assisted hydrothermal preparation of SnO_2/MoS_2 composites and their electrochemical performance. Nano，2016，11 (02)：1650023.

[169] Ren Z，Li J，Ren Y，et al. Large-scale synthesis of hybrid metal oxides through metal redox mechanism for high-performance pseudocapacitors. Scientific Reports，2016，6.

[170] Jiang H，Ma H，Jin Y，et al. Hybrid α-Fe_2O_3@Ni (OH)$_2$ nanosheet composite for high-rate-performance supercapacitor electrode. Scientific Reports，2016，6.

[171] Wang M，Fei H，Zhang P，et al. Hierarchically layered MoS_2/Mn_3O_4 hybrid architectures for electrochemical supercapacitors with enhanced performance. Electrochimica Acta，2016，209：389-398.

[172] Kakvand P，Rahmanifar M S，El-Kady M F，et al. Synthesis of $NiMnO_3$/C nano-composite electrode materials for electrochemical capacitors. Nanotechnology，2016，27 (31)：315401.

[173] Shen J，Wu J，Pei L，et al. $CoNi_2S_4$-graphene-2D-$MoSe_2$ as an advanced electrode material for supercapacitors. Advanced Energy Materials，2016，6 (13) .

[174] Wang Z，Jia W，Jiang M，et al. One-step accurate synthesis of shell controllable $CoFe_2O_4$ hollow microspheres as high-performance electrode materials in supercapacitor. Nano Research，2016，9 (7)：2026-2033.

[175] Wang G，Zhang L，Zhang J. A review of electrode materials for electrochemical supercapacitors. Chemical Society Reviews，2012，41 (2)：797-828.

[176] Snook G A，Kao P，Best A S. Conducting-polymer-based supercapacitor devices and electrodes. Journal of Power Sources，2011，196 (1)：1-12.

[177] 咸绪刚，杜伟，王美丽，等 . 碳/导电聚合物复合电极材料的研究进展 . 材料导报，2014，28 (13)：141-144.

[178] 冯辉霞，王滨，谭琳，等 . 导电聚合物基超级电容器电极材料研究进展 . 化工进展，2014，33 (3)：689-695.

[179] 袁美蓉，宋宇，徐永进 . 导电聚噻吩作为超级电容器电极材料的研究进展 . 材料导报 A：综述篇，2014，28 (11)：10-13.

[180] 吕进玉，林志东 . 超级电容器导电聚合物电极材料的研究进展 . 材料导报，2007，21 (3)：29-31.

[181] Ito T，Shirakawa H，Ikeda S. Simultaneous polymerization and formation of polyaeetylene film on the surface of concentrated soluble ziegl-ertype catalyst solution. Journal of Polymer Science：Polymer Chemistry Edition，1974，12 (1)：11-20.

[182] Wang J，Xu Y L，Chen X，et al. Capacitance properties of single wall carbon nanotube/polypyrrole composite films. Composites Science and Technology，2007，67 (14)：2981-2985.

[183] Wang H，Hao Q，Yang X，et al. Graphene oxide doped polyaniline for supercapacitors. Electrochemistry Communications，2009，11 (6)：1158-1161.

[184] Xu J，Wang K，Zu S Z，et al. Hierarchical nanocomposites of polyaniline nanowire arrays on graphene oxide sheets with synergistic effect for energy storage. ACS Nano，2010，4 (9)：5019-5026.

[185]　Huang L M，Lin H Z，Wen T C，et al. Highly dispersed hydrous ruthenium oxide in poly（3，4-ethylenedioxythio-phene）-poly（styrene sulfonic acid）for supercapacitor electrode. Electrochimica Acta，2006，52（3）：1058-1063.

[186]　Zang J，Li X. In situ synthesis of ultrafine β-MnO_2/polypyrrole nanorod composites for high-performance supercapacitors. Journal of Materials Chemistry，2011，21（29）：10965-10969.

[187]　杜冰. 导电聚吡咯及其复合材料用作超级电容器电极材料的研究. 成都：西南交通大学，2009.

[188]　Kashani H，Chen L，Ito Y，et al. Bicontinuous nanotubular graphene-polypyrrole hybrid for high performance flexible supercapacitors. Nano Energy，2016，19：391-400.

[189]　Wang J，Xu Y，Yan F，et al. Template-free prepared micro/nanostructured polypyrrole with ultrafast charging/discharging rate and long cycle life. Journal of Power Sources，2011，196（4）：2373-2379.

[190]　Li Z，Cai J，Cizek P，et al. A self-supported，flexible，binder-free pseudo-supercapacitor electrode material with high capacitance and cycling stability from hollow，capsular polypyrrole fibers. Journal of Materials Chemistry A，2015，3（31）：16162-16167.

[191]　Huang Z H，Song Y，Xu X X，et al. Ordered polypyrrole nanowire arrays grown on a carbon cloth substrate for a high-performance pseudocapacitor electrode. ACS Applied Materials & Interfaces，2015，7（45）：25506-25513.

[192]　Yang C，Zhang L，Hu N，et al. Reduced graphene oxide/polypyrrole nanotube papers for flexible all-solid-state supercapacitors with excellent rate capability and high energy density. Journal of Power Sources，2016，302：39-45.

[193]　Yang X，Xu K，Zou R，et al. A hybrid electrode of Co_3O_4@PPy core/shell nanosheet arrays for high-performance supercapacitors. Nano-Micro Letters，2016，8（2）：143-150.

[194]　Ji J，Zhang X，Liu J，et al. Assembly of polypyrrole nanotube@MnO_2 composites with an improved electrochemical capacitance. Materials Science and Engineering：B，2015，198：51-56.

[195]　Boota M，Anasori B，Voigt C，et al. Pseudocapacitive electrodes produced by oxidant-free polymerization of pyrrole between the layers of 2D titanium carbide（MXene）. Advanced Materials，2015，28（7）：1517-1522.

[196]　Wang Y，Shi Y，Pan L，et al. Dopant-enabled supramolecular approach for controlled synthesis of nanostructured conductive polymer hydrogels. Nano Letters，2015，15（11）：7736-7741.

[197]　Zhou J，Zhao H，Mu X，et al. Importance of polypyrrole in constructing 3D hierarchical carbon nanotube@MnO_2 perfect core-shell nanostructures for high-performance flexible supercapacitors. Nanoscale，2015，7（35）：14697-14706.

[198]　Anand J，Palaniappan S，Sathyanarayana D N. Conducting polyaniline blendsand composites. Progress in Polymer Science，1998，23（6）：993-1018.

[199]　方静. 超级电容器用聚苯胺纳米纤维的制备、改性和电容特性研究. 长沙，中南大学，2011.

[200]　Macdiarmid A G，Chiang J C，Richter A F，et al. Polyaniline：a new concept in conducting polymers. Synthetic Metals，1987，18（1）：285-290.

[201]　Arbizzani C，Mastragostino M，Soavi F. New trends in electrochemical supercapacitors. Journal of Power Sources，2001，100（1-2）：164-170.

[202]　Ryu K S，Kim K M，Park N G，et al. Symmetric redox supercapacitor with conducting polyaniline electrodes. Journal of Power Sources，2002，103（2）：305-309.

[203]　Jang J，Bae J，Choi M，et al. Fabrication and characterization of polyaniline coated carbon nanofiber for supercapacitor. Carbon，2005，43（13）：2730-2736.

[204]　Zhou Y K，He B L，Zhou W J，et al. Electrochemical capacitance of well-coated single-walled carbon nanotube with polyaniline composites. Electrochimica Acta，2004，49（2）：257-262.

[205]　Yan J，Tong W，Fan Z，et al. Preparation of graphene nanosheet/carbon nanotube/polyaniline composite as electrode material for supercapacitors. Journal of Power Sources，2010，195（9）：3041-3045.

[206]　Wang Y，Tang S，Vongehr S，et al. High-performance flexible solid-state carbon cloth supercapacitors based on highly processible N-graphene doped polyacrylic acid/polyaniline composites. Scientific Reports，2016，6：12883.

[207]　Hu N，Zhang L，Yang C，et al. Three-dimensional skeleton networks of graphene wrapped polyaniline nanofibers：an excellent structure for high-performance flexible solid-state supercapacitors. Scientific Reports，2015，6：19777-19786.

[208]　Jeon J W，Kwon S R，Li F，et al. Spray-on polyaniline/poly（acrylic acid）electrodes with enhanced electrochemical stability. ACS Applied Materials & Interfaces，2015，7（43）：24150-24158.

[209]　Boota M，Paranthaman M P，Naskar A K，et al. Waste tire derived carbon-polymer composite paper as pseudocapacitive electrode with long cycle life. ChemSusChem，2015，8（21）：3576-3581.

[210]　Xu Y，Tao Y，Zheng X，et al. A metal-free supercapacitor electrode material with a record high volumetric capacitance over 800 F/cm³. Advanced Materials，2015，27（48）：8082-8087.

[211]　Wang K，Zhang X，Li C，et al. Chemically crosslinked hydrogel film leads to integrated flexible supercapacitors

with superior performance. Advanced Materials，2015，27（45）：7451-7457.

[212] Li K，Guo D，Chen J，et al. Oil-water interfacial synthesis of grapheme-polyaniline-MnO$_2$ hybrids using binary oxidant for high performance supercapacitor. Synthetic Metals，2015，209：555-560.

[213] Zhang J，Shi L，Liu H，et al. Utilizing polyaniline to dominate the crystal phase of Ni(OH)$_2$ and its effect on the electrochemical property of polyaniline/Ni（OH）$_2$ composite. Journal of Alloys and Compounds，2015，651：126-134.

[214] Du P A，et al. Poly（fluorophene）/poly（thiphene）based supercapacitors// Delnick F M，Ingersoll D，et al. Proceedings of the Symposium on the Electrochemical Capacitors Ⅱ. SAN ANTONIO，TX：Electrochemical Society Series，1997：123.

[215] Mastragostino M，Arbizzani C，Cerroni，M G，et al. A comparative study of p-and n-doped poly（dithienothiophenes）and activated carbon as electrode materials in the supercapacitors//Delnick F M，Ingersoll D，et al. Proceedings of the Symposium on the Electrochemical Capacitors Ⅱ. SAN ANTONIO，TX：Electrochemical Society Series，1997：109-111.

[216] Lagoutte S，Aubert P H，Tran-Van F，et al. Electrochemical and optical properties of poly（3,4-dimethylthiophene）and its copolymers with 3-methylthiophenein ionic liquids media. Electrochimica Acta，2013，106：13-22.

[217] Liu R，Cho S I，Lee S B. Poly（3,4-ethylenedioxythiophene）nanotubes as materials for a high-powered supercapacitor. Nanotechnology，2008，19（21）：215710.

[218] Yan J，Wei T，Shao B，et al. Preparation of a graphene nanosheet/polyaniline composite with high specific capacitance. Carbon，2010，48（2）：487-493.

[219] 金莉，孙东，张剑荣. 石墨烯/聚3,4-乙烯二氧噻吩复合物的电化学制备及其在超级电容器中的应用. 无机化学学报，2012，28（6）：1084-1090.

[220] Jo K，Gu M，Kim B S. Ultrathin supercapacitor electrode based on reduced graphene oxide nanosheets assembled with photo-cross-linkable polymer：conversion of electrochemical kinetics in ultrathin films. Chemistry of Materials，2015，27（23）：7982-7989.

[221] Liu C，Wang J，Li J S，et al. Controllable synthesis of functional hollow carbon nanostructures with dopamine as precursor for supercapacitors. ACS Applied Materials & Interfaces，2015，7（33）：18609-18617.

[222] Lee Y J，Hai W P，Park S Y，et al. Electrochemical properties of Mn-doped activated carbon aerogel as electrode material for supercapacitor. Current Applied Physics，2012，12（1）：233-237.

[223] Chen K Y，Huang X B，Wan C Y，et al. Heteroatom-doped mesoporous carbon nanofibers based on highly cross-linked hybrid polymeric nanofibers：facile synthesis and application in an electrochemical supercapacitor. Materials Chemistry & Physics，2015，164：85-90.

[224] Li Y，Mei Y，Zhang L Q，et al. Manganese oxide nanowires wrapped with nitrogen doped carbon layers for high performance supercapacitors. Journal of Colloid & Interface Science，2015，455：188-193.

[225] Ferrero G A，Fuertes A B，Sevilla M. n-doped microporous carbon microspheres for high volumetric performance supercapacitors. Electrochimica Acta，2015，168：320-329.

[226] Li Y S，Zhang S，Song H H，et al. New insight into the heteroatom-doped carbon as the electrode material for supercapacitors. Electrochimica Acta，2015，180：879-886.

[227] 左飞龙，陈照荣，傅冠生，等. 超级电容器用有机电解液的研究进展. 电池，2015，2：112-115.

[228] Izutsu K. Electrochemistry in nonaqueous solutions. Weinheim：Wiley-VCH Verlag GmbH，2009：15.

[229] Xu K，Ding M S，Jow T R. Quaternary onium salts as nonaqueous electrolytes for electrochemical capacitors. Journal of the Electrochemical Society，2001，148（3）：A267-A274.

[230] Muroi S，Iida D，Tsuchihawa T，et al. Degradation mechanisms of electric double layer capacitors with activated carbon electrodes on high voltage exposure. Electrochemistry，2015，83（8）：609-618.

[231] Brandon E J，West W C，Smart M C，et al. Extending the low temperature operational limit of double-layer capacitors. Journal of Power Sources，2007，170（170）：225-232.

[232] Iwama E，Taberna P L，Azais P，et al. characterization of commercial supercapacitors for low temperature applications. Journal of Power Sources，2012，219（12）：235-239.

[233] 左飞龙，陈照荣，傅冠生，等. 超级电容器低温有机电解液研究. 电源技术，2016，40（10）：2023-2025.

[234] Aza S P. Manufacturing of industrial supercapacitors//Béguin F. Supercapacitors：Materials，Systems，and Applications. Weinheim：Wiley-VCH Verlag GmbH & Co. KGaA，2013：307-371.

[235] Farahmandi C J，Dispennette J M. High performance double layer capacitors including aluminum carbon composite electrodes：WO9611486（A1）. 1996-04-18.

[236] Chiba K. Electrolytic solution for electric double layer capacitor and electric double layer capacitor：WO2005022571（A1）. 2005-03-10.

[237] Ruan D B，Zuo F L. High voltage performance of spiro-type quaternary ammonium salt based electrolytes in commercial large supercapacitors. Electrochemistry，2015，75 (8)：565-572.

[238] Lai Y，Chen X，Zhang Z，et al. Tetraethylammonium difluoro (oxalato) borate as electrolyte salt for electrochemical double-layer capacitors. Electrochimica Acta，2011，56 (18)：6426-6430.

[239] Feng K，Kwok D T K，Liu D，et al. nitrogen plasma-implanted titanium as bipolar plates in polymer electrolyte membrane fuel cells. Journal of Power Sources，2010，195 (19)：6798-6804.

[240] 李作鹏，赵建国，温雅琼，等. 超级电容器电解质研究进展. 化工进展，2012，31 (8)：1631-1640.

[241] Gao Q，Demarconnay L，Raymundo-Piñero E，et al. Exploring the large voltage range of carbon/carbon supercapacitors in aqueous lithium sulfate electrolyte. Energy & Environmental Science，2012，5 (11)：9611-9617.

[242] Senthilkumar S T，Selvan R K，Ponpandian N，et al. Improved performance of electric double layer capacitor using redox additive (VO_2^+/VO^{2+}) aqueous electrolyte. Journal of Materials Chemistry，2013，1 (1)：7913-7919.

[243] Roldán S，González Z，Blanco C，et al. Redox-active electrolyte for carbon nanotube-based electric double layer capacitors. Electrochimica Acta，2011，56 (9)：3401-3405.

[244] Anjos D M，Mcdonough J K，Perre E，et al. Pseudocapacitance and performance stability of quinone-coated carbon onions. Nano Energy，2013，2 (5)：702-712.

[245] Senthilkumar S T，Selvan R K，Lee Y S，et al. Electric double layer capacitor and its improved specific capacitance using redox additive electrolyte. Journal of Materials Chemistry A，2013，1 (4)：1086-1095.

[246] Wang X，Chandrabose R S，Chun S E，et al. High energy density aqueous electrochemical capacitors with a KI-KOH electrolyte. ACS Applied Materials & Interfaces，2015，7 (36)：19978-19985.

[247] Isikli S，Díaz R. Substrate-dependent performance of supercapacitors based on an organic redox couple impregnated on carbon. Journal of Power Sources，2012，206 (1)：53-58.

[248] Roldán S，Granda M，Menéndez R，et al. Mechanisms of energy storage in carbon-based supercapacitors modified with a quinoid redox-active electrolyte. The Journal of Physical Chemistry C，2011，15 (35)：17606-17611.

[249] Wasiński K，Walkowiak M，Lota G. Humic acids as pseudocapacitive electrolyte additive for electrochemical double layer capacitors. Journal of Power Sources，2014，255 (255)：230-234.

[250] Mai L Q，Minhas-Khan A，Tian X C，et al. Synergistic interaction between redox-active electrolyte and binder-free functionalized carbon for ultrahigh supercapacitor performance. Nature Communications，2013，4 (1)：2923.

[251] Wang J，Ding B，Xu Y，et al. Crumpled nitrogen-doped graphene for supercapacitors with high gravimetric and volumetric performances. ACS Applied Materials & Interfaces，2015，7 (40)：22284-22291.

[252] Rennie A J，Sanchez-Ramirez N，Torresi R M，et al. Ether-bond-containing ionic liquids as supercapacitor electrolytes. Journal of Physical Chemistry Letters，2013，4 (17)：2970-2974.

[253] http：//www. nisshinbo. co. jp/.

[254] http：//www. njrc. co. jp/.

[255] Sato T，Masuda G，Takagi K. Electrochemical properties of novel ionic liquids for electric double layer capacitor applications. Electrochimica Acta，2004，49 (21)：3603-3611.

[256] Vaquero S，Palma J，Anderson M，et al. Improving performance of electric double layer capacitors with a mixture of ionic liquid and acetonitrile as the electrolyte by using mass-balancing carbon electrodes. Journal of the Electrochemical Society，2013，160 (11)：A2064-A2069.

[257] Frackowiak E，Lota G，Pernak J. Room-temperature phosphonium ionic liquids for supercapacitor Application. Applied Physics Letters，2005，86 (16)：164104.

[258] Yang J，Li G，Pan Z，et al. All-solid-state high-energy asymmetric supercapacitors enabled by three-dimensional mixed-valent mnox nanospike and graphene electrodes. ACS Applied Materials & Interfaces，2015，7 (40)：22172-22180.

[259] Yu D，Zhai S，Jiang W，et al. Transforming pristine carbon fiber tows into high performance solid-state fiber supercapacitors. Advanced Materials，2015，27 (33)：4895-4901.

[260] Suleman M，Kumar Y，Hashmi S A. Solid-state electric double layer capacitors fabricated with plastic crystal based flexible gel polymer electrolytes：effective role of electrolyte anions. Materials Chemistry and Physics，2015，163：161-171.

[261] 杨绍斌，蒋娜，孟丽娜，等. 膨胀石墨用于超级电容器导电剂的研究. 电池工业，2009，14 (1)：3-7.

[262] 潘登宇，周海生，刘磊，等. 多层石墨烯用作超级电容器电极导电剂. 电池，2014，44 (3)：135-137.

[263] 荣常如，陈书礼，韩金磊，等. 活性石墨烯含量对活性炭双电层电容器性能影响的研究. 汽车工艺与材料，2015 (3)：31-35.

[264] Abbas Q，Pajak D，Frckowiak E，et al. Effect of binder on the performance of carbon/carbon symmetric capacitors in salt aqueous electrolyte. Electrochimica Acta，2014，140 (27)：132-138.

[265] Laforgue A, Simon P, Fauvarque J F, et al. Hybrid supercapacitors based on activated carbons and conducting polymers. Journal of the Electrochemical Society, 2001, 148 (10): A1130-A1134.

[266] 阮殿波. 石墨烯/活性炭复合电极超级电容器的制备研究. 天津: 天津大学, 2014.

[267] Kim K M, Hur J W, Jung S, et al. Electrochemical characteristics of activated carbon/PPy electrode combined with P (VdF-co-HFP) /PVP for EDLC. Electrochimica Acta, 2004, 50 (2-3): 863-872.

[268] 王力臻, 郭会杰, 谷书华, 等. 集流体表面直流刻蚀对超级电容器性能的影响. 电源技术, 2008, 32 (8): 504-507.

[269] 洪东升, 周海生, 何捍卫, 等. 铝箔刻蚀与导电剂对双电层电容器性能的影响. 粉末冶金材料科学与工程, 2012, 17 (6): 729-734.

[270] 曹小卫, 吴明霞, 安仲勋, 等. 一步法腐蚀铝箔对超级电容器性能影响. 电池工业, 2012, 17 (3): 143-146.

[271] 阮殿波, 王成扬, 王晓峰. 高比能量混合型超级电容器的研制. 电池, 2012, 42 (2): 91-93.

[272] Stepniak I, Ciszewski A. Grafting effect on the wetting and electrochemical performance of carbon cloth electrode and polypropylene separator in electric double layer capacitor. Journal of Power Sources, 2010, 195 (15): 5130-5137.

[273] Karabelli D, Leprêtre J C, Alloin F, et al. Poly (vinylidene fluoride) -based macroporous separators for supercapacitors. Electrochimica Acta, 2011, 57 (1): 98-103.

[274] Mesemanolis A, Mademlis C, Kioskeridis I. High-efficiency control for a wind energy conversion system with induction generator. IEEE Transactions Energy Conversion, 2012, 27 (4): 958-967.

[275] Green K, Wilson J C. Future power sources for mobile communications. Electronics &. Communication Engineering Journal, 2001, 13 (1): 43-47

[276] 张琦, 王金全. 超级电容器及应用探讨. 电气技术, 2007, (8): 67-69.

[277] 王晓峰. 用于 GSM 移动通讯的碳纳米管超级电容器复合电源的研制. 高技术通讯, 2005, 15 (3): 56-59.

[278] 佐佐木浩. 电源电路和具有该电源电路的通信设备: CN200310104582. X. 2004-08-11.

[279] Watanabe H, Jing uji N, Matsuki H. Consideration of EDLC as emergency power source for totally implantable medical device. In Proceedings of the 2nd International Conference on Bioelectromagnetism, 1998: 51-52.

[280] 陈宽, 阮殿波, 傅冠生. 轨道交通用新型超级电容器研发. 电池, 2014, 44 (5): 296-298.

[281] 杨颖, 陈中杰. 储能式电力牵引轻轨交通的研发. 电力机车与城轨车辆, 2012, 35 (5): 5-10.

[282] 王凯. 超级电容器的制备及性能研究. 大连: 大连理工大学, 2014.

[283] Linzen D, Buller S, Karden E, et al. Analysis and evaluation of charge-balancing circuits on performance, reliability, and lifetime of supercapacitor systems. IEEE Transactions on Industry Applications, 2005, 41 (5): 1135-1141.

[284] 钟彬, 雷珽, 刘舒, 等. 超级电容器在风力发电储能中的应用. 华东电力, 2014, 42 (8): 1515-1519.

[285] Halpin S M, A Shcraft S R. Design considerations for single-phase uninterruptible power supplies using double olayer capacitors as the energy storage element. San Diego: In Proceedings of IEEE Industry Applications Conference, 1996, 4: 2396-2403.

[286] Chlodnicki Z, Koczara W, Al-Khayat N. Hybrid UPS based on supercapacitor energy storage and adjustable speed generator. Compatibility in Power Electronics, 2007, (1): 1-10.

[287] 彭道福. 超级电容器储能系统在光伏发电系统中的研究与应用. 北京: 北京交通大学, 2011.

[288] Nozaki Y, Akiyama K, Kawaguchi H, et al. An improved method for controlling an EDLC-battery hybrid stand-alone photovoltaic power system// APEC 2000. Fifteenth Annual IEEE Applied Power Electronics Conference and Exposition, 2000, 2: 781-786.

[289] Rabiee A, Khorramdel H, Aghaei J. RETRACTED: A review of energy storage systems in microgrids with wind turbines. Renewable &. Sustainable Energy Reviews, 2013, 18 (1): 316-326.

[290] Mesemanolis A, Mademlis C, Kioskeridis I. High-efficiency control for a wind energy conversion system with induction generator. Energy Conversion, 2012, 27 (4): 958-967.

[291] 唐西胜, 齐智平. 独立光伏系统中超级电容器蓄电池有源混合储能方案的研究. 电工电能新技术, 2006, 25 (3): 37-41.

[292] Thounthong P. Model based-energy control of a solar power plant with a supercapacitor for grid-Independent applications. Energy Conversion, 2011, 26 (4): 1210-1218.

第14章 化学热泵系统及其在储能技术中的应用

14.1 化学热泵系统概述及其在储能中的作用

热泵是一种通过利用电能（蒸汽压缩热泵）或者热能（蒸汽吸附与气固吸附热泵）的方式，将低位热源的热能转移到高位热源的装置[1]，化学热泵利用正向与逆向反应的控制，实现了能量在不同时间与空间上的配置，因此具有储能的作用。我国热泵技术从 20 世纪初起步，经过多年的培育，热泵行业有了长足的发展。热泵行业快速发展，一方面在节能减排的大背景下热泵节能优势越来越明显，另一方面与技术创新有很大关系。近年来由于化石能源、资源与环境的制约，可再生能源得到前所未有的重视，但是可再生能源的不稳定性与不连续性是其大规模消纳利用的最突出的不利因素，而大规模、低成本的储能技术就成为解决这一问题的关键手段之一。

化学热泵（chemical heat pump，CHP）使用可逆的化学反应来改变由化学物质储存的热能的品位。化学热泵具有高效，低成本，能量密度高，反应物与生成物储存时间长，不需保温，热损失小等诸多优点，并且其使用的低温热源可以从再生能源中广泛获得，相比传统电池储能技术，具有系统规模大，运行寿命长，运行可靠性高等特点，对大规模利用可再生能源具有更好的匹配性。太阳能热发电技术中往往配套建设储能系统以解决太阳能时空的不连续性，电力调峰中峰谷电的储存与输出可以通过建设带有储能装置的太阳能、风能电站实现。另外，新型储能技术也可以应用在分布式可再生能源电站，工业余热的分级储存与温度调节、核电站高温余热利用等领域。这些不同温度范围的储能技术需求，都是化学热泵发展的推动力[3]。尽管化学热泵储能相比于电池储能、相变潜热等储能技术具有诸多优点，但是在使用寿命、功率和容量的规模化、运行可靠性、系统制造成本等方面仍然需要进一步完善，才能满足可再生能源大规模消纳的现实需求。而随着包括核能在内的新能源与储能技术的市场需求不断扩大，对化学热泵的储能技术必将得到更大的关注。

14.1.1 化学热泵系统工作原理、操作模式与效能分析

当利用化学热泵储能时，首先要解决的就是选择合适的化学反应。该反应的温度范围应该与热源的温度相匹配。反应的开始转化温度是一个筛选反应系统的重要参数。我们考察系统吉布斯自由能可逆反应系统可以认为 K 接近 1，因此热能利用的温度也就可以定在这个开始转化温度。化学热泵是将热能转变为化学能的装置，它依靠可逆反应中物质的化学状态变化进行吸热和放热。正向与逆向的反应在两个不同的温度下进行，在低温下吸热，在高温下放热，完成热量的提质。这个过程有热机参与并完成再生过程。热机与热泵中共同存在的工质在热机过程中向热泵系统传递功。根据不同的化学反应循环和反应条件，化学热泵可以在三个工作模式下变换，即热泵、热变换和储能。为了解释化学热泵的系统循环原理，我们讨论一个简单的固相与气相反应，以及一个冷凝器/蒸发器所组成的系统[4]，化学反应为

$$S_1(s) + G(g) \Longleftrightarrow S_2(s) + \Delta H_r$$

在冷凝器/蒸发器中进行的是冷凝或蒸发过程，即

$$G(g) \Longleftrightarrow G(l) + \Delta H_c$$

如图 14-1 所示，其循环过程在 $\ln p$-$1/T$ 图中按逆时针方向进行，即系统的热泵工作模式。

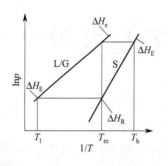

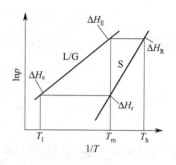

图 14-1 化学热泵系统循环——热泵方式　　　**图 14-2** 化学热泵系统循环——热变换器方式

来自温度为 T_h 的高温热源的热量加热反应器，当达到一定的温度时，被 S 吸收的气体 G 分解出来，在冷凝器中冷凝成液体，冷凝过程放出的热量可用于加热。当分解过程结束后，停止加热反应器，反应器中的温度、压力下降，液体 G 从温度为 T_l 的低温热源吸热并开始蒸发，进行制冷。蒸发出的气体 G 在反应器中被 S_2 重新吸收，吸收过程为放热过程，放出的热量可用于加热。从图中可以看出，当系统处于热泵工作状态时，分解过程在高压下进行，而吸收过程则在低压下进行。如果使循环按顺时针方向进行，即分解过程在低压下进行，吸收过程在高压下进行，则整个系统按热变换器方式工作，如图 14-2 所示，此循环的作用是将热源温度由 T_m 提高到 T_h，即可提高能源的品位。当化学热泵系统按储能方式工作时，通过控制正反过程的进行来实现储存能量的目的。当化学热泵系统用于加热时，可看作工作在 T_h、T_m 之间的热机和工作在 T_m，T_l 之间的热泵的组合，其理论最大效率为：

$$\eta_{h,max} = (T_m/T_h)(T_h - T_l)/(T_m - T_l) \tag{14-1}$$

不考虑显热损失，由能量平衡关系，其效率为：

$$\eta'_h = (\Delta H_t + \Delta H_c)/\Delta H_t = 1 + \Delta H_c/\Delta H_t \tag{14-2}$$

如果考虑显热损失，则实际效率表示为：

$$\eta''_h = \frac{\Delta H_t + \int_{T_m}^{T_h} n_{S_2} C_{pS_2} dT + \Delta H_c}{\Delta H_t + \int_{T_m}^{T_l} n_{S_1} C_{pS_1} dT} \tag{14-3}$$

式中，n_{S_1}、n_{S_2} 分别为 S_1、S_2 的物质的量；C_{pS_1}、C_{pS_2} 分别为 S_1、S_2 的摩尔比热容。

当热泵系统用于制冷时，可看作工作在 T_h、T_m 之间的热机和工作在 T_m、T_l 之间的制冷机的组合，其最大效率为：

$$\eta_{c,max} = (T_l/T_h)(T_h - T_m)/(T_m - T_l) \tag{14-4}$$

若不考虑显热损失，由能量平衡知其效率为：

$$\eta'_c = \Delta H_c/\Delta H_t \tag{14-5}$$

考虑显热损失时：

$$\eta''_c = \frac{\Delta H_c + \int_{T_l}^{T_m} n_G C_{p_G} dT + \Delta H_c}{\Delta H_t + \int_{T_m}^{T_h} n_{S_1} C_{pS_1} dT} \tag{14-6}$$

当化学热泵系统按热交换方式工作时，可以看成工作在 T_m 和 T_l 之间的热机和工作在 T_m 和 T_h 之间的热泵的组合，其理论最大效率为：

$$\eta_{c,max} = (T_h/T_m)(T_m - T_l)/(T_h - T_l) \tag{14-7}$$

若不考虑显热损失，其效率为：

$$\eta_h' = \Delta H_t / (\Delta H_t + \Delta H_c) \tag{14-8}$$

考虑显热损失，则实际效率为：

$$\eta_c'' = \frac{\Delta H_c - \int_{T_m}^{T_h} n_{S1} C_{pS_i} dT + \Delta H_c}{\Delta H_t + \Delta H_e + \int_{T_1}^{T_g} n_G C_{pG_i} dT} \tag{14-9}$$

在实际应用中，化学热泵的性能参数（coefficient of performance，COP）、放大系数（coefficient of amplification，COA），以及㶲效率（exergetic efficiency）等反映效率的参数也是非常重要的，COP 定义了产冷量（即蒸发焓 Q_{ev} 除以再生热 Q_{reg}），COA 则定义了产热量与用于再生的能量的比值，㶲效率 η_{ex} 定义为输出的㶲与输入的㶲的比值，这些性能效率值可以在数学上用如下公式表示：

$$COP = Q_{ev} / Q_{reg} \tag{14-10}$$

若系统在三个操作温度下（$T_1 < T_m < T_h$），其 COP 表示为：

$$COP = Q_{ev} / Q_{reg} = \frac{\frac{1}{T_m} - \frac{1}{T_h}}{\frac{1}{T_1} - \frac{1}{T_m}} \left(1 - \frac{\Delta_i S}{Q_{reg} \left(\frac{1}{T_m} - \frac{1}{T_h} \right)} \right) \tag{14-11}$$

$$COA = \frac{(Q_{cond} + Q_{abs})}{Q_{reg}} \tag{14-12}$$

式中，Q_{con} 为冷凝焓，Q_{abs} 为吸收焓。

$$\eta_{ex} = COA \left[\frac{1 - \frac{T_0}{T_h}}{1 - \frac{T_0}{T_s}} \right] \tag{14-13}$$

这些性能效率可以从实验或者理论计算得到，例如，COP 或㶲效率作为冷量生产温度的函数，或者在给定反应器与系统参数时通过列线图（nomogram）得到。这些效率与特定量的关系对于优化操作条件十分有用[5]。

14.1.2 化学热泵系统中的反应与工质对

很多一定条件下可逆的化学反应，例如，无机氢氧化物分解、甲烷-水蒸气重整反应、氨的分解、碳酸盐分解、金属氧化物分解、金属氢化物分解和硫酸分解等都可以用来作为化学热泵的储能/释热反应。在热泵系统中，如果只有一个状态函数在反应过程中变化，则这种系统称之为单变系统（mono variant system）。如金属氢化物与氯化物的反应或者氨气-金属氯化物系统的反应中，只有反应压力的变化。对于很多反应类型，比如固相吸附热泵类型，温度与压力都有变化，并将其作为控制因子，我们则称之为双变系统（divariant system）。对于在不同的反应条件下生成并在另一个反应条件下再生的物质，即热泵反应式两边的一对或多个物质的组合，我们称之为工质对（working pair）。对于每一种特定的化学反应，虽然反应焓在理论上有据可查，由此计算出的理论储能能量密度也是可知的，但是由于控制条件的不同，实际的储能密度会有很大的变化，而且受到传热传质因素的限制，十分复杂，所以本文不对化学热泵的储能密度作详细讨论。一般来说，化学热泵储能单位质量储能密度均较传统相变储能大[4,6]。读者可参考图 14-3 对CHP 的物性储能密度做一个大概的了解，特别是操作温度范围和与各种储能方式的比较[6]。

化学热泵中应用到的反应物质有很多，按照 CHP 系统中利用的物质可以有许多分类，主要有吸附剂，如沸石与活性炭；金属基材料，如 Ni、Cu、Al 的多孔泡沫材料；还有一些可以直接发生化学反应的活性成分，如可与甲胺、二甲胺等氨基衍生物反应的碱类、碱土、金属卤化物或者硫化物、氮化物、磷化物等的双组分或者多组分混合物[7]。按照 CHP 系统中利用的能量形式，

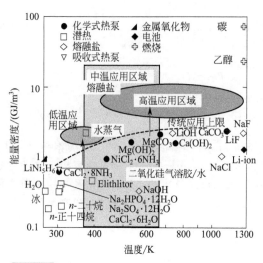

图 14-3 化学热泵的体积能量密度与操作温度

化学热泵也可以有四个分类[1]：

① 吸附热型，即吸附剂吸附气态物质，如利用硅胶、分子筛、沸石、活性炭、多孔硅酸盐、金属磷酸铝盐、多孔配位聚合物、复合吸附剂吸附水和一些有机蒸气。

② 浓度差型，凡溶解时放热无副产品与副反应的物质理论上都能用于热泵，此类热泵中常利用的包括硫酸、溴化锂、氯化钙等在水中溶解时的放热。

③ 可逆反应型，如利用钙的碳酸盐、氢氧化物与氧化物体系和金属氢化、氨化等可逆化学反应的吸放热循环。

④ 光化学反应型，这类反应较多，并可以耦合光作为控制因子，在某些特殊应用中较有优势，如只利用光的频段而不是光热。但是这类热泵因为原料成本普遍较高，对光的敏感性等原因，在一般化学热泵中应用较少。

可以看出，虽然一些热泵中发生的并不是化学反应，如第一类吸附式热泵，但是控制因子都是与化学反应相同的压力、温度等，操作中的反应器、分离装置、再生设备也与有反应的热泵区别不大，因此我们也将其称为化学热泵。在化学热泵的操作上有间歇式与连续式。在反应器形式上有反应-相变、反应-反应、反应-分离等分类，一个关于化学热泵反应物质的分类汇总如图 14-4 所示。

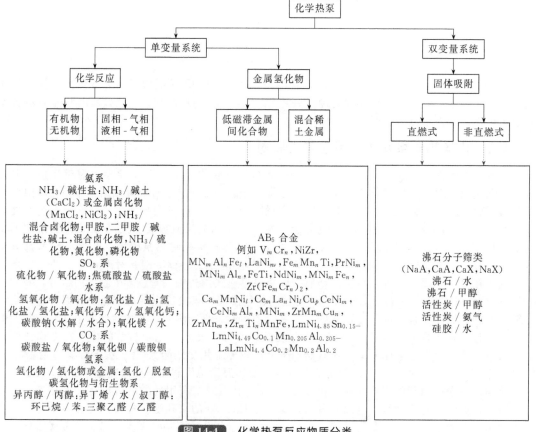

图 14-4 化学热泵反应物质分类

　　吸附热泵循环可假设由两个独立循环构成。第一个循环是热泵过程：工作流体从低一级热源吸收热量（Q_1），然后将热量释放给第一中间热源（Q_a），这是一个吸附过程。第二个循环是个热机过程：在这里工作流体从高温热源接收热量（Q_z），然后在冷凝器内冷凝并释放热量（Q_c）到第二中间热源，这是一个解吸过程。在吸附式热泵中，多孔材料被广泛应用。多孔材料储能利用了沸石和硅胶等材料对水的高吸附性，如沸石可吸收相当于干基质量 30％～35％ 的水，因此其储能密度一般能超过 250kW/t。而且沸石材料有较长的使用寿命，例如 Y 型沸石进行 1000 次循环其活性也不降低。沸石可加工成粒状，极有利于水蒸气透过沸石床传质。迄今为止，对沸石热泵已经做过大量的研究[1,6]。多孔材料储能体系无毒廉价，吸附蒸汽而体积变化不大，有很大的发展前景，但多孔材料的再生温度（＞200℃）较高以及如何高效地进行再活化等，还有待今后去解决。如表 14-1 所列，吸附热泵机组的性能系数远远小于蒸汽压缩型的系数。目前吸附热泵大都间歇工作，对真空度有很高要求；相对于传统的热泵技术来说，体积和质量偏大。吸附循环可以分为双床回热循环、复叠循环、多级循环、热波循环、分步再生热波循环等。目前较受关注的连续循环式吸附热泵结合高效传热的复合沸石材料，打破了一般传统理论认为气-固系统不适合连续操作化学热泵的认识，有望提升这一技术的应用前景。

表 14-1　热泵类型与性能参数关系

热泵类型	工质对	性能系数（COP）
吸附	活性炭-甲醇	0.12～0.16
	沸石-水	0.28～1.4
	硅胶-水	0.25～0.65
吸收	甲醇-水	0.7～1.1
蒸汽压缩	—	3～4

　　金属氢化物材料由于其较高的反应温度，主要应用在高温储能领域，筛选反应动力学性能、热力学性能和循环稳定性等性能，主要应用的反应物包括 MgH_2、TiH_2、NiH_4、Mg_2FeH_6、Mg_2CoH_5、CaH_2、LiH、$NaMgH_3$ 和 $Ca(BH_4)_2$ 等物质[8~12]，这些材料与混合稀土金属、一些金属间化合物（如 AB_5 型合金）既是理想的储氢材料，也可以拓展应用到化学热泵的反应中。镁基金属氢化物由于其工作温度与一般太阳能热发电的操作温度（200～500℃）相匹配，并且在储氢研究中有大量的基础数据积累，是目前被研究得比较充分的材料[13]。Mg_2FeH_6 和 MgH_2 的储能密度较高，但是其在高温（500℃）储能时，平衡氢压分别超过了 6MPa 和 9MPa[10]。较高的平衡压力，较高的温度，又是临氢的反应条件，极大地增加了对制造反应器材料的要求。借鉴储能中的研究成果，$NaMgH_3$ 被建议用于高温储能场合，其主要优势是高温时氢气平衡压力较低，当储能温度为 500℃时，其平衡氢压只有约 1MPa。TiH/TiH_2 储能体系氢气平衡压力较低并且可以用于 650～730℃ 的高温储能场合，但其实际储能密度远小于 MgH_2[14]。金属氢化物用于热泵的最大问题在于临氢条件下的反应器制造带来的高成本与长期运行的安全稳定性，但是由于其能应用于较高的温度，与太阳能热发电温度匹配，如果耦合太阳能制氢，仍然是一种有竞争力的化学热泵反应工质。

　　在低温储能温度范围内，可以利用一些无机氢氧化物，包括碱金属、碱土金属的氢氧化物的脱水-加水反应如 $Ca(OH)_2/CaO$，化学热泵的动力学性质好、储能密度大、稳定安全且原料价廉易得，利用普通填充床即可获得 500℃ 高品位水蒸气[1]。但由于这类热泵有较强的腐蚀性，与空气相互作用导致稳定性差，故目前应用很少。另外，金属氧化物与水作为工质对也具有一定优势，温度与压力较温和的条件下能得到热品质较高的水蒸气，体积储能密度明显高于金属氧化物与 SO_2 工质对。一些常见的金属氧化物与水工质对的 p-T 图与体积储能密度见图 14-5。

　　氨系反应在化学热泵中也有应用，氨系系统使用氯盐，反应热为 $(50\pm15)kJ/mol$，氨-脱氨反应可以在氯盐反应床层中，在 50bar、−50～350℃ 的宽温范围内进行可逆反应，其相应的废热源的选择及其输出温度的范围也很宽[1,2]。表 14-2 列出了热变换器中，在 0.1～50bar 的压力条件下，一些氯盐工质对的工作温度。氨系热泵的最大特点是反应可完全在液相中进行，很大程度上增强了传热效果，提高了系统热效率。此外，氨来源广泛，成本便宜，系统相对简单且体积小，

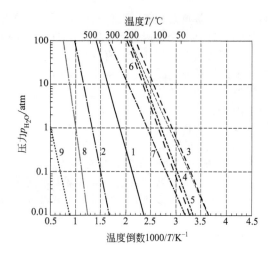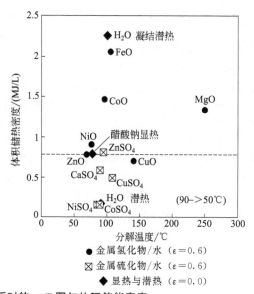

图 14-5 金属氧化物——水工质对的 *p*-*T* 图与体积储能密度

1—MgO/H$_2$O；2—CaO/H$_2$O；3—ZnO/H$_2$O；4—NiO/H$_2$O；5—CoO/H$_2$O；
6—FeO/H$_2$O；7—CuO/H$_2$O；8—BaO/H$_2$O；9—SrO/H$_2$O

储能密度高。与氢体系一样，氨系热泵也要考虑储存容器和反应系统的严密性和抗腐蚀性，目前主要应用在低品位热源的低成本提质，用于简单加热制冷等场合，但是与利用氨作为冷机工质的电源热泵相比并无成本与环保优势。还有一类热泵利用如 H$_2$SO$_4$、NaOH、LiBr 等浓水溶液的稀释热，这类热泵最大的优点是操作简单，省略机械压缩机或透平，只需通过废热载体（如冷凝水、冷却水）与可溶性物质（如 LiBr 或 H$_2$SO$_4$）发生放热化学反应所产生的热量来驱动。这类化学热泵相比传统机械压缩机热泵的效率提高 4~20 倍[15]。

表 14-2 氨系热泵中氯盐工质对的工作温度域

氯盐工质对	提升的温度域(低温至高温)/℃
CaCl$_2$(4/2)-MnCl$_2$(6/2)	90~125
BaCl$_2$(8/0)-CaCl$_2$(4/2)	95~120
CaCl$_2$(8/4)-MnCl$_2$(6/2)	100~135
CaCl$_2$(8/4)-FeCl$_2$(6/2)	120~185
MnCl$_2$(6/2)-NiCl$_2$(6/2)	130~195
CaCl$_2$(4/2)-MgCl$_2$(6/4)	145~215
MnCl$_2$(6/2)-NiCl$_2$(6/2)	155~220
MnCl$_2$(6/2)-NiCl$_2$(6/2)	155~235

另外一种新型化学储能材料是将结晶水合盐填充到多孔材料中形成的复合材料，这种复合材料是在各种多孔材料，如硅胶、氧化铝及其他聚合物的、金属的和含碳的多孔材料中填充选定类型的结晶水合物而制得的[7]。这种材料往往针对基体材料的某些优点应用于特定场合，如针对增强机械强度应用于流化床，或增强传热效果应用于固定床，增强传质效果应用于催化反应器等。

（1）固相-气相化学热泵系统

固相-气相化学热泵近年来已经进入商用阶段。例如，热化学系统包括工业制冷与空调，可运输容器的冷量与热量的存储等。对于金属氢化物系统，高放热反应往往伴随大容量的氢气吸收，因此也是储氢的过程。通过压缩机驱动的金属氢化物热泵系统主要利用化工氢化反应器来达到较高的效能，尤其是相对于传统的制冷系统。Kim 等测试 1.5kW/kg 的 LaNi$_5$ 热泵系统，可以达到 500 次系统循环而没有明显的性能降低。氢化反应器中需要设计加强床层与外部换热器之间传热的内构件。为了增强反应器传热氢化物床层颗粒往往需要包裹一层约 $1\mu m$ 厚的铜，之后经过压实与烧结形成多孔的金属氢化物粉体。之后这种金属氢化物粉体通过烧结与轻质翅片状管体结合用来进一步加强传热传质效率。Kang 等研究了一种连续金属氢化热转换器，包括两对金属氢化物的反应器（低温端使用 $LaNi_5$，高温端使用 $LaNi_{4.5}Al_{0.5}$）。反应器是列管式，以利于传热介质从管束内壁流过传热。氢化物材料放置于反应器管束夹层中，氢化物周围环绕细密的网状结构以利于氢气通入。通过测得的反应温度锋面与一些材料的热物性、反应器的几何尺寸，我们可以估算反应物流的径向分布。分析表明，系统 COP 主要由系统的内外径的比例决定，并且半径比越小，循环时长越长。

（2）液相-气相化学热泵系统

液相-气相系统从放热反应集热然后供低温下的吸热反应利用。存在催化剂的反应物通常是液相的，在吸热反应中释放的蒸汽导入另一个反应器诱发反向的放热反应，以此来达到提升温度的目的。气相-液相系统中典型的系统是丙酮/氢/2-丙醇。该系统从镍基的催化剂、反应供热、回流比到搅拌釜的搅拌速度优化等诸多细节都得到了细致的研究，一个小型示范项目也演示了该系统可稳定 18h 并产生合格的蒸汽。氧化镁/水的系统也是一个常见的液相-气相化学热泵系统，因为其原料易得，反应条件温和（$100\sim150℃$，$12.3\sim47.4kPa$），并且反应焓较大（$-81.02kJ/mol$）而得到了很多的关注。在高温应用领域，CaO/PbO 与 PbO/CO_2 反应系统最近得到了较多关注：

$$CaO(s) + CO_2(g) \Longleftrightarrow CaCO_3(s), \Delta H_1^{\ominus} = -178.32kJ/mol$$

$$PbO(s) + CO_2(g) \Longleftrightarrow PbCO_3(s), \Delta H_1^{\ominus} = -88.27kJ/mol$$

这个系统包括 CaO 与 PbO 两个反应器，并且具备两个模式：储能与供热。在储能模式下，在反应器中 $CaCO_3$ 从热源吸热生成 CaO 和 CO_2（即 $CaCO_3$ 脱碳反应），CO_2 也与 PbO 在 PbO 反应器中生成 $PbCO_3$，同时这个加碳反应放出热量。在供热模式下，$PbCO_3$ 在 PbO 反应器中脱碳生成的 CO_2 导入 CaO 反应器中供 CaO 的加碳反应，此反应为放热反应，即在该反应器中生成了热量。在连续型液相-气相化学热泵系统，在高温下生成放热反应的热能，在低温下吸热反应热与蒸发热用来供应金属氢化物的分解反应。有研究显示，在 $200℃$、反应速率 $0.98mol \cdot L^{-1} \cdot S^{-1}$、氢/丙酮比为 5 的条件下，系统 COP 达到最高为 0.36。但是连续型系统最大的缺点在于，连续工作条件下，热负荷变化很大，热源与用热端时滞严重，目前氢气的储存技术难以应对这些技术挑战，从而无法保证系统的安全性与效率。目前一些使用不同工质对的热泵系统的应用汇总在表 14-3 中，对应用范围、工作条件与系统相关性能等做了比较。

表 14-3　化学热泵示范系统汇总

示范系统	工质对	应用范围、工作条件或型式	系统相关性能
太阳能/吸收系统或储能装置	太阳能驱动的 NH₃-LiNO₃ 和 NH₃-NaSCN	可以作为冷却器或热泵；最大理论热增益因子为 210%	最大理论 COP=90%，随温度变化（20℃ 为 88%，40℃ 为 75%）
	LiBr-H₂O 与 NH₃-H₂O	两端蒸汽吸收系统（热变换器与制冷机），使用低温热源	使用平板集热器，平均制冷功率 420W
	相变材料（六水合氯化钙）集成太阳能集热器	使用 1500kg 储能材料，集热器面积 30m²	热泵的 COP 为 4.5%，系统 COP 为 4.0%，储能效率 60%
	天然气补燃耦合太阳能驱动式热泵	用于海水淡化、制冷与发电	系统 COP 75%，热效率为 16%
太阳能辅助式化学热泵	太阳能集热器耦合化学反应器	20m² 太阳能集热器，U 形管式化学反应器	15kW
	太阳能储能与输运系统	基于氨系统的带催化剂的管式反应器	750℃，流量 0.12g/s 时功率 390W 800℃，流量 0.21g/s 时功率 680W
	太阳能吸附式热泵（沸石-水为工质对）	吸收剂为金属	使用 23.3kg 沸石分子筛，COP 为 6%～13%

14.2 化学热泵系统在储能领域的应用研究现状与未来应用场景

瑞典与瑞士从 20 世纪 70 年代已经开始发展无机物-氨气工质对的化学热泵系统，包括 NH_4Cl、$LiCl$、$MgCl_2$、$CaCl_2$、$MnCl_2$、$FeCl_2$ 与氨气等系统。美国自 1975 年依托 Brookhaven 国家实验室开发化学热泵系统，主要关注以下五个大类的 CHP：$CaCl_2$/甲醇，$MgCl_2$/水，硫的氧化物/水，氨合物/氨气，金属氢化物系统。日本与德国也分别在 20 世纪 80～90 年代对各种工质对的热泵系统进行过研究，并建成了小规模的示范项目，如德国 EVA-ADAM 长距离储能传输项目，日本产业技术综合研究所（AIST），在 1982～1994 年进行了名为"超级热泵与能源集成系统"的项目。近年来，法国、英国、日本将研究重点转向了热泵反应器中的传热问题，利用各种新手段来加强床层中反应物传热与换热器中的传热[2]。沸石/水的热泵系统，由于其再生简单，便于操作，成为太阳能光热发电领域很有前景的吸附式储能工质[2,5,6,16]。

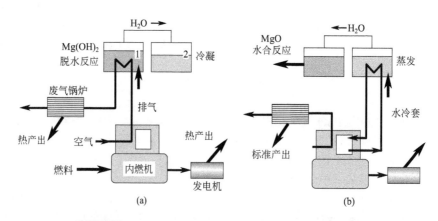

图 14-6　$Mg(OH)_2$ 化学热泵利用内燃机余热方案示意图

传统的热电联产系统利用汽油机、柴油机或者燃气轮机的轴功或者排气余热来发电或者供热。高温排气在锅炉中加热工质（通常是水）并产生蒸汽，蒸汽再推动发电机发出电能并产生余热。然而电力需求与输出一般与热输出不匹配，大量的余热往往在大气中排空。化学热泵的引入可以提高系统的能源利用率，图 14-6 描述了一种利用 $Mg(OH)_2$ 的脱水可逆反应来储存内燃机余热的方案[17]。化学热泵储能系统使用间歇运行模式，有储能模式与放热模式。两种模式都是按需开启，通过合理配比在各种工况下都可使用，十分灵活，从而最大限度地提高热能发电的效率[18]。

太阳能辅助吸收热泵系统作为可再生能源利用与热泵的一种主要形式，将回收的太阳能转换成工作溶液的化学能并以浓溶液的形式将能量储存在储罐内，温度较低时再转换为热能进行放热，性能比较稳定，或者采用储能单元耦合化学热泵（也可以是普通热泵），利用储能装置解决能源的时间错配，利用热泵将余热提质分级利用，如图 14-7 所示，研究表明，这种方式可以将系统效率显著提高[19]。有研究表明，储存于化学物质中的热能不会因为温差而有损失，另外，太阳光热这种低温热源能够被提质利用于更高品级的放热反应。太阳能集热管直接整合 U 形管化学反应器的系统已经被用于甲烷重整。这种利用形式把太阳能通过热化学反应的手段转化为化学能和系统可以自我调节的显热[20]。

Lovegrove 等开发了一种利用氨气的热化学反应的太阳能光热储存与输送系统，在其设计中使用了直接辐射形式的填充催化剂的管式反应器。研究结果表明，采用镍催化剂与抛物碟式聚光器（paraboloidal dish concentrator）并结合逆流管式换热器足以达到较为理想的储能效率[21]。利用在聚焦式光热集热器的焦点位置放置碳材料与氨气，建成了一个小型冷却装置。Ito 等发明了

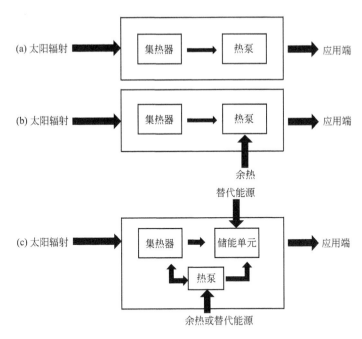

图 14-7　耦合热泵与储能单元的太阳能利用系统

一种耦合光伏与板式换热器的太阳能热泵系统，带有翅片的蒸发器与平板集热器平行放置，多晶硅光伏片安装在铜质集热板表面，光伏发电产生的电力为热泵系统的压缩机供电，同时产生的废热用来作为增强蒸发器的蒸发温度。这种系统具有比传统热泵系统更高的系统性能系数 COP[22]。Friedlmeier 等[23] 探讨了采用 TiH/TiH_2 反应体系用于太阳能热电站高温储能的可行性，并通过理论计算就该系统性能与 MgH_2/Mg 储能体系进行了对比。其研究发现，对于所考察的太阳能热电站，当采用 TiH/TiH_2 储能系统时，操作温度可以提高到 650～750℃，相应地系统效率也会从 0.10 提高到 0.18。澳大利亚的 EMC Solar Ltd. 公司设计了一个 100kW 的斯特林太阳能热电站，此电站采用 CaH_2 作为高温储能材料，整个储能装置共需要 3.26t 的 CaH_2，总储能量为 4320kW·h，可以满足电站运转 18h 的需求[19]。

我国一些地区电网同时存在大量热电联产机组和风电机组，由于热电联产机组供热与发电之间存在确定的工况约束，导致在电网负荷低谷时必须停掉大量风电机组，以保证热电联产机组供暖运行需要。若使用直接由风力驱动的压缩式热泵系统，则可解决此问题：利用风力发电机发电为冷剂泵和溶液泵提供动力，多余的发电量用于加热水（或其他工质流体）为化学热泵发生器提供热源，当热水温度低于热源要求时，由锅炉提供补充热量；当热水温度超出热源要求时，将多余电量存储在储能系统中，如图 14-8 所示。另外，若系统中不设锅炉，风电不足时可由市电提供泵及加热水所需电量。当全部由风力供电时化学热泵可实现零费用运行，与电动热泵相比具有良好的经济性[2,24]。

未来基于智能电网技术，通过对终端用户采暖方式的管理调节，控制热电联产机组采暖出力，实现更多风电机组的并网发电，这其中风电与热能的转换过程可以引入化学热泵技术。在核能领域存在许多高温与超高温热源，化学热泵也有潜在的应用，日本东京工业大学 Kato 等提出了一种化学热泵系统（$CaO/PbO/CO_2$），这种热泵可在 800℃ 以上的高温下工作，通过将高温气冷堆（HTGR）产生的热量存储于 CaO 化学热泵中，再在燃气轮机发电的阶段通过 PbO 反应放出热量驱动燃气轮机发电[25]，如图 14-9 所示。计算表明，热泵使用 3 m^3 的 CaO 即可实现在 870℃ 的温度下满足 1MW 机组发电半小时的需求。当然，化学热泵应用于核能领域还有很多具体的实际问题需要解决，例如传热与辐射保护等问题，Li 等[26] 计算得到核电站与储冷技术结合的系统能源效率能达到 71%，如果化学热泵技术也能达到相似的效率，相信 CHP 会在核能的储

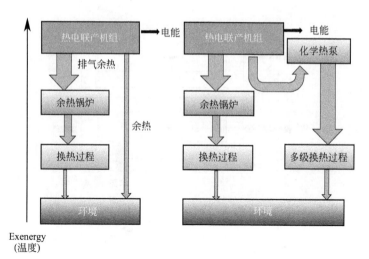

图 14-8　耦合化学热泵的热电联产系统

能利用方面有更光明的前景。

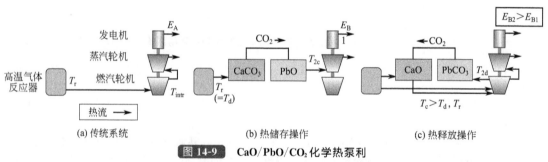

图 14-9　$CaO/PbO/CO_2$ 化学热泵利
用燃气轮机、蒸汽轮机余热方案示意图

　　目前化学热泵在低温（60～80℃）范围内，有很多可选的反应与系统，已经比较成熟。在中温（100～200℃）范围内选取适当的反应，目前也有相应的中试系统。大于 200℃的高温范围是目前化学热泵研究的热点，也是设计可靠系统的难点。一些化学热泵构型的技术比较如表 14-4 所示[27]。

表 14-4　化学热泵技术比较

反应类型	物相	能量密度	温度范围	材料耐久性	传热效率	传质效率	高成本部件
无机+汽/气	固/气	高	宽	低	低	低	换热器
吸附+汽/气	固/气	高	<蒸汽相物质的沸点	高	低	中	换热器
有机+汽/气	液/气	中	<有机物分解温度	取决于副反应	高	高	分离装置
吸收+汽/气	液/气	低	<气相物质的沸点	高	高	高	气密工艺

　　但是，现在已研究的材料在反应动力学性能、循环稳定性、固体盐的导热性和反应器较高的操作压力、换热器中的气液共存的安全性等方面还存在一些问题，化学热泵系统的储、放热能的过程瞬态性强，并且当其应用在太阳能热电站、风电场上时，储能过程与电站的风-光-热-功转换过程耦合在一起，更增加了系统的复杂性。加强储能、释能反应的传热过程是大幅度提高化学热泵效率的重点，也是化学热泵系统技术经济性的关键，表 14-5 列出了化学热泵传热加强的一些方法[28]。

表 14-5　化学热泵中的传热加强技术

传热加强体	制备方法	反应工质对
膨胀石墨	简单混合 浸渍,脱水,焙烧 浸渍,脱水,酸化,焙烧 压缩后的膨胀石墨浸渍,脱水,焙烧 活性炭混合压缩的膨胀石墨,使用合成树脂作为黏结剂	$CaCl_2/NH_3$ $CaCl_2/CH_3OH$;$CaCl_2/CH_3NH_2$ $CaCl_2/NH_3$ $CaCl_2/CH_3NH_2$;$MnCl_2/NH_3$; $CaCl_2/NH_3$;$BaCl_2/NH_3$ 活性炭/CO_2
碳纤维	纤维浸渍、脱水 反应器床层纤维预制 形成插层复合物 (intercalation compound)	$CoCl_2/NH_3$ MgO/H_2O $MnCl_2/NH_3$
金属泡沫 (Cu,Ni)	悬浮液浸渍、压制、焙烧	沸石/H_2O;活性炭/CH_3OH
合成树脂 (聚苯胺)	树脂涂覆颗粒形成涂层	沸石/H_2O
氢氧化铝	混合、压片、焙烧 床层插入翅片	沸石/H_2O CaO/H_2O
金属翅片 或管件	将反应物涂覆于换热器翅片、管件上 制成单片碳盘插入铝制翅片中	硅胶/H_2O;沸石/H_2O 活性炭/NH_3

　　另外,关于化学热泵系统的动态特性分析与模拟仿真方面的研究还比较少。对热-电-功使用过程中的时间与空间不匹配问题,有望通过发展新型的储能材料和储能技术,并与创新性的系统设计、先进的复合导热材料,操作条件的优化,工质对的优选,先进的智能电网控制技术、能源管理系统等技术有机结合得以解决,进而实现热-电的智能交流,建设能源产生、储存、输送、使用的智能网络系统,真正实现"安全、经济、清洁"的要求[29~31]。

14.3　本章小结

　　储能技术是智能电网、能源互联网的必要组成部分,将广泛深入整合进未来电力系统的发、输、变、配、用的各个环节。利用化学热泵系统的储能技术经过几十年的发展,以其较高的热效率与能量密度,不需保温,维护性强等优点,被认为具有广泛的应用前景。本章介绍了化学热泵系统的各种形式,并总结了其在热力学循环、反应、工质对等多个方面的研究进展与发展趋势。化学热泵储能技术的研究对推动余热利用、太阳能热发电、可再生能源并网与消纳、分布式能源等的发展具有重要的意义,当前研究的热点集中在材料与反应工质的开发及与应用场景的匹配、系统传热强化、反应器仿真与优化设计和储能系统动态特性分析与能源管理等方面,这些研究成果有望提高化学热泵系统的性能并降低储能成本,推动化学热泵技术在储能领域的大规模实用。

参　考　文　献

[1]　邹盛欧. 化学热泵的开发与应用. 石油化工,1996,25:294-299.
[2]　Paksoy HÖ. Thermal energy storage for sustainable energy consumption. Nato Science,2007.
[3]　黄辉,李奇,邱伟伟. 可再生能源在油田地面工程中的应用. 石油石化节能,2013,6:63-66.
[4]　林贵平,袁修干. 化学热泵系统在太阳能热利用中的应用. 太阳能学报,1996,17(1):93-97.
[5]　Wongsuwan W,Kumar S,Neveu P,Meunier F. A review of chemical heat pump technology and applications. Applied Thermal Engineering,2001,21(15):1489-1519.
[6]　Kato Y,Takahashi F,Watanabe A,Yoshizawa Y. Thermal performance of a packed bed reactor of a chemical heat pump for cogeneration. Chemical Engineering Research and Design,2000,78(5):745-748.
[7]　李爱菊,张仁元,周晓霞. 化学储能材料开发与应用. 广东工业大学学报,2003,19(1):81-84.
[8]　Groll M,Isselhorst A,Wierse M. Metal hydride devices for environmentally clean energy technology. International Journal of Hydrogen Energy,1994,19(6):507-515.

［9］ Muthukumar P，Groll M. Metal hydride based heating and cooling systems：A review. International Journal of Hydrogen Energy，2010，35（8）：3817-3831.

［10］ Reiser A，Bogdanović B，Schlichte K. The application of Mg-based metal-hydrides as heat energy storage systems. International Journal of Hydrogen Energy，2000，25（5）：425-430.

［11］ Satya Sekhar B，Muthukumar P，Saikia R. Tests on a metal hydride based thermal energy storage system. International Journal of Hydrogen Energy，2012，37（4）：3818-3824.

［12］ Sheppard D A，Paskevicius M，Buckley C E. Thermodynamics of hydrogen desorption from $NaMgH_3$ and its application as a solar heat storage medium. Chemistry of Materials，2011，23（19）：4298-4300.

［13］ Wierse M，Werner R，Groll M. Magnesium hydride for thermal energy storage in a small-scale solar-thermal power station. Journal of the Less Common Metals，1991，172：1111-121.

［14］ 鲍泽威，吴震，Nyallang Nyamsi Serge，杨福胜，张早校. 金属氢化物高温蓄热技术的研究进展. 化工进展，2012，31（8）：1665-1676.

［15］ Yang F S，Wang G X，Zhang Z X，Meng X Y，Rudolph V. Design of the metal hydride reactors——A review on the key technical issues. International Journal of Hydrogen Energy，2010，35（8）：3832-3840.

［16］ IEA-ETSAP and IRENA Technology Brief E_{12}-January 2013.

［17］ Kato Y，Takahashi F，Watanabe A，Yoshizawa Y. Thermal analysis of a magnesium oxide/water chemical heat pump for cogeneration. Applied Thermal Engineering，2010，21（10）：1067-1081.

［18］ Spoelstra S，Haije WG，Dijkstra J. Techno-economic feasibility of high-temperature high-lift chemical heat pumps for upgrading industrial waste heat. Applied Thermal Engineering，2002，22（14）：1619-1630.

［19］ 左远志，丁静，杨晓西. 蓄热技术在聚焦式太阳能热发电系统中的应用现状. 化工进展，2006，25（9）：995-1000，1030.

［20］ 杨小平，杨晓西，丁静，杨敏林. 太阳能高温热发电蓄热技术研究进展. 热能动力工程，2011，26（1）：1-6.

［21］ Lovegrove K，Luzzi A. Endothermic reactors for an ammonia based thermochemical solar energy storage and transport system. Solar Energy，1996，56（4）：361-371.

［22］ Ito S，Nishikawa M，Miura N，Wang J Q. Heat pump using a solar collector with photovoltaic modules on the surface. Journal of Solar Energy Engineering，1997，119（2）：147-151.

［23］ Friedlmeier G，Wierse M，Groll M. Titanium hydride for high-temperature thermal energy storage in solar-thermal power stations. Zeitschrift Fur Physikalische Chemie，1994，183：175-183.

［24］ 赵海波，吴坤. 以风力驱动的热泵空调系统. 建筑热能通风空调，2010，29（1）：32-35.

［25］ Kato Y，Saku D，Harada N，Yoshizawa Y. Utilization of high temperature heat using a calcium oxide/lead oxide/carbon dioxide chemical heat pump. Journal of Chemical Engineering of Japan，1997，30（6）：1013-1019.

［26］ Li Y，Cao H，Wang S，Jin Y，Li D，Wang X，Ding Y. Load shifting of nuclear power plants using cryogenic energy storage technology. Applied Energy，2014，113：1710-1716.

［27］ Tae Kim S，Ryu J，Kato Y. Reactivity enhancement of chemical materials used in packed bed reactor of chemical heat pump. Progress in Nuclear Energy，2011，53（7）：1027-1033.

［28］ Chan C W，Ling-Chin J，Roskilly A P. A review of chemical heat pumps，thermodynamic cycles and thermal energy storage technologies for low grade heat utilization. Applied Thermal Engineering，2013，50：1257-1273.

［29］ Zamengo M，Ryu J，Kato Y. Thermochemical performance of magnesium hydroxide-expanded graphite pellets for chemical heat pump. Applied Thermal Engineering，2014，64（1-2）：339-347.

［30］ Guo J，Huai X. Optimization design of recuperator in a chemical heat pump system based on entransy dissipation theory［J］. Energy，2012，41（1）：335-343.

［31］ Yurtsever A O，Karakas G，Uludag Y. Modeling and computational simulation of adsorption based chemical heat pumps. Applied Thermal Engineering，2013，50（1）：401-407.

第15章 储能技术在电力系统中的应用

15.1 电力系统应用储能技术的需求和背景

15.1.1 电力系统在能源革命中面临的挑战

进入新世纪后，大规模开发利用化石能源带来的能源危机、环境危机凸显，建立在化石能源基础上的工业文明逐步陷入困境，新一轮能源变革正在世界范围内蓬勃兴起。这一轮能源变革，是以电为中心、以新能源大规模开发利用为特征的能源变革。2000～2012 年间，全球风电、太阳能发电装机分别由 1793 万千瓦、140 万千瓦增长到 2.8 亿千瓦、1 亿千瓦，分别增长了 15 倍和 71 倍。

中国是全球新能源并网规模最大、发展最快的国家。新能源发电已成为中国第 3 大主力电源。至 2014 年底，中国风电并网容量达 9581 万千瓦，太阳能并网容量达 2652 万千瓦。新能源装机超过 1.2 亿千瓦，占全国总装机的 9%。2014 年风电发电量为 1563 亿千瓦·时，已达到中等发达省份的用电量水平。根据国家发展规划，到 2020 年，风电、光伏发电装机规划容量将分别达到 2 亿和 1 亿千瓦；到 2050 年，新能源发电并网装机容量将达到 20 亿千瓦以上，将成为中国第 2 大主力电源。

大规模及分布式可再生能源的开发和利用将促进我国电力生产和消费方式的变革。未来的智能电网，是网架坚强、广泛互联、高度智能、开放互动的"能源互联网"。随着新一轮能源变革的到来，新能源技术、智能技术、信息技术、网络技术不断突破，与智能电网全面融合，正在承载并推动第三次工业革命。

在新能源革命中，电能扮演着新能源与可再生能源利用载体的重要角色，发电能源清洁化、电力系统容纳新能源能力强、能源消费（尤其是交通能源）电气化、能源系统智能化等新能源革命的主要特征都与电力有着密切的关联。同时，核能、水能以及化石能源清洁利用的绝大部分也都要通过转化为电能来实现。因此，随着未来几十年新能源革命的发展，电能将越来越成为能源系统的中心。而电网作为电能输送的载体网络，将成为全社会重要的能源输送和配给网络，其重要性日益突出，在能源体系中的地位和作用将更加核心，电网的使命也将发生巨大的变化。随着可再生能源发电比例的不断提高，我国电网正面临诸多挑战。电网应积极应对可再生能源发电带来的挑战，对其开发和利用进行强有力的支撑。

（1）大规模集中式可再生能源发电的送出和消纳

我国风能和太阳能资源丰富，但多集中于西部、北部地区，远离中东部负荷中心。在我国风电以大规模能源基地的方式集中开发并网，目前已启动了甘肃酒泉、新疆哈密、内蒙古西、内蒙古东、吉林、江苏等多个"千万千瓦级"风电基地的建设；光伏累计装机容量排前五位的省（自治区）为青海、甘肃、新疆、宁夏、内蒙古，其中青海光伏累计装机容量约占总装机容量的 20%。按照我国"可再生能源中长期发展规划"，2020 年我国风能和太阳能发电装机将分别达到 2 亿千瓦和 5000 万千瓦。

我国新能源富集地区本地消纳能力有限，大规模集中开发的风能、太阳能发电需要输送到区域电网甚至跨区域电网进行消纳。可再生能源发电的送出问题已成为制约其发展的主要因素之一。由于当地电网的调峰能力严重匮乏，可再生能源开发与电网消纳能力的矛盾日益突出，加之输送通道建设滞后影响，一些地区的弃风率已超出 20%。按照国家电网公司规划，将通过以特高压电网为骨干网架的坚强智能电网，向东中部负荷中心地区大规模、远距离输电，在全国范围实现可再生能源发电资源的共享。

依据我国风能、太阳能资源的特性，风电场的利用小时数为 2000～3000h，光伏电站的利用小时数在 1200～2000h。单纯输送可再生能源发电，难以保障特高压输电线路的利用率和经济性。目前通过可再生能源发电同传统电源打捆的方式改善可再生能源发电输出特性，提高输电通道的利用率。如在建的新疆哈密至郑州±800 千伏特高压直流输电工程确定了"主送风电、火电调峰"的组合方式。该种利用火电、水电等传统电源调节能力进行综合互补的方式某种程度上损失了传统电源的利用小时数，而且传统电源的调峰能力在一定条件下（冬季供热或汛期）受到限制，难以保障可再生发电的送出，这种方式只能缓解可再生能源的送出和消纳问题。另外，为可再生能源发电配套火电等电源，削弱了利用可再生能源发电减少环境影响的作用。电网需要更加清洁和灵活有效的方法来促进大规模可再生能源的送出与消纳。

（2）大量分布式可再生能源发电的接入

我国可再生能源发电呈现大规模、远距离、高电压、集中接入特点的同时，分布式发电尤其是分布式光伏发电近年来也得到了大力发展。至 2013 年底，我国分布式光伏发电装机容量达 598 万千瓦。

分布式电源的接入使配电网变成有源电网，对配电网规划、并网管理、运行、经营服务等提出了很大的挑战。需要建设技术领先、结构优化、布局合理、高效灵活，具备故障自愈能力的智能配电网，适应分布式电源、微电网加快发展的需要。

分布式电源的接入使用户具备了供电者和消费者的双重角色，用户的冗余电力将出售给电网，用户侧分布式电源经聚合后还可参与电网的运行调度。电能的自由流动需要在用户和电网之间建立双向的信息互动平台、智能化的管理平台、灵活的电价机制和有效的激励措施。

分布式电源的接入还促进了电能与其他能源进行融合和转换，以实现多种能源的互补和高效利用。电力、天然气、热能、氢能、生物质能等多种一次和二次能源将在用户侧得到综合利用，联合提供用户所需的终端用能服务。智能电网需要同互联网、物联网进行高度融合，构建"能源网互联网"，为用户提供社会公共服务及能源共享的平台。

（3）社会经济发展对安全优质供电的更高要求

现代化的工作生活和产业经济离不开安全可靠的电力供应。电能作为一种由电力部门向电力用户提供，并由供、用双方共同保证质量的特殊产品，也应讲求质量。电能质量问题包括稳态电能质量和暂态电能质量两个方面，它直接影响电力系统的供电安全及用户设备的正常运行。目前，电能质量问题主要由非线性用电设备引起，未来大量分布式电源的接入，也会对电能质量产生不良影响。

传统的电能质量都是基于系统稳态而言的，如三相电压不平衡、高次谐波以及长期的电压过高或过低等。经过多年的努力，稳态电能质量有了相当的提高。而且在过去，电力系统中的许多传统用电设备在供电电压幅值相对较大的变化范围内也都能正常地工作。但近 20 年来，随着社会经济的发展，各种复杂、精密、对电能质量敏感的用电设备不断增加，如精密实验仪器、某些新型医疗器械、半导体制造业及生产自动控制系统等。这些用电负载对电压暂降等暂态电能质量问题非常敏感，持续 16ms 的 85% 至 90% 的电压暂降即可能导致工业设备停机。据报道，在欧洲，由电压暂降引起的用户投诉占整个电能质量问题的 80% 以上。法国早在 1994 年进行的抽样调查就显示，44% 的工业用户相信电压暂降对他们的生产活动产生较大的破坏，每年至少引起五例生产中断及设备损坏。英国 1995 年对容量超过 1MW 的 100 家用户的电能质量问题做了调查，结果显示：在监测的 12 个月里，69% 用户的生产过程因电能质量问题受到破坏，且 83% 的事故是由电压暂降和短时中断等暂态电能质量问题引起的。

总之，随着经济社会的发展，电力用户的需要正在由原来的电量需求向高可靠性、优质供电和合理供电的多元化需求转变。因此，电网的发展也必须适应这种需求的转变，不断提高供电可靠性和供电质量。

（4）电力资产利用率亟须大幅提升

随着社会经济的发展，电力负荷峰谷差有逐渐增大的趋势，特别是在一些现代化大都市，如北京和上海，昼夜峰谷差日益扩大，目前的日负荷率为 50%～60%。峰谷差的加剧可导致电网在负荷高峰时拉闸限电，而低谷时可能需要停掉部分机组，机组频繁启停不仅增加能耗，而且影响机组寿命，使电力设备平均利用时间下降、发电效率下降、经济效益降低。可再生能源发电的反调峰效应将进一步加剧电网峰谷差。

根据相关调研数据，美国现实电网资产的利用系数约为 55%，而发电资产利用率也不高。其中占整个电网总资产 75% 的配电网资产的利用率更低，年平均载荷率仅约 44%，浪费了大量的固定资产投入。

对于配电侧，调查表明：我国目前 10kV 配电资产利用率比美国还低。多数城市 10kV 配电线路和变压器的年平均载荷率低于 30%；在电网出现一个主要元件故障后还可保证安全的条件下，峰荷时的线路载荷率全部在 50% 以下。需要通过一定的负荷调整手段，减少配电线路的阻塞，提高现有设施的利用率，延缓配电设施的改造和重新建设。

借助一定的技术和经济手段，大幅提升电力资产的利用率，是未来电网发展的主要发展方向。

15.1.2　储能技术在电力系统发展和变革中的作用

当前以可再生能源变革为基础的"第三次工业革命"正在孕育发展中，储能作为"第三次工业革命"五大支柱技术之一，将在本次工业革命中发挥重要作用[1,2]。储能技术可以调节能量供求在时间、空间、强度和形态上的不匹配性，是合理、高效、清洁利用能源的重要手段，是保障安全、可靠、优质供电的重要技术支撑，是催生能源生产、消费和发展方式变革的重要促进因素[3~6]。

对电力系统应用而言，储能系统的基本技术特征体现在功率等级及其作用时间，储能的作用时间是区别于电力系统传统即发即用设备的显著标志，是储能技术价值的重要体现，是特有的技术特征。储能所拥有的这一独特技术特征将改变现有电力系统供需瞬时平衡的传统模式，在能源革命中发挥重要作用。

（1）支撑大规模集中式可再生能源发电送出与消纳

面对大规模可再生能源发电的远距离送出和消纳问题，电网一方面通过加强网架结构，改善调控手段等方式促进可再生能源的利用，一方面期望可再生能源发电具备或接近常规电源的特性，使其成为可调度、可预测、可控制的电源。

首先电网需要从规划运行层面，统筹各类资源的特性，增强协调调度能力，实现电力供给和需求的平衡，并全面保障系统的安全稳定运行。随着可再生能源发电比例的提高，电网的可调度资源相对减少。借助储能可大大提高电力系统的灵活性，为可再生能源发电的送出和消纳提供支持。

① 在电网规划层面，利用储能技术的灵活性实现可再生能源发电、本地消纳及外送走廊的协调；

② 通过多点布局储能和多类型储能的协调配合，满足电网的暂态及静态运行约束，提高电网对可再生能源发电的接纳能力；

③ 降低可再生能源发电输出的变化范围，提高输电走廊的利用率；

④ 参与系统 AGC，减少电网调峰调频压力，促进对可再生能源发电的消纳；

⑤ 阻尼系统振荡、参与电压控制，提高互联电网的稳定性。

其次，储能可以从发电侧改善可再生能源发电的输出特性，减少其不确定性，并向常规电源的特性靠近。在可再生能源发电侧配置储能可以起到以下作用。

① 平滑间歇式波动电源的功率输出，降低间歇电源出力波动对电能质量的影响；

② 跟踪计划发电，使间歇式电源发电场可以作为系统中的可调度电源；

③ 在风电、光伏等间歇式电源发电输出功率受限条件下吸收多余风电或光伏，减少弃风、弃光，提高间歇式电源利用小时数；

④ 为可再生能源发电机组提供暂态功率支持，提高其故障穿越能力。

（2）促进分布式可再生能源发电灵活接入和高效利用

应对大量分布式电源接入带来的配电网运行管理问题、用户互动需求以及多能源的互补高效利用，需要灵活高效的设备增强配电网的管理能力，使电力供应变得灵活，并满足用户对电能的个性化和互动化需求。储能可为分布式电源接入提供重要的支持。

① 抑制分布式电源的功率波动，减少分布式电源对用户电能质量的影响；

② 为未来可能出现的直流配电网及直流用电设备的应用提供支持；

③ 增强配电网潮流、电压控制及自恢复能力，促进配电网对分布式发电的接纳；

④ 提供时空功率和能量调节能力，提高配电设施利用效率，优化资源配置。

微电网能够实现自我控制、保护和管理，是分布式电源接入和利用的重要形式。储能是微电网中的必要元件，在微电网的运行管理中发挥重要作用。

① 实现微电网与电网联络线功率控制，满足电网的管理要求；

② 作为主电源，维持微电网离网运行时电压和频率的稳定；

③ 为微电网提供快速的功率支持，实现微电网并网和离网运行模式的灵活切换；

④ 参与微电网能量优化管理，兼顾不同类型分布式电源及负荷的输出特性，实现微电网经济高效运行。

在多能源互补和综合利用中，多种形式的储能为各类型能源的灵活转换提供了媒介，如相变储能、热储能在冷热电联供系统中的应用。储能在提高综合能效和减少污染物排放中也起到关键作用，如利用氢储能燃料电池实现分布式风电和光伏发电的利用。

（3）提高供电可靠性和电能质量

经济和社会发展对电力的依赖程度将越来越高，对供电安全可靠性和电能质量的要求也越来越高。近20年，通信和信息技术得到了长足的发展。在20世纪80年代，美国内嵌芯片的计算机化的系统、装置和设备，以及自动化生产线上的敏感电子设备的电气负载还很有限。2016年这部分电力负荷的比重已升至60%以上，对电网的供电可靠性和电能质量提出了很高的要求。调查表明，每年美国企业因电力中断和电能质量问题所耗掉的成本超过1000亿美元，相当于用户每花1美元买电，同时还得付出30美分的停电损失。其中，仅扰动和断电（不计大停电）每年的损失就达790亿美元。

经济高效的储能技术和先进的电力电子技术相结合，为解决数字化社会的优质安全供电问题提供了新的思路和有效的技术手段，具体作用包括：

① 实现高效的有功功率调节和无功控制，快速平衡系统中由于各种原因产生的不平衡功率，消除电压凹陷和凸起；

② 平稳负荷的母线电压，保证用户电压波形的平滑性；

③ 作为备用和应急电源，提高供电可靠性，减小以至避免停电损失。

安装在用户侧的储能系统，既可以作为备用电源，还可以让用户自主选择何时通过配电回路从电网获取电能或向电网回馈电能，从而在提高供电可靠性同时实现能量的双向互动，经济效应和社会效应明显。

（4）促使电网规划设计和运行管理方式发生变革

传统电网的发电和负荷是一种动态的平衡，也就是"即发即用"。电网的规划、运行和控制等都是基于"供需平衡"这种原则进行的，即发电必须即时传输，用电和发电也必须实时平衡。随着可再生能源比例的不断加大，发电侧的不确定性使电网的调度、控制、管理也变得日益困难和复杂。

另外，随着城乡居民和工业生产用电的大幅度增长，电力负荷峰谷差绝对值日益扩大，电网公司需要连续投资输配电设备来满足尖峰负荷的容量需求，导致系统整体负荷率偏低，资产的综合利用率低。

为解决这些问题，传统电网急需进一步的升级甚至变革。先进高效的大规模储能技术为传统电网的升级改造以至变革提供了全新的思路和有效的技术手段。在大容量、高性能、规模化储能技术应用之后，电力成为可以储存的商品，这将对电力一直是发、输、配、用同时完成的概念以及基于这一概念的运行管理模式带来颠覆性的变化。储能技术把发电与用电从时间和空间上分隔开来，发电不再是即时传输，用电和发电也不再实时平衡，这将促进电网的结构形态、规划设计、调度管理、运行控制以及使用方式等发生变革。

具体来说，储能可以通过如下方式促进电网的转变：

① 为电网提供旋转备用、紧急事故备用和黑启动电源；

② 改善电力负荷曲线，降低峰谷差，提高电网设备利用效率；

③ 平抑高峰负荷，减少有效装机容量；

④ 通过在电网不同位置灵活布局储能系统，优化潮流分布，降低线路和网络损耗；

⑤ 为系统提供暂态支撑，提高电网安全稳定性；

⑥ 阻尼系统振荡，提高大型互联电网的动态稳定性；

⑦ 配合分布式电源和微电网，实现能源资源的就地利用；

⑧ 作为客户侧电源，可以实现用户与电网的双向互动，提高终端能源利用效率，节约电量消费。

总之，储能系统一旦规模化推广应用，将实现发电和用电之间在时间和空间上的解耦，从而有效延缓和减少电源和电网建设，提高能源利用效率和电网整体资产利用率，彻底改变现有电力系统的建设模式，促进其从外延扩张型向内涵增效型的转变。

15.1.3　储能技术在电力系统中的主要应用场景

根据电力系统对储能的应用功能需求，通常按照发、输、变、配、用及调度环节，分别对储能技术的应用场景进行划分。如表 15-1 储能技术在电力系统的应用场景所示，按照电力系统各环节的主要需求，将储能应用分为若干场景。

表 15-1　储能技术在电力系统的应用场景

应用领域	应用场景	储能的功能或效应
发电领域	辅助动态运行	■ 通过储能技术快速响应速度,在进行辅助动态运行时提高火电机组的效率,减少碳排放 ■ 避免动态运行对机组寿命的损害,减少设备维护和更换设备的费用
发电领域	取代或者延缓新建机组	■ 储能可以降低或延缓对新建发电机组容量的需求
辅助服务领域	二次调频	■ 通过瞬时平衡负荷和发电的差异来调节频率的波动。通过对电网的储能设备进行充放电以及控制充放电的速率,来调节频率的波动 ■ 减少对火电机组的磨损
辅助服务领域	电压支持	■ 电力系统一般通过对无功的控制来调整电压。将具有快速响应能力的储能装置安装在负荷端,根据负荷需求释放或及吸收无功功率,以调整电压
辅助服务领域	调峰	■ 在用电低谷时蓄能,在用电高峰时释放电能,实现削峰填谷
辅助服务领域	备用容量	■ 备用容量应用于常规发电资源的无法预期的事故。在备用容量应用中,储能需要保持在线,并且时刻准备放电
输配电领域	无功支持	■ 通过传感器测量线路的实际电压,调整输出的无功功率大小,进而调节整条线路的电压,使储能设备能够做到动态补偿
输配电领域	缓解线路阻塞	■ 储能系统安装在阻塞线路的下游,储能系统会在无阻塞时段充电,在高负荷时段放电,从而减少系统对输电容量的需求
输配电领域	延缓输配电扩容升级	■ 在负荷接近设备容量的输配电系统内,将储能安装在原本需要升级的输配电设备的下游位置来缓解或者避免扩容
输配电领域	变电站直流电源	■ 变电站内的储能设备可用于开关元件、通信基站、控制设备的备用电源直接为直流负荷供电
用户端	用户分时电价管理	■ 帮助电力用户实现分时电价管理的手段,在电价较低时给储能系统充电,在高电价时放电
用户端	容量费用管理（美国专有）	■ 用户在自身用电负荷低的时段对储能设备充电,在需要高负荷时,利用储能设备放电,从而降低自己的最高负荷,达到减低容量费用的目的
用户端	电能质量	■ 提高供电质量和可靠性

续表

应用领域	应用场景	储能的功能或效应
分布式发电与微网	小型离网储能应用	提供稳定电压和频率;备用电源
	海岛微网储能应用	提供稳定电压和频率;备用电源
	商业建筑储能 (储能的多重应用)	解决可再生能源发电的间歇性问题 降低用户侧用电成本 提高供电质量 可靠的备用电源
	家用储能系统 (储能的多重应用)	解决可再生能源发电的间歇性问题 降低用户侧用电成本 提高供电质量 可靠的备用电源
大规模可再生能源并网领域	可再生能源电量转移和固化输出(可再生能源削峰填谷)	平抑可再生发电出力波动 跟踪计划出力 避免弃风 减少线路阻塞 进行电价管理 在电网负荷尖峰时,向电网提供功率支持 减少其他电源的调峰压力 减少备用电源预留量

15.1.4 电力系统不同应用场景的储能时间尺度及其技术需求特征

实际上,储能本体基本技术特征体现为其功率等级及其能量作用时间,而电力系统对储能的应用需求技术标志也是功率与能量作用时间。其中,储能的作用时间是不同于电力系统传统即发即用设备的最主要标志,是储能技术价值最重要的体现,是最主要的技术特征。因此选取储能作用时间作为技术划分依据则更能有效地把握储能本体技术与应用需求之间的关联,更能明确不同储能本体技术的应用空间,引导储能本体技术及应用技术的发展方向。

根据电力系统的需求,将储能的作用时间划分为三类:分钟级以下、分钟至小时级、小时级以上,各时间尺度下的应用场景归类及对储能的技术需求如表15-2所示。

其中,分钟级以下的应用包括提高系统的功角稳定性、支持风电机组低电压穿越、补偿电压跌落等,在这些场合下需要短时间的能量支持,要求储能能够根据系统的变化做出自动、快速的响应,要求储能具有较大功率的充放电能力,适用的技术包括:超级电容储能、飞轮储能、超导磁储能等。

分钟至小时级的应用包括平滑可再生能源发电波动、跟踪计划出力、二次频率调节等。这些应用中,要求储能具有数分钟甚至小时级的持续充放电能力,并可较频繁地转换充放电状态,适用的储能技术主要为电化学储能。

小时级以上的应用包括削峰填谷、负荷调整、减少弃风等。在这些应用中,储能以数小时、日或更长时间为动作周期,要求储能具有大规模的能量吞吐能力。应选择易形成可观规模、环境影响较小、经济性好的储能技术,包括:抽水蓄能、压缩空气储能、熔融盐蓄热储能、氢储能等。

表 15-2 储能技术的分类

时间尺度	应用场景	运行特点	对储能的技术要求	重点关注的储能类型
分钟级以下	辅助一次调频提供系统阻尼电能质量	动作周期随机毫秒级响应速度大功率充放电	高功率 高响应速度 高存储/循环寿命 高功率密度及紧凑型的设备形态	超级电容器 超导磁储能 飞轮储能
分钟至小时级	平滑可再生能源发电 跟踪计划出力 二次调频 提高输配电设施利用率	充放电转换频繁 秒级响应速度 可观的能量	高安全性 较快的响应速度 一定的规模(MW/MW·h以上) 高循环寿命(万次以上) 便于集成的设备形态	电化学储能
小时级以上	削峰填谷 负荷调节	大规模能量吞吐	高安全性 大规模(100MW/100MW·h以上) 深充深放(循环寿命5000次以上) 资源和环境友好 成本低	抽水蓄能 压缩空气 熔融盐 储氢

在上述三个时间尺度，电网对储能需求的迫切性和必要性不同。

对于分钟级以下的应用，储能多用于与现有 FACTS 设备结合，如 DVR、STATCOM、UPFC 等，利用有功和无功的双重控制，以实现更好的效果。在该类应用中，变流器的控制是研究的重点，储能单元作为辅助元件，应用面较窄。另外，在一些应用中还面临着传统技术的竞争，如 PSS 仍是阻尼系统振荡的最经济和有效的方法。

在分钟至小时级以上的应用中，储能用于平衡系统中变化周期在数小时及以内的不平衡功率，这些变化由负荷或可再生能源发电较快速的波动引起。目前我国电网主要通过要求火电、水电等机组保持一定的备用容量（一级备用及二级备用）来应对该时间尺度下系统的不平衡功率。除一定的功率和能量调整能力外，还需要具有较快的响应速度，以维持系统频率的稳定。随着负荷的快速增长及可再生能源发电比例的不断提高，系统面临备用容量不足、经济性降低等问题。储能可灵活快速地对系统不平衡功率做出响应，这是其他技术手段难以代替的。

对于小时级以上的应用，储能用于平衡系统中日级乃至季节时间尺度的功率变化。目前，只有抽水蓄能技术实现了该领域的成熟应用，并已成为电网运行的重要组成部分。但受限于地理条件、环境影响、设备成本、技术成熟度等因素，大规模储能在小时级以上的应用具有较大的难度，受到较多的限制，目前开展需求侧响应技术、增强水电等已有电源的调节能力等是当前可行的一些替代方法。

因此，分钟至小时级的应用将是未来储能作用的主要领域。该尺度下的辅助服务通常具有较高的价值，如二次调频市场。在该类应用中，可充分体现储能的功能和价值，促进储能的规模化发展。从当前储能技术的示范应用来看，也多集中于该时间尺度。

15.2 储能技术在电力系统中的应用现状

15.2.1 储能应用项目概况

近年来，在可再生能源发电及智能电网技术的驱动下，国内外开展了多种新型储能技术的研究探索，并建成了多项大规模储能示范工程。

根据美国能源部信息中心的项目库不完全统计，近 10 年来，由美国、中国、日本、欧盟、韩国、智利以及澳大利亚等实施的兆瓦级以上规模的储能示范工程达 190 余项，其中，电化学储能示范数量超过 120 个，非电化学储能示范数量超过 70 个。电化学储能示范中的锂离子电池项目数量最大，占全球总项目数的 25.3%，如表 15-3 所示。

表 15-3 2004 ~ 2014 年兆瓦级以上储能示范工程情况

储能载体形式		示范数量（含在建）	已建成最大规模的示范电站	备注
电化学储能	锂离子电池	46	20MW/20min(智利 2010 年) 14MW/63MW·h(中国 2011 年)	在建 19 个
	铅酸电池	11	15MW/15min(美国 2011 年)	在建 1 个
	钠硫电池	17	34MW/6h(日本 2009 年)	在建 1 个
	液流电池	8	25MW/3h(美国 2012 年)	在建 5 个
	钠-氯化镍电池	5	1MW/4h(美国 2013 年)	在建 5 个
	镍镉电池	2	27MW/15min(美国 2004 年)	
	氢储能	2	2MW(德国 2014 年初)	在建 1 个
	其他电池	8	20MW/20min(智利 2010 年) 14MW/63MW·h(中国 2011 年)	在建 3 个
相变储能	蓄冰/蓄冷水	20	90MW/12h(美国 2009 年)	在建 3 个
	融盐储能 （储太阳能发电）	30	50MW/8h （西班牙 2013 年）	在建 13 个
	热储能 （储太阳能热发电）	11	72MW/30min(美国 2010 年)	在建 2 个

续表

储能载体形式		示范数量 (含在建)	已建成最大规模的示范电站	备注
机械储能	飞轮储能	11	20MW/15min(美国 2012 年)	在建 3 个
	小型压缩空气储能	2	2MW/250h(美国 2011 年)	
	大型压缩空气储能	4	300MW/10h(美国建成时间约 2018 年)	在建 3 个
电磁储能	超级电容储能	2		在建 2 个
	超导储能	3	2.5MW/3s(美国 2012 年)	在建 1 个

规模化储能应用项目状态划分如图 15-1 所示，运行的储能示范项目共计 119 个，已宣布与在建项目合计 61 个，暂停 2 个。实现商业化运行的有 2 个项目，其中储能的主要用途为电网调频与调峰。

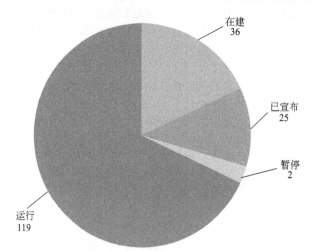

图 15-1　规模化储能应用项目状态划分图

（数据来源：DOE 项目库，2014）

从地域分布上看，美国在储能装机规模和示范项目数量上都处于领先地位，项目数量占全球总项目数量的 44%，主要为电化学储能项目；西班牙次之，项目数占 14%，主要为太阳能热发电熔融盐储能项目；日本占 7.7%，主要为电化学储能项目；我国占 5.5%，全部为电化学储能项目。已建或在建的兆瓦级储能项目（数量）的地域分布情况如图 15-2 所示，从中可见，全球规模化储能示范项目数量逐年增加，其中美国的储能项目数量增加趋势最明显，西班牙、日本与中国等次之，但均呈上升趋势。

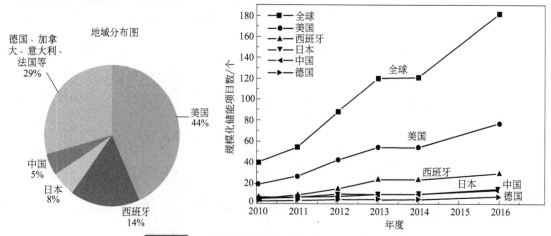

图 15-2　兆瓦级储能项目（数量）的地域分布情况

（数据来源：DOE 项目库，2014）

兆瓦级储能项目中各储能类型项目数占比与增长趋势如图 15-3 所示。从储能类型上看，兆瓦级规模储能示范项目中电化学储能项目数所占比重为 53％，相变储能占比 34％，飞轮占比 6％，其他类型涉及压缩空气、电磁储能和氢储能等。其中，在电化学储能示范项目数量中，锂离子电池所占比重最高，达 48％；其次为钠硫电池和铅酸电池，分别占比 18％ 和 11％；此外，各类型储能自 2010 年后逐年增长幅度也以锂离子电池储能为最大。

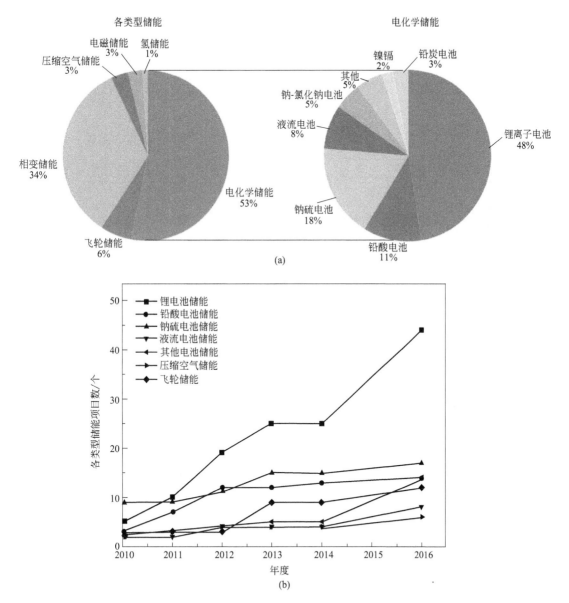

(a)

(b)

图 15-3　兆瓦级储能项目中各储能类型项目数占比与增长趋势
（数据来源：DOE 项目库，2014）

兆瓦级储能项目中各类型储能总装机增长趋势如图 15-4 所示。在电化学储能装机容量分析中，锂离子电池储能前期装机容量小，自 2012 年后，其装机容量得到大幅提升，在电池储能中位列最高；铅酸电池自 2012 年后处于停滞状态[8]；钠硫电池装机容量在 2011 年之前位居第一，之后增长缓慢。可见看出，兆瓦级储能示范项目中，电化学储能在项目数上呈现优势。其中，又以锂离子电池储能示范的项目数、装机容量为最大，增长幅度也最快。锂离子电池将成为应用最广的电化学储能技术。

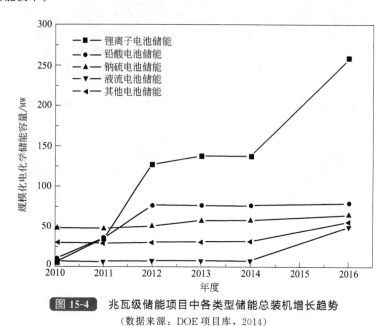

图 15-4 兆瓦级储能项目中各类型储能总装机增长趋势

(数据来源：DOE 项目库，2014)

根据中关村储能产业联盟（CNESA）统计，至 2014 年底，全球累计装机规模为 845.3MW（不含抽蓄、压缩空气、储热）。分布见图 15-5。其中，锂离子电池累计装机 283MW。

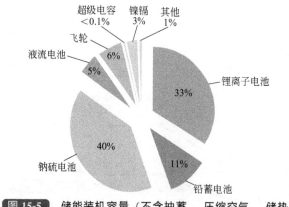

图 15-5 储能装机容量（不含抽蓄、压缩空气、储热）

(数据来源：CNESA，2015)

兆瓦级储能项目的各应用领域项目数占比与趋势如图 15-6 所示。从功能应用上看，较多项目中储能应用于风电场/光伏电站等可再生能源并网，项目数所占比重为 39%；其次为输配电领域应用，项目数占比为 31%；分布式发电及微网与辅助服务的项目数占比分别为 18% 和 12%。在 2010 年，储能在分布式发电及微网领域应用最少，其他三个领域相当；自 2011 年后，储能在可再生能源发电领域的应用增长最快，居于领先地位；储能在分布式发电与微电网领域的应用呈现抬头态势，并在 2012 年超过辅助服务方面的应用，呈现渐受关注的趋势。

兆瓦级储能项目在各应用领域中的装机容量增长趋势如图 15-7 所示，储能技术在可再生能源发电领域中的装机容量由 2010 年的最小跃居到 2012 年后的最高；在输配电与辅助服务领域的装机容量大小相当；其在分布式发电与微网中的应用项目数上增长明显，但目前的装机大小尚为较小。

由此可见，大规模储能在可再生能源发电领域的应用，在项目数与装机容量上均处于快

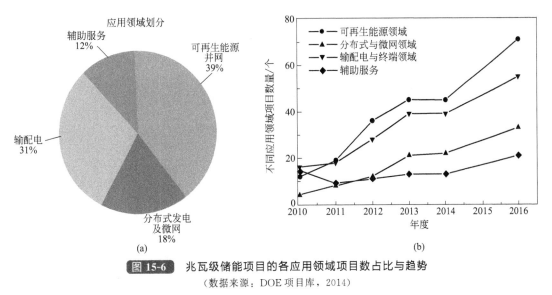

图 15-6　兆瓦级储能项目的各应用领域项目数占比与趋势

（数据来源：DOE 项目库，2014）

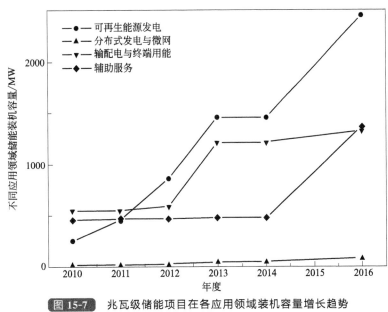

图 15-7　兆瓦级储能项目在各应用领域装机容量增长趋势

（数据来源：DOE 项目库，2014）

速增长的态势；储能技术在分布式发电与微电网领域的应用项目数量也有较快增长，逐渐受到关注。

15.2.2　储能在大规模集中式可再生能源发电领域的应用

大规模新能源发电的接入对电网的运行调度和规划设计提出了挑战。从电网安全稳定运行的角度出发，电网通常期望新能源发电"去随机化"，即要求风电场出力具有一定的可预测、可控和可调性。新能源发电的接入和消纳已成为我国电网面临的重要问题之一。电力系统需要具有足够的功率控制能力应对新能源发电的波动性和不确定性。储能系统具有快速的功率调节能力，为新能源发电的可预测、可控制和可调度提供了条件，通过在新能源发电场站中增加储能系统，可以增强新能源发电的功率调节能力，使新能源发电友好接入电网。

在太阳能热发电中，储热技术用于解决太阳能的波动和间歇性，使太阳能发电具有较稳定的输出和可调控能力。2008 年，西班牙 Andasol 槽式太阳能热发电站投运，其采用熔融盐进行蓄热，在太阳辐照度较低时，熔融盐释放的热量可支持涡轮机满功率运行 7h，见图 15-8。目前，美国、西班牙、意大利等国家已经有多个熔融盐蓄热的光热发电站投入商业化运行。熔融盐蓄热属于显热储能，用于太阳能热发电的相变储能材料还处于研发和试验阶段。

图 15-8　槽式太阳能热电站

对于风力发电，储能的应用与各国标准中对风电场的并网要求密切相关。

一些标准中要求风电场具备有功功率的调节能力，规定了风电场有功功率连续调节的区间。GB/T 19963—2011 规定，当风电场有功功率在总额定出力的 20% 以上时，能够实现有功功率的连续调节。丹麦标准要求风电场出力可限制为 20%～100% 额定功率范围内的某一值，上下行调节速度可设为每分钟 10%～100% 额定功率。为了获得风电场对系统频率的支持，一些国家对风电机组频率响应进行了要求，如德国、英国、丹麦、爱尔兰等。德国标准要求当系统频率高于 50.2Hz 时，风电场要按照 40% 当前功率每赫兹的速率降低出力，当频率低于 47.5Hz 或高于 51.5Hz 时脱离电网；丹麦标准规定 100kV 以上并网风电机组必须装有自动频率响应装置，对系统频率进行支持。我国标准并没有规定风电场具备自动频率响应功能，GB/T 19963—2011 指出，"电力系统频率高于 50.2Hz 时，按照电力系统调度机构指令降低风电场有功功率"。

当系统中风电比例不断加大时，风电出力的快速变化可能超出传统机组的调控能力，对系统频率稳定造成威胁。因此，一些标准对风电场的最大有功功率变化速率进行了规定。GB/T 19963—2011 规定了风电场有功功率的最大限值，如表 15-4 所示。

表 15-4　正常运行情况下风电场有功功率变化最大限值

风电场装机容量/MW	10min 有功功率变化最大限值/MW	1min 有功功率变化最大限值/MW
<30	10	3
30～150	装机容量/3	装机容量/10
>150	50	15

一些标准中要求风电场具有将有功出力降低到一定水平的能力，即弃风。风电场通过切除机组或调整风电机组桨距角的方式达到电网的要求。各国电网运营者对风电场弃风管理的手段多种多样，包括立法、与风电场达成弃风协议、电力市场竞价、实施负电价引导风电场主动弃风等。弃风现象源于风电与电网的不协调发展，为了引导产业合理发展，我国能源局下发关于规范风电开发建设管理有关要求的通知（国能新能 [2012] 47 号），指出"弃风率超过 20% 的地区，不安排新的风电建设项目"。

风电场的功率预测是电网对风电场进行管理的基础，我国、美国、爱尔兰等国家规定风电场需具备功率预报系统。Q/GDW 588—2011 规定"单个风电场短期预测月均方根误差应小于 20%，超短期预测第 4h 预测值月均方根误差应小于 15%"。国家能源局下发的《风电场功率预测预报管理暂行办法》（国能新能 [2011] 177 号）规定风电场日预测曲线最大误差不超过 25%。

国内外标准对风电场的功率控制要求包括稳态的调控要求，如爬坡速率、预测误差，也包括暂态的要求，如故障穿越、频率响应等方面的要求。目前，关于储能在风电场中的示范工程主要集中于稳态应用，主要利用储能系统实现风电场的有功功率控制。

目前美国建立了多项风储联合应用示范工程，其中储能技术主要用于平抑风电出力波动、爬坡控制、削峰填谷、调频、调压、跟踪计划出力、延缓输配电扩容升级、黑启动等。采用的储能技术类型主要包括：高级铅酸电池、磷酸铁锂电池、锌卤液流电池、全钒液流电池、锌溴液流电池、钠硫电池、压缩空气储能、抽水储能等。2011 年，美国西弗吉尼亚州 Laurel Mountain 98MW 风电场，配套建设 32MW/15min 锂离子电池，用于调频与爬坡控制；2008 年，美国明尼苏达州卢文 Wind-to-Battery MinnWind Project 建设 1MW/7h 钠硫电池，用于 11MW 风电场的电压支持、爬坡控制和调频；2012 年，美国阿拉斯加州科迪亚克 Pillar Mountain Wind Project 建设 3MW/15min 高级铅酸电池，用于一个 9MW 风电厂的电压支持和调频；2012 年，美国德克萨斯州 Notrees Wind Energy Storage Project 建设 36MW/15min 高级铅酸电池，用于德克萨斯州西部的 153MW 风场的调频，电量转移和削峰填谷；2009 年，美国夏威夷 Kaheawa Ⅰ Wind Project 建设 1.5MW/15min 高级铅酸电池，用于对夏威夷 Kaheawa 30MW 风场中的 3MW 风力进行出力爬坡控制；2011 年，美国夏威夷 Kahuku Wind Farm 建设 15MW/15min 高级铅酸电池，用于 30MW 风电场的出力爬坡控制。

欧盟关于储能在风电场中应用的研究，以爱尔兰、丹麦为代表，主要研究储能平滑风电功率输出、调峰、电能质量调节及提高系统可靠性等。采用的主要储能技术类型为全钒液流电池。2006 年，爱尔兰 38MW7 Sorne 风电场，建设 1.5MW/12MW·h 全钒液流电池储能系统，用于调峰、电能质量调节及提高系统可靠性等。

日本的风电并网存在电力系统不安全稳定运行、调峰能力不足、不经济等问题，而采用储能技术是解决并网问题的有效手段之一。日本风储联合应用中储能系统主要用于平滑风电功率输出、提高风电场功率预测准确度、备用电源等。2005 年，日本 Tomama 30.6MW 风电场，配套建设 4MW/6MW·h 全钒液流电池储能系统，用于平滑风电功率输出；2008 年，日本 Rokkasho 51MW 风电场，建设 34MW/254MW·h 全钒液流电池储能系统，用于提高风电场功率预测准确度、平滑风电功率输出、备用电源；2007 年，日本富士电机研发储能电池/超级电容器混合储能，并在日本西目风电场建立 2MW 储能系统示范工程，用于平抑风电输出功率波动；2008 年，日本 NGK 公司在日本青森一个 51MW 风电场，安装了 34MW 的钠硫电池，使风电场的总功率输出保持稳定，并控制高峰输出不超过 40MW[7]。见图 15-9。

图 15-9　日本青森风电场 NaS 电池储能

目前我国已建成多项风储项目。国家电网公司建设的张北风光储输示范工程，一期建设储能系统包括 14MW/64MW·h 锂离子电池和 2MW/8MW·h 全钒液流电池储能系统，该系统具备平抑可再生电源出力波动、辅助可再生电源按计划曲线出力、黑启动及调峰填谷等功能。2013 年，大连融科公司在龙源电力股份有限公司卧牛石风电场建设了 5MW/10MW·h 全钒液流电池系统，实现了平滑风功率波动、跟踪计划出力等功能。2014 年，辽宁锦州北镇一、二风电场增装 7MW×2h 电池储能系统，其中锂离子储能电池系统 5MW×2h，全钒液流储能电池系统 2MW×2h，储能系统接入国电和风北镇风电场 35kV 母线，用于改善风电场功率的调控能力，减小弃风。

15.2.3 储能系统参与电力系统辅助服务

随着可再生能源发电比例的快速增长，储能应用需求已不局限于改善可再生能源发电自身的特性，如波动性强、难以预测、难以控制和调度等，以及帮助可再生能源发电满足电网功率控制、故障穿越、电能质量等方面的要求。从系统角度针对可再生能源发电带来的备用容量、区域功率平衡、频率稳定、电压控制等问题提出储能的应用需求，已成为储能应用必要性和迫切性的重要支撑。在这些应用中，储能为电网提供辅助服务，以增强电网对新能源发电的适应能力。

其中，电网频率调节是储能技术在辅助服务领域中最有应用价值的方向。大规模电池储能、飞轮储能等技术响应速度快，短时功率吞吐能力强，且易改变调节方向，与常规调频技术相结合，可作为一、二次调频的有效辅佐手段。这类储能系统的快速响应与精确跟踪能力使得其比常规调频方式高效，可显著减少电网所需旋转备用容量。

电池储能快速、准确的功率响应能力，使其在调频领域的应用潜力巨大。研究表明，持续充/放电时间为 15min 的储能系统，其调频效率约为水电机组的 1.4 倍，燃气机组的 2.2 倍，燃煤机组的 24 倍；同时，少量的储能可有效提升以火电为主的电力系统 AGC 调频能力。图 15-10 是某燃煤机组实际调节功率与需求调节功率曲线。可以看出，火电机组在调频过程中，会产生延迟和偏差，超调和欠调现象严重。

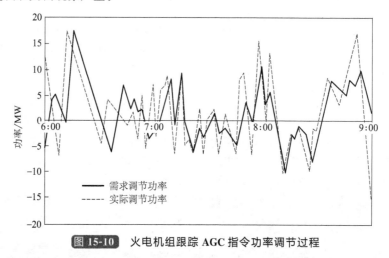

图 15-10 火电机组跟踪 AGC 指令功率调节过程

图 15-11 是美国 PJM 电力市场某日储能系统跟踪调节功率指令的调节过程。图中，红色代表储能出力，蓝色代表指令信号。可以看出，储能可以精确跟踪指令信号，几乎不存在超调与欠调现象。

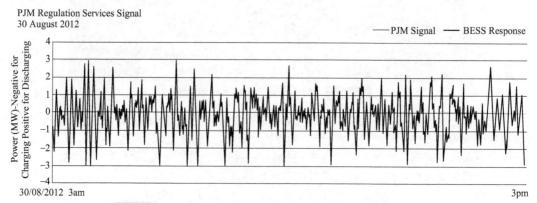

图 15-11 PJM 电力市场某日储能系统跟踪调节功率指令过程

从 2008 年开始，一些新兴的储能技术开始逐步成规模地进入调频市场。美国的调频电力市场受益于 2011 年颁布的 FERC 755 号令，即对能够提供迅速、准确的调频服务的供应商进行补偿，而不仅是按基本电价付费，从而储能作为比传统电力资源响应速度更快、更准确的调频资源，能够获得更公平、更合理的价格补偿。为了确实执行 FERC 755 号令，2013 年部分区域电力市场 ISO/RTO，如 PJM、CAISO 和 NYISO 纷纷在该法令框架下制定详细规定，这也激励了储能厂商在辅助服务方面的快速发展。随着 FERC755 号令的发布以及各区域 ISO/RTO 的后续推进，储能作为调频资源正逐步通过合理的投资回报价值在美国多个电力市场中迅速实现商业化。在储能系统参与电力调频的工程应用方面，自 2008 年始，A123 公司、Xtreme Power、Altairnano 公司等公司已投建多处示范项目，涉及锂离子电池等多种储能技术类型，系统容量从 1.1MW/0.5MW·h 到 20MW/5MW·h 级不等，并取得一定成果。

对于国内，值得注意的是，原国家电监会推行的"两个细则"已经在我国调频领域建立了一个"准市场"，尤其是在京津唐区域电网内，自动发电控制（AGC）补偿的金额已达到区域电量市场的 0.3% 左右。虽然相比美国几个主要的 ISO 范围内 0.7%～1.5% 的比例，中国的 AGC 调频补偿金额还相对较少，但已经可以在此规则下开展一些商业化试点项目。北京石景山热电厂 2MW 锂离子电池储能电力调频系统就是一个例子，这是中国第一个以提供电网调频服务为主要目的的兆瓦级储能系统示范项目。

以下是一些典型的储能参与电网辅助服务的示范项目：

（1）泰特储能系统（Tait energy storage array）

泰特储能系统是锂离子电池技术储能系统，由 AES 公司设计建造，额定功率 40MW，投资约为 2000 万美元，平均每兆瓦功率成本 50 万美元。它位于俄亥俄州代顿电力和照明公司的代顿发电厂中，通过该发电厂的变电站接入电网，靠近电站现有操作系统，但是与 PJM 电力市场签署独立的协议，响应其指令。泰特储能系统在 2013 年第三季度实现商业运营，为 PJM 互联电网提供快速响应调频服务，维持电网稳定。这项新技术不同于传统的电力资源，其操作不需要用水和燃料，也不会产生直接的污染物排放，提供的电量作为自由运行备用容量。该项目作为第一大储能项目，其经济收益来源于 PJM 市场对快速响应调频资源的新资费规定，它是根据联邦能源管理委员会（FERC）第 755 号令设计制定的。

（2）劳雷尔山储能系统（the Laurel Mountain project）

劳雷尔山储能系统是世界上最大的风电场——劳雷尔山风力发电场（装机容量 98MW）的一个集成部分，是与该风力发电共同发展起来的，额定功率 32MW，容量 8MW·h。位于西弗吉尼亚州的贝灵顿，由 AES 公司设计建造，并采用 A123 公司先进的锂离子电池技术制造而成，投资约为 2900 万美元。该储能项目用于为 PJM 电力市场提供调频服务，同时协助管理风况波动时发生的输出功率快速变化的状况。该项目于 2011 年第三季度实现商业运营，目前提供的电量在 PJM 市场中作为自由运行备用容量，能精确响应 4 秒钟时间间隔的 AGC 指令，参与 PJM 市场的日前竞价。该项目是第一个从 PJM 电力市场根据 FERC 755 号令设计制定的关于快速响应调频资源新资费规定中获益的大型储能项目。在这项新资费方案下，储能企业可以得到比传统调节资源更多的经济收益。

（3）诺特里斯风能储存示范项目（Notrees wind storage demonstration project）

杜克能源企业服务诺特里斯风能储存示范项目，是美国能源部负责的一项公用事业规模的项目。其储能系统顺利集成了频率调节和电能转移的功能，将可再生能源电力输送给全州电网。该储能系统是由 Duke Energy 公司设计建造的，采用 Xtreme Power 公司先进的高级铅酸电池技术，设计功率为 36MW，容量为 24MW·h。储能电池接入 34.5kV 风电场（156MW）集电系统，具备独立的储能控制系统，以实现 TDSP 和 ERCOT 对其完全控制。该项目在 2012 年 12 月份投入运行，储能系统既配合风电场运行平滑其风电功率波动，同时也作为 ERCOT 市场的频率调节资源被直接调用，成为 ERCOT 的快速调频服务试点项目。该项目是在北美风电场中最大的电池储能项目。

（4）Presidio 电池储能系统（Presidio battery storage）

2010 年，德克萨斯州的普雷西迪奥部署了美国最大的钠硫电池，普雷西迪奥位于 20 世纪 40 年代 100km 输电线路的末端。在该电池储能站建设之前，这条输电线路是普雷西迪奥唯一的供电来源。鉴于电网连接老化，难以应对雷电风暴，停电频发，投资电池储能站将大大改善这种状况。Presidio 电池储能系统采用的是钠硫电池技术，设计功率 4MW，配有四象限变频器的功率转换系统，能够提供给城市 4000 居民长达 8h 的电力。该系统由芝加哥 S&C 电气公司安装，由德克萨斯州当地的公用事业控制电池功能，特别是在电网非高峰时期储存电能，并根据电网需要进行再调度。

（5）洛斯安第斯锂离子电池系统（Los Andes Li-ion battery system）

AES 发电公司的洛斯安第斯变电站位于智利北部的伊基克地区（Atacama desert），为这里重要的矿区提供电能。为了保证电网应对发电量损失的可靠性，该区域的电力供应商均保留了部分容量，来满足一次和二次调频的系统备用容量要求。如果找到替换办法来满足电网可靠性的要求，那么 AES 将能为该重要地区提供更多的发电量。AES 发电和 AES 储能共同开发了一套解决办法，即用先进的锂离子电池系统来提供电厂应满足的一次、二次调频的部分备用容量要求。2009 年，AES 与 A123 系统公司和 Parker-Hannifin 公司合作，设计建造了洛斯安第斯锂离子电池系统。它位于智力的科皮亚波，接入洛斯安第斯变电站，用于提供关键的应急服务，以维持智利北部电网的稳定。该系统额定功率 12MW，容量 4MW·h，可以工作在调度模式和独立模式，直接响应系统频率偏差，持续监视电力系统的状况，如果产生重大的频率偏差，如发电机跳机或传输线路断电，洛斯安第斯系统能几乎瞬时提供高达 12MW 的功率或负荷。可以保持 20min 的满功率输出，允许系统操作员来处理事故或开启其他的在线备用机组。该项目的快速频率响应能力有助于改善系统的恢复响应，避免不必要的应急甩负荷，满足对火电厂预留备用容量的要求，提高了 4% 的发电量。

（6）北京石景山热电厂 2MW 锂离子电池储能电力调频系统

2013 年 9 月 16 日，北京石景山热电厂 2MW 锂离子电池储能电力调频系统挂网运行，这是我国第一个以提供电网调频服务为主要目的的兆瓦级储能系统示范项目。它对电网提供 AGC 调频服务，这是一个商业性的项目，主要目的是验证储能在电力调频领域中的商业价值。该储能系统的功率为 2MW，容量为 500kW·h，所用电池为 A123 生产的圆柱形磷酸铁锂电池，PCS 为 ABB 生产，由 100kW 模块并联组成 2MW，统一接到 380V 交流母线上，然后经升压器并到电网。

15.2.4　储能系统在配电网及微电网的应用

分布式可再生能源发电是第三次工业革命的重要特征之一，储能作为第三次工业革命的五大支柱技术之一，在分布式电源的接入、多种能源互联中起到关键作用。大量分布式可再生能源发电接入，可能使配电网的潮流和电压分布发生改变，可再生能源发电的特性对系统的电压稳定、可靠性和电能质量产生影响。

对于储能系统联合分布式可再生能源发电的示范，国外已开展多项示范工程。近年来，国外储能联合分布式可再生能源发电的典型示范项目如表 15-5 所示。

表 15-5　储能结合分布式可再生能源发电的典型示范工程（国外）

序号	项目	可再生能源发电	储能方式	功率/容量
1	The Zurich（瑞士）	光伏：0.1MW	锂离子电池	1MW/30min
2	Detroit Edison Advanced Implementation of Energy Storage Technologies（美国）	光伏：0.5MW	锂离子电池	1MW/2h
3	Japan-US Collaborative Smar tGrid Project（美国）	光伏：1MW	钠-硫电池	1MW/6h

续表

序号	项目	可再生能源发电	储能方式	功率/容量
4	Shell Point Retirement Village （美国）	光伏	冰蓄冷	4.8MW/6h
5	Los Angeles Community College District （美国）	光伏：1MW	冰蓄冷	4.62MW/6h
6	Jeju Island Smart Grid Project （韩国）	风电、光伏、柴油机	钒液流电池	0.1MW/2h
7	Kasai Green Energy Park （日本）	光伏：1MW	锂离子电池	1.5MW/1h
8	Battelle Memorial Institute Pacific Northwest Division （美国）	光伏	锂离子电池	5MW/15min
9	Nice Grid （法国）	光伏：2.5MW	锂离子电池	1MW/30min
10	Japan Confidential Industrial Customer2 Durathon Battery Project （日本）	光伏	钠-氯化镍电池	2MW/4h
11	Japan U. S. Island Grid Project （JUMP Smart Maui） （美国）	风电：72MW 光伏 生物质	铅酸电池	1MW/6h
12	爱知县 （日本）	光伏：330kW 燃料电池：1200kW 燃气轮机：130kW	钠硫储能电池	500kW
13	CESI RICERCA （意大利）	光伏：24kW 风电：10kW 生物质能：10kW 燃气轮机：150kW 柴油机：7kW	蓄电池、液流电池、热电池、飞轮	100kW/160kW·h、42kW、64kW、100kW/30s

国内在储能结合分布式可再生能源发电，特别是基于电化学储能方面的示范应用进行了大量实践工作，典型示范工程如表 15-6 所示。

表 15-6　储能结合分布式可再生能源发电的典型示范工程（国内）

序号	项目	可再生能源发电	储能方式	功率/容量
1	国电东福山岛风光储柴及海水综合新能源微网项目	风电：210kW 光伏：100kWp 柴发：200kW 负荷：240kW 海水淡化：24kW	铅酸电池	960kW·h
2	中新天津生态城储能示范项目	风电：5kW 光伏：30kWp 负荷：35kW	锂离子电池	35kW×2h
3	河南分布式光伏发电及微网运行控制试点工程	光伏：350kW 负荷：45kW	锂离子电池	100kW×2h
4	舟山海岛储能项目	风电：1000kW 光伏：350kW 海流能：250kW 柴发：300kW 最大负荷：2300～2365kW 最小负荷：1150～1375kW	超级电容器 锂离子电池	200kW，120F 1MW/500kW·h
5	杭州电子科技大学微网系统	光伏：120kW 柴发：120kW 负荷：200kW	超级电容器 铅酸电池	100kW×2s 50kW×1h
6	青海玉树杂多线独立光储微网项目	光伏：3MW	铅酸电池	20MW·h

序号	项目	可再生能源发电	储能方式	功率/容量
7	上海虹桥智能电网项目	光伏:6.6MW	钠硫电池	1MW×8h
8	深圳宝清储能电站	—	锂离子电池	规划规模:10MW/40MW·h 已投运:4MW/16MW·h
9	移动式电池储能装置开发及其在季节性负荷侧的应用示范	—	锂离子电池	2套 125kW/250kW·h 1套 125kW/500kW·h
10	浙江摘箬山海洋科技示范岛新能源示范项目	风电:3.4MW 光伏:500kW 潮汐能:300kW 柴发:200kW	锂离子电池	1MW/500kW·h
11	浙江南麂岛风光柴储"分布式发电"综合系统	风电:1MW 光伏:545kW 海流能:30kW 柴发:1600kW	超级电容器 锂离子电池	1000kW 1500kW×3h
12	山东长岛分布式发电及微电网接入控制项目	风电:62MW 光伏:200kW	电池储能系统	1MW·h
13	未来科技城国电研发楼风光储能建筑一体化示范	风电:1.5MW 光伏:2.58MW	锂离子电池	500kW×2h
14	上海世博园智能电网综合示范工程	风电:139.4MW 光伏:7MW	钠硫电池 锂离子电池 镍氢电池 全钒液流	100kW/800kW·h 100kW 100kW 10kW

从国内外应用示范所展示或验证的应用功能来看,储能在配电网及微电网的应用主要体现在以下几个方面。

(1) 储能提高分布式可再生能源发电接入能力

如日美合作智能电网项目中利用储能协调优化控制配电网功率潮流,提升高渗透分布式发电的配电网运行稳定性;意大利 Puglia 变电站储能项目,由于变电站下接纳了大量的波动和间歇性新能源发电而导致变压器的反向潮流,1MW×30min 的锂离子电池用于减少可再生能源发电引起的潮流变化,使该变电站与上级电网进行可控的能量交换。韩国济州岛风/光/储/柴联合应用项目,借助储能系统双向功率调节能力实现了多能有效互补应用,提出了相应的协调控制策略。山东长岛利用储能平滑风电场或光伏出力波动,抑制可再生发电爬坡率,提升高渗透分布式发电的配电网端运行稳定性;浙江东福山岛利用储能平抑风光波动,提高新能源利用率,辅助柴发维持微网稳定,提升微电网中功率控制和能量管理能力;位于舟山海岛的风/光/储/海/柴项目配置了多类型储能系统,包括 200kW/120F 的超级电容器储能与 1MW/500kW·h 的锂离子电池储能,通过研究多类型储能系统的协调控制策略实现平抑风光功率波动及负荷调平功能,提升了风电场或光伏电站跟踪日前调度计划能力。

(2) 储能提高配电网供电能力的应用

如美国夏威夷大学智能电网和能量存储示范项目,其将 1MW/1MW·h 锂离子电池系统安装于变电站中,用以减少变压器的高峰负荷,并实施分布式电源/储能装置/微网/不同特性用户(含电动汽车等移动电力用户)接入和统一监控,用以展示配电网自愈控制、储能系统在配网的协同调度,基于储能相关的关键技术提高用户新型用电能力。深圳宝清电站参与用电侧的峰谷调节,目前已投运 4000kW/16000kW·h 锂离子电池,可实现配网侧削峰填谷、调频、调压、孤岛运行等多种应用功能,参与配电侧的峰谷调节,尝试峰谷套利;福建移动式储能参与负荷用电管理,通过参与快速的有功和无功调节,提升用电侧的动态稳定性。中新天津生态城利用储能系统参与用电侧电能管理,将负荷分为不可控负荷、可控负荷、可切负荷不同级别,并配以不同功率等级的储能系统,将源-荷有机地整合在一起,使之变为电网中的一个可控单元,满足不同用户的特定需求。通过储能系统使负荷变为友好型用电负荷，提升了用电灵活互动能力，降低了大量分布式电源接入对配电网运行的复杂程度，提升了供电可靠性和供电质量。

（3）储能融合多种用能需求的应用

一些项目中通过热储能或相变储能为用户提供供冷、供热综合服务，如美国亚利桑那州立大学 3MW×6h 的冰蓄冷空调系统。基于车网融合技术（V2G）的理念，日本东京电力公司提出的"BESS SCADA"，对分布在配电网和用户侧的储能单元进行集中的管理和控制。通过对大量储能单元的统一管理和控制，形成大规模的储能能力。我国薛家岛电动汽车工程示范中也基于 V2G 理念对动力电池的储能能力进行利用，配套建设的集中充电站可同时为 360 辆乘用车电池充电，在储放功能上，可实现低谷时存储电能，在用电高峰和紧急情况下向电网释放电量，峰谷调节负荷 7020kW，最大可达 10520kW。

15.3　我国电力系统储能应用实践

自 2009 年起，我国开始了大规模新型储能技术在电力系统中的应用实践。由于储能系统的价格相对较高，现阶段也没有出台储能的补贴政策，已有的示范工程并未体现出直接经济效益。但这些示范工程为我国储能技术的应用和推广起到了积极探索作用。现阶段，我国储能技术应用实践涵盖了新能源发电、配电网、微电网、调频等多个应用领域，为储能在我国电力系统中的应用奠定了技术基础。

15.3.1　国家风光储输示范工程

国家风光储输示范工程地处风、光资源丰富的张家口市坝上地区（国家批复的八个千万千瓦级风电基地之一）。计划建设 500MW 风电、100MW 光伏和 70～110MW 储能。项目实行分批建设，其中，一期工程建设 100MW 风电、40MW 光伏和 20MW 储能，投资 32 亿元，项目于 2009 年底正式开工。在一期工程完成后，将根据一期的运行效果，安排建设后期工程。

示范工程当地用电负荷量较小，必须通过高电压、远距离输电送至京津唐电网负荷中心，具备我国新能源大规模开发利用的基本特征，在破解电网接纳大规模新能源技术难题上具有典型性和代表性。项目目标是：依托"国家风光储输示范工程"，突破我国新能源规模化发展的技术瓶颈，攻克风光储联合发电系统在设计集成、容量配比、监测控制、源网协调、功率预测和规模化储能中的关键技术，开发关键装置和系统，完成工程示范应用，提高新能源发电质量和电网接纳能力，实现源网友好互动。

2011 年 12 月 25 日，国家风光储输一期工程实现并网运行，工程包括建设风电 98.5MW、光伏发电 40MW 和储能装置 20MW，并配套建设 220kV 智能变电站一座。其中，示范工程储能电站（一期）是目前世界上规模最大的多类型化学储能电站，安装磷酸铁锂电池储能装置 14MW（共 63MW·h）、液流电池储能装置 2MW（8MW·h）、钛酸锂电池 2MW（1MW·h）、胶体铅酸电池 2MW（10MW·h）。磷酸铁锂电池发挥主要作用，14MW 的磷酸铁锂储能装置实际可以实现最大出力 23MW。开发了大规模电池储能电站监控系统，实现了数十兆瓦级多类型电池储能电站的系统集成、统一调度及工程应用，解决了电池储能电站协调控制及能量管理关键问题，实现了平滑风光功率输出、跟踪计划发电、参与系统调频、削峰填谷等高级应用功能，提高了风/光伏电站发电的可预测性、可控性及可调度性。见图 15-12～图 15-15。

该储能系统在具备平抑可再生电源出力波动，跟踪可再生电源计划出力等改善接入点并网友好性功能的基础上，还可辅助进行黑启动及调峰填谷等。针对此项示范，中国相关科研机构和企业开展了储能平滑风电功率波动、跟踪计划出力等应用的容量配置、控制策略、储能本体成组、储能系统集成以及经济性评估等研究和测试工作，其中风光储输示范工程储能平滑新能源发电波动功能试验如图 15-16 所示，风光储输示范工程储能跟踪计划出力功能试验如图 15-17 所示，风光储输示范工程储能降低弃风率功能试验如图 15-18 所示。试验结果表明，风光储出力互补，联合出力波动率满足小于 7% 的系统设计目标，跟踪发电计划满足误差小于 3% 的系统设计目标，

图 15-12　国家风光储输示范工程

图 15-13　国家风光储输示范工程锂离子电池储能系统

图 15-14　国家风光储输示范工程液流电池储能系统

减少了 89％的弃风电量。

　　风光储输示范工程低弃风率应用时储能系统 SOC 和充放电倍率均值概率分布如图 15-19 所示。其中平滑功率波动时，一般倍率较低，SOC 平均在 47％～56％，充放电循环次数达到 120～150 次/日。跟踪计划出力时，电池倍率也不高，DOD（放电深度）大多小于 5％，充放电循环次数达到 10 次/日，其中 DOD 超过 10％的有 2～3 次。降低弃风率时，电池倍率不高，充放电循环次数通常为 1 次/日，SOC 多在 20％～80％。

图 15-15 中国张北风光储输示范基地的储能电站

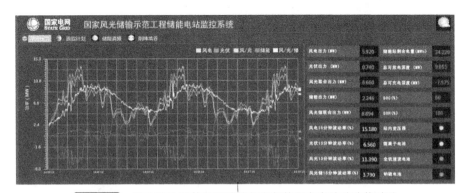

图 15-16 风光储输示范工程储能平滑新能源发电波动功能试验

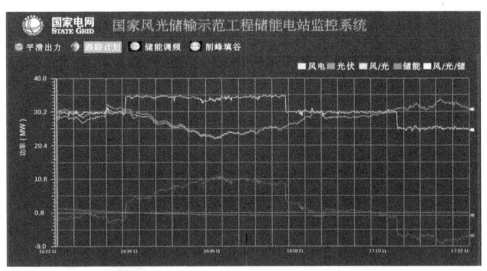

图 15-17 风光储输示范工程储能跟踪计划出力功能试验

15.3.2 深圳宝清储能电站示范工程

南方电网于 2009 年 11 月启动"10MW 级电池储能电站关键技术研究及试点"工作,建成并投运了一座调峰调频锂离子电池储能电站——深圳宝清电池储能电站(图 15-20)。该储能电站工程规模为 4MW/16MW·h,首个兆瓦级储能分系统已于 2011 年 1 月成功并网运行,可实现配电网侧削峰填谷、调频、调压、孤岛运行等多种电网应用功能。其中,比亚迪公司中标 3MW/

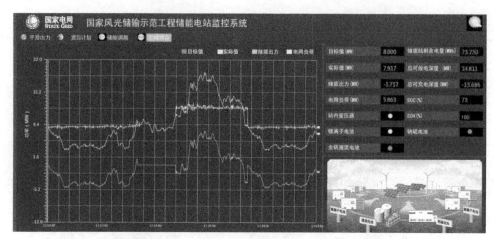

图 15-18 风光储输示范工程储能降低弃风率功能试验

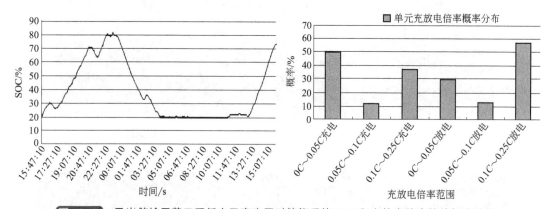

图 15-19 风光储输示范工程低弃风率应用时储能系统 SOC 和充放电倍率均值概率分布

12MW·h，中航锂电中标 1MW/4MW·h。

图 15-20 深圳宝清储能电站

储能电站以 500kW/2MW·h 储能分系统为基本单元，共分为 8 个 500kW 储能分系统，全站共安装磷酸铁锂电池 34560 只。储能电站以 2 回 10kV 电缆分别接入深圳电网 110kV 碧岭站 2 段 10kV 母线。深圳宝清储能电站储能设备见图 15-21。

图 15-21　深圳宝清储能电站储能设备

15.3.3　福建湄洲岛储能电站示范工程

我国农村、山区、海岛等配电网末端由于网架结构薄弱，常常存在季节性和时段性负荷波动造成的供电能力不足、电能质量较差、供电可靠性低的问题。以我国东南沿海的福建省为例，闽东南沿海有大量海岛，位于配网末端的用户由于受地形等地理条件限制，供电可靠性较低，且每逢台风、冻雨等自然灾害，配网故障较平常多，常常失去主网电源，加上受地形限制，配电网抢修工作极为不便，难以短时间恢复供电，易造成"大面积停电"。

福建省莆田市湄洲岛现由岛外两回 10kV 馈线供电，常会发生海缆遭受破坏的情况，供电能力缺乏。同时湄洲岛每年都有几次重要的保供电任务，每次保供电压力巨大。2013 年，福建湄洲岛建成 1MW/2MW·h 电池储能系统进行示范应用，用于改善岛内供电可靠性。电池储能系统集成方案：总体规模 1MW/2MW·h 磷酸铁锂电池储能系统，包括两套 500kW/1MW·h 储能系统，每套子系统包括总控柜 1 台，150kW·h 电池柜 7 台，每台电池柜中包含 20 个电池包，每个电池包中包含 36 块 66A·h 单体电池，单体电池以 3 并 12 串的方式组合。湄洲岛储能电站储能设备及监控系统分别见图 15-22 和图 15-23。

图 15-22　湄洲岛储能电站储能设备

15.3.4　福建安溪移动式储能电站

福建省安溪茶乡感德镇地处安溪的西北部，是安溪闻名遐迩的名茶铁观音的三大主产区。感德镇用电负荷主要为制茶叶及居民用电，季节性用电负荷突出，电网最高负荷均出现在茶叶制作高峰期。近年来，随着茶产业的迅猛发展，制茶户配套有 9～15kW 左右的三相制茶机械以及空气调节设备逐年增加，在长达数月的制茶时段里，所有机械同时运转，用电负荷可以达到平时的 8～12 倍，这样感德镇的尖峰负荷逐年大幅增加。但是同时 10kV 及以下配网新建和改造无法同步，导致制茶季节区域局部配网和台区出现低电压现象；而在非制

图 15-23 湄洲岛储能电站监控系统

茶季节，所有机械停用，用电又仅为照明用电，变压器几近空载运行。综上所述，由于茶叶制作的季节性很强，再加上安溪茶叶制作的机械化、电气化水平较高，使得感德镇用电在局部地区和某些时段内负荷过于集中，给在用电高峰期几近饱和的电网以沉重的压力。

针对这种季节性负荷突出的用电需求，2012年福建省电力公司电力科学研究院牵头实施完成了移动式储能电站的示范工程。125kW/250kW·h移动式储能装置由2个电池柜、1台125kW PCS（双向变流器，含变压器）、一套监控系统和一套UPS电源组成；125 kW/500kW·h移动式储能电站由4个电池柜、1台125kW PCS（双向变流器，含变压器）、一套监控系统和一套UPS电源组成。移动式储能装置在用电低谷时由电网向电池组充电，用电高峰期时电池组放电回馈电网，对电网进行局部削峰调谷，均衡用电负荷。125kW/250kW·h安溪移动储能电站现场见图15-24。

通过该工程项目实施，福建安溪农网试点配电台区供电能力提高40%以上，有效提高电能利用效率，提高了配电网末端供电能力，有效缓解了安溪制茶用电尖锋负荷。

图 15-24 125kW/250kW·h安溪移动储能电站现场

15.3.5　浙江岛屿微网储能示范工程

东福山岛是舟山群岛最东端住人岛——东海第一哨，面积2.95km²，常住居民约300人，居民日常用电负荷 20kW 左右，驻军用负荷 40kW 左右。居民由驻军的柴油发电机供少量照明用电，驻军的柴油发电费用昂贵，居民用电受到限制，用水主要靠现有的水库收集雨水净化和从舟山本岛运水，居民日常用水困难。

2010 年，东福山岛 300kW 风光储微网供电系统破土动工，至 2011 年 5 月初开始试运，截至目前，系统运行稳定，全岛负荷用电基本由新能源提供。由浙江省电力试验研究院设计的风光柴微网项目，包含一套日处理能力 50t/d 的海水淡化综合系统，是目前国内最大的离网型综合微网系统。东福山岛 300kW 风光储微网系统，由 300kW 储能变流器 PCS（型号 GES-300）、100kW 光伏电池组、210kW 风力发电机组、两组阀控式密封管式胶体蓄电池及 200kW 柴油发电机组成。其中光伏电池组分两路接入 PCS 直流侧，单组开口电压 754V，短路电流 67.2A；风力发电机单台额定容量 30kW，共七台，总容量 210kW；蓄电池单体额定容量 1000A·h，额定电压 2.0V，每组由 240 支单体串联组成。结构如图 15-25 所示。

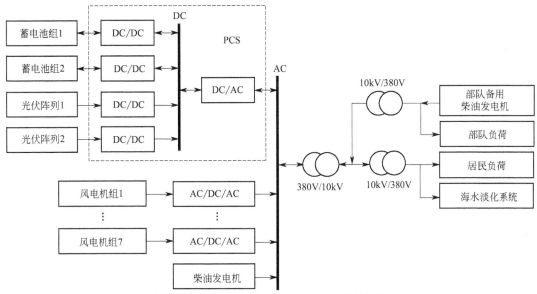

图 15-25　舟山东福山岛微网项目系统结构图

该系统是一个交直流混合型微网，为风、光、柴、储等多电源的综合应用。该系统通过储能尽量减少柴发运行时间、最大化可再生能源利用率。能量调度同时兼顾了电池使用特性，最大化电池使用寿命。

东福山岛一直以自发自供的方式维持岛上用电所需。在东福山岛风光柴储项目投运之前，岛上全部用柴油发电机供电。项目投运后，东福山岛风光柴储项目月度发电量情况如表 15-7 所示。

表 15-7　东福山岛风光柴储独立供电系统月度数据

日期 （2011 年）	电站发电 量/kW·h	风机发电 量/kW·h	光伏发电 量/kW·h	柴油机发 电量/kW·h	新能源发电占 总发电量比率/%	柴油机月 度耗油量/t
08 月	35996	11944	3334	20718	0.424436	4.97232
09 月	37384	9674	2937	24773	0.337336	5.94552
10 月	33330	10349	2904	20077	0.397629	4.81848
11 月	33257	11220	2603	19434	0.415641	4.66416
12 月	34773	14291	2889	17593	0.494061	4.22232

注：资料来源为浙江省电力公司电力科学研究院。

15.3.6　睿能石景山电厂电池储能调频应用示范

北京石景山热电厂具有 4 台 220MW 的火电机组，总装机容量为 880MW。2013 年 9 月 16

日，安装于北京石景山热电厂的 2MW 锂离子电池储能电力调频系统挂网运行，这是中国第一个以提供电网调频服务为主要目的的兆瓦级储能系统示范项目，主要目的是验证储能在电力调频领域中的商业价值。

该储能系统的功率为 2MW，容量为 500kW·h，所用电池为 A123 生产的圆柱形磷酸铁锂电池，PCS 为 ABB 生产，由 100kW 模块并联组成 2MW，统一接到 380V 交流母线上，然后经升压器并到电网，储能系统结构如图 15-26 所示。

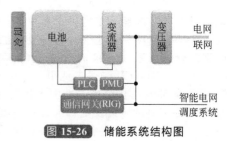

图 15-26　储能系统结构图

整个电池储能系统由变流柜和电池柜两个主要部分组成，变流柜中含有 ABB 公司 2MW 变流器和升压变压器，2MW 变流器由多台 100kW 模块变流器并联而成，电池柜由电池系统、BMS 电池管理系统、就地监控系统、冷却通风系统、消防系统组成，除此之外，还包括部分水冷机等辅机系统在室外。电池系统成组方式如图 15-27 所示。

图 15-27　电池系统成组方式

电池系统整体功率为 2MW，电池系统容量为 500kW·h，包括所有电池组、电池监控系统、电池冷却系统、消防系统等组成部分。电池采用的是磷酸铁锂电池，电池单体封装为 26500 圆柱封装，由多个电池单体组成一个电池箱，每五个电池箱与一个电池管理系统箱组成一个电池柜，多个电池柜分两组分别安装在一个集装箱内。整个集装箱里包含电池系统、电池管理系统、连接母线、断路器开关、消防设备、冷却通风设备和冷却系统的管道。整个集装箱的布线全部采用的顶部布线方式。

储能系统挂靠于此火电厂的主要作用是辅助石景山热电厂对电网进行调频，改善此火电厂的调频性能。据估计，若配置 6MW 或 10MW 的储能系统，则不需要此火电厂参与 AGC 指令跟踪，储能系统便能完全胜任。

储能系统接收到电网调度 AGC 指令后，参考火电机组出力情况来确定储能系统的出力，当储能系统能完全满足 AGC 指令要求的功率，则不需要火电厂机组调整出力；当储能系统不动作或动作也未能达到 AGC 指令要求时，则由火电厂机组调整出力以补充。

15.4　适合电力系统应用的储能技术评价

15.4.1　电力系统中储能技术的四要素

电力系统各应用领域对储能系统提出了不同的技术要求，判断一种储能技术能否在电力领域规模化应用以及在何种条件下大规模商业化应用，成为急需研究解决的问题。当前制约储能技术大规模推广的因素，主要包括技术因素、成本因素、价格机制和激励政策。

技术因素方面，大规模储能技术目前还处于发展阶段，一些影响其推广应用的重大技术瓶颈还有待突破；一是关键材料的生产制造；二是从单体或单元到大规模储能系统的稳定性、安全性等问题还有待于进一步验证。

技术因素在某种程度上也影响着储能技术的成本；一是由于尚未进行规模化生产和应用，使得生产成本较高，而成本较高反过来又制约规模化应用；二是从单体到规模应用，由于控制管理复杂、需要容量大量超配等原因，显著增加了应用成本。

大规模储能设备的成本在现有电价机制和政策环境下还不能满足商业化应用的需要。现在电网侧、发电端、用户方面越来越认识到储能技术的独特作用，储能产业也引起了诸多投资者的关注。但是由于两方面的价格政策不到位，储能产业还缺乏投资回报机制。一是峰谷电价。由于储能是在低谷时"蓄电"、高峰时"供电"，峰谷电差是投资储能基本的收入来源。以中国为例，除少数地区有零星的分时电价外，基本没有推广实施峰谷电价。二是储能电价；由于储能技术提高了发电设备（企业）的利用小时数和电能质量，增强了电网调峰能力，节省了系统投资，促进了新能源发展，又有显著的减排效果，因此对储能应该制定单独的电价政策，以补偿储能所产生的巨大经济效益和社会效益。但我国目前还没有专门的储能电价，储能的建设和运行成本在现有电价体系中还找不到疏导渠道。最后，作为新兴产业，在其起步阶段国家的资金支持和优惠政策激励也是影响储能技术发展和规模化应用的重要因素。

归纳上述关键因素，特别是技术因素和成本因素，可以提炼出规模等级、技术水平、经济成本以及设备形态这四项指标，用于判断适宜规模化发展的储能技术体系。需要说明的是，以下分析主要针对各种电能存储技术，而熔融盐蓄热储能主要用于太阳能热发电中，其应用前景和太阳能热发电技术本身密切相关，即熔融盐蓄热储能的关键技术及指标体系相对电能存储有较大不同。

（1）储能技术的规模化水平

未来广泛用于电力系统的储能技术，至少需要达到 MW 级/MW·h 级的规模，而对现有储能技术水平来说，抽水蓄能、压缩空气储能和电池储能具备 MW 级/MW·h 级的规模，而飞轮、超导及超级电容器等功率型储能技术很难达到 MW·h 量级。具体来说，抽水蓄能和大型压缩空气储能可以达到数百 MW 及数百 MW·h；电池储能和小型压缩空气储能能够达到 MW 级/MW·h。因此，抽水蓄能、压缩空气储能和电池储能等能量型储能技术将成为大规模发展的首选。

安全与可靠始终是电力系统运行的基本要求，MW 级/MW·h 级规模的储能系统将对安全与可靠性提出更高的要求。能否在此及更大规模下安全、可靠地运行，将是评价一种储能技术能否大规模化应用普及的指标之一。储能系统的安全问题与储能系统本身的材料体系、结构布局以及系统设计中所考虑的安全措施等因素相关，尤其对电池储能系统而言，由于在应用过程中往往需要通过串并联成组设计将电池单体组成电池模块及电池系统才能满足应用需求，所以电池系统内部各单体电池的性能一致性问题，也成为影响电池系统安全性与可靠性的又一个因素。可见，储能系统规模与储能系统的安全性有着必然联系。

对电池储能技术而言，电化学反应机理是安全问题第一影响要素。针对锂离子电池，虽然其反应机理存在安全问题，但随着材料技术和电池成形制造工艺水平的提高，其单电池一致性将有大幅改进空间；同时，锂离子电池的无机电解液研究及其成组技术研究的进步，也为其大规模应用带来曙光；目前国外已有数 MW 至 10MW 级的示范工程建设或投运，可见，锂离子电池储能系统 MW 级规模化应用很有前景。全钒液流电池凭借其特有的体系特性，具有良好的一致性保持能力，而且其电化学反应机理上也没有安全问题，运行特性稳定可靠，适合大规模应用。而钠硫电池的最大缺陷就在于其存在安全隐患。

（2）储能系统或储能装置的技术水平

大规模储能技术在全球都还处于发展初期，尚未形成主导性的技术路线。一些影响储能技术规模化应用的技术瓶颈还有待突破，包括储能技术规模化之后的效率、安全性、可靠性、循环使用寿命和动态响应等，要评判一种储能技术是否能够得到长久的规模化推广，首先应看该技术在主要技术指标上能否实现突破[10]。

首先，转换效率和循环寿命是两个重要参数，它们影响储能系统总成本。低效率会增加有效输出能源的成本，低循环寿命因导致需要高频率的设备更新而增加总成本。抽水蓄能、压缩空气储能、飞轮储能、超级电容器储能、液流电池储能等具有较长的循环寿命；超导磁储能、钠硫电池储能、锂离子电池储能等具有较高的储能效率；铅碳电池作为在传统铅酸电池基础上发展起来的新型铅酸电池，也有望在循环寿命上实现较大的突破。

其次，在具体应用中，影响储能系统比能量的储能设备体积和质量也是考虑因素。体积能量密度影响占地面积和空间，质量能量密度则反映了对设备载体的要求。在对土地资源要求不高的场合，如风电场，能量密度不是主要考虑因素，那么具备频繁充放电切换响应能力的全钒电池体系就可以胜任；但在电动汽车及城市商业设施等土地资源紧张的应用场所，能量密度就是重要的参考因素。锂离子电池和钠硫电池具有较好的比能量密度，其他化学电池次之，而超导、超级电容器、飞轮储能则偏低。

(3) 储能技术的经济成本

在现有电价机制和政策环境下，单就储能技术的成本来讲远不能满足商业应用。以风电应用为例，配套的储能设施单位千瓦投资成本几乎都超出了风电的单位投资成本，同时大规模化的储能系统还要考虑相应的运行维护成本。因此，所关注的规模化推广的储能技术必须具备经济前瞻性，也就是说应该具备大幅降价空间，或者从长时期来看具有一定的显性经济效益，否则很难推广普及。对于隐性经济效益，由于缺乏具体实例而暂时无法给出定量分析。对于显性效益分析，如果是削峰填谷应用，可以采用峰谷电价差收益与单位循环寿命造价两者之间的差值关系衡量该储能技术的经济性。单位循环寿命造价由单位千瓦·时储能系统造价、储能系统全周期循环寿命、储能系统的能量转换效率、储能系统运营成本以及储能系统外围平衡费用等构成。根据初步估算，当储能系统的初始投资降到 1500 元/(kW·h) 及以下，全周期循环寿命 5000 次，峰谷电价差达到 0.5 元或更高时可以达到盈亏点。如果是针对新能源接入，以风电为例，那么显性效益可以通过因配置储能系统而减小弃风量所带来的风电场发电收益与单位循环寿命造价两者之间的差值关系衡量该储能技术的经济性。

(4) 储能技术的形态

衡量一种储能技术能否得到大规模推广运用（含应用场合和单系统容量）的第四项指标应是储能系统能否以设备形态运用在电力系统中。也就是说，投入应用的储能系统应易于批量化和标准化生产，便于控制与维护，可以作为电力系统中的一类设备，而不是以工程形态出现。

在众多储能方式中，电池储能是契合设备形态需求较好的储能技术类型。原因有以下几种。一是电池单体可在工厂里批量化、标准化规模生产；二是模块化成组设计应用使得电池储能可以灵活的规模化扩容；三是其结构形式紧凑，便于选点布点，应用范围广，贯穿电力系统各个环节，满足随时随地、按需使用的需求；四是系统安装工期短，便于维护与操作。

15.4.2 储能的综合评价技术

随着储能技术的发展，评价储能系统的功能、性能、效益和价值已经成为一项必需的工作。建立包含评价指标、评价方法、评价流程和测试平台的科学、严谨、完备的储能系统检测评价体系，实现覆盖储能系统全产业链的综合评价机制和评价能力，从储能应用产业链顶端把握技术和产业发展方向，并形成一个具有约束性质的闭环评价反馈机制，有利于促进适用于电力系统的储能技术发展，引领技术进步。

(1) 储能的综合评价技术现状

目前国际上对储能系统的评价技术越来越重视，尤其是电化学储能技术，其平台是在原动力电池评价平台基础上拓展后形成的。

美国、欧洲、日本等国对电动汽车动力电池的检测与评价技术进行了多年研究，形成了比较完善的综合评价体系，该体系的评价内容主要包含内外特性、安全性、运行工况、运行效果等方面，并且建立了相应的检测方法和评价标准，推动了电动汽车技术进步、示范推广和产业发展。电动汽车动力电池检测与评价体系为储能系统综合评价体系的建立提供了重要的参考依据。

以美国为例，美国能源部（DOE）设立并开展了电动汽车技术研发与测试项目，旨在提供国家级、综合性、公正的电动汽车技术测试评价服务。该项目由美国能源部主导，通过桑迪亚国家实验室、阿贡国家实验室、西北太平洋国家实验室、爱达荷国家实验室等科研单位进行动力电池内外特性、安全性、运行工况、运行效果等方面的测试评价研究，并形成了动力电池的综合评价体系，其综合评价体系如图 15-28 所示。

国外对储能技术的评价，主要以动力电池的评价体系为参照，建立相应的检测平台和检测标准。美国能源部在桑迪亚国家实验室安全性评价的基础上扩展了储能应用性评价研究，在阿贡国

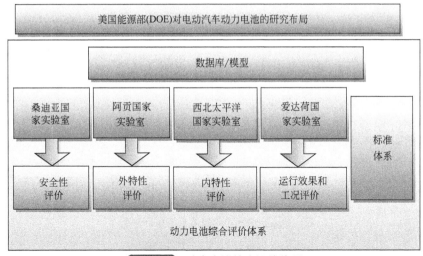

图 15-28 动力电池综合评价体系

家实验室外特性测试和评价的研究基础上扩展了储能运行工况的评价研究,在西北太平洋国家实验室的内特性测试和评价基础上扩展了关于储能系统的适用性评价研究,在爱达荷国家实验室运行效果和工况测试及评价的基础上扩展了关于储能系统的运行效果和工况评价研究;同时,增加了可再生能源国家实验室进行储能系统的并网特性和适用性评价研究。美国能源部对储能技术研究布局见图 15-29。

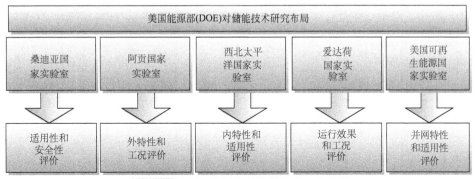

图 15-29 美国能源部对储能技术研究布局

欧洲各国对储能技术的发展相对较晚,其制定的储能评价指标主要针对的是储能系统的经济效益性;而日本的储能技术相对发展较快,其评价技术的发展与储能技术发展同步,在日本新能源产业技术综合开发机构(NEDO)的支持下,日本 NGK 公司除了开发钠硫电池储能技术外,同期还进行了钠硫电池的系统测试、经济性与安全性评价;住友电工株式会社在北海道建成 4MW/6MW·h 的液流电池储能系统示范工程,进行储能系统提高风电场平滑、调峰等并网性能评价研究。

(2)储能的综合评价指标

储能技术综合评估是一个复杂的体系,技术评估的内容涉及电性能、安全性、工况适用性、管理系统有效性、经济性等多个方面,涉及多个评估参量的权重和取值原则,是一个综合性评估体系。其评估对象也可能是多层级的,以电池储能为例,其包含单体、模块、系统等不同层级的对象。对电池储能系统来说,基本单元是单体,主要通过电性能和安全性评估反映其技术先进性;模块是电池储能系统中最小可控单元,主要通过评估其管理有效性、安全性、基本工况适用性能反映技术先进性和适用性;储能电池系统是直接应用对象,主要通过评价监控管理系统功能、技术经济性、实际工况适用性反映其技术适用性和经济性。

储能技术综合评估虽然是一个复杂体系,但其基本评价要素可以归纳为:电性能、安全性、经济性、工况适用性。

电性能是从并网的角度对储能系统的外部电气特性进行评估，包括储能系统的充放电容量、电气量输出响应速度、电气量控制精度等。目前，关于电力储能系统的检测标准多针对其电性能。如 NB/T 33015—2014《电化学储能系统接入配电网技术规定》及 NB/T 33016—2014《电化学储能系统接入配电网测试规程》中，对储能系统的电压/频率异常响应、有功无功调节能力、能量存储、电能质量等电性能进行了规定。

安全性是储能技术应用中的一项重要评估内容，主要对储能技术在应用中的安全性进行度量或评测，通过对储能应用中存在的安全风险因素进行辨识和分析，确认储能电池出现安全问题的可能性及严重程度，据此提出储能电池安全性的检测分析方法。近年来一系列工程示范建设已充分验证了大容量电池储能技术在电网中的电学适用性和工程可行性，但安全性方面的检测、评估技术和标准化体系建设仍然缺失，也是后续示范工程建设面临的重大挑战。

表 15-8　储能本体技术经济指标预测

技术类型	2015 年			2020 年			2030 年		
	成本	寿命	效率	成本	寿命	效率	成本	寿命	效率
抽水蓄能	4000 元/千瓦	30~50 年	60%~75%	3500 元/千瓦	30~50 年	75%~80%	3000 元/千瓦	30~50 年	80%~85%
压缩空气	4500 元/千瓦	30~50 年	50%~70%	3500 元/千瓦	30~50 年	60%~75%	2500 元/千瓦	30~50 年	70%~80%
飞轮储能	3000 元/千瓦	15 年	85%	2500 元/千瓦	25 年	85%	2000 元/千瓦	20~30 年	85%~90%
钠硫电池	5000 元/(千瓦·时)	2000 次	85%~90%	4500 元/(千瓦·时)	4000 次	90%	3000 元/(千瓦·时)	6000 次	95%
液流电池	6000 元/(千瓦·时)	12 年	70%	4000 元/(千瓦·时)	15 年	80%	2500 元/(千瓦·时)	20 年	85%
锂离子电池	2000 元/(千瓦·时)	3000 次	85%~90%	1500 元/(千瓦·时)	6000 次	88%~95%	800 元/(千瓦·时)	12000 次	95%
铅碳电池	6000 元/(千瓦·时)	2000 次	85%~90%	3000 元/(千瓦·时)	5000 次	85%~90%	1000 元/(千瓦·时)	10000 次	90%~95%
超导储能	3000 元/千瓦	10 年	90%	2500 元/千瓦	15 年	95%	1500 元/千瓦	20 年	98%
超级电容器	2500 元/千瓦 10000 元/(千瓦·时)	10 万次	90%	2000 元/千瓦 8000 元/(千瓦·时)	15 万次	95%	1200 元/千瓦 5000 元/(千瓦·时)	20 万次	98%
氢储能	10000 元/(千瓦·时)	12 年	50%	8000 元/(千瓦·时)	15 年	60%	4000 元/(千瓦·时)	20 年	70%~80%

经济性是决定一项新兴技术能否推广普及的重要因素之一。技术先进性与经济适用性两者兼顾，才能促进技术的发展。单位经济评估主要包括支出与收益，同时还涉及外部政策和外部价格因素。循环寿命或单位电量成本是衡量储能成本的重要参数，随着技术的进步和推广，储能的成本在不断下降中，在经济性分析中对储能成本进行敏感性分析是必要的。表 15-8 给出了当前各类型储能的经济性水平和未来的预测。我国已持续支持一批储能技术领域的研究及示范工程建设，积累了大量工程实施经验和实测运行数据，同时获取了宝贵的项目投资及收益样本，并在工程的功能实现、实施路径、技术运行等方面得到了示范验证。同一储能系统，在不同应用场景下的经济性可能存在较大差异，在当前条件下，为储能找到一定市场空间的应用领域，对促进产业的发展有着重要意义。

工况适用性是一项针对实际应用场景的重要评估技术，主要评价储能电池在不同电网应用场合的适配性。实际工况中，通常对储能的质量能量密度、体积能量密度以及设备形态有一定的要求。同时，相对于实验条件，在实际工况下，储能系统的电性能、安全性能和健康（寿命）状态可能发生显著的变化。工况主要包括储能应用的环境条件和充放电过程特性。对于后者，需要进行一定统计的和数据挖掘工作。以电动汽车动力电池工况曲线为例，其动态应力测试曲线（dynamic stress test，DST）从美国联邦城市运行工况（FUDS）简化而来。如图 15-30 所示。对于

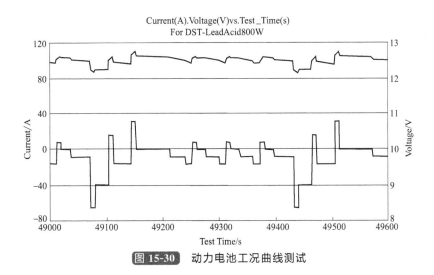

图 15-30　动力电池工况曲线测试

储能在电力系统的工况，其应用场景更加丰富，受外部条件和内部控制策略等因素影响较大，使得其工况特性难以提取，图 15-31 为实测的储能在平滑风电功率波动的工作曲线。目前仍没有公认的针对储能在电力系统应用工况的测试曲线，储能的工况适应性评估工作较为困难。

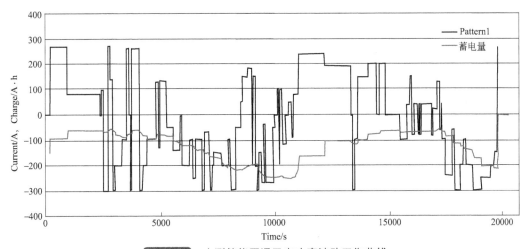

图 15-31　实测储能平滑风电功率波动工作曲线

　　在储能综合评价技术研究工作中，前期重点是基本电学性能研究与评价，经济性、安全性、工况适应性评价指标和方法有待完善。建立储能综合评价体系，优化工程配置和控制策略，指导装置设计和性能改进，对推动储能产业进步有着重要的意义。

15.5　储能在电力系统应用中的发展趋势和重点研发方向

　　2015 年 4 月，国家发展和改革委员会发布了《中国 2050 年高比例可再生能源发展情景暨路径研究》，该研究以环境约束倒逼能源生产和消费方式变革，提出了 2050 年可再生能源在能源消费中的比例达到 60％以上，占总发电量的比例达到 85％以上。2050 年，全国装机容量达到 71 亿千瓦，其中煤电 8.8 亿千瓦、天然气发电 2.2 亿千瓦、核电 1 亿千瓦、水电 5.5 亿千瓦、风电 24 亿千瓦、太阳能发电 27 亿千瓦、抽水蓄能 1.4 亿千瓦、化学储能 1.6 亿千瓦。

　　大规模储能技术的应用是高比例可再生能源发电情景下的必然需求，但其市场发展过程将受到电价政策环境以及储能自身技术经济水平的制约。

15.5.1　储能在电力系统中的应用趋势

储能技术在电力系统中应用，既要满足电力系统的需求，又要注重利用储能技术本身的优点和特点，应充分考虑与其他电力系统技术结合，发挥各自优势。随着技术经济性的提升，未来储能在电力系统中应用的范围和规模将进一步扩大，功能将更加丰富。其应用将呈现以下趋势。

（1）从可再生能源发电本地应用向系统级应用发展

随着可再生能源发电比例的不断提高及大规模可再生能源基地的形成，储能从平抑可再生能源输出功率波动、减少预测误差等本地应用，正逐渐向系统级的应用发展，如参与系统频率调节、削峰填谷、提高输配电设施的利用率等，通过上述系统级应用，实现储能资源的共享，在规划和运行层面增强电网接纳可再生能源发电的能力。

（2）单点单类型储能向多点多类型储能的综合利用发展

在已有的工作中，通常仅对某个地点某种类型的储能进行利用。不同类型储能系统具有不同的功率与容量特性，可满足电网从动态、暂态到稳态的应用需求。随着储能向系统级的应用发展，需要以广域电网的安全稳定和经济性为目标，对不同接入点多种形态的储能进行统筹控制和协调调度，并对储能在电网中的布点和选型进行优化，实现不同点多类型储能的综合利用。

（3）功能性示范到需求导向型应用发展

目前，储能的示范工程以展示新型储能技术，并对其技术适用性进行评估为目的。随着可再生能源发电比例的快速增长，电网对储能需求越来越迫切，未来储能应用将更多从电网切实功能需求出发，基于各类型储能技术的特性评估，明确储能的作用，选择适用的储能技术，使大规模储能成为电网运行中的重要组成部分。

为了应对我国大规模可再生能源发电送出和消纳的迫切问题，应从电力系统规划和运行角度，进行储能建模、选址、配置和调度方法等方面的研究。目前，国内外均缺乏上述相关工作，亟须对相关基础理论和关键技术展开深入研究。

（4）储能支撑多能源高效融合利用的作用日益显现

能源生产者、消费者和二者兼具的能源生产消费者，分层分散接入，种类繁多，构成城市能源局域网，能源管理和控制运行呈现出分散自治和集中协调相结合的模式。储能应用场景日益丰富，作用时间覆盖从秒级到小时级，由单一功能向融合多能源以及新型用电方式等多元复合功能过渡。紧凑型、模块化、响应快是储能装置的发展方向。

随着用电需求多样化，不同电压等级下交直流用户共存，通过储能实现终端用户供用电关系转换、用能设备的能量缓冲、灵活互动以及智能交互是技术主流。储能系统汇聚效应在电动汽车V2G运行模式已得到初步显现，随着分散式储能系统的规模化普及，在新能源接入、用户互动等方面的聚合作用会逐步凸显。

储能技术是学科交叉性强、技术环节多、产业链较长的具有战略意义的前沿技术，这也决定了储能技术研发过程的长期性和持续性。为了推动储能技术的研发与应用，应建立面向规模化工程应用需求的储能装置本体基本特性、工况适用性、安全性的综合评价体系，形成完备的综合评估方法和流程，并开发高效、准确的运行数据收集、发掘技术。通过评估结果反馈指导储能技术开发和完善，同时也为示范工程的建设和运行提供前期技术准入保障、运行监控与安全保障、在线监测与检测技术保障。

最后，还要建立促进储能推广应用的价格体系，研究制定鼓励应用储能的体制和政策，如建立上网峰谷电价、储能电价、补偿机制等配套电价机制，鼓励发电商、用户端或第三方储能企业等投资建设储能装置，促进储能站建设与电源、电网建设的良性互动发展。

15.5.2　储能技术发展新机遇

至2014年底，我国电力储能项目累计装机容量为84.4MW（不含抽蓄、压缩空气和储热）。锂离子电池的装机占比最大为74%，其次是铅酸蓄电池和液流电池，分别是14%和10%。应用上看，用户侧领域的装机占比达到 50％，多为海岛、偏远地区的微电网项目等。

2014 年以来，能源互联网概念的形成及电力体制改革的开启，为储能在我国的规模化应用创造了机遇。

（1）能源互联网

当前，互联网技术已涉及社会经济的各个领域，其与能源体系的融合，引发人们对"能源互联网"的思考。能源互联网以电力网络为基础，与网络通信技术紧密融合，以可再生能源为主要能源利用形式，实现电能、热能、化学能等能量的共享网络。

对于电网企业，去中心化和扁平化的分布式发电是能源互联网中电力供应的重要形式。2015 年 4 月，国家能源局首次召开互联网工作会议，明确能源局将进行国家能源互联网行动计划的制定，该计划包括分布式能源、微电网、需求侧管理、合同能源管理、基于数据服务的商业模式等内容。

储能是能源互联网中的重要组成部分，首先，储能是实现分布式能源、微电网广泛应用的基础。在未来的能源互联网中，大量分布式电源广泛存在，可再生能源的就地利用需要储能技术的支持。其次，储能打破了电力实时平衡的瓶颈，提高了电力供应和消费的灵活性，实现电力能源互联共享，必须有电力储能技术的支持。在能源互联网中，储能还是各种能源交互转换的关键设备，如储氢技术的发展将天然气、供热系统与电力紧密联系在一起[9]。

能源互联网的发展为储能提供了广阔的作用空间，当前对能源互联网还有着不同的理解，随着能源互联网研究的逐渐推进，储能在能源互联网中的作用形式将逐渐明晰，应用范围和应用价值也将不断体现。

（2）电力体制改革

2015 年 3 月国务院下发了《关于进一步深化电力体制改革的若干意见》（简称 9 号文），推进电价、配售电、电力交易机制、发电售电等多方面的改革，推动我国电力市场化方向发展，逐步形成发电和售电价格由市场决定、输配电价由政府制定的价格机制。9 号文发布后，发改委在可再生能源、需求侧管理、输配电改革等方面又密集出台了一系列政策，作为 9 号文的配套实施细则。在电力体制改革下，电力市场化交易机制、发电和售电企业的多元化发展、需求侧管理手段的革新都为储能的应用提供了契机。发售电侧放开，民营资本参与配售，有利于储能技术的商业化应用。

在电力体制改革的推动下，储能在可再生能源并网领域、大型工商业用户、微电网以及辅助服务市场中将有望得到商业化应用。

15.5.3　重点关注和攻关的储能技术类型

国家高技术研究发展计划（863 计划）"高性能电池关键材料技术重大项目"中，明确列出了我国在 2020 年之前，针对锂离子电池、全钒液流电池等的研究方向、预期目标以及效益分析，并给出了关于电池技术的参考数据（参见表 15-9）。

表 15-9　储能电池的发展战略目标

电池种类	2012 年	2015 年
锂离子电池	全充放电寿命≥3000 次，成本≤1.8 元/（瓦·时）	全充放电寿命≥5000 次，成本≤1.5 元/（瓦·时）
全钒液流电池	成本≤15000 元/千瓦	成本≤8000 元/千瓦

日本在 2009 年发布的关于储能电池的技术发展路线如图 15-32 所示，其中重点关注锂离子电池、钠硫电池和全钒液流电池。

在美国能源部（DOE）于 2010 年底发布的关于储能技术应用研究的最新报告中，也针对各种储能技术，详细提出在未来 5～20 年中的技术发展方向与投资成本目标等，如表 15-10 所示为美国 DOE 关于各种电池技术的成本预期目标，并确定超级铅酸与先进铅酸电池、锂离子电池、硫基电池、液流电池、功率型储能电池以及金属空气电池、液体金属电池、锂硫电池、先进压缩空气等作为其重点关注的储能技术类型。

表 15-10 美国 DOE 关于各种电池技术的成本预期目标

电池类型	预期成本				备注
	2012 年	2014 年	2020 年	2030 年	
锂离子电池	500 美元/(千瓦·时)	300 美元/(千瓦·时)	125 美元/(千瓦·时)	—	在 2030 年前实现 DOD 为 80％时循环寿命 10000 次
NaS 电池	3000 美元/千瓦	—	2000 美元/千瓦	1500 美元/千瓦	—
全钒液流电池	—	200～250 美元/(千瓦·时)	150～200 美元/(千瓦·时)	100～150 美元/(千瓦·时)	—

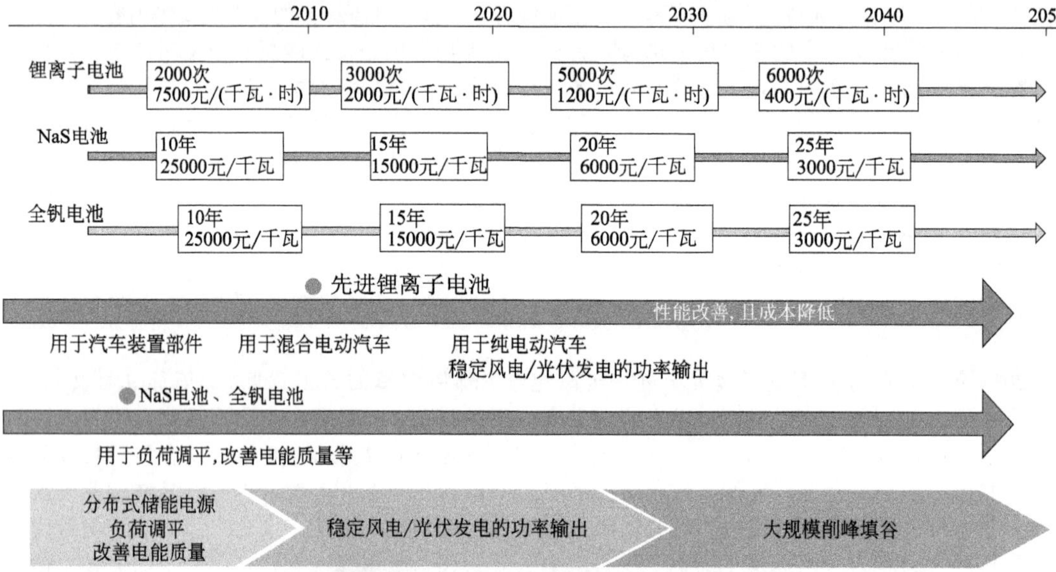

2010　2020　2030　2040　2050

锂离子电池　2000次 7500元/(千瓦·时)　3000次 2000元/(千瓦·时)　5000次 1200元/(千瓦·时)　6000次 400元/(千瓦·时)

NaS电池　10年 25000元/千瓦　15年 15000元/千瓦　20年 6000元/千瓦　25年 3000元/千瓦

全钒电池　10年 25000元/千瓦　15年 15000元/千瓦　20年 6000元/千瓦　25年 3000元/千瓦

● 先进锂离子电池

性能改善,且成本降低

用于汽车装置部件　用于混合电动汽车　用于纯电动汽车 稳定风电/光伏发电的功率输出

● NaS电池、全钒电池

用于负荷调平,改善电能质量等

分布式储能电源 负荷调平 改善电能质量　稳定风电/光伏发电的功率输出　大规模削峰填谷

图 15-32　NEDO 主要储能技术发展路线图

　　根据上述适合规模化应用的四项评价要素,结合日本、美国等关于储能技术的研究规划和技术路线图,得出电力系统应用重点关注的储能技术如图 15-33 所示。其中,锂离子电池应该重点攻关突破,液流和铅碳应该重点关注并开展相关研究,熔融盐蓄热和氢储能应积极关注并适时切入,钠硫电池和压缩空气、飞轮、超级电容器及超导磁储能应该跟踪并把握发展动态。

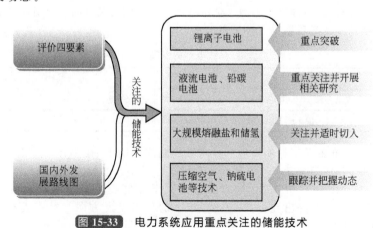

评价四要素

国内外发展路线图

关注的储能技术

锂离子电池　重点突破

液流电池、铅碳电池　重点关注并开展相关研究

大规模熔融盐和储氢　关注并适时切入

压缩空气、钠硫电池等技术　跟踪并把握动态

图 15-33　电力系统应用重点关注的储能技术

　　根据以上分析,预测并描绘出电力系统储能技术发展及应用路线,如图 15-34 所示。

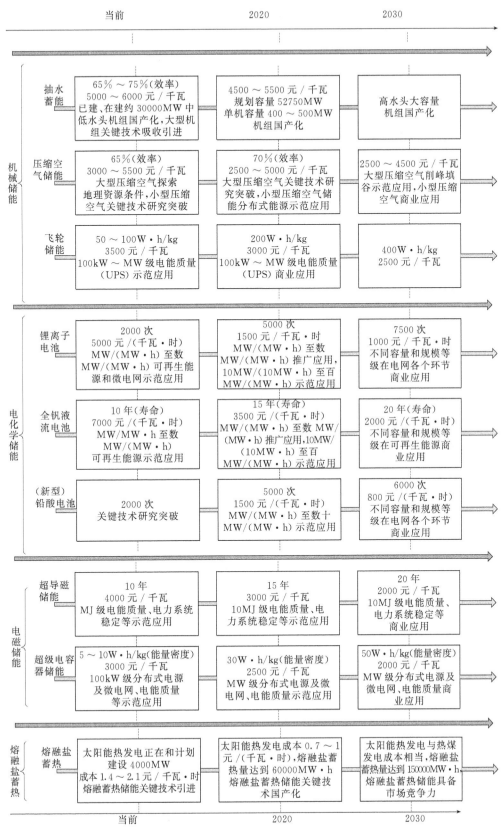

图 15-34 电力系统储能技术发展及应用路线

对于抽水蓄能，中国抽水蓄能电站的土建设计和施工技术已经处于世界先进水平，机组的设备国产化进程正在加快，设备安装水平正在大幅度地提高。从技术、设备和材料等方面来看，已经不存在制约抽水蓄能电站快速发展的因素。抽水蓄能电站的技术路线主要体现在机组设备国产化制造方面。

对于压缩空气储能技术，常规压缩空气储能技术上比较成熟，但存在对大型储气室、化石燃料的依赖等问题，必须在地形条件和供气保障的情况下才可能得到大规模应用，未来发展主要是探索适宜建设压缩空气储能电站的地理资源。小型压缩空气储能系统结构简单，功能灵活，能够摆脱传统压缩空气储能系统对地形的依赖，可以用于备用电源和分布式供能系统等，未来可开展相应的示范应用，对其功能、性能等做进一步的探索、验证和评估。另外，根据国家工商联储能专委会《储能产业白皮书2010》预测，由于常规压缩空气储能系统已商业运行30余年，其设计、加工、安装和运行均比较成熟，其成本在未来短期内大幅下降的可能性很小，将保持在每千瓦2500～5500元的水平。

对于电化学电池储能，根据前面的分析，传统铅酸电池和镍氢电池很难满足以可再生能源发电为代表的大规模储能应用领域的需求，钠硫电池、钠-氯化镍电池、锂-硫电池和锂-空气电池的应用前景还不明确，而锂离子电池、全钒液流电池和铅碳电池等新型铅酸电池在未来的10～20年间将逐步满足电力系统的要求，并进入广泛的示范应用阶段，技术路线图给出了这三种电池储能当前以及2020年和2030年的寿命与成本预期目标。

对于飞轮储能、超导磁储能和超级电容器等功率型储能技术，未来的发展目标主要是不断地提高能量密度以及降低成本，技术路线图中重点给出了其能量密度的预期目标。

对于熔融盐蓄热储能，其未来发展和应用与太阳能热发电密切相关。由于我国太阳能资源丰富的西部地区受地理条件、气候特征限制，存在低温下的熔融盐工质保温等技术难题，因此熔融盐蓄热储能的应用规模具有相当的不确定性。目前的太阳能热电站一般都采用蓄热和化石能源发电互补的方式实现24h的连续运行，其中熔融盐蓄热维持满负荷发电的时间在3～8h。对于一个50MW的槽式太阳能热电站，维持太阳下山后连续发电7.5h需要的蓄热量大约是1000MW·h。按照这种配置方式，结合我国太阳能热发电的相关发展规划，技术路线图给出了熔融盐蓄热在我国太阳能热发电站中的应用情况：在2020年熔融盐蓄热量将达到60000MW·h，在2030年将达到150000MW·h，届时，熔融盐蓄热及太阳能热发电也将开始具备市场竞争力。

总之，从上述路线图可以看出：在近10年内，电力系统大规模储能技术仍然主要依靠抽水蓄能。在10～20年之间，电化学储能中的锂离子电池、液流电池和铅酸电池将逐渐发挥重要作用并进入商业应用阶段，飞轮储能将在电能质量方面实现商业应用。到2030年，超导将在电能质量、电力系统稳定方面商业应用，超级电容器储能将在电能质量、微电网方面商业应用；小型压缩空气储能将在储能领域占有一席之地，大型压缩空气将在具备地理条件的地区示范应用，而熔融盐蓄热也将和太阳能热发电一起开始具备市场竞争力。

参 考 文 献

[1] 杰里米·里夫金. 第三次工业革命. 张体伟，孙毅宁译. 北京：中信出版社，2012.
[2] 周孝信. 新能源变革中电网和电网技术的发展前景. 华电技术，2011，33（12）：1-4.
[3] 张文亮，丘明，来小康. 储能技术在电力系统中的应用. 电网技术，2008，32（7）：1-9.
[4] 程时杰，文劲宇，孙海顺. 储能技术及其在现代电力系统中的应用. 电气应用，2005，24（4）：1-8，19.
[5] 陈建斌，胡玉峰，吴小辰. 储能技术在南方电网的应用前景分析. 南方电网技术，2010，4（6）：32-36.
[6] 卢强，戚晓耀，何光宇. 智能电网与智能广域机器人. 中国电机工程学报，2011，31（10）：1-5.
[7] 温兆银，俞国勤，顾中华，何维国，等. 中国钠硫电池技术的发展与现状概述. 供用电，2010，27（6）：25-28.
[8] 张浩，吴贤章，相佳媛，曹高萍，陈建. 超级铅蓄电池研究进展. 电池工业，2012，173：171-174.
[9] 刘芸. 绿色能源氢能及其电解水制氢技术进展. 电源技术，2012，36：1579-1581.
[10] 陈海生. 主要储能系统技术经济性分析. 工程热物理纵横，2012.

第16章 储能技术在核电系统中的应用

16.1 核电系统概述及其对储能的需求

据统计，2012年世界一次能源消费总量为124.766亿吨油当量，其中石油、天然气、煤炭、核能、水电、其他可再生能源的比例分别为33.1%、23.9%、29.9%、4.5%、6.7%、1.9%[1]。作为新能源的代表，核电具有环境影响小、能量密度高、经济性良好、安全性能高等特点，日渐成为人类使用的重要能源之一，逐渐成为电力工业的重要组成部分，与火电、水电并称为世界三大电力供应支柱。

2013年全国累计发电量为52451.1亿千瓦·时，核电累计发电量为1107.1亿千瓦·时，约占全国累计发电量的2.11%，如图16-1所示[2]。与燃煤发电相比，核电相当于减少燃烧标准煤3587.00万吨［根据我国电监会发布的数据，2012年我国供电煤耗为324g标准煤/（kW·h）计算］，减少排放二氧化碳9397.95万吨，减少排放二氧化硫30.49万吨，减少排放氮氧化物26.54万吨（按照工业锅炉每燃烧1t标准煤产生二氧化碳2620kg，二氧化硫8.5kg，氮氧化物7.4kg计算）。

图16-2为近二十年来我国核电发电量的变化汇总图[3]，从1995年至2013年我国核电发电量增长了9倍多。

16.1.1 核电系统概述

核电系统即利用核能发电的系统，核电是指利用核裂变或者核聚变所释放的能量进行发电。

（1）核能与核反应堆

核能获得的途径主要有两种，即核裂变与核聚变。目前，核裂变发电已经达到工业应用规模；而核聚变即受控热核反应，需要在1亿摄氏度的高温下才能进行，由于所需条件十分苛刻，所以迄今尚未实现工业化和大规模应用的水平。

① 核裂变。核裂变是由莉泽·迈特纳、奥托·哈恩及奥托·罗伯特·弗里施等科学家在1938年发现的，是指一个原子序数较大的原子核，即重原子核（如铀或钍），分裂成两个或多个原子序数较小的原子核，即轻原子核的一种链式反应。具体来说，就是重核原子经中子撞击后，分裂成两个较轻的原子，同时释放出数个中子，并且以γ射线的方式释放光子。释放出的中子再去撞击其他的重核原子，从而形成链式反应而自发分裂，如图16-3所示[4]。原子核裂变时释放出中子的同时，会释放出大量的热，核电站以及原子弹的能量均来源于此。早期原子弹应用^{239}Pu为原料制成，而^{235}U裂变在核电站中最为常见。

例如，当用一个中子轰击^{235}U的原子核时，^{235}U的原子核就会分裂成两个轻原子核，如^{95}Mo和^{139}La，同时产生两个中子和β、γ射线等，并释放出约200MeV的能量。如果其中产生的一个新中子去轰击另一个^{235}U原子核时，便引起新的裂变。如此反复，核裂变反应不断地持续下去，从而形成裂变链反应，与此同时，核能也连续不断地释放出来。核裂变反应形式多样，产生的物质也各不相同。式（16-1）为核裂变反应的一个方程式。

$$^{235}_{92}U + ^{1}_{0}n \longrightarrow ^{95}_{42}Mo + ^{139}_{57}La + 2^{1}_{0}n + 7^{0}_{-1}e \tag{16-1}$$

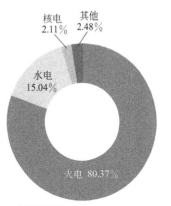

核电 2.11%　　其他 2.48%

水电 15.04%

火电 80.37%

图 16-1 2013年全国发电量统计分布图
（未含台湾地区）

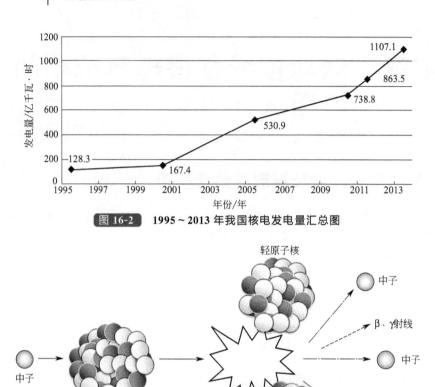

图 16-2　**1995~2013 年我国核电发电量汇总图**

图 16-3　核裂变反应图

② 核聚变。核聚变是指将两个较轻的原子核结合，形成一个较重的原子核和一个很轻的原子核（或粒子）的一种核反应形式。但由于原子核带正电，彼此间互相排斥，彼此难以接近。为了克服排斥力，就必须适当地控制温度、密度和封闭时间。由于提高物质的温度可以使原子核剧烈转动，因此温度升高，密度变大，封闭的时间越长，彼此接近的机会越大。

举例来讲，两个小质量的原子，如氘和氚，在一定条件下（如超高温和高压）会发生原子核互相聚合作用，生成中子和 ^{4}He，并伴随着巨大的能量释放，如图 16-4 所示[4]。核聚变反应的反应方程式只有下式一种，生成物也是固定的。

$$_1^2 H + _1^3 H \longrightarrow _2^4 He + _0^1 n \tag{16-2}$$

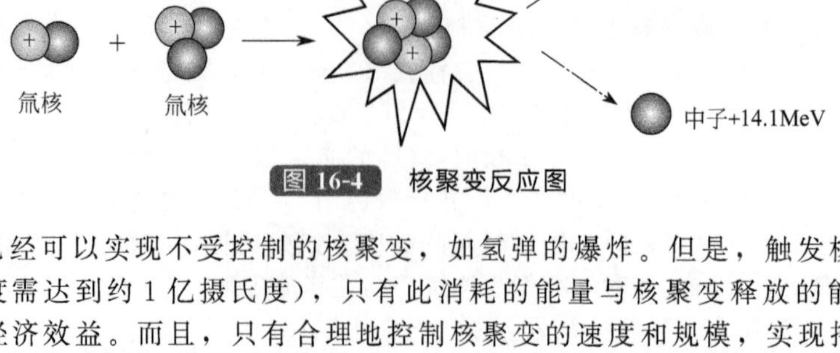

图 16-4　核聚变反应图

目前人类已经可以实现不受控制的核聚变，如氢弹的爆炸。但是，触发核聚变反应必须消耗能量（温度需达到约 1 亿摄氏度），只有此消耗的能量与核聚变释放的能量达到一定比例时，才具有经济效益。而且，只有合理地控制核聚变的速度和规模，实现持续、平稳的能量输出，能量才可被人类有效利用。科学家正努力研究如何控制核聚变，目前主要的可控制核聚变的方式包括超声波核聚变、激光约束核聚变、磁约束核聚变。

根据 2014 年 2 月 12 日英国科学期刊《自然》电子版，美国能源部所属国家研究机构 LLNL（Lawrence Livermore National Laboratory，劳伦斯利福摩尔国家实验室）的研究团队首次确认，使用高功率激光进行的核聚变实验，从燃料所释放出来的能量超出投入的能量[5]。这使得核聚变的和平利用及规模生产有望成为现实。

③ 核反应堆及其分类。核反应堆是一种启动、控制并维持核裂变或核聚变链式反应，实现核能转化为热能的装置。在反应堆之中，核裂变或核聚变的速率可以得到精确的控制，其能量能够以较慢的速度向外释放，供人们利用。

在反应堆里，热能主要有以下三个来源：一是反应碎片通过和周围原子的碰撞，把自身的动能传递给周围的原子；二是裂变反应产生的 γ 射线被反应堆吸收，转化为热能；三是反应堆的一些材料在中子的照射下被活化，产生一些放射性的元素。这些元素的衰变能转化为热能。这种衰变能会在反应堆关闭后仍然存在一段时间[6]。

核反应堆是核电站的心脏，核裂变链式反应就在其中进行。反应堆的类型繁多，因此有各种不同的分类标准，而在核电工业中更多的是按照冷却剂和慢化剂进行分类的，如表 16-1 所示[7]。表 16-1 中，轻水反应堆中的压水堆是目前技术最成熟、应用最广泛的堆型。截至 2014 年 2 月，我国（含台湾地区）建成运行的 21 台机组中，除 2 台重水堆机组、1 台快堆外，其余都是压水堆；在建的 28 台机组中，除 1 台高温气冷堆外，其余也都是压水堆。另外，出口巴基斯坦的（建成 2 台，在建 2 台）都是压水堆[8]。

表 16-1 核反应堆的分类

分类标准	名称	概念、分类或用途
中子能量	快中子堆（FWR）	中子能量大于 1MeV
	中能中子堆	中子能量大于 0.1eV 小于 0.1MeV
	热中子堆	中子能量大于 0.025eV 小于 0.1eV
冷却剂和慢化剂	轻水堆	压水堆（PWR）、沸水堆（BWR）
	重水堆	压力管式、压力容器式、重水慢化轻水冷却堆
	有机堆	重水慢化有机冷却堆
	石墨堆	石墨水冷堆、石墨气冷堆
	气冷堆	天然铀石墨堆、改进型气冷堆（AGR）、高温气冷堆、重水慢化气冷堆
	液态金属冷却堆	熔盐堆、钠冷快堆
堆芯结构	均匀堆	堆芯核燃料与慢化剂、冷却剂均匀混合
	非均匀堆	堆芯核燃料与慢化剂、冷却剂呈非均匀分布，按要求排列成一定形状
用途	生产堆	生产 Pu、氚以及放射性同位素
	发电堆	生产电力
	动力堆	为船舶、军舰、潜艇提供动力
	实验堆	开展燃料、材料的科学研究工作
	增殖堆	新产生的核燃料（^{239}Pu、^{233}U）大于消耗的（^{239}Pu、^{233}U、^{235}U）

（2）核电站及其分类

核电站是利用核裂变或核聚变反应产生的能量转变成电能的设施，其以核反应堆来代替火电站的锅炉，以核燃料在核反应堆中发生特殊形式的"燃烧"产生热量，用以加热水，使之变成蒸汽，蒸汽通过管路进入汽轮机，推动汽轮发电机发电。由于控制核聚变的技术障碍，目前商业运转中的核能发电厂都是利用核裂变反应发电。核电站的分类主要依据反应堆的堆型，按堆型分类世界上已投入运行的核电站共有以下五种。

① 压水堆核电站。压水反应堆属于轻水堆，利用轻水（普通水，H_2O）作为冷却剂和中子慢化剂，运行压力通常保持在 12～17 MPa 的水平[4]。压水堆核电站一般由核蒸汽供应系统（即一回路系统）和汽轮发电机系统（即二回路系统）组成。其中汽轮机发电机系统部分也称为"常规岛"，它与火电站相类似。核蒸汽供应系统也称"核岛"，这是与火电站不同的地方，主要由压水反应堆、蒸汽发生器、主泵、稳压器和冷却剂管道等组成[9]。如图 16-5 所示[10]。目前，压水

堆是世界上比较成熟的堆型。

压水反应堆由压力壳、堆芯、堆芯支承构件及控制棒驱动机构组成。反应堆运行时，主泵将高压冷却剂（普通水）由压力容器顶部附近送入反应堆，冷却剂从外壳与堆芯围板之间自上而下流到堆底部，然后由下而上流过堆芯，带走核裂变反应放出的热量。之后，冷却剂流出反应堆，进入蒸汽发生器，通过其内上千根传热管，把热量传给管外的二回路水，使之沸腾产生蒸汽，推动汽轮机发电，经过热交换后一回路的冷却剂再由主泵送回反应堆。如此反复循环，反应堆中的热量不断地转换产生蒸汽，以进行发电。

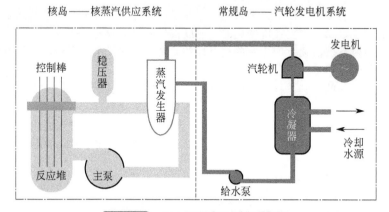

图 16-5 **压水堆核电站发电示意图**

② 沸水堆核电站。沸水堆和压水堆一样，都属于轻水堆，以去离子水作为冷却剂和中子减速剂。反应堆堆芯进行的核裂变会产生热能，加热冷却水变为高压蒸汽，从而驱动涡轮机，然后通过发电机转换为电能。离开涡轮机的蒸汽，经过冷凝器凝结为液态水后，回流至反应堆堆芯，完成一个循环。如图 16-6 所示[4]。

沸水堆工作压力为 5～7MPa，相当于压水堆工作压力的一半，显著提高了反应堆的安全性，降低了造价，同时沸水堆直接产生蒸汽，省去了蒸汽发生器和稳压器，提升了核电站的工作可靠性；沸水堆与压水堆相比，省了二回路系统，而采用单一循环回路，使得循环工质的流量大幅度减少，降低了循环消耗功率，提高了经济性。但由于沸水堆的循环系统直接连接堆芯和涡轮机，因此可能造成涡轮机受到放射性污染，给设计和维修带来困难。

③ 重水堆核电站。重水堆使用天然铀作为燃料，以重水为慢化剂。重水，即一氧化二氘，化学式为 D_2O，可以使中子减速，且其热中子吸收截面小，使得重水反应堆

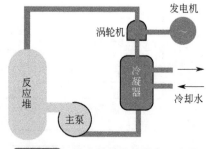

图 16-6 **沸水堆核电站发电示意图**

核燃料利用率高于轻水堆（重水反应堆使用后的燃料中 [235]U 含量仅为 0.13%）[11]，因而是一种优良的中子慢化剂。同时，重水堆对天然铀的消耗量小，可实现不停堆换料，提高了铀资源的利用率，降低了燃料的成本。

重水堆按其结构型式可分为压力壳式和压力管式两种。压力壳式的冷却剂只用重水，其内部结构材料比压力管式少，但中子的经济性良好，生成新燃料 [239]Pu 的净产量比较高。压力壳式重水堆一般使用天然铀作为燃料，结构类似压水堆，但因栅格节距大，压力壳比同样功率的压水堆要大得多，因此单堆功率最大只能做到 30 万千瓦。目前，发展成熟的商用重水堆型是加拿大CANDU（Canadian deuterium-uranium reactor）型压力管式重水堆[12]。

重水堆核电站与轻水堆核电站相比较，有以下几点主要差别，这些差别是由重水的核特性及重水堆的特殊结构所决定的：

a. 中子经济性好，可以采用天然铀作为核燃料；

b. 比轻水堆更节约天然铀；

c. 可以不停堆更换核燃料；

d. 重水堆的功率密度低；

e. 重水费用占基建投资比重大。

由于重水堆比轻水堆更能充分利用天然铀资源，而且不依赖浓缩铀厂和后处理厂，所以印度、巴基斯坦、阿根廷、罗马尼亚等国家已先后引进加拿大的重水堆。我国的秦山第三核电站也从加拿大引进了两个重水堆核电机组，加拿大的这种重水堆核电站技术已经相当成熟。核工业界人士认为，如果铀资源的价格上涨，重水堆核电站在核动力市场上的竞争地位将会得到加强。

④ 气冷堆核电站。气冷堆是用气体（二氧化碳或氦气）作为冷却剂的反应堆。气体的主要优点是不会发生相变，但是由于气体的密度低，导热能力差，循环时消耗的功率大，因此，为了提高气体的密度及导热能力，也需要加压。气冷堆在其发展中，经历了三个阶段，形成了三代气冷堆[13]。

a. 第一代气冷堆，是天然铀石墨气冷堆。它的石墨堆芯中放入天然铀制成的金属铀燃料元件。石墨的慢化能力低，因此需要大量的石墨。加上作为冷却剂的二氧化碳导热能力差，致使这种气冷堆的体积较大，其平均功率密度比压水堆的至少低一百倍。于是英国从 20 世纪 60 年代初期开始转向研究第二代的改进型气冷堆。

b. 第二代气冷堆，属于改进型气冷堆。它仍然用石墨慢化和二氧化碳冷却。为了提高冷却剂的温度，元件包壳改用不锈钢材质。由于采用二氧化铀陶瓷燃料及浓缩铀，随着冷却剂温度及压力的提高，这种气冷堆的热能利用效率达 40%，功率密度也有很大提高。由于这种堆在经济上的竞争能力差，加上轻水堆的大量发展，核能界开始研发第三代气冷堆。

c. 第三代气冷堆，即高温气冷堆。高温气冷堆是一种高富集度铀的包覆颗粒作为核燃料、石墨作为中子慢化剂、高温氦气作为冷却剂的先进热中子转化堆。图 16-7 为高温气冷堆直接氦气轮机循环示意图[13]。

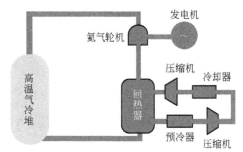

图 16-7　高温气冷堆（直接氦气轮机循环）核电站示意图

高温气冷堆由于采用包覆颗粒核燃料，取消了燃料元件的金属包壳，又采用传热性能较好、化学性能稳定、中子吸收截面小的氦气作冷却剂；因此它具有下列与众不同的特点：核电站选址灵活、热效率高（可达 40%左右）[4]、安全性高、对环境污染小、有综合利用的广阔前景、可实现不停堆换料。

虽然高温气冷堆具有以上突出的优点，但是由于技术上还没有达到成熟的阶段，仍然有很多技术问题影响着它的迅速发展。具体可以归纳为：高燃耗包覆颗粒核燃料元件的制备和辐照考验；高温高压氦气回路设备的工艺技术问题；燃料后处理及再加工问题等。

⑤ 快中子堆核电站。快中子反应堆，简称快堆，是堆芯中核燃料裂变反应主要由平均能量为 0.1 MeV 以上的快中子引起的反应堆。由于堆内要求的中子能量较高，所以快堆中不需要慢化剂。

目前快堆中的冷却剂主要有两种：液态金属钠或氦气[13]。

根据冷却剂的种类不同，可将快中子堆分为钠冷快堆和气冷快堆两类。气冷快堆由于缺乏工业基础，而且高速气流引起的振动以及氦气泄漏后堆芯失冷时的问题较大，所以目前仍处于探索阶段；钠冷快堆使用液态金属钠作为冷却剂，通过流经堆芯的液态钠将核反应释放的热量带出堆外。

钠冷快堆按结构分类有回路式和池式两类。回路式结构就是使用管路把各个独立的设备连接成回路系统,其优点是设备维修比较方便,缺点是系统复杂,易发生事故。池式结构属于一体化方案,池式快堆堆芯、一回路的钠循环泵、中间热交换器,浸泡在一个很大的液态钠池内。

快中子核电站主要有如下特点:可充分利用核燃料;可实现核燃料的增殖;低压堆芯下的高热效率。

(3) 核电的特点

① 环境影响小。核能发电是温室气体排放量最小的发电方式。国际原子能机构 IAEA(international atomic energy agency)1998 年公布了从 1992 年开始会同其他 8 个国际组织一起进行的各种发电能源比较研究项目,对不同发电能源进行了温室气体排放量估计,包括发电厂上游和下游在内的所有能源链,其中核电的 CO_2 当量排放量只有现行化石燃料发电的 $1/100 \sim 1/40$。图 16-8 为该研究项目提供的各种类型能源温室气体排放量的估计[14,15]。

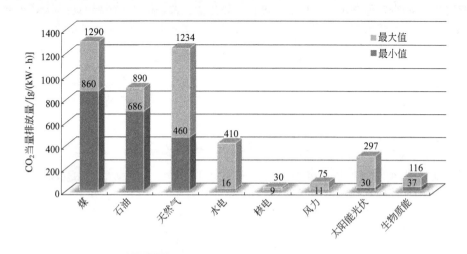

图 16-8　整个能源链的温室气体排放比较

从图 16-8 中可看出,核电温室气体排放量甚至小于水电、风力或生物质能。只要能确保安全运行,核电站对环境的影响是极小的,排放到环境的反射性气体在严格的监督和控制之下,周围的居民由此受到的辐射剂量小于来自天然本底的 1%。

② 能量密度高。原子能可通过核裂变或核聚变的方式释放出来,一些放射性核素在衰变过程中也会释放出一定的能量。表 16-2 为几种核反应释放出能量的数值比较[16],核裂变与核聚变的方式所释放出的热量要比碳原子燃烧化学反应所释放的热量高得多。

表 16-2　核反应释放出能量的数值比较

反应类型	反应式	释放能量/MeV
铀核裂变	$^{235}_{92}U + ^{1}_{0}n \longrightarrow ^{95}_{42}Mo + ^{139}_{57}La + 2^{1}_{0}n + 7^{0}_{-1}e$	约 200
太阳中的氢核聚变反应	$4^{1}_{1}H \longrightarrow ^{4}_{2}He + 2^{0}_{1}e$	26.7
氢弹中的氘氚聚变反应	$^{2}_{1}H + ^{3}_{1}H \longrightarrow ^{4}_{2}He + ^{1}_{0}n$	17.6
镭核的衰变	$^{226}_{88}Ra \longrightarrow ^{222}_{86}Rn + ^{4}_{2}He$	4.8
^{60}Co 的衰变	$^{60}_{27}Co \longrightarrow ^{60}_{28}Ni + ^{0}_{-1}e$	2.8
碳原子的燃烧化学反应	$C + O_2 \longrightarrow CO_2$	4.1×10^{-6}

以 1g 物质进行计算,与标准煤发热量来进行比较。1g 镭裂变放出的热量相当于 0.39t 标准煤;1g 钴裂变释放出的热量相当于 0.8t 标准煤;1g 铀裂变释放出的热量相当于 2.6t 标准煤;1g 氢裂变释放出的热量相当于 25t 标准煤;氘和氚聚变为 1g 氦产生的聚变能相当于 11.2t 标准煤。

③ 经济性良好。核能是高度浓缩的能源，1t 铀裂变产生的能量相当于 260 万吨标准煤。核燃料能量密度比起化石燃料高出几百万倍，故核能电厂所使用的燃料体积小，运输与储存都很方便。构成核能发电成本的因素有很多，包括基建投资费用、运行维护费用、燃料循环费用等[17]。表 16-3 为核电、煤电和气电几种发电成本的比较[4]。

表 16-3　标准化发电成本的组成

项目	基建投资费/%	运行维护费/%	燃料循环费/%	合计/%
核电厂	43～70	13～30	17～31	100
煤电厂	23～45	35～65	6～28	100
气电厂	13～33	53～84	3～19	100

核电厂对安全性的要求严格，而且系统复杂，设备众多，因而核电的基建投资费用要高于火电（煤电和气电），但燃料循环费用远低于火电。由于燃料循环费用补偿了基建投资费用，因此核电成本有可能低于火电成本。

④ 安全性能高。为了防止放射性物质外泄，威胁人类的生命安全，破坏生态环境，核电厂在设计、建造和运行过程中始终贯彻纵深防御的安全原则，包含在放射性物质与人员所处的环境之间设置多道屏障，以及对放射性物质的多级防御措施。由于核安全的极端重要性，几十年来世界各有核国家投入了大量人力、物力和财力进行核安全研究，核安全技术已取得了很大的进步，有效地提高了核电厂的安全性，发生放射性物质大量释放的严重事故的概率也大为降低。

在半个多世纪的核电发展史上，先后发生了美国三里岛核电站事故（1979 年 3 月 28 日）、苏联切尔诺贝利核电站事故（1986 年 4 月 26 日）和日本福岛核电站事故（2011 年 3 月 11 日）。这些事故对核电发展进程产生了重要影响，个别国家甚至宣布完全放弃核能发电，但是从世界上已有核电站积累的丰富运行经验和良好的安全记录来看，核能发电无论是生产过程中的人员伤亡，还是对环境的不良影响都远远优于其他工业部门，核电的安全是有保障的，核电是安全的能源，这已经是世界能源界公认的结论[4]。

（4）核电发展

① 世界核电发展。1938 年，科学家在一次试验中发现 ^{235}U 原子核在吸收一个中子以后能分裂，在放出 2～3 个中子的同时产生一种巨大的能量，这种能量比化学反应所释放的能量大得多，即核裂变能。人们随即开始了核能的应用研究。1942 年，美国建成世界上第一座核反应堆，实现了链式反应，但还不能从反应堆中取得有用的热量。在第二次世界大战期间，几个大国致力发展核武器。直到战后，各国才开始重视核电的研究[18]。从 1950 年开始的 60 多年来，核电经历了三代发展。目前，美国、英国、瑞士等十个有意发展核电的国家联合研发第四代核电。

核电技术的发展分成如下几代[19]：

第一代核电站：核电的开发与建设开始于 20 世纪 50 年代。1954 年，苏联建成了 5 MWe 的实验性核电站；1957 年，美国建成了电功率为 90 MWe 的西平港原型核电站，后来又陆续建成了其他类型的核电站，如重水堆、沸水堆、石墨水冷堆、石墨气冷堆等早期的原型反应堆。国际上把上述实验性和原型核电机组称为第一代核电机组，主要目的是通过试验示范形式来验证其核电在工程实施上的可行性。

第二代核电站：20 世纪 60 年代后期，在实验性和原型核电机组基础上，陆续建成了电功率在 300 MWe 以上的压水堆、沸水堆、重水堆、石墨水冷堆等核电机组，它们在进一步证明核能发电技术可行性的同时，使核电的经济性得到了保障。20 世纪 70 年代，因石油涨价引发的能源危机促进了核电的大发展。目前世界上商业运行的 400 多座核电机组大部分是在这段时间建成的，都属于第二代核电机组，第二代核电机组主要是实现了核电的商业化、标准化、系列化、批量化，用以提高其经济性，但是，第二代核电站应对严重事故的措施比较薄弱。在三里岛核电站和切尔诺贝利核电站发生事故之后，各国对正在运行的核电站进行了不同程度的改进，在安全性和经济性方面均有了不同程度的提高。

第三代核电站：20 世纪 90 年代，为了解决三里岛和切尔诺贝利核电站的严重事故带来的负面影响，世界核电业界集中力量对严重事故的预防和缓解进行了研究和攻关，美国和欧洲先后出台了"先进轻水堆用户要求（URD）"文件和"欧洲用户对轻水堆核电站的要求（EUR）"文件，它包括改革型的能动（安全系统）核电站和先进型的非能动（安全系统）核电站，并完成了全部工程论证和试验工作以及核电站的初步设计，它们成为第三代核电站的主力堆型。同时，文件进一步明确了预防和缓解严重事故，提高安全可靠性的先进轻水堆，如 ABWR（先进沸水堆）、AP600（美国西屋公司研发电功率 600 MWe 先进压水堆）、AP1000（电功率 1000 MWe 先进压水堆）、EPR（欧洲压水堆）等。

第四代核电站：2000 年 1 月，在美国能源部的倡议下，美国、英国、瑞士、南非、法国、加拿大、巴西、韩国和阿根廷等十个有意发展核电的国家联合组成了"第四代国际核能论坛"，于 2001 年 7 月签署了合约，约定共同合作研究开发第四代核能技术。根据设想，第四代核能系统包括气冷堆系统、钠冷快堆系统、铅合金冷却快堆系统、超高温堆系统、超临界水冷堆系统和熔盐堆系统等六大系统[20]，将满足安全、经济、可持续发展、极少的废物生成、燃料增殖的风险低、防止核扩散等基本要求，其商业运行估计要到 2030 年左右才能实现。

截至 2014 年 1 月 1 日，全球共有总净装机容量（电功率）为 375.246 GWe 的 435 台现役核电机组，分布在 31 个国家或地区（其中美国、法国、日本的机组总数占世界的 47.8 %），核电机组数量与 2013 年 1 月 1 日持平，但总净装机容量略有上升；有总装机容量为 74.997 GWe 的 71 台机组正处于建设阶段，比 2013 年 1 月 1 日增加了 6 台[21]。

截至 2014 年 1 月 1 日，世界核电大国的核电现状如表 16-4 所示。其中，中国的统计未包括台湾地区；"运行中"表示并网发电；"在建"表示反应堆已浇注第一罐混凝土，或者正在进行重大整修；"计划中"表示已获批准且建设资金已到位，或已有重大承诺，大部分将在未来 8～10 年投入运行；"拟建"表示有明确计划或厂址建议，大部分将在未来 15 年内投入运行。

表 16-4　世界核电大国的核电现状

国家	运行中机组		在建机组		计划中机组		拟建机组	
	数量/台	净装机容量/MWe	数量/台	净装机容量/MWe	数量/台	净装机容量/MWe	数量/台	净装机容量/MWe
美国	100	99098	5	6018	7	8463	15	24000
法国	58	63130	1	1720	1	1720	1	1100
日本	50	44396	3	3036	9	12947	3	4145
俄罗斯	33	24253	10	9160	31	32780	18	16000
韩国	23	20787	5	6870	6	8730	0	0
印度	21	5302	6	4300	18	15100	39	45000
加拿大	19	13553	0	0	2	1500	3	3800
中国	19	16022	29	31721	58	63340	118	122000
英国	16	10038	0	0	4	6680	7	9000
乌克兰	15	13168	0	0	2	1900	11	12000
瑞典	10	9508	0	0	0	0	0	0

② 中国核电发展。早在 20 世纪 50 年代，为了打破美苏两个超级大国的核垄断，中国就启动了核能事业，并相继研制出了原子弹和氢弹。20 世纪 70 年代周恩来总理在相关会议上提出要将核电转为民用，建造商用核电站。20 世纪 80 年代初，中国实行改革开放政策，核工业开始走上新的发展道路，开发核电和推广核技术应用成为核工业转民的重要方向，中国核能建设开始起步。此后不久，中国第一个商用核电站——秦山核电站，开始组建[22]。

2004 年 9 月 1 日，时任中国国防科工委副主任、国家原子能机构主任的张华祝在国务院新闻办新闻发布会上透露，中国政府对进一步推动核电发展做出了新的决策，将加快核能发展，并逐步提高核能在能源供应总量中的比例。此次新闻发布会标志着中国核能有了重大的战略调整，我国核电由"适度发展"进入"积极发展"时期。

2007 年 11 月，国务院批准了《核电中长期发展规划（2005～2020 年）》，按此规划，到 2020 年，中国核电投产的总装机容量将实现 4000 万千瓦的战略目标[23]，这意味着中国核电发展战略由"积极发展"转向"快速发展"，核能正成为中国能源优化的发展方向。关于中国核电发展路径与挑战剖析如表 16-5 所示[24]。

表 16-5　中国核电发展路径与挑战剖析

视角	挑战	对策	前景
战略	全盘引进外来技术,将中国核电自主发展边缘化	独立自主发展,打破垄断,让中国核电突破国企低效痼弊	现有国内化石能源替代空间巨大
技术	过度依赖外来技术,导致自主技术发展迟缓	积极深入研发中国自主的第四代核技术,不受制于人	全球核电产业普遍进入第二轮研发高峰,这是个提升自主研发的好时机
安全	国内公众普遍闻"核"色变	完善法律;信息透明,及时公示,加强科普,民众享有知情权,监督权	法国、日本、美国等民众的参与推动了发展,中国也在逐步扩大宣传,未来需要多方完善
资金	前期、后续资金投入大,是中国核电发展的瓶颈之一	抓住混合所有制改革机遇,吸引社会资本,鼓励多种融资途径	垄断格局打破,中国核电的融资平台会随着体制和融资途径的拓宽而完善
人才	研发人才断层,制约中国核电走向海外	培养世界一流的人才,需要从体制、激励和各个层面配合	面向全球提升人才吸引力度,这会给中国核电产业带来更多的后备军

16.1.2　核电对储能技术的需求

（1）我国能源的可持续化战略——核电

目前我国的能源结构以煤、石油、天然气为主，它们都属于不可再生能源，其储存量会越来越少，而且使用过程中会对生态环境造成较大的污染。我国的能源分布也不均衡，水力资源主要集中在西南部地区，煤炭资源主要集中在山西、陕西和内蒙古地区，而能源消耗地区主要分布在东部经济发达地区。南水北调、西煤东运、北煤南运是长期以来困扰我国经济建设的重要问题之一。与其他能源发电系统相比，虽然核电发电具有核电站建设投资较大、效益回收较慢、辐射等潜在的危险，但核能是可大规模替代常规能源的发电方式之一[25]。

规模发展核电已成为中国实现能源可持续供应的重大战略选择。

（2）电网发展引发调峰难题

发电结构的变化必然会影响当地电网的稳定运行。一般电网由水电和火电等组成，因水电具有较好的调峰性能，可改善电网输电质量，当水电所占比重较低时（低于 20％～30％），造成电网中可调峰电能的减少，而低谷时又造成电流周波和电压加大，影响输电质量。

通常，电网容量会随着城市的发展逐渐增大，当水电发展受水能资源限制时，伴随火电、核电和新能源（如风电、太阳能等）的大量兴起，就会造成电网中水电可调峰电能比重降低。当水电发展受阻，不能与其他发电系统同步增长时，电网中峰谷差加大，尖峰时缺电而低谷时又剩余电，这种现象将会与日俱增。尖峰时缺电，可通过临时增设燃气轮机来解决，而低谷时多余电所占比重达到一定程度后，将会影响电网的输电质量，并增加能耗和有害气体的排放量，这些问题较难处理，因此会使电力系统的进一步发展受到阻碍[26]。

如果加快水电、核电、风电和光伏发电的发展，即可预测 2020 年和 2050 年的发电能源结构，如表 16-6 所示。假设核电、风电、光伏发电都不参与调峰，再加上夏季水电不参与调峰，那么可以进行调峰的电源只剩下火电，而一部分火电又只进行热-电联产、冷-热-电联产，不能参与调峰，从火电中再扣除 20％，剩下的火电即使全投入运行，调峰能力按 60％计算，则 2020 年调峰能力为 5.04 亿千瓦，仅占全部装机的 31.6％；2050 年调峰能力为 5.76 亿千瓦，仅占全部装机的 19.2％，考虑到水电中有部分抽水储能机组参与调峰，从 2020 年开始电力系统的调峰能力显然不足，到 2050 年电力系统的调峰能力将产生巨大的缺额。如果核电能参与调峰，并且也按 60 ％的调峰能力计算，则 2020 年调峰能力为 5.52 亿千瓦，占全部装机的 34.5 ％，再加上抽水储能机组，基本可以满足需求；到 2050 年调峰能力为 7.56 亿千瓦，占全部装机的 29.2 ％，如果加上抽水储能机组，并且再增加一些核电机组，那么调峰能力有可能满足需求[27]。

表 16-6　2020～2050 年电力结构预测[27]　　　　　　　　　　　单位：亿千瓦

电力结构	2020 年	2050 年
装机容量	16.0	30.0
火电	10.5	12.0
水电	3.0	4.5
核电	0.8	3.0
风电	1.5	4.5
光伏发电	0.2	6.0
仅由火电调峰的调峰容量	5.04	5.76
占装机比重/%	31.6	19.2
火电、核电调峰的调峰容量	5.52	7.56
占装机比重/%	34.5	29.2

采用水电作为调峰电源是不错的选择，但问题在于水电的数量有限，经济可开发水电不过 4 亿千瓦左右，有的专家认为最大开发规模为经济可开发规模的 60 ％，那么只能开发 3.6 亿千瓦，2050 年时只占总装机容量的 12 ％，扣除径流式水电和基本无调节能力的小水电，再考虑丰水期水电要以基础负荷运行，不能承担调峰任务，枯水期有一定调节能力的水电站可承担调峰、备用任务，但占比太小，不能满足电力系统调峰需要。如果核电能承担调峰、备用任务，那么核电配合储能电站就应当成为电力系统一年四季调峰和备用的主力军。

综上所述，核电配合储能电站进行调峰对于优化电力结构，加快非化石能源替代化石能源都具有举足轻重的作用。

16.2　核电系统中储能技术的应用现状

16.2.1　核电机组调峰能力分析

核电站在电力系统中常常带基础负荷运行，但实际上核电站一般具有适应系统负荷变化的能力，至少具有 10％功率阶跃增加能力和 5％每分钟持续升功率的能力，可以满足变化速率要求较慢的负荷跟踪运行[25]。2011 年，核电占电网总装机容量比重很大的国家包括法国（75％）、韩国（35％）、日本（29％）、美国（20％），其核电机组都要适当地满足电网调峰的要求，每分钟机组功率变化率为（0.25％～5％）P_n，P_n 为额定功率[28,29]。

虽然常规核电承担电网调峰、备用是可行的，但实际上真正能有效且安全地实现负荷跟踪的反应堆类型只是有限的少数[27]。

核电站发电过程中，移动控制棒和改变冷却剂中硼浓度都可以调节反应堆功率。移动控制棒可以快速地升降负荷，而改变硼浓度来调节功率，速率较慢，通常采用这两种方法共同调节负荷。控制棒插入过深将引发局部功率峰，降低安全裕量，调节硼浓度会造成放射性水的产生和排放等系列问题。机组快速升降负荷，特别是在燃耗末期会产生氙毒的变化，中毒效应对堆功率改变有瞬态影响，将导致反应堆轴向功率偏差控制困难，易产生堆芯局部热点，具有造成堆芯烧毁的潜在风险，若频繁进行负荷跟踪，将产生大量的放射性废气、废液，不利于安全运行[30]。

核电参与调峰主要的弊端包括：运行操作困难，人为失误及违反技术规范，风险大；温度变化多，瞬态多，金属疲劳影响设备寿命；硼化稀释操作多，产生更多废气、废液和固体废物，增加环境负担和社会风险；功率频繁变化影响燃耗分布，给燃料设计和后处理造成困难[31]。

在安全性上，核电机组调峰对常规岛设备的安全、寿命有负面影响，对核蒸汽供应系统的个别组件带来金属低周疲劳、燃料包壳与芯块的相互作用问题，这限制了反应堆调峰的深度与速度。

在经济性上，核电机组调峰降低了其经济性。负荷越低，机组热力循环效率就会越低，负荷因子的降低会直接减少核电厂的利润[32~34]。

我国正处于核电发展初期，无论是为了保证核电的经济性还是核电站运行安全，核电宜带基础负荷运行，不参与调峰[35]。

16.2.2　世界主要核电调峰手段

（1）国外核电调峰手段

核电厂的运行特性决定了它必须与电力系统中调节性能强的其他类型发电厂配合补偿运行。

① 法国。目前，全球范围内核电机组所占比例最大的国家为法国。截至 2010 年底，法国核电装机容量达到 $6.313 \times 10^7 kW$，占总装机容量的 54%，核电全年发电量 $4.286 \ 10^{11} kW \cdot h$，约占总装机容量的 75%，而水电只有 12% 左右。法国目前水电主要方针是改造现有水电站，发展抽水蓄能电站，提高水电的利用率和经济性。目前法国已建成 1 万千瓦以上、机组容量和特点各异的抽水蓄能电站 18 座。建于 1987 年的 Grand Maison 是其最大的抽水蓄能电站。

法国的抽水蓄能电站主要由法国电力公司（EDF）统一建设经营和管理。抽水蓄能电站并没有独立的经营权，完全按照 EDF 的调度要求进行抽水、发电运行，同时 EDF 也统一负责电站的成本、还本付息、利润和税收等开支以及对电站的运行进行考核。抽水蓄能电站除用于调峰、填谷、备用之外，还有 10% 的容量用于调频和与外国交换电能，调相的时间占总运行时间的 12%~20%。抽水蓄能电站对于保障电网总体安全、经济运行所起的作用，与其发电量所产生的电量效益相比更为重要[36]。

② 日本。日本由于一次能源缺乏，大部分能源需从国外进口，因此新能源的开发在日本得到了高度重视，特别是核电的发展。截至 2009 年 6 月，日本核电装机 47935MWe，占全国总装机的 20.46%。东京电力资料显示，其电力系统负荷率在 60%~75%，若无抽水蓄能机组参与系统调节，将严重影响机组的经济运行。根据分析，当电力系统日最小负荷率为 60%，系统为纯火电机组时，还需要一些机组频繁地启停运行，如果加入 10% 的抽水蓄能机组，则火电机组的调荷能力只需约 20% 即可，同时"解放"了绝大部分火电机组，让其在高效率区间运行。因此，占日本系统容量 10.99% 的抽水蓄能机组有效地改善了日本火电机组的运行条件。早期的日本电力系统水电比重较大，在汛期被迫弃水调峰，抽水蓄能电站的建设将电网的大量富余电力加以"储存"，减少弃水，改善了水电的调节性能。因此电网调峰、调频以及事故备用的主要手段是抽水蓄能机组。目前，日本有 41 座抽水蓄能电站，装机容量 24.65GW，占日本发电总装机容量 10% 以上[37]。

③ 英国。英国 1999 年发电构成为煤电约占 38%，核电占 31%，天然气电力占 27%，其他电力占 4%。到 2002 年底，英国抽水蓄能电站共有 4 座，总装机容量为 278.7 万千瓦。其中 Dinorwig 电站装机 172.8 万千瓦，是欧洲最大的抽水蓄能电站之一，也是世界上第一座能在 16s 内满负荷运转的抽蓄电站。随着英国电力体制改革的进行，Dinorwig 电站的管理体制也几经变迁。该电厂系国家投资兴建，1984 年投入运行，属国家电力局。1991 年英国实行私有化改革后，作价 12 亿英镑卖给私营的国家电网公司。然后又转让给 Edison Mission Energy 公司独立经营，参与英格兰和威尔士电力市场竞争。但水力发电主要集中在苏格兰地区，其容量有限。英国燃气电站容量大，是电网的主力调峰手段。抽水蓄能电站相对于燃气电站容量较少，主要承担尖峰负荷、容量备用等任务[38]。2010 年，英国总发电量为 381TW·h，其中煤电站 28%，气电占 46%，核电发电占 16%[38]。

（2）国内主要核电站调峰手段

大亚湾核电站的配套蓄能电站为广州抽水蓄能电站。它是世界最大的抽水蓄能电站，安装 8 台 30 万千瓦发电机组，总装机容量 240 万千瓦，位于广州市从化市吕田镇深山大谷中。在"广州抽水蓄能电站项目建议书"中明确指出，广蓄的建设是为了解决系统调峰问题，特别是为了确保核电站的安全。

在秦山核电站所在的浙江省，目前有两座可为核电站安全稳定运行提供配套的抽水蓄能电站——天荒坪和桐柏。天荒坪抽水蓄能电站位于浙江省安吉县，安装 6 台 30 万千瓦发电机组，总装机容量 180 万千瓦。桐柏抽水蓄能电站位于浙江省天台县，安装 4 台 30 万千瓦发电机组，总装机容量 120 万千瓦。

阳江抽水蓄能电站位于广东省阳春市与电白县交界处的八甲山区，是阳江核电的配套建设项目，满足阳江核电站的调峰要求。

温州（泰顺）抽水蓄能电站位于泰顺县峰门乡境内，距宁德核电站（位于福鼎市秦屿镇备湾村）和规划建设的 500kV 苍南输变电工程、苍南核电站分别为 80km、45km 左右。

海南琼中抽水蓄能电站是昌江核电站的配套工程，总投资约 39.89 亿元，系海南省首个抽水蓄能电站。

发达国家电能中煤电、核电发展趋缓或停顿，而油气电站较多（燃气轮机、液化气等），且有较好的调峰性能。而我国仍是发展中国家，油气电站较少，目前主要使用抽水蓄能的方式来配合核电进行调峰。

16.2.3　核电站配套储能设施——抽水蓄能电站

抽水蓄能电站是人为选择建设的以水的势能蓄低谷电能的电站，2013 年其装机容量占全球电力蓄能电站装机容量的 95%，在电力系统内主要起调峰作用。抽水蓄能电站按地形条件建有上池和下池，上池或下池选择与河流相连，以补充来水，起部分水电站的作用。上下池发电水头愈高，发出同等电力时所需水量愈小，设备选型和效率也愈高，现代抽水蓄能电站上下池高差多在 150～600m。主设备多选用大容量两机可逆式（水轮机-水泵）机组，单机容量 300MW，全厂装机容量 1.2～1.8GW。抽水蓄能电站尽可能选厂址靠近电力负荷中心，以利于更好地发挥其优势。一般只有在区域电网内调节能力强的高坝大库水电资源充分开发后才考虑建设抽水蓄能电站调峰，因为它的综合效率为 75% 左右，毕竟在以电换电的生产工艺流程中将损耗一部分电能。抽水蓄能电站运行方式及特点是：

① 抽水蓄能电站是电网灵活机动的调峰电源。其运行方式是以电力系统中多余的低谷电能抽水蓄能，高峰时段再用蓄水势能发电。蓄能机组具有削峰和填谷的双重作用，因此它的调峰能力为其装机容量的 2 倍，比常规水电站和其他类型调峰机组的调峰能力要好。严格来讲，纯抽水蓄能电站不是真正意义的发电厂，而是用低谷电力换高峰电力的换电站，它不完全具备装机容量及发电量效益。两机可逆式抽水蓄能电站的能源转换效率 =（发电量÷用电量）× 100%，为 75%～80%，相当于用 4kW·h 低谷电量转换为 3kW·h 高峰电量。抽水蓄能电站调节性能灵活强劲，运行方式为顶峰填谷，发电-用电抽水往复循环，一般每日晨 6 时至晚 22 时顶峰发电运行，低谷时段 22 时至次日晨 6 时即后夜 8 小时抽水蓄能。与一般水火电调峰机组不同，抽水蓄能机组既能削峰又能填谷，它能提高火电、核电发电负荷率，促进安全稳定经济运行，因此它是性能良好的电网调峰电源。

② 电网调频。抽水蓄能电站启停、增减负荷迅速，不受热力温度控制，由于发电-抽水可逆式机组调节范围大，能够适应电网负荷的急剧变化引起的电网频率波动而相应调节出力，其调频性能优异，可以作为灵活可靠的电网调频电源。

③ 事故备用电源。抽水蓄能机组启停迅速，工况转换快，是良好的事故备用机组。根据 J-Power 电力公司和东京电力公司对不同机组类型停机 8h 后再启动时的启动时间比较，蓄能机组为 3～5min，燃气/燃油（LNG/LPG）机组为 3h，燃煤机组 4h，核电机组 5 天。抽水蓄能电站不仅从启动到带满负荷耗时短，而且由抽水工况转换到发电也仅需 3～4min，灵活迅速，适用于电力系统的事故备用电源。电力系统的事故备用表现为两种形式：一是部分发电厂主力机组突发事故停机，系统有功出力不足，频率下降，此时抽水蓄能电站可立即发电作为电源支撑点维持系统供需平衡，保证电能质量和安全稳定。如广东电网在大亚湾核电机组运行初期，曾多次发生甩负荷 90 万千瓦事故，在紧急情况下，广州抽水蓄能电站立即发电起到了事故备用电源作用，保

证了广东电网安全稳定运行。二是当系统内输变电设备事故大面积停电甩负荷时，电网有功出力过剩，频率升高，如采用火电机组和径流式水电机组切机调整，将造成能源浪费且操作复杂，此时如果抽水蓄能电站上池未满，则可以采取抽水蓄能方式运行，既平衡电网需求，吸纳过剩电力，又可蓄能发电。抽水蓄能电站既是发电备用电源，又是备用负荷，对电网调节十分有利。

④ 电网调相。如果抽水蓄能电站距离负荷中心较近，则当电力系统需要时，无论是在发电工况还是抽水工况均可兼作调相机使用，发出进相或滞相无功功率，调节系统电压，提高电网监测点的电压合格率。

⑤ 运营条件。抽水蓄能电站在电力系统中起重要的调峰作用，为促使火电、核电及径流式水电机组提高发电负荷率、降低成本和提高效益做出了贡献，但作为电网和电厂服务的电力企业，则必须在经济核算中体现出自身的经济效益。其计算的基础就是必须实行合理的多费率电价，如峰期发电上网电价、谷期抽水用电电价、事故电价、调相电价等，在此基础上取得合法的资产利润率，这是抽水蓄能电站运营的必要条件。

⑥ 充当电网安全调节器，为新能源发展提供支撑。新能源的开发在当前得到了高度重视。核电一般带基础负荷运行，一般不参与调峰运行，而风电具有随机性、间歇性和反调峰等特点。当系统中核电、风电、太阳能的并网规模较大时，会增加系统的调峰压力，甚至会影响系统的安全稳定运行。随着大核电、大风电的建设，系统调峰面临技术挑战，迫切需要建设大容量储能装置，解决系统调峰问题。配套建设抽水蓄能电站，可以降低核电机组运行维护费用、延长机组寿命，有效减少风电场并网运行对电网的冲击，提高风电厂和电网运行的协调性以及电网运行的安全稳定性。

16.2.4　核电站与抽水蓄能电站的配合补偿运行

基于用电负荷的本身特性，每日昼间及傍晚为峰值负荷期，夜间为低谷负荷期，随着国民经济的发展，峰谷用电负荷差经常变化并呈日益增大的趋势。为此，电力系统组织电力生产就必须要求各类型发电厂也具备调节能力，以适应用电负荷的变化，一般用经济机组带基础负荷，调峰机组带峰荷，其他机组带腰荷。电力系统必须要有足够的调峰和备用能力，以保证系统安全、稳定、经济运行和电能质量。因此电力系统最欢迎调节能力强的发电机组，如高坝大库、库容系数大的年或多年调节水电厂和变负荷调峰能力可达 50% 及以上的火电调峰机组；同时也最不欢迎径流式水电机组和调节能力很差的火电机组及核电机组，这些机组必须要有其他机组为之调峰方可在电网内正常运行。

核电作为新兴的高能清洁能源，必将有广泛的发展前途，其特点为：单机容量大（多为1000 MW/台），电站总装机容量大（2～4GW）；与火电同比消耗燃料数量很少，大幅度减少运输压力；调节能力差，只适合带基础负荷接近额定功率下经济运行。

为解决这一矛盾，世界上各核电国家多采取建设核电站的同时，在电力系统内建设抽水蓄能电站与之配合运行的措施，起到顶峰发电、低谷蓄能的作用，二者扬长避短，互相补偿，相得益彰，以满足电力系统用电负荷的实际供电需求，也保证核电机组在低谷时段也能在接近额定功率下经济运行。因此就像发电厂外送接入系统必须配套建设输变电设施一样，当系统内多年调节水电厂建设资源短缺时，就必须规划在建设核电厂的同时建设抽水蓄能电站，以便配套运行。

抽水蓄能电站的装机容量视其所在电力系统调峰能力需求和核电站容量综合平衡确定，一般多为核电站装机容量的 50% 及以上。如我国大亚湾核电站装机容量 1.8GW，配套建设的广州抽水蓄能电站一期工程装机容量 1.2GW（4 台 300 MW）；岭澳核电站装机容量 2GW，相应扩建广蓄二期容量亦为 1.2GW。秦山核电一、二、三期工程总容量 2.9GW，华东电网建设的天荒坪抽水蓄能电站容量 1.8GW。

核电站与抽水蓄能电站应与其他电源、电网建设一样纳入国家能源及电力发展规划，实行统筹规划，统一技术政策，配套建设，以实现能源资源优化配置，取得宏观技术经济效益。

国家在能源发展政策中明确规定"要积极发展水电，适度发展核电"，在核电技术政策中又规定"采用先进技术，统一技术路线"，具体来讲，在 2020 年前主要发展百万千瓦级压水堆型。到"十五"末期（2005年）我国核电投产装机容量将为 8.7GW（8700 MW），到 2020年按规划将实现翻两番，达到约 32GW。核电只有采用先进技术、大机组逐步降低单位千瓦造价和上网电价接近脱硫煤电的水平，才能在电力市场中有竞价上网的优势。将来 10 至 20 年内投产 2000 多万千瓦的核电机组，在电网中必须要有强大调节能力的电源与之配合，因此也应配套建设投产一定容量的抽水蓄能机组，否则电力系统无法正常运行，不能保证系统稳定和电能质量。

众所周知，燃煤火电机组变负荷调峰能力是有限的，容量 200～300 MW 及以上机组大范围的启停调峰更难做到。水电库容系数大、调节能力强的高坝大库水电厂固然是良好的调峰电源，但在我国很多电网里所占容量并不多，而多数是调节能力较差，甚至基本无调节能力的径流式水电站，因此完全靠火电及水电配合核电调峰无法全部满足要求。我国现有和拟建核电集中的地区，如浙江、广东、江苏、山东及东北等，都是以火电为主的区域电网，因此规划建设核电站的同时也必须规划配套建设外送输变电工程及抽水蓄能电站，这已是实践定论。还应当要求核电厂与抽水蓄能电站做到"三同时"，即同时规划、同时建设、同时投产，以便能及时配合补偿运行，相得益彰[39]。

16.2.5 其他蓄能方式与核电的匹配运行

在各种储能技术中，抽水蓄能在规模上是最大的，达到 GW 级别，技术也最成熟；压缩空气储能次之，单机规模可以达到 100MW 级别；化学储能规模较小，单机规模一般在 MW 级别或更小，并且规模越大，控制问题越突出。目前为止，已经大规模投入商业应用的大规模储能技术（比如 100 MW 级以上）只有抽水蓄能、压缩空气储能两种[40]。

压缩空气储能是另一种可以实现大容量和长时间电能存储的电力储能系统，是指将低谷、风电、太阳能等不易储藏的电力用于压缩空气，将压缩后的高压空气密封在储气设施中，在需要时释放压缩空气推动透平发电的储能方式。目前，地下储气站采用报废矿井、沉降在海底的储气罐、山洞、过期油气井和新建储气井等多种模式，其中最理想的是水封恒压储气站，能保持输出恒压气体。地上储气站采用高压的储气罐模式。

压缩空气储能是基于燃气轮机技术发展起来的一种能量存储系统，两者工作原理非常类似。压缩空气储能一般包括 5 个主要部件：压气机、燃烧室及换热器、透平、储气装置（地下或地上洞穴或压力容器）、电动机/发电机（见图 16-9）。其工作原理与燃气轮机稍有不同的是：压气机和透平不同时工作，电动机与发电机共用一机。在储能时，压缩空气储能中的电动机耗用电能，驱动压气机压缩空气并存于储气装置中；放气发电过程中，高压空气从储气装置释放，进入燃气轮机燃烧室同燃料一起燃烧后，驱动透平带动发电机输出电能。由于压缩空气来自储气装置，透平不必消耗功率带动压气机，透平的出力几乎全用于发电。

目前投入商业运行的大规模压缩空气储能电站有两座，分别位于德国和美国。第一座是 1978 年投入商业运行的德国 Huntorf 电站。目前仍在运行中，是世界上最大容量的压缩空气储能电站。机组的压缩机功率为 60MW，释能输出功率为 290MW。系统将压缩空气存储在地下 600m 的废弃矿洞中，矿洞总容积达 $3.1 \times 10^5 m^3$，压缩空气的压力最高可达 10MPa。机组可连续充气 8h，连续发电 2h。该电站在 1979 年至 1991 年期间共启动并网 5000 多次，平均启动可靠性 97.6%。实际运行效率约为 42%。第二座是 1991 年投入商业运行的美国 Alabama 州的 McIntosh 压缩空气储能电站。储能电站压缩机组功率为 50MW，发电功率为 110MW。储气洞穴在地下 450m，总容积为 $5.6 \times 10^5 m^3$，压缩空气储气压力为 7.5MPa。可以实现连续 41h 空气压缩和 26h 发电，机组从启动到满负荷约需 9min。该电站由 Alabama 州电力公司的能源控制中心进行远距离自动控制。实际运行效率约为 54%。它们都属于"燃烧燃料的非绝热压缩空气储能"，其特点是需要向系统提供较多额外的燃料，放气时加热从储气装置中流出的空气。这个特点决定了压缩空气储能目前还无法作为核电站的配套储能方式。

综上所述，抽水蓄能电站是核电厂应用最广泛的储能设施，其他储能方式当前还无法大规模配合核电进行调峰，不过随着科技的发展，可配合核电调峰的储能技术将越来越多样化。

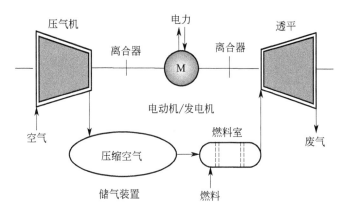

图 16-9　压缩空气储能基本原理[40]

16.3　核电系统中储能技术的未来应用情景

16.3.1　核电储能技术的发展契机

（1）核电与电网协调发展

核电和电网的协调发展关系到核电站和电网的安全经济运行，涉及以下问题：①核电机组容量适应性问题，即避免出现"大机小网"引起的系统稳定问题，需要提早进行系统仿真研究。②核电站接入电网的方式（系统潮流、短路电流、电压等级、出线走廊等）问题。③核电站参与调峰问题。在电网峰谷差加大、核电机组比例增加的情况下，核电企业有责任分担调峰任务，但还需维持其稳定运行[41]。

（2）核电站的造价、运行成本越来越高

国外新建核电站造价大幅度上涨，导致国外核电价格飙升。原材料和设备涨价，人力成本上升等，也会对我国核电的经济性产生影响。未来内陆核电站的上网电价要与当地的煤电、水电竞争，难度就更大一些。因此需要实现核电标准化、批量化生产，努力控制核电站工程造价，提高核电厂负荷因子，在电价中体现环保折价，使核电站在经济发达、能源短缺和运输紧张的地区与煤电相竞争[42]。若为核电站配以合适的储能电站，使其在满负荷运行的前提下能发挥更多的作用，便可以提高其竞争力。

例如，在不改变核电站负荷下，利用储能设备进行调峰，就可以大幅提高效益。目前，广东的高峰用电价格已达到每度 1.6 元，有的地方 1.4 元，谷期电价只有 0.4 元，浙江省高峰用电是 1.4 元，江苏省是 1.2 元，东北是 0.8 元一度电，电价的差价很不一样[43]。核电满负荷持续发电，再配以储能设备的合理用电调度，可以大幅提高经济效益。

总之，对于上述问题的解决，核电系统中储能技术都能提供不错的解决方案，大型的储能电站既可以用于削峰调谷、平衡输电，改善电能质量，又可以减少核电燃料棒的调节，提高其利用率，此外，还可减少线损，延长线路和设备使用寿命，优化系统电源布局，使得核电系统更加安全稳定。这一系列的优势为储能技术的应用提供了广阔的发展空间。

16.3.2　各种储能技术的优缺点

针对现今已掌握的储能技术，可从额定功率、额定能量、适用特点和应用场合等方面进行对比分析，详见表 16-7[44~46]，可以看出，不同储能技术的特点及适用范围很不相同，并不是每种储能技术都适于核电系统的应用。

表 16-7 各种储能方式的技术特点对比表

储能类型		典型额定功率	额定能量	特点	应用场合
机械储能	抽水储能	100～2000MW	4～10h	适用于大规模电站,技术成熟,但响应慢,且需要特殊地形	日负荷或周负荷,频率调控,系统备用电源
	压缩空气	10～300MW	1～20h	适用于大规模电站,但响应慢,且需要特殊地形	调峰填谷,系统备用电源
	飞轮	5～1.5MW	15s～15min	比功率较大,但成本高,噪声大,维护简单	调峰填谷,频率控制,UPS(不间断电源),电能质量控制
电磁储能	超导	10kW～1MW	2s～5min	响应快,比功率高,但成本高,维护困难	UPS,改善电能质量,输配电稳定
	电容	1～100kW	1s～1min	响应快,比功率高,比能量太低	输电系统稳定、改善电能质量
	超级电容	10kW～1MW	1～30s	响应快,比功率高,成本高,但储能量低	与柔性交流输电系统(FACTS)结合
电化学储能	铅酸电池	1kW～50MW	1min～3h	技术成熟,成本较小,但寿命短,存在环保问题	频率控制,电站备用,改善电能质量,可再生储能,黑启动
	液流电池	5kW～100MW	1～20h	寿命长,可深放,适于组合,效率高,环保性好,但储能密度低	调峰填谷,系统备用电源,改善电能质量,可再生储能
	钠硫电池	100kW～100MW	数小时	比能量较高,比功率较高,但需要高温条件,运行安全性有待提高	调峰填谷,系统备用电源,改善电能质量,可再生储能
	锂电池	1kW～1MW	1min～5h	比能量较高,但寿命较短,运行安全性有待提高	系统备用电源,改善电能质量,UPS

16.3.3　适合核电系统的储能技术

（1）核电系统所需的储能技术应有较大调峰能力

抽水储能电站作为最成熟、最经济的大规模电能储存装置,能实现不同周期的供电调节,目前一些大型的储水电站能完成年调节,甚至是多年调节。但是,要建设大库容的抽水储能电站难度是极大的,对地质要求也是极为苛刻的。一般需要依据地势差,建设两个大型的水库,并合理布置抽水设施,其建设周期也较长,还会带来一定的生态问题及移民问题。

大规模压缩空气储能也是大规模的电能储存装置,规模上仅次于抽水蓄能,适合建造大型电站。压缩空气储能系统可以持续工作数小时乃至数天,完成调峰工作。但是,需要地下储气站采用报废矿井、山洞、过期油气井和新建储气井等多种模式,其中最理想的是水封恒压储气站,能保持输出恒压气体,或者在地上储气,采用高压储气站的气罐模式,这可降低地质条件的要求[46]。

（2）作为核电系统的配套储能电站,其建造成本和运行成本要低

压缩空气储能的建造成本和运行成本要低于抽水储能及电化学储能。各化学储能电池的单位千瓦造价为:液流电池 2.5 万元、钠硫电池 2.8 万元、锂电池 1 万元,寿命周期与充放电次数有关,一般不超过 15 年;工作过程中对环境温度有较高要求,必须配备空调降温。与这些储能装置相比,抽水储能电站,单位千瓦造价 3000～5000 元,机组使用寿命长达 35 年,而压缩空气储能电站单位千瓦造价 3500 元,寿命通过维护可以达到 40 年[46]。

综上所述,再结合各种储能技术的利弊分析,在较为成熟的储能技术中仅有大型抽水储能电

站和大型压缩空气储能电站适合与核电站配套建设。

16.3.4　核电系统与储能电站的联合运行

不难想象，对大型储能电站来说，既要与核电站良好配合，又要保持电网的稳定运行是极其不易的，因此其控制策略及运行模式显得极为重要。

以核电与抽水储能机组联合参与电网调峰为例。假设其运行原则为核电机组在基本负荷下运行，充分发挥抽水储能的调节作用，联合机组出力率有效跟踪电网日负荷率曲线。目标是实现联合运行时所需的抽水蓄能机组的容量 P_{sl} 最小化，其约束条件为抽水储能电站的机组出力约束及水库水量约束[40]。

日调节运行时，联合运行模式可分为三类：

（1）完全跟踪模式

联合机组出力率完全跟踪电网日负荷率曲线，即

$$P(i) = \frac{P_N + P_s(i)}{P_N + P_{sl}} \tag{16-3}$$

式中，P_N 为核电厂运行容量；$P_s(i)$ 为 i 时刻抽水蓄能机组出力；$P(i)$ 为 i 时刻系统负荷率。

（2）三段制跟踪模式

根据电网日负荷曲线将一天划分为峰、平、谷三个时段，每个时段内，机组出力不变，机组的平均出力率与电网平均负荷率一致，即

$$P_f = \frac{P_N + P_{sf}}{P_N + P_{sl}}, \quad P_p = \frac{P_N + P_{sp}}{P_N + P_{sl}}, \quad P_g = \frac{P_N + P_{sg}}{P_N + P_{sl}} \tag{16-4}$$

式中，P_N 为核电厂运行容量；P_f、P_p、P_g 分别为峰、平、谷三个时段的平均负荷率；P_{sf}、P_{sp}、P_{sg} 分别为峰、平、谷三个时段的抽水储能出力。

（3）不完全跟踪模式

联合机组有多种不完全跟踪方式，考虑典型方式：抽水蓄能机组的抽水容量和总发电容量均为其全部容量，电网负荷高峰时发电，负荷低谷时抽水，日抽水电量与日发电量平衡；联合机组的日平均出力率（等式右侧）与电网日平均负荷率一致，则有：

$$\gamma = \frac{P_{sl} t_f - P_{sm} t_p + 24 P_N}{24(P_N + P_{sl})} \tag{16-5}$$

式中，γ 为电网的等效日平均负荷率；t_f、t_p 分别为抽水蓄能机组的日发电小时数和日抽水小时数；P_{sm} 为最大抽水负荷。

对某一装机容量为 4×1250 MW 核电厂进行算例分析，其单机额定运行的实际上网功率为1090MW。抽水蓄能电站装机容量为 4×300MW，综合效率 $\eta = 0.75$。三种运行模式下的发电功率比较，如表 16-8 所示。经赵洁等研究分析表明，三种联合运行模式下，所需的抽水蓄能机组的容量不同，联合调峰的效果也不同，但联合机组出力均能很好地跟踪电网负荷曲线，有很好的调峰能力。其中，完全跟踪模式下，联合机组的调节幅度最大，跟踪负荷的效果最好，但同时所需的抽水蓄能机组容量亦最大，耗能亦最多，经济性较差。若考虑抽水储能电站的约束条件，三段制跟踪模式和不完全跟踪模式下，抽水电量充足，完全由核电厂供给；完全跟踪模式下，所需的日抽水电量应为 987×10^4 kW·h，由核电提供的日抽水电量明显不足，需要电网提供部分抽水电量才能实现。所以应综合考虑调峰效果和经济性，根据电网实际选择合适的联合运行模式。

将核电机组直接调峰和核电-储能联合调峰比较可知，在满足电网调峰需求的前提下，选择合适的运行模式，可以有效地发挥核电-储能电站的调峰功能，既提高了核电机组的日发电量，又可保证核电机组较高的发电小时数，还能获得较好的经济效益。

压缩空气储能技术也在不断地发展。首先，利用压缩空气储能技术可以有效地利用废热，在空气膨胀释放能量时，可以让其吸收一定废热，提高其做功能力。其次，通过优化空气膨胀和压缩的过程，提高储能效率。美国 SustainX 公司于 2011 年申请的"空气膨胀和压缩的新型控制方

法"成功获得了专利权。该方法几乎实现了空气的恒温膨胀和压缩，显著提高了压缩空气储能的效率。

表16-8 核电厂与抽水储能电站联合运行不同跟踪模式下的功率比较

运行模式	核电功率/MW	储水最大发电功率/MW	最大抽水功率/MW	核蓄联合最大节容量/MW	核电日发电量/×10⁴ kW·h	储水日发电量/×10⁴ kW·h	储水日耗电量/×10⁴ kW·h	联合日净发电量/×10⁴ kW·h
完全跟踪模式	4360	1103	1103	2206	10464	740	987	10217
三段制跟踪模式	4360	656	970	1626	10464	525	700	10289
不完全跟踪模式	4360	877	1200	2077	10464	526	701	10289

16.3.5 适合于核电系统的新型储能技术

除了上述提到的储能技术之外，还有一些逐渐兴起的储能技术，如低温储能技术，也适用于核电储能系统。

液化空气储能技术的历史可以溯及到19世纪70年代，当时欧美出现了利用液态空气进行能量储存的专利，日本近年来也积极开展液化空气储能技术的研究，如三菱公司和日立公司等，但由于其系统效率太低，并没有太大的实用价值[47]。英国利兹大学研究人员提出了新型液态空气储能系统，其原理如图16-10所示，它利用富余电能驱动电动机将空气压缩、冷却、液化后注入低温储槽储存，液化过程中消耗的大部分电能被转化成低温冷能进行存储。发电时，液态空气从储槽中引出，加压后送入气化换热器和热交换器气化并加热到一定温度，最后高压气体注入膨胀机中做功，带动发电机发电[49]。

新型的液化空气储能系统流程简单独特，大多数设备采用可靠的现成标准设备；储能介质为空气，可免费获得，且液化后能量密度高；系统通过充分利用工质状态变化过程中能量形式的转化以及冷量回收大幅改善储能效率；同时，系统中液化部分与气化膨胀部分相对独立，可根据需要灵活匹配。液化空气储能系统具有初期投资较低、储能效率较高、存储容量大、调节灵活、运行寿命长、易于维护、不依赖于地理条件等优点[47]。

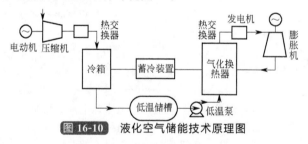

图16-10 液化空气储能技术原理图

与抽水储能电站及压缩空气电站相比较，液化空气储能电站的最大优点在于其储能密度大，以三个已建成的电站为例，如表16-9所示[30]。

表16-9 三种储能方式储能密度比较

典型储能电站	最大储能量/10⁴ kW·h	储库容积/10⁴ m³	储能密度/(kW·h/m³)
中国天荒坪抽水蓄能电站	866	1762（水库）	0.49
美国Melntosh压缩空气储能电站	约160（除去燃料）	56（盐洞）	约2.86
英国液化空气储能示范电站（数值模拟）	3.7	0.07（储罐）	52.8

　　液化空气储能的建设及运行成本与压缩空气储能相当，但装机容量略低，仅达几兆瓦，持续时间可达 3～8h[48]。不过，其较高的储能密度可以减少建设周期，减少地域限制及空间限制。

　　当然，液化空气储能技术仍有改进的空间。李永亮等的研究表明，根据空气液化工况选择合适的高热容制冷剂，可有效提高储能量，因为制冷剂既能参与换热，其本身又具有一定的储能能力。此外，通过调节制冷剂的流量，可以直接控制储能量的多少，使储能方案大大简化[49]。他们还发现，在空气液化循环系统中，储液压力每增加 10^5Pa，储能效率可提高 0.8%，但因为低温泵的功耗升高，并不能显著地提高净输出电量。之后，他们又对核电-液化空气储能联合系统进行了峰值发电量分析，得到的数据表明，联合系统的峰值发电量是核电厂单独发电量的 2.7 倍，足以满足电网调峰的需求。总之，空气液化储能电站是适用于核电系统配套运行的。

16.4　未来核电技术的发展方向及其对储能技术的需求

　　核能是新能源产业中尤为重要的一大领域，在全球能源结构中举足轻重。2010 年核电发电量占到全球发电总量的 16%，是除水电、煤电之外最重要的电力来源之一[50]。虽然 2011 年日本福岛核电站事故使核电的安全性受到了各方质疑，各国一度放缓了对核电的发展，但核电以其高效、清洁、成本稳定、低二氧化碳排放等优点仍得到各国对其发展的持续关注与投入。

16.4.1　未来核电的发展方向

　　（1）提高安全性、改善经济性

　　在现今的核电市场中，要令设备在市场中具有竞争力，稳定占有市场，重要的是在安全性能以及经济性上具有优势，福岛核电站事故后，安全性能尤为受到关注。在近十年来，指导核电技术发展的用户要求文件（URD、EUR）、最新提出的第四代核电站的性能要求以及美国最近颁布的新能源政策，都贯穿一条主线，就是要提高安全性、改善经济性，在满足确定的安全要求条件下，争取最好的经济性。如堆芯熔化概率＜1.0×10^{-5}/堆年，大量放射性释放概率＜1.0×10^{-6}/堆年，燃料热工安全裕量≥15% 等[51]。在经济性上，要求能与联合循环的天然气电厂相竞争；机组可利用率大于等于 87%；设计寿命为 60 年；建设周期不超过 54 个月[52]。

　　（2）单机容量继续向大型化方向发展

　　研究和工程建造经验表明，轻水堆核电站的单位千瓦比投资随单机容量的增大而减少（在单机容量为 1500～1700MW 以下均如此）。为了能够降低核电站的成本，持续扩大前进规模，俄罗斯也正在设计单机电功率为 1500MW 的 WWER 型第三代核电机组；日本三菱提出的 NP221 型压水堆核电机组的电功率为 1500～1700MW；日本的东芝集团和日立集团提出了建设 1700MW 的 ABWR-Ⅱ思想；欧洲法马通 ANP 设计的 EPR 机组的电功率为 1600～1700MW；美国西屋公司也在原单机容量为 650MW 的 AP2600 型的基础上改进，设计出单机电功率为 1100～1200MW 的 AP1000 型机组[53]。

　　（3）采用非能动安全系统

　　采用非能动安全系统，即利用物质的重力、流体的对流、扩散等原理，设计不需要专设动力源驱动的安全系统，以适应在应急情况下冷却和带走堆芯余热的需要[53]。如此不但可简化系统，减少设备，还可提高安全度和经济性。

　　在国外非能动技术的发展很快。奥地利的 P.E.Juhn 提出先进被动安全设计[54]，非能动安全系统包括自动泄压系统（automatic depressurization system，ADS）、先进的堆芯辅助冷却、堆芯补水箱和通过重力从冷凝水箱补水的水平蒸汽发生器系统。美国的 AP1000 非能动安全系统主要包括非能动安全注射系统、非能动余热排出系统、非能动安全壳冷却系统以及控制室非能动可居留条件保障系统等。先进的堆芯辅助冷却日本三菱重工下一代压水堆的先进蓄压安注水箱。可实现堆芯辅助冷却初始安注流速高，后阶段安注流速低，且堆芯辅助冷却注水持续时间较长的技术指标。瑞典提出的固有安全性反应堆 PIUS 核电站，其不用控制棒进行停堆和功率调节，反应堆堆芯被放置在充满大量含硼酸的水池底部，通过改变反应堆冷却剂硼酸浓度和调节冷却剂温度来控制反应性[55]。

（4）采用整体数字化控制系统

国外近年来新建成投产的核电机组，如法国的 N4、英国的 Sizewell、捷克的 Temelin、日本的 ABWR 均采用了数字化仪控系统。经验证明，采用数字化仪表控制系统可显著提高可靠性，改善人因工程，避免误操作。世界各国核电设计和机组供应商提出的第三代核电机组无一例外地均采用整体数字化仪表控制系统。我国 10MW 高温气冷试验堆和田湾核电站均已采用整体数字化控制系统[53]。

（5）开展内陆核电站选址

按照国家电力发展规划，2020 年核电装机容量为 40.0GW，占总装机容量的 4%。这个比例与目前国际平均核电装机（发电量 16%）水平相比存在很大差距。即使是 2020 年我国发展 1.0 亿千瓦的核电，也仅仅占发电装机的 10%左右[52]。仅在沿海地区选择核电厂址已不能满足我国未来核电发展的需要。从可持续发展的角度考虑，迫切需要在内陆省份规划建设一批核电站，以解决环境问题和缺能省份的能源供应。

发达国家的核电站大多建在内陆滨河滨湖地区。在全球现已运行的核电站中，位于内陆滨河滨湖地区的占全部核电装机容量的 2/3 以上。美国内陆核电站的比例超过 80%；加拿大除个别滨海核电站外绝大多数是内陆核电站；法国共有 19 座核电站，其中 15 座坐落在内陆的 8 条主要河流上，装机容量占 68.6%。各国对内陆核电站都采用与滨海核电站同样的核安全法规要求和标准，通过对已运行的内陆核电站的长期监测，证明内陆核电与滨海核电同样安全、环保，在技术上也是完全成熟、可行的[56]。

（6）发展第四代核能技术

核电技术经过多年发展，已经由 20 世纪以压水堆（PWR）、沸水堆（BWR）和重水堆（PHWR）为代表的第二代核电技术，发展到以 AP1000、欧洲压水堆（EPR）和先进沸水堆（ABWR）为代表的第三代核电技术。日本福岛事故后，许多国家都对投标方提供的反应堆技术提出了更高的核安全要求，核电第三代技术成为主流。

近年来，第四代核能技术迅速发展，成为核能系统的未来发展趋势。2000 年，"第四代国际核能论坛"确定了六种进一步研究开发堆型：超临界水冷堆（SCWR）、钠冷快堆（SFR）、气冷快堆（GFR）、铅冷快堆（LFR）和熔盐堆（MSR），其开发的目标是要在 2030 年左右创新地开发出新一代核能系统，使其在安全性、经济性、可持续发展性、防核扩散、防恐怖袭击等方面都有显著的先进性和竞争能力。因此，未来堆型研究方向主要集中在第四代技术和模块化小型堆等方向，核聚变技术是更远期的发展方向[50]。

（7）小堆核电技术迅速发展

小堆研发起源于 20 世纪 50 年代，最初的目的是军用。现如今的小堆指的是小型先进模块化多用途反应堆，其显著特征是高安全性、一体化、模块化、多用途。它将反应堆及反应堆冷却剂系统一体化集成为反应堆模块。模块可在工厂进行制造，在现场快速安装。小堆不仅可以用来发电，而且可以进行工业供热供汽，为城市供暖，还可用于海水淡化。目前的小堆设计都采用了非能动安全系统，加之其固有安全，在先进性和安全性上，已不低于目前国际先进的三代核电技术要求[57]。

国际原子能机构（IAEA）于 2004 年 6 月启动中小型堆的开发计划，成立"革新型核反应堆"协作研究项目，成员总数至今已达到 30 个。国际著名的美国法维翰调查咨询公司预测，到 2030 年全球将有 18.2GW（1820 万千瓦）的模块式小型堆运行。美国芝加哥大学等国际研究机构也预测，到 2050 年，在经合组织与非经合组织国家，模块式小型堆可占核电装机容量的 25%[58]。

显然，在核电发展的未来，中、小型反应堆将会以众多独特的优势在世界核电领域拥有举足轻重的地位。国际上众多国家在中、小型反应堆方面开展了大量的研究，美国、俄罗斯、韩国等都在积极开展小堆的研发和商业化工作。

（8）发展核电调峰

　　用户对电力的需求随时间及外界因素的变化而不断变化。为保证电力的连续、优质供应，必须有调频和调峰容量，还要有各种备用容量。随着经济的发展，人民生活、生产、电气化水平的提高，电力负荷的变化会越来越剧烈，需要有更多的调节容量和备用容量。如果峰谷差为最高负荷的 40%～50%，备用容量为 30%，再考虑电力系统中的各种受阻容量，则电力系统总装机容量中调峰和备用容量要达到 60%～70%，能够在基本负荷稳定运行的只有 30%～40%[59]。

　　当前为了应对气候变化，核电、水电等非化石能源电源的比重会越来越大。在非化石能源电源中，水电中的径流式电站不能调峰，有一定调节性能的电站，在夏季丰水季为了充分利用水能资源也不能调峰，风电和光伏发电（包括太阳能热发电）也都不能调峰，如果核电也在基础负荷运行，那么非化石能源电源中只有抽水蓄能水电和少量有调节能力的电站可以承担一些调峰、备用任务，主要的调峰、备用功能仍然要由化石能源电厂来担当，这种状况就必然会影响非化石能源电源替代化石能源电源的进程，甚至造成电力系统运行的困难[59]。

　　随着核电发展的加快，核电参与调峰的迫切性越来越突出。

16.4.2　未来核电对储能技术的需求

　　调峰、备用电源考虑由水电和核电作为主力调峰、备用电源。用水电作为调峰电源是可行的，问题在于水电的数量有限，经济可开发水电不过 4 亿千瓦左右，最大开发规模为经济可开发规模的 60%，那么只能开发 3.6 亿千瓦，2050 年时只占总装机容量的 12%，扣除径流式水电和基本无调节能力的小水电，再考虑丰水期水电要沉到基础负荷运行，不能承担调峰任务，枯水期有一定调节能力的水电站可承担调峰、备用任务，但由于占比太小，不能满足电力系统调峰需要。如果核电能承担调峰、备用任务，那么核电应当成为电力系统一年四季调峰、备用的主力军[59]。要使核电承担调峰、备用任务，就需要有相适应的储能技术作为支持，需要有足够大的储能容量，足够快的功率响应速度，足够大的交换功率，足够高的储能效率，足够短的充放电周期，足够长的使用寿命，足够小的运行费用[60]以及足够小的二次污染问题和足够低的工程造价。考虑到这些，未来核电的发展对储能技术有以下几点需求。

　　（1）发展分布式储能

　　我国电力系统有相当一部分投资是为了满足短时间高峰用电的需要，投资回报率极低，未来核能的发电量大，发电稳定，如能用储能技术来削峰填谷，将具有巨大的经济效益[61]。对于发展大规模集中储能还是分布式储能的争议[62~64]，由于大规模储能技术上难以实现、对建设场地和环境要求高、能量再次传输易产生不必要损耗、储能装置在送端电网附近传输电力挤占送电通道的送电额度等问题，有学者认为未来储能模式应采取以位于负荷中心的多处小规模分布式储能为主，以位于送端和部分受端电网内的中等规模集中式储能为辅[65]。

　　在电网中运用分布式储能的优势在于[65]。

　　① 不会因能源的再次传输而挤占送电通道，从而减小高峰负荷下电网内能量的传输压力，有利于电网的安全运行；

　　② 分布式储能装置规模较小，技术、场地和环境需求较易满足；

　　③ 由于分布式储能有利于对负荷就近直接供电，可以降低能源再次传输过程中产生的额外损耗；

　　④ 采用分布式储能后，即便在电网发生故障和检修的情况下，用户也可以通过储能系统保证全部或部分负荷的供电，用电的安全可靠性大大提高。

　　（2）足够快的功率响应速度，足够大的交换功率

　　要发展核电调峰，为保证电力的连续、优质供应，需要储能设备能够拥有足够快的功率响应速度，足够大的交换功率。超导储能系统（superconducting magnetic energy storage，SMES）通过对超导储能系统的预充电，控制变换装置的触发脉冲实现 SMES 装置与系统间的有功功率和无功功率的交换。具有响应速度快（ms 级）、转换效率高、比容量大等优点，可以实现与电力系统的实时大容量能量交换和功率补偿[66]，是未来储能技术一个不错的发展方向。

　　（3）足够高的储能效率和足够低的储能成本

目前，大规模应用与推广储能系统的主要难题在于其成本太高。美国 EPRI 的分析列出了目前各种储能技术的成本[67]。比较目前各种储能技术的全系统成本，其中，压缩空气的成本最低，只有 60～125 美元/(kW·h)，但这个技术目前还只是停留在示范工程。其他的储能技术的成本都远远高于压缩空气。例如，拥有近 200 年历史的技术相对比较成熟的铅酸电池和先进铅酸电池，目前价格在 505～760 美元/(kW·h)；还处于示范阶段的液流电池，价格在 470～1125 美元/(kW·h)；锂离子电池目前价格在 1050～6000 美元/(kW·h)。EPRI 还分析了主要储能应用的目标市场规模以及目标价值，总结得到目前市场对主要储能应用的目标价值平均在 200 美元/(kW·h)左右。目前市场上所能提供的储能技术成本与此有很大的差距。

足够高的储能效率，在做到能源高效利用的同时，不仅仅是对能源资源的节约，更是减少储能设备运行成本的有效手段之一。因此，成本的降低与能量转换效率的提高是储能技术发展的重要方面，与此同时还需要储能设备有足够短的充放电周期，足够长的使用寿命。

参 考 文 献

[1] BP 世界能源统计年鉴 2013 年 6 月 . http：//bp.com/statisticalreview. 2014-07-01.
[2] http：//www.china-nea.cn/html/2014-02/28744.html. 2014-07-01.
[3] 中国统计年鉴 2013. http：//www.stats.gov.cn/tjsj/ndsj/2013/indexch.htm. 2014-07-01.
[4] 彭敏俊，田兆斐 . 核动力装置热力分析 . 哈尔滨：哈尔滨工程大学出版社，2012.
[5] 美首次实证镭射核融合放出超量能量 . http：//newtalk.tw/news/2014/02/13/44364.html. 2014-07-01.
[6] 维基百科 . http：//zh.wikipedia.org/wiki/核反应堆 . 2014-07-01.
[7] 安鹏 . 核反应堆简介 . 现代物理知识，2005，17（2）：12-17.
[8] 中国核能行业协会网站：http：//www.china-nea.cn/html/2014-02/28779.html. 2014-07-01.
[9] 陈桂辉 . 轻水堆核电站的原理与应用前景 . 福建能源开发与节约，1996，(1)：15-16.
[10] 维基百科 . http：//zh.wikipedia.org/wiki/核电站 . 2014-07-01.
[11] 维基百科，http：//zh.wikipedia.org/wiki/重水反应堆 . 2014-07-01.
[12] 朱维和 . CANDU 型重水堆核电站综述 . 浙江电力，1995（4）：57-61.
[13] 肖雪夫，张伟华 . 核电站反应堆的主要堆型简介 . 机器人技术与应用，2011（3）：2-11.
[14] 连培生 . 原子能工业 . 北京：原子能出版社，2002.
[15] 史永谦 . 核能发电的优点及世界核电发展动向 . 能源工程，2007（1）：1-6.
[16] 孔宪文，姜军 . 核裂变与核聚变发电综述 . 东北电力技术，2002，23(5)：29-34.
[17] 陈国云，范杜平 . 核能发电的特点及前景预测 . 电力科技与环保，2011，27(5)：48-50.
[18] 王中堂 . 民用核安全设备焊工焊接操作工基本理论知识考试培训教材 . 北京：中国法制出版社，2009.
[19] 陈献武 . 热中子反应堆与核电 . 现代物理知识，2011，23(3)：23-36.
[20] 王世亨 . 第四代核电站与中国核电的未来 . 科学，2005，57(1)：18-21.
[21] 伍浩松，张焰 . 2012 年全球核电机组变化情况 . 国外核新闻，2013（1）：15-17.
[22] 李雪珍 . 中国核电发展现状研究 . 产业与科技论坛，2013，12(16)：132-133.
[23] 张栋 . 世界核电发展及对我国的启示 . 能源技术经济，2010，22(12)：5-10.
[24] 袁跃 . 中国核电：冲破十面"霾"伏 . 首席财务官，2014（3）：24-33.
[25] 高慧敏 . 核电站与抽水蓄能电站的数学建模及联合运行研究 . 杭州：浙江大学，2006.
[26] 曹楚生 . 蓄能运行和电网调峰 . 水利水电工程设计，2009，28（4）：1-4.
[27] 朱成章 . 我国核电机组调峰的必要性 . 大众用电，2010（7）：3-5.
[28] Yim M S, Christenson J M, Cincinnati O H. Application of optimal control theory to a load-following pressurized water reactor. Nuclear Technology, 1992, 24 (3)：361-377.
[29] 邹国伟，陶谨 . 压水堆核电站负荷跟踪的研究 . 核动力工程，1998，19 (5)：394-397.
[30] 赵洁，刘涤尘，雷庆生，等 . 核电机组参与电网调峰及与抽水蓄能电站联合运行研究 . 中国电机工程学报，2011，31（7)：1-6.
[31] 白建华，贾玉斌，王耀华，等 . 核电站与抽水蓄能电站联合运营研究 . 电力技术经济，2007，19 (6)：36-39，47.
[32] 赵洁，刘涤尘，吴耀文 . 压水堆核电厂接入电力系统建模 . 中国电机工程学报，2009，29 (31)：8-13.
[33] 陈济东 . 大亚湾核电站系统及运行 . 北京：原子能出版社，1994：25-29.
[34] 朱继洲 . 压水堆核电厂的运行 . 北京：原子能出版社，2002：133-136.
[35] 中国国家发展与改革委员会 . 核电中长期发展规划（2005～2020 年）. 北京：中国国家发展与改革委员会，2007.
[36] 罗莎莎，刘云，刘国中，等 . 国外抽水蓄能电站发展概况及相关启示 . 中外能源，2013，18 (11)：26-29.
[37] 张滇生，陈涛，李永兴，等 . 日本抽水蓄能电站在电网中的作用研究 . 电力技术，2010，19 (1)：15-19.

［38］　唐瑱，高苏杰，郑爱民．国外抽水蓄能电站的运营模式和电价机制．中国电力，2007，40（9）：15-18.

［39］　DECC and Ofgem. Statutory Security of Supply Report. https：//www. gov. uk/government/publications/statutory-security-of-supply-report-2011. 2014-07-07.

［40］　余耀，孙华，徐俊斌，等．压缩空气储能技术综述．装备机械，2013，（1）：69-74.

［41］　郑健超．关于核电规模发展的几点看法．中外能源，2010，15（11）：15-20.

［42］　周丽芳．中国核电发展浅析．经济研究导刊，2011（7）：200-201.

［43］　何祚庥．科学发展硬道理专家痛斥伪环保修建抽水储能大电站势在必行．上海经济，2011（1）：18-20.

［44］　张振有，刘殿海．我国抽水储能作用及发展展望．//抽水蓄能电站工程建设文集（2010）［C］．北京：中国电力出版社，2012：419-427.

［45］　Y Li，H Cao，S Wang，et al. Load shifting of nuclear power plants using cryogenic energy storage technology. Applied Energy，2014，113：1710-1716.

［46］　严晓辉，徐玉杰，纪律，等．我国大规模储能技术发展预测及分析．中国电力，2013，48（8）：22-29.

［47］　戴新，刘先航，樊泽国，等．大规模压缩空气储能技术特点与能耗特性．内蒙古电力技术，2013，31（3）：16-19.

［48］　Chen H，Cong T N，Yang W，et al. Progress in electrical energy storage system：A critical review. Progress in Natural Science，2009，19（3）：291-312.

［49］　Chen H，Ding Yulong，Toby P，et al. A method of storing energy and a cryogenic energy storage system，WO/2007/096656. 2007-08-30.

［50］　廖晓东，陈丽佳，李奎．"后福岛时代"我国核电产业与技术发展现状及趋势．中国科技论坛，2013（6）：52-57.

［51］　周振兴，王俊玲．浅谈核电技术的发展趋势．科技创新与应用，2013，（19）：289.

［52］　张晓鲁．我国内陆核电站选址问题的研究．中国电力，2005，38（9）：20-23.

［53］　欧阳予．世界核电技术发展趋势及第 3 代核电技术的定位．发电设备，2007，21（5）：325-331.

［54］　Juhn P E，Kupitz J，Cleveland J，et al. IAEA activities on passive safety systems and overview of international development. Nuclear Engineering and Design，2000，201（1）：41-59.

［55］　周涛，李精精，汝小龙，等．核电机组非能动技术的应用及其发展．中国电机工程学报，2013，33（8）：81-89.

［56］　薛静．对核电站的安全、选址问题的研究．广州：华南理工大学，2012.

［57］　马文军．小堆的"热"与"冷"．中国核工业，2013，（10）：14-15.

［58］　国际小堆研发现状概览．中国核工业，2013，（10）：16-17.

［59］　王淼，同方，李文波，等．核电机组参与调峰可行性分析及模式探讨．电气应用，2013，（18）：33-35.

［60］　张晓燕．后化石能源时代的储能使命——访中国科学院院士、华中科技大学教授程时杰．能源评论，2009，（8）：26-28.

［61］　朱成章．电力工业的储能时代．中外能源，2010，15（12）：7-11.

［62］　张文亮，丘明，来小康．储能技术在电力系统中的应用．电网技术，2008，32（7）：1-9.

［63］　张华民，周汉涛，赵平，等．储能技术的研究开发现状及展望．能源工程，2005（3）：1-7.

［64］　廖怀庆，刘东，黄玉辉，等．基于大规模储能系统的智能电网兼容性研究．电力系统自动化，2010，34（2）：15-19.

［65］　杨卫东，姚建国，杨胜春．储能技术对未来电网发展的作用分析．水电自动化与大坝监测，2012，36（2）：17-20.

［66］　甄晓亚，尹忠东，孙舟．先进储能技术在智能电网中的应用和展望．电气时代，2011（1）：44-47.

［67］　金虹，衣进．当前储能市场和储能经济性分析．储能科学与技术，2012，1（2）：103-111.

第17章 储能技术在风力和光伏发电系统中的应用

17.1 风力发电和光伏发电技术概述及其对储能的需求

17.1.1 国内外风电发展现状

全球风能理事会（GWEC）是世界上公认的风电预测权威机构，其 2006 年所做的《2050 年风电发展展望》认为，如果采取积极措施，2030 年和 2050 年，世界风电装机将分别达到 21 亿千瓦和 30 亿千瓦，发电量分别达到 5 万亿千瓦·时和 8 万亿千瓦·时[1]。

作为一种清洁的可再生能源，风能相比传统能源的优势在于其分布广泛、没有燃料价格风险、没有碳排放等环境成本。基于此，风力发电正逐渐成为许多国家可持续发展战略的重要组成部分，其技术发展和系统建设十分迅速。

17.1.1.1 美国风电发展现状

（1）美国风电发展历史

美国风力发电始于 20 世纪 70 年代，在 80 年代初美国风电显赫一时，风电装机容量占当时全球装机容量的 90%[2]，然而由于世界石油价格下跌，美国风电发展受阻，到 2004 年，美国风电装机容量只有 6.6GW。但在 2005 年之后，在联邦政府和州政府的推动下，美国风电得到了迅速发展，并在 2005 年成为新增风电装机容量最多的国家，在 2008 年超过德国，重新成为风电装机总容量最多的国家。截至 2013 年底，美国风电总装机容量仅次于中国，位列全球第二，但在风机发电量方面，美国仍然领先全球[3]。美国历年风电总装机容量及风机发电量如图 17-1 所示。

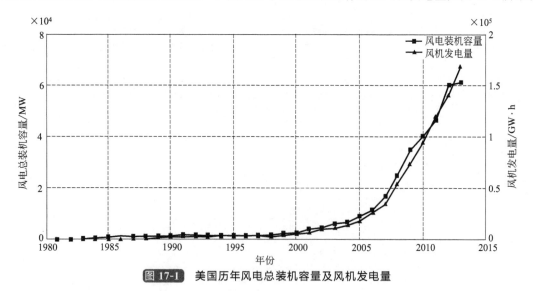

图 17-1 美国历年风电总装机容量及风机发电量

（2）美国风电装机容量

截至 2013 年底，美国风电总装机容量已达 61108MW。其中，16 个州的装机容量已经超过 1000MW[3]。德克萨斯州的装机容量已达 12355MW，为美国之最，之后是加利福尼亚州和艾奥瓦州，装机容量也分别达到了 5830MW 和 5178MW。截至 2013 年底美国风电装机容量最多的 10

个州如表 17-1 所示。

表 17-1 美国风电装机容量前十的州

州	装机容量/MW	州	装机容量/MW
得克萨斯州	12355	俄克拉荷马州	3134
加利福尼亚州	5830	明尼苏达州	2987
艾奥瓦州	5178	堪萨斯州	2967
伊利诺伊州	3568	华盛顿州	2808
俄勒冈州	3151	科罗拉多州	2332

美国具有很多大型风电场，其中位于加利福尼亚州的阿尔塔风能中心装机容量为 1320MW，为美国之最，同时也是世界之最。紧随其后的是牧羊人平风电场和罗斯科风电场，装机容量分别达到 845MW 和 781MW。美国装机容量最大的 10 个风电场如表 17-2 所示。

表 17-2 美国装机容量前十的风电场

风场	装机容量/MW	地点
阿尔塔风能中心	1320	加利福尼亚州
牧羊人平风电场	845	俄勒冈州
罗斯科风电场	781	得克萨斯州
马谷风能中心	736	得克萨斯州
特哈查风电场	705	加利福尼亚州
摩羯岭风电场	662	得克萨斯州
圣戈尔戈尼奥山口风电场	619	加利福尼亚州
福勒岭风电场	600	印第安纳州
斯威特沃特风电场	585	得克萨斯州
阿尔塔芒风电场	576	加利福尼亚州

（3）美国风机发电量

2013 年，美国风机发电量为 167.7TW·h，已占全国总发电量的 4.13％。从发电总量上看，得克萨斯州以 35.9TW·h 位列榜首，能够为 3315000 个家庭提供电能。排名 2、3 位的分别是艾奥瓦州和加利福尼亚州，风机发电量分别为 15.6TW·h 和 13.2TW·h[4]。美国风机发电量最大的 10 个州如表 17-3 所示。从风电发电比重上看，美国能源部预测在 2020 年全美国电能将有 20％由风电提供[6]，而艾奥瓦州风机发电比重就已经达到了 27.4％，此外，南达科他州的这一比例也超过了 20％，达到了 26.0％，堪萨斯州的这一比例也接近了 20％，达到 19.4％[5]。美国风电比重最大的 10 个州如表 17-4 所示。

表 17-3 美国风机发电量前十的州

州	风机发电量/TW·h	州	风机发电量/TW·h
得克萨斯州	35.9	堪萨斯州	9.4
艾奥瓦州	15.6	明尼苏达州	8.1
加利福尼亚州	13.2	俄勒冈州	7.5
俄克拉荷马州	10.9	科罗拉多州	7.4
伊利诺伊州	9.6	华盛顿州	7.0

表 17-4 美国风电比重前十的州

州	风电比重	州	风电比重
艾奥瓦州	27.4％	北达科他州	15.6％
南达科他州	26.0％	俄克拉荷马州	14.8％
堪萨斯州	19.4％	科罗拉多州	13.8％
爱达荷州	16.2％	俄勒冈州	12.4％
明尼苏达州	15.7％	怀俄明州	8.4％

（4）美国部分州风电发展现状

得克萨斯州作为美国风电装机容量和发电量最多的一个州，装机容量在 2010 年就已经超过了 10000MW，而拥有 627 个风机的罗斯科风电场也在美国所有风电场中排名第 3。此外，得克萨斯州还具有装机容量 736MW 的马谷风能中心，662MW 的摩羯岭风电场，585MW 的斯威特沃特风电场，523MW 的布法罗岭风电场等等。

截至 2013 年，加利福尼亚州风机装机容量与发电量在美国分别位列二、三位。加州还拥有美国装机容量最大的阿尔塔风能中心，且占据了美国装机容量前 10 风电场中的 4 个。

艾奥瓦州的装机容量在美国排名第 3，但发电量排名第 2，风电比重更是达到了 27.4%，位列全美第一。艾奥瓦州装机容量最大的风电场为 443.9MW 的绵延岗风电场。

俄克拉荷马州装机容量全美排名第 6，发电量排名第 4，风电比重排名第 7。州内拥有 324MW 的蓝峡谷风电场，123MW 的红山风电场等等。

伊利诺伊州装机容量排名第 4，发电量排名第 5，但风电比重仅为 4.7%，未进入美国前 10。伊利诺伊州拥有 300MW 以上的风电场 3 座，200MW 以上的风电场 8 座，100MW 以上的风电场 14 座。其中，双林风电场以 396MW 位列州内第一位。

堪萨斯州装机容量排名第 8，发电量排名第 6，风电比重排名第 3。在风电场方面，堪萨斯州拥有 470MW 的平岭 Ⅱ 风能中心，251MW 的斯莫基希尔风电场等。

俄勒冈州装机容量排名第 5，发电量排名第 8，风电比重排名第 9。州内拥有 400MW 以上的风电场 4 座，其中，拥有 338 台运行风机，装机容量达到 845MW 的牧羊人平风电场为州内最大风电场，且仅次于阿尔塔风能中心，位列全美第 2。

（5）美国海上风电

美国的海上风电开发相比于欧洲较为缓慢，在 2010 年才建成了第一座海上风电场，总装机容量为 420MW[7]。但美国绵长的海岸线和强劲且连绵不绝的风力使得美国海上风电具有非常大的潜力，在美国东海岸、大湖及太平洋海岸，许多海上风电项目正在研究中。新泽西州早在 2007 年就已经主办过海上风电场的研讨会，如今也有许多正在进行的项目。此外，美国还在新泽西、马里兰、德拉维尔等沿海地区建立风力发电区，并提出 2020 年达到 10GW，2030 年达到 54GW 的海上风电发展目标[8]。

17.1.1.2 欧洲风电发展现状

截至 2013 年底，德国累计装机容量 34250MW，其次是西班牙和英国，分别达到了 22959MW 和 10531MW，成为欧洲装机容量最多的三个国家。欧洲风能技术平台 TP Wind 提出了欧洲风能发展目标[9]：到 2020 年，风电累计装机达到 180GW，包括海上风电装机 40GW；到 2030 年，风能将成为欧洲的主要替代能源，累计装机容量将达到 300GW，年增装机容量达到 20GW。到 2030 年，风力发电可以为欧洲提供 25% 的电力消费，并可每年减少 6 亿吨二氧化碳排放。

海上风电因其具有资源丰富、风速稳定、开发利益相关方较少、不与其他发展项目争地、可以大规模开发等优势，一直受到风电开发商的关注。但是，海上风电施工困难、对风机质量和可靠性要求高，自 1991 年丹麦建成第一个海上风电场以来，海上风电一直处于实验和验证阶段，进展比较缓慢。随着风电技术的进步，海上风电开发逐渐进入风电开发的日程。2000 年，丹麦政府出于发展海上风电考虑，在哥本哈根湾建设了世界上第一个具有商业化意义的海上风电场，安装了 20 台 2MW 的风电机组，运行至今为海上风电开发积累了宝贵的经验。此后，世界各国开始考虑海上风电的商业化开发，截至 2011 年，全球累计装机容量达到 4954MW，新增装机容量超过 1400MW，建有 80 个海上风电场。其中，欧洲新增并网海上风电机组 235 台，新增装机容量 866MW（英国新增容量 752.45MW，占总量的 87%；其次为德国，新增容量 108.3MW；丹麦新增容量 3.6MW；葡萄牙新增 2MW）。

到 2020 年，欧洲海上风电装机容量将达到 70GW，仅英国就计划在海上装机超过 7000 台。

17.1.1.3 日本风电发展现状

2011 年 3 月福岛核事故发生前，日本经济产业省始终拒绝引入促进可再生能源发展的固定价格收购制度（FIT）。那时候的日本只关注核电，风力发电建设严重滞后。2010 年，在实施风力发电补助金政策（国家补贴初期投资的三分之一）的情况下，日本新增风力发电容量为 22.1 万千瓦，约为中国的 1/75。2011 年，在日本取消补助金政策转而实施激励政策后，其风电装机容量甚至下降 68%，全年风电装机总容量 256MW。

福岛事故之后，风电发展情况出现了巨大的变化。伴随着大多数核电站的暂时关闭以及 2012 年 7 月开始实施 FIT，日本可再生能源的发展得到了大力支持。2012 年，日本在可再生能源领域的总投资大涨 75%，升至 124 亿美元，这与其他发达国家因经济疲软而纷纷削减清洁能源投资的大趋势形成鲜明对比。截至 2014 年 3 月，累计发电容量增加到 2600MW。日本政府计划到 2020 年风力发电容量增至目前水平的 40 倍，到 2030 年把可再生能源发电比例提高 1 倍以上，达到 25%～35%，其中风力发电比例从目前的 1% 提高到 5%。

然而对比世界风电发展水平，日本风电发展仍显得十分落后，截止到 2015 年年底，日本风电装机容量只占中国的 1/34。日本风电协会估计，日本拥有 144GW 的陆上风能、608GW 的海上风能发电潜力，而眼下仅有 2.7GW 的风电装机容量，其中海上风电装机容量只有 40MW，较英国的 3689MW 和丹麦的 1272MW 相去甚远。自实施 FIT 以来，太阳能占新增可再生能源装机容量的 97%，风电仅占 1.1%。下述三方面是制约日本风电发展的主要原因：

第一，日本陆上风电的补贴额为 22 日元/（千瓦·时），而设备投资更大、技术要求更高的海上风电仅 36 日元/（千瓦·时），比估算的平均电力成本 45 日元/（千瓦·时）还低，相较于太阳能 43 日元/（千瓦·时）的补贴额和风电更长的建设周期，这使得投资者在可再生能源发展中更青睐太阳能。

第二，日本对风电项目实施的长达 3 年的环境评估是致使风电产业无法大规模普及的绊脚石。根据相关法案，风电运营商投建装机 10MW 以上的风电站时，需要调查噪声和对生态系统的影响，并报告给地方政府以及中央政府以征求意见。东京绿色能源投资公司曾计划在 Kizukuri 安装 55 个风力涡轮机，后来发现这将对当地松树林生存构成威胁，结果这个原本有望成为日本最大离岸风电场的项目被迫重做大量环境评估，导致项目停滞不前。

第三，电网结构的局限性也是主要障碍，缺乏将风能资源丰富地区的电力有效融入电网的手段。目前日本电网仍被各大公共事业公司垄断，它们总会用各种手段来阻碍、减缓可再生能源并入电网。政府方面非常保守且内部意见不统一，大部分当局和行业保持着集中供应模式，他们并不希望出现更多样化的分布式能源电站规划，他们希望保持对市场的垄断。行业对核电依然保持积极的立场，由于安全问题被迫转变态度，但又刻意与可再生能源保持距离。

为了全力推进风电发电事业，2012 年 8 月日本政府和东京电力公司、风力发电项目负责人达成合作，三方共同设立了 3000 亿日元的合作基金建设风电，预计在日本北海道和东北部建设 6 座风电场。政府将把 300 亿日元的首批运营资金纳入 2013 年财政预算，预计未来 5 年内投资总额将达到 1000 亿日元。同时，政府和民众专门合作设立了一家名为"SPC"的公司用于输电线路的建设，这也是政府首次参与送电系统的配套建设。同时日本正尝试在近海建设浮体式海上风力发电站，只要开辟出 3km² 的海域，就能投建 100 座 7MW 级别的风车，发电量与大型火电厂或中型核电站相当，由此日本完全可以利用海上风电突破狭小国土的资源局限。此外，日本政府将拟定能源基本计划，从 2015 年起提高电力公司回购风电价格，将风电培育成继太阳能之后的可再生能源新支柱。经济产业省计划 11 月成立专家研究会，确定最终回购价格。参考欧洲对海上风电回购价格相当于陆上风电的 1.5～2 倍，预计今后日本海上风电补贴额应该不少于 40 日元/（千瓦·时）。如果提价方案最终能够推行，包括维斯塔斯、GE 等风力涡轮机制造商，鹿岛建设等建筑公司在内的多家企业，都将从新的补贴机制中获益。在可预见的未来，日本风力发电建设将会有长足的发展。

17.1.1.4　中国风电发展现状

（1）中国风能资源分布

中国幅员辽阔，一直以来都是一个资源大国，并且国家海岸线长，风能资源非常丰富。根据中国气象科学研究院的初步测算，我国风能资源总储量达 32.26 亿千瓦。其中在陆地离地面 10m

高度处，风能可开发储量为 2.53 亿千瓦；海上 10m 高度可开发和利用的风能储量为 7.5 亿千瓦，总计约 10 亿千瓦[10]。

中国陆地的风能资源主要分布在两大风带[11]：其一是"三北地区"，具体为黑龙江、吉林、辽宁、河北、青海、西藏、新疆以及内蒙古等省区近 200km 宽的地带，可供利用及开发的风能约有 2 亿千瓦，约占全国陆地风能可利用储量的 79%，它是中国最大的风能资源地，对风电场的大规模开发有着重要意义；其二是东部沿海的陆地、岛屿与近岸海域，此地区的风能极为丰富，年有效风功率密度在 200W/m² 之上。另外，中国内地某些局部地区有着丰富的风能资源。

中国的海上风能资源也十分丰富，10m 高度可利用的风能资源约 7.5 亿千瓦。海上风速高且风速稳定，可以有效利用风电机组的发电容量。一般估计海上风速比平原沿岸高 20%，发电量可增加 70%。除了丰富的海上风能资源外，我国东部沿海地区经济发达，能源需求大，电网结构强，风电并网条件好，因此我国发展海上风电具有得天独厚的优势。总之，中国整体上风能资源分布广泛且十分丰富，有着很强的开发潜力。

（2）中国风能开发现状

随着经济的高速发展，能源将成为制约我国经济发展的瓶颈。风能作为一种环保并且在自然界储量巨大的能源，将被积极开发利用，其对社会经济的发展、能源结构的改善以及气候变化的应对都发挥着十分重要的作用。因此，中国十分重视风电产业的发展，并制定了一系列政策对其大力扶持[12,13]。

① 中国风电场建设现状。若使风能成为补充能源，促进其规模效应能够充分发挥，就需要加强风力发电场的建设。中国风电场的位置主要在三北地区与东南沿海，其中三北地区的黑龙江、吉林、辽宁东北三省以及内蒙古的风能分布最为密集。根据中国能源局规划，到 2020 年六个省区要建成七个千万千瓦级风电基地，相关基地分别被规划在河北、甘肃、江苏、新疆、内蒙古、吉林等具有丰富风能资源的地区。届时，这些风电基地的总装机容量将达到 1 亿千瓦以上。其中，酒泉千万千瓦级风电基地是我国规划建设的第一处，也是目前世界最大规模的风电工程，总投资高达 1200 多亿元，对我国风电开发具有深远而重大的影响。截止到 2012 年底，全国共建设大大小小的风电场 1445 座。其中酒泉千万千瓦级风电基地首期共 20 个项目，总规模为 380 万千瓦，已全部并网发电，二期工程 300 万千瓦也正在建设之中。

我国于 2009 年正式启动海上风电规划工作，沿海各省区均开展了海上风能资源调查和海上风电场规划工作。此后，我国的海上风电场建设开始有序地进行。到 2012 年底，全国共建成海上风电试验、示范项目 5 个，总装机容量达到 39 万千瓦。其中，商业运行的风电场主要有上海东海大桥海上风电示范项目、江苏如东 30MW 潮间带试验风电场和江苏如东 150MW 潮间带示范风电场。获得国家能源局同意开展前期工作的项目有 17 个，总装机容量为 395 万千瓦。

② 中国风电装机容量及发电量的发展。我国的风电产业发展十分迅速。2009 年，中国风电新增装机容量 1400 万千瓦，占世界新增装机容量的 36%，居世界首位；累计装机容量达到 2601 万千瓦，超越欧洲居世界第二，仅次于美国。截止到 2010 年底，中国累计装机容量达到 4500 万千瓦，总装机容量首次超过美国，跃居世界第一。到 2012 年底，全国风电累计并网容量 6266 万千瓦，风电并网容量约占全国电源总装机容量的 5.47%，风电首次超过核电成为排名第三的电源[14]。2002～2013 年中国及世界风电装机容量统计、2013 年世界各国累计装机容量所占份额分别如图 17-2、图 17-3 所示。

随着风电装机容量的爆炸式增长，中国的风力发电量也在稳步提升。2006 年，中国的风力发电量为 27 亿千瓦·时，而到了 2013 年，中国的风力发电量已达 1371 亿千瓦·时，8 年之间发电量提升了 50 倍。但中国风力发电量的增长速度却没有赶上装机容量的发展速度，虽然 2010 年中国风电装机容量超过了美国，但发电量只有 500 亿千瓦·时，远低于美国。而且中国的风力发电量占全国发电总量的比重虽年年均有小幅提升，但未见实质性突破，与国外先进国家相比存在不小差距。这说明我国风电发电量还有很大的上升空间。2006～2013 年中国风电发电量统计如图 17-4 所示。

（3）中国风力发电技术的发展

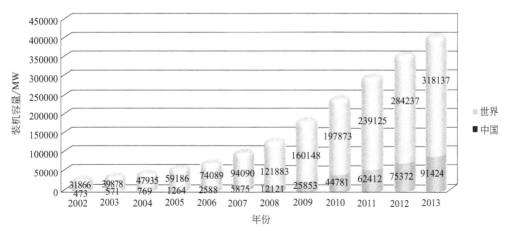

图 17-2 2002～2013 年中国及世界风电装机容量

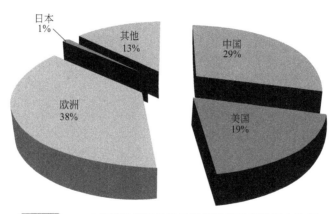

图 17-3 2013 年世界各国风电机组累计装机容量所占份额

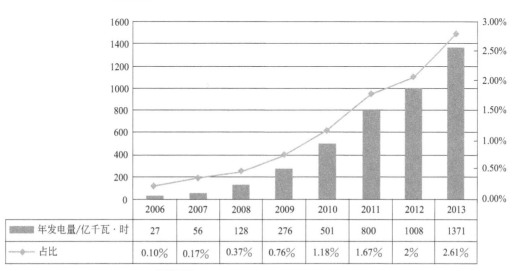

	2006	2007	2008	2009	2010	2011	2012	2013
年发电量/亿千瓦·时	27	56	128	276	501	800	1008	1371
占比	0.10%	0.17%	0.37%	0.76%	1.18%	1.67%	2%	2.61%

图 17-4 2006～2013 年中国风电发电量

　　我国风力发电技术的研究和开发起步于 20 世纪 70 年代中后期。在这一阶段，我国的风力发电技术在科学研究和设计制造方面均取得了很大的进步，并取得了明显的社会效益和经济效益。但风电机组的单机容量仅为几百瓦到 10kW，且均属独立运行的风电机组。我国的并网风电机组研究始于 20 世纪 90 年代，依靠国家的"乘风"计划而兴起。在这一阶段，我国风电机组的研发还基本以跟踪和引进国外先进技术为主。国内风电技术基础薄弱，核心技术缺乏，创新能力不足，所研发的机型是国外已经相对成熟的技术。

从 20 世纪末开始，在国家对风电产业政策和资金的双重支持下，我国风力发电获得了跨越式发展。通过"引进技术-消化吸收-自主创新"的三步走策略，基本掌握了 MW 级风电机组的制造技术。经过多年的技术积累和资本投入，国内风电设备生产水平不断提高，兆瓦级风机、海上风机等科技难关相继被攻克。目前，国内风电机组普遍采用当今世界主流技术，世界领先的 3MW 机组和海上风电项目均在国内落户。

伴随着我国风电技术的提高，我国风电机组的国产化率也在不断提高。据统计，2004 年全国装机的风电设备中，进口设备占 90%，2010 年全国装机的风电设备中，国产设备占 90%。随着国内风电市场的发展，有 10 余家风电设备制造企业实现了规模化生产。2012 年，金风、联合动力、华锐、明阳四家制造企业跻身世界风电设备制造前 10 强，其中金风一度跻身世界第二。

中国一直没有停止对风电机组的研发工作。在大容量风电机组方面，国内多家企业已经研制成功 3MW 以上的风电机组，具有代表性的有联合动力的 6MW 机组。一些企业对超大容量机组的研发也已提上日程，如华锐风电的 10MW 机组已获国家列项，联合动力的 12MW 机组正在研发之中。在风力发电机创新方面，由我国科学家李国坤发明的世界第一台全永磁悬浮风力发电机使风能发电技术取得了关键性的突破。该风力发电机将传统风力发电机 3.5m/s 的启动风速降低到 1.5m/s，提高了风能的利用率，增加了发电量，大大降低了发电成本，具有明显的竞争优势和推广应用前景[15]。

（4）中国风电发展存在的问题

① 风电机组的核心设计和制造技术。尽管我国已经成为风机制造大国，但只是数量上的概念，风电机组的核心设计技术和制造技术依旧没有完全掌握。2009 年中国向国外购买的风电技术专利、生产许可、技术咨询服务等费用总计 4.5 亿美元。风电机组的应用软件、数据库、源代码等都是购买国外产品，而这些软件并不符合中国的实际风况。而且风电机组的核心技术如控制系统、逆变系统中国仍旧没有完全掌握，仍依赖进口。一些关键部件，如轴承、齿轮箱、叶片等，尽管国内可以制造，但由于一些工艺技术没有达到国外先进水平，质量、使用寿命及可靠性仍需进一步提高。要解决这些问题，最重要的途径就是企业加大科研投入，增强自主创新的能力。

② 风电并网与消纳问题。中国风能资源主要分布在远离负荷中心、位于现有电网末端的"三北"地区，而这些地区的电网消纳能力有限。另外，风电具有波动性，按目前的风电机组技术水平和电网运行与电力调度机制，并网和消纳问题已成为大规模风电开发的重大挑战。这种电源与负荷的分布情况容易造成风力强劲但电力负荷小、风电停机，从而造成"弃风"问题。从目前全国风电发展的总体趋势来看，资源丰富的"三北"地区弃风问题愈发突出，已成为影响我国风电产业发展的首要问题。据初步统计，2012 年全国弃风电量约为 200 亿千瓦·时，比 2011 年翻了一番，占 2012 年实际风电全部发电量的 20%。这不仅严重影响了发电企业的经济效益，挫伤风电投资的积极性，也造成了大量的能源浪费。国内外很多研究表明，电网能够接纳大比例的风电，制度和市场机制是关键，储能系统参与电网调度是解决途径。未来，要通过建立全市场化的电力体制，调整电力系统所有参与者的利益，鼓励和引导发展可再生能源的积极性，彻底解决我们所面临的风电接纳问题。此外，海上风电发电成本过高、技术发展迟缓也是制约我国风电发展的重要因素。

（5）我国风电发展的前景展望

2011 年 10 月 19 日，《中国风电发展路线图 2050》正式发布。该路线图设定的发展目标是：到 2020 年、2030 年和 2050 年，中国风电装机容量将分别达到 2 亿千瓦、4 亿千瓦、10 亿千瓦，成为中国的主要电源之一。到 2050 年，风电将满足国内 17% 的电力需求，未来 40 年累计投资 12 万亿元。近几年，我国的风电装机容量稳步增长，在"十二五"期间，中国风电由迅速发展转向又好又快地发展，转向平稳可持续地发展。

从我国经济社会发展和能源转型发展来看，我国需要发展清洁能源。而风电是目前除水电外，技术成熟、成本较低的可再生能源。并且风电不存在环境、社会等方面不可克服的缺点，具有其他清洁能源所不具备的优势。因此，风电作为国家战略新兴产业的重要地位不会改变。随着国家一系列调整相关产业政策的相继出台，势必会形成行业的优先和整合，未来中国风电发展空间依然广阔。

17.1.2　国内外光伏发电发展现状

17.1.2.1　美国光伏发电发展现状

（1）美国光伏装机容量

表 17-5 给出了 2005～2012 年世界主要国家光伏发电装机容量数据，从中可以看出，美国是光伏发电发展比较早的少数几个国家之一。截至 2012 年底，美国的光伏发电装机容量为7312MW，占世界光伏发电总装机容量的 7.3％，位居世界第四位，并且 2012 年的装机容量比2011 年增长了 84.4％，由此可见，美国的光伏发电在整个世界光伏发展中有着举足轻重的地位。

表 17-5　世界主要国家光伏发电装机容量发展概况（截至 2012 年底）[16]　单位：MW

年份 国家	2005	2006	2007	2008	2009	2010	2011	2012	比重
德国	2056	2899	4170	6120	10566	17554	25039	32643	32.6％
意大利	38	50	120	458	1181	3502	12803	16241	16.2％
中国	68	80	100	140	300	800	3300	8300	8.3％
美国	479	624	831	1169	1616	2534	3966	7312	7.3％
日本	1422	1709	1919	2144	2627	3618	4914	6914	6.9％
西班牙	49	148	705	3463	3523	3915	4260	4537	4.5％
法国	33	44	75	180	380	1197	2660	3692	3.7％
比利时	2	4	27	108	627	1055	2051	2650	2.6％
澳大利亚	61	70	83	105	188	571	1408	2408	2.4％
捷克	0	1	3	64	462	1953	1959	2072	2.1％
英国	11	14	18	23	26	70	976	1655	1.7％
希腊	5	7	8	18	55	198	624	1536	1.5％
印度	18	30	31	71	101	35	481	1176	1.2％
韩国	14	36	81	358	524	656	812	1064	1.1％
全世界	5354	6962	9571	15958	23979	40416	69871	100115	100％

（2）美国光伏发展历史及发展现状

1954 年美国贝尔实验室恰宾、富勒和皮尔松制成了第一个效率为 6％的太阳能电池[17]，1958 年装备于美国的先锋 1 号人造卫星上，功率为 0.1W，面积约为 $100cm^2$，运行了 8 年。在很长的时间内，太阳能电池产量基本上一直是美国第一位，1999 年开始被日本超过。在此后的 8年中日本长期保持领头地位，直到 2007 年，中国迅速崛起，产量超过日本而成为世界第一位，如今已经是遥遥领先。

在《京都议定书》的推动下，1997 年 6 月 26 日美国总统克林顿在联合国环境发展会议上宣布发起"百万太阳能屋顶计划"。该计划的目标是到 2010 年要在全国的住宅、学校、商业建筑和政府机关办公楼屋顶上安装 100 万套太阳能装置，光伏组件累计用量将达到 3025MW，生产的电力相当于新建 3～5 个燃煤发电厂，每年可减少 CO_2 排放量 351 万吨，增加就业人数 7 万人。通过大规模应用促使光伏组件成本下降，光伏发电价格将从 1997 年的每千瓦时 22 美分，到 2010年降至每千瓦时 7.7 美分。

2004 年 9 月，美国提出了"太阳电力的未来——2030 及更久远的美国光伏工业线路图"，明确要求恢复美国在光伏领域上的领先地位[18]，并提出了具体目标。2010 年前，美国太阳电池组件容量的增长率为 30％～38％。2010～2020 年成熟期间年增长率为 26％。到 2020 年累计安装太阳电池组件容量 36GW，到 2030 年累计安装太阳电池组件容量将达到 200GW，以后每年安装

19GW。2030 年美国太阳能发电量将为 3600 亿千瓦·时，足够 3400 万户家庭使用，届时太阳能电力将成为重要的电力来源。

美国自从 2005 年起实行光伏投资税收减免政策以来，光伏装机容量得到较快增长，2007 年新增装机容量 190MW，仅次于德国、西班牙和日本，列全球第四位。该政策规定，居民或企业法人在住宅和商用建筑屋顶安装光伏系统发电所获收益享受投资税减免，减免额相当于系统安装成本的 30%，单户居民住宅的减免额不超过 2000 美元。2008 年 9 月 16 日，美国参议院通过了一揽子减税计划，将光伏行业的减税政策（ITC）续延 2～6 年。

美国有一些像 Sun Power 和 First Solar 等这样的太阳能光伏领域的大公司，他们的光伏组件的制造技术和性能在很多方面都走在世界前列。2007 年 6 月美国能源部发表了《国家太阳能项目路线图》，分别对不同类型的太阳能电池提出了相应的目标。

2006 年，美国通过了"总统太阳能美国计划"（President's Solar America Initiative），打算以美国历史上最大的预算资助太阳能研究，目标是在 10 年内使太阳能发电的价格降低到能与常规电力竞争的水平。到 2015 年累计安装光伏容量 5～10GW，所发电力足够 200 万家庭使用。美国太阳能行业协会称这项计划将促使美国下一个高技术产业——太阳能产业的加速发展。这项计划将在 10 年内使并网光伏系统容量达到 10GW，是 2006 年的 20 倍。每年可以减少 CO_2 排放量 1000 万吨，同时增加 3 万个工作岗位。

为了促进新能源产业的发展，2009 年，美国总统奥巴马签署总额为 7870 亿美元的《美国复苏与再投资法案》。法案中新能源为重点发展产业，在 2880 亿美元的税收减免中，220 亿美元属于太阳能光伏等能源领域。

2010 年 8 月，美国副总统拜登发布《复苏法案——创新改变美国经济》的报告，报告指出，复兴法案将帮助最新一代的太阳能发电技术快速发展，扩大其制造能力。

2011 年 2 月美国能源部推出"SunShot"计划，旨在通过降低太阳能技术的生产成本提高大规模应用的竞争力，从而振兴美国的太阳能行业。

美国在光伏技术研究和光伏产品研发方面走在了世界的前沿。美国政府也越来越重视光伏技术的研究，并且为其提供了大量政策和资金的支持。同时美国在光伏应用方面也位居世界前列。美国政府高度重视光伏的应用，在政策上给予了很大的倾斜。美国政府期望通过光伏技术的研发，提高产品性能，将光伏产业作为新的经济增长点，实现光伏的实用化，并将其作为美国未来主要的能源来源之一。纵观美国的光伏发展历程以及发展目标，美国未来在光伏领域的表现非常值得期待。

17.1.2.2 欧洲光伏发电发展现状

据欧洲光伏产业协会 EPIA 发布的报告显示，2011 年光伏系统安装量较去年增长 11GW。2011 年全球光伏并网系统装机量增至 27.7GW，27.7GW 的总装机量中，将近 21GW 的系统安装在欧洲，其中意大利和德国市场占全球装机增长量的 60%。EPIA 还指出，2011 年意大利光伏装机量首次超越德国市场，装机量达 9GW，德国以 7.5GW 的装机量退居第二。然而德国累计光伏装机量达 25GW，这一数据已遥遥领先于意大利 12.8GW 的装机量。随后依次是西班牙（4.26GW）、法国（2.66GW）、比利时（2.05GW）。

（1）德国光伏发电发展现状

德国的阳光并不十分充足，但它在太阳能发电领域的发展却走在世界各国之前。1991 年，德国开始实施"十万屋顶"计划；1995～1999 年，德国政府开始支持地区性项目、示范性项目以及节能返款项目。2006 年德国太阳能全行业出口额高达 12 亿欧元，预计到 2020 年将达到 200 亿欧元。到 2006 年底，德国光伏电池领域的企业数量约为 7000 家，终端用户销售额达 37 亿欧元，从业人数 35000 人，预计到 2020 年可达 10 万人。2006 年新建产能 750MW，出口额约为 10 亿欧元，预计 2020 年达 110 亿欧元。截至 2006 年底，德国已有 30 万套太阳能发电设备，总安装容量达 2.5GW。仅 2006 年一年，德国因使用太阳能而减少的二氧化碳排放就超过了 100 万吨，预计到 2050 年因使用太阳能而减少的二氧化碳排放量将达到 1 亿吨。2007 年，德国新安装的太阳能电池总计达到 1300MW，几乎占了世界范围内太阳能电池安装总量的一半。

2012 年德国光伏系统安装量再创历史新高，新增光伏装机容量超过 7GW。德国太阳能游说团体 BSW 公布报告称，2013 年德国新增光伏装机在 2012 年达到顶峰后出现最大跌幅，较 2012 年下降 55％至 3.3GW。德国目前光伏装机总量已经达到 35.7GW，是过去 4 年的 3 倍。尽管如此，2013 年太阳能发电仍占到德国电力供应总量的 5％，发电量较去年增长 6％，至 29.7TW·h。

（2）意大利光伏发电发展现状

20 世纪 90 年代，意大利政府通过财政补贴或税务抵扣的方式提供 70％～75％系统成本的补贴，系统所发多余电量以正常电价出售给当地电力公司。

2005 年 7 月，意大利政府启动了上网电价补贴政策。2007 年 2 月，意大利政府对上网电价补贴政策再次修订，取消了单个电站 1MW 的规模上限，取消了每年 85MW 的新增容量上限，并规定上网电价维持到 2008 年年底前不变，在 2009 年和 2010 年分别下降 2％，并在 2010 年以后由后续法案决定。2008 年底，受 2009 年补贴降低预期的影响，意大利光伏市场月安装量异常高涨，全年安装量达 338MW。随后 2009 年，系统安装成本大幅下降，官方公布的总安装量增加 10％左右，达到 374MW。

2011 年意大利新增光伏装机量达到 9GW，成为全球年度光伏安装量最大的国家，也使意大利累计光伏安装量增长至 12.8GW。2012 年意大利新增光伏装机 3.4GW，累计为 16.2GW。据统计，2012 年意大利光伏装机人均达 273W，光伏总发电量为 188.6 亿千瓦·时，占全国电力需求的 5.6％，而据测算其峰值发电能力可满足 13.5％以上的用电需求。2013 年意大利一月份新增光伏装机容量为 232MW，二月份新增光伏装机容量为 126MW，三月新增光伏装机容量为 214MW。

（3）西班牙光伏发电发展现状

整个欧洲地区西班牙的光照条件最好，同样设备条件下，光伏系统的发电量较德国地区多出 20％～30％。2004 年，西班牙政府颁布 RD436/2004，向不大于 100kW 的系统提供 5.75 倍零售电价的上网电价 [约 0.42 欧元/(kW·h)]，向更大型的系统提供 3.6 倍零售电价的上网电价 [约 0.2 欧元/(kW·h)]，并以法律形式确保上网电价 25 年有效。这一法令确保了建设光伏电站的投资回报，促使西班牙安装量快速增加，并形成了一定市场规模和配套，使安装成本降低。2007 年，西班牙政府颁布 RD661/2007，给出了 0.46 欧元/(kW·h)（<100kW）以及 0.43 欧元/(kW·h)（100kW～10MW）的光伏系统上网电价，使得安装大型光伏系统的内部收益率（IRR）提高至 15％左右，强力刺激了西班牙的光伏市场需求，新增容量在 2007 年和 2008 年前三季度出现井喷。为了使本国光伏市场稳步发展，同时减小政府的补贴压力，西班牙政府于 2008 年 9 月将上网电价削减至 0.32～0.34 欧元/(kW·h)，并设置了 500MW 的补贴容量上限，直到 2012 年重新修订可再生能源扶持方案。

2012 年，西班牙光伏项目开发商新增装机量仅为 277MW，而 2011 年和 2010 年新增光伏发电系统装机容量分别为 410MW 和 427MW，2008 年高峰期的新增装机容量则高达 2.7GW。截至 2012 年年底，西班牙共计有 4.5GW 光伏系统并入电网，该容量占全国发电系统总容量的 4％，光伏发电可满足全国电力需求量的 3％。

（4）法国光伏发电发展现状

法国光伏市场启动时间也比较早，从 1995 年起法国就开始实施离网示范性光伏项目。2002 年，法国政府首次出台了上网电价政策，但由于上网电价低，且当时安装成本较高，市场并未出现超速增长。2005 年开始到 2012 年，联邦政府对光伏系统用户提供税务优惠政策，大大刺激了法国的光伏市场，2005 年新增容量同比增长 233％。2006 年 10 月起，法国政府出台新的补贴标准，上网电价基数大幅提升至 0.30～0.40 欧元/(kW·h)，针对建筑集成系统（BIPV）的上网电价达到 0.55 欧元/(kW·h)，且额度随通货膨胀情况调整。这一优惠政策进一步加速了法国光伏市场的增长。2007 年 10 月，法国政府在其环境协商会议中宣布了 2012 年累计装机 1.1GW 以及 2020 年累计装机 5.4GW 的目标。政府通过法国国会的批准，对光伏发电法规进行有史以来最大的一次修改，这对法国以及欧洲太阳能发电产业是一次巨大的推进。经过修改以后的太阳能光伏政策是在未来的 20 年间，新能源的开发重心偏向于太阳能发电产业，包括太阳能发电技术的研究、太阳能电站的建设以及太阳能电池的日常生活应用。在原先对居民和商用屋顶光伏系统实施的 30 欧分/(kW·h) 固定电价基础上，再增加 15 欧分/(kW·h) 补贴。

（5）其他欧洲国家光伏发电发展现状

2007 年，希腊政府将该国 2020 年光伏装机容量目标定为"至少 840MW"。2009 年 1 月出台了新的上网电价条例，规定在 2010 年 8 月之前基础上网电价不变，之后开始每半年降低 5% 左右。2009 年 6 月，希腊政府出台了针对小于 10kW 的屋顶光伏系统的单独补贴政策，上网电价定为 0.55Euro/kWh，25 年有效，不设上限，且电价根据 CPI 增速的 25% 进行调整，基础电价从 2012 年起年减 5%，且免除购置光伏系统的附加税（VAT）。2012 年，希腊新增光伏装机容量 890MW。截至 2013 年 5 月底，希腊光伏系统总装机量已经达到 2.32GW。

2007 年，葡萄牙政府启动了新的上网电价补贴计划，电价范围为 0.317～0.469Euro/kWh，持续时间十五年，电价在光伏总装机容量达到 200MW 前不调整。当时光伏系统成本已下降 20%，且系统认证和电网接入条件已基本具备，葡萄牙光伏市场出现了飞跃，新增容量增长 30 倍。2008 年 3 月起，葡萄牙开始执行小型发电法（DL363/2007）。所有购买低压电的用户可以申请单机上限为 3.68kW 的小型光伏发电系统（其他可再生能源也可申请），并给予小型新能源系统所发电力 0.65Euro/kWh 的上网电价，该电价在全国所有小型系统安装量达到 10MW 时降低 5%，以此类推，初始电价可持续 5 年，之后 10 年每年按照降低后的结果决定。光伏发电组件和系统价格在 2009 年内大幅下跌，但葡萄牙的上网电价未进行调整，因此 2009 年及 2010 年光伏系统安装的投资回报率大幅提升。2012 年，葡萄牙新增光伏发电系统 67.8MW，而 2011 年该国新增光伏系统装机量为 32.4MW。截至 2012 年年末，葡萄牙累计光伏系统装机量已经达到 225.5MW。

2013 年英国新增太阳能装机容量总计达 1.45GW，家庭安装突破 50 万户。截至 2014 年 1 月 5 日，英国全国已有 499687 个建筑物安装了太阳能电池板，每个建筑物安装的总规模均小于 50kW，可获得 FIT 补贴费率的支持。英国平均每周约有 1900 个新太阳能设施被安装。联合政府气候变化部门部长 Greg Barker 对未来数月内实现光伏产能突破 4GW 这一里程碑目标充满信心，并在议会的演讲中称目前的增长实属"惊人成就"。

17.1.2.3　日本光伏发电发展现状

日本是最早制定扶持光伏产业发展政策的国家。经过十多年的努力，在阳光计划、新阳光计划和一系列其他激励政策的支持下，形成了在全球范围内颇具竞争力的光伏产业。

2012 年，日本光伏发电年装机容量从 2011 年的 1.3GW 增长到 2GW。到 2012 年底，光伏发电累计装机量达到 7GW 左右。这一年日本光伏发电装机量的大幅增加，主要归功于住宅光伏市场的稳步增长和由新上网电价补贴政策支持的非住宅光伏系统的迅速增加[19]。

从 IMS Research 了解到，2013 年日本的光伏市场增长 120% 左右。分析称，受惠于世界上最有吸引力的光伏激励政策，日本的太阳能市场蓬勃发展，2013 年第一季度光伏发电安装量超过 1GW，2013 全年光伏发电新增装机容量超过 5GW。

在硅原料方面，许多日本公司决定退出光伏业务，包括 NS 太阳能材料公司、JFE 钢铁公司、三菱住友株式会社和空间能源公司等[20]。其他公司正在进行业务重组，例如热磁公司的裁员，德山公司改变其业务计划等。在光伏组件方面，日本旭硝子公司与日本板硝子株式会社也在缩减其光伏业务。在设备制造方面，一些公司被解散。另一方面，东京电子为提高他们的光伏业务，收购了一家子公司。

在平衡系统方面，逆变器制造商不断加强生产设备，扩大产品阵容，以满足住宅光伏市场和快速增长的非住宅光伏市场的需求。该行业进入了大量的海外制造商，市场发展势头大增。在支架结构制造方面，来自钢铁行业、水泥行业和铝行业等的一系列新企业期待地面光伏系统市场的潜在增长，开始进入支架制造行业。

日本光伏利用行业一直非常活跃。在住宅建筑领域，每年超过 30 万间房屋都安装了光伏发电系统。中小型房屋制造商开始扩大住宅光伏系统的安装，特别是农村地区也开始在房屋上安装光伏系统。太阳能光伏发电系统的发电量也随着安装数量的增加而增加。随着"智能住宅"这一概念的传播和扩展，新建住宅安装光伏系统已经逐步成为"智能住宅"的一项标准。在一些公寓，通过利用 FIT 计划已经安装了越来越多的中型光伏发电系统。

随着光伏市场从中型到兆瓦级光伏系统的整体增长，交钥匙工程总承包（EPC）和光伏系统集成业务也不断增长。除了一直从事光伏行业的光伏制造商和公司（如重电机械行业，光伏系统安装和分销商）以外，电气设备公司、公用事业相关的公司、总承包商、通信公司、项目开发商和贸易公司等各种行业的公司也开始进入光伏市场。此外，还出现了与光伏相关的新型行业，如光伏电站的运营和维护行业以及进入发电业务的配套服务行业等。

公用事业电力公司继续兑现他们主动引进光伏发电系统的承诺，积极推进光伏系统的安装应用。10 家公用事业单位还宣布了一项计划，即到 2020 年，在全国建立总容量为 140MW 的 30 个光伏电站[21]。截至 2012 年底，大多数光伏电站已完成，共有 73MW 的光伏电站正在运行。此外，一些公用事业公司还在客户所拥有的房产屋顶上安装光伏发电系统。

日本福岛核灾难促使日本大力发展本国可再生能源，以提高其对能源结构调整的贡献，这也为光伏产业的发展带来了巨大的机遇。

上网电价政策的实施，促使日本加快光伏系统的大规模推广，光伏市场的发展情况也随之发生大幅改变。2013 年，住宅光伏市场所占份额大幅下降，逐步转向公共、工业和商业等非住宅光伏市场，这些市场将有助于创造协调发展的 GW 级光伏市场。

日本政府制定的官方目标是，到 2020 年光伏装机量达到 28GW。日本政府还计划，到 2030年，全国 40％的电力需求将主要来自可再生能源，其中太阳能光伏发电应至少突破 53GW。而日本真正的利用潜力预计能达到 230GW[22]。

17.1.2.4　中国光伏发电发展现状

（1）我国光伏发电发展历史

我国太阳能电池的研究始于 1958 年，1959 年研制成功第一个有使用价值的太阳能电池，在 1971 年发射的第二颗人造卫星上首次应用太阳能电池；1979 年开始生产单晶硅电池；到 20 世纪 80 年代后期引进了国外的太阳能电池生产线和生产技术，我国太阳能电池制造产业初步形成，20 世纪 90 年代以来是我国光伏发电快速发展的时期，在这一时期我国光伏组件生产能力逐年增强，成本不断降低，市场不断扩大，装机容量逐年增加，已经成为世界太阳能电池的主要供应国之一，并带来显著的经济、社会、综合效益，为世界瞩目。2010～2015 年中国太阳能电池行业投资分析及深度研究咨询报告指出，太阳能光伏发电在过去的 10 年中得到了快速发展，最近 10年，全球太阳能电池产量平均年增长率为 48.5％；而最近 5 年，这一数据更是高达 55.2％。

据 OFweek 行业研究中心最新数据显示，2013 年上半年中国新增光伏装机 2.8GW，其中有 1.5GW 来自第二批金太阳和光电建筑工程，1.3GW 为大型光伏电站。截至 2013 年上半年，我国光伏发电累计建设容量已达 10.77GW，其中大型光伏电站 5.49GW，分布式光伏发电系统 5.28GW，分布式发电比例约为 49％，需要指出的是，此 49％的比例中还涵盖了之前"金太阳"示范项目的总装机规模，与国外光伏分布式利用形式上也有所差别。OFweek 行业研究中心分析认为，到 2015 年中国光伏累计装机 35GW 的目标仍有不确定性。但基于目前政策推进的决心和速度，我们仍认为过程中的问题可解决，分布式示范的结果依然乐观。

根据 2007 年我国制定的《可再生能源中长期发展规划》可知，到 2020 年太阳能发电总容量将达 180 万千瓦，并且按照有关专家的预测，这一数字有望达到 1000 万千瓦。从市场方面考虑，我国仍有许多地区处于缺电甚至无电的状态，人民急需生活用电，再加上我国的经济迅速发展，为光伏市场提供了更好的发展空间，可以预测并网型光伏电站很快就会进入市场，一定会为提升人民生活质量做出巨大的贡献。

（2）我国光伏发电的重点项目

我国光伏发电技术起步较晚。在"九五"和"十五"期间，我国相继与德国、日本和加拿大等国家合作，主要针对新疆、西藏、青海、内蒙古、云南等自然条件差的无电边远地区，进行光伏工程的扶持和帮助。主要有："光明工程"先导项目、"送电到乡"工程、内蒙古新能源通电计划、丝绸之路照明计划等。这些项目主要是独立光伏发电工程。

"十一五"期间，科技攻关计划主要是建立一批兆瓦级光伏并网电站试点，为今后大容量光伏发电系统并网运行提供理论依据和技术支持。"十一五"期间国家发布了《可再生能源法》、《关于加快推进太阳能光电建筑应用的实施意见》、《太阳能光电建设应用财政补助资金管理暂行办法》和《关于实施金太阳示范工程的通知》，扶持和帮助包括光伏行业在内的新能源产业的健康发展。"十二五"期间，国家 1.15 元/(kW·h) 的上网电价政策出台，《可再生能源发展"十二五"规划》、《太阳能光伏产业发展"十二五"规划》和《太阳能发电"十二五"规划》等颁布实施，为光伏并网发电奠定了坚实的基础。预计到 2020 年，太阳能光伏发电的电价将达到与燃煤发电同等水平。到目前为止，已经有多个光伏发电工程建成并投入运行，主要有：①2004 年深圳国际园林花卉博览园 1MW 并网太阳能光伏电站；②2005 年中国科学院电工所在西藏羊八井建立了一座 100kW 并网示范光伏电站；③2006 年首都博物馆新馆 300kW 屋顶并网光伏系统建成；④2008 年我国第一座太阳能大厦，位于河北省保定市的电谷锦江国际酒店太阳能幕墙并网发电成功；⑤2013 年张北国家风光储输示范工程一期完工并网发电。

（3）我国光伏发电发展趋势

根据我国光伏发电的发展情况，在今后一段时间，我国光伏发电主要应用在以下几个方面。

① 城市供电。目前德国的"10 万屋顶发电计划"、日本的"阳光计划"和美国的"百万屋顶计划"均是城市并网光伏发电的应用，我国也可以借鉴，光伏发电技术应用于城市道路、小区照明有着巨大的市场潜力，粗略地估算，我国建筑屋顶面积总计约 100 亿平方米，如果光伏组件覆盖 1% 的屋顶，每年就可以提供 1500 亿千瓦·时的电能。

② 沙漠供电。我国 108 万平方公里的荒漠面积为建设大型的太阳能电站提供了广阔的土地资源，其年总辐射在 1600kW·h/m² 以上，如果利用其 1/10 安装并网光伏发电系统，每年的发电量可以达到 10 万多亿千瓦·时。从资源的合理开发利用来说，开发沙漠太阳能资源具有得天独厚的优势，可以使广大的沙漠、戈壁滩变废为宝，对实现能源的可持续发展具有重要的现实意义。沙漠所处的地理位置恰好是太阳能资源丰富区，尽管不同的地区均可获取太阳能，但在沙漠地区建设太阳能电站，不仅具备较好的太阳能光照资源，而且不占用宝贵的耕地。在建造太阳能电站的同时也对沙漠的环境进行了改造，可以说是一举两得。中国无论是太阳能资源还是沙漠资源，都具有足够的优势，足以支持太阳能电站的建设，缓解未来的能源危机。同时对改善沙漠生态环境、促进沙漠植被恢复也有积极的作用。

③ 边远地区离网供电。由于地理原因，目前我国尚有大约 0.7 亿人居住在无电区，这一部分人口的能源需求形成了一个巨大的光伏发电潜在市场。和其他发电技术相比，光伏发电系统结构简单、维护方便、可靠性高，寿命长，对解决边远地区供电具有不可替代的作用。从 20 世纪 80 年代起，我国开始在边远农牧区推广光伏系统，迄今已安装 50 万套系统。2002～2004 年国家发改委组织在边远地区建设了近 800 个太阳能光伏电站，总装机 19.6MW。在后续的"送电到村"的工程中，光伏发电系统将继续发挥主导作用。

④ 其他商业应用。光伏的其他商业应用是指没有政府政策补贴的商业化应用，如太阳能手机充电器、广告牌、独立通信机站电源、小商品电源等。随着技术进步和市场开发，新的产品和新的应用领域会快速发展。

人类面临实现经济和社会可持续发展的重大挑战，在有限资源和环保严格要求的双重制约下发展经济已成为全球热点问题。而能源问题将更为突出，不仅表现在常规能源的匮乏不足，更重要的是化石能源的开发利用带来了一系列问题，如环境污染、温室效应都与化石燃料的燃烧有关。目前的环境问题，很大程度上是由于能源特别是化石能源的开发利用造成的。因此人类要解决上述能源问题，实现可持续发展，只能依靠科技进步，大规模地开发利用可再生洁净能源。太阳能以其独具的优势，其开发利用将在 21 世纪得到长足的发展，并终将在世界能源结构转换中承担重任，成为 21 世纪后期的主导能源之一。

17.1.3　风力发电系统概述

风力发电所需要的装置称为风力发电机组，典型的风力发电机组主要由风轮（包括叶片、轮毂）、（增速）齿轮箱、发电机、对风装置（偏航系统）、塔架等构成。其基本工作过程为：风以一定的速度和攻角流过桨叶，带动桨叶旋转，使风轮获得旋转力矩而转动，风轮通过主轴连接齿轮箱，经齿轮箱中的增速机提升旋转速度，增速后作用于发电机从而产生电能，整个系统总称为风力发电系统。为了掌握风力发电的工作原理，必须了解风能的利用、风力机的工作方式、运行特性和最大风能追踪控制原理，主要包括定桨距风力机的最佳叶尖速比与相应的最大风能利用系数、最大风能捕获与风力机转速调节、发电机的分类及其输出功率控制、风电机组最大风能追踪运行的实现方法等。

17.1.3.1　风能与风力发电

（1）风速分布的差异性

自然风的波动性、随机性和不可控特性，造成了风电场的输出功率存在很大的不确定性。而且，当风电穿透功率达到一定比例时，会严重影响电网的安全稳定运行。为了优化电网运行、提高风电穿透功率极限，研究风电场的风速分布特性显得尤为重要。

风速是决定风电场输出功率、对风电场风能资源进行评估的主要因素之一，但风电场及电力系统的实际运行会给风速分布研究结果带来明显的差异性。其主要原因如下：①统计周期。在年、季、月甚至更短周期内统计的风速分布特性不会完全相同，肯定存在不同程度的差异性。②不同周期内的特殊系统运行模式，如电网年最大或最小运行方式、月最大或最小运行方式、迎峰度夏、日负荷爬峰和降谷方式、日高峰和低谷方式等。③不同周期内风电场自身的特殊运行模式，如风电场年最大或最小运行方式、月最大或最小运行方式、季风运行模式、白天与黑夜运行模式等。

（2）风能概述

风能，换句话说也就是空气流动的动能，由于空气的定向流动而形成风。由空气动力学知识，若当前有质量为 m 的空气，其风速为 V，则它在单位时间内通过面积为 S、垂直于气流方向的截面的动能为：

$$E = \frac{1}{2} m V^2 \tag{17-1}$$

而空气的质量 m 的表达式为：

$$m = \rho S V \tag{17-2}$$

则动能可改写为：

$$E = \frac{1}{2} \rho S V^3 \tag{17-3}$$

式中，ρ 为空气的密度，在标准状况下取 1.29kg/m^3。由以上式子可以看出，气流的动能与风速的立方成正比关系。

（3）风能的利用及风力机特性

风力机是风力发电系统中能量转换的首要环节，用来截获流动空气所携带的动能，并将其中的一部分转换为机械能。因此，风力机不仅决定了整个风电系统的输出功率，而且直接影响风电机组运行的安全稳定性，是风电系统中的关键功能部件。

根据空气动力学知识，风力机的输入功率可表达为：

$$P_V = \frac{1}{2} (\rho S_w v) v^2 = \frac{1}{2} \rho S_w v^3 \tag{17-4}$$

式中，S_w 为风力机叶片迎风扫掠面积，m^2；v 为进入风力机扫掠面之前的空气流速（即未扰动风速），m/s。

由于通过风轮旋转面的风能并非全部都能被风力机吸收，故可定义风能利用系数 C_p 来表征风力机捕获风能的能力。

$$C_p = \frac{\text{风力机输出的功率}}{\text{输入风轮面内的功率}} = \frac{P_o}{P_V} \tag{17-5}$$

这样风力机的输出机械功率为：

$$P_{\mathrm{O}}=C_{\mathrm{p}}P_{\mathrm{V}}=\frac{1}{2}\rho S_{\mathrm{w}}v^3 C_{\mathrm{p}}=\frac{\pi}{8}\rho D_{\mathrm{w}}^2 v^3 C_{\mathrm{p}} \tag{17-6}$$

式中，D_{w} 为风轮的直径，m。

风能的利用取决于风能利用系数 C_{p}，它是反映风力机吸收风能功率能力的量，是研究风力机特性的一个重要的参数，它的大小与风速、风力机的转速、风轮直径、桨距角均有关。为了方便讨论 C_{p} 的特性，研究者定义了风力机特性的另一个重要的参数——叶尖速比 λ，它是风力机叶片叶尖线速度与风速之比。

$$\lambda=\frac{\omega R}{v}=\frac{2\pi Rn}{v} \tag{17-7}$$

式中，R 为风轮半径，$R=0.5D_{\mathrm{w}}$；ω 为叶片旋转角速度，rad/s；n 为风力机转速，r/s。

风能利用系数 C_{p} 是叶尖速比 λ 和桨距角 β 的综合函数，即 $C_{\mathrm{p}}(\lambda,\beta)$，其表达式为：

$$\begin{cases} C_{\mathrm{p}}(\lambda,\beta)=0.22\left(\dfrac{116}{\lambda_{\mathrm{i}}}-0.4\beta-5\right)\mathrm{e}^{\frac{-12.5}{\lambda_{\mathrm{i}}}} \\ \dfrac{1}{\lambda_{\mathrm{i}}}=\dfrac{1}{\lambda+0.008\beta}-\dfrac{0.035}{\beta^3-1} \end{cases} \tag{17-8}$$

桨距角 β 为叶片弦长与旋转平面的夹角。由式(17-7) 和式(17-8) 可以看出，在某一风机中，叶尖速比 λ 的值是由风速 v 和风轮转速 n 共同决定的；当风速一定时，叶尖速比 λ 与转速 n 成正比；因此若桨距角 β 保持固定不变，只需要控制风力机的转速，调节桨叶的叶尖速比 λ，使其运行在最佳叶尖速比 λ_{opt} 下，便能使风能利用系数稳定在最大值 $C_{\mathrm{pmax}}(\lambda,\beta)$ 上。

图 17-5 为风力机性能曲线，即风能利用系数 $C_{\mathrm{p}}(\lambda,\beta)$ 的曲线。由图 17-5 可以看出风能利用系数 C_{p} 的特性：

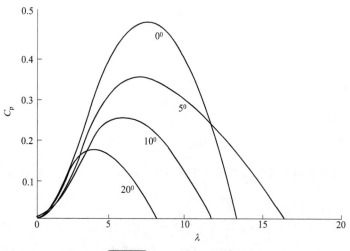

图 17-5　风力机性能曲线

① 在叶片叶尖速比 λ 固定不变的情况下，风能利用系数 C_{p} 与桨距角 β 呈相反的关系，随着 β 的增大，C_{p} 将迅速减小，这说明在实际的运行过程中，可以通过适当地改变桨距角 β 来调节风力机所捕获的机械能 P_{O}。

② 在桨距角 β 一定的情况下，有且只有唯一叶尖速比 λ 对应于风能利用系数的最大值，该叶尖速比称为最优叶尖速比 λ_{opt}，此时风力机输出功率最佳。因此，在某一风速下，调节风力机转速，使其运行在最佳叶尖速比条件下，就可以达到最大风能捕获的目的，如图17-6所示。

通过以上分析可以看出，相同风速下有且只有一个转速 n 使得 C_{p} 最大；而转速 n 不变的情况下，改变输出功率的最佳手段就是调节 β 值。在当前运行机组中，多数均可实现 ω 与 β 的实时调节。

某一固定的风速 v 下，随着风力机转速 n 的变化，其 C_{p} 值会做相应的变化，从而使风力机

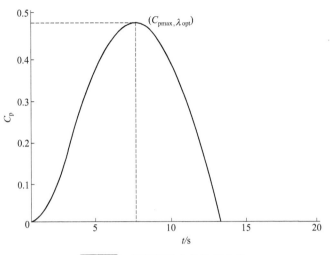

图 17-6　定桨距风力机性能曲线

输出的机械功率 P_O 发生变化。根据图 17-6 和式(17-6) 可以导出不同风速 $v_1 > v_2 > v_3$ 下定桨距风力机输出功率 P_O 和角速度 ω 的关系，如图 17-7 所示。

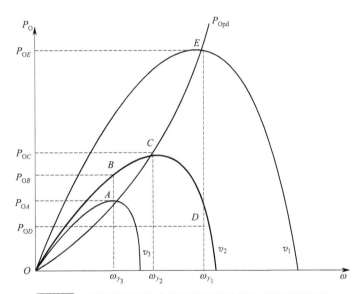

图 17-7　不同风速下风力机输出机械功率与角速度的关系

可以看出，同一风速、不同机组转速下输出功率不同，同一风速下存在一个最佳转速，此转速下风力机能达到最佳叶尖速比，可捕获到该风速下的最大能量、输出最大的功率，因此定桨距风力机的最大风能追踪控制与风力机的转速控制密切相关。由于齿轮箱的升速作用，发电机转速 ω_m 增大为风力机转速 ω 的 N 倍（N 为齿轮箱的增速比），故只要有效控制发电机转速，就可以使风力机运行于某风速所对应的最佳转速上，获得最佳叶尖速比和最大功率输出。

连接不同风速下与最佳转速对应的最大功率点，绘成一条曲线便可得到风力机的最大功率跟踪曲线，见图 17-7 中的曲线 P_{Opt}。若要控制风力机在风速变化时捕获更多的风能，输出更多的功率，只需要根据风速的实时变化对风轮的转速进行实时调节，便可以使风力机的运行点沿着最大功率跟踪曲线变化。

实际运行中的最大风能追踪过程是依据风力机的输出特性、通过对发电机的控制来完成的。在图 17-7 中，风速为 v_3 时风电机组稳定运行于图中的 A 点；在风速突变为 v_2 的瞬间，由于机组的巨大机械惯性，转速仍暂时保持为 n_3 而不会突变，但此时风力机输出的机械功率已由 A 点的 P_{OA} 突变为风速 v_2 上 B 点对应的 P_{OB}，而发电机输出总电磁功率仍保持为 P_{OA}，轴上多余的机械功率迫使机组转速上升。转速上升的过程中，风力机输出机械功率沿曲线 BC 运动，发电机的总电磁功率则沿曲线 AC 上升，最后两者重新平衡于 C 点，即风速 v_2 下风力机的最大输出功率点。这就是风力机实现最大功率跟踪控制的工作过程。

17.1.3.2　风力发电机系统结构

（1）风力机定义及其结构

风力机，又称风车，是一种将风能转换成机械能的动力机械装置。风力机通常由风轮、机舱、塔架及基础等部分组成。风轮的作用是捕捉和吸收风能，并将风能转变成机械能，由风轮轴将能量送给传动装置。风轮一般由叶片、叶柄、轮毂及风轮轴等组成。机舱包容着风力发电机的关键设备，包括齿轮箱、发电机等，维护人员可以通过风力发电机塔进入机舱。风力发电机的低速轴将转子轴心与齿轮箱连接在一起。轴中有用于液压系统的导管，来激发空气动力闸的运行。齿轮箱可以将高速轴的转速提高至低速轴的 50 倍，高速轴高速运转，并驱动发电机。它装备有紧急机械闸，用于空气动力闸失效时或风力发电机被维修时。

（2）风力发电机分类

风力发电机按照其发电机类型可分为笼型、双馈感应型、永磁同步型和其他新型电机，如开关磁阻电机、横向磁场电机、高压电机等。目前，前三种类型的风力发电机已经在实际电网中被采用，在此对它们进行简单介绍。

① 笼型异步风力机。笼型电机结构简单、可靠性较高，机组运行安全稳定、控制手段相对简易，并且还有不错的运行效率。但它的缺点在于输出有功功率越多，所消耗的无功功率也越多，这将造成笼型异步风机在全负荷运行情况下功率因数较低，对电网电压稳定不利。

② 双馈感应风力机。双馈感应发电机组是具有定、转子两套绕组的双馈型异步发电机，定子接入电网，转子通过电力电子变换器与电网相连，所以该类电机可以在比较大的转速范围内运行，并可实现电能的双向传输。双馈感应风机属于变速恒频风电机，与传统恒速风电机相比，不仅能够追踪最大风能，而且具有无功电压控制的能力，提高风电机组供电电能质量。

③ 永磁同步风力机。永磁同步发电机也是变速恒频风力发电机中的一种，但其与双馈感应风机不同。永磁同步发电机的输出功率通过两个全功率变频器输送到电网中，它与电网是隔开的，没有绕组与电网直接相连，因此它可以在不同的频率下运行且不影响电网的频率。

永磁同步发电机采用永磁材料建立转子磁场，省去了滑环和电刷等设备，无须定期维护，整机可靠性高、效率高。永磁同步风力机组可以单独控制有功和无功功率以提高电网的运行稳定性，不需要其他的无功补偿设备。由于其组件中的全功率变频器造价高、损耗大，所以在我国并未广泛应用。

（3）风力机塔架

① 风力机塔架的作用。近地面受地形、地物的影响，风速锐减，且常出现紊流。风力机在紊流中运行会产生剧烈振动，严重时可导致机组损坏。为了获得较高且稳定的风速，利用塔架可将风力机主体支撑到距离地面一定的高度。

② 塔架结构的分类。塔架结构的分类方法很多，大致有以下三种：

按结构形式分类，可分为格构式塔架和圆筒形塔架；

按结构材料分类，可分为钢结构塔架和混凝土塔架；

按固有频率分类，可分为刚性塔架（塔架固有频率大于叶轮旋转频率的塔架）和柔性塔架（塔架固有频率小于叶轮旋转频率的塔架）。

③ 基本结构形式。根据结构形式的不同，风力机塔架可分为圆筒形和格构式两种。风力机塔架是自立式塔架，其计算图形与悬臂梁相同，根部弯矩最大，因此最理想的立面形式应该是抛物线形，实际上塔架外形不可能做成理想的曲线，设计时应将工艺要求和建筑、结构设计以及制造、安装等相互关联的因素综合考虑。

a. 圆筒形塔架。圆筒形塔架又称单管塔，在当前风力发电机组中大量采用，其优点是外形简洁美观、构造简单、传力明确、占地面积小、用钢量省、上下塔架安全可靠。从结构上看，圆筒形塔架是空间薄壁壳体，有益于充分发挥材料作用，达到较好的结构性能和经济效益，如图 17-8(a) 所示。圆筒形塔架一般有若干段 20～30m 的锥筒用法兰连接而成，塔架由底向上直径逐渐减小。整体呈圆台状，因此也有人称此类塔架为圆台式塔架。由于其安全性能好，而且进行维修时比较方便，在国际风电市场上，现代大型风电机组普遍采用的是圆筒形塔架。

  b. 格构式塔架。格构式塔架在早期风电机组中大量使用，其主要优点为制造简单、成本低、运输方便。但其主要缺点为不美观，占地面积大，通向塔顶的上下梯子不好安排，上下时安全性差，如图 17-8(b) 所示。塔架构建截面可分为钢管、角钢、圆钢及其组合构件。

(a)圆筒形风力机搭架   (b)格构式风力机搭架

图 17-8　风力机塔架

　　塔架立面轮廓基本上有直线形、单折线形、多折线形、带有拱形底座的多折线形等四种，如图 17-9 所示。

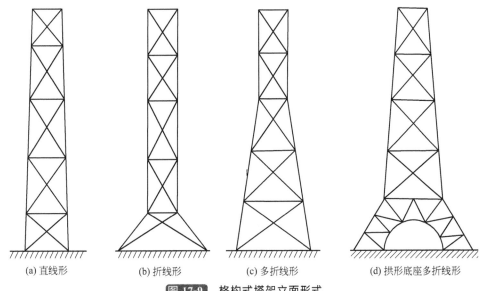

(a) 直线形　　　　(b) 折线形　　　　(c) 多折线形　　　　(d) 拱形底座多折线形

图 17-9　格构式塔架立面形式

塔架的截面形状有三角形、四边形、六边形、八边形等。在特殊情况下也可采用多边网状结构。一般情况下，塔架截面数越少，耗用钢材也越少，三角形截面最省材料，四边形次之，四边形的侧向刚度与抗扭性能也比较好，因此多用在悬挂天线网的塔架中。当塔架较高，底盘尺寸较大时，如用四边形腹杆过长，则可改用六边形或八边形，有时为了美观，也有用多边形。塔架截面边数越多，所耗钢材也就越多。在相同高度、相同技术条件、相同气候条件的情况下，塔架八边形结构要比三角形结构多用钢材30%左右，比四边形结构多用钢材20%左右。

塔架底盘宽度常取整个塔高的1/10～1/4。底盘大小与风载荷作用下的塔架水平位移、自振周期、对基础的作用力和建筑造型方面的艺术处理都有关系。凡对水平位移要求较严、地基承受能力较差、建筑造型要求较高的塔架，则应采用较大的底盘宽度。如果底盘加大，必然会增加腹杆的耗钢量，但实践证明，底盘的大小对塔架本身的耗钢量影响不大。

塔架腹杆体系可分为斜杆式、交叉式、K式、再分式等。

斜杆式腹杆用在小型塔架。一般为刚性斜杆，由于长细比限制，斜杆材料没有充分发挥。斜式腹杆分隔节段较大，使塔柱的长度也过大。

交叉式腹杆用得较多，斜杆可做成刚性与柔性两种。两者比较，由于柔性斜杆截面比较小，长细比较大，相应减少了腹杆迎风面积，对减轻塔架其他部分也有一定效果。

K式腹杆的主要特点是减小节间长度、斜杆、横杆长度，这种腹杆体系，与刚性交叉腹杆的性质有些类似，经济效果也相差不大，在塔架宽度较大时效果较好。

再分式腹杆实际上是一种刚性腹杆，除掉理论上不受力的副横隔、副横杆外，剩下的结构完全和刚性交叉腹杆体系或K式腹杆一样。再分式腹杆的优点是减小塔柱、斜杆、横杆的长细比，缺点是节点增多、风荷载增大、材料用量提高等。

从现在已经建成的塔架看，采用十字交叉腹杆体系，特别是预加应力柔性斜杆，具有减小风阻、增加刚度、节约钢材、结构轻巧、主次分明、线条清晰的特点。

（4）传动系统

风力机的传动机构如图17-10所示，一般包括低速轴、高速轴、齿轮箱、联轴节和制动器等，但不是每一种风力机都必须具备所有这些环节。

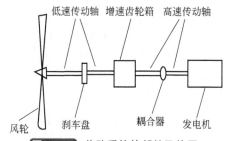

图 17-10 传动系统的部件及位置

① 主传动。风力发电机组中的增速齿轮箱是一个重要的机械部件，其主要作用是将风轮在风力作用下所产生的动力传递给发电机并使其得到相应的转速。风轮的转速很低，远达不到发电机发电的要求，必须通过齿轮箱齿轮的增速作用来实现，故也将齿轮箱称为增速箱。

根据机组的总体布置要求，有时将与风轮轮毂直接相连的传动轴（俗称主轴）和齿轮箱的输入轴合为一体，其轴端形式是法兰盘连接结构。也有将主轴与齿轮箱分别布置，其间利用胀紧套装置或联轴节连接的结构。为了增加机组的制动能力，常常在齿轮箱的输入端或输出端设置刹车装置，配合叶尖制动（定桨距风轮）或变桨距制动装置共同对机组传动系统进行联合制动。不同形式的风力发电机组有不一样的要求，齿轮箱的布置形式以及结构也因此而异。

风力发电机组齿轮箱的种类很多，按照传统类型可分为圆柱齿轮增速箱、行星增速箱以及它们互相组合起来的齿轮箱；按照传动的级数可分为单级和多级齿轮箱；按照传动的布置形式又可分为展开式、分流式和同轴式以及混合式等。

② 偏航传动。偏航系统是水平轴式风力发电机组必不可少的组成系统之一。偏航系统一般由偏航轴承、偏航驱动装置、偏航制动器、偏航计数器、纽缆保护装置、偏航液压回路等几个部分组成。

偏航系统的主要作用有两个，其一是与风力发电机组的控制系统相互配合，使风力发电机组的风轮始终处于迎风状态，充分利用风能以提高风力发电机组的发电效率；其二是提供必要的锁紧力矩，以保障风力发电机组的安全运行。风力发电机组的偏航系统一般分为主动偏航系统和被动偏航系统。被动偏航指的是依靠风力通过相关机构完成机组风轮对风动作的偏航方式,常见的有尾舵、舵轮和下风向三种;主动偏航指的是采用电力或液压拖动来完成对风动作的偏航方式,常见的有齿轮驱动和滑动两种形式。对并网型风力发电机组来说,通常都采用主动偏航的齿轮驱动形式。

风力发电机组的偏航系统一般有外齿形式和内齿形式两种。偏航驱动装置可以采用电机驱动或液压马达驱动,制动器可以是常闭式或常开式。常开式制动器一般是指有液压力或电磁力拖动时,制动器处于锁紧状态的制动器;常闭式制动器一般是指有液压力或电磁力拖动时,制动器处于松开状态的制动器。采用常开式制动器时,偏航系统必须具有偏航定位锁紧装置或防逆传动装置。

（5）电力电子装置

① 功率控制。传统风力机一般采用定桨距失速调节定速风力发电系统。此风力机具有桨叶与轮毂刚性连接,失速控制靠叶片独特的翼形结构。这种风力发电机结构简单,造价低,具有较高的安全系数,但失速控制难度大,很少应用到 MW 级以上的风力发电机组控制上。

变桨距控制是指风力机叶片的安装角随风速改变而改变的一种控制。变桨距启动时对风轮转速控制,并网后可对功率控制,从而使得风力发电机启动性能和功率输出特性较定桨距定速风机显著改善。但是,它的缺点是变桨距调节机构复杂,要求调节机构的响应速度快,易引起功率脉动。主动失速控制系统,是将上述两种控制方式结合起来使用。允许叶片倾斜,但此倾斜度在一个很小的范围之内。

② 发电机转速控制。失速调节定速系统通常使用直接与电网相连的感应电机,变速系统则是使用感应电机或者同步电机。这两个系统都需要通过电力电子变换器来获得转矩和转速控制。而变速系统的感应电机主要使用绕线转子,此转子的使用使得电力电子变换器能够通过滑环与转子电路相接,其优点在于通过使用一个低于正常功率 20%～30% 的电力电子变换器即可获得可变的转速控制。通过一个与转子相接的可变转子阻抗,系统中的电力电子变换器和滑动环能够完全避免,在这种系统中,转换阻抗被加到转子电路中,而且将会和发电机的转子一起旋转,但是这种系统的速度范围将会由于分散到转子阻抗的最大功率而受到限制。

变速恒频双馈风力发电系统如图 17-11 所示,目前最具发展潜力,下面着重分析其用于转速控制的电力电子变换器装置。变速恒频双馈风力发电系统中电力电子变换器为四象限变频器,按其拓扑结构主要可分为交交变频器、交直交变频器和矩阵变换器 3 种类型。

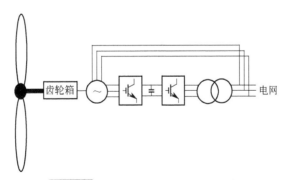

图 17-11 变速恒频双馈风力发电系统

交交变频器大多采用晶闸管自然换流方式,工作可靠,与电源之间进行无功功率的交换和有功功率的回馈容易,可四象限运行,无环流系统的最高输出频率为电网供电频率的 1/2。尽管交交变频器具有无中间直流滤波环节、变频效率高等优点,但由于其中的晶闸管采用自然换流方式,变频器始终吸收无功功率,功率因数低、谐波含量大、输出频率低,并且需要隔离变压器,所以交交变频器在风力发电系统中的应用受到一定限制。

交直交变频器依据中间直流环节滤波形式的不同,分为电压源型和电流源型。交直交电压源型变频器是目前应用最广泛的变频器,为实现双馈电机转子能量的双向传递,交直交电压源变频器常采用双 PWM 形式。该电力电子变换器具有结构简单、电流谐波含量小、输入功率因数可控等优点，而且直流环节的滤波电容可实现电网和电机转子侧的解耦。目前该类电力电子变换器已广泛应用于变速恒频风力发电系统，但该类型变频器直流环节的滤波电容体积较大，寿命较短，且双侧采用 PWM 控制，开关损耗较大。

矩阵变换器是一种交交直接变频器，由 9 个开关组成，矩阵式变换器没有中间直流环节，功率电路简单、紧凑，可输出幅值、频率、相位和相序均可控的电压，谐波含量较小。变换器的输入功率因数可控，可四象限运行，适合变速恒频双馈风力发电系统。虽然矩阵变换器具有上述优点，但其换流过程不允许两个开关同时导通或同时关断，所以在变速恒频双馈风力发电系统中的应用还处于研发阶段。

③ 无功控制。风力发电系统的无功控制可以由投入运行的风力发电机组来控制，也可以利用无功补偿设备来控制。拥有电力电子变换器的风力发电机组能够提供充足的无功控制，在变换器能力范围之内，可以充分满足发电机的无功需求，在任何负荷情况下维持发电机输出的功率因数；也能类似于静态无功发生器一样工作，通过适当的控制策略，由无功不平衡而引起的电压波动能够被消除，风力发电系统对电网电压的影响可以降低。

常用的无功补偿设备有并联电容器补偿装置、静止无功补偿器、静止无功发生器等。并联电容器补偿装置采用接触器或电力电子开关在风电运行中按照一定的顺序进行分组投入或切出，能够将补偿前较低的功率因数提高到约 0.98。由于并联电容器补偿装置成本低，因此在无功补偿方面应用广泛，因其调节不连续、响应速度慢，较难实现风机无功功率的快速补偿。静止无功发生器由可关断电力电子器件构成，装置的响应速度快，能迅速跟踪变化的无功，可较大幅度调节由风速变化引起的电压变化，提高电网电压质量。静止无功发生器目前得到了较为广泛的关注。

④ 在新型并网技术中的应用。目前所有的风电场对提高交流系统运行稳定性几乎没有贡献，随着风能发电在整个发电量中的比重越来越大，对交流系统的无功支撑、暂态恢复、系统稳定以及电压和频率的调节方面应该发挥更大的作用。为了解决这些问题，研究人员开始对联网方式进行研究，其中多端电压源换流器高压直流输电（MVSC-HVDC）用于风电场并网的技术研究得到了重视。

采用 MVSC-HVDC 联网具有以下优点：① MVSC-HVDC 的换流站可对有功和无功独立控制，控制灵活方便；② MVSC-HVDC 采用全控型器件，可工作在无源逆变方式，利用 MVSC-HVDC 能为远距离孤立负荷送电；③ MVSC-HVDC 不仅无须交流侧提供无功功率，而且能够起到 STATCOM 的作用，稳定交流母线电压；④ 多个 VSC 可连接到一个固定极性的直流母线上，易于构成与交流系统具有相同拓扑结构的多端直流系统，运行控制方式灵活多变。目前关于这些问题的理论研究较多，实际应用研究鲜有报道。

17.1.4 光伏发电技术概述

17.1.4.1 光伏电池及其特性

随着经济的发展，社会对能源的需求越来越大，环境污染越来越严重，可再生能源利用是缓解能源危机和环境问题的有效途径。太阳能以采集方便、无污染等优点而备受关注，已成为最有前途的可再生能源之一。光伏电池能以较高的转换效率将日光能直接转换成电能，可以提供低成本而且近乎永恒的动力，应用过程中几乎没有污染。

（1）光伏电池简介

光伏电池的工作机理是光伏效应，即吸收光辐射而产生电动势。其工作原理如图 17-12 所示，图中显示了一个外接负载电阻的 PN 结电路，即使没有外加电压，图中 PN 结空间电荷区依然存在一个内建电场，入射光子进入空间电荷区时，会产生电子空穴对，这些光生电子（空穴）会在内建电场的作用下进入到 N 型（P 型）区，形成光生电流 I_L，该电流与 PN 结反向偏置电流方向一致。所以光伏电池工作时实质上即为反向"偏置 PN 结"。光生电流会流过负载电阻，从而产生一个电压降，而该电压降反过来会令 PN 结正向偏置，导致一个正向电流 I_F，PN 结的反向总电流为 $I_L - I_F$，方向和负载流过电流方向一致，这样就将太阳能转换为电能了。

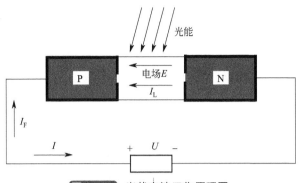

图 17-12 光伏电池工作原理图

光伏效应是 1839 年被发现的, 光伏电池至今已经发展到了第 3 代。第 1 代太阳能电池工业化产品效率一般为 13%~15%, 目前可工业化生产、可获得利润, 但是该类型的电池生产成本较高。第 2 代太阳能电池虽然成本低于第 1 代, 可大幅度增加电池板制造面积, 但是效率不如第 1 代。第 3 代太阳能电池在薄膜化、高效率、原材料丰富和无毒性方面有了长足的发展, 可望实现高效率的类型包括叠层电池、多带光伏电池、碰撞离化、光子下转换、热载流子电池、热离化、热光伏电池等。

（2）光伏电池的分类

① 单晶硅太阳能电池。自光伏电池发明以来, 单晶硅太阳能电池的发展历史最长。与其他种类的电池相比, 制造单晶硅太阳能电池所用硅材料比较丰富；结晶中的缺陷少, 电池转换效率高；稳定性好, 但是成本相对较高。

单晶硅太阳能电池主要应用于光伏电站, 特别是通信电站或用于聚焦光伏发电系统。由于单晶硅结晶的光学、电学和力学的均匀一致性, 特别适合切割成小片制作小型的消费产品, 如太阳能路灯。

② 多晶硅太阳能电池。与单晶硅相比多晶硅太阳能电池的制造工艺没那么严格, 并且多晶硅的原料丰富、价格比单晶硅低、具有稳定的转换效率, 所以性价比最高。虽然多晶硅的光学、电学、力学性能一致性不如单晶硅, 但多晶硅的工艺简单, 可大规模生产, 容易制造, 其使用量超过其他种类的太阳能电池, 目前占据主导地位。

多晶硅太阳能电池和单晶硅太阳能电池相同, 因性能稳定而主要应用于光伏电站的建设, 也可作为光伏建筑材料。在硅系太阳能电池中, 单晶硅和多晶硅太阳能电池占据光伏市场很大的比例, 已超过 80%。

③ 薄膜太阳能电池。非晶硅薄膜太阳能电池具有弱光效应好、成本相对较低的优点。而碲化镉电池则由于原材料存在严重的环保问题, 铜铟硒电池因原材料稀缺、成品率低问题, 其规模化生产受到一定的限制。尽管非晶硅电池转换效率不高, 但由于其工艺简单、易大量生产、使用原材料较少、可大面积化等特点而备受人们青睐, 有着广阔的应用前景。

（3）光伏电池的特性

① 伏安特性。当负载从 0 变化到无穷大时, 输出电压 U 则从 0 变化到开路电压 U_{oc}, 同时输出电流便从 I_{sc} 变到 0, 由此得出光伏电池的伏安特性曲线如图 17-13 所示。

从图中可以看出, 最佳工作点对应电池的最大出力 P_{max}, 其最大值由最佳工作电压与最佳工作电流的乘积得到。实际使用时, 电池的工作状态受负载条件和日照条件的影响, 其工作点会偏离最佳工作点。

短路电流 I_{sc}: 光伏电池的短路电流等于其光生电流, 当太阳能电池处于短路状态时, 端电压 $U=0$, 则 $I_{sc}=I_L$。

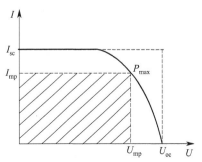

图 17-13 电池的伏安特性曲线

开路电压 U_{oc}：当太阳能电池处于开路状态时，对应光电流产生的电动势就是开路电压。由于 $I=0$（开路），同时忽略太阳电池串联电阻的作用，则负载端电压 $U=U_{oc}$，由此可得：

$$U_{oc}=\frac{nKT}{q}\ln(\frac{I_L}{I_0}+1) \tag{17-9}$$

填充因子 FF：填充因子就是 I-U 曲线下最大长方形面积与 $U_{oc}\times I_{sc}$ 之比，可表示为：

$$FF=\frac{I_{mp}U_{mp}}{U_{oc}I_{sc}}=\frac{P_{max}}{U_{oc}I_{sc}} \tag{17-10}$$

式中，I_{mp}、U_{mp} 分别为最佳工作电流和电压；P_{max} 为最大输出功率。

转换效率 η：转换效率表示在外电路连接最匹配负载电阻 R 时得到的最大能量转换效率，其定义为：

$$\eta=\frac{P_{max}}{P_{in}}=\frac{I_{mp}U_{mp}}{P_{in}} \tag{17-11}$$

即电池的最大输出功率与入射功率之比，也可以表示为：

$$\eta=\frac{FFU_{oc}I_{sc}}{P_{in}} \tag{17-12}$$

② 照度特性。光伏电池的出力随太阳光照度而变化的特性，如图 17-14 所示。可以看出，短路电流与照度成正比；开路电压随照度按指数函数规律变化，其特点是低照度值时，仍保持一定的开路电压。因此，最大出力 P_{max} 几乎与照度成比例增加，而填充因子 FF 几乎不受照度的影响，基本保持一致。

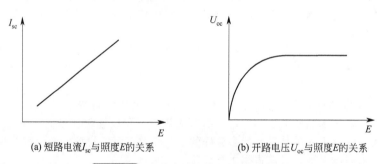

(a) 短路电流 I_{sc} 与照度 E 的关系　　(b) 开路电压 U_{oc} 与照度 E 的关系

图 17-14 光伏电池出力与照度的关系

③ 温度特性。

光伏电池的出力随温度的变化而变化，其特性曲线如图 17-15 所示。可以看出，随着温度的上升，短路电流 I_{sc} 增大，而开路电压 U_{oc} 减小，转换效率降低。由于温度上升导致电池的出力下降，因此，有时需要用通风的方法来降低电池板的温度以便提高电池的转换效率，使出力增加。电池的温度特性一般用温度系数表示，温度系数小说明即使温度较高，出力的变化依然较小。

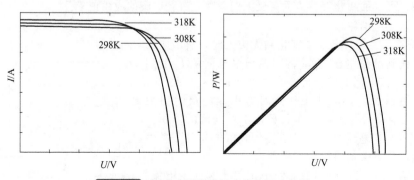

图 17-15 相同光照强度下电池的温度特性

17.1.4.2　光伏发电系统

（1）光伏阵列

现代社会的发展离不开能源，随着化石能源的大量使用，空气污染已经不容忽视，同时也面临着能源枯竭的危机，寻找可再生的清洁能源并进行有效利用是解决能源与环境问题的重要途径，太阳能依靠其清洁、分布广泛等特点迅速成为各国能源发展的重要方向之一。太阳能光伏发电过程不但没有机械转动部件而且也不会消耗燃料，更不会排放包括温室气体在内的任何有害物质，具有无污染、无噪声的优点。开发并利用丰富、广阔的太阳能，对环境不产生和少产生污染，太阳能既是近期急需的补充能源，又是未来能源结构的基础。

光伏阵列是太阳能光伏发电系统的基础部件，其 I-U、P-U 特性受太阳光照强度、工作环境温度以及光电池 PN 结参数的影响呈现为非线性关系。

① 光伏电池电路模型。光伏势能从本质上来说是存在于两种特殊物质之间的电子化学势能差（Fermi level），当这两种物质结合在一起时，它们之间的结合将达到一个新的热动力平衡，只有当这两种物质中的电子化学势能差相等时，平衡才能达到。为了获得高功率，需将许多的光伏电池串并联，形成光伏模块直至光伏阵列。光伏电池的 I-U、P-U 特性曲线是随光照强度、温度变化的非线性曲线。

光伏电池的等值电路模型一般有 3 种。第 1 种模型是光伏电池的简单电路模型，不考虑任何电阻，该模型有利于理论研究，适宜于复杂的光伏发电系统仿真；第 2 种模型是只考虑光伏电池并联电阻的模型，该模型精度稍高，在实际应用中并不常见；第 3 种方法是既考虑并联电阻，又考虑串联电阻的较精确仿真模型，其等值电路模型如图 17-16 所示。

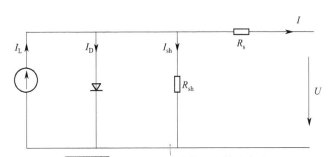

图 17-16　单个光伏电池精确的等值电路

由以上光伏电池的电路模型可以写出负载电流表达式：

$$I = I_{sc} - I_0(e^{\frac{q(U+IR_s)}{AkT}} - 1) - \frac{U+IR_s}{R_{sh}} \tag{17-13}$$

式中，R_s 为光伏电池的串联内阻；R_{sh} 为光伏电池的并联电阻，一般来说，质量好的硅晶片 $1cm^2 R_s$ 在 $7.7 \sim 15.3 m\Omega$ 之间，R_{sh} 在 $200 \sim 300 \Omega$ 之间；I_0 为流过二极管的反向饱和漏电流；q 为电荷量，$1.6 \times 10^{-19} C$；k 是 Boltzmann 常数，其大小为 $1.38 \times 10^{-23} J/K$；T 为光伏阵列的工作温度，K；A 为二极管的理想常数，其值在 $1 \sim 2$ 之间变化。

② 光伏阵列模型。因为单个光伏电池产生的电压仅在 $0.5 \sim 0.6V$ 之间，所以在实际中很少应用单个光伏电池，而是将许多光伏电池相互串联形成一个具有一定抗冲击力和耐腐蚀程度的光伏模块，再将许多模块集中到一起通过串联增加电压、并联增加输出电流，以便能够向负载提供更大的功率，从而形成光伏阵列。当若干个光伏电池串联在一起时，它们都通过相同的电流，可将它们的电压进行累加。如果由多个光伏模块串联而成的光伏阵列串接的光伏电池个数为 n，则光伏阵列的输出电压为：

$$U_{array} = nU \tag{17-14}$$

如果将 m 串光伏阵列并联，所形成的光伏阵列输出电流为：

$$I_{array} = mI \tag{17-15}$$

③ 光伏电池特性及仿真。

式(17-13) 是一个超越方程，利用该式不可能求出负载电压 U 或电流 I 的显式表达式，可以使用表格法求解。由光伏电池的电路模型可知：

$$U_d = U + IR_s \tag{17-16}$$

将式(17-16) 代入式(17-13) 得：

$$I = I_{sc} - I_0 (e^{\frac{qU_d}{AkT}} - 1) - \frac{U_d}{R_{sh}} \tag{17-17}$$

这样，将 U_d 的一系列连续增加的值放入表格中，对于每一个确定的 U_d 值，可以非常容易得到一系列的与 U_d 相对应的电流值 I，从而得到输出电压。

$$U = U_d - IR_s \tag{17-18}$$

利用 U_d 的值进行巧妙过渡，避免了直接利用牛顿迭代法进行求解，可得到 I-U、P-U 曲线。在上述方程中，短路电流 I_{sc} 与光照强度成正比，这样可以非常容易得到光伏阵列在一系列不同光照强度下所形成的 I-U 曲线。

当光伏电池的温度升高时，光伏电池的短路电流将增加，而开路电压则会下降。根据经验，应用式(17-17) 对光伏电池的温度效应进行建模，并设定在标准参考温度时短路电流为 I_s、开路电压为 U_{oc}、光伏模块的温度增加量为 ΔT，则有：

$$I_{sc} = I_s(1 + \alpha \Delta T)$$
$$U_{oc} = U_{os}(1 - \beta \Delta T) \tag{17-19}$$

例如，典型的单晶硅，其 α 为 $500\mu A/℃$、β 为 $5mV/℃$，由式(17-14)～式(17-19) 利用 Simulink 模块很容易形成光伏阵列模型，并且可对模型进行封装，以便调节各参数并提高仿真效率。

(2) 储能电池

① 概述。大容量的电池储能系统在电力系统中的应用已有 20 多年的历史，早期主要用于孤立电网的调频、调压和热备用等。目前来看，储能系统（电站）在电网中的应用主要包括负荷调节、弥补线损、功率补偿、配合新能源接入、提高电能质量、削峰填谷等几大功能方面。

② 储能电池组。a. 电池选型原则。作为配合光伏发电系统接入电网，实现削峰填谷、负荷补偿并提高电能质量的储能电站，储能电池是非常重要的组成部件，必须满足以下要求：

● 容易实现多种方式组合，从而满足较高的工作电压和较大的工作电流；

● 电池容量和性能须能够检测和诊断，使控制系统可在预知电池容量和性能的情况下实现对电站负荷的调度控制；

● 较高的安全性和可靠性，在正常使用情况下，电池使用寿命不低于 15 年；在极限情况下，即使发生故障也在受控范围内，不应该发生爆炸、燃烧等危及电站安全运行的事故；

● 具有良好的快速响应和大倍率充放电能力，一般要求 5～10 倍的充放电能力；

● 较高的充放电转换效率；

● 易于安装和维护；

● 具有较好的环境适应性，较宽的工作温度范围；

● 符合环境保护的要求，在电池的生产、使用和回收过程中不产生对环境的破坏和污染。

b. 主要电池类型比较。

● 阀控式铅酸蓄电池

阀控式铅酸蓄电池已有 100 多年的使用历史，所以技术非常成熟，并以其材料普遍、价格低廉、性能稳定、安全可靠而得到非常广泛的应用，在已有的储能电站中，铅酸电池依旧被采用。但它也有非常大的缺点，主要包括循环寿命很低、需要占用更多的空间、充放电倍率较低，另外，在电池制造、使用和回收过程中，铅金属对环境存在污染。

● 全钒液流电池

全钒液流电池是一种新型的储能电池，其功率取决于电池单体的面积、电堆的层数和电堆的串并联数，而储能容量取决于电解液容积，两者可独立设计，比较灵活，适于大容量储能，几乎无自放电，循环寿命长。全钒液流电池目前成本比较昂贵，尤其是高功率应用场合。另外，全钒液流电池的转换效率和稳定性还需要提高。

● 钠硫电池

钠硫电池作为一个新成员出现后，已在许多国家受到极大的重视和发展。钠硫电池比能量高、效率高，几乎无自放电，可高功率放电，是适合功率型应用和能量型应用的电池。但是钠硫储能电池不能过充与过放，需要严格控制电池的充放电状态。钠硫电池中的陶瓷隔膜比较脆，在电池受外力冲击或者机械应力时容易损坏，从而影响电池的寿命，容易发生安全事故。另外还存在环境影响与废电池处置问题。

● 磷酸铁锂电池

锂离子电池单体输出电压高、工作温度范围宽、比能量高、效率高、自放电率低，在电动汽车和静态储能应用中的研究也得到了开展。因为深度充放电将直接影响锂离子电池的运行安全性，大幅度降低其使用寿命，所以在光伏发电系统这种充放电随机性较大的场合中的应用受到一定的影响，大容量应用初始投资高也是影响锂离子电池在静态储能中广泛应用的重要因素之一。目前磷酸铁锂电池由于成本低、安全可靠性高和高倍率放电性能而受到关注。

从初始投资成本来看，锂离子电池具有较强的竞争力；钠硫电池和全钒液流电池产业化还未形成，供应渠道受限，较昂贵。从运营和维护成本来看，钠硫电池需要持续供热，全钒液流电池需要泵进行流体控制，增加了运营成本，而锂电池充放电运行状态需要实时检测和控制，运行维护设备成本也比较高。

（3）逆变器

基本的光伏发电系统主要由能源收集端光伏阵列模块、能源调节端逆变器和控制器组成。通过技术分析可以看出，逆变器是影响光伏电能直接应用或并网的关键环节。

① 光伏发电系统逆变器拓扑结构。太阳能光伏阵列所发出的电能均为直流电，若要大规模应用或送入电网必须将直流电转换为交流电。逆变器是将直流电转变成交流电的主要部件，其输出的电能可以直接驱动常规的交流用电设备或者送入电网。逆变器在并网光伏发电系统中的连接关系如图 17-17 所示。

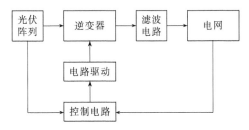

图 17-17　逆变器在并网光伏发电系统中的连接关系图

根据并网光伏发电系统功率变换级数，常见的逆变器可分为单级式结构逆变器和多级式结构逆变器。根据与电网之间是否有电气隔离环节，逆变器又可分为带电气隔离的逆变器和不带电气隔离的逆变器。

a. 按功率变换级数分类的拓扑结构。所谓单级式结构逆变器是指在光伏逆变器中只有一个功率转换环节，其连接框图如图 17-18 所示。

图 17-18　单级式结构逆变器连接框图

单级式结构逆变器只用一级能量交换就可以完成升降压和 DC/AC 的转换，这样的结构具有电路简单、元器件少、可靠性高和高效低功耗等诸多优点。在满足系统性能要求的前提下，单级式拓扑结构逆变器应该是首选方案。

由于光伏逆变器的输出电压有一定要求，单级式逆变器也存在较多的缺点，因此很多场合普遍采用两级式结构逆变器，图 17-19 为两级式逆变器结构框图。

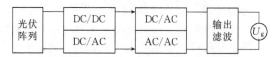

图 17-19 两级式光伏逆变器结构框图

从图中可以看出，两级式结构逆变器主要包括 DC-DC-AC 和 DC-AC-AC 两种拓扑类型。其中 DC-DC-AC 是目前较为常用的一种拓扑，前一级 DC/DC，后一级 DC/AC。DC/DC 用于实现电压升压和直流母线稳压功能，DC/AC 用于实现光伏阵列的 MPPT、输出电流正弦化并网、孤岛效应检测和预防等功能。这种两级式的拓扑结构简化了每一级的控制方法，相对于单级式逆变器，降低了控制的难度、提高了各级控制方法的精度和效率。

b. 按照变压器进行分类，逆变器又可分为带电气隔离的逆变器和不带电气隔离的逆变器。若根据逆变器是否含有变压器来更加细分，可以分为无变压器类型、工频变压器类型和高频变压器类型。有变压器的拓扑方案主要有三种，如图 17-20 所示。

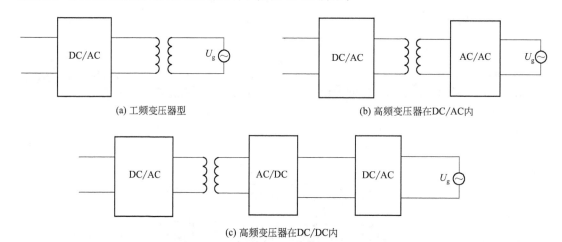

(a) 工频变压器型 (b) 高频变压器在DC/AC内

(c) 高频变压器在DC/DC内

图 17-20 三种含有变压器的光伏逆变器结构框图

高频变压器具有体积小、重量轻、效率高等特点。与之相比，工频变压器不仅体积大、重量重，在价格上也没有优势。因而在有变压器拓扑方案的选择中，更倾向于采用高频变压器来实现升压和隔离功能。在某些应用场合为了降低系统成本，在直流母线电压足够且不需要电气隔离的情况下，可以采用没有隔离的无变压器拓扑方案。

② 光伏逆变器拓扑发展趋势。

a. 高可靠性。对任何的产品来说，可靠性永远是排在第一位的，这一点在光伏逆变器上也不例外，只有保证了可靠性，光伏电能的安全生产才能保证。

b. 高效率。除了元器件的高可靠性之外，还需要提高系统运行效率，不仅仅要提高重载情况下的运行效率，还需要提高轻载下的运行效率。高效拓扑是未来光伏逆变器的发展方向，光伏逆变器效率的提高可以为用户带来直接的经济利益。

c. 适用于网侧高压场合的拓扑。随着高压场合逆变器功率的增大，其成本压力剧增，降低成本提高效率成为要着重考虑的因素。若要使功率器件的电压应力增大，需要更高耐压的电力电子器件，逆变器成本增大、可靠性降低。目前，多电平拓扑结构逆变器技术的发展可以很好地解决该问题。

（4）光伏发电系统最大功率运行控制器的研究与设计

光伏阵列的输出特性具有非线性特征，其输出功率受光照强度、环境温度和负载情况影响很大。根据太阳能电池的工作原理，当光照强度、温度等自然条件改变时，太阳电池的输出特性将随之改变，输出功率及最大工作点亦相应改变。在实际的应用系统中，自然光的辐射强度及大气的透光率均处于动态变化之中，这就给光伏发电系统的最大功率运行带来了困难。在环境温度和光照强度一定的情况下，光伏电池的工作电压是一个随变值，其输出电压只有在一个合适的值时才能达到最大功率输出，此时的光伏电池运行状态点就被称为最大功率点（maximum power point，MPP）。而最大功率点跟踪（maximum power point tracking，MPPT）就是指实时调整光伏电池的输出功率，使之始终工作在最大功率点附近的运行过程。最大功率点跟踪控制器就是满足光伏电池最大功率发电要求的适配器，无论环境温度和光照强度如何变化，控制器都能使光伏电池发电系统工作在最优状态。它的主要功能是检测主回路直流侧电压及输出电流，计算出太阳电池阵列的输出功率，并实现对最大功率点进行追踪。

① 最大功率点跟踪算法。最大功率点跟踪算法主要包括实际测量法、线性趋近法、电压反馈法、功率反馈法、电导增量法和扰动观察法。

实际测量法顾名思义就是实际测量光伏电池板的实时运行功率，然后对其进行调整，使之输出功率为最大值。线性趋近法的中心思想就是找到太阳能光伏电池模组的 I-U 曲线的拐点。电压反馈法的基本原理是，首先通过建模计算求出光伏电池在一定的外界环境条件下最大功率点相对应的电压值，然后调整光伏电池的端电压使之与求得的电压值相等，以实现光伏电池的最大功率点跟踪。针对电压反馈法不能根据外界环境条件的变化而自动跟踪到新的最大功率点的明显缺陷，人们发明了功率反馈法来解决这一问题。电导增量法的基本思想与功率反馈法十分类似，它的基本原理为，功率 P 可以由电压 U 与电流 I 表示，即 $P=U\times I$。利用最大功率点处 $\mathrm{d}P/\mathrm{d}V=0$，当 $I/V>-\mathrm{d}I/\mathrm{d}V$ 时增大 V，$I/V<-\mathrm{d}I/\mathrm{d}V$ 时减小 V。扰动观察法（P&O）又称爬山法，工作原理是首先测量出光伏电池板的输出电压、电流，继而计算出输出功率，然后要增加一个电压扰动量，计算出此时的输出功率，比较这两个功率的大小，如果功率增大了，那么证明此扰动方向正确，继续此操作；如果功率减小了，那么就说明此扰动方向错误，改变其扰动方向。然后重复上一次的操作，周而复始，最终实现电池板的最大功率输出。

② 最大功率控制器的设计。

a. DC-DC 变换器。DC-DC 变换器也叫直流斩波器，其作用是通过控制电力电子器件的通断，将直流电压断续地作用到负载上，以改变占空比的方式把某一幅值的直流电压变换为所需要幅值的直流电压。实际上，它就是一种开关型变换电路，将此电路与最大功率控制电路相连，即可构成一套完整的光伏电池最大功率跟踪控制系统。

DC-DC 变换器按功能可分为升压式直流斩波器、降压式直流斩波器和升压-降压式直流斩波器三种典型类型。通过名称就可以知道三种直流斩波器的不同作用，升压式直流斩波器是使输出电压大于或等于电源电压，从而达到提升电压的目的；降压式直流斩波器是使输出电压小于或等于电源电压，从而达到降低电压的目的；升压-降压式直流斩波器不但可以提升输出电压，而且也可以降低输出电压值。

b. 最大功率跟踪控制电路的设计。为了实现对光伏电池的最大功率跟踪控制，用改进的扰动观察法写进微处理器，利用微处理器对DC-DC 变换器进行控制，最终实现光伏电池最大功率点的实时跟踪控制。升压式最大功率跟踪控制系统基本原理如图 17-21 所示，MPPT 控制器从光伏电池板采集到电压、电流信号后，经过程序计算后实时输出 PWM 控制波形，即采用 0、1 交替的信号来控制 IGBT 的导通和关断。

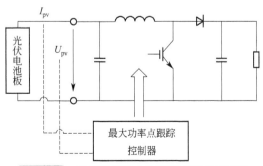

图 17-21 光伏电池最大功率跟踪控制原理图

当 IGBT 的栅极输入为 1 时，IGBT 导通，光伏电池板、电感与 IGBT 形成闭合回路，光伏电池板发出的电能转换为电感中的磁能并储存于电感中；当 IGBT 的输出为 0 时，IGBT 断开，此时图中的二极管导通，这时的光伏电池板、电感、二极管与电容器形成闭合回路，电感中储存的磁能就会转换为电能，流经二极管向负载电路供电。

所以，通过调节 0、1 交替控制信号的占空比即可调节输出端负载电压和输入端光伏电池板电压的比值，达到改变光伏电池板运行电压的目的，从而实现最大功率输出跟踪控制。

17.1.5　风力发电和光伏发电对储能的需求

17.1.5.1　独立运行的风力发电系统和光伏发电系统对储能的需求

在过去的几十年，电力系统已经发展成集中发电、远距离输电模式的大型互联网络系统。近年来用电负荷不断增加，而电网建设并没有同步发展，使得远距离输电线路的输送容量不断增大，电网运行的稳定性和安全性受到影响。现阶段用户对电能质量和电力品质的要求越来越高，加之环境和政策因素使这种传统的大电网已经不能很好地满足各种负荷的要求，风力发电、光伏发电等新能源的不断发展促进了微网系统的形成。

独立运行的风力发电系统和光伏发电系统也是微网的一种重要形式，储能系统作为其中必不可少的部分在微网系统运行中发挥着至关重要的作用。风力发电系统和光伏发电系统受季节、天气的影响很大，其输出功率随机性很大。为满足负载需要，独立运行的风力发电系统和光伏发电系统必须配备相应容量的储能设备。当风能或光照较充足的时候，多余的电能被储存在储能系统中；当风能或光照不足时，储能系统参与供电，而当无风无光时，则完全由储能系统提供电能。所以在独立运行的风电和光伏发电系统中，储能系统起着协调、平衡整个发电系统的发电量和负载用电量之间随机差异的关键作用。

储能系统作为微网系统中十分重要的环节，拥有提高微网电能质量、增加系统稳定性、提高微网经济效益等重要功能，对微网的稳定、经济运行起着重要的支撑作用。

（1）保证系统稳定

风电和光伏发电系统输出功率曲线与负荷曲线存在较大差异，而且两者均有不可预料的波动特性，通过储能系统的能量存储和缓冲作用使得微网系统即使在负荷迅速波动的情况下仍然能够运行在一个稳定的运行状态。风电和光伏发电系统存在两种典型的运行模式，即并网运行模式和孤岛运行模式。微网在这两种运行模式的切换中往往会存在一定的功率差异，在微网中安装一定容量的储能装置，可以保证微网在两种模式切换过程中平稳过渡，保障微网系统稳定运行。

（2）改善电能质量

独立运行的风电和光伏发电系统必须满足所带负荷对电能质量的要求，保证供电电压偏差、频率偏差、停电次数都在一个很小的范围内。储能系统可防止负载上出现的电压尖峰、电压下跌和其他外界干扰所引起的波动影响；采用足够容量的储能设备可以保证输出电能的品质与可靠性；通过对电力电子接口的控制，可以调节储能系统向微网和负荷提供有功和无功功率，达到改善电能质量的目的。因此，储能系统对微网电能质量的提高起着十分重要的作用。

（3）提升电源性能

对于多数太阳能、风能、潮汐能等可再生能源，由于其能量本身具有不均匀性和不可控特性，其输出的电能可能会随时发生变化。当外界环境中的光照、温度、风力等自然条件发生变化时，微电源相应的输出功率能力就会发生变化，这就决定了系统需要一定的中间装置来储存能量。如太阳能发电的夜间、风力发电无风的情况或者其他类型的微电源正处于维修期间，这时系统中的储能装置就可起到过渡供电作用，其储能容量的大小主要取决于负荷需求情况。

随着可再生能源发电技术的迅速发展，微网系统不断建设，储能技术在微网中电源结构的优化、能源利用效率的提高、电力系统安全性和可靠性的增强方面均具有重要意义。若微网中配备一定容量的储能装置，通过合理地调节控制其出力状态，可以增大整个系统的运行惯性、平抑系统波动、提高电能质量，并增强整个系统的运行稳定性。

17.1.5.2　风电场并网技术规定和要求

为了应对未来大规模风电并网，确保风电接入电力系统运行的可靠性、安全性与稳定性，除了相应加强电网建设、增加电网调控手段、改善电力系统电源结构外，还需要对风电场接入电力系统的技术要求做出相应的规定，以不断提高风电机组和风电场的运行特性，降低大规模风电接入给电网带来的不利影响。根据中国电力科学研究院制定的《风电场接入电网技术规定》，对风电场并网提出了如下要求。

（1）风电场有功功率变化限值

风电场应具备有功功率调节的能力以确保风电场有功功率变化限值不超过电网调度部门的给定值，此限值同样适用于风电场的正常停机。其变化限值可参考表 17-6。

表 17-6　风电场有功功率变化限值推荐表

风电场装机容量/MW	10min 最大变化限值/MW	1min 最大变化限值/MW
小于 30	20	6
30～150 之间	装机容量/1.5	装机容量/5
大于 150	100	30

（2）风电场功率预测

风电场应配置风电功率预测系统，系统具有 0～48h 短期风电功率预测以及 15min～4h 超短期风电功率预测功能。

风电场每 15min 自动向电网调度部门滚动上报未来 15min～4h 的风电场发电功率预测曲线，预测值的时间分辨率为 15min。

风电场每天按照电网调度部门规定的时间上报次日 0～24h 风电场发电功率预测曲线，预测值的时间分辨率为 15min。

（3）风电场无功配置

风电场应包括风电机组及无功补偿装置等无功电源，按照以下原则配置无功容量：

① 风电场的无功容量应按照分层和分区基本平衡的原则进行配置和运行，并应具有一定的检修备用。

② 对于直接接入公共电网的风电场，其配置的容性无功容量除能够补偿并网点以下风电场汇集系统及主变压器的感性无功损耗外，还要能够补偿风电场满发时送出线路一半的感性无功损耗；其配置的感性无功容量能够补偿风电场送出线路一半的充电无功功率。

③ 对于通过 220kV（或 330kV）风电汇集系统升压至 500kV（或 750kV）电压等级接入公共电网的风电场群，其风电场配置的容性无功容量除能够补偿并网点以下风电场汇集系统及主变压器的感性无功损耗外，还要能够补偿风电场满发时送出线路的全部感性无功损耗；其风电场配置的感性无功容量能够补偿风电场送出线路的全部充电无功功率。

④ 风电场无功容量的配置与电网结构、送出线路长度及风电场总装机容量有关，需配置的无功容量范围应结合每个风电场实际接入情况来确定。

（4）风电场电压要求

① 电压运行范围。当风电场并网点的电压偏差在其额定电压的 -10%～10% 之间时，风电场内的风电机组应能正常运行；当风电场并网点电压偏差超过 10% 时，风电场的运行状态由风电场所选用风电机组的性能确定。

② 电压偏差。风电场接入电力系统后，并网点的电压正、负偏差的绝对值之和不超过额定电压的 10%，一般应为额定电压的 -3%～7%。限值也可由电网调度部门和风电场开发运营企业根据电网特点、风电场位置及规模等共同确定。

③ 电压变动。风电场在并网点引起的电压变动 d（%）应当满足表 17-7 的要求。

表 17-7　电压变动限值

r/（次/h）	d/%	r/（次/h）	d/%
$r \leqslant 1$	3	$10 < r \leqslant 100$	1.5
$1 < r \leqslant 10$	2.5	$100 < r \leqslant 1000$	1

其中，d 表示电压变动，为电压方均根值曲线上相邻两个极值电压之差；r 表示电压变动频

度，指单位时间内电压变动的次数（电压由大到小或由小到大各算一次变动）。不同方向的若干次变动，若间隔时间小于30ms，则算一次变动。

④ 电压控制要求。

a. 风电场应配置无功电压控制系统，实现对并网点电压的控制。

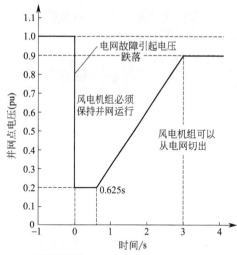

图17-22　风电场低电压穿越要求

b. 当公共电网电压处于正常范围内时，风电场应当能够控制风电场并网点电压在额定电压的97%～107%范围内。

c. 风电场变电站的主变压器应采用有载调压变压器，通过调整变电站主变压器分接头控制场内电压。

（5）风电场低电压穿越

风电场的低电压穿越要求见图17-22。

① 风电场内的风电机组具有在并网点电压跌至20%额定电压时能够保证不脱网连续运行625ms的能力。

② 风电场并网点电压在发生跌落后3s内能够恢复到额定电压的90%时，风电场内的风电机组能够保证不脱网连续运行。

（6）风电场运行频率

风电场运行频率应当满足表17-8的要求。

表17-8　风电场在不同电网频率偏差范围下的允许运行时间

电网频率范围	要求
低于48Hz	根据风电场内风电机组允许运行的最低频率而定
48～49.5Hz	每次频率低于49.5Hz时要求风电场具有至少运行30min的能力
49.5～50.2Hz	连续运行
高于50.2Hz	每次频率高于50.2Hz时，要求风电场具有至少运行2min的能力，并执行电网调度部门下达的高周切机策略，不允许停机状态的风电机组并网

17.1.5.3　光伏电站并网技术规定和要求

为了应对未来大规模光伏电站并网，确保光伏电站接入电力系统运行的可靠性、安全性与稳定性，除了相应加强电网建设、增加电网调控手段、改善电力系统电源结构外，还需要对光伏电站接入电力系统的技术要求做出相应的规定，以不断提高光伏电池板和控制系统的运行特性，降低大规模光伏电站接入给电网带来的不利影响。根据中国电力科学研究院制定的《光伏电站接入电网技术规定》，对光伏并网提出了如下要求。

（1）光伏电站有功功率变化限值

光伏电站有功功率变化包括10min有功功率变化和1min有功功率变化。光伏电站有功功率变化最大限值见表17-9。

表17-9　光伏电站有功功率变化最大限值

电站类型	10min有功功率变化最大限值	1min有功功率变化最大限值/MW
小型	装机容量	0.2
中型	装机容量	装机容量/5
大型	装机容量/3	装机容量/10

注：太阳光照幅度快速减少引起的光伏电站输出功率下降不受上述限制。

（2）光伏电站功率预测

装机容量10MW及以上的光伏发电站应配置光伏发电功率预测系统，系统具有0～72h短期光伏发电功率预测以及15min～4h超短期光伏发电功率预测功能。光伏发电站每15min自动向电网调度机构滚动上报未来15min～4h的光伏发电站发电功率预测曲线，预测值的时间分辨率为 15min。光伏电站每天按照电网调度机构规定的时间上报次日 0h 至 24h 光伏电站发电功率预测曲线，预测值的时间分辨率为 15min。光伏电站发电时段（不含出力受控时段）的短期预测月平均绝对误差应小于 0.15，月合格率应大于 80%，超短期预测第 4 小时月平均绝对误差应小于 0.10，月合格率应大于 85%。

（3）光伏电站无功配置

光伏电站安装的并网逆变器应满足功率因数在超前 0.95 到滞后 0.95 范围。无功容量不能满足系统电压调节需要时，加装适当容量的无功补偿装置，必要时加装动态无功补偿装置。

光伏电站的无功容量应按照分层和分区基本平衡的原则进行配置，并满足检修备用要求。

光伏电站配置的无功装置类型及其容量范围应结合光伏电站实际接入情况，通过光伏电站接入电力系统无功电压专题研究来确定。

（4）光伏电站电压要求

① 电压运行范围。当光伏电站并网点的电压偏差在其额定电压的 $-10\%\sim10\%$ 之间时，光伏电站设备应能正常运行；当光伏电站并网点电压偏差超过 10% 时，光伏电站的运行状态与低电压穿越要求相同。

② 电压偏差。光伏电站接入电力系统后，并网点的电压正、负偏差的绝对值之和不超过额定电压的 10%，一般应为额定电压的 $-3\%\sim7\%$。限值也可由电网调度部门和光伏开发运营企业根据电网特点、光伏电站位置及规模等共同确定。

③ 电压控制要求。当公共电网电压处于正常范围内时，通过 110（66）kV 电压等级接入电网的光伏发电站应能够控制光伏电站并网点电压在标称电压的 97%～107% 范围内。

当公共电网电压处于正常范围内时，通过 220kV 及以上电压等级接入电网的光伏发电站应能够控制光伏电站并网点电压在标称电压的 100%～110% 范围内。

④ 电压异常时的响应特性。对于小型光伏电站，电压异常时的响应特性应按照表 17-10 要求的时间停止向电网线路送电。此要求适用于三相系统中的任何一相。

表 17-10　光伏电站在电网电压异常时的响应要求

并网点电压	最大分闸时间	并网点电压	最大分闸时间
$U<50\%U_N$	0.1s	$110\%U_N<U<135\%U_N$	2.0s
$50\%U_N\leqslant U<85\%U_N$	2.0s	$U\geqslant135\%U_N$	0.05s
$85\%U_N\leqslant U\leqslant110\%U_N$	连续运行		

注：1 U_N 为光伏电站并网点的电网标称电压。
2 最大分闸时间是指异常状态发生到逆变器停止向电网送电的时间。

（5）光伏电站低电压穿越

大中型光伏电站应具备一定的低电压穿越能力，见图 17-23。

① 光伏电站并网点电压跌至 20% 标称电压时，光伏电站能够保证不间断并网运行 1s；光伏电站并网点电压在发生跌落后 3s 内能够恢复到标称电压的 90% 时，光伏电站能够保证不间断并网运行。（注：对于三相短路故障和两相短路故障，考核电压为光伏电站并网点线电压；对于单相接地短路故障，考核电压为光伏电站并网点相电压。）

② 对电力系统故障期间没有切出的光伏电站，其有功功率在故障清除后应快速恢复，自故障清除时刻开始，以至少 10% 额定功率/秒的功率变化率恢复至故障前的值。

③ 低电压穿越过程中光伏电站宜提供动态无功支撑。

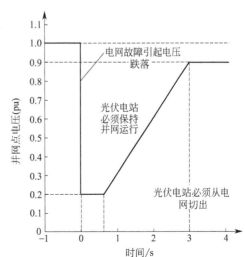

图 17-23　大中型光伏电站的低电压穿越能力要求

（6）频率异常时的响应特性

大中型光伏电站应具备一定的耐受系统频率异常的能力，应能够在表 17-11 所示电网频率偏离下运行。

表 17-11 大中型光伏电站在电网频率异常时的运行时间要求

频率范围/Hz	运行要求
低于 48	根据光伏电站逆变器允许运行的最低频率或电网要求而定
48～49.5	每次低于 49.5Hz 时要求至少能运行 10min
49.5～50.2	连续运行
50.2～50.5	每次频率高于 50.2Hz 时，光伏电站应具备能够连续运行 2min 的能力，同时具备 0.2s 内停止向电网线路送电的能力，实际运行时间由电力调度部门决定，此时不允许处于停运状态的光伏电站并网
高于 50.2	在 0.2s 内停止向电网线路送电，且不允许处于停运状态的光伏电站并网

17.1.5.4 大规模并网风力发电和光伏发电对储能的需求

（1）大规模风力发电和光伏发电系统并网对电网的影响

如前所述，由于风速、风向、温度、光照强度等不确定气象因素的影响，目前风电和光伏出力预测结果存在较大误差，风力发电和光伏发电实际出力存在随机性、波动性和间歇性，发电稳定性和连续性较差，与风电场和光伏电站的并网技术规定存有一定差距。我国规划的千万千瓦级风电基地大多位于内蒙古、甘肃等风能资源丰富的地区，而大规模集中式的光伏并网发电系统一般位于太阳能资源丰富与稳定的荒漠地区。风光发电系统与用电市场呈现逆向分布的特性，因此与欧美等国家靠近负荷中心的发展模式不同，大规模集中开发、远距离输送是我国风电和光伏发电的主要发展模式。

在集中开发模式下，分布集中的区域风电场风能特点相近，风电场间的出力有很强的相关性，并且风电场一般位于电网建设比较薄弱的系统末端，风电机组与大电网之间的联系比较薄弱。集中式的并网光伏电站也存在同样的问题。因此大规模风电和光伏系统并网时，风电功率和光伏功率的波动会对电力系统安全稳定运行产生影响，随着风光发电渗透率的不断提高，这一影响逐渐加剧。对局部电网会产生电压波动与闪变等电能质量问题，对整个系统来讲会引发风电光电难以消纳、低电压穿越等问题。因此大规模风电和光伏并网运行必须配备适当容量的储能系统。

作为目前世界上规模最大的风光储三位一体示范工程，国网张北风光储项目的总投资约为150 亿元，总规模为风电 500MW，光电 200MW，同时配备储能 110MW。

（2）风电和光伏系统并网运行对储能的需求

① 平抑功率波动。大规模风电或光伏系统并网运行时，储能装置可以有效平抑功率波动、提高电能质量。可以利用超级电容器储能、超导磁储能、飞轮储能等功率型储能介质和铅酸电池、液流电池、钠硫电池、锂电池等能量型储能介质相结合形成优势互补的混合储能系统，可以根据需要快速动态吸收能量并适时迅速释放，有效为系统提供能量缓冲、平衡和后备，平滑输出功率，有效弥补风电和光伏出力的随机性、波动性和间歇性，改善风电和光电的可控性，提高系统稳定性和并网电能质量。

值得一提的是，通用电气公司（GE）推出了带储能功能的智能风机，可以帮助管理风电的间歇性，实现平滑输出、电力预测等功能。

② 提高低电压穿越能力。随着风力发电和光伏发电在电力能源中所占比例不断增长，并网风电场和光伏电站必须具备一定的低电压穿越能力。相关入网技术规定也明确要求并网风电和光伏系统在电网故障期间不仅不能随意脱离电网而且还需要按规定向电网提供一定的无功支持帮助电网恢复正常。将超级电容器等储能装置连接在风电场或光伏电站出口母线上，当电网故障或扰动导致电压发生跌落时，储能装置能够迅速平衡直流母线两侧的功率变化，抑制网侧变流器过电流，限制直流母线过电压，使得系统与电网故障相隔离，保证风电场或光伏电站的持续并网，提高低电压穿越能力。

③ 参与电力系统调频。目前应用最广泛的双馈感应风电机组和光伏发电系统都是通过电力电子变换器接口接入电网，对电网的惯量没有贡献，对系统频率的变化基本没有响应能力。随着风电和光伏渗透率的不断提高，将对电力系统的频率稳定产生较大影响。许多学者在储能系统应用于风力发电系统以改善系统调频性能方面进行了深入研究，得到很多有价值的成果。例如，飞轮储能系统应用于风电机组，由飞轮充放电来完成系统调频任务。将超导储能应用于双馈机组组成双馈机组-超导储能互补系统，基于神经网络的互补频率控制策略，利用超导储能快速的功率吞吐能力和灵活的四象限调节能力，可以为系统提供频率支撑，有效改善系统频率特性。

④ 优化系统运行经济性。光伏发电的输出功率变化与日负荷波动规律呈现一定的相似性，研究表明，在储能系统的辅助下并网光伏电站可以对公用电网起到调峰作用，提高光伏系统的综合经济效益。多数风电厂夜晚负荷低谷时的风电出力比白天负荷高峰时的出力大，即风电呈现反调峰特性。风电的反调峰特性增加了系统调峰的难度。研究资料和运行经验表明，当系统风电穿透率超过 20% 时，在风电极端出力情况下系统将无法满足调峰需求，从而出现弃风现象。根据内蒙古西和东北电网的统计结果，风电反调峰概率为 50% 以上，由于调峰容量的不足，内蒙古西、吉林等电网都出现了低负荷时段弃风现象，降低了风电机组的发电效率。利用储能系统对功率和时间的迁移能力，在负荷低谷时动态吸收能量并在负荷高峰时释放能量，实现"削峰填谷"，可以有效提高电网对风电的消纳能力，优化发电系统运行的经济性。

17.2　风力发电和光伏发电系统中储能技术应用研究

应用于风力发电和光伏发电系统中的储能系统，不但要面临由自然环境因素变化导致的风电机组和光伏电源输出功率的随机变化问题，还要面临负载的功率波动问题。储能系统在风力发电和光伏发电系统中的主要作用包括保证风光发电系统的供电可靠性、改善风光供电系统电能质量并增强系统稳定性、使风光发电系统具有可调度性等。

近年来，储能技术获得了快速的发展，出现了电化学、物理、电磁和相变储能四大类型，其中电化学储能主要有铅酸、镍氢、锂离子、镍镉、液流和钠硫等电池储能技术；物理储能主要有抽水蓄能、压缩空气储能和飞轮储能技术；电磁储能主要包括超导储能和超级电容器储能技术；相变储能主要包括冰蓄冷储能等形式。

17.2.1　各种储能技术特性分析

17.2.1.1　电化学储能技术

蓄电池储能是目前最成熟可靠的储能技术，根据所使用化学物质的不同可分为铅酸电池、镍氢电池、钠硫电池和锂离子电池等类型。其中铅酸电池系统成本低、可靠性好、技术成熟，但存在能量密度低、使用寿命短和铅污染等问题；钠硫电池具有能量密度高、循环寿命长等优点，现已在日本和美国有大量的实际工程应用；镍氢电池是镍镉电池的改良，无记忆效应且无环境污染；锂离子电池能量密度和综合循环效率较高，且具有重量轻、无污染等优点，在风光发电系统中具有较好的应用前景。表 17-12 列出了几种常见蓄电池的性能比较。

表 17-12　常见蓄电池的性能比较

电池类型	比能量/(W·h/kg)	比功率/(W/kg)	效率/%	循环次数	价格/[美元/(kW·h)]
铅酸	35	80	80	500	80
镍氢	65	120	70	1000	200
锂电池	110~160	250	95	1200	150
钠硫	120	140	90	2000	150

17.2.1.2　物理储能技术

物理储能技术中最成熟、电网中应用最普遍的是抽水蓄能，主要用于电力系统的消峰填谷、调频和紧急事故备用等。抽水蓄能的发电时间可以从几个小时到几天，其能量转换效率在70%～85%之间。抽水蓄能电站的建设周期长且受地形限制，当电站距离用电区域较远时输电损耗较大。

压缩空气储能技术在电网负荷低谷期将电能用于压缩空气，将空气高压密封在报废矿井、沉降的海底储气罐、山洞、过期油气井或新建储气井中；在电网负荷高峰期释放压缩的空气推动汽轮机发电。压缩空气储能电站的建设受地形制约，对地质结构有特殊要求，不便于大规模应用。

飞轮储能利用电动机带动飞轮高速旋转，将电能转化为机械能存储起来，在需要时飞轮带动发电机发电。飞轮储能技术的特点是寿命长、无污染、维护量小，但能量密度较低，在保证系统安全性和飞轮低损耗方面的费用很高。

17.2.1.3 电磁储能技术

超导电磁储能利用超导体制成线圈储存磁场能量，功率输送时无须能源形式的转换，具有响应速度快、转换效率高、比容量/比功率大等优点，但其成本高，而且需要压缩机和泵以维持液化冷却剂的低温，使系统变得更加复杂，需要定期维护。

超级电容器亦称双电层电容器，是一种新型的储能元件。超级电容器的极板为活性炭材料，充放电时不进行化学反应，只有电荷的吸附与解吸附，具有极大的有效表面积，其容量可以达到法拉级，甚至数千法拉。超级电容器在性能方面具有非常突出的优点，它的功率密度高，可以在短时迅速放出储存的能量，适用于脉动负载；循环寿命长，应用于光伏发电系统中可以视为永久性器件；它的充放电效率高，一般可达到95%以上。超级电容器储能技术在风光发电系统中具有较好的应用前景。

17.2.1.4 相变储能技术

相变储能是利用材料在相变时吸热或放热来储能或释能。这种储能方式不仅能量密度高，且所用装置简单，体积小、设计灵活、使用方便且易于管理。冰蓄冷储能是指夜间采用电动制冷机制冷，使蓄冷介质结成冰储存能量，然后在负荷较高的白天使蓄冷介质融冰，把储存的能量释放出来；中高温蓄热主要用在太阳能高温蓄热和工业蓄热方面，如太阳能热发电的蓄热系统。

17.2.2 电力电子技术

风力发电及光伏发电系统中的电力电子电路主要有以下功能：将交流电整流成直流电，将直流电逆变成交流电，控制电压、控制频率，进行直流-直流电能变换。

在变速风力发电机中，其输出电能的频率和电压会随着风速的变化而变化，该电能被变换为50Hz的固定电压以后才能满足用电设备的要求。在现代风电技术中，这个变换是由图17-24所示的电力电子电路来完成的。频率变化的电能首先通过整流器变换成直流，再通过逆变器重新得到一个固定频率的交流电能。与固定频率的风力发电机相比，变速风力发电机在它整个使用寿命时间内所多发出的电能，可以弥补因增加电力电子设备所产生的费用。

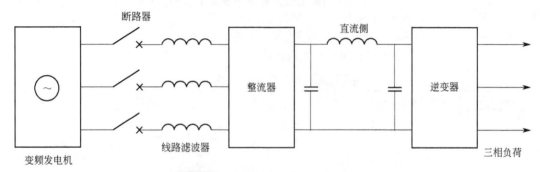

图 17-24 变速恒频风力发电机示意图

在光伏发电系统中，光伏阵列输出的直流电能也是通过逆变器转换为50Hz的交流电，光伏发电系统中的逆变器电路和变速风力发电系统中的逆变器电路从本质上看是相同的。因此，风力发电和光伏发电系统中最主要的电力电子电路就是整流器和逆变器，这些电路以及它们的工作原理将在下面部分进行介绍。

17. 2. 2. 1　AC-DC 整流器

三相全桥整流器的电路如图 17-25 所示，电路中常用的开关器件是晶闸管。输出整流电压的平均值为：

$$U_{DC} = \frac{3\sqrt{2}}{\pi} U_L \cos\alpha \tag{17-20}$$

式中，U_L 是整流器交流侧三相电路的线电压；α 是触发延迟角。

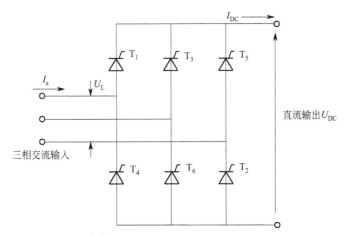

图 17-25　可控的三相全桥 AC-DC 整流电路

触发延迟角 α 是从交流电压波形进入正半周的过零点开始算起的，式(17-20) 表明，改变触发延迟角就可以控制开关器件的导通时间，从而改变输出的直流电压。

整流器输出的直流电压中存在很多高频的交流谐波，因此需要加装滤波器来减少输出电压中的交流分量并增加直流分量。LC 滤波器就具有这样的功能，它将一个电感和输出电压串联，一个电容与输出电压并联。

直流侧的电流大小由负荷决定：

$$I_{DC} = \frac{直流功率}{U_{DC}} \tag{17-21}$$

在稳态工况下，直流侧和交流侧的功率必须平衡。也就是说，交流侧的功率必须等于直流负荷的功率和整流电路损失的功率之和。因此，交流侧的功率为：

$$P_{AC} = \frac{直流功率}{整流器的效率} \tag{17-22}$$

交流侧的功率也可以表示为：

$$P_{AC} = \sqrt{3} U_L I_L \cos\varphi \tag{17-23}$$

式中，$\cos\varphi$ 是交流侧的功率因数。对于一个设计很好的电力电子变流器来说，交流侧的功率因数近似地等于负荷的功率因数。根据式(17-22) 和式(17-23)，我们可以得到交流侧的线电流 I_L。

17. 2. 2. 2　DC-AC 逆变器

用来将直流电能变换为交流电能的电力电子电路被称为逆变器。变流器这个常用术语既可以指整流器，也可以指逆变器。逆变器的直流输入可以来源于下面的任何一种情况：变速风力发电系统（整流后的直流输出），光伏发电组件，风力和光伏发电系统中使用的储能电池。

逆变器按相数分为单相逆变器和三相逆变器，单相逆变器适用于小功率场合，三相逆变器适用于中大功率领域。逆变器也可根据输入直流电源的特点进行分类，输入电源为恒压源的逆变器称为电压型逆变器，即直流电源端安装了大容量滤波电容器，在逆变器工作过程中直流侧电压基本不变；输入电源为恒流源的逆变器称为电流型逆变器，即直流电源端安装了大容量滤波电抗器，在逆变器工作过程中直流侧电流基本不变。

图 17-26 是三相并网电压型逆变器的结构示意，电路的直流侧通常有一个大电容，如果不经过调制，逆变器输出电压或者输出电流一般是方波或者矩形波，经过 PWM 控制，逆变器可以输出与正弦波等效的 PWM 脉冲波形，此即正弦波脉宽调制技术（SPWM）。通过控制功率开关的通断时间长短和开关顺序，使逆变器输出电压跟踪给定的正弦参考波形，实现逆变器输出电压的正弦化。

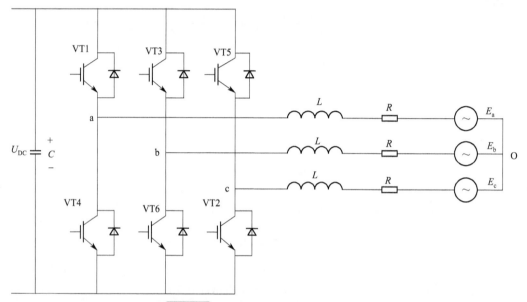

图 17-26 三相并网电压型逆变器结构

逆变器的主要控制目标是提高逆变器输出电压的稳态和动态性能，稳态性能主要是指输出电压的稳态精度和提高带不平衡负载的能力；动态性能主要是指输出电压的总谐波畸变率和负载突变时的动态响应时间。

17.2.2.3 DC-DC 变换器

DC-DC 变换器是依靠半导体开关器件的开关动作，将某一直流电压变换为另一个直流电压的电路。其功能就相当于交流系统中的变压器，它通过控制开关器件的导通和关断时间，配合电感和电容器，实现直流电压的连续调节。DC-DC 变换器有多种接线形式，主要分为两大类，即非隔离型 DC-DC 变换器和隔离型 DC-DC 变换器。基本的非隔离型变换器包括降压（Buck）、升压（Boost）、降压/升压（Buck/Boost）、库克（Cuk）变换器，基本的隔离型变换器包括正激（Forward）、反激（Flyback）、推挽（Push-pull）、半桥（Half-bridge）变换器。

图 17-27 是四种基本的非隔离型 DC-DC 变换器，在电感电流连续的情况下，它们的输入输出关系如表 17-13 所示。Buck/Boost 和 Cuk 变换器的输出电压既可以高于也可以低于输入电压，由于 Cuk 电路较为复杂，其使用并不广泛，因其输入和输出回路中都有电感，所以输出电压纹波和输入电流纹波较小。

表 17-13 变换器输入输出关系

变换器类型	输入输出关系 (U_0/U_g)	变换器类型	输入输出关系 (U_0/U_g)
Buck	D	Buck/Boost	$-D/(1-D)$
Boost	$1/(1-D)$	Cuk	$-D/(1-D)$

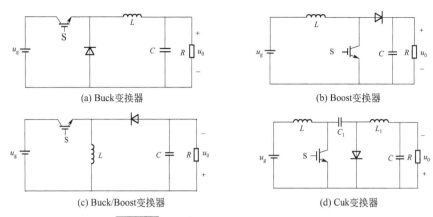

(a) Buck变换器　　　　　　　　　　(b) Boost变换器

(c) Buck/Boost变换器　　　　　　　　(d) Cuk变换器

图 17-27　基本的非隔离型 DC-DC 变换器

DC-DC 变换器是一个非线性系统，通过开关的高频切换来实现直流斩波的作用。为了应用线性系统成熟的控制方法，需要合适的建模方法在工作点进行线性化。1976 年，R. D. Middlebrook 和 Slobodan Cuk 在前人工作的基础上提出了状态空间平均法，利用状态平均的概念，可以求出线性控制方法中的常用传递函数。在此基础上，将采样后的输出电压值与电压参考值的差值送入补偿器，然后驱动开关器件，补偿器根据留有一定的幅值裕度和相位裕度原则进行设计，借此实现 DC-DC 变换器的恒压控制等目标。

17.2.3　储能技术在风力发电系统中的应用研究

近几年，新能源发电技术发展迅速，产业规模、经济性和市场化进程逐年提高。截至 2013 年底，全世界风电累计装机总容量突破 3 亿千瓦，太阳能电池累计产量达到 22325MW，为人类提供了大量清洁电力。然而，限于风能、太阳能资源的特点，风电和光伏发电所产生的电能具有不稳定和不连续的特征，不利于大规模发展。所以，利用储能设备将不稳定的电力收集起来并在适当的时候将其平稳释放的技术，在新能源利用的广大领域具有不可替代的作用，显示出非常良好的发展前景。储能技术的引入不仅能够保证风力发电系统输出电压平稳，对风力发电系统的功率波动进行有效抑制，还能保证风力发电系统的正常运行，进一步提高供电电能质量。

天然的风能资源本身具有随机性较强和稳定性较差的特点，使得风电场与常规的火电厂、水电站不同，不能进行稳定的电力生产和直接供电。由于风电场供电不稳定，所以不具备调峰功能，电力系统一般会限制风电在系统中所占比例，这无疑是风电发展的一大阻碍。我国著名科学家钱学森曾预言，风能将成为我国 21 世纪的主要能源，届时电力行业的风水联合将代替现在的火水联合。为了真正实现大规模的风力发电，就必须解决风电场的大规模电能储存与转换问题，只有风电场实现了电力的稳定生产与自身出力在一定程度上的可控调节，才能在电力系统中获得主导地位，否则只能处于附属地位。下面对风力发电系统中的储能技术问题进行论述，包括储能技术在风力发电系统中的作用、组成、容量优化配置、接入方式和控制方法五个方面的内容。

17.2.3.1　储能系统在风力发电系统中的作用

应用于风力发电系统中的储能系统连接结构如图 17-28 所示，具有动态吸收风能能量并适时释放的特点，可有效弥补风电的间歇性、波动性缺点，改善风电场输出功率的可控性，提升系统运行稳定性。这就使得储能技术可以在风力发电系统中得到广泛的应用。

（1）利用储能系统增强风电稳定性

异步风电机组在启动及运行过程中需吸收大量无功，从而导致风电接入电网公共连接点（PCC）的电压波动，容易引起电网薄弱地区的电压稳定性问题；而在有功备用不足的孤立电网中，过高比例的风电将会导致系统调频困难，频率稳定问题突出。储能系统具有快速吸收或释放

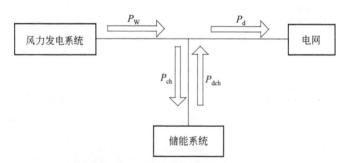

图 17-28　风电与储能系统连接结构图

有功及无功功率的特点，对改善系统的功率平衡状况以及提高电力系统的运行稳定性都有很大帮助。一方面，超导储能和超级电容器储能系统对降低并网处风电的电压波动和平抑风电场输出功率的波动具有很好的效果，同时还能起到增强系统运行稳定性的作用。另一方面，风电的稳定还表现在风电场输出功率的稳定及频率的稳定，利用储能系统可以平抑风电输出功率和频率波动。很多研究成果表明，储能系统能有效地改善风电系统频率稳定性，且储能系统容量越大、响应速度越快，效果越好。由于暂态过程中系统的各参量变化很快，因此就需要储能装置能够快速补偿功率不平衡量，增强系统稳定性。所以，增强风电并网系统的稳定性就要求储能系统具有快速响应的能力，如超导磁储能系统（SMES）、飞轮储能、超级电容器储能等储能方式。

（2）利用储能系统增强风电机组低电压穿越（LVRT）能力

通过改进控制策略或增加硬件电路可以提高目前主流风电机组 LVRT 能力，但是通过改进控制策略只能降低电网故障时风电机组的暂态过电压、过电流，不可能从根本上解决故障过程中产生的过电压、过电流问题，而增加硬件电路则能从根本上解决风电机组故障期间的过电压、过电流问题，极大地增强风电机组的 LVRT 功能。先进储能技术的发展应用，为提高机组 LVRT 能力问题提供了较好的解决方案。储能系统用于增强风电机组 LVRT 功能的研究主要集中在两个方面：①储能系统的选择；②控制策略的设计。鉴于 LVRT 属于电磁暂态过程，为吸收此瞬态过程中的多余能量以保护风电机组免遭损坏，必须选择快速响应的储能系统，采用合适的储能系统配以合理的控制策略才能达到理想的效果。一些学者研究了 STATCOM/BESS（battery energy storage system）用于增强风电机组 LVRT 能力的问题，并设计了相应的控制策略，仿真结果表明，STATCOM/BESS 储能系统可以有效增强风电机组的 LVRT 功能。DFIG 风电机组的 LVRT 功能属于 ms 级的动态过程，仅有响应时间常数为 ms 级的储能系统才能在电网故障期间迅速吸收多余的能量，保证风电机组不受过电压、过电流的损害，实现增强风电机组 LVRT 能力的目标。

（3）利用储能系统增加风电穿透功率极限（WPP）

由于影响 WPP 水平的因素与电网的结构和电网参数有关，如频率和电压稳定等因素，所以在解决问题时所选用的储能方式也不尽相同。一般来说，在采取一定的控制策略下，飞轮储能、电池储能和超导储能系统能通过与电网之间有功功率和无功功率的交换有效地改善系统的频率特性，改善并网处的电压波动性，从而增加系统的 WPP。当 WPP 的主要制约因素为系统暂态稳定性时，应选用飞轮储能、超导储能等具备快速响应能力的短时储能技术，而当系统调峰调频能力为主导因素时，则应选用抽水蓄能、压缩空气储能等大容量、长时间的储能技术。由此可见，不同的系统限制 WPP 的主导因素不同。欲增加系统的 WPP，应首先确定限制 WPP 水平的主导因素，根据主导因素来寻求解决方案，方能起到良好的效果。

（4）利用储能系统提高风力发电系统供电电能质量

储能系统的主要功能是通过快速地与风力发电系统之间进行有功、无功功率交换，有效地解决系统的电能质量问题，如电压暂降、波形畸变及闪变等。现有的利用储能系统提高电能质量的方案主要有以下几种：①采用 DSTATCOM/BESS 来提高系统电能质量，该类储能系统可以实现与系统间的有功、无功功率快速交换，有效改善电压波动特性，抑制电压暂降、电压电流波形畸变及闪变等。②超级电容器的串并联混合型补偿方案，该方案通过并联系统实现超级电容与系统间的功率交换以平滑风电输出功率，通过串联系统有效改善供电电压可靠性，抑制电压暂降。解决电压波动、电压暂降等电能质量问题主要依靠短时功率动态补偿技术，这就需要储能系统具备ms级功率动态调节的能力。因此，选择超级电容器储能、超导储能和电池储能系统比较合适。

（5）利用储能系统优化风电经济性

随机波动的风电作为电源接入电网，将导致原有系统的备用容量需求增加，甚至还需要额外配备稳定平衡装置，使得系统运行经济性有所降低。若风电与大规模蓄电池相结合，可以降低电网调峰负担，改善电力系统的供需矛盾，增加风电的经济效益并提高风电利用的经济性和使用价值。若风电配以适当容量的抽水蓄能或压缩空气储能等大规模储能系统，可以实现电网负荷的"削峰填谷"，并提高风电利用的经济性。另外，在现今的电力市场环境下，风电面临的成本较高、供电质量不高等问题导致其竞争力较差，若采用储能系统配合风电场运行，可有效实现风电效益最大化。这些问题已经得到了相应证明，如风电-储能电站联合系统已在西班牙等地得到实际应用。文献［23］、［24］通过对岛屿电力系统中风电与抽水蓄能联合运行的建模分析，得出风电-抽水蓄能联合系统的最优运行策略。文献［25］、［26］研究了峰谷电价下风电和水电联合运行最优运行策略，指出联合运行能够取得可观的经济效益和环境效益。文献［27］探讨了峰谷电价下抽水蓄能配合风电场运行的能量转化效益，结果表明，采用20MW的蓄能电站配合50MW风电场运行，日能量转化效益达119万～616万元，同时还能有效地平抑风电输出功率的波动，降低风电引起的备用容量需求。可见，采用抽水蓄能和压缩空气等储能系统可以有效解决风电随机性带来的对系统备用容量需求增加的问题，改善系统运行的经济性。在电力市场峰谷电价下，储能系统可以实现风电在时间坐标上的平移，使风电参与电网调峰，优化系统运行的经济性。

17.2.3.2　储能系统的组成

储能系统一般由两大部分组成，储能装置和功率转换系统（PCS）。储能装置主要用来实现能量的储存和释放；功率转换系统主要用来实现充放电控制、功率调节与控制等功能[77]。

（1）储能装置

储能装置一般由储能元件（部件）组成，其主要功能是实现能量的储存和释放。储能装置一般分为物理储能、化学储能、电磁储能和相变储能。这四类储能系统都可以应用于风力发电系统中。

（2）功率转换系统

功率转换系统用以实现储能单元与负载之间能量的双向传递，是储能系统接入电力系统的重要设备，功率转换系统中的变流器起着连接直流侧储能设备与交流电网的重要作用。变流器按照驱动方式可以分为电流源型换流器（current source converter，CSC）和电压源型换流器（voltage source converter，VSC）两大类。根据储能装置所处位置的不同，功率转换系统主要的连接形式和拓扑结构如图17-29所示。

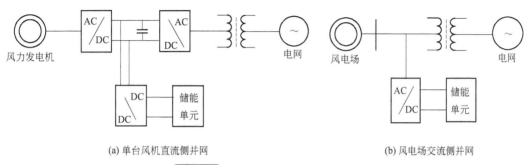

(a) 单台风机直流侧并网　　　　　　　　　　(b) 风电场交流侧并网

图 17-29　PCS 连接拓扑结构示意图

17.2.3.3　风力发电系统中储能系统容量优化配置

（1）风电场储能系统容量优化配置的必要性

由于风电的不确定性会影响系统调度的安全性和经济性，而储能系统在一定的时间内可释放或吸收一定的功率，在动态过程中可快速补偿功率的不平衡量，所以在风电场中设置适当容量的储能系统与风电系统联合运行，可以增强风电并网系统的稳定性。此外，储能系统的合理配置能有效增强风电机组的低电压穿越功能、增大电力系统的风电穿透功率极限、改善电能质量及优化系统经济性。配置大规模储能系统可对电网负荷进行削峰填谷，减少电网等效负荷峰谷差，进而使得电网能够接纳更多容量的风电。由于目前储能系统价格较昂贵，其投资与收益不成正比，因此有必要研究综合考虑储能成本、储能系统运行收益等因素的储能容量优化配置方法，使得储能系统的投资与收益达到最佳的经济平衡点。

（2）优化储能系统容量的方法

储能系统容量配置的合理性对风电系统的经济运行影响很大，若储能系统容量选择偏小，风电系统多余电量不能充分储存，会造成风力发电机功率容量的浪费；储能系统若容量选得太大，一则增加投资，二则储能装置可能长期处于充电不足状态，影响储能装置的使用寿命。因此，合适容量的储能设备就显得十分重要。储能系统容量的选择一般要满足两点，一是储能设备容量要满足系统的需求，二是容量的选择应满足一定的经济性。目前常用的储能系统容量配置优化方法主要有差额补充法、平抑分析法和经济优化法等。

① 差额补充法。差额补充法是较为传统的容量配置方法，文献［28］以光伏发电系统的最小日发电量与其在雨雪天气发电量的差额作为超级电容器的配置容量，该配置方法非常简单，不需要通过复杂的建模和计算。但该方法并没有考虑实际运行中储能系统容量的动态变化过程，配置容量往往不够精确。

② 平抑分析法。平抑分析法主要根据储能系统对波动功率的平抑效果和电能质量进行储能系统容量优化配置。文献［29］从独立风光储微电网实现连续供电角度进行蓄电池容量优化配置；文献［30］从快速平衡微电网内的非计划瞬时波动功率、维持微电网电压和频率稳定角度进行储能装置容量配置。这两种方法均未考虑储能系统容量的定量分析，配置容量常会受到功率扰动的影响，误差较大。文献［31］从电力系统稳定性出发，提出一种考虑稳定域及状态轨迹收敛速度的最小储能容量配置方法，该方法求解最小储能容量简便易行，配置容量较为精确。

③ 经济优化法。经济优化法主要通过建立目标函数和约束条件，将储能系统容量作为优化变量，采用遗传算法、粒子群算法等智能算法进行优化求解。文献［32］以装置成本最低为优化目标，采用遗传算法求解，得到风电输出功率波动不超过某一区间的置信度与混合储能最佳配置成本间的关系；文献［33］以全生命周期费用理论为基础建立储能容量优化目标函数，比只考虑初始购置成本的优化目标更符合实际情况，具有现实意义。

17.2.3.4　风力发电系统中储能装置的接入方式

为了平滑风力发电系统的功率波动，减少风能随机性波动对电力系统的影响，可以在风力发电系统中加入储能装置以平抑这种不规律的波动。配备储能系统后，在风能突然增加时储能装置将多余的能量储存起来，在风力突然减小不能满足负载功率需求时，再将储能装置存储的能量释放出来，以此来实现风力发电系统恒定功率的输出。储能装置接入风力发电系统的方式可以分为集中方式和分布方式两种形式。集中方式是在风电场与电网的接口处接入储能装置，分布方式是在每台风力发电机中接入储能装置，具体接入拓扑结构如图 17-30 和图 17-31 所示。

集中方式接入风电场的储能系统可以根据整个风电场所有风机的出力情况来发出或者吸收功率，以此来满足电网的功率需求。这种方式减少了储能系统的数量和变流器的数量，配置比较简单，使风电场统一调度控制更加方便，但是变流器和储能系统容量会大大增加，从而实现的难度也会加大。分布方式接入风电场的储能系统是在每一台风机上都安装储能装置，单台储能装置的容量较小，每台风力发电机的功率可以达到平衡，从而使风电场功率的输出更为平滑。但是由于数量较多，所以安装实现比较复杂。就目前研究结果来看，这两种储能方式在实现功率平滑中的表现基本相同。

下面以双馈风力发电机为例，分别对两种接入方式进行对比分析。图 17-32 和图 17-33 分别给出了这两种储能配置方式的示意图。

（1）分布配置

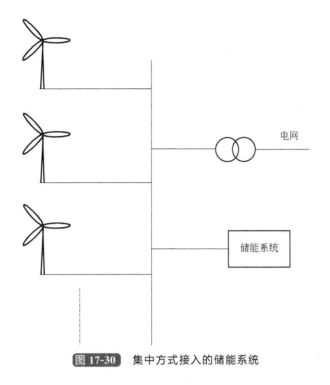

图 17-30　集中方式接入的储能系统

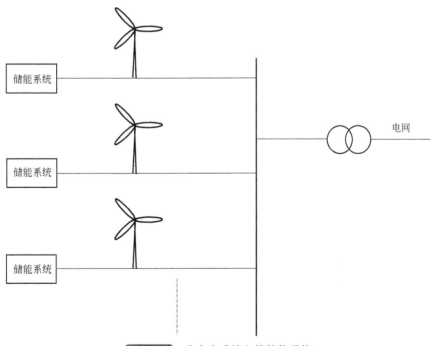

图 17-31　分布方式接入的储能系统

在每台风力发电机励磁直流环节单独配置储能系统或者是在每台双馈风力发电机的输出端配置储能系统。

（2）集中配置

在整个风电场出口母线处集中安装储能系统。

方式（1）是在原有的双馈风力发电机励磁背靠背变流器的直流环节加入储能系统。该配置方

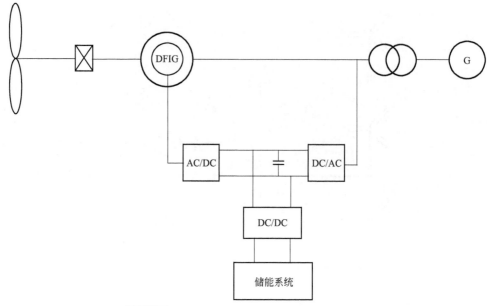

图 17-32 双馈风力发电机分布式储能配置方式

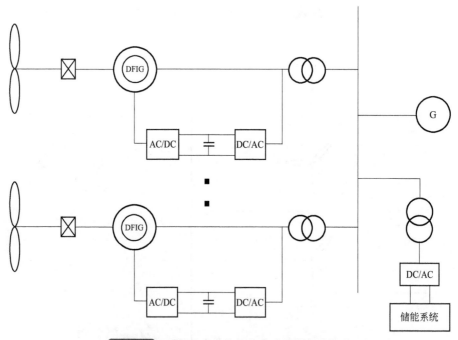

图 17-33 双馈风力发电机集中式储能配置方式

式以调节单台风力发电机的输出功率为目标，通过对风电场各台风力发电机输出功率进行平抑，进而实现对整个风电场输出功率的平抑。该方式因利用了双馈风力发电机原有的网侧变流器，所以不用为连接储能系统而额外配置功率变换器，但这会改变网侧变流器原有的控制方式，双馈风力发电机的控制复杂度和可靠度也随之增大。给双馈风力发电机配置储能系统还可以利用另外一种方式，即在双馈风力发电机输出端利用 AC/DC 变换器接入储能系统，通过对 AC/DC 变换器的功率解耦控制，来达到对风电机输出功率的平滑控制。这种方式由于加装了额外的 AC/DC 功率变换器，所以不需要改变双馈风力发电机的结构和控制方式。采用独立的储能控制系统，使控制变得更加方便和灵活。

　　方式（2）是在风电场出口母线处接入一个独立的储能系统来调节和控制整个风电场的输出功率。这种方式立足整个风电场的角度，采用集中配置储能系统来对风电场的并网功率进行控制和调节。

　　从理论上分析，以上两种储能系统配置方式均可以实现对风电场输出功率的控制和调节，但在具体实施时，两者各有优缺点：

　　① 方式（1）虽然可以利用双馈风力发电机原有的励磁变流器的直流环节加入储能系统，节约了用于和储能系统相连接的变换器的投资成本，但是也改变了原有风力发电机的励磁控制模式。方式（2）在不改变双馈风力发电机控制方案的前提下，利用一个外加的独立储能系统，通过 AC/DC 变换器连接到风电场出口母线上，以此来控制整个风电场的输出功率。

　　② 方式（1）以控制和调节单台双馈风力发电机的功率为出发点，因此所需配置储能系统的容量和功率较小，而方式（2）以控制整个风电场为目标，因此集中配置方式所要求配置的储能系统的输出功率和容量比方式（1）要大很多。目前适应大规模的储能技术还不成熟，并且成本昂贵，所以方式（1）相对于方式（2）在实际中更容易实现。此外，实际风电场中，会有风电机组停运或者检修的情况，这就会使安装在这些风力发电机上的储能系统得不到充分利用，而集中配置方式则不受此影响。

　　③ 现有大型风电场由很多台风力发电机组成，由于大型风电场占地面积大，风电机组在风电场的位置各异，加上受地理条件和风电场内部尾流效应的影响，每台风力发电机输出功率的波动也不一致，此起彼伏，因此存在一定的互补性，这就在一定程度上削弱了整个风电场输出功率的波动，有利于减小总储能容量的配置。此外，在储能技术和规模允许的条件下，为风电场群集中安装储能系统，不同风电场输出功率的互补性将会使储能系统所需容量进一步减少。

　　④ 相对于方式（2），方式（1）需要对每台风力发电机加装储能系统，这将增加系统运行维护的工作量，进而降低储能系统的可靠性和经济性。

　　随着电力电子技术的发展，大功率变流器和大规模储能技术日益成熟，采用集中方式配置储能系统比采用分布方配置储能系统将会具有更明显的优势。

17.2.3.5　风力发电系统中储能系统的控制方法

　　（1）飞轮储能系统控制方法

　　国内外飞轮储能控制策略已经比较成熟，常用的控制策略是通过增大系统区域间阻尼来抑制区域间功率振荡。在此基础上，文献 [34] 通过对储能安装位置选址及储能功率响应时间对控制效果进行定性分析，提出利用飞轮储能装置配置区域间振荡模式对应特征根，增大系统振荡时区域间阻尼的互联系统稳定控制方法，可以有效抑制区域间功率振荡。

　　然而，飞轮储能系统在能量密度、功率密度方面不具有明显优势，而且响应时间和效率也不是很理想。因此，适用于风电并网系统的飞轮储能控制技术相对较少。文献 [35] 提出采用模糊神经网络控制算法自动调整直流母线电压的控制方法，可以实现能量的快速存储和释放，进而稳定系统电压。该文献将人工智能技术应用于储能系统控制策略中，在一定程度上克服了其不适用性。

　　由于飞轮储能技术具有模块化、长寿命、安装方便、低维护、对环境无危害等优点，在小容量风力发电系统中比较适用。

　　（2）蓄电池储能系统控制方法

　　蓄电池储能系统控制方法自蓄电池诞生之日就受到极大的关注，这方面的研究也较为深入。文献 [36] 给出了基于电压源型换流器的铅酸蓄电池储能系统的基本原理，提出一种考虑铅酸蓄电池荷电状态的一阶滤波有功控制策略，既可以平滑风电场有功功率输出，又可以防止铅酸蓄电池过充过放，能有效地保护储能体。文献 [37] 基于模型预测控制理论，提出了一种实时平抑风电场功率波动的电池储能系统优化控制方法，可以实现储能出力的优化控制，避免 BESS 过充或过放并平抑有功功率波动，相对于文献 [36] 的控制方法，只需配置较小的容量，便于工程实现，并且算法简单、计算量小。文献 [38] 提出一种实时调整变平滑时间常数和功率限幅的优化控制方法，可以有效地实现对电池储能系统的保护，避免电池储能系统的过充、过放和过载状态。文献［39］基于简单控制策略，考虑未来风电出力波动对储能装置当前充放电行为的影响，提出了一种电池储能平抑风电场出力短期波动的运行控制方法，该方法可以降低储能电池的荷电状态约束对其充放电行为的影响，可有效提高储能电池的利用效率，控制策略流程如图 17-34 所示。

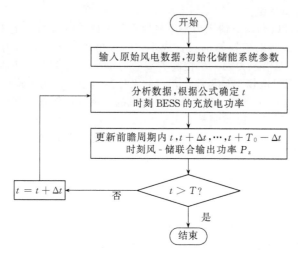

图 17-34 超前控制储能流程图

（3）超导储能系统控制方法

文献［40］提出将超导储能系统（SMES）应用于并网型风力发电系统，并建立了相应的线性化系统模型，利用基因算法实现风力发电机组输出电压和频率的最优控制，控制策略流程见图 17-35，仿真结果表明该方法可以显著提高风力发电机的输出稳定性。文献［41］提出了基于模糊控制理论的晶闸管控制 SMES 最优转换控制策略，可以有效地减少风力发电机的电压和频率波动。由于超导储能技术在国内还不太成熟，所以这方面的研究相对滞后。

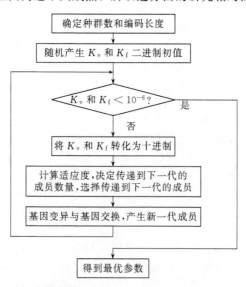

图 17-35 用基因算法计算最优参数

（4）超级电容器储能系统控制方法

超级电容器储能系统具有功率密度大、安全性高、使用寿命长等优点，未来会大量应用于电力系统。但是，超级电容器具有单体耐压低、一次投资成本大、必须配合电力电子变流器等缺点，所以在电力系统中的应用研究刚刚开始。文献［42］提出基于超级电容储能系统的有功、无功功率控制方法，仿真结果表明，该方法可以有效平抑风电并网引起的波动，同时降低其运行成本。文献［43］提出将串并联型超级电容器储能系统应用于风力发电系统，分别采用超级电容器储能系统安装点的有功功率偏差、无功功率偏差、电压偏差作为控制信号，设计了并联补偿变换器的解耦控制策略和串联补偿变流器控制策略，可以有效地改善并网风力发电机组的电能质量和稳定性。

（5）混合储能系统控制方法

用于风力发电系统的单一储能技术受到了广泛关注，而混合储能的研究则相对较少。文献［44］建立了双馈感应风力发电机的数学模型，据此提出了基于电池-超级电容器混合式储能系统的双馈风力发电机转子转速和定子无功功率解耦控制方法。仿真结果表明，该方法可以有效地平滑风电场输出功率。文献［45］提出将电池-超级电容器混合式储能模式应用于风能资源丰富的偏远地区电力系统（RAPS），电池系统连接 RAPS 负荷侧，超级电容器侧连接双馈风机直流母线侧，采用电池-超级电容器协同控制算法可以在获得最大风功率的同时维持风电机组的电压和频率的相对稳定。这两篇文献分别从两个不同层面提出自己的控制方法，仿真结果表明，两者均能有效平抑风电机组并网引起的波动，相关研究有待进一步深入。

风力发电技术的快速发展在给我们带来好处的同时也给电网带来诸多问题，利用储能系统可以很好地解决这些问题。风力发电系统中设置一定容量的储能装置可以实现电能的稳定生产和出力的可控调节，这是今后发展风电技术的一项重要措施。

17.2.4　储能技术在光伏发电系统中的应用研究

17.2.4.1　光伏发电系统组成

光伏发电系统主要由太阳能电池、光伏控制器、光伏逆变器、储能电池四部分组成。系统结构原理图如图 17-36 所示。

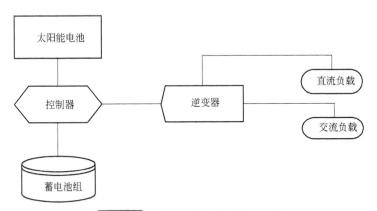

图 17-36　光伏发电系统结构原理图

（1）太阳能电池

太阳能电池是由光伏电池组件构成的暴露在阳光下便会产生直流电能的发电装置。光伏电池组件的主要参数包括：开路电压、峰值电压、短路电流、峰值电流、最大输出功率等，各参数定义如表 17-14 所示。

表 17-14　光伏电池组件基本参数定义

开路电压 U_{oc}	光伏电池置于 $100mW/cm^2$ 的光源照射下且光伏电池输出两端开路时所测得的输出电压值
峰值电压 U_{mp}	输出功率最大时的工作电压
短路电流 I_{sc}	光伏电池在标准光源的照射下，输出短路时流过光伏电池两端的电流
峰值电流 I_{mp}	输出最大功率时的工作电流
最大输出功率 P_{max}	最大输出工作电压×最大输出工作电流

按照峰值日照数计算得到光伏组件功率为：

$$P = n\frac{P_1}{T} \tag{17-24}$$

$$N_s = \frac{系统工作电压 \times 1.43}{光伏组件峰值电压} \qquad N_P = \frac{光伏总功率}{光伏组件功率 \times N_s} \tag{17-25}$$

式中，P 表示太阳能组件功率；P_1 表示负载日消耗电量；T 表示当地峰值日照时数；n 表示损耗系数，一般取 $1.6\sim2$；1.43 为光伏峰值电压与系统工作电压之比；N_s、N_P 分别为系统串联电池组件数和并联电池组件数。

（2）光伏控制器

太阳能光伏发电系统中的控制器主要用于控制多路太阳能电池方阵对蓄电池的充电过程以及蓄电池为逆变器提供电能的放电过程，它是光伏发电系统安全稳定运行的最重要的控制设备。光伏控制器的基本技术参数如表 17-15 所示。

表 17-15　光伏控制器基本技术参数

参数	备注	参数	备注
系统工作电压		蓄电池充电浮充电压	
最大充电电流		温度补偿	其温度补偿值一般为 $-20\sim40\mathrm{mV/℃}$
太阳能电池方阵输入路数		工作环境温度	控制器的使用或工作环境温度
电路自身损耗		其他保护功能	
蓄电池过充电保护电压（HVD）			
蓄电池过放电保护电压（LVD）			

① 系统工作电压。系统工作电压是太阳能发电系统中蓄电池组的工作电压，这个电压要根据直流负载的工作电压或逆变器需要配置的直流工作电压来确定，一般有 12V、24V、48V、96V、110V 和 220V 等。

② 光伏控制器的额定输入电流和输入路数。光伏控制器的额定输入电流取决于太阳能电池组件或方阵的输出电流，选型时光伏控制器的额定输入电流应等于或大于太阳能电池的输出电流。

光伏控制器的输入路数要多于或等于太阳能电池方阵的设计输出路数。小功率控制器一般只有一路太阳能电池方阵输入，大功率光伏控制器通常采用多路输入，每路输入的最大电流＝额定输入电流/输入路数，因此，各路电池方阵的输出电流应小于或等于光伏控制器每路允许输入的最大电流值。

③ 光伏控制器的额定负载电流。光伏控制器的额定负载电流是光伏控制器输出到直流负载或逆变器的直流电流，该数据要满足负载或逆变器的输入要求。

除上述主要技术数据要满足设计要求以外，使用环境温度、海拔高度、防护等级和外形尺寸等参数以及生产厂家和品牌都需要考虑。

（3）光伏逆变器

光伏逆变器是一种由半导体器件组成的电力变换与调整的装置，主要功能是将直流电能转换为交流电能，一般由升压电路和逆变桥式电路构成。升压电路把太阳能电池的直流电压升压到逆变器输出控制所需的直流电压；逆变桥式电路将升压后的直流电能转换为常用频率的交流电能。

逆变器的容量计算方法为：

$$P = K(nP_G + P_C) \tag{17-26}$$

式中，P 表示逆变器容量；K 表示安全系数，一般取 $1.2\sim1.5$；n 表示感性负载启动时额定电流的倍数；P_G 表示系统中感性负载的功率；P_C 表示系统中纯电阻性负载的功率。

逆变器的选型方法：

① 额定输出功率。额定输出功率表示光伏逆变器向负载供电的能力。当用电设备以纯电阻性负载为主或功率因数大于 0.9 时，一般选取光伏逆变器的额定输出功率比用电设备总功率大

10%～15%。

② 输出电压的调整性能。输出电压的调整性能表示光伏逆变器输出电压的稳压能力。一般光伏逆变器产品都给出了当直流输入电压在允许波动范围变动时，该光伏逆变器输出电压的波动偏差的百分率，通常称为电压调整率，性能优良的光伏逆变器的电压调整率应小于等于±3%。

③ 整机效率。整机效率表示光伏逆变器自身功率损耗的大小。一般 kW 级以下的逆变器的效率应为 80%～85%；10kW 级的效率应为 85%～90%；更大功率的效率必须在90%～95%以上。

④ 功率因数。功率因数表征逆变器带感性或容性负载的能力，在负载功率一定的情况下，功率因数越高，选用的逆变器容量就越小。

（4）储能电池

① 储能电池的特殊性。光伏发电系统中储能电池的工作环境与其他用途的电池有很大不同，由此决定了光伏储能电池在性能上应有的特殊性。

光伏储能电池在白天光照充足时一般需要进行充电或浮充，而在夜晚、阴雨天气时一般需要放电，属于循环、浮充混合式工作方式。另外，相对于放电时间来讲，一次充电时间较短，即使长的时候也仅为白天 10h 以内，光伏系统很少能完全、快速地给蓄电池充满电；而在连续的阴雨天气时，电池处于过放电和欠充电状态，这对电池寿命是个严峻的考验。这就要求储能电池需要具有良好的抗欠充电能力和良好的充电恢复能力，在欠充电状态工作状态（PSOC）下具有较长的寿命。

光伏储能电池通常放电电流小，但放电时间长、频率高，蓄电池长时间处于放电状态，过放电现象经常发生；而充电倍率低，平均充电电流一般为 $0.01C \sim 0.02C$，极少能达到$0.1C \sim 0.2C$。

光伏储能电池工作环境恶劣，有的地区昼夜温差大，有的地区常年高温，而有的地区常年低温，这对电池的性能有很大影响，所以理想的储能电池应该有较宽的工作温度范围，并且受温度变化影响较小。

光伏储能电池还应该免维护或少维护，因为储能系统多建在偏远地区，很难得到较好的维护，而且维护成本较高。

② 储能电池种类和特点。电池储能比较适用于中小规模储能和用户需求侧管理。化学电池用于储能电池具有悠久的历史，目前可供储能用的电池有铅酸电池、镍系电池、锂系电池以及液流电池、钠硫电池等类型，其中铅酸电池性能稳定可靠、储能成本低，已经在光伏发电系统中大量应用。

③ 电池容量计算。电池容量计算式为：

$$C = \frac{P_1 \times D}{80\% \times \eta \times V}$$ (17-27)

式中，C 表示所需电池组容量；P_1 表示负载日消耗电量；D 表示蓄电池自给天数（连续阴雨天数）；80% 表示电池放电深度；η 表示逆变器效率；V 表示系统额定电压。

17.2.4.2　光伏发电系统中储能系统容量优化配置

储能系统在光伏发电系统中的应用可以解决光伏发电系统中的供用电不平衡问题以及电能质量问题，以满足负荷正常工作的需求。目前，各种储能设备的价格均比较昂贵，因此在设计独立光伏发电系统时，应力求达到负荷、太阳能方阵与储能系统在容量上的最佳组合，从而在较为经济的条件下解决光伏系统供电可靠性及电能质量问题。

蓄电池能量密度大、循环寿命短、功率密度较低，超级电容器功率密度大、充放电速度快、循环寿命长，因此，将两者联合使用，实现优势互补，将大大地提高混合储能系统的各项技术指标和经济性。

目前，国内外已经开展了混合储能系统在光伏发电系统中应用的相关理论研究，但这些研究侧重于控制方法，对光伏发电系统中光伏-储能容量优化配置以及不同储能元件之间的容量优化配置方面的研究还比较少，文献［46］针对风光互补系统提出了一种基于遗传算法的混合储能系统容量优化设计方法，文献［47］针对太阳能电动汽车提出了一种基于遗传算法和神经网络组合优化算法的飞轮和蓄电池容量优化方法。以超级电容器-蓄电池混合储能系统作为光伏发电系统的储能设备，综合考虑光伏阵列功率输出特性、光伏系统各项运行技术指标、负荷用电需求、超级电容器和蓄电池的储能特性，对独立光伏发电混合储能系统容量优化配置进行研究具有非常重要的意义。通过储能系统容量的优化配置，在保证光伏发电系统供电可靠性和电能质量的同时提高系统的整体经济性。

对于并网运行的光伏发电系统，由于光伏电能成本较高，为充分利用光伏电能，电网应尽量多的接纳光伏电能，超出接纳能力的部分，应采用储能设备存储起来作为系统备用。但是，大容量储能设备的成本比较昂贵，从经济性方面考虑，在满足并网运行安全稳定需求条件下，应尽量减少储能系统的配置容量，因此，对于并网运行的光伏发电系统，也应考虑储能系统的容量优化配置。

在为独立光伏发电系统设计储能系统时，应根据光伏阵列容量和工作特性合理地配置储能系统总容量和功率吞吐能力，配置原则是：在光照充足时储能系统能够充分吸收过剩光伏电能，提高光伏电源的能源利用率；在光照强度弱或负荷冲击大时能够提供能量补给，保证供电电能质量；在长期阴雨天气光伏电源无法正常发电时，储能系统能够为重要负荷提供持续的电能供给，保证供电的可靠性。

在确定了储能系统总容量和功率吞吐能力后，根据超级电容器和蓄电池的储能特性，对超级电容器、蓄电池的容量进行优化配置，以提高储能系统的经济性。配置原则是：在考虑为负荷长时间持续供电时，应主要考虑蓄电池的储能能力，发挥蓄电池能量密度大的特性；在考虑为冲击性负荷供电时，应主要考虑超级电容器的大功率吞吐能力，发挥超级电容器功率密度大和循环寿命长的优势。

储能系统容量优化配置的目标可表示为：

$$f = \min\{E_{cn}, P_{cn}\} \tag{17-28}$$

式中，E_{cn} 表示储能系统总容量；P_{cn} 表示储能系统最大充电功率。以电网的稳态安全运行为约束条件：

$$\begin{cases} P_{i\min} \leqslant P_i \leqslant P_{i\max} \\ Q_{i\min} \leqslant Q_i \leqslant Q_{i\max} \\ S_{ij} \leqslant S_{ij\max} \\ U_{i\min} \leqslant U_i \leqslant U_{i\max} \end{cases} \tag{17-29}$$

式中，P_i、Q_i 分别表示 i 节点发电机有功出力和无功出力；$P_{i\min}$、$P_{i\max}$、$Q_{i\min}$、$Q_{i\max}$ 分别表示发电机出力的上、下限；S_{ij} 表示流过线路 ij 的潮流；$S_{ij\max}$ 表示线路 ij 允许流过的最大功率；U_i 表示节点 i 的电压幅值；$U_{i\min}$ 和 $U_{i\max}$ 分别表示节点 i 电压的上下限。第一、二两个条件表示发电机出力约束，第三个条件表示支路潮流约束，第四个条件表示节点电压约束。

综上分析，储能系统容量优化配置的约束条件可表示为式（17-30）。储能系统优化配置的目标函数可表示为：$\min(m_b N_b + m_c N_c)$（m_b、m_c 分别为蓄电池和超级电容器单价），即满足光伏发电系统各项性能指标的条件下，系统的一次性投资成本最小。

$$\begin{cases} E_{PV} \geqslant E_{FH} + E_{cn} \\ E_{cn} \geqslant \alpha E_{FH} t_{zz} \\ E_{cn} \geqslant \int_{t \in V'} P_L(t) - P_{PV}(t) \\ P_b(t) + P_c(t) \geqslant P_L(t) \\ \int_0^{DT} P_b(t) dt + \int_0^{DT} P_c(t) dt \geqslant P_{Lmax} DT \\ \int_{DT}^T [P_b(t) - P_L(t)] dt \geqslant E_c \end{cases} \tag{17-30}$$

式中，E_{FH} 表示根据储能系统恢复时间确定的储能系统每日充放电所需电量；E_{cn} 为储能系统总容量，$E_{cn}=E_c+E_b$；α 为每日负荷消耗总量中重要负荷所占比重；t_{zz} 为系统自主时间，$P_L(t)$ 表示在 t 时刻的负载；V' 表示无光或光伏系统发电功率低于负载耗电功率的时刻集合；$P_b(t)$ 和 $P_c(t)$ 分别表示蓄电池组和超级电容器组的 t 时刻的输出功率。

为解决约束问题，图 17-37 为并网光伏发电储能系统容量优化配置流程图。

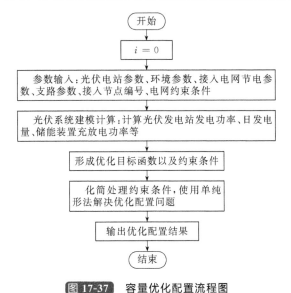

图 17-37　容量优化配置流程图

解决约束问题的算法很多，如罚函数法、可行性方向法和近年来广泛提出的遗传算法等，也可采用单纯形法进行优化计算。单纯形法理论依据为：线性规划问题的可行域是 n 维向量空间 R_n 中的多面凸集，其最优值如果存在，必须在该凸集的某顶点到达处。顶点所对应的可行解称为基本可行解，对它进行鉴别，看是否是最优解，若不是，则按照一定法则转换到另一改进的基本可行解，再鉴别，若仍不是，则再转换，按此重复进行。因基本可行解的个数有限，故经有限次转换必能得出问题的最优解。

17.2.4.3　光伏发电系统中储能装置的接入方式

目前储能技术在电力系统中的主要应用领域包括电力调峰、提高系统稳定性和改善供电电能质量等方面。由于光伏发电系统的出力能力具有随机性和波动性的特点，导致光伏发电系统的输出功率不可控，这一问题成为影响光伏电能在电力系统中渗透率难以提高的重要因素。储能技术的引入可以较好地改善光伏发电系统的输出特性，随着光伏发电装机规模的不断扩大，储能技术与装置逐渐多样化，这些储能装置在光伏发电系统中的接入方式对光伏发电系统的整体运行性能将产生一定的影响。

（1）储能装置在光伏发电系统直流侧接入方式

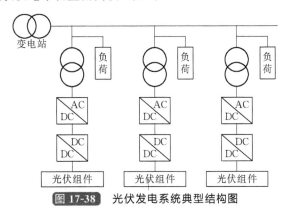

图 17-38　光伏发电系统典型结构图

根据光伏发电系统发电容量和接入电网方式的不同，可将其分为分布式光伏发电系统和集中式光伏发电系统。分布式光伏发电系统发电容量较小，一般与本地负荷直接相连并分散接入配电网中，如生活中常见的太阳能路灯就是以分布式方式接入配电网系统的。集中式光伏发电系统发电容量大，占地面积与发电效率都比较高，所以通常以光伏电站的形式集中接入电网中。光伏发电系统的典型结构如图 17-38 所示。

在集中式光伏发电系统中，储能装置可以采用直流母线接入方式，即将各组光伏单元以及储能单元汇聚到直流母线上，再通过接入直流母线的逆变器将直流电能逆变为交流电能后供给交流负载，其典型接线如图 17-39 所示。

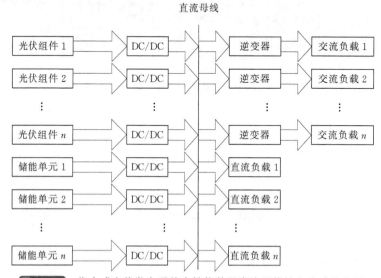

图 17-39 集中式光伏发电系统中储能装置直流母线接入方式结构图

在分布式光伏发电系统中，储能装置一般采用在直流侧接入的方式，其典型结构如图 17-40 所示。

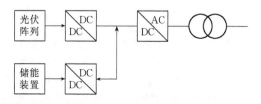

图 17-40 分布式光伏发电系统中储能装置直流侧接入结构图

由于分布式光伏发电系统安装的地理位置一般比较分散，并且容量较小，所以在安装光伏发电系统时会将储能装置与发电控制单元直接在直流侧进行连接。这种接入方式相对于交流侧接入方式可以减少逆变器和变压器等一次设备，降低投资成本，而且生产厂家可以成套生产含储能装置光伏发电单元，易于市场拓展。

（2）储能装置在光伏发电系统交流侧接入方式

交流侧接入方式即储能装置通过双向 DC-DC 变换器、逆变器和变压器直接接于光伏发电系统的并网点，其典型结构如图 17-41 所示。

与在直流侧接入储能装置方式相比，在交流侧接入方式有利于实现储能装置的准确与快速控制，从而增强光伏发电系统并网点电压在并网和离网切换过程中的平滑程度，保护附近重要负荷的稳定运行。

采用交流侧接入，不必对已安装好的光伏发电系统进行线路上的改造，只需将储能装置通过电力电子装置和变压器直接连接在交流母线上，通过联合运行方式控制即可组成具有储能系统的光伏发电系统。所以在对已有光伏发电系统进行改造时，可以采用将储能装置在交流侧接入的方式。

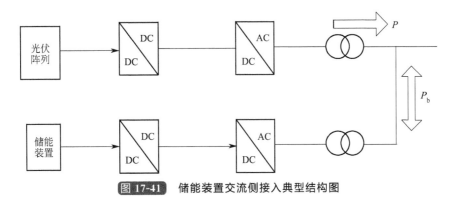

图 17-41　储能装置交流侧接入典型结构图

（3）储能装置接入方式的改进

无论储能装置是采用交流侧接入还是直流侧接入，每个电能变换单元至少会使用一个电力电子器件，虽然对于单个发电单元来说控制方法比较简单，但对于大型光伏电站来说，随着控制器的增加，控制方法和成本也会急剧增加。由于蓄电池的输出电压一般情况下比较稳定，DC/DC变换对于稳定蓄电池输出电压所起的作用减弱，所以在储能装置交流侧接入方式中可以去掉 DC/DC 变换环节，而直接将蓄电池接在 DC/AC 变换器上，其基本结构如图 17-42 所示。

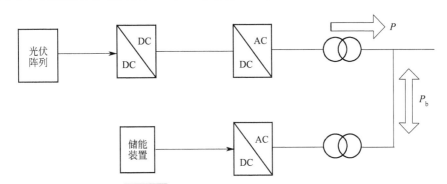

图 17-42　储能装置交流侧改进接入方法

对于直流侧接入方式，同样可以采用类似的方法进行改进，在储能系统输出环节省去了 DC/DC 变换器，其结构如图 17-43 所示。这种连接方式的优点是可以降低成本，缺点是储能系统吞吐功率的可控性能下降。

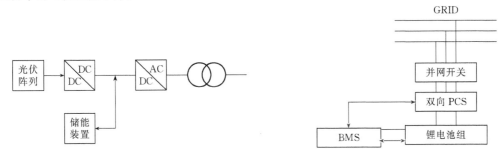

图 17-43　储能装置直流侧改进接入方法　　　　**图 17-44**　锂电池储能系统组成

17. 2. 4. 4　光伏发电系统中储能系统控制方法研究

（1）锂电池储能系统

锂电池储能系统包括锂电池组、电池管理系统（BMS）和功率控制系统（PCS），基本结构如图 17-44 所示。

电池组是实现电能存储和释放的载体，锂电池由于技术发展迅速、单体循环次数高、工作电压高、可大电流充放电等特点，正在成为大规模储能系统应用研究的热点。锂电池储能系统的管理分两级结构，即电池管理单元（BMU）和 BMS。BMS 收集全部 BMU 信息，同时检测电池组总电流并实现各种报警和保护功能。电池串的均衡管理也分两级结构，BMU 可实现电池模块中单元电池间均衡，从而实现电池串内所有单元电池间的均衡管理。PCS 由 DC/AC 双向变流器和控制单元等构成，PCS 控制器通过通信接收后台控制指令，根据功率指令的符号及大小控制变流器对电池进行充电或放电，实现对电网有功功率及无功功率的调节。PCS 控制器通过 CAN 接口与 BMS 通信，获取电池组状态信息，可实现对电池的保护性充放电，确保储能电池的运行安全。

储能系统存在两种典型的运行模式，并网模式和离网模式。正常情况下储能系统与常规电网并网运行，称为并网模式，在该模式下，储能系统根据上级电网调度指令发出有功和无功功率，起削峰填谷和稳定节点电压的作用。当检测到电网故障或电能质量无法满足要求时，储能系统将及时与电网断开而独立运行，这种运行方式称为离网模式。

（2）太阳能光伏电池运行特性调节

与传统发电设备不同，光伏电池输出的直流电能具有非线性特征，其输出功率受光照强度、环境温度和负载大小的实时影响很大。为了提高光伏电池的光能利用效率，使其尽可能多的输出光伏电能，一般控制其运行在特定的电压和电流附近，使其输出最大功率，该工作点称为最大功率运行点 MPP。为了实现该控制目标，需要利用电力电子变流设备对其进行最大功率跟踪（MPPT）控制。

光伏电池的工作点受负载大小的影响非常明显，不同的负载状态下其输出的功率完全不同，只有当外部负载的大小与光伏电池当时的最大输出功率正好匹配时光伏电池才能工作在 MPP 状态，而负载的大小是由用户决定的，不会随着外部环境的变化而改变。所以，要想实现光伏电池的实时 MPPT 控制，必须配合应用储能系统，当光伏电池在 MPPT 状态所发功率大于系统负载所需功率时，依靠储能系统进行充电储能；当光伏电池在 MPPT 状态所发功率小于系统负载所需功率时，依靠储能系统的放电来补充负载所需功率。因此，储能系统是保证光伏电池 MPPT 可靠运行的必备环节。

（3）光伏-储能混合交直流供能系统控制策略

光伏-储能混合交直流供电系统的拓扑图如图 17-45 所示，该系统由光伏电池模块、蓄能电池模块、直流交流变流器模块和作为备用的电网共同组成。在该供电系统中，由于负载大小是实时变动的，并不一定能够吸收所有的光伏电能，因此需要综合控制策略对光伏电池和储能电池的运行状态进行实时控制，不仅要在负载较大的情况下实现 MPPT，而且要在负载较小的情况下实现恒定电压控制。该供能系统的一个重要的技术指标就是保证输出电压的稳定，为此系统采用 Boost 电路对光伏模块进行 MPPT 控制，并制定了储能系统的直流母线电压分级控制方法，使得该系统在各种能量状态下，都能维持直流母线电压的稳定，从而实现对直流负荷的稳定供电，也为获取稳定的交流逆变电压奠定了基础。

（4）具有谐波补偿功能的光伏-储能混合发电系统并网控制方法

这是一种在配电网三相电压畸变并且具有非线性负载的情况下，能够提供比较稳定的并网发电功率和实现配电网电能质量调节的新型并网发电系统。直流侧储能系统经双向 DC/DC 变换电路与光伏电池直接相连，通过控制储能系统的充放电实现光伏电池的最大功率跟踪（MPPT）控制，稳定直流侧电压。光伏电池输出并网发电功率，蓄电池负责为电网提供谐波功率补偿。这种光伏-储能混合发电系统拓扑结构如图 17-46 所示。

由于光伏电池直接连接在并网逆变器的输入端，因此要求光伏电池要有足够高的电压来满足逆变器的并网需求。无论储能系统运行在充电模式还是放电模式，直流侧的电压都应该是光伏电池最大功率点电压。逆变器实时提取系统交流侧基波电压的正序分量并对其进行锁相，用以实现其输出电流对基波电压正序分量相位的跟踪控制；实时提取负载电流的谐波分量，用来实现对负载谐波电流的有源补偿控制。

（5）储能系统在常规光伏发电系统中的控制作用

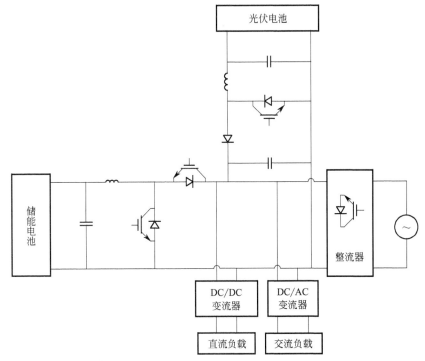

图 17-45　光伏-储能混合交直流供电系统拓扑图

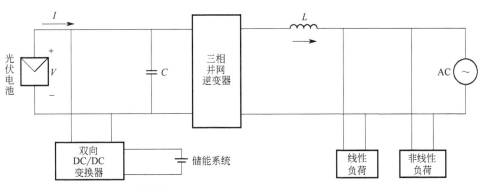

图 17-46　一种光伏-储能混合发电系统拓扑图

在常规光伏发电系统中，尤其是在独立光伏发电系统中，因光伏电源受日照强度、环境温度等因素的影响较大，光伏发电系统所产生的电能不可能在任意时刻都能满足用电负荷的需求，所以特别容易导致系统运行不稳定。

图 17-47 为带储能装置的光伏发电系统示意图，利用储能装置的能量缓冲调节作用可以有效解决该类问题。

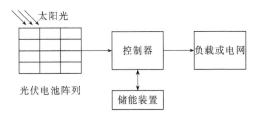

图 17-47　带储能装置的光伏发电系统

储能系统可以保证系统供电的可靠性，当环境因素或外部条件发生较快变化时，光伏电池阵列的输出电能出现不稳定现象，此时储能装置能够及时地将储存的能量释放出来，起到一定的功率支撑作用，从而保证供电的持续性和可靠性。

储能系统可以增强系统运行的稳定性，当光伏发电系统中出现大信号扰动时，可以由储能装置释放或吸收短时峰值功率，光伏电源与储能装置的可靠结合能够有效解决电压脉冲、电压突升、电压跌落以及供电瞬时中断等电能质量问题。此外，对于分布式发电系统中的小信号稳定性问题，适当地采用储能装置能够达到提高系统小信号稳定性的目的。

储能系统可以增强光伏发电系统的可调度性，因为光伏发电系统受环境因素的影响较大，因此很难按照提前制订出的发电规划进行发电。如果配备了相应容量的储能装置，就可以不必考虑光伏发电单元当时的发电能力，只需按照预先制定的发电规划进行发电即可。储能装置的容量越大，系统的调度计划就越容易制定，能够获取的经济利益就越多，同时储能投资成本也就越高，找到最佳的经济平衡点是问题的关键。

（6）储能系统在并网光伏电站中的控制作用

储能系统在并网光伏电站（见图 17-48）中应用，能够通过适当的充放电控制解决光伏电站的输出功率不稳定和不连续问题，从而避免光伏发电系统对电网产生的一系列不利影响。从电网的角度来看，储能系统的控制作用包括：

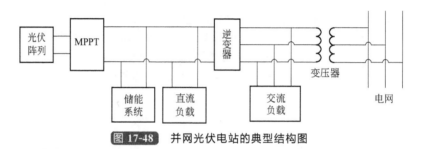

图 17-48　并网光伏电站的典型结构图

电力调峰，储能系统能够在负荷低谷时将光伏发电系统所发出的剩余电能储存起来，在负荷高峰时再将储存的电能释放出来为负荷供电，从而提高光伏电站的峰值功率输出能力和调峰能力。

电能质量控制，将储能系统投入并网光伏电站中，能够改善光伏电源的供电特性，使输出电压更加稳定，通过适当的逆变器控制策略，光伏电站能够实现供电电能质量的高精度控制，如相角的调整、电压稳定以及有源滤波等。

孤岛模式控制，当光伏电站与电网系统分离时，光伏电站将独立承担负荷的供电任务，此时，储能系统将起到为就地负载提供安全稳定保障作用。

（7）光伏发电系统运行调度控制

① 最大功率点跟踪控制。光伏发电系统运行过程中，光伏电源的输出电压以及输出功率会随着日照强度变化、环境温度变化以及负载的变化而发生变化，所以光伏电源自身是一种极不稳定的电源。为了能在不同日照和温度条件下输出尽可能多的输出电能，人们提出了光伏发电系统的最大功率跟踪控制问题。

如图 17-49 所示系统，U_i 为电源电压，R_i 为电压源的内阻，R_0 为负载电阻，则负载消耗的功率可表示为：

$$P_{R_0} = I^2 R_0 = \left(\frac{U_i}{R_i + R_0} \right)^2 \times R_0 \tag{17-31}$$

式中，U_i、R_i 均为常数，上式对 R_0 求导，得到：

$$\frac{dP_{R_0}}{dR_0} = U_i^2 \times \frac{R_i - R_0}{(R_i + R_0)^3} \tag{17-32}$$

令 $\dfrac{dP_{R_0}}{dR_0} = 0$，得到当 $R_i = R_0$ 时，P_{R_0} 取得最大值。

在常规的线性系统电气设备中，为使负载获得最大功率，要进行恰当的负载匹配，使负载电阻等于供电系统的内阻，此时负载上能够获得最大功率。但对于光伏发电系统，其内阻会因受到日照强度、温度及负载的影响而不断变化，从而不能用上述简单的方法来获得最大功率输出。目前，针对这一问题的解决方法是在太阳能电池阵列与负载之间增加一个 DC/DC 变换器，通过改变 DC/DC 变换器中功率开关管的导通率，达到调整和控制太阳能电池阵列工作在最大功率点的目的，从而实现光伏电源的最大功率跟踪控制。

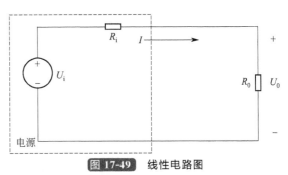

图 17-49　线性电路图

图 17-50 为太阳能电池阵列的输出功率特性曲线，以最大功率点电压为界，曲线可分为左右两侧。当阵列工作电压高于最大功率点电压 U_{mp} 时，阵列输出功率会随输出电压的下降而增大；当阵列工作电压低于最大功率点电压 U_{mp} 时，阵列输出功率会随输出电压的下降而减小。最大功率点跟踪控制器会通过控制太阳能电池阵列端电压，使阵列能在各种不同日照和温度环境下智能地输出最大功率。在此过程中，储能系统承担着光伏电源最大输出功率和负载需求功率之间不平衡电能的缓冲控制作用。

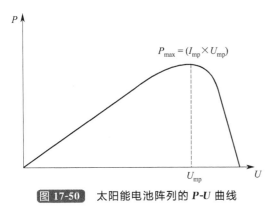

图 17-50　太阳能电池阵列的 *P-U* 曲线

② 储能系统平滑控制。在对并网光伏电站进行调度控制管理时，其输出的总功率能够在较长时间内平滑变化，但是从局部来看，光伏电站的输出功率仍然存在高频波动。由于光伏出力中的低频分量波动较缓慢，电网对其有足够的时间进行响应，所以低频分量对电网的影响可以依靠电网来解决。光伏出力中的高频分量因速度太快，会对电网带来较大冲击从而带来电网的安全隐患。此时，可以利用储能系统快速充放电的技术特点，依靠储能系统弥补或吸收相应的高频分量光伏电能，从而实现光伏电站并网功率的平滑控制。根据储能系统容量的差异，储能系统通过 N 个双向变流器与电网相连，每个双向变流器下有多组储能单元。图 17-51 为储能系统对光伏电站输出总功率进行平滑控制的原理图。

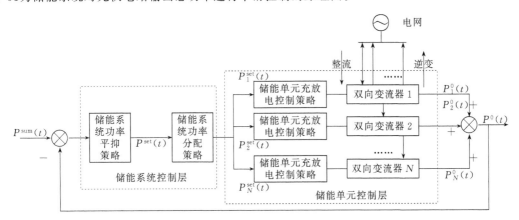

图 17-51　储能系统平滑控制原理图

储能系统平滑控制的过程和目标为，根据电网对整个光伏电站出力调度计划，获得储能系统需要充放电的总功率，控制储能系统中各储能单元的充放电运行状态，完成向电网提供相应光伏电能的缺额或从电网吸收多余光伏电能的任务。

储能系统的平滑控制采用分布式控制结构，包括储能系统控制层和储能单元控制层。在储能系统控制层内，首先根据当前光伏电站输出的总功率 $P^{sum}(t)$，由储能系统功率平抑策略计算得到当前储能系统需要放电或充电的总功率 $P^{set}(t)$。其次，由储能系统功率分配策略，得到储能系统中单个储能单元需要放电或充电的功率 $P_k^{set}(t)$。最后，在储能单元控制层内，根据充放电控制策略，控制每个储能单元所对应的双向变流器的运行状态进行充电或放电，使得储能系统的实际出力 $P^0(t)$ 满足光伏电站出力平滑要求。

17.3 风力发电、光伏发电和储能技术的未来发展

17.3.1 风力发电相关技术的发展

17.3.1.1 风电场功率预测技术

（1）风电场功率预测技术的发展

国外风电功率预测技术研究工作起步较早，具有代表性的系统主要有丹麦 Risø 国家实验室的 Prediktor 预测系统、西班牙的 LocalPred 预测系统和德国的 AWPT 预测系统等，这些系统的主要思想均是利用数值天气预报所提供的风机轮毂高度风速、风向等预测信息，利用风电预测模块给出风电功率预测数据。

中国的风电功率预测技术目前处于探索和研究阶段，以往的研究仅局限于统计方法和气象局的传统风速预测。杨秀媛等[48]利用时间序列法和神经元网络法给出了提前一个观测时间段的风速和风电功率预测。丁明等[49]利用自回归滑动平均模型，吴国旸等[50]利用时间序列法给出了风速预测模型等。以上工作都是基于统计方法，其预测时效较短，满足电力系统的运行调度有一定困难。我国的风电场情况较复杂，应该因地制宜地开展风电功率预测工作，同时对先进预测方法进行研究，逐步提高预测精度。为了提高精度，国内外研究机构都在尝试各种新的预测方法，主要包括多种方法同时预测、多数值天气预报、纳入实时功率和实时测风数据等。多数值天气预报、多种预测方法的集合预报逐渐成为目前风电功率预测技术发展趋势。

（2）风电场功率预测技术未来需要解决的问题[54~60]

① 风电功率预测基础数据不完善。数值天气预报是风电功率预测的基础，由于我国风电功率预测的数值天气预报模式尚未建立，目前吉林等风电功率预测系统还需依赖国外的数值天气预报数据。另外，风电场基础资料不健全，历史数据不完善，风电场没有建立实时测风系统，风资源情况尚没有纳入调度监测系统。

② 预测精度不满足电网调度运行的需要。目前风电功率预测的误差较大，特别是负荷低谷时段和负荷高峰时段经常出现较大偏差，如果按风电预测曲线安排发电计划将面临较大的风险。

③ 预测的时间尺度不满足要求。目前，电网发电计划安排还需要 72h 及以上的预测，这就需要更长时间尺度的数值天气预报服务，并具有较高的预测精度。随着我国电力工业的快速发展，电力系统步入了大电网、大机组时代，而大机组启停费用较高，短周期的频繁启停将付出巨大的代价，因此风电并网容量的进一步增加客观上要求系统运行方式和发电计划安排必须向更长时间尺度延伸，这也对风电年度、月度等较长时间尺度的预测提出了更高的要求。

④ 风电场还没有建立风电功率预测系统。从国外的经验来看，风电场应该参与预测并按时向调度中心上报预测曲线。但目前我国风电场基本没有建立风电功率预测系统，没有开展有效的发电出力预测工作。

⑤ 数据预处理不完善。在当前预测方法中，对数据预处理方面的详细介绍很少，也没有相关标准出台。而风电场输出功率的预测精度与原始数据质量好坏密切相关，因此，对原始数据进行规范是非常必要的。

⑥ 预测精度不满足要求。当前关于预测精度的研究较少，预测误差统计方法的科学性还需

要提高，目前很难对给出的预测值的可信度、预测分布的合理性进行客观评价。实际上，正确合理的评价标准是引导风电场输出功率预测技术发展的方向标，应当着力进行研究制定。

（3）风电场功率预测技术未来的发展建议

① 加快风电场侧风电功率计划系统建设。风电场开展精细化预测并上报发电计划是其履行本身义务的具体体现。虽然我国没有电力市场，但风电场作为主力电源之一，必须按照国家相关法规和技术标准的要求，与火电、水电等电源一样上报发电计划并接受考核。

② 尽快完善电网侧风电功率预测及考核系统的建设。我国"建设大基地、融入大电网"的风电发展模式与国外有较大的区别，风电对整个电力系统安全稳定运行影响日益增大，加快电网侧风电功率预测及考核系统的建设是电网履行支持新能源发展责任的重要体现。

③ 加快超短期风电功率预测功能建设。由于目前风电功率预测误差较大，所以应该开展 $0\sim4h$ 的超短期功率预测，对电网运行情况进行滚动调整，风电场和电网都应尽快实现超短期风电功率预测。

④ 深化风电功率预测相关技术研究。数值天气预报是进行风电功率预测的基础数据，风电功率预测用数值天气预报需要对 $0\sim100m$ 边界层风速进行优化，并开发出专门用于风电功率预测的数值天气预报应用系统。另外，应进一步地开展集合预报方法的研究，加快超短期预测方法的研究和应用。

⑤ 加强标准体系建设。为了保证风电功率预测系统建设工作的有序进行，国家相关部门应尽快制定风电功率预测系统建设及运行相关管理方法，制定相关国家标准和行业标准，对预测系统功能、运行管理等方面进行规范。

⑥ 开展跨行业合作。风电功率预测是我国风电发展中出现的一个新课题，需要气象行业和电力行业的深度合作，发挥各自优势共同推动预测技术水平的提高。相关部门应加强近地边界层的基础理论研究，开发适合风电功率的数值天气预报模式，电力行业应加强风电功率预测系统的开发及应用。

17.3.1.2　规模化风电场并网技术

（1）大规模风电并网基本问题

风电机组与传统发电机组不同，其原动力是自然界的风力，所以风速是决定风电机组出力大小的最重要因素。由于风速具有波动性大和不确定性强的特点，所以风电机组出力具有随机性很大和可控性较差的特点。规模化风电机组接入电力系统时，将严重影响所连接的电力系统供电充裕性，同时对电力系统的常规调频、负荷跟踪以及基荷电源都提出了新的要求。另一方面，由于风电机组不具有参与平抑电网扰动的能力，而且部分风电机组还难以"穿越"所连接电网发生扰动的过程，这些都会影响整个电力系统的运行稳定性。

（2）储能技术在规模化风电并网系统中的作用

① 储能系统的应用增加了系统中常规发电系统静态出力特性的灵活性，可以解决由于风电出力波动性和不确定性所引起的系统供电充裕性不足的问题。

② 储能系统的应用改善了风电电源对电网扰动的动态响应特性，可以解决由于风电的弱致稳性和弱抗扰性所引起的系统运行稳定性问题，提高了风电对电网的友好性。

③ 随着电力电子技术的发展，各种储能技术的应用领域得到了拓宽，特别是在风力发电中起到了重要的作用。在电力系统中，储能系统可以视为一种具有不同时间尺度灵活响应特性的电源，它可以使原本刚性连接的电力系统变得柔性起来，这就为解决大规模风电并网问题提供了新的思路。

大规模风电并网增加了系统对调频以及负荷跟踪备用容量的需求，为了解决这两种问题，储能系统的充放电周期要求在分钟至小时的时间级别，可使用的储能技术有：铅酸电池、镍金属氰化物电池、锂离子电池等。同时，大规模风电并网也增加了系统中基荷机组组合的难度，解决这一问题要求储能系统的充放电周期在小时至日的时间级别，适用的储能技术包括钠硫电池、液流电池、抽水蓄能、压缩空气、热能储能等形式。另外，储能系统作为一种辅助致稳资源也是解决风电弱致稳性和弱抗扰性对系统影响的重要途径。大规模风电并网使电力系统和风电机组本身的运行稳定性面临新的挑战，要解决这些问题，要求储能系统的充放电周期在数十毫秒至数分钟级别，适用的储能技术包括超级电容器、飞轮储能、超导储能等形式。

在储能技术规模化应用之前，电力系统中存在常规发电机组装机容量过大和过度限制风电出力的问题，究竟风电渗透率达到什么水平储能系统才能具有最好的经济性问题目前还没有简单的答案。储能系统的规模化应用将最终取决于两个关键因素：①储能系统的各种功能对于电网的经济价值的量化；②储能技术本身可靠性的提高以及成本的降低。从目前研究的一些储能技术的性能和经济性来看，较难获得单一的最好选择；从风电场的容量与储能系统的容量关系以及风电场功率波动平抑效果来看，考虑两种或两种以上形式的储能系统进行复合的形式可能成为较好的选择，如 SMES 与蓄电池复合应用，飞轮、超级电容器与蓄电池组合应用等，这样既满足了储能系统的功率和容量要求，又满足了储能系统响应速度方面的需要。

17.3.1.3　海上风电技术

海上风电具有资源丰富、风能资源稳定、发电利用小时数高、不占用土地、对生态环境影响小、不消耗水资源和适宜大规模开发等优点，且一般靠近传统电力负荷中心，便于电网消纳，免去了长距离输电的问题，所以海上风电在未来的风电产业中将占有越来越重要的地位，有着广阔的发展前景[61~65]。

（1）规模呈增大的趋势

海上风电的开发和利用越来越受到人们的关注，从世界范围来看，欧盟各国纷纷把眼光投向了海上风力发电，希望通过海上风力发电技术实现其政策目标和提高可再生能源所占比例。根据目前欧洲各国的海上风电场规划，在欧盟的 15 个成员国和其他欧洲国家，有超过 1000 亿瓦的海上风力发电项目正在规划中。海上风电产业投资将从 2011 年的 33 亿欧元增加到 2030 年的 165 亿欧元，总装机容量将在 20 年内从目前的 15 亿瓦跃升至 1500 亿瓦，到 2030 年海上风电可满足欧盟 13%～17% 的电力需求。

美国能源部和内政部在 2011 年 3 月共同发布了《国家海上风电战略：创建美国海上风电产业》，美国将利用海上风电技术开发克服风电技术上的瓶颈，实现 2030 年海上风电装机容量 54GW 的战略目标。

我国在"十二五"能源规划和可再生能源规划中，对海上风电发展目标进行了设定。2015 年建成 5GW，形成海上风电的成套技术并建立完整的产业链；2015 年后，我国海上风电将进入规模化的发展阶段，达到国际先进技术水平；到 2020 年建成海上风电 30GW。《风力发电科技发展"十二五"专项规划》中明确特大型风电场建设将成为我国风电开发的需求重点，"十二五"期间，我国将规划建设 6 个陆上和 2 个海上及沿海风电基地。

（2）风力机制造呈集中化趋势

面对海上风电开发与利用技术的广阔发展前景，风电机组制造企业纷纷加大海上大型风电机组研发和产业化力度，只有具备自己的知识产权才能掌握市场竞争的主动权。未来，海上风力机也会像陆上风力机一样，经历机组由小型到大型、由分散到集中的过程。海上风力发电机组的发展分为两个方面，一方面对陆上发电机组的设计、分析进行修正，使其更适合于海上的环境，另一方面是在理论方法上和工程技术上开发新结构形式的风电机组。

（3）海上风电机组成本有降低的趋势

海上风电场大约 70% 的成本来自于最初的投资成本，包括风机、海上地基、内部和外部电网安装和连接等。但是随着技术的进步和海上风力发电规模的扩大，海上风力机运行的可靠性有了很大的提高，风电项目融资成本也会进一步下降，涡轮机和零部件的制造进一步规模化，甚至海上风电机组叶片会采用大批量、高质量的碳纤维叶片，所有技术综合起来，海上风电机组的成本将会越来越低。

（4）向深海发展的趋势

由于深海海域的风能资源比浅海区更加强劲也更加稳定，还可以降低风电场对沿海生物的影响，所以深海风电必定会在海上风电中占据重要的一席之地。

（5）高压直流输电（HVDC）技术的选择

在风电电能管理中，大型海上风电场对电力系统的影响较大，尤其对海岸电力系统薄弱地区冲击更大。应用 HVDC 技术和机组无功功率输出可控技术，可以有效应对海上风电场容量分散、距离长的特点，所以高压直流输电可能会成为海上电能输送形式的选择。

总之，新能源充分利用是全世界能源发展的大趋势，而风能在新能源发展中占有重要的地位。有专家提出，中国新能源产业发展看风能，风能发展前景在海上，海上风能将成为中国风能未来的发展方向和制高点。

17. 3. 1. 4　小型风力发电技术

（1）小型风力发电及分布式发电概述

根据多数国际组织的定义，小型风力发电机组是指功率小于 100kW 的风力发电机。小型风力发电的应用方式主要分为两类，离网型和并网型。

① 离网型风力发电。离网型供电是指不依赖于现有电网，能够独立进行发电的一种发电方式。小型风力发电的离网型应用方式众多，应用范围比较广泛，主要有独立风力发电、风/光互补发电、风/柴互补发电和风/光/柴互补发电四种形式。

② 分布式风力发电。分布式风力发电是在用电现场或者在其附近配置功率低于 30MW 的风力发电机组，用以满足一些特定用户的实际需要，同时弥补现有电网的不足，提高现有电网的运行经济性。

在"分布式发电"的模式下，企业或用户所需电力将根据实际情况由风力发电和电网优化组合提供。在风力足够大的情况下，风力发电机组单独产生的电能能够满足用户的需要，负载全部由风力发电机组提供电力，剩余的电能根据情况可以出售给电力公司；当风速较低，风力机组的电力不够满足用户需求时，负载由风力机组和电网同时供电；而当风速处于风机所需最低风速之下时，风力发电机无法工作，此时负载所需的电力全部由电网提供。上述工作过程由自动控制系统完成，此类系统不需要任何储能设备。

（2）小型风力发电设备利用潜力及运行模式分析

我国已经成为小型风力发电机组的生产大国，拥有了生产、研发和推广应用的成熟技术和经验，风电设备形成了规格较为齐全、性能较为可靠、初具产业规模的新局面。其次，我国拥有世界上最大的风力资源，小型风力发电发展潜力巨大。如果国家几年内仿效欧洲、北美发达国家采用的装机补贴、电费补贴、以退税形式鼓励利用新能源等措施，将会大大鼓励和推动农村小型风力发电机的推广。小型风力发电机将在农牧区电力建设、内陆湖泊电力建设、移动通信、交通监控及森林、海洋数据监控等方面发挥巨大作用。

虽然小型风机的发展具有良好的前景和市场潜力，但一款优良的产品是发展的关键。目前小风机受安装高度限制，而且不能远离用电者居住的地方，所以风机工作在风的紊流区域，风速风向的不规则频繁变化使得风机的风力利用率不高，并且对风机破坏性很大。因此一些公司已转变研发策略，成功开发出被动变桨矩风力发电机，通过叶片自身角度的变化控制风机转速，使得它在低风时更容易启动，高风速时更容易停机保护，也使得工作风速范围从 0～12m/s 提高到 0～25m/s（25m/s 类似 12 级强台风）。

另外，离网系统因为需要蓄电池作为能量存储设备，而蓄电池寿命较短、维护成本较高，且充放电又损耗了部分电能，所以离网系统的储能系统一直是其难以绕开的不足之处。经过市场需求方向的提升，离网系统已经开始向局部式、分布式风力/电网互补型或微网型供电方式转变[65～69]。

（3）我国小型风力发电行业发展趋势

我国从事小型风力发电机组及其配件开发、研制、生产的单位很多，年产量、总产量、生产能力、出口均列世界之首。小型风力发电机主要出口到英国、法国、美国、澳大利亚、越南、日本等国。而且，由于汽油、柴油、煤油价格总体趋势看涨且供应渠道不畅通，内陆、江湖、渔船、边防哨所、部队、气象站和微波站等使用柴油发电机的用户逐步改用风力发电或风光互补发电。

随着市场经济发展，小型风力发电机组传统用户将继续增加，主要服务对象仍为有风缺电地区的广大农、牧、渔民。随着需求的扩大，生产企业也在发生变化，生产质量较差的风力发电机生产企业在激烈的市场竞争中开始被淘汰，而生产技术过硬、产品质量可靠、售后服务好的企业在竞争中得到了很大发展。

由于广大农牧民生活水平提高、用电量不断增加，小型风力发电机组单机功率不断提高，100W、150W机组产量逐年下降，200W、300W、500W、1kW以上机组逐年增加。因为广大农牧民希望不间断用电，并且我国大部分地区白天日照时间充足、风力不大，而晚上无日照时风力变大，因此"风光互补发电系统"的推广应用明显加快，并向多台组合式发展。目前，我国小型风力发电机出口数量逐年增加，出口国家达63个之多，国际市场占有率不断扩大。随着国家《可再生能源法》及《可再生能源产业指导目录》的制定，多种配套措施及税收优惠扶持政策还会相继出台，这将提高企业的生产积极性，促进产业发展[70]。

17.3.2　光伏发电相关技术的发展

我国幅员辽阔，有着十分丰富的太阳能资源。据估算，我国陆地表面每年接受的太阳辐射能约为$147×10^8$GW·h，相当于$4.9×10^4$亿吨标准煤所发出的电量。截至2012年底，我国光伏发电累计装机容量达830万千瓦，位居世界第三；2012年光伏发电新装机容量达500万千瓦，位居世界第二位，其中并网容量328万千瓦。2012年中国陆续出台多个新能源政策，对国内光伏产业进行扶持，使得2013年国内新增光伏发电装机容量1000万千瓦，发展势头迅猛。截至2016年底，我国光伏发电新增装机容量3454万千瓦，累计装机容量7742万千瓦，均为全球第一。光伏全年发电量为662亿千瓦·时，占全国年发电量的1%。在未来几年内，中国光伏产业将继续呈现大规模发展趋势，其快速发展主要依赖于三个技术方面的发展与进步，即光伏电池技术、光伏发电技术和与之配套的储能技术[71~76]。

17.3.2.1　光伏电池技术

（1）晶体硅光伏电池的发展

光伏发电的效率最主要的制约是光伏电池的光电转化率，传统硅材料的转化率极限值为29%。目前国内市场上流通的光伏电池转化率普遍在20%以下：单晶硅电池的实验室最高转换效率可达24.7%，商业化电池效率为16%~22%；多晶硅太阳能电池的实验室最高效率也超过了20%，商业化电池效率为15%~18%。未来工艺的改进和技术升级将使光伏电池的转化率有可能接近或突破极限。

弱光特性是体现太阳能电池在早晨或傍晚发电效率的一个重要指标，提高硅材料电池的弱光特性有利于提升光伏组件整体的发电效率。英利公司的"熊猫"电池的平均效率已达19%，最高效率达到了20%，且其优异的弱光特性已被美国国家可再生能源实验室认可。另外，江苏无锡尚德太阳能电力有限公司曾经提出将第三代纳米技术融入光伏电池的生产中，这将使未来硅材料的转化率达35%。

（2）有机薄膜电池的发展

有机薄膜电池是在廉价的玻璃、不锈钢或塑料等衬底上附上非常薄的感光材料制成的，比用料较多的晶体硅技术造价更低、更轻薄，在同等体积的情况下，展开后的受光面积会大大增加。某些有机薄膜电池柔软、易于携带，且可体现各种颜色和图案，使其在应用上具有很强的竞争力，但有机薄膜电池的硬伤在于其转化率较低。在可预见的未来，新技术的发展会使有机薄膜电池转化率大为提升，薄膜电池取代传统晶体硅材料电池也会成为一种趋势。

（3）新一代电池的发展

继晶体硅和薄膜电池之后，一些基于新概念、新结构的电池，通过减少非光能损耗，增加光子有效利用以及减小光伏电池内阻，使得光伏电池转换率的上限有望获得新的提升。目前许多研究人员把目光投向了以先进薄膜制造技术为基础的、理论极限光电转换效率最高可达93%的第三代太阳能电池，主要有量子点、多层多结、染料敏化太阳能电池、有机聚合物电池、纳米结构电池等，目前这些新型太阳能电池正围绕提高光电转换效率与降低生产成本两大目标展开研发。

聚光技术的发展对提高第三代光伏电池转化率有很大的帮助。直接到达地面的太阳能密度很低，其峰值不超过$1kW/m^2$，采用聚光光伏技术，可以将太阳光会聚到面积很小的高性能聚光电池上，提高太阳光辐照能量密度。目前在国内实现大规模量产的企业有三安光电旗下的日芯光伏，他们已经能够实现 1000 倍聚光和 40% 以上的光电转换效率。

17.3.2.2　光伏发电技术

（1）光伏并网技术的发展

建设大型并网光伏电站是大规模集中利用太阳能的有效方式。与离网光伏发电系统相比，大型并网光伏电站可减少蓄电池储能环节的用量，并采用最大功率点跟踪技术提高系统效率。相对于小型并网光伏发电系统，大型并网光伏电站可更加集中地利用太阳能，更多地使用逆变器并联、集中管理和控制技术，可以在适当的条件下充分利用储能技术实现太阳能时间分布特性的搬移，起到削峰填谷的作用。

从国内外大型光伏电站运行经验来看，无论是从电网自身运行安全考虑还是从光伏电站运行经济性考虑，都对光伏发电及并网技术提出了新的要求。目前，光伏并网技术存在的主要问题和研究热点主要包括以下几个方面：

① 光伏并网逆变器的电路拓扑结构和控制技术的研究。光伏并网逆变器普遍采用单级和两级变换拓扑结构，在两级变换结构中，前端 DC/DC 变换器主要用来实现最大功率跟踪，后端 DC/AC 逆变器则是光伏发电系统能否实现并网的关键。两级变换结构的逆变器控制器相应增加，电能转换的级数增加、损耗增大，失去了单级结构所具有的结构简单、损耗小的优点，但其控制规则更为简单。为了结合两者的优点，目前逆变器发展出了集中型、串级型、模块集成型等新型结构，但是随之而来的是谐波叠加等一系列技术性问题的解决难度增大。

大型光伏站并网会对电网带来许多负面影响，如孤岛效应的产生、谐波污染、电压闪变、低压穿越能力降低等，这些迫切需要解决的问题都对并网逆变器的控制策略提出了新的要求，大型光伏站并网需要一种具有多种控制模式的逆变器。另外，目前对大型光伏电站的逆变器集群还存在控制策略上的不足，多数光伏电站示范工程的逆变器集群无相应的集控策略，相互之间存在影响，应该继续改进控制策略或采取其他措施以解决逆变器之间的干扰问题。对光伏并网控制策略要求的提高也促进了控制技术的发展，从传统的 PI 控制技术到模糊控制、神经网络控制、无差拍控制、新型非线性控制技术不断获得应用。在今后的一段时间，光伏并网逆变器控制策略的研究仍然是热点研究内容。

② 光伏并网最大功率跟踪（MPPT）技术的研究。MPPT 技术是光伏发电关键技术之一，目前常用的 MPPT 方法有：开路电压法、短路电流法、扰动观测法、电导增量法、滞环比较法、间歇扫描法、最优梯度法、模糊控制法、神经网络预测法等。每种方法都有各自的特点和适用范围，选择 MPPT 方法时需根据难易程度、经济成本、技术制约等因素统筹考虑。在大规模光伏阵列中因局部遮挡引起的热斑效应，给 MPPT 技术带来了困难和新的研究方向，双模式 MPPT 技术和粒子群 MPPT 技术等为解决该问题提供了思路。现有的 MPPT 方法都存在一定的不足之处，如何便捷、高效、稳定地实现 MPPT 功效仍然是目前光伏发电系统的热点研究内容。

③ 光伏并网发电所带来的安全性问题的研究。与风电接入电网类似，随着光伏装机容量在系统中所占比例的增加，其运行对电力系统稳定性的影响将不容忽视，尤其是当电网出现故障时，希望光伏电站能像其他电源一样能够帮助电网恢复正常状态。对于单台光伏逆变器的低电压穿越技术已有较多研究，但这些方法都是在小容量系统中完成实验验证的，对大型光伏站、多机组合的低压穿越技术还有待研究。实际的光伏电站在遇到电网发生故障或者逆变器本身发生严重故障时往往采取停机并断开电网的保护措施，孤岛检测正是解决该问题的关键技术。孤岛检测的方法由过欠压、过欠频、相位跳变、电压谐波检测等被动式检测技术逐渐向主动移频 AFD、滑模移频、基于功率扰动等主动检测方法转变。但孤岛检测需要避免多机检测之间的相互影响，并解决与低电压穿越存在冲突的问题，目前工程上仍然采用独自孤岛检测的方法，对于大型光伏电站，使用集中控制手段进行孤岛检测可能是更为有效的方法。

（2）光伏功率预测技术的发展

① 功率预测的意义。目前中国光伏发电技术已经步入大规模并网发电阶段，开始建设兆瓦级光伏电站。2013 年 11 月 4 日，新疆麦盖提地区投建了第一期光伏电站项目，20MW 光伏电站

顺利并网，在此基础上该电站将投建装机总规模 200MW 新疆最大光伏电站项目。由于光伏电站的运行情况受自然环境因素影响较大，具有输出功率不稳定、典型时段性、电压波动性等特点，同时由于电网容量和承受潮流波动能力有限，大型光伏电站建好以后普遍存在接入电网难、参加系统调度难的问题，光伏电站并网运行后会对电力系统的安全稳定和运行经济性造成影响。光伏电站若能通过准确的功率预测技术获得未来时段光伏电站的最大出力情况，电网调度部门即可根据预测数据合理安排系统中各发电机组的出力计划，这样可以有效减轻光伏电站功率波动对电网的影响，提高光伏电站并网比例和光能利用效率。

② 光伏电站功率预测系统主要组成。为了满足电网调度运行和光伏电站运行管理的要求，光伏电站功率预测系统主要包括短期功率预测和超短期功率预测两部分，如图 17-52 所示。

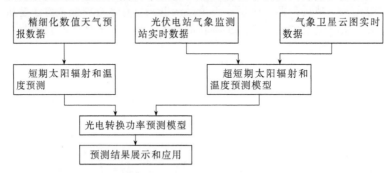

图 17-52 光伏电站功率预测系统

短期功率预测部分首先输入精细化数值天气预报数据，进行短期太阳辐射和温度预测，其结果输入光电转换功率预测模型，进行短期功率预测。超短期功率预测部分输入光伏电站气象监测站实时数据和气象卫星云图实时数据进行超短期太阳辐射和温度预测，其结果输入光电转换功率预测模型进行超短期功率预测。最后对这两类功率预测结果进行综合展示和应用。

③ 光伏站输出功率影响因素分析。光伏电站的发电功率主要与三种因素相关：

a. 气象因素：包括太阳辐照度、环境温度、相对湿度、风速、风向、气压等因素，这些因素具有 4 个明显特征，即多元性、差异性、随机性、关联性。

b. 组成元件的工作特性：光伏发电是多物理过程、强非线性的动态系统，且组成元件较多，其发电功率与每个组成元件都有关系。

c. 光伏电池类型与安装运行方式：不同的电池类型和安装运行方式对光伏发电系统输出功率也有较大的影响。

其中的气象因素的准确预测是光伏发电系统功率预测技术必须解决的关键问题。

④ 国内外研究动态。光伏发电功率预测技术的研究起步较晚，发达国家也处于探索和研究阶段。目前，还没有公认成熟的产品和技术，尚未出现投入工程应用的光伏发电功率预测系统。美国在光伏发电功率预测方面开始了前期研究，除了短期预测，也进行了中长期功率预测。法国和加拿大也开展了并网光伏电站性能预测方面的研究，主要通过卫星云图预测出地面太阳辐照强度，再根据预测模型预测光伏电站的发电情况。

我国在光伏发电功率预测领域开展了大量研究工作，其中由中国电力科学研究院开发的光伏发电功率预测系统已在上海、宁夏、青海等电网调度机构投运。目前单个光伏电站的预测均方根误差为 11%～13%，平均绝对误差 5%～8%，预测出力曲线和实际出力曲线的相关系数在 0.85 以上，达到了国内领先、国际先进水平。

⑤ 预测分类。光伏功率预测从预测方法上主要分为统计方法、物理方法以及两者相结合的混合方法。统计方法的基本思路是对历史数据进行统计分析，找出其天气状况与光伏电站出力的关系并用于预测；物理方法是研究光能转化的物理过程，采用物理方程进行预测。

从预测方式上可分为直接预测和间接预测两类。直接预测方式是直接对光伏电站的输出功率进行预测；间接预测方式首先对地表辐照强度进行预测，然后根据光伏电站出力模型得到光伏电站的输出功率。

从时间尺度上可以分为超短期功率预测、短期功率预测和中长期功率预测。超短期功率预测的时间尺度为 0~4h，短期功率预测的时间尺度一般为 1~3 天，中长期功率预测的时间则可达数十天。

⑥ 预测算法。从国内外行业研究的经验来看，用于光伏系统发电功率预测算法常用的有时间序列法、基于马尔可夫链的数学模型、BP 神经网络方法、径向基函数（RBF）神经网络方法、支持向量机（SVM）法、小波分解方法、组合预测方法等。

时间序列法适用于线性系统的预测，对于非线性系统很难找到合适的参数估计，其分为 4 种不同类型：自回归模型（AR），滑动平均模型（MA），自回归-滑动平均模型（ARMA），累积式自回归-滑动平均模型（ARIMA）。文献［51］提出了四种 ARMA 方法，并利用不同间隔时间查证哪种 ARMA 模型能正确反映已知数据信息和光伏发电短期功率预测精确度之间的关系。

文献［52］提出了一种基于马尔可夫链的数学模型，此方法应用于短期预测问题具有较好的准确性，较其他方法，马尔可夫链方法预测的准确性更依赖于原始数据的正确性，而且当转移矩阵的秩很大时，对发电功率的预测将变得无意义。

文献［53］选择了人工神经网络模型。目前，人工神经网络是一种较为常见的非线性预测方法，适用于解决时间序列等预测问题，应用于功率预测在理论上具有可行性。人工神经网络函数逼近能力良好，并且预测过程中不需要功率模型。

文献［54］使用了支持向量机的方法建立预测模型，预测误差在 10% 到 20% 之间。支持向量机是一种统计学的方法。近年来，已经被成功应用于文字识别、时序数列预测、语音识别等领域。研究显示，SVM 方法避开了神经网络算法的需要构造网络结构等难题，相对其他回归预测和模式识别方法具有更精确的结果。由于基于 SVM 的改进算法相继提出，比如基于线性规划的 SVM、LS-SVM、V-SVM 以及加权支持向量机 W-SVM 等，支持向量机方法在太阳辐照量数据预测中也得到了应用。

小波分解方法：小波分析在时域和频域都有良好的局部化性质，能够比较容易地捕捉和分析微弱信号，聚焦到信号的任意细节部分。小波分析可以用于数据的分析、处理、存储和传递，所以通过对非线性、非平稳时间序列进行小波变换，将其映射到不同的时频域上，并对各频域分量进行小波逆变换即可得到不同频域的分量，分别对这些分量进行分析，能更好地研究不同频域分量的变化规律，达到对时间序列较为精细的分析和预测。

组合预测方法：是对多种预测方法得到的预测结果，选取适当的权重进行加权平均的一种预测方法。组合预测法与前面介绍的各种方法结合进行预测的方式不同，它是几种方法分别预测后，再对多种结果进行分析处理。组合预测有两种方法，一种是指将几种预测方法所得的结果进行比较，选取误差最小的模型进行预测；另外一种是将几种结果按一定的权重进行加权平均，该方法建立在最大信息利用的基础上，优化组合了多种模型所包含的信息。其主要目的在于消除单一预测方法可能存在的较大偏差，提高预测的准确性。

17.3.2.3　光伏发电技术的其他应用领域

展望未来，全球附有光伏发电系统的住宅将会逐渐普及；有望在空间建设太阳能光伏电站，采用微波或激光等电能传输技术将电能输送到地面进行供电；在各大洲建立大型光伏电站，用超导电缆将其连接成全球性的太阳能发电超导联网系统，使供电不受昼夜变化影响等等。下面对光伏发电的几个热门应用研究领域进行简单介绍。

（1）光伏建筑

光伏建筑一体化（BIPV）技术是应用太阳能发电的一种新概念，是将太阳能光伏发电产品集成到建筑上的一种技术，它不同于光伏系统简单地附着在建筑上的形式。根据光伏方阵与建筑结合的方式不同，光伏建筑一体化可分为两大类，一类是光伏方阵与建筑的结合；另一类是光伏方阵与建筑的集成，如光电瓦屋顶、光电幕墙和光电采光顶等。在这两种方式中，光伏方阵与建筑的结合是一种常用的形式，特别是与建筑屋面的结合。由于光伏方阵与建筑的结合不占用额外的地面空间，是光伏发电系统在城市中广泛应用的最佳安装方式，因而备受关注。光伏方阵与建筑的集成是 BIPV 的一种高级形式，它对光伏组件的要求较高。光伏组件不仅要满足光伏发电的功能要求，同时还要兼顾建筑的基本功能要求。

光伏建筑一体化技术作为庞大的建筑市场和潜力巨大的光伏市场的结合点，存在着无限广阔的发展前景。可以预计，光伏与建筑相结合是未来光伏应用中最重要的领域之一，其发展前景十分广阔，并且有着巨大的市场潜力。

未来该技术的研究重点在于解决以下面临的问题：①改进技术，降低造价。太阳能光伏建筑一体化建筑物造价较高，一体化设计难度较大，在科研技术水平方面还有待提升。②提高效率，降低成本。太阳能发电的成本较高，发电价格为燃煤发电的 3～4 倍。③完善设备，保证稳定。太阳能光伏发电系统输出不稳定，受天气影响大，电压波动性大。这是因为太阳并不是每天 24h 恒定照射，如何解决太阳能光伏发电系统的供电质量，如何储存电能也是亟待解决的科技问题。

（2）光伏电动汽车

太阳能光伏电动汽车是在原始电动车的基础上，将太阳能转化成电能对汽车进行供电的机车。光伏电动汽车在很大程度上降低了电动车的使用成本，而且非常环保，其结构性能更加卓越超群，能够及时有效地补充电动车野外行驶途中的电量，增强行驶性能，维护和延长蓄电池使用寿命。

到目前为止，太阳能在汽车上的应用技术主要有两个方面：一是作为驱动力；二是用作汽车辅助设备的能源。作为直接驱动力方面来讲，一般采用特殊装置吸收太阳能，再转化为电能驱动汽车运行。按照应用太阳能的程度又可分为两种形式。①太阳能完全取代传统燃油，作为汽车第一驱动力。目前该方式仍然存在最高车速低、续航能力差等问题。②太阳能作为补充能源，与其他能量一起作为混合驱动力。作为辅助设备能源时，太阳能主要用于汽车蓄电池及风扇空调系统的电力补充。

将太阳能应用于汽车动力有着极大的吸引力。首先，该技术能够降低人类对石油这种不可再生资源的依赖，且能够有效降低全球环境污染；其次，电动汽车操作机构简单、易于驾驶，有效提高了汽车驾驶的安全性；再次，太阳能电动车没有内燃机、离合器、变速箱、传动轴、散热器、排气管等零部件，结构简单，制造难度降低。太阳能发电和电动车技术已经基本成熟，人们可以将太阳能所发的电能储存起来，再应用到电动车上。随着储能技术的发展，实用型太阳能电动汽车不断改进和完善，在不远的将来，光伏电动汽车将走进千家万户。

17.3.3　储能技术在风电和光伏系统中的应用展望

传统能源的日益匮乏和环境污染的日趋严重极大地促进了新能源技术的发展，但是以风能、太阳能为基础的新能源发电系统无法与传统发电系统相比，它们的发电能力取决于自然环境，所输出电能具有波动性和间歇性，调节控制非常困难，大规模并网运行还会给电网带来安全隐患。储能技术的应用可在很大程度上解决新能源发电所带来的随机性和波动性问题，使间歇性、低密度的可再生清洁能源得到广泛、有效的利用。随着技术的进步，储能技术不断得到发展和完善，出现了诸如超级电容器、液流电池、铅炭电池等新型储能设备，储能技术在未来将拥有广阔的应用前景[77]。

17.3.3.1　储能技术在分布式发电系统中的应用

（1）分布式发电系统

集中发电、远距离输电、大电网互联是目前我国电能生产、输送和分配的主要模式，这种模式优势很多，但也存在一些弊端，主要有：①不能灵活跟踪负荷的变化；②大型互联电力系统中的局部事故极易扩散，可能会导致大面积停电，而电力系统越庞大，事故发生的概率越高。因此，现有的电力系统是既坚强又脆弱。

分布式发电是指通过规模不大且分布在负荷附近的发电设施进行经济、高效的发电形式，分布式发电设施一般规模都不大，通常从几十千瓦到几十兆瓦且分布在电力负荷附近，与电网配合使用可以提高供电可靠性，并且具有优良的调峰性能。近年来分布式发电技术的研究取得了突破性进展，特别是在基于可再生能源的分布式发电系统中加入储能装置后，可以有效地提高新能源发电设备的能源利用率，降低环境污染，改善电网的运行经济性。

（2）储能技术在分布式发电系统中的作用

储能技术在分布式发电系统中的应用越来越广泛，其所起到的作用可概括为以下五个方面：

① 改善电能质量，维持系统稳定。在风力发电中，风速的变化会使原动机输出机械功率发生变化，从而使风力发电机输出功率产生波动而使电能质量下降，应用储能装置是改善风力发电机输出电能质量特性的有效途径，同时增加了分布式发电机组与电网并网运行时的可靠性。

② 在孤立运行的分布式电源切换或退出时起到过渡作用。太阳能发电和风力发电的出力均具有间歇性，在一些特殊情况下，如太阳能发电的夜间、风力发电的无风期间，适量的储能设备可起到为负荷可靠供电的关键过渡作用，储能设备容量的大小取决于负荷的需求。

③ 抑制分布式电源输出功率波动，改善系统供电质量。太阳能、风能等受天气等自然因素的影响，输出电能具有随机性，而储能系统可以平抑这些脉冲功率波动。

④ 使分布式电源按照预先制定的计划进行发电，提高并网运行的可靠性和调度的灵活性。

⑤ 提高分布式发电系统拥有者的经济效益。在电力市场环境下，分布式发电单元与电网并网运行，如果储能系统储存了足够的电能，分布式发电单元则可视为可调度的发电单元，其拥有者可以根据不同情况在特定时间段向电力公司卖电，提供调峰和紧急功率支持等服务，以此获取最大的经济效益。

（3）储能技术在分布式发电系统中的应用情况

① 分布式发电系统对储能的要求。分布式电源所产生的电能具有显著的随机性和不确定性特征，并网运行对电网的影响主要取决于其穿透功率极限，要达到维持发电、负荷动态平衡的目的，储能系统必须具有较大的容量和功率吞吐能力。而为了保持系统电压、频率的稳定，储能必须具有毫秒级的响应速度和一定容量的功率补偿能力。

② 分布式发电系统中的储能技术。到目前为止，人们已经开发了多种形式的储能技术，主要有物理储能、电磁储能、电化学储能和相变储能四大类型。其中物理储能包括抽水蓄能、压缩空气储能和飞轮储能；电磁储能包括超导储能、超级电容器储能；电化学储能包括铅酸、锂离子、钠硫和液流等电池储能；相变储能包括蓄热和蓄冷储能等。

飞轮储能功率密度一般大于 5kW/kg，能量密度超过 20W·h/kg，循环使用寿命长，工作温区较宽，无噪声、无污染，最大容量可达 5kW·h，主要用于不间断电源/应急电源、电网调峰和电能质量控制。

超导磁储能系统利用超导线圈储存磁场能量，能量交换和功率补偿无须能源形式的转换，具有响应速度快、转换效率高、比容量/比功率大、寿命长、污染小等优点。目前在分布式发电系统中，超导储能单元常用于孤岛型的风力发电系统和光伏发电系统，随着风力发电向规模化、产业化发展，超导储能技术也会在并网型风力发电系统中获得应用。

蓄电池储能系统由电池、直流/交流逆变器、控制装置和辅助设备等组成，目前在小型分布式发电中应用最为广泛。根据所使用化学物质的不同，蓄电池可以分为铅酸电池、镍镉电池、镍氢电池、锂离子电池等。目前分布式发电采用蓄电池储能时较多的还是采用传统的铅酸电池，值得注意的是，锂离子电池作为近年来兴起的新型高能量二次电池，以其工作电压高、体积小、储能密度高、无污染、循环寿命长等特点而受到人们的重视和欢迎。此外，锂离子电池的充放电转化率高达 90% 以上，比抽水蓄能电站的转化率高，也比氢燃料电池的发电效率高。

超级电容器根据电化学双电层理论研制而成，可提供强大的脉冲功率，充电速度快，放电电流仅受内阻和发热限制，能量转换率高，循环使用寿命长，放电深度大，长期使用免维护，低温特性好，没有"记忆效应"。历经纽扣型、卷绕型和大型三代，已形成电容量 0.5～3000F、工作电压 12～400V、最大放电电流 400～2000A 的系列产品。因为超级电容器目前价格较为昂贵，在电力系统中多用于短时间、大功率的电能质量控制场合。

除了上述的几种储能方式外，可用于电力系统的储能方式还有抽水蓄能、压缩空气储能、相变储能等。抽水蓄能在现代电网中大多用来调峰，在集中式发电中应用较多。压缩空气储能、相变储能等系统目前在分布式发电系统中应用不多，未来可在大容量的分布式发电系统中获得实际应用。表 17-16 给出了各种储能方式的性能比较。

表 17-16　不同储能技术的性能比较

储能方式	能量密度 /(kW·h/m³)	功率密度 /(kW/m³)	效率 /%	最小单位容量 /kW·h	寿命 /a
低速飞轮系统	282.7	706.7	90	10	30
高速飞轮系统	424	1766.8	89	4	30
超导储能	7.1	530	87	500	30
锂离子电池	300～400	300～400	88	5	7
铅酸电池	70.7	106	92	0.5	8
超级电容器	53	176.7×10³	94	1	30

17.3.3.2　风光储联合发电系统

(1) 风光储联合发电系统概述

风光储联合发电系统主要由风力发电单元、光伏发电单元、储能系统和智能控制调度系统等构成，储能系统的重要作用在于平滑发电系统输出功率的波动，使联合发电系统可以按照电网调度计划进行发电。储能系统可以在风电场中各台风力发电机以及光伏电站中单独配置，也可在风电场及光伏电站出口处进行统一配置，考虑到风光储联合发电系统可以利用各风电机组的互济作用以及风能和太阳能的互补性，在出口处统一配置储能系统的方案比在各台风力发电机以及光伏电站单独配置储能的方案更为优越。另外，统一配置所需要的储能容量小于单独配置所需要储能容量的总和，其投资经济性更强。统一配置储能系统的风光储联合发电系统构成如图 17-53 所示。

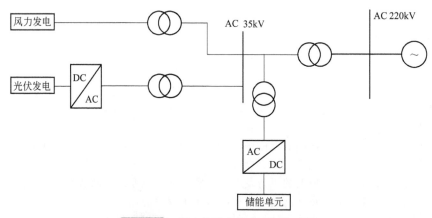

图 17-53　风光储联合发电系统构成图

(2) 风光储联合发电系统智能发电调度

由于风力发电和光伏发电受自然气象因素影响很大，在某种程度上其有功功率输出具有不可控特性，所以风光储联合发电系统的调度策略主要体现在对储能装置的控制上，通过储能装置的充放电对随机性较大的风电和光电进行存储和释放，达到对整个联合发电系统的输出功率进行控制的目的。联合发电系统中的储能装置主要工作在以下 4 种模式：平滑功率输出模式、跟踪计划出力模式、负荷削峰填谷模式、系统调频模式。

① 平滑功率输出模式。在该模式下，储能装置充放电的原则是要保证风光储发电系统的总输出功率保持平滑，不出现大的功率波动。需要事先根据风光预测出力曲线和储能机组容量选择合理的充放电区间和波动范围，尽可能减少功率波动和电池的充放电次数，既保证输出电能的平滑又尽量减少对电池使用寿命的影响。当风、光总发电功率增大并且超出波动范围时，储能机组进行充电；当风、光总发电量减小并且超出波动范围时，储能机组进行放电，增大其输出功率以保证总的输出功率曲线的平滑。

② 跟踪计划出力模式。在该模式下，自动发电控制系统调节各发电单元和储能系统的出力，使其跟踪预先规划好的计划出力曲线。这个计划出力曲线是电网调度部门根据风光预测系统给出的预测结果，并根据电网中负荷预测和负荷实时变化情况而制定的。

③ 负荷削峰填谷模式。在该模式下，储能系统根据系统负荷变化情况来变更充放电方式。当夜晚系统负荷处于低谷的时候，储能系统运行在充电方式；在系统负荷处于高峰的时候，储能系统运行在放电方式。通过储能系统的充放电控制，实现电网负荷的削峰填谷，减轻电力系统调峰压力。

④ 系统调频模式。由于要对电力系统进行调频控制，需要储能装置的容量特别大，目前，除抽水蓄能之外的其他储能形式较难达到调频预期目标，所以这种工作模式依赖于大规模储能技术的发展。

（3）风光储联合发电系统的调度流程

风光储联合发电系统调度流程主要包括三个部分：计划出力曲线预测、运行控制、实时优化，整体流程如图 17-54 所示。

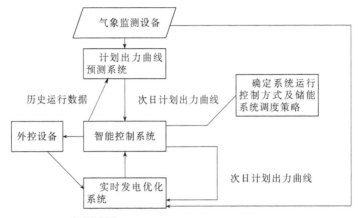

图 17-54　风光储联合发电系统调度流程图

① 计划出力曲线预测。次日计划出力曲线预测主要由计划出力曲线预测系统完成。预测系统由智能控制系统获得历史运行数据，并通过气象监测设备获得风能和太阳能的数据指标，建立一定的发电功率模型进行预测，进而制定出次日的计划出力曲线。

② 运行控制。计划出力曲线预测系统将预测出的曲线信息传输到智能控制系统，并结合所在区域的负荷特性，确定系统运行控制方式。根据前面所述不同运行方式的特点，制订储能电池的充放电计划，做出次日发电安排。外控设备根据智能控制系统做出的次日发电安排，经微调后协调系统运行。

③ 实时优化。由于风力发电和光伏发电具有间歇性、波动性的特点，实时发电情况会与计划发电有所偏差，需要根据实际运行数据进行调整。实时发电优化控制系统由外控设备得到实时运行反馈数据，并根据计划出力曲线和气象监测设备测得的风能、太阳能数据，计算出实际输出与计划输出的差值，进行优化计算。将计算结果反馈给智能控制系统，调节储能电池的充放电运行状态，使联合发电系统实际发电功率尽可能接近发电计划。

17.3.3.3　储能技术在电网中的应用趋势

随着科学技术的进步，新型储能技术不断涌现并将应用于电力系统中，在解决新能源发电系统的随机性和波动性问题方面以及提高电网供电系统电能质量方面可起到重要的作用。下面就几种储能技术的特点和未来应用情况进行分析。

（1）超导储能（superconductive magnetic energy storage，SMES）

SMES 系统将能量存储在超导线圈产生的磁场中，其中的超导线圈浸泡在温度极低的液体中，然后密封在容器里。SMES 系统充放电功率可达几兆瓦甚至几十兆瓦，响应速度极快，无噪声污染、效率高、不受建造场地限制。其缺点是成本高，并且需要维持液化冷却剂的低温，使系统变得比较复杂，需要定期维护。高温超导材料的出现和可用于工频交流的低温超导线材的开发成功，给超导应用带来了契机。未来的应用主要包括如下方面：

① 提高电力系统暂态稳定性。作为对大电网暂态稳定的控制手段，大型超导储能装置作为一个反应快速、可独立调节有功及无功输出的电源，加入到电力系统中可以提高系统的有功备用容量，提高电网在故障情况下的应急能力。

② 提高电力系统小干扰稳定性。超导储能系统具有快速充放电的功能，并且可对系统提供瞬时有功功率与无功功率的支持，通过附加阻尼控制器，可以对线路功率进行实时补偿，通过超导储能控制技术可以提高系统阻尼，增强电力系统的小干扰稳定性。

③ 提升电网的抗冲击能力。中小型的超导储能系统，由于具有反应速度快、功率密度高等优点，可以作为紧急备用电源保护敏感负载。在电网非正常工况下仍然能够对重要负荷输送大量电力，提高了电网的防御能力。对于正在发展的智能电网，在应对极端情况下供电能力的提升方面具有积极的意义。

（2）超级电容器储能（super capacitor energy storage）

与常规电容器不同，超级电容器的容量很大，可达到法拉级甚至数千法拉。根据电极材料的不同，可以分为碳类和金属氧化物超级电容器。超级电容器兼有常规电容器功率密度大、充放电迅速的优点，还具有使用寿命长、不易老化、温度范围宽的优势。既不需要冷却装置也不需要加热装置，在充放电过程中内部不发生任何化学反应，工作安全、使用方便。超级电容器在许多领域都有广阔的应用前景，已经成为一种新型、高效、实用的绿色能量存储器件。未来的应用包括：

① 超级电容器处理尖峰负荷。超级电容器功率密度大的特性使得它成为处理尖峰负荷的最佳选择，而且采用超级电容器只需存储与尖峰负荷相当的能量，若采用蓄电池储存则需要存储几倍于尖峰负荷的能量，若采用 SMES 系统则成本又太高。

② 超级电容器应用于微型电网。在分布式电源与负荷构成的微型电网中，对于长期的外部故障，电网中的总发电量小于总负荷需求，运行时应将次要负荷切除。但是对于几秒就能恢复的瞬时故障，切负荷显然代价过高，故需要超级电容器储能元件在微型电网正常运行时储存能量，在微型电网发生瞬时故障电能不足时快速注入功率，维持电网电压的基本稳定直至故障排除。

（3）先进蓄电池储能（battery storage）

根据使用的不同化学物质，蓄电池可以分为许多不同类型。目前技术比较成熟、应用比较广泛的先进蓄电池当属钠硫电池和液流电池。钠硫电池是在 300℃ 附近充放电能的高温型电池，其负极的活性物质为钠，正极的活性物质为硫，电解质为具有传导钠离子特性的固体电解质——特种氧化铝陶瓷，通过化学反应实现化学能和电能的相互转化。液流电池是可以大容量储能的先进储能装置，其储能量可以自由设计，反应速度快、使用寿命长，目前技术已经成熟。根据钠硫电池和液流电池的各自特性，在未来应用中将更多地用于负荷平衡或负荷削峰、不间断电源和应急电源、电能质量控制以及风能发电等多种场合。

（4）飞轮储能（flywheels storage）

飞轮储能的基本原理是充电时将电能通过电动机转化为飞轮转动的动能储存起来，放电时通过发电机将飞轮的动能转化为电能输出。发电机和电动机通常使用一台电机来实现，通过轴承直接和飞轮连接在一起，当通过电力电子装置充电时，电机作为电动机使用，其作用是给飞轮加速储存能量；当外部需要电能时，飞轮给电机施加驱动转矩，电机作为发电机使用，通过电力电子装置对外部系统放电；当飞轮空闲运转时，整个装置以最小损耗运行。

飞轮储能装置具有良好的脉冲性能，能量转换效率高、使用寿命长、充电时间短、适应于各种环境，是一种绿色能源技术。根据飞轮储能技术特性，飞轮储能装置在电力系统中的应用主要包括改善电能质量、作为化学电池的补充以及替代 UPS 电源等。

17.4 本章小结

本章首先对风力发电技术和光伏发电技术概况进行了介绍，然后介绍了风力发电系统和光伏发电系统对储能技术的需求情况。以风力发电系统和光伏发电系统为基础，对储能技术在其中的应用研究情况进行了分析。本章最后对风力发电、光伏发电和储能技术的未来发展情况进行了展望。

　　储能技术的应用使电力成为能够储存的商品，这给传统的电力系统运行所必须遵行的发电、输电、配电、用电必须同时完成的原则以及传统的运行管理模式带来了根本性的变化。储能技术的出现把发电和用电从时间和空间上分隔开来，发出的电能不再需要立即被传输，发电和用电也不再需要实时平衡，这对电网的结构形态、调度管理、规划设计、使用方式以及运行控制等方面的变革起到了促进的作用。

　　储能技术的应用将贯穿电力系统的发电、输配电和用电各个环节，特别是在快速发展的风力发电、光伏发电以及其他形式的可再生能源发电系统运行过程中，储能系统可以很好地解决电源与负荷之间的功率不平衡问题，有效提高供电电能质量和新能源设备的能源利用率。从储能技术的发展趋势来看，未来的储能系统在有效应对电网故障、提高可再生能源发电效率和供电电能质量以及满足经济社会的绿色能源发展要求等方面将具有越来越重要的作用。

参 考 文 献

［1］　李俊峰，高虎，王仲颖，等 . 2008 中国风电发展报告 . 北京：中国环境科学出版社，2008.
［2］　张健 . 美国风电发展现状分析 . 全球科技经济瞭望，2013，28（5）：1-6.
［3］　USA，Energy Information Administration. International energy statistics. http：//www. eia. gov/cfapps/ipdbproject/iedindex3. cfm? tid＝2&pid＝37&aid＝12&cid＝regions，&syid＝2007&eyid＝2012&unit＝BKWH.
［4］　American Wind Energy Association. AWEA 4th Quarter 2013 Public Market Report. http：//awea. files. cms-plus. com/FileDownloads/pdfs/AWEA％ 204Q2013％ 20Wind％ 20Energy％ 20Industry％ 20Market％ 20Report ＿ Public％ 20Version. pdf，2014.
［5］　American Wind Energy Association. Wind Generation Records ＆ Turbine Productivity. http：//www. awea. org/generationrecords.
［6］　National Renewable Energy Laboratory. Large-Scale Offshore Wind Power in the United States. http：//www. nrel. gov/docs/fy10osti/40745. pdf，2010.
［7］　王磊 . 海上风电机组系统动力学建模及仿真分析研究 . 重庆：重庆大学，2011.
［8］　何飞 . 基于海上风电并网的 MMC-HVDC 控制策略研究 . 济南：山东大学，2013.
［9］　European Wind Energy Technology Platform（TP Wind）Strategic Research Agenda Market Deployment Strategy From 2008 to 2030.
［10］　于建辉，周浩 . 我国风电开发的现状及展望 . 风机技术，2006（6）：46-50.
［11］　程永卓 . 浅谈中国风力发电的现状与发展前景 . 能源与节能，2013，（5）：19-20，25.
［12］　申宽育 . 中国的风能资源与风力发电 . 西北水电，2010（1）：76-81
［13］　王文飞，钱俊良，张萌，等 . 风力发电的发展现状研究综述 . 变频器世界，2013，（10）：43-46.
［14］　李俊峰，等 . 2013 中国风电发展报告 . 北京：中国资源综合利用协会可再生能源专业委员会（CREIA），2013.
［15］　孙磊 . 我国研制成功全永磁悬浮风力发电机微风能发电 . 人民日报，2005-12-27（11）.
［16］　Statistical review of world energy 2013 workbook. BP，2013.
［17］　杨金焕 . 太阳能光伏发电应用技术 . 北京：电子工业出版社，2013.
［18］　杨金焕，邹乾林，谈蓓月，等 . 各国光伏路线图与光伏发电的进展 . 阳光能源，2006（4）：51-54.
［19］　王长贵，崔荣强，周篁 . 新能源发电技术 . 北京：中国电力出版社，2003.
［20］　周潘兵 . 光伏技术与应用概论 . 北京：中央广播电视大学出版社，2011.
［21］　冯垛生，张淼，赵慧，等 . 太阳能发电技术与应用 . 北京：人民邮电出版社，2009.
［22］　罗玉峰，陈裕先，李玲 . 太阳能光伏发电技术 . 南昌：江西高校出版社，2010.
［23］　Bueno C，Carta J A. Technical － economic analysis of wind-powered pumped hydrostorage systems. Part Ⅰ：model development. Solar Energy，2005，78（3）：382-395.
［24］　Buena C，Carta J A. Technical-economic analysis of wind-powered pumped hydrostorage systems Part Ⅱ：model application to the island of EI Hierro. Solar Energy，2005，78（3）：396-405.
［25］　Edgardo D C，Pecaslopes J A. Optimal operation and hydro storage sizing of a wind hydro power plant. International Journal of Electric Power＆Energy Systems，2004，26（10）：771-778.
［26］　谭志忠，刘德有，欧传奇，等 . 风电-抽水蓄能联合系统的优化运行模型 . 河海大学学报（自然科学版），2008，36（1）：58-62.
［27］　李强，袁越，李振杰，等 . 考虑峰谷电价的风电-抽水蓄能联合系统能量转化效益研究 . 电网技术，2009，33（6）：

13-18.

[28] Rahman M H. Yamashiro S. Novel distributed power generating system of PV-ECASS using solar energy estimation. IEEE Trans on Energy Conversion，2007，22（2）：358-367.

[29] 朱兰，严正，杨秀，等．风光储微网系统蓄电池容量优化配置方法研究．电网技术，2012，36（12）：26-31.

[30] 石庆均，耿光超，江全元．独立运行模式下的微网实时能量优化调度．中国电机工程学报，2012，32（16）：26-35.

[31] 谢石骁，杨莉，李丽娜．基于机会约束规划的混合储能优化配置方法．电网技术，2012，36（5）：79-84.

[32] 杨秀，陈洁，朱兰，等．基于经济调度的微网储能优化配置．电力系统保护与控制，2013，41（1）：53-60.

[33] 杨珺，张建成，桂勋．并网风光发电中混合储能系统容量优化配置．电网技术，2013，37（5）：1209-1216.

[34] 国家电网公司"电网新技术前景研究"项目咨询组．大规模储能技术在电力系统中应用前景分析．电力系统自动化，2013，37（1）：3-8，30.

[35] 李强，袁越，谈定中．储能技术在风电并网中的应用研究进展．河海大学学报（自然科学版），2010，38（1）：115-122.

[36] 曾杰．可再生能源发电与微网中储能系统的构建与控制研究．武汉：华中科技大学，2009.

[37] 洪海生，江全元，严玉婷．实时平抑风电场功率波动的电池储能系统优化控制方法．电力系统自动化，2013，37（1）：103-109.

[38] 谢俊文，陆继明，毛承雄，等．基于变平滑时间常数的电池储能系统优化控制方法．电力系统自动化，2013，37（1）：96-102.

[39] 娄素华，吴耀武，崔艳昭，等．电池储能平抑短期风电功率波动运行策略．电力系统自动化，2014，38（2）：17-22，58.

[40] 陈星莺，刘孟觉，单渊达．超导储能单元在并网型风力发电系统的应用．中国电机工程学报，2001，21（12）：63-66.

[41] Mohd Hasan Ali，Toshiaki Murata，Junji Tamura. Stabilization of power system including wind generator by fuzzy logic-controlled superconducting magnetic energy storage. PEDS International Conference，2005：1611-1616.

[42] Tatsuto Kinjo，Tomonobu Senjyu. Output levelling of renewable energy by electric double-layer capacitor applied for energy storage system. IEEE Transactions on Energy Conversion，2006，21（1）：221-227.

[43] 张步涵，曾杰，毛承雄，等．串并联型超级电容器储能系统在风力发电中的应用．电力自动化设备，2008，28（4）：1-4.

[44] Bouharchouche A，E. M. Berkouk T. Ghennam，et al. Modeling and control of a doubly fed induction generator with battery-supercapacitor hybrid energy storage for wind power applications. 4th International Conference on Power Engineering，Energy and Electrical Drives，2013：1392-1397.

[45] Mendis N，Muttaqi K M，Perera S. Management of low and high frequency power components in demand-generation fluctuations of a DFIG based wind dominated RAPS system using hybrid energy storage. IEEE Transactions on Industry Applications，2013.

[46] 吴红斌，陈斌，郭彩云．风光互补发电系统中混合储能单元的容量优化．农业工程学报，2011，27（4）：241-245.

[47] 周世琼，康龙云，曹秉刚，等．太阳能电动汽车储能系统的优化配置．太阳能学报，2008，29（10）：1278-1282.

[48] 杨秀媛，肖洋，陈树勇．风电场风速和发电功率预测研究．中国电机工程学报，2005，25（11）：1-5.

[49] 丁明，张立军，吴义纯．基于时间序列分析的风电场风速预测模型．电力自动化设备，2005，25（8）：32-34.

[50] 吴国旸，肖洋，翁莎莎．风电厂短期风速预测探讨．吉林电力，2005（6）：21-24.

[51] 艾欣，韩晓男，孙英云．光伏发电并网及其相关技术发展现状与展望．现代电力，2013，30（1）：1-7.

[52] 卢静，翟海青，刘纯，等．光伏发电功率预测统计方法研究．华东电力，2010，38（4）：563-567.

[53] Ying-zi Li，Jin-cang Niu. Forecast of Power Generation for Grid-Connected Photovoltaic System Based on Markov Chain. Power and Energy Engineering Conference，2009：1-4.

[54] 栗然，李广敏．基于支持向量机回归的光伏发电出力预测．中国电力，2008，41（2）：74-78.

[55] 李亚楼，周孝信，林集明，等．2008年 IEEE PES 学术会议新能源发电部分综述．电网技术，2008，32（20）：1-7.

[56] 曾志勇，冯婧，周宏范．基于功率给定的双馈风力发电最大风能捕获策略．电力自动化设备，2010，30（6）：25-30.

[57] 苏绍禹．风力发电机设计与运行维护．北京：中国电力出版社，2003.

[58] 徐佳园．永磁同步电机最大转矩电流比控制．北京：北京交通大学，2010.

[59] 徐超．含风力发电的配电网动态无功优化研究．长沙：长沙理工大学，2011.

[60] 李军．2MW 风力发电机组塔架结构分析研究．太原：太原理工大学，2011.

[61] 单蕾．风力机塔架结构选型与受力性能研究．哈尔滨：哈尔滨工业大学，2009.

[62] 徐佩．风力发电机塔架结构动力安全性分析．哈尔滨：哈尔滨工业大学，2013.

［63］ 熊礼俭，等. 风力发电新技术与发电工程设计、运行、维护及标准规范实用手册. 北京：中国科技文化出版社，2005.

［64］ 王承煦，张源. 风力发电. 北京：中国电力出版社，2003.

［65］ 李建林，许洪华. 风力发电中的电力电子变流技术. 北京：机械工业出版社，2008.

［66］ 刘细平，林鹤云. 风力发电机及风力发电控制技术综述. 大电机技术，2007（3）：18-23.

［67］ 王琦，陈小虎，吴正伟. 电力电子技术在风力发电中的应用综述. 南京师范大学学报（工程技术版），2005，5（4）：7-10，45.

［68］ Muyeen S M. 风力发电系统——技术与趋势. 温春雪，樊生文，等译. 北京：机械工业出版社，2013.

［69］ Mukund R Patel. 风能与太阳能发电系统——设计、分析与运行. 第 2 版. 姜齐荣，张春朋，李虹，等译. 北京：机械工业出版社，2008.

［70］ 李春来，杨小库，等. 太阳能与风能发电并网技术. 北京：中国水利水电出版社，2011.

［71］ 刘宏，吴达成，杨志刚，等. 家用太阳能光伏电源系统. 北京：化学工业出版社，2007.

［72］ 赵争鸣，刘建政，孙晓瑛，等. 太阳能光伏发电及其应用. 北京：科学出版社，2005.

［73］ 王东，杨冠东，刘富德. 光伏电池原理及应用. 北京：化学工业出版社，2014.

［74］ 刘寄声. 光伏电池关键制造与检测技术问答. 北京：化学工业出版社，2013.

［75］ 李建林，许洪华，等. 风力发电系统低电压运行技术. 北京：机械工业出版社，2009.

［76］ （丹）特奥多雷斯库，等. 光伏与风力发电系统并网变换器. 周克亮，王政，徐青山，译. 北京：机械工业出版社，2012.

［77］ Frank S Barnes, Jonah G Levine, et al. 大规模储能技术. 肖曦，聂赞相，等译. 北京：机械工业出版社，2013.

第18章　储能技术在太阳能热发电系统中的应用

储能是太阳能热发电系统中必不可少的组成部分。太阳能昼夜产生的间歇性及气候影响产生的波动性，使得储能成为太阳能热发电技术中的关键环节，必须依靠储存太阳能来维持系统的连续运行。

18.1　太阳能热发电技术的概述及其对储能的需求

18.1.1　太阳能热发电技术概述

太阳能热发电是将太阳能转化为热能，进而通过热功转换过程实现发电的技术。太阳能热发电利用聚光集热器把太阳能聚集起来，将某种工质加热到数百摄氏度的高温，然后经过热交换器产生高温高压蒸汽，推动汽轮机并带动发电机发电。从汽轮机出来的蒸汽，其压力和温度均大大降低，经过冷凝器凝结成液体后，被重新泵送回热交换器，开始新的循环。由于整个系统的热源来自于太阳能，因而被称为太阳能热发电系统。

利用太阳能进行热发电的能量转换过程，首先是将太阳辐射能转换为集热器内传热介质的热能，然后将传热介质热能通过蒸汽发生器转换为蒸汽热能，最后将蒸汽热能转换为机械能，进而将机械能转换为电能。整个系统的效率也是由这三部分效率组成的，图18-1为太阳能热发电系统组成。第一部分为太阳岛（聚光集热子系统），将太阳光高效聚集与转换；第二部分为热力岛（传热蓄热子系统），完成热能的传递、储存与交换；第三部分为常规岛（动力子系统），与常规火力发电朗肯循环过程一样，将热能转换为机械能和电能。

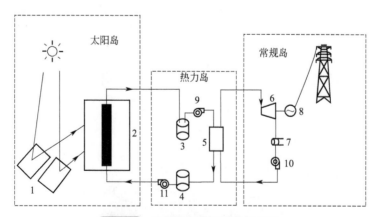

图 18-1　太阳能热发电系统组成[1]

1—反射镜；2—集热器；3—高温熔盐罐；4—低温熔盐罐；5—换热器；
6—汽轮机；7—凝汽器；8—发电机；9～11—泵

太阳岛内完成太阳能辐射能的聚集，将太阳能辐射能转换为热能，完成此过程主要包括聚光装置（定日镜场）、接收装置（集热器）和太阳跟踪装置等部件。不同的系统功率和不同的工作温度有不同的聚光和接收装置。

热力岛内传热介质在太阳能辐射接收装置内吸收太阳高温热能而温度升高，多余的热能储存在储热罐内，在蒸汽发生器内释放热能后的传热介质在温度降低后储存在低温储热罐内。低温储热罐内的传热介质通过传热工质泵被送入太阳能辐射接收装置内，完成一个循环。

常规岛内完成热能向电能的转变，其过程与常规的热力发电朗肯循环过程一样。

18.1.2　太阳能热发电系统分类及其储能方式

按太阳能集热方式不同，太阳能热发系统主要分为槽式、塔式、碟式和线性菲涅尔四种。

18.1.2.1　槽式聚光太阳能热发电系统

槽式聚光太阳能热发电系统用槽形抛物面收集器将太阳能聚集到置于槽形收集器焦线上的集热管上，此集热管上涂有选择性涂层，以保证对太阳辐射（在短波范围）有最大吸收率和最小的红外辐射（在长波范围）热损失。为减少热损失，目前应用较多的是真空集热管。集热管吸收聚焦后的太阳辐射能来加热管内流动的流体（一次热媒，通常为导热油或者熔融盐），热流体经过众多槽式抛物面串并联成聚光集热器阵列，从而使其在集热器的出口达到较高的集热温度，通过收集管进入蒸汽发生器，产生高温蒸汽，驱动透平做功而发电。

每一个槽形抛物面聚光器由长度约为150m的金属支架支撑的镜面组成，如图18-2所示，每一个镜面由若干组高反射率的平面镜组成。槽形抛物面聚光器镜面开口宽度一般约为6m，支架同轴布置在传动轴上，以对太阳辐射进行一维跟踪（设备轴线南北放置，然后东西旋转跟踪）。槽形抛物面聚光器的几何聚光比一般在10～100，通常系统工作温度多在400～500℃，因此槽式发电系统为中温太阳能热发电系统。

图 18-2　槽式太阳能热发电系统聚光器

导热油是抛物面槽式太阳能热发电系统中广泛采用的传热流体。抛物面槽式集热器将收集到的太阳能转化为热能加热吸热管内的导热油，并通过导热油/水蒸气发生器产生高温高压的过热蒸汽，送至汽轮机发电机组做功发电。汽轮机出口低温低压蒸汽经过凝汽器冷凝后，返回导热油/水蒸气发生器。经过导热油/水蒸气发生器放热后的导热油返回抛物面槽式聚光集热器进行加热，形成封闭的导热油循环回路。最初，矿物油被用作传热介质，应用于槽式太阳能热发电中。目前，合成油，即导热油（苯醚和二苯醚的共溶混合物），被成功应用于太阳能示范电站。由于导热油能够承受的最高温度为400℃，这就限制了蒸汽发生器的产生温度，进一步限制了太阳能热发电系统的热效率。

目前，槽式太阳能热发电系统也有利用水取代价格高昂的导热油，在集热管中直接转化为饱和或过饱和蒸汽（温度可达400℃，压力可达10MPa）的直接蒸汽发生技术。采用水作为传热介质，可以减少换热环节的热损失和提高集热岛出口参数，从而提高发电效率；另外，还能够降低环境风险、简化电站的设计结构、减少投资和运行成本。不过，采用直接蒸汽发生技术，集热管内易产生两相层流现象，管体会由于压力和温度不均匀问题发生变形或造成玻璃管破裂；控制系统和连接部件设计相对复杂；并且，高温高压蒸汽非常难以实现大规模储能。此外，国际上也有采用熔融盐作为槽式太阳能热发电系统的吸热传热工质的示范系统，但是由于槽式系统聚光比的限制以及熔融盐介质本身的特性，系统可靠稳定地运行仍面临许多挑战。

在热能储存方面，理论上同样可以利用导热油作为储热介质，但导热油价格太高，会导致储热成本过高，影响电站的经济性能。近年来，廉价的熔融硝酸盐被用作储热介质，高温导热油通过油/盐换热器将从太阳能集热器获得的高温热量储存在熔盐储热罐内。白天，来自太阳能集热器的高温导热油，一部分被泵送到太阳能过热器，加热水蒸气到过热状态进入汽轮机发电；另一部分多余的高温导热油则通过油/盐换热器加热低温熔融盐，然后将加热后的高温熔盐送入到高温储热罐中。晚上没有太阳照射时，高温储热罐中的熔盐被抽出，通过油/盐换热器加热导热油至高温，高温导热油再进入太阳能过热器，加热水蒸气为过热状态，推动汽轮机做功发电。而释放热量后低温熔盐则被储存在低温熔盐罐中。

图 18-3 是一个典型的槽式太阳能热发电系统原理图。整个系统由 3 部分组成：槽形抛物面聚光集热器阵列（镜场）、高低温储热罐（热罐和冷罐）、郎肯循环发电系统。郎肯循环发电系统主要由热交换装置（换热器 2）、动力发电装置（透平）、冷凝器和泵组成。郎肯循环的高温热源来自于镜场的高温一次热媒（如导热油），此高温一次热媒依次流经换热器 2（过热器、蒸发器和预热器），将水加热为过热蒸汽，进入透平发电，而透平出口乏汽则进入冷凝器被冷凝为液态的水，完成一个循环。来自镜场后多余的高温一次热媒，经过一次热媒与蓄热介质之间的换热器 1，将低温蓄热罐内的低温储热介质（如熔融盐）升温为高温储热介质，储存在高温热罐内，降温后的一次热媒重新进入镜场被加热。晚上，高温热罐内的高温储热介质被抽出在换热器 1 内将一次热媒加热至高温，进入郎肯循环系统发发电，而释热后的低温蓄热介质被储存在冷罐内。如此周而复始，完成槽式太阳能热发电过程[2,3]。

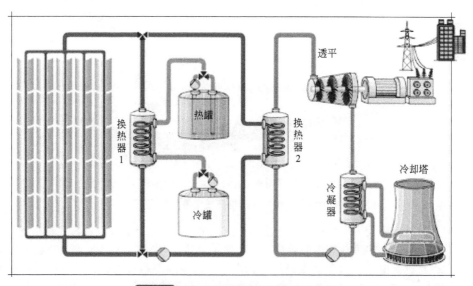

图 18-3 槽式太阳能热发电系统原理图

槽式技术是最早实现商业化的，也是目前在全球已经投入商业化运行中占比最大的太阳能热发电技术类型。到目前为止，在已经商业化运行的 4187.05MW 的太阳能热发电站中有 43 座，总装机容量 3673.5MW，占太阳能热发电总装机容量的 87.7%。1984~1991 年美国建造了 9 个槽式太阳能热发电商业化电站，发电总容量为 354MW。到 2006 年为止，该电站已成功运行十七年，已累计发电 15TW·h，售电收入 20 亿美元，回收全部投资后还获利 8 亿美元。2007 年 6 月美国内华达 64MW solar one 槽式太阳能商业化电站并网发电。2005 年 12 月美国亚利桑那州 1000kW 槽式有机朗肯循环太阳能电站并网发电。从 2009 年到 2014 年西班牙陆续建成槽式太阳能热发电 26 座，总装机容量 2122.5MW，2013 年和 2014 年美国先后两个 280MW 和 1 个 250MW 的槽式太阳能热发电电站投入运行。

18.1.2.2　塔式聚光太阳能热发电系统

塔式太阳能热发电系统，也称集中型太阳能热发电系统，主要由定日镜阵列、中心接收塔、吸热器、传热介质、热交换器、能量储存系统、控制系统及汽轮发电机组等部分组成，如图 18-4 所示。其基本工作原理是用定日镜将阳光反射到位于中心接收塔上的吸热器，再利用集热装置将太阳热能转换并储存在传热介质中，再利用高温介质加热水产生水蒸气，驱动汽轮发电机组发电。按照传热工质（heat transfer fluid，HTF）的种类，塔式太阳能热发电系统主要有水/蒸汽、熔融盐和空气等形式。目前已经并网运行的塔式电站有 10 个，总装机容量 467.9MW，占 11.17%。

图 18-4　塔式太阳能热发电系统图

（1）水/蒸汽太阳能塔式热发电系统

水/蒸汽太阳能塔式热发电系统以水/蒸汽作为传热工质，水经过吸热器直接变成高温高压蒸汽，进入汽轮发电机组，系统原理如图 18-5 所示。水/蒸汽塔式太阳能热发电系统的传热和做功工质一致，年均发电效率可达 15% 以上。水/蒸汽具有热导率高、无毒、无腐蚀性等优点。蒸汽传热能力差而且压力特别高，要实现塔式吸热器 $10^5 \sim 10^6 W/m^2$ 高热流密度的传热需要非常大的温差，因此采用水蒸气的塔式太阳能热发电吸热器出口的温度只有 250℃，影响塔式太阳能热发电系统效率的提高。2007 年和 2009 年，西班牙的 Planta Solar 10（PS10）和 Planta Solar 20（PS20）塔式电站相继投入运营。PS10 电站是世界上第一个商业运营的塔式太阳能热电站，发电介质为水/水蒸气，吸热器出口压力为 4.5MPa，出口温度为 300℃ 的饱和水蒸气。PS20 装机容量为 20MW，吸热器和蓄热介质为水/水蒸气，汽轮机采用水冷方式，电站备用方式为燃气补燃，用于启动和辐照不足时补燃用。2014 年 2 月 13 日世界上最大的水/蒸汽塔式太阳能热电站 Ivanpah 电站并网发电，该电站总装机 392MW，由三座装机分别为 133MW、133MW 和 126MW 的塔式电站构成，位于拉斯维加斯以南四十英里（1 英里＝1609.344m），莫哈韦沙漠的公共用地上，占地面积 3500 英亩（1 英亩＝4046.86m²）。2012 年 9 月，浙江中控公司的 10MW 水蒸气塔式太阳能热发电站正式投入并网运行。

（2）熔盐太阳能塔式热发电系统

图 18-6 为熔盐太阳能塔式热发电系统原理图，传热与蓄热介质均为熔盐。定日镜聚光将太阳光反射到安装于塔顶的接收器，产生高温热能。低温盐罐内的熔融盐被泵送到塔顶接收器，吸收高温太阳能后温度升高，加热后的熔盐先存入高温储存罐，然后送入蒸汽发生器加热水产生高温高压蒸汽，驱动汽轮发电机组。汽轮机乏汽经凝汽器冷凝后返回蒸汽发生器循环使用。在蒸汽发生器中放出热量的熔融盐被送至低温储存罐，再送回吸热器加热。常用的硝酸钠加硝酸钾的混合熔融盐沸点较高，可达 620℃，可以实现热能在电站中的常压高温传输，实现系统高参数运行，传热和储热工质一致，减小了中间换热火用损失，年均发电效率可达 20%。GemaSolar 电站

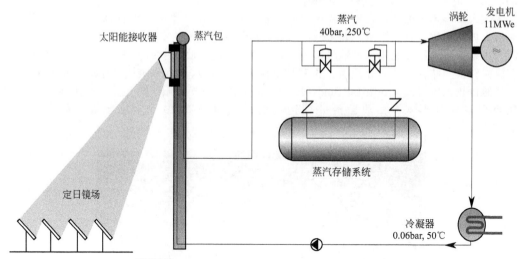

图 18-5 水/蒸汽太阳能塔式热发电系统原理图[4]

是全球首座采用熔融盐作为传热和储热介质的商业化塔式电站，于 2011 年 5 月投入商业化运行。电站占地 $185 \times 10^6 m^2$，容量 19.9MW，包括 2650 台定日镜，每台定日镜的反射面积为 $120 m^2$，太阳塔高 150m。传热介质为熔融盐，吸热器入口温度为 290℃，出口温度为 565℃。储热形式为双罐直接储热，介质也是熔融盐，经冷盐罐（290℃）中的冷盐泵送到太阳塔顶的吸热器中，加热到 565℃ 后，回到热盐罐（565℃）储存起来。储热容量为 15h，容量因子为 75。由于长时间的储热，GemaSolar 电站在实际运行中曾保持连续 36 天每天 24h 连续发电，这是其他可再生能源电站不曾实现的，其年满负荷运行小时数约为 6500h，是其他可再生能源电站的 1.5 倍；年发电量约 $1.1 \times 10^8 kW \cdot h$，可以满足西班牙安达鲁西亚地区 25000 户家庭的用电需求，同时减少 $3 \times 10^4 t$ 的二氧化碳排放。2014 年 2 月，世界最大的熔盐塔式太阳能热发电站——新月沙丘光热电站宣布完成建设，进入最后的调试阶段。该电站采用 SolarReserve 公司领先的熔盐传热储热技术，配 10h 储热系统，预计商业化运行后年发电量达 $50 \times 10^4 MW \cdot h$，足够供应 75000 户普通家庭的日常用电需求。与装机容量相同的光伏电站或非储热型水工质光热电站相比，年发电量约是其两倍之多。

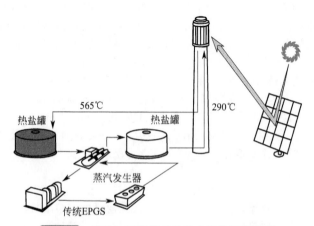

图 18-6 熔盐太阳能塔式热发电系统原理图[3]

（3）空气太阳能塔式热发电系统

空气太阳能塔式热发电系统是以空气作为传热工质，空气经过吸热器加热后形成高温热空气，进入燃气轮机发电机组发电的太阳能热发电系统（图 18-7）。空气作为传热工质，易于获得，工作过程无相变，工作温度可达 1600℃，由于空气的热容较小，空气吸热器的工作温度可高于 1000℃，大大提高燃气轮机进口空气温度，减少燃气用量。

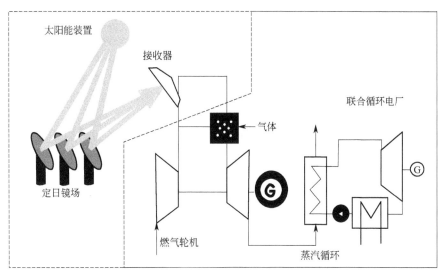

图 18-7　空气太阳能塔式热发电系统原理图

　　一般说来，塔式电站和槽式电站相比，除去聚光装置外，其他几部分，从工作原理和装置本身及各部件在整个电站系统中的作用，基本相同或相近。但塔式聚光系统属于"点"聚光，系统聚光比较大，一般可达 200～1000，当塔式系统的聚光比为 1000 时，集热器受光面中心温度可达 1200℃以上。通过光热转换产生蒸汽，推动汽轮发电机组发电；有的直接加热空气，产生的高温空气推动微型燃机发电，其效率也很高。采用塔式系统虽然聚光效率受余弦损失影响，但提高介质温度、增大单机容量大大提高了单机效率，因而整体效率要高于槽式系统。

　　图 18-8 为典型的塔式电站系统定日镜布置图，它是太阳能热电站中最基本的聚光单元体，其基本功能是保证随时变化的入射太阳辐射准确地反射到置于动力塔顶的接收器上。定日镜的位置是固定的，所以每台定日镜的中心点与塔顶接收器之间的相对位置也是固定的，即镜场中的每台定日镜对塔顶接收器的反射光路，各自固定不变，也就是定点跟踪。一般说来，对于一个 100MW 级的塔式电站，单个定日镜面积的最佳值应该在 100～200m^2 或更大，但实际上，镜面是一个由大量平面反射镜组合而成的阵列镜群，如图 18-5 所示。显然，电站容量越大，则所需的反射镜面数量也越多，镜场尺寸也就愈大。根据经验，发电容量为 100MWe 的塔式太阳能热电站，所需的镜场面积约为 2.13km^2。

图 18-8　太阳能塔式定日镜

18.1.2.3　碟式聚光太阳能热发电系统

碟式太阳能热发电系统用双轴跟踪的碟形抛物面聚光器将阳光聚焦到置于碟的焦点上的接收器。接收器吸收太阳辐射并加热循环流体，然后通过斯特林循环或者布雷顿循环发电。驱动与接收器直接相连的发动机/发电机（斯特林发动机）发电。系统主要由聚光器、吸热器、斯特林或布雷顿热机和发电机等组成，如图18-9所示。碟式太阳能热发电系统通过驱动装置，驱动碟式聚光器像向日葵一样双轴自动跟踪太阳。碟式聚光器的焦点随着碟式聚光器一起运动，没有余弦损失，光学效率可以达到90%。通常碟式聚光器的光学聚光比可以达到600～3000，吸热器工作温度可以达到800℃以上，系统峰值光-电转化效率可以达到31.25%。相比于其他两种热发电系统，碟式太阳能热发电技术具有最高的能量转换效率（31.25%），具有巨大的发展潜力。

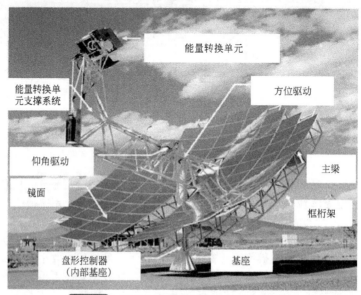

图 18-9　碟式太阳能热发电系统部件构成图

由于每套碟式太阳能热发电系统都可以单独发电，所以这种技术既可以用作分布式发电，又可以进行集中式发电。目前，碟式太阳能热发电系统在德国、美国、日本等国都有示范电站，而且运行良好，具有7万多小时的连续成功运行经验。2010年1月，全球第一座投入商业化运行的碟式斯特林热发电站Maricopa电站宣布并网发电，该电站位于美国亚利桑那州，总装机容量为1.5MW，由60台单机容量为25kW的碟式斯特林太阳能热发电装置组成。碟式太阳能热发电系统能够与远离电网的传统分散发电方式相竞争。目前在德国、西班牙、美国、澳大利亚均有碟式太阳能热发电的示范，但容量很小，单机容量可能只有几百千瓦。2012年7月底，大连宏海新能源发展有限公司与瑞典Cleanergy公司合作完成的华原集团100kW碟式太阳能光热示范电厂在内蒙古鄂尔多斯市成功安装，并完成了联合调试，进入试运行阶段。此示范电厂位于鄂尔多斯市乌审旗乌兰陶勒盖，占地面积约5000m²。电厂共由10台10kW碟式太阳能斯特林光热发电系统组成，总容量为100kW，预计年发电量$2 \times 10^5 \sim 2.5 \times 10^5$ kW·h。

18.1.2.4　线性菲涅尔太阳能热发电系统

线性菲涅尔反射镜（LFR）技术在1993年由悉尼大学发明。它与槽式太阳能系统相类似，利用典型的线性Fresnel条形镜面阵列（图18-10）将太阳光聚集到固定的直线形接收器（图18-11）上，加热吸热器内部的水产生蒸汽，然后驱动蒸汽透平进行发电。线性菲涅尔太阳能热发电的原理如图18-12所示。紧凑型线性菲涅尔CLFR是未来下一代线性Fresnel系统，它克服了传统方案由于镜子阴影造成的系统性能下降的缺点。在多个接收器范围内，每个独立的镜面反射器可以将反射的太阳光引导到至少两个其他接收器上，这样就可阵列密集地排列镜面，而不用担心其会产生阴影和阻碍阳光。紧凑式系统的接收器管道可以布置的更低。由于其使用的是近平面反射器、容易清洁，且单端真空管道可以在不破坏热交换过程的前提下进行，故其故障率比其他类型太阳能聚集方式要低。

图 18-10　线性 Fresnel 条形镜面阵列

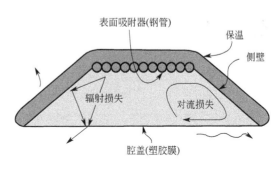

图 18-11　固定式线性菲涅尔直线形接收器[5]

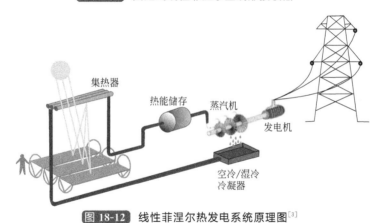

图 18-12　线性菲涅尔热发电系统原理图[3]

目前，已经并网运行的线性菲涅尔电站有 5 座，总装机容量 45.65MW，占 1.09%。美国成立的 Ausra 公司主要负责线性菲涅尔太阳能热发电的建设，已在澳大利亚建立了第一个 1300m²1MW 蒸汽产生工程，产生 295℃ 的饱和蒸汽，并于 2008 年在美国加州建成了一个 5MW 线性菲涅尔热发电系统，已签订了 17.7 万千瓦的电站合同。2012 年在西班牙建立了一个 31.4MW 的商业化运行的线性菲涅尔太阳能热发电站。该电站占地面积 70hm²（1hm² = 10000m²），线性菲涅尔聚光面积 30.2 万 m²，传热介质为水，集热器进口温度 140℃，出口温度 270℃，运行压力 55bar，储热方式为单罐斜温层。

18.1.3 太阳能热发电系统性能特点及其优缺点

四种太阳能热发电技术都有其自身的特点，如表 18-1 所示，实际过程中应该选取什么形式的电站，由电站的建设功率、建设成本等因素综合决定。

表 18-1　四种太阳能热发电技术特点及性能比较

项目	槽式	塔式	碟式	线性菲涅尔式
对光照资源要求	高	高	高	低
聚光方式	线聚光	面聚光	点聚光	线聚光
聚光比	50～80	300～1000	1000～3000	25～100
运行温度/℃	350～550	500～1400	700～900	270～550
传热介质	水、合成油	水、合成油	空气	水、空气、熔融盐
储能	可储热	可储热	否	可储热
机组类型	蒸汽轮机	蒸汽轮机、燃气轮机	斯特林机	蒸汽轮机
动力循环模式	朗肯循环	朗肯循环、布雷顿循环	斯特林循环	朗肯循环
联合运行	可以	可以	视具体情况	可以
峰值系统效率/%	21	23	31	20
系统年平均效率/%	10～15	10～16	16～18	9～11
适宜规模/MW	30～200	30～400	0.0005～0.5	30～150
用地/(hm²/MW)	2.5～3	2～2.5	2	2.5～3.5
水耗/[m³/(MW·h)]	水冷 3.03 空冷 0.30	水冷 1.89～2.84 空冷 0.34	基本不需要	水冷 3.8
成本/(美元/m²) (美元/W)	63～275 4.0～2.7	3100～320 12.6～1.3	475～200 4.4～2.5	—
技术开发风险	低	高	中	低
商业化程度	已商业化	已商业化	已商业化	示范项目

表 18-2 为四种太阳能热发电站的优缺点比较。在四种太阳能热发电系统中，槽式、塔式、碟式太阳能热发电系统均已进入商业化阶段，线性菲涅尔式仍处于示范阶段，但其商业化前景较好。上述四种类型系统既可以单纯应用于太阳能热发电站运行，又可以与常规燃料联合运行形成混合发电系统。

表 18-2　四种太阳能热发电电站优缺点比较

太阳能热发电系统类型	优点	缺点
塔式	1. 聚光比高，易于实现较高的工作温度，系统容量大、效率高； 2. 可高温蓄热； 3. 容易获得配套设备，可联合运行； 4. 能量集中过程是靠反射光线一次完成的，方法简捷有效； 5. 接收器散热面积相对较小，因而可得到较高的光热转换效率	1. 跟踪复杂，难度大； 2. 技术难度大； 3. 聚光强度出现大幅度波动，光学设计的复杂性大大增加了建设成本； 4. 每个定日镜的跟踪都要进行单独的二维控制，且各定日镜的控制各不相同，极大地增加了控制系统的复杂性和安装调试特别是光学调试的难度； 5. 对外抗风性能及对太阳能自动跟踪性能的要求提高了集热器装配的极限公差和结构承载力要求，系统机械装置笨重等，都大大提高了系统建设费用

续表

太阳能热发电系统类型		优点	缺点
槽式		1. 跟踪较简单； 2. 能量收集代价较低； 3. 已进入商业发电阶段,技术相对最为成熟。	1. 聚光比较低,工作温度不高,系统效率稍低； 2. 能量储存代价较高
碟式	多碟式朗肯发电	1. 较简单的阵列跟踪； 2. 能量收集代价较低； 3. 能量储存代价较低； 4. 可以多台并联使用,比较适合边远山区离网分布式供电	1. 处于开发示范应用阶段； 2. 系统规模较小,大规模生产的预计成本目标需要证实
	碟式斯特林发电	1. 聚光比大,工作温度高,系统效率高； 2. 机构紧凑,安装方便； 3. 可以单机标准化生产,具有寿命长、综合效率高、运行灵活性强等特点	1. 跟踪复杂； 2. 能量收集代价高； 3. 核心部件斯特林发动机技术难度大； 4. 处于试验阶段
线性菲涅尔式		1. 结构简单,制作运行成本低,抗风性能优良,更易于商业化； 2. 跟踪控制方式灵活； 3. 使用固定的吸热器,避免吸热器随聚光装置跟踪运动带来的高温高压的管路密封与连接问题	处于开发示范应用阶段

18.2　太阳能热发电系统中储能技术的应用现状

　　由于昼夜交替以及气候变化,一天中太阳辐射强度总是随时间发生波动,太阳能的获取总是间歇而不连续的。为了解决太阳能的间歇性的问题,储能是太阳能热发电中不可缺少的重要环节。以塔式太阳能热发电系统为例,增装储热装置后的太阳能年利用率可由原来的 25% 提高到 65%,而且无须燃料作为后备能源。由于太阳能热发电能和低成本大规模高温蓄热技术相结合,因此可提供连续稳定、连续可调的高品质电能,这是太阳能热发电与风力光伏等其他可再生能源发电相比的最大优势。

　　太阳能高温热发电蓄热技术主要包括显热蓄热、潜热蓄热和混合蓄热三种方式。显热蓄热介质主要包括导热油、熔融盐、水蒸气、混凝土、陶瓷等；而潜热蓄热介质则包括熔融盐和无机复合相变材料；混合蓄热则是将相变蓄热和显热蓄热相结合的一种蓄热方式[6]。具体的蓄热技术如图 18-13 所示。

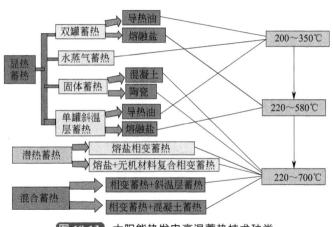

图 18-13　太阳能热发电高温蓄热技术种类

图 18-14 给出了各种蓄热技术的使用时间和单系统蓄热容量。从图中可以看出，熔盐蓄热系统从 90 年代到现在一直在持续使用，而且在几种蓄热技术中是蓄热容量最大的。因此就目前技术水平，熔盐蓄热是太阳能热发电高温蓄热最现实的技术途径。

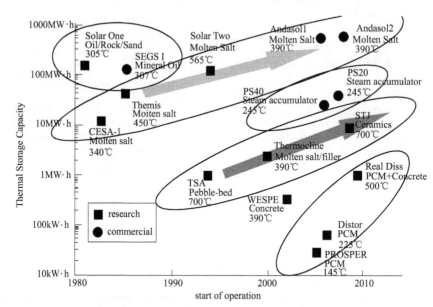

图 18-14 各种蓄热技术的开始使用时间及规模[4]

18.2.1 熔盐显热蓄热

18.2.1.1 熔盐的特征和种类

所谓熔盐就是无机盐在高温下熔化形成的液态盐，最常见的熔盐包括硝酸盐、氯化盐、氟化盐和碳酸盐和混合熔盐等。熔融盐是一种不含水的高温液体，其主要特征是熔化时解离为离子，正负离子靠库仑力相互作用，所以可用作高温下的传热蓄热介质。熔盐作为高温传热蓄热介质的优点主要包括：①液体温度范围宽。如二元混合硝酸盐，其液体温度范围为 240～565℃，本课题组研发的低熔点混合熔盐，其液体温度范围扩大到了 90～600℃，三元混合碳酸熔盐其液体温度范围是 450～850℃。②低的饱和蒸气压。熔融盐具有较低的饱和蒸气压，特别是混合熔融盐，饱和蒸气压更低，接近常压，保证了高温下熔融盐设备的安全性。③密度大。液态熔盐的密度一般是水的两倍。④较低的黏度。熔融盐的黏度随温度变化显著，在高温区熔融盐的黏度甚至低于室温的水的黏度，流动性非常优良。⑤具有化学稳定性。熔融盐在使用温区内表现出的化学性质非常稳定。⑥价格低。如高温导热油价格是 30000～50000 元/t，常用混合熔盐的价格一般小于10000 元/t。

18.2.1.2 熔盐显热蓄热技术原理

熔融盐显热蓄热系统一般由热盐罐、冷盐罐、泵和换热器组成。图 18-15 给出了熔融盐显热蓄热的原理。当蓄热时冷盐罐中的低温熔盐（292℃）被抽出进入熔盐换热器，从集热器出来的高温流体也进入熔盐换热器加热低温熔盐变成高温熔盐放入热盐罐储存起来。当需要放热时热盐罐中的熔盐被抽出经过熔盐换热器加热低温流体，使低温流体变为高温流体，高温流体进入用热设备，维持用热设备的正常运行。高温熔盐在熔盐换热器中放热后变为低温熔盐进入冷盐罐中。

18.2.1.3 关键技术及研发现状

熔融盐蓄热的主要关键技术可分为熔融盐工质关键属性的把握和熔融盐蓄热系统的关键设备。

（1）熔融盐蓄热工质

① 中高温混合熔融盐的配制。单一组分的熔盐熔点较高，热稳定性较差，无法满足各领域

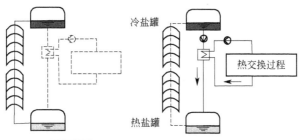

图 18-15　熔融盐显热蓄热系统组成图[3]

对高温传热蓄热的要求，因此，人们常常将不同的盐混合形成混合熔融盐。其中，可形成共晶的混合物将拥有较低的熔点和较高的分解温度。目前，国内外对混合熔融盐的配制主要采用同类酸根离子盐之间的混合，如将常见的硝酸盐、碳酸盐、氯化盐等按照不同组分，不同比例混合，以寻求满足实验要求的混合熔盐。尽管有众多的学者在熔融盐的配制方面做了大量工作，但是迄今为止针对配制新型共晶混合熔融盐还没有统一的理论指导。掌握合适的中高温混合熔融盐的配制方法，获得更加优良的熔融盐工质是熔盐显热蓄热的关键技术瓶颈。

目前世界上商业化运行的太阳能热发电电站大规模使用的熔盐主要是二元硝酸盐 [60％（质量分数）$NaNO_3$＋40％（质量分数）KNO_3]。该混合熔盐的熔点为 220℃，最高使用温度为565℃，存在熔点高、系统冻堵风险高和防冻堵代价大的缺点，最高使用温度还不能满足先进高参数太阳能热发电的需求。因此目前熔盐研究的国际发展趋势是通过添加剂，降低熔盐的熔点，提高熔盐的最高使用温度。如 Sandia National Laboratories 开发了一种新型混合硝酸盐，其熔点降到了 100℃以下。Raade 等开发出了熔点为 65℃，最高使用温度 500℃的新型五元混合硝酸盐[7]。国内北京工业大学马重芳、吴玉庭教授的团队配制了 130 多种混合熔盐配方，特别是配制出了熔盐熔点在 100℃左右的低熔点熔盐，其使用温度最高可达 600℃以上[8]。中山大学和华南理工大学等课题组通过在三元硝酸盐基础上添加多种添加剂显著提高了三元硝酸熔盐的最高使用温度。

②　混合熔盐的热物性研究。熔盐热物性是熔盐显热蓄热系统设计计算的基础数据，也是配制和筛选性能优良传热蓄热熔盐配方的主要依据。研究者们已对水、空气、制冷剂、有机工质等低温工质及其热物性进行了大量的研究，得到了相应的热物性数据库及预测计算方法，但对高温液体传热工质尤其是熔盐的热物性研究较少，缺乏高温混合熔盐的热物性数据库和计算方法。因此进行混合熔盐高温热物性参数的准确测量，获得混合熔盐的热物性推算方法是熔盐显热蓄热的又一关键研究内容。

国际上，美国橡树岭国家实验室对各种熔盐的理化特性以及与结构材料的相容性进行了深入研究[9,10]，数个日本与美国公司及美国威斯康星大学对包括 LiF-NaF-KF、$LiF-BeF_2$、$KCl-MgCl_2$在内的几种熔盐的理化特性进行了深入研究，Marianowski 等对相变温度高于 450℃的熔盐热物性进行了研究。Venkatesetty 等测定了相变温度范围为 220～290℃的无机共晶盐的热物性，Kamimoto 等对 $LiNO_3$、$NaNO_2$ 熔盐的热物性进行了精确的测定，Takahashi 等对 $LiNO_3$、$NaNO_3$和 KNO_3 的比热和潜热进行了测量，给出了比热的多项式拟合方程，Tufeu 等对 $NaNO_3$、KNO_3、$NaNO_2$ 的纯净物和混合物的热导率进行了测量，Araki 等对碳酸熔盐的导热性能进行了研究，Nagasaka 等对碱金属氯化物熔盐的导热性能进行了研究，得出了熔盐热导率与温度的回归方程。北京工业大学马重芳、吴玉庭团队测定了 100 多种混合熔盐的比热、密度、熔点、沸点（分解温度）熔化潜热等热物性数据，揭示了熔盐组分和温度对混合熔盐热物性的影响机理，并获得了这些物性参数与温度的试验关联式；将形状因子对应态原理引入到熔融卤化盐的热物性推算之中，通过参考流体的确定和保形参数的计算，建立了完整的熔融卤化盐黏度推算模型。并利用模型对七种熔融卤化盐进行了较宽温度范围内的黏度估算，取得了满意结果；建立了加权平均混合熔盐密度计算方法，利用此方法对混合碳酸盐和低熔点熔盐的密度进行了计算，计算结果与试验结果具有一致性，验证了此种计算方法的可靠性[11,12]。

③ 混合熔融盐流动与传热性能。熔盐的流动与传热特性，直接关系到熔融盐蓄热循环系统的设计与布置，而熔盐的热物性决定熔盐的流动与传热特性，最终会影响蓄热系统的效率，因此掌握熔融盐的流动与传热性能也是熔融盐蓄热的关键技术之一。

1940 年，Kirst、Nagle 和 Caster 首先报道了三元混合硝酸盐管内对流换热系数的测试结果。从 1950 年至 1974 年，美国橡树岭国家实验室通过试验测定了混合硝酸盐、混合氟化盐的电加热管道内的对流换热系数，并与 Colburn 方程进行了对比。美国刘易斯推进研究中心也对三元氟化盐的电加热管内对流换热系数进行了分析和研究。

北京工业大学马重芳、吴玉庭等分别以硝酸锂和混合硝酸盐为工质，实验得到了不同工况下光滑管的对流换热系数和流动阻力系数[13,14]；综合美国和我们的五种熔盐实验数据拟合得到了充分发展紊流和过渡流混合硝酸盐换热通用无量纲准则方程式，并在国际上首次将高温熔盐的试验数据按照各种管内受迫对流经典试验关联式（如 Dittus-Boelter、Sieder-Tate、Hausen 和 Gnielinski 方程等）形式整理，验证了经典关联式对高温熔盐传热的适用性[15]。该研究结果于 2010 年 3 月和 9 月分别被美国爱达荷国家实验室（Idaho National Laboratory）发表的两篇内部报告[16,17]——《液态熔盐热物理和热化学特性的工程数据库》和《熔融盐强迫对流换热试验系统概念设计》所引用。在两篇科技报告中北京工业大学的研究成果被大幅引用，两篇报告中推荐的 6 个熔盐对流换热的试验关联式和 6 张熔盐对流换热实验数据图表均来自本课题组的研究成果[18]。该团队还测得了微细金属丝表面熔盐自然对流换热系数，并与经典自然对流换热关联式进行了比较。同时开展了非均匀加热情况下熔盐混合对流传热的数值模拟，搭建了熔盐混合对流传热试验台，获得了混合熔盐混合对流传热的初步试验数据。该团队还通过试验测定了三种参数横纹管管内混合熔盐对流换热系数和流动阻力系数，拟合得到了横纹管内换热和阻力的通用无量纲准则关系式，并对横纹管的强化传热效果进行了评价。东莞理工大学杨晓西教授和中山大学丁静教授等课题组分析研究了高温熔融盐强化传热管传热与流动特性，得到了管结构参数、管内雷诺数 Re 和熔盐 Pr 数对螺旋槽管和横纹管管内强化传热效果的影响[19]。

（2）熔融盐蓄热设备

① 高温熔盐泵。高温熔盐泵为熔融盐循环提供动力，是整个实验系统中唯一的运动部件和最核心的实验设备，熔盐泵的质量直接关系到整个实验台系统工作的稳定和安全。考虑到高温熔融盐工质的特殊性，熔盐泵的选择除了需要考虑常规泵的流量和量程外，对过流部件的耐高温防腐蚀以及熔盐泵电机的布置和泵轴的冷却都需要特别设计。高温熔盐泵技术也是整个熔融盐蓄热系统的关键技术之一。

② 熔融盐换热器。根据蓄热热源的工质、温度、热量等不同，需要设计熔融盐-水、熔融盐-导热油、熔融盐-水蒸气、熔融盐-空气等多种不同工质和不同形式的换热器，根据熔融盐的流动和传热特性，设计相应的熔融盐换热器设备也是熔融盐蓄热系统的关键技术之一。

③ 熔融盐蓄热罐。蓄热罐的质量直接影响整个熔融盐蓄热系统的效率，设计可靠、安全、高效的熔融盐蓄热罐也是熔融盐蓄热系统的关键技术之一。

④ 熔融盐回路和预热。有效地布置熔融盐蓄热系统的回路，合理安排各管段的预热功率和预热温度，防止熔融盐在管路中凝固也是熔融盐蓄热系统的关键技术之一。

18.2.1.4 在太阳能热发电中的应用

熔盐显热蓄热已在 21 座商业化运行的太阳能热发电站（总装机容量达到 1200MW）上成功应用，另外，在建的太阳能热发电站中有一半采用大规模熔盐显热蓄热技术。具体地讲，熔盐蓄热在太阳能热发电中的应用主要有以下四种方式：

（1）槽式导热油传热＋熔盐双罐蓄热

图 18-16 是槽式聚光导热油传热＋熔盐双罐蓄热系统流程。其基本原理是白天太阳充足时（如上午 10：00 到下午 3：00），从槽式集热管出来的高温导热油一部分直接进入蒸汽发生器加热水产生蒸汽发电，另一部分高温导热油进入熔盐换热器加热从冷盐罐出来的低温熔盐，低温熔盐经加热变成高温熔盐后放入热盐罐蓄存起来。晚上没有太阳时，槽式聚光集热器停止工作。从蒸汽发生器出来的低温导热油直接进入熔盐换热器被热盐罐抽出的高温熔盐加热变成高温导热油

进入蒸汽发生器产生蒸汽发电。高温熔盐放热后变为低温熔盐进入冷盐罐储存起来以便白天蓄热时使用。

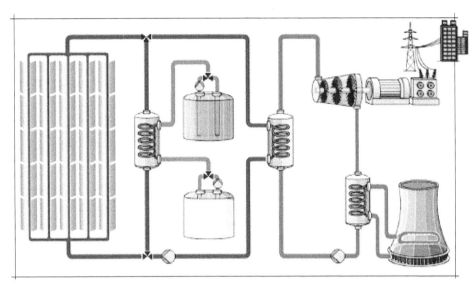

图 18-16 槽式太阳能热电站导热油传热＋熔盐双罐蓄热系统流程

2008 年，世界第一座大规模采用熔融盐蓄热的太阳能热电站 Andasol-1 电站（见图18-17）建成并投入了商业化运行。此电站位于西班牙南部的 Granada 地区，装机容量 50MW，电站采用了 28500t60％（质量分数）硝酸钠和 40％（质量分数）硝酸钾组成的混合熔盐蓄热工质，电站设有两个高低温熔盐罐，熔盐罐直径 36m，高 14m。蓄热罐储存的熔盐能够满足该电站 7.5h 的蓄热。该电站如无蓄热，年运行小时为 2000h，发电量为 100GW·h；增加蓄热后，年运行小时数增加到了 3600h，发电量增加到 180GW·h。

热交换器负荷：
蓄热：131MW
释热：119MW

图 18-17 Andasol 电站熔盐蓄热罐及内部结构图

截止到 2015 年 2 月，全世界已经建成 13 座采用导热油传热＋双罐熔盐显热蓄热的槽式太阳能热电站，总装机容量达到了 1279MW，电站清单如表 18-3 所示。

表 18-3　导热油传热＋双罐熔盐蓄热槽式太阳能热发电站

装机容量/MW	电站名称	国家	运行时间	储热介质	储热时间
280	Solana Generating Station	美国	2013 年 10 月完成	熔融盐	蓄热 6h

装机容量/MW	电站名称	国家	运行时间	储热介质	储热时间
150	Andasol Solar Power Station	西班牙	2008 年完成 Andasol Ⅰ 2009 年完成 Andasol Ⅱ 2011 年完成 Andasol Ⅲ	Solar salt 熔融盐	7.5h 蓄热
150	Extresol Solar Power Station	西班牙	2010 年完成 Extresol Ⅰ 和 Extreso Ⅲ 2012 年完成 Extresol Ⅲ	熔融盐	7.5h 蓄热
100	Manchasol Power Station	西班牙	2011 年 1 月完成 Manchasol-1 2011 年 4 月完成 Manchasol-2	熔融盐	7.5h 蓄热
100	Valle Solar Power Station	西班牙	2011 年 11 月完成	熔融盐	7.5h 蓄热
100	Aste Solar Power Station	西班牙	2012 年 1 月完成 Aste 1A 和 Aste 1B	熔融盐	8h 蓄热
100	Termosol Solar Power Station	西班牙	2013 年完成 Termosol 1 和 2	熔融盐	7.5h 蓄热
50	Astexol Ⅱ	西班牙	2012 年完成	熔融盐	8h 蓄热
50	La Florida	西班牙	2010 年 7 月完成	熔融盐	7h 蓄热
50	La Dehesa	西班牙	2010 年 10 月完成	熔融盐	7.5h 蓄热
50	Astexol 2	西班牙	2011 年 11 月完成	熔融盐	7.5h 蓄热
50	La Africana	西班牙	2012 年 7 月完成	熔融盐	7.5h 蓄热
49.9	Arcosol	美国	2010 年完成		7.5h 蓄热

（2）槽式熔盐传热蓄热双罐显热蓄热系统

图 18-18 给出了槽式太阳能热电站槽式熔盐传热蓄热双罐蓄热系统。该种蓄热系统与第一种蓄热系统的主要区别是槽式太阳能热发电中的传热工质和蓄热工质均采用熔盐，省去了导热油-熔盐换热器，采用盐-水/蒸汽换热器代替了导热油-水/蒸汽换热器，因此可将蒸汽的温度由采用导热油的 390℃ 提高到采用盐的 500℃ 以上，可显著提高整个太阳能热发电电站的光-热-电转换效率。另一方面，与导热油传热双罐蓄热相比，热盐罐温度可由原来的 390℃ 提高到 550℃ 以上，而冷盐罐的温度还可维持原来的 290℃，也就是说冷热盐的温差由原来的 100℃ 提高到现在的 260℃，因为在比热不变的情况下，单位质量蓄热介质的蓄热量只跟温差成正比，因此与导热油传热＋双罐熔盐显热蓄热系统相比，同样容量、同样蓄热小时数的槽式太阳能电站，其蓄热介质的用量可降低为 5/13，从而可将蓄热系统的成本降低 40% 以上。

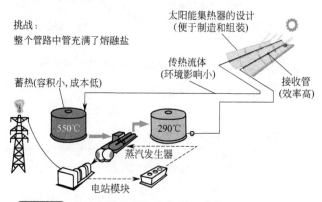

图 18-18 槽式太阳能热电站熔盐传热蓄热双罐蓄热系统

　　该种蓄热系统的基本工作原理是从上午 10 点到下午 3 点，电站处于蓄热＋发电运行模式，在该模式下，槽式聚光器聚集太阳能加热从冷盐罐出来进入集热器的低温熔盐，从集热器出来的高温熔盐进入热盐罐，同时热盐罐中的熔盐泵将热盐罐中的部分高温熔盐进入预热器、蒸发器和过热器热水产生水蒸气，从而驱动蒸汽轮机发电。从水/蒸汽-盐换热器中出来的低温熔盐进入冷盐罐。在蓄热＋发电模式下，冷盐罐中熔盐在冷盐罐-集热器-热盐罐中的流量必须大于热盐罐-预热/蒸发/过热器-冷盐罐的流量，才能实现热量的蓄存。在晚上直接将热盐罐中蓄存的高温熔盐抽入预热/蒸发/过热器中加热水变成高温蒸汽驱动蒸汽轮机发电。该种蓄热系统的主要问题是熔盐凝固点高，在槽式集热管中有冻堵风险。

　　该种蓄热方式作为一种先进蓄热方式已引起欧美的关注。2003 年意大利建成了太阳能槽式集热器熔盐循环测试系统，该系统熔盐罐有熔盐 9500kg，最大传热功率 500kW，集热器中熔盐出口温度达 550℃。该系统 2003 年 12 月开始将熔盐熔化，2004 年开始运行，经历了 200 个充排盐循环。2010 年 7 月，意大利建成了世界上第一个采用熔盐作为传热、蓄热的太阳能热发电站 Archimede，装机容量为 5MW，熔盐量为 1000t 左右。

　　（3）塔式太阳能热电站熔盐传热蓄热双罐蓄热系统

　　图 18-19 是塔式太阳能热电站熔盐传热＋双罐熔盐显热蓄热系统原理图。该种蓄热系统与第二种熔盐传热＋双罐熔盐显热蓄热系统的工作原理类似。只是吸热器结构形式不同，槽式系统采用的是真空管式吸热器，而塔式电站一般采用外露式圆柱形排管吸热器。该种蓄热系统首先在美国 Solar Two 塔式 10MW 试验电站中得到了成功应用。Solar Two 塔式试验电站蓄热系统从 1996 年一直运行到 1999 年结束，一直未出现大的操作问题，取得了非常满意的实验数据，验证了熔盐作为塔式电站大规模传热蓄热介质的可行性和优越性。

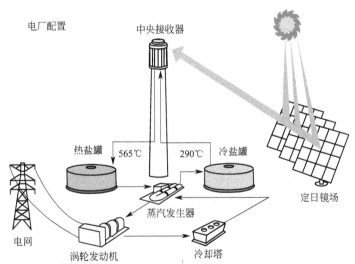

电厂配置
中央接收器
热盐罐　565℃　290℃　冷盐罐
定日镜场
电网
蒸汽发生器
涡轮发动机　冷却塔

图 18-19 塔式太阳能热电站熔盐传热蓄热双罐蓄热系统[4]

　　2011 年 9 月底，西班牙 Gemasolar 电站成功进入商业运行和并网发电，该电站装机容量为 19.9MW，使用了 8500t 熔盐作为传热蓄热工质，能够满足 15h 的蓄热需求，在 2012 年 6 月底成功实现了 24h 的连续发电。美国 Solar Reserve 公司正在内华达建设 110MW Crescent Dunes 塔式太阳能热电站，该电站也采用了熔盐传热-双罐熔盐显热蓄热系统，能够满足电站 10h 的要求，该电站已在 2016 年 2 月并网发电。

　　（4）熔融盐蓄热在碟式太阳能热电站中的应用

　　虽然熔融盐蓄热系统已经应用在商业运行的槽式和塔式太阳能热电站并获得了很大的成功，但是至今没有实现在碟式太阳能热电站系统上的应用。2010 年，澳大利亚 Wizar Power 宣布他们将在澳大利亚南部的 Whyalla 安装 4 个碟式太阳能热发电示范系统，每个系统的反射镜面积为 500m²，他们将为这四个碟式太阳能热发电示范系统都配上熔融盐的蓄热装置。这个项目由澳大利亚国家大学发起，他们第一步的目标是利用碟式系统聚光产生压力为 120bar、温度为 630℃的过热水蒸气，然后加热 106t 的太阳盐将熔融盐的温度升高到 565℃储存起来；第二步是利用熔融盐储存的热量推动由西门子制造的 560kWe 的 SST-060 型汽轮机发电。

（5）熔融盐蓄热在线性菲涅尔太阳能热电站中的应用

图 18-20 是线性菲涅尔太阳能热电站熔盐传热＋双罐熔盐显热蓄热系统原理图。该种蓄热系统与第二种熔盐传热＋双罐熔盐显热蓄热系统的工作原理类似，只是聚光器采用线性菲涅尔式。西班牙 Novatec Solar and BASF 于 2014 年 9 月 18 日宣布采用熔盐传热蓄热的 1.5MW PE1 线性菲涅尔示范电站在西班牙南部的 Calasparra 市建成运行，电站照片如图 18-21 所示。该电站采用熔盐作为传热工质，通过线性菲涅尔聚光器将熔盐加热到 565℃，产生 550℃水蒸气，采用熔盐传热蓄热技术后线性菲涅尔发电系统的效率得到了大幅度提高。

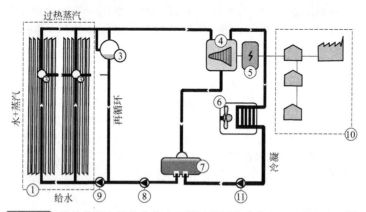

图 18-20 线性菲涅尔熔盐传热＋双罐熔盐显热蓄热太阳能热发电站[1]

图 18-21 采用熔盐传热蓄热的线性菲涅尔太阳能热电站

18.2.2 其他太阳能热发电蓄热方法

熔盐显热蓄热是目前商业化运行的太阳能热发电站普遍采用的蓄热技术，此外，还有一些正在实验室研究开发或小规模使用的太阳能热发电蓄热技术，现介绍如下。

18.2.2.1 直接蒸汽储热系统

图 18-22 为直接蒸汽储热塔式太阳能电站原理图。蒸汽蓄热器应用在太阳集热岛内直接产生蒸汽的光热电站，电站使用水（水蒸气）作为吸热和储热介质。从太阳集热岛内出来的饱和或过热蒸汽可以直接存储在高压的蒸汽蓄热器内，蒸汽会在高压容器内液化成饱和水。而放热时蒸汽蓄热器可以提供高达 10MPa 的高压饱和蒸汽。蒸汽蓄热器一般用作短时间储热系统。

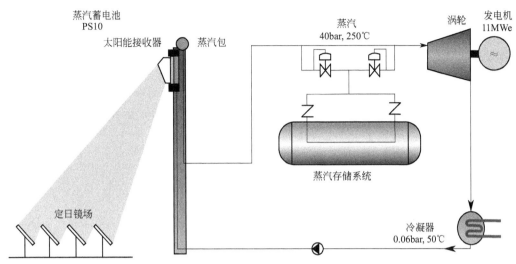

图 18-22 蒸汽直接储热太阳能热发电系统原理图[1]

蒸汽蓄热器的优点包括：在化工领域有广泛的应用，技术成熟，工程经验丰富；利用了水的汽化潜热，体积储热密度高（高达 $1.2\text{kW}\cdot\text{h/m}^3$），启动迅速，放热速度快；而且不需要额外的导热流体和换热器；同时可以允许电站以较高的工作温度运行，增加了系统的效率，降低了辅助能耗。蒸汽蓄热器的缺点包括：蒸汽蓄热器为高压容器，价格昂贵；难以建造大容量的高压容器，所以蒸汽蓄热器主要用作短时间热量缓冲。

PS10 是全球第一座商业化并网运行的塔式电站，电站容量为 10MW，于 2007 年建成。电站使用水/水蒸气作为吸热介质，水通过太阳岛集热器后被加热成饱和水蒸气。储热时 250℃、4MPa 的饱和水蒸气被存储在高压容器内。蒸汽直接储热系统由四个相同大小的储热罐组成，如图 18-23 所示，总容量为 20MW·h，可供汽轮机 50％负荷工作 50min。储热系统的储热效率为 92.4％。储热系统放热时采取滑压运行，释放的饱和蒸汽将从 4MPa 下降到设定最低压力。直接蒸汽蓄热系统采用高压容器，成本较高，且无法建造大容量高压储罐，通常用作短时间小容量的缓冲。2009 年建成的 20MW 水蒸气塔式电站 PS20 也使用了直接蒸汽储热系统。

图 18-23 PS10 电站的蒸汽直接储热系统

八达岭塔式电站是中国第一座 MW 级的塔式示范电站，电站容量为 1.0MW。电站使用水作为吸热介质和储热介质。与 PS10 塔式电站不同的是，八达岭电站吸热器出口产生过饱和蒸汽。过饱和蒸汽的储热选用了二级储热系统，即过饱和段采用双罐导热油间接储热系统，饱和水蒸气通过高压容器存储。通常蒸汽过热所需的能量占蒸汽发生过程所需的总能量较少，为 10％～

15%。八达岭电站中蒸汽储热系统的容量为 8MW·h，总储热量可供汽轮机满负荷工作 1 小时。蒸汽储热系统放热时采取滑压运行，释放的饱和蒸汽将从 2.5MPa 下降到 1.0MPa。

18.2.2.2 单罐斜温层蓄热

图 18-24 是单罐斜温层蓄热原理图。与双罐蓄热不同的是，在单罐斜温层蓄热系统中，只利

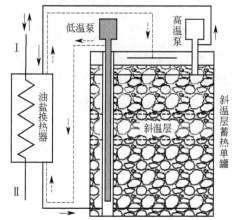

图 18-24 熔融盐单罐斜温层蓄热系统原理图[3]

用一个储热罐完成高温和低温储热介质的换热转换，高温储热介质位于储热罐的上部，低温储热介质在罐的下部，其工作原理如下：斜温层罐利用密度与温度冷热之间的关系，当高温储热介质在罐的顶部被高温泵抽出，经过换热器冷却后，由罐的底部进入罐内时，在罐的中间会存在一个温度梯度很大的自然分层，即斜温层，它像隔离层一样，使得斜温层以上储热介质保持高温，斜温层以下储热介质保持低温，随着高温储热介质的不断抽出，斜温层会上下移动，抽出的储热介质能够保持恒温，当斜温层达到罐的顶部或底部时，抽出的储热介质的温度将会发生显著变化。为了降低冷热流体的混合，一方面可以填充固体颗粒储热材料来控制斜温层的发展（此时成为斜温层液-固混合储热系统，一般主体储热介质是固体储热颗粒，系统可以认为成了被动式储热系统），另一方面，可以在系统内使用主动分层装置，比如可以在冷热流体中间漂浮的隔板等。

单罐直接储热系统的优点包括：相对于双罐系统，单罐储热系统节省了一个储热罐外；罐内还可以使用成本低廉的固体储热介质（如沙石等）替代成本较高的液体介质，形成斜温层液-固混合储热系统，从而有望将储热系统成本降低 35%。单罐直接储热系统的缺点包括：很难理想分开高温流体和低温流体（使用隔板的系统除外）；斜温层的保持需要对充热和放热进行严格的调控，系统调控复杂；系统结构复杂；部分存储热量不能有效利用，储热效率较低。

Solar One 电站是世界上第一座大型的太阳能热发电示范电站。它采用塔式系统，吸热介质为水/水蒸气。储热系统采用被动式单罐斜温层液-固混合储热系统，储热罐内填充石块和沙子，使用导热油作为与固体储热介质热交换的换热流体。斜温层液-固混合储热系统的示范并没有得到理想的结果，面临很多技术问题。美国 Sandia 国家重点实验室于 2002 年进行了使用熔融盐作为传热流体的单罐液-固混合储热系统的试验研究。因为熔融盐价格相对便宜，且可以使用较高的集热温度。示范储热系统如图 18-25 所示，容量为 2.3MW·h。研究中测试了十几种石块填充物，最后发现石英石和沙子与熔融盐的相容性很好，适合作为斜温层液-固混合储热系统中的固体填充物，大幅度降低储热系统成本。但 Sandia 的示范研究也仍面临一些技术难题。近年来包括 NREL、普渡大学、中国科学院电工研究所及国外企业界在内的众多机构对单罐熔融盐液-固混合储热系统进行了持续的研究。2012 年 8 月在西班牙建成的 Puerto Errado 2 线性菲涅尔太阳能热发电站中也采用斜温层单罐蓄热来满足 0.5h 的蓄热。

18.2.2.3 相变蓄热

图 18-26 是太阳能热发电站熔盐相变蓄热系统原理图。其基本工作原理是白天太阳充足时，太阳能吸热器出来的高温传热流体一部分直接送入蒸汽发生器产生蒸汽发电。另一部分高温传热流体被送入相变蓄热器。相变蓄热器中装有一定容量的固体储热介质，高温熔盐加热相变蓄热器中的固体储热介质，固体储热介质吸热熔化变成液体储存热量。晚上没有太阳时，蒸汽发生器出来的低温传热流体直接进入相变蓄热器，相变蓄热器中液态储热介质凝固放出热量，加热低温传热流体变为高温传热流体，然后高温传热流体进入蒸汽发生器加热水产生蒸汽，驱动发电。

相变材料储热系统的优点包括：系统储热密度高；能量存储可以在较小的温差范围内实现，且利用相变潜热可以实现较大的能量释放和存储密度，尤其适用于直接蒸汽系统中蒸汽的储热（蒸汽液化成水）和放热（水汽化成蒸汽）。相变材料储热系统的缺点包括：系统设计和材料选择

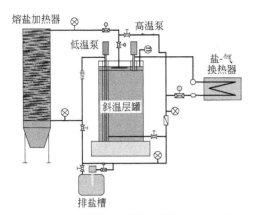

图 18-25　美国桑迪亚实验室的液-固斜温层蓄热[3]

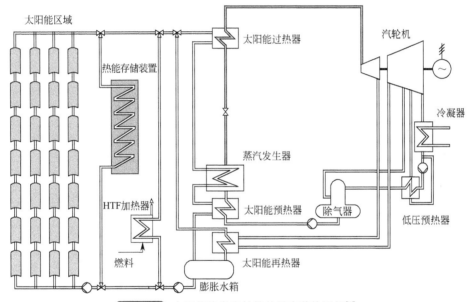

图 18-26　太阳能热发电站熔盐相变蓄热系统[2]

比较困难；受储热材料限制，目前系统性能和持久性面临很多问题；放热过程的储热材料凝固会降低放热速度；目前储热成本较高。

　　近年来关于相变材料的研发越来越多，但目前为止还没有成熟的商用化高温潜热储热技术。相变储热在成熟地应用之前需要解决一系列的问题，比如：相变材料的热导率一般较低［一般小于 $1W/(m \cdot K)$］，导致充放热速度较慢；放热时由于固体首先出现在换热管道外，降低放热速度。提高相变材料的热导率的方法有：通过强化换热途径提高换热速度；在相变材料中掺高热导率的物质（如石墨）来提高储热材料的热导率等。相变材料/石墨的复合材料可以实现 $5 \sim 10W/(m \cdot K)$ 的热导率。

　　相变材料主要包括有机储热材料和无机储热材料，其中有机储热材料的相变温度一般在 200℃以下，主要用在中低温热利用，而太阳能热发电中适用的高温相变储热材料主要是无机材料，如无机盐、金属及合金等。无机盐主要包括硝酸盐、氯化盐、碳酸盐、氟化盐，其相变温度逐渐升高，目前国际已有的潜热储热示范项目中使用的无机盐主要为硝酸盐或多元硝酸盐。金属及合金材料做相变储热介质时，一般具有如下优势：相变潜热大，储能密度高，使得单位价格储热量较高；热导率非常大，充放热迅速；无毒无味等。但金属及合金的熔点一般较高（一般在

500℃以上），使得它仅适用于较高温度的储热，比如应用在碟式斯特林系统的短时间储热。目前研究较多的合金有铝基合金，尤其是铝-硅合金。

德国宇航研究中心（DLR）于2009年为直接蒸汽槽式电站设计建造了一套相变蓄热示范系统，该系统相变材料PCM为熔点306℃的硝酸钠，总质量为1t，其潜热蓄热容量为700kW·h，其装置如图18-27所示。该装置采用铝肋片的三明治设计来强化熔盐的导热。

图 18-27 DLR 相变蓄热试验模块

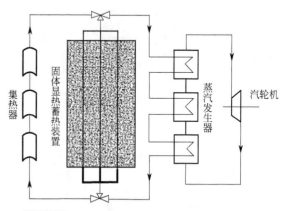

图 18-28 带固体显热蓄热装置的槽式系统示意图

18.2.2.4 高温固体显热蓄热

固体显热装置通常采用单位体积比热容高、成本低与耐高温的固体材料例如混凝土、铸造陶瓷等作为蓄热介质，采用空气、水/水蒸气、合成油或熔融盐等作为传热介质。图18-28为带固体显热蓄热装置的槽式系统示意图。与美国不同，德国等欧盟国家比较重视直接蒸汽发电（direct steam generation，DSG）太阳能热发电系统中的应用与研究，蓄热系统则常采用固体显热蓄热介质。

固态显热储热材料，包括高温混凝土以及浇注陶瓷材料，通常以填充颗粒床层的形式与流体进行换热，实现蓄、放热。耐高温混凝土的骨料主要是氧化铁，水泥为黏结剂。高温混凝土多采用矿渣水泥，其成本较低，易于加工成型，目前已在太阳能热发电领域使用，但其热导率不高，通常需要添加高导热性的组分（如石墨粉等），或者通过优化储热系统的结构设计来增强传热性能。浇注陶瓷多采用硅铝酸盐铸造成型，铸造陶瓷骨料主要是氧化铁，黏结剂包括氧化铝等，所制备材料在比热容、热稳定性及导热性能等方面都优于高温混凝土，但其应用成本相对较高。常见的用于太阳能高温热发电系统中的固体显热蓄热材料如表18-4所示。

表 18-4 太阳能热发电站中常见的固体显热蓄热材料

蓄热材料	温度		平均密度 /(kg/m³)	平均热导率 /[W/(mg/K)]	平均热容量 /[kJ/(kg/K)]	价格 /(美元/kg)	蓄热成本 /[美元/(kW·h)]
	低/℃	高/℃					
砂-石-矿物油	200	300	1700	1.0	1.30	0.15	4.2
钢筋混凝土	200	400	2200	1.5	0.85	0.05	1.0
NaCl(固态)	200	500	2160	7.0	0.85	0.15	1.5
铸铁	200	400	7200	37.0	0.56	1.00	32.0
铸钢	200	700	7800	40.0	0.60	5.00	60.0
耐火硅砖	200	700	1820	1.5	1.00	1.00	7.0
耐火氧化镁砖	200	1200	3000	5.0	1.15	2.00	6.0

（1）高温混凝土储热

高温混凝土储热系统通常由多个混凝土储热模块通过串并联形式组成，储热模块通常为长方体，每个储热模块由高温混凝土和内置的换热金属列管组成。换热流体从列管内流过，实现与管外的混凝土的热交换。换热列管通常为钢管，钢管的成本可能占据相当一部分储热总成本（可能达到 45%～55%），所以混凝土储热系统的几何参数的设计（比如管径、布置方式、管间距等）对于系统性能和系统成本非常重要。高温混凝土储热系统可以应用在使用导热油、熔融盐或者水等液体作为吸热介质的光热电站中。目前高温混凝土储热系统还没有商业化应用，但是已经有 MW·h 级别的中试测试。

　　高温混凝土储热系统的优点包括：混凝土价格低廉，储热系统成本低；工作温度范围宽；容易加工；环境适应性好；无安全隐患等。高温混凝土储热系统的缺点包括：需要使用金属列管换热器，增加了建造成本；系统长期稳定性仍有待研究；混凝土热导率低，系统充放热速度受系统设计影响较大；使用熔融盐作为传热介质时，系统的预热困难。

　　2001 年开始，在德国政府资助的一个研究项目 WESPE 中，DLR 研究了一个应用在槽式系统的混凝土储热示范系统，储热温度达到了 325℃。项目的目的是开发高效率、低成本混凝土储热系统，对列管换热管道进行优化设计，以及以 350kW·h 的系统验证混凝土储热技术。混凝土储热模块如图 18-29 所示。DLR 后来持续开展了一系列的高温混凝土储热系统研究和示范，最新的试验里储热温度达到了 390℃，工作范围为 340～390℃。单个储热模块的储热量为 350kW·h，每一个模块都由混凝土和布置在混凝土内部的换热管道组成。试验中还比较了可浇注陶瓷和高温混凝土两种固体储热介质。2003 年在西班牙 PSA 中心与槽式聚光集热系统成功进行了连接测试。2008 年到 2010 年 DLR 进行了长期的稳定性测试。最近 DLR 又建立了一套第二代混凝土高温蓄热试验装置，该试验装置传热工质选用 100bar、500℃ 的高温高压蒸汽。

图 18-29　DLR 测试混凝土储热模块图

（2）固体堆积床储热系统

　　固体堆积床储热系统与单罐斜温层液-固混合储热系统类似，不同的是固体堆积床储热系统的换热流体是高温气体，适用于直接蒸汽光热电站和高温空气光热电站系统。储热材料一般为石块、混凝土、陶瓷等耐高温固体，也可以为相变材料。系统工作时高温气体流经固体堆积床的空隙，与储热固体（可以为石块、混凝土、陶瓷等）进行热交换，实现热量的存储和提取。

　　固体堆积床储热系统的优点包括：换热气体与储热固体之间换热速度较快，能够实现有效充放热；储热介质为低廉的固体介质，储热成本低；系统结构简单。固体堆积床储热系统的缺点包括：气体换热介质热容低，所需气-固传热温差大；部分存储热量不能有效利用，导致储热效率较低。

　　DLR 等也对可浇注陶瓷作为储热材料进行了研究。可浇注陶瓷的物性与混凝土相近，但陶瓷的最大优点是可以比混凝土耐更高的温度，工作温度可以在 1000℃ 以上。陶瓷材料特别适用于空气电站用堆积层储热系统的储热材料，Julich 试验电站是目前唯一一个运行的采用空气作为吸热介质塔式电站，也是德国境内第一座试验示范光热电站，电站容量为 1.5MW。Julich 电站中选用了储热时间为 1h 的固体堆积层储热系统，固体为多孔陶瓷砖。气体通过由多孔陶瓷砖堆积而成的堆积层，与陶瓷进行热交换，从而实现热量的存储和提取。储热系统充热时热空气从上端进入系统，进口温度为 700℃，放热时冷空气从下端进入系统，进口温度为 100℃，系统工作时会在储热固体区域形成斜温层。Julich 塔式电站堆积床蓄热系统流程见图 18-30。

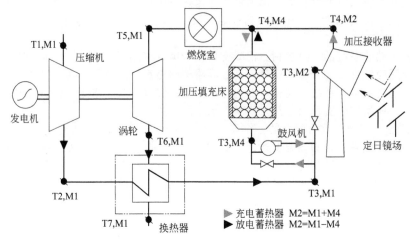

图 18-30 Julich 塔式电站堆积床蓄热系统流程图

18.2.2.5 混合蓄热

混合蓄热是显热蓄热和相变蓄热相结合的一种蓄热方式。图 18-31 所示为双级蓄热与双运行模式的塔式太阳能热发电系统，它主要由两个蒸汽回路和蓄热回路组成。吸热器产生的过热蒸汽依次经换热器 1、3，将蒸汽显热、潜热按品位的不同分别储存在高、低温蓄热器中，蒸汽凝水返回到吸热器，完成聚光集热和蓄热过程。高温蓄热介质为导热油（或高温熔融盐），低温蓄热介质为饱和水（或其他相变蓄热介质）。该系统采用显热-相变联合蓄热，但系统结构趋于复杂，预热、伴热等运行与维护成本显著增大。目前有关混合蓄热还处于研究阶段，未见成功的应用报道。

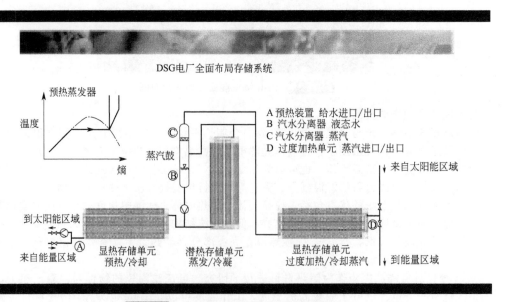

图 18-31 太阳能热发电混合蓄热原理图[19]

DLR-ZSW 开发了一种新的被动式储热系统：使用混凝土显热储热和相变储热相结合的混合储热系统。DLR 于 1993 年开发了混合储热系统，他们设计了应用在槽式电站中的 200 MW·h的储热系统，设计充热时间为 3h，放热时间 1h。传热流体为导热油，其中相变储热系统中研究的相变材料有两种：硝酸钠（熔点 310℃）和氢氧化钠/氯化钠混合物（熔点 370℃）。最近，DLR 针对直接蒸汽系统开发了新的混合储热示范系统（图 18-32）。混合储热示范系统由混凝土显热储热系统和相变潜热储热系统组成，其中混凝土储热系统容量为 250kW·h，储热模块大小为 22m³，用于过热水蒸气和饱和水蒸气之间的热量存储和提取；而相变储热系统采用硝酸钠作为相变材料，相变温度为 305℃，储热容量约为 750kW·h，储热系统大小为 8.5m³，包含约 14t 盐，相变储热系统主要用于饱和水蒸气的冷凝和水蒸气的发生所需的潜热。这是全球第一个混凝土储热和相变储热相结合的混合储热示范系统。

图 18-32　德国 DLR 测试混合储热系统图

18.3　太阳能发电系统中储能技术的未来应用情景

18.3.1　太阳能是解决未来能源问题的主要技术途径

太阳能的能源总量是十分巨大的，太阳辐射到达地球陆地表面的能量大约为 17 万亿千瓦，相当于目前全世界一年内能源总消耗量的 3.5 万倍[21]。只要利用世界沙漠面积的 1％用来发电，就足够世界能源的消费。图 18-33 是太阳能资源量和其他可再生能源资源量的比较，从图 18-33 可以看出，太阳能资源量比其他可再生能源的资源储量丰富得多，其他可再生能源由于资源量的限制，不可能满足全世界的能源需求，因此太阳能利用才是解决人类对能源需求的最终归宿。如图 18-34 所示，预计到 2050 年，太阳能发电量将占到世界能源总量的 20％，2100 年太阳能发电要占到世界能源总量的 60％。

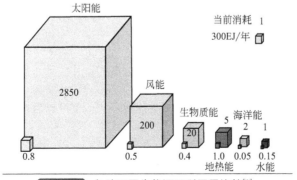

图 18-33　各种可再生能源可利用量比较[9]

18.3.2　太阳能热发电能够提供连续稳定电能，可以成为主力能源

由于太阳能热发电首先聚光产生高温热能，再由高温热能转换为电能，因此太阳能热发电可

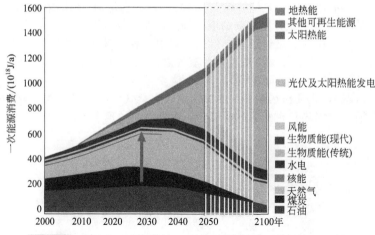

一次能源消费/(10^18 J/a)

地热能
其他可再生能源
太阳热能
光伏及太阳热能发电
风能
生物质能(现代)
生物质能(传统)
水电
核能
天然气
煤炭
石油

2000 2010 2020 2030 2040 2050 2100年

图 18-34 国际能源署（IEA）对今后全球能源供应来源的预测[9]

与高温蓄热相结合。熔盐蓄热技术可实现低成本大规模蓄热。可与低成本大规模蓄热相结合，实现连续稳定发电，也可根据电网用户需求进行发电量调节，这是太阳能热发电相比其他可再生能源发电最大的优势。

由于风力发电和光伏发电直接由光能直接转换为电能，因此只能用蓄电技术。目前蓄电池成本高，寿命短，实现大规模蓄电成本极高，大容量风力和光伏发电还无法实现蓄能。因此大规模风力和光伏电站受风资源和太阳光资源波动的影响大，发出的电能波动较大，如果在电网中占有大的比例会对电网产生不利影响。

太阳能热发电与低成本大规模蓄热技术结合，可提供电网需要的连续稳定可调的高品质电能。因此太阳能热发电不仅能承担电网的调峰负荷，还能承担电网的基础负荷，有条件成为未来的主力能源，能够在未来能源结构占据重要地位。

18.3.3　太阳能热发电是有经济竞争力的可再生能源发电方式

随着太阳能热发电技术的发展，太阳能热电站的发电成本（STE）也逐步降低，在欧盟 2010 年 6 月发布的《太阳能热电 2025》（Solar Thermal Electricity 2025）中，以西班牙为例，详细列举了太阳能热电站的发电电价成本，以及和传统火电、光伏、风电发电成本的比较（如图 18-35～图 18-38）。图 18-35 是报告中给出没有蓄能情况下，太阳能热发电成本与传统能源成本以及光伏风力发电成本比较。从图中可以看到，2012 年国外太阳能热电站的成本是每千瓦 17～24 欧分，在 2015 年迅速降低到每千瓦 15～22 欧分的水平，到 2020 年将降低到 10～17 欧分，到 2025 年将降低到 8～15 欧分的水平。从图中可以看到，目前太阳能热发电成本还高于燃煤和燃气发电成本，但到 2025 年左右太阳能热发电成本将低于燃气发电成本，与燃煤发电成本相当。图 18-36 给出了没有蓄能的情况下太阳能热发电与风力发电、光伏发电成本比较，从图中可以看出，不考虑蓄能的情况下，太阳能热发电的成本是最高的，其次是光伏，最低的是风力发电，但到 2025 年太阳能热发电将降低到与光伏发电相当的水平。图 18-37 和图 18-38 分别给出了包括蓄能的情况下太阳能热发电与风能及光伏发电成本比较，从图中可以看出，包括蓄能以后，太阳能热发电成本与风力发电成本相当，远低于光伏发电的成本。

美国能源部于 2011 年发布了聚光太阳能发电发展计划，该计划目标是到 2015 年太阳能热发电成本降到 10～12 美分/(kW·h)，达到电力中间市场竞争力；到 2020 年太阳能热发电成本降低到 6～8 美分/(kW·h)，达到基础负荷电力市场竞争力[22]。

2014 年国际能源署发布的《太阳能热发电技术路线图》（Technology Roadmap of CSP）（2014 版）中也给出了如表 18-5 所示的太阳能热发电成本下降技术路线[20]。在表 18-5 可以看出：太阳能热发电成本在 2020 年可降到 0.11～0.17 美元/(kW·h)，2030 年可降为 0.086～0.12 美元/(kW·h)；2050 年可降为 0.064～0.094 美元/(kW·h)。

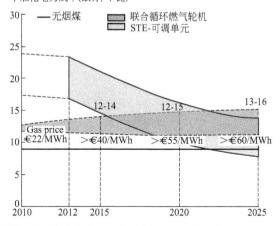

图 18-35　太阳热发电成本与燃煤燃气成本的比较（不考虑蓄热）[23]

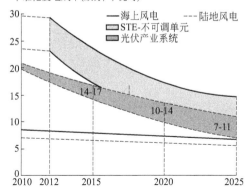

图 18-36　太阳热发电成本与光伏风力发电成本比较（不考虑蓄热）[23]

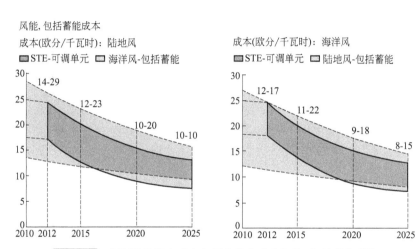

图 18-37　太阳能热发电成本与风力发电成本比较（包括蓄能）[23]

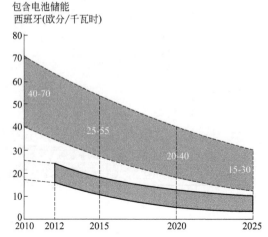

包含电池储能
西班牙(欧分/千瓦时)

图 18-38 太阳能热发电成本与光伏发电成本比较(包括蓄能)[9]

表 18-5 全球太阳能热发电度电成本下降趋势[6]

成本	2015 年	2020 年	2025 年	2030 年	2035 年	2040 年	2045 年	2050 年
最小值/[美元/(MW·h)]	146	116	96	86	72	69	66	64
平均值/[美元/(MW·h)]	168	130	109	98	80	77	72	71
最大值/[美元/(MW·h)]	213	169	124	112	105	101	96	94

18.3.4 太阳能热发电在国际上已取得巨大成功，并有广阔发展前景

太阳能热发电已经在世界上获得了巨大的成功。截至 2015 年 2 月底的统计数据，目前全球已经运行的商业太阳能热电站总装机容量为 4187.05MW，这些电站主要分布在西班牙、美国、德国、伊朗、摩洛哥、意大利、澳大利亚。图 18-39 给出了全球太阳能热发电累计安装容量的变化情况，由图可以看出，2009 年以来太阳能热发电得到了快速的发展。图 18-40 给出了各种可再生能源的装机容量和生物质能产品产量平均年增长率。从图中可以看出，太阳能热发电年增长率仅次于光伏，成为第二大年增长率最快的可再生能源利用技术。由于各国政府对太阳能热发电的重视和多个电站项目进入实质建设，一大批太阳能热发电公司如雨后春笋般发展壮大起来，在国际上比较著名的相关公司有 18 家，它们是：Abengoa，Acciona，Ausra，BrightSource Energy，eSolar，Iberdrola，Infinity，Schott，Sener Aeronautica，SkyFuel，Solar Euromed，Solar Millennium，SolarReserve，Solel，Sopogy，Stirling Energy Systems，Torresol Energy 和 Wizard Power。相信随着太阳能热发电的进一步发展，将会有越来越多的公司加入这个队伍中。

国际上对太阳能热发电非常看好，把太阳能热发电作为解决未来世界能源问题的主要技术途径。2013 年全球新增太阳能热发电装机容量达到了 882MW，市场达到 68 亿美元。2009 年 5 月 25 日，由绿色和平组织（Green Peace）、欧洲太阳能热发电协会（ESTELA）和国际能源署 SolarPACES 组织共同编写的《Concentrating Solar Power Global Outlook 09》报告指出[24]：2015 年太阳能热发电的年装机容量为 681 万千瓦，年投资 153.6 亿欧元；2020 年年装机容量为 1469 万千瓦，年投资 396.8 亿欧元；2030 年装机容量为 3546 万千瓦，年投资 893.65 亿欧元；2050 年为 8082 万千瓦，年投资 1745.85 亿欧元。在国际能源署《Energy Technology Perspectively 2010》（能源技术展望 2010）报告中指出[9]：到 2050 年，太阳能热发电装机容量达到 10.89 亿千瓦，产生电力占总发电量的 11.3%，二氧化碳减排的贡献率 7%。2014 年国际能源署发布的《太阳能热发电技术路线图》（Technology Roadmap of CSP）（2014 版）报告中明确指出[25]：太阳能热发电是一项非常具有发展前景的新能源发电技术，在 2050 年太阳能热发电将占全球总电力的 11% 以上，装机容量达到 10 亿千瓦以上。表 18-6 给出了国际能源署对世界太阳能热发电装机

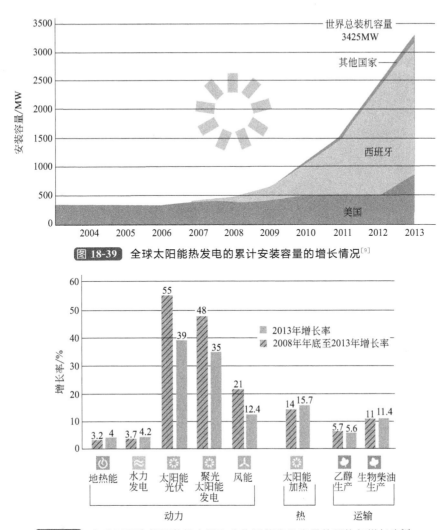

图 **18-39**　全球太阳能热发电的累计安装容量的增长情况[9]

图 **18-40**　全球可再生能源装机容量和生物质能产品产量的平均年增长率[9]

容量的预测，从表中可以看出，2030 年全球太阳能热发电装机容量将达 2.61 亿千瓦，2040 年达到 6.64 亿千瓦，2050 年达到 9.82 亿千瓦。

表 **18-6**　世界太阳能热发电装机容量增长趋势预测[9]　　　　　　　　单位：GW

年份	美国	美洲其他经合组织国家	欧盟	其他经合组织国家	中国	印度	非洲	中东	亚洲其他发展中国家	美洲未加入经合组织国家	全世界
2013	1.3	0.01	2.31	0.01	0.02	0.06	0.06	0.10	0.02	0	4.1
2030	87	6	15	4	29	34	32	52	0.3	2	261
2040	174	18	23	12	88	103	106	131	3	7	664
2050	229	28	28	19	118	186	147	204	9	15	982

18.3.5　我国太阳能热发电发展前景也十分看好

总体上来说，我国太阳能热发电处于产业化起步阶段。技术方面，经过多年的技术研究，我国在太阳能聚光、高温光热转换、高温储热、兆瓦级塔式电站系统设计集成等方面得到了进一步发展。随着国外太阳能热发电市场的快速发展，我国企业已经进入太阳能热发电产业链的上下游环节，包括太阳能实验发电系统，太阳能集热/蒸汽发生系统等。国家发展与改革委员会、国家能源局和国家科技部也在持续关注和支持太阳能热发电项目。在关键部件的开发方面，已经涌现出一批企业。目前，国内已基本可生产太阳能热发电的主要装备，一些部件具备了商业化生产条件，太阳能热发电产业链逐步形成。其中以槽式真空管和玻璃反射镜更为突出，国内槽式真空管生产厂家已超过 14 家，反射镜厂家也超过 7 家，有些厂家的产品已经通过国外专业检测机构的检测，检测性能参数达到国际水平。只是这些产品还没有经过实际项目使用，产品的性能、质量还没有得到实际的验证。比起关键设备制造，光热电站系统集成技术则更为缺乏，目前，国内还没有商业化运行的光热电站，整体系统设计能力和集成技术、太阳能热发电站系统模拟及仿真技术也刚刚起步，缺乏电站建设运营经验和能力。大型太阳能热发电系统的详细设计、镜场安装及维护在我国均是空白。

在国家发展新兴战略性产业的框架下，随着可再生能源配额制的实施，5 个大发电集团和地方能源公司高度重视太阳能光热发电项目的开发与技术储备。据不完全统计，我国已经搭建的太阳能高温集热系统共 22 个（表 18-7），其中 2 个为采用汽轮机发电的系统：中国科学院电工研究所设计建设的 1MW 塔式电站和上海益科博公司的三亚电站。1 个采用 160kW 螺杆机发电系统，由兰州大成科技公司建设。另外，青海中控太阳能公司也已经完成德令哈 50MW 塔式电站一期 10MW 工程建设，并成功发电。

表 18-7 国内已建成的太阳能高温集热系统

技术形式	业主	地点	系统说明
塔式	中科院电工所	北京延庆县	发电装机容量 1.5MW。定日镜场采光面积 10000m²，包括 100 台定日镜；吸热塔高 118m；传热介质为水/蒸汽；储热介质为饱和蒸汽和导热油，采用两级储热方式，储热能力 1h 满发；2.35MPa，390℃蒸汽轮机发电，2011 年 7 月 17 日产汽，2012 年 8 月发电
	上海工电能源科技有限公司	浙江杭州	200kW，集热装置，2011 年产汽
	青海中控太阳能发电有限公司	青海德令哈	一期 10MW 于 2012 年 9 月 13 日产汽
槽式	北京工业大学	北京朝阳区	12m 长槽式聚光集热系统，采用熔盐为吸热传热工质，2010 年 8 月建成
	国电青松吐鲁番新能源有限公司	新疆吐鲁番	24 台集热器，总集热面积 1728m²，装机 180kW，于 2012 年 4 月完成主汽管道吹管工作，5 月完成了汽轮发电机组单体和空载试验工作，6 月成功实现并网试运
	中广核太阳能公司	青海德令哈	集热功率 1600kW，熔盐蓄热 4MW·h
	中科院电工所	北京延庆	集热器长 100m，开口 5.76m，集热温度 400℃，2010 年 8 月产汽
	华电新能源技术开发有限公司	河北廊坊	集热器长 112m，开口 5.77m²，2011 年 10 月产汽
	常州龙腾太阳能热电设备有限公司	江苏常州	集热器长 100m，开口 6.77m，焦距 1.71m
	北京天瑞星真空技术开发有限公司	北京怀柔区	槽式集热器总长 48m，开口 6m，总集热面积 300m²
	兰州大成科技股份有限公司	甘肃兰州	集热器长 150m，测试出口蒸汽压力 2.5MPa，温度 340℃
	东莞市康达机电有限公司	广东东莞	1MW·h 实验设施，正在建设中
	北京中航空港通用设备有限公司	北京顺义	集热器长 120m，集热温度 350℃，2011 年产汽
	中科院广州能源所	广东广州	集热器长 24m
线性菲涅耳	中国华能集团	海南三亚	集热功率 1.5MW，发电功率 400kW，菲涅耳集热器总长 540m，蒸汽参数：压力 3.5MPa，温度 400～450℃，每小时产气量 1.8t
	皇明太阳能股份有限公司	山东德州	集热面积 2.5×10⁷m² 饱和蒸汽
	中广核太阳能公司	青海德令哈	集热功率 1600kW

续表

技术形式	业主	地点	系统说明
线性菲涅耳	兰州大成科技股份有限公司	甘肃兰州	共 2 组太阳能聚光器,每组长度 96m,螺杆机发电,进汽压力 1.1MPa,流量 4t/h,进汽温度 256℃;排气温度 149℃,功率 160kW
碟式斯特林	中航工业西安航空动力股份有限公司	陕西西安	系统发电功率 10kW
	浙江华仪康迪斯太阳能科技有限公司	宁夏石嘴山	系统发电功率 10kW
	上海齐耀动力技术有限公司	上海	1kW 级斯特林发动机,正在开发 25kW 级,未在室外发电
	内蒙古华原集团	内蒙古鄂尔多斯乌审旗	10kW,10 台,瑞典 Cleanergy 能源技术公司提供斯特林机
其他新型	上海益科博	海南三亚	装机容量 1MW 蒸汽压力 2.35MPa,温度 355℃,2012 年 10 月发电

由于目前缺乏有效的激励政策,中国的光热发电市场尚未启动,投资前景不甚明朗,虽然几大电力集团及数个民营企业已开始布局,数十兆瓦级的商业化光热发电项目在西北、西南地区相继确立,但整体的项目进展却有快有慢,更不乏中途夭折、终止之类。目前我国筹划推进的商业化太阳能热发电项目总装机容量为 886MW,见表 18-8。

表 18-8　国内处于建设和筹备阶段的太阳能热发电项目

业主	开发商	项目名称	备注
国电集团	国电电力青海新能源开发有限公司	德令哈 50MW	2012 年 7 月 3 日获得青海省发展和改革委员会同意开展前期工作的路条
	国电电力青海新能源开发有限公司	格尔木 50MW	2012 年 7 月 3 日获得青海省发展和改革委员会同意开展前期工作的路条
	国电电力内蒙古新能源开发有限公司	磴口 50MW	2013 年 1 月 24 日获得内蒙古发展和改革委员会同意开展前期工作的路条
	国电电力西藏分公司	西藏山南 50MW	2012 年 9 月 18 日获得西藏发展和改革委员会同意开展前期工作的路条,前期方案设计中
	国电新疆艾比潮流域开发有限公司	博州 59MW 太阳能燃气联合循环发电	2012 年 5 月开始选址,8 月开始测光
大唐集团	大唐新能源股份有限公司	鄂尔多斯 50MW 槽式电站	为我国首个光热发电特许权招标项目,目前尚未动工,招标电价 0.9399 元/(kW·h)
	大唐与天威太阳能合作开发	嘉峪关 10MW 光煤互补发电	一期 1.5MW,2013 年 9 月投运
华电集团	华电工程(集团)公司	金塔 50MW 槽式	2011 年 8 月份获国家能源局核准,处于设计阶段
华能集团	华能西藏分公司	西藏山南菲涅尔 50MW	2012 年 12 月获西藏自治区核准开展前期工作,开始测光。处于前期设计阶段
	华能集团	格尔木菲涅尔 50MW	完成可行性报告,前期方案设计中
中电投集团	黄河工电光能发电有限公司	格尔木 100MW 塔式项目	2011 年 5 月 21 日宣布开工,但目前该项目已陷入停滞
中国广东核电集团	中广核太阳能公司	德令哈 50MW 槽式	10MW·h 熔融盐储热,设计阶段
		德令哈 10MW 塔式	有储热,设计阶段
		武威 100MW 槽式	可研阶段
中控太阳能	青海中控太阳能发电有限公司	德令哈 50MW	一期 10MW 已完工,已并网发电
哈纳斯新能源	宁夏哈纳斯新能源集团	高沙窝 92.5MW 太阳能燃气联合循环	优化设计方案中
北京国投军安投资管理有限公司		张家口 64MW	2012 年 9 月 14 日与察北管理区签署协议,该项目目前正在推进中
金钒能源	深圳金钒能源科技有限公司	阿克塞 50MW	正在建设阶段(2017 年)

通过地理信息系统分析，我国符合太阳能热发电基本条件［直射辐射≥5kW·h/(m²·d)，坡度≤3%］的太阳能热发电可装机潜力为 160 亿千瓦，其中法向直射辐射≥7kW·h/(m²·d) 的装机潜力约为 14 亿千瓦。按照 2014 年国际能源署发布的《太阳能热发电技术路线图》（Technology Roadmap of CSP）（2014 版）预测[20]：中国在 2030 年将达到 2900 万千瓦，2040 年将达到 8800 万千瓦，2050 年将达到 1.118 亿千瓦。

国家发展和改革委员会、科技部、工业和信息化部、商务部、知识产权局联合发布的《当前优先发展的高技术产业化重点领域指南（2011 年度）》明确将太阳能储热材料、高温太阳能发电技术与设备、兆瓦级以上大规模太阳能高温热发电系统作为当前优先发展的高技术产业化重点领域。国家发改委公布的《产业结构调整指导目录（2011 年本）（2013 年修正）》中明确将"太阳能热发电集热系统"列为新能源鼓励类产业的第一位。国务院发布的《"十二五"国家战略性新兴产业发展规划》中也明确提出"积极推动多元化太阳能光伏光热发电技术新设备、新材料的产业化及其商业化发电示范"。2012 年 7 月国家发改委发布了《可再生能源发展"十二五"规划》，在该规划中明确指出："在内蒙古鄂尔多斯高地沿黄河平坦荒漠、甘肃河西走廊平坦荒漠、新疆吐哈盆地和塔里木盆地地区、西藏拉萨、青海、宁夏等地选择适宜地点，开展太阳能热发电示范项目建设，提高高温集热管、聚光镜等关键技术的系统集成和装备制造能力。"

18.3.6 熔盐蓄热在太阳能热发电中有很好的应用前景

熔盐蓄热是降低太阳能热发电，提高太阳能热发电年发电量的重要保证。尽管提高太阳能热发电蓄热小时数需要大幅增加镜场面积，增加蓄热介质用量，因此会增加初投资，但蒸汽发电系统的利用小时数会大幅增加，也会减小动力设备频繁启停带来的能量损失，因此蓄热小时数增加会大幅增加电站年发电量[26]。如西班牙的 Andasoll 电站采用熔盐蓄热 7.5h，该电站年发电量就由没有蓄热的 1 亿 kW·h 增加到 1.8 亿 kW·h。图 18-41 给出了增加蓄热容量对电站发电成本的影响规律。从图中可以看出，太阳能热发电的最佳蓄热小时数为 15h，此时电站发电成本将降低 20% 以上。同时蓄热还可以使太阳能热发电站能够提供稳定连续可调的电能，从而满足电网的要求。因此大规模推广和使用太阳能热发电必须采用蓄热技术。据前所述，太阳能热发电蓄热有熔盐蓄热、水蒸气蓄热、混凝土蓄热等，在各种蓄热技术中熔融盐蓄热技术是最现实的低成本大规模蓄热技术。熔盐蓄热技术已被西班牙十余座商业化运行电站大规模使用，无论是美国还是欧洲在建和将要建的太阳能热发电站中均设计了大规模的熔盐蓄热技术，因此熔盐蓄热在太阳能热发电中的应用前景非常广阔。

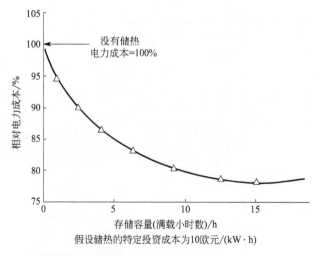

图 18-41 增加蓄热容量对电站发电成本的影响规律

参 考 文 献

[1]　黄湘，王志峰，李艳红，邱河梅，等．太阳能热发电技术．北京：中国电力出版社，2013．
[2]　刘鉴民．太阳能热动力发电技术．北京：化学工业出版社，2012．
[3]　黄素逸，黄树红，许国良，王晓墨，等．太阳能热发电原理及技术．北京：中国电力出版社，2012．
[4]　吴玉庭，任楠，马重芳．熔融盐显热蓄热技术的研究与应用进展．储能科学与技术，2013，6（2）：586-592．
[5]　丁静，魏小兰，彭强，杨建平．中高温传热蓄热材料．北京：科学出版社，2013．
[6]　Rainer Tamme，Doerte Laing，Wolf-Dieter Steinmann，Thomas Bauer. Thermal energy storage. Encyclopedia of Sustainability Science and Technology，2012：10551-11147.
[7]　Raade J W，Padowitz D. Development of molten salt heat transfer fluid with low melting point and high thermal stability. Journal of Solar Energy Engineering-Transactions of the ASME，2011，133（3）：1-6.
[8]　Ren Nan，Wu Yuting，Ma Chongfang，Sang Lixia. Preparation and thermal properties of quaternary mixed nitrate with low melting point. Solar Energy Materials and Solar Cells，2013，127：6-13.
[9]　Energy Technology Perspectives. International Energy Agency，2010.
[10]　Bradshaw R W，Siegel N P. Molten nitrate salt development for thermal energy storage in parabolic trough solar power systems//Proceedings of ES 2008 Energy Sustainability. San Francisco：ASME，2009：615-624.
[11]　Chen Cong，Wu Yuting，Wang Shutao，Ma Chongfang. Experimental investigation on enhanced heat transfer in transversally corrugated tube with molten salt. Experimental Thermal and Fluid Science，2013，47：108-106.
[12]　Liu Bin，Wu Yuting，Ma Chongfang，Ye Meng，Guo Hang. Turbulent convective heat transfer with molten salt in a circular pipe. International Communications in Heat and Mass Transfer，2009，36（9）：912-916.
[13]　Sang Lixia，Cai Meng，Ren Nan，Wu Yuting，Burda Clemens，Ma Chongfang. Improving the thermal properties of ternary carbonates for concentrating solar power through simple chemical modifications by adding sodium hydroxide and nitrate. Solar Energy Materials&Solar Cells，2014，124：61-66.
[14]　吴玉庭，任楠，刘斌，马重芳．熔盐传热蓄热及其在太阳能热发电中的应用．新材料产业，2012，（7）：20-26
[15]　Wu Yuting，Chen Cong，Liu Bin，Ma Chongfang. Investigation on forced convective heat transfer of molten salts in circular tubes. International Communications in Heat and Mass Transfer，2012，39（10）：1550-1555.
[16]　Soha M S 1，Ebner M A，Sabarwall Piyush，Sharpe Phil. Engineering database of liquid salt thermophysical and thermochemical properties. Idaho National Laboratory Report INL/EXT-10-18297，2010.
[17]　Sohal M S，Sabharwall P，Calderoni P，et al. Conceptual design of forced convection molten saltHeat transfer testing loop. Idaho National Laboratory Report INL/EXT-10-19908，2010.
[18]　Chen Cong，Wu Yuting，Wang Shutao，Ma Chongfang. Experimental investigation on enhanced heat transfer in transversally corrugated tube with molten salt. Experimental Thermal and Fluid Science，2013，47：108-116.
[19]　Peng Q，Ding J，Wei X L，et al. The preparation and properties of multi-component molten salts. Applied Energy，2010，87（9）：2812-2817.
[20]　Glatzmaier G. Summary report for concentrating solar power thermal storage workshop. Technical Report，NREL/TP- 5500-52134，2011.
[21]　杜凤丽，原郭丰，常春，卢智恒．太阳能热发电技术产业发展现状与展望．储能科学与技术，2013，6（2）：551-564．
[22]　REN21. 2014. Renewables 2014 Global Status Report (Paris：REN21 Secretariat)．
[23]　A T Kearney. Solar thermal electricity 2025，2010.
[24]　Greenpeace（2009）. Concentrating solar power—global outlook. Greenpeace，ESTELA，SolarPaces. http：//www. greenpeace. org/international/en/publications /reports/ concentrating-solar-power-2009.
[25]　Technology roadmap solar thermal electricity（2014 Edition）. International Energy Agency，2014.
[26]　Peter Viebahn，Stefan Kronshage，Franz Trieb，Yolanda Lechon. Final report on technical data，costs，and life cycle inventories of solar thermal power plants. Project No：502687，Deliverable n° 12. 2 - RS Ia，2008.

第19章 储能技术在工业余热回收中的应用

19.1 工业余热概述及其对储能的需求

19.1.1 工业余热的定义

2011 年，我国工业能源消费总量达到了 24.64 亿吨标准煤，占中国能源消费总量的比例为 70.8%，加上交通运输和生活消费用能量的提高（2011 年，交通运输和生活消费用能之和占全国能源消费总量的 18.94%），中国能源消费总量突破了 34 亿吨标准煤，在消费需求的拉动下，2011 年，中国一次能源生产总量达到了 31.8 亿吨标准煤，居世界第一位[1]。而在工业生产过程中，由一次能源转化出来的热能，由于设备效率和生产工艺的要求，只有一部分得到了有效的利用，还有相当一部分热能在燃烧或者加热之后没有被充分利用而排放到了环境中。余热就是一次能源和可燃物燃烧过程后所剩下的热量，燃料燃烧过程中所发出的热量在完成某一工艺过程后所剩下的热量属于二次能源。

工业余热是指工业生产过程中产生的废气、废液、废渣等所载有的能量。工业余热可认为是一种资源，甚至有把这种资源作为是继煤、石油、天然气、水力之后的第五大常规能源的提法。余热的排放不仅是能源资源的严重浪费，而且也造成了环境污染，回收余热、降低能耗对我国实现节能减排、环保发展战略具有重要的现实意义。同时，余热利用在改善劳动条件、节约能源、增加生产、提高产品质量、降低生产成本等方面起着越来越大的作用，有的已成为工业生产中不可分割的组成部分。所以工业余热的有效回收和利用正成为节能减排的主要课题之一[2]。

19.1.2 工业余热过程对储能技术的需求

几乎所有的工业过程都是一个耗能过程，工业过程在耗能的同时也会有大量的工业余热排放，这当中既有连续性的余热，又存在间歇性的余热。工业余热储热技术，可以说是想要利用某工业余热热源热量的时刻，热源部分的产热量与利用部分的消费量之间存在时间或者空间"间隙"，通过储热技术的应用，在不改变工业余热热源部分热量的情况下，利用储存的热量弥补"间隙"的功能。

本章节针对工业余热产生的过程对储能技术应用的需求来分析，首先将余热产生端的工业过程定义为"工业过程"，以"工业过程"产生的剩余能量的有效储存和利用为关键性问题开展讨论，图 19-1(a) 是没有余热回收系统的工业过程，把能源和原物料输入"工业过程"的大系统中，并生产出产品，余热直接以 T_{E1} 的温度条件排放到环境中。这是一种粗放型的能源资源利用工业过程，对工业排放的热能资源和固废资源都没有进行合理的利用。

该工业过程利用温度 T_P 是重要的，它对工业过程的系统运行效率起决定性的作用。以典型的钢铁生产过程的转炉工艺为例，其生产过程中钢水温度可到 1600℃，生产过程中会产生携带有大量高温余热资源的烟气和废渣，这里就需要考虑建立起余热资源的回收利用体系，图 19-1(b) 所示这类余热回收系统是目前工业过程余热回收利用系统流程，通过余热回收系统回收温度为 T_R 的余热资源，并将其送入余热利用系统，回收对应的热能资源或者动力资源，通过余热利用系统排放出 T_{E2} 的余热，这里的 T_{E2} 应小于 T_{E1}。在余热回收利用系统中所回收的热能资源 T_R 依据能级的不同，可以有多种不同的应用场合，例如回收温度 T_R 较高的场合，可采用以高品位电能的形式进行利用的余热发电系统，而对于 T_R 较低的场合，除了以动力形式回收外，还可以采用热能形式回收以谋求有效的能源利用。

从余热资源利用的角度上来说，图 19-1(b) 所示的系统装置可以满足余热回收利用的工作要求，而且，从热力学第二定律可以知道，能源储存系统将使得余热利用系统的效率降低，因此，在回收利用过程中增加储能系统只会增加余热资源回收过程中的损失，而不可能提高储能来提高余热资源利用效率。但是如前文所述，工业余热排放过程有连续的也有很多是间歇性的，而且余热资源的排放量或者排放温度是随时间变化的，同时也会出现能源利用系统的需求与余热资源排放过程不匹配的问题，则可以通过在余热回收利用系统中增加一套合理的储能装置，以提高余热利用系统的有效性，由此可以建立起如图 19-1(c) 所示的带储能系统的余热回收利用工艺过程[3]。

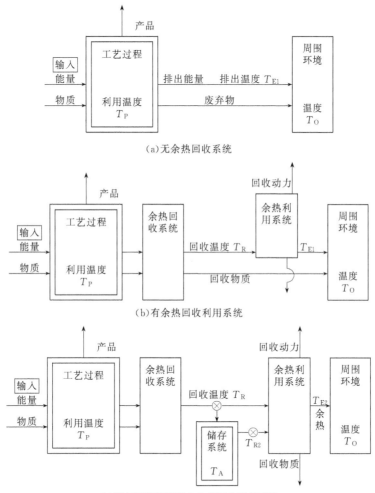

（a)无余热回收系统

（b)有余热回收利用系统

（c)添加了储能装置的余热回收利用系统

图 19-1 余热回收利用系统

余热回收利用系统中的储能系统如图 19-1 所示那样，它是一个与余热供给原始系统相配合的，附属于回收利用系统的辅助系统，因此在设计和使用时应该注意下面几点：

① 储能系统的目的是对应于余热回收利用系统的时间变动，提高回收的总能量和利用系统的有效性。

② 利用不含有储热装置的余热回收利用系统，能达到余热回收目的时，储能系统是不需要的。同时，从原理上来看，利用储存能量系统不可能提高余热利用系统的效率和能量平衡。

③ 当采用储能系统时，首先必须搞清余热回收和利用系统的负荷随时间的变化情况，从而决定各时刻应储存的能量和热量的温度范围。

④ 余热回收利用系统中的储能辅助系统的经济性评价，必须考虑以上诸点后才能进行，一般是个复杂问题。

⑤ 能量储存系统通常由储能设备、向储能设备输送能量的系统和与储能设备换热的系统组成。

19.1.3　工业余热中的主要储存方式

以余热为热源，通过储能系统，实现不连续余热资源的回收和储存，提高余热回收利用系统的有效性，在余热回收利用系统中，系统的输入能量以及向余热利用系统输出的能量均为热能，因此对于余热利用的储能技术来说，主要讨论各类储热技术。具体来说，储热技术的分类主要包括三个方面：

（1）显热存储

显热存储是所有热能储存方式中最为简单，技术最成熟，材料来源最丰富，成本最廉价的一种，因而也是实际应用最早，推广使用最普遍的一种，包括水箱储热和岩石堆积床储热等，都已经得到了一定的应用。但是因为一般的显热储热介质的储能密度都比较低，所以为了提高其储存热量的数量，所需要的储热介质的质量和体积都会比较大。另外，由于显热储释热过程是通过改变储热介质的温度来实现的，这就造成了热能输入和输出时介质的温度变化比较大，而影响热流的稳定性，因此需要对工质的流量、流速等参数进行调节和控制，增加了系统运行的复杂性。

（2）潜热存储

潜热储热以固-液、液-气之间的相变过程中的潜热为主要部分，同时也利用各项内温度变化的显热部分。潜热储热利用了相变潜热非常大的特点，把热能储存起来加以利用。和显热储热技术相比，潜热储热的主要优势包括：①储热密度大，单位体积的储热量大；②发生相变时，储热和释热过程几乎是在恒温下进行的，有利于热源和负荷的匹配。但是，对于潜热储热系统的温度范围，有必要分别选定不同相变温度的储热材料。由于储释热的传热机理较为复杂，对于固-液相变、水合盐相变等多种潜热储热技术来说，由于在储热和释热过程中的传热过程完全不相同，所以在传热技术上有很多不确定的内容。同时储热和释热过程处于相变时，材料的响应时间滞后的情况比较明显，所以还需要确保储热和释热过程的响应时间。而利用系统中储热和释热是温度降低较大，也是潜热储热系统应用中需要克服的缺点之一。

（3）化学热存储

化学能储热是利用可逆化学过程伴随发生吸热和放热过程，将热能转化为化学能进行储存的一种方法。例如，某化合物 A 通过一个吸热的正反应转化为高焓物质 B 和 C，即完成了热能储存的过程；当发生逆反应时，物质 B 和 C 合成 A，热能又被重新释放出来。可以作为化学储能的热分解反应很多，但是要便于应用就需要满足一定的条件，包括反应可逆性好，无明显的副反应，反应速度快，反应产物易分离、易保存等。

和显热及潜热储热技术相比，化学能储热系统在储热密度上具有明显的优势。分析计算表明，化学能储热的储能密度要比显热储热技术高出 2～10 倍，通过催化剂或者产物分离等方式，实现常温下长期储存分解物，从而减少了抗腐蚀性而及保温方面的投资，易于长距离运输。当然这种方式的系统很复杂，价格也较高，因此，当前还处于实验室的研发阶段。

19.1.4　工业余热储存系统的要素

储热技术包括两个方面的要素，其一为热能的储存，即热能在物质载体上的存在状态，理论上表现为其热力学特征，即储热容量；其二是热能的转化，它既包括热能与其他形式的能之间的转化，也包括热能在不同物质载体之间的传递，即储能效率[4]。

（1）储热容量

虽然储热有显热储热、潜热储热和化学反应储热等多种形式，但本质上均是物质中大量分子热运动时的能量。几种热能存储技术的热力学性质相同，均有量和质两个衡量特征，即热力学中的第一定律和第二定律。

以显热储热为例，热能储存的量即所储存的热量的大小，数学上表现为物质本身的比热容和温度变化的乘积。具体地，假设储热材料本身的定压比热容恒定且大小为 c_p，且在储热过程中物质载体的温度变化为 T，则在储热过程中物质载体所储存的热量的大小 ΔQ 可计算为：

$$\Delta Q = c_p \Delta T \tag{19-1}$$

可见，给定物质载体，其所储存热量的大小只与温差有关而与热力学温度无关，亦即储存热量的大小不能反映热量的品位，因而需要借助热力学中的另一个重要参数来衡量所储存热量的质（即有用功）。热力学中定义，在一个可逆的准静态传热过程中，物质载体本身的㶲 E 的变化可表示为：

$$dE = dH - T_a \frac{\delta Q}{T} \tag{19-2}$$

式中，T_a 为环境温度；H 为物质载体的焓值；T 为温度。将式(19-2)从温度 T_a 至温度 $(T_a + \Delta T)$ 积分可得储热过程中物质载体的㶲的变化 ΔE

$$\Delta E = c_p \left[\Delta T - T_a \times \ln\left(\frac{T_a + \Delta T}{T_a}\right) \right] \tag{19-3}$$

将式(19-1)与式(19-3)合并，可以得到储存于物质载体的热量中㶲的比例为：

$$\eta_{ss} = \frac{\Delta E}{|\Delta Q|} = \frac{\Delta T - T_a \times \ln\left(\frac{T_a + \Delta T}{T_a}\right)}{|\Delta T|} \tag{19-4}$$

假设环境温度为 25℃，则式(19-4)的计算结果如图 19-2 所示，可见，在相同的温度变化的条件下，储冷比储热的质更高，尤其是在与环境温度相差较大的情况下。即相对于储热，深冷储能可以更加有效地储存高品位的能量。

值得指出的是，在当前能源供应日益紧张的情况下，高效高品位的储能技术越来越引起人们的兴趣，即更加注重储能的质而非简单关注量的大小，而㶲密度是衡量这种质的最有效标准。不同于图 19-2 中基于定压比热容条件下显热储热得出的结果，表 19-1 列举了部分实际应用中常见的储热载体的储热方式和㶲密度[5]。由此可见，储热介质的更宽的工作温度范围、更大的比热容以及极高温（低温）区域的相变均是提高其㶲密度的有效途径。

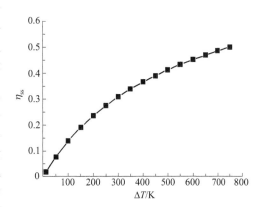

图 19-2 显热储热中物质载体的热量中㶲的比例示意图

表 19-1 常用储热介质的比热容、潜热以及㶲密度的比较

储热介质	储热方式	比热容/[kJ/(kg·K)]	相变(工作温度)/℃	相变热/(kJ/kg)	㶲密度/(kJ/kg)
岩石	显热	0.84～0.92	1000	N	455～499
金属铝	显热	0.87	600	N	222
金属镁	显热	1.02	600	N	260
金属锌	显热	0.39	400	N	52
硝酸钠	相变	N	307	182	89
硝酸钾	相变	N	335	191	97
氢氧化钾	相变	N	380	150	82
氯化镁	相变	N	714	452	316
氯化钠	相变	N	801	476	346
碳酸钠	相变	N	854	276	203
氟化钾	相变	N	857	425	313
碳酸钾	相变	N	897	236	176
38.5%氯化镁+61.5%氯化钠	相变	N	435	328	190

注："N"表示数据不存在或未知。

（2）储热效率

能量密度和㶲密度都是热力学上储能系统的理论值。实际上，由于储、释能过程中存在着各种损失，例如传热、节流、扩散和混合等。这些损失就构成了蓄热容器的效率，该效率定义为放出的㶲与需要用来重新建立其初始储能状态的存储㶲之比。但在某些特殊情况下（如存储的热量与发电无关），效率系数也可以定义为焓（能量）的比值。针对储存的过程，将储热效率分成两个部分来分析，一个就是热存储效率，另外一个为储释热过程效率[6~8]。

能量损失中的扩散和混合过程损失发生在储释热过程之间的时间内，应该理解成一种储能系统的自我放能形式，也就是之前所提的热存储效率，这种损失针对不同的储能形式均不相同，在显热储存的条件下，比热为 c_p 的储热装置从环境温度 T_{am} 提升到 T 时所存储的焓为：

$$\Delta Q = m_{st} c_p (T - T_{am}) \tag{19-5}$$

由于保温的问题，储热过程存在着热损失，因为保温而产生的焓损失量为：

$$Q = dQ/dt = -kA(T - T_{am}) \tag{19-6}$$

式中，k 为总的传热系数；A 为储热装置的表面积；t 表示存储时间。通过以上两式可以知道：

$$T(t) - T_{am} = [T(0) - T_{am}] \times \exp[-tkA/(m_{at} c_p)] \tag{19-7}$$

储存的温度会随着时间逐步降低，所存储的热量也会相应地逐渐减少，最终接近周围的环境温度。而热能储存的效率为：

$$\eta_{se} = \frac{\Delta Q(t)}{\Delta D(0)} = \exp\left(-\frac{tkA}{m_{st} c_p}\right) \tag{19-8}$$

定义"无量纲时间" Z^*：

$$Z^* = \frac{tkA}{m_{st} c_p} \tag{19-9}$$

储热过程中㶲效率定义为：

$$\xi_{st}(t) = \frac{\Delta E(t)}{\Delta E(0)} = \left(\Delta Q \times \frac{T_{st} - T_{am}}{T_{st}}\right) \bigg/ \left(\Delta Q \times \frac{T_{st} - T_{am}}{T_{st}}\right)_{t=0} \tag{19-10}$$

式中，T_{st} 表示储存温度。

由式（19-9）和式（19-10）可得：

$$\xi_{st}(t) = \frac{1}{1 - \left(\dfrac{T_{am}}{T_{st}}\right)[1 - \exp(Z^*)]} \exp(-Z^*) \tag{19-11}$$

将式中的温度比 $\left(\dfrac{T_{am}}{T_{st}}\right)$ 设计为一个函数，可得到如图 19-3 所示的一张㶲效率与无量纲时间之间的关系图。

通过比较分析两种极限条件，可以对㶲效率和能量效率之间的关系进行分析比较：

① 高温储存时，T_{st} 远大于 T_{am}，即 $\dfrac{T_{am}}{T_{st}} \approx 0$ 时，对于这种条件下的储热过程（图 19-3 中最上方的实线），这时储热系统的㶲效率与热能效率相等：

$$\xi(t) = \exp(-Z^*) = \eta(t) \tag{19-12}$$

② 对于低温储存的情况，T_{st} 无限接近于 T_{am}，即 $\dfrac{T_{am}}{T_{st}} \approx 1$ 时，对于这种条件下的储热过程（图 19-3 中最下方的虚线），㶲效率等于热能效率的平方：

$$\xi(t) = \exp(-2Z^*) = \eta(t)^2 \tag{19-13}$$

以上是针对显热储热过程的分析工作，而对潜热储热过程来说，同样存在着对外界环境的散热损失。然而，由于所处的相变储热温度是不变的，所以损失就不随着时间的变化而变化，式（19-6）仍然适用，加上卡诺系数就可以求得其㶲损失，在相变储热温度变化过程中也同样与时间无关，这个阶段㶲效率和热量效率是相等的。

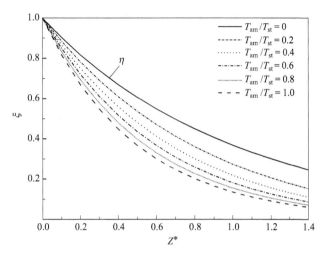

图 19-3　㶲效率和热能效率与无量纲时间参数之间的关系图

但对于热化学存储过程来说，将成分分别进行储存即可完全避免逆向的放热反应，不过这些成分也可能会有一定的热损失，但是这一个损失可以忽略不计。

进一步讨论储释热过程中的效率问题，也就是除了管道内的一些热损失外，储释热过程的损失就只有㶲损失，而不存在能量损失（无焓损失），这些㶲损失主要发生在换热过程、节流过程以及混合过程。

① 换热过程的㶲损失。换热过程的㶲损失是由一定的温差、摩擦和不同温度流道的混合造成的。对于一个假定没有焓损失且热容量不变的换热过程，余热储存侧和释热侧分别用（′）和（″）来表示，则可以表示为：

$$\dot{Q}=m'c'(T'_{in}-T'_{ex})=m''c''(T''_{in}-T''_{ex}) \tag{19-14}$$

$$\mathrm{d}Q=m'c'\mathrm{d}T'=m''c''\mathrm{d}T'' \tag{19-15}$$

而换热过程的㶲损失为 $E''-E'$，则换热过程的㶲效率表述为：

$$\xi_{HX}=E'/E'' \tag{19-16}$$

其中：

$$E'=\dot{Q}\Big[1-T_{am}\times\frac{\ln T'_{in}/T'_{ex}}{T'_{in}-T'_{ex}}\Big] \tag{19-17}$$

$$E''=\dot{Q}\Big[1-T_{am}\times\frac{\ln T''_{in}/T''_{ex}}{T''_{in}-T''_{ex}}\Big] \tag{19-18}$$

同时引入换热器对数温差概念：

$$\mathrm{LMTD}(T_1,T_2)=\frac{T_1-T_2}{\ln\Big(\dfrac{T_1}{T_2}\Big)} \tag{19-19}$$

㶲效率表述为：

$$\xi_{HX}=\Big(1-\frac{T_{am}}{\mathrm{LMTD}(T'_{ex},T'_{in})}\Big)\Big/\Big(1-\frac{T_{am}}{\mathrm{LMTD}(T''_{in},T''_{ex})}\Big) \tag{19-20}$$

当 $T'_{ex}=T''_{in}$ 和 $T'_{in}=T''_{ex}$ 时，ξ_{HX} 接近于 1，只有当两种逆向流体介质具有完全相等的热容量（即 $c'm'=c''m''$）同时换热面积无限大时才有可能出现这种情况。

② 换热过程的㶲损失。相同成分的介质流动的绝热、等压混合所引起的㶲损失，可以作为一种温度无限趋近的热交换来处理，则㶲效率就变成：

$$\xi_{mix}=\Big(1-\frac{T_{am}}{\mathrm{LMTD}(T_{mix},T_1)}\Big)\Big/\Big(1-\frac{T_{am}}{\mathrm{LMTD}(T_h,T_1)}\Big) \tag{19-21}$$

式中，T_h 代表较高的进口温度；T_l 代表较低的进口温度；T_{mix} 代表出口温度。

③ 热化学蓄能的储热和释热损失。由于组成成分的反应效率限制，故储热温度必须高于释热的温度，但是由于两个反应的反应能（焓）是相等的，所以存在的损失是单纯的㶲损失，因而可以按照换热器的损失来分析。

④ 热化学蓄能的储热和释热损失。节流过程的㶲损失流体流经管道和阀门处因摩擦而引起压降即为节流。

通过以上分析可以看出，储热装置的总储能效率主要受限于㶲效率，而总的㶲效率可以包括三个部分，即储能效率 ξ_s、储存效率 ξ_{st} 和释能效率 ξ_r：

$$\xi = \xi_s \xi_{st} \xi_r \tag{19-22}$$

式中的储能和释能损失在前文已经做了描述，它们可能同时包含了换热过程、节流过程和混合过程引起的能量损失问题。

由以上分析可以知道，储热技术的性能除了受介质能量密度和㶲密度等状态参数的影响外，还受能量交换和转化等过程性能的影响，因此对一个完整的工业余热回收储存过程来说，既需要结合余热资源的等级考虑存储介质的选择，也需要对储能过程量进行分析，包括介质的传热流动性能。

19.2 工业余热回收中储能技术的应用现状

如上一节所述，储热系统在余热利用系统中的一个关键环节，不是最终的应用设备，而热存储设备依据实际使用的需求选择放置在工厂的内部或者放置在外部的用户端，对于大多数的较高温度的余热资源（主要指＞120℃的余热资源），通常可以通过直接换热过程或者换热器在工艺流程过程中找到相应的应用。而对于温度（＜120℃时）较低的场合，其在厂区内直接回收利用就变得较为复杂，这一类余热资源可以用于区域的供暖或者预热原料等。

19.2.1 工业对储能技术的需求

（1）钢铁行业

在我国，钢铁工业的能耗比例是所有工业中最高的，其能源消耗占到了我国工业总能耗的25％左右，而在整个钢铁冶炼过程中大约有70％的能源最终以余热的形式（包括余热和可燃的尾气等）放散掉。目前针对钢铁工业过程的已经应用的余热回收技术很多，针对余热资源的回收技术就包括烧结中低温余热回收技术、高炉热风炉蓄热技术、加热炉蓄热式烧嘴技术等，这些都极大地提高了钢铁工业余热资源的利用率，降低了钢铁工业过程的总体能耗。然而，钢铁工业整体的余热利用率还是比较低的，主要原因包括：

① 中低温余热资源总量丰富。中低温余热资源量各类占钢厂余热总量的60％以上，高达5.08GJ/t 钢。

② 各类余热能级跨度大，温度分布范围宽，回收利用的过程易出现能级不匹配现象，余热资源分布如图 19-4 所示。

③ 许多余热资源的间歇性和不稳定性。间歇性的操作工艺对余热资源回收利用技术要求高。

④ 资源分布范围大。许多余热资源分布范围大，总量高，但是单体量较小，使用大型的余热回收利用设备，造成回收成本过高。

对我国的主要钢铁企业统计数据显示，高温余热资源回收比例较高，吨钢回收量为 1.49GJ，总量为 3.36GJ；中温和低温部分的余热资源回收率较低，吨钢回收量分别为 0.66GJ 和 0.02GJ，而且其吨钢总量分别为 2.19GJ 和 2.89GJ[9]。从以上分析可以看出，钢铁企业内的余热资源能源等级复杂而且分散，集中式的大型余热利用方案无法满足所有余热资源回收利用的需求。发展适用的储热技术，可以提高余热资源，尤其是中低温余热资源的利用率。

储能技术在现代的钢铁工业中已经有了相关的应用实例，例如高炉的热风炉就是利用钢铁生产过程中排放出来的低热值的高炉煤气燃烧所产生的热量，并将热量存储起来，用于加热高炉的入口风温。加热炉工序中的蓄热式烧嘴也是储能技术在钢铁工业过程应用的一个典型例子，蓄热

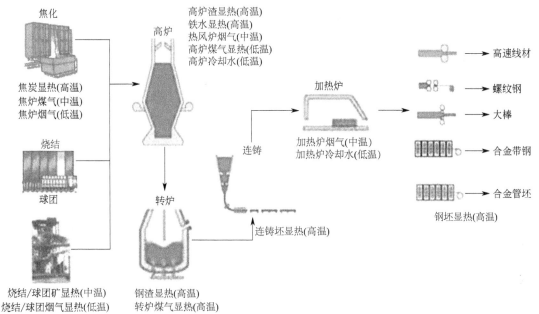

图 19-4 钢铁工业过程余热资源分布图

式烧嘴是一种通过蓄热球或者蜂窝体等储热材料将窑炉烟气中的回收热量用于预热空气以此达到交替燃烧、均匀加热目的的烧嘴。蓄热式烧嘴主要应用于工业燃气加热领域，以低 NO_x 排放和高的燃烧热效率著称。不过这些蓄热技术多数针对了较高品味的余热资源，在中低温方面还需要探索新的技术方案。

（2）水泥行业

目前我国的水泥工业煤炭消耗占建材工业的 83.7%，而从水泥窑炉里面排出的熟料温度几乎达到了 1300℃，将它们冷却到常温时所放出的热量也是相当可观的，利用空气急冷冷却器可以有效地利用这部分的热量，空气冷却高温熟料从而得到高温空气。水泥工业使用了大量的能源，其中 80% 左右消耗在窑炉上，所以窑炉的余热量非常大。图 19-5 所示是一套利用排气具有的热能供给场内所需能量的工艺流程，该系统方案考虑了窑炉未必一定运行的情况因而设置了蓄热装置满足用能供需不平衡时使用[3]。

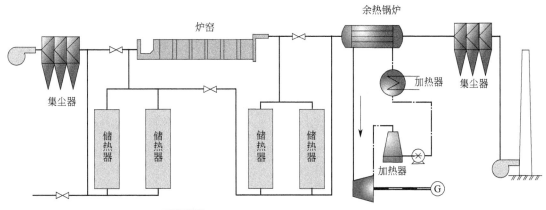

图 19-5 水泥工业余热回收利用储存的示例

（3）炼铝行业

炼铝工业过程中的余热资源多数为低品位的余热，但数量巨大，当前这部分余热资源主要的应用对象为居民供暖和热水，供暖和热水的需求都是周期性的变化的，而余热资源为连续化的，因此需要在两者之间建立起一套储能系统，实现用户端和生产端的匹配。

电解过程中不断产生高温气体，这部分气体会混入空气而成为 100～150℃ 的余热烟气，每个电解铝槽每小时可产生上万立方米的余热烟气，如果将这部分的余热资源加以利用回收，仅一个电解槽产生的热量就可以满足近 5000m² 居民冬季供暖的需求。

（4）液化天然气（LNG）行业

为了便于天然气的储藏运输，通常将天然气经过干燥脱酸处理后在低温（110K 以下）下液化成液体。天然气的液化过程能耗巨大，每生产 1kg 液化天然气消耗电能 0.6～0.9 kW·h，其中部分能量以冷能的形式存储在液化气中，当液化天然气运送到气化站气化应用时，须将这部分储存的冷能（860～883kJ/kg）释放。如果能将该部分冷能有效回收，则可以提高能源利用率，同时也有利于环境保护。

一种高效回收液化天然气冷能的方法是将液化天然气的气化过程与空分装置集成，利用液化天然气释放的冷能来降低空气温度以降低空分耗能[9]。但是这两者的集成面临两个问题：①两者在时间上不匹配，即液化天然气的气化不一定是连续稳定的过程，需要根据用户用气量的变化不断调整，而过程复杂的空分装置需要比较稳定的工况才能保证空分产品的纯度和效率；②液化天然气在气化过程中的释能特性（有无相变、定压比热容的变化等）与其工作压力和温度密切相关（尤其在临界点附近），必须根据气化压力的变化调整相应的释冷手段才能保证高效的冷能回收。

（5）其他行业

尽管不同行业的工艺流程和工艺方案不尽相同，但是可以肯定的是，几乎所有的工业过程都涉及能源消耗，而在能源消耗的过程中也都存在着不同等级不同数量的余热资源，都会对余热资源的回收提出需求。以下对部分工业过程进行分析。

陶瓷加工行业是一个高耗能的行业，其中目前广泛应用的梭式窑炉就是一种典型的间歇性窑炉，窑炉生产过程中能量利用率仅为 20%～30%，大部分的热能资源被用于炉体的蓄热和散热，而窑炉的能耗又占了陶瓷生产过程的 60%～70%，因此开发新型的陶瓷窑炉蓄热技术，是实现窑炉间歇性余热资源有效回收利用的关键技术[10]。

造纸行业在造纸生产过程中需要消耗大量的蒸汽，而造纸的蒸煮器是周期性运行的，往往会在瞬间产生出大量的蒸汽，采用小型蒸汽包储热的方式，将蒸汽需求低谷端释放出来的过量蒸汽存储在蒸汽包中，以满足需求高峰时对蒸汽的需求。

食品行业是一个典型的低温热利用行业（小于 120℃ 的热），食品行业中消耗大量的燃料用于产生工业过程所需要的蒸汽和热水。这些热源主要被用来烹饪、消毒、工作区间的清洗等工作，这个过程中会有大量的余热资源以热水或者蒸汽的形式释放到外界环境中。

19.2.2 储热技术应用实例介绍

热能储存技术在工业余热技术领域的应用已经有许多世纪了，现代储热技术随着 20 世纪 70 年代的石油能源危机发展起来，尤其是在可再生能源以及工业节能技术领域日益受到重视，因此储热技术在工业节能技术领域已有较多成熟的实例。目前来说，显热储热技术是最成熟的储热技术，也是在工业技术领域应用最为广泛的技术方案，针对不同的储热介质和工艺过程，归纳了以下几类主要的应用技术方案。

（1）固体显热储热

这类储热技术在工业余热回收领域多用于高温工业过程，用于高温烟气的余热回收利用，并将所回收的高温热能用于加热空气的再热过程，目前在高炉热风炉系统、加热炉蓄热烧嘴、玻璃熔炉蓄热炉上都有相关的应用。这类固体显热储热技术多采用价格低廉的陶土材料，例如氧化镁、氧化铝矾土、氧化硅等材料，通过空气（烟气）换热过程，实现高温的热能储存。

钢铁冶金工艺中的高炉热风炉其主体结构包括燃烧室和蓄热室两个部分[11～13]，如图 19-6 所示，其作用是把鼓风加热到要求的温度，一般在 1000℃ 以上，用以提高高炉的效益和效率，在燃烧室里燃烧煤气，高温废气通过蓄热室内的格子砖并使之蓄热，当格子砖充分加热后，热风炉就可改为送风，此时燃烧阀关闭，送风阀打开，冷风经格子砖而被加热并送出。

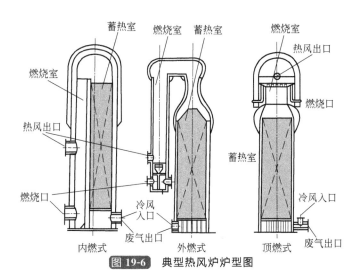

图 19-6　典型热风炉炉型图

蓄热式空气燃烧技术目前已经被广泛地应用于钢铁冶金、陶瓷、玻璃等高能耗行业中[11,15]，其主要特点是利用间歇性发生的烟气余热，实现空气的预热，如图 19-7 所示，高温的烟气和冷空气交替通过蓄热体[16]，当前的蓄热体材料主要包括小球堆积床或者蜂窝体状两种结构，该结构的燃烧技术在工业加热炉中应用，可以使炉子的热效率提高至 70％以上，助燃空气的预热温度提高至 1000℃以上，而排出的烟气温度可降低至 200℃以下，接近烟气的露点温度，相对于传统的燃烧技术来说，系统热效率高，NO_x 排放低。

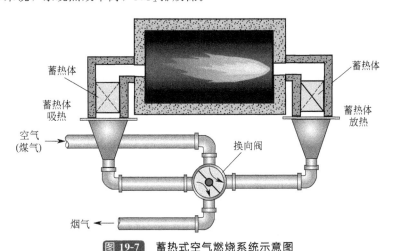

图 19-7　蓄热式空气燃烧系统示意图

（2）蒸汽储热

蒸汽蓄热器是一种热能存储的压力容器，往往是应用在工业锅炉供汽系统中储存多余热量并在需要时将所蓄热量释放出来的设备，其内部存储有大量的饱和水和蒸汽。在工业锅炉供汽系统中如果汽量经常发生大幅度的波动，不仅会引起锅炉汽压、水位上下波动，使锅炉运行操作困难，还会导致锅炉燃烧效率降低。蓄热器接入蒸汽供需系统中，起均衡蒸汽负荷的作用，改善锅炉运行条件，不使锅炉效率降低，同时也实现存储和释放热能的目的。

蒸汽蓄热在热电联产系统中具有较为广泛的应用，可以将汽轮发电机组设置在压力稳定的高压和压力波动的低压蒸汽管网之间，蒸汽蓄热器连接在低压管网中，系统所需的全部低压蒸汽都通过汽轮发电机组，并由低压管网上的蒸汽蓄热器来交换低压管网的蒸汽波动，从而获得最大的发电量，提高热电联产系统中的能量利用率[17]。

目前对于一些周期性的工业过程，如果要求蒸汽或者热能的输出量稳定，一般会配置蒸汽蓄热器。钢铁工业中的转炉炼钢工序就是一个典型的例子，一般情况下完整的炼钢周期在 20～30min，吹炼期一般为 10～16min，转炉仅在吹炼期产生蒸汽，过程中烟气的温度和烟气量波动都比较大，通过在系统中设置蒸汽蓄热器，将转炉余热锅炉出来的高压蒸汽存储在蒸汽蓄热锅炉中，放热时，通过自动调节阀将所存储的热能稳定地连续输出给发电机组，系统如图 19-8 所示[18]。类似的工艺路线在钢铁行业的烧结工艺[19]、铜冶炼工艺[20]等多个工业余热回收技术领域上都有应用的价值。

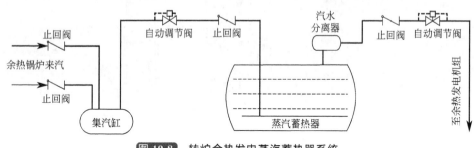

图 19-8 转炉余热发电蒸汽蓄热器系统

蒸汽蓄热装置还可以满足工业企业的高温用汽需求，纸浆造纸、食品加工和纺织等行业的生产过程中均会出现这类高峰用汽的需求[21～24]，这些行业使用的蒸汽主要特点是压力较低。通过加装蓄热蒸汽装置，可以减少锅炉的安装容量，并消除锅炉负荷的波动，从而节约能源，减少投资。

（3）液体显热储热

单纯的热水管网在供水管和回水管之间建立置换式热水蓄热系统，这类情况主要针对余热用于区域采暖热力站使用，热水在系统中即是传热介质也是蓄热介质。

为提升工业副产蒸汽余热的综合利用，在蒸汽热电机组和化工合成工艺等领域，副产蒸汽会与散热器采暖系统换热装置换热，制备较高温度的热水[25,26]，这部分热水将主要用于供暖等领域，考虑存储需要，可以将热水蓄热罐设计成自然分层式、多箱式的结构，避免冷热水混合，而对一些允许有混合过程的需求，可以应用迷宫式的热水储热罐方案[27]。

除了热水蓄热，还有导热油和熔融盐蓄热罐等液体蓄热装置，用于回收较高温度的余热资源。

从以上的分析来看，目前储热技术在工业余热回收技术领域已有了较多的应用案例，其回收利用的温度范围也已经覆盖了从上千摄氏度的高温余热资源到数十摄氏度的低温余热资源，资源用途也涵盖了满足自身工艺过程，提升能源利用率，以及为其他行业提供热源资源等多个方面，可以说储热技术在当前的工业余热回收技术领域已经有了较为成熟的应用。

19.3 工业余热回收中储能技术的未来应用

如第二节所述，储热技术在工业余热回收技术领域已经有了较多的成熟案例，是一项具有很好应用前景的余热利用技术。但是目前应用的储热技术多采用显热储热技术，随着其他储热技术的发展，包括相变储热和化学储热技术，针对各类工业余热资源的利用也提出了很多新的方案和设想，这些应用场景将有望实现工业余热在更大的空间和时间上的调度和转移，也将有利于工业余热资源的更高效的利用。

19.3.1 移动储热技术

移动储热技术利用装有储热材料的车来将热源（主要指工业余热和可再生能源）输送到距离较远的热用户处，解决由于时间和空间上的用热的不匹配而导致的能源利用效率过低的问题，也是提高能源利用效率的有效技术手段之一，系统流程如图 19-9 所示。该项技术因为小型的储热系统具有更加优越的灵活性，可以针对性地将该项技术应用于零散的余热资源回收领域，为那些分散的余热资源探寻到合适的热用户。

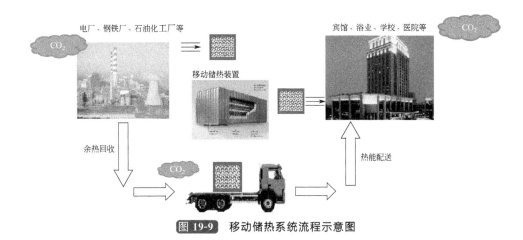

图 19-9 移动储热系统流程示意图

移动储热技术是一种新型的余热利用的热能供应技术，移动储热技术突破了传统管道能源运输的模式，灵活方便，不受热力管网建设的限制，同时所输运的距离也较传统的蒸汽管网要远。不同于以往的热水罐式移动储热车，未来的移动储热技术，将通过选择适当的储热温度和具有更高储热密度的储热材料，减小储热装置的体积和质量，从而获得更为优良的移动储热能力，相变储热材料因其储热密度较显热储热材料高且技术较为成熟，是目前移动储热系统研发工作的重点，并已经开展了一些示范应用研究。

欧洲多个国家先后推出了具有相变功能的移动储热技术，瑞典利用具有相变功能的移动储热技术将生物质热电联产系统产生的余热资源运输到较远的社区以实现区域供暖的目标，通过比较多种储热技术的特点，提出了一种利用赤藻糖醇的移动储热技术[28]，对其经济性进行评估和分析指出，在热资源的价格不高于 100 欧元/(MW·h)，余热资源距离热用户的距离低于 40km（单程距离）的情况下，系统有望在 10 年内收回所有的投资。德国的 ZAE 提出通过更高温度的存储，实现移动储热技术在工业领域的应用。如工业干燥，通过减少干燥过程中能源的消耗，降低整体的能源消耗，分析了 10km 余热资源运输的情况，结果指出，考虑到移动储热装置运输过程的能耗和一些辅助能耗，相比利用 1MW 燃气锅炉的干燥工艺来说，移动储热装置每年可减少 700t 的二氧化碳排放[29]。

日本在移动储热技术方面也开展了研究工作，NaOH 作为相变储热材料被作为移动储热装置的储热介质，在接近的储热温度下比较了导热油和相变储热材料应用于 300℃左右的焦炉煤气余热回收的情况，相变储热材料具有较大的相变潜热，而使得该储热技术具有更好的应用前景[30]。在相同的供能情况下，相比没有热回收设备的传统的供热方式来说，其在能源的利用方面具有明显的优势，带有相变材料的移动供热方式的能耗仅为传统方式的 9.5%，系统㶲损失为 39.7%，而二氧化碳的排放量仅为传统方式的 19.6%[31]。

我国目前开展了一些这方面的研究工作，利用相变储热技术将工业生产中的余热、废热回收存储，并运输到供热用户处，经预测，每台移动储热车运行一年可节约燃煤 600t，该方案既可使工业余热资源得到充分的利用，同时也可以替代各类供热锅炉，整体上减少对化石能源的消耗，降低二氧化碳的排放[32,33]。利用蒸汽蓄热装置建立起来的移动储热技术，可以实现中高温的废热蒸汽的储存和输运，提升能源的整体利用率[34]。

19.3.2 与电能消峰结合的储热技术

储热技术既可以是一项独立的能源储存技术，也可以通过与其他能源系统连接实现能源的提效，在电力系统中建立工业过程余热资源的存储系统，并将所储存的余热与电力调峰相结合，提升电力系统调峰的能力，同时也可以提高系统整体的能源利用效率。不同于传统的电站工业余热回收储热方案，这类余热储热方案与其他储能系统相结合，可以同时实现电力系统的调峰和余热资源的高效利用，既可以实现系统能源的高效利用，也提高了电力系统的调峰能力。

图 19-10 所示的是一套集余热存储、高效回收和利用、低谷电存储及调峰等功能于一体的内燃发电机能源系统产品[35]，依据余热资源的能源品位采用了多级的储热材料将发电系统工作期间的余热分级存储于蓄热换热器内（储热过程），并通过压缩空气储电技术将低谷期多余的电能存储于压力容器中（储电过程），存储的热和电可根据用户需求而释放，可有效地解决现有发电系统的能源利用效率低的问题，充分利用能源资源。同时，系统将电能和余热的生产端与用户端分离，可实现高效灵活利用能量的目的。此外，在用电高峰期系统通过压缩空气膨胀，并吸收存储的余热发电，进而实现系统的合理调峰。

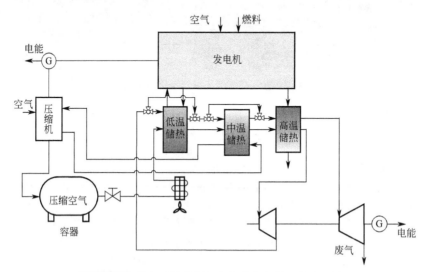

图 19-10 发电系统的低谷电和余热存储再利用系统

Highview 公司推出的深冷储能示范系统［400kW/(3MW·h)]已于 2011 年建成并投入运行，该系统通过与就近的生物质电厂合作示范了深冷储能系统在低品位余热利用方面的巨大潜力，利用它，电厂的低温余热转化为电能的效率达 50% 以上[36]。这套系统需要考虑电厂的余热资源与储电系统对热资源需求时间不匹配的问题，因此需要在两者之间建立起能量等级匹配的余热存储系统，以满足深冷储能系统的运行要求。

19.3.3 工业余冷的储存

工业生产过程中往往会出现大量的冷能，典型的包括 LNG 的冷能，以及一些工业制冷过程排放的冷能资源，冷能也是热能资源的一种，工业过程产生的冷能同样可以被认为是一种余热资源，而在民用（制冷和制冰）和工业用（食品冷冻和冷能发电等）中冷能都有着极为广阔的应用前景。和热能资源一样，其回收和利用过程中存在着时间、空间匹配的问题。

国际能源署 ANNEX18 的报告中提到了一种冷能的存储和运输技术方案（图 19-11），和本节第一部分所提的移动储热技术类似，这个技术方案采用了冰浆蓄冷技术，存储工业过程产生的余冷资源，将冷能用于制冷车的冷能需求，减少车辆冰库制冷过程对汽油的消耗，该蓄冷移动车已在日本开展了示范应用研究，研究分析结果表明，以存放 2t 的运输车为例，每运行一个小时可以减少 0.282L 汽油的消耗，每辆车全年可减少汽油消耗 588L[29]，既具有较好的经济效益，同时也可以达到节能减排的效果。

回收存储液化天然气（LNG）气化过程的冷能，因其冷能品位高，所以具有更好的回收利用价值，但 LNG 的气化负荷随时间和季节发生波动，图 19-12 为 LNG 冷能回收及储存过程示意，考虑到 LNG 气化过程随着压力的变化冷能会发生波动，需要考虑不同温度条件下的冷能储存技术，日本日立公司提出了一种采用丙烷和甲醇两种流体的储冷技术[37]，系统中将常压的丙烷和甲醇分别装在高温和低温的储罐中，当液化天然气气化释冷时，相应流量的丙烷和甲

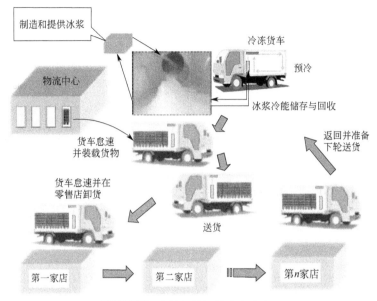

图 19-11　冷能存储运输技术方案

醇被液体泵从高温储罐送入换热器，吸收液化天然气释放的冷能后再导入低温储罐中，这样液化天然气释放的冷能就被以丙烷和甲醇的显热形式储存起来。通过等效换热因子对换热过程进行优化，可以使得储冷流体的换热负荷曲线更加接近液化天然气释冷过程的负荷曲线，并在温度较低的区域得到更合理的换热温差，减小换热过程的㶲损失[38]。

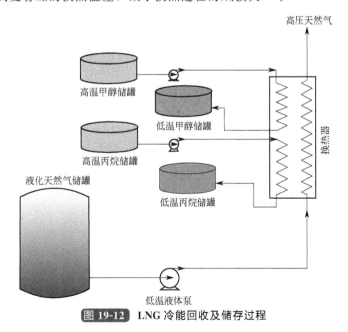

图 19-12　LNG 冷能回收及储存过程

19.4　本章小结

　　总体来说，工业余热资源因为载体多样、分布分散、能级分布广、波动大等原因，同时受到了热能输送距离和输运设备的限制，其回收利用率不高；工业生产过程排出的余热一般波动很大，而且与用热负荷的波动并不同步，因此通过储热技术来平衡用热负荷是余热回收的重点，也是提高热能利用率的关键技术之一。

参 考 文 献

[1] 中国工业节能进展报告 2012. 北京：国宏美亚工业节能减排技术促进中心，2013.

[2] Swithenbank J，Finney K N，Chen Q，et al. Waste heat usage. Appl Therm Eng，2013，60，(1-2)：430-440.

[3] 一色尚次，等. 余热回收利用系统实用手册：下册. 王也康，等译. 北京：机械工业出版社，1988.

[4] 李永亮，金翼，黄云，等. 储热技术基础（Ⅰ）——储热的基本原理及研究新动向. 储能科学与技术，2013，2 (1)：69-72.

[5] Li Y，Wang X，Ding Y，A cryogen-based peak-shaving technology：systematic approach and techno-economic analysis. Int J Energy Res，2013，37 (6)：547-557.

[6] Beghi G. Lectures of Course held at the joint research centre：Thermal energy storage. Ispra Italy：D. Reidel Publishing Company，1981.

[7] Koca A，Oztop H F，Koyun T，et al. Energy and exergy analysis of a latent heat storage system with phase change material for a solar collector. Renew Energ，2008，33 (4)：567-574.

[8] Jegadheeswaran S，Pohekar S D，Kousksou T. Exergy based performance evaluation of latent heat thermal storage system：A review. Renewable and Sustainable Energy Reviews，2010，14 (9)：2580-2595.

[9] 蔡九菊，王建军，陈春霞，等. 钢铁企业余热资源的回收与利用，钢铁，2007，(06)：1-7.

[10] Kim H，Hong S. Review on economical efficiency of LNG cold energy use in South Korea，2006.

[11] 邓苹，郭朝阳，范文婷，等. 蓄热式陶瓷梭式窑控制技术研究. 工业炉，2014，(03)：30-32.

[12] 王长春. 卡卢金热风炉的工业应用. 世界钢铁，2012，(05)：65-72.

[13] 钱世崇，张福明，李欣，等. 大型高炉热风炉技术的比较分析. 钢铁，2011，(10)：1-6.

[14] 王苗，苍大强，白皓，等. 高发射率涂料应用于高炉热风炉的节能效果. 钢铁，2009，44 (11)：91-94.

[15] 曹甄俊，朱彤. 自身蓄热式烧嘴在梭式窑中的应用. 中国陶瓷，2006，42 (6)：38-41.

[16] 代朝红，温治，朱宏祥，等. 高温空气燃烧技术的研究现状及发展趋势（上）. 工业加热，2002，31 (3)：14-18.

[17] 培克曼 G，吉利 P V. 蓄热技术及其应用. 北京：机械工业出版社，1989.

[18] 王华锋. 蒸汽蓄热器在炼钢厂转炉余热发电中的应用. 节能，2013，(02)：58-60.

[19] 刘精宇，蔡九菊，李小玲，等. 钢铁联合企业的发电设备及影响发电效率的因素分析. 中国冶金，2014，(06)：58-64.

[20] 韦士波，戚永义. 蒸汽蓄热器在铜冶炼余热发电系统上的应用. 能源与节能，2013，(08)：22-24.

[21] 金海，崔立新. 蒸汽蓄热器在啤酒行业中的应用. 节能，1997，(07)：26-28.

[22] 董振民. 蒸汽蓄热器在医废处理系统中的应用. 中国特种设备安全，2011，(07)：39-42.

[23] 王权，刘正武，刘聿拯，等. 蒸汽蓄热器在制浆造纸企业中的应用. 节能，1984，(01)：40-43.

[24] 曹家枞，钟伟. 工业锅炉房蒸汽蓄热器工程的优化问题. 中国纺织大学学报，1999，(04)：42-46.

[25] 邓元媛，周吉日，姚宁，等. 工业企业余热和废热利用研究. 建筑节能，2013，(09)：21-23.

[26] 祝侃，夏建军，江亿. 工业余热用于集中供暖取热流程优化研究. 暖通空调，2013，(10)：56-60.

[27] 郭茶秀，魏新利. 热能存储技术与应用. 北京：化学工业出版社，2005.

[28] Wang W，Guo S，Li H，et al. Experimental study on the direct/indirect contact energy storage container in mobilized thermal energy system (M-TES). Appl Energy，2014，119：181-189.

[29] Hauer A，Gschwander S，Kato Y，et al. Transportation of Energy by Utilization of Thermal Energy Storage Technology. ECES-IEA Annex，2010：18.

[30] Nomura T，Okinaka N，Akiyama T. Waste heat transportation system，using phase change material (PCM) from steelworks to chemical plant. Resources，Conservation and Recycling，2010，54 (11)：1000-1006.

[31] Nomura T，Oya T，Okinaka N，et al. Feasibility of an advanced waste heat transportation system using high-temperature phase change material (PCM). Isij International，2010，50 (9)：1326-1332.

[32] 杨波，李汛，赵军. 移动蓄热技术的研究进展. 化工进展，2013，3：515-520.

[33] 肖松，郑东升，吴淑英. 利用相变材料回收高炉冲渣水余热的经济性分析. 工业加热，2012，(04)：34-35.

[34] 李志鹏. 移动利用废热技术及合同能源管理模式在硫酸厂的应用. 硫酸工业，2014，(05)：61-63.

[35] 丁玉龙，金翼，汪翔，等. 内燃发电机的低谷电及余热回收、储存和再利用系统：CN102588024A. 2012-07-18.

[36] 李永亮，金翼，黄云，等. 储热技术基础（Ⅱ）——储热技术在电力系统中的应用. 储能科学与技术，2013，(02)：165-171.

[37] Wakana H，Chino K，Yokomizo O. Cold heat reused air liquefaction/vaporization and storage gas turbine electric power system，2005.

[38] 李永亮，金翼，黄云，等. 储热技术基础（Ⅲ）——等效换热因子及其在储热过程优化中的应用. 储能科学与技术，2013，2 (3)：272-275.

第20章 储能技术在交通运输系统中的应用

20.1 交通运输系统概述及其对储能技术的需求

用不同的运输方式把产品从始发地运送到终到地，这样的运输方式包括水运、空运、铁路和公路等，称之为综合交通运输。运输是指借助公共运输线路及其设施和运输工具来实现人与物空间位移的一种经济活动和社会活动。交通运输是运输工具在运输网络上的流动和运输工具上载运的人与物资在两地间位移这一经济活动的总称。自有人类以来即有运输，因为运输是人类获取食物、衣服、居室材料、器皿以及武器的手段，故运输发展的历史与人类文明的发展史相伴生。从以人本身作为运输工具（肩扛、背驮、头顶等），到驯养牛、马、狗等动物运输，及至轮轴、车辆的出现，无一不浸透着经济与社会发展的足迹。1765年瓦特发明的蒸汽机及其掀起的产业革命，促成了旧式水路交通工具的根本性变革，更是揭开了现代运输发展的序幕。

20.1.1 交通运输系统与国民经济的关系

交通运输对国民经济和社会发展的作用可以归结为：交通运输是人类社会与经济发展的基础；是形成城市的重要因素；促进社会分工、工业和规模经济的实现；构成国民经济的重要比例关系；是现代工业的先驱；促进资源的合理分配；有利于降低和稳定物价。世界经济史表明，经济强国也一定是运输大国，经济的发展离不开运输的发展。一方面，运输的发展扩大了市场交换的地理区域，形成了更大的市场；另一方面，运输的发展本身就形成了一个庞大的市场，拉动经济的发展。运输的发展能促进经济的发展，其重要原因在于运输成本的下降（相对或绝对），这种下降拓展了资源利用的经济距离，扩大了市场范围。每一次经济的大发展都伴随着运输的革命和运输成本的显著降低。随着经济的发展，运输对经济的负面影响越来越显著。这就要求扩大运输成本的构成范围，不能只是简单包括运输业的内部成本，而且要同时考虑到外部成本。要解决这一问题，建立可持续运输体系是必然的选择。

20.1.2 交通运输系统与能源的关系

自1992年来国产能源数量明显不能满足能源消耗的现状，能源问题日益突出。为此，如何有效、节约利用有限能源成为我国当前面临的世界性主题和迫切需要解决的问题。伴随"十二五"规划节能降耗目标以及发改委将根据实际情况把节能降耗指标分解到各行业的计划，作为能源消耗大户之一的交通运输行业，施行节能运作刻不容缓。因此，从微观透析学者对交通运输能源消耗的相关研究，从宏观剖析我国交通运输能源消耗现状，提高能源利用效率，为解决交通能耗问题提供科学的、可操作性对策是十分必要的。

20.1.2.1 交通运输系统的未来发展趋势

降低交通运输的能源消耗不仅是在能源消费量上有所下降，更应该是能源的充分利用和能源利用效率的提高。基于国内学者对交通运输能源消耗的相关研究的特点和局限性，今后可从以下几个方面进行交通运输降耗的研究的拓展方向：第一，增强弱势研究。对航空、水路交通运输方式的能耗问题加强其研究力度。不同地区受客观地理环境影响，交通运输中重要方式也会因地制宜。如沿海、河城市凭借地理优势发展水上交通运输或者进行水铁联运。加强水路运输能耗的深入探究，可为其提供理论的降耗支持。第二，切入物流角度。伴随现代物流在区域经济发展中的重要作用，现代物流要求低成本和快捷性等，通过物流的发展带动和促进交通运输方式整合，降低交通运输系统能耗，提高交通运输系统效率。第三，增加实证研究。鼓励增加实证研究检测，及时反馈降耗对策和途径在实际操作过程出现的问题，对提出的降耗策略和途径不断优化，促进相关降耗措施更具有针对性，能够加快理论应用到实践的速率。第四，优化交通运输结构。交通运输的发展，不仅带来能源消耗问题，同时也产生生态环境影响。因此，在资源节约型和环境友好型的前提下，宏观控制交通系统，优化系统结构，实现铁路、公路、航空、水路等运输联合协调以期最大化降低能耗，提升社会服务水平，优化现代交通系统可持续发展。第五，健全降耗评价体系。建立可操作、具有实用性和适用性的降耗评价体系，可将降耗成效具体量化，可以明确交通运输系统中依然存在降耗空间的方面，推进降耗过程循序渐进。第六，控制民用汽车和居民出行。根据《交通运输"十二五"发展规划》估计，到十二五规划末，民用汽车数量将达到 1.5 亿辆，居民出行平均次数明显增加。优化民用汽车结构、调整居民出行行为，对交通运输降耗将会产生深远影响[1]。

20.1.2.2 交通运输系统的分类

现代化交通运输主要包括铁路及城轨、道路、水路、航空及管道等方式。交通运输设备是实现交通运输职能的物质载体与保障手段。交通运输设备按照不同的运输方式应用领域划分，可以分为铁路设备、道路设备、水路设备、航空设备和管道设备。

20.1.2.3 交通运输系统的发展

在全球高度重视气候变迁与节能减碳的背景下，大力发展储能技术已经成为国际共识，空中交通设备、水路交通设备、道路交通设备都已经尝试使用储能系统作为动力源，尤其在道路交通领域，我国将新能源和新能源汽车产业作为战略新兴产业加以重点扶持，储能技术在道路交通设备应用成为研究重点。

下面主要以储能技术空中交通设备、水路交通设备、道路交通设备为例，讲述交通运输系统对储能技术的需求及应用现状等。

20.1.2.4 空中交通设备技术发展

20 世纪最重大的发明之一，是飞机的诞生。人类自古以来就梦想着能像鸟一样在太空中飞翔。而 2000 多年前中国人发明的风筝，虽然不能把人带上太空，但它确实可以称为飞机的鼻祖。

在美国有一对兄弟他们在世界的飞机发展史上做出了重大的贡献，他们就是莱特兄弟。在当时大多数人认为飞机依靠自身的动力飞行完全不可能，而莱特兄弟却不相信这种结论，从 1900 年至 1902 年他们兄弟进行 1000 多次滑翔试飞，终于在 1903 年制造出了第一架依靠自身动力进行载人飞行的飞机"飞行者"1 号，并且获得试飞成功。他们因此于 1909 年获得美国国会荣誉奖。同年，他们创办了"莱特飞机公司"。这是人类在飞机发展的历史上取得的巨大成功。

虽然在 20 世纪 30 年代后期，活塞驱动的螺旋桨飞机的最大平飞时速已达到 700km，俯冲时已接近声速。但声障的问题日益突出。苏联、英、美、德、意等国大力开展了喷气发动机的研究工作。德国设计师，奥安在新型发动机研制上最早取得成功。1934 年奥安获得离心型涡轮喷气发动机专利。1939 年 8 月 27 日奥安使用他的发动机制成 He-178 喷气式飞机。

（1）世界上第一架直升机

1939 年 9 月 14 日世界上第一架实用型直升机诞生，它是美国工程师西科斯基研制成功的 VS-300 直升机。西科斯基原籍俄国，1930 年移居美国，他制造的 VS-300 直升机，有 1 副主旋翼和 3 副尾桨，后来经过多次试飞，将 3 副尾桨变成 1 副，这架实用型直升机从而成为现代直升机的鼻祖。VS-300 直升机诞生之后，影响巨大，尤其是从 20 世纪 50 年代开始，直升机的制造技术发展迅猛。50 年代中期以前，直升机的动力装置处在活塞式发动机时期，此后就进入了喷气涡轮轴时期。旋翼材料结构技术也经历了几个阶段；40 年代至 50 年代为金属木翼混合结构，50 年代中期至 60 年代中期为金属结构，60 年代中期至 70 年代为玻璃纤维结构，70 年代中期以后发展成为新型复合材料结构。

（2）世界上第一架民用飞机

20 世纪 20 年代飞机开始载运乘客，第二次世界大战结束初期美国开始把大量的运输机改装成为客机。60 年代以来，世界上出现了一些大型运输机和超音速运输机，逐渐推广使用涡轮风扇发动机。著名的有前苏联生产的安-22、伊尔-76；美国生产的 C-141、C-5A、波音-747；法国的空中客车等。

飞机的发明也使航空运输业得到了空前发展，许多为工业发展所需的种种原料拥有了新的来源和渠道，大大减轻了人们对当地自然资源的依赖程度。特别是超音速飞机诞生以后，空中运输更加兴旺。那些不宜长时间运输的牲畜和难以长期保存的美味食品，也可以乘坐飞机而跨越五湖四海，给世界各地的人们共赏共享。

在人类向地球深处进军时，飞机也被广泛应用于地质勘探。人们使用装备了照相机或者一种称为肖兰系统的电子设备的飞机，可以迅速而准确地对广大地区，包括险峻而难以到达的地方进行测绘。把空中拍摄的照片一张张拼接起来，就可以绘制极好的地形图。这比古老的测绘方式要简便易行得多。就连冰天雪地、人迹罕至、一度只是探险人员涉足的北极和南极，现在乘坐飞机也可以毫不困难地到达。

（3）战斗机

飞机在现代战争中的作用非常惊人，不仅可以用于侦察、轰炸，而且在预警、反潜、扫雷等方面也极为出色。在 20 世纪 90 年代初爆发的海湾战争中，飞机的巨大威力有目共睹。当然，飞机在军事上的应用给人类也带来了惨重灾难，对人类文明产生了毁灭性破坏。和平利用飞机才是人类发明飞机的初衷。

（4）太阳能飞机

太阳能飞机以太阳辐射作为推进能源的飞机。太阳能飞机的动力装置由太阳能电池组、直流电动机、减速器、螺旋桨和控制装置组成。由于太阳辐射的能量密度小，为了获得足够的能量，飞机上应有较大的摄取阳光的表面积，以便铺设太阳电池，因此太阳能飞机的机翼面积较大。

20 世纪 70 年代末，人力飞机的发展积累了制造低速、低翼载、重量轻的飞机的经验。在这一基础上，美国在 80 年代初研制出"太阳挑战者"号单座太阳能飞机。飞机翼展 14.3m，翼载荷为 60Pa（6kgf/m^2），空重 90kg，机翼和水平尾翼上表面共有 16128 片硅太阳电池。在理想阳光照射下能输出 3000W 以上的功率。这架飞机 1981 年 7 月成功地由巴黎飞到英国，平均时速 54km，航程 290km。太阳能飞机还处于试验研究阶段，它的有效载重和速度都很低。经典的机型有："太阳神"号；"天空使者"号；"西风"号；"太阳脉动"号等。

20.1.2.5　水上交通设备发展

在遥远的古代，人类的祖先还处于以采集和渔猎为生的时期，他们活动的场所是森林、草原、江河、湖泊。由于没有水上工具，深水的鱼群，可望而不可得；河对岸的野兽，可见而不可猎；洪水袭来，来不及逃避就得被淹死。他们在与天斗、与洪水猛兽斗的长期斗争中增长了才干，增添了智慧。自然现象使他们受到了各种有益的启发。"古观落叶以为舟"，就反映了我们祖先早期对一些物体能浮在水面上的认识。也许正是因为这种自然现象，才引发人们航行的念头。人骑坐在一根圆木上，就可以顺水漂浮；如果他还握着一块木片，就可以向前划行。如果把那根圆木掏空，人就可以舒适地坐在里面，并能随身携带上自己的物品。这就是人们创造的最初的独木舟。独木舟，又称独木船，见图 20-1，是用一根木头制成的船，是船舶的"先祖"，是最早的船舶，在世界各地都曾出现过。

蒸汽机的出现曾引起了 18 世纪的工业革命。直到 20 世纪初，它仍然是世界上最重要的原动机，后来才逐渐让位于内燃机和汽轮机等。

在船舶上采用蒸汽机作为推进动力的实验始于 1776 年，经过不断改进，至 1807 年，美国的富尔顿制成了第一艘实用的明轮推进的蒸汽机船"克莱蒙"号。见图 20-2。

蒸汽机诞生后，清同治二年十二月二十日，蔡国祥等制成了中国第一艘以蒸汽机为动力的轮船，命名为"黄鹄"号。船长约 9m，时速为 12.5km，自今大观亭街古盐河下水出安庆江面试航。安庆内军械所制成以蒸汽机为动力的轮船，揭开了中国动力机械史和近代轮船制造史的新篇章。

此后，蒸汽机在船舶上作为推进动力历百余年之久，探索船舶推进方法中，除了桨、橹、帆这些工具外，在埃及、罗马和我国古代都曾发明过用明轮的方式推进船舶。罗马人还使用奴隶和

图 20-1 独木舟

图 20-2 蒸汽机船"克莱蒙"号

畜力带动明轮。17世纪以前,船舶推进动力方式已到了需彻底变革的时期,当时世界各大洋上繁忙的贸易往来需要解决船舶动力问题。

真正解决船用蒸汽机的是詹姆斯·瓦特。他在1765年发明了双缸蒸汽机。1768年他与英国伯明翰轮机厂的老板马修·博尔顿合作,专门研制了一台用于船舶推进的特殊用途的蒸汽机,这就是世界上早期蒸汽机船上普遍使用的博尔顿-瓦特发动机,从而完成了船舶动力的第三次革命。船舶的推动力从人力、自然力转变为机械力,船舶用蒸汽机提供的巨大动力,使人类有可能建造越来越大的船,运载更多的货物。

第一艘完全使用蒸汽动力推进的船是"皮罗斯卡皮"号,它是法国人马奎斯建造的。船上有一台单缸蒸汽发动机,用来带动船两侧的两个明轮。海上运行的第一艘蒸汽机船是美国人罗伯特·富尔顿发明建造的"凤凰"号轮船,它在纽约与费城之间航行。

19世纪的各大洋是蒸汽机船的天下,蒸汽机船的出现,最终使帆船驶进了船舶博物馆。开始的汽船是由明轮推进的,然后又发展成为螺旋桨推进,接着人们又陆续发明了涡轮机、柴油机、汽油机和核动力装置。造船的材料,也由早期主要用木材发展到近代主要用钢铁。

由于造船材料和船的行驶动力的不断发展,人们造的船越来越大,装载的人和货物越来越多,功能也越来越完善,航程也越来越远。

20.1.2.6 道路交通系统技术发展

陆地是人类的基本栖息地。在那里,人们生产、生活、交互往来、迁移走动,自古如此。因此可以说，陆路交通的发展与人类本身的发展几乎有着一样久远的历史。

（1）古代交通工具的使用

古人发现用一些圆直的木棒排到重物下的地面上，借助木头的滚动，使重物的搬运变得轻松了许多。人类早期还可能采用过平板（即原始的爬犁之类）拖拉东西。平板的采用可能比圆木棍的使用来得更早。二者的结合，便是车辆原理的原始应用。再到后来，圆直木棍被固定在平板下转动的轮子所代替，最初的车便这样发明了。但从直接拖拉，到平板拖拉，再到圆直木棍的使用，再到真正的车的发明，其间的每一次变化，都是人类交通运输史上的大进步。

我国也是世界上最早使用车的国家之一。相传我国造车开始于 5000 年前的黄帝时代，并作为一种战争工具。从考古发掘的材料来看，不仅甲骨文、金文、陶文中已出现有大量的"车"字，而且还在殷商遗址中发现了一辆四匹马驾的战车遗迹。文字是实物的反映，而从有车发展到四匹马驾的战车，则需要相当长的时间，因此，可以断定，我国在殷代以前就早已有了车。

动物的驯化是人类交通史上的一个里程碑，人类交通从此告别了纯粹人力的时代。最初，人们直接以牛、马等驮物、代步，这可能是畜力的最早应用。后来，畜力逐渐被用来拖拉车辆，牛车、马车便就此出现了。

中古和近代是畜力车发展的繁荣时期。我国历代皇帝乘坐的车辇以及在战争中使用的战车之类，记载颇多。美国设有驿马站，专供长距离运输之用。欧洲贵族的马车，漂亮而奢华。为了使人们乘坐舒服，还安装了弹簧式悬架和轴承之类的东西。

（2）近代交通系统技术发展

进入 19 世纪后，汽车、火车制造技术的日益完善及其在交通运输中的普及，终于使曾辉煌一时的马车逐渐黯淡下去。人类从此揭开了现代化"动力交通时代"的序幕。而蒸汽机的发明和改良，则是其前奏。

1769 年瓦特制造了早期的工业蒸汽机，人类交通工具的发展才进入飞速发展。代表性的交通工具为蒸汽火车、蒸汽轮船、蒸汽汽车等。随着汽油机、柴油机等内燃机的产生，交通工具得到进一步发展。现代大部分交通工具的动力都是内燃机。电磁感应定律，电与磁之间的相互转化为电动车的发展奠定了理论基础。电动机的产生使交通工具有了洁净的能源，交通工具进入了新的发展阶段。1804 年，英国的矿山技师德里维斯克利用瓦特的蒸汽机造出了世界上第一台蒸汽机车，见图 20-3。1886 年 1 月 29 日，德国人卡尔·本茨制造的汽车获得了专利证书，世界上第一辆汽车正式诞生，见图 20-4。

图 20-3　世界上第一辆蒸汽机车

图 20-4　世界上第一辆汽车

（3）现代交通系统技术发展

柴油机、汽油机等均为内燃机阶段的产物，交通工具体现为高速火车、汽车、摩托车、拖拉机等，现在大部分的机动车辆的动力都是内燃机。电磁感应定律，电与磁之间的相互转化为电动车的发展奠定了理论基础。电动机、发电机等均为这阶段的基础设备。电动车成为上述产品的升级换代产品。现代汽车见图 20-5，现代高铁见图 20-6。

图 20-5 现代汽车   图 20-6 现代高铁

20.1.3 交通运输系统对储能技术的要求

虽然表征储能技术的参数相同，但在不同的交通运输系统或同一系统内的使用环境、工况不同，对储能技术的要求也不同，下面从空中交通运输设备、水上交通运输设备、陆地交通设备分别进行介绍并分析其对电源系统的要求。

20.1.3.1 空中交通设备对储能技术的需求

传统动力飞机对储能技术的需求，主要来源于紧急备用电源和辅助能源的使用。紧急备用电源是指飞行中电源和辅助电源全部失效时启动，只向飞机上重要用电设备（关键负载）供电。辅助电源指在地面且主电源不动作时，作飞机飞行中的备用电源使用。长久以来传统燃油飞机的紧急备用电源和辅助电源都使用铅酸蓄电池，但随着锂离子电池的发展，新型储能技术在航空领域的应用的前景更为广阔。

太阳能飞机作为新型动力源飞机，对储能技术的需求较传统燃油飞机更为迫切。由于飞机采用太阳能电池作为唯一大容量储能设备，太阳能光照时间、太阳能转化效率、电池能量密度是太阳能发展的关键技术。目前多数太阳能飞机采用的是转化效率为 $15\%\sim20\%$ 的单晶硅太阳电池，部分为多晶硅电池。储能器多为能源密度为 $150W \cdot h/kg$ 左右的锂电池，部分太阳能飞机采用爬高方式储能或能量密度为 $450\sim600W \cdot h/kg$ 的可再生燃料电池储能。为降低全机重量，能源系统多集成于机体结构中。由于太阳能电池价格高昂、易碎，不能与集体曲面很好的贴合，导致太阳能飞机初期投入经费过多，气动效率低。太阳能电池低的转换效率也限制了太阳能飞机的性能。储能系统的能量密度和效率太低导致储能系统的重量在全机重量中占有很大的比重，以 So-Long 飞机为例，锂电池的重量占到了全机重量的 44%。

未来太阳能飞机将采用新布局、新材料和新工艺来提高飞机结构效率和气动效率，降低飞机的重量，减小飞机的尺寸，提高荷载能力。同时，更重要的是采用高能量密度和高效率的储能技术，使飞机能更"长久"地飞行。随着世界上首架太阳能环球飞行的试飞成功，相信未来会有更多的新能源飞机问世。

20.1.3.2 海上交通系统对储能技术的需求

在传统船舶动力装置中，95% 以上为柴油机动力装置，这在节能、环保方面存在着几个缺陷：①燃油动力为不可再生资源；②航行排放的烟气污染大气；③噪声污染严重，从以上几个角度看，推广船舶新能源动力系统具有重要意义。这也对新能源储能技术提出了更高的要求。

目前，船舶储能技术的相关研究主要是围绕这三种储能方式展开的，这三种形式分别为电池（铅酸电池、锂离子电池、燃料电池、太阳能电池等）、超级电容和飞轮储能。随着船舶装备的不断发展，将出现一些需要在短时间消耗极高功率的用电设备。船舶储能为了满足这些大容量脉冲负载的正常工作，储能则是其功能实现的必然需要。当然储能的作用不仅仅局限于这点，还需要对船舶供电的连续性和经济性进行研究。

在船舶的连续性储能技术使用上，主要分为两个方面：一、当船舶电网有机组因故障而退出运行时，可以投入储能设备，暂时弥补电网中缺失的功率，直至有机组投入电网，从而不需要对负载进行不必要的卸载操作，起到备用电源的作用；二、新能源船舶代替传统燃油动力，利用太阳能电池、燃料电池和锂离子电池等作为动力源。在船舶未来的使用中，新能源储能技术前景广阔。但提高储能技术在综合电力的平衡、有效使用中的研究则显得尤为必要，也是新能源船舶储能技术的关键所在。

20.1.3.3　道路交通运输系统对储能技术的要求

在全球能源紧张、环境保护呼声不断高涨的大背景下，电动汽车产业的发展被公认是 21 世纪汽车工业改造和发展的主要方向。电动汽车分为纯电动汽车（EV）、混合动力汽车（HEV）和燃料电池电动汽车（FCEV）三种，电动汽车行驶无排放（或低排放），噪声低，能量转化效率比内燃机汽车高很多。同时电动汽车还具有结构简单、运行费用低等优点，安全性也优于内燃机汽车。但电动汽车目前还存在价格较高、续驶里程较短、动力性能较差等问题，而这些问题都是和储能技术密切相关的，储能技术在电动汽车上的应用为主要为动力电池系统技术。

进行电动汽车动力电池系统的设计，首先要了解电动汽车对动力电池系统的要求，虽然表征电池或电源系统的参数相同，但不同类型汽车的使用工况不同，对电源系统的要求也不同。下面对电动汽车对电池系统的要求进行详细分析和介绍。

（1）电动车辆驱动原理

电动汽车在行驶过程中要克服电动汽车本身的机械装置的内阻力以及由行驶条件决定的外阻力消耗的功率，由动力电池组输出电能给驱动电机，驱动电机输出功率，实现能量的转换和车辆驱动。

电动汽车的驱动电机输出轴输出转矩 M，经过减速齿轮传动，传到驱动轴上的转矩 M_t，使驱动力与地面之间产生相互作用，车轮与地面作用产生圆周力 F_0，同时，地面对驱动轮产生反作用力 F_t。F_t 和 F_0 大小相等，方向相反，F_t 与驱动轮前进方向一致，是推动汽车前进的外力，定义为电动汽车的驱动力。有：

$$M_t = M i_g i_0 \eta$$
$$F_t = \frac{M_t}{r} = \frac{M i_g i_0 \eta}{r} \tag{20-1}$$

式中　F_t——驱动力，N；

M——电动机输出转矩，N·m；

i_g——减速器或者变速器传动比；

i_0——主减速器传动比；

η——电动汽车机械传动效率；

r——驱动轮半径，m。

电动汽车机械传动装置指与驱动电机输出轴有运动学联系的减速齿轮传动箱或者变速器、传动轴以及主减速器等机械装置。机械传动链中的功率损失有：齿轮啮合处的摩擦损失、轴承中的摩擦损失、旋转零件与密封装置之间的摩擦损失以及搅动润滑油的损失等。

然而，根据汽车行驶方程式：

$$F_t = F_f + F_w + F_i + F_j \tag{20-2}$$

可见，车辆的驱动力应与汽车的行驶阻力平衡。行驶阻力中，F_f 为滚动阻力，F_w 为空气阻力，F_i 为坡度阻力，F_j 为加速阻力。

汽车的滚动阻力 $F_f = mf$，其中 m 为汽车质量，f 为滚动阻力系数。

汽车的空气阻力 $F_w = \dfrac{C_D A u_a^2}{21.15}$，其中 C_D 为空气阻力系数，A 为迎风面积，u_a 为汽车行驶速度。

汽车的坡度阻力 $F_i = G \sin\alpha$，其中 α 为坡角。

汽车的加速阻力 $F_j = \delta m \dfrac{du}{dt}$，其中 δ 为汽车旋转质量换算系数，m 为汽车质量，$\dfrac{du}{dt}$ 为行驶加速度。

（2）动力电池的能量和功率需求

驱动车辆所需要的功率为：

$$P_v = u_a(F_f + F_w + F_i + F_j) \tag{20-3}$$

动力电池组所需要提供的功率为：

$$P_B = P_v / (\varepsilon_M \varepsilon_E) \tag{20-4}$$

式中，ε_M 为电动汽车传动系统机械效率；ε_E 为电动汽车电气部件效率。

电动车辆行驶所需的能量是功率与行驶时间的积分，可以用如下的公式进行表示。

$$E_r = \int P_B(t) dt \tag{20-5}$$

式中，E_r 是电动车辆一定工况下应用对电池的能量需求。动力电池组的储能量是有限的，为了满足车辆行驶的需要，高的能量存储量对各种电动车辆来说都是需要的[2]。

（3）道路交通运输系统的共性要求

以电动车为代表，对电池的共性要求如下：

① 安全性要求。安全性是所有道路交通运输工具的基本要求，电动汽车电源系统应满足 GB/T 18384.1—2015《电动汽车安全要求 第 1 部分：车载可充电储能系统（REESS）》，电池的安全性要满足 QC/T 743—2006《电动汽车用锂离子蓄电池》、QC/T 742—2006《电动汽车用铅酸蓄电池》、QC/T 744—2006《电动汽车用金属氢化物镍蓄电池》。

② 较高的比能量要求。比能量关系到电动车辆的续驶里程和车载可用能量，也是当前限制电动汽车应用的主要条件之一。因为汽油的比能量达到 12000W・h/kg，而目前常用的 Ni/MH 电池为 60~80W・h/kg，锂离子电池的比能量在 100~160W・h/kg，这是限制电动汽车广泛应用的主要因素之一。

③ 长寿命。电池的寿命影响电动车辆的使用成本，是影响电动汽车推广的主要因素，用户希望电池的寿命最好与整车相同。

④ 使用便捷性要求。便捷性是指电池在使用和维护方面的方便性，要求电池要有良好的充电接受能力，充电时间短，便于维护。

⑤ 工艺一致性。电池的一致性主要通过原材料一致性控制、电池生产线全面自动化、生产过程工艺严格管控等方面解决以上问题。

20.2 储能技术在交通运输系统中的应用现状

航空蓄电池是飞机的重要装备之一。它的主要用途是：一、启动发动机，保证飞机及时起飞；二、作为飞机备用电源，与机上直流电源并联向用电系统供电，以及当机上电源系统发生故障时，单独向用电系统供电；三、发动机在空中停车时应急启动。因此航空蓄电池在飞行训练和作战中起着极其重要的作用。

20.2.1 飞轮储能和燃料电池储能技术的应用

飞轮储能和燃料电池储能技术主要应用于航天器和轨道卫星中。飞轮电池一次性充电可提供化学电池两倍的功率，使用时间是化学电池的 3~10 倍。而燃料电池的能量密度高达 100~1000W・h/kg，这对质量要求十分严格的高空长航时太阳能飞行器来说，其性能十分吻合。因此，这两种储能方式在航天领域应用比较广泛。

20.2.2 锂离子储能电池在航空领域中的应用

锂离子电池具有高比能量、高放电倍率等特点，可用在电性能、可靠性、安全性要求高的场合。一般锂离子电池在航空领域中作为新能源飞机的主要动力源来使用。可用在大型民航客机、商务飞机、直升机、战斗机等。

（1）波音 787 梦想飞机

目前唯一量产过使用锂离子电池的飞机是波音公司（Boeing Co.）787 梦想飞机（Dreamliner）。锂离子电池因为其本身具有更高的能量密度和更长的使用周期而选作飞机的备用电池系统。波音 787 梦想飞机利用两个完全相同的锂离子电池使飞机在地面时扮演启动辅助电力系统或扮演备用电源使用。虽然在发生两起重大飞机电池故障之后，美国航空管理局下令全面暂停所有梦想飞机的执飞计划，但毕竟这是人类第一次将大型锂离子电池作为备用电源的第一款飞机。

尽管事故发生后锂电池的安全引发了担忧，但它们在飞机上的应用也越来越广泛。美国军方新的 F-35 闪断Ⅱ联合攻击战斗机（F-35 Lightning Ⅱ Joint Strike Fighter）使用的是法国电池生产商 Saft Groupe SA 的子公司生产的锂离子电池。目前没有出现有关这几家公司安全事故的公开记录。

负责制造这款战斗机的洛克希德-马丁公司（European Aeronautic Defence & Space Co.）的子公司空中客车（Airbus）使用锂离子电池作为其双层 A380 巨型客机的应急电源，这种机型在 2007 年开始投入使用。空中客车计划在正在开发的新 A350 机型上使用更大的锂离子电池，但是这些电池仍然比梦想飞机上的电池要小。由此看来，将大型锂离子电池更成熟地应用在民用客机上仍有很长的一段路要走。

（2）太阳能飞机

随着太阳电池效率、二次电源能量密度的提高，以及微电子技术、新材料技术等的发展，太阳能飞机终于驶上了飞速发展的快车道。太阳能飞机以太阳能为能源，对环境无污染，使用灵活、成本低，有着广阔的发展前景。在民用上可用于大气研究、天气预报、环境及灾害监测、农作物遥测、交通管制、电信和电视服务、自然保护区监测等；在军用上，可用于侦查、通信中继、电子对抗等。

据国外媒体报道，瑞士的一家研发团队设计了一款先进的巨型太阳能飞机，见图 20-7，太阳能飞机是目前世界上少数几种可以不依赖航空燃料的飞行器，只要有光照的地方就可以飞行，不过随着太阳能与蓄电池技术的不断发展，新型太阳能飞机已经可以在夜间进行飞行，连续飞行数十天。并于 2014 年 6 月 4 日完成了首次试飞。研发团队预计继续试飞，同

图 20-7　太阳能飞机

时验证不使用传统航空燃料的前提下进行全球测试飞行，降落在世界各地。7200 块太阳能电池板是这款太阳能飞行器的主要动力。为了研制这款太阳能飞机，全球有超过 80 家的公司将自己的尖端技术应用于这款飞机上，旨在展示清洁能源在航空业上使用的可能性。目前世界上的飞行器几乎都是用航空燃料，尽管新型燃料也被应用于某些飞行器，但是普及程度还不够。

（3）E-Fan 纯电动飞机

在新能源汽车发展如火如荼的同时，电动家族又迎来重量级成员。民航机制造商空中客车（Airbus）的 E-Fan 就是这样一架电动飞机，与最近的油电混合动力不同，它使用的是全电动动力。两块锂离子电池分别为两个引擎提供能量。此外，E-Fan 的低廉成本也是电动飞机的诱人之处，它每小时飞行成本仅为 19 美元，而常规飞机则需要 55 美元。

作为一款全电动飞机，见图 20-8，E-Fan 距离完全的实用化还有很长的一段距离，它现在仅能够在空中停留一个小时的时间。尽管如此，E-Fan 的首飞仍然具有重要的意义。

（4）小型无人机的应用

目前锂离子电池在航空领域的一个重要应用在于，无人小/微型侦察机。20 世纪 90 年代，

图 20-8 E-Fan 全电动飞机

美国开始研究小型无人机进行战场侦察，至 2000 年左右，几种小型无人侦察机开始试飞，并在阿富汗战争和伊拉克战争中投入使用，反应良好。其中最为有名的是航空环境公司研制的"龙眼"无人机。"龙眼"重 2.3kg，升限 90~150m，使用锂离子电池作为动力源，以 76km/h 的速度可飞行 60min，具有超静音、全自动、可返回和手持发射等特点。美军方称，未来还会研制一批续航里程更长的、以锂离子电池作为动力源的小型无人侦察机。

20.2.3 储能技术在海上交通系统中的应用现状

20.2.3.1 太阳能船舶的应用

太阳能取之不尽、用之不竭，是重要的可再生能源，尽管太阳能技术在日常生活中已得到广泛的应用，但将其作为交通运输工具的动力源，尤其是船舶航行的动力源研究还较为薄弱，可谓是刚刚起步。太阳能作为船舶航行动力的研究还有不少关键技术有待开发。

在国外，澳大利亚、德国、瑞士和英国的太阳能船舶研究较多，早在 2006 年，澳大利亚就设计了太阳能风翼大型三体游船，该船可搭载 600 名乘客，见图 20-9。

图 20-9 太阳能风翼三体游船

虽然受能量供应不足、电能储存比较困难、光照条件等诸多不利因素的影响，太阳能船舶的使用仍随着科技的不断发展而前景广阔。2009 年第三届光伏大会上发表的新型薄膜技术，标志着太阳能的开发应用充满生机。图 20-10 为未来太阳能游艇模型。

图 20-10　未来太阳能游艇模型

20.2.3.2　锂离子电池在船舶上的应用

2012 年 9 月荷兰 ESTechnologies 公司成功将锂离子聚合物电池应用到船舶这个新领域。ESTechnologies 公司研发的船上储能用聚合物锂电池组共有 100A·h 和 200A·h 两种。电池组由 14 块大型单体电池组成。除了电池组，ESTechnologies 公司还设计了配套的电池管理系统，可对电池组各电池单体进行平衡和检测，以及时发现电池故障，延长电池组寿命。此外，这种新型聚合物电池还采用了更轻质的材料制作，结构也经过更科学合理的优化，其重量比普通聚合物锂电池减少了 12%。

此次 ESTechnologies 公司把聚合物锂电池引进船舶储能领域，主要是因为其比普通锂电池能量密度更高，并且具有良好的环保优势，非常适合用作船上储能。ESTechnologies 公司研发的新型聚合物锂电池如果用到船舶上，将能更好地优化船舶电力管理，降低其对燃料的依赖，并且能有效减少二氧化碳排放。此外，这种电池能确保存储的长期性和电量低消耗，其充放电次数也达到了 5000 次以上。

20.2.4　储能技术在道路交通领域中的应用现状

道路交通领域的主要工具是汽车，我国从科研投入、产业化发展、法规标准制定等多角度出发，对电动汽车相关技术研究机构、企业、消费市场等多个环节予以政策性激励与扶持，对我国电动汽车技术和产业化发展起着重要的促进作用。2012 年 6 月，国务院印发《节能与新能源汽车产业发展规划（2012—2020 年）》，目标为到 2015 年，纯电动汽车和插电式混合动力汽车累计产销力争达到 50 万辆；到 2020 年，纯电动汽车和插电式混合动力汽车生产能力达 200 万辆、累计产销量超过 500 万辆；要求试点城市因地制宜建设慢速充电桩、公共快速充换电等设施；鼓励成立独立运营的充换电企业，建立分时段充电定价机制；积极试行个人和公共停车位分散慢充等充电技术模式，确定符合区域实际和新能源汽车特点的充电设施发展方向，探索新能源汽车作为移动式储能单元与电网实现能量和信息双向互动的机制，首次提出了电动汽车作为电网储能单元的概念和发展方向。2013 年 2 月，国务院发布《能源发展“十二五”规划》，提出增强电网对新能源发电、分布式能源、电动汽车等能源利用方式的承载和适应能力；加强供能基础设施建设，为新能源汽车产业化发展提供必要的条件和支撑；在北京、上海、重庆等新能源汽车示范推广城市，配套建设充电桩、充（换）电站、天然气加注站等服务网点；着力研发高性能动力电池和储能设施；到 2015 年，形成 50 万辆电动汽车充电基础设施体系。

据有关部门统计，2013 年前三季度，美国新能源汽车销量同比增长 114%，日本新能源汽车销量同比增长 131%，同样，法国、德国等国的新能源汽车销量增幅也十分明显。第一电动研究院从能源汽车市场规模的角度出发，深入梳理美国、日本、法国、德国、荷兰、挪威等 6 国的新能源汽车推广政策、销售情况和商业案例。第一电动研究院统计数字见图 20-11。

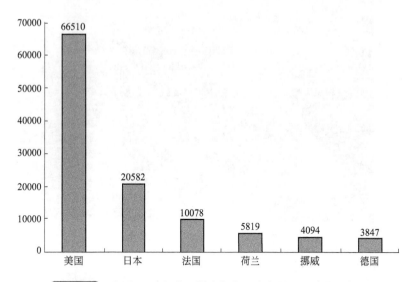

图 20-11 六国 **2013** 年前三季度新能源汽车销量（单位：辆）

2013 年 1 至 10 月，中国生产纯电动乘用车 6788 辆，同比增长 33.4%，新能源客车作为中国新能源汽车推广起步阶段最为重要的车型，一直是城市公共交通示范运营的主力。2013 年 1 至 10 月，新能源客车产量为 8510 辆，已经超过 2012 年全年的产量，同比增长约 108%，2012 和 2013 年新能源客车产量对比见图 20-12。

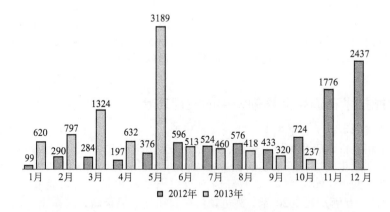

图 20-12 中国 **2012** 年和 **2013** 年新能源客车产量对比（单位：辆）

20.2.5 储能系统在电动汽车中应用的关键技术

储能系统在电动汽车的应用主要为动力电池系统，关键技术包括电池成组技术、一致性控制技术，电池组热管理技术、电池箱体设计技术、电池管理系统、SOC/SOE 估算与控制技术等，电池系统是电动汽车的能量来源，承担着为驱动电机和汽车辅助系统供能的作用。

20.2.5.1 电池成组技术

由于单体电池的容量和电压较低，不能很好地满足汽车的实际需求，因此，单体电池多组合成电池组为汽车提供动力。根据单体电池的排布和连接方式，电池组采用不同的组合方式，电池组的组合方式主要有串联、并联、串并结合三种。

（1）串联

电池串联方式如图 20-13 所示，串联的电池组通常用于满足高电压的工作需要。此时，电池组的电压为单体电池电压的倍数，即 n 只单体电池串联的电池组，总电压便能达到 n 倍单体电池电压。例如，一组由 5 只单体磷酸铁锂电池串联组成的电池组电压为单体电池 3.2V 的 5 倍，即 16V。串联后电池组的额定容量为单体电池的额定容量，如果电池成组时单体电池容量不均匀，电池组的额定容量取决于单体电池中容量最低者。

图 20-13　串联电池组

（2）并联

电池并联方式如图 20-14 所示，并联的电池组通常用于满足大电流的工作需要。此时，电池组的容量为单体电池容量的倍数。即 n 只单体电池并联的电池组，总容量便能达到 n 倍单体电池容量。例如，一组由 2 只 2A·h 单体磷酸铁锂电池并联组成的电池组容量为单体电池的 2 倍，即 4A·h。

并联后电池组的标称电压为单体电池的标称电压，如果电池成组时单体电池电压不均匀，则电池组的标称电压取决于单体电池中电压最低者。

图 20-14　电池并联示意图

（3）串并结合

串并结合的成组方式既可满足高电压的工作需求，又可满足大电流放电的工作需求。此成组方式分为先串后并和先并后串两种方式，取决于电池的实际需求，通常情况下并联的工作可靠性高于串联。串并结合的成组方式如图 20-15 和图 20-16 所示。电池电压、容量的计算方法与上面介绍的相同。

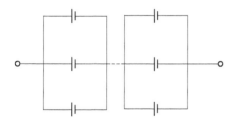

图 20-15　电池先并后串示意图

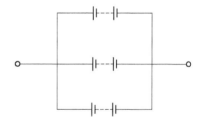

图 20-16　电池先串后并示意图

20.2.5.2　电池组不一致性及其控制技术

动力电池不一致的表现主要反映在两个方面：一是电池单体性能参数的差异；二是电池工作状态的差异。前者主要包括电池容量、内阻和自放电率的差异；而后者主要是指电池荷电状态和工作电压的差异。根据电池组不一致性对电池性能影响方式不同和作用原理不同，可以把电池的不一致分为容量不一致、电阻不一致和电压不一致。

（1）容量不一致性

容量不一致性的影响可以分为 3 个方面：

① 电动汽车行驶距离相同，因容量不同，电池的放电深度也不同。在大多数电池还属于浅放电情况下，容量不足的电池已经进入深放电阶段，并且在其他电池深放电时，低容量电池可能已经没有电量放出，成为电路中的负载。

② 同一种电池都有相同的最佳放电率，容量不同，最佳放电电流就不同。在串联组成中电流相同，所以有的电池以最佳放电电流放电，而有的电池达不到或超过了最佳放电电流。

③ 在充电过程中，小容量电池将提前充满，为使电池组中其他电池充满，小容量电池必将过充电，充电后期充电电压偏高，甚至超出电池电压最高限，形成安全隐患，影响整个电池组充电过程。以上 3 个原因，使容量不足的电池在充放电过程中进入恶性循环，提前损坏。

（2）电阻不一致性

动力电池内阻包括欧姆内阻和电化学反应中表现出的极化内阻两部分。欧姆内阻由电极材料、电解液、隔膜电阻和各零件的接触电阻组成；极化内阻是电化学反应中由于电化学极化和浓差极化等产生的电阻。对于电动汽车的动力电池，还常用直流内阻这个概念来表征电池的功率特性。在电池两端施加一个电流脉冲，电池端电压将产生突变，其直流内阻 R_d 为：

$$R_d = [U(t) - U_0]/\Delta I$$

式中，ΔI 为电流脉冲；$U(t)$ 为 t 时刻的电池端电压；U_0 为初始电池端电压。直流内阻往往包含欧姆内阻和一部分极化内阻，其中极化内阻所占比例受电流加载时间 t 的影响。

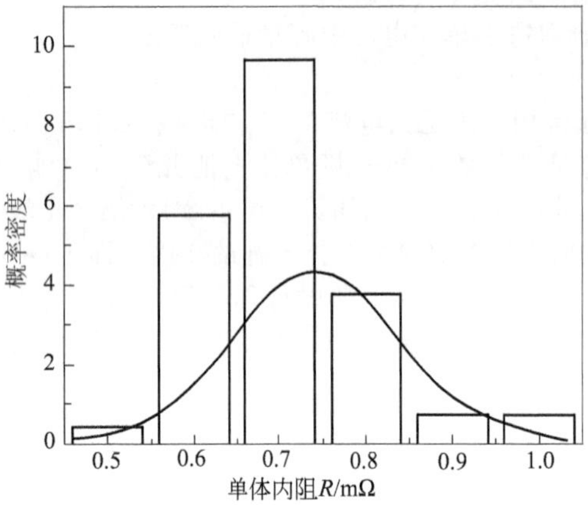

图 20-17 为同一批次某型标称容量为 8A·h 的锰酸锂功率型动力电池在 20℃、1C 脉冲放电加载 1s 测得的直流内阻分布。由图可见：内阻的离散程度较容量更为显著，且同批次电池的内阻一般满足正态分布的规律。

电池电阻包含两部分，分别是欧姆内阻、极化内阻，两部分都会导致电池压降大、能量损失大、产生大量热。电池内阻在串联电路和并联电路中影响又不同。

（3）自放电率不一致性

自放电是电池在存储中容量自然损失的一种现象，其一般表现为存储一段时间后开路电压（OCV）下降。因此，一般对于自放电率 η_{sd}，可以采用以下公式计算：

$$\eta_{sd} = f_{ocv-soc}(U_{ocv} - U_{ocv0})/100$$

式中，$f_{ocv-soc}()$ 为 OCV 与 SOC 的关系函数；U_{ocv} 为电池开路电压；U_{ocv0} 为初始开路电压。图 20-18 为同批次的某型标称容量为 8A·h 的锰酸锂功率型动力电池在 20℃下储存时的自放电率分布。从图中可以看出，自放电率也呈现近似正态分布。

图 20-17 电池单体内阻分布

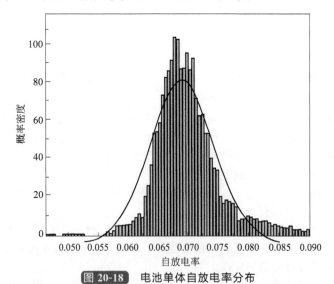

图 20-18 电池单体自放电率分布

（4）电压不一致性

电压不一致的主要影响在于并联电池组中电池的互充电，当一节电池电压低时，并联电池组中其他电池将给此电池充电。这种联结方式，能量将损耗在互充电过程中而达不到预期的对外输出。

对动力电池而言，其外部特性可以用如图 20-19 所示的等效电路模型来描述。图中 R_{dl}、C_{dl}、R_{diff} 和 C_{diff} 描述由于双电层电容效应及扩散效应等带来的极化现象，R_0 为电池的欧姆内阻。

从模型可以看出，在同样电流激励下，电池单体的性能参数差异最终表现为电池单体端电压

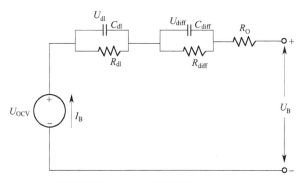

图 20-19　动力电池单体等效电路模型

的不一致。

图 20-20 为 HPPC（hybrid pulse power characterization）测试工况下某串联电池组内任意 6 节单体电池的端电压，从中可以初步分析参数和状态不一致对它的影响。ΔU_1 的不同主要由于初始工作点 SOC 的差异导致，ΔU_2 的不同为欧姆内阻差异引起，ΔU_3 的不同由极化内阻引起。可以看出，电池的端电压很好地反映了电池特性差异造成的影响，这给基于外特性的电池分选、评价和电池管理提供了依据。研究还表明，电池组使用过程中的单体电压也近似呈正态分布。

目前，在电池技术没有重大突破、性能没有显著提高的前提下，提高电动汽车性能，特别是增加续驶里程和提高电池组使用寿命的关键就是尽可能保证电动汽车电池特性的一致性。

单体电池的性能差异在电池成组应用中是绝对存在的，该问题只能减小而无法彻底消除。针对电池单体的一致性问题，在成组应用时主要从两方面展开了研究：一是单体电池的分选；二是通过合理的电池管理来缓解不一致带来的

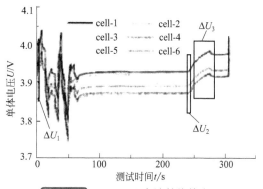

图 20-20　HPPC 下电池单体的电压

影响，主要方法包括电池均衡、电池热管理和考虑电池单体差异的建模及状态估计等。

电池分选的目的是提高成组时单体电池初始性能和状态的一致性，以减轻电池使用过程中由于初始差异带来的影响。目前电池分选往往使用充放电电压曲线作为电池差异判别的指标，并由此发展出一系列的单体分选方法。

（5）电池组一致性控制方法

电池一致性控制应从设计、生产、应用、维护等多方面考虑。

① 生产过程的一致性控制。动力电池的制造过程一般包括配料、涂膜、装配和化成等步骤。上述步骤中的每个环节都要严格进行工艺控制，尽最大限度保证单体电池之间的一致性。

② 动力电池分选技术。虽然电池生产制造工艺水平在不断提高完善，但单体电池不一致性不可能完全消除，在单体电池制造完成后对电池进行分选是必不可少的一步。

③ 动态均衡技术。通过电池管理系统均衡算法的设计以及电路设计，使电池无论在充电状态、都放电状态还是静置状态，都可通过能量转换的方法实现组中单体电压的平衡，实时保持相近的荷电程度。

20.2.5.3　电池组热管理系统

动力电池的成本、性能、寿命在很大程度上决定了电动车的成本和可靠性，电池的温度和温度场的均匀性对电池的性能和寿命有很大的影响，电池热管理设计对于维持电池正常工作，延长使用寿命，从而减少售后使用成本具有重要作用。因此，进行电池散热结构的优化设计与散热性

能的预测，对提高电动车及动力电池的成熟度和可靠性具有重要的现实意义。

从控制性的角度，热管理系统可以分为主动式、被动式两类。从传热介质的角度，热管理系统又可以分为：空气冷却式热管理、液体冷却式热管理，以及相变蓄热式热管理。

（1）空气冷却式热管理

空气冷却式热管理方式是把空气作为传热介质而直接引入，使其流过模块以达到散热目的，一般需有风扇、进出口风道等部件。空气冷却式热管理被动式管理方式的系统结构相对简单，直接利用现有环境。比如，冬季电池需要加热，可以利用乘客舱的热环境将空气吸入，若行驶中电池温度过高，乘客舱空气的冷却效果不佳，则可将外界冷空气吸入降温。而主动式系统则需建立单独系统，提供加热或冷却的功能，根据电池状态独立控制，这也增加了整车能源消耗和成本。不同系统的选择主要取决于电池的使用要求。

（2）液体冷却式热管理

液体冷却式热管理是把液体作为传热介质，在电池模块与液体介质之间建立传热通道，以对流和导热两种形式进行间接式加热或冷却；或者把模块沉浸在作为传热介质的液体中直接传热或冷却，这种方法必须采用绝缘措施以免发生短路。

以空气和液体为介质的热管理系统由于需要风扇、水泵、换热器、加热器、管路以及其他附件而使结构过于庞大、复杂，同时也消耗了电池能量、降低了电池的功率密度和能量密度。

（3）相变蓄热式热管理

近年来国内外出现了采用相变材料（PCM）冷却的电池热管理系统。利用 PCM 进行电池冷却的原理是：当电池进行大电流放电时，PCM 吸收电池放出的热量，自身发生相变，使电池温度迅速降低。此过程是系统把热量以相变热的形式储存在 PCM 中。在电池进行充电的时候，特别是在比较冷的天气环境下（即大气温度远低于相变温度 PCT），PCM 把热量排放到环境中去。

PCM 由于具有相变温度接近电池最佳工作温度、较高的相变潜热等特点，是十分理想的动力电池冷却用相变材料，但是其不足之处是这些相变材料一般具有很低的热导率。通过在相变材料中添加热导率高的物质制成复合 PCM，有助于提高材料的综合性能。

相变材料用于电池热管理系统中具有不需要运动部件、不需要耗费电池额外能量等优势。具有高的相变潜热和热导率的相变材料，用于电池组的热管理系统中可以有效吸收充放电过程中放出的热量，降低电池温升，保证电池在正常温度下工作。可以使大电流循环前后电池性能保持稳定。

从以上三类热管理形式上看，相变蓄热式热管理具有得天独厚的优势，值得进一步研究和产业化开发应用。

20.2.5.4 电池箱体设计

电池箱体作为电池组与外界接触的媒介，承担了电池组的能量传导、安全防护、性能防护的任务，对电池组性能的充分发挥起着关键作用。电池箱体设计需要充分考虑多方面的因素。特别是小型电动汽车，因内部空间有限，电池箱既要装入更多的电池，又要与整车完美匹配，所以对电池箱设计要求会更高。

（1）要求

① 总体要求。电池箱的设计目标是在满足强度、刚度的前提下，满足电气设备外壳防护等级 IP67 设计要求，且箱内电池组的排列及线束走向合理、美观且固定可靠。

② 碰撞安全性能要求。电池箱在车辆发生碰撞时，应满足下列要求：如果动力电池系统安装在乘客舱的外部，电池组或其部件不得穿入乘客舱内；如果动力电池系统安装在乘客舱内，电池箱的任何移动应确保乘客的安全。一般建议人电分离，即动力电池系统不安装在乘客舱内；发生碰撞时，电池组不能由于碰撞而从电池箱内散落，尤其避免从车上甩出；发生碰撞时，必须第一时间保证动力电池系统启动过流断开装置，切断连接，防止电池组因电流过大产生起火爆炸等危险；发生碰撞时，电池箱的刚度应保证电池组因挤压发生的变形量在其安全的范围内。

③ 绝缘与防水性能要求。电池箱除保障容纳电池外，还必须有效隔绝操作人员及乘客与电池的接触；另外，电池箱必须密封防水，防止进水导致电路短路，电池箱防护等级要求需达到

IP67。设计要求如下：电池的两极以及两极的连接板与电池箱的最小距离必须大于 10mm，防止击穿放电；电池箱整体电泳喷涂，内部涂覆绝缘漆或加装绝缘板；电池箱影响密封的焊缝处必须涂密封胶，电池箱上盖与下箱配合处加密封材料，接插件固定处必须采取密封措施；电池箱的布置在避让车身和底盘部件的同时要尽量靠上，且其最低点不小于整车最小离地间隙，以满足不同路况的通过性及防止机械损伤；电池箱的进出风口和接插件安装孔尽量布置在电池箱 1/2 高度以上。

④ 通风与散热性能要求。汽车持续运行时，尤其是长时间大负荷高速行驶，电池放电会同时释放出大量热量；汽车大电流充电时，也会产生大量的热量。为保证电池安全和使用寿命，电池箱必须具备良好的散热能力。在布置空间允许的情况下，电池模块之间应有适当的间隙，以满足电池自身散热和热膨胀的要求，内置温度传感器或信息采集板，实时监控电池箱内电池的温度，根据电池箱容量的大小和电池放热特性匹配散热风流量，并保留足够的安全系数，电池箱内部通过挡板等导流方式引导内部气流流向，保证每个单体电池充分散热，如遇突发故障，必须保障电池电源切断后散热风扇才切断，有一个延迟的过程。

（2）设计过程

前舱、中央通道、车底油箱位置、地板下部和后备厢是可利用的电池箱布置空间，且各有利弊。

如果将电池箱布置在前舱和中央通道对整车轴荷分布及动力性能有利，但前舱内需布置动力、冷却和空调系统，且车辆发生正面碰撞的概率相对较大，将电池箱布置在前舱内，碰撞后易使前舱变形而产生电池组破损，甚至引发起火事故。

如果将电池箱布置在后备厢中，对乘员舱内的乘客存在潜在危险性。根据车型的驱动形式，看中央通道是否布置有传动轴，从而决定电池箱是否有布置空间。车底油箱位置及车身地板下部也可以布置电池箱。但是，布置时在避让车身和底盘部件的同时要尽可能保证最大的离地间隙。

电池箱总体结构设计时，结构强度要保证有较高的安全系数，以保证车辆在发生碰撞时电池箱整体结构不受破坏，电池组不会进入乘员舱；在有限空间约束下，尽可能保证电池组实现均匀散热；保证电池箱与车身连接紧固；保证电池箱有足够高的密封性。

电池箱内布置有电池组、管理系统、线缆、散热系统等，总质量很大，影响整车载荷分配。完成电池箱总体布置后，需在软件中估算整个电池箱内电池布局是否合理，整车载荷分配是否满足设计要求。

电动汽车动力电池箱体的设计，对箱内电池组的安全至关重要。但动力电池系统开发是一个曲折反复的过程，是在不断地完善和改进中逐步创新，摸索前进，同时还需主动学习国内外电动车先进技术，对设计方案进行反复验证优化，为电动汽车产业化做准备。

20.2.5.5　电池管理系统设计

在电动车上，电池管理系统直接检测及管理电动汽车的储能电池运行的全过程，包括电池充放电过程、电池温度、电压、剩余电量估计、单体电池间的均衡、电池故障诊断等方面，电池管理系统对整车的安全运行、整车控制策略选择、充电模式的选择以及运营成本都有很大的影响。无论是在车辆运行过程中还是在充电过程中，电池管理系统都要完成电池状态的实时监控和故障诊断，并通过总线的方式告知车辆集成控制器或充电机等，以便采取相应的控制策略，达到有效利用电池性能且保障使用安全的目的。因此可以把电池管理系统的主要任务归纳总结为：保证电池使用安全；保障电池的使用寿命；为用户和提供电池的各种状态信息作为决策依据。

根据电动汽车实际运行和电池安全有效使用的需要，电池管理系统必须实现以下基本功能：

单体电池电压的检测；

电池温度的检测；

电池组工作电流的检测；

绝缘电阻的检测；

冷却风机的控制；

电池组 SOC 的估测；

电池故障分析和在线报警；

与车载控制器通信，为整车控制提供必要的电池状态信息；

与车载显示设备通信，告知司驾人员相关的电池状态和故障信息；

与充电机通信，实现电池组的安全充电；

根据不同类型电池进行参数标定功能。

（1）管理系统硬件

电池管理系统的硬件设计直接关系到电池使用管理的策略能否实现，并影响控制算法的性能。因此，能够实现精确测量、具有良好的可靠稳定性的电池管理系统是实现电池管理和控制策略的必要前提。

硬件的设计必须要实现对动力电池组的合理管理，首先必须保证采集数据准确性；其次是可靠稳定的系统通信；最后非常重要的是抗干扰性。在具体实现过程中，根据设计要求决定电池管理的硬件结构设计；根据采集量以及精度要求决定硬件的设计；根据通信数据量以及整车的要求选用合理的总线协议。管理系统的硬件电路可分为三个模块，分别为 MCU 模块、检测模块、均衡模块。

① 整体设计。需要考虑纯电动汽车上电池数量较多，且以箱为单位分布在车上，较为分散等因素，另外还需避免电池箱体之间出现高压连接导线，危及人身安全。必要时需将高压系统和低压系统进行电气隔离，保障系统的可靠稳定运行。

② MCU 模块。电池管理系统 MCU 模块是整个系统的核心，选择 MCU 模块时需要考虑是否具有低功耗、良好兼容性、运算速度提高、强有力的索引寻址、支持背景调试模式和硬件断点等优点，另外是否具有丰富的外围资源，如串行外接接口、增强捕捉定时器、模数转换器、脉宽调制器等。

③ 检测模块。检测模块包括电压检测、电流检测和温度检测模块。

准确估算 SOC 的重要条件之一是精确的电压测量。电压测试方法及检测模块的选择需要考虑电池系统包含多节单体电池、测量端存在较高的共模电压、各组电池电压存在不共地等问题。

精确测量电流也是准确估算 SOC 的必不可少的条件，电流测试模块需要在整个测试量程内保持比较好的线性度，另外，还需要根据实际参与控制的对象选取合适的量程和频率。如果测试模块直接将高压信号引入电池管理系统，还需要考虑将电流信号与低压系统进行隔离。

精确测量温度是保障车辆安全性必不可少的因素，温度测量模块的选择需要考虑测量范围、精度、如何减小温度传感器的布线长度、如何减小总线上的杂散电容等因素。

在电动汽车上，动力电池系统属于高压系统，较高的工作电压对车载高电压系统（包括蓄电池组以及与之直接连接的高电压电气设备如电源变换器、电动机等）与车辆底盘之间的绝缘性能提出了更高的要求。高压电缆线绝缘介质老化或受潮湿环境影响等因素都会导致高电压电路和车辆底盘之间的绝缘性能下降，不仅会危及乘客的人身安全，还会影响低压电气和车辆控制器的正常工作。因此，实时、定量地检测蓄电池组相对车辆底盘的电气绝缘性能，对保证乘客的安全、电池系统和电气设备的正常安全工作、车辆的安全运行具有重要意义。

（2）管理系统软件

电池管理系统的软件由三部分构成：主控板软件，采集板软件和上位机软件。

主控板是电池管理系统的核心，它一方面完成与整车和上位机监控软件的通信功能；另一方面管理系统的 CAN 子网，接收来自采集板的数据，同时采集电池组的总电压和总电流，完成电池 SOC 的计算；另外还通过数据分析进行故障诊断，发出故障报警信息，通过控制风扇和主继电器进行适当的故障处理；在非易失性存储器中进行参数的存储。管理系统有多块采集板，每块采集板的软硬件结构完全一样，通过 CAN 总线中不同的 ID 号进行区分，主要完成电池单体的电压和温度采集。上位机监控软件用来实现对整个系统的实时监控，它通过总线跟下位机通信，将系统电压、电流、温度和 SOC 等信息实时显示和绘图，显示系统的故障信息，同时还能将接收到的数据存入数据库；它的另外一个重要功能是对下位机的关键参数进行在线修改。

① 主控板软件设计。主控板除了要完成与整车、采集板、充电机和上位机的通信，进行电流、电压采样和故障分析处理之外，还要进行电池组的均衡和电池组 SOC 的估算，由于电池本身是一个复杂的非线性系统，所以要进行精确的计算是很难的。现在国内外已经有多种算法对各

种类型的电池 SOC 进行计算，其中神经网络、卡尔曼滤波等方法都取得了很好的效果。

② 采集板的主要功能包括巡检所有锂离子电池的单体电压和温度，将采集到的数据进行滤波处理后通过 CAN 总线发送给主控板。因此，采集板的软件设计包括采集板主程序及各个功能模块的软件设计。各管理系统厂家分别有不同的采集板软件设计方式，此处不一一介绍。

20.2.5.6　SOC/SOE 估算及控制技术

电池荷电状态 SOC（state of charge）用来描述电池剩余电量的数量，是电池使用过程中的重要参数，表征车辆的剩余里程。

（1）目前常用 SOC 估计方法

① 放电实验法。放电实验法是最可靠的 SOC 估计方法，采用恒定电流进行连续放电，放电电流与时间的乘积即为剩余电量。放电实验法在实验室中经常使用，适用于所有电池，但它有两个显著缺点：第一需要大量时间；第二电池进行的工作要被迫中断。故放电实验法不适合行驶中的电动汽车，可用于电动汽车电池的检修。

② A·h 计量法。A·h 计量法是最常用的 SOC 估计方法。如果充放电起始状态为 SOC_0，那么当前状态的 SOC 为：

$$SOC = SOC_0 - \frac{1}{C_N} \int_0^t \eta I \, d\tau$$

式中，C_N 为额定容量；I 为电池电流；η 为充放电效率，不是常数。A·h 计量法应用中的问题有：电流测量不准，将造成 SOC 计算误差，长期积累，误差越来越大；要考虑电池充放电效率；在高温状态和电流波动剧烈的情况下，误差较大。电流测量可通过使用高性能电流传感器解决，但成本增加；解决电池充放电效率要通过事前大量实验，建立电池充放电效率经验公式。A·h 计量法可用于所有电动汽车电池，若电流测量准确，有足够的估计起始状态的数据，则它是一种简单、可靠的 SOC 估计方法。

③ 开路电压法。电池的开路电压在数值上接近电池电动势。铅酸电池电动势是电解液浓度的函数，电解液密度随电池放电成比例降低，用开路电压可估计 SOC。MH/Ni 电池和锂离子电池的开路电压与 SOC 关系的线性度不如铅酸电池好，但其对应关系也可以估计 SOC，尤其在充电初期和末期效果较好[2]。开路电压法的显著缺点是电池需要长时静置，以达到电压稳定，电池状态从工作恢复到稳定需要几个小时甚至十几个小时，这给测量造成困难；静置时间如何确定也是一个问题。所以该方法单独使用只适于电动汽车驻车状态。开路电压法在充电初期和末期 SOC 估计效果好，常与 A·h 计量法结合使用。

④ 负载电压法。电池放电开始瞬间，电压迅速从开路电压状态进入负载电压状态，在电池负载电流保持不变时，负载电压随 SOC 变化的规律与开路电压随 SOC 的变化规律相似。负载电压法的优点是：能够实时估计电池组的 SOC，在恒流放电时，具有较好的效果。实际应用中，剧烈波动的电池电压给负载电压法应用带来困难。解决该问题，要储存大量电压数据，建立动态负载电压和 SOC 的数学模型。负载电压法很少应用到实车上，但常用来作为电池充放电截止的判据。

⑤ 内阻法。电池内阻有交流内阻（impedance，常称交流阻抗）和直流内阻（resistance）之分，它们都与 SOC 有密切关系。电池交流阻抗为电池电压与电流之间的传递函数，是一个复数变量，表示电池对交流电的反抗能力，要用交流阻抗仪来测量。电池交流阻抗受温度影响大，是对电池处于静置后的开路状态，还是对电池在充放电过程中进行交流阻抗测量，存在争议，所以很少用于实车上。直流内阻表示电池对直流电的反抗能力，等于在同一很短的时间段内，电池电压变化量与电流变化量的比值。实际测量中，将电池从开路状态开始恒流充电或放电，相同时间里负载电压和开路电压的差值除以电流值就是直流内阻。铅酸电池在放电后期，直流内阻明显增大，可用来估计电池 SOC；MH/Ni 电池和锂离子电池直流内阻变化规律与铅酸电池不同，应用较少。直流内阻的大小受计算时间段影响，若时间段短于 10ms，只有欧姆内阻能够检测到；若时间段较长，内阻将变得复杂。准确测量电池单体内阻比较困难，这是直流内阻法的缺点。内阻法适用于放电后期电池 SOC 的估计，可与 A·h 计量法组合使用。

⑥ 线性模型法。C.Ehret 等提出用线性模型法，该方法是基于 SOC 变化量、电流、电压和

上一个时间点 SOC 值建立的线性方程：

$$\Delta SOC(I) = \beta_0 + \beta_1 U(I) + \beta_3 SOC(I-1)$$
$$SOC(I) = SOC(I-1) + \Delta SOC(I)$$

式中，$SOC(I)$ 为当前时刻的 SOC 值；$\Delta SOC(I)$ 为 SOC 的变化量；U 和 I 为当前时刻的电压与电流；β_0、β_1、β_2、β_3 为利用参考数据，通过最小二乘法得到的系数，没有特别的物理含义。上述模型适用于低电流、SOC 缓变的情况，对测量误差和错误的初始条件，有很高的鲁棒性。线性模型理论上可应用于各种类型和在不同老化阶段的电池，目前只查到在铅酸电池上的应用，在其他电池上的适用性及变电流情况的估计效果要进一步研究。

⑦ 神经网络法。电池是高度非线性的系统，对其充放电过程很难建立准确的数学模型。神经网络具有非线性的基本特性，具有并行结构和学习能力，对外部激励能给出相应的输出，故能够模拟电池动态特性，以估计 SOC。估计电池 SOC 常采用 3 层典型神经网络率：输入、输出层神经元个数由实际问题的需要来确定，一般为线性函数；中间层神经元个数取决于问题的复杂程度及分析精度。估计电池 SOC，常用的输入变量有电压、电流、累积放出电量、温度、内阻、环境温度等。神经网络输入变量的选择是否合适，变量数量是否恰当，直接影响模型的准确性和计算量。神经网络法适用于各种电池，缺点是需要大量的参考数据进行训练，估计误差受训练数据和训练方法的影响很大。

⑧ 卡尔曼滤波法。卡尔曼滤波理论的核心思想，是对动力系统的状态做出最小方差意义上的最优估计，应用于电池 SOC 估计，电池被看成动力系统，SOC 是系统的一个内部状态。电池模型的一般数学形式为：状态方程：$x_{k+1} = A_k x_k + B_k u_k + w_k = f(x_k, u_k) + w_k$

观测方程：$\qquad y_k = c_k x_k + V_k = g(x_k, u_k) + v_k$

系统的输入向量 u_k 中，通常包含电池电流、温度、剩余容量和内阻等变量，系统的输出 y_k 通常为电池的工作电压，电池 SOC 包含在系统的状态量 x_k 中。$f(x_k, u_k)$ 和 $g(x_k, u_k)$ 都是由电池模型确定的非线性方程，在计算过程中要进行线性化。估计 SOC 算法的核心，是一套包括 SOC 估计值和反映估计误差的、协方差矩阵的递归方程，协方差矩阵用来给出估计误差范围。这一方程是在电池模型状态方程中，将 SOC 描述为状态矢量的依据：

$$SOC_{k+1} = SOC_k - \frac{\eta i(k) i(k) \Delta t}{C}$$

卡尔曼滤波方法估计电池 SOC 的研究在近年才开始，该方法适用于各种电池，与其他方法相比，尤其适合于电流波动比较剧烈的混合动力汽车电池 SOC 的估计，它不仅给出了 SOC 的估计值，还给出了 SOC 的估计误差。该方法的缺点是能力要求高[5~7]。

(2) SOC 估算的影响因素

① 充放电倍率。电池以不同倍率恒流放电时，电流越大，放出电量越少。电池以不同倍率充电，充入的有效电量也是不同的。定义 C_{tI} 是电池在标准电流 I 下的剩余电量，C_{tI} 为放电（常为 $C/3$）放出的总电量，C_{uI} 为电池实际的净放电量折合为电流时的电量，那么：

$$C_{uI}(t) = \int_0^t \eta i \, d\tau, \quad C_{tI} = C_{tI} - C_{uI}$$

式中，η 为电池充放电效率。除通过大量实验得到 η 外，描述电池容量和放电电流关系，广泛使用的是 Peukert 方程：

$i^n \cdot t = K$ 或 $C = K \cdot i^{1-n}$，C、i、t 分别为电池容量、电流和放电时间，n、K 为与电池有关的数值，其中 n 与电流有关。从 Peukert 方程，可以推导出放电效率（进行了简化）：

$$\eta = \frac{C_I}{C_i} = \left(\frac{i}{I}\right)^{n-1}$$

式中，C_I、C_i 为标准电流 I 和不同电流 i 放出的电量。采用多套 Peukert 常数，可以改善 SOC 估计效果。

② 温度。铅酸电池和锂离子电池的影响规律，可通过实验得到。常用的描述温度影响的模型为：

$$C = C_{25} \times [1 - \alpha \times (25 - T)]$$

式中，C 为电池在温度 T 时的容量；C_{25} 为电池在 25℃时的容量；α 为温度系数，在不同温度区间，α 不同；T 为当前电池温度[3]。

③ 自放电。和锂离子电池的自放电特性相似，可通过实验测定。电池自放电源于电池内部的化学反应，在实际使用时，要根据电池生产商提供的曲线或实验得到的数据，进行修正。

④ 老化。老化是指容量随着电池循环次数的增加而衰减的现象。处理老化问题最简单的方法，是将其描述为线性过程，更准确的方法是将实验得到的老化特性反映在 SOC 估计中，其中，准确判断电池已经经历的循环工作次数是难点。

20.2.6　储能技术在纯电动车中的应用

20.2.6.1　纯电动汽车动力系统工作原理

纯电动汽车利用动力电池作为储能动力源，通过电池向电机提供电能，驱动电机运转，从而推动汽车前进，刹车时电动机作为发电机，回收能量。因此要求储能系统的功率能够满足整车所有用电设备最大功率要求。

所有用电设备情况下的启动或加速驱动车辆所需要的功率为：

$$P_{v}=u_{a}(F_{f}+F_{w}+F_{i}+F_{j})$$

动力电池组所需要提供的功率为：

$$P_{B}=P_{v}/(\varepsilon_{M}\varepsilon_{E})$$

式中，ε_{M} 为电动汽车传动系统机械效率；ε_{E} 为电动汽车电气部件效率。

电动车辆行驶所需的能量是功率与行驶时间的积分，可以用如下的公式进行表示。

$$E_{r}=\int P_{B}(t)\mathrm{d}t$$

E_{r} 是电动车辆一定工况下应用对电池的能量需求，动力电池组的储能量是有限的，为了满足车辆行驶的需要，高的能量存储量对于各种电动车辆都是需要的。

纯电动汽车行驶完全依赖动力电池组的能量，动力电池组能量越大，可以实现的续驶里程越长，但动力电池组的体积、重量也越大。纯电动汽车要根据设计目标、道路情况和运行工况的不同来选配动力电池。具体要求归纳如下：

① 动力电池组要有足够的能量和容量，以保证典型的连续放电不超过 $1C$，典型峰值放电一般不超过 $3C$；如果电动汽车上安装了回馈制动，动力电池组必须能够接受高达 $5C$ 以上的脉冲电流充电。

② 动力电池要能够实现深度放电（例如 80%DOD）而不影响其使用寿命，在必要时能实现满负荷功率和全放电。

③ 需要安装电池管理系统和热管理系统，显示动力电池组的剩余容量和实现温度控制。

由于动力电池组体积和质量大，电池箱的设计、动力电池的空间布置和安装问题都需要根据整车的空间、前后轴荷的配比进行具体的设计。

20.2.6.2　储能技术在纯电动车的典型应用范例

（1）三菱 i-MiEV 纯电动车

2006 年，三菱汽车开发出新一代电动汽车 i-MiEV（见图 20-21），2009 年 7 月开始在日本率先向法人单位等企业用户销售。"i-MiEV" 既可使用家用电源 AC 220/240V 进行充电，满充时约为 7 个小时，又可在外出时利用三相 200V 电源在短时间内进行快速充电，约 30min 能充电到 80%。

i-MiEV 的动力电池系统（图 20-22）位于车辆底部，见图 20-23。该动力系统采用的锂电池是由 Lithium Energy Japan 公司生

图 20-21　三菱 i-MiEV 纯电动车

产的 50A·h 锰酸锂电池，由 4 只单体电池串联成为一只电池组，22 只电池组串联组成 i-MiEV 的动力电池系统（见图 20-24），因此，i-MiEV 动力电池系统电芯总数为 88 只，总电压为 325.6V，带电量为 16kW·h，驱动一台最大 64 马力、最大转矩 180N·m 的永磁电动机。经测定 i-MiEV 平均每 8km 耗电 1kW·h。

图 20-22　三菱 i-MiEV 动力电池系统外观图

图 20-23　三菱 i-MiEV 动力电池系统布局图

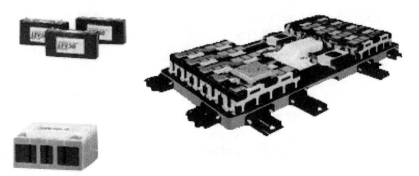

图 20-24　三菱 i-MiEV 动力电池系统构成图

（2）日产 Leaf 纯电动汽车

日产 Leaf 是款两厢型，这款电动车是在日产骐达车型的基础上开发出的新一代电动车，具有电动车特殊设计的底盘布局，采用锂离子电池驱动电动机，提供超过 160km 的续航距离，以满足一般消费者的驾车需求。日产 Leaf 动力电池系统布局如图 20-25 所示。

图 20-25　日产 Leaf 动力电池系统布局

Leaf 动力电池系统采用的锂电池是由 AESC 汽车能源公司提供的 33.1A·h 锰酸锂电池，4 只单体电池采用两并两串的连接形式组成模块，48 只模块串联组成电池组。电池单体及模块如图 20-26 所示。图 20-27 为 Leaf 动力电池系统电池成组图。

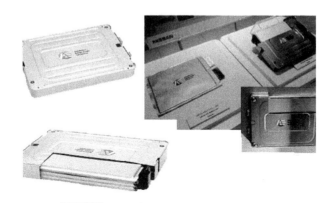

图 20-26　**Leaf 车用电池单体及模块示意图**

(a)

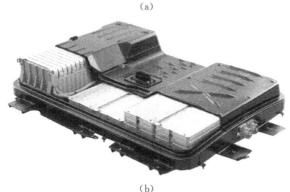

(b)

图 20-27　**Leaf 动力电池系统电池成组图**

日产 Leaf 纯电动车全车重 1.7t。其动力电池系统采用了 48 只锰酸锂电池模块，电芯总数为 192 只，总电压 360V，带电量为 24kW·h，电池组最大输出电流 250A，输出功率 90kW，电池组外形尺寸为 1570mm×1188mm×256mm，质量达 294kg，配置在车体中部底盘上，从而降低车体重心位置，并方便行使转向。假设电机控制系统的效率为 90%，这样的电池系统可以为 80kW 的电机提供动力。

Leaf 的动力电池系统采用了少见的被动式电池组热管理系统。48 只电池模块所组成的电池组采用密封设计，外界不通风，内部也无液冷或空冷的热管理系统，但寒冷地区有加热选件。Leaf 所采用的锂离子电池经过电极设计后降低了内部阻抗，减小了产热率，同时薄层（单体厚度 7.1 mm）结构使电池内部热量不易产生积聚，因此可以不采用复杂的主动式热管理系统。

（3）TESLA Roadster 纯电动汽车

TESLA 汽车有限公司（Tesla Motors，Inc.）是一家 2003 年诞生于美国加州硅谷的电动车辆制造商。2008 年 2 月，TESLA 正式推出首款产品——Roadster（双门纯电动敞篷跑车）。TESLA Roadster 动力性能优异，0～100km/h 加速 3.9s，最高车速可以达到 200km/h，最大续驶里程可以达到 390km，甚至创造过单次充电行驶 501km 的世界量产电动车续驶里程纪录。

TESLA Roadster 出色的动力性能不仅得益于碳纤维材料在车身上的应用，更离不开所搭载的动力电池系统的卓越表现。

TESLA Roadster 使用松下提供的 2.17A·h 18650 钴酸锂电池组成动力电池系统，总计共使用了 6831 只电芯。其组成结构如下：69 只 18650 电芯并联构成一组"Brick"，9 组"Brick"串联构成一组"Sheet"，11 组"Sheet"串联构成整个电池系统，在电池系统中，"Sheet"是最小的可更换单元。电池系统组成结构如图 20-28 所示。

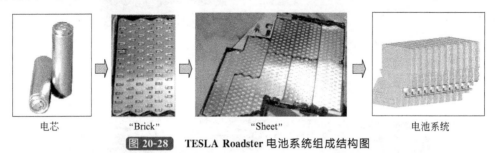

电芯　　　　"Brick"　　　　"Sheet"　　　　电池系统

图 20-28 TESLA Roadster 电池系统组成结构图

TESLA Roadster 的动力电池系统外观及其在车上布局如图 20-29、图 20-30 所示，其动力电池系统参数见表 20-1。

图 20-29 TESLA Roadster 电池系统外观图

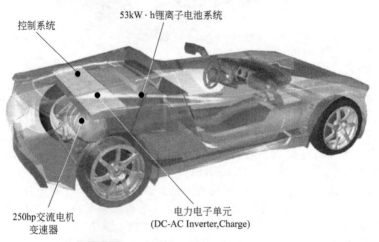

控制系统　　　　53kW·h锂离子电池系统

250hp交流电机变速器

电力电子单元（DC-AC Inverter,Charge）

图 20-30 TESLA Roadster 电池系统布置图

表 20-1　**TESLA Roadster 动力电池系统参数**

车　型	TESLA Roadster		车　型	TESLA Roadster
动力电池系统	厂家	松下	动力电池系统	比能量	120W·h/kg
	材料体系	钴酸锂		热管理方式	空气冷却式热管理
	容量	2.17A·h		充电时间	3～5h
	串并形式	11S 9S 69P		是否可以快充	是
	质量	450 kg		续驶里程	390km
	电压	366V[297V(min),411V(max)]		最大车速	200km/h
	带电量	53kW·h			

　　从容量角度分析，由于 18650 电芯的尺寸较小，可将电芯的容量控制在较小的范围内。使用小容量小尺寸电芯生产的电池组与使用大容量大尺寸电芯生产的电池组相比，即使某个电芯发生故障，也能降低故障带来的危害；从散热角度分析，18650 电芯的"表面积/体积"与方形电芯（假设其容量为 18650 电芯的 20 倍）相比，约为方形电芯的 7 倍，这将大大增加 18650 电芯在散热方面的优势。

　　另外，为了确保动力电池系统的安全性，TESLA Roadster 从电芯到电池系统采取了多种安全措施，其中包括：

　　① 芯的安全措施。在电芯正极附近安装热敏电阻（PTC），PTC 是一种典型的具有温度敏感性的半导体电阻，超过一定的温度（居里温度）时，它的电阻值随着温度的升高呈阶跃性的增高，从而起到限流作用；电芯内部均装有电流切断装置，当电芯内部压力超过安全限值时会自动切断内部电路；选择燃点温度高的电芯材料。

　　② 电池系统的安全措施。电池箱体采用结构强度较高的铝材，并且在箱体后部设有通气孔，防止箱体内部气压过高（见图 20-31）。

图 20-31　电池箱体后部通气孔详图

　　每个电芯的正、负极均设有保险丝，如果个别电芯发生短路，故障电芯与动力电池系统之间

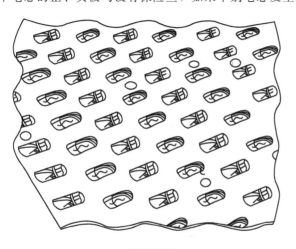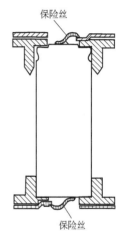

图 20-32　电芯的正、负极均设有保险丝

的电路将快速断开，降低危害程度（如图 20-32 所示）；"Sheet"上模架采用绝缘垫片和圆柱形帽结构限制电芯位置，个别电芯正极或负极端面与模架间进行打胶固定（如图 20-33 所示）；"Brick"的极板与"Sheet"模架之间通过环氧树脂胶固定，电压采样点与极板通过铆接方式连接（如图 20-34 所示）。

图 20-33　电芯在"Sheet"中的固定方

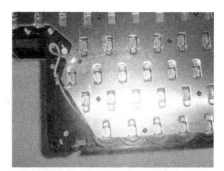

图 20-34　极板与模架及电压采样点的连接方式

11 个"Sheet"中，部分设有保险装置，一旦"Sheet"电流过大，超过限值，保险立刻熔断，切断电路，保证系统安全。"Sheet"之间由铜排串联，铜牌外部有橙色绝缘塑料外壳，如图 20-35 所示。

图 20-35　"Sheet"之间连接方式

每层"Sheet"均安装有电池管理系统，用来监控每组"Brick"的电压、温度以及整个"Sheet"的电压。

整个动力电池系统内同样也设置有电池管理系统，用来监控整个电池系统的工作状态，其中包括电流、电压、温度、湿度、烟雾以及惯性加速度（用于监测是否发生碰撞）、姿态（用于监测车辆是否发生翻滚）等。另外，该管理系统可以通过标准 CAN 总线与车辆系统监控板实现通信。

Roadster 的动力电池系统中共计 6831 只电芯，其表面积合计可达到约 $27m^2$，该系统采用液体冷却式热管理，冷却液是比例为 1∶1 的水和乙二醇混合物。图 20-36（a）是一层"Sheet"的热管理系统，冷却管道曲折布置在电池中间，冷却液在管道内流动时可带走电池产生的热量。图 20-36（b）显示了一层"Sheet"的冷却管道的结构示意图。

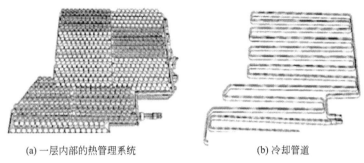

(a) 一层内部的热管理系统　　　　　　　　　　(b) 冷却管道

图 20-36　一层"Sheet"的热管理系统及结构示意图

为了防止冷却液流动过程中温度逐渐升高，使末端散热能力不佳，该款热管理系统采用双向流动设计，冷却管道的两个端部既是进液口，也是出液口，如图 20-37 所示，可以有效避免因为管道过长造成的始、末端冷却液温差过大，进而造成电芯温度差异过大的情况。另外，每条进、出管道又分为两个子管道（如图 20-37 所示），增加冷却液与管道的接触面积，提高热传递效率。

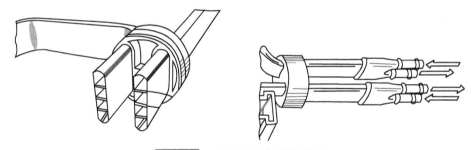

图 20-37　进出口管道结构示意图

电池系统的冷却管路与电芯间填充有绝缘导热胶质材料（如图 20-38 所示），固化后非常坚硬。

图 20-38　冷却管路与电芯间填充有绝缘导热胶质材料

在这些因素的作用下，电芯可以将热量快速传递至外部环境。通过该热管理系统，Roadster

电池组内各单体电池的温度差异可以控制在±2℃内。2013年6月的一份报告显示，在行驶10万英里（1英里＝1609.344m）后，Roadster电池组的容量仍能维持在初始容量的80%～85%。这个结果的取得依赖该电池热管理系统的有力支撑。

（4）Tesla Model S 纯电动汽车

Tesla Model S 是一款由 Tesla 汽车公司制造的全尺寸高性能电动轿车，拥有独一无二的底盘、车身、发动机以及能量储备系统。

Tesla Model S 分为车身、底盘及电池系统三大部分，电池位于车辆底部，平铺在车地板内（如图 20-39 所示），图 20-40 是 Model S 三大部分的拆分图。

车身

底盘总成

电池总成

图 20-39　Tesla Model S 电池板与车架融为一体的设计　　　图 20-40　Model S 三大部分的拆分图

Tesla Model S 同样采用松下提供的 18650 钴酸锂电池，容量为 3.1A·h、85kW·h 的 Model S 的动力电池系统一共采用了 7104 只电芯。电芯成组方式与 TESLA Roadster 相同。图 20-41 是 Model S 动力电池系统外观图，74 节 18650 电芯并联构成一组"Brick"，6 组"Brick"串联构成一组"Sheet"，1 组"Sheet"串联构成整个动力电池系统。

为了确保动力电池系统的安全性，Tesla Model S 从电芯到电池系统采取了与 TESLA Roadster 同样的安全措施与热管理系统。

图 20-41　Model S 动力电池系统外观图

（5）奔腾 B50EV

一汽集团生产的纯电动车奔腾 B50EV，见图 20-42，该车采用一汽技术中心自主研发的纯电动乘用车动力平台，由电机、电池、减速器、整车控制器、电动附件和专用显示仪表等组成。该车具有启动电爬行、纯电动、再生制动、电子驻车制动、家用充电和快速充电等功能。奔腾 B50EV 采用永磁同步电机，装配由东莞新能源科技有限公司（ATL）生产的 60 A·h的磷酸铁锂电池，最高车速可达 147km/h，在 60km/h 等速工况下续驶里程为 136km，百公里耗电量为 16kW·h。奔腾 B50EV 动力电池系统参数见表 20-2。

表 20-2　奔腾 B50EV 动力电池系统参数

车　型		奔腾 B50EV	车　型		奔腾 B50EV
动力电池系统参数	厂家	东莞新能源科技有限公司(ATL)	动力电池系统参数	热管理方式	空气冷却式热管理
	材料体系	磷酸铁锂		额定电流	—
	电芯容量	60A·h		充电时间	6~8h
	尺寸	底箱:1818mm×1122mm×295mm		是否可以快充	是
		尾箱:407.5mm×831mm×300mm		快充电流	约 120A
	质量	295kg		快充时间	30min(80%SOC)
	电压	346V		续驶里程	>120km
	带电量	20.7kW·h		最大车速	>145km/h
	比能量	70W·h/kg	市场投放		中国各大城市及乡镇
	比功率	240W/kg			市区短途或高速长途行驶

图 20-42　纯电动车奔腾 B50EV

（6）北汽 C30

北汽集团新能源汽车有限公司自主研发的 C30 插电式纯电动车见图 20-43，采用一款 47kW 的交流感应电机，峰值转矩 82N·m。0~100km/h 的加速时间为 11.5s，相当于一款 A0 级小排量车的加速水平。C30 装配由北京普莱德新能源电池科技有限公司生产的 80A·h 的磷酸铁锂电池，最高车速可达到 160km/h，续驶里程为 200km 以上，最大爬坡度为 30°。北汽 C30 动力电池系统参数见表 20-3。

图 20-43　北汽 C30 纯电动车

表 20-3　北汽 C30 动力电池系统参数

车　型	北汽 C30	车　型	北汽 C30
厂家	北京普莱德新能源电池科技有限公司	额定电流	10A
材料体系	磷酸铁锂	充电时间	6～8h
电芯容量	80A·h	是否可以快充	可以
尺寸	1667mm×875mm×256mm	快充电流	80A
质量	285kg	快充时间	约 1h
电压	320V	续驶里程	170km
带电量	25.6kW·h	最大车速	120km/h
比能量	90W·h/kg	市场投放	中国北京
热管理方式	空气冷却式热管理		出租车/私人

（7）北汽 C70GB

C70GB（见图 20-44）是基于萨博 9-3 研发的，把轴距加长达到了 2755mm。电机最大功率 109 马力（80kW），最大转矩 255N·m，0～100km/h 加速时间小于等于 14s。该款动力电池系统采用波士顿电池提供的 106A·h 三元电池，电池系统具体参数见表 20-4。

表 20-4　北汽 C70GB 动力电池系统参数

车型	北汽 C70GB	车型	北汽 C70GB
厂家	波士顿电池（Boston-Power Inc.）	额定电流	20A
材料体系	三元	充电时间	5～7h
电芯容量	106A·h	是否可以快充	可以
尺寸	1850mm×700mm×780mm	快充电流	150A
质量	375kg	快充时间	0.5～1h
电压	358V	续驶里程	200km
带电量	38kW·h	最大车速	125km/h
比能量	101W·h/kg	市场投放	中国北京
热管理方式	空气冷却式热管理		出租车/私人

（8）荣威 E50

上汽集团自主研发的荣威 E50（图 20-45）电动车车身尺寸为 3569mm×1551mm×1540mm，轴距为 2305mm，是一款微型车。荣威 E50 搭载了一款自主研发的永磁同步驱动电机，额定功率 28kW/3000r/min，最大功率 52kW/8000r/min，峰值转矩 155N·m，性能和一台 1.4L 自然吸气差别不大。作为纯电动车最关键组件的电池组方面，荣威 E50 装配由 A123 提供的 20A·h 磷酸铁锂电池，电池组还采用了轻量化设计，总质量 235kg。该款电动车 60km/h 的匀速测试工况下续航里程达到 180km，最高车速为 120km/h，0～50km/h 加速时间是 5.3s，0～100km/h 加速时间是 14.6s。荣威 E50 动力电池系统参数见表 20-5。

图 20-44　北汽 C70GB

图 20-45　一汽纯电荣威 E5

表 20-5　荣威 E50 动力电池系统参数

车型	荣威 E50	车型		荣威 E50
厂家	A123	动力电池系统参数	额定电流	100A
材料体系	磷酸铁锂		充电时间	6h
电芯容量	20A·h		是否可以快充	是
尺寸	1200mm×800mm×300mm		快充电流	90A
质量	235kg		快充时间	30min
电压	300V		续驶里程	140km
带电量	18kW·h		最大车速	120km/h
比能量	76W·h/kg			
热管理方式	空气冷却式热管理	市场投放		中国
冷却液	水			乘用车

（9）E30 纯电动车

长安集团研发的 E30（见图 20-46）定位于中高端纯电动汽车，基于长安 C 平台，搭载长安最新自主研发的纯电驱动系统。E30 采用了全新开发的具有先进水平的永磁同步电机，同时采用了高性能锂离子电池及管理系统，该系统具有总能量大、能量密度高、瞬时输出功率大等特点。E30 装配由北京国能电池科技有限公司提供的 100A·h 磷酸铁锂电池，最高车速 125km/h，在匀速 60km/h 情况下，续驶里程可达 180km，使用普通家用电源即可充电，能够满足人们日常生活需求。E30 动力电池系统参数见表 20-6。

表 20-6　E30 动力电池系统参数

车型	E30	车型		E30
厂家	北京国能电池科技有限公司	动力电池系统参数	额定电流	最大持续充电功率 6kW，折合电流 16～18A
材料体系	磷酸铁锂		充电时间	5.5h
电芯容量	100A·h		是否可以快充	是
尺寸	2089mm×1200mm×226mm		快充电流	依据电池温度状态调整，最大 50A
质量	385kg		快充时间	2h
电压	320V		续驶里程	180km
带电量	32kW·h		最大车速	125km/h
比能量	85W·h/kg			
比功率	286.8W/kg	市场投放		北京房山区
热管理方式	空气冷却式热管理，加热膜加热			出租车

图 20-46　长安集团 E30 纯电动车

图 20-47　比亚迪 E6 纯电动车

（10）比亚迪研发的 E6

比亚迪研发的 E6（图 20-47）纯电动出租车，它是全球首款纯电动出租车。该车装配的电机峰值功率为 75kW，百公里耗电量为 21.5kW·h。E6 的设计成熟、性能良好，充电后最长续驶里程超过300km。加速时间可达10s以内，最高车速可达160km/h以上，而百公里能耗为20kW·h左右，只相当于燃油车1/3至1/4的消费价格。E6通过使用的动力电池系统及启动电池均为比亚迪自主生产的200A·h磷酸铁锂电池，经过高温、高压、撞击等试验测试，安全性能良好。直接可以使用220V民用电源慢充，快充80%左右电量需要15~20min，普通充电1~2h。E6动力电池系统参数见表20-7。

表 20-7　E6 动力电池系统参数

车型		E6	车型		E6
动力电池系统参数	厂家	比亚迪	动力电池系统参数	充电时间	6~7h
	材料体系	LFP/C		是否可以快充	是
	电芯容量	200A·h		快充电流	100A
	质量	730kg		快充时间	2h
	电压	316.8V		续驶里程	300km
	带电量	63.4kW·h		最大车速	140
	比能量	86.8W·h/kg			
	热管理方式	空气冷却式热管理	市场投放		中国内地及香港/英国
	额定电流	10kW			出租车领域

（11）风神 E30L

东风集团研发的风神 E30L（图 20-48）是在 E30 基础上的衍生车型，E30 的整体设计与当初的 i-car 概念车设计更加接近，而 E30L 则对轴距进行了加长，从而多布置了后排的两个座位。整体设计与 Smart 更加相似。E30L 采用了铝框架车身设计，整体质量更轻，有利于提高续航里程。E30L 装配了 16kW 的永磁直流电机，E30 装配上海航天和天津捷威生产的 100A·h 磷酸铁锂电池为整车提供动力与能量储备，动力电池系统参数见表 20-8。其最高时速为 80km/h，续航里程150km。充电方面，快充仅需 30min，而慢充则需要 6~8h 完成，电池循环寿命可达 1500 次；并且采用高温充放电，容量稳定且储存性能良好。

（12）江淮和悦 iEV4

江淮和悦 iEV4（图 20-49）基于江淮 A13 车型改进而来，在外观上与 A13 基本保持一致，值得注意的是，和悦 iEV4 车身两侧均设有充电口，区别在于左侧为慢速充电口，右侧为快速充电口。和悦 iEV4 属于纯电动车，并没有像其他电动车一样采取封死的进气格栅，而是保留了通风口。另外，蜂窝状造型也为 iEV4 增添了些许活力。和悦 iEV4 的动力来源由额定功率 13kW 的电动机提供，最高车速为 95km/h，综合工况续航里程为 160km，60km/h 匀速行驶可达到200km。其动力电池系统参数见表 20-9。

图 20-48　东风风神 E30L 纯电动车

图 20-49　江淮和悦 iEV4 纯电动车

表 20-8　E30L 动力电池系统参数

车型		E30L	车型		E30L
动力电池系统参数	厂家	上海航天/天津捷威	动力电池系统参数	充电时间	6～8h
	材料体系	磷酸铁锂		是否可以快充	是
	容量	60A·h		快充电流	96A
	电压	307V		快充时间	1h
	带电量	18.4kW·h		续驶里程	150km
	比能量	86.8W·h/kg		最大车速	80km/h
	热管理方式	空气冷却式热管理	市场投放		中国
	额定电流	8A			私人、公务

表 20-9　江淮和悦 iEV4 动力电池系统参数

车型		和悦 iEV4	车型		和悦 iEV4
动力电池系统参数	厂家	合肥国轩高科	动力电池系统参数	热管理方式	空气冷却式热管理
	材料体系	磷酸铁锂电池		额定电流	100A
	电芯容量	62.5A·h		充电时间	8h
	尺寸	877mm×677mm×255mm 795mm×667mm×255mm		是否可以快充	是
	质量	220kg		快充电流	30A
	电压	310V		快充时间	2.5h
	带电量	19.2kW·h		续驶里程	160km
	比能量	80W·h/kg		最大车速	100km/h
	比功率	254W/kg	市场投放		国内北京、上海、合肥、成都等地
					城市通勤车

20.2.7　储能技术在混合动力汽车中的应用现状

混合动力汽车（HEV）是介于内燃机车和纯电动汽车之间的一种车型，一般有两个或两个以上的动力源，一个作为主动力源，一般为发动机，另一个为辅助动力源，通常为储能电池，用于回收再生制动期间的动能以及补偿主动力源的过载功率。混合动力汽车又可分为传统混合动力汽车和插电混合动力汽车，它们的区别在于插电混合动力汽车的车载动力电池组可以利用电力网（包括家用电源插座）进行补充充电，具有较长的纯电动行程里程，必要时仍然可以工作在混合动力模式。

插电式混合动力车与传统混合动力车有两个较大的差异：

① 插电式混合动力汽车（PHEV）可以直接由外接电源充电。而传统的 HEV 大多通过发动机为电池充电以及车辆行驶过程中回收制动能量等。

② 插电式混合动力汽车（PHEV）的电池容量较大，可以靠电力行驶较远的距离，电力驱动在 PHEV 中所占比例更高，其对发动机的依赖较传统 HEV 少。

20.2.7.1　传统混合动力汽车动力系统工作原理

根据不同的动力组合装置和不同的组合方法可以分为：①串联式 HEV；②并联式 HEV；③混联式 HEV。

① 串联式 HEV 的工作模式。串联式混合电动车动力传动原理如图 20-50 所示，混合牵引模式，当需要大功率时，发动机、电源共同提供。如车辆起步、加速、爬坡等工况。有以下工作模式：

■ 单电源牵引模式，电源单独供给功率，如车辆低速巡航时。

■ 发动机/发电机单牵引模式，发动机单独提供所需功率，如车辆高速巡航、缓慢加速等情况。

■ 发动机/发电机给电源充电模式，当电源系统 SOC 降至下限时，采用发动机、发电机组充电，其一部分功率驱动车辆，另一部分给电源充电。此时负载功率需求小于发动机功率。

■ 再生制动模式，当车辆制动时，牵引发动机用作发电机，将车辆的部分动能转化为电能，为电源充电。

② 并联式 HEV 工作模式。并联式混合动力汽车是混合动力汽车的一种基本结构，其动力传动原理见图 20-51。单个动力传动系间的联合是汽车动力或传动系环节的联合，单电动机牵引模式，车速低于设定的最低值，发动机将不能稳定地运转，则电动机单独向驱动系统提供功率，发动机处于熄火或急速状态。

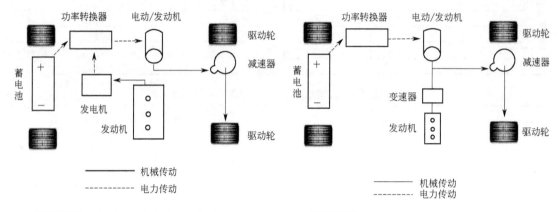

图 20-50　串联式混合电动车动力传动原理　　　图 20-51　并联式混合电动车动力传动原理

- 混合牵引模式，负载功率大于发动机功率时，二者同时提供驱动功率。
- 电源充电模式，负载功率小于发动机最佳运行功率时，发动机提供能量，给电源充电。
- 单发动机牵引模式，负载功率小于发动机最佳运行功率，并且 SOC 已达到下限时，采用单发动机牵引模式。
- 再生制动模式，制动时，电动机产生制动功率给电池充电。

③ 混联式 HEV 工作模式。其动力传动原理见图 20-52。

- 单电动机工作模式，如环保低速巡航，起步加速等工况。
- 混合牵引模式，如加速爬坡等工况。
- 单发动机工作模式，如高速巡航，此时发动机处于最佳工作状态。
- 由于混合动力汽车构型的不同，串联式和并联式混合动力汽车对电池的要求又有差别。

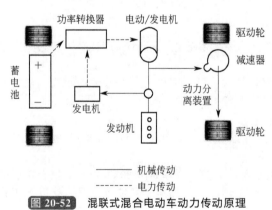

图 20-52　混联式混合电动车动力传动原理

与纯电动车辆相比，混合动力汽车对动力电池的能量要求有所降低，但要能够根据整车要求实时提供更大的瞬时功率，即要实现"小电池提供大电流"。

- 串联式混合动力汽车完全由电机驱动，内燃机-发电机与电池组一起提供电机需要的电能，电池 SOC 处于较高的水平，对电池的要求与纯电动汽车相似，但容量要求小，功率特性要求根据整车的需求与电池容量确定。总体而言，动力电池容量越小，对其大倍率放电的要求越高。
- 并联式混合动力汽车内燃机和电机可直接对车轮提供驱动力，整车的驾驶需求可以由

不同的动力组合结构来满足。动力电池的容量可以更小，但是电池组瞬时提供的功率要满足汽车加速或爬坡要求，电池的最大放电电流有时可能高达 20C 以上。

在不同构型的混合动力汽车上，由于工作环境、汽车构型、工作模式的复杂性，对混合动力汽车用动力电池提出统一的要求是比较困难的，但一些典型、共性的要求可以归纳如下：

① 动力电池的峰值功率要大，能短时大功率充放电；

② 循环寿命要长，至少要满足 5 年以上的电池使用寿命，最佳设计是与电动汽车整车同寿命；

③ 电池的 SOC 应尽可能保持在 50%～85% 的范围内工作；

④ 需要配备电池管理系统，包括热管理系统。

20.2.7.2　插电式混合动力汽车 (Plug-in HEV)

插电式混合动力汽车简称 PHEV，是一种可外接充电的新型混合动力汽车。PHEV 是在传统混合动力汽车基础上派生而来的，并兼有传统混合动力汽车与纯电动汽车的基本功能特征。在应用上期望纯电动工作模式的续驶里程达到 40km 以上，因此对动力电池的要求要兼顾纯电动和混合动力两种模式。同时由于在应用模式上是在纯电动行驶到电量不足时，启动混合动力驱动工况，因此需要动力电池组在低 SOC 时也能提供很高的功率。

PHEV 动力系统主要可分为并联式、串联式和混联式三种结构，其结构主要特点与传统 HEV 类似。但是 PHEV 用发动机功率比 HEV 的小，电机和电池功率比 HEV 的大，电池可通过电力网进行充电。

（1）并联式插电混动汽车

并联式 PHEV 的发动机和电动机是两个相对独立的系统，既可实现纯电动行驶，又可实现内燃机驱动行驶，在功率需求较大时还可以实现全混合动力行驶，在停车状态下可进行外接充电。

这种并联式结构一般采用的控制方式包括：开关门限控制、模糊逻辑控制等。

（2）串联式插电混动汽车

串联式 PHEV，通常称为增程式电动车，其特点是发动机带动发电机发电，发出的电能通过电动机控制器直接输送给电动机，由电动机驱动汽车行驶。其动力电池可进行外接充电，在允许的条件下可通过切断发动机的动力实现纯电动行驶；在要求迅速加速和爬坡时，以混合动力模式工作；当电池组不起作用或不能使用时，发动机可单独驱动电动机带动汽车运行；在停车状态下可对动力电池进行充电。串联式结构一般采用的控制方式有：恒温器控制、功率跟随控制等。

（3）混联式插电混动汽车

混联式 PHEV 驱动系统是串联式与并联式的综合，可同时兼顾串联式和并联式的优点，但系统较为复杂。在汽车低速行驶时，驱动系统主要以串联方式工作；汽车高速稳定行驶时，则以并联工作方式为主；停车时，可通过车载充电器进行外接充电。

根据车上电池荷电状态的变化特点，可以将 PHEV 的工作模式分为电量消耗、电量保持和常规充电模式，其中电量消耗又分为纯电动和混合动力两种子模式。

PHEV 优先应用电量消耗模式。在电量消耗模式中，PHEV 根据整车的功率需求，具体选择纯电动和混合动力两种子模式。在"电量消耗-纯电动"子模式中，发动机是关闭的，电池是唯一的能量源，电池的荷电状态降低，整车一般只达到部分动力性指标。该模式适合于启动、低速和低负荷时应用。在"电量消耗-混合动力"子模式中，发动机和电机同时工作，电池提供整车功率需求的主要部分，电池的荷电状态也在降低，发动机用来补充电池输出功率不足的部分，直至电池的荷电状态达到最小允许值。该模式适合高速，尤其是要求全面达到动力性指标时采用。在电量保持模式下，PHEV 的工作方式与传统 HEV 工作模式类似，电池的荷电状态基本维持不变。

"电量消耗-纯电动"、"电量消耗-混合动力"和"电量保持"模式之间能够根据整车管理策略进行无缝切换，切换的主要根据是整车功率需求和电池的荷电状态。常规充电模式就是用电网给 PHEV 电池充电。

对比能量和比功率的要求，PHEV 用动力电池必须具有足够的能量密度和功率密度，以保证 PHEV 在不增加车辆太多重量的前提下满足动力性能指标和纯电动行驶里程。电源系统的比能量依据两种工作模式下的需求总容量决定，功率性能应在较低 SOC 下满足最大功率性能要求，PHEV 使用的电池容量较大，所以其比功率要求在纯电动与混合动力之间。

20.2.7.3 混合动力汽车应用实例

混合动力汽车的燃油经济性能高，而且行驶性能优越，混合动力汽车的发动机要使用燃油，而且在起步、加速时，由于有电动马达的辅助，可以降低油耗。因此，车主在享受更强劲的起步、加速的同时，还能实现较高水平的燃油经济性。

下面介绍几款典型的混合动力汽车的电池系统技术。

（1）丰田 Prius 第一代代混合动力车升级版

2000 年东京车展，丰田推出了第一代代混合动力车 Prius 的升级版，相比升级之前的 Prius，升级后的 Prius 在混合动力配置方面没有变化，但增强了其动力性。整车外观见图 20-53。

Prius 是第一辆混联型的 HEV，结合了串联和并联两种方式的特点，由发动机（ICE）、发电机（generator）、电动机（motor）、行星齿轮、逆变器（inverter/converter）和动力电池系统组成。其中，发电机和电动机既可以作电动机，也可以作发电机，行星齿轮将两个电机、发动机有机地联系起来，车内各部件位置见图 20-54。图 20-55 是 Prius 各部件的虚拟组分图。

图 20-53 第一代代混合动力车 Prius 的升级版外观图

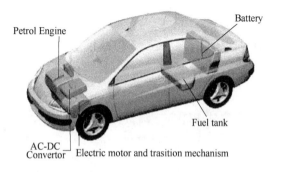

图 20-54 Prius 车内各部件位置图

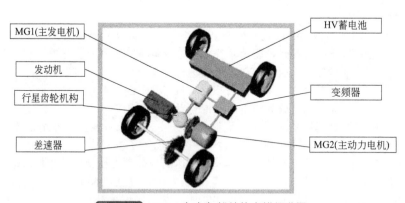

图 20-55 Prius 车内各部件的虚拟组分图

Prius 的动力电池系统采用松下提供的 6.5A·h 镍氢电池，由 38 只模块串联而成，每个模块由 6 只单体电池串联组成，整个动力电池系统带电量为 1778W·h。电池主要技术参数见表 20-10。电池系统由镍氢电池组、电流传感器、温度传感器、保险丝、电池管理系统、热管理系统等部分构成。图 20-56 是 Prius 动力电池系统外观图，图 20-57 是其拆解图。

该动力电池系统具有以下技术特点

■ 电池能量来源于发动机和刹车回收的能量。

■ 电池容量为 6.5A·h（1.5kW·h），效率为 90% 左右，大约可以提供 33kW 电动机运行 1min 左右。

■ 为延长电池寿命，电池 SOC 运行范围为 40%～80%，控制目标为 54%。

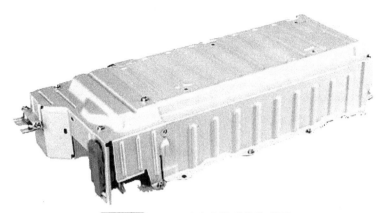

图 20-56　Prius 动力电池系统外观图

图 20-57　Prius 动力电池系统拆解图

■ 电池的热管理方式采用空气冷却式热管理。装在通风道上的风扇把来自驾驶室的风，通过过滤器、通风管路，送到动力电池系统。电池风扇有四种运行模式：关、低转速、中转速、高转速。温控系统决定电池风扇的运行模式。

表 20-10　Prius 的动力电池系统电池主要技术参数

车　型	Prius	单位	车　型	Prius	单位
电池类型	Ni-MH	—	系统含模块数	38	—
电池单体电压	1.2	V	总电压	273.6	V
充电容量	6.5	A·h	模块质量	1.04	kg
每个模块含单体数	6	—	动力电池系统质量	53.3	kg

（2）雪佛兰 VOLT 混合动力汽车

雪佛兰 VOLT 是通用汽车雪佛兰品牌的插电式油电混合动力车，该款车的动力电池系统采用韩国 LG 化学公司生产的 15A·h 锰酸锂软包电池，整个电池系统由 288 只电芯串联而成，总重大约 180kg，可提供 16kW·h 电量。电池系统组成见图 20-58。

VOLT 的动力电池系统呈"T"字形结构，位于车辆底部，如图 20-59 所示。图 20-60 是该电池系统外观图。VOLT 电池系统采用了复杂的电池管理系统，在此管理系统中，电池监测板使用 2 个关键子系统来监测电芯的状况，并把数字结果发送至主处理器，主处理器则会

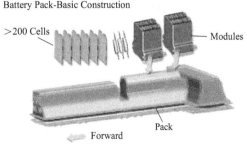

Battery Pack-Basic Construction

>200 Cells
Modules
Pack
Forward

图 20-58　雪佛兰 VOLT 动力电池系统组成

协调系统的运行。信号接口将这些子系统隔离开，确保高压电池检测电路与板上通信器件之间的绝缘。另外，管理系统设置了 58%～65% 的 SOC 安全窗口，正常驾驶模式的 SOC 下限值设定为 30%；山路驾驶模式的 SOC 下限值设定为 45%。当车辆达到接近 SOC 下限值时，汽油引擎介入，以延长行驶里程。

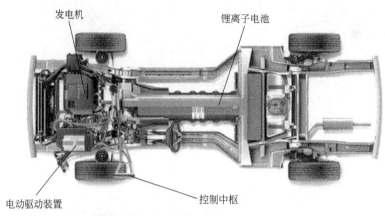

图 20-59　VOLT 的动力电池系统布置图

图 20-60　VOLT 电池系统外观图

VOLT 的动力电池系统采用液体冷却式热管理方式，见图 20-61。每只电芯和相邻电芯共享一个冷却液管路，因此，冷却液可作用于大片区域。

图 20-61　VOLT 动力电池系统热管理方式

（3）BMW X6 混合动力

2009 年底，宝马推出其第一款采用混合动力技术的量产车型宝马 ActiveHybrid X6，这款是全世界最先采用混合动力驱动装置的全能轿跑车。BMW X6 的电动核心是一个长寿命的高性能动力电池系统，该系统采用镍氢电池组，容量为 2.4kW·h。配备有先进的冷却系统，可根据各种温度和行驶情况选择最佳冷却策略，及时提供动力和能量存储，确保高性能。储藏的电能可随时启用，可用于全电动驱动、紧急提速，或为 BMW 双涡轮增压 V8 发动机提供助力。

X6 的镍氢电池系统被安排在后备厢地板下面，如图 20-62 和图 20-63 所示。该系统采用空气和液体冷却两种热管理方式进行电池系统的冷却，整个电池系统包含 2 组镍氢电池组，其中又包含了 260 个小单元，电池系统出现故障只需要更换损坏的电芯即可，无须更换整个电池组。

图 20-62　X6 动力电池系统放置图 1　　　　图 20-63　X6 动力电池系统放置图 2

X6 的镍氢电池系统结构如图 20-64 所示，其组成结构如下：10 只电芯串联组成一只小模块，12 只小模块串联组成一组大模块，2 组大模块串联成为整个动力电池系统，因此，该款电池系统的电芯总数为 240 只，总电压为 288V，重 83kg，带电量为 2.4kW·h。

图 20-64　X6 的镍氢电池系统结构图

BMW X6 的动力电池系统与空调系统使用同一个冷凝器散热，见图 20-65，因此高电压蓄电池的冷却效率比雷克萨斯 RX 450h 等车辆采用的传统风冷系统高得多。因此，宝马 Active Hybrid X6 的蓄电池可以更加高强度地使用并实现更长久的功率输出，特别是在极端车外温度情况下。

（4）奔驰 S400 HYBRID 混合动力

2009 年夏季投放市场的奔驰 S400 HYBRID 是梅赛德斯-奔驰的首款混合动力轿车，其搭载带有紧凑混合动力模块的增强型 3.5L V6 汽油发动机。该款车型的发动机可产生 205kW 的输出功率，电动机在动力电池系统的驱动下可产生 15kW 的功率

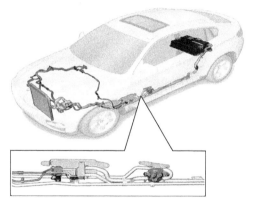

图 20-65　BMW X6 热管理系统

和 160N·m 的启动转矩，这使得发动机实现了 220kW 的综合功率和 385N·m 的最大综合转矩。该车按照新欧洲行驶循环工况（NEDC）测量的综合燃油消耗量为 7.9L/100km，CO_2 排放量仅为 186g/km。采用混合动力驱动技术使该车的动力性与环保性的矛盾得到化解，打破了只有小排量汽车才能实现环境保护的定论。

S400 HYBRID 采用了并联式混合动力系统，其动力电池系统位于发动机舱的右后部，电池系统及发动机系统在整车上的布置如图 20-66 所示。其动力电池系统外观见图 20-67。该款动力电池系统由 35 只江森自控-帅福得电池公司生产的 6.5A·h 锰酸锂电池串联组成，额定电压为 126V（最大电压 144V、最低电压 87.5V），整个电池系统重约 28kg。为了将锂离子充电电池的工作温度控制在 50℃ 以下，该款电池系统采用液体冷却式热管理方式。S400 HYBRID 动力电池系统内部结构见图 20-68。

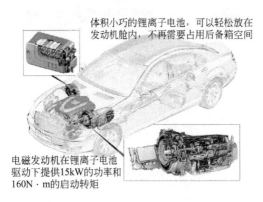

体积小巧的锂离子电池，可以轻松放在发动机舱内，不再需要占用后备箱空间

电磁发动机在锂离子电池驱动下提供15kW的功率和160N·m的启动转矩

图 20-66 S400 HYBRID 动力电池系统及发动机系统在整车上的布置图

图 20-67 S400 HYBRID 动力电池系统外观图

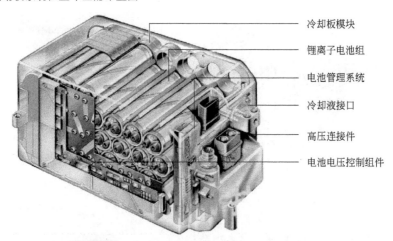

冷却板模块
锂离子电池组
电池管理系统
冷却液接口
高压连接件
电池电压控制组件

图 20-68 S400 HYBRID 动力电池系统内部结构图

（5）法拉利 LaFerrari 混动超跑

在 2013 年（第 83 届）日内瓦车展上，众人期盼的法拉利全新旗舰车型终于揭开了神秘的面纱，最终定名为 LaFerrari（见图 20-69）。新车强大的性能使得从静止加速到 200km/h 低于 7s。LaFerrari 使用了 HY-KERS 混合动力系统，由一台 6.3L V12 发动机担当主要驱动力，峰值马力超过 588kW，而最大转速可达 9250r/min，创造了同排量发动机的转速记录。电动机能够额外提供 120kW，整套动力的峰值马力输出将接近 708kW。同时，位于传动系统末端的电动机也被作为转矩辅助转向系统的一部分，可以通过调整左右车轮的转矩实现辅助转向。

图 20-69　法拉利 **LaFerrari** 混动超跑

　　法拉利 LaFerrari 动力电池系统安装在底盘上，整个电池系统共包含 120 只锂离子电芯，每 15 只电芯串联组成一只电池组，8 只电池组串联组成电池系统（见图 20-70、图 20-71、图 20-72）。该电池系统采用液体冷却式热管理方式，冷却液为水。冷却液管路布置在电池组中间，左右电池组分别布置有不同的冷却液回路（见图 20-73、图 20-74）。冷却液从入口进入电池系统后分为两路，分别进入左右两边电池组中，保证电芯的工作温度。

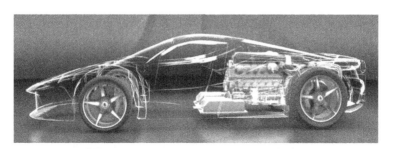

图 20-70　法拉利 **LaFerrari** 电池系统布置图

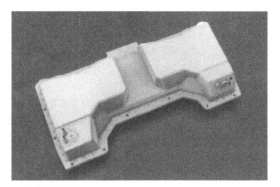

图 20-71　法拉利 **LaFerrari** 电池系统外观图

（6）奔腾 B50 PHEV

　　奔腾 B50 PHEV（插电式油电混合动力车，图 20-75）是一汽最新自主研发的一款混合动力车。此车的各项性能和技术指标已达到国内新能源汽车的领先水平。据测试，奔腾 B50 PHEV

图 20-72 　法拉利 LaFerrari 电池系统拆分图

图 20-73 　法拉利 LaFerrari 电池系统热管理方式

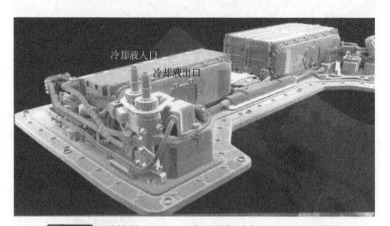

图 20-74 　法拉利 LaFerrari 电池系统冷却液出入口示意图

在 NEDC 工况下的油耗小于 3.2L/100km，比传统车节油 60%，并且具有启动爬行、纯电驱动、再生制动、电子驻车制动、家用充电、快速充电等功能，是国内领先的节能环保车型。奔腾 B50 PHEV 是一汽技术中心在 2009 年开发出的一款插电式混合动力产品。其发动机采用 1.5L 汽油机，输出功率 67kW，最大转矩 135N·m，电机为永磁同步电机，电池为东莞新能源科技有限公司（ATL）生产的 35A·h 的锂离子电池，最高车速可达 175km/h，在综合工况下油耗小于

图 20-75　一汽奔腾 B50 PHEV

3.2L，纯电动状态下续驶里程（60km/h 等速）为 70km。奔腾 B50 PHEV 动力电池系统参数见表 20-11。

表 20-11　奔腾 B50 PHEV 动力电池系统参数

	车型	奔腾 B50PHEV		车型	奔腾 B50PHEV
动力电池系统参数	厂家	东莞新能源科技有限公司(ATL)	动力电池系统参数	额定电流	—
	材料体系	磷酸铁锂		充电时间	4h
	电芯容量	35A·h		是否可以快充	否
	尺寸	990mm×520mm×335mm		快充电流	—
	质量	186kg		快充时间	—
	电压	320V		续驶里程	>1000km
	带电量	11.2kW·h		最大车速	>170km/h
	比能量	60W·h/kg	市场投放	中国各大城市及乡镇	
	比功率	277W/kg		市区短途或高速长途行驶	
	热管理方式	空气冷却式热管理			

（7）荣威 Plug in

2013 广州国际车展上，上汽集团乘用车公司推出中国首款量产三核插电式混合动力轿车——荣威 550 Plug-in（图 20-76）。该车的"插电式混合动力"系统由高效 1.5L VTI-tech 汽油发动机、集成启动发电机以及牵引电动机组成的三核动力构成。其中 1.5L 发动机的最大功率为 80kW，峰值转矩为 135N·m；与这套三核动力相匹配的是由上汽自主研发的 EDU 智能电驱变

图 20-76　上汽荣威 550 Plug-in

速箱，有两个挡位，可实现串/并联混合驱动、油/电驱动模式的自动切换。荣威 550 Plug-in 采用 A123 生产的 20A·h 磷酸铁锂电池组，充满一次电需要 6～8h，可以通过国家电网的专用电桩或家用 220V 电源进行充电。充满电后可实现纯电动行驶 58km 左右，综合工况下油电混合动力行驶的续航里程可达 500km。荣威 550 Plug-in 动力电池系统参数见表 20-12。

表 20-12　荣威 550 Plug-in 动力电池系统参数

	车型	荣威 550 Plug-in		车型	荣威 550 Plug-in
动力电池系统参数	厂家	A123	动力电池系统参数	冷却液	水
	材料体系	磷酸铁锂		额定电流	120A(可持续放电)
	电芯容量	20A·h		充电时间	6～8h
	尺寸	770mm×620mm×300mm		是否可以快充	否
	质量	153kg		快充电流	—
	电压	297V		快充时间	—
	带电量	11.8kW·h		续驶里程	大于 500km
	比能量	77W·h/kg		最大车速	170km/h
	比功率	710W/kg(脉冲)	市场投放		中国各大城市及乡镇
	热管理方式	液体冷却式热管理			市区短途或高速长途行驶

（8）比亚迪秦

比亚迪秦（图 20-77）采用了 DMII 双模混动系统，并联模式，即系统可以以纯电动或汽油＋电动模式进行驱动。发动机为 1.5L TI 缸内直喷＋涡轮增压发动机，最大功率 113kW/5200r/min、最大转矩 240N·m/(1750～3500r/min)。变速箱采用比亚迪自主开发的 6 速 DCT 干式双离合自动变速箱。秦采用比亚迪自主生产的 26A·h 磷酸铁锂电池组，通过外接电源来为电池组充电，充满电后可实现纯电动行驶约 70km。比亚迪秦动力电池系统参数见表 20-13。

图 20-77　比亚迪秦

表 20-13　比亚迪秦动力电池系统参数

	车型	比亚迪秦		车型	比亚迪秦
动力电池系统参数	厂家	比亚迪	动力电池系统参数	热管理方式	空气冷却式热管理
	材料体系	磷酸铁锂		充电时间	8～9h
	容量	26A·h		是否可以快充	是
	尺寸	1000mm×400mm×400mm		快充时间	3～4h
	质量	150kg		续驶里程	纯电 70km
	电压	500V		最大车速	185km/h
	带电量	13kW·h	市场投放		中国各大城市及乡镇
	比能量	86.7W·h/kg			市区短途或高速长途行驶

（9）雷克萨斯 RX400h

2006 年 11 月 18 日，第九届北京国际汽车展览会上，全新 RX400h（见图 20-78）首次在中国内地展出。这款车的油电混合动力系统包括 3.3L 的 V6 发动机、前电动机和后电动机，提供电动四驱功能，综合输出功率为 272 马力。RX400h 将卓越的加速能力与经济的燃油消耗巧妙结合在了一起。从 0 加速到 100km/h 仅需 7.6s。另外，由于油电混合动力系统的存在，RX400h 的综合油耗仅为 8.3L/100km，大大超越了豪华 SUV。该油电混合动力系统采用 8 只 6.5A·h 的镍氢电池串联组成电池组，30 只电池组串联成为动力电池系统。因此，该款电池系统总电压为 288V，能够提供 1872W·h 的电量。这套电池系统被巧妙地安置于后座下方。电池输出的电流通过升压变压器高效地提升为 650V 直流电，然后再经过反用换流器将其转换为 650V 交流电，并将经过升压后的电流输送给前置的 123kW 电动机，这台电动机的最高转速可达 12400r/min。雷克萨斯 RX400h 动力电池系统部分参数见表 20-14。

图 20-78　**雷克萨斯 RX400h**

表 20-14　**雷克萨斯 RX400h 动力电池系统部分参数**

车型		雷克萨斯 RX400h	车型		雷克萨斯 RX400h
动力电池系统参数	厂家	丰田	动力电池系统参数	电压	288V
	材料体系	镍氢		带电量	1872W·h
	电芯容量	6.5A·h		比能量	15.6W·h/kg
	质量	120kg		热管理方式	空气冷却式热管理

（10）2009 版 CIVIC HYBRID

2009 版 CIVIC HYBRID 是属于本田公司的第四代混合动力车型，见图 20-79。发动机与电动机采用并联方式进行混合，以发动机作为主动力源，电动机作为辅助动力源，本田公司把这种技术称为综合电机辅助系统，即 IMA（intergrated motor assist）。2009 版思域混合动力车采用了第四代 IMA 系统，系统输出性能得到了很大的提高，发动机最大输出 70kW(6000r/min)，最大转

图 20-79　**CIVIC HYBRID**

矩 123N·m(4500r/min)。该款动力电池系统由 132 只 6A·h 的镍氢电池串联组成，由于电池组排列的差异，新款电池系统比上一代电池系统高出 14V。差异见图 20-80。2009 版 CIVIC HYBRID 动力电池系统部分参数见表 20-15。

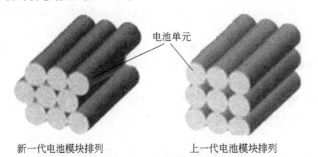

电池单元

新一代电池模块排列　　　　上一代电池模块排列

图 20-80　两代电池系统电池组排列差异图

表 20-15　CIVIC HYBRID 动力电池系统部分参数

车型		思域混合动力 CIVIC HYBRID（2009 版）	车型		思域混合动力 CIVIC HYBRID（2009 版）
动力电池系统参数	厂家	本田	动力电池系统参数	电压	158V
	材料体系	镍氢		带电量	948W·h
	体积	59L		比能量	17.2W·h/kg
	容量	6.0A·h		热管理方式	空气冷却式热管理
	质量	55kg			

（11）第九代雅阁

第九代雅阁混合动力版与插电式混合动力版 2013 年在北美地区上市，两款混合动力版本的车型都具备相同的动力总成——完全一样的 2.0L 阿特金森循环自然吸气汽油发动机以及双电机组合，插电版本则具备更大容量的电池，并且可以外接电源充电。

雅阁混动版和插电版的动力电池系统同样选取锂离子电池，电池系统也都安装在车辆后座椅背部（见图 20-81），图 20-82 是 2010 洛杉矶车展上本田发布的插电式混动系统平台，这套系统

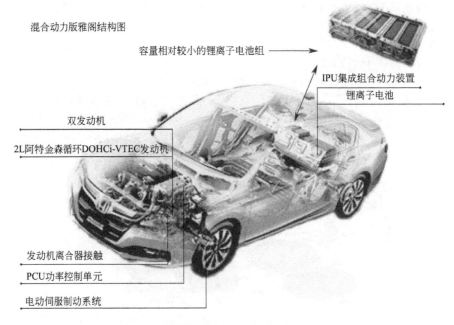

混合动力版雅阁结构图

容量相对较小的锂离子电池组

IPU集成组合动力装置
锂离子电池

双发动机

2L阿特金森循环DOHCi-VTEC发动机

发动机离合器接触

PCU功率控制单元

电动伺服制动系统

(a)

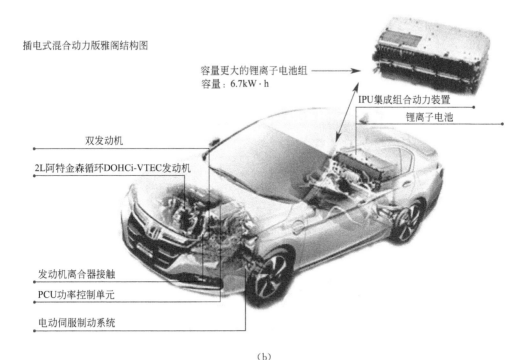

插电式混合动力版雅阁结构图

容量更大的锂离子电池组
容量：6.7kW·h

IPU集成组合动力装置

锂离子电池

双发动机

2L阿特金森循环DOHCi-VTEC发动机

发动机离合器接触

PCU功率控制单元

电动伺服制动系统

（b）

图 20-81　雅阁混动版和插电版的动力电池系统布置图

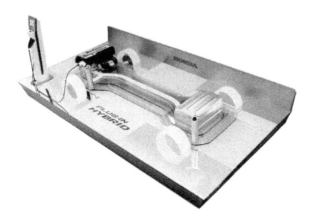

图 20-82　雅阁插电版混动系统平台

是第九代雅阁混动版和插电版的基础。不同的是，混动版选用 50 只 5A·h 的锂离子电池串联组成电池系统，插电版的电池系统由 100 只 20.8A·h 的锂离子电池串联而成，总电压达到 320V，带电量为 6.7kW·h。综合美国和日本的标准来看，插电版纯电动续航里程大致可以达到 30km。上班、短途行驶等情况下插电版雅阁都可以只用电动机运行节省大量燃油消耗。加之电动机本身性能足够强大，纯电动模式下依然可以带来较好的驾驶体验。雅阁混动版和插电版的动力电池系统及整车部分参数见表 20-16。

（12）2012 凯美瑞

2012 款凯美瑞（见图 20-83）混合动力采用全新一代丰田混合动力系统，电动机和发动机可以根据汽车的行驶状态交替或同时输出动力，为汽车提供强劲动力。在 2.5L 4AR-FXE 发动机和电动机的配合下，凯美瑞的最大功率高达 151kW，可媲美 3.0L 排量车型，综合工况下百公里油

表 20-16 **雅阁混动版和插电版的动力电池系统及整车部分参数**

车型		混动版	插电版
电池系统参数	厂家	本田	
	材料体系	锂离子电池	锂离子电池
	电芯容量	5.0A·h	20.8A·h
	电芯数量	50 只	100 只
	电压	160V	320V
	带电量	0.8kW·h	6.7kW·h
	充电时间	—	240V:1h;120V:3h
整车参数	外媒 0～96km/h 加速测试	7.2s	7.7s
	日本 JC08 模式油耗	3.3L/100km	插电式混合模式:1.42L/100km
			普通混合模式:3.45L/100km
	美国 EPA 综合油耗	5L/100km	纯电动模式等效油耗:2.0L/100km
			纯汽油模式综合油耗:5.1L/100km

图 20-83 **2012 款凯美瑞混合动力车**

耗仅为 5.3L，二氧化碳排放量也比汽油版车型减少了近 32%。该款混合动力车的电池系统放置在后座椅背面（见图 20-84），这个位置已在车尾溃缩区之外，因而哪怕遭遇追尾，车身挤压变形也难以波及到电池。电池系统位置相同的车型还有上面提到的第九代本田雅阁混动车型。另外，丰田还给电池设计了具有保护功能的支架。在美国进行的 80km/h 追尾测试中，丰田混动车的电池也没有任何损伤。此外，丰田汽车电池保护还有另一道防线，就是当

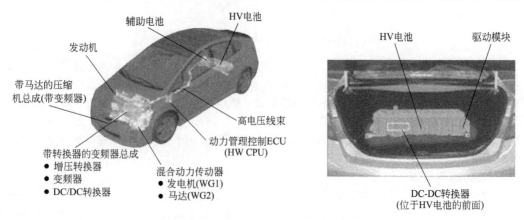

图 20-84 **凯美瑞动力电池系统布置图**

探测有气囊弹出时（即发生严重碰撞），车辆会自动切断高压电源，这样就从根源上扑灭了漏电的可能。

2012 款凯美瑞混合动力采用 204 只镍氢电池共同组成，其结构为：6 只单体电池串联组成一只电池组，34 只电池组串联组成整个动力电池系统，因此，该款电池系统总电压为 244.8V。另外，整个电池系统采用空气冷却式热管理系统调节电池在充放电过程中的温度，温度传感器根据电池的温度和冷却系统进气口的温度，自行控制冷却鼓风机运转的时间和速度。

图 20-85　新款途锐混合动力车

（13）途锐混合动力车

在 2010 年北京国际车展上，新款途锐混合动力车（图 20-85）型正式与中国观众见面。这款车装备了采用机械增压技术的 V6 TSI 直喷汽油发动机与电动机驱动的混合动力系统，可在纯电动模式下加速至 50km/h，并且排放为零。

新款途锐混合动力车型上搭载着配备高压电池系统的混合动力系统核心部件，包括：采用机械增压技术的 V6 TSI 发动机（最大功率 245kW）、8 速自动变速箱，以及安装于发动机和自动变速箱之间的混合动力驱动模块。这个混合动力系统与离合装置、电动机（34.3kW）集成为一体。当发动机与电动机同时工作时（加速助力工况），系统的总动力输出可达 279kW/380 马力，最大转矩为 580N·m。

电动机的驱动能量源自动力电池系统，该系统位于原先安放备胎的位置（见图 20-86）。新款途锐混合动力的电池系统由 240 只镍氢电池串联而成，总重 79kg，总电压为 288V，能够提供 1.7kW·h 的能量，最高输出功率 38kW。电池系统中存储的能量，在纯电动模式下，可以支持新款途锐混合动力行驶大约 2km，最高车速为 50km/h。系统内部采用空气冷却式热管理系统，通过集成于内部通风系统的辅助通风管和两个单独的风扇将镍氢电池维持在最佳的温度范围内。

图 20-86　新款途锐混合动力车动力电池系统布置图

（14）别克君越 eAssist 混合动力车

别克君越 eAssist 混合动力车（图 20-87）采用 2.4L SIDI 智能直喷发动机，最大功率 137kW（6200r/min），最大转矩 240N·m（4800r/min）。电机安装在发动机的缸体边上，采用液体冷却，可为发动机提供 15.3kW 最大功率和 65N·m 转矩的辅助动力，并拥有 15kW 的发电功率。该电机可辅助发动机启动；上坡、加速时，为发动机提供额外动力；减速断油时，能够稳定车辆行驶状态。君越 eAssist 的电池系统布置在后排座椅和后备厢之间（图 20-88），该电池系统采用日立提供的 4.4A·h 锰酸锂电池串联而成，系统总电压为 115V，可提供 0.5kW·h 的能量，输出功率 15kW，总质量仅为 29kg，采用空气冷却式热管理调节电池工作温度。

（15）大众 XL1

图 20-87 别克君越 eAssist 混合动力车

XL1 是大众开发的新型超节能车，在 2013 年日内瓦车展上，大众展出了节油量产版，搭载插入式混合动力系统，在纯电动模式下的最大续航里程可达到 50km。XL1 搭载的是一台 0.8L 双缸 TDI 发动机，还具备与 1.6L TDI 相同的内部减排特征，其中包括经过特殊定型的多点喷射活塞凹槽和单个喷油嘴的个体定向调节。XL1 的动力电池系统装置安装在汽车后驱动轴的上方（见图 20-89、图 20-90），该系统由 60 只锂离子电池串联组成，总电压为 230V，可提供 5.5kW·h 的能量。由电动机（20kW）和离合器组成的混合动力模块则位于 TDI 发动机（35kW）和 7 速 DSG 双离合自动变速箱之间，该模块集成在 DSG 变速箱内，取代了常见的飞轮。当混合动力系统全功率运转时，官方数据显示，XL1 百公里加速仅需 12.7s，最高车速可达 160km/h。

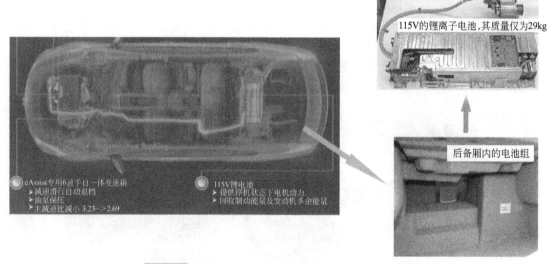

图 20-88 别克君越 eAssist 混合动力车动力电池系统

20.2.8 动力电池系统的测试评价方法

动力电池系统是交通运输工具的能量源，为了保证交通运输工具必要的性能和安全性，在电池研制、出厂检测、产品评估时需要进行测试。国内外都对动力电池及动力电池管理系统的测试制定了详细的测试规程和检验标准。虽然电动汽车产业尚处于初级阶段，标准会随着应用及对动力电池的认识逐步修改完善，但对于性能和安全性的测试基本方法和要求应该相对稳定。本节重点对动力电池性能和安全的主要测试方法和手段进行介绍。

20.2.8.1 动力电池基本测试原理与方法

动力电池是化学电源，它的电化学基本性能包括容量、电压特性、内阻、自放电、存储

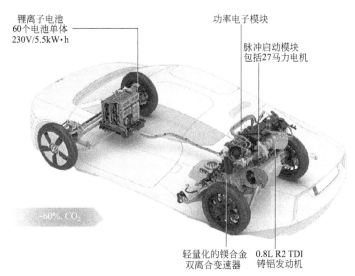

锂离子电池
60个电池单体
230V/5.5kW·h

功率电子模块

脉冲启动模块
包括27马力电机

−60%, CO₂

轻量化的镁合金
双离合变速器

0.8L R2 TDI
铸铝发动机

图 20-89　大众 XL1 动力电池系统布置图

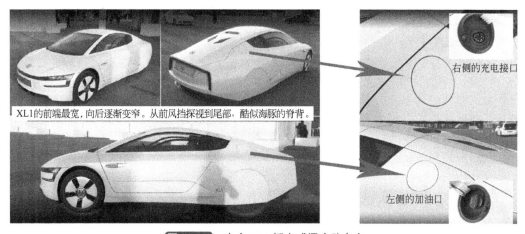

XL1的前端最宽, 向后逐渐变窄。从前风挡探视到尾部, 酷似海豚的脊背。

右侧的充电接口

左侧的加油口

图 20-90　大众 XL1 插电式混合动力车

性能、高低温性能等,动力电池作为典型的二次化学电源还包括充放电性能、循环性能、寿命等。因此对于动力电池单体而言,主要性能测试内容包括:电性能测试、安全性测试、耐环境测试。电性能测试包括内阻测试、容量测试、充放电倍率测试、比功率测试、存储性能及自放电测试、寿命测试、内压测试;安全性测试包括针刺测试、挤压测试、模拟碰撞测试、过充测试、火烧测试等等;耐环境测试包括高低温充放电测试、高低温存储测试、湿热、振动、盐雾等。

从交通运输工具实际应用角度出发,应用于电动汽车的动力电池需要以动力电池组作为测试对象进行适应于车用的一系列测试,如:静态容量检测、峰值功率检测、动态容量检测、部分放电检测、静置试验、持续爬坡功率测试、热性能、电池振动测试、充电优化和快速充电、循环寿命测试以及安全性测试等。

（1）静态容量检测

该测试主要目的是确定车辆在实际使用时动力电池组具有足够的电量和能量,满足各种预设放电倍率和温度下正常工作。主要的试验方法为恒温条件下恒流放电测试,放电终止以动力电池组单体电压降低到设定值或动力电池组内的单体电压差达到设定的数值为基准。

（2）动态容量检测

电动汽车行驶过程中，动力电池的使用温度、放电倍率都是动态变化的。该测试主要检测动力电池组在变电流放电条件下的能力。主要表现为不同温度和不同放电倍率下的能量和容量。主要测试方法为采用设定的变电流工况或实际采集的车辆应用电流变化曲线进行动力电池组的放电性能测试，试验终止条件根据试验工况以及动力电池的特性有所调整，基本也是遵循电压降低到一定的数值为标准。该方法可以更加直接和准确地反映电动汽车实际应用的需求。

（3）静置试验

该测试目的是检测动力电池组在一段时间未使用时的容量损失，用来模拟电动汽车一段时间没有行驶而电池断路静置时的情况。亦称自放电及存储性能测试，它是指在开路状态下，电池存储的电量在一定环境条件下的保持能力。

（4）启动功率测试

由于汽车启动功率较大，为适应不同温度条件下和不同 SOC 状态下的汽车启动需要，对动力电池组进行低温（−18℃）启动功率和高温（50℃）启动功率测试。SOC 值一般设定为 90%、50%、20% 时进行功率测试。

（5）快速充电能力

该测试的目的是通过对动力电池组进行高倍率充电来测试电池的快速充电能力，并检查其效率、发热及对其他性能的影响，对于快速充电，USABC 的目标是 15min 内电池 SOC 从 40% 恢复到 80%。日本的 CHADeMO 协会制定标准要求达到电动汽车动力电池组充电 10min 左右可保证车辆行驶 50km，充电超过 30min 可保证车辆行驶 100km。

（6）循环寿命测试

电池的循环寿命直接影响电池的使用经济性。当电池的实际容量低于初始容量或额定容量的 80% 时，即视为动力电池寿命终止。主要测试方法是在设定的条件下进行充放电循环，以循环的次数作为其寿命的指标。由于动力电池寿命测试周期比较长，一般试验下来需要数月甚至一年的时间，因此在实际操作中，经常采用预测试循环数量测定容量衰减情况，并据此数据以线性外推的方法进行测试。在研究领域，为了缩短动力电池的寿命测试时间，也在研究增加测试的温度、充放电倍率等加速电池老化的方式进行动力电池及动力电池组寿命测试。

（7）安全性测试

电池的安全性能是指电池在使用及搁置期间对人和环境可能造成伤害的评估。尤其是电池在滥用时，由于特定的能量输入，导致电池内部组成物质发生物理或化学反应而产生大量的热，如热量不能及时散逸，可能导致电池热失控。热失控会使电池发生毁坏，如猛烈的泄气、破裂，并伴随起火，甚至爆炸，造成安全事故。在众多化学电源中，锂离子电池的安全性尤为重要。通用的动力电池安全测试项目如表 20-17 所示。

表 20-17　通用的电池安全测试项目

类别	主要测试方法
电性能测试	过充电、过放电、外部短路、强制放电等
机械测试	自由落体、冲击、针刺、振动、挤压、加速等
热测试	焚烧、热像、热冲击、油浴、微波加热等
环境测试	高空模拟、浸泡、耐菌性等

（8）电池振动测试

该测试的目的是检测由于道路引起的振动和撞击对动力电池及动力电池组性能和寿命的影响。主要考察动力电池（组）对振动的耐受性，并以此作为指导改正动力电池（组）在结构上设计的不足。振动试验中的振动模式一般使用正弦振动或随机振动两种。由于动力电池（组）主要是装载在车辆上使用，为更好地模拟电池的使用工况，一般采用随机振动。

20.2.8.2　国内外标准对比分析[3~13]

动力电池的测试标准国内外有很多，除了一些著名的组织，如：BCI（国际电池理事会）、

ISO（国际标准化组织）、IEC（国际电工委员会）、SAE（美国汽车工程师协会）、JEVS（日本电动车辆协会）、USABC（美国先进电池联合会）、UN、UL、FreedomCar（自由汽车）、EUCAR（欧盟汽车研究协会）等推出的标准外，各个国家还有各自的国家标准、行业标准和企业标准等。表 20-18 为典型的国外动力电池测试标准及手册等。

表 20-18　典型动力电池测试手册及标准

Standard Number	Title
General Battery Standards	
Standard Number	Title
IEC 60050	International electrotechnical vocabulary. Chapter 486：Secondary cells and batteries
IEC 60086-2，BS	Batteries-General
USABC(1996)	ELECTRIC VEHICLE BATTERY TEST PROCEDURES MANUAL
DOE/ID-11069	FreedomCar Battery Test Manual For Power-Assist Hybrid Electric Vehicles
Lithium Battery Standards	
Standard Number	Title
IEC 62660-1Ed. 1：(CDV)	Secondary batteries for the propulsion of electric road vehicles- Part 1：Performance testing for lithium-ion cells
VDA RELEASE 1. 0 2007-03-05 （参照了 EUCAR 手册）	TEST SPECIFICATION FOR LI-ION BATTERY SYSTEMS FOR HYBRID ELECTRIC VEHICLES
ISO/CD-12405-1	Electrically propelled road vehicles — Test specification for lithium-ion traction battery packs and systems—Part 1：High power applications
ISO/WD-12405-2	Electrically propelled road vehicles — Test specification for lithium-ion traction battery packs and systems — Part 2：High energy application
INEEL/EXT-04-01986	Battery Technology Life Verification Test Manual
Nickel Metal Hydride Battery Standards	
Standard Number	Title
BS EN 61436：1998，IEC 61436：1998	Secondary cells and batteries containing alkaline or other non-acid electrolytes. Sealed nickel-metal hydride rechargeable single cells
BS EN 61808：2001，IEC 61808：1999	Secondary cells and batteries containing alkaline or other non-acid electrolytes. Sealed nickel-metal hydride button rechargeable single cells
GB/T18288-2000	Chinese National Standard for Nickel Metal Hydride batteries for mobile phones
Safety Standards	
Standard Number	Title
SAND99-0497	United States Advanced Battery Consortium Electrochemical Storage System Abuse Test Procedure Manual
SAE J2464-1999	Electric Vehicle Battery Abuse Testing
SAND2005-3123	FreedomCar Electrical Energy Storage System Abuse Test Manual for Electric and Hybrid Electric Vehicle Applications
IEC 62660-2 Ed. 1：(CDV)	Secondary batteries for the propulsion of electric road vehicles-Part 2：Reliability and abuse testing for lithium-ion cells
IEC/TR2 61438：1996	Possible safety and health hazards in the use of alkaline secondary cells and batteries-Guide to equipment manufacturers and users
UL 1642	Safety of Lithium-Ion Batteries-Testing
ST/SG/AC. 10/27/Add. 2	United Nations recommendations on the transport of dangerous goods
Automotive Battery Standards	
Standard Number	Title
IEC 61982-1	Test parameters
IEC 61982-2：2002	Dynamic discharge performance test and dynamic endurance test Performance and life testing(traffic compatible，urban use vehicles)
IEC 61982-3：2001	IEC 61982 Part 1，2 and 3 will be revised and merged into one document on"Nickel based batteries"(see 21/705/MCR)
SAE J1797	Recommended Practice for Packaging of Electric Vehicle Battery Modules

Automotive Battery Standards	
SAE J1798	Recommended Practice for Performance Rating of Electric Vehicle Battery Modules
SAE J2185	Life Test for Heavy-Duty Storage Batteries
SAE J2288	Life Cycle Testing of Electric Vehicle Battery Modules
SAE J2289	Electric Drive Battery Pack System Functional Guidelines
SAE J2293	Energy Transfer System for Electric Vehicles
SAE J2344	Guidelines for Electric Vehicle Safety
SAE J2380	Vibration Testing of Electric Vehicle Batteries
ECE 100	Construction and functional safety requirements for battery electric vehicles
ECE-15	UN/EEC driving load profile
EUDC	UN/EEC Extra Urban Driving Cycle
NEDC	New European Driving Cycle(Modified cold start-No warm up) Also called the MVEG-B test
FUDS	Federal Urban Driving Schedule(USABC Load profile)
SAE J227a/C and D	SAE Driving Schedules
DST	Dynamic Stress Test(USABC battery test schedule)

（1）美国汽车动力电池标准

针对纯电动汽车与混合动力汽车，美国汽车工程师学会（Society of Automotive Engineers，SAE）已发布了十九项技术标准，主要包括整车系统（vehicle systems）、蓄电池（batteries）、充电接口（interface）及基础设施（infrastructure）四大类，内容具体包括各类电动车的术语和安全技术要求；整车动力性、经济性和排放、电磁场强度等的试验、测量方法；蓄电池和蓄电池组的各种试验规程及对电动车辆用的高压电线、线束与元器件、连接件的技术要求和试验方法。SAE 也在不断完善其标准体系，特别是在加快可外接充电式混合动力车整车及通信协议等相关标准的制定，如 SAE J2894 Power Quality Requirements for Plug-In Vehicle Chargers 等等（见表 20-19）。

（2）日本电动汽车电池相关标准

从 20 世纪 80 年代至今，日本电动车辆协会先后发布了有关新能源汽车的四十多项标准，如表 20-20 所示，从电动车辆术语、整车的各类试验方法与要求，到各种蓄电池、电机等关键零部件和充电系统的技术要求与试验方法，分门别类制定了标准或技术导则达 61 项，形成了比较完整的纯电动汽车与混合动力汽车标准法规体系。JEVA 也在不断完善其标准体系，特别是电动汽车用锂离子蓄电池性能试验方法的制定。

表 20-19 美国已公布的电动汽车及混合动力汽车 SAE 标准

标准代号	标准名称
整车系统	
SAE J1634	电动汽车能量消耗和续驶里程试验方法
SAE J1711	混合动力汽车燃料经济性和排放污染物检测推荐规程
SAE J1715	混合动力汽车和电动汽车术语
SAE J2344	电动汽车安全导则
SAE J2464	电动汽车和混合动力汽车充电储能安全和滥用试验
SAE J2711	重型混合动力汽车、传统汽车能量消耗及排气污染物试验方法推荐规程
SAE J2758	混合动力汽车的能量储存系统最大功率的测定方法
蓄电池	
SAE J1766	电动和混合动力汽车蓄电池系统碰撞完整性试验推荐规程
SAE J1797	电动汽车蓄电池模块组装的推荐规程
SAE J1798	电动汽车蓄电池模块性能评价推荐规程
SAE J2288	电动汽车蓄电池模块循环寿命试验
SAE J2289	电驱动蓄电池包系统功能要求
SAE J2380	电动汽车蓄电池的振动试验

标准代号	标准名称
充电接口	
SAE J1772	电动汽车传导充电连接器
SAE J1773	电动汽车电感式耦合充电连接器
SAE J1850	B 类数据通信网络接口
SAE J2293.2	电动汽车能量传输系统 第 2 部分:通信信号和功能要求
基础设施	
SAE J2293.1	电动汽车能量传输系统 第 1 部分:功能需求和系统构造
SAE J2841	基于 2001 年美国运输部全国旅游家庭统计数据的混合动力汽车实用因子的定义

注:标准来源于美国国家可再生能源实验室(the National Renewable Energy Laboratory)。

表 20-20　**日本电动车辆协会(JEVS)已公布的电动汽车及混合动力汽车标准**

标准代号	标 准 名 称
JEVS C 601:2000	电动汽车充电用插头与插座
JEVS D 001:2006	电动汽车阀控铅酸蓄电池的尺寸和结构
JEVS D 002:1999	电动汽车用密闭性镍氢蓄电池的尺寸和结构
JEVS D 701:2006	电动汽车用铅酸蓄电池的容量试验规程
JEVS D 702:2006	电动汽车用铅酸电池的能量密度试验规程
JEVS D 703:2006	电动汽车用阀控铅酸蓄电池功率密度试验规程
JEVS D 704:2006	电动汽车用阀控铅酸蓄电池循环寿命试验规程
JEVS D 705:1999	电动汽车用密闭性镍氢蓄电池的容量试验规程
JEVS D 706:1999	电动汽车用密闭型镍氢蓄电池的能量密度试验规程
JEVS D 707:1999	电动汽车用密闭性镍氢蓄电池的功率密度及峰值功率试验规程
JEVS D 708:1999	电动汽车用密闭型镍氢蓄电池循环寿命试验规程
JEVS D 709:1999	电动汽车用密闭型镍氢蓄电池的动态容量试验规程
JEVS D 710:2002	电动汽车用蓄电池充电效率试验规程
JEVS D 711:2003	混合动力汽车用密闭型镍氢蓄电池的容量试验规程
JEVS D 712:2003	混合动力汽车用密闭型镍氢蓄电池的能量密度试验规程
JEVS D 713:2003	混合动力汽车用密闭型镍氢蓄电池的功率密度及再生功率密度试验规程
JEVS D 714:2003	混合动力汽车用密闭型镍氢电池直流内部电阻计算规程
JEVS D 715:2003	混合动力汽车用密闭型镍氢蓄电池电池容量保存特性测试规程
JEVS D 716:2004	混合动力汽车用密闭型镍氢蓄电池循环寿命测试规程
JEVS D 717:2006	电动汽车用阀控铅酸蓄电池的动态放电容量试验规程
JEVS D 718:2006	电动汽车用阀控铅酸蓄电池容量保存特性测试规程
JEVS D 901:1985	动力蓄电池铭牌
JEVS D 902:1985	动力蓄电池的警告标志
JEVS E 701:1994	电动汽车用电机及其控制器联合功率测量
JEVS E 702:1994	车载状况下电动汽车的电机功率测量
JEVS G 901:1985	电动汽车用电机及其控制器铭牌
JEVS G 101:1993	在环保加油气站内适用于快速充电系统的充电器
JEVS G 102:1993	在环保加油气站内适用于快速充电系统的铅酸电池
JEVS G 103:1993	在环保加油气站内适用于快速充电系统的充电台
JEVS G 104:1993	在环保加油气站内适用于快速充电系统的通信协议
JEVS G 105:1993	在环保加油气站内适用于快速充电系统的连接器
JEVS G 106:2000	电动汽车感应式充电系统:通用要求
JEVS G 107:2000	电动汽车感应式充电系统:手动连接器
JEVS G 108:2001	电动汽车感应式充电系统:软件接口
JEVS G 109:2001	电动汽车感应式充电系统:通用要求
JEVS G 901:1985	电动汽车用蓄电池充电器铭牌
JEVS Z 101:1987	电动汽车道路试验方法通则
JEVS Z 102:1987	电动汽车最高车速试验方法

标准代号	标准名称
JEVS Z 103:1987	电动汽车续驶里程试验方法
JEVS Z 104:1987	电动汽车爬坡试验方法
JEVS Z 105:1988	电动汽车能量经济性试验方法
JEVS Z 106:1988	电动汽车能量消耗试验方法
JEVS Z 107:1988	电动汽车电机及其控制器综合试验方法
JEVS Z 108:1994	电动汽车续驶里程和能量消耗测试方法
JEVS Z 109:1995	电动汽车加速性能试验方法
JEVS Z 110:1995	电动汽车最大巡航车速试验方法
JEVS Z 111:1995	电动汽车基准能量消耗试验方法
JEVS Z 112:1996	电动汽车爬坡能力试验规程
JEVS Z 804:1998	电动汽车操纵件、指示器及信号装置的识别标志
JEVS Z 805:1998	电动汽车术语(整车)
JEVS Z 806:1998	电动汽车术语(电机及其控制装置)
JEVS Z 807:1998	电动汽车术语(蓄电池)
JEVS Z 808:1998	电动汽车术语(充电器)
JEVS Z 901:1995	电动汽车技术参数标准格式(主要技术参数表)
JEVS TG D001:1999	电动汽车用阀控式铅酸蓄电池的安全标识相关导则
JEVS TG G101:2000	电动汽车的200V充电系统
JEVS TG G102:2001	电动汽车充电设备的安装
JEVS TG Z001:1999	电动汽车用充电操作标识的相关导则
JEVS TG Z002:1999	电动汽车用高电压部件标识的相关导则
JEVS TG Z003:2002	电动汽车高压线束颜色
JEVS TG Z101:1999	电动汽车用电量测量方法

日本汽车研究学会关于动力电池标准的基本观点是：①首先应将测试程序进行标准化，从而将失效尺度加入标准中；②标准内容应考虑现实电池技术及未来电池技术的发展；③应促进相关标准法规之间的协调。在具体做法上，日本汽车研究学会与国际标准化组织 ISO 和国际电工委员会 IEC 进行了紧密合作，合作内容包括关于单体电池性能和安全性的标准化测试的 IEC 62660-1（性能）和 IEC 62660-2（安全）标准，以及关于电池系统标准化的 ISO 12405 标准。ISO 12405 标准包括混合动力车和纯电动车两部分。日本汽车研究学会目前正在开展的动力电池标准和法规工作如图 20-91 所示。

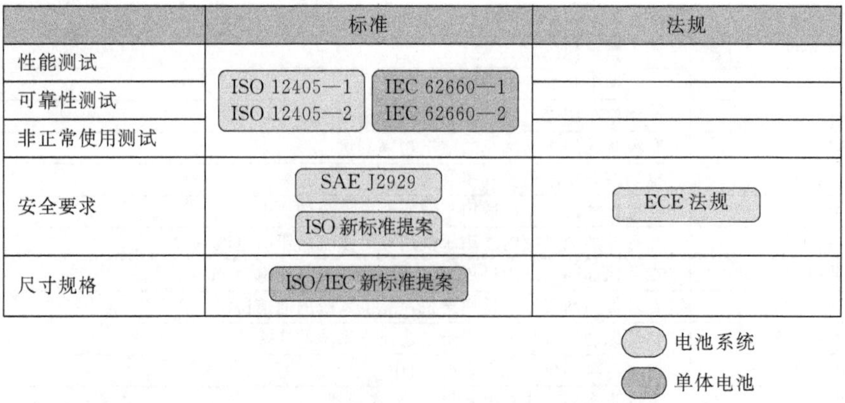

	标准	法规
性能测试	ISO 12405—1　　IEC 62660—1	
可靠性测试	ISO 12405—2　　IEC 62660—2	
非正常使用测试		
安全要求	SAE J2929　　ISO 新标准提案	ECE 法规
尺寸规格	ISO/IEC 新标准提案	

电池系统
单体电池

图 20-91　日本汽车研究学会目前正在开展的动力电池标准和法规工作

（3）中国电动汽车电池相关标准

中国自从"十五"863开始，就把电动汽车的法规、标准、知识产权上升到战略高度加以重视。近年来，在中国政府电动汽车产业发展政策的支持和引导下，中国电动汽车产品和技术快速发展，示范运行规模逐渐扩大，并形成一定的产业化基础，电动汽车标准体系建设也取得了瞩目的成果。至"十一五"末期，中国已先后出台了电动汽车相关标准50余项，初步满足了国内电动汽车研发和试验的急需。在电池系统方面，标准集中在电池的安全性、单体电池的尺寸和性能方面。

在国标委的协调下，中国也通过各种渠道积极参与国际标准的制定和协调。2011年，温家宝总理访问德国，和德国总理默克尔签订了关于中德两国"建立电动汽车战略伙伴关系"和"成立标准化合作委员会"，协调两国的电动汽车相关标准。

截至目前，我国已公布25项纯电动汽车标准，2项纯电动汽车标准已通过审核，如表20-21所示。下一阶段，需要补充电动汽车各系统、总成及关键零部件的性能试验方法与技术要求等。

表20-21　我国已公布的纯电动汽车标准

标准代号	标准名称
QC/T 744—2006	电动汽车用金属氢化物镍蓄电池
QC/T 743—2006	电动汽车用锂离子蓄电池
QC/T 742—2006	电动汽车用铅酸蓄电池
QC/T 741—2006	车用超级电容器
GB/Z 18333.2—2015	电动汽车用锌空气电池
GB/T 4094.2—2005	电动汽车操纵件、指示器及信号装置的标志
GB/T 24552—2009	电动汽车风窗玻璃除霜系统的性能要求及试验方法
GB/T 24347—2009	电动汽车DC/DC变换器
GB/T 19836—2005	电动汽车用仪表
GB/T 19596—2004	电动汽车术语
GB/T 18488.2—2015	电动汽车用驱动电机系统　第2部分:试验方法
GB/T 18488.1—2015	电动汽车用驱动电机系统　第1部分:技术条件
GB/T 18487.3—2001	电动车辆传导充电系统　电动车辆交流/直流充电机(站)
GB/T 18487.2—2001	电动车辆传导充电系统　电动车辆与交流/直流电源的连接要求
GB/T 18487.1—2015	电动汽车传导充电系统　第1部分:通用要求
GB/T 18388—2005	电动汽车定型试验规程
GB/T 18387—2008	电动车辆的电磁场发射强度的限值和测量方法,宽带,9kHz~30MHz
GB/T 18386—2005	电动汽车能量消耗率和续驶里程试验方法
GB/T 18385—2015	电动汽车　动力性能　试验方法
GB/T 18384.3—2015	电动汽车　安全要求　第3部分:人员触电防护
GB/T 18384.2—2001	电动汽车　安全要求　第2部分:功能安全和故障防护
GB/T 18384.1—2001	电动汽车安全要求　第1部分:车载储能装置
GB/T 17619	机动车电子电器组件的电磁辐射抗扰性限值和测量方法
GB/T 11918—2014	工业用插头插座和耦合器　第1部分:通用要求
GB/T 28382—2012	纯电动乘用车技术条件
QC/T 840—2010	电动汽车用动力蓄电池产品规格尺寸
QC/T 1023—2015	电动汽车用动力蓄电池系统通用要求
QC/T 989—2014	电动汽车用动力蓄电池电池箱通用要求
QC/T 897—2011	电动汽车用电池管理系统技术条件

20.2.8.3　国内外主流标准比较

根据目前收集到的国内外动力电池测试手册及标准，国内标准选择QC/T 743—2006以及三项新国标，国外标准选择USABC、Freedomcar、VDA RELEASE 1.0（德国标准，参照了EUCAR手册）、IEC、ISO的标准，进行对比分析。

（1）在测试内容以及测试覆盖范围方面的比较

ISO 12405系列、IEC 62660系列、SAE J 2929、UL 2580、VDA 2007以及QC/T 743—2006均有各自的覆盖范围和特殊要求，例如，SAE J 2929新增的热冲击和模拟车辆火灾两项测试对动力电池温度的耐受能力提出了更高的要求，而VDA 2007和QC/T 743—2006中的针刺试验则对动力电池内部短路的安全性提出了较为严格的要求。

（2）在测试目的方面

ISO 12405 系列、IEC 62660 系列、SAE J 2929、UL 2580、VDA 2007 以及 QC/T 743—2006
均有各自的测试目的和测试重点。比如在温升试验中，IEC 62660 系列和 QC/T 743—2006 主要
针对电芯的隔膜对温度的耐受能力进行测试，而 UL 2580 则主要针对电池外壳或关键零部件对
温度的耐受能力进行测试。

（3）在测试项目的表述方面

各标准根据测试过程中所涉及的内容，逐步改进了测试项目的命名。如 UL 2580 标准中匹
配其他标准滥用/可靠性这项测试，根据测试项目中既包含对电动车辆运行过程中可能出现的常
规情况进行测试，又包含对电动车辆运行过程中可能出现的异常情况进行测试，把该测试项目命
名为安全性能测试。

（4）在测试结果的判定准则方面

ISO 12405 系列、IEC 62660 系列、SAE J 2929、UL 2580、VDA 2007 以及 QC/T 743—
2006 均有各自的规定。比如 IEC 62660 系列没有规定测试通过或失败的判定准则，ISO 12405 系
列、SAE J 2929、UL 2580 和 VDA 2007 则规定了测试通过或失败的判定准则。

20.2.8.4　各标准的测试名称、目的及测试方法的细节对比

（1）在容量、倍率、温度方面的测试对比

各标准在容量、倍率、温度方面的测试对比见表 20-22～表 20-26。

表 20-22　USABC 电动车用电池测试手册（1996）及电化学能量存储系统滥用测试手册（1999）

项目名称	恒电流放电测试
测试目的	在可重现的、标准化的情况下确定被测电池的有效容量
测试方法	23℃±2℃，被测电池按测试计划充满电，C3/3，C2/2，C1 放电 3 次，至额定容量或下限电压的容量（其中 3 次 C3/3 容量差别≤2%认为容量达到稳定）

表 20-23　FreedomCar 功率辅助混合动力电动车用电池测试手册（2003）及 HEV 和 EV 用电化学能量存储系统滥用测试手册 SAND 2005-3123

项目名称	静态容量测试
测试目的	此测试测量在以厂商标称的 1C 的容量的恒电流放电倍率下的安·时容量
测试方法	30℃环境下按厂商规定的充电方法充满电后，以 C_1 电流放电至厂商规定的下限电压的容量（如果厂商没有规定放电下限电压，则放电电压不低于 $0.55V_{max}$）

表 20-24　EC 62660 电驱动道路车用锂离子电池性能、可靠性和滥用测试

项目名称	容量
测试目的	测试不同环境温度的下的放电容量
测试方法	RT、厂商规定的充电条件下充满电，0℃、25℃、45℃环境下搁置至热稳定（至少 12h，1h 内温度变化小于 1℃）后以 1C/3（BEV）、1C（HEV）恒流放电至下限电压

表 20-25　德国的标准：混合动力车用锂离子电池系统测试规程

项目名称	能量及容量测试又细分为 2 项试验：①常温下 1C、10C、20C 放电容量；②－25℃、RT、40℃环境下充电，1C、20C 放电容量
测试目的	测试电池在不同环境温度下充电，不同倍率下的放电能量及容量
测试方法	测试的准备：经过标准循环最后两次容量差在 2%以内的电池才进行两项容量试验。①常温下标准充电后，1C、10C、20C 放电至厂商规定的下限电压（但不低于 $0.55V_{max}$）。②－25℃、RT、40℃环境充电，然后以 1C、20C 放电至下限电压（不低于 $0.55V_{max}$）的容量。其他：需监测温度，每项试验进行 3 次，如果 1C 容量与额定容量差异在 5%，额定容量以测试值为准

表 20-26	ISO 12405-2 电驱动道路车用锂离子动力电池包和系统测试规程-高能量应用
项目名称	容量能量测试，又细分为 2 项试验：①常温下放电容量和能量；②不同温度和不同倍率下放电容量和能量
测试目的	①确定室温下电池不同放电倍率下的放电容量和能量；②不同温度和不同倍率下放电容量和能量
测试方法	①RT，标准充电下，RT 环境下 1C、10C、20C、C_{max} 放电至下限电压时的容量。② 在 40℃、RT、0℃、−18℃的环境温度下以标准充电方法充电后，再以 1C、10C、20C、C_{max} 放电至下限电压的容量
测试数据	①每一放电倍率及接下来的标准充电时的电流、电压、电池及环境温度。② 每一放电倍率下的放电容量、能量和平均功率。③倍率放电后充电时的容量、能量、平均功率。④每一放电倍率下，放电/充电来回的效率。⑤每一放电倍率下，放电能量与 DOD 的函数关系。⑥相对于 1C 放电截止电压的差异表

（2）功率测试、峰值功率、比功率、功率密度

功率测试、峰值功率、比功率、功率密度各标准细节对比见表 20-27～表 20-32。

表 20-27	USABC 电动车用电池测试手册（1996）、电化学能量存储系统滥用测试手册（1999）
项目名称	峰值功率测试
测试目的	测试不同 DOD 的情况下，在 2/3OCV 持续 30s 的放电功率能力，特别是 80%DOD 时的放电功率能力是确定电池能否满足 USABC 功率目标的点
测试方法	测试方法 1：从 0%～90%DOD，每间隔 10%DOD 进行一次测试，调整 SOC 使用基准放电电流测试电流使用高测试电流放电 30s

表 20-28	FreedomCar 功率辅助混合动力电动车用电池测试手册（2003）、HEV 和 EV 用电化学能量存储系统滥用测试手册 SAND 2005-3123
项目名称	HPPC
测试目的	确定不同 DOD 下电池的 10s 脉冲放电及再生充电能力。根据电压响应曲线计算欧姆电阻、极化电阻与 SOC 的关系，建立可靠的电池放电、休息、再生充电时电压响应的时间常数。电阻值用于电池的衰减性能分析
测试方法	10%～90%DOD，每间隔 10%DOD，以 I_{max} 放电 10s，休息 40s 后 0.75 倍的 I_{max} 进行 10s 再生充电
测试数据	可得到内阻、OCV、放电功率、再生接受功率与 DOD 的函数关系

表 20-29	IEC 62660 电驱动道路车用锂离子电池性能、可靠性和滥用测试
项目名称	功率
测试目的	找出不同温度下不同 SOC 下的 10s 放电功率以及再生充电功率
测试方法	0℃、25℃、0℃，和 −20℃，20%SOC，50%SOC，和 80%SOC BEV：C/3、1C、2C、5C、I_{max}，HEV：C/3、1C、5C、10C、I_{max} 10s 的充放电脉冲，脉冲间隔以电池温升小于 2℃ 确定
计算方法	$P_d = U_d \times I_{dmax}$，$P_c = U_c \times I_{cmax}$，$U_c$、$U_d$ 为第 10s 的电压，I_{cmax}、I_{dmax} 为该 SOC 下的最大充放电电流。此方法的关键在于 I_{max}（不大于 400A）的确定，可通过外推法获得，不同 SOC 下的最大充电电流以及最大放电电流值不同

表 20-30	德国的标准：混合动力车用锂离子电池系统测试规程
项目名称	功率与内阻测试
测试目的	确定动态功率特性总内阻与 SOC、温度的函数关系。综合 PNGV/FreedomCar、EUCAR 中功率及内阻的测试方法
测试方法	40℃、RT、0℃、−10℃ 环境下，SOC（80%、65%、50%、35%、20%）下 2s、10s、18s 的放电功率特性以及 2s、10s 的再生充电的功率特性。I_{max}（不大于 400A）放电 18s，休息 40s，10s 0.75I_{max} 再生充电，休息 40s
计算方法	$P = I \times U$

表 20-31	ISO 12405-1 电驱动道路车用锂离子动力电池包和系统测试规程-高功率应用
项目名称	功率与内阻测试
测试目的	确定动态功率特性欧姆内阻、总内阻与 SOC、温度的函数关系
测试方法	40℃、RT、0℃、−10℃ 环境下，SOC（80%、65%、50%、35%、20%）下 0.1s、2s、10s、18s 的放电功率特性以及 0.1s、2s、10s 的再生充电的功率特性。I_{max}（不大于 400A）放电 18s，休息 40s，10s 0.75I_{max} 再生充电，休息 40s
计算方法	$P = I \times U$

测试数据	①0.1s、2s、10s、18s 的放电功率与 SOC 温度的关系。 ②0.1s、2s、10s 的再生充电的功率与 SOC 温度的关系。 ③0.1s、2s、10s、18s 的放电电阻及总电阻与 SOC 温度的关系。 ④0.1s、2s、10s 的充电电阻与 SOC 温度的关系。 ⑤开路电压与 SOC 温度的关系。 ⑥如果因为电压限制必须减小电流,必须在测试结果表中注明

表 20-32 **ISO 12405-2 电驱动道路车用锂离子动力电池包和系统测试规程-高能量应用**

项目名称	功率与内阻测试
测试目的	确定动态功率特性欧姆内阻、总内阻与 SOC、温度的函数关系
测试方法	40℃、RT、0℃、-10℃、-18℃、-25℃ 环境下,SOC(90%,70%,50%,35%,20%)下 0.1s、2s、5s、10s、18s、18.1s、20s、30s、60s、90s 和 120s 的放电功率特性以及 0.1s、2s、10s 和 20s 的再生充电的功率特性。I_{max}(不大于 400A)放电 18s,0.75I_{max} 再放电 102s,休息 40s,0.75I_{max} 充电 20s,休息 40s
计算方法	$P=I\times U$
测试数据	①0.1s、2s、5s、10s、18s、18.1s、20s、30s、60s、90s 和 120s 的放电功率与 SOC 温度的关系。 ②0.1s、2s、10s 和 20s 的再生充电的功率与 SOC 温度的关系。 ③0.1s、2s、5s、10s、18s、18.1s、20s、30s、60s、90s 和 120s 的放电电阻及总电阻与 SOC 温度的关系。 ④0.1s、2s、10s 和 20s 的充电电阻与 SOC 温度的关系。 ⑤开路电压与 SOC 温度的关系。 ⑥如果有的话,计算室温环境下第一次和最后一次测试差值。 ⑦如果因为电压限制必须减小电流,必须在测试结果表中注明。 ⑧规定的测试内容中电池温度随时间变化的值

（3）自放电

IEC 62660 电驱动道路车用锂离子电池性能、可靠性和滥用测试无自放电试验项目。各标准关于自放电的测试标准对比见表 20-33～表 20-37。

表 20-33 **USABC 电动车用电池测试手册（1996）及电化学能量存储系统滥用测试手册（1999）**

项目名称	搁置测试
测试目的	测定电池长期不用的情况下由于自放电或其他机理造成的永久或半永久的容量损失
测试方法	充满电后室温下开路搁置 2 天(中期目标电池)或 30 天(长期目标电池)
计算方法	(A·h-loss/A·h-measured)/Stand time,A·h/d

表 20-34 **FreedomCar 功率辅助混合动力电动车用电池测试手册（2003）、HEV 和 EV 用电化学能量存储系统滥用测试手册 SAND 2005-3123**

项目名称	自放电测试
测试目的	测定不同 DOD(一般是 30%DOD)的电池在一个固定的时间间隔(一般是 7 天)室温下开路搁置 7 天后剩余能量与测试前能量的差值
测试方法	室温下开路搁置 7 天后剩余能量与测试前能量的差值
计算方法	(W·h/天)

表 20-35 **德国的标准：混合动力车用锂离子电池系统测试规程无自放电试验项目**

项目名称	自放电测试
测试方法	电池系统 BMS 供电情况下,70%SOC,0℃,RT 和 40℃,搁置 1h、6h、24h、48h、168h。如果自放电小于 5%,搁置 336h
计算方法	A·h-Loss/A·h-before test

表 20-36　ISO 12405-1 电驱动道路车用锂离子动力电池包和系统测试规程-高功率应用

项目名称	无负载容量损失
测试目的	测定电池系统长期不用的情况下由于自放电或其他机理造成的永久或半永久的容量损失,仅针对电池系统
测试方法	电池系统 BMS 供电情况下,80%SOC,RT 和 40℃,搁置 24h、168h(7d)、720h(30d)。1C 放电得出剩余容量
采集数据	①试验前电池的容量和能量以及搁置后的容量,计算能量或容量差/试验前能量或容量的比值。②记录辅助电源能量消耗,W·h/天。③两种温度下剩余容量与搁置时间的曲线

表 20-37　ISO 12405-2 电驱动道路车用锂离子动力电池包和系统测试规程-高能量应用没有循环寿命测试项目

项目名称	无负载容量损失
测试目的	测定电池系统长期不用的情况下由于自放电或其他机理造成的永久或半永久的容量损失,仅针对电池系统
测试方法	电池系统 BMS 供电情况下,100%SOC,RT 和 40℃,搁置 48h、168h(7d)、720h(30d)。1C 放电得出剩余容量
采集数据	①试验前电池的容量和能量以及搁置后的容量,计算能量或容量差/试验前能量或容量的比值。②记录辅助电源能量消耗,W·h/天。③两种温度下剩余容量与搁置时间的曲线

（4）存储性能

USABC 电动车用电池测试手册（1996）及电化学能量存储系统滥用测试手册（1999）、FreedomCar 功率辅助混合动力电动车用电池测试手册（2003）、HEV 和 EV 用电化学能量存储系统滥用测试手册 SAND 2005-3123，德国的标准：混合动力车用锂离子电池系统测试规程无存储性能测试项目。

其他标准测试细节见表 20-38～表 20-40。

表 20-38　IEC 62660 电驱动道路车用锂离子电池性能、可靠性和滥用测试

项目名称	储存测试
测试方法	50%SOC,45℃,搁置 28 天。搁置结束后电池在常温下达到热平衡,然后以 $1/3I_t$(EV),I_t(HEV)放电至截止电压
计算方法	电荷保持率＝剩余容量/试验前容量

表 20-39　ISO 12405-1 电驱动道路车用锂离子动力电池包和系统测试规程-高功率应用

项目名称	储存测试
测试目的	测定电池系统类似于运输过程中储存一段时间的情况下由于自放电或其他机理造成的永久或半永久的容量损失,仅针对电池系统
测试方法	电池系统的所有连接断路情况下,50%SOC,45℃,搁置 720h(30d)
数据采集	试验前电池的容量和能量以及搁置后的容量,计算能量或容量差/试验前能量或容量的比值

表 20-40　ISO 12405-2 电驱动道路车用锂离子动力电池包和系统测试规程-高能量应用没有循环寿命测试项目

项目名称	储存测试
测试目的	测定电池系统类似于运输过程中储存一段时间的情况下由于自放电或其他机理造成的永久或半永久的容量损失,仅针对电池系统
测试方法	电池系统的所有连接断路情况下,50%SOC,45℃,搁置 720h(30d)
数据采集	试验前电池的容量和能量以及搁置后的容量,计算能量或容量差/试验前能量或容量的比值

（5）冷启动测试

USABC 电动车用电池测试手册（1996）及电化学能量存储系统滥用测试手册（1999）、IEC 62660 电驱动道路车用锂离子电池性能、可靠性和滥用测试、ISO 12405-2 电驱动道路车用锂离子动力电池包和系统测试规程-高能量应用无冷启动测试项目。其他标准测试方法细节见

表 20-41～表 20-43。

表 20-41　FreedomCar 功率辅助混合动力电动车用电池测试手册（2003）、HEV 和 EV 用电化学能量存储系统滥用测试手册 SAND2005-3123

项目名称	冷启动测试
测试目的	测试在－30℃低温情况下,最大 DOD 情况下 2s 的功率
测试方法	室温情况下将电池系统放电至最大的 DOD,然后在－30℃低温环境下搁置至热平衡,再以 5kW/7kW 放电 2s,搁置 10s,重复 3 次
计算方法	计算放电电阻 $R_{dis}=\Delta V/\Delta I$,计算冷启动功率:$P=V_{min}\times(V_{ocv}-V_{min})/R_{dis}$

表 20-42　德国的标准：混合动力车用锂离子电池系统测试规程无自放电试验项目

项目名称	冷/热启动测试
测试目的	测试最低的 SOC 状态下,－30℃/70℃环境下,5s 的放电功率特性
测试方法	室温下以 1C 电流将充满电的电池放电至最低的 SOC 状态下,在－30℃/70℃环境下搁置至少 12h 至热平衡,在最低可允许电压恒压放电 5s,休息 10s,再重复两次。测量放电功率随时间的变化
采集数据	①功率、电流、电压、温度对时间的关系图。 ②高温启动时需监视模块压力、泄压阀是否泄气

表 20-43　ISO 12405-1 电驱动道路车用锂离子动力电池包和系统测试规程-高功率应用

项目名称	①冷启动功率测试 ②热启动功率测试
测试目的	测试最低的 SOC 状态下低温/高温环境下的放电功率特性
测试方法	室温下以 1C 电流将充满电的电池放电至 20％SOC(或厂商规定的最低的 SOC 状态)下,在－18℃(供应商同意也可－30℃)/50℃环境下搁置至少 12h 至热平衡,在最低可允许电压恒压放电 5s,休息 10s,再重复两次,测量放电功率随时间的变化
采集数据	①功率、电流、电压、温度对时间的关系图。 ②高温启动时需监视模块压力、泄压阀是否泄气

20.3　本章小结

随着地球石油资源的日渐枯竭，以及人类对环保的渴望，新能源会被逐渐推广应用，如太阳能、风能、海洋能、生物能等，由于新能源存在着波动性等特点，需要储能技术推动其有效利用。

在交通运输领域，锂离子电池在能量密度、安全性等方面有很大的进步，电池储能是交通运输工具动力电池系统的关键技术。以电动汽车为代表，对储能技术的要求是安全性、一致性、寿命、成本等。车用电池技术包括电力电子技术、电化学、控制技术等多学科的融合。通过多年的发展，国内外电动汽车制造商生产的电动汽车已日趋成熟，本章针对动力汽车和混合动力汽车的典型车型——举例介绍了其设计原理及参数，希望可以成为设计者的参考。

参 考 文 献

[1]　郭文帅，荣朝和. 综合交通运输研究综述. 经济问题探索，2013（10）：170-176.
[2]　李相哲，苏芳，林道勇. 电动汽车动力电源系统. 北京：化学工业出版社，2011.
[3]　International Organization for Standardization. ISO/CD 12405-3 Electrically propelled road vehicles-test specification for lithium-ion traction battery packs and systems-Part3：Safety performance requirements. International Organization Standardization，2011.
[4]　卢兆明，张红，忻龙，等. 电驱动道路车辆动力锂离子电池的试验和要求. 环境技术，2011（6）：51-56.
[5]　International Electrotechnical Commission. IEC 62660-1-2010 Secondary lithium-ion cells for the propulsion of electric road vehicles-Part1：Performance testing. International Electrotechnical Commission，2010.
[6]　International Electrotechnical Commission. IEC 62660-2-2010 Secondary lithium-ion cells for the propulsion of electric road vehicles-Part2：Reliability and abuse testing. International Electrotechnical Commission，2010.

［7］　Society of Automotive Engineers. SAE J 2929-2011 electric and hybrid vehicle propulsion battery system safety standard-lithium-based rechargeable Cells. International Surface Vehicle Standard，2011.

［8］　Underwriter Laboratories Inc. UL 2580 Standards for batteries of use in EV. UL Standard Designation，2011.

［9］　陈化南 . 安全至上的电动车电池测试 . 电动自行车，2010，9：20-24.

［10］　Vbrband Der Autobomil Industrie. Test specification for li-ion battery systems for hybrid electric vehicles. Vbrband Der Autobomil Industrie，2007.

［11］　QC/T 743—2006 电动汽车用锂离子蓄电池 .

［12］　International Organization for Standardization. ISO 12405-1：2011 Electrically propelled road vehicles-test specification for lithium-ion traction battery systems-Part1：High power applications. International Organization Standardization，2011.

［13］　International Organization for Standardization. ISO/FDIS 12405-2：Electrically propelled road vehicles-test specification for lithium-ion traction battery systems-Part2：High Energy Applications International Organization Standardization，2011.

第21章 储能应用的经济性分析

21.1 导言

电力储能技术与我们的日常生活息息相关，很多日常应用需要电池提供方便且随时可得的电能。小到用于心脏起搏器等生物医学装置的 mW·h 的微型电池，大到照相机、笔记本电脑等电子产品中的 W·h 级的锂离子电池，再到用于汽车等交通工具中的 kW·h 的动力电池，电池储能技术已经渗透到日常生活的方方面面。工业中使用着无论从大小尺寸还是电能容量来讲都更为庞大的储能系统，如 1～1000kW·h 的港口起重机电池，0.25～5MW·h 的不间断电源系统（UPS），以及 5～100mW·h 的大型储能系统，如应用于电网的电池（图21-1）。有这些形形色色的储能系统的支持，我们的日常生活与工作才得以保障。

图 21-1 储能类型及应用

储能在整个电能传输价值链上起到至关重要的作用。它的作用涉及发电（generation）、传输（transmission）、配电（distribution）乃至终端用户（end user）——这里包括居民用电以及工业和商业用电。储能在上述四个电能传输环节中的具体作用，按照持续时间的长短可分为短期、中期与长期。比如，在发电端，储能系统可以用于快速响应的调频服务，及可再生能源，如风能、太阳能接入，可以增加可再生能源清洁发电，并且有效地规避了其间断性、不确定性等缺点；在传输端，储能系统可以有效地提高传输系统的可靠性，减少不必要的系统升级；在配电端，储能系统可以提高电能的质量及可靠性；在终端用户端，储能系统可以优化使用电价，并且保证电能的质量。随着智能电网的推广以及电网柔性的提高，储能系统在上述方面的作用将会更加凸显出来。从某种程度上说，储能技术是未来智能柔性电网的核心支撑技术。

　　相比于其他国家，储能产业对中国的潜在影响更为重大。中国当前的发展阶段，国家对经济增长的要求正在从单纯地注重经济增长逐步向可持续发展进行转变，对节能减排能源结构的优化及转型的重视程度越来越高。"十三五"规划纲要中明确提到建设"源-网-荷-储"协调发展、集成互补的能源互联网。电力储能已经逐渐成为未来电网中预期不可或缺的调节、分布式能源发展、提高自适应能力及提高电网效率的重要技术手段。同时就可再生能源而言，风能和太阳能在过去十余年中得到了长足发展。为了更加清洁、可持续的未来，中国政府加大在清洁能源技术领域上的政策支持力度。但在实际执行中，当前风能和太阳能等可再生能源比例不断提高，其固有的波动性和不确定性对现有电网的运行管理机制及调度方式形成了挑战，事实上阻碍了消纳，限制了其在电网上更大规模的应用。近些年，高"弃风率"及"弃光率"是新能源发电行业必须面对的一项难题。这极大限制了可再生能源的发展，限制了可再生能源在节能减排中的应用。储能系统在可再生能源上的应用可以减少其波动性与不确定性，是未来清洁能源中势在必行的技

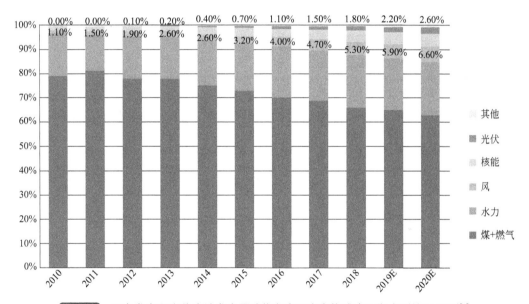

图 21-2 风力发电和光伏合计发电预计将在中国电力构成中逐渐占到接近 10%[3]

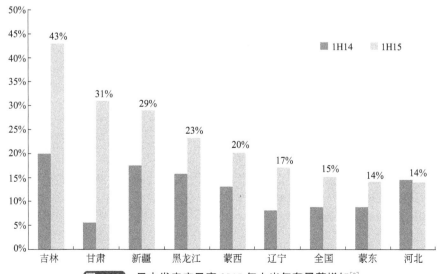

图 21-3 风力发电弃风率 2015 年上半年有显著增加[3]

术[1]。图 21-2 为高盛分析师对历史以及未来至 2020 年中国发电量构成比例的分析[2]。可以看出风力发电及光伏发电由 2010 年的 1.10％和接近 0％，预计发展到 2020 年接近 6.60％及 2.60％。根据国家能源局的数据，风力发电弃风率 2015 年上半年相比 2014 年上半年有明显增加，2015 年上半年全国平均弃风率为 15％，2014 年同期约为 9％。2015 年下半年弃风率进一步增加到 16％。当时，光伏弃光率高盛分析师把估值从 2015 年上半年的 9％增加到了 2016 年上半年的 16％，个别地方如新疆和甘肃达到 52％和 39％[3]，见图 21-3。

本章试图通过对电力储能经济性的关键要素做初步的探讨和分析，不针对任何储能技术，希望能够对普遍关注的储能经济性提供一个分析参考框架，对处于早期阶段但正面临快速成长的储能行业提供有效的分析参考。本章第 2 节主要是对储能市场的现状及未来市场预期做了简单综述；第 3、4 节主要是汇总了储能在电网中可以提供的服务类型，并逐一做了简单描述；第 5、6 节对决定储能经济性的主要两个要素即储能的价值及成本做了总结；第 7 及 8 节对储能发展的主要瓶颈，即成本及未来下降的途径做了讨论。

21.2　储能市场的现状及预期

据高盛研究报告[2]引述中关村储能产业技术联盟（CNESA）的统计结果（图 21-4）[3]，到 2015 年底，全球范围内除压缩空气、抽水蓄能和储热之外，总储能安装量为 947MW，粗略估算，储能装置总投资在数十亿美元规模。从 2013—2015 年，总储能安装量中，钠硫电池的比重从 45％降低到 36％，而锂离子电池的比重从 29％迅速上升到 38％，见图 21-5。锂离子电池是这几年来成长最快的储能技术。高盛同时预测储能行业依赖于用户侧及可再生能源接入的市场需求，以及锂离子电池依赖电动车行业的快速发展所带来的成本快速下降，从而即将进入快速发展阶段，在 2020 年将达到总装机量 14.5GW 的规模（图 21-4）。

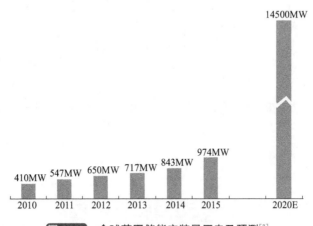

图 21-4　全球范围储能安装量历史及预测[2]

高盛的另一份研究报告[4]引述了 BNEF（Bloomberg New Energy Finance）的行业统计数据。到 2015 年底为止，全球电池形式的储能总装机量约为 1311MW，其中 2015 年约新增 500MW。在总装机量中，锂离子电池约占接近一半的装机量，如图 21-6 所示。

历史上，美国政府的政策对储能市场的历史发展曾起到了重要作用[5]。美国在储能方面的经济刺激政策已经对美国储能市场以及储能技术的成熟起到重要的影响，并且这一影响将持续一段时间。2008 年金融危机后，美国能源部（Department of Energy，DOE）在《美国复兴及投资法案》（American Recovery and Reinvestment Act）的框架下，大力度支持电网储能项目。据美国电力咨询委员会（Electricity Advisory Committee）2012 年的报告，归类到智能电网示范项目中，美国能源部共支持了 16 个电网储能示范项目，共计提供 1.85 亿美元的无偿资金支持。这项政策要求无偿资金支持对单个项目的支持不超过总投资的 50％，这些储能项目市值 7.72 亿美元，总

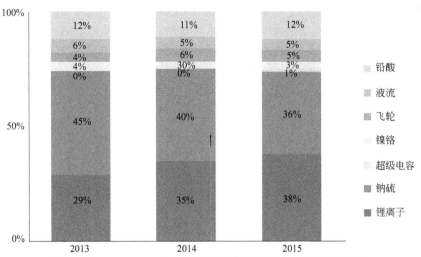

图 21-5　**2013~2015 年全球范围总安装量各储能技术的组成**[2]

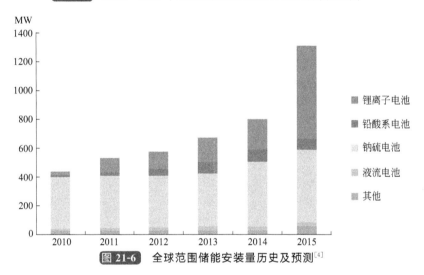

图 21-6　**全球范围储能安装量历史及预测**[4]

容量 573MW，其中包括储能配套辅助服务项目 20MW，压缩空气项目 450MW，用于可再生能源的储能项目 57MW 等（图 21-7）。

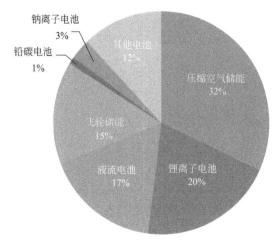

图 21-7　美国能源部在《美国复兴及投资法案》框架下对储能技术的资助[6]

储能行业及金融机构分析师普遍看好未来储能市场的发展潜力。高盛行业分析师认为 2020 年全球储能将有 14.5GW 的总安装量[2]，同时认为中国储能市场将从 2015 年约 3 亿美元的市场潜力快速成长到 2020 年约 2580 亿美元的市场潜力[3]。GTM Research 认为在 2016 年约 260MW 的年安装量基础上，2020 年及 2021 年美国储能安装量将达到 1.45GW 及 2.05GW[7]。

21.3 储能的应用

储能技术能够在整个电网中针对运行、调度以及提高可靠性发挥积极重要的作用。储能系统在电网中的具体应用，根据其使用的场景和提供的服务也有比较多的分类。在过去的几年中，随着行业对储能应用的不断深入研究，特别是各种场景下应用示范案例的不断增加，积累了很多实际运行的数据，对于储能应用行业中也逐渐达成一定的共识。具体来说，在电网中的应用，可以按照储能所处的位置来分类，如发电侧、输电侧、配电侧以及用户侧服务，也可以根据储能系统提供出力的类型来分类，如功率型及能量型服务等。同时，电网所处的市场环境不同，如管制化（regulated）和非管制化（deregulated）的市场，因为运行机制以及利益分配的方法不同，也会对储能的具体应用造成一定影响。

不同研究机构对储能的应用做了各种不同的归类，尽管有明显的不同，但存在很高的相似度。以下对不同机构对电网应用分类做简单总结，其中包括国内的中关村储能产业技术联盟（CNESA）、美国的桑迪亚国家实验室（Sandia National Laboratories）、美国电力科学研究院（Electric Power Research Institute，EPRI），以及洛基山研究所（Rocky Mountain Institute）[11]。需要注明的是，这里以这些机构来区分各种分类方法，仅因为这些分类来自于这些机构发表的报告，可能并非这些机构官方认可的分类方法。具体见表 21-1。

表 21-1　储能应用的不同分类

CNESA		EPRI			Sandia National Lab		RMI	
发电领域	辅助动态运行	发电及全网级应用	批发能源服务	电能价差收益	大容量能量服务	电能价差收益	地区大电网级服务	电能价差收益
	取代或延缓新建机组			辅助服务				调频服务
辅助服务	调频			调频服务		供电能力		旋转备用、非旋转备用
	电压支持			旋转备用	辅助服务	调节服务		电压支持
	调峰	输配电系统应用	可再生能源接入			旋转备用、非旋转备用及辅助备用	电力局级电网服务	黑启动
	备用容量		固定式储能输配电支持					提高发电资源充裕度
输配电	无功支持		移动式储能输配电支持			电压支持		延迟配电设施升级
	缓解线路阻塞		分布式储能系统			黑启动		缓解输电拥堵
	延缓输配电扩容升级		能源服务公司系统集聚			其他相关使用		延迟输电设施升级
	变电站直流电源		工商业用户电力质量及可靠性		干线输电服务	延迟输电设施升级		分时电价账单管理
用户端	用户分时电价管理					缓解输电拥堵		增加光伏电力自发自用
	容量费用管理		工商业用户用电量管理		配电传输服务	延迟配电设施升级		降低高峰用电费
	电能质量		家庭用电量管理			电压支持		
分布式发电及微网	商业建筑储能	电力终端用户端应用				提高电力质量	电力用户服务	
	家用储能系统					提高电力可靠性		
					用户能源管理服务	用户侧削峰填谷		备用电源
大规模可再生能源并网	可再生能源电量转移和固化输出		家庭用电力备用服务			管理高峰用电费		
	爬坡率控制							

可以看出，这几家权威机构给出的对储能应用的分类，都是按照电力系统从发电端到用电端（从"源"到"端"）的方法来划分的。尽管在具体服务的界定和称谓上会有所不同，但基本上大同小异。本章以下对储能应用的分析主要采用桑迪亚国家实验室的分类及子项定义[10]，图

21-8在电网示意图中列示了各种储能应用的大致分布。

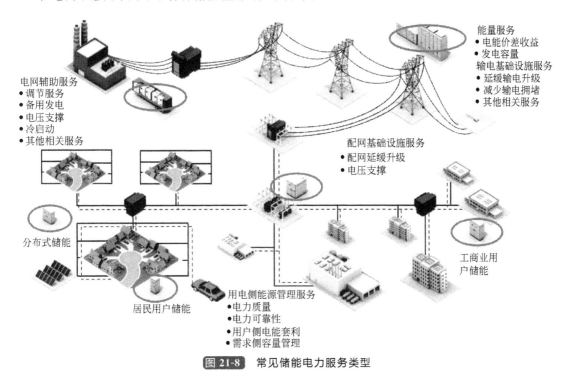

图 21-8 常见储能电力服务类型

21.3.1 大容量能量服务

（1）电能价差收益（"削峰填谷"）

利用储能系统可以随时储存电能并在之后指定时间输出电能的性质，在电网负荷低及电价低时（"谷电"）作为负荷储存电能，在电网负荷高及电价高时（"高峰电价"）作为发电单元输出电能。除去系统在储存、保持和输出过程中损耗的电能，出售电量及购买电量的差值就是储能系统的收入，即利用电能的价差实现套利。另外一种情况是针对发电单元，特别是高度不可控的光伏及风电等可再生能源发电，在电网无法接受其发电时储存这部分所放弃掉的电能，在电网可以接受时，特别是在电网负荷高，即电价高时供给电网。第二种服务类型也常常被作为可再生能源接入类型的储能服务。这种情况也可以是发电单元在即便是电网可以接受的情况下选择在低谷电价时发电并储存起来，在高峰电价时选择送出。

（2）发电容量

储能系统可以在电网中被用作可出力的发电容量，以此来延缓或减少需要新建的发电系统，或是在电力市场中购买相应的发电容量。特定电力市场中，发电容量的成本可能是反映在电量价格中，或是反映在单独的容量电价中。其计算方法通常与发电容量相关的要求与特定地点有关，可能会包括每年可运行小时数、运行的频率以及每次运行的时长等。

21.3.2 辅助服务

21.3.2.1 调节服务

电网辅助服务中的调节服务一般用来调节电网中发电量与负荷量之间的瞬时差异所造成的电网不稳定性。调节服务的主要目的是维护电网的频率以及达到其他电力质量标准的要求，所以通常调节服务又被称为调频服务。传统上，调节服务需要提供服务的发电单元随时在线，并随时准备增加或减少出力来起到调节的作用。当电网中发电出现不足，调节服务提供者立即增加出力，平衡负荷，否则电网频率会降低，这类调节服务也称为 Up Regulation。与此相反，当电网中发电出力过剩时，需要调节服务提供者减少出力，来平衡负荷，否则电网频率会升高，这类调节服务也称为 Down Regulation。大多数储能技术因为其快速响应能力以及发电和负荷的双重性非常适合提供调节服务。另外，储能提供调节服务的优越性也体现着现有电网的调节服务一般由火电厂，特别是燃煤发电厂来执行，参与调节服务时需要频繁改变出力，这会显著增加发电机组的磨损，增加火电厂的运营及维护成本，而用储能来代替火电厂提供调节服务可以降低火电厂的运行成本。

21.3.2.2　备用发电

电网运行要求有备用发电机组可以在正常发电出力单元无法正常出力时及时出力上网。通常，这些备用机组需要有足够大的容量来支撑电网运行。一般情况下，可以分为以下三类。

① 旋转备用（同步）。旋转备用是指某类发电机组虽然在线但是没有发电，可以在 10min 内做出响应，开始出力。

② 非旋转备用（非同步）。非旋转备用是指某类非在线发电机组或是可以做出需求侧响应的负荷，通常是非在线，并在 10～30min 内做出响应。

③ 辅助备份。辅助备份是指可以在一小时内做出响应上线出力的发电机组。辅助备份通常是在同步备份及非同步备份之后出力的发电机组。

发电机组提供以上三种备份服务时，通常需要处在运行状态下，这造成一定程度的损耗，带来运营及维护成本；而储能系统通常只需保持在在线状态，可以随时被调用放电出力，通常不涉及较大的成本。

21.3.2.3　电压支持

电网调度除了需要平衡电网中的出力和负荷。同时也需要管理电网中的无功成分。无功成分通常是由电网中电感性质或电容性质负荷所造成的。电网调度需要管理好电网中的无功成分来保持电压维持在合理的水平。储能系统的变流逆变器（PCS）可以产生或抵消电网中的无功功率来对电网中电压实现支撑。储能电池可以在没有实际充放电的情况下对电网提供无功功率支持。

通常，指定的发电机组会产生无功功率来抵消电网中的电抗。储能系统可以用来取代这些发电机组，既可以使用集中配置的具备 VAR 支持能力的储能系统来提供电压支撑，也可以使用提供 VAR 支持的分布式储能系统配置在大型负荷附件来实现电压支撑。

21.3.2.4　冷启动

储能系统可以作为备用电力为发电机组提供冷启动时所需要的动力。作为冷启动备用电源，储能系统可以在发电厂内部直接支撑发电机组冷启动或在电网中通过输电线路为发电机组提供冷启动支撑。

21.3.2.5　其他相关服务

① 负荷跟随及可再生能源的爬坡支撑。

电网中的负荷跟随服务需要发电出力能够迅速响应在某一特定区域电网的负荷波动变化，通常需要在几分钟的时间段内做出响应。传统发电资源参加负荷跟随在系统负荷增加时跟随增加出力，在系统负荷减少时降低出力。负荷的增加和降低通常与每天的负荷峰谷时间相关，相应负荷跟随的发电资源的出力也相应做增加或降低。传统火电厂如果参与负荷跟随，需要机组经常工作在非满负荷及非稳定工作状况下，其单位发电的发电效率及排放均会比满负荷及稳定工作时高，并且其维护成本也会增加。储能以其天生的快速响应性能以及在非满负荷及非稳定工作条件下的极低运行成本，可以作为负荷跟随服务的理想提供者。但是需要储能系统运行的高可靠性以及考虑储能系统充电所带来的成本。

风力发电和太阳能光伏发电具有无法避免的不稳定出力。对风光发电的爬坡支撑与传统发电的负荷跟随在性能要求上非常类似。提供此服务的储能系统通常要求指定一个最大的预期爬坡率或降坡率（兆瓦/分钟）以及爬坡和降坡时间。储能系统尤其适合平滑风电和太阳能光伏发电的出力，并且为它们提供可靠的爬坡支撑。

② 频率响应。频率响应和调频服务基本相似但略有不同。频率响应通常指在电网中因为发电机组或输电线的突然掉线而需要在几秒到一分钟内做出响应的应急出力服务。在通常电网中，

频率响应需要多个电源系统或发电机组递次接力来保持电网频率的稳定性和恢复电网的稳定。储能系统由于其优异的快速响应能力可以有效地提供这种服务。

21.3.3　输电基础设施服务

21.3.3.1　延缓输电设施升级

通常是指当输电线路所输送的峰值负荷接近线路的设计承载能力时，输电企业需要考虑对输电线路做出必要升级，使输电线路能够输送更高的峰值负荷。安装少量的储能可以延缓输电设施升级，有时可以完全避免对输电线路的升级。通常这种峰值负荷是那些一年中只在很少时间（一年中的几天甚至可能只有几个小时）会出现这样超出设计负荷的高峰负荷。在下游负荷端安装少量储能系统来参与供电保证负荷端这样的峰值负荷需求，以此来减缓或取消对输电线路的升级。这样的方案可能会明显地减少或规避输电设施升级的一次性大量投入，避免不必要的设施浪费，提高系统利用效率。同时，储能系统在某些情况下也可以起到延长输电设备寿命的作用，比如在某些设备如变压器或地下电缆在接近其使用寿命时，通过负荷端储能平滑负荷的作用来降低其承载负荷水平。

延缓输电设施升级也可以应用于当发电端因为发电设施的增加且发电设施为波动性大的风力及光伏发电时，可能会出现极个别时间峰值出力超出输电设施设计能力，这时安装储能系统以平滑风光发电出力，减缓或取消对输电线路的投资或升级。

需要提到的是，储能系统通常采用模块化设计，在负荷端安装储能系统的功率及可储存能量，相比线路升级，其调整的灵活性使得储能系统有更多的优越性。另外，在利用储能来实现延缓输电设施升级这一应用场景中，通常储能并不需要或较少需要参与放电出力，这一应用主要针对预计较少出现的峰值负荷。

21.3.3.2　减少输电拥堵

减少输电拥堵与上述延缓输电设施升级就储能系统工作场景而言，有一定的类似性，但减少输电拥堵一般针对输电线路已经出现不能承载的峰值负荷，利用储能系统可以有效解决供电的瓶颈。在市场化的电力系统中，有市场的供需机制来确定输电线路的拥堵费用，或是采用地区边际电价（Locational Marginal Pricing，LMP）在决定当前输电节点的批发电价。输电线路无法满足输电的需求时，产生输电的拥堵，用电或配电企业的用电成本会增加，在个别拥堵严重的情况下，拥堵所带来的用电成本可能会大幅度增加。如果采用储能，需要在拥堵线路的下游安装储能系统，在电网低谷时段储存电力，在电网出现拥堵时，储能系统上网出力，来满足下游峰值负荷的需要，以此降低对输电线路送电的需求，降低用电成本，特别是规避偶尔出现的极高的拥堵所产生的高电费。

21.3.3.3　其他相关服务

储能系统所能提供的其他相关服务一般包括通过补偿电力异常或扰动，比如电压骤降、次同步谐振等，来改进输电线路性能的服务。

21.3.4　配网基础设施服务

21.3.4.1　配网延缓升级及电压支撑

配网延缓升级同输电线路延缓升级类似，都是利用储能系统来延缓或避免因为负荷的增加而需要对配网进行升级改造。储能系统可以通过在用电端出力补偿所需的新增峰值负荷来延缓或避免相应的升级改造。通常这些峰值负荷一般出现频率较少，有时每年只是在夏季用电高峰的某几天出现很短时间，这些峰值负荷也可能是规划中的负荷增加，是否会出现存在很大不确定，使用储能系统可以延缓或避免对线路或变压器的不必要的升级。通常这类储能系统容量不大，可以使用可移动储能系统，非峰值负荷出现时段，可以很容易再搬迁到其他地方使用，提高系统的利用率。用于配网延缓升级的储能系统也可以同时提供回路电压支撑。

21.3.4.2　电压支撑

用来延缓配网升级的储能系统也可以在配网回路中起到电压支撑的作用。回路中如果存在大容量负荷或是分布式光伏，通常会造成电压波动，储能可以有效地抑制这些波动。

21.3.5　用电侧能源管理服务

21.3.5.1　电力质量

储能系统可以为电力用户提供保护，免于受到电力短时波动所造成的电力质量问题，比如电压值的波动、低功率因素、谐波、电力 1s 到数秒的临时中断等。通常应对这些电力质量问题，需要储能系统做几秒到几分钟的放电。

图 21-8 列出了在美国电力市场中常见的储能电力服务类型。

21.3.5.2　电力可靠性

储能系统可以作为在线备用电源在完全断电时为下游提供电力供应。这时储能系统及下游负荷完全孤岛运行，当电网恢复供电时，储能及负荷再同电网同步恢复使用电网电力。承担此类服务的储能系统既可以由电力用户投入和运营，也可以由电力公司作为需求侧的分布式能源来管理，以提供必要的电力可靠性，满足对电网可靠性的考核要求，同时也可以作为可使用的分布式能源来承担其他服务，特别是起到负荷削峰作用。

21.3.5.3　用户侧削峰填谷

在用户侧可以利用储能系统借助分时电价差实现收益，即在用电低谷用户侧电价低时对储能系统充电，在用电高峰用户侧电价高时对负荷出力，减少峰电实时购电，从而达到降低用户电力成本的作用。用户侧的削峰填谷服务所依据的是用户侧的零售电价，而前面提到的大容量能量服务所做的削峰填谷所依据的是在发电端或电网中的批发电价。

21.3.5.4　管理高峰用电费

储能系统可以通过出力减少用户高峰用电期间的用电容量来降低用户应付的电费。大多数情况下，商业和工业用户的电费中，除了电度电费外，包含容量电费。容量电费在不同国家不同电网的计算方法不同。容量电费可能是在电网峰值负荷时按照用户所产生的最大负荷来计算，根据负荷在峰值负荷时的任意 15 分钟内所产生的最大容量来决定一整个月所要支付的容量电费。容量电费也可能是按照电网的次峰值负荷时所产生的负荷计算，或是按照不管是峰值还是非峰值的任何时刻所产生最大负荷来计算。容量电价常按照每月每 kW 计的电价，对应电度电价是按照用电量 kW·h 计算的电价。不同容量所对应的容量电价因地方而异，可能会有很大差异。对于存在仅偶尔产生的短时间高尖峰负荷的企业，可能因此而产生的容量电费会增加很多。采用储能来平抑对电网的高尖峰负荷来降低容量电费，常常可以得到不错的收益。这一模式在美国加州已经得到很好的验证。

21.4　储能电力服务叠加

储能系统通常在技术和运行上具备在电网中提供以上多种应用服务的能力，见表 21-2。多种储能电力服务的叠加是行业普遍认为能够最大程度实现储能在电网中的价值，从而实现储能应用商业化应用的主要途径[11,12]。

储能系统可提供的多种具体服务会因为安装地点以及当地电网条件而异，也与所采用的储能技术有关。为此所规划的系统，其选型及服务的提供需要做科学的分析。一方面储能系统在前期设计时可以根据可能的多种应用服务收益，结合成本因素以及运行条件做系统优化；另一方面已经安装的储能系统在运行中也可以根据收益情况以及电网的运行条件来优化控制策略，以达到最大收益。储能系统，特别是锂离子电池的储能系统一般为集装箱式模块化设计，具有使用寿命中的可移动性，可以在电网中灵活配置来达到寿命周期中收益最大化。

表 21-2　典型储能应用系统要求

分类	储能系统功率	储能时间	年充放电次数
能量服务			
电能价差收益	1～500MW	<1h	>250
发电容量	1～500MW	2～6h	5～100

续表

分类	储能系统功率	储能时间	年充放电次数
辅助服务			
调节服务	10~40MW	15~60min	250~10000
备用发电	10~100MW	15~60min	20~50
电压支撑	1~10MVAR	NA	NA
冷启动	5~50MW	15~60min	10~20
其他相关服务	1~100MW	15~60min	NA
输电基础设施服务			
延缓输电升级	10~100MW	2~8h	10~50
减少输电拥堵	1~100MW	1~4h	50~100
配网基础设施服务			
配网延缓升级	500kW~10MW	1~4h	50~100
电压支撑			
用电侧能源管理服务			
电力质量	100kW~10MW	10s~15min	10~200
电力可靠性			
用户侧电能套利	1kW~1MW	1~6h	50~250
需求侧容量管理	50kW~10MW	1~4h	50~500

21.5　对储能电力应用服务的价值评估

尽管储能可以执行的电力服务非常多样并且分布广泛，但对于其商业化应用或是评估潜在的市场规模来说，需要理解每个具体应用的技术及产品的要求，尽可能准确地评估每种电力服务所能带来的潜在商业价值，据此结合所需要的成本来评估储能在实施每种电力服务的可行性。

储能电力服务的商业价值，与电网的结构、电网的运营方式以及电网的市场化程度有密切关系。而所谓的商业价值本身，也需要对其有较为明确的界定。一般说，储能的价值可以以两种形式体现，一种形式是储能系统所产生的收益，即由于储能所提供的服务所带来的直接收入，通常是通过按电量计算的电度收入，比如削峰填谷的售电收入等；或是按功率计算的收入，比如备用发电能力或是调频服务等。另一种储能系统的价值是由于储能系统的使用而可规避的相应电力系统的成本（Avoided Cost）。这种规避的成本可以体现在电力系统因为储能系统的出力而规避掉的新建发电或输配电的投资及运营投入，也可以体现在电力用户因为储能系统的出力而减少的电度电费或是容量电费。

可规避成本本身也可以细分成以下几类：①如果储能系统是唯一的解决方案，那么可规避成本可通过系统无储能系统情况下所会产生的灾害成本来计算。②如果储能系统是对电力传统或标准解决方案的代替，那么可规避成本可以通过对这一传统或标准解决方案的全部成本的计算而得到。全部成本包括系统成本也包括工程成本和运营成本等。③如果除了储能系统会有多个可行的方案，可规避成本是指成本最低的非储能方案。同样这个成本包含系统成本、工程成本以及运营成本等等。

上面提高的收益和可规避成本尽管可以明确定义，但在具体应用中，各种储能应用在电力系统中的收益和可规避成本的量化，特别是否能够反映市场真实的供需关系，却在很大程度上成为储能系统推广严重缺失的环节。一方面是因为目前现有的电力系统因为历史的天然垄断的市场性质，大多数系统，包括中国的电力系统，还不具备市场化的运营机制，缺少足够合理的市场机制来为收益或成本定价。制定的价格和定价机制与市场供需关系脱节，特别是在电网运行极端情况下，即储能系统能够发挥最大作用时，与市场供需关系极大地脱节。另一方面，储能系统很多情况下在同样电力服务情形下，能够比现有的电力设备提供更有效的更高质量的服务。但几乎所有的电力市场的主要应用，都没有按照质量定价的定价机制，或是能够充分体现储能系统价值的定价机制。这两方面的缺失使得在计算储能系统应用的价值上，出现很大的偏离。

　　中国电力市场尽管在过去近二十年中一直在推进电力市场的改革和市场化，但因为历史的原因以及体制的限制，在实现"厂网分离"后，基本处于停滞状态，过去近十年又出现与市场化发展相反的趋势。2015 年上半年出台的"电改 9 号文"为新的一轮电力改革和市场化指出了方向，但具体实施仍将是个漫长的过程。毫无疑问，电力市场化会是个复杂的系统工程，涉及技术、经济甚至政治等诸多因素，其市场化机制和规则的制定绝非一朝一夕可以简单完成的。但目前的电网体系作为最大的能源系统，如果按照政府制定的节能减排、推广可再生能源的方向去实施，无疑将是最大的瓶颈因素。储能作为未来可能的高效能源及电网提高效率的技术形式，其推广也高度要求电网有相应合理的定价机制及技术评估机制。

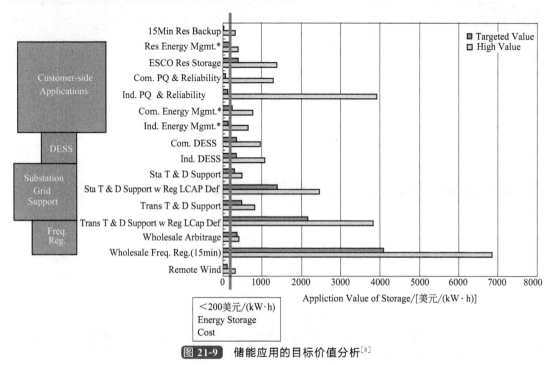

图 21-9　储能应用的目标价值分析[9]

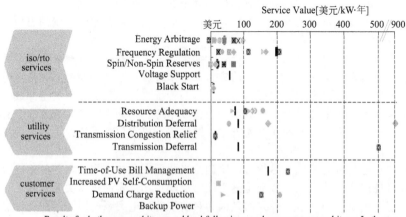

Results for both energy arbitrage and load following are shown as energy arbitrage.In the one study that considered both,from Sandia National Laboratory,both results are shown and labeled separately.Backup power was not valued in any of the reports

●RMIUC Ⅰ　◆RMI UC Ⅱ　▶RMI UC Ⅲ　■ RMI UC Ⅳ　✖NYSERDA　●NREL　●Oncore-Brattle
✖ Kirby　▶EPRI Bulk　✖EPRI Short Duration　◆EPRI Substation　∣Sandia　✕Sandia:LF

图 21-10　储能应用的目标价值分析统计[11]

尽管存在以上提到的诸多挑战，对储能应用价值分析，特别是定量分析对于理解和推广储能应用的意义是不容置疑的。因此，行业中很多机构在过去十几年特别是最近几年对此做了大量工作。尽管这些分析工作主要集中在美国电力市场，但其对其他市场，特别是中国市场的参考价值是非常明显的。

美国 EPRI 在 2010 年的报告中分析了主要储能应用的目标市场规模以及目标价值[9]，见图 21-9。尽管有个别电网侧及输电侧的应用价值很高，但相对市场规模有限，主要储能的应用市场即潜在规模比较大的市场的目标价值平均约在 200 美元/kW·h 上下。图 21-10 是 Rocky Mountain Institute 在 2015 年时对市场上主要储能应用价值分析数据的统计结果，其中包含了前面 EPRI 的分析结果数据。需要注意的是，这个分析是以"美元/kW·年"作为统计基准，因此和前者 EPRI 分析相比较时，需要依据具体应用做相应转换。这两个数据都有很好的参考价值。

21.6　对储能应用的成本评估

通常在讨论储能应用的成本时，并非仅限于系统本身的成本。对储能成本的评估与对其应用价值的评估一样，也需要有全局的考量，需要包括其全寿命周期的成本以及其他相关非系统的成本。鉴于各类储能技术的系统安装量目前大多处于比较少的阶段以及各种储能应用仍处于早期阶段，当前对储能各种成本的了解尚处于比较初级阶段。一般说来，储能应用的成本分以下几个部分。

21.6.1　系统安装成本

储能系统的安装成本一般包括土地成本（购买或租用）、电池系统成本、电力电子设备成本（包括转换器、逆变器等）、控制及接口软件成本、其他相关设施成本（包括厂房、消防等）、土建成本等。通常安装成本主要的差异来源于所采用的储能技术，采用不同的储能技术会对系统安装成本造成主要影响。

21.6.2　运营及维护成本

储能系统的运营及维护成本包括正常运行中系统日常运行所需的成本、定期不定期系统维护及更换零配件的成本，也包括系统运行所需的保险、运营人员工资及其他管理费用等。运维成本与所采用的储能技术、项目地点、项目环境等有很大关系。例如，液流电池需要对管线及压力泵等做定期检查维护，风沙多的地方需要对储能系统的通风系统做定期清扫维护。目前，储能长期运营的数据还非常有限，所以对主流储能技术的运营维护成本的分析还非常受限制。这会影响对储能系统长期受益的分析和判断。

21.6.3　资金成本

安装及运行储能系统需要资金投入，通常储能项目需要有合理的股权投资和贷款组合来满足储能项目的资金需要。在储能推广的早期，通常也可能得到作为项目政策性扶持的政府补贴资金，来减少或免除项目的资金融资需要。如第 21.2 节中提到美国能源部通过《美国复兴及投资法案》所做的对储能项目部分无偿资金支持。尽管这些项目还需要至少募集总投资 50％以上的其他资金，但这部分扶持资金已经起到很重要的降低风险的作用，为各类储能示范项目尽快实施起到极其重要的作用。

对于股权投资来说，投资者期望得到与风险匹配的投资回报。战略投资者即那些在储能行业有长远战略布局的企业，在当前对储能项目进行投资时，往往考虑项目的战略回报远远超出项目可能的资金回报。在储能应用市场仍处于早期阶段时，储能项目普遍缺失明确的资金回报预期，战略投资者往往出于战略目的而成为市场中储能项目的主要投资者。随着储能应用商业模式的成熟，会有越来越多的能源财务投资者进入到这一领域。从典型财务投资角度来说，一个合理的投资项目需要项目本身的内部收益率（IRR）要高于其资金的加权平均成本（WACC）。这一加权平均成本对于不同的投资者会有所不同，但普遍高于同期贷款利率。也因为储能项目当前的风险诸多不确定性，通常储能项目也需要在资金的加权平均成本基础上有一定或不小的风险溢价。在可预期的未来，一般储能项目参与电力服务，将具有收入及成本的相对稳定性，其风险溢价要求会大幅降低，即便维持较低预期回报，也可以被作为有稳定回报的能源投资项目来进行投资，也可以围绕这类资产衍生更多类型的金融产品来吸引更多的资金进入。太阳能光伏发电行业发展的历史和现状可以给储能行业提供非常好的参照。

因为储能项目尚处于早期应用阶段，其预期收入所产生的现金流存在很多不确定性，贷款利率会相对较高，且一般为短期贷款，通常也需要有其他非储能项目的资产作为抵押或连带抵押。这些对于储能项目来说，无疑增加了获得贷款的难度。短期贷款的还款付息会对项目早期的现金流造成很大压力。同样在可预期的未来，在储能应用越来越成熟之后，对项目未来的收益及成本可以明确评估，现金流可以明确测算，且不确定性很低的情况下，储能项目可以得到长期低利率的贷款。太阳能光伏发电行业发展的历史也同样给储能行业提供了很好的参照。需要提到的，在光伏发电行业的早期，政策性长期低利率贷款对行业发挥了很大推动作用，之后商业银行才陆续开始针对光伏电站提供长期低利率贷款。融资租赁也是储能行业可以利用的类似贷款的更高利率的融资途径，但是同样在储能项目推广的早期，项目的回报和资产的通用性有限，租赁的期限会比较短，租赁的费用也会比较高。

21.6.4 其他成本

储能项目的其他成本通常指那些包括项目审批、许可及接入费用，市场营销客户获取费用，及其他税费。同样在储能应用的早期，通常项目需要支付比较高的其他成本。尽管对大型储能项目来说，这些成本的占比有限，但对于小型比如分布式储能项目可能会占到比较高的比例。对其他成本的合理评估以及通过行业的共同努力来降低其他成本，也是储能行业需要关注的问题。

21.7 储能发展的主要瓶颈：成本

储能系统的成本是制约储能应用发展的主要瓶颈。毋庸置疑，由于成本低廉，以煤、石油、天然气为代表的化石燃料在全球的能源使用量中仍然占主导地位。在光伏产业中奋力追求的"平价上网"（grid parity）正是期望达到与这些化石燃料的价格同等的成本目标。相比各种研究机构及创新性企业对于各类新能源的探索[13]，电力与电网公司等对新能源的适应显得保守与缓慢。在成本之外，目前，尤其在中国，缺乏大规模储能应用相关的运行数据、可靠性和持久性数据，及银行可贴现性（Bankability）数据，这极大地制约了储能技术的推广。此外，单一、垂直的传统销售模式也在阻碍着储能的大规模应用。

美国EPRI的分析列出了目前各种储能技术的成本[9]。比较2010年时各种储能技术的全系统成本，其中，以压缩空气的成本为最低，只有60～125美元/(kW·h)（960～1250美元/kW），但是这个技术目前还只是停留在示范工程。其他的储能技术的成本都远远高于压缩空气。比如，拥有近200年历史的技术相对比较成熟的铅酸电池（先进铅酸电池），目前价格在505～760美元/(kW·h)（2020～3040美元/kW）；再如，还处于示范阶段的液流电池，价格在470～1125美元/(kW·h)（2350～4500美元/kW）；锂离子电池目前价格在1050～6000美元/(kW·h)（1200～4650美元/kW），见表21-3。需要说明的是，从2010年至今，个别主要电池价格已经有了明显下降，如锂离子电池价格2016年已经降到约273美元/(kW·h)[19]，而钠硫电池的价格下降非常有限。

表 21-3 各种储能技术的成本比较[9]

Storage Option	Application	Level of Maturity	Energy Duration hrs(cycles)	Efficiency ac/ac/%	Total Installed Capital Cost /(美元/kW)	Total Installed Cost /[美元/(kW·h)]
Pumped Hydro	ISO Services Wind Integration	Mature	10～20 (>13000)	80～82	1500～4300	250～430

续表

Storage Option	Application	Level of Maturity	Energy Duration hrs(cycles)	Efficiency ac/ac/%	Total Installed Capital Cost /(美元/kW)	Total Installed Cost /[美元/(kW·h)]
Compressed Air	ISO services Wind Integration	Demo	10～20 (>13000)	70	960～1250	60～125
NAS	Grid Support Wind Integration	Mature	6 (4500)	80	3200～4200	445～555
Lead Acid Battery Adv. Lead Acid Battery	Grid Support ISO Services Wind/PV	Mature Demo	4(2200～4500)	85～90	2020～3040	505～760
Flow Battery (Various Types)	Grid Support Wind/PV Integration	Demo	4 (>10000)	60～70	2350～4500	470～1125
Li-ion Battery	ISO Services Grid Support C&I Energy Mgt PV Integration	Demo	0.25 (>10000)	90	1200～1500	4800～6000
			2 (5000)		2100～4650	1050～1550
Fly Wheels	ISO Services	Demo	0.25 (>20000)	90	1900～2250	7800～7900

　　图 21-11 列示 CNESA 统计的各类储能技术的历史成本比较及 2020 年的预测[14]，这个统计是基于 CNESA 对各主流技术厂商成本数据长期跟踪及调研上得出的，是难得的有价值的统计数据。以上两个储能技术价格统计数据尽管统计的时间点不同，目标市场也有一定差异，但在主要储能技术的价格相对差异及特点上是非常接近的，体现了行业对各类储能技术价格的基本判断。

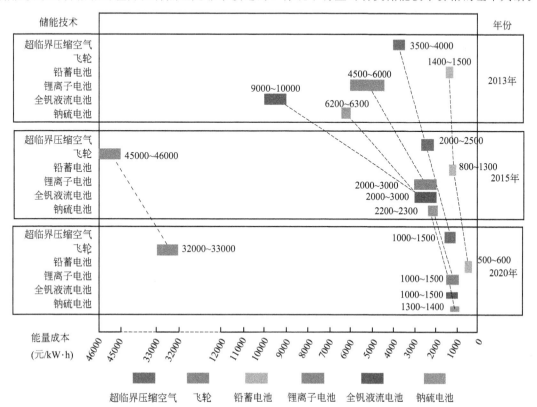

图 21-11　各种储能技术的成本比较[14]

（其中锂离子电池为 1h 磷酸铁锂电池系统；铅炭电池为 1h 系统；全钒液流电池为 5h 系统；超临界压缩空气为 4h 系统）

另外一种分析储能产品市场期望成本的分析方法是利用均化能源成本（levelized cost of energy，LCOE），定义为储能系统的年消耗成本与储能系统年能源输出量的比值，单位是美元每千瓦时[美元/（kW·h）]。如果均化能源成本与当地电网电价相比有竞争力，则储能产品在经济性上可以取代传统发电，相当于储能的平价上网（grid parity）。

以下用一个简单的例子来说明，如果假设每年储能系统工作 300 天，每天充放电一次，每年约有附加的约 5% 的操作、利率成本，系统折旧按直线 20 年计，不计充电电价成本，当地电价按 0.10 美元/（kW·h）计。从图 21-12 中可以看到，当储能安装成本小于 200～300 美元/（kW·h）时，LCOE 小于当前电价，也就是说，在这个条件下储能系统的经济性才能胜出。在这些假设条件下，这一成本目标是储能平价上网的成本目标。当然这是非常简化的分析案例，仅用来说明 LCOS 是如何被用来做比较和分析的。

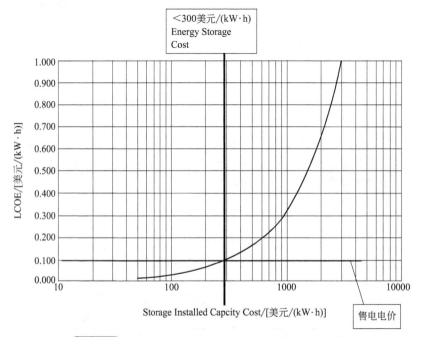

图 21-12 储能系统均化能源成本分析与储能平价上网

当然，这种均化能源成本分析存在很多不足，是个非常概念化的分析方法。但这种方法可以作为分析储能经济性的一种工具来看储能产品的成本目标；可以使不同储能技术在不同应用场景下有比较直观的可比依据。

21.8 储能成本减低的主要途径

21.8.1 降低材料成本，提高储能的能量密度

材料成本在储能系统成本中占很大比重，在锂离子电池单体中，材料通常占到总成本的 50%～60%[15]。降低材料成本不仅是降低总体成本的重要途径，同时，在保持成本水平的前提下，通过提高材料性能来提升储能系统的性能来达到降低成本的目的，也是降低总体成本的重要途径。

以锂离子电池为例，如图 21-13 所示，正负极材料在整体材料成本中占 50% 上下，而正极材料是在材料成本中占比最高的材料。如果能够研发出成本更低、性能更优越的新的正负极材料，假定隔膜和电解液不需要更换为更为昂贵的材料，锂离子电池将有可能有显著的成本下降。这一研究方向正是近年研究机构研发的主要方向。

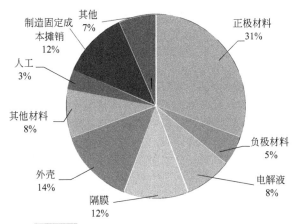

图 21-13　锂离子电池 18650 电芯成本结构[15]

科技的进步是降低成本的源动力。早在 1801 年，当 Alessandro Volta 把世界上第一个真正意义上的电池呈献给 Napoleon Bonaparte 的时候，估计他万万没有料到那个从青蛙腿实验演变而来的锌电池给人类的进步带来了深远的影响，并在之后 200 多年中产生了巨大的蜕变。从 1839 年的燃料电池，到 1859 年的铅酸电池，到 1899 年的镍镉电池，再到 1973 年的金属锂电池，还有 1990 年的锂离子电池，我们似乎再也找不到最初的青蛙腿实验的影子。日新月异的储能电池技术不断改进着电池本身的特性。如图 21-14 所示，传统的铅酸电池与镍镉电池从 1900~1960 年在能量密度上有小幅度的提高。从 1970 年至今，随着各种新兴电池技术的出现，电池的能量密度大幅度提高。目前，能量密度上领先的技术还是索尼公司于 1990 年发明的锂离子电池技术，钠硫电池紧随其后。我们可以推断，在未来的十年中，还会有更多新兴技术出现，这些新兴技术将会不断改写着电池性能的记录。这些技术的进步和创新也必将使得储能产品的成本不断降低，达到行业能够接受的水平。

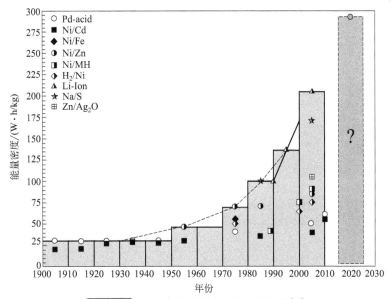

图 21-14　二次电池能量密度的历史进展[10]

（虚线代表过去 80 年的进展，实线代表过去 20 年中锂离子电池的进展）

21.8.2　规模效益可以带来的储能成本降低

除了科技的进步所带来的储能成本降低，储能产品的生产规模的扩大也会带来全行业的成本降低。这主要来源于规模效应所带来的原材料采购成本的下降，供应链专门化所带来的采购成本下降和效率提升，开发专用生产工艺设备和生产经验的积累所带来的良率提高和效率提升，等等。反映在历史价格与产量的关系上，也被称为行业学习曲线（learning curve）或经验曲线（experience curve）。图 21-15 是太阳能光伏行业的经验曲线。在 1976 年至 2014 年间，光伏产品的总产量的每次翻番大约带来光伏产品价格下降 24.3%。

在分析规模效应所带来的产品成本降低上，光伏的确可以给储能产品一个很好的参照。光伏产品与储能产品在产品性质上有所不同，但也有非常多的相似性，从规模效应上具备制造业的很多共同属性，因此可以用光伏的历史发展作为一个参照来从规模效应的角度分析储能电池成本下降可能的发展时间和路径。这样的观察可以给今天的储能行业一个相对客观、相对定量的参考，图 21-13 也包括了 BNEF 对锂离子动力电池包从 2010 年开始的观察[17]，尽管时间比较短，数据点有限，但基本上反映了类似规模效应，即锂离子动力电池包产出量的每次翻番大约对应价格下降 21.6%。

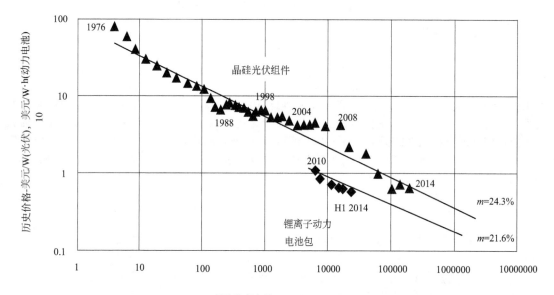

图 21-15 太阳能光伏电池的历史价格-产量曲线[17]

BNEF 依据其对动力锂离子电池包历史价格的统计以及上述提到的规模效应对未来价格做了分析预测[18]，见图 21-16。2015 年时电池包的价格为 350 美元/(kW·h)，有主要电池生产厂商预计 2018 年前后价格可以达到约 200 美元/kW·h，如果按照 19% 的规模效应计算到 2025 年时约为 109 美元/kW·h，到 2030 年时约为 73 美元/(kW·h)[18]。这里需要提到的是，按照规模效应，即电池价格下降的下降百分比与总产出量相关，历史上价格高时，因为基数比较大，随产出量增加，价格绝对下降值会比较显著；随着价格不断降低，同样价格绝对下降值需要更大的总产出量才能实现。

储能行业仍然处在一个初期的阶段，实现成本降低来达到行业的期望会是一条比较长的路。必须提到，储能行业将会因为电动车的快速推广而受益于其所带来的锂离子电池价格的快速下降；同时对比光伏产品相对单一应用，储能有足够多样的应用场景，可实现的价值也有明显宽泛的范围。因此，储能产品在成本降低上应该会有更有效的、足够多的路径以实现规模效应。同时，政府政策的必要支持也是储能尽快实现规模效应降低成本的关键。这一点在光伏历史上有明显的体现，在储能市场培育上，关键政策的及时出台将使得储能真正发挥其提高能源系统效率、提升可再生能源比例的作用。

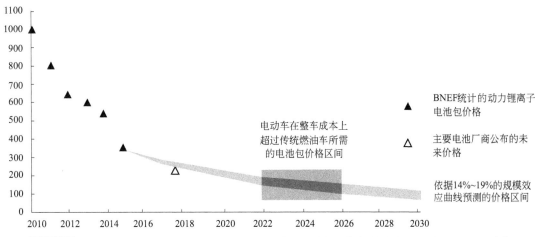

图 21-16 BNEF 动力锂离子电池包历史价格的统计以及依据一般规模效应所预测的价格区间[18]

21.9　本章小结

综上所述，储能应用市场将是百亿级的大市场，将给今天的传统能源结构带来根本性的变化，给社会经济带来巨大的福利，它的应用势在必行。但是，其发展还有诸多艰巨的任务与挑战，其中储能系统的成本在很大程度上制约着储能的大规模应用。如果要把储能真正规模化被市场接受，不仅需要科研工作者在围绕着储能系统的化学、物理、工程等领域取得突破，国家政策制定者量身定做出适合中国国情的储能支持政策，而且还需要行业多方对中国的储能市场做出更加细致缜密的分析与计算，找到早期适合的应用。

参 考 文 献

[1]　2011-2020 年我国能源科学学科发展战略报告，国家自然科学基金委员会、中国科学院．

[2]　China：Energy Storage，Charged up and Ready to grow，Goldman Sachs Research Report，2016.

[3]　China's Internet of Energy，Goldman Sachs Research Report，2016.

[4]　The Great Battery Race，Solar + storage takes center stage，but is it ready for primetime?，Goldman Sachs Research Report，2016.

[5]　Market Evaluation for Energy Storage in the United States，KEMA，Inc．，2012.

[6]　2012 Storage Report：Progress and Prospects-Recommendations for the U. S. Department of Energy，the Electricity Advisory Committee，2012.

[7]　U S. Energy Storage Monitor：Q1 2017，GTM Research，2017.

[8]　储能产业研究白皮书，2012 版，CNESA，2012.

[9]　Electricity Energy Storage Technology Options-A White Paper Primer on Applications，Costs，and Benefits，EPRI，2010.

[10]　DOE/EPRI 2013 Electricity Storage Handbook in Collaboration with NRECA，Sandia National Lab，2013，July.

[11]　THE ECONOMICS OF BATTERY ENERGY STORAGE，Rocky Mountain Institute，2015.

[12]　Economic Analysis of Deploying Used Batteries in Power Systems，OAK RIDGE NATIONAL LABORATORY，2011.

[13]　Dang X N，et al. Virus-templated self-assembled single-walled carbon nanotubes for highly efficient electron collection in photovoltaic devices. Nature Nanotechnology，2011，6（6）：377-384.

[14]　张静．中国储能产业发展十三五思考，储能定价：方法及机制研讨会资料，能源俱乐部，2016.

[15]　苏晨等．"格局重构，龙头崛起"，电动汽车证券研究报告，兴业证券，2017.

[16]　Zu Chen Xi，Li Hong. Thermodynamic analysis on energy densities of batteries，Energy Environ. Sci，2010，4（2614）．

[17]　Michael Liebreich. Keynote Speech at Bloomberg New Energy Finance Summit 2015，BNEF，2015.

[18]　Michael Liebreich. Keynote Speech at Bloomberg New Energy Finance Summit 2016，BNEF，2016.